土壤采样与分析方法

（上册）

［加］M.R. Carter（M.R.卡特）　　E.G. Gregorich（E.G. 格雷戈里奇）主编

李保国　李永涛　任图生　王朝辉　徐建明　主译

电子工业出版社
Publishing House of Electronics Industry
北京·BEIJING

Soil Sampling and Methods of Analysis 2nd edited by M.R. Carter and E.G. Gregorich (ISBN: 978-0-8493-3586-0).

Copyright © 2008 by Taylor & Francis Group, LLC.

All Rights Reserved. Authorized translation from English language edition published by CRC Press, an member of the Taylor & Francis Group, LLC.

Publishing House of Electronics Industry is authorized to publish and distribute exclusively the Chinese (Simplified Characters) language edition. This edition is authorized for sale throughout Mainland of China. No part of the publication may be reproduced or distributed by any means, or stored in a database or retrieval system, without the prior written permission of the publisher.

Copies of this book sold without a Taylor & Francis sticker on the cover are unauthorized and illegal.

本书原版由 Taylor & Francis 出版集团旗下的 CRC 出版公司出版，并经其授权翻译出版。版权所有，侵权必究。

本书中文简体翻译版授权由电子工业出版社独家出版并限在中国大陆地区销售。未经出版者书面许可，不得以任何方式复制或发行本书的任何部分。

本书封面贴有 Taylor & Francis 公司防伪标签，无标签者不得销售。

版权贸易合同登记号　图字：01-2016-7940

图书在版编目（CIP）数据

土壤采样与分析方法. 上册/（加）M.R.卡特（M.R. Carter），（加）E.G.格雷戈里奇（E.G. Gregorich）主编；李保国等主译. —北京：电子工业出版社，2022.3
书名原文：Soil Sampling and Methods of Analysis 2nd
ISBN 978-7-121-41908-9

Ⅰ. ①土… Ⅱ. ①M… ②E… ③李… Ⅲ. ①土壤环境－环境质量－采样②土壤分析 Ⅳ. ①X825②S151.9

中国版本图书馆 CIP 数据核字（2021）第 179461 号

责任编辑：缪晓红
印　　刷：北京七彩京通数码快印有限公司
装　　订：北京七彩京通数码快印有限公司
出版发行：电子工业出版社
　　　　　北京市海淀区万寿路 173 信箱　邮编：100036
开　　本：880×1230　1/16　印张：57　字数：1735 千字
版　　次：2022 年 3 月第 1 版
印　　次：2022 年 8 月第 3 次印刷
定　　价：480.00 元（上、下册）

凡所购买电子工业出版社图书有缺损问题，请向购买书店调换。若书店售缺，请与本社发行部联系，联系及邮购电话：(010) 88254888，88258888。

质量投诉请发邮件至 zlts@phei.com.cn，盗版侵权举报请发邮件至 dbqq@phei.com.cn。

本书咨询联系方式：(010) 88254760。

编者介绍

　　M. R. Carter 拥有阿尔伯塔大学农业与土壤学学位，并于 1983 年在萨斯喀彻温大学获得土壤学博士学位。自 1977 年以来，他一直在加拿大农业与农业食品部（AAFC）从事农业研究工作，目前是位于爱德华王子岛夏洛特敦市 AAFC 研究中心的高级研究员。Carter 博士是加拿大土壤学学会的研究员和前主席，曾任《加拿大土壤学杂志》的编辑。他参与校订了第一版的《土壤采样和分析方法》（CRC 出版社，1993），也校订了《温带农业生态系统保护性耕作》（CRC 出版社，1994）、《农业土壤有机质结构和存储》（CRC 出版社，1996）。与 Gregorich 博士合作，他校订了《作物生产的土壤质量与生态系统健康》（Elsevier，1997）和《土壤与环境科学词典》（CRC 出版社，2001）。Carter 博士目前担任国际科学杂志《农业生态系统与环境》的总编。

　　E.G. Gregorich 是加拿大农业与农业食品部位于渥太华的中央试验农场的高级研究员。他的工作重点是土壤生物化学，特别是土壤中的碳氮循环。他是加拿大土壤学学会的研究员和前主席，并担任美国土壤学学会土壤生物学和生物化学部门主席。Gregorich 博士是政府间气候变化专门委员会成员，并且指挥了苏格兰、新西兰和南极洲的野外调查，同时也指导了加拿大在越南进行的国际开发项目。他是《环境质量杂志》《农业生态系统与环境》《欧洲土壤学杂志》和《加拿大土壤学杂志》的副主编。本书是他与 Carter 博士合作主编的第三本书。

序

《土壤采样和分析方法》首次出版于1993年，本书为第一版基础上的更新版本。本版的目的仍然是为土壤样品的采集与分析提供常规的、相对简单易用的分析方法。所有分析方法在材料及操作步骤等方面都提供了详尽的表述，给出了每种方法的优点与不足，并附上了相应的主要参考文献。

随着分析方法的发展，其复杂程度也随之增加。考虑到这点，本版中的几个章节除了描述方法本身，还对测定方法的原理和某些特定测量方法的概念进行了"入门性"描述。

本版保留了第一版所有章节，并进行了修订和更新，在生物分析、物理分析、土壤采样及处理方面增加了新的章节。例如，新增的"土壤生物分析"部分反映了新兴微生物技术和土壤生态研究的蓬勃发展状况。新增了表征土壤有机质的动力学和化学特性分析工具的章节，土壤水相关章节增加了应用于田间和实验室中测定饱和与非饱和土壤水力学特性的最新测定方法。

本书中土壤采样和分析内容分为7部分，共包括85章、2个附录，由140位作者及合作者共同完成。每部分都由两名编辑共同完成且由至少两名审稿人进行审稿校正。在此，衷心感谢每位工作人员为新版本的完成与打磨所付出的辛苦与努力，并特别鸣谢Elaine Nobbs在本书完成过程中给予的大力支持。

最后，衷心希望本书能够给土壤研究工作者带来实质性的帮助！

M.R. Carter and E.G. Gregorich

前　言

土壤是人类生活之本,健康的土壤带来健康的生活,未来就在您脚下的土壤里……为应对粮食安全、气候变化、生物多样性消失和水资源短缺等全球性问题,关于土壤特性与过程的监测和研究受到了越来越多的关注。在我国,进入 21 世纪以来,生态文明建设进入新时代,国家对土壤利用与保护事业的重视达到了前所未有的程度,农业农村部、自然资源部、生态环境部和水利部等部级机构都设立了与土壤管理有关的部门,我国高等院校、研究院所、推广部门和企事业单位从事土壤学研究和管理利用的专业队伍不断壮大,人数已位居世界第一。然而,与美欧为代表的国际先进水平相比,我国土壤学的科技与教育水平总体上仍有不少差距,在土壤采样和分析方法的理论和技术创新研究上差距更是明显,还需要我们努力去发展。

2016 年,还在我组织翻译另一本国际著名土壤学教材工作之时,电子工业出版社的编辑联系我,说经过有关专家推荐,社里同意引进并出版这本《土壤采样与分析方法》实用性工具书,希望我也能组织翻译。经过与同事沟通,我答应了此请求。理由很简单,我国在这方面有大量需求,但业界缺少相关的高水平实用专业书籍,而且由我国科学家组织编辑出版的有关土壤分析方法的书籍更新较慢。国际上最权威的关于土壤采样与分析方法的专业书籍是由美国土壤学会组织出版的相关系列巨著,但翻译这套丛书似乎不太现实。这本由加拿大土壤学会编辑出版的专著,基本上是美国土壤学会土壤分析方法相关丛书的浓缩版,这本书提供了土壤样品采集与分析最常规但相对简单易用的方法,而且保证了理论与方法的先进性。

本书在翻译过程中得到了国内同行的大力支持。李永涛教授负责组织第一篇(土壤样品采集与处理)、第二篇(土壤与环境管理的诊断方法)的翻译工作;王朝辉教授组织了第三篇(土壤化学分析)、第五篇(土壤有机质分析)的翻译工作;徐建明教授组织了第四篇(土壤生物分析)的翻译工作;任图生教授组织了第六篇(土壤物理分析)的翻译工作;我负责了第七篇(土壤水分析)及附录等的翻译工作,并进行了全书的审读。在出版时,主要组织翻译者的姓名在封面和扉页上的排名按照汉语拼音顺序罗列,各章的最后给出了译者和校者的名字。

本书可作为从事与土壤相关的农业、资源环境、生态、土地、水利、地理和相关工程等学科或专业科研及技术人员的实用参考书目,也建议作为与土壤测试有关实验室工作人员的必备参考手册。

希望本书的出版能对我国土壤学研究和土壤利用与保护事业有所帮助。译文中不妥之处,敬请各位读者批评指正。

李保国
2021 年 10 月 29 日

目　　录

第一篇　土壤样品采集与处理

第1章　土壤采样设计 … 3
- 1.1　引言 … 3
- 1.2　采样方法 … 3
  - 1.2.1　偶然、判断和概率抽样 … 3
  - 1.2.2　采用判断抽样的研究设计 … 3
  - 1.2.3　采用概率抽样的研究设计 … 4
- 1.3　采样设计的统计学概念 … 4
  - 1.3.1　集中趋势和离散趋势测定 … 4
  - 1.3.2　独立性、随机性和重复性 … 5
- 1.4　样点布局和间距 … 5
  - 1.4.1　简单随机和分层随机采样 … 5
  - 1.4.2　系统采样 … 7
- 1.5　特定研究目标的采样设计 … 8
  - 1.5.1　观测性和控制性实验的采样设计 … 8
  - 1.5.2　土壤养分调查采样 … 9
  - 1.5.3　采样时间、采样深度和样品处理 … 10
  - 1.5.4　地统计、频谱和小波分析采样 … 10
- 参考文献 … 11

第2章　森林土壤采样 … 13
- 2.1　引言 … 13
- 2.2　采样量 … 13
- 2.3　采样方法 … 15
- 2.4　森林表层土壤和Ah层土壤的区分 … 15
- 2.5　容重和粗碎屑 … 16
- 2.6　深度采样还是诊断层采样 … 16
- 2.7　混合采样 … 17
- 参考文献 … 18

第3章　土壤有机碳储量的测定 … 20
- 3.1　引言 … 20
- 3.2　采样地点和模式的选择 … 21
  - 3.2.1　材料 … 21
  - 3.2.2　步骤 … 21
  - 3.2.3　非分层采样 … 21

	3.2.4	分层采样	22

3.2.4 分层采样 ·············· 22
3.2.5 计算 ·················· 22
3.2.6 注释 ·················· 22
3.3 土芯的采集与处理 ········· 23
3.3.1 材料 ·················· 23
3.3.2 步骤 ·················· 23
3.3.3 计算 ·················· 24
3.3.4 注释 ·················· 24
3.4 土壤有机碳存储量估算 ····· 26
3.4.1 材料 ·················· 26
3.4.2 步骤 ·················· 26
3.4.3 计算 ·················· 27
3.4.4 注释 ·················· 28
参考文献 ······················ 28

第4章 土壤样本的处理和存储 ··· 30
4.1 引言 ······················ 30
4.2 土壤样本的处理和存储步骤 · 31
4.3 土壤样本的混合和破碎 ····· 32
4.4 土壤样本的含水量 ·········· 32
4.5 存储温度和时间的影响 ····· 34
4.6 归档存储 ·················· 34
4.7 结论 ······················ 35
参考文献 ······················ 35

第5章 土壤化学分析中的质量控制 ·· 38
5.1 引言 ······················ 38
5.2 土壤化学分析与潜在误差 ··· 38
5.2.1 样品采集与处理 ········· 39
5.2.2 污染 ··················· 39
5.2.3 土壤样本的储藏/保存 ···· 39
5.2.4 样本保存时间 ··········· 40
5.2.5 土壤样品的再取样 ······ 40
5.2.6 检测限 ················· 41
5.2.7 报告结果及不确定性估计 · 41
5.3 数据质量目标 ·············· 42
5.3.1 概述 ··················· 42
5.3.2 决策错误 ··············· 44
5.4 用于误差评估的质量控制（QC）程序 ·· 44
5.4.1 偏差对检测结果的影响 ·· 45
5.4.2 田间控制样本 ··········· 45
5.4.3 实验室质量保证（QA）和质量控制（QC）流程 ·· 45
5.5 数据校验和复审 ············ 46

5.5.1 统计控制··47
5.5.2 控制图··47
5.5.3 试验跟踪··47
参考文献···48

第二篇　土壤与环境管理的诊断方法

第6章　硝态氮和可交换性铵态氮··53
　6.1　引言···53
　6.2　溶剂（2 mol/L KCl）提取 NO_3-N 和 NH_4-N··53
　　　6.2.1　原理···53
　　　6.2.2　材料和试剂···54
　　　6.2.3　步骤···54
　　　6.2.4　注释···54
　6.3　间隔流动分析法测定 2.0 mol/L KCl 提取液中的 NO_3-N 含量（镉还原方法）············54
　　　6.3.1　原理···54
　　　6.3.2　材料和试剂···55
　　　6.3.3　步骤···55
　　　6.3.4　计算···56
　　　6.3.5　注释···56
　　　6.3.6　精确度和准确度···57
　6.4　间隔流动分析仪靛酚蓝法测定 2.0 mol/L KCl 提取液中的 NH_4-N 含量（苯酚盐法）·······57
　　　6.4.1　原理···57
　　　6.4.2　材料和试剂···57
　　　6.4.3　步骤···58
　　　6.4.4　计算···58
　　　6.4.5　注释···58
　　　6.4.6　精确度和准确度···58
　参考文献···58

第7章　Mehlich 3 提取态元素··60
　7.1　引言···60
　7.2　材料和试剂···61
　7.3　步骤···62
　　　7.3.1　提取···62
　　　7.3.2　手动比色法测定磷的含量···62
　　　7.3.3　原子吸收法或火焰发射法测定钾、钙和钠的含量···62
　　　7.3.4　原子吸收法测定铜、锌和锰的含量···63
　　　7.3.5　注释···63
　7.4　与其他提取剂的关系···63
　参考文献···63

第8章 碳酸氢钠—可提取态磷 ··· 66
- 8.1 引言 ··· 66
- 8.2 碳酸氢钠—提取态无机磷（Olsen 等，1954） ··· 66
  - 8.2.1 提取试剂 ··· 67
  - 8.2.2 步骤 ··· 67
  - 8.2.3 注释 ··· 67
- 8.3 提取液中磷的测定 ··· 67
  - 8.3.1 测定磷所需试剂 ··· 68
  - 8.3.2 步骤 ··· 68
  - 8.3.3 注释 ··· 68
  - 8.3.4 计算 ··· 69
- 参考文献 ··· 69

第9章 硼、钼和硒 ··· 71
- 9.1 引言 ··· 71
- 9.2 硼 ··· 71
  - 9.2.1 试剂 ··· 72
  - 9.2.2 步骤（Gupta，1993） ··· 72
  - 9.2.3 甲亚胺—H 法测定硼 ··· 72
  - 9.2.4 电感耦合等离子体原子发射光谱法测定硼 ··· 73
  - 9.2.5 注释 ··· 73
- 9.3 钼 ··· 73
  - 9.3.1 草酸铵（pH 值为 3.0）法提取钼（改自 Grigg，1953） ··· 74
  - 9.3.2 碳酸氢铵—二乙基三胺五乙酸（AB-DTPA）法提取钼（Soltanpour 和 Schwab，1977） ··· 75
  - 9.3.3 钼的测定 ··· 75
  - 9.3.4 注释 ··· 75
- 9.4 硒 ··· 76
  - 9.4.1 土壤中硒的提取 ··· 77
  - 9.4.2 硒的测定 ··· 78
  - 9.4.3 注释 ··· 78
- 参考文献 ··· 78

第10章 微量元素测定 ··· 82
- 10.1 引言 ··· 82
- 10.2 人工土壤溶液土柱淋洗法（Macdonald 等，2004a, b） ··· 83
  - 10.2.1 材料与试剂 ··· 84
  - 10.2.2 步骤 ··· 84
  - 10.2.3 计算 ··· 84
  - 10.2.4 注释 ··· 84
- 10.3 0.01 mol/L $CaCl_2$ 提取法（Quevauviller，1998） ··· 85
  - 10.3.1 材料和试剂 ··· 85

  10.3.2 步骤 ··· 85
  10.3.3 计算 ··· 85
  10.3.4 注释 ··· 85
 10.4 0.05 mol/L EDTA 提取法 ·· 86
  10.4.1 材料和试剂 ·· 86
  10.4.2 步骤 ··· 86
  10.4.3 计算 ··· 87
  10.4.4 注释 ··· 87
 10.5 热酸提取法（USEPA，1994）··· 87
  10.5.1 材料和试剂 ·· 87
  10.5.2 步骤 ··· 87
  10.5.3 计算 ··· 87
  10.5.4 注释 ··· 88
 参考文献 ·· 88

第 11 章 酸性土壤中的易溶性铝和锰 ··· 90
 11.1 引言 ·· 90
  11.1.1 农田土壤中铝和锰的毒性 ·· 90
  11.1.2 森林土壤中铝和锰的毒性 ·· 91
 11.2 针对农田土壤的提取方法 ·· 91
  11.2.1 材料和试剂 ·· 92
  11.2.2 步骤 ··· 92
  11.2.3 注释 ··· 92
 11.3 针对森林土壤的提取方法 ·· 92
  11.3.1 材料与试剂 ·· 92
  11.3.2 步骤 ··· 93
  11.3.3 注释 ··· 93
 11.4 铝的测定 ·· 93
  11.4.1 试剂 ··· 93
  11.4.2 步骤 ··· 93
  11.4.3 注释 ··· 94
 11.5 锰的测定 ·· 94
 参考文献 ·· 94

第 12 章 石灰需求量 ·· 97
 12.1 引言 ·· 97
 12.2 Shoemaker-McLean-Pratt 单一缓冲液法 ··· 98
  12.2.1 原理 ··· 98
  12.2.2 材料和试剂 ·· 99
  12.2.3 步骤 ··· 99
 12.3 注释 ·· 100
 参考文献 ·· 100

第13章 使用离子交换树脂测定离子供给率 ········ 102
13.1 引言 ········ 102
13.2 养分（离子）供给率的实验室测试——"三明治"测试法 ········ 103
13.2.1 原理 ········ 103
13.2.2 材料和试剂 ········ 103
13.2.3 步骤 ········ 103
13.2.4 计算 ········ 104
13.2.5 注释 ········ 104
参考文献 ········ 105

第14章 环境土壤磷指数 ········ 106
14.1 引言 ········ 106
14.2 水提取土壤磷 ········ 107
14.2.1 材料和试剂 ········ 108
14.2.2 步骤 ········ 108
14.2.3 计算 ········ 109
14.2.4 注释 ········ 109
14.3 磷吸附饱和度 ········ 109
14.3.1 材料和试剂 ········ 109
14.3.2 步骤 ········ 110
14.3.3 计算 ········ 110
14.3.4 注释 ········ 110
14.4 磷吸附容量 ········ 110
14.4.1 材料和试剂 ········ 110
14.4.2 步骤 ········ 111
14.4.3 磷吸附等温线的计算 ········ 111
14.5 磷吸附指数 ········ 112
14.5.1 材料和试剂 ········ 112
14.5.2 步骤 ········ 112
14.5.3 磷吸附指数的计算 ········ 112
14.6 磷指数：场地磷流失程度风险评估 ········ 113
14.6.1 确定风险区 ········ 113
14.6.2 注意事项 ········ 114
14.6.3 准备工作 ········ 114
14.6.4 计算迁移总量和迁移因子 ········ 114
14.6.5 记录 ········ 114
14.6.6 磷指数的计算 ········ 115
参考文献 ········ 116

第15章 电导率和可溶性离子 ········ 119
15.1 引言 ········ 119
15.2 提取 ········ 120

- 15.2.1 饱和提取（Janzen, 1993；Rhoades, 1996） ... 120
- 15.2.2 固定比例提取（Janzen, 1993；Rhoades, 1996） ... 121
- 15.3 分析 ... 121
  - 15.3.1 电导率（EC_E、$EC_{1:1}$、$EC_{1:2}$ 和 $EC_{1:5}$） ... 121
  - 15.3.2 可溶性离子含量方法概述和对比 ... 122
- 15.4 计算和解释 ... 123
  - 15.4.1 电导率 ... 123
  - 15.4.2 可溶性离子分析结果的表述 ... 123
  - 15.4.3 离子活度和饱和指数 ... 123
  - 15.4.4 钠吸附比 ... 124
  - 15.4.5 可交换性钠百分比 ... 124
  - 15.4.6 钾吸附比 ... 124
  - 15.4.7 临界钙比 ... 124
- 参考文献 ... 124

第三篇 土壤化学分析

第16章 土壤反应和交换性酸 ... 131
- 16.1 引言 ... 131
- 16.2 以水作为浸提液测定土壤的pH值 ... 131
  - 16.2.1 材料和试剂 ... 131
  - 16.2.2 步骤 ... 131
  - 16.2.3 注释 ... 132
- 16.3 以 0.01 mol L^{-1} $CaCl_2$ 溶液作为浸提液测定土壤的pH值 ... 132
  - 16.3.1 材料和试剂 ... 132
  - 16.3.2 步骤 ... 132
  - 16.3.3 注释 ... 133
- 16.4 交换性酸 ... 133
  - 16.4.1 材料和试剂 ... 133
  - 16.4.2 步骤 ... 133
  - 16.4.3 计算 ... 133
  - 16.4.4 注释 ... 134
- 参考文献 ... 134

第17章 土壤溶液的采集与测定 ... 135
- 17.1 引言 ... 135
- 17.2 无压蒸渗仪 ... 136
  - 17.2.1 材料 ... 137
  - 17.2.2 准备 ... 137
  - 17.2.3 安装步骤 ... 137
- 17.3 张力蒸渗仪 ... 138

17.3.1 准备 ··· 138
17.3.2 安装步骤 ·· 139
17.4 从蒸渗仪中制备土壤溶液样品 ··· 139
17.4.1 注释 ··· 139
17.5 微型蒸渗仪 ·· 140
17.5.1 材料 ··· 140
17.5.2 装置及准备 ··· 140
17.5.3 安装步骤 ·· 141
17.5.4 注释 ··· 142
17.6 实验室内土壤溶液的分离 ·· 142
17.6.1 离心法（Davies 和 Davies，1963） ··· 142
17.6.2 注压法（Ross 和 Bartlett，1990） ··· 143
17.6.3 注释 ··· 144
参考文献 ··· 145

第18章 离子交换与交换性阳离子 ··· 147
18.1 引言 ·· 147
18.2 氯化钡法测定可交换性阳离子和有效阳离子交换量（CEC）（Hendershot 和 Duquette，1986） ··· 148
18.2.1 材料与试剂 ·· 148
18.2.2 步骤 ··· 148
18.2.3 计算 ··· 149
18.2.4 注释 ··· 149
18.3 基于pH值的CEC和AEC测定（Fey 和 LeRoux，1976） ·· 149
18.3.1 材料与试剂 ·· 149
18.3.2 步骤 ··· 150
18.3.3 计算 ··· 150
18.4 在pH值7.0条件下用乙酸铵方法测定可交换阳离子和总交换量（Lavkulich，1981） ·········· 151
18.4.1 材料与试剂 ·· 152
18.4.2 步骤 ··· 152
18.4.3 计算 ··· 152
参考文献 ··· 153

第19章 非交换态铵的测定 ··· 154
19.1 引言 ·· 154
19.2 次溴酸钾—氢氟酸（KOBr-HF）提取法 ··· 155
19.2.1 材料和试剂 ·· 155
19.2.2 步骤 ··· 155
19.2.3 铵态氮的测定 ··· 156
19.2.4 注释 ··· 156
19.3 次溴酸钾—氯化钾浸提土壤干烧法 ··· 157
19.3.1 材料与试剂 ·· 157
19.3.2 步骤 ··· 157

	19.3.3 残余物中非交换性铵的测定	157
	19.3.4 注释	158
参考文献		158

第20章 碳酸盐 160
20.1 引言 160
20.2 经验标准曲线法测定碳酸盐含量（Loeppert 等，1984） 160
20.2.1 材料和试剂 160
20.2.2 步骤 161
20.2.3 计算 161
20.2.4 注释 161
20.3 重量估计法（Allison 和 Moodie，1965；Raad，1978） 161
20.3.1 试剂 162
20.3.2 步骤 162
20.3.3 计算 162
20.3.4 注释 162
20.4 定量分析方法（USDA Soil Conservation Service，1967） ... 162
20.4.1 装置 162
20.4.2 试剂 162
20.4.3 步骤 163
20.4.4 注释 164
20.5 方解石与白云石的定量分析（Peterson 等，1966） 164
20.5.1 试剂 164
20.5.2 步骤 164
20.5.3 计算 164
20.5.4 注释 165
参考文献 165

第21章 土壤总碳与有机碳 167
21.1 引言 167
21.2 干烧法 167
21.2.1 碳酸盐的去除——大燃烧容器法 168
21.2.2 碳酸盐的去除——小燃烧容器法 169
21.2.3 样品分取前碳酸盐的去除 169
21.2.4 碳酸盐校准 170
21.2.5 标准样品 170
21.3 重铬酸盐氧化还原法 170
21.3.1 重铬酸盐氧化还原比色法（Heanes，1984） 171
21.3.2 重铬酸盐氧化还原滴定法 172
21.4 重铬酸盐氧化—CO_2吸收法（Snyder 和 Trofymow，1984） ... 173
21.4.1 反应管的准备 173
21.4.2 试剂 173

	21.4.3 氧化步骤	174
	21.4.4 注释	174
	21.4.5 滴定步骤	174
参考文献		175

第22章 全氮 ... 177

- 22.1 引言 ... 177
- 22.2 微量凯氏消煮—蒸汽蒸馏法：不含 NO_2^- 和 NO_3^- ... 179
  - 22.2.1 材料和试剂：消解 ... 179
  - 22.2.2 材料和试剂：蒸馏和滴定 ... 179
  - 22.2.3 步骤：消煮、蒸馏、滴定 ... 180
  - 22.2.4 计算 ... 181
  - 22.2.5 注释 ... 181
- 22.3 微量凯氏消煮—蒸汽蒸馏法：包含 NO_2^- 和 NO_3^- ... 182
  - 22.3.1 材料和试剂：前处理和消化 ... 182
  - 22.3.2 材料和试剂：蒸馏和滴定 ... 182
  - 22.3.3 步骤 ... 182
  - 22.3.4 步骤：消煮、蒸馏、滴定 ... 183
  - 22.3.5 计算 ... 183
  - 22.3.6 注释 ... 183
- 22.4 杜马斯法 ... 183
- 参考文献 ... 184

第23章 土壤硫的化学特征 ... 187

- 23.1 引言 ... 187
  - 23.1.1 全硫 ... 187
  - 23.1.2 有机硫 ... 188
  - 23.1.3 无机硫 ... 188
- 23.2 消解法测定全硫（Tabatabai 和 Bremner，1970a；Kowalenko，1985） ... 189
  - 23.2.1 材料和试剂 ... 190
  - 23.2.2 装置 ... 190
  - 23.2.3 步骤 ... 190
  - 23.2.4 计算 ... 191
  - 23.2.5 注释 ... 191
- 23.3 氢碘酸还原法测定硫酸盐 ... 191
  - 23.3.1 材料和试剂 ... 191
  - 23.3.2 步骤 ... 192
  - 23.3.3 计算 ... 193
  - 23.3.4 注释 ... 193
- 参考文献 ... 194

第24章 总磷和有机磷 ... 197

- 24.1 引言 ... 197

24.2 全磷 ·· 198
　　24.2.1 高氯酸（$HClO_4$）消解法（Olsen 和 Sommers，1982） ·· 199
　　24.2.2 次溴酸钠/氢氧化钠碱式氧化法（Dick 和 Tabatabai，1977） ·· 199
　　24.2.3 硫酸/过氧化氢/氢氟酸消解法（Bowman，1988） ·· 200
　　24.2.4 硫酸/过氧化氢/硫酸锂/硒消解法（Pakinson 和 Allen，1975） ·· 201
24.3 总有机磷 ··· 202
　　24.3.1 高氯酸/氢氧化钠浸提法 ·· 203
　　24.3.2 注释 ··· 205
　　24.3.3 碱性 EDTA 浸提法（Bowman 和 Moir，1993） ·· 205
　　24.3.4 灼烧法 ··· 206
24.4 有机磷（P_o）的表征 ·· 207
　　24.4.1 NaOH-EDTA 浸提—液态 ^{31}P 核磁共振光谱法 ··· 207
　　24.4.2 酶解法表征有机磷 ·· 209
24.5 磷的测定 ·· 211
　　24.5.1 试剂 ··· 212
　　24.5.2 步骤 ··· 212
　　24.5.3 注释 ··· 212
参考文献 ··· 213

第 25 章 用连续浸提法确定土壤有效磷的特征 ·· 216
25.1 引言 ·· 216
25.2 土壤有效磷的测定方法 ··· 216
25.3 有效磷的表征方法 ·· 217
25.4 磷的分组步骤 ··· 219
　　25.4.1 仪器和材料 ··· 219
　　25.4.2 浸提液 ··· 219
　　25.4.3 浸提步骤 ··· 220
　　25.4.4 注释 ··· 221
　　25.4.5 浸提液中磷的分析 ·· 221
　　25.4.6 注释 ··· 222
25.5 结果的解释和限定 ·· 222
参考文献 ··· 224

第 26 章 土壤中有效态铝、铁、锰、硅的元素分析 ·· 227
26.1 引言 ·· 227
26.2 连二亚硫酸盐—柠檬酸盐法 ·· 228
　　26.2.1 试剂 ··· 228
　　26.2.2 步骤 ··· 228
　　26.2.3 计算 ··· 229
26.3 酸性草酸铵法（避光）（McKeague 和 Day，1966） ··· 229
　　26.3.1 试剂 ··· 229
　　26.3.2 步骤 ··· 229

  26.3.3 计算 ·········· 230

 26.4 盐酸羟胺法（Ross 等，1985；Wang 等，1987）·········· 230

  26.4.1 试剂 ·········· 230

  26.4.2 步骤 ·········· 230

  26.4.3 计算 ·········· 230

 26.5 焦磷酸钠法（McKeague，1967）·········· 231

  26.5.1 试剂 ·········· 231

  26.5.2 步骤 ·········· 231

  26.5.3 计算 ·········· 231

 参考文献 ·········· 231

第27章 森林土壤养分有效性的测定 ·········· 234

 27.1 引言 ·········· 234

 27.2 森林土壤有效氮的测定 ·········· 235

  27.2.1 长期室内培养法 ·········· 235

  27.2.2 田间培养法 ·········· 236

 27.3 土壤 pH 值、有效阳离子交换量和交换性阳离子 ·········· 237

  27.3.1 土壤 pH 值 ·········· 237

  27.3.2 有效阳离子交换量和交换性阳离子 ·········· 238

  27.3.3 交换性 H^+ 对有效阳离子交换量的贡献 ·········· 239

 27.4 元素 P、K、Ca 和 Mg 的构成及其在矿物风化过程中的释放 ·········· 239

 参考文献 ·········· 240

第28章 有机质土的化学特性 ·········· 244

 28.1 引言 ·········· 244

 28.2 样品制备（ASTM，1988）·········· 244

  28.2.1 介绍 ·········· 244

  28.2.2 材料 ·········· 245

  28.2.3 步骤 ·········· 245

 28.3 水分和灰分含量（ASTM，1988）·········· 245

  28.3.1 介绍 ·········· 245

  28.3.2 材料 ·········· 246

  28.3.3 步骤 ·········· 246

  28.3.4 结果计算 ·········· 246

  28.3.5 注释 ·········· 246

 28.4 全量元素分析（除氮、碳、氧、氢外）·········· 247

  28.4.1 介绍 ·········· 247

  28.4.2 材料 ·········· 247

  28.4.3 步骤 ·········· 247

  28.4.4 注释 ·········· 248

 参考文献 ·········· 249

第四篇 土壤生物分析

第29章 土壤和根相关微生物培养方法 ······ 253
  29.1 引言 ······ 253
  29.2 原理 ······ 253
  29.3 涂布平板计数法 ······ 254
    29.3.1 材料 ······ 254
    29.3.2 琼脂培养皿的准备 ······ 254
    29.3.3 土壤稀释液的准备 ······ 255
    29.3.4 根菌稀释液的准备 ······ 255
    29.3.5 琼脂涂布平板的准备 ······ 255
    29.3.6 计算 ······ 256
    29.3.7 注释 ······ 256
    29.3.8 稀释剂的种类 ······ 256
    29.3.9 培养基的种类 ······ 256
  29.4 最近似值法 ······ 257
    29.4.1 材料 ······ 257
    29.4.2 步骤 ······ 257
    29.4.3 计算 ······ 258
    29.4.4 注释 ······ 259
  29.5 用于对土壤微生物分离和计数的培养基 ······ 260
    29.5.1 异养细菌分离培养基 ······ 260
    29.5.2 用于分离特定生理组微生物的培养基 ······ 260
  参考文献 ······ 261

第30章 丛枝菌根 ······ 263
  30.1 引言 ······ 263
  30.2 采样方法 ······ 263
    30.2.1 材料和试剂 ······ 264
    30.2.2 步骤 ······ 264
    30.2.3 注释 ······ 264
  30.3 染色法确定根系定殖 ······ 264
    30.3.1 材料和试剂 ······ 265
    30.3.2 步骤 ······ 265
    30.3.3 注释 ······ 265
  30.4 网格线交叉法确定根系定殖 ······ 265
    30.4.1 材料和试剂 ······ 266
    30.4.2 步骤 ······ 266
    30.4.3 注释 ······ 266
  30.5 土壤菌根潜力的确定 ······ 266
    30.5.1 材料和试剂 ······ 267

30.5.2 步骤 267
30.5.3 注释 268
30.6 AM 真菌根外菌丝的评估 268
30.6.1 材料和试剂 269
30.6.2 步骤 270
30.6.3 注释 271
30.7 AM 真菌根外菌丝的测定 271
30.7.1 材料和试剂 272
30.7.2 步骤 272
30.7.3 注释 272
30.8 AM 真菌的提取 272
30.8.1 筛分和蔗糖技术提取土壤 AM 孢子 273
30.8.2 根系酶消解法提取囊泡 274
参考文献 275

第 31 章 根瘤菌与共生固氮作用 280
31.1 引言 280
31.2 根瘤菌的分离方法 281
31.2.1 材料 282
31.2.2 步骤 282
31.2.3 注释 283
31.3 通过植物感染最大或然数法来计算根瘤菌的数量 283
31.3.1 材料 283
31.3.2 步骤 284
31.3.3 根瘤菌 MPN 的计算 284
31.3.4 注释 287
31.4 从土壤中直接分离根瘤菌并计数 287
31.4.1 *S. Meliloti* 菌的分离及计数 288
31.4.2 *R. Leguminosarum* 菌的分离 288
31.4.3 分离和定量 Bradyrhizobium 菌种 289
31.5 根瘤菌的直接检测方法 290
31.6 根瘤菌的共生固氮效率 290
31.6.1 作物干产量 291
31.6.2 根瘤指数 291
31.6.3 总氮的差异 291
31.6.4 乙炔还原实验 292
31.6.5 ^{15}N 方法 292
参考文献 292

第 32 章 小型节肢动物 296
32.1 引言 296
32.2 采样 297

	注释	298
32.3	提取方法	298
	32.3.1　高梯度动态提取	298
	32.3.2　机械提取方法：庚烷浮集法	302
32.4	高梯度提取法和庚烷提取法比较	304
32.5	处理和鉴定	304
	32.5.1　引言	304
	32.5.2　保存方法	304
	32.5.3　初步整理和清理	305
32.6	简要统计注意事项	305
参考文献		305

第33章　线虫 308

33.1	引言	308
33.2	样品前处理	308
33.3	贝尔曼漏斗法（Baermann，1917）	309
	33.3.1　材料和试剂	309
	33.3.2　步骤	309
	33.3.3　注释	309
33.4	贝尔曼盘法	310
	33.4.1　材料和试剂	310
	33.4.2　步骤	310
	33.4.3　注释	310
33.5	过筛—贝尔曼漏斗法	311
	33.5.1　材料和试剂	311
	33.5.2　步骤	311
	33.5.3　注释	311
33.6	离心浮选法（Caveness 和 Jensen，1955；Jenkins，1964）	311
	33.6.1　材料和试剂	312
	33.6.2　步骤	312
	33.6.3　注释	312
33.7	芬威克罐法（Fenwick，1940）	312
	33.7.1　材料和试剂	312
	33.7.2　步骤	313
	33.7.3　注释	313
参考文献		313

第34章　蚯蚓 316

34.1	引言	316
34.2	采样设计	317
34.3	物理方法	317
	34.3.1　手拣	317

34.3.2　冲洗和过筛 318
34.4　行为方法 319
　　34.4.1　热芥末 319
　　34.4.2　福尔马林提取 321
　　34.4.3　热提取 322
　　34.4.4　电流提取 322
　　34.4.5　机械振动 322
34.5　间接抽样估计 322
　　34.5.1　捕获和引诱 322
　　34.5.2　计数粪堆和脱落物 322
　　34.5.3　标志和重捕 323
　　34.5.4　声估计 323
34.6　采集蚯蚓茧 323
34.7　蚯蚓数据的解释和分析 323
　　34.7.1　蚯蚓生物量 324
　　34.7.2　使蚯蚓肠道物质对生物量评估无影响的步骤 324
　　34.7.3　注释 324
34.8　处理蚯蚓作为参考标本 324
　　34.8.1　保护和保存的步骤 324
　　34.8.2　蚯蚓的分类鉴定 325
34.9　转移蚯蚓（从野外到实验室） 325
参考文献 325

第35章　线蚓科动物 329
35.1　引言 329
35.2　采样及提取 329
　　35.2.1　湿法提取 329
　　35.2.2　硅胶提取法 331
35.3　固定和染色 331
　　35.3.1　材料和试剂 332
　　35.3.2　步骤 332
　　35.3.3　注释 333
35.4　培养 333
　　35.4.1　材料和试剂 333
　　35.4.2　步骤 333
　　35.4.3　注释 333
参考文献 334

第36章　原生动物 335
36.1　引言 335
36.2　显微镜 336
36.3　标准溶液 336

36.3.1 磷酸缓冲液	336
36.3.2 土壤磷酸缓冲盐	337
36.3.3 琼脂（1.5%）	338
36.3.4 标准土壤提取液	338
36.3.5 标准土壤溶液	338
36.3.6 小麦草培养基 0.1%（w/v）	338
36.4 土壤采样和样品保存	339
36.4.1 材料	339
36.4.2 步骤	339
36.4.3 注释	339
36.5 活跃无壳变形虫的丰度	340
36.5.1 材料	340
36.5.2 步骤	340
36.5.3 注释	341
36.6 活跃鞭毛虫的丰度	341
36.6.1 材料	341
36.6.2 步骤	341
36.6.3 注释	342
36.7 活跃纤毛虫和有壳变形虫的丰度	342
36.7.1 材料	342
36.7.2 步骤	342
36.7.3 注释	342
36.8 落叶层原生动物	343
36.8.1 材料	343
36.8.2 步骤	343
36.8.3 注释	344
参考文献	344
第 37 章　土壤反硝化测定技术	346
37.1 引言	346
37.2 收集释放气体真空容器的准备	347
37.2.1 抽空进样瓶的分析仪器和材料	348
37.2.2 步骤	348
37.2.3 注释	349
37.3 制造厌氧环境	349
37.3.1 步骤	349
37.4 反硝化试验中土样的准备	349
37.5 基础反硝化速率（Drury 等，1911；Beauchamp 和 Bergstrom，1993）	350
37.5.1 分析仪器和材料	350
37.5.2 步骤	350
37.5.3 注释	352

37.6 反硝化潜力（Smith 和 Tiedje，1979；Martin 等，1998；Luo 等，1996；Pell 等，1996） ········· 353
 37.6.1 分析仪器和材料 ········· 353
 37.6.2 步骤 ········· 353
 37.6.3 注释 ········· 354

37.7 原状土柱培养法测定反硝化作用 ········· 354
 37.7.1 分析仪器和材料 ········· 354
 37.7.2 步骤 ········· 354
 37.7.3 注释 ········· 355

37.8 ^{15}N 示踪技术（Hauck 等，1958；Mulvaney 和 Vanden Heuvel，1988；Arah，1992） ········· 355
 37.8.1 分析仪器和材料 ········· 356
 37.8.2 步骤 ········· 356
 37.8.3 注释 ········· 357

37.9 连续气流法（Mckenney 等，1996） ········· 357
 37.9.1 分析仪器和材料 ········· 358
 37.9.2 步骤 ········· 358
 37.9.3 注释 ········· 359

参考文献 ········· 359

第 38 章 土壤硝化测定技术 ········· 363

38.1 引言 ········· 363

38.2 土壤预处理、分析及存储 ········· 364

38.3 净硝化速率 ········· 364
 38.3.1 材料和试剂 ········· 365
 38.3.2 步骤 ········· 365
 38.3.3 注释 ········· 366

38.4 潜在硝化速率 ········· 366
 38.4.1 材料和试剂 ········· 367
 38.4.2 步骤 ········· 367
 38.4.3 注释 ········· 367

38.5 总硝化速率 ········· 368
 38.5.1 材料和试剂 ········· 368
 38.5.2 步骤 ········· 369
 38.5.3 注释 ········· 370

38.6 原位测定净硝化速率的方法 ········· 371
 38.6.1 材料和试剂 ········· 371
 38.6.2 步骤 ········· 372
 38.6.3 注释 ········· 372

参考文献 ········· 373

第 39 章 底物诱导呼吸作用和选择性抑制测定土壤中的微生物生物量 ········· 376

39.1 引言 ········· 376

39.2 底物诱导呼吸作用 ... 376
39.2.1 材料和试剂 ... 377
39.2.2 步骤 ... 377
39.2.3 计算 ... 378
39.2.4 注释 ... 379
39.3 选择性抑制（Anderson 和 Domsch，1975；Bailey 等，2003） ... 379
39.3.1 材料和试剂 ... 380
39.3.2 步骤 ... 381
39.3.3 计算 ... 381
39.3.4 注释 ... 381
参考文献 ... 382

第 40 章 土壤生物活性的评估 ... 384
40.1 引言 ... 384
40.2 分解网袋法评估生物活性 ... 384
40.2.1 材料及试剂 ... 385
40.2.2 残渣收集及处理 ... 385
40.2.3 分解袋的制作 ... 386
40.2.4 分解袋的安放 ... 386
40.2.5 分解袋的回收及处理 ... 386
40.2.6 计算 ... 386
40.2.7 注意事项 ... 388
40.3 诱饵层片法 ... 389
40.3.1 材料 ... 390
40.3.2 诱饵层片的准备 ... 390
40.3.3 插入土壤中诱饵层片的准备 ... 390
40.3.4 诱饵层的田间放置 ... 391
40.3.5 田间回收诱饵条带 ... 392
40.3.6 记录诱饵层片数据 ... 392
40.3.7 注意事项 ... 393
参考文献 ... 394

第 41 章 土壤 ATP ... 397
41.1 引言 ... 397
41.2 土壤 ATP 测定方法 ... 398
41.2.1 土壤采样和预处理 ... 398
41.2.2 试剂 ... 398
41.2.3 提取步骤 ... 399
41.2.4 测定步骤 ... 400
41.3 土壤 ATP 含量计算方法 ... 400
41.3.1 材料与试剂 ... 400
41.3.2 土壤 ATP 回收率 ... 400

41.3.3　分析液中土壤 ATP 含量 ··· 400
　　41.3.4　土壤 ATP 含量 ·· 401
41.4　注意事项 ·· 401
41.5　ATP 和微生物生物量 ··· 401
参考文献 ·· 402

第 42 章　基于脂质的群落分析 ··· 404
42.1　引言 ·· 404
42.2　脂肪酸甲酯法（Sasser，1990；经 Cavigelli 等改良为适用于土壤版本，1995）········ 405
　　42.2.1　材料和试剂 ··· 405
　　42.2.2　步骤 ··· 406
　　42.2.3　注意事项 ··· 406
42.3　磷脂脂肪酸分析法（Bligh 和 Dyer，1959；经 Bossio 和 Scow 修正，1998；
　　　Smithwick 等，2005）··· 406
　　42.3.1　脂肪酸萃取 ··· 406
　　42.3.2　磷脂的固相提取 ··· 407
　　42.3.3　（弱碱性甲醇条件下）脂肪酸甲酯的转换 ······································· 408
　　42.3.4　气相色谱分析 ··· 408
42.4　脂肪酸数据的处理 ·· 408
　　42.4.1　脂肪酸鉴定 ··· 408
　　42.4.2　命名 ··· 408
　　42.4.3　数据分析 ··· 409
参考文献 ·· 409

第 43 章　细菌群落信息的变性梯度凝胶电泳（DGGE）分析 ······························· 411
43.1　引言 ·· 411
43.2　提取土壤 DNA（Martin-Laurent 等，2001）··· 412
　　43.2.1　注意事项及原则 ··· 412
　　43.2.2　材料与试剂 ··· 412
　　43.2.3　操作步骤 ··· 413
43.3　PCR 扩增（Dieffenbach 和 Dveksler，2003）··· 413
　　43.3.1　注意事项及原则 ··· 413
　　43.3.2　材料与试剂 ··· 414
　　43.3.3　操作步骤 ··· 414
43.4　DGGE 技术探究群落组成（Muyzer 和 Smalla，1998）························· 414
　　43.4.1　注意事项及原则 ··· 414
　　43.4.2　材料与试剂 ··· 415
　　43.4.3　操作步骤 ··· 415
　　43.4.4　分析 ··· 416
参考文献 ·· 416

第 44 章　土壤食物链特性指示物 ··· 418
44.1　引言 ·· 418

44.2 真菌和细菌生物量的区分 ··· 419
　　44.2.1 仪器与试剂 ··· 420
　　44.2.2 实验步骤 ·· 420
　　44.2.3 计算 ·· 420
　　44.2.4 评论 ·· 421
44.3 线虫捕食类群和食物链结构指示物 ··· 421
　　44.3.1 试剂与仪器 ··· 423
　　44.3.2 计数 ·· 423
　　44.3.3 计算 ·· 423
　　44.3.4 注意事项 ·· 424
44.4 用于食物链模型微动物生物量的计算 ··· 424
参考文献 ·· 424

第五篇　土壤有机质分析

第 45 章　碳矿化 ·· 429
45.1 引言 ··· 429
45.2 土壤预处理与培养条件 ··· 429
45.3 培养和测定方法 ··· 430
　　45.3.1 酸滴定法 ·· 430
　　45.3.2 红外气体分析法 ··· 431
　　45.3.3 电导法 ·· 431
　　45.3.4 气相色谱法 ··· 431
45.4 用碱液吸收 CO_2 的密闭容器培养法 ··· 431
　　45.4.1 材料与试剂 ··· 431
　　45.4.2 步骤 ·· 432
　　45.4.3 注释 ·· 432
45.5 累积 CO_2 的密闭容器培养法 ··· 433
　　45.5.1 材料和试剂 ··· 433
　　45.5.2 步骤 ·· 433
　　45.5.3 注释 ·· 433
45.6 开放式培养法 ··· 434
45.7 电导呼吸法 ··· 434
参考文献 ·· 435

第 46 章　矿化态氮 ·· 437
46.1 引言 ··· 437
46.2 潜在可矿化氮 ··· 437
　　46.2.1 原理 ·· 437
　　46.2.2 材料 ·· 438
　　46.2.3 步骤 ·· 438

  46.2.4　计算 ... 438

  46.2.5　注释 ... 439

 46.3　短期好气培养法 ... 439

  46.3.1　步骤 ... 440

 46.4　厌气培养法 ... 440

  46.4.1　步骤 ... 440

  46.4.2　注释 ... 440

 46.5　氮矿化能力的化学指标 ... 441

 参考文献 ... 441

第47章　物理性非复合有机质 ... 444

 47.1　引言 ... 444

 47.2　颗粒有机质 ... 445

  47.2.1　材料与试剂 ... 445

  47.2.2　步骤 ... 445

  47.2.3　注释 ... 446

 47.3　轻组有机质 ... 446

  47.3.1　材料与试剂 ... 446

  47.3.2　步骤 ... 447

  47.3.3　注释 ... 447

 47.4　重点注意事项 ... 448

  47.4.1　结果计算 ... 448

  47.4.2　分组过程中的损失 ... 449

  47.4.3　轻组分的生物测定 ... 449

  47.4.4　木炭或矿质土壤对非复合有机质的污染 ... 449

 参考文献 ... 449

第48章　可溶性有机质的提取和测定 ... 451

 48.1　引言 ... 451

 48.2　土壤可溶性有机质的采集 ... 452

  48.2.1　土壤溶液态有机质 ... 452

  48.2.2　水提取态有机质（Zsolnay，1996；Kalbitz等，2003） ... 452

  48.2.3　盐提取态有机质 ... 453

 48.3　可溶性有机质的表征方法 ... 454

  48.3.1　碳含量 ... 454

  48.3.2　氮含量（Cabrera和Beare，1993） ... 455

  48.3.3　特定紫外吸光值 ... 455

  48.3.4　酚类 ... 456

  48.3.5　己糖 ... 457

  48.3.6　戊糖 ... 458

  48.3.7　氨基酸 ... 458

  48.3.8　蛋白质 ... 459

	48.3.9 生物降解性评价	460
参考文献		461

第49章 微生物量碳、氮、磷和硫 ... 465

- 49.1 引言 ... 465
- 49.2 氯仿熏蒸—浸提法 ... 466
- 49.3 微生物量碳和氮 ... 466
  - 49.3.1 材料和试剂 ... 466
  - 49.3.2 土壤样品的制备 ... 467
  - 49.3.3 熏蒸处理 ... 467
  - 49.3.4 微生物量碳、氮的提取 ... 467
  - 49.3.5 浸提液中碳、氮的测定 ... 467
  - 49.3.6 微生物量碳和氮的计算 ... 468
- 49.4 微生物量磷 ... 468
  - 49.4.1 材料和试剂 ... 468
  - 49.4.2 土壤样品制备 ... 469
  - 49.4.3 熏蒸处理 ... 469
  - 49.4.4 微生物量磷的提取 ... 469
  - 49.4.5 提取态磷的测定 ... 469
  - 49.4.6 微生物量磷的计算 ... 470
- 49.5 微生物量硫 ... 470
  - 49.5.1 材料和试剂 ... 470
  - 49.5.2 土壤样品的制备 ... 471
  - 49.5.3 熏蒸处理 ... 471
  - 49.5.4 微生物量硫的提取 ... 471
  - 49.5.5 提取态硫的测定 ... 471
  - 49.5.6 微生物量硫的计算 ... 471
- 49.6 注释 ... 471
- 参考文献 ... 472

第50章 碳水化合物 ... 476

- 50.1 引言 ... 476
- 50.2 中性糖的浸提 ... 476
  - 50.2.1 材料与试剂 ... 477
  - 50.2.2 步骤 ... 477
  - 50.2.3 注释 ... 478
- 50.3 氨基糖的浸提（据 Zelles（1988）的方法修订）... 478
  - 50.3.1 材料与试剂 ... 478
  - 50.3.2 步骤 ... 478
  - 50.3.3 注释 ... 479
- 50.4 中性糖的测定（据 Martens 和 Frankenberger（1991）的方法修订）... 479
  - 50.4.1 材料与试剂——提取物的纯化 ... 479

  50.4.2 纯化过程 ······ 479
  50.4.3 注释 ······ 480
  50.4.4 材料与试剂——分析过程 ······ 480
  50.4.5 色谱条件 ······ 480
  50.4.6 注释 ······ 481
 50.5 分析步骤——氨基糖（据 Zelles（1988）的方法修订）······ 481
  50.5.1 材料和试剂 ······ 481
  50.5.2 样品制备和衍生 ······ 482
  50.5.3 色谱条件 ······ 482
  50.5.4 注释 ······ 483
 参考文献 ······ 483

第 51 章 有机氮的形态 ······ 486
 51.1 引言 ······ 486
 51.2 盐酸水解—蒸汽蒸馏或色谱法分析氮素形态 ······ 487
  51.2.1 土壤酸解样品的制备（Bremner，1965）······ 487
  51.2.2 酸解产物中氮组分的测定 ······ 488
  51.2.3 注释 ······ 489
 51.3 通过甲磺酸水解、阴离子色谱—脉冲法分析单体氨基酸和氨基糖 ······ 489
 参考文献 ······ 490

第 52 章 土壤腐殖质组分 ······ 493
 52.1 引言 ······ 493
 52.2 样品的采集与制备 ······ 494
 52.3 碱提取法 ······ 494
  52.3.1 试剂 ······ 494
  52.3.2 步骤 ······ 494
  52.3.3 注释 ······ 495
 52.4 分离腐殖质组分 ······ 495
  52.4.1 试剂 ······ 495
  52.4.2 步骤 ······ 495
  52.4.3 注释 ······ 496
 52.5 全土的腐殖质特征 ······ 496
 参考文献 ······ 496

第 53 章 固态 ^{13}C 核磁共振波谱法测定土壤有机质 ······ 498
 53.1 引言 ······ 498
 53.2 样品预处理 ······ 499
  53.2.1 仪器与材料 ······ 499
  53.2.2 样品预处理的步骤 ······ 499
 53.3 ^{13}C 核磁共振分析 ······ 500
  53.3.1 安全须知 ······ 500
  53.3.2 样品准备 ······ 500

53.3.3　CP/MAS 的参数采集 ·· 500
　　53.3.4　直接极化或 Bloch 衰变参数 ··· 502
　　53.3.5　偶极相移技术 ·· 502
　　53.3.6　边带全抑制技术 ·· 502
　　53.3.7　背景信号 ··· 503
　　53.3.8　其他实验 ··· 503
　53.4　数据处理 ··· 503
　53.5　注释 ·· 506
　参考文献 ··· 506

第 54 章　稳定性同位素在土壤和环境科学研究中的应用 ······························· 509
　54.1　引言 ·· 509
　54.2　稳定同位素的命名、符号、标准和转换 ·· 510
　54.3　同位素比质谱仪的使用 ·· 511
　54.4　样品制备及分析 ··· 513
　　54.4.1　土壤有机质中 $\delta^{13}C$ 值的测定 ·· 514
　　54.4.2　测定土壤全 $\delta^{13}C$ 值和全 $\delta^{15}N$ 值 ··· 514
　　54.4.3　铵盐中 $\delta^{15}N$ 值和硝酸盐中 $\delta^{15}N$ 值、$\delta^{18}O$ 值的测定 ·············· 515
　　54.4.4　N_2O 中 $\delta^{18}O$ 值和 $\delta^{15}N$ 值的测定 ·· 516
　54.5　轻同位素的应用与计算 ·· 516
　　54.5.1　由植被引起的土壤有机物 $\delta^{13}C$ 值的转变 ······································ 517
　　54.5.2　富 ^{15}N 肥的足迹 ··· 518
　　54.5.3　未知源中 $\delta^{15}N$ 值的确定 ··· 519
　54.6　关于稳定性同位素在环境研究中应用的说明 ··· 520
　参考文献 ··· 520

第 一 篇

土壤样品采集与处理

主译：李晓晶　孙　扬　赵丽霞

第1章 土壤采样设计

Dan Pennock and Thomas Yates

University of Saskatchewan

Saskatoon, Saskatchewan, Canada

Jeff Braidek

Saskatchewan Agriculture and Food

Saskatoon, Saskatchewan, Canada

1.1 引 言

采样包括从总体样本中选择样本子集，然后进行测定；该子集（或样本）的测定结果将用于估计样本总体的特性（或参数）。在土壤学中，采样对于所有田间研究项目都是必需的。对于科学研究而言，对样本总体进行测定是无法实现的。比如，在10公顷的试验区域内就包含有100 000个1 m^2的土坑或1×10^7 cm^2的土芯。可见，采集全部样本既不合理、也不实际，因此需要科学地、有目标地采样。

采样设计包括确定样本选择的最优方法，所选样品要能够代表样本总体的特性。明确样本总体特性是调查研究初始规划的关键（Eberhardt 和 Thomas，1991；Pennock，2004）。采样设计定义了如何从总体中选择特定的要素，而这些采样要素构成了样本总体。

对特定的采样设计及统计方法已有许多非常详细的规程。本章将介绍如何选择一个正确的采样设计方案及应该考虑的相关问题。本章最后一部分介绍了与特定研究规划有关的设计方案。另外，在每节中列出了关于该主题的推荐读物，以便读者深入研究。

1.2 采样方法

1.2.1 偶然、判断和概率抽样

确定采样地点的方法有偶然抽样、判断抽样和概率抽样。随意地，图便捷、图省事地采样会让采样者做出的一系列片面的决定，而且没有系统的设计方式来确保所选样本在总体中具有代表性。上述的采样方式与科学的采样设计相悖。判断抽样，也叫立意抽样（de Gruijter，2002）是根据研究者所掌握的知识来选择采样点的。判断抽样虽然能够准确估计部分样本参数（如平均值和样本数），但是不能保证这些估计值的精确度（Gilbert，1987），而且估计值的可靠性依赖于研究者的判断力。概率抽样使用一系列的特殊样点布局随机选择采样点，并可计算出每个设计中采样点的抽样概率。与判断抽样不同，概率抽样可对参数估计值的精确度进行估计，并基于平均值变异性的估计值进行一系列统计分析，是目前土壤学中最常见的采样方法。

1.2.2 采用判断抽样的研究设计

成土和土壤地貌研究的重点是确定形成土壤性质、地貌特征的过程和控制这些过程发生速率的环境因素。单个土体尺度的研究与土壤分类系统的发展紧密相关，且集中于垂直和内部土体发育过程的研究。土壤地貌研究是第四纪地质学和土壤学的交叉学科，土壤地貌学家主要关注横向迁移过程和历史地貌演化。

以上两种类型的研究均包括对土壤和沉积物的露头进行识别，露头截面明确记录了土壤地貌形成过程的顺序。研究者通过对最有可能保存土壤-沉积物柱最佳地貌位置的判断来确定这些露头点位。因此，地貌年代序列的发展可以通过对单一土壤或沉积物露头截面的详细分析完成，不需要选择多个露头。

土壤调查旨在确定调查空间单元的范围。首先，土壤调查者需要绘制土壤分类单元的分布图，并注明土壤的主要性质。在土壤调查中，通过合理选择采样点，实地建立了土壤类别与景观单元之间的联系（称为自由调查法）。判断抽样法是完成土壤调查的一种极其有效的方法。大多数污染物调查是由私营环境企业实施的，整个过程涉及从最初的污染物范围评估到最终的污染环境治理。Laslett（1997）认为从事这些调查的私企几乎都是采用判断抽样法，他们的采样点布置是建立在经验和先验知识的基础上的。在一些行政区域，采样设计也可能受到相关规章制度的限制。

1.2.3 采用概率抽样的研究设计

通常清单调查研究的共同目标是测量研究区域一个或多个属性的值及这些属性值的不确定性。比如，在农田土壤采样中，我们希望能够估算出选定区域中植物可利用营养元素的量；在污染场地采样中，目标可能是估计点位上污染物的浓度。在对比观测性试验中，根据分组指标进行比较，分组指标是研究者自定义的，但是不能由研究者随意调控。比如，不同的采样点会以不同的土壤质地、地形位置、土壤分类和排灌类型分组。上述方法确定的采样点位置不能被随机化，不像人为设置的处理如耕作方式和施肥量有必要随机化。在控制性试验中，研究者可以直接设置处理，理想情况下可以设置能够准确施用的固定用量。许多研究同时涉及观测性与控制性试验，比如对在不同地形位置（特有的或内在的属性）下测量不同施肥量（人为设置指标）的产量响应。在清单调查、对比观测性和控制性试验中，采样设计的作用非常相似，都是对总体样本分布进行统计性估计。在清单研究中统计性估计可能是研究的最后一步。

时空分布研究是评价和解释属性的空间和时间分布。时空分布研究有两种主要形式：（a）量化相关属性的时空变化；（b）利用点图提出并验证相关假设。此研究的首要目的是可视化地评价观测点在时间和空间上的分布，其次是对总体样本进行统计学评估。

地统计学和其他空间统计学研究可模拟土壤性质的空间分布，利用这些模型在未采样区域进行插值计算，评估不同空间过程模型的适用性，或者辅助设计更高效的采样方案。

1.3 采样设计的统计学概念

1.3.1 集中趋势和离散趋势测定

属性分布的关键特征是其集中趋势的测定值和围绕集中趋势测定值的离散值。在研究规划的最初阶段，研究者定义的总体样本由采样单元和这些采样单元的一个或多个属性组成。每一个属性都存在一个与它相关的值的分布，这些值可以由诸如总体样本平均值（μ）和方差（σ^2）等参数来表征。采样单元中的样本从总体样本中抽取，并计算抽取样本平均值（$\bar{x}$）和方差（s^2）等统计学参数，作为总体样本参数的估计值。上述统计学计算比较简单，在此不再赘述。抽取的样本数用 n 表示。对于近似正态分布的抽取样本总体，算术平均值（$\bar{x}$）是反映集中趋势的一个适当指标。方差（s^2）为常用离散程度度量指标，是指各个数值与其算数平均值的离差平方和的平均值。标准偏差（s）与平均值的单位相同。变异系数（CV）是指在平均值附近离散度的标准化度量，计算公式如下：

$$CV = (s/\bar{x}) \times 100 \tag{1.1}$$

土壤科学中的抽样样本总体通常表现出一个较长的右拖尾（即它们是右偏的）。在这种情况下，应该运用对数正态分布或者其他右偏态分布。

正态分布的数学特性很好理解，真实总体均值与样本均值一定距离内的概率可以很容易地计算出来。抽样样本总体中样本均值的标准误差为

$$s(\bar{x}) = s/\sqrt{n} \tag{1.2}$$

对于样本量较大或者标准误差已知，或近似于正态分布的抽样样本总体，其标准误差为±1.96 的真实平均值覆盖了抽样样本总体的95%（概率 $P=0.05$）。此时定义限制值的范围是平均值95%的置信区间，即95%的置信限。值1.96来自 t 分布，t 值可以由任何置信限推导出来。对于样本量小或者标准差未知的抽样样本总体，值1.96须被自由度较大的 t 值替代。对于近似正态分布的样本可以选择超过给定标准误差的概率（α）和适当的置信区间。

1.3.2 独立性、随机性和重复性

抽样的目的是抽取能代表目标总体的样本。如果不是基于特定概率来抽取样本，那么这些样本很可能不能代表样本总体的性质。比如，采样地点选在农场附近（而不是分布在整个采样区域），由于邻近粪肥源头，导致农家肥过量施用，最终高估了区域土壤养分含量。采用基于概率的抽样设计（见本章1.4节讨论的内容），能保证在样本选择过程中特定抽样设计的独立性，这样能满足经典统计分析对样本的独立性要求（详见 Brus 和 de Gruijter，1997）。

重复性是观测性和控制性实验研究中需要考虑的一个重要因素。在控制性实验中，重复是指一组处理的重复实施（如施肥或施药量）。在时空分布研究或观测性研究中，重复是指在特定分类下对样本总体重复、客观地抽样。比如，在有显著的凸坡曲率的研究区域选择多个 5 m×5 m 斜坡单元。重复抽样可获得实验误差的估计值，增加重复可减少均值的标准误差，从而提高精确度（Steel 和 Torrie，1980）。正确判定和重复抽样对估计样本参数至关重要，同时也是使用统计学进行分析的前提。当研究者假定从有限样本中得到的结论是普适的，这时便产生了伪重复（Hurlbert，1984），如果在研究初期没有对目标总体进行清晰的定义，伪重复也会经常出现。

在控制性设计中应考虑随机性。Steel 和 Torrie（1980，p. 135）总结了随机性需要满足的条件：

"有必要运用某种方式确保特定的处理不会因受到某些已知或未知的外部因素干扰而一直被优先选择或者排除。换句话说，无论有利或者无利，每一个处理在被分配到任何试验单元的机会是相等的。"

在区域采样设计中，随机性的采样设计能够确保实验点的随机布局。在一系列处理中，采用相同的布点模式重复采样可能造成对实验误差的错误估计，运用随机数据表或由电脑随机生成的布点模式可以获得各处理组采样点的随机布局。

1.4 样点布局和间距

虽然采样设计有许多种类型（详见 Gilbert，1987；Mulla 和 McBratney，2000；de Gruijter，2002），但是在土壤学和地球科学领域被广泛使用的仅有两种：随机采样和系统采样。我们可以运用以下两节描述的采样设计进行清单研究。对时空分布研究和地统计学研究来说，通常运用横断面或者网格设计这两种方法，具体将在1.5节中详细描述。

1.4.1 简单随机和分层随机采样

在简单随机采样中，所有指定大小的样本被选择的概率是相同的。在分层随机采样中，这些采样点被分配到预设的组或层中，并在每一层中运用简单随机采样。在非比例采样中，样本被选择的概率可以根据层级的尺度成比例加权，或者抽样点的比例因层级而异。如果层级间变异性较大应采用非比例采样，通过增加高度变异层级中的样本采集数量，确保统计学估计的精确度相同。

正确使用分层采样得到的结果很可能比简单随机采样好，但是在选择之前必须满足以下四个条件（Williams，1984）：

① 在采样前必须对样本总体进行分层；
② 层级必须全覆盖且不可交叉（即样本总体的所有要素必须分配到单独的层级）；
③ 层级必须在研究的属性或性质上有所不同，否则分层随机采样的精确度并不会优于简单随机采样；
④ 代表每个层级的样本必须是随机选取的。

对于实地研究，研究区随机样点的选择可以借助于全球定位系统（GPS）完成。在野外调查之前，应选定随机采样点，并将其标记到GPS中，这样研究者可以使用GPS精确定位研究区域中的采样点。

确定清单研究中的样本数量。在某个项目的设计阶段，为了使估计平均值达到预先规定的精度，确定采集样本的数量是必须且重要的一步。其中一种方法是依据先验知识中样本属性的变异系数估计样本的数量，从而得到预先设定的相对误差。相对误差（d_r）定义如下：

$$d_r = (抽样样本均值 - 总体样本均值)/总体样本均值 \tag{1.3}$$

表1.1估计了选定置信限后为达到指定相对误差所需的样本数量。比如，置信限为0.95，相对误差为0.25，如果变异系数（CV）为50%，那么所需样本数为16；如果变异系数（CV）为150%，那么所需样本数为139。不同土壤性质变异系数（CV）的估计值见表1.2。

表1.1 运用预设的相对误差和变异系数估计所需采样量的平均值的真值（μ）

置信限	相对误差 d_r	变异系数（CV）/%					
		10	20	40	50	100	150
0.80	0.10	2	7	27	42	165	370
	0.25			6	6	27	60
	0.50				2	7	15
	1.0					2	4
0.90	0.10	2	12	45	70	271	609
	0.25			9	12	45	92
	0.50				2	13	26
	1.0					2	8
0.95	0.10	4	17	63	97	385	865
	0.25			12	17	62	139
	0.50			4		16	35
	1.0					9	16

来源：改编自 Gilbert, R.O., *Statistical Methods for Environmental Pollution Monitoring*, van Nostrand, Reinhold, New York, 1987, pp 320。

表1.2 土壤性质的变异性

变异系数			
低（CV<15%）	适中（CV 15%~35%）	高（CV 35%~75%）	较高（CV 75%~150%）
土壤色度[a]	砂粒含量[a]	土层厚度[a]	氧化亚氮通量[b]
pH[a]	黏粒含量[a]	可交换态 Ca、Mg、K[a]	电导率[b]
A 层厚度[a]	阳离子交换量[a]	土壤硝态氮[b]	饱和导水率[b]
粉粒含量[a]	%BS[a]	土壤有效磷[b]	溶质的扩散系数[b]
孔隙度[b]	碳酸钙当量[a]	土壤有效钾[b]	
容重[b]	作物产量[b]		
	土壤有机碳[b]		

[a] 摘自 Wilding, L.P. and Drees, L.R., In: L.P. Wilding, N.E. Smeck, and G.F. Hall, (Eds.), *Pedogenesis and Soil Taxonomy. I. Concepts and Interactions*, Elsevier Science Publishing, New York, 1983, 83-116.

[b] 摘自 Mulla, D.J. and McBratney, A.B., In: M.E. Sumner (Ed.), *Handbook of Soil Science*, CRC Press, Boca Raton, Florida, 2000, A321-A352.

1.4.2 系统采样

在许多实地研究中,采样设计使用最多的是运用横断面或者网格设计进行系统采样。系统采样设计经常受到统计学家的批评,但是它使用时的简易性和信息收集的高效性使其在地球科学领域广泛应用。在理想情况下,横断面或网格的初始点及采样方向应该是随机选择的。采用等间距系统采样时,主要的注意事项是,采样点不能按照横断面或网格间距对应设置。

横断面或者网格的选择受诸多因素影响。特定类型的研究设计需要特定类型的系统设计——下面将进行讨论。小波分析需要较长的横断面,而地统计学设计通常使用网格设计。因为网格分析较容易得到空间分布图,所以经常被用于空间分布研究。此外,试验点地貌的复杂性也是需要考虑的问题。

对于水平或近似水平的景观,既可以用横断面设计也可以用网格设计采样(图1.1)。斜坡地形中横断面设计的适用性取决于平面(斜坡)曲率。当没有明显的斜坡曲率存在时,单个横断面完全可以表征坡度的变化(图1.2)。然而,如果存在明显的平面曲率,那么单个横断面将略显不足。在这种情况下,可以运用Z字形设计或者多个随机定向横断面,但是网格设计更为常用(图1.3)。在网格设计中,关键是确保所有的曲面均被考虑到。根据经验,网格应该沿着斜坡的长轴从坡顶向坡脚延伸,至少沿着斜坡上一个完整的收敛-发散序列设计。

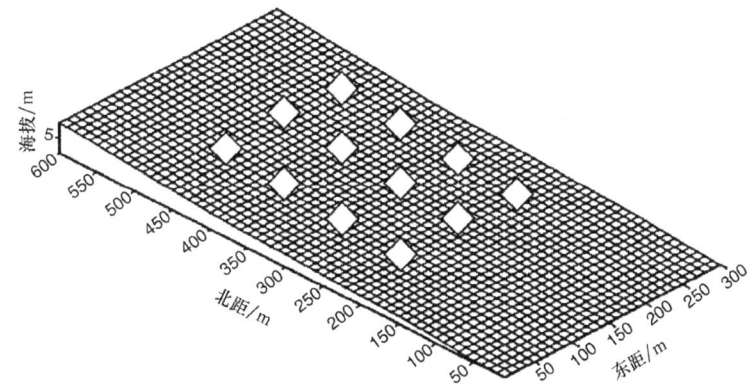

图1.1 近似水平面上由四个平行的横断面组成的网格采样布局示意
(在菱形标记点上采样)

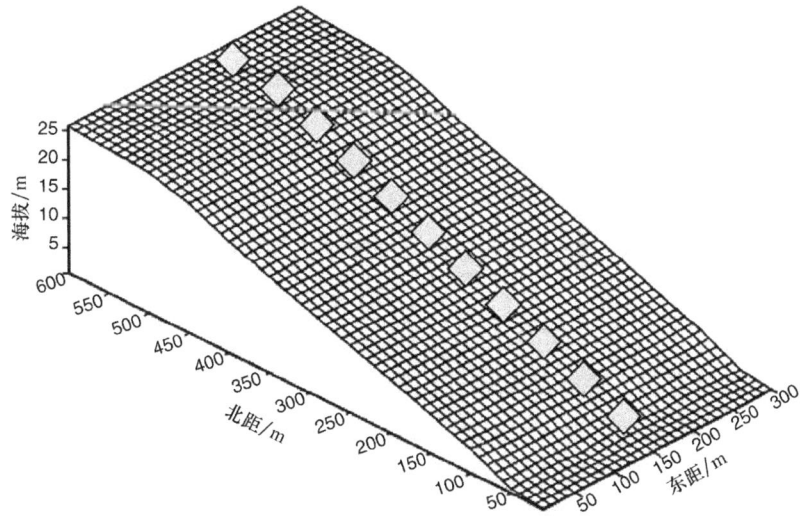

图1.2 无明显横坡(平面)曲率的坡面布局横断面采样示意
(在菱形标记点上采样)

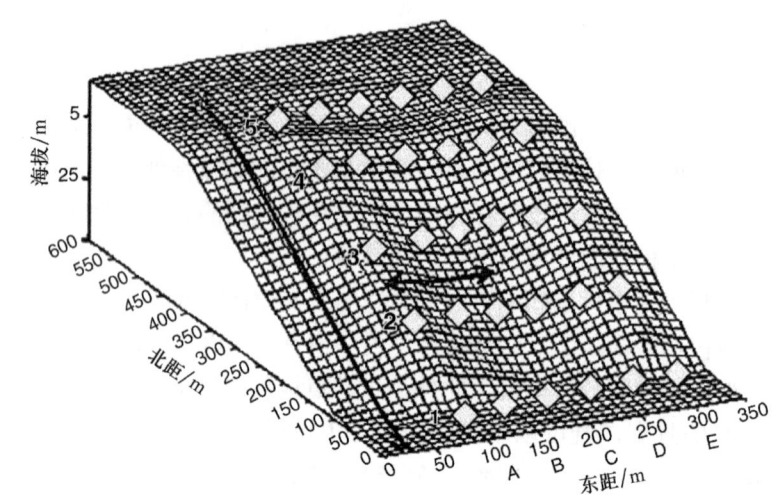

图 1.3 具有明显斜坡曲率的表面上由六个平行横断面组成的网格采样布局示意
（下坡上的箭头表示网格长轴的最短距离，穿过斜坡的箭头表示网格短轴的最短距离）
（在菱形标记点上采样）

在野外的横断面或者网格采样设计中，采样点之间的距离应小于代表样本采样点变异性所需的距离。比如，如果研究区域地貌的顶部和底部间的距离均为30 m，那么设定横断面的间距应远小于 30 m（如间距 5 m 或者 10 m）。当然，根据先验知识确定区域里的采样间距也是可行的。

1.5 特定研究目标的采样设计

1.5.1 观测性和控制性实验的采样设计

在观测性和控制性实验采样设计中，典型的目标是采用差异测试法评估不同类别中抽取样本的属性分布是否相同。在最简单的假设检验中，构建了两种假设：两组之间无差异的零假设（H_0）和一个显著性差异的备择假设。当零假设为真时，研究者采用 α 水平来控制拒绝零假设的概率（两组之间存在差异而事实上没有差异时，即第一类错误）。Peterman（1990）指出犯第二类错误（实际上零假设为假，而检验结果支持零假设）的后果可能比第一类错误更严重，尤其是在环境采样时。实际上零假设为假、检验结果支持零假设的概率用 β 表示，此时统计检验能力为（1-β）。在观测性和控制性实验的设计阶段，应通过统计检验能力的计算，以确保采集足够的样本来准确表征各组之间的差异。

非分层的、系统的设计对于观测性实验可能不太适用。比如在景观采样设计中，60%的样点位于第一类地形，5%的样点位于第二类地形，那么在 100 个点的网格中，第一类地形中应设计约 60 个采样点，第二类地形中应设计约 5 个采样点。这样的话，主导地形极可能会过量采样，而次要地形可能采样不足。在相关的组或层中预先设定好采样点位，通过分层采样有效获得合适的采样量，然后在每个组或层中随机采样直至达到预期采样量。

在控制性实验采样设计中，通常运用小条带或者小田块划分样地。如果这些实验单元是同质的，那么我们可以将这些处理随机分配到完全随机设计的田块。通常情况下实验单元都存在一定程度的异质性。例如，在田块中存在缓坡或者土壤质地的梯度变化。在这种情况下，处理可以被设定成方形或者矩形田块。每个田块通常包含一个实验处理，且每个田块中的处理序列是随机确定的，这被称为完全随机地块设计（RCBD），是控制性实验中最常使用的设计。在田间实验中，许多其他类型的控制性采样设计得到发展（Steel 和 Torrie，1980），生物统计学家的建议对这些设计的发展也十分有益。

1.5.2 土壤养分调查采样

这是一类特殊类型的调查研究,旨在获得整个或者部分试验地土壤养分特征平均值(通常称为土壤测试)。这个平均值通常作为下一个生长季推荐施肥量的基础数据。准确的土壤测试结果才能反映大田土壤的真实状况,这主要取决于样本收集和处理的方式,而与实验室内分析的误差关系不大(Cline,1944;Franzen 和 Cihacek,1998)。因此,用于室内分析的样本必须具有代表性,而且在室内分析之前,样本收集与处理的过程不能引起土壤性质的变化。

采样程序的制定必须解决以下问题:

1. 将田块分成不同的采样单元

田间操作者必须判定哪些细节与田间操作有关。这些田块是否采用了不同的施肥模式?这些田块区域是否足够大而满足实验要求?操作者是否根据田块划分进行特定的田间管理?操作者是否有能力通过改变施肥量以适应所确定的农田分块处理?

田块的划分通常由地形差异(称为地貌导向土壤采样)、母质、管理历史或产量历史来确定。如果田间操作者对该田块的背景资料没有预先的了解,或者所研究的农田没有明显的地形或者母质差异,他们没有办法将农田再分为更小的单元。在这种情况下,网格采样设计能够提供最大量的空间细节。然而,网格采样设计实施成本较高,对例行土壤测试来说是不经济的。

与网格采样设计相比,地貌导向的土壤样品采集,可以为土壤养分分布和独立管理单元识别提供更加有效的信息。而且,地貌导向土样采集在评估土壤养分的迁移趋势时非常有效。

2. 采样设计和样品数量的选择

对于整个或者划分的田块来说,可以采用随机采样设计、网格采样设计、基准采样设计进行采样。

在随机采样中,单个样本是从随机分布在该区域代表性位置采集的。这些随机位置可由 GPS 定位产生。Z 字形取样模式(图 1.4)经常用于田间采样。采样者应避免采集非典型区域的样本,如侵蚀小丘、洼地、盐碱地、栅栏线、旧路和庭院、水渠、粪堆和采样田块边缘。通常情况下,混匀所有样品,然后从中取一个混合样品并提交实验室分析。因为每个大田或者田块仅有一个混合样品被送至实验室内分析,所以成本相对较低。然而,这种设计并没有提供对该区域变异性的评估,而是依赖于田间操作者对采样区域固有养分水平差异的鉴别能力。

土壤测试实验室指南一致建议,不论实际采样面积多大,每个大田或者试验田块至少应采集 20 个样品。

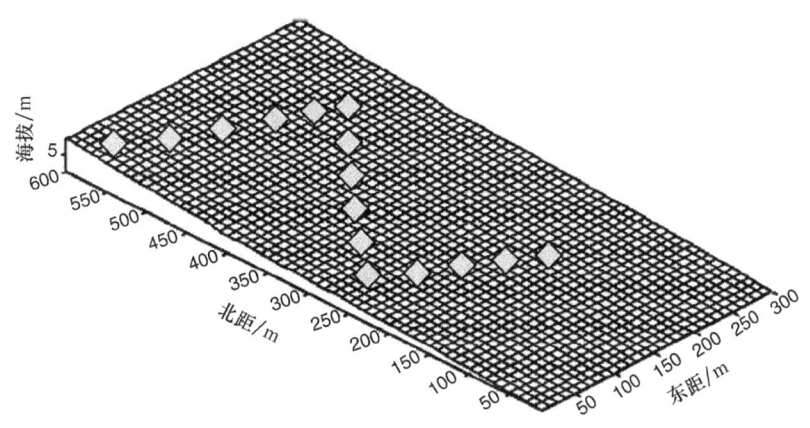

图 1.4 近似水平面上的 Z 字形采样设计示意
(在菱形标记点上采样)

2）网格采样法

在此采样设计中，网格系统将应用在每个试验区域或田块。采集每个网格节点的土样混合，并送至室内分析。网格采样法采样成本最高，但是如果网格尺度足够小的话，该方法可以提供土壤养分变异性分布的详细信息。

3）基准采样法

在此采样设计中，对每个试验区域或者田块要选择一个代表性点位（基准点位）。基准点位大约应为 0.25 英亩或 30 m×30 m 的田块。在基准点位内随机采集 20 个或者更多样品，然后混合。采用该方法采样的话，田间操作者能够在随后几年中返回到相同的基准点位进行重复测试。因此，这种设计的优点是能更精确地反映试验区域土壤养分状况的逐年变化趋势。

1.5.3 采样时间、采样深度和样品处理

按照惯例，为考察易迁移的土壤养分，应该尽可能地在播种期或者当土壤生物活性较低时采集土样。秋季一般在土壤温度低于 10℃ 时采集土样，在这个时间土壤养分水平变化较小。而播种前的春季采样可选择在土壤解冻后尽快进行。

通常情况下，采样深度为 0～15 cm（0″～6″）和 15～60 cm（6″～24″），或者 0～30 cm（0″～12″）和 30～60 cm（12″～24″）的组合。然而，如果目标土壤养分随土层深度变化较大，例如，易迁移的水溶态养分，那么为确保其精确度，必须额外增加采样点量。如果有机质和 pH 值测定指标很重要（尤其在评价潜在的除草剂残留迁移时），那么应采集 0～15 cm（0″～6″）的土壤样品。

我们应该使用土钻采集土样，以确保各土层采集的土壤体积相同。用铁锹采集的楔形样品不能保证采样体积的一致性。此外，必须保持所有的采样器清洁无锈。同时避免样品处理的各阶段受到污染。

在许多情况下，土壤采样器需要使用润滑油，以避免土粘在采样器内部。随着采样器插入土层，使用润滑剂可以避免在这过程中压实土壤，同时也有利于从采样器中将土壤取出。Blaylock 等（1995）研究表明，通常情况下使用润滑剂除了影响微量元素 Fe、Zn、Mn、Cu，不会影响土壤测定的其他结果。经常使用的润滑剂有 WD-40 润滑剂、PAM 食用油和 Dove 洗洁精。

1.5.4 地统计、频谱和小波分析采样

在以上讨论的方法中，选择地统计学技术要考虑抽样是基于设计还是基于模型；地统计学方法的应用可参考 Brus 和 de Gruijter（1997）（以及其他相关的论文）与 de Gruijter（2002）关于两种方式差异的详细阐述。

地统计学、频谱分析和小波分析都可用于研究位置间土壤性质的空间相关性。因此，我们使用 GPS 定位的每一个采样点的位置就至关重要。这种分析的采样程序应包括地形测量和数字高程模型的生成。

1. 地统计采样

土壤属性的空间变异分为随机组分和非随机组分（Wilding and Drees，1983）。非随机变异是由于在距离上土壤属性的逐渐变化而致。通过地统计学方法获得的非随机变异信息可用于未取样地区有效采样方案的设计和土壤性质的估算。在 Webster 和 Oliver（1990）、Mulla 和 McBratney（2000）、Yates 和 Warrick（2002）的论著中有关于地统计学的详细阐述。

地质统计学假定某一土壤属性在任何给定位置的值是该土壤属性在附近位置的值的函数（空间相关性）。位置之间的距离和方向决定了这些位置的土壤属性值之间的空间依赖程度。因此，运用地统计学方法不仅需要土壤性质的值，而且也需要明确其位置。主要的地统计学方法有半方差函数法和克里格法。半方差函数提供了一种空间相关性的度量方法，即变程，它可以用来确定最佳样本间距或土壤单元边界

的范围。克里格法使用已知区域的土壤属性值来估算未知区域的土壤属性值。通过使用交叉半方差函数和协同克里格法，可以探究两个不同土壤性质之间的空间相关性。

常用的采样设计中，确定最佳采样间隔和定义土壤边界的是线性横断面。如果样本点之间是等距的，那么这种情况的计算最简单；然而如果间隔不相等，应进行复杂的数学计算。如果研究区域中有可识别的地形特征，则横断面应垂直于这些特征的走向。

克里格法要求用网格法在研究区域中进行采样。样点位置是通过在一组预先确定的网格节点进行随机选择的。在这种情况下，样点位置之间的距离不相等。有效的网格设计和克里格法可以基于在同一区域内沿横断面的原始采样点建立的半方差函数。

地统计学要求平稳性假设，即在同一区域中所有土壤属性值均匀分布。这一假设并非总是正确的，超过一定的范围后土壤性质可能会发生变化。对于尺度分析和非平稳性分布，必须使用更先进的统计技术。

2. 频谱分析采样

在地貌重复的景观中，如丘陵或起伏的地形，土壤性质的不断变化可能导致一系列的数据具有重复的高低循环。我们可运用频谱分析技术在一定频域内考察其周期性（详见 McBratney 等 2002 年关于这些技术的阐述）。数据序列的总方差用频率来划分。如果方差主要与该周期所显示的频率有关，则认为土壤性质在某一特定周期内是循环变化的。周期与尺度或距离相似，特别像半方差函数中的变程。但与半方差函数不同的是，我们可以从中识别多个尺度。交叉谱可以识别共同循环的土壤特性，相干谱可以识别同一区域内两种性质可能正相关或负相关的尺度。

线性横断面是获得频谱分析所需数据序列最常用的采样设计。它要求样本间距必须是一致的。对于地统计学方法，样本数量、样本间距和横断面方向的选择应该最能代表区域的景观特征。

3. 小波分析采样

地统计学和频谱分析均要求平稳性假设。然而非平稳性也会出现，比如土地用途或地貌发生变化时出现的多个参数值。小波分析不需要平稳性假设（详见 McBratney 等，2002；Si，2003 中关于这种方法的阐述）。小波是一个数学函数，它为数据序列中的每个点生成局部小波方差。与频谱分析一样，小波根据频率（尺度）对数据序列的总方差进行分配，但与频谱分析不同的是，总方差也根据空间（位置）进行分配。小波方法使我们能够分辨出该区域中发生的多个进程、进程运行的尺度，以及这些进程在数据序列中的位点或分布。

与频谱分析一样，小波分析要求收集来自沿线性横断面等距位点的数据序列。小波分析按照 2 次幂对数据重新标度，因此横断面包含 2 次幂数据点（64，128，256，…）时计算速度最快（Si，2003）。所以，大尺度横断面通常采用小波分析。如果横断面位置的数量不是 2 的次幂时，可以用零到最近的 2 的幂次补充数据序列。对详细的尺度分析来说，128 个位点的横断面已经足够，这也易于大部分研究实际操作。

参 考 文 献

Blaylock, A.D., Bjornest, L.R., and Lauer, J.G. 1995. Soil probe lubrication and effects on soil chemical-composition. Commun. *Soil Sci. Plant Anal.* 26: 1687-1695.

Brus, D.J. and de Gruijter, J.J. 1997. Random sampling or geostatistical modelling? Choosing between design-based and model-based sampling strategies for soil(with discussion). *Geoderma* 80: 1-44.

Cline, M.G. 1944. Principles of soil sampling. *Soil Sci.* 58: 275-288.

de Gruijter, J.J. 2002. Sampling. In: J.H. Dane and G.C. Topp, eds. *Methods of Soil Analysis, Part 4—Physical Methods. Soil Science Society of America*, Inc., Madison, WI, 45-79.

Eberhardt, L.L. and Thomas, J.M. 1991. Designing environmental field studies. *Ecol. Monogr.* 6: 53-73.

Franzen, D.W. and Cihacek, L.J. 1998. Soil Sampling as a Basis for Fertilizer Application. North DakotaUniversity Extension Service Publication SF990. Available at: http: // www.ext. nodak.edu / extpubs / plantsci / soilfert / sf-990.ht (July 2006).

Gilbert, R.O. 1987. Statistical Methods for Environmental Pollution Monitoring. van Nostrand Reinhold, New York, NY, 320.

Hurlbert, S.H. 1984. Pseudoreplication and the design of ecological field experiments. *Ecol. Monogr.* 54: 187-211.

Laslett, G.M. 1997. Discussion of the paper by D.J. Brus and J.J. de Gruijter. Random sampling or geostatistical modeling? *Geoderma* 80: 45-49.

McBratney, A.B., Anderson, A.N., Lark, R.M., and Odeh, I.O. 2002. Newer application techniques. In: J.H. Dane and G.C. Topp, eds. *Methods of Soil Analysis, Part 4—PhysicalMethods. Soil Science Society of America*, Inc., Madison, WI, 159-200.

Mulla, D.J. and McBratney, A.B. 2000. Soil spatial variability. In: M.E. Sumner, ed. *Handbook of Soil Science*. CRC Press, Boca Raton, FL, A321-A352.

Pennock, D.J. 2004. Designing field studies in soil science. *Can. J. Soil Sci.* 84: 1-10.

Peterman, R.M. 1990. Statistical power analysis can improve fisheries research and management. *Can. J. Fish. Aquat. Sci.* 47: 2-15.

Si, B. 2003. Scale and location dependent soil hydraulic properties in a hummocky landscape: a wavelet approach. In: Y. Pachepsky, D. Radcliffe, and H.M. Selim, eds. *Scaling Methods in Soil Physics*. CRC Press, Boca Raton, FL, 169-187.

Steel, R.G.D. and Torrie, J.H. 1980. Principles and Procedures of Statistics. A Biometrical Approach. McGraw-Hill, New York, NY, 633.

Webster, R. and Oliver, M.A. 1990. Statistical Methods in Soil and Land Resource Survey. OxfordUniversity Press, Oxford, 316.

Wilding, L.P. and Drees, L.R. 1983. Spatial variability and pedology. In: L.P. Wilding, N.E.Smeck, and G.F. Hall, eds. *Pedogenesis and Soil Taxonomy. I. Concepts and Interactions*. Elsevier Science Publishing Company, New York, NY, 83-116.

Williams, R.B.G. 1984. Introduction to Statistics for Geographers and Earth Scientists. Macmillan Publishers Ltd., London, 349.

Yates, S.R. and Warrick, A.W. 2002. Geostatistics. In: J.H. Dane and G.C. Topp, eds. *Methods of Soil Analysis, Part 4—Physical Methods. Soil Science Society of America*, Inc., Madison, WI, 81-118.

（李晓晶 译，李永涛 翁莉萍 校）

第2章 森林土壤采样

N. Bélanger and Ken C.J. Van Rees

University of Saskatchewan
Saskatoon, Saskatchewan, Canada

2.1 引 言

引起森林土壤性质变异的原因很多。空间变异性是基岩类型和母质、气候、树种组成和下层植被、扰动（如砍伐、火灾、风倒），以及森林管理活动（如整地、间伐、修剪、施肥、植被管理）的函数。比如，与加拿大砍伐后的混交阔叶林区中前寒武纪地盾浅层岩石性冰碛土相比，澳大利亚次生50年树龄的新西兰松林园区中翻耕后冲积砂土的空间变异性相对较低。混交阔叶林的地被物可能显示出较高的变异性，比如受树倒（Beatty 和 Stone，1986；Clinton 和 Baker，2000）和不同树种影响（Finzi 等，1998；Dijkstra 和 Smits，2002）而造成的地被物厚度差异。此外，在松树林中对土壤进行翻耕可能减少某些由先前种植形成的土壤性质变异性（比如，当远离树干采样时土壤性质会发生改变）。与松树林相比，由于在多岩土中对容重和粗碎屑含量测定存在的问题，矿质土中养分库的评估更加困难（Kulmatiski 等，2003）。在天然林中，整个景观的水平层厚度是具有复杂空间模式的连续体，因此按深度制定重复采样方案也会有更大的问题。

在系统采样和描述森林土壤特性时，必须考虑到所有这些空间变异的来源。这就是为什么必须谨慎选择采样方案，本章专门讨论这一目标；另外，关于场地设计和地块建立的信息可以参考 Pennock（2004）或 Pennock 等人的研究。

2.2 采 样 量

要制定一个代表固有变异性和总体真值的采样方案，需要在森林地被物中采集许多样点。确定采样量很重要，因为采样量太大会导致时间、人力和财力的巨大投入，而采样量太小会引起统计检验出现错误。误差范围（d）是指观测样本平均值和总体真平均值之间的最大差异。可以按照下面的公式进行计算（Snedecor 和 Cochran，1980）：

$$d = t_\alpha^2 \frac{s}{\sqrt{n}} \tag{2.1}$$

式中，t_α是一个给定置信水平的t因子（通常是95%），s是平均值百分比的变异系数（CV）。如果已知p值和误差范围，可以对方程进行变形，即可求解所需的采样量：

$$n = \left[\frac{t_\alpha S}{d}\right]^2 \tag{2.2}$$

Arp 和 Krause（1984）在一项测试森林地被物养分浓度和养分库空间变异性的实地研究中，在一块900 m^{2}的地块上采集了98个位点的森林地被物样本。他们的调查研究表明，鲜土中 KCl 浸提态的 NO$_3$-N、NH$_4$-N 和有效 P 的浓度和养分库的变异系数值最高，在置信水平为95%和t_α=1.96（α=0.05）时，需要多达1371个样品（即 KCl 浸提的 NO$_3$-N 库）才能将总体平均误差范围降低到10%。精确估计养分平均含量需要的样品量比测定其平均浓度所需的更多。这主要是由于研究中森林地被物重量和厚度的变异性较大而引起的。图 2.1 表示在 Arp 和 Krause（1984）的研究中，分别设 10、15 和 20 个采样点，置信水平设为 95% 时，运用变异系数得到的误差范围。这个简单的案例表明，除总 C 含量和土壤 pH 值外，使用 10 个采样点误差范围通常不可能达到 5%。对于养分浓度（除 NO_3-N、NH_4-N 和鲜土中的 P 外）和物理特性（即含水量、深度和质量）来说，设 10、15 和 20 个采样点的误差范围分别为 9.9%~31%、8.0%~26% 和 7.0%~22%，森林地被物重量的误差范围最高，全 N 的误差范围最低。然而，当这些浓度向库中转换时，需要 20 个采样点，以获得 19%~29% 的误差范围。同样地，McFee 和 Stone（1965）发现，在计算阿迪朗达克森林土中地被物的重量和厚度的平均值时，为将误差范围控制在 10% 以内，至少需要 50 个采样点（置信水平为 95%）。这说明，对森林地被物养分库进行高置信水平评估的问题很大程度上是由于森林地被物重量和厚度的高变异性造成的。结果表明，对 KCl 浸提态 NO_3-N 和 NH_4-N 及鲜土中水溶态 P 的浓度和库来说，设置田间检验处理重复在经济上和逻辑上均不可行。

能够真正代表田块均值的采样点数量与田块尺度关系不大。与 Arp 和 Krause（1984）的研究相比，Quesnel 和 Lavkulich（1980）、Carter 和 Lowe（1986）的试验田面积相对较小（分别为 300 m^2 和 400 m^2），但获得田块均值的合理估计值所需的抽样密度是相似的。有趣的是，Carter 和 Lowe（1986）分别以 LF 层和 H 层作为不同的样本进行研究，发现 LF 层（3~10 个样品）比 H 层（3~38 个样品）需要较少的样品就可以对 C、N、P、S 总量和 pH 值的总体平均值做出可靠的估算（误差范围为 10%，置信水平为 95%）。

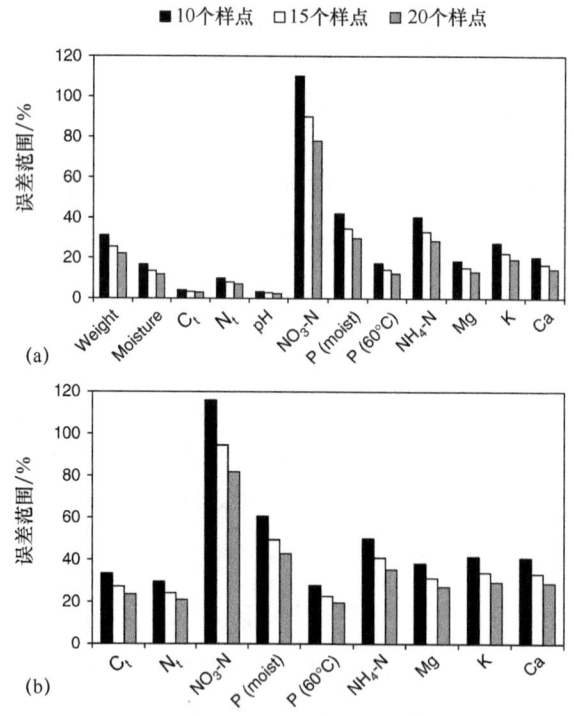

图 2.1 在 Arp 和 Krause（1984）的研究中，采用置信水平为 95%，分别设 10、15 和 20 个采样点时的变异系数获取的总体平均值（森林地被物（a）重量、含水量、pH 值和可浸提态的养分、总 C（C_t）、总 N（N_t）浓度，以及（b）可浸提态养分、C_t 和 N_t 库）的误差范围。

上述结果也表明，置信水平为 95%、误差范围为 20% 以内时，15 个样品足以描述 LF 层和 H 层中 Mg、K、N、P、C、Cu 和 Zn 的总量，脂类含量，pH 值和容重的总体平均值。然而，为了获得相似的误差范围，H 层中 Ca 和 Mn 的总量总体均值的估计分别需要 81 个和 47 个样品，LF 层中 Al 和 Fe 的总量总体均值的估计则分别需要 41 个和 50 个样品。

在矿质土壤中，为了得到可靠的总体均值，采样密度可能也取决于所测变量。为了研究 Tuscany 森林中地被物和矿质土中有机质的变异性，Van Wesemael 和 Veer（1992）在 6 个 2500 m² 的地块采集了土样，研究发现，与 LF 或 FH 层中 33～235 个采样点的有机质含量相比，表层 5 cm 的矿质土壤中有机质含量的总体平均值达到 10% 的误差范围（置信水平为 95%）需要 17～80 个采样点。这与 Arp 和 Krause（1984）等研究得出的结论一致，他们发现对于森林地被物中总 C 含量来说，采集 114 个样品能达到相同置信水平。准确测量土壤 pH 值、粒度和含水量的平均值似乎要容易得多：Ike 和 Clutter（1968）研究发现，在格鲁吉亚蓝岭山脉的森林地块中为获得 pH 值、砂粒、粉粒和黏粒组分，以及有效水分和含水量总体平均值 10% 的误差范围需要采集 1～12 个样品点。然而，为了获得相同的误差范围，在每个地块中有效 P 和可交换态 K 浓度的测定需要 15～32 个样品，可交换态 Mg 的浓度测定需要 14～76 个样品，可交换态 Ca 的浓度测定需要 153～507 个样品。

2.3 采样方法

常用的森林土壤样品采集方法有两种：土钻和方形采样器采样。McFee 和 Stone（1965）用一个直径为 8.7 cm（截面面积为 59 cm²）的锋利土钻钻取森林地被土壤，量化了纽约灰壤中有机质和养分的分布和变异性。同样地，Grier 和 McColl（1971）使用直径为 26.6 cm（截面面积为 556 cm²）的土钻采集土样。作为土钻采样的替代方法，Arpand Krause（1984）使用一个大小为 25 cm×25 cm（面积为 625 cm²）的木制采样器采集森林表层土壤样品。其他尺寸的切割器（225～900 cm²）也有所应用，而 Klinka 等（1981）建议使用 10 cm×10 cm 的采样器。在采样器内沿使用瓦楞刀通常很容易切下森林地被物，一旦土壤边缘全部被切开，从矿质土壤中取土就变得相对简单了。为了将采样器推进或敲至矿质土层（使用硬塑料锤子或木槌）方形采样器也可以用金属制造，我们可以在采样器底部增加一个锋利边刀。杂物可以从采样器中取出。在某些情况下，我们可以做一个与金属采样器配套的木制盖，有助于采样器被锤入森林土壤中。我们认为这是一种便捷的森林土壤采集方法，因为在测定厚度、干重和鲜重后可同时获取容重和含水量。

对森林地被物采样的一般经验法则是，采样的表面积越大，样品风干、清除根部和其他木质材料并在实验室中混合后，就越有可能减少样品中的微区变异。因此无论是单个样品还是混合样品，建议使用覆盖面积大于 200 cm² 的采样方案。

2.4 森林表层土壤和 Ah 层土壤的区分

不同土壤学家对森林土样采集深度的标准不一，对于应该在多大深度采样没有一个公认的标准。通常情况下，根据研究目的可以将 LFH 层作为一个整体采样（Bock 和 van Rees，2002）或者分层采样（即 L、F 或 H 层）或多层合并采样（即 FH 层）（Olsson 等，1996；Hamel 等，2004）。一般情况下，将所有土层收集在一起（LFH），或将植物残体单独收集起来（L+FH）进行养分循环研究或三层单独收集用于调查物质分解等特殊过程（如 Cade-Menun 等，2000）。

采样时尝试去区分 H 层和 Ah 层会遇到一些问题。对于森林地被物和矿质土壤界限清楚的森林土壤，如粗腐殖质森林地被物，较容易区分森林地被物与矿质土。然而，在含有细腐殖质和中度腐殖质森林地被物的森林土壤（即黑钙土和黑褐土），F 层或 H 层往往不易与矿物 Ah 层区分开来，因此很难对森林的各层进行单独采样。矿物土壤中混入有机质会导致森林地被物采样产生偏差，因为有些 Ah 层物质可能混入森林地被物样品。土壤调查专家委员会（1987）将 Ah 层定义为"有机质富集层，该层的色度比下一层低一个单位，或者比 IC 层多 0.5% 的有机碳，或者兼有以上两个特征。该层的有机碳质量百分比不超过 17%"。如果森林地被物的准确采集对试验研究十分重要的话，那么区分 FH 和 Ah 层需进行预采样，然后对样品中的碳含量进行分析。快速有效的烧失量（LOI）测试所得的大量信息，能够对森林地被物和矿质土壤进行分离：有机碳占土壤有机质含量的58.3%，因此烧失量结果中Ah层样品损失不可能超过30%；而森林地被物的LOI预计为30%或更高，这取决于其中所含矿物土壤颗粒、粗碎屑和木炭的数量。如果成本有限，不能进行预采样或烧失量法测试后很难返回现场采样，那么区分Ah层和FH层的第二个方法是依靠颜色和感觉进行分辨。腐殖质的组分变异较大，它们的分类也相当复杂。在这方面，读者可以参考Klinka等（1981）或者Green等（1993）的论述，他们对这些层进行了详细阐述。

2.5 容重和粗碎屑

土壤容重是森林土壤研究中一个常用的测量参数，用于评估采伐活动对森林土壤质量的影响，如伐木或场地整理引起的压实作用（如Powers，1991；Aust等，1995）。然而，对于生长在前寒武地盾冰碛物或者其他石质土上的林木，大块石砾和粗碎屑物使我们很难运用标准法测定土壤容重。此外，量化粗碎屑对精确计算土壤养分库很重要（Palmer等，2002；Kulmatiski等，2003）。有许多森林土壤采集方法，如土块、土芯、土坑和砂锥法，均能够衡量粗碎屑和容重（Page-Dumroese等，1999；Kulmatiski等，2003）。采样体积大于其中最大石块体积是行之有效的方法（详见本书66章关于开挖换砂法的细节描述），但目前更为流行的方法是在大区域使用采样器收集小尺寸的样品。

Page-Dumroese等（1999）分别采用两种不同尺寸的土芯（183 cm^3和2356 cm^3）来测算容重，与两种尺寸的土坑和水分核子测定法比较，发现用土坑法测定的容重比土芯法和水分核子测定法低6%至12%。水分核子测定法测出的容重值最高，小尺寸土芯法所得结果变异最大。与土坑法相比，用土钻采集的样品容重更高，因为在采样过程中可能会发生压实现象，这一现象在较深的土层中更明显（Lichter和Costello，1994）。为了避免上述情况发生，建议用螺旋钻或者铁铲移除上部的矿质土壤，然后将采样器锤入目标土层。另一方面，Page-Dumroese等（1999）也发现小型土钻采集的样品可能太少而不能代表整个土壤环境的性质：小型土钻没有考虑到密度较高的岩石，因此很可能低估了总体的容重。通常采用大尺寸的土钻能得到较为适中的容重值，但是因其底部的土壤会存在填充不实或损失等现象，导致对深层土壤容重的估计值较低。由于岩石碎块可能随着土壤深度增加而增大，这种方法的准确性可能会随着土壤深度的增加而提高。

同样地，Kulmatiski等（2003）比较了土钻和土坑法对探究新英格兰南部森林土壤中总C和总N库（10%）变化的影响，发现广泛采集不同尺寸的土芯测定的总C和总N的平均含量比集中土坑法的测定值高7%，但是两者之间的统计学差异并不显著。与土坑法相比，土钻法获得的C、N百分比和容重值较低，同时估测的粗碎屑含量较低、土壤体积较高。因此，两种采样方法对土壤总C和总N库的估计结果差别不大。当把林木粗根计算在内时，运用两种方法测定的总C库平均值差异降低了7%。然而粗根对总N库贡献较小，因此对其估计值没有显著影响。结果也表明，在深度15 cm以上的土壤中，总C和总N库的变异性相对较小（以土坑法评估），这表明较深层的养分库对诸如树种组成和地形等环境因素影响并不敏感。此外，Kulmatiski等（2003）也发现，与土坑法相比，常用的土钻法确定总体均值所需的采样时间至少减半，且获得较低的总体均值误差范围所需的样品更少。因此，他们建议采用土钻法来计算矿质土壤上层的总C和总N含量。然而，土坑法的一个优点是可以直接测量土壤中的大块岩石碎片。对于计算含有大块岩石碎片的深层土壤中的总C和总N库，Kulmatiski等（2003）推荐依据有限的原位土坑构建回归模型，根据上层矿质土中的数据推断深层土壤中的养分含量。

2.6 深度采样还是诊断层采样

在矿质土壤中要想获得特定养分浓度总体平均值的可靠估计值，所需采样点的数量可能比在森林地被物中要少，如 Van Wesemael 和 Veer（1992）测定的有机质含量。与按照深度采样相比，按照诊断层采样所需的样品点的数量更少。按照土壤深度采集的样品由不同性质的土壤混合而成，因此具有更大变异性。比如，砂质含铁-腐殖质的灰壤 Bhf 层的样品中，至少含有 5%的有机碳和 0.4%的焦磷酸盐可提取态的 Fe 和 Al。然而，如果按照深度采集矿质土壤，如以 20 cm 深度递增，那么 Ae 层土壤（与 Bhf 层相比，Si 含量较高，Al、Fe 和 C 含量较低，见表 2.1）在 0～20 cm 土层中势必和 Bhf 层土壤混合，同时 Bhf 和 Bf/BC 层土壤也会在 20～40 cm 土层中混杂在一起。Hamilton 和 Krause（1985）的研究表明，在加拿大短叶松生长期间，残积层的深度和树木生长呈负相关关系。在灰壤中，根系的生物量主要分布在森林地被物和 B 层上部，而不是 Ae 层（如 Côté 等，1998）。在排水良好且 Ae 层发育充分的森林土壤中，每 20 cm 为一层采集土样，任何土壤形貌差异都将影响化学分析的结果。在这种情况下，如果采样方案不能表征出实际矿质土对树木提供养分的能力，树的养分/生长和矿质土壤化学性质的显著相关性将被掩盖。同时，由于在混合土样中某些物质可能在干扰下保持稳定，而其他物质则可能发生变化，因此具有不同性质的混合土样可能会掩盖特定土层对伐木、酸沉降等的响应。

表 2.1　在魁北克加斯佩半岛，胶冷杉底部灰壤中 Ae 和 Bf 层的元素组成
（平均值±标准偏差，$n = 6$，以占土壤基质的百分比表示）

	Ae 层	灰化 B 层
SiO_2	84.5±4.18	53.3±7.56
TiO_2	1.17±0.16	0.68±0.18
Al_2O_3	4.98±1.08	11.2±1.99
Fe_2O_3	0.62±0.15	7.06±1.79
MgO	0.24±0.07	0.90±0.35
CaO	0.08±0.02	0.12±0.05
Na_2O	0.69±0.09	0.83±0.18
K_2O	0.92±0.24	1.34±0.33
P_2O_5	0.05±0.01	0.24±0.08
LOI[a]	6.59±3.05	24.5±7.52

[a] LOI 是烧失量。微量元素未列出，全部元素组成达不到 100%。
注：总铁以 Fe_2O_3 计。如果大部分铁为亚铁形态，结果会偏高。

值得注意的是，在进行土壤随时间变化的研究时，按深度采样具有明显的优势。这一点在天然林与附近的人工林土壤 C 库的比较研究中得以印证。因为被犁耕过，人工林构建了一个新的森林地被物层，其厚度一般比天然林的地被物薄。此外，在 5～8 cm 深的土层中，人工林与天然林土壤分层差异很明显。因为人工林和天然林的诊断层深度不同，所以按深度采样是比较土壤 C 库最好的选择。由于层与层之间存在差异，强烈建议在整个采样增量中均匀地进行土壤采集（只采集不同深度土层的一部分样品难免导致偏差）。森林土壤性质长期变化的研究实例所选用的采样策略，见 Eriksson 和 Rosen（1994）、Parfitt 等（1997）和 Bélanger 等（2004）的描述。此外，读者可在 Ellert 等的文章（见第 3 章）中找到关于对农田土壤 C 随时间变化研究采样策略的全面阐述。

2.7　混合采样

在一些森林中，土壤性质的变异性会因某些森林过程的发生而增加，例如，树倒下之后形成的"坑和丘"。这些类型的场地需要不同类型的采样策略来解析微地形的变化。在纽约州阔叶林"坑和丘"的研究中，Beatty 和 Stone（1986）以 0.5 m 或者 1 m 间隔对整个区域进行布点，采集了四个直径 4.5 cm 和五个直径 2 cm 的土芯样品（总表面积分别为 64 cm² 和 16 cm²），并分别制成混合土样。虽然这些样品的

表面积较小，但是考虑到该研究在微尺度下进行且似乎不需要较大、较多的样品去计算有效的总体平均值，因此采样方案是合理的。同样地，森林土壤科学家研究小区域的样地时往往采用森林地被物的混合样品，即把来自相同小区地块的一组样品均匀地混合在一起，以便于使它们在重量和体积方面一致。显然，在野外这是一个很乏味的工作，不幸的是我们不能确定土样是否混合均匀。所以，最好在实验室风干、过筛样品后进行单独存放和混合。

在一个地块中，混合样品的缺点是不能计算标准偏差和变异系数（CV）值。为了评估混合森林地被物样品测定变量的精确度，Carter 和 Lowe（1986）在一个地块中采集了 15 个样品，依据土层深度和容重计算了土壤养分的平均含量，并与这 15 个样品的混合样测定值进行了比较（依据土层深度和容重）。除 LF 层的全 P 和 Cu 浓度外，混合样品的测定值均在平均值的一个标准偏差范围内。此外，他们研究了六个试验小区内加权平均值和混合样品测定值之间的关系，发现大部分变量之间相关性很强，这表明混合样品可以较好地估计样品总体均值（除 LF 层的 Ca、Al 浓度及 LF 和 H 层的 Mn、C 浓度外，$r>0.90$）。同样，Bruckner 等（2000）在奥地利的挪威云杉人工林调查了混合土壤样品对微型节肢动物丰度研究的影响。假设土壤颗粒在混合过程中的研磨作用会伤害或杀死部分微型节肢动物，从而低估了相对于单个样品分析所得种群数量的加权平均值。然而，Bruckner 等（2000）发现，使用特定的混合提取程序，以系统的方式等量混合大量的样本能够避免微型节肢动物受到伤害和损失。

参 考 文 献

Arp, P.A. and Krause, H.H. 1984. The forest floor: lateral variability as revealed by systematic sampling. *Canada. Can. J. Soil Sci.* 64: 423-437.

Aust, W.M., Tippett, M.D., Burger, J.A., and McKee, W.H. Jr. 1995. Compaction and rutting during harvesting affect better drained soils more than poorly drained soils on wet pine flats. South. *J. Appl.Forest* 19: 72-77.

Beatty, S.W. and Stone, E.L. 1986. The variety of soil microsites created by tree falls. *Can. J. Forest Res.* 16: 539-548.

Bélanger, N., Paré, D., Bouchard, M., and Daoust, G. 2004. Is the use of trees showing superior growth a threat to soil nutrient availability? A case study with Norway spruce. *Can. J. Forest Res.* 34: 560-572.

Bock, M.D. and van Rees, K.C.J. 2002. Forest harvesting impacts on soil properties and vegetation communities in the Northwest Territories. *Can. J. Forest Res.* 32: 713-724.

Bruckner, A., Barth, G., and Scheibengraf, M. 2000. Composite sampling enhances the confidence of soil microarthropod abundance and species richness estimates. *Pedobiologia* 44: 63-74.

Cade-Menun, B.J., Berch, S.M., Preston, C.M., and Lavkulich, L.M. 2000. Phosphorus forms and related soil chemistry of Podzolic soils onnorthern Vancouver Island. I. A comparison of two forest types. *Can. J. Forest Res.* 30: 1714-1725.

Carter, R.E. and Lowe, L.E. 1986. Lateral variability of forest floor properties under secondgrowth Douglas-fir stands and the usefulness of composite sampling techniques. *Can. J. Forest Res.* 16: 1128-1132.

Clinton, B.D. and Baker, C.R. 2000. Catastrophic windthrow in the southern Appalachians: characteristics of pits and mounds and initial vegetation responses. *Forest Ecol. Manag.* 126: 51-60.

Côté, B., Hendershot, W.H., Fyles, J.W., Roy, A.G., Bradley, R., Biron, P.M., and Courchesne, F. 1998. The phenology of fine root growth in a maple-dominated ecosystem: relationships with some soil properties. *Plant Soil* 201: 59-69.

Dijkstra, F.A. and Smits, M.M. 2002. Tree species effects on calcium cycling: the role of calcium uptake in deep soils. *Ecosystems* 5: 385-398.

Eriksson, H.M. and Rosen, K. 1994. Nutrient distribution in a Swedish tree species experiment. *Plant Soil* 164: 51-59.

Expert Committee on Soil Survey. 1987. The Canadian System of Soil Classification, 2nd edn. Agriculture Canada Publ. 1646, Supplies and Services, Ottawa, Canada, 164.

Finzi, A.C., van Breemen, N., and Canham, C.D. 1998. Canopy tree-soil interactions within temperate forests: species effects on soil carbon and nitrogen. *Ecol. Appl.* 8: 440-446.

Green, R.N., Trowbridge, R.L., and Klinka, K. 1993. Towards a taxonomic classification of humus forms. Forest Science Monograph 29. Society of American Foresters, Bethesda, MD, 50.

Grier, C.C. and McColl, J.G. 1971. Forest floor characteristics within a small plot in Douglas-fir in Western Washington. *Soil Sci. Soc. Am. Proc.* 35: 988-991.

Hamel, B., Bélanger, N., and Paré, N. 2004. Productivity of black spruce and jack pine stands in Quebec as related to climate, site biological features and soil properties. *Forest Ecol. Manag.* 191: 239-251.

Hamilton, W.N. and Krause, H.H. 1985. Relationship between jack pine growth and site variables in New Brunswick plantations. *Can. J. Forest Res.* 15: 922-926.

Ike, A.F. and Clutter, J.L. 1968. The variability of forest soils of the Georgia Blue Ridge Mountains. *Soil Sci. Soc. Am. Proc.* 32: 284-288.

Klinka, K., Green, R.N., and Trowbridge, R.L. 1981. Taxonomic classification of humus forms in ecosystems of British Columbia. First approximation. British Columbia Ministry of Forest, 53.

Kulmatiski, A., Vogt, D.J., Siccama, T.G., and Beard, K.H. 2003. Detecting nutrient pool changes in rocky forest soils. *Soil Sci. Soc. Am. J.* 67: 1282-1286.

Lichter, J.M. and Costello, L.R. 1994. An estimation of volume excavation and core sampling techniques for measuring soil bulk density. *J. Arboric.* 20: 160-164.

McFee, W.W. and Stone, E.L., 1965. Quantity, distribution and variability of organic matter and nutrients in a forest podzol in New York. *Soil Sci. Soc. Am. Proc.* 29: 432-436.

Olsson, B.A., Bengtsson, J., and Lundkvist, H. 1996. Effects of different forest harvest intensities on the pools of exchangeable cations in coniferous forest soils. *Forest Ecol. Manag.* 84: 135-147.

Page-Dumroese, D.S., Jurgensen, M.F., Brown, R.E., and Mroz, G.D. 1999. Comparison of methods for determining bulk densities of rocky forest soils. *Soil Sci. Soc. Am. J.* 63: 379-383.

Palmer, C.J., Smith, W.D., and Conkling, B.L. 2002. Development of a protocol for monitoring status and trends in forest soil carbon at a national level. *Environ. Pollut.* 116: S209-S219.

Parfitt, R.L., Percival, H.J., Dahlgren, R.A., and Hill, L.F. 1997. Soil and solution chemistry under pasture and radiata pine in New Zealand. *Plant Soil* 191: 279-290.

Pennock, D.J. 2004. Designing field studies in soil science. *Can. J. Soil Sci.* 84: 1-10.

Powers, R.F. 1991. Are we maintaining productivity of forest lands? Establishing guidelines Sampling Forest Soils 23 through a network of long-term studies. In: A.E. Harvey and L.F. Neuenschwander, compilers. Proceedings—Management and Productivity of Western Montane Forest Soils. General Technical Report. INT-GTR-280. April 10-12, 1990, USDAForest Service, Washington, DC, 70-89.

Quesnel, H.J. and Lavkulich, L.M. 1980. Nutrient availability of forest floors near Port Hardy, British Columbia, Canada. *Can. J. Soil Sci.* 60: 565-573.

Snedecor, G.W. and Cochran, W.G. 1980. Statistical Methods, 7th edn. IowaStateUniversity Press, Ames, AI, 507.

van Wesemael, B. and Veer, M.A.C. 1992. Soil organic matter accumulation, litter decomposition and humus forms under Mediterranean-type forests in southern Tuscany, Italy. *J. Soil Sci.* 43: 133-144.

（李晓晶　译，李永涛　翁莉萍　校）

第3章 土壤有机碳储量的测定

B.H. Ellert and H.H. Janzen
Agriculture and Agri-Food Canada
Lethbridge, Alberta, Canada

A.J. VandenBygaart
Agriculture and Agri-Food Canada
Ottawa, Ontario, Canada

E. Bremer
Symbio Ag Consulting
Lethbridge, Alberta, Canada

3.1 引　言

从早期土壤调查开始，有机碳就是土壤成分中最常规的测定指标。早在 19 世纪，化学家们已经开始例行分析土壤碳含量了（如 Lawes 和 Gilbert，1885）。最初，这些指标用来调查成土作用和评价土壤生产力，两者都与有机碳密切相关（Gregorich 等，1997）。但近年来，科学家们一直在分析土壤有机碳（SOC）的另一个原因是测定土壤和大气之间碳的净交换量（Janzen，2005）。实际上，增加土壤有机碳存储量已经成为减缓大气中由化石燃料燃烧引起的 CO_2 浓度上升的一种途径（Lal 2004a,b）。

量化土壤碳"汇"测定的土壤有机碳（SOC）比评估土壤生产力测定的 SOC，需要更严格的样品采集和分析。过去，测量浓度随时间的相对差异或处理之间的相对差异就足够了，现在我们需要知道每公顷 Mg C 中存储的 C 的量的变化。SOC 测定的相关研究主要集中于将样品带回实验室之后测定 SOC 浓度化学方法的研发。这里我们着重介绍土壤取样程序和计算方法来估计 SOC 储量的时间变化。从设计土壤采样方案、实地采样、样品处理和存储，到土壤碳库的化学分析和计算等，整个环节中的不确定性都需要被考虑到（Theocharopoulos 等，2004）。

SOC 是动态的：光合作用固定的碳定期以植物凋落物的形式进入土壤，现存的 SOC 逐渐又被土壤生物分解成 CO_2。改变碳输入和分解相对速率的管理或环境条件，将会影响 SOC 储量的变化。然而，与现存巨大量的 SOC 相比（在 30~60 cm 土层中高达 100 Mg C/ha，或者更多），SOC 的变化速率（通常小于 0.5 Mg C/ha/year）很微小。因此，SOC 变化的有效测定需要基于数年甚至数十年的数据（Post 等，2001）。由于 SOC 的空间分布存在固有的变异性，因此必须区分时间动态变化（如由管理措施、环境条件变化和连续性变化引起）与空间动态变化（如由地形、长期的地貌过程及不统一管理引起）。

SOC 的时间动态变化有两种定义方式（图 3.1）：存储 C 的绝对变化（$t=x$ 时 SOC 减去 $t=0$ 时 SOC），或者处理组之间碳储量的净变化（x 年后，处理 A 与处理 B 中 SOC 的差值）。前者可估算出土壤和大气之间的碳交换量，后者估算了处理 A 相对于处理 B 的土壤和大气之间的碳交换量。这两种定义的时间动态变化可以从控制性实验中获得，即选择合适的样本量（评估空间变异性），然后以不同的时间间隔（如 5~10 年）进行监测。

本章选用的测定碳储量变化的方法中，无论是对绝对变化还是净变化，通常以 5 年或更长为时间间隔。为了评估的有效性，调查方法需要兼顾以下方面：测定有机碳（而不是总碳），预测碳存储的变化（对于特定深度和质量的土壤来说，用单位面积的碳质量表示），代表调查的土地面积或管理措施，提供测定结果的置信指标。这些方法稍加改进，就可适用于一定范围的区域和实验设置，包括基准点和重复试验研究。

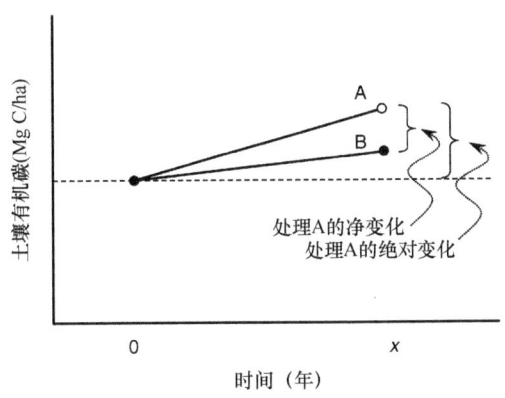

图 3.1 在 A 和 B 两种处理中土壤有机碳假设变化的说明。对于处理 A，绝对变化是 SOC 在时间 "x" 与时间 "0" 的差值。净变化是假设两个处理在时间 "0" SOC 相同的情况下，在时间 "x" 处理 A 与处理 B SOC 的差值。后一种方法常被用来与标准的 "对照" 方法（如传统耕作法）比较，以确定建议的处理方法（如免耕）对 SOC 的影响。

3.2 采样地点和模式的选择

确定采样点的最佳个数和空间分布来预测 SOC 储量是一门科学，也是一门艺术。然而，对采样点的仔细研究和设定明确的目标，可以提高预估的成本效益和精确度（VandenBygaart，2006）。

3.2.1 材料

研究场地土壤特性、景观特征和农艺历史，可参考：土壤区划图和报告、航拍照片、科学出版物、种植记录及产量分布图。

3.2.2 步骤

在对研究区域（如田块、试验田、流域）进行采样时，常用的两种方法如下：
（1）非分层采样，即将整个研究区域视为一个单元，以系统或随机的方式采集样品。
（2）分层采样，首先根据地形（如坡位）等因素将研究区域细分为相对同质的单元，并在每个单元分别采样。

3.2.3 非分层采样

（1）根据事先获取的信息，估算研究现场 SOC 可能的样本方差和所需的准确度。
（2）使用尽可能多的信息，运用公式 3.1 计算所需样本的数量。该数量将随着变异性和所需准确度的增长而增加（图 3.2）（Garten 和 Wullschleger，1999；Wilding 等，2001）。所需的准确度用相同单位的样本平均值表示，而且往往小于该值的 10%，因为即使平均值有很小的变化，也意味着在大片土地上有可观的土壤-大气 C 交换。
（3）选择适当的网格或者线性取样模式，以适用于试验场地和采样设备。

3.2.4 分层采样

(1) 根据地形或管理历史等因素,将研究区域划分为可能具有相似 SOC 储量的区域。

(2) 在各子区域内,以公式 3.1 或图 3.2 为参考或通过固定的分配,选择采样数量。例如,在后一种情况下,可以为一个大的研究区内的三个斜坡位置分别指定一个或几个采样点。

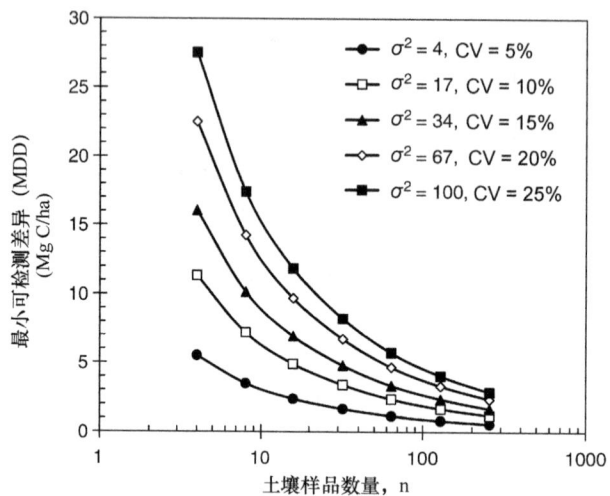

图 3.2 随着采样数量成倍增长(4,8,16,…),不同采样时间有显著差异的样品之间,平均土壤 C 含量的最小可检测差异(MDD)呈降低趋势。MDD 可用 $\alpha=0.05$ 的显著水平,以及 $(1-\beta)=0.90$ 的检验效能计算(即,当原假设不成立并被拒绝的概率)。假定土层平均含碳 40 Mg C/ha,变异系数(CV)从 5% 增长到 25%,方差(σ^2)变化如图所示。

(改编自 Garten, C.T. and Wullschleger, S.D.,J. Environ. Qual.,28, 1359,1999. 已经作者允许。)

3.2.5 计算

$$n_{req} = \frac{t^2 s^2}{(d \times \text{mean})^2} \tag{3.1}$$

式中,n_{req} 是所需的样品数量;t 是在指定的置信水平下的 t 检验值(通常 $1-\alpha=0.90$ 或者 0.95);s^2 是采样方差;d 是所需准确度或平均值的最大可接受偏差(如 $d=0.10$);mean 是样本算术平均值。

3.2.6 注释

综合考虑采样点特征和其他因素尤其是经济因素时,采样模式和强度将会有很大差别。通常情况下,获得满意的灵敏度所需的样品数量代价非常高,因此,采样点数量可以人为适当减少。此外,对于较小的试验田,如果进行长期试验,采样强度可能必须降低,因为在这些小的地块上,过多地移走土壤可能对试验田有所扰动,从而对后续研究造成不良影响。但是,如果过度降低采样强度,可能会检测不到处理组间合理的可靠性差异。采样点不足的研究通常对评价处理组之间的差异缺乏统计效力。研究结果发现,从这些不合理的数据中得到的错误结论所付出的代价可能远远超过因"节约"样品数量而节约的成本。

精确测定 SOC 的时间动态变化首先取决于空间尺度变化的识别或最小化。空间尺度变化的最小化可以通过配对采样位置来实现(Ellert 等,2001、2002;VandenBygaart,2006)。这种方法能以相对较少的采样点有效地测定 SOC 在时间上的变化,但是这些样品测定的 C 储量的变化不一定能代表整个试验区。Conant 和 Paustian(2002)及 Conant 等(2003)已对类似的采样方案进行了评价。

3.3 土芯的采集与处理

以下步骤用于农田或景观地块的土芯采集,为随后的有机碳分析做准备。这是一项指南,具体的研究可能需要根据具体目标和当地条件加以修改。

3.3.1 材料

(1)车载液压土芯取样装置。

(2)土钻套管的插槽宽 1 cm、长 30 cm,钻头内径约 7 cm。钻头的直径通常比套管的小(1~4 mm);这种直径差应该足够小以避免土壤混合,但也须大到使两者不至于黏附的程度。在干燥、质地粗糙、固结较弱的土壤中,应减小这种直径差,以便在拔管时有足够的摩擦力来保持土芯。为了计算土芯密度,应该精确测量并记录采样器钻头的直径。

(3)用柱塞将土样从土钻中推出。可以将橡胶塞固定在木棒的末端制成一个简易的柱塞。

(4)小刀、钢尺、剪刀和钢丝刷。

(5)铝箔托盘即铝盒(约 24 cm×30 cm×6 cm,保温餐盘)、用于野外运输托盘的冷藏箱及用来包装田间鲜土托盘的聚乙烯袋(约 30 cm×50 cm)。

(6)分析天平(量程为 3000 g、精度为 0.01g),测含水分的铝盒(直径 8 cm、高 6 cm),干燥箱(105℃)。

(7)有塑料里衬和铁丝扎带的棕色纸袋(如 Zenith 特种袋,底部 11 cm×6 cm,高 23 cm)。

(8)"Rukuhia"牌孔眼 2 mm 的辊式研磨机(Waters 和 Sweetman,1955);或者粗质土研磨机和 2 mm 的土筛。

(9)测量采样位置的设备。与用来测量长期定位试验中永久性的标识相比,测量人员手中的卷尺是一种简单的工具,或者用 GPS 接收器测量。为了连续多年精确配对采样(空间上),可以运用两阶段的测定方法:第一阶段,依照永久性的参照点确定大概的采样位置,或者直接用 GPS 记录;第二阶段,将一个最初开发用以鉴别地下管线的电磁标记埋在最初的采样位置进行标记(Whitlam,1998)。此外,在许多区域研究中经常使用高精度的 GPS。

3.3.2 步骤

(1)采样前,将纸袋标上名字、采样日期、位置和土壤深度。最终这些袋子将用于风干土的存储,在整个采样过程中也可作为标签使用。将铝盒称重,每个样品放在一个铝盒中,并记录铝盒的重量。

(2)在大田中,在每个采样点采样时,先轻轻地去除表层残余物,采集至少 60 cm 深度的土芯。将土芯从垂直位置移动到水平位置(例如,在一个纵向切开的 10~15 cm 管径制成的分隔槽中),并测量任何可见不连续点的深度(如 Ap 层的深度)。舍弃那些不具代表性的样品(如在采样过程中过分压实的样品、无规则的啮齿类动物活动的区域、沿着土钻的方向有石头凿出的区域)。将土芯样品从土钻的上端逐渐向下推出,然后分段垂直切开是最有效的取土方式。将土样切割成段(如 0~10 cm、10~20 cm、20~30 cm、30~45 cm、45~60 cm),并且将分段的样品放入铝盒中,同时避免土壤的损失。第二个土芯与第一个土芯的采集位置间距大约 20 cm,并按序号与第一个土芯段的样品依次混合。将铝盒和贴有标签的纸袋一起放入聚乙烯袋中并折叠,冷藏。

(3)在实验室,将铝盒从聚乙烯袋中拿出,并在室温下风干。除沙土之外,如果是湿土样,在风干之前可用手掰成小块,这样研磨土壤时更省力。在风干时一定要特别注意,以免在处理过程中造成土样的损失，并注意在风干过程中避免受到灰尘、植物体、纸或者其他含碳污染物污染。此外，处理土样时戴上橡胶手套避免污染。

（4）一旦样品风干，记录样品和铝盒的重量。取一小部分具有代表性的样品（如 50~80 g，除去石头和大片的植物残体），在 105℃将样品烘干 48 h，测定风干土的含水量。除此之外，也可以在湿土被捏碎风干之前，从聚乙烯袋中取出时立刻记录湿土和铝盒的重量。在这种情况下，土壤田间持水量的准确性对估计土芯段密度十分重要，并且与风干之后称重相比，此时称重土样损失较少。在二次采样确定土壤田间持水量之前，需要从混合均匀的土样中取出一部分用于土壤生物相分析。

（5）压碎或磨碎全部土壤样品，并过 2 mm 筛，去除直径大于 2 mm 的砂砾。样品中所有的有机物质应该都被包含在内；如果有必要，可以单独磨碎根和其他较大的有机残体过 2 mm 筛，并混入样品中。"Rukuhia"牌的辊式研磨机（Waters 和 Sweetman，1955）能够有效地将土壤样品磨碎以便进行 SOC 分析。另外，对于每个样品，去除并记录直径大于 2 mm 砂砾的干重。

（6）将粗磨后的样品放入标记好的棕色袋子中，分析前在阴凉干燥处保存。若要长期存储（一年以上），可将土壤样品放置于密封玻璃瓶或塑料广口瓶中，在阴凉、干燥、避光条件下保存。如果需要对土壤进行精磨（如元素微量分析），需要对粗磨土壤（<2 mm）彻底混合，并在装袋前二次取样。

3.3.3 计算

1. 风干土的含水量

$$W_s = (M_{AD} - M_{OD}) / (M_{OD} - M_{tin}) \tag{3.2}$$

式中，W_s 表示自然风干土壤的含水量（g/g）；M_{AD} 表示自然风干土壤和锡箔纸的总质量（g）；M_{OD} 表示烘干土壤和锡箔纸的总质量（g）；M_{tin} 表示锡箔纸的质量（g）。

2. 土芯段密度

以下计算为我们提供了一种土芯段密度的估算方法。这可能不同于对土壤容重的精确估计，因为压实作用或松散的表层可能妨碍在不改变原有质量的情况下收集相同体积的样品。即便如此，在计算土壤有机碳元素含量时，人们更倾向于使用土芯段密度估算，而非单独测量容重。

$$D_{cs} = [(M_{cs} - M_g)/(1+W_s)]/[L_{cs}\pi R_b^2] \tag{3.3}$$

式中，D_{cs} 为土芯段密度（g/cm³），表示每立方厘米的样本去除砂砾后的质量；M_{cs} 为土芯段中风干土壤的总质量；M_g 为砂砾的质量（g）；L_{cs} 是土芯段的长度（cm）；R_b 为土芯的半径，即土钻内径的一半。如果样本由多个土芯段组成，那么 L_{cs} 表示累计长度，比如，如果样本由两个 10~20 cm 的土芯段组成，则样本土芯段累计长度 $L_{cs}=20$ cm。

3.3.4 注释

上述方法经过改进可适用于特定的研究地点和研究对象。下面说明一些重要的注意事项：

1. 采样深度

采样深度至少深达受管理措施影响明显的土层。例如，它应该完全包括耕作影响到的整个土层。最佳的采样深度因作物种类的不同也有差异，比如，对多年生牧草生长的地块采样比只种植浅根性一年生作物的地块可能需要更深的采样深度。采样深度越大，需要耗费在采样、样品处理、数据分析上的人力和物力就越多。随着土层厚度增加，检测土壤碳的特定变化（如 2 Mg C/ha）会变得比较困难，因为这些土层中增加的土壤碳含量变化也被平均化。在这种情况下，人们更倾向于将采样方案从考虑深度上转移到考虑采样点数量上。但是，如果某些土层比采样土层薄（薄层土的最小值可能达到 30 cm），那么应计算这两者之间的相对变化量。最好的折中方法是，尽量在受短期耕作影响的表层土壤取样，而不是在更深的土层取样。通常，在一年生作物的地块取样，深度至少应该达到 30 cm；在多年生作物的地块，则需要 60 cm 甚至更深。

2. 土芯分段

所需采集土芯段的数量和长度由土壤剖面 SOC 在垂直方向上的不均一性决定。通常情况下，变化梯度越大，土芯段长度应该越短。而且，土芯段的取样长度随着取样深度的增加而增加，因为深层土壤的 SOC 稳定性强且分布比较均匀。在可能的情况下，土芯段的选择可以大致对应剖面上清晰的分界线，例如，耕作深度或水平边界。

3. 采样点的土芯直径和数量

每个采样点的最优土芯直径和数量取决于分析所需灵敏度和土壤量。较大的土壤取样量使得样本有更好的代表性，但同时也会增加采样成本，以及对试验区域的扰动。在坚硬的石质地块上采集土芯比较困难，虽然更大内径的土钻会有助于取样，但是这样取出的样品会混有碎石。

4. 取样孔的回填

取样后地块留下的孔洞可以用临近区域的土壤装填（如缓冲地块），以保护取样区的物理完整性。然而，这种替换处理会耗费大量劳力，并且带入处理区域的外部土壤会给后续的取样带来影响。如果没有这种回填过程，取样孔会被周围的表层土所填满。因此，后面的取样点应选在距先前取样孔足够远的地点以免受其影响，但又要能够排除空间变量的干扰，即不能太远。

5. 邻近植物的取样位置

靠近植物采样会对土壤样本中有机碳含量产生影响，尤其是在土壤表面，这些地方（比如在地表、多年生或具有主根的植物）富含分解完毕的作物枝叶残渣，都会向土壤中输送碳元素。靠近植物采样可能会影响土壤样品有机碳的含量，特别是在植物冠层覆盖的土壤表面，以及多年生或直根植被地下部分。土芯位置的选择应避免偏差，比如，当土壤表面的三分之一被植物所覆盖时，可以选择如下 3 个采样点：1 个在植物的下方，另外 2 个在植物的行或冠之间。通常，成行栽种的植物冠层所占的地面区域相对于间作区域来说是很小的（<<30%），所以样品一定要从间作区域采集。否则，靠近植物取样会导致显著的偏差。

6. 土壤总碳存储量的测定

在早期关于 SOC 的研究中，大多是从土壤肥力的角度出发，对样品中新近的植物凋落物进行筛选和丢弃。然而，在碳汇研究中，应以总碳存储量计算。上述方法表述的样本包括最新落下的植物残留物。另外一种方法则是单独分析植物凋落物，但在计算总碳存储量时将这些植物残片的量包括其中。地上残留物如果数量很大，在计算总碳存储量时，可能也需要考虑在内（Peterson 等 1998）。

7. 其他碳源的污染

应注意避免从土钻的润滑油、样品袋中的石蜡和锡箔纸托盘上的涂料中引入外源碳元素。样品干燥场所应避免扬尘（如来自植物样本的处理过程）、昆虫和啮齿动物的干扰。在样品处理过程中，应避免交叉污染（如富含碳酸盐的深层土和富含有机质的表层土之间）。

8. SOC 随时间变化的重复测定

如果在之前的钻孔附近连续取样（即使不在原取样点上），则可以灵敏地检测到样品中有机碳含量随时间的变化（Ellert 等，2001；Conant 等，2003；VandenBygaart，2006）。为此，原始取样点可以用 GPS 记录下来，或者在已取样的孔洞里埋一个电子标识器。在随后的取样中，位置通常可以直接选在微型地块网格中原取样孔附近（图 3.3）。这种模式通过适当的调整适用于一些需要增加采样次数或其他场地条件的取样情况（Conant 等，2003；VandenBygaart，2006）。为了最有效地评估土壤碳含量随时间的变化，可以根据取样点及田块的具体情况，调整每个微型取样点和田块内的取样点数量（Bricklemyer 等，2005）。

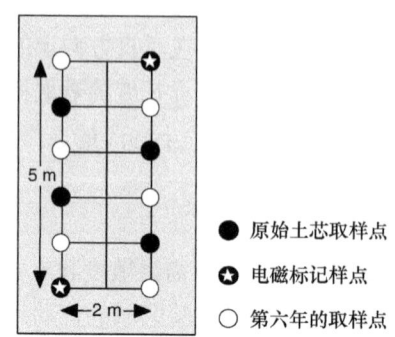

图 3.3　4 m×7 m 的小型地块中，用以测定随时间变化的有机碳储量的土壤采样方案示意图。（优化自 Ellert, B.H., Janzen, H.H., McConkey, B.G. In: R. Lal, J.M. Kimble, R.F. Follettand B.A. Stewart, (Eds.), *Assessment Methods for Soil Carbon*, Lewis Publishers, Boca Raton, Florida, 2001.）

3.4　土壤有机碳存储量估算

3.4.1　材料

（1）土壤精磨仪和小型土筛（包括 60 目/250 μm 和 100 目/150 μm 两种规格）。

（2）碳分析仪：通过利用干烧法分析测定 CO_2（总碳及有机碳分析参照第 21 章）。

3.4.2　步骤

（1）从先前保存的风干土壤样品中获得一个具有代表性的子样本，理想状况是利用"滴入式"样品分割器或者离心式分离器进行分选。由更简单、更方便的方法（例如，将粒径小于 2 mm 的自然风干的土壤在托盘中充分混合，然后分别从其 6 个不同的区域取出少量样本）引入的变异性很容易通过从少量样本中收集多个子样本来定量。不推荐从样品袋或样品瓶的顶部取样，因为在用样品袋或样品瓶装样和样本处理时，土壤组分往往会不均匀。

（2）对于大多数微量分析方法来说，粗磨的土壤样本（粒径小于 2 mm）必须再用辊式或罐式研磨机、胶囊式研磨机、粉碎机、"环-球"式研磨机或者研钵等器具对其进行精细粉碎（如 Kelley，1994；Rondon 和 Thomas，1994；McGee 等，1999；Arnold 和 Schepers，2004）。理想的粒径根据待分析的样本量而定。如果燃烧消耗的质量小于 0.1 g，样本应粉碎通过 150 μm 的筛。整个子样本都应该粉碎到能通过指定的筛网（可以通过检测一个具有代表性的子样本而非每个样本来确定整个子样本的粒径是否合格）。最后，研磨好的样本可以存储在玻璃小瓶中。

（3）将样品和标准品置于 60~70℃干燥处理 18 h，然后测定有机碳的含量（g C/kg 土壤）（参照第 21 章）。关键的一步是，在分析之前应加酸完全除去无机碳，或者单独分析无机碳，用总碳量减去无机碳含量估算得到有机碳的浓度（参照第 21 章）。理想情况下，应使用经过认证的标准土壤来验证分析的准确性，但具有经认证的总碳和有机碳值的标准土壤仍然很少（Boone 等，1999）。至少，应使用内部配制或从供应商处获得的标准土壤校准分析和监测分析精度。

（4）有机碳含量以每克干燥土壤中的有机碳毫克数（mg C/g）表示（=kg C/Mg=％×10）。

3.4.3 计算

土壤有机碳（SOC）含量是指单位面积土地的指定土层中所含的有机碳量。通常用"兆克/每公顷（Mg/ha）"来表示特定土壤深度的 SOC 含量。其他单位还有 kg/m² （即 Mg/ha×0.100）。获得土壤 SOC 最简单的方法，是对特定深度和特定体积土壤样品中有机碳含量和土芯密度进行计算（公式如下）。但是，如果土芯密度不一致（即使有轻微的差异），那么在比较不同位置及不同时间点的 SOC 含量时，这种方法就容易产生偏差（Ellert 和 Bettany，1995）。例如，比较两个不同处理组的 SOC 含量时，如果 A 组特定深度的平均土芯密度为 1.10 Mg/m³，而 B 组为 1.00 Mg/m³，那么 A 组的 SOC 量就会偏大，因为，在所比较的土层中，A 组比 B 组多了 10%的土壤。因此，SOC 含量的测定应该在"等效质量"或"固定质量"基础上进行（参照以下的计算部分），除非土芯密度一致。

1. 固定深度土壤中有机碳存储量

$$SOC_{FD} = \sum_{1}^{n} D_{cs} C_{cs} L_{cs} \times 0.1 \qquad (3.4)$$

式中，SOC_{FD} 表示土壤某一深度的有机碳量（Mg C/ha）；D_{cs} 是土芯段的密度（g/cm³）；C_{cs} 是土芯段中有机碳的含量（mg C/g 干土）；L_{cs} 是土芯段的长度（cm）。

2. 固定质量土壤中有机碳存储量

① 对于所有的样品，均可用以下公式计算指定深度的土壤质量：

$$M_{soil} = \sum_{1}^{n} D_{cs} L_{cs} \times 100 \qquad (3.5)$$

式中，M_{soil} 是指固定深度的土壤质量（Mg/ha）。

② 选取所有取样点中指定深度的最小土壤质量作为参照（M_{ref}）。

③ 计算从最深处土芯段减去的土壤质量，使所有采样点的土壤质量相等：

$$M_{ex} = M_{soil} - M_{ref} \qquad (3.6)$$

式中，M_{ex} 是需要从最深的土芯段中减掉的那部分土壤质量。

④ 对于每个采样点，固定质量土壤中有机碳存储量的计算公式如下：

$$SOC_{FM} = SOC_{FD} - M_{ex} \times C_{sn}/1000 \qquad (3.7)$$

式中，SOC_{FM} 是指固定质量的 M_{ref} 中 SOC 含量；C_{sn} 是指最深的土芯段中 SOC 含量（mg C/g 干土）（n 指土芯的分段数）。

3. 样木计算

假设有以下三个土芯：

深度/cm	SOC 含量/（g C/kg 土壤）			密度/（g/cm³）		
	土芯 1	土芯 2	土芯 3	土芯 1	土芯 2	土芯 3
0~10	20.0	22.0	19.0	1.04	1.10	0.99
10~20	17.4	16.3	17.1	1.17	1.27	1.20
20~40	14.3	15.2	13.9	1.30	1.35	1.25
40~60	12.2	11.9	12.1	1.40	1.45	1.42

若土芯长 40 cm，那么土芯 1、2、3 的 SOC_{FD} 分别为 78.3、85.9 和 74.1 Mg C/ha。

对于 SOC_{FM}，当土芯段长 40 cm 时，土芯 1、2、3 的 M_{soil} 分别为 4810、5070 和 4690 Mg/ha。

所以，M_{ref}=4690 Mg/ha（土芯 3 的土壤质量），土芯 1、2、3 的 M_{ex} 分别为 120、380 和 0 Mg/ha。

这样，土芯 1 的 SOC_{FM} = 78.3−120×14.3/1000 = 76.6 Mg C/ha。

类似地，土芯 2、3 的 SOC_{FM} 分别为 80.1 和 74.1 Mg C/ha。

那么，土芯 1、2 和 3 固定质量的土层厚度分别为 $40-M_{ex}/(D_{cs}\times100)$ = 39.1、37.2 和 40.0 cm。

3.4.4 注释

上述估算 SOC 存储量的方法适用于由生物过程（主要是土壤中碳元素输入和输出之间的平衡）而非地貌过程（土壤的侵蚀和沉积）引起的土壤 SOC 随时间变化的样点。基本假设是在采样时间内土壤质量基本保持不变。若不符合这种假设，在估算 SOC 随时间变化之前，就需要用其他方法来先估算出土壤横向的再分配或土壤的净输入或输出量。比如，在某些土壤质量发生相当大的增加或减少的区域（如废物的掺入或者土壤的流失），一些能够使取样达到固定土层深度的勘测技术可能适用（Chang 等, 2007）。

用"固定质量"的方法计算 SOC 存储量时会产生许多变化。例如，在校正中（公式 3.7）用 n 和 $n+1$ 层的加权平均含量代替 n 层的 SOC 含量可能更为合适。或者，一些研究人员不是在校正中减去 SOC，而是选择另一个参考质量，然后根据下面一层 SOC 的含量再"加上"合适的 SOC 量。无论何种情况下，这种方法都需要假定所采用的 SOC 含量值能够代表被添加或去除的土层。鉴于此，一些研究人员采用略深于目标深度的土芯段。比如，如果要估算 0～20 cm 土层的碳储量，那么，就需要一个 20～25 cm 深度的土芯段用于"固定深度"的计算。

无论比较是基于固定的土壤深度还是质量，对于土壤再分配、积累或输出的情况都是无关紧要的。在这几种情况下，要区分地貌过程（土壤再分配）与生物过程（植物碳元素输入和 SOC 减少）的影响作用几乎是不可能的。只有在极少数情况下（例如，具有持久而均匀的标志层土壤，如脆磐层），才能从常规土壤取样推断出土壤沉积或侵蚀。

参 考 文 献

Arnold, S.L. and Schepers, J.S. 2004. A simple roller-mill grinding procedure for plant and soil samples. *Commun. Soil Sci. Plant Anal.* 35: 537-545.

Boone, R.D., Grigal, D.F., Sollins, P., Ahrens, R.J., and Armstrong, D.E. 1999. Soil sampling, preparation, archiving, and quality control. In: G.P. Robertson, D.C. Coleman, C.S. Bledsoe, and P. Sollins, eds. *Standard Soil Methods for Long- Term Ecological Research*. Oxford University Press, New York, 3-28.

Bricklemyer, R.S., Miller, P.R., Paustian, K., Keck, T., Nielsen, G.A., and Antle, J.M. 2005. Soil organic carbon variability and sampling optimization in Montana dryland wheat fields. *J. Soil Water Conserv.* 60: 42-51.

Chang, C., Ellert, B., Hao, X., and Clayton, G. 2007. Elevation-based soil sampling to assess temporal changes in soil constituents. *Soil Sci. Soc. Am. J.* 71: 424-429.

Conant, R.T. and Paustian, K. 2002. Spatial variability of soil organic carbon in grasslands: implications for detecting change at different scales. *Environ. Pollut.* 116: S127-S135.

Conant, R.T., Smith, G.R., and Paustian, K. 2003. Spatial variability of soil carbon in forested and cultivated sites: implications for change detection. *J. Environ. Qual.* 32: 278-286.

Ellert, B.H. and Bettany, J.R. 1995. Calculation of organic matter and nutrients stored in soils under contrasting management regimes. *Can. J. Soil Sci.* 75: 529-538.

Ellert, B.H., Janzen, H.H., and Entz, T. 2002. Assessment of a method to measure temporal change in soil carbon storage. *Soil Sci. Soc. Am. J.* 66: 1687-1695.

Ellert, B.H., Janzen, H.H., and McConkey, B.G. 2001. Measuring and comparing soil carbon storage. In: R. Lal, J.M. Kimble, R.F. Follett, and B.A. Stewart, eds. *Assessment Methods for Soil Carbon*. Lewis Publishers, Boca Raton, FL, 131-146.

Garten, C.T. and Wullschleger, S.D. 1999. Soil carbon inventories under a bioenergy crop (switchgrass): measurement limitations. *J. Environ. Qual.* 28: 1359-1365.

Gregorich, E.G., Carter, M.R., Doran, J.W., Pankhurst, C.E., and Dwyer, L.M. 1997. Biological attributes of soil quality. In: E.G. Gregorich and M.R. Carter, eds. *Soil Quality for Crop Production and Ecosystem Health.* Elsevier, Amsterdam, 81-113.

Janzen, H.H. 2005. Soil carbon: a measure of ecosystem response in a changing world? *Can. J. Soil Sci.* 85: 467-480.

Kelley, K.R. 1994. Conveyor-belt apparatus for fine grinding of soil and plant materials. *Soil Sci. Soc. Am. J.* 58: 144-146.

Lal, R. 2004a. Soil carbon sequestration to mitigate climate change. *Geoderma* 123: 1-22.

Lal, R. 2004b. Soil carbon sequestration impacts on global climate change and food security. *Science* 304: 1623-1627.

Lawes, J.B. and Gilbert, J.H. 1885. On some points in the composition of soils with results illustrating the sources of the fertility of Manitoba prairie soils. *J. Chem. Soc.* 47: 380-422.

McGee, E.A., Vohman, D.D., White, S.A., and Thompson, T.L. 1999. Rapid method for fine grinding soils for organic N and ^{15}N analysis. Commun. *Soil Sci. Plant Anal.* 30: 419-426.

Peterson, G.A., Halvorson, A.D., Havlin, J.L., Jones, O.R., Lyon, D.J., and Tanaka, D.L. 1998. Reduced tillage and increasing cropping intensity in the Great Plains conserves soil C. *Soil Till. Res.* 47: 207-218.

Post, W.M., Izaurralde, R.C., Mann, L.K., and Bliss, N. 2001. Monitoring and verifying changes of organic carbon in soil. *Climatic Change* 51: 73-99.

Rondon, M.A. and Thomas, R.J. 1994. A pistonaction ball mill for the rapid preparation of plant and soil samples for the automated analysis of nitrogen (^{15}N) and carbon (13C). Commun. *Soil Sci. Plant Anal.* 25: 435-445.

Theocharopoulos, S.P., Mitsios, I.K., and Arvanitoyannis, I. 2004. Traceability of environmental soil measurements. *Trends Anal. Chem.* 23: 237-251.

VandenBygaart, A.J. 2006. Monitoring soil organic carbon stock changes in agricultural landscapes: issues and a proposed approach. *Can. J. Soil Sci.* 86: 451-463.

Waters, D.F. and Sweetman, I.C. 1955. The Rukuhia soil grinder. *Soil Sci.* 79: 411-413.

Whitlam, R.G. 1998. Cyberstaking archaeological sites: using electronic marker systems (EMS) for a site datum and monitoring station. *Soc. Am. Archael. Bull.* 16(2): 39-47.

Wilding, L.P., Drees, L.R., and Nordt, L.C. 2001. Spatial variability: enhancing the mean estimate of organic and inorganic carbon in a sampling unit. In: R. Lal, J.M. Kimble, R.F. Follett, and B.A. Stewart, eds. *Assessment Methods for Soil Carbon.* Lewis Publishers, Boca Raton, FL, 69-86.

（李晓晶　孙扬　译，李永涛　翁莉萍　校）

第4章 土壤样本的处理和存储

S.C. Sheppard
ECOMatters Inc.
Pinawa, Manitoba, Canada

J.A. Addison
Royal Roads University
Victoria, British Columbia, Canada

4.1 引　言

　　本章将会讨论土壤取样后和样本分析之前的处理方法。需注意的是，样本的处理和存储将会对分析结果造成很大影响，并且没有任何一种方法能适用于所有的分析对象。土壤样本处理和存储的影响因素包括样本土壤颗粒大小、水分含量、温度和存储时间。

　　随着搜集和解译空间位置信息软件的增多，过去十年间，土壤取样的方法已经取得重大进展。与此同时，分析能力也显著增强，体现在更高的灵敏度和更广泛的分析对象上。对土壤生物及其生物学属性的描述也有了明显进步。然而，目前对土壤样本处理和存储的影响因素研究的很少，也未得到应有的重视。尽管如此，依然有足够的证据表明，不同的处理和存储方法可以显著影响研究结果。

　　或许，分析在土壤科学中的一个最重要的作用，不仅是对绝对含量的分析，而是将关注点放在测量值的环境意义上。绝对含量，比如，总元素组成、总有机质含量，甚至总孔隙率，都是相对容易测定的，并且受样本处理和存储的影响也相对较小。但是，这些绝对含量与多数研究人员想要测定的指标部分相关。通常来说，更重要的分析结果应能表征土壤中具有生物有效性或可浸提的元素成分，以及土壤的功能和生物特性等。对于这些需要更加精确测量结果的样品，样本处理和存储的方法就变得非常关键。以下是文献中的实例：

　　植物可利用的氮（Craswell 和 Waring，1972；Wang 等，1993；Verchot，1999；Fierer 和 Schimel，2002；Magesan 等，2002；Riepert 和 Felgentreu，2002）、磷（Potter 等，1991；Grierson 等，1998；Turner 和 Haygarth，2003；Worsfold 等，2005）、钾（Luo 和 Jackson，1985）、硫（Chaudhry 和 Cornfield，1971；David 等，1989；Comfort 等，1991）；

　　金属元素的形态及土壤溶液的组成（Leggett 和 Argyle，1983；Lehmann 和 Harter，1983；Haynes 和 Swift，1985、1991；Walworth，1992；Neary 和 Barnes，1993；Meyer 和 Arp，1994；Simonsson 等，1999；Ross 等，2001）；

　　土壤的生物活性（Ross，1970；Zantua 和 Bremner，1975；Ross，1989；van Gestel 等，1993；Stenberg 等，1998；Mondini 等，2002；Allison 和 Miller，2005；Goberna 等，2005）；

　　土壤有机质研究（Kaiser 等，2001）；

　　有机污染物的提取（Belkessam 等，2005）。

　　毫无疑问，研究人员必须针对要做的分析参考现有的文献来确定样本处理和存储的要求和限制条件。这是一个必要的过程，研究者必须为样本处理和存储措施找到恰当的依据。然而，一些研究者发现样本准备和存储对结果造成的影响在不同的土壤之间有着明显的差异。因此，不适当的处理方法会干扰对不同土壤样本分析结果的阐释（Brohon 等，1999；Neilsen 等，2001）。

本章的目的是提供样本处理的指南，包括土壤的混匀、研磨和土壤水分的管理。表4.1是对此的概述。本章还将讨论样本存储的两种情况：样品采集后、分析前的存储，以及长期存储或存档。本章不涉及在采样现场对土壤组分的分离处理，比如用渗漏测定计（Derome 等，1998）采集土壤孔隙水。

表4.1 土壤样本处理和存储的典型属性

分析对象	混合与研磨	水分含量	分析前的存储	归档存储
土壤动物：蚯蚓、线虫和其他无脊椎动物	避免混合，通常使用扰动程度最小的土芯或土块（单点样品、非混合样品）	田间含水量	最短时间，冷藏但不冷冻	不适于原始分析对象，适用于一些辅助性分析
微生物活性：呼吸作用，功能性试验	受到轻微扰动的单点样品或者轻微研磨的混合样品	田间含水量或可保持微生物活性的含水量	最短时间，冷藏但不冷冻	不适于原始分析对象，适用于一些辅助性分析
微生物种群：数量和类型	单点样品（非混合样品），需要无菌环境	田间含水量或可保持微生物活性的含水量	最短时间，冷藏但不冷冻	不适于原始分析对象，适用于一些辅助性分析
微生物属性：PLFA, DNA	受到轻微扰动的单点样品或者轻微研磨的混合样品	田间含水量或可保持微生物活性的含水量	由分析方法决定，冷冻可能适用	根据不同的分析对象而定，在极低温度下冷冻（−80℃）可能适合
土壤有机质：结构，组成	可以接受适度的研磨	由分析方法决定，可能需要烘箱干燥	由分析方法决定	由分析方法决定
生物有效性和化学品形态	可以接受适度的研磨	适合分析的含水量	最短时间，最好冷藏	不适于原始分析对象，适用于一些辅助性分析
物理性质：孔隙大小分布、容重	避免混合，通常使用扰动程度最小的土芯或土块（单点样品、非混合样品）	田间含水量或适合分析的含水量，结果以干重计	冷藏可长期保存，冷冻可能改变性质	冷藏可长期保存，冷冻可能改变性质
矿物学特征	可研磨，但不能破坏单个土壤颗粒	一般以干重计	干燥状态下可长期保存	干燥状态下可长期保存
物理学特性：粒径分布、总有机质含量	可研磨，但不能破坏单个土壤颗粒	一般以干重计	干燥状态下可长期保存	干燥状态下可长期保存
元素分析：总量和强酸可提取态	可研磨	一般以干重计	在未被污染的条件下可长期保存	在未被污染的条件下可长期保存

4.2 土壤样本的处理和存储步骤

尽管每次采样的要求不同，但基本步骤如下：

（1）从田间或试验系统采集混合样本；
（2）如果样本太大，将土块破碎、混匀，选取部分混匀样品包装，运回实验室；
（3）选取一个子样本用于水分含量的测定，湿重称量后，在105℃烘干测定干重；
（4）对剩下的样本进行风干，使其水分含量适合进一步处理；
（5）如果有必要，可以进一步将土块粉碎，比如研磨；

（6）准备需要分析的子样本；

（7）准备一个存档样本。

4.3 土壤样本的混合和破碎

混合和破碎土壤样本的预期目标是要确保样本能代表测试土壤的整体情况。混合过程包括收集和混合一系列的独立样本，且这些样本最好是取自覆盖研究区域不同位置的取样点。为了土样混合和二次取样的均一性，有必要破碎土样。更多关于样本拆分和二次取样的详细信息参见 Schumacher 等（1990）。

统计学要求混合样本或子样本应该包括大量的样本簇，因此关键的一点就是样本簇要足够小。Allison 和 Miller（2005）阐述了生物学分析测定的差异是如何随子样本含有样本簇的量的减小而增加的；Liggett 等（1984）提到土壤中钚的准确测量需要的样本量太大，这是不切实际的（该试验中子样本间的差异超过了田间差异）。一般情况下，如果需要 1 kg 的混合土样，那么合理的土块大小可能需在 5 g（5 cm^3）或更小。如果需要的子样本是 0.5 g，土块最好呈粉末状，其粉碎度跟实际分析所需的范围相一致。例如，Neary 和 Barnes（1993）、Wang 等（1993）提出，如果子样本小于 1 g，土块应该粉碎至能够通过小于 0.5 mm 筛网。

另一关键问题是，土块破碎的过程中不能破坏其中的分析对象。如果取样是为了测量土壤的大孔隙特性或土壤动物，那么土块的破坏程度就应该尽量小且不能采用剧烈的方式。Craswell 和 Waring（1972）的研究显示，研磨会影响土壤中微生物的矿化速率。Neary 和 Barnes（1993）发现，研磨尤其是机械研磨，会影响可提取态铁和铝的含量。相反，如果分析对象是总元素含量，剧烈的研磨过程（锤式粉碎机、研钵和研杵）也可以接受，只要研磨设备本身不引入污染即可。

存在争议比较多的是测定生物可利用的元素组成或者微生物特性时所需的土壤样品研磨程度。例如，土壤养分有效性的测定（土壤肥力测定）最初是用经过特定制备的土壤进行校准分析，这些土壤要经过常规的自然风干、手工过 2 mm 的筛网，以及基于体积的取样（不同于基于质量的取样方式）。过度的干燥和剧烈的研磨会影响被特定提取剂提取的营养物质的含量，如某些土壤中磷元素的提取率能提高到 165%（Turner 和 Haygarth，2003）。不过，精细的手工处理方式成本很高，随着土壤肥力测定的商业化，更快和更剧烈的破碎方式现在变得越来越常见。但这些基础试验的响应数据是否做了相应的再校准，并不清楚。

土壤样本准备工作的另一个难点是：在样本准备过程中，如何处理与大块土壤基质具有不同行为特征的砂砾、植物根系和其他物质。因为许多研究者只是简单去除了这些异质物质，但是它们的存在显然会显著影响到对田间分析结果的阐释，至少它们的存在对土壤基质起到了稀释作用。通常采用的方法是去除那些大于所需筛网尺寸的砂砾，但需要记录它们相对于整个土壤样本的相对质量。这意味着除了砂砾，整个土壤样本都能通过要求的筛网。对于植物根系和有机残骸来说，简单去除它们即可，因为它们的存在时间相对于土壤很短暂。对于某些分析对象来说，这些有机残骸可能被当作重要的二级子样本来考虑，比如分析亲脂性化合物或真菌活性。

对富含有机质土壤进行二次取样及取样范围的确定也存在困难，尤其当土壤剖面中混有诸如腐朽木本植物等物质时。如果不影响分析，刀式粉碎机更适于磨碎富含木本纤维的土壤。

4.4 土壤样本的含水量

存储的土壤样本的含水量情况不仅对样本前处理（如土块的破碎）非常重要，而且还会切实影响到后续结果分析。许多土壤在太湿的物理状态下难以处理，黏土在太干的情况下也很难粉碎，对确定土样的干燥程度存在争议。由于自然环境下的土壤都会经历润湿和干燥过程，故在实验室内根据田间土壤所能达到的最干燥状态下的含水量对土样进行干燥处理，这对很多分析对象都是可行的。

土壤质量的测定标准是，在105℃烘干直至恒重。因为对土壤特性的诸多分析均是以干重为基础的，这里的干重通常假定为土壤经过105℃烘干之后的重量。

然而，105℃处理和由此产生的低含水量会给土壤许多性质带来极大的破坏。该过程会杀死中/微生物群，使包括土壤酶在内的有机物质变性，氧化某些无机成分，破坏黏土矿物的层间结构，以及改变其他土壤固相物质的特性等。这种干燥方式适于一些绝对指标的测定，如总元素组成和粒径组成，以及某些土壤的适度研磨。不过对于很多其他分析对象，以及为了更好地研磨黏土或有机土壤，最好使土壤保留更多水分。

如果土壤样本没有在105℃进行干燥，但分析结果又需要用每份土壤的干重表示，那么试验者应对已分析土壤的含水量进行测定，然后将该结果转换成105℃干燥情况下的数据。通常情况下，自然风干与105℃烘干处理的土壤水分含量并无明显差异，但是不能假定它们是相等的。

典型的目标含水量为：

- 田间含水量或者自然状态下的水分含量：该含水量极其多变，但是如果需要从中提取活有机体，则应避免改变其含水量。
- 可保持生物活性的土壤含水量：研究人员认为该含水量介于田间持水量和自然风干土壤含水量之间，这种状态的土壤可以采用诸如没有粉尘产生的过筛等温和的破碎方式。为保持微生物的活性及保证种子的萌发，处理后的土壤避光冷藏保存。由于土壤仍然含有生物体，因此需要适当的气体交换，但同时应确保样本不能因此过量失水。聚乙烯袋因具有使氧气通过而限制水分流失的特性，适合盛装此类土壤样品。进行分析前，应该再次确定土壤的实际含水量。
- 自然风干土壤的含水量：其含水量与空气湿度保持平衡，这样的土壤接近烘干的程度，并且可以承受剧烈的破碎方式（视需要而定）。这种含水量的土壤可以用透水性的容器来保存（比如纸板箱）。此时微生物活性最低，当土壤再次润湿时，其中的微生物活性会重新恢复。只要符合分析要求，这是最便于处理和保存的土壤含水量（参考表4.1示例）。
- 105℃烘干土壤的含水量：该土壤足够干燥，因此会从空气中吸收水分。这种含水量的土壤必须保存在密闭容器或干燥器中。进行分析处理之前，有必要再次干燥以确保它们的含水量符合要求。这种含水量的优势在于其本身就可以作为参照标准。
- 介于自然风干和105℃烘干之间的土壤含水量：这是在缓慢的自然风干与具有破坏性的105℃烘干之间选择的折中方式。30~40℃可以认为是处于田间地表的温度范围之内，50~80℃则是干燥的折中温度。

即使在室温条件下对土壤进行干燥，也会引发诸多反应。生物体或进入休眠期，或死去。溶解的无机盐在残余孔隙水中的浓度会增大，最终可能形成沉淀或者凝胶态物质。受自身浓度增加和土壤孔隙水中盐浓度增加的共同影响，溶解的有机物质也可能团聚。在土壤干燥过程中，其中的固相有机质形貌改变，露出下伏矿物质的表面，且疏水性变得更强。除非土壤变得极其干燥或者干燥使用的温度过高，矿物相物质一般都不会发生改变。

显然，鉴于上述这些变化，必须根据不同的研究分析要求（表4.1）确定不同的土壤含水量。自然风干或烘干样本的保存非常方便，尽管这种保存方式可能引起某些土壤属性的缓慢变化，但至少对于土壤的一些化学和物理特性的测定来说，这些变化可能很小。然而，某些化学分析会受到干燥的影响。例如，某些土壤氮肥力的测定就会受到干燥的影响，因此一些商业化的实验室就要求将土壤运回实验室前不能干燥。而对于其他很多大规模的试验，比如，需要对大量样本的土壤肥力进行测定时，为了方便和数据的一致性，常规的做法就是先对样本进行风干或者低温烘干。

为了克服干燥对样本的影响，一种方法是在分析之前对样本进行再润湿培养。基本原理是自然风干和再润湿是自然发生的过程，所以，再润湿处理可适当减轻风干造成的暂时影响。Lehmann 和 Harter（1983）观察到，土壤再润湿培养 1 个月后，铜吸附作用会部分恢复。Haynes 和 Swift（1991）注意到金属元素的可提取性会随着土壤样本的再润湿得到恢复，然而，干燥土壤对有机质提取率的影响随着再润湿处理仅会出现缓慢的逆转。

对于生物、微生物及酶活性分析来说，一般应避免干燥，或者控制干燥程度至可保持生物活性的含水量。大量研究表明，先干燥再润湿土壤样品会对包括以微生物为媒介的土壤化学转化等生物学性质产生巨大影响（van Gestel 等，1993；Riepert 和 Felgentreu，2002）。虽然一些研究表明再润湿培养干燥土壤至少能在一定程度上恢复土壤的一些生物学活性，但是，微生物类群不同，其响应程度显然也会不同。因此，对于不同的土壤和不同的微生物类群来说，土壤恢复的程度、微生物种群和功能重建花费的时间也都会有所不同（Fierer 和 Schimel，2002；Pesaro 等，2004）。

4.5　存储温度和时间的影响

正如引言所述，没有任何对所有分析对象都适合的通用土壤保存方法，每个研究人员都必须为自己的样本保存找到合理的方法。任何对土壤样本的生物学属性或生物介导活性的分析，以及对土壤中挥发性或不稳定成分的分析，显然都要求最短的保存时间、特定的温度、含水量及容器类型。对易于生物降解的含氮化合物和有机化学品进行分析时，样本保存条件同样值得认真研究（Stenberg 等，1998；Rost 等，2002）。

如果分析目标是土壤中的动物群，样本应该保存在 5℃下而非冷冻保存。土壤中的无脊椎动物对冷冻温度的承受能力取决于其随时间推移而产生的一系列生理上和行为上的适应性。所以，如果仅仅因为土壤样本采自一个经历过季节性冷冻的区域，就认为该土壤样本可以安全地进行冷冻保存的观点通常是不合理的。Edwards 和 Fletcher（1971）指出，土壤在 5℃保存 1 周，应该不会对样本中提取的土壤动物个体或种群数量带来重大变化，但是，即使仅在初期置于较高温度下，或者在 5℃保存 28 天后，土壤的生物性质仍会发生显著的变化。

对于需要测定微生物参数（包括土壤土著微生物群落降解污染物的潜力）的样本，如何设置合适的保存温度存在争议。Stenberg 等（1998）推断，如果土壤样本采自那些土壤通常在冬天会被冻结的地区，那么可以在-20℃的低温下保存这些土壤样本用于分析微生物群落。实际上，一些测定微生物活性（OECD 2000）的指南也提到，如果土壤采集区一年至少有 3 个月以上的冰冻期，那么在-18℃保存 6 个月也是可行的。然而，也有一些从事北部地区土壤研究的研究人员强调，冷冻土壤样本会对微生物的丰度、活性及某些对冷冻特别敏感的种群造成显著而长久的影响（Zelles 等，1991；Shishido 和 Chanway，1998；Pesaro 等，2003）。另一方面，其他的微生物分析方法（如磷脂脂肪酸分析法）则通常要求样本保存在冷冻状态下以使得脂肪酸在保存过程中降解程度最低。

4.6　归　档　存　储

土壤样本的归档存储是为多方面服务的。最直接的目的是：如果初步结果有问题，可以重新进行分析。这是重复分析的一种形式。与此相关的是，有时测定特定样本的其他属性对解释初步结果也很重要。例如，对微量元素含量的回顾性分析可能会证实初步分析中关于差异性的假设。

然而，这些目的都与采集样本的初衷有关。其实，归档样本也可应用于与将来研究相关的其他目的。

未来可能会产生改良的分析方法，对归档样本的重新分析就是一种验证这种新方法及对接新老方法的途径。或者，有其他研究项目可能需要一整套具有特定属性的归档土壤样本。

归档的另一个关键作用是为了提供参考标准，以及在生态毒理分析中提供稀释土壤（Sheppard 和 Evenden，1998）。Ehrlichmann 等（1997）发现在他们的参照土壤中，随着保存时间的延长，其中有机污染物的毒性在下降，而金属离子的毒性却在增大。Riepert 和 Felgentreu（2002）通过对存储的参照土壤进行植物生态毒性的生物鉴定得出如下结论：因为微生物的存在，将风干土样长期保存作为实验室标准土样是不恰当的，尤其是对那些与氮素矿化有关的分析。

有关归档样本保存有效期的研究并不多。样本的生物有效性的确会很快消失，但是一些物理属性如粒度等将会永久保留。相反，Bollen（1977）发现与最初采集时的样本相比，干燥条件下保存 54 年的样本仍然具有呼吸作用和氧化硫元素的能力，只是这些特性有所增强或减弱。

也许，如同其他类型的存档资料一样，归档土壤样品最重要的作用就是资料记载作用。因此归档信息必须包含样本来源、采集细节、预处理方法、保存条件、与研究者的关系，以及研究者对样本进行的初步分析结果。

4.7 结　　论

上述文献直观地表明，所有的样本处理和保存过程都会产生人为的影响。没有一种方法适用于所有的研究对象。风干和研磨等简易的处理方法会对土壤的物理、化学及生物学属性产生深远影响。甚至是针对磷的土壤肥力和金属元素的测定可能也会受到样本处理带来的细微差异的干扰。土壤是一种有生命的物质，也许土壤样本的处理同样需要我们像处理动植物组织样本那样小心。

本章最重要的信息是，样本的处理和保存没有公认的方法，但研究者需要考虑和准备为采取的具体方法提供合理科学的解释。

参 考 文 献

Allison, V.J. and Miller, R.M. 2005. Soil grinding increases the relative abundance of eukaryotic phospholipid fatty acids. *Soil Sci. Soc. Am. J.* 69: 423-426.

Belkessam, L., Lecomte, P., Milon, V., and Laboudigue, A. 2005. Influence of pre-treatment step on PAHs analyses in contaminated soils. *Chemosphere* 58: 321-328.

Bollen, W.B. 1977. Sulfur oxidation and respiration in 54-year-old soil samples. *Soil Biol. Biochem.* 9: 405-410.

Brohon, B., Delolme, C., and Gourdon, R. 1999. Qualification of soils through microbial activities measurements: influence of the storage period on INT-reductase, phosphatase and respiration. *Chemosphere* 38: 1973-1984.

Chaudhry, I.A. and Cornfield, A.H. 1971. Lowtemperature storage for preventing changes in mineralizable nitrogen and sulphur during storage of air-dry soils. *Geoderma* 5: 165-168.

Comfort, S.D., Dick, R.P., and Baham, J. 1991. Air-drying and pretreatment effects on soil sulfate sorption. *Soil Sci. Soc. Am. J.* 55: 968-973.

Craswell, E.T. and Waring, S.A. 1972. Effect of grinding on the decomposition of soil organic matter. II. Oxygen uptake and nitrogen mineralization in virgin and cultivated cracking clay soils. *Soil Biol. Biochem.* 4: 435-442.

David, M.B., Mitchell, M.J., Aldcorn, D., and Harrison, R.B. 1989. Analysis of sulfur in soil, plant and sediment materials: sample handling and use of an automated analyzer. *Soil Biol. Biochem.* 21: 119-123.

Derome, K., Derome, J., and Lindroos, A. 1998. Techniques for preserving and determining aluminium fractions in soil solution from podzolic forest soils. *Chemosphere* 36: 1143-1148.

Edwards, C.A. and Fletcher, K.E. 1971. A comparison of extraction methods for terrestrial arthropods. In: J. Phillipson, ed. *Methods of Study in Quantitative Soil Ecology: Population, Production and Energy Flow.* IBP Handbook No. 18, Blackwell Scientific Publications, Oxford, U.K. 150-185.

Ehrlichmann, H., Eisentrager, A., Moller, M., and Dott, W. 1997. Effect of storage conditions of soil on ecotoxicological assessment. *Int. Biodeter. Biodegr.* 39: 55-59.

Fierer, N. and Schimel, J.P. 2002. Effects of dryingrewetting frequency on soil carbon and nitrogen transformations. *Soil Biol. Biochem.* 34: 777-787.

Goberna, M., Insam, H., Pascual, J.A., and Sanchez, J. 2005. Storage effects on the community level physiological profiles of Mediterranean forest soils. *Soil Biol. Biochem.* 37: 173-178.

Grierson, P.F., Comerford, N.B., and Jokela, E.J. 1998. Phosphorus mineralization kinetics and response of microbial phosphorus to drying and rewetting in a Florida Spodosol. *Soil Biol. Biochem.* 30: 1323-1331.

Haynes, R.J. and Swift, R.S. 1985. Effects of airdrying on the adsorption and desorption of phosphate and levels of extractable phosphate in a group of acid soils, New Zealand. *Geoderma* 35: 145-157.

Haynes, R.J. and Swift, R.S. 1991. Concentrations of extractable Cu, Zn, Fe and Mn in a group of soils as influenced by air- and ovendrying and rewetting. *Geoderma* 49: 319-333.

Kaiser, K., Kaupenjohann, M., and Zech, W. 2001. Sorption of dissolved organic carbon in soils: effects of soil sample storage, soil-to-solution ratio, and temperature. *Geoderma* 99: 317-328.

Leggett, G.E. and Argyle, D.P. 1983. The DTPAextractable iron, manganese, copper, and zinc from neutral and calcareous soils dried under different conditions. *Soil Sci. Soc. Am. J.* 47: 518-522.

Lehmann, R.G. and Harter, R.D. 1983. Copper adsorption by soils exposed to desiccation stress. *Soil Sci. Soc. Am. J.* 47: 1085-1088.

Liggett, W.S., Inn, K.G.W., and Hutchinson, J.M.R. 1984. Statistical assessment of subsampling procedures. *Environ. Int.* 10: 143-151.

Luo, J.X. and Jackson, M.L. 1985. Potassium release on drying of soil samples from a varietyof weathering regimes and clay mineralogy in China. *Geoderma* 35: 197-208.

Magesan, G.N., White, R.E., Scotter, D.R., and Bolan, N.S. 2002. Effect of prolonged storage of soil lysimeters on nitrate leaching. *Agr. Ecosyst. Environ.* 88: 73-77.

Meyer, W.L. and Arp, P.A. 1994. Exchangeable cations and cation exchange capacity of forest soil samples: effects of drying, storage, and horizon. *Can. J. Soil Sci.* 74: 421-429.

Mondini, C., Contin, M., Leita, L., and De Nobili, M. 2002. Response of microbial biomass to air-drying and rewetting in soils and compost. *Geoderma* 105: 111-124.

Neary, A.J. and Barnes, S.R. 1993. The effect of sample grinding on extractable iron and aluminum in soils. *Can. J. Soil Sci.* 73: 73-80.

Neilsen, C.B., Groffman, P.M., Hamburg, S.P., Driscoll, C.T., Fahey, T.J., and Hardy, J.P. 2001. Freezing effects on carbon and nitrogen cycling in northern hardwood forest soils. *Soil Sci. Soc. Am. J.* 65: 1723-1730.

OECD 2000. Organisation for Economic Cooperation and Development (OECD) Guidelines for the Testing of Chemicals—Section 2: Soil Microorganisms, Carbon Transformation Test. Adopted Guideline #217, Adopted January 2000.

Pesaro, M., Nicollier, G., Zeyer, J., and Widmer, F. 2004. Impact of soil drying-rewetting stress on microbial communities and activities and on degradation of two crop protection products. *Appl. Environ. Microbiol.* 70: 2577-2587.

Pesaro, M., Widmer, F., Nicollier, G., and Zeyer, J. 2003. Effects of freeze-thaw stress during soil storage on microbial communities and methidathion degradation. *Soil Biol. Biochem.* 35: 1049-1061.

Potter, R.L., Jordan, C.F., Guedes, R.M., Batmanian, G.J., and Han, X.G. 1991. Assessment of a phosphorus fractionation method for soils: problems for further investigation. *Agr. Ecosyst. Environ.* 34: 453-463.

Riepert, F. and Felgentreu, D. 2002. Relevance of soil storage to biomass development, N-mineralisation and microbial activity using the higher plant growth test, ISO 11269-2, for testing of contaminated soils. *Appl. Soil Ecol.* 20: 57-68.

Ross, D.J. 1970. Effects of storage on dehydrogenase activities of soils. *Soil Biol. Biochem.* 2: 55-61.

Ross, D.J. 1989. Estimation of soil microbial C by a fumigation-extraction procedure: influence of soil moisture content. *Soil Biol. Biochem.* 21: 767-772.

Ross, D.S., Hales, H.C., Shea-McCarthy, G.C., and Lanzirotti, A. 2001. Sensitivity of soil manganese oxides: drying and storage cause reduction. *Soil Sci. Soc. Am. J.* 65: 736-743.

Rost, H., Loibner, A.P., Hasinger, M., Braun, R., and Szolar, O.H.J. 2002. Behavior of PAHs during cold storage of historically contaminated soil samples. *Chemosphere* 49: 1239-1246.

Schumacher, B.A., Shines, K.C., Burton, J.V., and Papp, M.L. 1990. Comparison of three methods for soil homogenization. *Soil Sci. Soc. Am. J.* 54: 1187-1190.

Sheppard, S.C. and Evenden, W.G. 1998. Approach to Defining a Control or Diluent Soil for Ecotoxicity Assays. *ASTM Special Technical Publication* 1333: 215-226.

Shishido, M. and Chanway, C.P. 1998. Storage effects on indigenous soil microbial communities and PGPR efficacy. *Soil Biol. Biochem.* 30: 939-947.

Simonsson, M., Berggren, D., and Gustafsson, J.P. 1999. Solubility of aluminum and silica in spodic horizons as affected by drying and freezing. *Soil Sci. Soc. Am. J.* 63: 1116-1123.

Stenberg, B., Johansson, M., Pell, M., SjodahlSvensson, K., Stenstrom, J., and Torstensson, L. 1998. Microbial biomass and activities in soil as affected by frozen and cold storage. *Soil Biol.Biochem.* 30: 393-402.

Turner, B.L. and Haygarth, P.M. 2003. Changes in bicarbonate-extractable inorganic and organic phosphorus by drying pasture soils. *Soil Sci. Soc. Am. J.* 67: 344-350.

van Gestel, M., Merckx, R., and Vlassak, K. 1993. Microbial biomass responses to soil drying and rewetting: the fate of fast- and slow-growing microorganisms in soils from different climates. *Soil Biol. Biochem.* 25: 109-123.

Verchot, L.V. 1999. Cold storage of a tropical soil decreases nitrification potential. *Soil Sci. Soc. Am. J.* 63: 1942-1944.

Walworth, J.L. 1992. Soil drying and rewetting, or freezing and thawing, affects soil solution composition. *Soil Sci. Soc. Am. J.* 56: 433-437.

Wang, D., Snyder, C., and Bormann, F. 1993. Potential errors in measuring nitrogen content of soils low in nitrogen. *Soil Sci. Soc. Am. J.* 57: 1533-1536.

Worsfold, P.J., Gimbert, L.J., Mankasingh, U., Omaka, O.N., Hanrahan, G., Gardolinski, P.C.F.C., Haygarth, P.M., Turner, B.L., Keith-Roach, M.J., and McKelvie, I.D. 2005. Sampling, sample treatment and quality assurance issues for the determination of phosphorus species in natural waters and soils. *Talanta* 66: 273-293.

Zantua, M.I. and Bremner, J.M. 1975. Preservation of soil samples for assay of urease activity. *Soil Biol. Biochem.* 7: 297-299.

Zelles, L., Adrian, P., Bai, Q.Y., Stepper, K., Adrian, M.V., Fischer, K., Maier, A., and Ziegler, A. 1991. Microbial activity measured in soils stored under different temperature and humidity conditions. *Soil Biol. Biochem.* 23: 955-962.

（孙扬　译，李永涛　翁莉萍　校）

第 5 章 土壤化学分析中的质量控制

C. Swyngedouw
Bodycote Testing Group
Calgary, Alberta, Canada
R. Lessard
Bodycote Testing Group
Edmonton, Alberta, Canada

5.1 引 言

在分析工作中,"质量"可以定义为"在约定的时间、条件和费用下获得可靠的信息,并提供必要的服务(FAO,1998)"。约定的条件包括对数据质量目标(DQOs)的详细说明,如精确度、准确度、代表性、完整性和可比性。这些目标与数据的"适用性"直接相关,并且决定了数据中允许的总变异程度(不确定性或误差)。最终,DQOs 确定了必要的质量控制(QC)。

已开发的质量管理系统(USEPA,2004)已经应用于实验室分析中,并且这些系统的使用案例在文献(CAEAL,1999)中都有报道,更多的信息可以从国际标准化组织(ISO,17025)获得。

实行质量管理策略,意味着更高级水平的质量保证(QA),它被定义为:"为确保分析结果能够满足给定的质量目标或要求且具有足够可信度所采取的必要计划和系统措施的组合(FAO,1998)"。使用 QA 以确保交付的产品符合使用的预期,并保证数据具有科学的可信性。因此,可以在此基础上做出统计解释和管理决策(AENV,2004)。

所有取样和实验室处理过程只有一个目标:让获得的数据质量可靠、稳定、误差最小。因此,为了确保 QA 系统的完整性,需要建立一套检验系统,以确保质量管理体系在规定的范围内,提供应对"失控"情况的保护措施,并确保结果达到可接受的质量。为达成此目的,需要一个合适的 QC 程序。QC 包括"用于满足质量要求或 DQOs 的操作技术和活动"(FAO,1998)。获得高质量的数据需要持续的努力。分析消耗总成本的大约 20%都用在了 QA 和 QC 上。

本章的重点是土壤化学分析的 QC,不涉及 QA,但是关于 QA 的信息可以在 CCME(1993)、FAO(1998)、Taylor(1990)、IUPAC(1997)和 ISO 17025(2005)等文献资料中查阅。

5.2 土壤化学分析与潜在误差

测定土壤样本中某种分析对象的性质或浓度,一般要遵循以下 4 个步骤:
(1)样本收集与处理。
(2)样本包装与运输。
(3)样本制备与分析。
(4)结果数据的输入、处理和报告。

以上每个步骤都可能给所测定的性质或浓度的最终结果带来误差。每个步骤都应严格经过验证和确定,辅之仔细的样本跟踪,以将误差降到最低,但是完全消除误差是不可能的。表 5.1 列举了田间和实验室误差的来源,而表 5.2 是为消除实验室来源的特定误差而采取的校正措施。

表 5.1 田间和实验室化学分析数据不确定性的来源与评估

	误差来源		如何评估误差
田间	分布（空间）的不均匀性	样品组分非随机空间分布	增加样品数量以获得有代表性的样本。在不同的试验点设置重复，采集更大数量的样品。使用较便宜、精度一般的分析方法
	组成的不均匀性	源于土壤的复杂性（黏土、壤土、砂土）。用部分代表整体存在固有误差	增大样品采集的数量（样品质量）以增加样本代表性
	样品处理	由样品采集、样品处理和保存造成的误差	使用混合样品并设置重复，同时采集大量的样品
实验室	测定	分析测定造成的误差，包括样品制备过程产生的误差	样品制备前将样本拆分成重复样本。拆分的重复样本可送到其他实验室用于分析验证
	数据处理	数据处理错误或抄录错误	数据自动转入，数据核实

表 5.2 实验室来源误差的校正

误差来源	校正措施
存储土壤的分离和分层	再取样分析前混合均匀
实验室环境造成的样品和仪器污染	分别存储样品、试剂和仪器
样品在提取容器或设备中的存留	分析提取不同样品前，用干净溶液冲洗
不按规程称重、处理、分析样品	相同的间隔中加一个已知的参考样品
校正溶液的浓度不准确	使用前用新的标准溶液校准
样品和校正溶液不匹配	在土壤样本的提取溶液中添加标准品
仪器状态不稳定	使用常用的校准或 QC 检查
低的仪器灵敏度或高的检测限	优化所有的操作参数
数据处理错误和人为抄录错误	校对输入，自动数据转入

来源：Hoskins, B. and Wolf, A.M., in *Recommended Chemical Soil Test Procedures for the North Central Region*, Missouri Agricultural Experiment Station, Columbia, 1998, 65-69. 已授权。

5.2.1 样品采集与处理

取样过程导致的偏差通常难以测量，并且测量成本高昂。田间添加回收（向不含目标分析物的介质样本如干净的土壤或砂土中加入已知含量的目标分析物）有时被用来评估取样偏差。取样误差通常比分析误差要大（Jenkins 等，1997；Ramsey，1998；IAEA，2004）。

5.2.2 污染

在土壤测定中，污染是一个常见的误差来源（Lewis，1988；USEPA，1989）。设置田间空白对照（不含目标分析物的介质）是用于评估和控制污染最有效的措施。另外，设置试验设备的洗涤液空白也是必要的。田间空白不能有效识别基质干扰，或发现非污染造成的误差来源（如由挥发或分解造成的分析物丢失）。然而，田间添加却能用于非污染造成的误差分析。

5.2.3 土壤样本的储藏/保存

在样品采集后、分析之前的这段时间里，土壤样品可能经历物理和化学变化。物理变化包括挥发、吸附、扩散和沉淀；而化学变化包括光化学降解和微生物降解（Maskarinic 和 Moody，1988）。

下列 QC 措施有助于储藏和保存土壤样品：

(1）密封容器可减少污染并防止水分流失。

（2）尽量选择口径较小的容器，以减少挥发性物质的损失。

（3）在样本保存和运输过程中，对样本进行冷藏或冷冻，以减少挥发性损失并将生物降解作用最小化。

（4）提取和消解过程要尽可能快，这样有利于保持分析对象处于提取相中（如溶剂或酸），从而起到稳定分析对象的作用。同样，样本提取物也可以保存较长时间，符合所用方法指定的时间上限要求即可。

（5）尽快分析样本。

5.2.4 样本保存时间

保存时间是指采用指定的保存和存储技术的情况下，从样本采集到样品分析之前的存储时间（ASTM，2004）。通常情况下，用于微生物和挥发成分分析的样品要求很短的保存时间。保存时间的研究包括将存储了一段时间的添加样品周期性地重复（如一天一次）测定分析（三个重复）某个特定性质（如毒性）。将浓度和性质下降到 DQOs 设定标准（如下降 10%）的时间确定为保存时间。更多相关信息参见第 4 章和 USACE（2005）。

土壤样品的最长保存时间由土壤类型、分析对象或所要测定的性质、保存条件及样品的损失度决定（Maskarinic 和 Moody，1988）。

那些没有在特定保存时间内分析的样品结果可以当成参考数据（参见 5.5 节），且通常假定实际分析结果（如浓度）等于或大于超出保存时间后测定的结果。

5.2.5 土壤样品的再取样

大多数情况下，运回实验室的土壤样本不会全部用于分析。通常，只会分析小部分子样本，并且默认子样本中分析对象的浓度可以代表整个样本（参见图 5.1）。然而，一个子样本不能完全代表异质性的土壤样本，且不恰当的再取样可能导致分析过程出现显著偏差。由再取样导致的偏差可以通过对初始样本研磨、均匀化处理而降低（Gerlach 等，2002）。一种检测由再取样造成误差的方法是，对一种参照物或已经得到明确表征的物质进行同样的再取样。样品一旦进入实验室，就会经历从前处理到最终分析的既定程序处理。在样品提取物进入分析仪器后，分析对象会被检测器检测到，然后该信息被转换成电信号，最终转换成浓度。

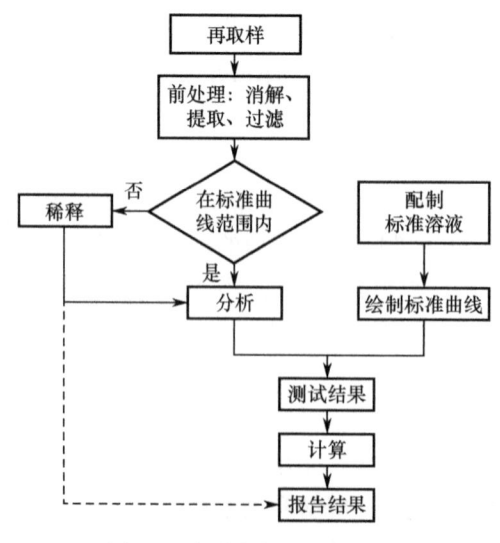

图 5.1 实验室样品处理流程

5.2.6 检测限

检测限是确认化合物存在的估计浓度。美国环保局（USEPA）在 40 CFR136 中（USEPA，1984）定义分析方法的检测限（MDL）为"一种分析对象可以被检测到的最低浓度，而且该浓度大于 0 的置信度为 99%"。方法检测限是统计意义上的确定值，它定义了用特定方法测量分析对象与空白（零值）的区别。

在方法验证（和定期复评）中，MDL 是广泛应用于衡量实验室方法精密度的基准。作为基准，它要对同一实验室内部及不同实验室之间的众多方法的灵敏度和精密度进行比较，这种比较需要在最佳条件下（假定所有的实验室对 MDL 的测定方法和过程等都很一致）进行。但是，MDL 不能反映方法日常性能的变化。

检测限通常由重复分析低浓度水平的加标样本或空白来确定。检测限是带有实验室特异性的，因为它是由特定实验室的试剂、设备和分析人员确定的。每个样本都有自己的检测限，这是由样本的基质决定的。样本基质干扰越多，该样本的检测限就越高。

一种测定某种分析对象的 MDL 的方法是，对该分析对象在低浓度下进行 7 或 8 次的重复分析（$n=7$ 或 8）。MDL 定义为 $t \times \sigma$，σ 是标准偏差，而 t 表示 99%置信水平时的 t 检验因子（$n=8$ 时，$t=3$）。由此，我们可以推断，在浓度为 3σ 时，检测到假阳性结果的可能性只有 1%（假设为正态分布）。然而，在同样浓度下，如果检测到的数据未达到 MDL 水平，并且被作为无法检测的情况来处理时，该结果为假阴性的可能性有 50%（参见 5.3.2 节）。

数据审查（未报告的低于指定限值的浓度）、未检出值、变异性和偏差（小于 100%的回收率）使对痕量成分（如金属元素、有机物和农药）的数据解释更加复杂。

除 MDL 外的其他基准，将在以下部分进行讨论。

1. 置信限

置信限（RDL）是样本中能被可靠检测到的最低真实浓度（Keith，1991）。最常见的定义是与 MDL 基于相同的统计学原则，常定义成 6σ（2 倍的 MDL），这里假设 σ 不变。如果真实浓度的测量值在 MDL 上进行了审查，理论上预期的假阴性概率就可以降到 1%。而且，RDL 在不同基质和不同样品之间都会有所差异。关于这方面不同的观点可以查阅 AOAC（1985），那里有对可靠检测限的介绍。

2. 定量限

定量限（LOQ）的概念是指该测量处于或高于一个高标准的量化水平，而非仅是一个能检测到的标准。有一系列不同的 σ 倍数，倍数越高，检测值等于或高于真实浓度的可信度就越大。一般地，人们将 LOQ 定义为 10 倍的 σ 或者 3.33 倍的 MDL。当 LOQ 为 10 倍 σ 时，真实值的浓度范围在检测值的浓度 ±30%范围内。LOQ 与实际定量限（PQL）具有相同意义。

在使用这些方法检测限时需要谨慎，因为很多检测限是根据多年前分析化学家的估算值建立的，可能很少或几乎没有经过统计学分析。报道一个 MDL 和 LOQ 的同时附加低浓度水平的数据，这样就能提醒数据使用者注意这些数据的不确定性和局限性。最好的方法是对于浓度 Y（即没有数据审查），以 $Y \pm U$ 的形式进行报道，其中 U 是指在该浓度时计算出的不确定度。

5.2.7 报告结果及不确定性估计

来自实验室分析的记录值是对取样时样品中真实浓度的估计。因此，这种测量具有与之相关的变异性，称为测量不确定性。土壤样本中分析对象浓度上的不确定性可以归纳为三种类型的误差（Taylor，1988；Swyngedouw 等，2004）：

（1）影响结果精确度的随机误差。

（2）影响偏差的系统误差。

（3）重大错误（导致严重误差或丢失样本的错误——无法预测的且经常产生的未知错误，即这些错误是不能测定的）。

尽管由错误引起的误差大多能通过适当的培训得到控制，但是某些误差依然会发生。数据校验和确认也可以检测并减少这些错误。QC样本（进行过质量控制的样本）可能也会检测到某些类型的错误。

取样误差和分析误差的出现相互独立。所以，取样相关的误差不能在实验室中得到校正（AENV，2004）。因此，样本数据的不确定性包括取样和测量的不确定性（Taylor 1988，1997；Bevington 和 Robinson，2003），用以下方程表示：

$$S_{总}^2 = S_{测量}^2 + S_{取样}^2 \tag{5.1}$$

对不确定性的估算可以通过以下四个步骤得出（Eurachem，2000）：

（1）对分析物进行规范性说明。

（2）识别不确定性的来源。

（3）对这些不确定性来源进行定量化。

（4）计算总的不确定性。

综合不确定性来源，只需要考虑重复性方差、长期方差和偏差的不确定性、校准和参照物即可。这些来源可以从现存的实验室数据中获得，因而更容易对其定量（Swyngedouw 等，2004）。

同时列出不确定性的实际估计值和浓度测定值（即 $Y \pm U$）的优点是，最终用户在使用这些数据时，可以考虑到这些不确定性的影响。而传统的测定方法会将测量所得浓度值与某个合适的规定阈值相比较。在这种方法中，任何浓度值小于该阈值的取样点都被划分为未污染组，而那些高于该阈值的取样点则划分为污染组。这种方法不能说明数据的不确定性。

5.3 数据质量目标

5.3.1 概述

数据质量目标（DQOs）说明了对数据分析的要求，明确了研究目的，以及要达到该目的所需要的数据参数。这些目标通过两类术语进行说明：第一，涉及数据预期的最终用途的定性术语；第二，关于精确度、准确度、代表性、可比性和完整性方面的定量术语（USEPA，2000a）。

DQOs确保针对MDLs、LOQs或PQLs、应用要求、应用范围、分析对象的特异性、分析对象的选择性、可重复性、假阳性及假阴性有适当的方法和步骤（包括方法的改进）。

以下事项和步骤对改进DQOs很重要：

（1）列出待解决的具体问题。

（2）确定解决该问题需要的所有决策。

（3）确定做出这些决策所需要的所有投入。

（4）缩小项目范围。

（5）制定决策规则。

（6）建立不确定性约束条件。

（7）优化获得数据方案。

这些事项常被称为"DQO规划的七个步骤"。其中的一些步骤可以按照如下所述进一步展开。步骤（1）解决的是"这些分析主要表征土壤性质（如pH值、有机质、土壤结构）还是检测污染物的浓度（如金属元素、烃类、盐类）？"或者"土壤分析的目的是否用于筛查或这种分析是否具有决定性？"或者"关注的化学品浓度平均值是否超标？"化学品分析要有目的性的进行，因此需要基于分析结果制定决策。此时，需要考虑做出所有决策（步骤（2））。决策涉及公众健康和安全、污染物对环境的影响、合法性及其他方面的考虑。步骤（3）需要知道分析的目标物是什么（即目标化学物质是什么），步骤（2）的决策所采取的行动阈值如何，以及每种分析物所要达到的检测水平如何。

由于分析方法对目标分析物来说是特定的，所以，在决策时，需要考虑某个特定方法是否合适，或者是否有必要优化以使其具有适用性。需要考虑的问题包括检测水平的要求，方法的选择性、准确度、精密度和重现性（表5.3）。这些问题会在以下部分讨论。

1. 方法的灵敏度（检测水平）

估算需要达到的最低浓度会影响到可供选择的可用方法、假阳性和假阴性数据的比率、混合样本的要求，以及满足项目DQOs所需的样本数量。

2. 方法选择性

方法选择性会直接影响样本中出现检测干扰的概率，尤其是针对复杂环境样本的检测。干扰因素可能导致目标分析物的信号偏大或偏小，使研究者做出假阳性或假阴性的结论。对数据的假阳性和/或假阴性的容忍限度与样本的特征及方法选择性紧密相关。

表5.3 不同情况下推荐的方法选择和质量控制

质量控制术语	情况	评估	方法选择	其他可行步骤
灵敏度	行动阈值（或者需要的灵敏度）接近于检测水平	需要通过精确的数据增加置信水平	选择一种检测水平低于行动阈值的无偏差方法	增加样品数量和田间重复
选择性	基质效应、污染和干扰	通过空白对照、添加回收或替代物来评估基质效应和干扰因素	选择一种具有不受干扰因素影响的特定检测器的方法	检测更多的空白和添加回收样品
准确度	污染、过程损失、需要无偏差数据	添加回收（添加样品的分析物回收率）	选择一种无偏差的方法	检测更多空白、实验室对照样品和标准参考物质
精密度	需要精确的数据（重复的一致性）	需要增加可信度，降低标准偏差	选择一种精密的方法	增加重复
重现性	多个操作员和实验室	实验室间研究	选择一种经审计和认证的方法	选择其他实验室

3. 准确度

准确度是衡量分析结果与其真实值吻合度的一个指标。它由两部分组成：偏差和测量的精密度。

4. 精密度

为得到整体的精密度（即取样和分析两方面），需要对田间的重复样本进行分析。田间重复样本是指在时间和空间上被认为是一致的同一取样点位中收集的两份或多份样品。这些样本用来测量目标分析物在土壤中的不均匀分布导致的不精确性。随着不精确性的升高，相对标准偏差（RSD）将增大。整体RSD比实验室的数值还大，这种情况也并不少见。

5. 重现性

重现性是指不同实验室或同一实验室的不同分析人员针对相同样本测定的精密度。具有重现性的结果是指那些能在可接受的及已知的偏差范围内再现的结果，这样，就可以论证为正确的和可以长久使用的标准方法。

5.3.2 决策错误

如上所述，两类可能的决策错误可以在解释取样过程和分析数据的基础上得以识别。

1. 假阳性（B型决策错误或错误接受）

在化学分析数据中，一个重要的标准是保证被检测到的参数是存在的。同样重要的是，研究区域的平均浓度在统计学上是否显著高于行动阈值。在这两种情况下，如果做出了不正确的结论，最终结果都是假阳性，也就是说本来不存在的分析对象被认为是存在的。空白处理被用来排除假阳性的存在。B型决策错误的后果会导致对该假阳性结果的进一步研究和评估，从而增加不必要的成本开支。

2. 假阴性（A型决策错误或错误拒绝）

根据分析数据正确地做出"样品中分析对象不存在"的结论也很重要。没能检测到一个确定存在的参数，那么这个样品就呈现出假阴性。类似地，如果研究区域内分析物的平均浓度在统计学上没有显著地高于行动阈值，但实际上是显著高出的，那么这个样品也呈现出假阴性。假阴性常常是由土壤基质中较低的分析对象回收率引起的，或者由能掩盖分析物响应信号的干扰因素所致。方法添加（基质添加）用于排除假阴性的存在。最大限度地降低假阴性对于风险评估和监管处理十分重要。A型决策错误会导致诸如对健康风险的未检出和未被识别等后果。

这两种决策错误都需要检验，并且，需要判别哪种错误的后果更为严重。比如，决策小组可能认为A型决策错误（假阴性）的后果更严重，因为土壤污染物的真实状态可能不会被检测到，进而可能对附近居民的健康造成威胁。

DQO决策的步骤6为以下方面设置了可接受的限值：与DQO相关的精确度、准确度、假阳性和/或假阴性决策错误的概率及取样的置信水平和分析数据。这些决策错误限值是根据超过它们的后果所设定的（IAEA，2004）。可允许的决策错误初始值设为1%（即$P=0.01$）。也就是说，需要收集和分析足够多的样本，保证假阴性（α）或假阳性（β）决策错误出现的概率仅为1%。

5.4 用于误差评估的质量控制（QC）程序

QC样本类型的选择取决于研究地点的DQOs。需要依据以下情况来进行选择（参见表5.4）：

表5.4 田间和实验室使用的质控样品类型

	目的	需要使用的QC程序
田间	代表性检查	设置田间重复（精密度）
	基质效应检查	使用替代物、添加回收、设置重复
	污染物检查	设置空白（田间空白、洗涤液空白）
	减缓化学反应	缩短保存时间、使用较低的温度和合适的容器、添加防腐剂
实验室	代表性检查	设置实验室重复（来自子样本）
	方法偏差检查	设施实验室对照样本，使用参照物
	管理条例检查（偏差）	方法检测水平（MDL），实际定量限（PQL）
	可比性检查（与其他实验室相比）	外来的QC样品，如性能测试（PT）样品

摘自：British Columbia Ministry of the Environment (BCME), 2003.

(1) 是否需要无偏差和/或精确的数据。
(2) 是否需要区分实验室误差或取样误差。
(3) 估计的误差水平较小（如来自典型污染类型的误差）还是较大（如来自操作人员和/或方法步骤的误差）。

所选方法需在被分析的典型土壤基质上进行验证。但这种验证并不能保证所选方法都能很好地适用于其他种类的土壤分析。另外，不可预知的基质效应、取样工具、设备故障、人为失误等也都会导致结果不准确。表5.2列举了导致分析数据不确定性（变异性）的误差来源。

5.4.1 偏差对检测结果的影响

偏差的定义是统计学上的期望值（如抽取样本均值）与样本总体参数（如样本总体均值）之间的差异。测定较少的重复即得到可靠的结果，能有效节省成本和时间。如果对偏差不进行校正，那么，在许多情况下，选用偏差较小、适用范围更广的方法是合适的。然而，经过恰当的偏差校正之后，更精准的方法就是首选。这种校正可以建立在QC检验样本结果的基础之上（USEPA，2000b）。

5.4.2 田间控制样本

田间重复样本、背景值和仪器清洗液等空白样本（即不含分析对象的液体）是最常用的土壤分析的田间QA/QC样本。这些将在以下部分介绍并汇总于表5.4中。

1. 田间重复样本

田间重复样本指的是从同一地点采集的田间样本，混匀后被分装到单独的容器中，在后续样本处理和分析过程中作为独立的样本来处理。这些样本用来评估与样本异质性、采样方法和分析过程相关的误差。

2. 仪器清洗液空白样本

洗涤液空白样本是指在采集下个样品前，田间采样设备使用的不含目标物的清洗水样。它被用来评估取样过程中的清洗是否充分。空白样本与田间样本同样被放在样本容器中，用于后续处理、装运和分析。

3. 田间空白样本

田间空白样本是指与样本基质相似但不含分析对象的样品，这种样品在采样地点周围同时采集，并与田间样本一同运回实验室。田间空白样本用来评价与田间操作、运输，以及与实验室操作相关的污染性误差。

4. 背景样本

背景样本体现土壤的原始组分，被认为是"干净的"样本。尽管背景样本本身并不是QC样本，但却是QC样本最好的基质。它们为比较目标样本污染物浓度水平与背景样本中自然存在的目标分析物水平提供了基础。再者，如果研究目标不涉及某个地点是否被污染，那么就不需要背景样本。如果需要背景样本，就要首先采集它们。

计算机专家系统可以协助研究者收集适当类型的QC样本，然后计算每个类型的样品需要量，以符合规定的DQOs（Keith，2002；Pulsipher等，2003）。

5.4.3 实验室质量保证（QA）和质量控制（QC）流程

内部QC可监控实验室当前分析能力并与已设立的标准进行比较，通常在方法开发和验证时进行。

为了保证在所有分析过程中持续获得优质数据并通过最终审查，需要执行系统的检查以表明这些检测结果可以再现。同时这些检查也可评判现有的分析方法所检测的每个样本中的目标分析物的浓度是否在可接受的偏差范围内（Environment Canada，2002a、b；USEPA，2003；IUPAC，2005）。决定样本处理程序和实验室执行方法的分析性QC流程是否符合要求，见表5.5。

外部实验室QC包括参考其他实验室及国内或国际实验室间的样本和数据交换程序，如能力验证（PT）。这些程序包括：

（1）与另一个实验室进行样本交换。这些样本由非实验操作人员或QC部门的工作人员准备。同样地，QC部门制备的样本可以作为内部检查样本使用。

（2）参与实验室之间的样品交流项目（如实验室间循环交换测试和/或PTs）。通常在一个PT研究中，实验室不知道哪些样品被用于进行外部能力评价。

表5.5 数据校验清单和建议程序

校验项目	校验原因	校验方法
存储时间（HT）	样品存储时间必须在数据要求可接受的时间范围之内	检查报告附件中的样品存储链（COC）、采样日期，并将其与样品提取/消解日期（或者不需要前处理情况下的分析日期）进行比较，存储时间必须小于或等于规定的存储时间
空白	通常情况下，报告中只含有方法空白和其他特定的空白数据。任何目标化合物在空白样品中的浓度都不应高于报告的检出限，常见的实验室污染物例外[a]	检查空白报告。空白样品中，任何浓度高于检出限的化合物，如果其在实际样品中存在或者其浓度不高于空白样品中浓度的5倍（实验室常见的污染物要高于10倍[a]），都需要进行评估
内标物	内标法只适用于有机物，内标物需要确定一个已知浓度并添加到每个样品中，用作内标的物质通常是自然界中不存在的且不是常见的污染物	检查内标回收率。他们应该在分析化合物列表结尾出现。可以接受的回收率范围为30%～150%。如果内标回收率较低，需在检出数据之后做标记，舍弃未检出数据；如果内标回收率较高，那么未检出的样品数据是可以接受的，检出的数据标记为估计值
基质添加回收（MS）/加标样品重现性（MSD）/样品重现性（DUP）	基质添加回收，加标样品重现性和样品重现性分析同时适用于有机和无机样品分析。添加回收用来检查数据的准确度，而重现性用来检查数据的精确度	MS/MSD/DUP结果应该出现在检测化合物列表的最后。确认回收率是否合理的参考值为：有机分析（回收率30%～150%）；无机分析（回收率80%～120%）；重现性（相对标准偏差<50%[b]）
报告限	报告限不等于方法检测限（MDLs）	报告限应满足点位要求。土壤样品的报告限很大程度上取决于所选用的方法
	报告限被用来衡量实验室所给出的浓度数据是否可靠。有时使用实际定量限（PQL），它的值是MDL的2～10倍	

[a] 常见的实验室内污染物通常包括邻苯二甲酸酯、二氯甲烷、丙酮、2-丁酮、己酮、锌和铁。
[b] 相对百分比偏差（RPD）=$|X-Y|\times 200/(X+Y)$，X 和 Y 表示每次重复的浓度。

一个完整的QA/QC程序的必要组成部分包括内部QC标准，该标准是由一个QA审查（审核）确定的可接受的性能水平。数据和程序的外部审核由评审组织监管完成（SCC，2005）。这包括实验室评价样本（PT样本，参考前述内容）和对所有QA/QC程序的定期（通常为每两年一次）现场评估，由评审组织的外部评审员执行。

5.5 数据校验和复审

数据分析完成后，需要进行数据校验。数据校验是一个严格的过程，其中质量控制参数的评判是根据一整套预先建立的标准或者使用指南完成的。

数据质量可以通过多种方式验证，这些方法是检验数据是否符合数据质量目标要求的基础：

（1）分析数据中假阳性和假阴性的比率（%）。

（2）精确度（重复测定结果之间的重现性——用标准偏差表示）。

（3）偏差（准确度）。

（4）结果不确定性的预测。

这类信息可用于提升数据解释的质量。在检查样品数据之前先分析 QC 数据是非常有必要的。表 5.5 中列出了分析 QC 数据的典型范例。更多关于数据校验的信息可以查阅文献（如 USEPA，1996）。

5.5.1 统计控制

除了记录不确定性，还可以使用 QA 程序的描述性统计来确定方法是否在"统计控制"范畴内，即是否长期符合 QC 标准。检查样品的统计学资料常被当作样品分析过程中的日常决策工具，用来判断能否得到期望的结果，以及分析程序是否合理可行（AOAC，1985）。如前所述，QC 通过数据趋势分析提供决定样品和实验数据质量的信息（即统计过程控制）。统计报告通常会反映特殊的异常现象或者揭示多个地区的数据趋势（AOAC，1985；Kelly 等，1992；FAO，1998；Garfield 等，2000）。

这些趋势分析技术通常被用来长期监测实验室数据的可靠性，检测实验室输出的数据与 QC 要求或期望的数据水平的偏离情况，以及对通过单个实验结果无法显现的 QA 或 QC 问题做出早期预警。

趋势分析还提供了必要的信息，以便在先前使用了咨询标准的情况下（控制图），为更新的分析规程建立以性能为基础的标准。

5.5.2 控制图

为了便于解释，质量评估统计结果可以通过控制图表现出来。这类图可以呈现出数据的偏差和精确度。内、外部参考样本或者 QC 样本的重复测量值都可以绘制在一张以时间为横坐标的曲线图上。叠加在单个结果上的是累计的平均值或者已知值。以平均值为基准，以 $\pm 2\sigma$（上警戒限和下警戒限，UWL 和 LWL）和 $\pm 3\sigma$（上控制限和下控制限，UCL 和 LCL）（见图 5.2）分别设定控制级别。在符合正态分布的样本总体中，警戒限代表 95% 的置信区间，而控制限相当于 99% 的置信区间。例如，在上控制限或者下控制限以外的值被认为是不可接受的。如果认为统计控制是不可接受的，那么应该对所有在不可接受的检验样本和最后一个检验的样本之间的常规样本进行重新分析。

5.5.3 试验跟踪

如果数据的质量没有达到标准，那么试验跟踪是一个很好的检验工具。在试验跟踪过程中运用系统的方法，从检查计算和输入错误开始。被检查的项目包括样品、标准品、试剂、设备、玻璃器皿、分析设备及它们的校准状况。然后检查方法本身，重点检查方法验证要素，比如：灵敏度（检出限）、精确度、回收率和干扰因素。批次控制也要检查，包括实验室控制样品、使用的参照物、控制图和反馈日志的检查（如投诉）。

调查的顺序与图 5.1 所示的顺序相反，具体如下：

（1）确认报告结果正确且与样品编号对应。

（2）重复检查结果并确认计算的准确性。

（3）验证与测试相关的分析 QC，确保测量过程处于统计控制之中。

（4）调查例行程序和数据记录中的偏差。

（5）调查样品分析中的每个不合格因素，比如基质效应和保留时间。

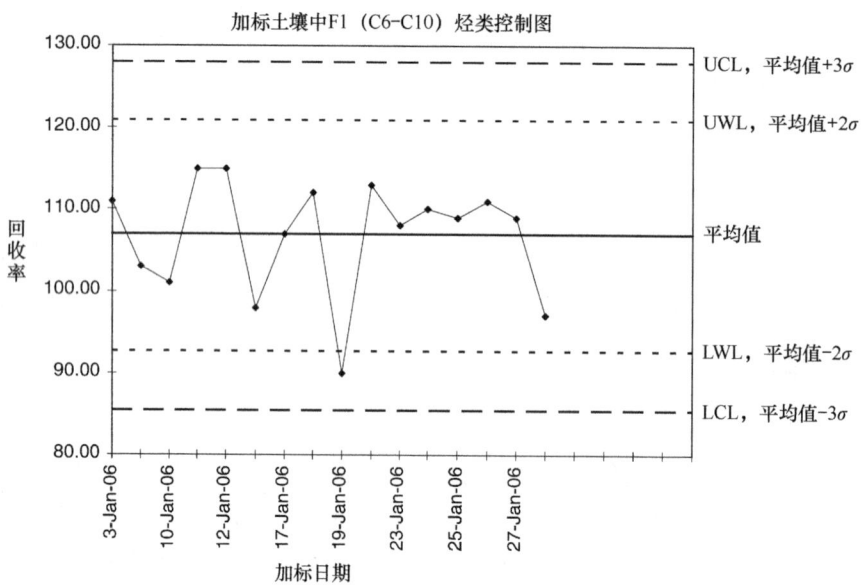

图 5.2　控制图示例（UCL，上控制限，平均值+3σ；UWL，上警戒限，平均值+2σ；LWL，下警戒限，平均值−2σ；LCL，下控制限，平均值−3σ）。

（6）确认结果是否有意义：将结果与其他分析结果和历史数据（如果已知的话）进行比较，并/或与数据使用者沟通。计算机数据检查可以是实验室数据库、模型或电子表格的内置功能。自动化的 QA/QC 可以促进同行审核，或者在某种情况下也可用于手动检查。

参 考 文 献

Alberta Environment (AENV). 2004. *Alberta Environment Laboratory Data Quality Assurance Policy Procedures and Guidelines*. [Online] Available at: http: //www3. gov.ab.ca/env/ protenf/publications/Laboratory_Data_Quality_Assurance_Policy_Procedures_2004. pdf (verified March 2005).

American Society for Testing and Materials (ASTM). 2004. D4515-85(2001). *Standard Practice for Estimation of Holding Time for Water Samples Containing Organic Constituents*. ASTM Book of Standards, Vol. 11.02. ASTM International, West Conshohocken, PA.

Association of Official Analytical Chemists (AOAC). 1985. In: G.T. Wernimont, ed. *Use of Statistics to Develop and Evaluate Analytical Methods*. AOAC, Arlington, VA.

Bevington, P. and Robinson, D.K. 2003. *Data Reduction and Error Analysis for the Physical Sciences*, 3rd edn. McGraw-Hill, Toronto.

British Columbia Ministry of the Environment (BCME). Environmental Protection Division, Water, Air and Climate Change Branch 2003. Part A: Quality Control and Quality Assurance. In: *BC Field Sampling Manual:* 2003. [Online] Available at: http: //www.env.gov.bc.Ca/ air/wamr/ labsys/field_man_03.html#pdf (verified February 2006). See also Section A: Laboratory Quality Assurance/Quality Control. In: *BC Environmental Laboratory Manual:* 2005. [Online] Available at: http: //www.env.gov.bc.ca/air/wamr/labsys/lab_man_05.html (verified February 2005).

Canadian Association of Environmental Analytical Laboratories (CAEAL). 1999. *Template for the Design and Development of a Quality Manual for Environmental Laboratories [Online] and QC for Environmental Laboratories*. [Online] Available at: http: //www.caeal.ca/t_caealpubs. html (verified March 2005).

Canadian Council of Ministers of the Environment (CCME). 1993. Volume I: Main Report. In: *Guidance Manual of Sampling,*

Analysis, and Data Management for Contaminated Sites. CCME, Winnipeg, Manitoba.

Environment Canada. 2002a. *Contaminated Site Remediation Section Technical Assistance Bulletins.* [Online] Available at: http//www.on.ec.gc.ca/pollution/ecnpd/contaminassist_e.html [verified March 2005]. This Webpage shows a list of Technical Assistance Bulletins. See Section 5: QC samples in Tab#4: Sampling and Analysis of Hydrocarbon Contaminated Soil.

Environment Canada. 2002b. *Guidance Document for the Sampling and Analysis of Metal Mining Effluents.* [Online] Available at: http: //www.ec.gc.ca/nopp/docs/rpt/2MM5/en/C7.cfm (verified October 2004).

Eurachem. 2000. *Eurachem Guide: Qualifying Uncertainty in Analytical Measurement*, 2nd Edition. [Online] Available at: http://www.eurachem.ul.pt/guides/QUAM2000-1.pdf (verified February 2007).

Garfield, F.M., Klesta, E., and Hirsch, J. 2000. *Quality Assurance Principles for Analytical Laboratories*, 3rd edn. AOAC International, Gaithersburg, MD.

Gerlach, R., Dobb, D.E., Raab, G.A., and Nocerino, J.M. 2002. Gy Sampling Theory in Environmental Studies. 1. Assessing Soil Splitting Protocols. *J. Chemometr.* 16: 321-328.

Hoskins, B. and Wolf, A.M. 1998. Laboratory quality assurance program. In: *Recommended Chemical Soil Test Procedures for the North Central Region.* North Central Regional Research Publication No. 221 (revised), 65-69. Available at: http://muextension. missouri.edu /explorepdf/miscpubs/sb1001.pdf (verified February 2006).

International Atomic Energy Agency (IAEA). 2004. *Soil Sampling for Environmental Contaminants.* IAEA-TECDOC-1415. InternationalAtomic Energy Agency, Vienna. Worked DQOs examples p. 39.

International Organization for Standardization (ISO). 2005. ISO/IEC 17025: 2005 *General Requirements for the Competence of Testing and Calibration Laboratories.* [Online] Available at: http: //www.iso.org/iso/en/Catalogue DetailPage. CatalogueDetail?CSNUMBER= 39883&ICS1 = 3&ICS2=120&ICS3=20 (01 March 2006).

International Union of Pure and Applied Chemistry (IUPAC). 1997. Chapter 18. Quality assurance of analytical processes. In: *Compendium of Analytical Nomenclature Definitive Rules 1997.* [Online] Available at: http://www.iupac.org/publications/analytical_compendium/(verified March 2005).

International Union of Pure and Applied Chemistry (IUPAC). 2005. Terminology in Soil Sampling. International Union of Pure and Applied Chemistry, Analytical Chemistry Division. *Pure Appl. Chem.* 77(5): 827-841.

Jenkins, T.F., Walsh, M.E., Thorne, P.G., Thiboutot, S., Ampleman, G., Ranney, T.A., andGrant, C.L. 1997. *Assessment of Sampling Error Associated with Collection and Analysis of Soil Samples at a Firing Range Contaminated with HMX.* [Online] Available at: http: //www. crrel.usace.army.mil/techpub/CRREL_Reports/reports/SR97_22.pdf (07 March 2005).

Keith, L.H. 1991. *Environmental Sampling and Analysis—A Practical Guide.* Lewis Publishers, Boca Raton, FL.

Keith, L.H. 2002. *Environmental Monitoring and Measurement Advisor—A New Expert System.* [Online] Available at: http://www.emmaexpertsystem.com/EMMA-WTQA.html (verified April 2006).

Kelly, W.D., Ratcliff, T.A., and Nenadic, C. Jr. 1992. Basic Statistics for Laboratories—A Primer for Laboratory Workers. John Wiley & Sons, Hoboken, NJ.

Lewis, D.L. 1988. Assessing and controlling sample contamination. In: L.H. Keith, ed. *Principles of Environmental Sampling.* American Chemical Society, Washington, DC, 118-144.

Maskarinic, M.P. and Moody, R.L. 1988. Storage and preservation of environmental sample. In: L.H. Keith, ed. *Principles of Environmental Sampling.* American Chemical Society, Washington, DC, 145-155.

Pulsipher, B., Gilbert, R., and Wilson, J. 2003. *Measurement Uncertainty in Visual Sample Plan.* [Online] Available at: http://dqo.pnl.gov/vsp/PNNLSA38977.pdf (verified February 2006).

Ramsey, M.H. 1998. Sampling as a source of measurement uncertainty: techniques for quantification and comparison with analytical sources. *J. Anal. Atom. Spectrom.* 13: 97-104.

Standards Council of Canada (SCC). 2005. *Programs and Services—Laboratories.* [Online] Available at: http://www.scc.ca/en/programs/laboratory/index.shtml (verified March 2005).

Swyngedouw, C., Chapman, M., Johnston, J., Kubik, S., Montgomery, S., Nam, C., Seveck, M., Shuvell, C.-A., and Lessard, R. 2004. *Laboratory Measurement Uncertainty.* Environmental Informatics Archives 2: 200-212. [Online] Available at: http://www.iseis.org/EIA/ pdfstart.asp?no =04023(verified May 2006).

Taylor, J.K. 1988. Defining the accuracy, precision, and confidence limits of sample data. In: L.H. Keith, ed. *Principles of Environmental Sampling.* American Chemical Society, Washington, DC, 101-107.

Taylor, J.K. 1990. *Quality Assurance of Chemical Measurements.* Lewis Publishers, Boca Raton, FL.

Taylor, J.K. 1997. *An Introduction to Error Analysis: The Study of Uncertainties in Physical Measurement*, 2nd edn. University Science Books, Sausalito, CA.

United Nations—Food and Agriculture Organization (FAO). 1998. *Guidelines for Quality Management in Soil and Plant Laboratories.* [Online] Available at: http://www.fao.org/docrep/W7295E/w7295e00.htm (verified March 2005).

U.S. Army Corps of Engineers (USACE). 2005. Chapter 5: *Holding Times and Preservation in Environmental Quality—Guidance for Evaluating Performance-Based Chemical Data.* EM 200-1-10 (June 2005). [Online] Available at: http://www.usace.army.mil/usace-docs/ eng-manuals/em200-1-10/ (verified February 2006).

U.S. Environmental Protection Agency (USEPA). 1984. *Definition and Procedure for the Determination of the Method Detection Limit.* 40 CFR136.2 Appendix B. [Online] Available at: http://ca.water.usgs.gov/pnsp/rep/interpret/def.html (verified February 2006).

U.S. Environmental Protection Agency (USEPA). 1989. *Soil Sampling Quality Assurance User's Guide,* 2nd edn. [Online] Available at: http://www.epa.gov/nerlesd1/cmb/research/bs122.pdf (verified February 2006).

U.S. Environmental Protection Agency (USEPA). 1996. *Revised Data Validation Guidance* 12/96. [Online] Available at: http://www.epa.gov/ne/oeme (verified March 2005).

U.S. Environmental Protection Agency (USEPA). 2000a. *Guidance for the Data Quality Objectives Process (QA/G-4).* August 2000. [Online] Available at: http://www.epa.gov/ quality/qs-docs/g4-final.pdf (verified February 2006).

United States Environmental Protection Agency (USEPA). 2000b. Chapter 5: *Draw Conclusions from the Data, in Practical Methods for Data Analysis, Guidance for Data Quality Assessment.* EPA QA=G-9, QA00 Version (July 2000). [Online] Available at: www.epa.gov/quality/qs-docs/g9-final.pdf (verified February 2006).

U.S. Environmental Protection Agency (USEPA). 2003. Exhibit E Quality Assurance/Quality Control Procedures and Requirements. In: *Analytical Methods—Statement of Work for Organic Analysis OLM04.2.* [Online] Available at: http://www.epa.gov/superfund/programs/ clp/olm4.htm (verified March 2005).

U.S. Environmental Protection Agency (USEPA). 2004. *Agency-wide Quality System Documents.* [Online] Available at: http://www.epa.gov/quality/qa_docs.html (verified March 2005).

（孙扬　赵丽霞　译，李永涛　翁莉萍　校）

第 二 篇

土壤与环境管理的诊断方法

主译：赵丽霞　陈雅丽　马　杰

第 6 章 硝态氮和可交换性铵态氮

D.G. Maynard
Natural Resources Canada
Victoria, British Columbia, Canada

Y.P. Kalra and J.A. Crumbaugh
Natural Resources Canada
Edmonton, Alberta, Canada

6.1 引言

土壤中的无机氮主要以硝酸盐（NO_3）和铵盐（NH_4）的形式存在。亚硝酸盐的检出频率很低，只有在施用过含 NH_4 或能够产生 NH_4 的肥料的中性和碱性土壤中能够检出（Keeney 和 Nelson，1982）。土壤检测实验室通常用测定的 NO_3 的量估算农业土壤中可利用氮量，而实验室分析苗圃和森林土壤时经常要测定 NO_3 和 NH_4 的含量。

不同实验室之间提取和测定 NO_3 和 NH_4 的过程存在很大的差异。此外，培养法（包括好氧和厌氧）常被用于分析潜在的矿质化氮（见第 46 章），离子交换树脂法则用于获得氮素供给率（见第 13 章）。

硝酸盐是可溶的，可以用包括水在内的很多溶液作为提取剂。可交换态 NH_4 是指在室温下可以被中性钾盐溶液提取的 NH_4。钾盐溶液的摩尔浓度是不同的，比如 0.05 mol/L 的 K_2SO_4、0.1 mol/L 的 KCl、1.0 mol/L 的 KCl 和 2.0 mol/L 的 KCl 溶液（Keeney 和 Nelson，1982）。但是，最常见的 NO_3 和 NH_4 的提取剂是 2.0 mol/L 的 KCl 溶液（如 Magill 和 Aber，2000；Shahandeh 等，2005）。

NO_3 和 NH_4 的测定方法远远多于其提取方法（Keeney 和 Nelson，1982）。这些方法包括离子选择性电极法、手动比色法、微量扩散法、水蒸气蒸馏法和连续流动分析法。有时仍然使用水蒸气蒸馏法测定 ^{15}N；而常规分析时更多地采用连续流动分析仪的自动比色技术。间隔流动分析法（SFA）和流动注射分析法（FIA）是快速、灵敏且不易受大多土壤干扰的连续流动分析体系。

本章介绍了目前测定 NO_3 和 NH_4 最常用的溶剂（2.0 mol/L KCl）提取和 SFA 两种方法。FIA 通常使用同样的化学提取方法，但是需要使用不同的设备（如 Burt，2004）。近些年由于水蒸气蒸馏法在测定 NO_3 和 NH_4 上没有大的变化，故这里未提及。关于这些方法的详细介绍可以参考其他文献（Bremner，1965；Keeney 和 Nelson，1982）。

6.2 溶剂（2 mol/L KCl）提取 NO_3-N 和 NH_4-N

6.2.1 原理

铵在土壤中以可交换态的形式存在，其方式与可交换态的金属阳离子相同。固定态或不可交换态 NH_4 是土壤中氮的重要组成部分；只是将土壤中不能被中性钾盐溶液提取的 NH_4 定义为固定态 NH_4（Keeney 和 Nelson，1982）。可交换态 NH_4 可以用 2.0 mol/L 的 KCl 溶液振荡提取。硝酸盐可溶于水，可以用 2.0 mol/L 的 KCl 溶液提取。土壤中能够检测到的亚硝酸盐含量很少，通常不需要测定。

6.2.2 材料和试剂

（1）往复式振荡器。
（2）试剂瓶。
（3）125 mL 的锥形瓶。
（4）60 mL 的 Nalgene 瓶。
（5）过滤漏斗。
（6）Whatman 42 号滤纸。
（7）铝盘。
（8）2.0 mol/L 的 KCl 溶液：将 149 g KCl 溶解于约 800 mL 不含 NH_3 的去离子水中，定容至 1L。

6.2.3 步骤

1. 含水量测定

（1）称取 5.00 g 鲜土置于已知重量的铝盘中。
（2）在 105℃ 的烘箱中烘干过夜。
（3）在干燥器中冷却并称重。

2. 提取步骤

（1）称取 5.0 g 鲜土（或矿化实验中培养的湿润土壤）置于 125 mL 锥形瓶内。在某些情况下，也可以使用风干土壤（见 6.2.4 节中注释 1）。
（2）加入 50 mL 2.0 mol/L 的 KCl 溶液（如果样品量有限，可以根据 1∶10 的比例将土壤和 KCl 溶液的使用量分别降到 1.0 g 和 10 mL）。
（3）整个实验过程设置试剂空白试验。
（4）将锥形瓶塞紧，然后以每分钟 160 转振荡 30 min。
（5）使用 Whatman 42 号滤纸过滤到 60 mL 的 Nalgene 瓶中。
（6）在 24 h 内分析测定 NO_3 和 NH_4（见 6.2.4 节中的注释 3）。

6.2.4 注释

（1）对于室温下长期存储的风干样品，NO_3 和 NH_4 含量会发生很大变化。西部环境农业实验室协会（Western Enviro-Agricultural Laboratory Association）的一项研究表明，风干样品在室温下存储 3 年后，土壤中 NO_3 含量明显下降（未发表结果）。Bremner（1965）和 Selmer-Olsen（1971）也发现 NH_4 含量会增加。

（2）滤纸含有大量的 NO_3 和 NH_4，这可能会对提取物造成污染（Muneta，1980；Heffernan，1985；Sparrow 和 Masiak，1987）。

（3）KCl 提取液中的 NO_3 和 NH_4 需要在提取完成后的 24 h 内测定（Keeney 和 Nelson，1982）。如果不能及时分析提取液，那么应该对其冷冻保存。冷冻条件下，KCl 提取液可以无限期保存。

（4）上述方法得到的结果具有高度的可重复性。

6.3 间隔流动分析法测定 2.0 mol/L KCl 提取液中的 NO_3-N 含量（镉还原方法）

6.3.1 原理

硝酸盐含量使用自动分光光度法测定。首先通过铜镉还原线圈（CRC）将硝酸盐还原成亚硝酸盐，在酸性条件下亚硝酸盐离子与磺胺反应形成叠氮化合物，再与 N-1-萘乙二胺二盐酸盐一起形成一种红紫色偶氮染料（Technicon Instrument Corporation，1971）。

6.3.2 材料和试剂

（1）Technicon 自动分析器由采样器、扩增器、比例泵、CRC、色度计和数据采集系统组成。

（2）CRC—CRC 的活化（O.I. Analytical，2001a）——参考本小节第 5 部分。此步骤必须在 CRC 连接到系统之前完成。在活化过程中不要让空气进入 CRC 中（见 6.3.5 节注释 6 关于 CRC 性能的描述）。

① 使用 10 mL 的 Luer-Lok 注射器和 1/4"-28 的 Luer-Lok 装置，用 10 mL 的去离子水缓慢冲洗 CRC。如果有杂质从 CRC 中出来，那么继续用去离子水冲洗直到所有的杂质被去除。

② 用 10 mL 0.5 mol/L 的 HCl 溶液缓慢冲洗 CRC。然后快速进行下一步骤，因为 HCl 溶液在 CRC 内停留超过几秒钟就会对镉表面造成破坏。

③ 用 10 mL 去离子水冲洗 CRC 去除 HCl。

④ 用 10 mL 2% 的 $CuSO_4$ 溶液缓慢冲洗 CRC，让该溶液在 CRC 中停留 5～10 min。

⑤ 用 10 mL NH_4Cl 溶液强力冲洗 CRC，消除在反应器内可能生成的所有游离态铜，持续冲洗直到全部去除。

⑥ 不使用时需将 CRC 装满去离子水保存。

注意：当冲洗或者保存 CRC 时，不能使用包含 Brij-35 的溶液。

注意：仅允许去离子水和上述试剂进入 CRC。有些溶液可能会对反应器造成不可逆的损伤。

（3）标准溶液。

① 储备液（100 μg NO_3-N/mL）：将 0.7218 g KNO_3（105℃烘干过夜）溶解于装有去离子水的 1 L 容量瓶中，加入 1 mL 的三氯甲烷，定容到 1L 并摇匀。

② 工作曲线标准溶液：移取 0.5、1.0、1.5 和 2.0 mL 的储备液到 100 mL 的容量瓶中，用 2.0 mol/L 的 KCl 溶液定容，分别获得 0.5、1.0、1.5 和 2.0 μg NO_3-N/mL 标准溶液。

（4）试剂。

① 稀释氨水（NH_4OH）溶液：向约 30 mL 去离子水中加 4～5 滴浓氨水。

② 氯化铵（NH_4Cl）溶液：将 10 g NH_4Cl 溶解于装有 750 mL 去离子水的 1 L 容量瓶中，加入稀释的 NH_4OH 调节 pH 值至 8.5，添加 0.5 mL Brij-35，定容到 1 L，摇匀。（注意：只需要加入两滴稀释的 NH_4OH 就可以达到预期 pH 值。）

③ 显色剂：向装有大约 750 mL 去离子水的 1L 容量瓶中小心加入 100 mL 浓 H_3PO_4（见 6.3.5 节的注释 2）和 10 g 的磺胺，完全溶解后，加入 0.5 g N-1-萘基-乙二胺二盐酸盐（马歇尔试剂）并使之溶解，用去离子水定容至 1 L 并摇匀，再加入 0.5 mL Brij-35，存储在棕色玻璃瓶中，可以稳定保存一个月。

（5）CRC 所需试剂

① 硫酸铜溶液（2% w/v）：将 20 g $CuSO_4·5H_2O$ 溶解在一个装有大约 900 mL 去离子水的 1 L 容量瓶中，用去离子水定容至 1 L 并摇匀。

② 盐酸溶液（0.5 mol/L）：在装有大约 70 mL 去离子水的 100 mL 容量瓶中缓慢加入 4.15 mL 的浓 HCl（见 6.2.5 节注释 2），用去离子水定容至 100 mL 并摇匀。

6.3.3 步骤

（1）将冷藏的土壤提取液恢复至室温。

（2）摇匀。

(3)启动自动分析器（Maynard 和 Kalra，1993；Kalra 和 Maynard，1991），让色度计预热至少 30 min。

(4)所用管路用去离子水润洗 10 min。

(5)所用管路用正确的试剂润洗 20 min，以确保彻底冲洗该系统（通过清洗管路注入 2.0 mol/L KCl）。

(6)建立一个稳定的基线。

(7)进高浓度的标样并运行 5 min。

(8)如果需要，重设基线。

(9)转移标准溶液到样品杯中，并以降序排列置于托盘上。

(10)转移样品溶液到样品杯中，并依次放置在托盘上。

(11)开始运行。

(12)运行完成后，重新测定标样以确保没有漂移，并重新建立基线。

(13)关机前，用去离子水冲洗 20 min。

6.3.4 计算

根据已有的标样数据绘制一条标准曲线（吸光度 vs.浓度），KCl 提取液以 µg NO_3-N/mL 为单位，结果计算如下所示：

$$湿土中的 NO_3-N\ 含量(\mu g/g) = \frac{提取剂中的 NO_3-N\ 含量(\mu g/mL) \times 提取剂的体积(mL)}{湿土的重量(g)} \tag{6.1}$$

$$水分系数 = \frac{湿土重量(g)}{烘干土重量(g)} \tag{6.2}$$

$$烘干土中的 NO_3-N\ 含量(\mu g/g) = 湿土中的 NO_3-N\ 含量(\mu g/g) \times 水分系数 \tag{6.3}$$

根据色度计强度和输入的相关信息（比如样品重量、提取液体积和水分系数），集成数据采集系统的数据软件包将自动计算出待测物的浓度水平。

6.3.5 注释

(1)整个过程中需使用去离子水。

(2)警告：浓酸和水混合过程中会产生大量的热，注意采取适当的防护措施。

(3)所有的试剂瓶、样品杯、新的泵管均需要用 1 mol/L 的 HCl 溶液冲洗。

(4)测试范围：0.01～2 µg NO_3-N/mL 的提取液。提取液中 NO_3-N 浓度大于标准溶液中最高浓度（2.0 µg NO_3-N/mL）时，需要用 2.0 mol/L 的 KCl 溶液稀释后再分析。

(5)可以从 SFA 零部件体系的各种供应商购买成品 CRCs。之前的方法要求制备镉还原柱。然而，准备工作非常单调、耗时，且镉颗粒不易获得。

(6)CRC 的还原效率（O.I. Analytical，2001a）。

① 在 CRC 中，硝酸盐被还原为亚硝酸盐。然而，在某些情况下，亚硝酸盐可能被进一步还原成羟胺和铵离子。这些反应是由 pH 值决定的。

$$NO_3 + 2H^+ + 2e \rightarrow NO_2 + H_2O \tag{6.4}$$

$$NO_2 + 6H^+ + 6e \rightarrow H_3NOH + H_2O \tag{6.5}$$

$$NO_2 + 8H^+ + 6e \rightarrow NH_4^+ + 2H_2O \tag{6.6}$$

在此方法的 pH 值缓冲范围内，反应 6.4 占主导地位。然而，如果镉表面过于活化，反应 6.5 和 6.6 将持续进行使亚硝酸盐进一步还原。

② 如果镉表面活化不充分，硝酸盐转换成亚硝酸盐的效率将会降低，这种情况称为低还原效率。

③ 为了测定还原效率，需要连续运行一个相同标准浓度且经过精确校准的亚硝酸盐和硝酸盐标准溶液，还原效率通过以下公式计算：

$$PR = (N_3/N_2) \times 100 \tag{6.7}$$

式中：PR 是还原效率百分比，N_3 是硝酸盐的峰高，N_2 是亚硝酸盐的峰高。

④ 如果亚硝酸盐的响应符合预期，但是还原效率在 90% 以下，那么需要再活化 CRC。

（7）这个方法得到的结果包括了 NO_3-N 和 NO_2-N，因此，含有大量 NO_2-N 的样本中会导致 NO_3-N 的结果偏高。

（8）虽然本章只列出了使用 Technicon 自动分析器的操作方法，但是镉还原法还可以应用到其他 SFA 和 FIA 系统上。

6.3.6 精确度和准确度

准确度的确定没有标准可以参考。阿尔伯塔土壤学研究所（Alberta Institute of Pedology，Heaney 等，1988）进行的土壤试验质量保证计划中关于 NO_3-N 精确度测量的试验表明，NO_3-N 是土壤中最容易发生变化的参数之一。对于 NO_3-N 含量分别为 67.3 ± 3.2（SD）μg/g 和 3.33 ± 1.0（SD）μg/g 的样本而言，其变异系数范围为 4.8%~30.4%。

6.4 间隔流动分析仪靛酚蓝法测定 2.0 mol/L KCl 提取液中的 NH_4-N 含量（苯酚盐法）

6.4.1 原理

利用自动分光光度法通过 Berthelot 反应对铵进行测定（Searle，1984）。酚和 NH_4 反应后呈深蓝色，颜色的深浅与 NH_4 的量成正比。次氯酸钠和硝普钠（亚硝基铁氰化钠）溶液被分别用作氧化剂和催化剂（O.I. Analytical，2001b）。

6.4.2 材料和试剂

（1）Technicon 自动分析器由进样系统、扩增器、比例泵、加热池、色度计和数据采集系统组成。

（2）标准溶液：

① 储备液 #1（1000 μg NH_4-N/mL）：将 4.7170 g $(NH_4)_2SO_4$（105℃烘干）溶解在 800 mL 去离子水中，转移至 1 L 容量瓶并用去离子水定容，混合均匀，冷藏保存。

② 储备液 #2（100 μg NH_4-N/mL）：取 10 mL 储备液 #1，用 2.0 mol/L KCl 溶液稀释至 100 mL，冷藏保存。

③ 工作曲线标准溶液：分别移取 0、1、2、5、7 和 10 mL 的储备液 #2 到 100 mL 的容量瓶内，用 2.0 mol/L KCl 溶液定容，分别得到 0、1、2、5、7 和 10 μg NH_4-N/mL 的标准溶液。标准溶液需要当天配制。

（3）络合剂：将 33 g 酒石酸钾钠（$KNaC_4H_4O_6 \cdot H_2O$）和 24 g 柠檬酸钠（$HOC(COONa)(CH_2COONa)_2 \cdot H_2O$）溶解在 950 mL 去离子水中，用浓 H_2SO_4 调整 pH 值至 5.0，加入 0.5 mL 的 Brij-35，转移至 1 L 容量瓶并用去离子水定容，混合均匀。

（4）碱性苯酚溶液：使用 1 L 的锥形烧瓶，将 83 g 苯酚溶解于 50 mL 去离子水中，边搅拌边小心加入 180 mL 20%（5 mol/L）的 NaOH 溶液，用去离子水稀释到 1 L，混合均匀，存储在棕色瓶中。（将 200 克 NaOH 溶解，用去离子水稀释至 1 L，制得 20% NaOH 溶液。）

（5）次氯酸钠（NaClO）溶液：将 200 mL 家用漂白剂（5.25% NaClO）用去离子水稀释至 1 L。因为溶液中 NaClO 浓度会随时间逐渐降低，该溶液需要现用现配以获得最佳结果。

（6）硝普钠（$Na_2Fe(CN)_5NO \cdot 2H_2O$）溶液：将 0.5 g 硝普钠溶解于 900 mL 去离子水中，定容到 1 L，置于棕色瓶中冷藏保存。

6.4.3 步骤

参考 6.3.3 节中 NO_3-N 的测试步骤（Kalra 和 Maynard，1991；Maynard 和 Kalra，1993）。

6.4.4 计算

与 6.3.4 节相同。

6.4.5 注释

（1）配制试剂时使用不含 NH_4-N 的去离子水。

（2）所有的试剂瓶、样品杯、新泵管均需要用 1 mol/L 的 HCl 溶液冲洗。

（3）测试范围：0.01～10.0 μg NH_4-N/mL 的提取液。提取液中 NH_4-N 浓度大于标准溶液中最高浓度（10.0 μg NH_4-N/mL）时，需要用 2.0 mol/L 的 KCl 溶液稀释之后再分析。

（4）务必将工作温度控制在 50±1℃。

（5）本章只列出了使用 Technicon 自动分析器的操作方法，但是镉还原法还可以应用到其他 SFA 和 FIA 系统上。

6.4.6 精确度和准确度

准确度的测定没有标准可以参考。对实验室浓度差异较大的若干样品进行长期分析表明，样品的变异系数为 21%～24%。

参考文献

Bremner, J.M. 1965. Inorganic forms of nitrogen. In: C.A. Black, D.D. Evans, J.L. White, E. Ensminger, and F.E. Clark, eds. *Methods of Soils Analysis. Part 2.* Agronomy No. 9. American Society of Agronomy, Madison, WI, 1179-1237.

Burt, R. 2004. *Soil Survey Laboratory Methods Manual.* Soil Survey Investigations Report No. 42, Version 4.0. United States Department of Agriculture, Natural Resources Conservation Service, Lincoln, NE, 700.

Heaney, D.J., McGill, W.B., and Nguyen, C. 1988. Soil test quality assurance program, Unpublished report. Alberta Institute of Pedology, Edmonton, AB, Canada.

Heffernan, B. 1985. *A Handbook of Methods of Inorganic Chemical Analysis for Forest Soils, Foliage and Water.* Division of Forest Research, CSIRO, Canberra, Australia, 281.

Kalra, Y.P. and Maynard, D.G. 1991. *Methods Manual for Forest Soil and Plant Analysis.* Information Report NOR-X-319. Northern Forestry Centre, Northwest Region, Forestry Canada. Edmonton, AB, Canada, 116. Access online http://warehouse.pfc.forestry.ca/nofc/11845.pdf (July 2006).

Keeney, D.R. and Nelson, D.W. 1982. Nitrogen in organic forms. In: A.L. Page, R.H. Miller, and D.R. Keeney, eds. *Methods of Soil Analysis.Part 2.* Agronomy No. 9, American Society of Agronomy, Madison, WI, 643-698.

Magill, A.H. and Aber, J.D. 2000. Variation in soil net mineralization rates with dissolved organic carbon additions. *Soil Biol. Biochem.* 32: 597-601.

Maynard, D.G. and Kalra, Y.P. 1993. Nitrate and extractable ammonium nitrogen. In: M.R. Carter, ed. *Soil Sampling and Methods of Analysis.* Lewis Publishers, Boca Raton, FL, 25-38.

Muneta, P. 1980. Analytical errors resulting from nitrate contamination of filter paper. *J. Assoc. Off. Anal. Chem.* 63: 937-938.

O.I. Analytical. 2001a. Nitrate plus nitrite nitrogen and nitrite nitrogen in soil and plant extracts by segmented flow analysis (SFA). Publication No. 15300301. College Station, TX, 27.

O.I. Analytical. 2001b. Ammonia in soil and plant extracts by segmented flow analysis (SFA). Publication No. 15330501. College Station, TX, 17.

Searle, P.L. 1984. The Berthelot or indophenol reaction and its use in the analytical chemistry of nitrogen: a review. *Analyst* 109: 549-568.

Selmer-Olsen, A.R. 1971. Determination of ammoniumin soil extracts by an automated indophenol method. *Analyst* 96: 565-568.

Shahandeh, H., Wright, A.L., Hons, F.M., and Lascano, R.J. 2005. Spatial and temporal variation in soil nitrogen parameters related to soil texture and corn yield. *Agron. J.* 97: 772-782.

Sparrow, S.D. and Masiak, D.T. 1987. Errors in analysis for ammonium and nitrate caused by contamination from filter papers. *Soil Sci. Soc. Am. J.* 51: 107-110.

Technicon Instrument Corporation 1971. *Nitrate and Nitrite in Water.* Industrial method No. 32-69W. Technicon Instrument Corporation, Tarrytown, New York, NY.

Technicon Instrument Corporation 1973. *Ammoniain Water and Seawater.* Industrial method No.154-71W. Technicon Instrument Corporation, Tarrytown, New York, NY.

（赵丽霞　译，李永涛　翁莉萍　校）

第7章 Mehlich 3 提取态元素

N. Ziadi
Agriculture and Agri-Food Canada
Quebec, Quebec, Canada

T. Sen Tran
Institute of Research and Development
in Agroenvironment
Quebec, Quebec, Canada

7.1 引 言

在过去的几年里，许多用于估算土壤有效养分的方法和技术得到了发展。在这些方法中，由于 Mehlich 3（M3）适用的土壤类型较广，同时可以作为一个"通用"的土壤测试提取剂，因此 M3 法是一种较为经济、有效的化学方法（Sims，1989；Zbiral，2000a；Bolland 等，2003）。M3 法由 Mehlich（1984）提出，因其可作为土壤多元素提取剂而被广泛应用（特别是在农艺学研究中），主要用于评价土壤养分状况和确定湿润地区磷肥和钾肥的推荐施用量。M3 提取液可以用于分析以下元素：P、K、Ca、Mg、Na、Cu、Zn、Mn、B、Al 和 Fe。提取液由 0.2 mol/L CH_3COOH、0.25 mol/L NH_4NO_3、0.015 mol/L NH_4F、0.013 mol/L HNO_3 和 0.001 mol/L 乙二胺四乙酸（EDTA）组成。M3 可提取的 P 元素（M3-P）由醋酸和氟化物反应后得到；而 K、Ca、Mg 和 Na（分别表示为 M3-K、M3-Ca、M3-Mg 和 M3-Na）可以通过硝酸铵和硝酸作用后提取；Cu、Zn、Mn 和 Fe（M3-Cu、M3-Zn、M3-Mn 和 M3-Fe）则可由 NH_4 和螯合剂 EDTA 提取得到。

许多研究显示，M3 法与其他化学和非化学方法所得结果具有显著的相关性（Zbiral 和 Nemec，2000；Cox，2001；Bolland 等，2003）。事实上，M3-P 与用 M2、Bray 1、Bray 2、Olsen、氯化锶—柠檬酸和水（Mehlich，1984；Simard 等，1991；Zbiral 和 Nemec，2002）提取得到的磷的量都紧密相关。在加拿大魁北克，Tran 等（1990）的研究显示在大多数非钙质土壤中，M3-P 与 Bray 1 法得到的结果几乎相同。Mallarino（2003）通过对爱荷华州（Iowa）pH 值从 5.2～8.2 的土壤进行研究，认为 M3 测试对于预测玉米（*Zea mays* L.）对磷的响应比 Bray 测试更有效。M3-P 与利用阴离子交换膜和电超滤（EUF）技术解吸的 P 之间也具有良好的相关性（Tran 等，1992a，b；Ziadi 等，2001）。许多研究表明，在很多类型的土壤中，M3-P 和植物吸收的磷，或者 M3-P 和植物产量之间有很强的相关性（Tran 和 Giroux，1987；Ziadi 等，2001；Mallarino，2003）。然而，另外一些研究显示在评价磷对植物的生物有效性方面，一些碱性提取剂（比如 $NaHCO_3$）要优于酸性提取剂（M3）（Bates，1990）。对于大多数常见的作物，M3-P 的临界含量大约为 30～60 μg/g，这取决于所使用的测定方法（Sims，1989；Tran 和 Giroux，1989；Bolland 等，2003）。

除了在农艺学研究上的应用价值，M3-P 也被用于环境领域的研究，如农业环境土壤中磷的测试（Sims，1993；Sharpley 等，1996；Beauchemin 等，2003），磷饱和度的概念在欧洲和北美被成功地用来指示土壤中磷的潜在解吸附能力（Breeuwsma 和 Reijerink，1992；Beauchemin and Simard，2000）。在美国大西洋沿岸中部地区，Sims 等（2002）指出可以用 M3-P/（M3-Al+M3-Fe）比值来预测径流和渗滤液中的磷浓度。在加拿大魁北克地区的一项研究中，Khiari 等（2000）报道称环境临界百分比（M3-P/M3-Al）为 15%时，与荷兰草酸盐提取法得出的磷酸盐饱和度为 25%的临界程度相对应。在魁北克地区（Quebec），M3-P/M3-Al 比值已被纳入当地玉米种植的推荐条件之中（CRAAQ，2003）。读者可以查阅第 14 章关于环境土壤磷指数的完整描述。

除 P 外，用 M3 提取剂和当前不同实验室采用其他方法提取出的其他营养元素（K、Ca、Mg、Na、Cu、Zn、Mn、Fe 和 B）含量间也具有显著相关性（Tran，1989；Cancela 等，2002；Mylavarapu 等，2002）。此外，Michaelson 等（1987）指出 M3 和醋酸铵两种提取剂所提取出来的 K、Ca、Mg 的含量也具有明显的相关性。同样地，M3 可提取的 Cu、Zn、Mn、Fe 和 B，与由二元酸、二乙烯三胺五乙酸三乙醇胺（DTPA-TEA），或者 0.1 mol/L HCl 和 Mehlich 1 提取得到的量之间也高度相关（Sims，1989；Sims 等，1991；Zbiral 和 Nemec，2000）。

从 20 世纪 90 年代早期以来，自动分析方法在土壤养分定量应用方面发展迅速（Munter，1990；Jones，1998）。在土壤常规检测实验室，电感耦合等离子体（ICP）发射光谱仪是当下最流行的设备之一。ICP（发射光谱 OES 或质谱 MS）的优点是它可以同时定量分析多种元素。然而，特别是针对磷元素，传统上常用比色法进行化肥施用量的土壤测试校准，用 ICP 替代比色法仍存在争议（Mallarino 和 Sawyer，2000；Zbiral，2000b；Sikora 等，2005）。由于 ICP 和比色法得到的 P 的量不同，美国的一些地区不建议使用 ICP 来测定任何土壤试验提取物中的 P（Mallarino 和 Sawyer，2000）。Zbiral（2000b）报道称由 ICP-OES 和火焰原子吸收法测定 K 和 Mg 时存在一个很小但很显著的差异（2%～8%）。在相同的试验中，使用 ICP-OES 测定的 P 的量比用分光光度法测定的结果高 8%～14%。Sikora 等（2005）分别通过 ICP 和比色法测定 M3-P 证实了这些结果，并指出使用 ICP 得到较高的结果，究竟是由于磷具有较高的生物有效性还是分析误差仍需进一步的研究。Eckert 和 Watson（1996）报道指出 ICP 比比色法测量磷所得的结果有时高出 50%。导致这些差异的原因是分光光度法只测定土壤提取液中的正磷酸盐，而 ICP 则测定总磷（即有机磷和总无机磷，不仅是正磷酸盐）（Zbiral，2000a；Mallarino，2003）。Mallarino（2003）指出 ICP 方法和传统比色法测得的磷含量之间具有显著的相关性（R^2=0.84），认为由 ICP 测出的 M3-P 应作为一种不同的测试，并根据野外校准结果加以解释，而不是根据比色法的测定结果来换算。由于自动化系统经常被用来测量提取液中营养离子的浓度，仪器的具体操作条件和步骤在仪器操作手册中都已给出，因此本章只给出了人工操作的方法。

7.2 材料和试剂

（1）往复式振荡器。

（2）125 mL 锥形瓶。

（3）过滤漏斗。

（4）滤纸（Whatman 42 号）。

（5）一次性塑料小瓶。

（6）土壤化学实验室常用仪器。例如，传统比色法或自动比色法的分光光度计（比如 Technicon 自动分析器、Lachat 流动注射系统）；火焰光度计；或者 ICP-OES 或 ICP-MS。

（7）M3 提取液：

① M3 储备液：（1.5 mol/L NH_4F + 0.1 mol/L EDTA）。将 55.56 g 的氟化铵（NH_4F）溶解于 600 mL 去离子水中，加入 29.23 g 的 EDTA，溶解，转移至 1 L 容量瓶并用去离子水定容，完全混合后存储在塑料瓶内。

② 在一个含有 8 L 去离子水的 10 L 塑料酸瓶内，溶解 200.1 g 的硝酸铵（NH_4NO_3），加入 100 mL M3 存储液、115 mL 浓乙酸（CH_3COOH）、82 mL 体积分数为 10%的硝酸溶液（10 mL 浓硝酸用去离子水稀释至 100 mL），用去离子水定容至 10 L，混合均匀。

③ 提取液的 pH 值应该控制在 2.3±0.2。

（8）手动测定磷所需试剂：

① 溶液 A：将 12 g 钼酸铵（$(NH_4)_6Mo_7O_{24} \cdot 4H_2O$）溶解在 250 mL 去离子水中。在 100 mL 的烧瓶内，用 80 mL 去离子水溶解 0.2908 g 酒石酸锑钾。将这两种溶液加入盛有 1000 mL 2.5 mol/L H_2SO_4 溶液（141 mL 的浓硫酸用去离子水稀释到 1 L）的 2 L 容量瓶中，再用去离子水定容至 2 L，混合均匀，4℃避光保存。

② 溶液 B：将 1.056 g 抗坏血酸溶解于 200 mL 的溶液 A 中。溶液 B 需要每天现配现用。

③ 磷的标准溶液：使用认证的磷标准溶液，或者将 0.4393 g KH_2PO_4 溶解于 1 L 去离子水中配制成 100 μg/mL 的磷溶液。然后用稀释的 M3 提取剂分别配制 0、0.5、1、2、5、10 μg/mL 的磷溶液。

（9）原子吸收法测定 K、Ca、Mg、Na 所需溶液：

① 氯化镧（$LaCl_3$）溶液：10%（w/v）。

② 氯化铯（CsCl）和氯化镧（$LaCl_3$）的浓溶液：将 3.16 g CsCl 溶解于 100 mL 10%的 $LaCl_3$ 溶液中。

③ K 和 Na 混合标准溶液：使用认证的原子吸收标准溶液，配制 K 和 Na 的浓度分别为 0.5、1.0、1.5、2.0 μg/mL 和 0.3、0.6、0.9、1.2 μg/mL 的混合溶液。

④ Ca 和 Mg 混合标准溶液：Ca 和 Mg 的浓度分别为 2、4、6、8、10 μg/mL 和 0.2、0.4、0.6、0.8、1.0 μg/mL。

（10）原子吸收法测定 Cu、Zn 和 Mn 所需标准溶液：

① Cu 和 Zn 混合标准溶液：M3 提取剂中分别含有 0、0.2、0.4、0.8、1.2、2.0 μg/mL 的 Cu 和 Zn。

② Mn 标准溶液：M3 提取剂中分别含有 0、0.4、0.8、1.2、4 μg/mL 的 Mn。

7.3 步　骤

7.3.1 提取

（1）称取 3 g 过 2 mm 筛的干土置于 125 mL 锥形瓶。

（2）加入 30 mL M3 提取剂（土壤∶溶液=1∶10）。

（3）立即置于往复振荡器上震荡 5 min（120 次/min）。

（4）用 M3 提取剂润洗过的 Whatman 42 号滤纸过滤，滤液置于塑料瓶内 4℃保存，待测。

（5）采用以下自动或手动方法尽早分析滤液中各元素的含量。

7.3.2 手动比色法测定磷的含量

（1）吸取 2 mL 的干净滤液或者磷的标准溶液（0~10 μg/mL）至 25 mL 的容量瓶内。样品中磷的含量不能超过 10 μg，否则需要用 M3 提取剂稀释。

（2）加入 15 mL 蒸馏水和 4 mL 溶液 B，用蒸馏水定容并混匀。

（3）经过 10 min 的显色过程，在波长 845 nm 下测量吸光度。

7.3.3 原子吸收法或火焰发射法测定钾、钙和钠的含量

$CsCl$-$LaCl_2$ 和 M3 提取剂混合会产生沉淀。因此，为了避免上述问题，建议按如下步骤稀释提取剂

（稀释比例至少为 1∶10）。

（1）移取 1~5 mL 的滤液到 50 mL 的容量瓶中。

（2）加入约 40 mL 的去离子水并混匀。

（3）加入 1 mL 的 CsCl-LaCl$_3$ 溶液，再用去离子水定容并混匀。

（4）通过原子吸收法测定 Ca 和 Mg，通过火焰发射法测定 K 和 Na。

7.3.4 原子吸收法测定铜、锌和锰的含量

提取液中 Cu 和 Zn 的浓度无须稀释直接测定，Mn 的浓度需要由 M3 提取剂稀释后测定。

7.3.5 注释

（1）滤纸是可能影响最终结果的一个污染源，特别是 Zn、Cu 和 Na。Mehlich（1984）建议使用 0.2% 的 AlCl$_3$ 溶液对实验室的所有器具进行冲洗，包括定性滤纸。根据我们的测试结果，建议使用 M3 提取剂清洗滤纸。

（2）由于 Zn 的污染，Pyrex 玻璃仪器不能在提取过程中使用，也不能用来存储 M3 提取剂或者实验室标样。

（3）自来水是 Zn 和 Cu 的主要污染源之一。

7.4 与其他提取剂的关系

在北美、欧洲和澳大利亚，M3 提取剂被作为一种"通用提取剂"而广泛应用（Zbiral 和 Nemec，2000；Cox，2001；Bolland 等，2003）。Jones（1998）指出 M3 因可以用来提取多种元素而被选用。在加拿大的魁北克省和爱德华王子岛，M3 法还被用于土壤测试项目（CPVQ，1989；CRAAQ，2003）。全世界范围内已经对 M3 法和其他常用方法（包括乙酸铵提取 K 和 DTPA 提取微量元素）进行了对比，结果显示这些方法之间具有显著的相关性。各元素相对量的关系如下：

（1）用 M3 提取的 K 和 Na 含量与乙酸铵提取量相同（Tran 和 Giroux，1989）。

（2）用 M3 提取的 Ca 和 Mg 含量是乙酸铵提取量的 1.10 倍（Tran 和 Giroux，1989）。

（3）用 M3 提取的 Zn 含量是 DTPA 提取量的 0.5~0.75（Lindsay 和 Norvell，1978）。

（4）用 M3 提取的 Cu 含量是由 DTPA 提取量的 1.8 倍以上（Makarim 和 Cox，1983；Tran，1989；Tran 等，1995）。

参 考 文 献

Bates, T.E. 1990. Prediction of phosphorus availability from 88 Ontario soils using five phosphorus soil tests. Commun. *Soil Sci. Plant Anal.* 21: 1009-1023.

Beauchemin, S. and Simard, R.R. 2000. Phosphorus status of intensively cropped soils of the St-Lawrence lowlands. *Soil Sci. Soc. Am. J.* 64: 659-670.

Beauchemin, S., Simard, R.R., Bolinder, M.A., Nolin, M.C., and Cluis, D. 2003. Prediction of phosphorus concentration in tile-drainage water from the Montreal lowlands soils. *Can. J. Soil Sci.* 83: 73-87.

Bolland, M.D.A., Allen, D.G., and Walton, K.S. 2003. Soil testing for phosphorus: comparing the Mehlich 3 and Colwell procedures for soils of south-western Australia. *Aust. J. Soil Res.* 41: 1185-1200.

Breeuwsma, A. and Reijerink, J.G.A. 1992. Phosphate saturated soils: a "new" environmental issue. In: G.R.B. ter Meulen et al., eds. *Chemical Time Bombs*. Proceedings of the European Conference, Veldhoven, the Netherlands, 2-5 September 1992. Foundation for Ecodevelopment, Hoofddorp, the Netherlands, 79-85.

Cancela, R.C., de Abreu, C.A., and Paz Gonzalez, A. 2002. DTPA and Mehlich-3 micronutrient extractability in natural soils. *Commun. Soil Sci. Plant Anal.* 33: 2879-2893.

Cox, M.S. 2001. The Lancaster soil test method as an alternative to the Mehlich 3 soil test method. *Soil Sci.* 166: 484-489.

CPVQ. 1989. Grille de fertilisation. Conseil des productions végétales du Québec. Ministére del'Agriculture, des Pêcheries et de l'Alimentation du Québec, Québec, QC, Canada, 128.

CRAAQ. 2003. Guide de référence en fertilisation. 1rdedition. Centre de référence en agriculture et agroalimentaire du Québec (CRAAQ). Québec, QC, Canada, 294.

Eckert, D.J. and Watson, M.E. 1996. Integrating the Mehlich-3 extractant into existing soil test interpretation schemes. *Commun. Soil Sci. Plant Anal.* 27: 1237-1249.

Jones, J.B. Jr. 1998. Soil test methods: past, present, and future use of soil extractants. *Commun. Soil Sci. Plant Anal.* 29: 1543-1552.

Khiari, L., Parent, L.E., Pellerin, A., Alimi, A.R.A., Tremblay, C., Simard, R.R., and Fortin, J. 2000. An agri-environmental phosphorus saturation index for acid coarse-textured soils. *J. Environ. Qual.* 29: 1561-1567.

Lindsay, W.L. and Norvell, W.A. 1978. Development of a DTPA soil test for zinc, iron, manganese, and copper. *Soil Sci. Soc. Am. J.* 42: 421-428.

Makarim, A.K. and Cox, F.R. 1983. Evaluation of the need for copper with several soil extractants. *Agron. J.* 75: 493-496.

Mallarino, A. and Sawyer, J.E. 2000. Interpreting Mehlich-3 soil test results, SP126. Iowa State University, University Extension: Ames, IW; www.extension.iastate.edu/Publications/SP126.pdf, Ames Iowa (last verified March 2006).

Mallarino, A.P. 2003. Field calibration for corn of the Mehlich-3 soil phosphorus test with colorimetric and inductively coupled plasma emission spectroscopy determination methods. *Soil Sci.Soc. Am. J.* 67: 1928-1934.

Mehlich, A. 1984. Mehlich-3 soil test extractant: a modification of Mehlich-2 extractant. *Commun. Soil Sci. Plant Anal.* 15: 1409-1416.

Michaelson, G.J., Ping C.L., and Mitchell, C.A. 1987.Correlation of Mehlich-3, Bray 1 and ammonium acetate extractable P, K, Ca, and Mg for Alaska agricultural soils. *Commun. Soil Sci. Plant Anal.* 18: 1003-1015.

Munter, R.C. 1990. Advances in soil testing and plant analysis analytical technology. *Commun. Soil Sci. Plant Anal.* 21: 1831-1841.

Mylavarapu, R.S., Sanchez, J.F., Nguyen, J.H., and Bartos, J.M. 2002. Evaluation of Mehlich-1and Mehlich-3 extraction procedures for plant nutrients in acid mineral soils of Florida. *Commun. Soil Sci. Plant Anal.* 33: 807-820.

Sharpley, A., Daniel, T.C., Sims, J.T., and Pote, D.H. 1996. Determining environmentally sound soil phosphorus levels. *J. Soil Water Conserv.* 51: 160-166.

Sikora, F.J., Howe, P.S., Hill, L.E., Reid, D.C., and Harover, D.E. 2005. Comparison of colorimetric and ICP determination of phosphorus in Mehlich 3 soil extracts. *Commun. Soil Sci. Plant Anal.* 36: 875-887.

Simard, R.R., Tran, T.S., and Zizka, J. 1991. Strontium chloride-citric acid extraction evaluated as a soil-testing procedure for phosphorus. *Soil Sci. Soc. Am. J.* 55: 414-421.

Sims, J.T. 1989. Comparison of Mehlich-1 and Mehlich-3 extractants for P, K, Ca, Mg, Mn, Cuand Zn in Atlantic Coastal plain soils. *Commun. Soil Sci. Plant Anal.* 20: 1707-1726.

Sims, J.T. 1993. Environmental soil testing for phosphorus. *J. Prod. Agric.* 6: 501-507.

Sims, J.T., Igo, E., and Skeans, Y. 1991. Comparison of routine soil tests and EPA method 3050 as extractants for heavy metals in

Delaware soils. *Commun. Soil Sci. Plant Anal.* 22: 1031-1045.

Sims, J.T., Maguire, R.O., Leytem, A.B., Gartley,K.L., and Pautler, M.C. 2002. Evaluation of Mehlich 3 as an agri-environmental soil phosphorus test for the mid-Atlantic United States of America. *Soil Sci. Soc. Am. J.* 66: 2016-2032.

Tran, T.S. 1989. Détermination des minéraux et oligo-éléments par la méthode Mehlich-III. Méthodes d'analyse des sols, des fumiers, et des tissues végétaux. Conseil des productions végétales du Québec. Agdex. 533. Ministère de l'Agriculture, des Pêcheries et de l'Alimentation du Québec, QC, Canada.

Tran, T.S. and Giroux, M. 1987. Disponibilité du phosphore dans les sols neutres et calcaires du Québec en relation avec les propriétés chimiques et physiques. *Can. J. Soil Sci.* 67: 1-16.

Tran. T.S. and Giroux, M. 1989. Evaluation de la méthode Mehlich-III pour déterminer les éléments nutritifs (P, K, Ca, Mg, Na) des sols du Québec. *Agrosol* 2: 27-33.

Tran,T.S., Giroux, M., Audesse, P., and Guilbault, J.1995. Importance des éléments mineurs en agriculture: symptômes visuels de carence, analyses des végétaux et des sols. *Agrosol* 8: 12-22.

Tran, T.S., Giroux, M., Guilbeault, J., and Audesse, P. 1990. Evaluation of Mehlich-III extractant to estimate the available P in Quebec soils. *Commun. Soil Sci. Plant Anal.* 21: 1-28.

Tran, T.S., Simard, R.R., and Fardeau, J.C.1992a. A comparison of four resin extractions and ^{32}P isotopic exchange for the assessment of plant-available P. *Can. J. Soil Sci.* 72: 281-294.

Tran, T.S., Simard, R.R., and Tabi, M. 1992b. Evaluation of the electro-ultrafiltration technique (EUF) to determine available P in neutral and calcareous soils. *Commun. Soil Sci. Plant Anal.* 23: 2261-2281.

van der Zee, S.E.A.T.M., Fokkink, L.G.J., and van Riemsdijk, W.H. 1987. A new technique for assessment of reversibly adsorbed phosphate. *Soil Sci. Soc. Am. J.* 51: 599-604.

Zbiral, J. 2000a. Determination of phosphorus in calcareous soils by Mehlich 3, Mehlich 2, CAL, and Egner extractants. *Commun. Soil Sci. Plant Anal.* 31: 3037-3048.

Zbiral, J. 2000b. Analysis of Mehlich III soil extracts by ICP-AES. *Rostlinna-Vyroba* 46 (4), 141-146.

Zbiral, J. and Nemec, P. 2000. Integrating of Mehlich 3 extractant into the Czech soil testing scheme. *Commun. Soil Sci. Plant Anal.* 31: 2171-2182.

Zbiral, J. and Nemec, P. 2002. Comparison of Mehlich 2, Mehlich 3, CAL, Egner, Olsen, and 0: 01M CaCl2 extractants for determination of phosphorus in soils. *Commun. Soil Sci. Plant Anal.* 33: 3405-3417.

Ziadi, N., Simard, R.R., Tran, T.S., and Allard, A.2001. Evaluation of soil-available phosphorus for grasses with Electro-Ultrafiltration technique and some chemical extractions. *Can. J. Soil Sci.* 81: 167-174.

（赵丽霞 译，李永涛 翁莉萍 校）

第8章 碳酸氢钠—可提取态磷

J.J. Schoenau

University of Saskatchewan

Saskatoon, Saskatchewan, Canada

I.P. O'Halloran

University of Guelph

Ridgetown, Ontario, Canada

8.1 引 言

碳酸氢钠（$NaHCO_3$）—提取态磷，通常被称为Olsen-P（Olsen et al., 1954），因其可作为土壤有效磷的一个指标指导农业生产中磷肥的推荐施用量，故在全世界范围内有着悠久的应用历史（Cox, 1994）。它可用于检测酸性和石灰性土壤中的磷含量（Kamprath 和 Watson, 1980）。在土壤测试中，Olsen-P 对于影响土壤生物可利用磷水平的管理措施，比如化肥（O'Halloran 等, 1985）或者有机肥（Qian 等, 2004）施用响应敏感，然而它不适合对施用过难溶于水的磷材料如磷矿石的土壤进行磷提取（Mackay 等, 1984; Menon 等, 1989）。

作为提取剂，$NaHCO_3$ 的作用是通过 pH 值和离子效应去除溶液中的无机磷（P_i）及一些不稳定的固相 P_i 化合物，如吸附在游离石灰上的磷酸盐、微溶磷酸钙沉淀，以及吸附在铁铝氧化物和黏土矿物上的弱吸附态磷酸盐。碳酸氢钠也可以去除不稳定的有机磷（Bicarb-P_o）（Bowman 和 Cole, 1978; Schoenau 等, 1989），这部分有机磷容易水解成 P_i 而成为植物可利用的磷（Tiessen 等, 1984; O'Halloran 等, 1985; Atia 和 Mallarino, 2002）或者被微生物重新吸收利用（Coleman 等, 1983）。虽然这些不稳定的 P_o 一旦矿化便可能在作物的磷营养供给中发挥重要作用，但是大部分地区进行 Olsen-P 土壤测试时仍只考虑 P_i 部分。作为土壤磷连续提取过程的步骤之一，第 25 章介绍了改进的 Olsen-P 方法。在这个方法中，$NaHCO_3$-提取态 P_i（Bicarb-P_i）和 Bicarb-P_o 在提取 16 h 后进行测定。如果有研究者对衡量提取这些不稳定 P_i 和 P_o 的处理和措施的影响感兴趣，只需遵循第 25 章概述中 $NaHCO_3$ 的提取和分析步骤，忽略最初使用交换树脂进行提取的部分。与许多土壤磷试验一样，Olsen-P 测试也可作为一种替代方法用来确定径流所带来的潜在磷损失（Pote 等, 1996; Turner 等, 2004），有些地区将 Olsen-P 测试作为推荐的土壤 P 试验方法，常将 Olsen-P 作为评价土壤 P 损失风险和对地表水影响的土壤 P 指数的判据（Sharpley 等, 1994）。关于确定环境土壤磷指标更全面的方法讨论，读者可以查阅第 14 章。由于 Olsen-P 在评估磷的可利用性和环境磷承载调控方面的广泛应用，本章介绍了 Olsen-P 的土壤测试方法。

8.2 碳酸氢钠—提取态无机磷（Olsen 等，1954）

在提取过程中，土壤样品中加入 0.5 mol/L $NaHCO_3$ 并将 pH 值调至 8.5 后振荡提取，然后过滤得到澄清、无颗粒的滤液。根据土壤中有机质的去除程度，滤液的颜色通常为淡黄色到深棕色。当有机质去除程度较低时（淡黄色滤液），可以通过空白试验进行简单校正（即样品稀释后不加显色剂直接测定吸光度）。较高浓度的有机质会干扰比色法中的显色过程，或者导致有机物结合形成沉淀。可以通过使用木炭（Olsen 等，1954）和聚丙烯酰胺等方法去除提取液中的有机质（Banderis 等，1976）。

8.2.1 提取试剂

（1）0.5 mol/L 碳酸氢钠（NaHCO$_3$）提取液，调节 pH 值至 8.5。将 42 g NaHCO$_3$ 和 0.5 g NaOH 溶解于 1000 mL 去离子水中。因为溶液 pH 值的变化可能会影响提取磷的量，所以 NaHCO$_3$ 提取液应每月重新配制并密封存储。

（2）使用木炭去除提取液的有机物质：准备 300 g 不含磷酸盐的木炭和 900 mL 去离子水，混合（见 8.2.3 节中的注释 2）。

（3）使用聚丙烯酰胺去除提取液中的有机物质：将 0.5 g 聚丙烯酰胺溶解于约 600 mL 去离子水，搅拌几个小时，当其完全溶解后，转移至 1 L 容量瓶中并用去离子水定容。

8.2.2 步骤

（1）称取 2.5 g 风干土样（研磨过 2 mm 筛）放在 125 mL 的锥形烧瓶中，同时设置不加土壤的空白样品。

（2）在 25℃条件下，加入 50 mL 0.5 mol/L 的 NaHCO$_3$ 提取液。

（3）如果使用木炭去除提取液中的土壤有机质：添加 0.4 mL 的木炭悬浊液。

（4）如果使用聚丙烯酰胺去除提取液中的土壤有机质：添加 0.25 mL 的聚丙烯酰胺溶液。

（5）置于往复振荡器中，以 120 转/min 的频率振荡 30 min。

（6）用中速滤纸（如 VWR 454 或 Whatman 40 号）过滤提取液到干净的样品杯中。如果滤液浑浊，则再次进行过滤。

（7）滤液中的 Olsen-P 的测定方法见 8.3 节。

8.2.3 注释

（1）提取条件的不同会影响从土壤中提取的磷含量。提高振荡速度和增加振荡时间会导致提取的磷的量增加（Olsen 和 Sommers，1982）。虽然 16 h 的提取时间也许能得到一个更彻底并且重复性更好的提取结果，但大多数土壤测试方法将提取时间限制为 30 min。增加提取温度也会增加磷的提取量。Olsen 等（1954）报道称，在磷含量为 5~40 mg/kg 的土壤测试试验中，提取温度在 20~30℃范围内每增加 1℃，提取到的 P$_i$ 含量增加 0.43 mg/kg。因此，如果试验结果要根据当地的管理推荐值来解释，那么提取条件一定要接近当地土壤测试的标准条件。如果结果用于样品间的相互比较，那么样本提取条件的统一比选择一个特定的振荡速度、持续时间和提取温度更重要。

（2）大多数市场上买到的木炭或炭黑中都含有磷。强烈建议使用 6 mol/L 的 HCl 清洗木炭以去除磷，然后用去离子水反复清洗。通过分析添加与不添加木炭的空白 NaHCO$_3$ 提取液能够指示木炭中的磷是否被彻底去除干净。

（3）要尽快对 NaHCO$_3$ 提取液进行分析。因为即使在冷藏的情况下，微生物也会快速生长。为了抑制微生物活性，可以添加 1~2 滴甲苯，但这样会增加滤液的生物危害等级和处置的难度。如果不能立即分析提取液，应该冷藏保存，并在 5 天内完成分析。

8.3 提取液中磷的测定

NaHCO$_3$ 提取液中的正磷酸盐通常用比色法和其他不同方法测定，包括手动方法和自动方法。这里介绍的手动方法是由 Murphy 和 Riley（1962）提出的钼酸铵—酒石酸锑钾—抗坏血酸法，是应用最广泛的方法之一。该方法相对简单易行，同时手动方法也适用于自动系统。添加酒石酸锑钾可以不用加热即可呈稳定的蓝色。生成的磷钼蓝复合物有两个最大吸收波长：一个是在880 nm，另一个是在710 nm（Going和Eisenreich，1974）。Watanabe和Olsen（1965）建议在840~880 nm测量吸光度，然后选择其中吸光度较高的波长进行测定。而第25章推荐选用712 nm的吸收波长，目的是降低浅色样品提取液中痕量有机质的干扰。

8.3.1 测定磷所需试剂

（1）钼酸铵溶液：40 g 钼酸铵（$(NH_4)_6Mo_7O_{24} \cdot 4H_2O$）溶解在1000 mL去离子水中。

（2）抗坏血酸溶液：26.4 g 抗坏血酸溶解在500 mL去离子水中，在~2℃下冷藏保存。溶液一旦明显变色就需要重新配制。

（3）酒石酸锑钾溶液：1.454 g 酒石酸锑钾溶解在500 mL去离子水中。

（4）2.5 mol/L 硫酸（H_2SO_4）：将278 mL浓H_2SO_4缓慢加入1 L去离子水中，混匀，转移至2 L容量瓶中，冷却后加入蒸馏水定容。

（5）0.25 mol/L 硫酸（H_2SO_4）：将14 mL浓H_2SO_4缓慢加入75 mL去离子水中，混匀，转移至100 mL容量瓶中，冷却后加入蒸馏水定容。

（6）0.25%（w/v）对硝基苯酚溶液：将0.25 g 对硝基苯酚溶解在100 mL蒸馏水中。

（7）磷标准储备液：准备100 mL浓度为5 μg P/mL的基础磷标准溶液。

（8）配制Murphy-Riley显色溶液：用以上试剂在500 mL的烧瓶中配制Murphy-Riley显色溶液，方法如下：加入250 mL 2.5 mol/L H_2SO_4，然后加入75 mL钼酸铵溶液、50 mL抗坏血酸和25 mL酒石酸锑钾溶液。加入100 mL去离子水将体积定容至500 mL，用磁力搅拌器混合。试剂要按顺序加入，每种试剂加入之后都要搅拌均匀。Murphy-Riley溶液放置在棕色瓶中避光保存。该溶液需要使用当天配制。

8.3.2 步骤

（1）移取10 mL或者适量过滤后的$NaHCO_3$提取液至50 mL容量瓶，并设置包含蒸馏水和$NaHCO_3$的空白试验（见8.3.3节的注释2）。

（2）准备所需浓度范围的标准溶液：0、0.1、0.2、0.3、0.4和0.8 μg P/mL的$NaHCO_3$溶液。分别取0、1、2、3、4、6和8 mL的磷标准储备液（5 μg P/mL）至50 mL的容量瓶中，然后向每个瓶中加入10 mL 0.5 mol/L的$NaHCO_3$溶液。

（3）向每个瓶中加入1~2滴对硝基苯酚以调整溶液的pH值，使溶液呈黄色，再加入0.25 mol/L H_2SO_4以降低溶液pH值直至变为无色。

（4）向每个瓶中加入8 mL Murphy-Riley显色溶液，然后用去离子水定容至50 mL，振荡，显色15 min。

（5）校准并预热分光光度计，设置712 nm或880 nm的吸收波长，测定标样和样品的吸光度，根据已知磷浓度和标准溶液的吸光度建立标准曲线。

8.3.3 注释

（1）钼酸铵、抗坏血酸和酒石酸锑钾溶液通常可密封冷藏保存2~3个月。如果怀疑溶液或试剂的质量有问题，丢弃并重新配制，因为分析中最常见的就是因溶液变质和/或被污染引起的误差。

（2）尽管上述文献对Murphy和Riley的操作流程做了一些改进，但是当采用最初Murphy和Riley（1962）使用的试剂时，因显色不完全，50 mL容量瓶中磷的最终浓度不会超过0.8 μg/mL（Towns，1986）。因此，显色所需的样品磷含量应小于40 μg。第24章（24.5节）有更多的关于使用Murphy和Riley试剂进行显色的讨论。

8.3.4 计算

采用 8.3.2 节建议的磷浓度得到的标准曲线应该是线性的。如果标准曲线的建立是基于 50 mL 容量瓶中的磷含量（分别为 0、5、10、15、20、30 和 40 μg P）及其对应的吸光度，那么样品中磷含量可以根据以下公式计算，单位为 mg P/kg 土壤：

$$\text{mg P/kg 土壤} = \mu g\ P\ (\text{样品中}) \times \frac{50\ \text{mL（提取体积）}}{\text{mL（实际测定体积）}} \times \frac{1}{\text{g（土壤）}} \tag{8.1}$$

参 考 文 献

Atia, A.M. and Mallarino, A.P. 2002. Agronomic and environmental soil phosphorus testing in soils receiving liquid swine manure. *Soil Sci.Soc. Am. J.* 66: 1696-1705.

Banderis, A.S., Barter, D.H., and Henderson, K.1976. The use of polyacrylamide to replace carbon in the determination of Olsen's extractable phosphate in soil. *J. Soil Sci.* 27: 71-74.

Bowman, R.A. and Cole, C.V. 1978. An exploratory method for fractionation of organic phosphorus from grassland soils. *Soil Sci.* 125: 95-101.

Coleman, D.C., Reid, C.P., and Cole, C.V. 1983. Biological strategies of nutrient cycling in soil systems. In: A. MacFayden and E.O. Ford, eds. *Advances in Ecological Research* 13. Academic Press. New York, NY, 1-56.

Cox, F.R. 1994. Current phosphorus availability indices: characteristics and shortcomings. In: J.L. Havlin et al., eds. *Soil Testing: Prospects for Improving Nutrient Recommendations.* Soil Science Society of America Special Publication No. 40. SSSA-ASA, Madison, WI, 101-114.

Going, J.E. and Eisenreich, S.J. 1974. Spectrophotometric studies of reduced molybdoantimonylphosphoric acid. *Anal. Chim. Acta* 70: 95-106.

Kamprath, E.J. and Watson, M.E. 1980. Conventional soil and tissue tests for assessing the phosphorus status of soil. In: F.E. Khasawneh, E.C. Sample, and E.J. Kamprath, eds. The Role of Phosphorus in Agriculture. American Societyof Agronomy, Madison, WI, 433-469.

Mackay, A.D., Syers, J.K., Gregg, P.E.H., and Tillman, R.W. 1984. A comparison of three soil testing procedures for estimating the plant available phosphorus in soils using either superphosphate orphosphate rock. *N. Z. J. Agric. Res.* 27: 231-245.

Menon, R.G., Hammond, L.L., and Sissingh, H.A.1989. Determination of plant-available phosphorus by the iron hydroxide-impregnated filterpaper (Pi) soil test. *Soil Sci. Soc. Am J.* 53: 110-115.

Murphy, J. and Riley, J.P. 1962. A modified single solution method for the determination of phosphates in natural waters. *Anal. Chem. Acta* 27: 31-36.

O'Halloran, I.P., Kachanoski, R.G., and Stewart, J.W.B. 1985. Spatial variability of soil phosphorus as influenced by soil texture and management. *Can. J. Soil Sci.* 65: 475-487.

Olsen, S.R., Cole, C.V., Watanabe, F.S., and Dean, L.A. 1954. *Estimation of available phosphorus in soils by extraction with sodium bicarbonate.* US Dept. Agric. Circ. 939, Washington, DC.

Olsen, S.R. and Sommers, L.E. 1982. Phosphorus. In: A.L. Page, R.H. Miller, and D.R. Keeney, eds. *Methods of Soil Analysis, 2nd ed. Part 2.* AgronomyNo. 9. American Society of Agronomy, Madison, WI, 403-430.

Pote, D.H., Daniel, T.C., Sharpley, A.N., MooreP.A. Jr., Edwards, D.R., and Nichols, D.J. 1996. Relating extractable soil phosphorus to phosphorus losses in runoff. *Soil Sci. Soc. Am. J.* 60: 855-859

Qian, P., Schoenau, J.J., Wu, T., and Mooleki, P. 2004. Phosphorus amounts and distribution in a Saskatchewan soil after five years of swine and cattle manure application. *Can. J. Soil Sci.* 84: 275-281.

Schoenau, J.J., Stewart, J.W.B., and Bettany, J.R.1989. Forms and cycling of phosphorus in prairie and boreal forest soils. *Biogeochemistry* 8: 223-237.

Sharpley, A.N., Chapra, S.C., Wedepohl, R., Sims, J.T., Daniel, T.C., and Reddy, K.R. 1994. Managing agricultural phosphorus for protection of surface waters: issues and options. *J. Environ. Qual.* 23: 437-441.

Tiessen, H., Stewart, J.W.B., and Cole, C.V. 1984. Pathways of phosphorus transformations in soils of differing pedogenesis. *Soil Sci. Soc. Am. J.* 48: 853-858.

Towns, T.G. 1986. Determination of aqueous phosphate by ascorbic acid reduction of phosphomolybdic acid. *Anal. Chem.* 58: 223-229.

Turner, B.L., Kay, M.A., and Westermann, D.T. 2004. Phosphorus in surface runoff from calcareous arable soils of the semiarid western UnitedStates. *J. Environ. Qual.* 33: 1814-1821.

Watanabe, F.S. and Olsen, S.R. 1965. Test of an ascorbic acid method for determining phosphorus in water and NaHCO3 extracts from soils. *Soil Sci. Soc. Am. Proc.* 29: 677-678.

（赵丽霞　译，李永涛　翁莉萍　校）

第9章 硼、钼和硒

Ganga M. Hettiarachchi

University of Adelaide

Glen Osmond, South Australia, Australia

Umesh C. Gupta

Agriculture and Agri-Food Canada

Charlottetown, Prince Edward Island, Canada

9.1 引　言

硼、钼和硒都是营养元素，它们在土壤溶液中主要以阴离子或中性的化学形态存在，且移动性相对较强。硼和钼是植物和动物体内的必需元素，而硒对于人体和动物非常重要。硼和钼是维持植物正常生长必不可少的微量元素，而植物因其种类不同，其正常生长时所需元素的含量也有所不同。对于植物来说，土壤溶液中硼和钼的量是缺乏还是会产生毒性只在一个很窄的范围内变化。

硼缺乏经常出现在湿润地区或砂质土壤中。硼易通过淋溶作用而损失，特别是在砂质土壤中，因此，砂质土壤中通常缺硼，这与 Gupta（1993）总结的结果一致。在许多国家的多种农作物中都发现了缺硼的现象（Ericksson，1979；Touchton 等，1980；Sherrell，1983）。相反，硼的毒害作用一般发生在干旱和半干旱地区，因为在这些地区土壤和灌溉水中的硼含量都很高（Keren，1996）。

钼缺乏常出现在生长于施用石灰的土壤上的豆科植物之中。土壤中钼的含量高，便会在植物体内积累，其影响要超出土壤中钼的缺乏。反刍动物吃掉钼含量高的植物后可导致钼中毒，这是一种钼导致的铜缺乏症（Jarrell 等，1980）。

至今没有发现硒对作物产量的影响。然而，对于牲畜来说，它是植物向动物提供的必需营养元素之一。在一些地区，当地植物中富集的硒会对动物有害，而在另外一些地方，植物中可能缺少硒，动物食用低硒饲料也会导致健康问题（Mikkelsen 等，1989）。在湿润地区，土壤中硒的浓度通常较低，这些地区生长的植物中含有的硒往往不能满足牲畜的需求。酸性土壤中形成的三价铁亚硒酸盐复合物，很难被植物利用（NAS-NRC，1971）。只有在成土母质是白垩纪页岩的半干旱和干旱地区土壤中，才经常出现硒过量的问题，且通常以硒酸盐的形式存在（Welch 等，1991）。在美国西部的半干旱地区，硒的毒性问题通常出现在碱性土壤中，其中的硒也以硒酸盐的形式存在（Jump 和 Sabey，1989）。

9.2 硼

土壤中的硼主要以+3 价氧化态的硼酸盐阴离子形式存在：$B(OH)_4^-$。硼在溶液中最常见的两种形式是中性的硼酸（H_3BO_3）和硼酸盐阴离子（$B(OH)_4^-$）。土壤中的硼既可以存在于土壤溶液中，也会吸附到土壤矿物质表面，比如黏土矿物。pH 值小于 7 时，H_3BO_3 在土壤溶液中占主要地位，此时只有少量的硼会吸附在土壤矿物质表面。当 pH 值升高到 9 左右时，$B(OH)_4^-$ 的量迅速增加，硼的吸附量也随之增加（Vaughan 和 Suarez，2003）。只有土壤溶液中的硼才能被植物有效利用。

大量的提取剂比如 0.05 mol/L HCl（Ponnamperuma 等，1981）、0.01 mol/L $CaCl_2$ 和 0.5 mol/L 甘露醇

（Cartwright 等，1983）、0.02 mol/L 的热 $CaCl_2$ 溶液（Parker 和 Gardner，1981）和 1 mol/L 的醋酸铵（Gupta 和 Stewart，1978），都可以用来测定土壤中有效态硼。采用 $CaCl_2$ 提取的一个优势是它可以降低土壤溶液颜色的干扰，同时当 $CaCl_2$ 浓度在 0～0.07 mg/kg 时，土壤溶液颜色造成的误差较低（Parker 和 Gardner，1981）。这些经过过滤的提取液也不含有胶体物质。

Oyinlola 和 Chude（2002）报道称，相比其他提取剂，尼日利亚萨凡纳的土壤（Savannah soils of Nigeria）中的生物量，只与热水溶解的硼含量有显著的相关性。同样地，Matsi 等（2000）指出在希腊北部，与碳酸氢铵—二乙三胺五乙酸（AB-DTPA）作为提取剂相比，热水溶解的硼含量与当地土壤中的生物量呈现更好的相关性。针对巴西土壤的研究也得出了相同的结论，相对于盐酸和甘露醇，选用热水作提取剂能更好地预测硼对向日葵的有效性（Silva 和 Ferreyra，1998）。同时，Chaudhary 和 Shukla（2004）对印度西部酸性土壤的研究表明，0.01 mol/L 的 $CaCl_2$ 和热水均适合用来检测硼对芥菜（*Brassica juncea*）的有效性。

与大多数研究结果相反，Karamanos 等（2003）认为热水可提取的硼不能作为确定加拿大西部土壤中硼水平的有效诊断工具。但是，他们强调土壤性质，特别是有机质，对所施用的硼在土壤—植物系统中的行为起着至关重要的作用。另一方面，Raza 等（2002）发现热水可提取的硼可以很好地用来估测萨斯喀彻温省（Saskatchewan）草原土壤中的有效态硼。他们进一步指出，土壤阴离子交换能力可能是预测土壤中有效态硼的一个重要特征。

最常见的热水提取法最早由 Berger 和 Truog（1939）提出并由 Gupta（1993）做了改进。随后，改良的版本相继出现。Offiah 和 Axley（1988）将热水提取法应用于添加硼的土壤，这种方法能够去除土壤中固定下来而与植物吸收不相关的那部分硼的干扰。因此这个方法比土壤不添加硼的热水提取法更具有优势，通过将沸腾时间延长至 10 min（常规为 5 min），可以有效去除足够的硼来达到提取曲线的坪区，以此降低典型弱发育湿润老成土壤的分析误差（Odom，1980）。

硼从土壤中提取出来之后，可以用比色法测定其含量，可用试剂如胭脂红（Hatcher 和 Wilcox，1950）、甲亚胺-H（Wolf，1971）。最近更多的是用电感耦合等离子体原子发射光谱法（ICP-AES）来测定硼（Keren，1996）。

9.2.1 试剂

（1）去离子水。

（2）木炭。

9.2.2 步骤（Gupta，1993）

（1）称取 25 g 的风干土壤，过 2 mm 筛，放入 250 mL 酸洗过的烧杯中。同时加入 0.4 g 木炭和 50 mL 去离子水，混合均匀。加入木炭的质量随着土壤中有机质含量的变化而变化，添加量应保证溶液在煮沸 5 min 后变成无色（参照 9.2.5 节中的注释 2 和注释 3）。空白试验中不加土壤，只加去离子水和同样质量的木炭，与土壤样品同时提取。

（2）在加热板上将土壤-水-木炭或者水-木炭混合物煮沸 5 min。

（3）因煮沸导致的重量损失应通过添加去离子水补充，同时混合物要趁热使用 Whatman 42 号滤纸或者同类型滤纸过滤。

9.2.3 甲亚胺—H 法测定硼

1. 试剂

（1）甲亚胺-H：利用水浴加热或置于 30℃热水龙头下，将 0.5 g 甲亚胺-H 溶于约 10 mL 重蒸水中。

待溶解后，添加 1.0 g/L 抗坏血酸并混合均匀直到溶解。最后用重蒸水定容至 100 mL。如果溶液浑浊，再加热直到完全溶解。每次使用的溶液需要当天配制以确保新鲜。

（2）乙二胺四乙酸（EDTA）溶液（0.025 mol/L）：将 9.3 g EDTA 溶解于重蒸水中，定容至 1 L，然后加入 1 mL Brij-35 并混合均匀。

（3）缓冲溶液：将 250 g 醋酸铵溶解于 500 mL 重蒸水中。缓慢添加约 100 mL 浓醋酸，不断搅拌，调 pH 值至 5.5 左右，然后加入 0.5 mL 的 Brij-35 并混合均匀。

（4）标准溶液：将 1000 mg 硼（5.715 g H_3BO_4）溶于 1 L 去离子水中配制成储备液 A，取 50 mL 储备液 A 用 0.4 mol/L HCl 定容至 1 L 配制成储备液 B。分别取 2.5~30 mL 储备液 B，用去离子水稀释到 1 L，得到一系列 0.5~6 mg/L 的硼标准溶液。

2. 步骤

（1）取 5 mL 透明的过滤液置于试管中，加入 2 mL 缓冲溶液、2 mL EDTA 溶液和 2 mL 甲亚胺-H 溶液，每种溶液加入后要完全混合均匀。

（2）溶液静置 1 h，使用分光光度计测定 430 nm 处的吸光度。

（3）显色过程持续 3~4 h。

（4）显色的提取液 pH 值应为 5.0 左右。

9.2.4 电感耦合等离子体原子发射光谱法测定硼

Gupta（1993）提出的操作步骤（见 9.2.2 节）对于测定植物消解液和土壤提取液中的硼快速可靠。ICP-AES 在波长 249.77 nm 下检出限约为 5 μg/L（APHA，1992），据此预测土壤中硼的方法检出限为 100 μg/kg 左右是合理的。务必小心过滤样品以确保上机的提取液中不含胶体物质，以免堵塞雾化器。

9.2.5 注释

（1）植物或土壤硼分析中使用的所有玻璃器皿在使用之前必须用 1:1 的沸腾盐酸和去离子水混合溶液冲洗。过滤后的提取液在分析硼之前必须存储在塑料样品杯中。

（2）含高有机质的土壤可能需要添加较多的木炭以获得无色的提取液，但是过量的木炭会降低提取液中硼的含量。

（3）如果滤液不是无色的，需要加入更多的木炭重复提取。

（4）相比于胭脂红（Hatcher 和 Wilcox，1950）、醌茜素和姜黄素（Johnson 和 Ulrich，1959），采用甲亚胺-H 更具优势，因为甲亚胺-H 提取过程不需要使用浓酸，且其得到的结果与胭脂红方法具有可比性（Gupta，1993）。

（5）由于自动分析器的灵敏度较低，对于大多数土壤的热水提取液中较低浓度的硼，使用自动分析器检测较为困难。

9.3 钼

土壤中的钼主要以+6 价的 MoO_4^{2-} 形式存在。水溶态钼的含量基本按照 MoO_4^{2-}、$HMoO_4^-$、$H_2MoO_4^0$、$MoO_2(OH)^+$ 和 MoO_2^{2+} 的顺序依次降低，且后两种水溶态钼的含量在大部分土壤中可被忽略（Lindsay，1979）。钼酸盐可被氧化物、非结晶态铝硅酸盐吸附，少量被层状硅酸盐吸附，且吸附量随 pH 值的降低而增加。因此，钼难溶于酸性土壤，特别是含铁氧化物的酸性土壤。

关于从土壤中提取有效态钼的研究还十分有限。进一步说，还难以准确测量土壤中含量极低的有效态钼。钼在植物中的累积主要与土壤中的有效态钼有关，而与土壤中钼的总量无关。尽管还没有钼的常规土壤测试方法，但目前已尝试采用多种提取剂来提取土壤中的有效态钼。钼缺乏症很少见，主要是豆科作物需要关注这个问题。由于牧草中过量的钼对动物有害，故通常基于直观的钼缺乏症状或轮作历史来施用钼肥。

目前，已有许多提取剂用于评价土壤中的有效态钼。这些提取剂有：草酸铵，pH 值为3.3（Grigg，1953）；水（Gupta 和 MacKay，1965a）；热水，阴离子交换树脂；AB-DTPA（Soltanpour 和 Workman，1980）；碳酸铵（Vlek 和 Lindsay，1977），以及氧化铁滤纸（Sarkar 和 O'Connor，2001）。然而，这些提取剂大部分用于研究缺钼方面而不考虑其毒性效应（Davies，1980）。

尽管存在上述缺点，评估土壤中有效态钼最常用的提取剂是 pH 值为 3.3 的草酸铵缓冲溶液（Grigg，1953）。成功利用酸性草酸铵预测植物对钼的吸收（Wang 等，1994）及其失败案例（Mortvedt 和 Anderson，1982；Liu 等，1996）可在文献中查到。从未能成功利用酸性草酸铵来预测植物对钼吸收的研究中发现，植物中的钼与土壤的某些性质（如 pH 值）关系更为密切，而与土壤中可提取态钼的关系较弱。有研究表明，以土壤 pH 值为因子时，土壤中酸性草酸可提取态钼与植物中的钼之间存在较好的回归关系（Mortvedt 和 Anderson，1982）。Sharma 和 Chatterjee（1997）指出，土壤的 pH 值、有机质、母质和质地等土壤理化性质在确定碱性土壤中钼的有效性方面发挥了重要作用。多元回归方程解释了各因子的贡献，可以更好地预测临界值。此外，Liu 等（1996）发现，用草酸铵（pH 值为6.0）从肯塔基州土壤中提取的钼与温室中烟草（*Nicotiana tabacom* L.）所吸收的钼之间具有显著的相关性（$r^2=0.81$）。然而，用 pH 值为 3.3 的草酸铵缓冲溶液提取却并不存在很好的统计学相关性。

阴离子交换树脂法和 AB-DTPA 法虽然未经广泛验证但却有很好的应用前景。阴离子交换树脂法已成功用于提取土壤中的有效态钼（Ritchie，1988）。AB-DTPA 法（Soltanpour 和 Workman，1980；Soltanpour 等，1982）也已成功用于碱性和钼污染土壤的提取（Pierzynski 和 Jacobs，1986；Wang 等，1994）。此外，特别是对于已产生钼毒性问题的土壤，用碳酸铵（Vlek 和 Lindsay，1977）提取的有效态钼与植物吸收的钼之间也显示出良好的相关性。经过上述提取步骤之后，再利用 H_2O_2 处理所得的脱色提取物，可用比色法进行钼分析（Wang 等，1994）。

为了测定污泥施用土壤中的有效态钼，Sarkar 和 O'Connor（2001）对比研究了铁氧化物浸润滤纸结合草酸铵提取有效态钼和土壤总钼。其数据显示，先用氧化铁滤纸条再用草酸铵从土壤中提取的钼和植物中的钼相关性最好；但土壤中的总钼和植物吸收钼之间基本不具有相关性。同时，Sarkar 和 O'Connor（2001）进一步指出，即使应用于污泥施用土壤，氧化铁滤纸条仍是一种令人满意的有效态钼测定方法。

McBride 等（2003）指出，对于生长于污泥改良、近中性土壤上的三叶草，稀 $CaCl_2$ 溶液在测定有效态钼和其他微量金属元素方面优于 Mehlich 3 提取剂来作为通用提取剂。生长在污泥改良土壤上的紫花苜蓿（*Medicago sativa* L.）中的钼含量与用 0.01 mol/L $CaCl_2$ 提取的土壤中的钼具有良好的相关性。相比于土壤中可提取的钼（0.01 mol/L $CaCl_2$），土壤中的总钼和前期土壤的钼承载量对预测紫花苜蓿中钼含量的可靠性较低（McBride 和 Hale，2004）。

两种提取方法概述如下：

（1）草酸铵，pH 值为 3.0（改自 Grigg，1953）；

（2）AB-DTPA（Soltanpour 和 Schwab，1977）。

9.3.1 草酸铵（pH 值为 3.0）法提取钼（改自 Grigg，1953）

1. 试剂（Gupta 和 MacKay，1966）

（1）0.2 mol/L 草酸铵调节 pH 值到 3.0：将 24.9 g 草酸铵和 12.605 g 草酸溶解于约 800 mL 去离子

水中，转移至 1 L 容量瓶，用去离子水定容并混合均匀。

2. 步骤

（1）将土样过 2 mm 筛，称取 15 g 样品至 250 mL 烧杯或锥形瓶中。

（2）加入 150 mL 0.2 mol/L 草酸铵缓冲溶液（pH 值为 3.0）后用定轨摇床以 200 r/min 的速度在室温下震荡 16 h。

（3）上述液体用 Whatman 42 号滤纸或同规格滤纸过滤。滤液离心 20 min。

（4）上清液中钼含量的测定如 9.3.3 节所述。上清液用 HNO_3 酸化至 pH 值<2 后，在 1∶1 HNO_3 润洗过的塑料或玻璃容器中最多可保存 6 个月（APHA，1992）。

9.3.2 碳酸氢铵—二乙基三胺五乙酸（AB-DTPA）法提取钼（Soltanpour 和 Schwab，1977）

1. 试剂

（1）1∶1 氢氧化铵（NH_4OH）溶液。

（2）AB-DTPA 溶液（1 mol/L NH_4HCO_3，0.005 mol/L DTPA pH 值调节至 7.6）：将 1.97 g DTPA 和约 2 mL 1∶1 NH_4OH 溶液溶解于约 800 mL 去离子水中（1∶1 NH_4OH 溶液的加入有助于 DTPA 溶解并防止起泡），当大部分 DTPA 溶解后，加入 79.06 g NH_4HCO_3 并搅拌至完全溶解，用 NH_4OH 或 HCl 调节 pH 值至 7.6 后，转移至 1 L 容量瓶并用去离子水定容。

2. 步骤

（1）将土样过 2 mm 筛，称取 10 g 土样至 125 mL 锥形瓶中，然后加入 20 mL AB-DTPA 溶液。

（2）将装有上述混合物的敞口锥形瓶在往复式摇床中以 180 r/min 的速度振荡 15 min，然后用 Whatman 42 号滤纸或其他同规格滤纸对上述液体进行过滤。

（3）钼含量的测定如 9.3.3 节所述。滤液的保存方法如 9.3.1 节（试剂（1））所述。

9.3.3 钼的测定

提取液中钼含量采用石墨炉原子吸收光谱仪（GFAAS）或 ICP-AES 测定。制备 GFAAS 或 ICP 测定所用的标准物质必须以提取液作为基质。

由于正常情况下可提取钼一般为 10～50 μg/L，因此分析方法必须有较低的检出限。最适合的方法是采用 GFAAS（Mortvedt 和 Anderson，1982）。在用 GFAAS 测定钼时，建议使用 HNO_3（作为强化剂）作为基体改性剂并采用热解涂层石墨管（减少因生成碳化物造成的影响）。使用热解石墨管的检测限是 1 μg/L（APHA，1992）。若提取液中钼浓度较高时，火焰原子吸收光谱仪或原子发射光谱仪（无论是直接用或 ICP-AES）都可用于钼的测定（Soltanpour 等，1996）。ICP-AES 的检测限估计是 8 μg/L（APHA，1992），因此设定 ICP-AES 对钼的检测限为 80 μg/L 或稍低于 80 μg/L 会更安全。光谱法测定的标准物质必须用 AB-DTPA 基质溶液配制。在用 ICP-AES 测定钼之前，需浓 HNO_3 处理提取液，即需要将 0.5 mL 浓 HNO_3 加入 5 mL 滤液中，在烧杯中混合均匀后搅拌大约 15 min 以消除碳酸盐类物质。

在没有配备 ICP-AES 或 GFAAS 的实验室，也可用比色法测定土壤提取液中的钼含量。可参考 Gupta 和 MacKay（1965b）关于比色法测定钼的相关步骤。

9.3.4 注释

一般来说，从土壤和矿区废弃物中提取有效态钼，草酸铵法优于 AB-DTPA 法（Wang et al. 1994）。

9.4 硒

土壤中硒形态包括难溶的硫化硒、元素硒（Se^0）和硒化物（Se^{2-}）等还原态，以及较易溶的硒酸盐（SeO_4^{2-}）和亚硒酸盐（$HSeO_3^-$，SeO_3^{2-}）。其中元素硒、硫化硒和硒化物只出现在还原性环境中，因此它们难溶且不能被植物和生物体吸收利用（McNeal 和 Balistrieri，1989）。在碱性的氧化土壤中，硒酸盐是主要的存在形式；而在弱酸性的氧化土壤中，亚硒酸盐是主要的存在形式。硒酸盐和亚硒酸盐的沉淀物和矿物在有氧环境下是高度可溶的，因此硒的溶解度主要受吸附和络合过程控制。已证实亚硒酸盐能很强地吸附在土壤表面而硒酸盐则吸附较弱（Neal 等，1987）。

土壤母质对植物中的硒含量有着显著的影响。例如，在萨斯喀彻温省（Saskatchewan）中西部，对小麦进行的实地研究显示，生长在湖积黏土和冰碛土上的小麦植株体内硒含量较高，生长在湖积粉砂土上的小麦植株硒含量居中，而生长在风积砂土中的小麦硒含量最低（Doyle 和 Fletcher，1977）。在母质土层（C 层土）中也有类似的变化趋势，湖积黏土中的硒含量最高，风积砂土中硒含量最低。Doyle 和 Fletcher（1977）的研究结果指出，在设计用于研究不同地区植物体中硒含量差异的采样方案时，土壤母质中硒含量的信息可能有用。

土壤中有效态硒的变化范围很大。尽管目前有关于土壤中硒含量与植物体内硒含量存在直接关系的实例（Varo 等，1988），但更多的情况是土壤中的总硒不能用于预测植物对硒的吸收量（Diaz-Alarcon 等，1996）。植物对硒的吸收不仅取决于硒在溶液和固相中的形态和分配，而且与土壤溶液中的其他离子（如 SO_4^{2-}）及植物种类有关（Bisbjerg 和 Gissel-Nielsen，1969；Mikkelsen 等，1989）。因此，用于预测或评估有效态硒的理想提取剂应能提取出土壤溶液中的硒，以及与固相结合却又可能被释放至土壤溶液中的硒。可提取的硒与植物吸收的硒是否密切相关受许多因素影响，包括土壤种类、植物种类、季节和地区。植物对硒的吸收和用于预测及评价植物吸收硒的方法可从文献中查到（Soltanpour 和 Workman，1980；Soltanpour 等，1982；Jump 和 Sabey，1989；Mikkelsen 等，1989）。

Soltanpour 和 Workman（1980）在温室研究中发现，采用 Soltanpour 和 Schwab（1977）的 AB-DTPA 方法提取的土壤硒含量和苜蓿对五种不同浓度硒（VI）的吸收量之间高度相关。此外，他们还发现用 AB-DTPA 方法提取的硒与用热水提取的硒之间有很高的相关性（$r^2=0.99$）（Black 等，1965）。用热水提取硒的方法是基于土壤和类土壤物质中的大量水溶性硒（多数为硒酸盐）会对植被产生硒毒的假设建立的（Black 等，1965）。同样，AB-DTPA 方法可通过碳酸氢根离子将水溶性硒及交换态硒酸盐或亚硒酸盐提取到溶液中。此外，Soltanpour 等（1982）发现在秋季播种冬小麦（*Triticum aestivum* L.）前，用 AB-DTPA 法对 0～90 cm 土层提取的硒与接下来在夏天采集到的小麦中的硒含量有很好的相关性（$r^2=0.82$）。

饱和泥浆提取液中的硒含量也可以为预测土壤中植物有效态硒提供有用信息（U.S. Salinity Laboratory Staff，1954），因为通常饱和泥浆中的土壤/水比值与田间土壤含水量相关。Jump 和 Sabey（1989）通过比较几种不同提取剂（AB-DTPA、DTPA、热水、饱和泥浆和碳酸钠溶液）从 18 种不同土壤和矿山废弃物中提取出的硒含量，发现饱和泥浆提取液中的硒与植物中的硒含量相关性最高。

此外，除了测定总的可提取硒含量，明确土壤溶液、饱和泥浆或任何其他提取液中硒的形态，也可为研究硒的植物吸收提供参考。Mikkelsen 等（1989）研究了消耗能量的硒（VI）主动吸收和不消耗能量的硒（IV）被动吸收的不同机制。此外，他们还讨论了不同植物对硒吸收的差异性。Davis（1972a,b）在两个温室实验中证明了同一植物属内不同物种吸收硒的差异性。上述结果表明，植物在提取液或土壤溶液中硒（VI）和硒（IV）的形态信息也可能为研究植物吸收硒提供有用的信息。

基于正磷酸盐（PO_4）可置换被吸附的硒及这部分被吸附的硒主要为硒（IV）的假设前提，土壤中相对不稳定的硒形态可用 PO_4 作为土壤提取剂进行提取（Fujii 等 1988）。Fujii 和 Burau（1989）用 0.1mol/L PO_4 溶液（pH 值调节至 8）从三种表层土中提取出 89%～103%被吸附的硒（IV）。

连续提取法也可用于确定土壤中硒的形态（Chao 和 Sanzolone，1989；Lipton，1991），这些形态可能与植物吸收有关。由 Chao 和 Sanzolone（1989）提出的连续提取法把土壤中的硒分为五种可提取形态（可溶态、可交换态、氧化物结合态、硫化物或有机物结合态，以及残渣态或硅酸盐结合态），而 Lipton（1991）则将土壤中的硒分成九种可提取形态（可溶态、可交换的配体结合态、碳酸盐结合态、可氧化态、易还原的氧化物结合态、无定型氧化物结合态、结晶氧化物结合态、碱性可溶性铝/硅结合态，以及残渣态）。

9.4.1 土壤中硒的提取

这里我们将结合文献概述五种常用的提取方法。

（1）AB-DTPA 提取法（Soltanpour 和 Schwab，1977）：将风干土样过 2 mm 筛，称取 10 g 加入 125 mL 锥形瓶。然后加入 20 mL pH 值为 7.6 的 1 mol/L NH_4HCO_3 和 0.005 mol/L DTPA 的混合液（按 9.3.2 节部分所述配制试剂）。将装有上述混合物的敞口锥形瓶置于往复式摇床以 180 r/min 的速度振荡 15 min，随后用 Whatman 42 号滤纸或其他同规格滤纸对提取物进行过滤。

（2）热水提取法（Black 等，1965）：将风干土样过 2 mm 筛，称取 10 g 加入 250 mL 锥形瓶中。然后加入 50 mL 的蒸馏水在沸水浴中加热回流 30 min。用 Whatman 42 号滤纸或其他同规格滤纸对提取物进行过滤。

（3）饱和泥浆提取剂法（U.S. Salinity Laboratory Staff，1954）：将风干土样过 2 mm 筛，称取 200～400 g 土样至带盖的塑料容器中。分别称量容器加入土样前、后的重量。在土样中加入蒸馏水并同时搅拌，直至土壤接近饱和。拧上瓶盖并让上述混合物放置数小时。然后边搅拌边加入更多的水使其变为均匀饱和的泥浆。泥浆达到饱和的标准应为：其表面反射光线后可形成一个亮面；容器倾斜时能缓慢流动；能够在平滑的铲子上顺畅滑动；通过拍打、震荡容器能轻易地恢复原状而不留下铲子搅动的痕迹。让样品再静置 2 h，最好是过夜，然后再用上述标准重新检查样品。如果泥浆物过于湿润，则加入已知量的干燥土壤。一旦达到饱和，通过容器和土壤的重量算出加入的水的重量。最后，将泥浆物转移至放有慢速滤纸的布氏漏斗中并通过抽真空将饱和提取液收集于试管中。

（4）0.005 mol/L DTPA，0.01 mol/L $CaCl_2$（2 h DTPA 实验）（Lindsay 和 Norvell，1978）：将风干土样过 2 mm 筛，称取 10 g 土样加入 50 mL 的聚丙烯离心管中。然后加入 20 mL 0.005 mol/L DTPA、0.01 mol/L $CaCl_2$，用三乙醇胺缓冲液将 pH 值调至 7.3 后于往复式摇床振荡 2 h。然后立刻用 3000 g 转速离心并用 Whatman 42 号滤纸或其他同规格滤纸对上清液进行过滤。

（5）0.5 mol/L Na_2CO_3 提取法（Jump 和 Sabey，1989）：将风干土样过 2 mm 筛，称取 5 g 土样至 20 mL 0.5 mol/L Na_2CO_3 溶液中，并将 pH 值调节至 11.3。然后置于往复式摇床上振荡 30 min 后用 Whatman 42 号滤纸或其他同规格滤纸对提取液进行过滤。

1. 步骤

（1）在上述文献及 Jump 和 Sabey（1989）总结的方法中，土壤/提取剂的比率从 1.2 变化到 1.5，提取时间从 15 min 变化到 2 h。

（2）过滤后的提取液可通过氢化物发生系统与 ICP-AES 联用来分析硒（Soltanpour 等，1996）。提取液的保存可以通过加入 HNO_3 或 HCl（pH 值<2）来防止溶液中的硒损失（通过共沉淀或硒甲基化后挥发）。

用高硒含量的土壤测试上述 5 种提取剂的结果显示，小麦中的硒和土壤可提取态硒高度相关

（Jump 和 Sabey，1989）。用饱和泥浆法对硒富集植物硒吸收量的预测结果最佳，其中提取液中的硒含量用 mg Se/L 表达。此外，分析结果表明饱和泥浆提取物中土壤或矿山废弃物中的硒含量超过 0.1 mg Se/L 时，则可能造成植物硒中毒。

此外，相对 0~30 cm 的土层，0~90 cm 土层中的硒与 AB-DTPA 法所提取出的小麦籽粒中的硒具有更好的相关性（Soltanpour 等 1982），这有利于筛查土壤及其表层覆盖物中硒的潜在毒性。

9.4.2 硒的测定

提取液中的硒可通过氢化物发生—原子吸收光谱法（HGAAS）、电热法或 GFAAS、ICP-AES 结合比色法及荧光计法等化学方法进行准确测定（APHA 1992）。其中最常用的方法是连续 HGAAS。但在测定高浓度硒时，氢化物发生系统与 ICP-AES 联用可能更好，尤其是在需要同时测定其他元素时，如砷（Workman 和 Soltanpour，1980）。利用基质匹配（如用与土壤提取物相同的基质配制标准品）和扩展的 QA/QC 流程来确保测定的质量。关于测定硒所用的 HGAAS 仪器及试剂的详细信息可参考 APHA（1992）及 Huang 和 Fujii（1996）。

9.4.3 注释

（1）已建立的提取法仅适用于预测硒中毒地区的有效态硒。由于缺硒地区只存在相当少量的有效态硒，因此没有建立适用于此类土壤的可靠的提取法。因此，植物中的硒和土壤中的总硒将继续作为测量缺硒土壤中硒的最佳方法。

（2）缺硒这一术语只针对牲畜和人类营养，而对植物营养没有意义，因为还未发现硒对栽培作物产量有影响。

参 考 文 献

American Public Health Association (APHA), American Water Works Association, and Water Pollution Control Federation. 1992. Standard Methods for the Examination of Water and Association, American Water Works Association, and Water Pollution Control Federation, Washington, DC.

Berger, K.C. and Truog, E. 1939. Boron determination in soils and plants using the quinalizarin reaction. *Ind. Eng. Chem.* 11: 540-545.

Bisbjerg, B. and Gissel-Nielsen, G. 1969. The uptake of applied selenium by agricultural plants. I. The influence of soil type and plant species. *Plant Soil* 31: 287-298.

Black, C.A., Evans, D.D., White, J.L., Ensmiger, L.E., and Clark, F.E., eds. 1965. Methods of Soil Analysis. Part 2. Agronomy 9, ASA, Madison, WI, 1122.

Cartwright, B., Tiller, K.G, Zarcinas, B.A., and Spouncer, L.R. 1983. The chemical assessment of the boron status of soils. *Aust. J. Soil Res.* 21: 321-330.

Chao, T.T. and Sanzolone, R.F. 1989. Fractionation of soil selenium by sequential partial dissolution. *Soil Sci. Soc. Am. J.* 53: 385-392.

Chaudhary, D.R. and Shukla, L.M. 2004. Evaluation of extractants for predicting availability of boron to mustard in arid soils of India. *Commun. Soil Sci. Plant Anal.* 35: 267-283.

Davies, B.E. 1980. *Applied Soil Trace Elements.* Wiley-Interscience, Chichester, New York, NY.

Davis, A.M. 1972a. Selenium accumulation in Astragalus species. *Agron. J.* 64: 751-754.

Davis, A.M. 1972b. Selenium accumulation in a collection of Atriplex species. *Agron. J.* 64: 823-824.

Diaz-Alarcon, J.P., Navarro-Alarcon, M., De la Serrana, H.L., Asensio-Drima, C., and Lopez- Martinez, M.C. 1996. Determination and chemical speciation of selenium in farmlands from southeastern Spain: relation to levels found in sugar cane. *J. Agric. Food Chem.* 44: 2423-2427.

Doyle, P.J. and Fletcher, W.K. 1977. Influence of soil parent material on the selenium content of wheat from west-central Saskatchewan. *Can. J. Plant Sci.* 57: 859-864.

Ericksson, M. 1979. The effect of boron on nectar production and seed setting of red clover (*Trifolium pratense* L.). Swed. *J. Agric. Res.* 9: 37-41.

Fujii, R. and Burau, R.G. 1989. Estimation of adsorbed selenium(IV) in soils, western San Joaquin Valley, California. In Agronomy Abstracts. ASA, Madison, WI, p. 200.

Fujii, R., Hatfield, D.B., and Deverel, S.J. 1988. Distribution of selenium in soils of agricultural fields, western San Joaquin Valley, California. *Soil Sci. Soc. Am. J.* 52: 1274-1283.

Grigg, J.L. 1953. Determination of the available molybdenum of soils. *N. Z. J. Sci. Tech. Sect.* A-34: 405-414.

Gupta, S.K. and Stewart, J.W.B. 1978. An automated procedure for determination of boron in soils, plants and irrigation waters. *Schweizerische Landwirtschaftliche Forschung* 17: 51-55.

Gupta, U.C. 1993. Boron, molybdenum, and selenium. In: M.R. Carter, ed. *Soil Sampling and Methods of Analysis.* CRC Press, Boca Raton, FL, 91-99.

Gupta, U.C. and MacKay, D.C. 1965a. Extraction of water-soluble copper and molybdenum from podzol soils. *Soil Sci. Soc. Am. Proc.* 29: 323.

Gupta, U.C. and MacKay, D.C. 1965b. Determination of Mo in plant materials. *Soil Sci.* 99: 414-415.

Gupta, U.C. and MacKay, D.C. 1966. Procedure for the determination of exchangeable copper and molybdenum in podzol soils. *Soil Sci.* 101: 93-97.

Hatcher, J.T. and Wilcox, L.V. 1950. Colorimetric determination of boron using carmine. *Anal. Chem.* 22: 567-569.

Huang, P.M. and Fujii, R. 1996. Selenium and arsenic. In: D.L. Sparks et al., eds. *Methods of Soil Analysis, Part 3—Chemical Methods.* Soil Science Society of America Book Series Number 5. American Society of Agronomy, Madison, WI, 793-831.

Jarrell, W.M., Page, A.L., and Elseewi, A.A. 1980. Molybdenum in the environment. *Residue Rev.* 74: 1-43.

Johnson, C.M. and Ulrich, A. 1959. Analytical methods for use in plant analysis. Bulletin of the Californian Agricultural Experimental Station No. 766, Berkeley, CA.

Jump, R.K. and Sabey, B.R. 1989. Soil test extractants for predicting selenium in plants. In: L.W. Jacobs, ed. *Selenium in Agriculture and the Environment.* SSSA Special Publication 23, American Society of Agronomy, Inc., Soil Science Society America, Inc., Madison, WI, 95-105.

Karamanos, R.E., Goh, T.B., and Stonehouse, T.A. 2003. Canola response to boron in Canadian prairie soils. *Can. J. Plant Sci.* 83: 249-259.

Keren, R. 1996. Boron. In: D.L. Sparks et al., eds. *Methods of Soil Analysis, Part 3— Chemical Methods.* Soil Science Society of America Book Series Number 5. American Society of Agronomy, Madison, WI, 603-626.

Lindsay, W.L. 1979. *Chemical Equilibria in Soils.* John Wiley & Sons, New York, NY, 449.

Lindsay, W.L. and Norvell, W.A. 1978. Development of a DTPA soil test for zinc, iron, manganese, and copper. *Soil Sci. Soc. Am. J.* 42: 421-428.

Lipton, D.S. 1991. Association of selenium in inorganic and organic constituents of soils from a semi-arid region. PhD dissertation University of California, Berkeley, CA.

Liu, D., Clark, J.D., Crutchfield, J.D., and Sims, J.L. 1996. Effect of pH of ammonium oxalate extracting solutions on prediction of plant availablemolybdenum in soil. *Commun. Soil Sci. Plant Anal.* 27: 2511-2541.

Matsi, T., Antoniadis, V., and Barbayiannis, N. 2000. Evaluation of the NH_4HCO_3-DTPA soil test for assessing boron availability to wheat. *Commun. Soil Sci. Plant Anal.* 31: 669-678.

McBride, M.B. and Hale, B. 2004. Molybdenum extractability in soils and uptake by alfalfa 20 years after sewage sludge application. *Soil Sci.* 169: 505-514.

McBride, M.B., Nibarger, E.A., Richards, B.K., and Steenhuis, T. 2003. Trace metal accumulation by red clover grown on sewage sludge-amended soils and correlation to Mehlich 3 and calcium chloride-extractable metals. *Soil Sci.* 168: 29-38.

McNeal, J.M. and Balistrieri, L.S. 1989. Geochemistry and occurrence of selenium: an overview. In: L.W. Jacobs, ed. *Selenium in Agriculture and the Environment.* SSSA Special Publication 23, American Society of Agronomy, Inc. Soil Science Society America, Inc, Madison, WI, 1-13.

Mikkelsen, R.L., Bingham, F.T., and Page, A.L. 1989. Factors affecting selenium accumulation by agricultural crops. In: L.W. Jacobs, ed. Selenium in Agriculture and the Environment. SSSA Special Publication 23: ASA and SSSA, Madison, WI, 65-94.

Mortvedt, J.J. and Anderson, O.E. 1982. Forage legumes: diagnosis and correction of molybdenum and manganese problems. Southern Cooperative Series Bulletin 278. Georgia Agricultural Experiment Station, Athens, GA.

National Academy of Sciences, National Research Council (NAS-NRC). 1971. Selenium in Nutrition. NAS-NRC, Washington, DC.

Neal, R.H., Sposito, G., Holtclaw, K.W., and Traina, S.J. 1987. Selenite adsorption on alluvial soils: I. Soil composition and pH effects. *Soil Sci. Soc. Am. J.* 51: 1161-1165.

Odom, J.W. 1980. Kinetics of the hot-water soluble boron soil test. *Commun. Soil Sci. Plant Anal.* 11: 759-765.

Offiah, O. and Axley, J.H. 1988. Improvement of boron soil test. *Commun. Soil Sci. Plant Anal.* 19: 1527-1542.

Oyinlola, E.Y. and Chude, V.O. 2002. Test methods for available soil boron in some selected soils of northern Nigeria. *Nigerian J. Soil Res.* 3: 78-84.

Parker, D.R. and Gardner, E.H. 1981. The determination of hot-water-soluble boron in some acid Oregon soils using a modified azomethine-H procedure. *Commun. Soil Sci. Plant Anal.* 12: 1311-1322.

Pierzynski, G.M. and Jacobs, L.W. 1986. Molybdenum accumulation by corn and soybeans from a molybdenum rich sewage sludge. *J. Environ. Qual.* 15: 394-398.

Ponnamperuma, F.N., Cayton, M.T., and Lantin, R.S. 1981. Dilute hydrochloric acid as an extractant for available zinc, copper, and boron in rice soils. *Plant Soil* 61: 297-310.

Raza, M., Mermut, A.R., Schoenau, J.J., and Malhi, S.S. 2002. Boron fractionation in some Saskatchewan soils. *Can. J. Soil Sci.* 82: 173-179.

Ritchie, G.S.P. 1988. A preliminary evaluation of resin extractable molybdenum as a soil test. *Commun. Soil Sci. Plant Anal.* 19: 507-516.

Sarkar, D. and O'Connor, G.A. 2001. Estimating available molybdenum in biosolids-amended soil using Fe-oxide impregnated filter paper. *Commun. Soil Sci. Anal.* 32: 2033-2048.

Sharma, P.C. and Chatterjee, C. 1997. Molybdenum mobility in alkaline soils. In: U.C. Gupta, ed. *Molybdenum in Agriculture.* Cambridge University Press, New York, NY, 131-149.

Sherrell, C.G. 1983. Boron deficiency and response in white and red clovers and lucerne. *N. Z. J. Agric. Res.* 26: 197-203.

Silva, F.R. and Ferreyra H.F.F. 1998. Evaluation of boron extractors in soils of Ceará State [Brazil]. Revista Brasileira De Ciência Do Solo 22: 471-478.

Soltanpour, P.N., Johnson, G.W., Workman, S.M., Jones, J.B. Jr., and Miller, R.O. 1996. Inductively coupled plasma emission spectrometry and inductively coupled plasma-mass spectrometry. In: D.L. Sparks et al., eds. *Methods of Soil Analysis, Part 3—Chemical Methods.* Soil Science Society of America Book Series Number 5. American Society of Agronomy, Madison, WI, 91-140.

Soltanpour, P.N., Olsen, S.R., and Goos, R.J. 1982. Effect of nitrogen fertilization on dryland wheat on grain selenium concentration. *Soil Sci. Soc. Am. J.* 46: 430-433.

Soltanpour, P.N. and Schwab, A.P. 1977. A new soil test for simultaneous extraction of macro- and micro-nutrients in alkaline soils. *Commun. Soil Sci. Plant Anal.* 8: 195-207.

Soltanpour, P.N. and Workman, S.M. 1980. Use of the NH_4HCO_3-DTPA soil test to assess availability and toxicity of selenium to alfalfa plants. *Commun. Soil Sci. Plant Anal.* 11: 1147-1156.

Touchton, J.T., Boswell, F.C., andMarchant, W.H. 1980. Boron for soybeans grown in Georgia. *Commun. Soil Sci. Plant Anal.* 11: 369-378.

U.S. Salinity Laboratory Staff. 1954. *Diagnosis and Improvement of Saline and Alkali Soils.* USDA Handbook No. 60. U.S. Government Printing Office, Washington, DC.

Varo, P., Alfthan, G., Ekholm, P., Aro, A., and Koivistoinen, P. 1988. Selenium intake and serum selenium in Finland: effects of soil fertilization with selenium. *Am. J. Clin. Nutr.* 48: 324-329.

Vaughan, P.J. and Suarez, D.L. 2003. Constant capacitance model prediction of boron speciation for varying soil water content. *Vadose Zone J.* 2: 253-258.

Vlek, P.L.G. and Lindsay, W.L. 1977. Molybdenum contamination in Colorado pasture soils. In: W.R. Chappell and K.K. Peterson, eds. *Molybdenum in the Environment*, Vol. 2. Marcel Dekker, New York, NY, 619-650.

Wang, L., Reddy, K.J., and Munn, L.C. 1994. Comparison of ammonium bicarbonate-DTPA, ammonium carbonate, and ammonium oxalate to assess the availability of molybdenum in mine spoils and soils. *Commun. Soil Sci. Plant Anal.* 25: 523-536.

Welch, R.S., Allaway, W.H., House, W.A., and Kubota, J. 1991. Geographic distribution of trace element problems. In: J.J. Mortvedt, C.R. Cox, L.M. Shuman, and R.M. Welch, eds. *Micronutrients in Agriculture.* SSSA Book Series 4, Soil Science Society America, Inc., Madison, WI, 31-57.

Wolf, B. 1971. The determination of boron in soil extracts, plant materials, composts, manures, water, and nutrient solutions. *Soil Sci. Plant Anal.* 2: 363-374.

Workman, S.M. and Soltanpour, P.N. 1980. Importance of prereducing selenium(VI) to selenium(IV) and decomposing organic matter in soil extracts prior to determination of selenium using hydride generation. *Soil Sci. Soc. Am. J.* 44: 1331-133.

（赵丽霞　陈雅丽　译，李永涛　翁莉萍　校）

第 10 章　微量元素测定

W.H. Hendershot, H. Lalande, and D. Reyes
McGill University
Sainte Anne de Bellevue, Quebec, Canada
J.D. MacDonald
Agriculture and Agri-Food Canada
Quebec, Quebec, Canada

10.1　引　言

现有文献涉及大量用于提取土壤中不同结合形态金属和类金属元素提取剂（Tessier 等，1979；Ross，1994；Ure，1996；Mihaljevic 等，2003）。这些方法可分为两类：单一或连续提取法。尽管连续提取法现在相当流行，但还是存在一些缺点（Beckett，1989；Lo 和 Yang，1998；Shiowatana 等，2001）。从分析的角度来说，连续提取法可能会因目标金属元素从一个提取剂到另一个提取剂的过程中发生再沉淀而造成分析结果与实际结果不一致；此外，不同形态含量的总和可能与金属总量不一致。连续提取法最大的问题是它们不能准确代表元素某一特定的结合形态，大量文献也表明提取剂不能提取元素特定的、可识别的化学形态（Beckett，1989；Mihaljevic 等，2003）。

本章选取介绍了一系列提取能力从弱到强的单一提取剂，其中每一种提取剂都能选择性地溶解土壤中一部分元素，但并未尝试将上述提取的元素与土壤的特定表面或土壤组分联系起来。我们认为，这些微量元素从哪些土壤组分提取出来并不重要，重要的是能够为预测或解释元素与生物间的关系或其在土壤系统中的移动能力提供分析手段。在某些情况下，有大量的文献可以帮助将分析结果与这些元素对特定生物的有效性联系起来。

在过去 10 年里，Cd、Cu、Ni、Pb 和 Zn 等金属元素已经受到了相当多的关注。对于这些金属元素而言，目前已有大量文献将不同化学物质所提取的金属元素含量与其生物效应（毒害或吸收）联系起来。然而，其他一些因人为活动而使其成为严重污染物的金属与类金属元素（As、Co、Cr、Mo、Sb、Se、Tl 等）则不太受关注。在这些情况下，将选择性化学提取结果与生物效应联系起来的文献非常少，但最近几年有逐渐增加的趋势（De Gregori 等，2004）。尽管下文提及的测定方法并没有针对大量的金属及类金属元素进行测试，但我们通过提供一系列的标准测试方法，希望有更多的研究能够开展起来，最终建立一个响应数据库。由于某些元素（如 As、Cr、Mo、Se）形成的含氧阴离子在土壤中的行为完全不同于金属阳离子，故部分研究者倾向于使用适用于磷酸盐的提取流程（Van Herreweghe 等，2003）。然而，尽管很多用于类金属的提取方法（如 As 的提取）最初是为金属阳离子建立的，但也取得了较好的结果（Hall 等，1996；Mihaljevic 等，2003）。

以下按照提取能力从小到大的顺序列出了四种提取方法：
（1）使用水和 80 μmol/L $CaCl_2/CaSO_4$ 的土柱淋洗法；
（2）使用 0.01 mol/L $CaCl_2$ 的弱盐溶液提取法；
（3）强螯合剂法（0.05 mol/L NH_4-乙二胺四乙酸[EDTA]，部分与 NH_4^+ 中和）；

(4) 使用 HNO₃ 的强酸微波消解法（USEPA 3051 法）。

我们实验室最近建立了土柱淋洗法，该方法很好地模拟了从加拿大安大略省和魁北克省（Ontario and Quebec, Canada）森林土壤收集的土壤溶液中微量元素的溶解度、pH 值和离子强度（MacDonald 等，2004a、b）。该方法流程是，先用去离子水对土壤进行洗涤，随后使其与低浓度（80 μmol/L）的 $CaCl_2$ 和 $CaSO_4$ 溶液混合并达到平衡以模拟森林土壤的离子强度。选择此方法是因为该提取流程最适合估算野外条件下金属的移动性。

$CaCl_2$ 法是从化学角度评估生物有效性的最佳方式之一，并得到了欧洲和北美国家的认可（Houba 等，1996；Ure，1996；Peijnenburg 等，1999；McBride 等，2003；Walker 等，2003；Bongers 等，2004）。该方法的优点是简单易操作，且相对其他方法，此方法在不同实验室之间的结果差别很小（Quevauviller，1998）。此外，$CaCl_2$ 法所用的溶液和很多实验室用来测定土壤 pH 值时所用的溶液相同。另一种类似但浓度稍高的提取溶液将在第 11 章介绍，该溶液用于估算 Al 和 Mn 的生物有效性。Gray 等（2003）将同位素稀释法测定的"不稳定性库"与几种提取方法进行了对比，发现 $CaCl_2$ 法提取结果和这个"库"最为接近。

众所周知，加入土壤中的金属和类金属元素可能会与土壤颗粒表面强烈结合（Ross，1994）。不论是因为专性吸附还是沉淀，这些被固定的元素通常位于与土壤溶液接触的点位。强螯合剂则具有将微量元素从大量的表面吸附或沉淀点位上去除的能力。尽管所有这些被"固定"的金属元素不易被生物利用，但有研究显示 EDTA 提取出的金属元素与其在生物组织中的含量之间表现出良好的相关性（Ure，1996；De Gregori 等，2004）。选择 0.05 mol/L EDTA 进行提取能很好地估算这部分具有"潜在有效性"的金属元素（Quevauviller，1998）。

可供选择的消解方法有很多，仅 USEPA 就推荐了四种不同的酸混合物或方法（Ming 和 Ma，1998）。能获取金属总含量的消解流程中都要包含 HF，否则无法溶解硅酸盐矿物。由于使用 HF 存在危险性，如导致皮肤或眼睛被严重烧伤，故多数实验室倾向于采用不含 HF 的消解方法。硅酸盐中的微量元素不具备生物有效性，且这部分微量元素很可能与土壤母质中的矿物有关，而非人为加入。对一般实验室而言，HNO_3 法可以很好地用于估算污染土壤中的微量元素含量。尽管可以选择性地采用 HNO_3 或 HCl（USEPA，1994），但不含 HCl 的酸性溶液更适合采用电感耦合等离子质谱法（ICP-MS）分析。加拿大国家水研究所（Canada's National Water Research Institute）开展的初步研究显示采用 USEPA 3051 法能得到较好的结果（Alkema and Blum，2001），且该方法适用于多种元素。

10.2 人工土壤溶液土柱淋洗法（Macdonald 等，2004a, b）

通常，从野外带回的土壤样品中提取出的溶液浓度会显著高于用蒸渗仪在野外同一土层直接采集的土壤溶液浓度。要得到接近于蒸渗仪直接采集的土壤溶液浓度值，必须先去除样品处理过程中因外界干扰累积的可溶性物质；对于风干土样，这一点十分重要。

可溶物质的去除可用去离子水淋洗土柱直到离子强度降低至野外水平。然后使土柱与含有 Ca^{2+}、Cl^- 和 SO_4^{2-} 的人造土壤溶液达到平衡，Ca^{2+}、Cl^- 和 SO_4^{2-} 是加拿大东部土壤溶液中的常见组分。

起初，研究人员在淋洗和平衡阶段需要监测 pH 值和电导率的变化，由此确定人造土壤溶液浓度是否趋向于一个相对恒定的值。下文所述的试验流程适用于我们已经测试过的土壤，但对于其他土壤的适用性未知。

抽取土柱中土壤溶液所需的吸力可通过两种不同设备产生。下文采用的是市售的土柱提取设备，但是必须将原先使用的黑色橡胶密封注射器更换为聚乙烯柱塞；另一种方法是采用多通道蠕动泵，但该方法相对前一种方法更难实现均匀的流速。

10.2.1 材料与试剂

(1) 用 80 mL 80 μmol/L $CaCl_2$-$CaSO_4$ 溶液对每个土柱淋洗 4 天。该溶液通过用 2 L 超纯水溶解 0.0118 g $CaCl_2·2H_2O$ 和 0.0109 g $CaSO_4$ 制备获得。
(2) 聚乙烯注射器（60 mL）（经硝酸洗涤）和与注射器紧密贴合的高密度聚乙烯（HDPE）筛板。
(3) 流速为 30 mL/h 和 2～3 mL/h 的真空提取器。
(4) 10%的微量金属级硝酸（HNO_3）：将 10 mL 浓硝酸稀释到 100 mL。
(5) 超纯水，电导率小于 18μS/cm。
(6) 0.45 μm 的滤膜（尼龙或聚碳酸酯）。

10.2.2 步骤

1. 预处理

(1) 应在 4～6℃的恒温箱中进行提取。每个土样装置包括三个垂直相连的 60 mL 注射器，但仅上面两个使用注射器筒。上部的注射器用来存储溶液，它与中部装土样的注射器用一个紧密贴合的转接头连接。上部注射器中的溶液通过与底部注射器连接的真空提取设备被缓慢抽出，流经土样后进入底部注射器。确保该系统没有渗漏，否则流速将受到影响。
(2) 将土壤风干、混匀后过 2 mm 筛。称量 15 g 矿质土（其中 5 g 是林地地表土）至 60 mL 的注射器中。将土壤包在两层 HDPE 筛板之间，并将存储溶液的上部注射器插入土柱。
(3) 加入 30 mL 超纯水，抽取速率调至 30 mL/h。当所有水都通过土柱后，等待 2 h 再开始下一次抽提。再重复两次使总溶液量为 90 mL。
(4) 在步骤（3）结束后，等待 2 h 再开始 $CaCl_2$-$CaSO_4$ 处理。

2. 处理过程

(1) 在 4 天内，每 24 h 用 20 mL 80 μmol/L $CaCl_2$-$CaSO_4$ 淋洗土柱，速率为 2～3 mL/h。在每个淋滤周期结束时确保有空气进入土柱以防柱内形成厌氧环境。将收集的出水溶液装入经酸洗涤的样品瓶中。
(2) 测量出水溶液的 pH 值和电导率。收集后 3 天的出水溶液混合成一个约 50 mL 的样本。将溶液在真空下通过 0.45 μm 的滤膜过滤后收集在聚乙烯瓶中。可按照每 10 mL 溶液加入 0.2 mL 10% HNO_3 的方法保存过滤后的溶液或该溶液的子样本（若需保留一部分该溶液用作其他分析），但应尽快进行分析。

10.2.3 计算

上述提取方法并不作为定量分析，如水溶性组分的定量分析；但却适用于估算固−液中微量元素的分配或从某一点位土壤中淋洗下来的微量元素含量。

分配系数（K_d，L/kg）是土壤中金属元素总量（通过热酸消解提取测定，见 10.5 节，mg/kg）与土壤溶液中金属元素含量（mg/L）的比值：

$$K_d = \frac{金属元素总量}{溶液中的金属元素含量} \tag{10.1}$$

10.2.4 注释

(1) 必须确认所有与最终溶液接触的塑料制品已在 15% HNO_3 中浸泡 24 h 并且用高纯水彻底冲洗。整个提取过程必须设置空白，以确保溶液不受外源污染。

（2）由于土柱法变异性大，因此必须小心处理土柱使其保持稳定。我们建议通过三步分层加入土样，并且在每一步除去密封部件后通过 10 次轻敲注射器活塞压实土柱。

（3）设置两个重复样品，包括每批的空白和质量控制样品。

（4）抽提过程相当耗时，需要 5 天时间完成。第一天（通常是周一），完成三种洗涤溶液的过柱和收集——每种淋洗 3 h（过柱 1 h，平衡 2 h），这个过程共需要 10 h。第一天晚上离开时首次往柱中加入 $CaCl_2$-$CaSO_4$ 溶液，利用晚上过柱，然后第二天早上收集出水溶液。第 2～4 天晚上重复用 $CaCl_2$-$CaSO_4$ 溶液进行淋洗。

10.3　0.01 mol/L $CaCl_2$ 提取法（Quevauviller，1998）

10.3.1　材料和试剂

（1）离心机和 50 mL 的 Boston 型聚乙烯离心管（经 HNO_3 洗涤）。

（2）旋转振荡器（15 r/min）。

（3）0.01 mol/L $CaCl_2$ 溶液：将 1.47 g $CaCl_2 \cdot 2H_2O$ 溶解于超纯水中，转移至 1 L 聚乙烯容量瓶并用超纯水定容。

（4）10%的微量金属级 HNO_3：将 10 mL 浓硝酸稀释到 100 mL。

（5）0.45 μm 的滤膜（尼龙或聚碳酸酯）。

10.3.2　步骤

（1）在室温下进行。取样前，务必充分搅拌样品约 1 min 以确保样品彻底混匀。设置三个平行样品。每个土样取一个子样品以估算其含水量。在每批提取实验中设置两个空白溶液（离心管中不加土壤只加溶液）及两个质量控制样品。

（2）称取约 2.500 g 土样到 50 mL 的离心管中并记录重量。每个离心管加入 25 mL 0.01 mol/L $CaCl_2$，盖上盖子并在旋转振荡器上以 15 r/min 的速度振荡 3 h。

（3）取一个子样品测量其 pH 值后丢弃（每三个做一次）。在 5000 g 的速度下离心 10 min。在低真空下用 0.45 μm 的滤膜小心过滤以避免污染。将滤液保存在 30 mL 的聚乙烯瓶中。根据每 10 mL 溶液加入 0.2 mL 10% HNO_3 的方法保存过滤后的溶液或该溶液的子样本（若需保留一部分该溶液用作其他分析），且应该尽快进行分析。如果需要稀释，HNO_3 的量应该保持恒定。

10.3.3　计算

$$M (\mu g/g) = C (\mu g/L) \times 0.025 \text{ L}/[\text{湿土}(g) \times (1-mc)] \tag{10.2}$$

式中，M 表示金属元素含量；C 表示测定的金属元素浓度；mc 是以小数点后两位表示的含水量（即 5%=0.05）。

10.3.4　注释

（1）必须避免污染。采用聚乙烯来避免金属元素在容器壁上的吸附和解吸附。离心管、样品瓶和过滤装置必须干净，在 15% HNO_3 中浸泡 24 h 后用去离子水冲洗干净，最后再用超纯水或同等级的水进行润洗。

（2）上述方法改自 Quevauviller 的方法，这是一个针对较小样品量的折中常规分析方法。建议读者阅读原始文献。

（3）这种提取方法的重现性较差，因此实验过程中的每个步骤都应认真处理。

（4）作为质量控制过程的一部分，每批样品应重复分析一个样品以评价整个实验的重现性。计算质控样品的所有测量值时，当质量控制样品的值处于两个标准差范围外时，应重新分析整批样品。

10.4　0.05 mol/L EDTA 提取法

10.4.1　材料和试剂

（1）离心机和 50 mL Boston 型聚乙烯离心管（除了注释中所述的酸洗过程，实验之前所用器材必须用 EDTA 润洗后用水冲洗干净）。

（2）旋转振荡器（15 r/min）。

（3）0.05 mol/L NH_4-EDTA 盐溶液：高纯度铵盐形式的 EDTA 很难获得。下文提供了常用的试剂级化学品的提纯方法。

（4）超纯水。

（5）0.45 μm 的滤膜（尼龙或聚碳酸酯）。

1. 提纯 H_4EDTA

（1）称取约 100 g H_4EDTA 酸于聚四氟乙烯烧杯中。

（2）加入大约 150 mL 2%的微量金属级 HNO_3。

（3）用磁力搅拌器搅拌 10 min。

（4）溶液静置沉淀后倾倒上清液。

（5）向沉淀中加入约 150 mL HNO_3，搅拌、沉淀、倾倒上清液，至少重复三次。

（6）用上述同样的方法使用超纯水（或同规格纯水）冲洗（即加入约 150 mL 水，搅拌、沉淀、倾倒上清液）至少三次。

（7）把制备好的化学试剂放在烘箱中（约 40℃）干燥过夜（将 H_4EDTA 粉碎后保存）。

2. 制备纯 NH_4OH

购买微量金属级氨水或在实验室通过试剂级氨水制备；需要非常洁净的实验器材和高效的通风橱。在通风橱里的洁净干燥器中，放置一个装有约 100 mL 美国化学学会（ACS）试剂级浓 NH_4OH 的烧杯和另一个装有 100 mL 超纯水的聚四氟乙烯烧杯。打开盖子并静置过夜。第二天早上聚四氟乙烯烧杯中即是纯的 1∶1 的稀氨水（NH_4OH）。

3. 制备纯 NH_4-EDTA 盐溶液

将 29.2 g 纯化的 H_4EDTA 溶解于 1.8 L 超纯水中，置于通风橱中的磁力搅拌器上，加入大约 25 mL 按上述方法所制备的纯 1∶1 氨水，搅拌，继续逐渐加入 NH_4OH 直到 H_4EDTA 完全溶解（pH 值为 6 左右）。将 pH 值调节至 7.0±0.1，转移至 2 L 容量瓶中并用超纯水定容。在盖好的 2 L 聚乙烯瓶中保存。

10.4.2　步骤

（1）在室温下进行。取样前，务必充分搅拌样品约 1min 以确保样品彻底混匀。设置三个平行样品。每个土样取一个子样品以估算其含水量。在每批提取实验中设置两个空白溶液（离心管中不加土壤只加溶液）及两个质量控制样品。称取大约 1.000 g 的土壤置于 50 mL 的离心管中并记录重量。

（2）在每个离心管中加入 25 mL 纯化的 0.05 mol/L NH_4-EDTA，加盖并在旋转振荡器上以 15 r/min

的速度振荡 1 h。

（3）以 5000 g 的速度离心 10 min，尽量将离心时的温度保持在 20℃，经 0.45 μm 的滤膜过滤后，在 4℃下保存于密封良好的聚乙烯瓶中。分析时用超纯水稀释。保证用于校准的标准物质与稀释的溶液基质相同。

10.4.3 计算

计算同 10.3.3 节：

$$M\ (\mu g/g) = C\ (\mu g/L) \times 0.025\ L/[湿土(g) \times (1-mc)] \tag{10.3}$$

式中，M 表示金属元素含量；C 表示测定的金属元素浓度；mc 是以小数点后两位表示的含水量（即 5%=0.05）。

10.4.4 注释

（1）EDTA 是一种强提取剂，能够从土壤表面的高亲和位点提取大量的微量元素。同样地，EDTA 能够提取与溶液接触的塑料和玻璃器皿表面的所有元素。因此为了避免样品受到污染，实验前实验器材需先用 0.5 mol/L H_2EDTA 再用水冲洗。

（2）样品和标准物质要使用相同的基质。不要尝试在测量金属元素含量之前或过程中酸化溶液，因为这会导致 EDTA 沉淀。

10.5 热酸提取法（USEPA，1994）

10.5.1 材料和试剂

（1）微波消解系统专用的聚四氟乙烯管。
（2）微量金属级硝酸（HNO_3）。
（3）100 mL 的聚乙烯容量瓶。
（4）超纯水。

10.5.2 步骤

（1）遵照制造商的安全说明使用微波消解系统。在通风橱下工作并穿戴防护服和防护装备。

（2）称量 0.500 g 土样。如果样品中有机质或碳酸盐含量较高，则需减少称样量。有机土壤和森林地被物重量应为 0.200 g。

（3）加入 10 mL HNO_3。如反应强烈，在密封容器前先将样品放置数小时（或隔夜）以减少容器加热过程中释放气体的可能性。密封容器并放入微波系统中。遵循制造商对加热程序的建议，最少在 185℃条件下保持 10 min。

（4）消解完成后，放置冷却并将整个样品转移到 100 mL 的容量瓶中（最终酸度为 10% HNO_3）。让其沉淀过夜并将上清液倾倒在 30 mL 的聚乙烯瓶中。

（5）用超纯水稀释 5 次后进行 ICP-MS 分析（最终酸度为 2%）。标准溶液需使用相同的基质配制。

10.5.3 计算

$$M(\mu g/g) = C\ (\mu g/L) \times DF \times 0.100\ L/[湿土(g) \times (1-mc)] \tag{10.4}$$

式中，M 表示金属元素含量；C 表示测定的金属元素浓度；mc 是以小数点后两位表示的含水量（即

5%=0.05）；DF 是稀释倍数。

10.5.4 注释

请参阅制造商的说明正确使用微波消解系统。由于需在反应容器上加高压，因此使用专门为此目的设计的专用微波消解系统十分重要。除了加热过程中有容器爆炸的危险，打开容器前适当将其冷却也很重要。建议在冰浴中放置 30 min。

参 考 文 献

Alkema, H. and Blum, J. 2001. Ecosystem Performance Evaluation QA Program: Trace Elements in Sediments—Study 01. National Water Research Institute, National Laboratory for Environmental Testing (NLET-TN01-009), Environment Canada, ON, Canada, 62.

Beckett, P.T.H. 1989. The use of extractants in studies on trace metals in soils, sewage sludges and sludge-treated soils. *Adv. Soil Sci.* 9: 144-176.

Bongers, M., Rusch, B., and van Gestel, C.A.M. 2004. The effect of counterion and percolation on the toxicity of lead for the springtail Folsomia candida in soil. *Environ. Toxicol. Chem.* 23: 195-199.

De Gregori, I., Fuentes, E., Olivares, D., and Pinochet, H. 2004. Extractable copper, arsenic and antimony by EDTA solution from agricultural Chilean soils and its transfer to alfalfa plants (*Medicago sativa* L.). *J. Environ. Monit.* 6: 38-47.

Gray, C.W., McLaren, R.G., and Shiowatana, J. 2003. The determination of labile cadmium in some biosolids-amended soils by isotope dilution plasma mass spectrometry. *Aust. J. Soil Res.* 41: 589-597.

Hall, G.E.M., Vaive, J.E., Beer, R., and Hoashi, M. 1996. Selective leaches revisited, with emphasis on the amorphous Fe oxyhydroxide phase extraction. *J. Geochem. Explor.* 56: 59-78.

Houba, V.J.G., Lexmond, T.M., Novozamsky, I., and van der Lee, J.J. 1996. State of the art and future developments in soil analysis for bioavailability assessment. *Sci. Total Environ.* 178: 21-28.

Lo, I.M.C. and Yang, X.Y. 1998. Removal and redistribution of metals from contaminated soils by a sequential extraction method. *Waste Manage.* 18: 1-7.

MacDonald, J.D., Bélanger, N., and Hendershot, W.H. 2004a. Column leaching using dry soil reproduces solid-solution partitioning observed in zero-tension lysimeters: 1. Method development. *Soil Sediment Contam.* 13: 361-374.

MacDonald, J.D., Bélanger, N., and Hendershot, W.H. 2004b. Column leaching using dry soil reproduces solid-solution partitioning observed in zero-tension lysimeters: 2. Trace metals. *Soil Sediment Contam.* 13: 375-390.

McBride, M.B., Mibarger, E.A., Richards, B.K., and Steenhuis, T. 2003. Trace metal accumulation by red clover grown on sewage sludgeamended soils and correlation to Mehlich 3 and calcium chloride-extractable metals. *Soil Sci.* 168: 29-39.

Mihaljevic, M., Ponavic, M., Ettler, V., and Sebek, O. 2003.A comparison of sequential extraction techniques for determining arsenic fractionation in synthetic mineral mixtures. *Anal. Bioanal. Chem.* 377: 723-729.

Ming, C. and Ma, L.Q. 1998. Comparison of four USEPA digestion methods for trace metal analysis using certified and Florida soils. *J. Environ. Qual.* 27: 1294-1300.

Peijnenburg, W.J.M., Posthuma, L., Zweers, P.G.P., Baerselman, R., de Groot, A.C., van Ween, R.P.M., and Jager, T. 1999. Prediction of metal bioavailability in Dutch field soils for the oligochaete Enchytraeus crypticus. *Exotoxicol. Environ. Saf.* 43: 170-186.

Quevauviller, P.H. 1998. Operationally defined extraction procedures for soil and sediment analysis. I. Standardization. *Trends Anal. Chem.* 17: 289-298.

Ross, S.M. 1994. *Toxic Metals in Soil-Plant Systems.* John Wiley & Sons, New York, NY, 469.

Shiowatana, J., McLaren, R.G., Chanmekha, N., and Samphao, A. 2001. Fractionation of arsenic in soil by a continuous-flow sequential extraction method. *J. Environ. Qual.* 30: 1940-1949.

Tessier, A., Campbell, P.G.C., and Bisson, M. 1979. Sequential extraction procedure for the speciation of particulate trace metals. *Anal. Chem.* 51: 844-851.

Ure, A.M. 1996. Single extraction schemes for soil analysis and related applications. *Sci. Total Environ.* 178: 3-10.

U.S. Environmental Protection Agency (USEPA). 1994. Method 3051: Microwave assisted acid digestion of sediments, sludges, soils and oils. (http: =//www.epa.gov/epaoswer/hazwaste/ test/ pdfs/3051.pdf); Washington, DC. (Last verified March, 2006)

van Herreweghe, S., Swennen, R., Vandecasteele, C., and Cappuyns, V. 2003. Solid phase speciation of arsenic by sequential extraction in standardreference materials and industrially contaminated soil samples. *Environ. Pollut.* 122: 323-342.

Walker, D.J., Clemente, R., Roig, A., and Bernal, P. 2003. The effect of soil amendments on heavy metal bioavailability in two contaminated Mediterranean soils. *Environ. Pollut.* 122: 303-312.

（陈雅丽　译，李永涛　翁莉萍　校）

第 11 章 酸性土壤中的易溶性铝和锰

Y.K. Soon
Agriculture and Agri-Food Canada
Beaverlodge, Alberta, Canada

N. Bélanger
University of Saskatchewan
Saskatoon, Saskatchewan, Canada

W.H. Hendershot
McGill University
Sainte Anne de Bellevue, Quebec, Canada

11.1 引 言

39.5 亿公顷的酸性土壤中，约 5%用于农业生产，而 67%是森林和林地（von Uexküll 和 Mutert，1995）。植物在酸性土壤中的生长通常受低 pH 值或铝毒的影响。当矿质土壤的 pH 低于 5 时，铝和锰的溶解度则迅速增加，因此低 pH 值和高可溶性铝和锰含量呈正相关。虽然在土壤低 pH 值下，P、Ca 等植物营养元素的有效性会受到限制（Foy，1984；Asp 和 Berggren，1990），但铝毒可能仍是酸性土壤中最主要的植物生长限制因子（Andersson，1988）。当土壤溶液中溶解的铝含量达到有毒水平时，植物根系的生长受到抑制，伴随的水分和养分的吸收也会受到抑制。

酸性土壤溶液中的可溶性铝通常由单体铝离子（如 Al^{3+}、$Al(OH)^{2+}$ 和 $Al(OH)_2^+$）和铝有机络合物及多核形式（如 $Al_2(OH)_2^{4+}$ 和 $Al_{13}O_4(OH)_{24}^{7+}$（Akitt 等，1972））组成。多核和有机络合形式的铝被认为几乎没有植物毒性（Andersson，1988；Wright，1989），但也存在一些聚合铝的反例（Bartlett 和 Diego，1972；Hunter 和 Ross，1991）。理想情况下，需要对根际区土壤溶液中对植物有害的铝形态进行浓度分析。若以判定铝的毒性作为目的，上述流程十分耗时。因此，通常情况下，采用稀的中性盐溶液提取土壤铝来尽可能减少对离子平衡的扰动，并且在该提取过程中仅溶解易溶铝部分（即不与固相结合的铝）。上述提取物中主要包含单体铝离子和聚合铝，以及低分子量的有机配位体络合铝。

11.1.1 农田土壤中铝和锰的毒性

因为铝在植物的地上部分并不累积，因此其在植物组织中的浓度不能用来判断其毒性。酸性土壤中，尽管锰在植物中的累积与其对植物的损害成一定比例，但它在植物组织中的含量并不是其毒性的可靠指标（Foy，1984）。因此，铝和锰毒性的判断标准，尤其对于铝而言，需要通过土壤分析获得。Bélanger等（1999）在对农作物或牧草的铝毒性阈值进行荟萃分析时发现，总溶解铝浓度在 0.003 mmol/L 和 0.02 mmol/L 时分别有 10%和 50%的农作物或牧草产生毒性效应。然而，不同的作物和牧草，甚至是同种作物和牧草的不同品种，其对于溶解铝的敏感性也不同。

通常情况下，通过往土壤中施用石灰或钙调理剂来调节土壤的酸度。石灰的需求量（见第 12 章），即施用到土壤中使土壤 pH 值升高到某个期望值（通常是 6.5）的碳酸钙或同等效果调理剂的量，该施用量可以通过测定土样与缓冲盐溶液达到平衡后的 pH 值来确定（Shoemaker 等，1961；McLean 等，

1978）。Kamprath（1970）建议施用的石灰量也可以通过没有缓冲能力的中性盐溶液（如 1 mol/L KCl）从酸性土壤中提取的可溶性铝来确定，上述方法至少对于老成土和氧化土可行。Hoyt 和 Nyborg（1971a、b，1972，1987）的研究表明，加拿大的酸性土壤中，0.01 mol/L 和 0.02 mol/L 的 $CaCl_2$ 可溶性铝和锰与作物响应密切相关。除首蓿外，测试作物的产量与稀 $CaCl_2$ 可提取铝的相关性比与土壤 pH 值或可交换态铝（1 mol/L KCl 可交换提取量）的相关性更强（Webber 等，1982；Hoyt 和 Nyborg，1987）。当稀 $CaCl_2$ 可提取铝接近 1 mg/kg 时，铝敏感作物大麦（Hordeum vulgare L.）对施用的石灰没有反应（Hoyt 等，1974）。Webber 等（1977）发现将 0.02 mol/L $CaCl_2$ 可提取铝降低到 1 mg/kg 所需的石灰施用量少于用 Shoemaker–McLean–Pratt（SMP）方法使 pH 值达到 6 时所需的石灰施用量（Shoemaker 等，1961）。澳大利亚、新西兰和美国的调查研究也显示，稀 $CaCl_2$ 提取铝和锰的方法是酸性土壤中铝和锰毒性的合适评判标准（Wright 等，1988，1989；Close 和 Powell，1989；Conyers 等，1991）。

11.1.2 森林土壤中铝和锰的毒性

近 20 年来，严重的环境压力（如大气污染和水污染）造成了中欧和北美东部森林覆盖率的下降（Hinrichsen，1986）。与农作物一样，土壤溶液中铝活性的增强会对树木的功能和生长造成不良影响（Cronan 和 Grigal，1995）。森林土壤通常呈酸性（pH 值<5），因此其中有毒铝和锰的溶解度一般较高。针对锰对树木毒害作用的研究不多。然而，相比于铝，作物叶片中的锰能更好地指示土壤溶液中的锰含量，但其毒性由于高有效性铝的伴生而难以表现出来（Hoyle，1972；Kazda 和 Zvacek，1989）。在水培实验中，Hoyle（1972）发现黄桦叶片中锰的含量为 441 mg/kg（溶液中的锰为 0.091 mmol/L）时最适宜生长，但超过 1328 mg/kg（溶液中锰为 0.45 mmol/L）则不利于生长。在受到大气污染的欧洲森林中，土壤溶液中锰的浓度范围为 0.018～0.36 mmol/L，这取决于土壤的酸度和母质类型（Kazda 和 Zvacek，1989）。

Joslin 和 Wolfe（1988）发现溶解的无机单体铝、总铝、Al^{3+} 活度和 $SrCl_2$ 可提取铝可以分别用于解释作物根部 79%、74%、61% 和 61% 的生物量变异性。当 $SrCl_2$ 可提取铝和无机单体铝浓度分别为 10 mg/kg 和 0.1 mmol/L 时，首次观察到根部分支及其细根的生物量显著减少（Joslin 和 Wolfe，1988，1989）。我们采用 Joslin 和 Wolfe（1988）的数据来分析 $SrCl_2$ 可提取铝和无机单体铝含量之间的关系。除去 Becket 地区的一个异常值，71.2% 的无机单体铝的浓度（y）可以通过幂函数 $y = 4.700^{0.240x}$ 来预测 $SrCl_2$ 可提取铝的浓度（x）。土壤中 10 mg/kg 的 $SrCl_2$ 可提取铝对应溶液中无机单体铝的水平约为 0.05 mmol/L，这接近于 Bélanger（2000）通过荟萃分析计算得出的 0.07 mmol/L 的毒性阈值。最后，Joslin 和 Wolfe（1989）讨论了 Becket 地区树木的特殊响应（即尽管树木叶片中铝浓度和 $SrCl_2$ 可提取铝含量相对较高，但其根系仍大量生长），并提出树木吸收的大部分铝以有机络合形式存在。众所周知，金属阳离子与有机物络合会增强植物的吸收（Arp 和 Ouimet，1986），但却对树木无害（Rost-Siebert，1984）。因此，如果土壤中的铝主要为有机结合态，$SrCl_2$ 提取法可能并不是该类土壤中铝潜在毒性的可靠指标。

11.2 针对农田土壤的提取方法

Hoyt 和 Nyborg（1972）的研究表明用 2.5～40 mmol/L 的 $CaCl_2$ 溶液提取酸性土壤中的铝和锰时，20 mmol/L $CaCl_2$ 提取液与三种作物的产量之间有较好的相关性。随后的研究表明，实验时采用 5 min 的振荡时间完全足够，这只比振荡 1 h 所得到的铝浓度略低，并且 20 mmol/L $CaCl_2$ 提取的铝浓度是 10 mmol/L $CaCl_2$ 提取的铝浓度的两倍（Hoyt 和 Webber，1974）。根据 Webber 等（1977）的研究，当加拿大酸性土壤中可提取铝为 1 mg/kg 或更低时，可能并不需要施用石灰。Close 和 Powell（1989）对新西兰的土壤也采用了这种提取方法。

11.2.1 材料和试剂

（1）0.02 mol/L $CaCl_2$ 溶液：溶解 5.88 g 的试剂级 $CaCl_2 \cdot 2H_2O$ 至大约 250 mL 的去离子水中并稀释到 2 L。

（2）50 mL 的离心管和橡胶塞。

（3）Whatman 42 号滤纸或其他同规格滤纸。

（4）离心机，配有装 50 mL 离心管的转子。

（5）往复式摇床。

（6）液体分配器。

11.2.2 步骤

（1）称取 10 g 土样（<2 mm）到离心管中。

（2）加 20 mL 0.02 mol/L $CaCl_2$ 到离心管中并塞紧塞子。

（3）在摇床上振荡 5 min（120 r/min）。

（4）取出并以 1250 g 的速度离心 1 min 以便快速过滤。

（5）通过凹槽式滤纸过滤到保存提取物的容器中。

11.2.3 注释

0.01 mol/L $CaCl_2$ 溶液比 0.02 mol/L $CaCl_2$ 溶液更接近农田土壤溶液的离子强度，并且也常用此浓度的 $CaCl_2$ 溶液评估土壤其他的化学性质（如 pH 值和可溶态 P）（Soon，1990）。因此测定土壤性质时，最好采用 0.01 mol/L $CaCl_2$ 溶液。但是，目前还没有研究指出 0.01 mol/L $CaCl_2$ 可提取铝的临界水平。上述方法还未用于测试有机质含量远大于 10% 的土壤。

11.3 针对森林土壤的提取方法

由于钙有效性的增加可缓解铝对树木的毒害作用（即铝的毒害主要是间接的——铝对二价阳离子的吸收的拮抗作用使其具有毒性（Cronan 和 Grigal，1995）），因此相对于农业土壤中常用的 $CaCl_2$ 法，$SrCl_2$ 法的优点是可以量化分析可提取的 Ca 和其他阳离子及 Ca 和 Mg 与 Al 的比例。Sr 在置换铝的能力上比 Ca 稍强，但在 0.01 mol/L 的离子强度下只相差 5%。然而，目前还没有关于 $SrCl_2$、$CaCl_2$ 和 $BaCl_2$ 三种溶液能够分别提取出的铝和锰的相对含量的研究，但这样的研究将有助于针对不同含量的潜在毒性元素进行提取剂的选取。本文根据 Heisey（1995）的建议，对 Joslin 和 Wolfe（1989）的 $SrCl_2$ 方法进行了一些修改，并在此对其进行了描述。

11.3.1 材料与试剂

（1）0.01 mol/L $SrCl_2$：溶解 5.332 g 的试剂级 $SrCl_2 \cdot 6H_2O$ 至大约 250 mL 的蒸馏水或去离子水中并定容于 2 L 的容量瓶中。

（2）50 mL 的离心管和螺旋盖。

（3）匹配 50 mL 离心管的超速离心机。

（4）旋转振荡器。

（5）移液管和液体分配器。

11.3.2 步骤

(1) 称取 10 g 土样（风干并过 2 mm 筛）至离心管中。
(2) 于离心管中加入 20 mL 0.01 mol/L $SrCl_2$。
(3) 15 r/min 振荡 60 min。
(4) 取出并以 7000 g 的速度离心 30 min。
(5) 吸取上清液保存到容器中用于分析。

11.3.3 注释

利用旋转振荡器能够在采用较低的土壤和提取剂比例时有效地润湿和混合含有大量枯枝落叶或高有机质含量的森林土壤。较低的土壤和提取剂比例会形成黏稠的悬浮液，因此需要使用高速离心机进行分离。

11.4 铝 的 测 定

提取物中的铝可用原子吸收法（Webber，1974）、电感耦合等离子体原子发射光谱仪（ICP-AES）（Carr 等，1991）或比色法（Hoyt 和 Webber，1974；Carr 等，1991）进行测定。原子吸收或 ICP-AES 测定的是溶解的总铝含量，而比色法则是铝与显色剂"反应"后的结果。参与"反应"的铝的具体组分取决于显色需要的平衡时间。较短的反应时间主要测定不稳定单体铝，而较长的反应时间会测出聚合铝和络合铝。Grigg 和 Morrison（1982）指出邻苯二酚紫（PCV）方法在精度上优于铝试剂（金精三羧酸三铵盐），且自动化流程使其精度进一步提高。Conyers 等（1991）也推荐采用 PCV 法。以下方法改编自 Wilson 和 Sergeant（1963），提取流程简单可靠。

11.4.1 试剂

(1) 0.1%（w/v）的 PCV。保存在棕色玻璃瓶中。
(2) 0.1%（w/v）的邻菲罗啉（OP）。保存在聚乙烯瓶中。
(3) 10%（w/v）的盐酸羟胺（HH）。保存在聚乙烯瓶中。
(4) 10%（w/v）的醋酸铵（用醋酸把 pH 值调至 6.2）。保存在聚乙烯瓶中。
(5) 铝标准溶液：由标准储备液（浓度 1 g Al/L）配制，在与土壤提取液同浓度的 $CaCl_2$ 溶液中配制浓度为 100 mg Al/L 的标准溶液。通过进一步稀释，在相同摩尔浓度的 $CaCl_2$ 溶液中配制 5 个 0.1~2.5 mg Al/L 的标准溶液。对于森林土壤，标准溶液应用 0.01 mol/L $SrCl_2$ 配制。

11.4.2 步骤

(1) 吸取 2 mL 的提取液或标准溶液到 16 mm×125 mm 的培养管中。培养管必须用 0.1 mol/L HCl 预先洗涤。样品溶液中的铝含量不应高于 5 μg。
(2) 按顺序添加 0.5 mL 的 PCV、OP 和 HH，每次加入后轻轻摇晃管中液体。对于每批样品，在加入每种试剂前应保证前一种试剂已加到所有管中。
(3) 加入 6 mL 的缓冲溶液，塞上塞子并倒转试管三次后静置 1 h。
(4) 用分光光度计在 580 nm 波长下用 1 cm 的比色皿测量吸光度。绘制吸光度值-μg Al 图。图中的 μg Al 值指土壤中的铝含量（mg/kg）。如果提取物经过稀释，则乘上稀释倍数。

11.4.3 注释

提取液应尽快进行分析。若必须延期测定，需略微酸化样品以防止单体铝聚合。PCV 粉末和制备的溶液应在避光密闭容器中保存。可通过 OP 和 HH 试剂降低铁的干扰。显色程度会在 1~2 h 达到最大并且稳定下来，之后颜色逐渐变浅。用土壤提取剂的测定值作为空白值。PCV 溶液最好现配现用，室温条件下其他试剂至少在 4 周内是稳定的。

上述分析方法包含单体铝、聚合铝及弱络合铝。Kerven 等（1989）报道的 PCV 方法中有 60 s 反应时间，只用于测量单体铝。通常来说，森林表层土壤的有机质含量远高于农田土壤，因此测量其中可溶态总铝和单体无机铝间的差异更为重要。前人利用可溶态总铝对作物响应的土壤可提取态铝做了大量校正工作（Hoy 和 Webber，1974；Hoyt 和 Nyborg，1987）。McAvo 等（1992）报道了利用离子交换从有机络合铝中分离出无机单体铝的 PCV 自动分析方法。

11.5 锰的测定

土壤提取液中的锰通过空气-乙炔火焰原子吸收光谱法测定。同时测定铝时，ICP-AES 更为便捷。

参 考 文 献

Akitt, J.W., Greenwood, N.N., Khandelwal, B.K., and Lester, G.D. 1972. ^{27}Al nuclear magneticresonance studies of the hydrolysis and polymerization of the hexa-aquo-aluminium (III)ation. *J. Chem. Soc., Dalton Trans*: 604-610.

Andersson, M. 1988. Toxicity and tolerance of aluminium in vascular plants: a literature review. *Water Air Soil Pollut*. 39: 439-462.

Arp, P. and Ouimet, R. 1986. Uptake of Al, Ca, and P in black spruce seedlings: effect of organicversus inorganic Al in nutrient solutions. *Water Air Soil Pollut*. 31: 367-375.

Asp, H. and Berggren, D. 1990. Phosphate and calcium uptake in beech (*Fagus sylvatica* L.) in the presence of aluminium and natural fulvic acids. *Physiol. Plant* 80: 307-314.

Bartlett, R.J. and Diego, D.C. 1972. Toxicity of hydroxy aluminum in relation to pH and phosphorus. *Soil Sci*. 114: 194-200.

Bélanger, N. 2000. Investigating the long-term influence of atmospheric deposition and forestdisturbance on soil chemistry and cation nutrient supplies in a forested ecosystem of southernQuebec, PhD thesis, Department of Natural Resource Science, McGill University, Montreal, QC, Canada, 164.

Bélanger, N., Fyles, H., and Hendershot, W.H. 1999. Chemistry, bioaccumulation and toxicityof aluminum in the terrestrial environment— PSL2 assessment of aluminum salts. A report prepared for the Commercial Chemicals Evaluation Branch, Environment Canada, ON, Canada, 78.

Carr, S.J., Ritchie, G.S.P., and Porter, W.M. 1991. A soil test for aluminium toxicity in acidic subsoils of yellow earths in Western Australia. *Aust. J. Agric. Res*. 42: 875-892.

Close, E.A. and Powell, H.K.J. 1989. Rapidly extracted (0: 02 M CaCl$_2$) 'reactive' aluminiumas a measure of aluminium toxicity in soils. *Aust. J. Soil. Res*. 27: 663-672.

Conyers, M.K., Poile, G.J., and Cullis, B.R. 1991. Lime responses by barley as related to availablesoil aluminium and manganese. *Aust. J. Agric. Res*. 42: 379-390.

Cronan, C.S. and Grigal, D.F. 1995. Use of calcium-aluminum ratios as indicators of stress in forest ecosystems. *J. Environ. Qual*. 24: 209-226.

Foy, C.D. 1984. Physiological effects of hydrogen, aluminum and manganese toxicities in acidsoil. In: F. Adams, ed. *Soil Acidity and Liming*, 2nd edn. ASA-CSSA-SSSA, Madison, WI, 57-97.

Grigg, J.L. and Morrison, J.D. 1982. An automatic colorimetric determination of aluminium in soil extracts using catechol violet. *Commun. Soil Sci. Plant Anal.* 13: 351-361.

Heisey, R.M. 1995. Growth trends and nutritional status of sugar maple stands on the *Appalachian plateau* of Pennsylvania, USA. *Water Air Soil Pollut.* 82: 675-693.

Hinrichsen, D. 1986. Multiple pollutants and forest decline. *AMBIO* 15: 258-265.

Hoyle, M.C. 1972. Manganese toxicity in Yellow birch (*Betula alleghaniensis* Butten) seedlings. *Plant Soil* 36: 229-232.

Hoyt, P.B. and Nyborg, M. 1971a. Toxic metals in acid soil. I. Estimation of plant-available aluminum. *Soil Sci. Soc. Am. Proc.* 35: 236-240.

Hoyt, P.B. and Nyborg, M. 1971b. Toxic metals in acid soil. II. Estimation of plant-available manganese. *Soil Sci. Soc. Am. Proc.* 35: 241-244.

Hoyt, P.B. and Nyborg, M. 1972. Use of dilute calcium chloride for the extraction of plantavailable aluminum and manganese from acid soil. *Can. J. Soil Sci.* 52: 163-167.

Hoyt, P.B. and Nyborg, M. 1987. Field calibration of liming responses of four crops using soil pH, Al and Mn. *Plant Soil* 102: 21-25.

Hoyt, P.B., Nyborg, M., and Penney, D. 1974. Farming Acid Soils in Alberta and NortheasternBritish Columbia, Publication 1521, Agriculture Canada, Ottawa, ON.

Hoyt, P.B. and Webber, M.D. 1974. Rapid measurement of plant-available aluminum and manganese in acid Canadian soils. *Can. J. Soil Sci.* 54: 53-61.

Hunter, D. and Ross, D.S. 1991. Evidence for a phytotoxic hydroxyl-aluminum polymer in organic soil horizons. *Science* 251: 1056-1058.

Joslin, J.D. and Wolfe, M.H. 1988. Responses of red spruce seedlings to changes in soil aluminum in six amended forest soil horizons. *Can. J. Forest Res.* 18: 1614-1623.

Joslin, J.D. and Wolfe, M.H. 1989. Aluminum effects on northern red oak seedling growth in six forest soil horizons. *Soil Sci. Soc. Am. J.* 53: 274-281.

Kamprath, E.J. 1970. Exchangeable aluminum as a criteria for liming leached mineral soils. *Soil Sci. Soc. Am. Proc.* 35: 252-254.

Kazda, M. and Zvacek, L. 1989. Aluminum and manganese and their relation to calcium in soil solution and needles in three Norway spruce (*Picea abies* L. Karst) stands of Upper Austria. *Plant Soil* 114: 257-267.

Kerven, G.L., Edwards, D.G., Asher, C.J., Hallman, P.S., and Kokot, S. 1989. Aluminium determination in soil solution. II. Short-term colorimetric procedures for the measurement of inorganic monomeric aluminium in the presence of organic acid ligands. *Aust. J. Soil Res.* 27: 91-102.

McAvoy, D.C., Santore, R.C., Shosa, J.D., and Driscoll, C.T. 1992. Comparison between pyrocatechol violet and 8-hydroxquinoline procedures for determining aluminum fractions. *Soil Sci. Soc. Am. J.* 56: 449-455.

McLean, E.O., Eckert, D.J., Reddy, G.Y., and Trieweiler, J.F. 1978. An improved SMP soil lime requirement method for incorporating double buffer and quick-test features. *Commun. Soil Sci. Plant Anal.* 8: 667-675.

Rost-Siebert, K. 1984. Aluminum toxicity in seedlings of Norway spruce (*Picea abies* Karst) and beech (*Fagus sylvatica* L.). In: F. Andersson and J.M. Kelly, eds. *Workshop on Aluminum Toxicity to Trees*. Sveriges Lantbruks Universitet, Uppsala, Sweden.

Shoemaker, H.E., McLean, E.O., and Pratt, P.F. 1961. Buffer method for determining lime requirement of soils with appreciable amounts of extractable aluminum. *Soil Sci. Soc. Am. Proc.* 25: 274-277.

Soon, Y.K. 1990. Comparison of parameters of soil phosphate availability for the northwestern Canadian prairie. *Can. J. Soil Sci.* 70: 227-237.

von Uexküll, H.R. and Mutert, E. 1995. Global extent and economic impact of acid soil. In: R.A. Date, et al., eds. *Plant-Soil Interactions at Low pH: Principles and Management.* Proceedings of the Third International Symposium on Plant-Soil Interactions at Low pH, 12-16 September 1993, Brisbane, Australia. Kluwer Academic Publishers, Dordrecht, the Netherlands, 5-19.

Webber, M.D. 1974. Atomic absorption measurements of Al in plant digests and neutral salt extracts of soils. *Can. J. Soil Sci.* 54: 81-87.

Webber, M.D., Hoyt, P.B., and Corneau, D. 1982. Soluble Al, exchangeable Al, base saturation and pH in relation to barley yield on Canadian acid soils. *Can. J. Soil Sci.* 62: 397-405.

Webber, M.D., Hoyt, P.B., Nyborg, M., and Corneau, D. 1977. A comparison of lime requirement methods for acid Canadian soils. *Can. J. Soil Sci.* 57: 361-370.

Wilson, A.H. and Sergeant, G.A. 1963. The colorimetric determination of aluminium in minerals by pyrocatechol violet. *Analyst* 88: 109-112.

Wright, R.J. 1989. Soil aluminum toxicity and plant growth. *Commun. Soil Sci. Plant Anal.* 20: 1479-1497.

Wright, R.J., Baligar, V.C., and Ahlrichs, J.L. 1989. The influence of extractable and soil solution aluminum on root growth of wheat seedlings. *Soil Sci.* 148: 293-302.

Wright, R.J., Baligar, V.C., and Wright, S.F. 1988. Estimation of plant available manganese in acidic subsoil horizons. *Commun. Soil Sci. Plant Anal.* 19: 643-662.

（陈雅丽　译，李永涛　翁莉萍　校）

第 12 章 石灰需求量

N. Ziadi

Agriculture and Agri-Food Canada

Quebec, Quebec, Canada

T. Sen Tran

Institute of Research and Development in Agroenvironment

Quebec, Quebec, Canada

12.1 引　言

　　土壤 pH 值指示土壤溶液的酸度，是最常测定的土壤理化性质之一，也是一个常规的土壤分析项目。土壤 pH 值影响许多元素的溶解度、有效性及其中的微生物活性（Curtin 等，1984；Marschner，1995）。酸性土壤中铝或锰的含量一般较高，并会对一些植物产生毒害。土壤的目标 pH 值，是指最适宜植物生长的 pH 值，此值因作物种类而异，也会因土壤类型不同而变化。一般来说，虽然包括马铃薯（*Solanum tuberosum* L.）和越橘（*Vaccinium* spp.）在内的某些植物也能适应较低的土壤 pH 值，但大多数农作物（如玉米（*Zea mays* L.）、大豆（*Glycine max* L. Merr.）和小麦（*Triticum aestivum*）的理想土壤 pH 值在 6.0～7.0。因此，在很多地区，向酸性土壤中施用石灰是保证土壤 pH 值适宜作物生长的基本手段。

　　用于确定石灰需求量的土壤酸度有两个组成部分，分别是活性酸度和潜性（贮备）酸度。活性酸度指土壤溶液中 H^+ 的浓度，可用于指示是否需要加入石灰以降低土壤酸度。潜性酸度是指吸附于土壤黏土矿物和有机质组分交换位点上的 H^+ 数量，这些 H^+ 会影响达到土壤目标 pH 值所需的石灰需求量。潜性（贮备）酸度越大，土壤对 pH 值变化的缓冲能力越强且石灰需求量也越大。

　　石灰需求量的定义是在酸性条件下增加土壤 pH 值以达到该土壤最适宜目标 pH 值水平时所用的农用石灰石（$CaCO_3$）或其他碱性材料的总量。石灰需求量受土壤酸度和土壤理化性质（主要是土壤质地和有机质含量）的影响。采用如土壤—石灰培养法、土壤—碱滴定法或土壤—缓冲平衡法等不同的实验方法也会影响建议施用的石灰量（Aitken，1990；Conyers 等，2000；Alatas 等，2005）。建立准确评估石灰需求量的方法是十分必要的，并且这些方法应基于研究和实践经验在不同地区进行不同石灰需求量实验。选取石灰需求量的具体测定技术还必须考虑一些实际的问题，如开展实验所需的时间、设备、器材及资金等。目前，全球范围内已有许多技术和方法成功地用于石灰需求量的测定，并在之前的研究中报道过（McLean，1982；van Lierop，1990）。这些方法大部分基于以下四项原则（Sims，1996）：①在田间施用石灰时，测定的石灰需求量应能反映达到目标 pH 值的石灰需求量；②石灰需求量实验应能准确测量土壤中各种形式的酸度（解离和未解离的）；③在需要进行石灰需求量实验的地区进行相应的校准；④需对石灰需求量实验进行校准，以确定石灰石和其他石灰材料之间的转换系数。

　　可在田间或实验室采用不同的方法，估算改良土壤酸度及获得理想的土壤 pH 值所需的石灰用量。土壤—石灰培养法、土壤—碱滴定法或土壤—缓冲平衡法（Viscarra Rossel 和 McBratney，2003；Machacha，2004；Liu 等，2005）是最常用的方法。然而，田间试验依然是确定土壤石灰需求量最准确的方法，对于新型石灰材料的评估更是如此。尽管这些方法耗时且昂贵，但它们是那些更加快速、廉价方法的基础。在北美的常规土壤测试实验室，Adam-Evans（A-E）缓冲法（Adams 和 Evans，1962）和 Shoemaker-McLean-Pratt（SMP）法（Shoemaker 等，1961）是最常用的方法。以加拿大为例，新斯科舍省（Nova Scotia）和纽芬兰省（Newfoundland）目前使用的是 A-E 法，而新不伦瑞克省（New Brunswick）、爱德华王子岛（Prince Edward Island）、安大略省（Ontario）、不列颠哥伦比亚省（British Columbia）和魁北克省（Quebec）使用的是 SMP 法。Webber 等（1977）建议将 SMP 法用于加拿大的酸性土壤。Tran 和 van Lierop（1982）及 van Lierop（1983）也认为 SMP 法适用于魁北克省的酸性矿质和有机土壤。Warman 等（2000）建议在新斯科舍省和纽芬兰省用 SMP 法代替 A-E 法。由于上述原因，本章中只介绍 SMP 法。

12.2 Shoemaker-McLean-Pratt 单一缓冲液法

12.2.1 原理

SMP 法是 1961 年对俄亥俄州（Ohio）14 个酸性土壤进行土壤—石灰（$CaCO_3$）培养研究建立起来的方法（Shoemaker 等，1961）。此方法的精确度依赖于土壤—缓冲 pH 值的降低与石灰需求量增加这两者间的校准关系。最初，这个方法特别适合确定石灰需求量大于 4.5 Mg/ha、pH 值小于 5.8，以及有机质含量小于 100 g/kg 的这类土壤的石灰需求量（McLean，1982）。van Lierop（1990）改进了 SMP 单一缓冲液法在低石灰需求量下的精确度，并列出了达到目标 pH 值为 5.5、6.0、6.5 和 7.0 时的石灰需求量（表 12.1）。经过大量研究，前人通过对土壤—缓冲 pH 值和石灰需求量之间进行非线性拟合而不是线性拟合，改进了 SMP 法（McLean，1982；Soon 和 Bates，1986；Tran 和 van Lierop，1993）。

表 12.1 矿质土壤 pH 值达到 5.5、6.0、6.5 和 7.0 时土壤 SMP—缓冲 pH 值与石灰需求量间的关系

土壤-缓冲 pH 值	达到目标 pH 值时的石灰材料施用量（Mg/ha）			
	5.5	6.0	6.5	7.0
6.9	0.5	0.6	0.7	0.9
6.8	0.6	1.0	1.2	1.5
6.7	0.7	1.4	1.8	2.2
6.6	0.9	1.8	2.5	2.8
6.5	1.2	2.3	3.3	3.6
6.4	1.6	2.9	4.0	4.4
6.3	2.0	3.5	4.9	5.2
6.2	2.5	4.2	5.7	6.0
6.1	3.1	4.9	6.6	7.0
6.0	3.8	5.6	7.5	8.0
5.9	4.5	6.5	8.5	9.0
5.8	5.3	7.3	9.5	10.0
5.7	6.1	8.2	10.5	11.2
5.6	7.0	9.2	11.6	12.4
5.5	8.0	10.2	12.7	13.6
5.4	9.1	11.3	14.0	14.9
5.3	10.2	12.4	15.0	16.2
5.2	11.4	13.6	16.2	17.6
5.1	12.7	14.8	17.5	19.0
5.0	14.0	16.1	18.8	20.4
4.9	15.5	17.4	20.1	22.0

数据来源：van Lierop, W., In: R.L. Westerman (Ed.), Soil Testing and Plant Analysis, 2nd ed., SSSA, Madison, Wisconsin, 1990, 73-126.
20 cm 深土壤耕作层的石灰需求量为 Mg $CaCO_3$ 级。

12.2.2 材料和试剂

（1）pH 计。
（2）一次性塑料烧杯。
（3）自动移液器。
（4）玻璃搅拌棒。
（5）机械摇床。
（6）pH 值为 7.0 和 4.0 的标准缓冲溶液。
（7）SMP 缓冲溶液。
（8）0.1 mol/L HCl、4.0 mol/L NaOH 和 4.0 mol/L HCl 溶液。

SMP 缓冲溶液按如下步骤进行配制：

① 称量下列化学试剂并转移至 10 L 容器中：
- 18 g 对硝基苯酚（$NO_2C_6H_4OH$）。
- 30 g 铬酸钾（K_2CrO_4）。
- 531 g 二水合氯化钙（$CaCl_2 \cdot 2H_2O$）。

② 加入约 5 L 的蒸馏水，加入水的时候要用力摇晃，然后继续摇晃几分钟，以防止发生盐析。
③ 在另一个含有约 1 L 蒸馏水的烧瓶中溶解 20 g 的醋酸钙$[(CH_3COO)_2Ca \cdot H_2O]$。
④ 把步骤③中的溶液转移到步骤②的溶液中，并持续振荡约 2~3 h。
⑤ 加入 100 mL 的稀三乙醇胺（TEA）溶液：TEA（$N(CH_2OH)_3$）非常黏稠且难以准确吸取。建议通过将 250 mL（或 280.15 g）的 TEA 稀释到 1 L 的蒸馏水中后混匀来制备稀 TEA 溶液。
⑥ 周期性地振荡上述混合物直至完全溶解，大约需 6~8 h。
⑦ 用蒸馏水最终稀释到 10 L。
⑧ 根据需要用 4 mol/L NaOH 或 4 mol/L HCl 将 pH 值调节至 7.5±0.02。
⑨ 如果需要，可通过玻璃纤维纸或棉布进行过滤。
⑩ 通过滴定 20 mL pH 值范围在 7.5~5.5 的 0.1 mol/L HCl 来验证 SMP 缓冲液的缓冲能力。每个 pH 单位应该需要 0.28±0.005 cmol（+）HCl。

10 L SMP 溶液大约可用于 500 个土样。

12.2.3 步骤

（1）在大小适宜的烧杯中加入 10 mL 或 10 g 经风干、过筛（<2mm）的土样。
（2）加入 10 mL 蒸馏水并用玻璃棒搅拌，且在 30 min 内定期重复搅拌。
（3）在烧杯中测量土壤 pH 值（土+H_2O）并用少量的蒸馏水清洗电极。
（4）如果土壤 pH 值（H_2O）小于期望 pH 值时，加入 20 mL SMP 缓冲液到土—水混合物中（土—水—缓冲液的体积比是 1:1:2）并用玻璃棒搅拌。
（5）将土—水—缓冲液样品放在机械摇床中以大约 200r/min 的频率振荡 15 min。取出样品并静置 15 min。由于振荡和静置时间十分重要，应予以重视。Sims（1996）建议振荡 30 min，静置 30 min。
（6）校正 pH 计，使其测量 SMP 缓冲液的读数为 7.5。
（7）充分搅拌样品并读取土—水—缓冲液样品的 pH 值（精确到 0.01）。记录土—缓冲液样品的 pH 值。
（8）根据当地建议的土—缓冲液 pH 值关系，选择能使土壤达到预期 pH 值所需的石灰需求量（如 CRAAQ，2003；OMAFRA，2003）。
（9）在大约 200 次缓冲 pH 值测定后，SMP 缓冲液会影响玻璃电极的准确性，故强烈建议通过恰当的实验操作再生电极。可将电极浸入装有10%氟化氢铵（$NH_4F \cdot HF$）溶液的塑料烧杯中，浸泡1 min，由此实现复合玻璃电极的再生。由于氟化氢铵（$NH_4F \cdot HF$）是一种有害的化合物，应根据材料安全数据表采取适当的保护措施。电极用$NH_4F \cdot HF$处理之后，可再浸润于1:1 H_2O-HCl溶液中以除去硅酸盐。然后用蒸馏水彻底冲洗电极，并用3 mol/L 热（50℃）KCl溶液浸泡5 h。如果有必要，电极中的电解质（饱和KCl或甘汞）需要更换。

12.3 注　释

石灰需求量超过约每公顷7吨时，建议将石灰分两次或两次以上进行施用，以避免局部施用过量（Brunelle 和 Vanasse，2004）。这一点很重要，因为建议的石灰需求量是假设石灰材料被均匀施用至耕作层中，而这在实际操作中难以实现。如果施用在土壤表面的石灰材料没有明显混入土壤（即无耕作活动），施用量应降至大约三分之一。在那些已耕作但深度没有达到测试实验所采用的耕作层时，石灰施用量也应适当降低（van Lierop，1989）。

参　考　文　献

Adams, F. and Evans, C.E. 1962. A rapid method for measuring lime requirement of Red-Yellow Podzolic soils. *Soil Sci. Soc. Am. Proc.* 26: 355-357.

Aitken, R.L. 1990. Relationship between extractable Al, selected soil properties, pH buffer capacityand lime requirement in some acidic Queensland soils. *Aust. J. Soil Res.* 30: 119-130.

Alatas, J., Tasdilas, C.D., and Sgouras, J. 2005. Comparison of two methods of lime requirement determination. *Commun. Soil Sci. Plant Anal.* 36: 183-190.

Brunelle, A. and Vanasse, A. 2004. Le chaulage des sols. Centre de référence en agriculture et agroalimentaire du Québec, Québec, QC, Canada, 41.

Conyers, M.K., Helyar, K.L., and Poile, G.J. 2000. pH buffering: the chemical response of acidic soils to added alkali. *Soil Sci.* 165: 560-566.

CRAAQ. 2003. Guide de référence en fertilisation, 1re édition. Centre de référence en agriculture et agroalimentaire du Québec (CRAAQ). Québec, QC, Canada, 294.

Curtin, D., Rostad, H.P.W., and Huang, P.M. 1984. Soil acidity in relation to soil propertiesand lime requirement. *Can. J. Soil Sci.* 64: 645-654.

Curtin, D., Rostad, H.P.W., and Huang, P.M. 1984. Soil acidity in relation to soil properties and lime requirement. *Can. J. Soil Sci.* 64: 645-654.

Machacha, S. 2004. Comparison of laboratory pH buffer methods for predicting lime requirement (LR) of acidic soils of Eastern Botswana. *Commun. Soil Sci. Plant Anal.* 35: 2675-2687.

Marschner, H. 1995. Nutrient availability in soils. In: Mineral Nutrition of Higher Plants, 2nd ed. Academic Press, London, UK, 483-505.

McLean, E.O. 1982. Soil pH and lime requirement. In: A.L. Page, R.H. Miller, and D.R. Keeney, eds. *Methods of Soil Analysis*, Part 2, Agronomy 9. SSSA, Madison, WI, 199-224.

OMAFRA. 2003. Agronomy Guide for Field Crops. Publication 811. Ministry of Agriculture, Food and Rural Affairs, Toronto, ON, Canada, 348.

Shoemaker, H.E., McLean, E.O., and Pratt, P.F. 1961. Buffer methods for determining lime requirement of soils with appreciable amounts of extractable aluminium. *Soil Sci. Soc. Am. Proc.* 25: 274-277.

Sims, J.T. 1996. Lime requirement. In: D.L. Sparks et al., eds. *Methods of Soils Analysis, Part 3*. SSSA, Madison, WI, 491-515.

Soon, Y.K. and Bates, T.E. 1986. Determination of the lime requirement for acid soils in Ontario using the SMP buffer methods. *Can. J. Soil Sci.* 66: 373-376.

Tran, T.S. and van Lierop, W. 1982. Lime requirement determination for attaining pH 5.5 and 6.0 of coarse-textured soils using buffer-pH methods. *Soil Sci. Soc. Am. J.* 46: 1008-1014.

Tran, T.S. and van Lierop, W. 1993. Lime requirement. In: M.R. Carter, ed. *Soil Sampling and Methods of Analysis*. Canadian Society of Soil Science, Lewis Publishers, CRC Press, Boca Raton, FL, 109-113.

van Lierop, W. 1983. Lime requirement determination of acid organic soils using buffer-pH methods. *Can. J. Soil Sci.* 63: 411-423.

van Lierop, W. 1989. Effect of assumptions on accuracy of analytical results and liming recommendations when testing a volume or weight of soil. *Commun. Soil Sci. Plant Anal.* 30: 121-137.

van Lierop, W. 1990. Soil pH and lime requirement. In: R.L. Westerman, ed. *Soil Testing and Plant Analysis*, 2nd edn. SSSA, Madison, WI, 73-126.

Viscarra Rossel, R.A. and McBratney, A.B. 2003. Modelling the kinetics of buffer reactions for rapid field predictions of lime requirements. *Geoderma* 114: 49-63.

Warman, P.R., Walsh, I.Y., and Rodd, A.V. 2000. Field testing a lime requirement test for Atlantic Canada, and effect of soil pH on nutrient uptake. *Commun. Soil Sci. Plant Anal.* 31: 2163-2169.

Webber, M.D., Hoyt, P.B., Nyborg, M., and Corneau, D. 1977. A comparison of lime requirement methods for acid Canadian soils. *Can. J. Soil Sci.* 57: 361-370.

（陈雅丽　译，李永涛　翁莉萍　校）

第 13 章　使用离子交换树脂测定离子供给率

P. Qian and J.J. Schoenau
University of Saskatchewan
Saskatoon, Saskatchewan, Canada

N. Ziadi
Agriculture and Agri-Food Canada
Quebec, Quebec, Canada

13.1　引　　言

早在 1951 年（Pratt，1951）和 1955 年（Amer 等，1955）就已经有了使用离子交换树脂测量土壤中有效态养分的报道。从那以后，很多文章报道了离子交换树脂在农业土壤和环境土壤研究中的应用，大部分集中在土壤中有效态养分的测定上。其中，Olsen 和 Sommers（1982）及 Kuo（1996）很早就介绍了阴离子交换树脂提取土壤中有效磷的方法；Havlin 等（2005）也对树脂膜提取的原理作了简要的叙述和评论；Qian 和 Schoenau（2002a）对离子交换树脂在农业和环境领域研究中的应用作了综述。

合成的离子交换树脂是带静电电荷的固态有机高分子材料，其静电由带相反电荷的离子中和，功能类似于带电的土壤胶体。强酸性的阳离子交换（磺酸基官能团）树脂和强碱性的阴离子交换（季胺官能团）树脂可以作为土壤或其他介质中养分离子的吸附体。当离子交换树脂在含混合离子的溶液中达到平衡时，由于树脂对离子的吸附具有优先选择性，被吸附离子的比例与溶液中离子比例是不相同的。一般来说，与树脂亲和力最低的阳离子和阴离子最适合用作反离子。粒状和膜状是市场上最为常见的两种离子交换树脂的形式。树脂粒通常在密封的尼龙袋中保存，树脂膜在使用前需按需求大小裁成条状（Qian 等，1992）。这两种树脂最初都是被用在批处理实验中，即将树脂与一定量的土壤和水混合，振荡一定时间（Skogley，1992；Ziadi 等，1999；Qian and Schoenau，2002b），形成一个离子交换树脂与土壤长期直接接触的扩散敏感系统（Amer 等，1955；Martin 和 Sparks，1983；Turrion 等，1999）。但是，这些离子交换树脂，特别是树脂膜带，很难被原位放置在土壤中形成扩散敏感系统，限制了其使用。为克服这一困难，科学家们开发出了树脂胶囊（将树脂粒密封在多孔壳内，形成一个致密坚硬的球状胶囊）和 PRS 探针（将膜封装在一个塑料框架制成的探头内），UNIBEST（Bozeman，Montana）和 Western Ag Innovations（Saskatoon，SK）分别有售。

在批处理实验中，树脂通常被放置在土壤悬浊液中，通过表面吸附作用将土壤溶液中的养分离子提取出来，使土壤溶液中所含离子浓度保持在一个较低的水平上，以促进土壤中的养分离子持续解吸，直至达到平衡状态（Sparks，1987）。在扩散敏感过程中，树脂被放置在与土壤直接接触的地方，提供了一种同时测定不同土壤表面的离子释放速率和大块土壤中的离子扩散速率的方法。该系统将化学和生物转化及扩散到吸附体的过程集成到养分有效性的测量中，从而解释了养分释放和迁移的动力学（Curtin 等，1987；Abrams 和 Jarrel，1992）。这样的一种提取土壤养分离子的过程与植物根系摄取养分十分相似，因而此方法能够解释植物根系吸收养分的影响因素（Qian 和 Schoenau，1996）。对此方法的相关理论验证已有报道（Yang 等，1991a、b；Yang 和 Skogley，1992）。

通过扩散敏感体系，我们容易测出养分供给率（NSR）。NSR 被定义为在与土壤直接接触的一定时间内，单位表面积树脂膜吸附的养分离子的量，对于一定的直接接触时间（如 24 h），它可以表示为 μg（或 μmol）/cm^2。由于测量方法不同，供给率与由常规提取法确定的土壤养分浓度间没有直接的校准关系。使用离子交换树脂膜与土壤直接接触测量有效态养分的方法，可代替传统的化学提取法，它不仅可以测量养分离子通量，还可模拟和跟踪土壤中离子对植物根系离子供给的动力学行为（Qian 和 Schoenau，2002a）。作为一种独特的多元素评价方法，它广泛适用于不同地区和不同性质的土壤。

目前，在土壤养分离子供给率的评估中，无论是在实验室还是在田间，都采用树脂与土壤直接接触的方法（Qian 和 Schoenau，2002a）。树脂膜置于探针中便于离子交换树脂的现场原位使用或实验室新鲜大块土壤样品中的应用。一种被叫作"三明治测试"的实验室测试方法可用来测定土壤的 NSR，这种方法仅需要几克土样，可测量干燥研磨后的土样。本章接下来的内容将介绍"三明治"测试法。

13.2 养分（离子）供给率的实验室测试——"三明治"测试法

13.2.1 原理

"三明治"测试法可用最少量处理过（风干、研磨后）的土样来实现 NSR 的测量。其基本原理是让树脂膜与土壤在潮湿条件下直接接触 24 h，以吸收土壤中的养分离子。

13.2.2 材料和试剂

（1）树脂膜：由 Western Ag Innovation 公司（Saskatoon, SK）提供。其他的经销商有 BDH（Poole, England）和 Ionics（Watertown, Massachusetts）公司。膜片切成约 8 cm^2 的正方形，以确保可刚好装入瓶盖内。

（2）Snapcap 瓶盖（7 号）。

（3）带盖子的 Snapcap 瓶（7 号）。

（4）封口膜。

（5）分析天平。

（6）振荡器。

（7）移液枪（1 mL 或 2 mL）和枪头（或滴管）。

（8）0.5 mol/L NaHCO$_3$ 溶液：将 42 g NaHCO$_3$ 溶于去离子水，定容于 1 L 容量瓶中。

（9）0.5 mol/L HCl：用去离子水与 42 mL 浓盐酸混合，定容于 1 L 容量瓶中。

13.2.3 步骤

1. 准备/再生

树脂膜在使用之前必须清洗和再生。在进行测定之前，所用的膜不能被离子污染，这一点很重要。

（1）使用前，阳离子交换树脂膜必须用 0.5 mol/L 的 HCl 清洗/再生两次，每次 1 h，每 1 cm^2 膜需要使用 3 mL 的 HCl 清洗。这可以将阳离子交换膜交换位点处于质子化状态，作为电荷平衡离子。二者混合后应每 15 min 搅动或搅拌一次，或者如果可能的话在旋转或往复振荡器上持续低速振荡。若平衡离子为非质子，则清洗过程应重复四次。

（2）清洗新的或再生的阴离子交换膜，需用 0.5 mol/L 的 NaHCO$_3$ 溶液浸泡四次，每次 2 h，每 1 cm^2 膜需要 3 mL 的 NaHCO$_3$ 溶液浸泡。溶液也需要定期搅拌或慢慢摇动。这可以将阴离子交换膜交换位点置于 HCO$_3^-$ 离子状态。

(3) 用去离子水冲洗新的或再生的膜,并在使用前将膜放置在去离子水中。

2. 提取

(1) 风干的土壤样品(<2 mm)放入两个 Snapcap 瓶盖中,将土样装满,高于盖子边缘,以确保膜表面和土壤充分接触。

(2) 将装有土壤样品的 Snapcap 瓶盖放在分析天平上。加入去离子水至土壤接近饱和,或加至田间持水量。如果只加至田间持水量,应提前测定所需的水量。

(3) 将阳离子或阴离子交换膜放在其中一个 Snapcap 瓶盖中土样的表面,然后将另一个带土样的瓶盖覆盖在上面,做成一个"三明治",即膜被夹在两个含土壤的瓶盖中间。通常情况下,如果测量所有的阴、阳离子,需要分别制作一个阴离子和一个阳离子交换膜"三明治"。

(4) 用封口膜将"三明治"密封,避免提取过程中水分流失。

(5) 和商业实验室中膜的提取时间相似,提取时间通常设置为 24 h。

3. 洗脱

(1) 向 Snapcap 瓶(7 号)中加入 20 mL 0.5 mol/L 的 HCl。

(2) 除去"三明治"的封口膜,将两个瓶盖分开并用镊子挑出膜,然后用去离子水将膜表面冲洗干净,这一点对于避免土壤颗粒进入 HCl 洗脱液非常重要。

(3) 洗净的膜放入装有 0.5 mol/L HCl 的瓶中,将盖子盖上并在振荡器上以 200 r/min 转速振荡 1 h。同一土壤样品的阳离子交换膜和阴离子交换膜可放置在同一批 20 mL HCl 洗脱液中,H^+ 会洗脱阳离子,Cl^- 可以洗脱阴离子。在振荡过程中洗脱液应完全覆盖膜以确保洗脱完全。

4. 离子测定

HCl 洗脱液中养分离子的浓度可通过多种常用的土壤化学分析设备进行测定,包括手动或自动比色法、离子色谱法、原子吸收火焰发射(AA-FE)光谱法、电感耦合等离子体(ICP)光谱法等。

13.2.4 计算

NSR 可通过以下公式计算:

$$NSR = (C \times V)/S \tag{13.1}$$

式中,C 是 HCl 洗脱液中被吸附的阳离子或阴离子的浓度(μg/mL);V 是洗脱液的体积(mL);S 是膜的表面积(cm²)。

例如,采用 8 cm² 阴离子交换膜制成的"三明治",24 h 后将树脂膜取出、清洗干净,并放置在 20 mL 0.5 mol/L 的 HCl 溶液中,用比色法测得 0.5 mol/L HCl 溶液中 NO_3-N 的浓度为 10 μg/mL 时,NSR 的值为(10 μg/mL × 20 mL)/8 cm^{-2} = 25 μg/cm²。

13.2.5 注释

(1) 离子交换树脂膜法是一种非常敏感的养分供给测量方法。因此,想要得到可重复的结果,必须保持土壤与膜持续均一接触。如果膜和土壤接触不完全,那么实际能吸附土壤中离子的膜表面面积与计算供给量时所假定的不同。

(2) 实验应在相同的湿度和温度条件下进行。湿度和温度对土壤中离子的扩散和矿化/溶解具有显著影响。

(3) "三明治"测试只需要少量的风干土样(每个 7 号瓶盖需要 4.5 g 土样或每个"三明治"需要 9 g 土样)。因此,不需要准备大量土壤样品。

参 考 文 献

Abrams, M.M. and Jarrel, W.M. 1992. Bioavailability index for phosphorus using ion exchange resin impregnated membranes. *Soil Sci. Soc. Am. J.* 56: 1532-1537.

Amer, F., Bouldin, D.R., Black, C.A., and Duke, F.R. 1955. Characterization of soil phosphorus by anion exchange resin adsorption and 32P equilibration. *Plant Soil* 6: 391-408.

Curtin, D., Syers, J.K., and Smillie, G.W. 1987. The importance of exchangeable cations and resin-sink characteristics in the release of soil phosphorus. *J. Soil Sci.* 38: 711-716.

Havlin, J.L., Beaton, J.D., Tisdale, S.L., and Nelson, W.L. 2005. Soil fertility evaluation. In: *Soil Fertility and Fertilizers: An Introduction to Nutrient Management*, 7th edn. Prentice-Hall, New Jersey, NJ, 298-361.

Kuo, S. 1996. Phosphorus. In: Sparks, D.L., ed. *Methods of Soil Analysis*, 3rd edn. Part 3. SSSA, Madison, WI, 869-920.

Martin, H.W. and Sparks, D.L. 1983. Kinetics of non-exchangeable potassium release from two Coastal Plain soils. *Soil Sci. Soc. Am. J.* 47: 883-887.

Olsen, S.R. and Sommers, L.E. 1982. Phosphorus. In: Page, A.L. et al., eds. *Methods of Soil Analysis*, 2nd edn. Part 2. Agronomy Monograph No. 9. ASA and SSSA, Madison, WI, 403-430.

Pratt, P.F. 1951. Potassium removal from Iowa soils by greenhouse and laboratory procedures. *Soil Sci.* 72: 107-118.

Qian, P. and Schoenau, J.J. 1996. Ion exchange resin membrane (IERM): a new approach for in situ measurement of nutrient availability in soil. *Plant Nutr. Fert. Sci.* 2: 322-330.

Qian, P. and Schoenau, J.J. 2002a. Practical applications of ion exchange resins in agricultural and environmental soil research. *Can. J. Soil Sci.* 82: 9-21.

Qian, P. and Schoenau, J.J. 2002b. Availability of nitrogen in solid manure amendments with different C=N ratios. *Can. J. Soil Sci.* 82: 219-225.

Qian, P., Schoenau, J.J., and Huang, W. 1992. Use of ion exchange membranes in routine soil testing. *Commun. Soil Sci. Plant Anal.* 23: 1791-1804.

Skogley, E.O. 1992. The universal bioavailability environmentsoil test UNIBEST. *Commun. Soil Sci. Plant Anal.* 23: 2225-2246.

Sparks, D.L. 1987. Potassium dynamics in soils. *Adv. Soil Sci.* 6: 1-63.

Turrion, M.B., Gallardo, J.F., and Gonzales, M.I. 1999. Extraction of soil-available phosphate, nitrate, and sulphate ions using ion exchange membranes and determination by ion exchange chromatography. *Commun. Soil Sci. Plant Anal.* 30: 1137-1152.

Yang, J.E. and Skogley, E.O. 1992. Diffusion kinetics of nutrient accumulation by mix-bed ion-exchange resin. *Soil Sci. Soc. Am. J.* 56: 408-414.

Yang, J.E., Skogley, E.O., Georgitis, S.J., Schaff, B.E., and Ferguson, A.H. 1991a. Thephytoavailability soil test: development and verification of theory. *Soil Sci. Soc. Am. J.* 55: 1358-1365.

Yang, J.E., Skogley, E.O., and Schaff, B.E. 1991b. Nutrient flux to mix-bed ion-exchange resin: temperature effects. *Soil Sci. Soc. Am. J.* 55: 762-767.

Ziadi, N., Simard, R.R., Allard, G., and Lafond, J. 1999. Field evaluation of anion exchange membrane as a N soil testing method for grasslands. *Can. J. Soil Sci.* 79: 281-294.

（马杰 译，李永涛 翁莉萍 校）

第 14 章　环境土壤磷指数

Andrew N. Sharpley
University of Arkansas
Fayetteville, Arkansas, United States

Peter J.A. Kleinman
U.S. Department of Agriculture
University Park, Pennsylvania, United States

Jennifer L. Weld
The Pennsylvania State University
University Park, Pennsylvania, United States

14.1　引　　言

众所周知，农业生产过程中的磷通过径流进入水体，从而加速水体的富营养化（Carpenter 等，1998；U.S. Geological Survey，1999；Sharpley，2000）。富营养化影响地表水在景观上、饮用和渔业方面的应用，为降低其影响，一些减少农业活动中磷流失的措施已经开始实施（Gibson 等，2000；U.S. Environmental Protection Agency，2004）。

减少农业活动中磷流失的关键措施，一方面是判定因磷的持续施用导致高于最佳作物生长需求量的土壤磷水平（Sims 等，1998；Simard 等，2000；Daverede 等，2003），另一方面是识别因径流和侵蚀产生的磷流失高风险区域（Sharpley 等，2001、2003；Coale 等，2002）。用于作物磷有效性估算的传统土壤磷测定方法，已被用来估算土壤磷对径流磷的富集量（Sharpley 等，1996）。由于土壤磷的测定方法针对特定的土壤类型建立（如 Mehlich-3 和 Bray-1 法用于酸性土壤，Olsen 法用于石灰、碱性土壤），而且不能模拟土壤磷向径流的释放，因此针对环境土壤磷测定方法的建立开展了大量的研究（Sibbesen 和 Sharpley，1997；Torbert 等，2002）。这些测定方法中比较突出的是水提取土壤磷法和磷吸附饱和法。

许多实地研究的数据表明，水提取土壤磷是一种不受土壤类型限制的提取方法，可用于评估土壤富集径流中可溶性磷的潜力（Pote 等，1996；McDowell 和 Sharpley，2001）。与酸性或碱性土壤磷提取剂相比，用水来提取土壤磷能够更确切地反映土壤表层与降雨的相互作用，以及随后磷向径流的释放。Andraski 和 Bundy（2003）、Andraski 等（2003）、Daverede 等（2003）、Hooda 等（2000）、Pote 等（1999a,b）和 Torbert 等（2002）都曾报道过水提取土壤磷与草地和农田径流中可溶性磷的含量相关性很强，比 Bray-1 和 Mehlich-3 法所得的相关性更好或相当（Vadas 等，2005）。越来越多的研究人员在实验室研究中使用水提取磷代替径流数据，旨在比较环境和农业活动的影响（Stout 等，1998）。

土壤磷吸附饱和的估算基于土壤磷吸附位点的饱和决定了土壤磷的释放（强度因子）和土壤磷的水平（容量因子）（Breeuwsma 和 Silva，1992；Kleinman 和 Sharpley，2002）。例如，由于磷与黏土结合较与沙土更为紧密，因而有相似磷含量的不同类型土壤向径流中释放磷的能力不同（Sharpley 和 Tunney，2000）。磷吸附饱和度还能反映土壤吸收多余磷，从而增加磷向径流中释放的能力（Schoumans 等，1987；

Lookman 等，1996）。例如，在磷吸附饱和度高的土壤中加入磷比在磷吸附饱和度低的土壤中添加磷更容易使径流中磷含量增加，这与土壤中磷的含量无关（Sharpley，1995；Leinweber 等，1997）。很多土壤分析实验室已不再应用传统的评估土壤磷吸附饱和的测试方法，如避光条件下酸性草酸铵提取法（Schoumans 和 Breeuwsma，1997）和磷吸附等温线法（Sharpley，1995）。研究表明，酸性土壤中的磷吸附饱和度可用 Mehlich-3 提取铝和铁（吸附磷的主要成分）和磷的量准确地估算出来（Beauchemin 和 Simard，1999；Kleinman 和 Sharpley，2002；Nair 和 Graetz，2002）。

土壤对磷的吸附也被用来评估土壤对固定外源磷的潜力。在特定情况下，如做污泥土地利用规划时需对土壤的磷吸附能力作详细的评价，以确定磷通过该土壤剖面淋溶的潜力（U.S. Environmental Protection Agency，1993；Bastian，1995）。传统的磷吸附等温线是通过批处理实验绘制完成，即将磷（KH_2PO_4）添加到 0.01 mol/L 的 $CaCl_2$ 为背景的溶液中反应 24～40 h 达到平衡（Syers 等，1973；Nair 等，1984）。Langmuir、Freundlich 和 Tempkin 等模型被用于描述被吸附磷量和平衡溶液中磷量之间的关系，以及计算土壤的磷最大吸附量、结合能和平衡磷浓度（Berkheiser 等，1980；Nair 等，1984）。本章只讨论 Langmuir 模型。

磷的吸附等温线可以提供大量的土壤特异性信息，这些信息对于预测农业和环境的磷吸附容量特征十分有用，但是土壤检测实验室使用的常规手段测量复杂、耗时，而且费用高（Sharpley 等，1994）。为克服这些局限，Bache 和 Williams（1971）提出了使用高浓度磷以达到平衡的方法（单点等温线）来计算磷吸附指数（PSI），可快速测定土壤磷吸附容量。他们发现 PSI 与 42 种酸性或石灰性苏格兰土壤中磷的最大吸附容量（由吸附等温线确定）密切相关（$r = 0.97$；$P > 0.001$）（Bache 和 Williams，1971）。其他研究者随后发现，无论化学物理性质如何，土壤的 PSI 都与磷最大吸附量有关（Sharpley 等，1984；Mozaffari 和 Sims，1994；Simard 等，1994）。

美国大多数州都采用磷指数法测定磷作为磷养分管理规划的要求，以便磷流失高风险区域可以得到有针对性的治理或更严格的管理（Sharpley 等，2003）。磷指数法是基于这样一种认识，即农业流域的大部分磷流失（>75%每年）发生在流域小而明确的区域（<20%的土地面积）（Smith 等，1991；Schoumans 和 Breeuwsma，1997；Pionke 等，2000）。通过确定高磷源潜力（即土壤磷以肥料或有机肥添加到土壤中的速率、方法、时间和类型），同时考虑高运移潜能（即地表径流、淋溶、侵蚀和溪流周边），将这些关键源区排序（Lemunyon 和 Gilbert，1993）。磷指数法是比较成功的方法之一，其通盘考虑磷的来源、管理和迁移，将各种磷流失变量互相整合到一个操作性强的程序方法中以评估特定区域磷流失潜力（Gburek 等，2000；Sharpley，2003）。磷指数法的使用帮助农民、咨询专家、推广机构和畜牧业经营者明确了两点：①具有最大风险富营养化的农业区域或实践方法；②土地使用者可采用的管理办法，以此灵活制定补救措施。

本章详述了测量土壤中水溶态磷、磷的吸附饱和、磷的吸附容量，以及指定区域磷流失潜力的方法。所有这些化学方法操作和试剂的准备过程中，推荐使用标准实验室防护服和眼罩。

14.2 水提取土壤磷

用水提取土壤中的磷是一种快速、简单的测定从土壤释放到径流中磷的含量的方法。该方法认为水的提取模拟了土壤和径流的反应过程，因此与土壤类型无关。下面的方法是在 Olsen 和 Sommers（1982）提出的土壤中水溶态磷测定方法的基础上做了改进。土壤样品和水混合振荡一定时间后，被提取的磷用钼酸盐—抗坏血酸分光光度法比色测定（Murphy 和 Riley，1962）。或者，滤液中的总溶解性磷也可用电感耦合等离子体原子发射光谱仪（ICP-AES）分析。

14.2.1 材料和试剂

（1）带螺旋盖的离心管（40 mL）。

（2）旋转振荡器。

（3）离心机。

（4）过滤装置（0.45 μm 微孔滤膜或 Whatman 42 号滤纸）。

（5）分光光度计：带有红外光电管的分光光度计，用于 880 nm 处，提供至少 2.5 cm 的光程，5 cm 长的光程更佳。对于 0.5、1.0 和 5.0 cm 长的光程，磷的范围分别在 0.3~2.0、0.15~1.30 和 0.01~0.25 mg/L。

（6）酸洗的玻璃器具和塑料瓶：量筒（5~100 mL）、容量瓶（100、500 和 1000 mL）、存储瓶、移液管、滴管瓶、用于读取样品吸光度的测试试管或烧瓶。分光光度计应每天按照厂商所提供的标准程序进行校准。

（7）用于称量试剂和样品的天平须根据说明书校准，并进行常规清洁以确保精确度。

（8）蒸馏水。

（9）一系列的磷标准溶液（0、0.25、0.5、0.75 和 1.00 mg P/L，以 KH_2PO_4 制备），分析当天制备。

（10）利用抗坏血酸方法测磷所需试剂。

① 2.5 mol/L H_2SO_4：将 70 mL 浓硫酸缓慢加至 400 mL 蒸馏水中，待溶液冷却后，用蒸馏水定容至 500 mL，混合并转移到塑料瓶中贮存，存放在冰箱中，备用。

② 钼酸铵溶液：将 20 g 钼酸铵 $(NH_4)_6MO_7O_{24} \cdot 4H_2O$ 溶于 500 mL 蒸馏水，装至塑料瓶中并在 4℃ 条件下贮存，备用。

③ 抗坏血酸，0.1 mol/L：将 1.76 g 抗坏血酸溶解于 100 mL 蒸馏水中。溶液置于不透明塑料瓶中在 4℃ 条件下贮存，此溶液在一周内是稳定的。

④ 酒石酸锑钾溶液：将 1.3715 g $K(SbO)C_4H_4O_6 \cdot 1/2H_2O$ 溶解于 400 mL 蒸馏水中，并定容至 500 mL。置于深色玻璃瓶中在 4℃ 条件下贮存，备用。

⑤ 混合试剂：制备混合试剂时，在混合前必须让所有试剂达到室温，并按照以下顺序进行混合。制作 100 mL 混合试剂：

a. 移取 50 mL 2.5 mol/L 的 H_2SO_4 至塑料瓶中；

b. 加入 15 mL 钼酸铵溶液至瓶中并混合；

c. 加入 30 mL 抗坏血酸溶液至瓶中并混合；

d. 加入 5 mL 酒石酸锑钾溶液至瓶中并混合。

⑥ 进行后续实验之前，如果混合试剂浑浊，摇晃并让其放置几分钟直到浊度消失。存放在不透明的塑料瓶中，混合试剂稳定时间不足 8 h，因此每次使用需要重新配制。

⑦ 磷储备液：将 219.5 mg 无水 KH_2PO_4 溶解于蒸馏水中，并定容至 1000 mL；1 mL 溶液包含 50 μg 的磷。

⑧ 磷标准溶液：用蒸馏水稀释磷储备液，配制一系列（至少 6 个）磷标准溶液。

14.2.2 步骤

（1）称取 2 g 风干土样至 40 mL 离心管中，2 个重复。

（2）加入 20 mL 蒸馏水并在 10 r/min 转速下旋转振荡 1 h。

（3）在 3000 g 下离心 10 min。

（4）用 Whatman 42 号滤纸将溶液过滤，若滤液不澄清可改用 0.45 μm 的滤膜。

（5）用 ICP-AES 或抗坏血酸方法测定磷（见 14.2.1 节）。

（6）移取 20 mL 提取液至 25 mL 容量瓶，并添加 5 mL Murphy-Riley 显色剂。

（7）如果提取的磷浓度超过了标准溶液的最大浓度，则需要稀释。将少量样品加至容量瓶中，用蒸馏水补至 20 mL，并加入 Murphy-Riley 显色剂。

（8）在 880 nm 下，测量样品和标液的吸光度，样品浓度由标准曲线确定。

14.2.3 计算

（1）水提取土壤磷（mg/kg）=（提取液中磷浓度，mg/L）×（提取剂体积，L/土壤质量，kg）。

（2）最低检测限为 0.02 mg/kg。

（3）没有检测上限，含有大量磷的土壤提取液可以被稀释。

14.2.4 注释

风干的土壤可在室温下保存在自封袋或密封的塑料容器中以免污染。水提取液应保存在 4℃直至测定，建议两天内完成测定。大量与用户区域相同且与被分析区域相似的土壤应进行风干并归档。实验过程中每天需测量归档样品的水提取土壤磷浓度，以确保分析的重现性。任何偏离此标准值的情况应立即处理。

14.3 磷吸附饱和度

通过磷吸附饱和度，我们可以深入了解土壤释放磷到溶液中的能力，以及土壤吸附外加磷的剩余容量，磷的吸附饱和度定义如下：

$$P_{sat} = \frac{吸附的 P 量}{P 的吸附容量}$$

在下面描述的方法中，吸附的磷用 Mehlich-3 可提取的土壤磷的量表征，磷吸附容量用 Mehlich-3 可提取态 Al 和 Fe 的量表示。应注意的是，用 Mehlich 数据估算磷吸附饱和度时，并不包括 Mehlich-3 可提取 Al 和 Fe 部分对磷吸附的贡献率 α。文献中使用的 α 主要与以酸性草酸铵为提取剂时计算得到的磷吸附饱和度有关（如 van der Zee 和 van Riemsdijk，1988）。鉴于吸附机制中土壤特异性影响磷吸附容量及磷吸附方法的差异性，这个值只能由测定得到，而不能沿用以前的数据（Hooda 等，2000）。

14.3.1 材料和试剂

（1）带螺旋盖的离心管（40 mL）。

（2）旋转振荡器。

（3）离心机。

（4）过滤装置（0.45 μm 微孔滤膜或 Whatman 42 号滤纸）。

（5）用 0.2 mol/L CH_3COOH、0.25 mol/L NH_4NO_3、0.015 mol/L NH_4F、0.013 mol/L HNO_3 和 0.001 mol/L EDTA 制成 Mehlich-3 溶液（详见第 7 章），存放于冰箱，待用。

（6）酸洗的玻璃器具和塑料瓶。

14.3.2 步骤

（1）称取 2.5 g 风干土壤装至 40 mL 离心管中，2 个重复。
（2）加入 25 mL Mehlich-3 试剂并在 10 r/min 转速下振荡 5 min。
（3）用 Whatman 42 号滤纸将溶液过滤，若滤液不澄清可改用 0.45 μm 的滤膜。
（4）用 ICP-AES 测量磷、铝和铁含量，分别用 P_{M3}、Al_{M3} 和 Fe_{M3} 表示。

14.3.3 计算

（1）在所有的情况下，P_{sat} 用被提取元素的摩尔浓度（mmol/kg）来表示。
（2）对于酸性土壤（pH 值<7.0）：$P_{sat} = \dfrac{P_{M3}}{Al_{M3} + Fe_{M3}}$

14.3.4 注释

土壤磷吸附饱和度越来越多地被用作土壤磷对径流的有效性的环境指标，它可以很容易地根据土壤测试实验室和国家数据库的数据计算得到。一些研究表明，使用 Mehlich-3 数据可有效评估大范围酸性和碱性土壤的 P_{sat}。目前，大多数土壤测试实验室使用 ICPs 对 Mehlich-3 提取液进行测定，可同时测得计算 P_{sat} 所需的数据（P_{M3}、Al_{M3} 和 Fe_{M3}）。然而，由于 ICP 测得的几乎是总可溶性磷（无机磷和有机磷），因此 ICP 测得的磷含量通常会大于比色法。对于采用不同实验方法所测得的磷含量，在创建数据库或进行对比研究时必须谨慎。

14.4 磷吸附容量

土壤磷吸附的估算值会随土壤溶液比、背景电解质溶液的离子强度和阳离子种类、平衡时间、初始磷浓度范围、吸附平衡管中土壤悬浮液与顶空的体积比、振荡速率和类型，以及平衡后固液分离的类型和程度等条件变化（Nair 等，1984）。即使用类似的基本步骤测定磷吸附，上述参数中仍存在相当大的变数，使得不同研究的结果之间很难进行比较。因此，Nair 等（1984）提出了一种磷吸附的标准方法，该方法能够在多种类型的土壤中得到一致的结果。这一方法经过一系列评估、修订、实验室测试，最终得出了一种标准化的磷吸附方法，详细描述如下。

14.4.1 材料和试剂

（1）带螺旋盖的离心管（40 mL）。
（2）旋转振荡器。
（3）离心机。
（4）过滤装置（0.45 μm 微孔滤膜或 Whatman No. 42 滤纸）。
（5）分光光度计：带有红外光电管的分光光度计，用于 880 nm 处，提供至少 2.5 cm 的光程，5 cm 长的光程更佳。对于 0.5、1.0 和 5.0 cm 长的光程，磷的范围分别在 0.3~2.0、0.15~1.30 和 0.01~0.25 mg/L。
（6）酸洗的玻璃器具和塑料瓶：量筒（5~100 mL）、容量瓶（100、500 和 1000 mL）、存储瓶、移液管、滴管瓶、用于读取样品吸光度的测试试管或烧瓶。分光光度计应每天按照厂商所提供的标准程序进行校准。
（7）用于称量试剂和样品的天平需根据说明书校准，并进行常规清洁以确保精确度。
（8）背景溶液为 0.01 mol/L 的 $CaCl_2$，存于冰箱待用。
（9）以 0.01 mol/L $CaCl_2$ 为背景溶液的 50 mg P/L 的 KH_2PO_4 无机磷溶液，存于冰箱待用。

14.4.2 步骤

(1) 称取 1 g 风干土样装入 40 mL 离心管中,做 2 个重复。

(2) 分别加入 0、1、2、5、10、15 和 20 mL 的磷储备溶液(50 mg P/L),并加入蒸馏水使体积均达到 25 mL,以 10 r/min 转速旋转振荡 24 h。这样一来,各瓶中平衡磷浓度分别为 0、50、100、250、500、750 和 1000 mg P/kg 土壤,或 0、2、4、10、29、30 和 40 mg P/L。磷的浓度范围可以按需调整,以确保上述浓度绘制的磷吸附等温线具有一个明显的曲率。

(3) 在 3000 g 下离心 10 min。

(4) 用 Whatman 42 号滤纸将溶液过滤,若滤液不澄清可改用 0.45 μm 的滤膜。

(5) 用 ICP-AES 或抗坏血酸方法测定磷(见 14.2.1 节)。

(6) 移取 5 mL 水提取液至 25 mL 容量瓶中,加入 5 mL Murphy-Riley 显色剂并用蒸馏水将体积补充到 25 mL。

(7) 按需要调整样品量,并在加入显色剂后将体积补至 25 mL。

(8) 在 880 nm 下,测定样品和标液的吸光度,样品浓度由每日新绘制的标准曲线确定。

14.4.3 磷吸附等温线的计算

(1) 土壤吸附的磷量(S, mg P/kg 土壤)即为加入的磷量与平衡 24 h 后溶液中剩余磷量的差值。现有一些可用于测定土壤磷原始吸附量(S_0)的方法,如最小二乘法拟合模型、草酸提取磷、离子交换树脂交换提取磷等方法(Nair,等 1998)。

(2) 用平衡溶液中磷的浓度(C, mg P/L)为横坐标,磷的吸附量为纵坐标,绘制 Langmuir 吸附等温线,如图 14.1a 所示。

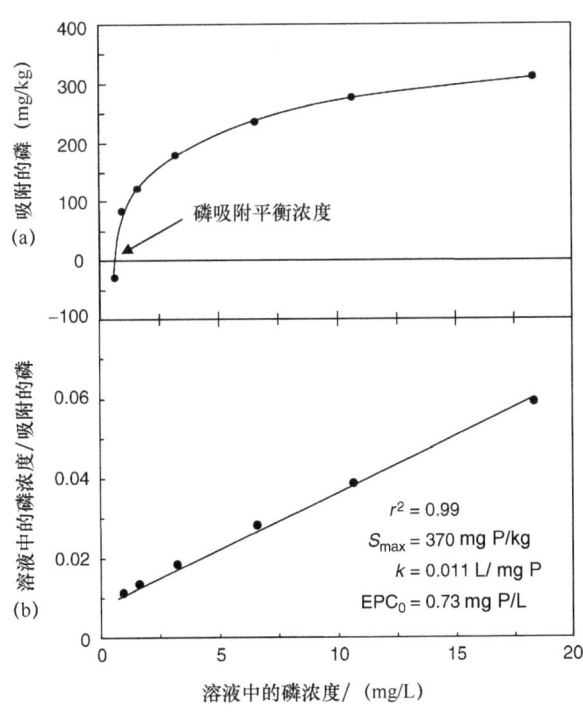

图 14.1 典型的 Langmuir 磷吸附等温线(a)和线性拟合图(b),计算得出了磷的最大吸附量、结合能、平衡磷浓度

(3) 利用 Langmiur 吸附方程,可计算出磷的最大吸附量(S_{max}, mg P/kg 土壤)和与土壤的结合

能（k，L/mg P）。

$$\frac{C}{S} = \frac{1}{kS_{max}} + \frac{C}{S_{max}} \tag{14.4}$$

式中，$S=S'+S_0$，S 为磷总吸附量（mg P/kg 土壤）；S' 为被土壤吸附的磷量（mg P/kg 土壤）；S_0 为磷的原始吸附量（土壤中原有的磷含量）（mg P/kg 土壤）；C 为振荡 24 h 后平衡溶液中的磷浓度（mg P/L）；S_{max} 为磷的最大吸附量（mg P/kg 土壤）；k 为与磷和土壤结合能有关的常数（L/mg P）。

（4）磷的最大吸附量 S_{max}，即为斜率的倒数（C/S vs. C）（图 14.1a）。

（5）结合能 k，即为斜率和截距的比值（图 14.1b）。

（6）平衡磷浓度（EPC_0，mg P/L），定义为由不发生净吸附或解吸的土壤样品所得的溶液中磷的浓度，即为等温曲线在 X 轴上的截距（图 14.1）。

14.5 磷吸附指数

基于 Bache 和 Williams（1971）的方法，使用单点吸附等温线确定 PSI 的步骤描述如下。

14.5.1 材料和试剂

（1）带螺旋盖的离心管（40 mL）。

（2）旋转振荡器。

（3）离心机。

（4）过滤装置（0.45 μm 的微孔滤膜或 Whatman 42 号的滤纸）。

（5）分光光度计：带有红外光电管的分光光度计，用于 880 nm 处，提供至少 2.5 cm 的光程，5 cm 长的光程更佳。对于 0.5、1.0 和 5.0 cm 长的光程，磷的范围分别在 0.3~2.0、0.15~1.30 和 0.01~0.25 mg/L。

（6）酸洗的玻璃器具和塑料瓶：量筒（5~100 mL）、容量瓶（100、500 和 1000 mL）、存储瓶、移液管、滴管瓶、用于读取样品吸光度的测试试管或烧瓶。分光光度计应每天按照厂商所提供的标准程序进行校准。

（7）用于称量试剂和样品的天平需根据说明书校准，并进行常规清洁以确保精确度。

（8）以 0.01 mol/L $CaCl_2$ 为背景溶液的 75 mg P/L 的 KH_2PO_4 无机磷溶液，存于冰箱待用。

14.5.2 步骤

（1）称取 1 g 风干土样装至 40 mL 离心管中，做 2 个重复。

（2）在离心管中加入 20 mL 75 mg P/L 的磷溶液，这样就得到了 1.5 g P/kg 的含磷土壤样品，并且溶液与土壤比为 20:1。

（3）在 10 r/min 转速下旋转振荡 18 h。

（4）在 3000 g 下离心 10 min。

（5）用 Whatman 42 号滤纸将溶液过滤，若滤液不澄清可改用 0.45 μm 的滤膜。

（6）用 ICP-AES 或抗坏血酸方法测定磷（见 14.2.1 节）。

（7）移取 5 mL 水提取的滤液至 25 mL 容量瓶中，加入 5 mL Murphy-Riley 显色剂并用蒸馏水将体积补充到 25 mL。

（8）按需要调整样品量，并在加入显色剂后将体积补至 25 mL。

（9）在 880 nm 下，测定样品和标液的吸光度，样品浓度由每日新绘制的标准曲线确定。

14.5.3 磷吸附指数的计算

（1）PSI 为 $S/\log C$ 的商，其中 S 为被吸附的磷量（mg P/kg），C 为溶液中的磷浓度（mg P/L）。

（2）一些研究表明，用被吸附磷的量（mg P/kg）直接表示 PSI 也是可接受的（Sims 2000）。

14.6 磷指数：场地磷流失程度风险评估

场地中磷的径流流失风险用磷指数评估，磷指数是通过各种来源和迁移因子的权重来确定的。尽管磷指数的计算过程和形式因地区而异，但通常第一步都是收集如农田图集、土壤测试报告、肥料分析、作物轮作和粪便处理和应用信息等农田信息。第二步则需要确定侵蚀速率、径流类别和与受纳水体的距离。实地考察和评估对于正确评估农田边界、径流和侵蚀贡献的区域、优化养分管理和良好管理措施的选择等方面是至关重要的。接下来的内容概述了宾夕法尼亚州（Pennsylvania）磷指数的信息来源和计算方法。磷指数常采用英制单位，与领域从业者使用的单位保持一致，并给出了将英制转换为公制或 SI 单位的系数。

通过使用一个或多个快速磷指数因子作为筛选工具来识别最大磷流失风险区域，减少了磷指数评估的时间和工作负担。宾夕法尼亚州磷指数中，筛选工具首先为磷指数的 A 部分，用 Mehlich-3 法提取的土壤磷（ppm）和从区域底部边缘到受纳水体的距离（有效距离）（表 14.1）。

表 14.1 磷指数法应用（优化的宾夕法尼亚州的磷指数 8/2002 版），A 部分示例——筛选工具

	评价类别	
土壤测试 P-Mehlich-3 磷	>200 ppm (µg/g)	满足任一因素
有效距离	<150 ft. (50 m)	则进行 B 部分

14.6.1 确定风险区

若场地的磷浓度超过 200 ppm，或场地底部边缘与受纳水体距离小于 150 英尺（50 m），那这个区域即被认定为磷流失潜在高风险区域。为了确定磷流失风险，必须使用磷指数的 B 部分来评估额外的场地因子（表 14.2）。

表 14.2 宾夕法尼亚州的磷指数法 8/2002 版本 B 部分内的运移因子，B 部分——运移因子

特性	风险等级					风险值
土壤侵蚀	风险值=年土壤损失=_____ 吨/英亩/年[a]					
径流潜力	非常低 0	低 1	中等 2	高 4	非常高 8	
地下排水	无 0		随意 1		管网排水[b] 2	
淋失潜力	低 0		中 2		高 4	
有效距离	>500 ft. (>150 m) 0	500~350 ft. (100~150 m) 1	350~250 ft. (75~100 m) 2	150~250 ft. (50~75 m) 4	<150 ft.(<50 m) 8	
	运移总量=侵蚀流失+径流潜力+地下排水+淋失潜力+有效距离					
连通性修正因子	河边缓冲带 适用于距离<150 ft.(<50 m) 0.7		草地水道或无 1.0		直接连接 适用于距离>150 ft.(>50 m) 1.1	
	运移因子=运移总量×修正系数/22					

运移值除以 22（可获得的最大值）是为了将此位点运移因子标准化为小于 1 的值，1 即代表完全达到运移潜力。

注意：美国的许多州都有一个特定的磷指数。虽然大多数磷指数工具的原则相似，但是各州间不同因素或这些因素的权重有所不同。如果可以，请查看所在州的磷指数。更多关于各州所用指数的具体信息见 Sharpley 等（2003）。

a. 1 吨/英亩/年相当于 2.24 兆克/公顷/年；
b. 或是靠近溪流的快速渗透土壤。

如果某场地磷浓度低于 200 ppm，且场地底部边缘与受纳水体距离超过 150 英尺（50 m），则可认为该区域没有潜在的磷流失高风险，可遵循氮肥施用管理建议。

14.6.2 注意事项

磷指数会随相关评估因子、场地条件和管理方案的相关参数、计算方法而变化。此外，磷指数可能会发生变化和修改，以反映当前的研究和政策。为了确保磷指数的合理应用，地方提出的版本必须在地方上有示范并得到磷指数应用专家认可。以下信息基于磷指数在宾夕法尼亚州的应用。

14.6.3 准备工作

（1）土壤侵蚀：土壤侵蚀速率可用 RUSLE 1.06 c 计算（Renard 等，1997）。

（2）径流潜力：根据区域内主要的土壤类型（占区域 50%或更大）和 USDA-NRCS 工作人员提供的县志，确定每个评估区域地表径流类别指数。下面会详细介绍用于确定地表径流类别指数的 USDA-NRCS 方法。

（3）地下排水：根据农田信息，确定该区域是否有人工排水系统，或该区域是否靠近河流并具有快速渗透性土壤。"随机"排水是指在一个区域内的单个或几个管排水，而"管网"排水是指大部分或整个区域都通过排水系统排水。快速渗透性土壤必须是在距河流 150 英尺（50m）内，且为 USDA-NRCS 所认定的快速渗透性土壤。

（4）有效距离：确定每个被测区域到受纳水体的有效距离。距离从区域靠近受纳水体的下边缘测量，可使用农田图集或通过现场测量确定。

（5）连通性修正：列出是否存在缓冲区、草地水道、沟渠和管道出口，及其所在位置。

- 如果该区域与水体距离在 150ft.（50 m）以内且存在河岸缓冲带，应选择合适的修正连通性因子（即降低迁移值）。所有缓冲区域的设计及维护必须满足 USDA-NRCS 标准。
- 如果该区域与水距离超过 150ft.（50 m），但与受纳水体之间存在直接连通，例如，存在管道或沟渠，也应选择合适的修正连通性因子（即增加迁移值）。
- 如果该区域有草地水道或没有具体的管理实践，则使用默认系数 1.0（即迁移值不变）。

14.6.4 计算迁移总量和迁移因子

（1）迁移总量：将实际土壤流失率（吨/英亩/年）与径流潜力、地下排水和有效距离系数相加，总和输入每个区域的运移风险值列表中。

（2）迁移因子：用修正后的连通因子乘以迁移总量，结果除以 22。22 是迁移总和最大值，除以该值使得迁移因子值在 0~1 之间变化。1 代表该区域的迁移能力达到 100%，其他值则代表该区域的迁移能力达到相对应的比例。只有当侵蚀损失异常高时迁移因子才会超过 1。计算后，将每个区域的计算结果输入迁移因子风险值列表中。

14.6.5 记录

（1）土壤磷检测：近期的土壤测试报告。

（2）化肥和粪肥使用量：耕作记录或养分管理计划中规定的磷量，每个区域施用量以 P_2O_5/亩计。

（3）化肥和粪肥施用的流失等级：耕作记录或养分管理计划给出每个区域施用磷的方法和时间。

（4）粪肥中磷的可利用性：耕作记录或养分管理计划给出每个区域所用的粪肥类型、粪肥组成或其他有机磷源（见表 14.3）。

表14.3 磷指数中由于来源和现场管理因素造成的磷流失潜力，C部分——来源和现场因素

贡献因素	风险等级					风险值
	非常低	低	中等	高	非常高	
土壤磷风险[a]	风险值=土壤磷测定值（ppm，Mehlich-3法）×0.20 = _____ppm×0.20= 或 风险值=土壤磷测定值（磷 P_2O_5/英亩）×0.05 = _____磷 P_2O_5/英亩×0.05=					
磷流失等级-施用方法和时间	机械播撒或注入深度超过2"（5 cm） 0.2	施用<1周 0.4	施用>1周或继春夏施用后未施用 0.6	施用>1周或继秋冬施用后未施用 0.8	施用在冰冻或雪覆盖的土壤表面 1.0	
化肥磷风险[a]	风险值=化肥磷施用量×磷流失等级= 风险值=_____磷 P_2O_5/英亩×_____ =					
粪肥磷有效性	有机磷源可利用性系数					
粪肥磷风险[a]	风险值=粪肥磷施用量×磷流失等级×磷有效性系数= 风险值 _____磷 P_2O_5/英亩×_____×_____=					
总管理风险因子	管理因子总和=					

提醒：美国的许多州都有一个特定的磷指数。虽然大多数州计算磷指数的原理相似，但是各州间不同因素或这些因素的权重有所不同。如果可以，请查阅所在州的磷指数。更多关于各州所用指数的具体信息见Sharpley等（2003）。

a.转换因子：10磅 P_2O_5/英亩相当于4.89 kg P/ha。

14.6.6 磷指数的计算

（1）将所有迁移因子（B部分）和管理因子总和（C部分）填入工作表格。

（2）用B部分乘以C部分，然后乘以2。因子2将最终指数标准化至100左右。此值即为最终磷指数值。

（3）在表14.4中可查找相关的说明和管理指南。

区域	B部分 运移风险	C部分 管理风险	磷指数 B×C×2	对磷指数的评价
例子	0.55	92	101	非常高

表14.4 磷指数的一般解释和管理指南

磷指数值	等级	一般解释	管理指南
<59	低	如果维持当前的耕作方式，污染地表水的风险较低	氮肥施用
60~79	中等	存在污染地表水的可能性，应采取补救措施使磷流失量最小化	氮肥施用
80~100	高	对地表水有污染，需要采取保护措施和磷管理措施使磷流失量最小化	磷的施用仅需要满足作物对磷的吸收量
>100	非常高	对地表水有污染，必须实施所有必要的保护措施和磷管理措施使磷流失量最小化	不施磷

提醒：美国的许多州都有一个特定的磷指数。虽然大多数州计算磷指数的原理相似，但是各州间不同因素或这些因素的权重有所不同。如果可以，请查阅所在州的磷指数。更多关于各州所用指数的具体信息见Sharpley等（2003）。

参 考 文 献

Andraski, T.W. and Bundy, L.G. 2003. Relationship between phosphorus levels in soil and in runoff from corn production systems. *J. Environ. Qual.* 32: 310-316.

Andraski, T.W., Bundy, L.G., and Kilian, K.C. 2003. Manure history and long-term tillage effects on soil properties and phosphorus losses in runoff. *J. Environ. Qual.* 32: 1782-1789.

Bache, B.W. and Williams, E.G. 1971. A phosphate sorption index for soils. *J. Soil Sci.* 22: 289-301.

Bastian, R.K. 1995. Biosolids Management Handbook. EPA 833-R-95-001. USEPA, Office of Water Management, Washington, DC. Available at: http: //www.epa.gov/Region8/water/ wastewater/biohome/biosolidsdown/handbook/handbook1.pdf (last verified March 1, 2005).

Beauchemin, S. and Simard, R.R. 1999. Soil phosphorus saturation degree: review of some indices and their suitability for P management in Quebec, Canada. *Can. J. Soil Sci.* 79: 615-625.

Berkheiser, V.E., Street, J.J., Rao, P.S.C., and Yuan, T.L. 1980. Partitioning of inorganic orthophosphate in soil-water systems. *CRC Crit. Rev. Environ. Contr.* October 1980, 179-224.

Breeuwsma, A. and Silva, S. 1992. Phosphorus fertilisation and environmental effects in the Netherlands and the Po region (Italy). Report 57, DLO The Winand Staring Centre for Integrated Land, Soil, and Water Research, Wageningen, the Netherlands.

Carpenter, S.R., Caraco, N.F., Correll, D.L., Howarth, R.W., Sharpley, A.N., and Smith, V.H. 1998. Nonpoint pollution of surface waters with phosphorus and nitrogen. *Ecol. Appl.* 8: 559-568.

Coale, F.J., Sims, J.T., and Leytem, A.B. 2002. Accelerated deployment of an agricultural nutrient management tool: the Maryland phosphorus site index. *J. Environ. Qual.* 31: 1471-1476.

Daverede, I.C., Kravchenko, A.N., Hoeft, R.G., Nafziger, E.D., Bullock, D.G., Warren, J.J., and Gonzini, L.C. 2003. Phosphorus runoff: effect of tillage and soil phosphorus levels. *J. Environ. Qual.* 32: 1436-1444.

Gburek, W.J., Sharpley, A.N., Heathwaite, A.L. and Folmar, G.J. 2000. Phosphorus management at the watershed scale: a modification of the phosphorus index. *J. Environ. Qual.* 29: 130-144.

Gibson, G.R., Carlson, R., Simpson, J., Smeltzer, E., Gerritson, J., Chapra, S., Heiskary, S., Jones, J., and Kennedy, R. 2000. Nutrient criteria technical guidance manual: lakes and reservoirs (EPA-822-B00-001). U.S. Environmental Protection Agency, Washington, DC.

Hooda, P.S., Rendell, A.R., Edwards, A.C., Withers, P.J.A., Aitken, M.N., and Truesdale, V.W. 2000. Relating soil phosphorus indices to potential phosphorus release to water. *J. Environ. Qual.* 29: 1166-1171.

Kleinman, P.J.A. and Sharpley, A.N. 2002. Estimating soil phosphorus sorption saturation from Mehlich-3 data. *Commun. Soil Sci. Plant Anal.* 33: 1825-1839.

Leinweber, P., Lunsmann, F., and Eckhardt, K.U. 1997. Phosphorus sorption capacities and saturation of soils in two regions with different livestock densities in northwest Germany. *Soil Use Manage.* 13: 82-89.

Lemunyon, J.L. and Gilbert, R.G. 1993. The concept and need for a phosphorus assessment tool. *J. Prod. Agric.* 6: 483-496.

Lookman, R., Jansen, K., Merckx, R., and Vlassak, K. 1996. Relationship between soil properties and phosphate saturation parameters: a transect study in northern Belgium. *Geoderma* 69: 265-274.

McDowell, R.W. and Sharpley, A.N. 2001. Approximating phosphorus release from soils to surface runoff and subsurface drainage. *J. Environ. Qual.* 30: 508-520.

Mozaffari, P.M. and Sims, J.T. 1994. Phosphorus availability and sorption in an Atlantic Coastal Plain watershed dominated by intensive, animalbased agriculture. *Soil Sci.* 157: 97-107.

Murphy, J. and Riley, J.P. 1962. A modified single solution method for the determination of phosphate in natural waters. *Anal. Chem. Acta* 27: 31-36.

Nair, P.S., Logan, T.J., Sharpley, A.N., Sommers, L.E., Tabatabai, M.A., and Yuan, T.L.Interlaboratory comparison of a standardized phosphorus adsorption procedure. *J. Environ. Qual.* 13: 591-595.

Nair, V.D. and Graetz, D.A. 2002. Phosphorus saturation in Spodosols impacted by manure. *J. Environ. Qual.* 31: 1279-1285.

Nair, V.D., Graetz, D.A., and Reddy, K.R. 1998. Dairy manure influences on phosphorus retention capacity of Spodosols. *J. Environ. Qual.* 27: 522-527.

Olsen, S.R. and Sommers, L.E. 1982. Phosphorus. In: A.L. Page et al., eds. *Methods of Soil Analysis*. Agronomy 9, 2nd edn. American Society of Agronomy, Inc., Madison, WI, 403-430.

Pionke, H.B., Gburek, W.J., and Sharpley, A.N. 2000. Critical source area controls on water quality in an agricultural watershed located in the Chesapeake Basin. *Ecol. Eng.* 14: 325-335.

Pote, D.H., Daniel, T.C., Nichols, D.J., Moore, P.A., Miller, D.M., and Edwards, D.R. 1999a. Seasonal and soil-drying effects on runoff phosphorus relationships to soil phosphorus. *Soil Sci. Soc. Am. J.* 63: 1006-1012.

Pote, D.H., Daniel, T.C., Nichols, D.J., Sharpley, A.N., Moore, P.A., Miller, D.M., andEdwards, D.R. 1999b. Relationship between phosphorus levels in three ultisols and phosphorus concentrations in runoff. *J. Environ. Qual.* 28: 170-175.

Pote, D.H., Daniel, T.C., Sharpley, A.N., Moore, P.A., Edwards, D.R., and Nichols, D.J. 1996. Relating extractable soil phosphorus to phosphorus losses in runoff. *Soil Sci. Soc. Am. J.* 60: 855-859.

Renard, K.G., Foster, G.R., Weeies, G.A., McCool, D.K., and Yoder, D.C. 1997. Predicting soil erosion by water: a guide to conservation planning with the revised universal soil loss equation (RUSLE). U.S. Department of Agriculture. Agriculture Handbook 703. U.S. Government Printing Office, Washington, DC, 384.

Schoumans, O.F. and Breeuwsma, A. 1997. The relation between accumulation and leaching of phosphorus: laboratory, field and modelling results. In: H. Tunney et al., eds. *Phosphorus Loss from Soil to Water*. CAB International Press, Cambridge, England, 361-363.

Schoumans, O.F., Breeuwsma, A., and de Vries, W. 1987. Use of soil survey information for assessing the phosphate sorption capacity of heavily manured soils. In: W. van Duijvenbooden and H.G. van Waegeningh, eds. Proceedings of the International Conference on the Vulnerability of Soil and Groundwater to Pollutants, Noordwijk aan Zee, the Netherlands, 1079-1088.

Sharpley, A.N. 1995. Dependence of runoff phosphorus on extractable soil phosphorus. *J. Environ. Qual.* 24: 920-926.

Sharpley, A.N. (ed.). 2000. Agriculture and Phosphorus Management: The Chesapeake Bay. CRC Press, Boca Raton, FL.

Sharpley, A.N., Daniel, T.C., Sims, J.T., and Pote, D.H. 1996. Determining environmentally sound soil phosphorus levels. *J. Soil Water Conserv.* 51: 160-166.

Sharpley, A.N., Kleinman, P.J.A., McDowell, R.W., and Weld, J.L. 2001. Assessing site vulnerability to phosphorus loss in an agricultural watershed. *J. Environ. Qual.* 30: 2026-2036.

Sharpley, A.N., Sims, J.T., and Pierzynski, G.M. 1994. Innovative soil phosphorus indices: assessing inorganic phosphorus. In: J. Havlin et al., eds. Soil Testing: Prospects for Improving Nutrient Recommendations. Soil Science Society America Special Publication 40, Soil Science Society America, Inc., Madison, WI, 403-430.

Sharpley, A.N., Smith, S.J., Stewart, B.A., and Mathers, A.C. 1984. Forms of phosphorus in soils receiving cattle feedlot waste. *J. Environ. Qual.* 13: 211-215.

Sharpley, A.N. and Tunney, H. 2000. Phosphorus research strategies to meet agricultural and environmental challenges of the 21st century. *J. Environ. Qual.* 29: 176-181.

Sharpley, A.N., Weld, J.L., Beegle, D.B., Kleinman, P.J.A., Gburek, W.J., Moore, P.A., and Mullins, G. 2003. Development of phosphorus indices for nutrient management planning strategies in the U.S. *J. Soil Water Conserv.* 58: 137-152.

Sibbesen, E. and Sharpley, A.N. 1997. Setting and justifying upper critical limits for phosphorusin soils. In: H. Tunney et al., eds. *Phosphorus Loss from Soil to Water*. CAB International, Wallingford, England, 151-176.

Simard, R.R., Beauchemin, S., and Haygarth, P.M. 2000. Potential for preferential pathways of phosphorus transport. J. Environ. Qual. 29: 97-105.

Simard, R.R., Cluis, D., Gangbazo, G., and Pesant, A. 1994. Phosphorus sorption and desorption indices for soils. Commun. *Soil Sci. Plant Anal.* 25: 1483-1494.

Sims, J.T. 2000. A phosphorus sorption index. In: G.M. Pierzynski, ed. *Methods of Phosphorus Analysis for Soil, Sediments, Residuals, and Waters*. Southern Regional Extension and Research Activity—Information Exchange Group (SERA—IEG) 17. North Carolina State University Press, Raleigh, NC, 22-23.

Sims, J.T., Joern, B.C., and Simard, R.R. 1998. Phosphorus losses in agricultural drainage: historical perspective and current research. *J. Environ. Qual.* 27: 277-293.

Smith, S.J., Sharpley, A.N., Williams, J.R., Berg, W.A., and Coleman, G.A. 1991. Sediment- nutrient transport during severe storms. In: S.S. Fan and Y.H. Kuo, eds. Fifth Interagency Sedimentation Conference, March 1991, Las Vegas, NV. Federal Energy Regulatory Commission, Washington, DC, 48-55.

Stout, W.L., Sharpley, A.N., and Pionke, H.B. 1998. Reducing soil phosphorus solubility with coal combustion by-products. *J. Environ. Qual.* 27: 111-118.

Syers, J.K., Harris, R.F., and Armstrong, D.E. 1973. Phosphate chemistry in lake sediments. *J. Environ. Qual.* 2: 1-14.

Torbert, H.A., Daniel, T.C., Lemunyon, J.L., and Jones, R.M. 2002. Relationship of soil test phosphorus and sampling depth to runoff phosphorus in calcareous and noncalcareous soils. *J. Environ. Qual.* 31: 1380-1387.

U.S. Environmental Protection Agency. 1993. The Standards for the Use or Disposal of Sewage Sludge. Final Rules. 40 CFR Parts 257, 402, and 503. EPA 822=Z=93=001. *Fed. Regist.* 58: 9248-9404.

U.S. Environmental Protection Agency. 2004. Managing Manure Nutrients at Concentrated Animal Feeding Operations. EPA-821-B-04-006. U.S. Environmental Protection Agency, Office of Water (4303T), Washington, DC. Available online at: http://www.epa.gov/guide/cafo/ (last verified November 10, 2004).

U.S. Geological Survey. 1999. The Quality of Our Nation's Waters: Nutrients and Pesticides. U.S. Geological Survey Circular 1225, 82. USGS Information Services, Denver, CO. Available at: http: ==www.usgs.gov.

Vadas, P.A., Kleinman, P.J.A., and Sharpley, A.N. 2005. Relating soil phosphorus to dissolved phosphorus in runoff: a single extraction coefficient for water quality modeling. *J. Environ. Qual.* 34: 572-580.

van der Zee, S.E.A.T.M. and van Riemsdijk, W.H. 1988. Model for long-term phosphate reactions in soil. *J. Environ. Qual.* 17: 35-41.

（马杰 译，李永涛 翁莉萍 校）

第15章 电导率和可溶性离子

Jim J. Miller

Agriculture and Agri-Food Canada

Lethbridge, Alberta, Canada

Denis Curtin

New Zealand Institute for Crop and Food Research

Christchurch, New Zealand

15.1 引 言

盐渍化土壤被定义为因含有过多的可溶性盐而对大多数作物生长有不利影响的土壤（Soil Science Society of America，2001）。土壤盐渍化在世界范围内对旱地和灌溉土壤的农业生产有不利影响。土壤盐渍化会通过降低土壤溶液的渗透势来限制植物吸收水分而导致作物生长量降低（Corwin 和 Lesch，2003）。盐渍化也会导致特定离子产生毒性或养分失衡，如果在土壤阳离子交换过程中累积过量的 Na，土壤的渗透性和可耕作性就会大幅降低。

土壤盐度常用土壤提取液的电导率（EC）来表示。若25℃下，饱和提取液的电导率超过 4 dS/m，则该土壤即被视为盐渍化土壤（Soil Science Society of America，2001）。主要的可溶性盐离子包括阳离子 Na^+、Ca^{2+}、Mg^{2+} 和阴离子 SO_4^{2-}、Cl^-，以及少量的 K^+、HCO_3^-、CO_3^{2-} 和 NO_3^-。土壤碱度表征为可交换 Na 的累积量，通过测定土壤中可交换钠的百分比（ESP）来确定，或通过更为通用的方法土壤—水提取液的钠吸附比（SAR）测定。如果饱和提取液的 SAR 超过13，土壤即被认为是碱化土壤（Soil Science Society of America，2001）。Sumner 等（1998）提出了一个基于土壤物理性质（黏土的可分散性）、钠和盐度水平的更详细的判别碱化土壤的分类方案。

土壤盐度或 EC 值可在原位土壤（EC_a）、饱和泥浆提取物（EC_e）、土水比 1∶1～1∶5 的提取液（$EC_{1:1}$、$EC_{1:2}$ 和 $EC_{1:5}$）或从田间直接提取的土壤孔隙水（EC_w）中测定（Corwin 和 Lesch，2003）。EC_a 或表观 EC 已经成为表征田间土壤盐分空间分布最可靠和最常用的方法之一。用来测量田间 EC_a 的方法包括 Wenner 排列或四电极法、电磁（EM）感应法和时域反射计法（TDR）（Rhoades 和 Oster，1986；Rhoades，1990、1992）。EM 感应法是三种方法中最常用的，因为其可对大面积土壤进行快速测定；并通过测定大量土壤减少局部范围的不确定性；再者土壤与 EM 感应器之间不需要接触，因此测定可在相对干燥或多石粒的土壤中进行（Hendrickx 等，1992）。EM38 测量器或在较小范围使用的 EM31 测量器（Geonics Ltd.，Mississauga，Ontario）最常用于土壤调查。EM38 测量 EC_a 在垂直模式下可达到 1.2 m，在水平模式下可达到 0.6 m。结合全球定位系统（GPS）开发的移动系统，可以快速绘制大面积的田间土壤盐度图（Rhoades，1992；Cannon 等，1994）。用 EM38 测得的 EC_a 值很容易转换为不同温度、质地和水分条件下的 EC_e 值（Rhoades 和 Corwin，1981；Corwin 和 Rhoades，1982；McKenzie 等，1989）。

习惯上，土壤水提取液的电导率被定义为饱和土壤泥浆提取物的电导率（EC_e）（U.S. Salinity Laboratory Staff，1954）。电导率和溶质浓度受土水比的影响（Reitemeier，1946），这就要求将其标准化，这样就可以在不同的土壤类型下得到一致的解释，但对沙土、有机土和石灰性土壤例外（Robbins 和

Wiegand，1990）。在多数农田常规含水量下提取土壤水是不切实际的，因此，土壤水提取液必须在高于正常含水量下获取。饱和土壤泥浆近似于满足条件的最低土水比，在此比例条件下，可通过常规方法得到足够的提取液用于主要的盐分组成分析。相比于在固定土水比下提取，饱和土壤泥浆方法与土壤持水能力关系更为密切。大多数土壤的饱和土壤泥浆含水量约为田间持水量的两倍（Robbins 和 Wiegand，1990）。作物的耐盐性一般用 EC_e 表示。

由于饱和泥浆方法需要一定的时间和实验技巧，在测量土壤 EC 和溶质浓度时，实验室越来越多地使用固定的土水比（如 1∶1、1∶2、1∶5）。然而，当土水比放宽时，阳离子交换和矿物质溶解可能会导致电导率估计过高和溶质成分的改变。尤其是在样品含有石灰的情况下，Ca^{2+} 和 SO_4^{2-} 浓度在一定土水比范围内保持不变，而其他离子浓度均随着稀释作用而下降（Robbins 和 Wiegand，1990）。然而，有研究显示在土水比为 1∶2 时的提取液与饱和泥浆提取液中 EC、Mg^{2+}、K^+ 和 Cl^- 之间有良好的相关性（Sonneveld 和 van den Ende，1971）；当土水比为 1∶1 和 1∶2 时，EC、Na^+、$Ca^{2+}+Mg^{2+}$ 和 Cl^- 之间存在良好的相关性（Hogg 和 Henry，1984）；当土水比为 1∶1 时，EC、可溶性阳离子（Na^+、Ca^{2+}、Mg^{2+}、K^+）和阴离子（SO_4^{2-}、Cl^-）也存在良好的相关性（Pittman 等，2004）。在美国 87 个实验室可溶性盐数据分析中，饱和泥浆提取液（13.4%）的平均剩余标准差（RSD）最低，随后是 1∶1 的提取液（24.2%），然后是 1∶2 的提取液（32.5%）（Wolf 等，1996）。90% 的土水比为 1∶1 的提取液的结果在平均值±2% 的范围内（可接受的实验室误差），而这一比例对于饱和泥浆提取液为 87%，对于 1∶2 提取液为 84%。

在田间含水量下提取土壤水中进行 EC（EC_w）和溶质的测定，理论上是最佳的盐度测定方法，因为它表征的是植物根部附近的实际盐度水平（Corwin 和 Lesch，2003）。然而，EC_w 并没有被广泛的使用，因为它随着土壤含水量和时间的变化而变化，因此它不是一个单值参数（Rhoades，1978），而且获得土壤溶液的方法过于费力且成本较高（Rhoades 等，1999）。土壤溶液可通过置换、压实、离心、分子吸附和真空或压力提取法从扰动的样品中获得（Rhoades 和 Oster，1986），未受扰动样品的土壤溶液可通过各种吸入式采样器和盐度传感器获得（Corwin 和 Lesch，2003）。Kohut 和 Dudas（1994）报道了当饱和泥浆提取液 EC 值、阳离子浓度（Na^+、Mg^{2+} 和 K^+）和阴离子浓度较低时，饱和泥浆提取液和未扰动土壤溶液间存在相当大的差异。

本章将主要关注用于饱和泥浆提取液和固定土水比下提取液中 EC 的实验室测量方法，以及可用于分析这些提取物中可溶性阳离子和阴离子的方法。

15.2 提　　取

15.2.1 饱和提取（Janzen，1993；Rhoades，1996）

1. 步骤

（1）确定要使用的风干土壤样品的水分含量。称量一部分风干土壤样品（30~50g），在 105℃下烘干，称重，计算风干土壤的含水量。

（2）称量 200~400 g 已知水分含量的风干土壤装入一个带盖的容器中，记录容器和土壤样品的总重。（所用土壤的重量取决于所需提取液的体积，一般情况下，饱和提取物中可回收约三分之一的添加水量。）

（3）混合时添加去离子水让土壤饱和，当达到饱和时，泥浆表面形成亮面并且容器倾斜时能缓慢流动，能够在平滑的铲子上顺畅地滑动，并且通过拍打、振荡容器能轻易地恢复原状而不留下铲子搅动的痕迹。

（4）让样品静置至少 4 h 并检查确保仍然满足饱和标准。若表面累积多余的游离水，则增加一定重量的土样后重新混合。若土壤变硬或不形成亮面，则加蒸馏水并混合均匀。

（5）称量容器和样品的总重，记录增加的重量，即为所加的水量（或者，所加水量可通过从滴定管加入的体积计算）。按下式计算饱和度（SP）：

$$SP = \frac{(所加水量 + 样品中含水量)}{烘干后土重} \times 100 \tag{15.1}$$

（6）让泥浆放置足够长的时间以建立土壤矿物质和水之间的平衡（至少 4 h，最好是过夜）。如果需要测量 pH 值，则样品需要完全混合，用 pH 计测量。饱和泥浆的 pH 值通常比饱和泥浆提取液的 pH 值更有意义（Robbins 和 Wiegand，1990）。

（7）将湿土转移到装有低速滤纸的布氏漏斗中，使用真空泵收集提取液直到空气通过过滤器。如果滤液浑浊须再过滤。

（8）提取液在 4℃下存储，待测定电导率和可溶性阴阳离子。

2. 注释

如果可能，有机土壤应该在未干燥时提取，否则会影响 SP。有机土壤可能需要过夜饱和并二次加水以达到最终的饱和终点。对于细质地土壤，一次性在样品中加入足够的水，稍加混合后即可达到饱和。粗质地土壤中不要过度加水，如果放置一段时间后土壤表面有游离水表明粗质地土壤已经过饱和。

15.2.2　固定比例提取（Janzen, 1993；Rhoades, 1996）

1. 步骤

（1）称取适量风干土壤于烧瓶中，加入足量去离子水使其达到所需提取比例，振荡 1 h。

（2）用低速滤纸过滤悬浮液，分析前在 4℃下保存。

2. 注释

1∶1 和 1∶2 土水比提取优于 1∶5。但是，1∶5 的土水比是澳大利亚盐分测定工作中常用的比例（Rengasamy 等，1984；Sumner 等，1998）。

15.3　分　析

15.3.1　电导率（EC_E、$EC_{1:1}$、$EC_{1:2}$ 和 $EC_{1:5}$）

各种提取液中的总溶质浓度一般通过测定 EC 值估算得到。虽然电导率和盐浓度的关系多变且某种程度上取决于溶液的离子组成，但是 EC 提供了一个快速而又相对精确的溶质浓度估算方法。现代电导率仪可提供自动温度补偿、自动调节仪器内部的电极常数，并可直接以 μmho/cm 或相似单位读出电导率值。对于较老的不具备以上三个特征的电导率仪，可以参考 Rhoades（1996）或美国公共卫生协会（American Public Health Association，1988）的说明。

1. 步骤

（1）配制 0.010 mol/L KCl 标准溶液，用于仪器内部自动校正电极常数。溶解 0.7456 g 试剂级无水 KCl 并用超纯水定容至 1L（EC＜0.001 dS/m）。在 25℃下，此溶液的电导率为 1.413 dS/m 且当电极常数在 1～2 时可适用于大多数溶液。可使用更强或更弱的 KCl 溶液标定其他电极常数。

（2）用标准 KCl 溶液校正电导率仪以自动调节仪器内部电极常数。用 0.01 mol/L KCl 溶液冲洗探头三次，将温度调节至第四挡的 25.0℃±0.1℃。将温度补偿调到 0.0191 C^{-1}。将探头插入 KCl 标准溶液并将仪器读数调整到 1413 μmho/cm 或 1.413 dS/m。

（3）用电导率仪的 EC 探头读取提取液的电导率，结果报告使用国际单位 dS/m。

2. 注释

应使用误差不超过 1% 或 1 μmho/cm 或 0.001 dS/m 的电导率仪。EC 的基本单位 mho/cm 对于大多天然水体来说太大（Bohn et al. 1979），更合适的单位是 mmho/cm。较早的文献中，或是对于一些低盐度水的处理中，使用的单位为 μmho/cm。国际电导率单位为 S/m，但是结果更多的采用 dS/m 表示。水的电导率为 0.0002 mho/cm 时，也可表示为 0.2 mmho/cm，200 μmho/cm，0.020 S/m，或 0.2 dS/m。

15.3.2 可溶性离子含量方法概述和对比

各种可用于分析土壤—水提取液中可溶性阴阳离子的方法见表 15.1。大多实验室都使用火焰原子吸收光谱仪（FL-AAS）分析可溶性阳离子，连续流动分析仪比色法测定 Cl^- 和 SO_4^{2-}，滴定法分析 HCO_3^- 和 CO_3^{2-}。

表 15.1　可用于测定饱和泥浆和固定比例提取液中可溶性阳离子和阴离子浓度的方法

方法[a]	Na^+	K^+	Ca^{2+}	Mg^{2+}	Cl^-	SO_4^{2-}	HCO_3^-/CO_3^{2-}
FL-AAS	×	×	×	×			
IC	×	×	×	×	×	×	
ICP-AES	×	×	×	×	×		
重量法					×	×	
比色法					×	×	
电位法					×		×
比浊法						×	
滴定法						×	×

[a] FL-AAS：火焰原子吸收光谱仪；IC：离子色谱仪；ICP-AES：电感耦合等离子体原子发射光谱仪。

当经费有限、样品数量不大、不要求极低检测限时，火焰原子吸收光谱仪是分析可溶性阳离子的首选仪器（Wright 和 Stuczynski，1996）。离子色谱法（IC）多用于分析水体系（American Public Health Association，1998）和土壤提取液（Nieto 和 Frankenberger，1985a）中的 Cl^- 和 SO_4^{2-}。虽然 IC 也可用于测定土壤中可溶性阳离子（Basta 和 Tabatabai，1985；Nieto 和 Frankenberger，1985b），但实际应用很少。

电感耦合等离子体原子发射光谱仪（ICP-AES）已越来越多地被用于分析土壤提取液（Soltanpour 等，1996；Wright 和 Stuczynski，1996）和水（Vitale 等，1991）中的可溶性 Na^+、K^+、Ca^{2+} 和 Mg^{2+}。此外，ICP-AES 还可用于测定水提取液中的非金属离子，如 S^- 和 Cl^-（Richter 等，1999）。与传统的 FL-AAS 相比，ICP-AES 的优点是等离子流极为稳定，使某些元素达到更低的检测限成为可能，并具有在 2 min 内同时测量水样中 15～20 种金属元素的能力（Vitale 等，1991）。ICP-AES 的缺点是初始成本和运行成本高（气、电、耗材）（Wright 和 Stuczynski，1996）和易受高浓度总溶解固体 Na^+、Ca^{2+}、$Fe^{2/3+}$ 和 Al^{3+} 的基质干扰（Vitale 等，1991）。

1. 可溶性阳离子

钠普遍采用火焰发射光度法在 589 nm 波长下分析，而钾在 766.5 nm 波长下分析（Robbins 和 Wiegand，1990；Helmke 和 Sparks，1996）。预处理包括过滤去除所有固体颗粒。传统上，钙采用 AAS 在 422.7 nm 或 285.2 nm 波长下分析（Robbins 和 Wiegand，1990；Suarez，1996）。可形成稳定酸盐的元素（Al、Be、P、Si、Ti、V 和 Zr）可能会干扰 Ca^{2+} 和 Mg^{2+} 的检测，但这些元素可通过在样品中添加 0.1%～1.0% 的镧或锶的氯化物去除。

2. 可溶性阴离子

土壤提取液中的 Cl^- 最常采用 $AgNO_3$ 电位滴定法、固态选择离子电极直接电位分析法、连续流动分析法（硫氰酸汞法）或 IC 法分析（Frankenberger 等，1996）。Cl^- 的测定方法中硫氰酸汞法应用最为广泛，但有向 IC 和 ICP-AES 方法发展的趋势，从而避免 Hg 和氰酸盐的使用及废液处理。重量法、比浊法、滴定法和比色法是最常用于分析土壤提取液中 SO_4^{2-} 的方法，但最灵敏和准确的方法是亚甲基蓝（MB）比色法和 IC 法（Tabatabai，1996）。此外，甲基百里酚蓝连续流动分析法常用于直接测定水体系中的 SO_4^{2-}

（American Public Health Association，1998），MB 比色法则不同，需要将 SO_4^{2-} 还原成 H_2S。然而，与 Cl^- 相似，一些实验室越来越多地使用 IC 和 ICP-AES 法测定 SO_4^{2-} 而避免百里酚的使用和废液处理。碳酸根和碳酸氢根离子通常采用滴定法测定，用酚酞做指示剂滴定终点 pH 值为 8.4（CO_3^{2-}），用甲基橙做指示剂滴定终点 pH 值为 4.7（HCO_3^-）（U.S. Salinity Laboratory Staff，1954）。或者，也可以使用 pH 计（电测量法）来确定滴定终点。

15.4 计算和解释

15.4.1 电导率

作物的耐盐数据已被用来研究作物产量与 EC_e 的关系。美国和印度（Maas，1990）的试验汇总了在含大量氯盐的土壤中生长的 69 种草本作物的数据。Ayers 和 Westott（1985）也整合了相关耐盐性数据。生长在石灰性土壤（如加拿大的北美大草原）中的作物，能够忍受 2 dS/m 的盐度，高于 Maas 统计列出的 EC_e 值。Holm（1983）和 McKenzie（1988）报道了在加拿大某地进行田间试验的耐盐性数据。对加拿大耐盐性数据测试装置的研究（Steppuhn 和 Wall，1999）报道了春播小麦的耐盐性数据（Steppuhn 和 Wall，1997），油菜、豌豆、干豆和硬粒小麦的耐盐性数据也有报道（Steppuhn 等，2001）。一般盐度的影响见表 15.2。

表 15.2 以饱和提取物电导率评估的作物对盐度的响应

EC（dS/m, 25℃）	作物响应
0～2	几乎可以忽略不计
2～4	极敏感作物的产量受到限制
4～8	多数作物产量受到限制
8～16	仅耐盐作物产量令人满意
>16	仅极耐盐作物产量令人满意

资料来源：改编自 Bernstein, L., Ann. Rev. Phytopathol., 13, 295, 1975.

15.4.2 可溶性离子分析结果的表述

可溶性盐数据常用如 meq/L（$mmol_c$/L）、mg/L 或 mmol/L 等单位来表示。如果结果基于质量表述（如 mg Ca/kg 土壤），则需要知道风干土壤的质量、所添加水的质量及土壤中原有水的质量。

15.4.3 离子活度和饱和指数

土壤溶液数据通常被报道为离子浓度，然而，有时研究者希望用离子活度或热力学有效浓度来描述。某个元素的活性而不是其浓度，可能与植物响应（Adams，1966）和一般化学反应（Adams，1966）更密切相关。离子活度是离子浓度和活度系数的乘积，活度系数和土壤溶液中的离子强度存在负相关关系。随着水溶液盐度和离子强度的增加，活度系数降低，导致可参与化学反应的离子活度降低。通过离子强度的作用，盐度的增加也会导致矿物的溶解度增加。离子活度可通过多种地球化学模型估计，一些离子活度（如 Cl^- 和 K^+）可通过离子选择电极在提取液中直接测量。矿物饱和指数（SI）的值也可以用地球化学模型估计，用溶液中矿物种类的离子活度积除以相关矿物的溶度积常数（K_{sp}）。SI＜0 表示不饱和或矿物质溶解，SI＝0 表示饱和或溶液固相间处于平衡，SI＞0 表示过饱和或矿物质沉淀。然而，对于盐渍土壤中的可挥发矿物，SI 值不能很好地预测土壤溶液蒸发过程中的矿物形成（Kohut 和 Dudas，1994）。

15.4.4 钠吸附比

SAR，一个土壤溶液碱度或相对钠含量、水提取物或水土平衡的有效指数，计算如下：

$$\text{SAR} = \frac{[\text{Na}^+]}{[\text{Ca}^{2+} + \text{Mg}^{2+}]^{0.5}} \tag{15.2}$$

式中，阳离子浓度用 mmol/L 表示。

尽管有报道提出了其他的临界值（Bennett，1988；Sumner 等，1998），但通常 SAR 值大于 13 被认为是碱化土壤（Soil Science Society of America，2001），式 15.2 常被称为实际 SAR 值（SAR_p），理论 SAR（SAR_t）值用相同的公式计算，但用自由离子活度代替离子浓度（Kohut 和 Dudas，1994）。因为阴离子排斥或可溶性矿物质的轻微沉淀产生的误差，可交换的阳离子很难在盐碱土壤中测量，土壤水提取液的 SAR 值已经成为判断碱化土壤的主要工具（Bohn 等，1979；Jurinak，1990）。

15.4.5 可交换性钠百分比

ESP 可由基于线性方程的 SAR 计算：

$$\frac{\text{ESP}}{[100 - \text{ESP}]} = K_g \text{SAR} \tag{15.3}$$

式中，K_g 是 Gapon 选择系数。K_g 会随土壤有机质含量和 pH 值变化（Curtin 等，1995），但一般取值为 0.015（mmol/L）$^{-0.5}$（U.S. Salinity Laboratory Staff，1954）。一般情况下，随着有机质导致的阳离子交换能力增强，土壤对 Na 的亲和力降低。

15.4.6 钾吸附比

钾的吸附比（PAR）可通过将式 15.2 中 Na$^+$ 换成 K$^+$ 计算得出。过多的 K$^+$ 浓度可能干扰作物吸收其他养分，降低土壤水力传导性和渗透性，增加土壤流失性（Hao 和 Chang，2003）。钾离子浓度在畜禽粪便中很高，并且 K$^+$ 可能成为粪肥施用土壤中主要的可溶性阳离子（Pratt，1984）。Pratt（1984）报道了在渗透性好的灌溉土地上长期施用粪肥的危害更多的来自 K$^+$ 的积累，而非 Na$^+$。含过量 K$^+$ 土壤的临界 PAR 值仍有待确定。

15.4.7 临界钙比

大量的研究表明，盐渍化土壤中的作物产量很大程度上受土壤溶液中 Ca^{2+} 与其他阳离子比例的影响（Howard 和 Adams，1965；Carter 等，1979；Janzen 和 Chang，1987；Janzen，1993）。可以观察到，当 Ca^{2+} 与总阳离子的比例约低于 0.10 时，作物产量下降。这个比值在碱化土壤（Carter 等，1979）、盐渍土壤，以及由于 CaSO$_4$·2H$_2$O（石膏）溶解性差而造成 Ca 浓度较低的石灰性土壤中会降到临界值以下（Curtin 等，1993）。

参 考 文 献

Adams, F. 1966. Calcium deficiency as a causal agent of ammonium phosphate injury to cotton seedlings. *Soil Sci. Soc. Am. Proc.* 30:485-488.

American Public Health Association. 1998. In:Standard Methods for the Examination of Water and Wastewater, 20th edn. APHA, Washington, DC, 1-1207.

Ayers, R.S. and Westcott, D.W. 1985. Water quality for agriculture. FAO Irrigation and Drainage Paper 29 (Rev. 1). FAO, Rome, Italy.

Basta, N.T. and Tabatabai, M. 1985. Determination of exchangeable bases in soils by ion chromatography. *Soil Sci. Soc. Am. J.* 49:84-89.

Bennett, D.R. 1988. Soil chemical criteria for irrigation suitability classification of Brown Solonetzic soils. *Can. J. Soil Sci.* 68:703-714.

Bernstein, L. 1975. Effects of salinity and sodicity on plant growth. *Ann. Rev. Phytopathol.* 13:295-312.

Bohn, H., McNeal, B., and O'Connor, G. 1979. *Soil Chemistry.* John Wiley & Sons, Toronto, ON, Canada.

Cannon, M.E., McKenzie, R.C., and Lachapelle, G. 1994. Soil salinity mapping with electromagnetic induction and satellite-based navigation methods. *Can. J. Soil Sci.* 74:335-343.

Carter, M.R., Webster, G.R., and Cairns, R.R. 1979. Calcium deficiency in some Solonetzic soils of Alberta. *J. Soil Sci.* 30:161-174.

Corwin, D.I. and Rhoades, J.D. 1982. An improved technique for determining soil electrical conductivity-depth relations from aboveground electromagnetic measurements. *Soil Sci. Soc. Am. J.* 46:517-520.

Corwin, D.L. and Lesch, S.M. 2003. Application of soil electrical conductivity to precision agriculture:theory, principles, and guidelines. *Agron. J.* 95:455-471.

Curtin, D., Selles, F., and Steppuhn, H. 1995. Sodium-calcium exchange selectivity as influenced by soil properties and method of determination. *Soil Sci.* 159:176-184.

Curtin, D., Steppuhn, H., and Selles, F. 1993. Plant responses to sulfate and chloride salinity:growth and ionic relations. *Soil Sci. Soc. Am. J.* 57:1304-1310.

Frankenberger, W.T. Jr., Tabatabai, M.A., Adriano, D.C., and Doner, H.E. 1996. Bromine, chlorine, and fluorine. In:D.L. Sparks et al., eds. *Methods of Soil Analysis*, Part 3—*Chemical Methods.* SSSA Book Series No. 5, SSSA and ASA, Madison, WI, 833-868.

Freeze, R.A. and Cherry, J.A. 1979. Ground Water. Prentice-Hall, Englewood Cliffs, NJ.

Hao, X. and Chang, C. 2003. Does long-term heavy manure application increase salinity of a clay loam soil in semi-arid southern Alberta? *Agric. Ecosyst. Environ.* 94:89-103.

Helmke, P.A. and Sparks, D.L. 1996. Lithium, sodium, potassium, rubidium, and cesium. In:D.L. Sparks et al., eds. *Methods of Soil Analysis*, Part 3—Chemical Methods. SSSA Book Series No. 5, SSSA and ASA, Madison, WI, 551-574.

Hendrickx, J.M.H., Baerends, B., Raza, Z.I., Sadig, M., and Akram, M. 1992. Soil salinity assessment by electromagnetic induction of irrigated land. *Soil Sci. Soc. Am. J.* 56:1933-1941.

Hogg, T.J. and Henry, J.L. 1984. Comparison of 1∶1 and 1∶2 suspensions and extracts with the saturation extract in estimating salinity in Saskatchewan soils. *Can. J. Soil Sci.* 64:699-704.

Holm, H.M. 1983. Soil Salinity, a Study in Crop Tolerances and Cropping Practices. Saskatchewan Agriculture Publication No. 25M=3=83. Plant Industry Branch, Regina, SK, Canada.

Howard, D.D. and Adams, F. 1965. Calcium requirement for penetration of subsoils by primary cotton roots. *Soil Sci. Soc. Am. Proc.* 29:558-562.

Janzen, H.H. 1993. Soluble salts. In:M.R. Carter, ed. Soil Sampling and Methods of Analysis. Lewis Publishers, Boca Raton, FL, 161-166.

Janzen, H.H. and Chang, C. 1987. Cation nutrition of barley as influenced by soil solution composition in a saline soil. *Can. J. Soil Sci.* 67:619-629.

Jurinak, J.J. 1990. The chemistry of salt-affected soils and waters. In:K.K. Tanji, ed. Agricultural Salinity Assessment and Management. ASCE, New York, NY, 42-63.

Kohut, C.K. and Dudas, M.J. 1994. Comparison of immiscibly displaced soil solutions and saturated paste extracts from saline soils. *Can. J. Soil Sci.* 74:409-419.

Maas, E.V. 1990. Crop salt tolerances. In: K.K. Tanji, ed. Agricultural Salinity Assessment and Management. ASCE, New York, NY, 262-304.

McKenzie, R.C. 1988. Tolerance of plants to soil salinity. Soil and Water Program, 1987. Pamphlet 88-10. Alberta Special Crops and Horticultural Research Centre, Brooks, AB, Canada.

McKenzie, R.C., Chomistek, W., and Clark, N.F. 1989. Conversion of electromagnetic inductance readings to saturated paste extract values in soil for different temperature, texture, and moisture conditions. *Can. J. Soil Sci.* 69:25-32.

Nieto, K.F. and Frankenberger, W.T. 1985a. Single ion chromatography. I. Analysis of inorganic anions in soils. *Soil Sci. Soc. Am. J.* 49:587-592.

Nieto, K.F. and Frankenberger, W.T. 1985b. Single ion chromatography. II. Analysis of ammonium, alkali metals, and alkaline earth cations in soils. *Soil Sci. Soc. Am. J.* 49:592-596.

Pittman, J.J., Kress, M.W., and Zhang, H. 2004. Comparison of two soil salinity extraction methods. Available at:http://=ipec.utulsa.edu/Ipec/Conf2001/ Conf/zhang_31.pdf (last verified March, 2006).

Pratt, P.F. 1984. Salinity, sodium, and potassium in an irrigated soil treated with bovine manure. *Soil Sci. Soc. Am. J.* 48:823-828.

Reitemeier, R.F. 1946. Effect of moisture content on dissolved and exchangeable ions of soils of arid regions. *Soil Sci.* 61:195-214.

Rengasamy, P., Greene, R.B.S., Ford, G.W., and Mehanni, A.H. 1984. Identification of dispersive behaviour and the management of red-brown Earths. *Aust. J. Soil Res.* 22:413-431.

Rhoades, J.D. 1978. Monitoring soil salinity:a review of methods. In:L.G. Everett andK.D. Schmidt, eds. *Establishment of Water Quality Monitoring Programs*, Vol. 2. *AmericanWater ResourceAssociation*, SanFrancisco, CA, 150-165.

Rhoades, J.D. 1990. Determining soil salinity from measurements of electrical conductivity. *Commun. Soil Sci. Plant Anal.* 21:1887-1926.

Rhoades, J.D. 1992. Instrumental field methods of salinity appraisal. In:G.C. Topp et al., eds. *Advances in Measurement of Soil Physical Properties:Bringing Theory into Practice*. SSSA Special Publication No. 30. ASA, CSSA, and SSSA, Madison, WI, 231-248.

Rhoades, J.D. 1996. Salinity:electrical conductivity and total dissolved solids. In:D.L. Sparks et al., eds. *Methods of Soil Analysis*, Part 3—*Chemical Methods*. SSSA Book Series No. 5, SSSA and ASA, Madison, WI, 417-436.

Rhoades, J.D., Chanduvi, F., and Lesch, S. 1999. Soil salinity assessment:methods and interpretation of electrical conductivity measurements. FAO Irrigation and Drainage Paper No. 57. FAO-UN, Rome, Italy.

Rhoades, J.D. and Corwin, D.L. 1981. Determining soil electrical conductivity-depth relations using an inductive electromagnetic soil conductivity meter. *Soil Sci. Soc. Am. J.* 42:255-260.

Rhoades, J.D. and Oster, J.D. 1986. Solute content. In:A. Klute, ed. *Methods of Soil Analysis*, 2nd ed. Agronomy Monograph 9, ASA and SSSA, Madison, WI, 985-1006.

Richter, U., Krengel-Rothensee, K., and Heitand, P. 1999. In:New Applications for Nonmetals Determination by ICP-AES. American Laboratory, Shelton, CT, 170-171.

Robbins, C.W. and Wiegand, C.L. 1990. Field and laboratory measurements. In:K.K. Tanji, ed. *Agricultural Salinity Assessment and Management*. ASCE, New York, NY, 201-219.

Soil Science Society of America. 2001. Glossary of Soil Science Terms. Soil Science Society of America, Madison, WI.

Soltanpour, P.N., Johnson, G.W., Workman, S.M., Benton Jones, J. Jr., and Miller, R.O. 1996. Inductively coupled plasma emission spectrometry. In:D.L. Sparks et al., eds. *Methods of Soil Analysis*, Part 3—*Chemical Methods*. SSSA Book Series No. 5,

SSSA and ASA, Madison, WI, 417-436.

Sonneveld, C. and van den Ende, J. 1971. Soil analysis by means of a 1:2 volume extract. *Plant Soil* 35:505-516.

Steppuhn, H., Volkmar, K.M., and Miller, P.R. 2001. Comparing canola, field pea, dry bean, and durum wheat crops grown in saline media. *Crop Sci.* 41:1827-1833.

Steppuhn, H. and Wall, K.G. 1997. Grain yields from spring-sown Canadian wheats grown in saline rooting media. *Can. J. Plant Sci.* 77:63-68.

Steppuhn, H. and Wall, K.G. 1999. Canada's salt tolerance testing laboratory. *Can. Agric. Eng.* 41:185-189.

Suarez, D.L. 1996. Beryllium, magnesium, calcium, strontium, and barium. In:D.L. Sparks et al., eds. *Methods of Soil Analysis*, Part 3—*Chemical Methods*. SSSA Book Series No. 5, SSSA and ASA, Madison, WI, 575-602.

Sumner,M.E., Rengasamy, P., and Naidu, R. 1998. Sodic soils:a reappraisal. In:M.E. Sumner and R. Naidu, eds. *Sodic Soils:Distribution, Properties, Management, and Environmental Consequences*. Oxford University Press, New York, NY, 3-17.

Tabatabai, M.A. 1996. Sulfur. In:D.L. Sparks et al., eds. *Methods of Soil Analysis*, Part 3— *Chemical Methods*. SSSA Book Series No. 5, SSSA and ASA, Madison, WI, 921-960.

U.S. Salinity Laboratory Staff. 1954. Diagnosis and Improvement of Saline and Alkali Soils. USDA Handbook No. 60. U.S. Government PrintingOffice, Washington, DC.

Vitale, R.J., Braids, O., and Schuller, R. 1991. Ground-water sample analysis. In:D.M. Nielsen, ed. Practical Handbook of Ground-Water Monitoring. Lewis Publishers, Chelsea, MI, 501-540.

Wolf, A.M., Jones, J.B., and Hood, T. 1996. Proficiency testing for improving analytical performance in soil testing laboratories:a summary of results from the council's soil and plant analysis proficiency testing programs. *Commun. Soil Sci. Plant Anal.* 275:1611-1622.

Wright, R.J. and Stuczynski, T.I. 1996. Atomic absorption and flame emission spectrometry. In:D.L. Sparks et al., eds. *Methods of Soil Analysis*, Part 3—*Chemical Methods*. SSSA Book Series No. 5, SSSA and ASA, Madison, WI, 65-90.

（马杰　译，李永涛　翁莉萍　校）

第 三 篇

土壤化学分析

主译：王朝辉

第 16 章 土壤反应和交换性酸

W.H. Hendershot and H. Lalande
McGill University
Sainte Anne de Bellevue, Quebec, Canada
M. Duquette
SNC-Lavalin
Montreal, Quebec, Canada

16.1 引 言

土壤 pH 值是常规土壤分析中最常见的重要测定指标之一。土壤颗粒表面和土壤溶液之间的 pH 值平衡影响着土壤一系列化学与生物学反应。

土壤 pH 值一般采用水或稀盐溶液浸提测定。以水浸提测定的 pH 值最接近于田间土壤溶液的 pH 值，对于电导率较低或未施用肥料的土壤也是如此，但其测定结果也受土壤溶液稀释程度或土壤与浸提液比值的影响。与水作浸提液相比，采用 0.01 mol L^{-1} CaCl$_2$ 溶液作为浸提液测定土壤 pH 值效果更佳，但因为加入盐分也会导致测定值偏低约 0.5 个单位（Schofield 和 Taylor，1955；Courchesne 等，1995）。然而，采用这种方法浸提时测定结果受取样前较近时间内是否施肥的影响较小，因此推荐优先选择 CaCl$_2$ 溶液作为浸提液测定土壤 pH 值。此外，还有其他一些测定土壤 pH 值的方法，例如，以 1 mol L^{-1} KCl 溶液作为浸提液（Peech，1965）等，但这些方法在加拿大常规土壤分析中不常用，因此不在本章进行介绍。

16.2 以水作为浸提液测定土壤的 pH 值

以水作为浸提液测定土壤的 pH 值时，需要注意用水量增加会导致 pH 值升高，因此应该保持恒定且尽可能高的土液比。但需要注意，保证浸提容器中的上清液能够完全且准确地浸没电极，避免电极尖端插入土壤，且使电极的玻璃球浸泡在上清液中。

16.2.1 材料和试剂

（1）pH 计：选用至少可以进行两点校准的合适仪器。
（2）复合电极：由于土壤称样量有限，加之土液比应该保持较高的比例，因此推荐选用复合电极。
（3）选用 30 mL 高脚烧杯（耐热玻璃或一次性塑料）：选择高脚型烧杯，便于电极完全浸没于上清液中。
（4）搅拌器：可以选用一次性塑料搅拌棒或玻璃棒。

16.2.2 步骤

（1）对于矿质土壤，称取<2 mm 风干土样 10 g 放入 30 mL 烧杯，加入 20 mL 重去离子水。有机质含量高的土壤，称取风干土样 2 g，加入 20 mL 重去离子水。记录所选用的土液比。每批样品测定都应该有用于校准测定质量的参比样品。

(2) 间歇性搅拌土壤悬浮液 30 min。

(3) 搅拌后，静置大约 1 h。

(4) 将电极插入浸提上清液中开始测定，待仪器显示数值恒定时即可读取 pH 测定值。注意电极的玻璃球泡和渗透盐桥均必须浸没于上清液中。

16.2.3 注释

对于有机质含量较高的土壤样品，选用与矿质土壤样品一致的土液比时，往往容易形成一层黏厚的干糊状物质，因此应该选用较低的土液比（1∶5 或 1∶10）。

根据所测定土壤样品的 pH 值范围（pH 值 4.0 与 pH 值 7.0 或 pH 值 7.0 与 pH 值 10.0），选用两个 pH 标准液对 pH 计进行校准。

测定大批量土壤样品时，应该设置一个参比样品以便监控测定过程中由时间变化造成的测定结果变异情况。参比样品应该加入每批样品中并随该批样品同时进行测定，如果参比样品测定值超出可接受的变异范围，那么整批样品都应该重新进行测定。

16.3 以 0.01 mol L^{-1} CaCl$_2$ 溶液作为浸提液测定土壤的 pH 值

以 CaCl$_2$ 溶液作为浸提液测定土壤的 pH 值是最常用的一种方法。Peech（1965）、Davey 和 Conyers（1988），以及 Conyers 和 Davey（1988）等均提出，选用 CaCl$_2$ 溶液作为浸提剂测定 pH 具有很多优点。

(1) 该方法测定的 pH 值不受土液比范围变化影响。

(2) 对于盐分含量低的土壤，该方法测定的 pH 值几乎不受可溶性盐浓度干扰。

(3) 该方法测定的 pH 值更能反映农田土壤的 pH 值情况。

(4) 悬浮液发生絮凝后，固液界面电位差的存在可以使测定误差减小。

(5) 土壤样品风干或不风干，该方法测定的 pH 值无显著差异。

(6) 风干土壤样品在一年存储期内测定，pH 值也无显著变化。

16.3.1 材料和试剂

(1) pH 计：选用至少可以进行两点校准的仪器。

(2) 复合电极：由于土壤称样量有限，加之土液比应该保持较高的比例，因此推荐选用复合电极。

(3) 选用 30 mL 高脚烧杯（耐热玻璃或一次性塑料）：选择高脚型烧杯，便于电极完全浸没于上清液中。

(4) 搅拌器：可以选用一次性塑料搅拌棒或玻璃棒。

(5) 0.01 mol L^{-1} CaCl$_2$ 溶液：称取 2.940 g 二水氯化钙（CaCl$_2$·2H$_2$O），加入重去离子水溶解于 2 L 容量瓶中。在 25℃条件下，CaCl$_2$ 溶液的电导率应该保持在 2.24～2.40 mS cm^{-1}。

16.3.2 步骤

(1) 对于矿质土壤，称取 <2 mm 风干土样 10 g，有机质含量高的土壤，称取风干土样 2 g，放入 30 mL 烧杯，加入 20 mL 0.01 mol L^{-1} CaCl$_2$ 溶液。记录所选用的土液比。每一批样品测定都应该设置两个用于校准测定质量的参比样品。

(2) 间歇性搅拌土壤悬浮液 30 min。

(3) 搅拌后，静置大约 1 h。

(4) 将电极插入浸提上清液中开始测定，待仪器显示数值恒定时即可读取 pH 测定值。注意电极的玻璃球泡和渗透盐桥均必须浸没于上清液中。

16.3.3 注释

$CaCl_2$ 溶液的 pH 和电导率应该保持恒定,其 pH 应该维持在 5.5~6.5 范围内,在 25℃条件下导电率应该维持在 2.3 mS cm^{-1} 左右。如果 $CaCl_2$ 溶液的 pH 超出以上范围,就应该用 HCl 或 $Ca(OH)_2$ 溶液进行调节。若电导率超出可以接受的范围,则需要重新制备浸提溶液。

16.4 交换性酸

除了钙、镁、钾、钠等盐基离子,土壤胶体复杂的交换体系中还存在一定数量的交换性酸。交换性酸的数量在很大程度上影响着土壤的 pH 和交换能力。在多数土壤中,交换性酸的主要成分包括交换性 H^+、以 Al^{3+} 或部分中性 Al-OH 化合物(如 $AlOH^{2+}$ 或 $Al(OH)_2^+$)形式存在的交换性铝及弱有机酸。

施用石灰时,土壤交换性酸将随 pH 上升而被中和。因此,采用石灰调整土壤 pH 时,交换性酸数量可以作为确定石灰用量的指标。

Thomas(1982)采用 1 mol L^{-1} KCl 溶液作为浸提液,2003 年土壤专家论坛提出以 0.1 mol L^{-1} $BaCl_2$ 溶液作为浸提液。本书选用 0.1 mol L^{-1} $BaCl_2$ 溶液作为测定交换性阳离子的浸提液,同时推荐选用其作为测定交换性酸的浸提液。因为氯化钡溶液的浓度较低,所以其浸提交换出的阳离子量比氯化钾溶液少。Jonsson 等(2002)还研究确定了用于比较两种浸提溶液交换能力差异的回归方程。

16.4.1 材料和试剂

(1) 50 mL 离心管,5000 g 的离心机和往复式振荡机(15 rpm)。

(2) 0.1 mol L^{-1} $BaCl_2$ 浸提液:称取 24.43 g $BaCl_2·2H_2O$ 溶于重去离子水,定容于 1 L 容量瓶。

(3) 铝络合溶液(1 mol L^{-1} NaF):称取 41.99 g NaF,加入大约 900 mL 重去离子水溶于 1 L 烧杯中,用氢氧化钠溶液滴定至酚酞变色终点,而后转移至 1 L 容量瓶中定容。

(4) 氢氧化钠溶液,浓度约 0.05 mol L^{-1},经过标定后使用。

(5) 酚酞溶液:称取 1 g 酚酞溶于 100 mL 乙醇。

16.4.2 步骤

(1) 称取矿质土壤 2.5 g,有机土壤样品 2 g,放入 50 mL 离心管中,加入 30 mL 1 mol L^{-1} $BaCl_2$ 溶液,振荡 1 h,再用 5 000 g 离心力离心 10 min,转移上清液至 100 mL 容量瓶中。剩余土壤再加入 30 mL $BaCl_2$ 溶液,进行振荡、离心和转移上清液,重复此过程两次,将所有的上清液收集在同一个 100 mL 容量瓶中,用 $BaCl_2$ 溶液定容并摇匀。用滤纸(42 号或类似型号滤纸)将提取液过滤至塑料瓶中,置于冰箱内存储备测。

(2) 交换性酸的测定。用移液器吸取 25 mL 提取液至 100 mL 的聚乙烯烧杯中,加入 4 滴或 5 滴酚酞指示剂,用 0.05 mol L^{-1} NaOH 溶液滴定到第一变色点(粉红色),记录 NaOH 溶液的消耗量(注:粉色太深表明过量),记为 V_A。同时以 25 mL 的 $BaCl_2$ 溶液作为空白,滴定至变色终点并记录 NaOH 溶液的消耗量,记为 V_B。每千克土壤由 $BaCl_2$ 溶液提取的交换性酸量($cmol(+)$ kg^{-1})由式(16.1)计算得出。

(3) 交换性 H^+ 的测定。用移液器吸取 25 mL 提取液至 100 mL 的聚乙烯烧杯中,加入 2.5 mL 1 mol L^{-1} NaF 溶液,用 0.05 mol L^{-1} NaOH 溶液滴定到第一变色点(粉红色),记录 NaOH 溶液的消耗量,记为 V_a。同时以 25 mL 的 $BaCl_2$ 溶液作为空白,滴定至变色终点并记录 NaOH 溶液的消耗量,记为 V_b。

16.4.3 计算

$$交换性酸量(coml(+)kg^{-1}) = \frac{(V_A - V_B) \times M_{NaOH} \times 100 \times V}{g \times V_s} \tag{16.1}$$

$c$mol(+) kg^{-1} H$^+$量同样采用以上公式，分别用 V_a 和 V_b 代换 V_A 和 V_B 计算即可。式中，V_A 或 V_a 为滴定交换性酸和交换性 H$^+$ 浸提液的 NaOH 溶液体积，V_s 为提取液的测定分取体积，V 为提取液的总收集体积，M 为 NaOH 溶液的浓度，g 是土壤样品的称样量。

16.4.4 注释

（1）采用手动滴定时，推荐选用本方法所述 pH 指示溶液。若使用自动滴定仪，则变色点 pH 应该设为 7.8。

（2）2003 年土壤专家论坛推荐通过多次交换的提取过程，同时对交换性阳离子和交换性酸进行提取与测定。尽管该提取过程比本书第 18 章（18.2 节）中提出的 0.1 mol L^{-1} BaCl$_2$ 溶液提取法稍显复杂，但是测得的结果是接近的。

参 考 文 献

Conyers, M.K. and Davey, B.G. 1988. Observations on some routine methods for soil pH determination. *Soil Sci.* 145: 29-36.

Courchesne, F., Savoie, S., and Dufresne, A. 1995. Effects of air-drying on the measurement of soil pH in acidic forest soils of Quebec, Canada. *Soil Sci.* 160: 56-68.

Davey, B.G. and Conyers, M.K. 1988. Determining the pH of acid soils. *Soil Sci.* 146: 141-150.

Expert Panel on Soil 2003. Manual on Methods and Criteria for Harmonized Sampling, Assessment, Monitoring and Analysis of the Effects of Air Pollution on Forests. Part IIIa. Sampling and Analysis of Soil. International co-operative programme on assessment and monitoring of air pollution effects on forests. (www.icp-forests. Org/pdf/manual3a.pdf, verified February 9, 2005)

Jonsson, U., Rosengren, U., Nihlgard, B., and Thelin, G. 2002. A comparative study of two methods for determination of pH, exchangeable base cations and aluminium. Commun. *Soil Sci. Plant Anal.* 33: 3809-3824.

Peech, M. 1965. Hydrogen-ion activity. In: C.A. Black et al., eds., Methods of Soil Analysis. Part 2. American Society of Agronomy, Madison, WI, 914-926.

Schofield, R.K. and Taylor, A.W. 1955. The measurement of soil pH. *Soil Sci. Soc. Am. Proc.* 19: 164-167.

Thomas, G.W. 1982. Exchangeable cations. In: A.L. Page et al., eds., *Methods of Soil Analysis*. 2nd ed. American Society of Agronomy, Madison, WI, 159-166.

（王寅　党海燕　译，王朝辉　校）

第 17 章 土壤溶液的采集与测定

J.D. MacDonald
Agriculture and Agri-Food Canada
Quebec, Quebec, Canada

N. Bélanger
University of Saskatchewan
Saskatoon, Saskatchewan, Canada

S. Sauvé and F. Courchesne
University of Montreal
Montreal, Quebec, Canada

W.H. Hendershot
McGill University
Sainte Anne de Bellevue, Quebec, Canada

17.1 引 言

土壤溶液不仅在植物养分吸收过程中起重要作用,而且对土壤中生活的其他生物也会产生直接影响,还是土壤中溶解和悬浮物质的迁移载体。这里把土壤溶液定义为田间土壤中的液体,它不同于在实验室通过向土壤样品中添加盐溶液或水得到的模拟土壤溶液,这些模拟溶液定义为土壤提取液。

研究大气向土壤和流域的沉降经常要进行土壤溶液的化学监测。在大多数情况下,蒸渗仪可以用来定期收集土壤溶液,监测评估土壤吸收大气沉降物及其向地表和地下水释放养分与污染物的能力。同时,还可以用蒸渗仪测定土壤中的速效养分以便研究森林土壤大量元素的有效性(Haines 等,1982;Beier 等,1992;Foster 等,1992;Hendershot 等,1992;MacDonald 等,2003;Bélanger 等,2004)。

采集田间土壤溶液主要有两种方法,即采用无压蒸渗仪和张力蒸渗仪。两种方法都包含一个插入土体的装置,用来收集土壤中的可移动水或毛管水。目前,张力蒸渗仪更加完善,其中微型蒸渗仪可以用于土壤微环境研究,微型蒸渗仪的出现为尚不明确的土壤溶液微观化学非均质性研究提供了可能。

经过多年研究,在室内从鲜土中或直接从田间土壤获得土壤溶液的方法不断地得到改善(Heinrichs 等,1995;Lawrence 和 David,1996)。通过这些方法收集到的土壤溶液通常比用田间蒸渗仪收集到的土壤溶液含有更多、浓度更高的离子,包括可溶性有机质(Ludwig 等,1999),而且还可以观测到因为土壤水分含量不同而导致的结果变化(Jones 和 Edwards,1993)。尽管如此,在室内用新鲜土壤获得土壤溶液的方法,例如,离心法、混相驱法和注压法等都可以用于植物营养研究,值得关注(Smethurst,2000)。

在这一章中,将介绍离心法,考虑到用于提取土壤溶液的提取压力会对结果产生影响,本章还介绍了 Ross 和 Bartlett(1990)提出的一种简单方法,即在田间将潮湿的土壤装入注射器并通过向土壤施加压力来提取溶液。与离心法类似,注射器压缩法快速、简单,还是克服离心法高估溶液中某些元素浓度的一种替代方法。

总是通过进行田间试验开展研究不太现实。为了使大量土壤样品在室内浸提的土壤溶液化学性质与田间接近,建议用低浓度(0.01 mol L^{-1})的 CaCl$_2$ 溶液振荡离心提取(Quevauviller,1998),这种方法操作简单且易于标准化。同时，也可以采取用于大量土壤样品的柱淋洗浸提法，此方法可以获得与无压蒸渗仪法相似的结果（MacDonald 等，2004 a，b）。

在本章中，我们提供了五种用于分离土壤固相和液相的方法。就田间原位研究来说，有无压蒸渗仪、张力蒸渗仪及微型蒸渗仪法。若在室内从新鲜土壤样品中获得土壤溶液，则可以用离心和注压技术。实验室首选用于提取近似土壤溶液的柱淋洗浸提法和低浓度 $CaCl_2$（$0.01\ mol\ L^{-1}$）提取法（见第 10 章）。第 10 章所提到的获取土壤溶液和土壤提取液的不同方法的应用及优缺点见表 17.1。

表 17.1 本章和第 10 章不同土壤溶液提取方法的优点、缺点和应用潜力

类型	优点	缺点	潜在应用
无压蒸渗仪	可以连续多年从同一土柱中收集样品；装置简单，易维护	只能在湿润条件下收集样品；样品需要经过几个月到一年的平衡期才具有代表性	收集仅靠重力作用流动的土壤样液；进行长期土壤溶液化学监测；得到元素和细颗粒在土壤中的移动性
压力蒸渗仪	可以连续多年从同一土柱中收集样品；易维护	样品需要经过几个月到一年的平衡期才具有代表性；土壤水分条件改变会引起结果变化；不适于有机质含量高的表层土	收集渗透势高于其重力势的土壤样液；进行长期土壤溶液监测；确定土壤元素的有效性
微型蒸渗仪	可以精确定位采样点；空间分辨率高；可以在同一个采样点重复收集	不易维护，在田间条件某些部件易碎；需要平衡期；样品容积小于 1 mL，需要相应的操作步骤和分析系统	收集存在于土壤微观环境，例如，根际、土壤结构外层或土壤孔隙覆盖层中的土壤样液；研究土壤溶液的微观非均质性、养分吸收及其生化过程
低速离心法	可以快速从新鲜湿润土壤里收集样品；可以有效地替代蒸渗仪	样液浓度取决于土壤水分情况和采样时间，其结果缺乏重现性；溶液体积小，导致测得某些阴离子和可溶性有机碳含量偏高	用于土壤毛管水的单一样点瞬时提取；评估土壤养分的有效性
注压法	可以快速从新鲜湿润土壤里收集样品；收集样品时对土壤干扰小；可以有效地替代蒸渗仪	样液浓度取决于土壤水分情况和采样时间，其结果缺乏重现性；在干旱区域，尤其是有机质含量低、孔隙较大的土壤（如砂土）区域，所得样液量少	用于土壤毛管水的单一样点瞬时提取；评估土壤养分的有效性；可以避免在离心过程中过高估计提取力导致的某些成分
柱淋洗浸提法	可快速收集及提取土壤样品；可以同时从大量土壤样品得到样液	可以评估田间区域划分情况，但不能重现田间真实情况；不能提供养分有效性的信息，如氮、磷有效性	估测田间土壤二价金属离子的分布情况；用于吸附和解吸作用研究
0.01 M $CaCl_2$ 提取法	可以同时从大量土壤样品中得到样液；易于标准化	从同一地点相同土壤收集的田间土壤溶液常有较大差异；不能测定钙离子和氯离子的含量	收集土壤表面化学性质的信息；用于吸附、解吸作用及生物有效性研究

17.2 无压蒸渗仪

只有当土壤水分含量大于田间持水量时，无压蒸渗仪才能收集到土壤剖面中流动的土壤溶液。无压蒸渗仪有不同的设计，包括插入土壤中的简单取样盘、安装在漏斗里的穿孔盘、玻璃纤维芯式收集器、石英砂填充的漏斗。首推设计是装满 2 mm 石英砂的塑料漏斗，因为石英砂的性质相对稳定，所以安装蒸渗仪时，若石英砂与其上层土柱接触良好，则土壤蒸渗仪的砂土会有较大的接触面积。这样毛管流动水不

容易被中断，石英砂设计就能收集到盘式蒸渗仪和穿孔盘式蒸渗仪不能收集到的土壤水分，而且相关的材料与市售蒸渗仪相比价格更为低廉。要避免使用玻璃纤维芯收集器，因为玻璃纤维比石英砂具有更强的化学活性，会引起土壤溶液化学性质的改变（Goyne 等，2000；Brahy 和 Delvaux，2001）。

17.2.1 材料

（1）直径为 180 mm 聚乙烯或聚丙烯漏斗。
（2）2 mm 的石英砂。
（3）长约 2 m、直径为 75 mm（3 英寸）或 50 mm（2 英寸）的丙烯腈-丁二烯-苯乙烯（ABS）排水管。
（4）ABS 管道端盖、与 ABS 管匹配的可拆卸盖子。
（5）两个 19 mm（3/4 英寸）塑料软管，L 型和直型各一个。
（6）长约 70 cm、厚 3 mm（1/8 英寸）、直径 19 mm（3/4 英寸）的干净塑料软管。
（7）环氧树脂双组分水泥和 ABS 融合胶。
（8）25 mm×50 mm 的尼龙筛网。
（9）5%的盐酸（v/v）。

17.2.2 准备

（1）将 L 型管用环氧树脂粘在漏斗底部。
（2）切断 ABS 排水管，使其掩埋进土壤时露出地面 45 cm 以上，避免雨水飞溅，在积雪地区，通常情况下也不被积雪掩埋。用环氧树脂或 ABS 胶将硬质塑料盖与管子的另一端连接，并在每个管子顶部进行标记（最好用油漆或雕刻方法标记，以便长时间保留）。
（3）在 ABS 管上钻一个孔，并用锤子将涂有环氧树脂的直型软管插进去，软管接头至管底的距离取决于蒸渗仪的容积。若所用 ABS 管直径为 75 mm，蒸渗仪容积为 1 L，则软管安装在距底部 23 cm 的地方。若蒸渗仪容积为 2 L，则距离为 45 cm。若所用 ABS 管直径为 50 mm，蒸渗仪容积为 1 L，则安装距离为 51 cm。在浅层土或多岩石的土中，直径为 75 mm 的 ABS 管安装更方便。
（4）用 5%的盐酸洗 ABS 管、漏斗、透明塑料管和填满漏斗的石英砂，并用去离子水润洗直到其电导率与去离子水相等或接近。
（5）将石英砂和用干净管子连接好的漏斗分别放入塑料袋里，运到试验地点。ABS 管应该有塑料软管接头和可拆卸盖子的上端塑料盖。

如图 17.1 所示为无压蒸渗仪的安装。

17.2.3 安装步骤

（1）隔离蒸渗仪站，避免周围有人行走，防止其受到土壤或其他杂物的污染。
（2）挖一个具有斜坡朝向坑底的坑，如果地面不平坦，那么在蒸渗仪安装的最低处继续深挖 1 m。将下层土和表层土分开，以便在安装结束后把土按层次重新回填，尽可能减少对安装地点土层的干扰。
（3）从安装最深层蒸渗仪的位置开始，在坑的侧面划定区域挖出一条安放漏斗的隧道。为了避免污染，用酸洗过的漏斗，应该以备用漏斗做参照确保隧道尺寸合适。
（4）将尼龙筛网填入 L 型接头软管中，用石英砂填充漏斗，并小心地使其滑落到位，并确保与上层土壤有良好的接触。把漏斗推到确定的位置上，在底部 L 型接头软管处填充石块，并仔细回填漏斗下表面四周的土壤，确保漏斗下表面四周土壤完好回填，以便使石英砂与土柱保持稳定。最后将透明管连接到 ABS 管的软管接头上。

（5）不同深度的几个蒸渗仪可以安装在同一个测坑内，但是必须保证每一个漏斗安装好后，其上面都有一个互不干扰的土锥，因此测坑通常需要比预期的要大。当所有的蒸渗仪安装在土坑侧面后，确保透明管顺着隧道斜向下连接到 ABS 管。记录收集点的位置，仔细回填土壤。

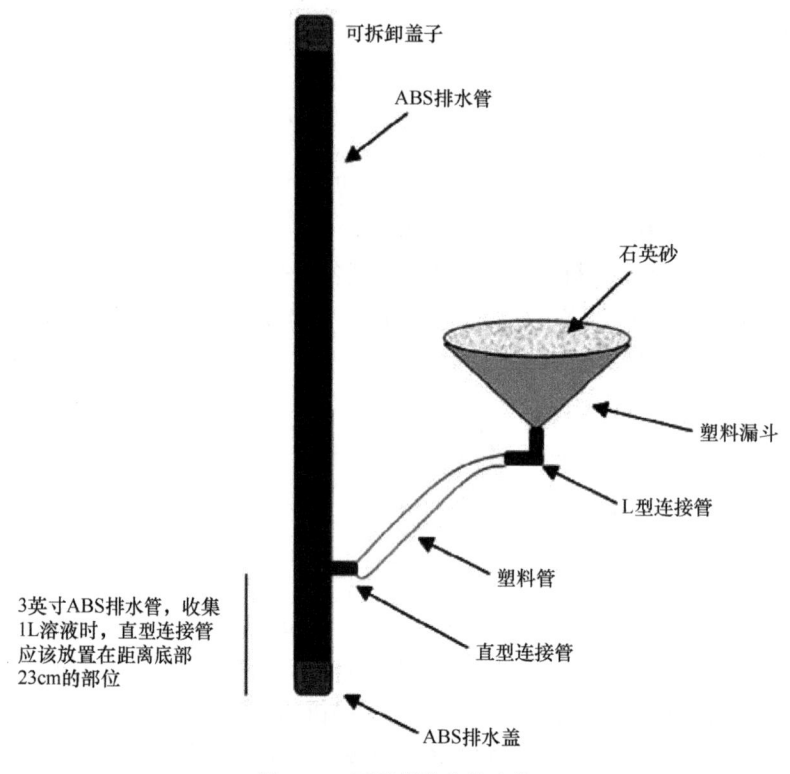

图 17.1　无压蒸渗仪的安装

17.3　张力蒸渗仪

把多孔杯状张力蒸渗仪插入土壤中，使多孔表面与土柱毛细管接触良好。在多孔杯上抽真空，溶液便会从土壤毛细管进入蒸渗仪的存储层。用张力仪可以提取存在于土壤微孔中且不可移动的土壤溶液。用这种方法提取的土壤溶液与用无压蒸渗仪提取出的土壤溶液有显著差异（Haines 等，1982；Hendershot 和 Courchesne，1991）。

不同类型的张力蒸渗仪的差异在于插入土壤的多孔杯类型不同。最常用的是从表层安装的陶瓷杯蒸渗仪。最新研发的多孔聚乙烯（四氟乙烯）或聚四氟乙烯杯可以避免陶瓷杯的交换作用对溶液化学性质产生的影响（Swenson，1997；Russell 等，2004）。过去我们认为土壤经过足够的稳定期后，陶瓷杯就能够准确测定土壤溶液中常量元素的含量，但新研发的聚四氟乙烯处理杯表现出更低的活性，使其在张力下提取溶液时更为可靠。

17.3.1　准备

根据制造商的说明或按以下方法清洗蒸渗仪。把蒸渗仪放在盛有 5%盐酸的容器中，并将溶液经过多孔杯吸到蒸渗仪的吸收器中。此过程重复三次，并确保多孔杯上方的聚氯乙烯（PVC）轴也进行了有效清洗，并连续用去离子水润洗（可能需要洗涤 10 次），直到电导率接近或等于去离子水。清洁后，将蒸渗仪置于干净的塑料袋中，以便带到田间。

17.3.2 安装步骤

（1）隔离蒸渗仪站，使其远离人行道，避免受到土壤或其他杂物的污染。

（2）表面安装：将与蒸渗仪装置具有相同孔径的带孔塑料片放置在土壤表面，以便在挖土时圈住土壤。使用与蒸渗仪大小相同的螺旋钻挖一个深度可达到安装蒸渗仪要求的洞。

① 安装蒸渗仪，用蒸渗仪所在土层的土壤回填蒸渗仪轴周围的孔洞，并仔细将蒸渗仪上方的孔洞填满。

② 确保用土壤将蒸渗仪周围密封，以防优先流发生。但要达到土壤与蒸渗仪完全紧密接触是很难的，可以取与蒸渗仪同一深度的土壤制备泥浆，并在安装蒸渗仪之前将少量泥浆灌入钻孔。

基坑安装：挖一个大约 $1\ m^2$ 的坑，深度要大于蒸渗仪安装的最低位置。

① 将下层土和表层土分开，并在安装结束后把土重新回填，尽可能减少对安装地点的干扰。

② 从最深的蒸渗仪开始，在坑边的划定区域挖一条与多孔杯直径相同的隧道。小心地插入多孔杯，确保与隧道壁保持良好的接触。依次安装所有深度的蒸渗仪。

③ 连接真空机和样品管。记录蒸渗仪的位置，并仔细回填土壤。

（3）将蒸渗仪内抽成 30~60 kPa 的真空，并保持蒸渗仪内具有恒定的真空环境。恒定的真空体系可以在一段时间内不断地收集样品，但是比较昂贵，所以也可以使用不连续真空体系，在样品收集前几天再创造真空环境。但是应该注意，不连续真空体系收集的是较短时间内处于真空环境下的样品。

17.4 从蒸渗仪中制备土壤溶液样品

可以用手持真空泵或蠕动泵从蒸渗仪存储库提取土壤溶液，确保在收集溶液的过程中不会交叉污染。

（1）每次制样时，蒸渗仪都应该是完全空的，记录从蒸渗仪中取出溶液的总体积。

（2）应该立即把溶液样品转移至冷却器，并保证在把溶液样品运送至实验室的过程中处于 4℃ 的黑暗环境中。

（3）把溶液样品运送至实验室后，先预留 10~20 mL 土壤溶液样品，剩下的样品在低真空条件下用 0.4 μm 聚碳酸酯进行过滤。对于需要进行元素分析但与空气接触后会发生变化的样品（如含氮物质），过滤后应该立即用聚碳酸酯瓶密封，将其保存在无氧环境中。用于金属分析的预留样品应该先进行酸化（0.2% 的 HNO_3 v/v），若要分析微量元素，则应该使用金属级酸。

（4）过滤会改变溶液的 pH 值，因此要在室温条件下即时测定未过滤样品溶液的 pH 值和 EC 值。

17.4.1 注释

（1）应该定期从蒸渗仪存储库中取样。通常情况下，每周、每两周或每月从蒸渗仪中取样监测，这是因为储集库中的溶液在长时间存储后可能会由于可溶性有机碳的分解或悬浮胶体物质的溶解而发生改变。此外，蒸渗仪中的溶液一旦从土壤中分离出来，就不能保持原位气体分压及相应的化学性质。

（2）蒸渗仪的安装会对土壤造成显著干扰，故应该确保在采样前蒸渗仪达到稳定状态。安装完成后，要监测蒸渗仪内溶液的 pH 值和 EC 值，在土壤溶液的 pH 值和 EC 值稳定前，土壤溶液不能代表土壤化学性质，其中蒸渗仪的稳定时间可能会长达 6 个月至 1 年。pH 值和 EC 值是确定土壤溶液达到稳定状态的优良指标，但同时也应该监测从蒸渗仪中获得的初始土壤溶液样品的其他指标，以便保证所需成分尤其是含氮物质都达到稳定状态。

17.5 微型蒸渗仪

对土壤物质的微观非均质性,尤其是土壤液相的空间变异的研究,需要一种适合特定小尺度土壤环境的蒸渗仪系统。Göttlein 等在 1996 年发明了一种微型蒸渗仪系统,以较高的空间分辨率监测土壤溶液,来研究根-土界面中元素的浓度梯度。这种微型蒸渗仪单元由一个孔径为 1 μm、直径为 1 mm 的陶瓷杯构成,陶瓷杯连接在 1.59 mm 的毛细管上,并与一个真空装置相连,以从土壤基质中抽取溶液。在 35 kPa 吸力下,这些圆柱陶瓷杯可以从距离根表≥1 cm 处的土壤中采集溶液(Göttlein 等,1996),在 40 kPa 吸力下,每周能收集 50~300 μL 溶液。此外,由于 Göttlein 等 1996 年研究开发的圆柱形微型蒸渗仪已经被广泛应用所验证,所以在本章还介绍了其他类型的微型蒸渗仪。

17.5.1 材料

(1)径宽 1 mm、最大孔径为 1 μm、孔隙度约为 48% 的陶瓷毛细管。

(2)径宽 1.59 mm(1/16 英寸)、长 50 mm、内径为 0.75 mm 的聚醚醚酮(PEEK)管,该管广泛使用于高压液相色谱法(HPLC),见 17.5.4。

(3)双组分环氧树脂胶。

(4)内径为 0.25 mm 的聚醚醚酮管。

(5)用于连接高效液相色谱仪和微型蒸渗仪的内径为 0.25 mm 的管子。

(6)真空泵。

(7)连接真空泵、具有有机玻璃盖的聚氯乙烯(PVC)真空室(见图 17.2)。

(8)2 mL 的带盖样品瓶。

(9)小瓶架。

(10)刚性、厚约 20 mm 的有机玻璃板或由透明有机玻璃板制成的根管。

(11)与微型蒸渗仪尺寸相同的不锈钢杆(宽 1.59 mm×长 50 mm)。

17.5.2 装置及准备

(1)把陶瓷毛细管切成 12 mm 长的小段。

(2)在本生灯(Bunsen burner)上熔化密封陶瓷毛细管的尖端(外部前端),形成长 10 mm 且带玻璃尖端的微型陶瓷杯。

(3)把内径为 0.75 mm 的聚醚醚酮管剪成 50 mm 长。

(4)把长 10 mm 的微型陶瓷杯的一半插入内径为 0.75 mm 的聚醚醚酮管中。

(5)用双组分环氧树脂把陶瓷杯粘到聚醚醚酮管上,大致完成微型蒸渗仪的组装(见图 17.2)。

(6)用抽吸法将 5% 的盐酸经由微型蒸渗仪的多孔杯吸入管道进行微型蒸渗仪清洗。重复 3 次,然后用去离子水抽吸淋洗直到淋洗液的电导率恒定且与去离子水相等或接近(可能需要润洗 10 次)。

(7)调整内径为 0.25 mm 的聚醚醚酮管的长度,使之与微型蒸渗仪相配。

(8)将透明有机玻璃真空样品采集室与真空泵连接,如图 17.2 所示。

(9)在真空室中安装小瓶架和带盖的小瓶,并在瓶盖上刺孔。

(10)用管道将微型蒸渗仪通过瓶盖上的小孔与小瓶相连,以便避免污染和减少蒸发。

(11)清理干净装置以后,将所有的设备放入干净的塑料袋中带到田间。

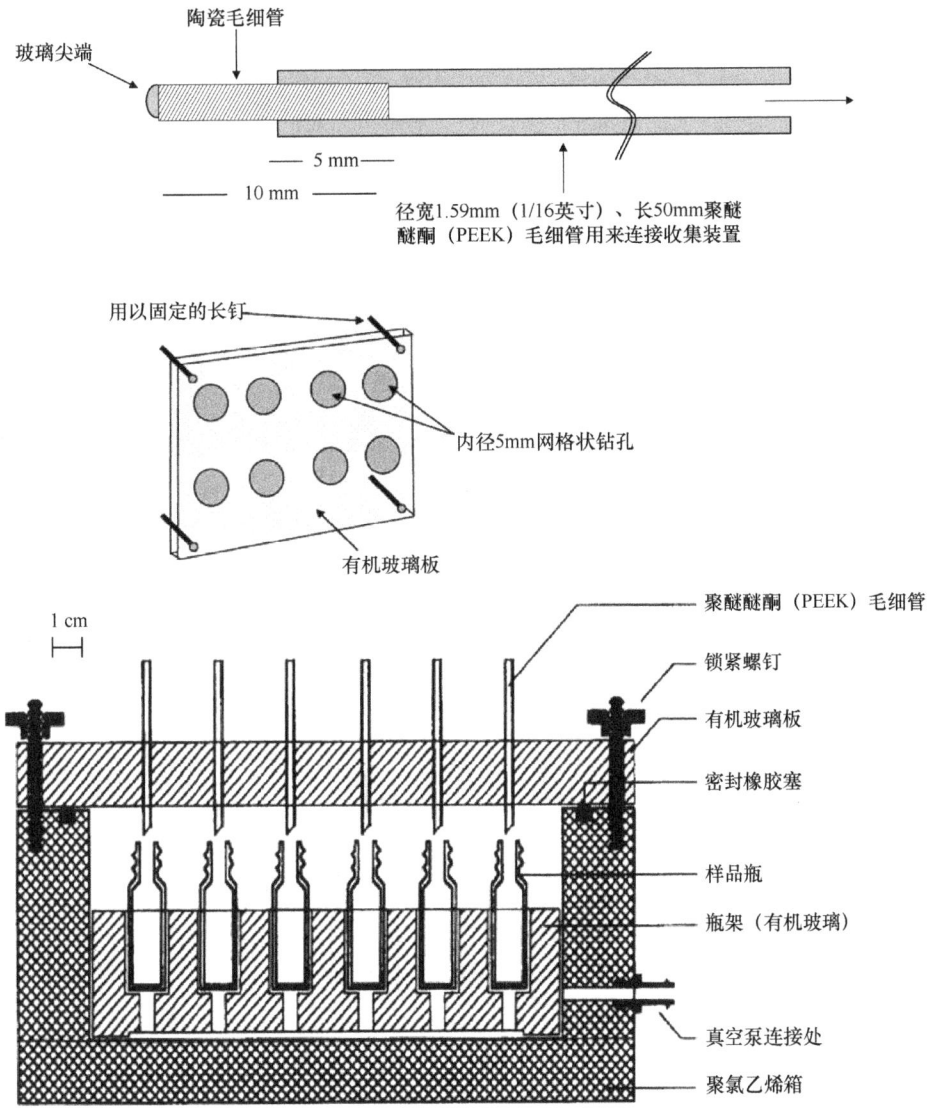

图 17.2 微型蒸渗仪装置：包括微型蒸渗仪抽吸装置、支撑板和样品采集室（Göttlein, A., Hell, U.,和 Blasek, R., Geoderma, 69, 147, 1996.）

17.5.3 安装步骤

（1）确定微型蒸渗仪在土壤中的安装位置是在土壤自然剖面的表面还是在装有土壤的根管中。

（2）在确定的位置，用不锈钢杆在土壤中钻出一个与微型蒸渗仪尺寸相同的洞。

（3）拔出不锈钢杆，把微型蒸渗仪插入合适的深度，确定好微型蒸渗仪抽吸杯前端的位置。

（4）用一块与微型蒸渗仪径宽或根管侧面大小相同的带孔有机玻璃板支撑各个微型蒸渗仪，以便确保它们在土壤中精确、固定的安放位置（见图17.3）。

（5）将蒸渗仪内抽至30～60 kPa的恒定真空环境，也可以使用较短时间真空环境的不连续真空体系法获取土壤溶液。

（6）与任何蒸渗仪一样，微型蒸渗仪也需要检测溶液的 pH 值和 EC 值来判断是否与周围土壤保持平衡。只有 pH 值和 EC 达到稳定值，微型蒸渗仪获得的数据才能够代表土壤溶液的化学性质。

（7）溶液样品应该立即转移至冷藏装置内，确保运送至实验室前处于4℃黑暗环境中保存。

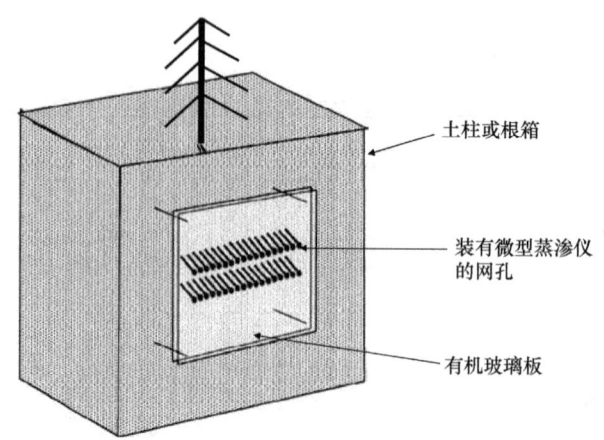

图 17.3 微型蒸渗仪的安装（Dieffenbach, A., Göttlein, A.,和 Matzner, E., Plant Soil, 192, 57, 1997.）

17.5.4 注释

（1）微型蒸渗仪体积小、易被污染，所以在采样和存储过程中，要选择合适的管道和容器，以减少采样和保存过程中其表面对主要离子、痕量金属元素或有机酸等的吸附。尼龙或特氟龙（聚四氟乙烯）材料可以减少对痕量金属元素的吸附，当要监测可溶性有机物质时可以选用玻璃材料。

（2）微型蒸渗仪收集的溶液体积处于 50～300 μL，因此需要能够用于小体积样品的分析方法，例如，毛细管电泳（CE）法（Göttlein 和 Blasek，1996）和其他基于高分辨电感耦合的等离子-质谱仪的方法来分析小体积样品中的阴阳离子（Puschenreiter 等，2005）。

17.6　实验室内土壤溶液的分离

在实验室内从鲜土中获取土壤溶液的方法有很多，包括低速离心法、高速离心法（Gillman，1976；Reynolds，1984）、混相液体位移法（Adams，1974；Wolt 和 Graveel，1986）、非混相液体位移法（Kinniburgh 和 Miles，1983）和正气压密封瓶法或注压法（Lawrence 和 David，1996），由这些方法得到的结果相似（Adams 等，1980；Wolt 和 Graveel，1986；Elkhatib 等，1987）。使用这些方法时，获得受影响最小的结果关键是采样后尽快处理样品。离心法是一种快速、简便的方法。这里推荐的是经典的戴维斯法（1963），戴维斯法在本书的前版中已有介绍，不同之处在于本章不用玻璃丝而用高密度聚乙烯块来装注射器里的土壤。

离心法是在室内从土壤固相中分离土壤溶液最常用的方法，但 1990 年 Ross 和 Bartlett 在用森林地表土和 Bhf 层的土壤比较高速离心法、混相位移法和注压法时发现，离心法可以产生较高浓度的 H^+ 和 F^-，有时还会产生较高浓度的 Cl^-、SO_4^{2-} 和 NO_3^-，故应该避免使用该法。而混相位移法虽然能获得大量土壤溶液，但是其过程烦琐、耗时。从潮湿土壤中提取溶液时，土壤溶液会随着处理时间的增加而发生变化，此时可以选择简单、快速的注压法，而且注压法所收集溶液的化学性质与混相位移法相似，样品的分析精度也一样，甚至其精度比位移法或离心法更高。

17.6.1　离心法（Davies 和 Davies，1963）

1. 材料和装置

（1）离心装置由两部分组成，一部分是由体积为 60 mL 的注射器裁去上部、保留 55 mm 长注射器下部形成的土壤容器，用于装新鲜潮湿的土壤样品，另一部分是一个收集土壤溶液的杯子，溶液杯可以由 50 mL 高密度聚乙烯离心管截掉上部制成（见图 17.4）。

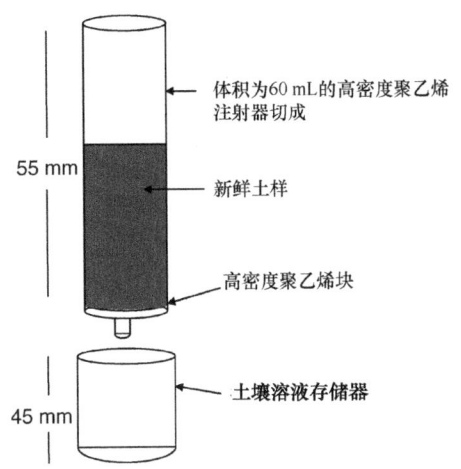

图17.4 采用离心机收集土壤溶液的装置（Soon, Y.K.和 Warren, C.J., in M.R. Carter (Ed.), Soil Sampling and Methods of Analysis, Lewis Publishers, CRC Press, Boca Raton, Florida, 1993.）

（2）有水平转子、50 mL 离心罩或转接适配器，且能制冷的离心机。

（3）直径为 27 mm 的高密度聚乙烯块。

（4）高密度聚乙烯小溶液瓶。

（5）石蜡。

（6）0.4 μm 聚碳酸酯膜过滤器。

2．方法

（1）所有与土壤样品及土壤溶液接触的塑料器皿都应该先用 5%的盐酸洗净，再用去离子水润洗，直到其电导率恒定且接近或等于去离子水的电导率值。若要测微量元素，则按第 10 章所述的过程准备。

（2）将高密度聚乙烯块放入裁好的 60 mL 注射器的底部。

（3）取约 25 g 潮湿土壤于土壤容器中（若为有机质含量高的土壤，则取 10 g），用保鲜膜密封以便避免样品在离心操作过程中水分蒸发损失。每个土样均应该留样，用以测定其水分含量。

（4）将溶液收集杯放在盛有土壤的注射器下方。

（5）保持土柱底部 1 500 g 的相对离心力离心 30 min。

（6）预留部分溶液用于 pH 值和 EC 值的分析，剩余溶液转移至干净的存储瓶。溶液存储和分析前，可以在低真空环境下用 0.4 μm 聚碳酸酯过滤器过滤溶液，除去可能有的杂质。用于金属分析的预留样品应该进行酸化（0.2% HNO_3 v/v），若要分析痕量元素，则应该用痕量金属级硝酸酸化。

（7）所有样品分析，包括空白均需要设置重复。

17.6.2 注压法（Ross 和 Bartlett，1990）

1．材料

（1）60 mL 聚乙烯注射器。

（2）直径为 27 mm 的高密度聚乙烯块。

（3）去离子水。

（4）压缩装置（见图 17.5）。

（5）0.4 μm 的聚碳酸酯膜过滤器。

图 17.5 采用注射器进行土壤溶液提取的注压提取法装置（照片由 Don Ross 提供）

2. 方法

（1）用去离子水清洗高密度聚乙烯块。

（2）把高密度聚乙烯块放入注射器的底部。

（3）将新鲜土样（最好在采样 12 h 内）装到聚乙烯注射器内。

（4）启动压缩装置，舍弃前 5～10 滴溶液，重新加压 15 min，收集剩余的液体。

（5）预留溶液部分用于 pH 值和 EC 值的分析，剩余溶液转移至干净的存储瓶。溶液存储和分析前，可以在低真空环境下用 0.4 μm 聚碳酸酯过滤器过滤溶液，除去可能有的杂质。用于金属分析的预留样品应该进行酸化（0.2% HNO_3 v/v），若要分析痕量元素，则应该用痕量金属级硝酸酸化。

（6）所有样品，包括空白均需要设置重复。

17.6.3 注释

（1）这两种方法都应该在采样后尽快从土壤中分离土壤溶液。在溶液提取前，土壤样品应该保持在 4℃低温、黑暗环境下，但不可冷冻。除了从自然环境中采样扰动，缩短收集土壤溶液的时间对降低试验的人为误差也很重要（Qian 和 Wolt，1990；Ross 和 Bartlett，1990）。

（2）在离心过程中产生的土壤溶液提取力可以用相对离心力（RCF）计算：

$$\mathrm{RCF} = \frac{(2\pi n)^2 r}{g} \tag{17.1}$$

式中，n 为每秒转数，r 为转轴半径，g 为 981 cm s^{-2}。

相对离心力与因离心力而排出水的孔（这里为毛细孔）的大小有关。例如，直径一微米的孔可以在大约 1 000 g 的相对离心力时产生排水（Edmunds 和 Bath，1976；Soon 和 Warren，1993）。注压法中使用的提取力应该测定并记录，以便确保结果的可比性和一致性。

（3）这两种方法提取的土壤溶液量都少（1～3 mL），需要合并数次重复提取的土壤溶液，才能得到足够的溶液确保一定范围的溶液分析。合并的土壤溶液也需要进行重复实验，以便保证明确的过程重复。也就是说，如果三次提取的溶液合并能形成 1 个 5～10 mL 的样品，就需要重复六次提取，形成两个重复的样品。

参 考 文 献

Adams, F. 1974. Soil solutions. In: E.W. Carson, ed. *The Plant Root and Its Environment*. University Press of Virginia, Charlottesville, VA, 441-482.

Adams, F., Burmester, C., Hue, N.V., and Long, F.L. 1980. A comparison of column displacement and centrifuge methods for obtaining soil solutions. *Soil Sci. Soc. Am. J.* 44: 733-735.

Beier, C., Hansen, K., Gundersen, P., Andersen, B.R., and Rasmussen, L. 1992. Long-term field comparison of ceramic and poly (tetrafluoroethene) porous cup soil water samplers. *Environ. Sci. Technol.* 26: 2005-2011.

Bélanger, N., Coté B., Fyles, J.W., Courchesne, F., and Hendershot, W.H. 2004. Forest regrowth as the controlling factor of soil nutrient availability 75 years after fire in a deciduous forest of Southern Quebec. *Plant Soil* 262: 363-372.

Brahy, V. and Delvaux, B. 2001. Comments on Artifacts caused by collection of soil solution with passive capillary samplers. *Soil Sci. Soc. Am. J.* 65: 1571-1572.

Davies, B.E. and Davies, R.I. 1963. A simple centrifugation method for obtaining small samples of soil solution. *Nature* 198: 216-217.

Dieffenbach, A., Göttlein, A., and Matzner, E. 1997. *In-situ* soil solution chemistry in an acid forest soil as influenced by growing roots of Norway spruce (*Picea abies* [L.] Karst.). *Plant Soil* 192: 57-61.

Edmunds, W.M. and Bath, A.H. 1976. Centrifuge extraction and chemical analysis of interstitial waters. *Environ. Sci. Technol.* 10: 467-472.

Elkhatib, E.A., Hern, J.L., and Staley, T.E. 1987. A rapid centrifugation method for obtaining soil solution. *Soil Sci. Soc. Am. J.* 51: 578-583.

Foster, N.W., Mitchell, M.J., Morrison, I.K., and Shepard, J.P. 1992. Cycling of acid and base cations in deciduous stands of Huntington Forest, New York, and Turkey Lakes, Ontario. *Can. J. Forest Res.* 22: 167-174.

Gillman, G.P. 1976. A centrifuge method for obtaining soil solution. CSIRO Division of Soils, Report No. 16, Adelaide, Australia.

Göttlein, A. and Blasek, R. 1996. Analysis of small volumes of soil solution by capillary electrophoresis. *Soil Sci.* 161: 705-715.

Göttlein, A., Hell, U., and Blasek, R. 1996. Asystem for microscale tensiometry and lysimetry. *Geoderma* 69: 147-156.

Goyne, K.W., Day, R.L., and Chorover, C. 2000. Artifacts caused by collection of soil solution with passive capillary samplers. *Soil Sci. Soc. Am. J.* 64: 1330-1336.

Haines, B.L., Waide, J.B., and Todd, R.L. 1982. Soil solution nutrient concentrations sampled with tension and zero-tension lysimeters: report of discrepancies. *Soil Sci. Soc. Am. J.* 46: 547-555.

Heinrichs, H., Bottcher, G., Brumsack, H., and Pohlman, M. 1995. Squeezed soil-pore solutes—a comparison to lysimeter samples and percolation experiments. *Water Air Soil Poll.* 89: 189-204.

Hendershot, W.H. and Courchesne, F. 1991. Comparison of soil solution chemistry in zero tension and ceramic cup tension lysimeters. *J. Soil Sci.* 42: 577-583.

Hendershot, W.H., Mendes, L., Lalande, H., Courchesne, F., and Savoie, S. 1992. Soil and stream water chemistry during spring snowmelt. *Nord. Hydrol.* 23: 13-26.

Jones, D.L. and Edwards, A.C. 1993. Effect of moisture content and preparation technique on the composition of soil solution obtained by centrifugation. *Commun. Soil Sci. Plant Anal.* 24: 171-186.

Kinniburgh, D.G. and Miles, D.L. 1983. Extraction and chemical analysis of interstitial water from soils and rocks. *Environ. Sci. Technol.* 17: 362-368.

Lawrence, G.B. and David, M.B. 1996. Chemical evaluation of soil-solution in acid forest soil. *Soil Sci.* 161: 298-313.

Ludwig, B., Meiwes, K.J., Khanna, P., Gehlen, R., Fortmann, H., and Hildebrand, E.E. 1999. Comparison of different laboratory methods with lysimetry for soil solution composition—experimental and model results. *J. Plant Nutr. Soil Sci.* 162: 343-351.

MacDonald, J.D., Bélanger, N., and Hendershot, W.H. 2004a. Column leaching using dry soil reproduces solid-solution partitioning observed in zero-tension lysimeters. 2. Trace metals. *Soil Sed. Contam.* 13: 361-374.

MacDonald, J.D., Bélanger, N., and Hendershot, W.H. 2004b. Column leaching using dry soil reproduces solid-solution partitioning observed in zero-tension lysimeters. 1. Method Development. *Soil Sed. Contam.* 13: 375-390.

MacDonald, J.D., Johnson, D., Taillon, K., Hale, B., and Hendershot, W.H. 2003. Modeling the effect of trace metals emissions on boreal forest soils. *J. Human Ecol. Risk Assess.* 9: 723-747.

Puschenreiter, M., Wenzel, W.W., Wieshammer, G., Fitz, W.J., Wieczorek, S., Kanitsar, K., and Köllensperger, G. 2005. Novel micro-suction-cup design for sampling soil solution at defined distances from roots. *J. Plant Nutr. Soil Sci.* 168: 386-391.

Qian, P. and Wolt, J.D. 1990. Effects of drying and time of incubation on the composition of displaced soil solution. *Soil Sci.* 149: 367-374.

Quevauviller, P.H. 1998. Operationally defined extraction procedures for soil and sediment analysis. I. Standardization. *Trends Anal. Chem.* 17: 289-298.

Reynolds, B. 1984. A simple method for the extraction of soil solution by high speed centrifugation. *Plant Soil* 78: 437-440.

Ross, D.S. and Bartlett, R.J. 1990. Effects of extraction methods and sample storage on properties of solutions obtained from forested spodosols. *J. Environ. Qual.* 19: 108-113.

Russell, C.A., Kosola, K.R., Paul, E.A., and Robertson, G.P. 2004. Nitrogen cycling in poplar stands defoliated by insects. *Biogeochemistry* 68: 365-381.

Smethurst, P.J. 2000. Soil solution and other soil analyses as indicators of nutrient supply: a review. *Forest Ecol. Manag.* 138: 397-411.

Soon, Y.K. and Warren, C.J. 1993. Soil solution. In: M.R. Carter, ed. *Soil Sampling and Methods of Analysis*. Lewis Publishers, CRC Press, Boca Raton, FL, 201-214.

Swenson, B. 1997. Unsaturated flow in a layered, glacial-contact delta deposit measured by the use of 18 O, Cl$^-$ and Br$^-$ as tracers. *Soil Sci.* 162: 242-253.

Wolt, J. and Graveel, J.G. 1986. A rapid routine method for obtaining soil solution using vacuum displacement. *Soil Sci. Soc. Am. J.* 50: 602-605.

（邱炜红　李小涵　译，王朝辉　校）

第 18 章　离子交换与交换性阳离子

W.H. Hendershot and H. Lalande

McGill University

Sainte Anne de Bellevue, Quebec, Canada

M. Duquette

SNC-Lavalin Montreal, Quebec, Canada

18.1　引　言

土壤矿物晶格内部离子的同晶置换（永久电荷）或在晶格矿物的边面及氧化物、氢氧化物、含水氧化物和有机质表面进行的水解反应（可变电荷）使土壤带有电荷。这些电荷又可以通过吸引带相反电荷的离子（可交换离子）而形成复杂的离子交换复合体。离子交换测定方法的原理就是用已知离子去饱和土壤离子交换复合体，将其带电表面的可交换离子交换到溶液中，这个过程符合质量作用定律。通过计算代换下来的阳离子总量可以确定土壤的离子交换量，此法称为求和法。用于饱和土壤离子交换体的离子总量，即离子指数，可以被另一种不同的盐离子替换进入溶液进行测定，从测定得到的被代换离子总量可以计算离子指数，作为离子交换量，此法称为置换法。

土壤阳离子交换量（CEC）是指带负电荷的土壤胶体表面所能吸附的可交换性离子总量（Bache, 1976）。结果通常用每千克土壤的正电荷厘摩尔数表示（$cmol(+) kg^{-1}$）。阴离子交换量（AEC）则以负电荷厘摩尔数表示（$cmol(-) kg^{-1}$）。在加拿大，大部分土壤的阳离子交换量远大于阴离子交换量，因此在一般的土壤分析过程中只测定阳离子交换量和可交换阳离子。

阳离子交换量的测定应该考虑以下三方面的问题。

（1）因为可溶性盐、碳酸钙和石膏（$CaSO_4·H_2O$）的溶解带来的误差。

（2）K^+和NH_4^+在蛭石和云母矿物，包括伊利石和含水云母矿物的晶层内专性吸附。

（3）土壤颗粒表面三价阳离子，例如，Al^{3+}和Fe^{3+}的专性吸附。

在通常情况下，采用与待测土壤浸提液具有相似浓度和pH值的试剂来测定CEC可以减小误差。对于干旱地区的土壤，采用pH缓冲值为7.0或8.2的高浓度饱和浸提液，可以降低由于碳酸钙和石膏溶解产生的误差（Thomas, 1982）。对于酸性土壤，pH值为7.0或8.2的缓冲溶液不能有效地交换土壤胶体表面的三价阳离子，采用非缓冲溶液浸提的方法可以更好地测定其CEC和交换性阳离子。

对于农田土壤，pH缓冲溶液法因为不受施肥和施用石灰的影响而被广泛使用。对于森林土壤和其他低pH值的土壤，采用与土壤pH值一致的浸提液，可以更准确地反映田间条件下土壤的交换性阳离子和CEC（见18.2）。

含有一定量无定形矿物母质的土壤，例如，灰化土、一些火烧土和含有火山灰的土壤，会因为土壤酸化和施用石灰而引起CEC和AEC在数量级上的变化。如果要研究因为土壤pH值变化而引起的土壤电荷性质改变，那么参见18.3中基于pH值的CEC和AEC测定方法。这种方法可以提供比电位滴定法更多的有用信息，比如这两种测定方法都可以给出零电荷点（PZC），但基于pH值的CEC和AEC测定方法还可以确定任意pH值条件下的绝对交换量。

18.2 氯化钡法测定可交换性阳离子和有效阳离子交换量（CEC）
（Hendershot 和 Duquette，1986）

氯化钡法可以快速测定多种不同类型土壤的可交换性阳离子和"有效"阳离子交换量（CEC），其中 CEC 由可交换阳离子（Ca、Mg、K、Na、Al、Fe 和 Mn）的总和来计算，这种方法特别适用于研究林业或与田间土壤 pH 条件下 CEC 有关的环境问题。但是在具有大量 pH 值依赖性阳离子交换位点的土壤中，pH 值=7 时的测定值将显著高于通过该方法测量的值，含有大量 SO_4^{2-} 的盐碱土会因为氯化钡沉淀的产生而使这个问题加重。

通过与其他方法在对应土壤 pH 值条件下测定的 CEC 比较，氯化钡法的结果具有很好的可比性（Hendershot 和 Duquette，1986；Ngewoh 等，1989）。钡是一种良好的絮凝剂，能够置换三价阳离子。平衡溶液中较低的离子强度使其比浓度较高的盐溶液产生的 pH 值变化更小。这种方法较为简单快捷，且常推荐用来测定交换性铁和锰，因为在一些酸性土壤中其含量可能比其他常见的阳离子（例如，钾和钠）更为丰富。

2003 年，土壤专家组提出一种连续三次添加 $0.1\ mol\ L^{-1}$ $BaCl_2$ 溶液的替代方法。土液比 1∶60、连续振荡和滗析步骤会导致交换性阳离子测定值偏高，而且复杂的测定步骤也不适合实验室常规分析。由于本章使用 $0.1\ mol\ L^{-1}$ $BaCl_2$ 溶液测定土壤交换性阳离子，因此建议使用相同的盐溶液来测量可交换酸度。Jonsson 等（2002）确定了可以用于评估这两种不同浸提步骤差异的回归方程。

该方法的结果会受土液比的影响，用少量土壤浸提得到的交换性阳离子值较高，因此本章对土壤用量进行了合理调整。与之前发表的方法（Hendershot 等，1993）相比，本章已经将土壤的最大用量从 3.0 g 减少到 1.5 g。若要将不同时间、不同采样点之间的结果进行比较，则应该采用统一标准的样品量。

18.2.1 材料与试剂

（1）带螺旋盖的离心管（50 mL），低速离心机。
（2）旋转振荡器。
（3）$0.1\ mol\ L^{-1}$ 的氯化钡溶液：将 24.43 g $BaCl_2·2H_2O$ 溶于重去离子水中，并于 1 L 容量瓶中定容。
（4）使用 1 000 $mg\ L^{-1}$ 的原子吸收试剂级标准液制备 Ca、Mg、K、Na、Al、Fe 和 Mn 的标准液，标准液中的基质必须与分析样品的氯化钡浓度相当（稀释或非稀释基质）。
（5）100 $mg\ L^{-1}$ 的镧溶液：将 53.5 g $LaCl_3·7H_2O$ 溶解于 200 mL 容量瓶中并定容（用于原子吸收分光光度法（AAS）测定）。
（6）100 $g\ L^{-1}$ 的铯溶液：将 25.2 g CsCl 溶于 200 mL 容量瓶中并定容（用于 AAS 测定）。

18.2.2 步骤

（1）对于有机土壤或结构细密的土壤，称量约 0.5 g 风干土（<2 mm），粗质结构土壤，称量约 1.5 g 风干土（<2 mm）放入 50 mL 离心管中，记录土壤重量，精确到 0.001 g。同时设置空白、重复和质量控制样品。
（2）向每个离心管中加入 30.0 mL 的 $0.1\ mol\ L^{-1}$ $BaCl_2$ 溶液，并于旋转振荡器上（15 rpm）缓慢振荡 2 h。
（3）离心（15 min，700 g），使用 Whatman No.41 滤纸过滤上清液。
（4）用 AAS 或任何其他适合的仪器分析上清液中的以下阳离子：Ca、Mg、K、Na、Al、Fe 和 Mn。钙、钾和镁通常需要稀释 10 倍或 100 倍。用 AAS 测定钙、镁和钾时，需要向每 10 mL 稀释液中加入

0.1 mL 的镧溶液和 0.1 mL 的铯溶液。有关分析和其他相关详情，请参考 AAS 手册。样品经过 0.2% 的硝酸溶液酸化后可以防止金属离子，例如，铁和铝等不同价态离子的损失，以便于保存。

（5）若需要，则可以在过滤之前分取部分 $BaCl_2$ 平衡液用于 pH 值测定。由于 pH 电极中的氯化钾盐桥会泄漏大量钾，故用于测定 pH 值后的样品溶液不能用于钾的测定及 pH 值的再测定。

18.2.3 计算

（1）交换性阳离子：

$$M^+ \text{ } cmol(+) \text{ kg}^{-1} = C \text{ } cmol(+) \text{ L}^{-1} \times (0.03 \text{ L/wt. g}) \times 1\,000 \text{ } g \cdot kg^{-1} \times DF \tag{18.1}$$

式中，M^+ 是吸附阳离子的浓度（$cmol(+)$ kg^{-1}），C 是测得的氯化钡提取液中对应阳离子的浓度（$cmol(+)$ L^{-1}），wt. 是土壤样品重（g），DF 是稀释倍数。

（2）有效阳离子交换量：

$$\text{有效阳离子交换量 } cmol(+) \text{ kg}^{-1} = \sum M^+ \text{ } cmol(+) \text{ kg}^{-1} \tag{18.2}$$

（3）碱基饱和度：

$$BS \% = (\sum Ca + Mg + Na + K / \text{有效阳离子交换量}) \times 100 \tag{18.3}$$

18.2.4 注释

（1）应该保存大量与所分析样品性质相似的土壤，作为指示测量结果随时间变异的参比或质量控制样品。同时每批待测样品应该包括两个质量控制样品。若质量控制样品的测量值超出了要求范围，则整批样品应该重新测定。采用质量控制样品分析可以将同一实验室的不同测量人员测定的样品进行相互校正，并保证测定结果不会因为年份不同或化学试剂的批次不同而发生变化。

（2）为了简单起见，AAS 标准液通常通过将 1000 $mg \text{ L}^{-1}$ 的母液稀释至适合仪器测定范围的低浓度溶液来制备，并用相应的 $cmol(+)$ L^{-1} 值校准仪器。相关的转换值如下：

1 $mg \cdot L^{-1}$ Ca = 5.00 × 10^{-3} $cmol(+)$ L^{-1}

1 $mg \cdot L^{-1}$ Mg = 8.23 × 10^{-3} $cmol(+)$ L^{-1}

1 $mg \cdot L^{-1}$ K = 2.56 × 10^{-3} $cmol(+)$ L^{-1}

1 $mg \cdot L^{-1}$ Na = 4.35 × 10^{-3} $cmol(+)$ L^{-1}

1 $mg \cdot L^{-1}$ Al = 11.11 × 10^{-3} $cmol(+)$ L^{-1}

1 $mg \cdot L^{-1}$ Fe = 1.79 × 10^{-3} $cmol(+)$ L^{-1}

1 $mg \cdot L^{-1}$ Mn = 3.64 × 10^{-3} $cmol(+)$ L^{-1}

18.3 基于 pH 值的 CEC 和 AEC 测定（Fey 和 LeRoux，1976）

在许多研究文献中，Fey 和 LeRoux（1976）的方法常被用于基于 pH 值的 CEC 和 AEC 的测定，但该方法需要多次饱和及调 pH 而比较耗时。一种替代性方法是向土壤悬浮液中加入不同数量的酸或碱再来测量所得的 pH 值。该方法由于步骤较少，减少了因为污染或土壤损失而造成的误差，因此更为快捷且备受欢迎。这种改进方法的唯一缺点是，其较 Fey 和 LeRoux（1976）的方法更难以获得均匀的 pH 值分布，但可以通过重复分析样品、调节硝酸用量及加入氢氧化钙来校正。

18.3.1 材料与试剂

（1）50 mL 带螺旋盖的离心管和低速离心机。

（2）涡旋式离心管混合器和旋转振荡器。

（3）0.05 mol L^{-1} 的硝酸钙溶液：将 23.62 g Ca(NO$_3$)$_2$·4H$_2$O 溶于重去离子水并定容至 2 L 容量瓶中。

（4）0.1 mol L^{-1} 的硝酸：用重去离子水稀释 6.3 mL HNO$_3$ 至 1 L 容量瓶中。

（5）0.05 mol L^{-1} 的氢氧化钙溶液：将 3.70 g Ca(OH)$_2$ 溶于重去离子水并定容至 1 L，并用 Whatman No.41 过滤器过滤（可以使用玻璃微纤维过滤器 Whatman GF/C 进行预过滤）。

（6）0.005 mol L^{-1} 的硝酸钙溶液：用重去离子水稀释 200 mL 的 0.05 mol L^{-1} Ca(NO$_3$)$_2$ 溶液定容于 2 L 容量瓶中。

（7）1.0 mol L^{-1} 的氯化钾溶液：将 149.12 g KCl 溶于重去离子水定容至 2 L 容量瓶中。

（8）100 mg L^{-1} 的镧溶液：将 53.5 g LaCl$_3$·7H$_2$O 溶解于 200 mL 容量瓶中并定容，用于原子吸收分光光度法（AAS）的测定分析。

（9）100 g L^{-1} 的铯溶液：将 25.2 g CsCl 溶于 200 mL 容量瓶中并定容，用于 AAS 分析。

18.3.2 步骤

（1）称取 20 个 50 mL 空离心管，精确到 0.001 g（20 个离心管为一组，用于一个土壤样品的测定）。

（2）向每个试管中加入 1.0 g 风干的粒径小于 2 mm 的土壤样品，并记录试管与土壤的总重量，精确到 0.001 g。对每个目标的 pH 值进行重复分析，并且每批样品设置两个质量控制样品。如果待测样品为潮湿的鲜土，那么应该首先另外称取 4 份样品分别放入小烧杯中，自然风干以便确定相当于 1 g 风干土的潮湿土壤重量。

（3）加入 25 mL 0.05 mol/L 的硝酸钙溶液，盖上离心管，使用旋转振荡器（15 rpm）振荡 1 h。

（4）离心（10 min，700 g）后通过倾析弃去上清液，应该注意避免在倾析过程中损失土壤。

（5）再次向每个离心管中加入 25 mL 0.05 mol L^{-1} 的硝酸钙溶液，然后向一组重复试管中加入 0 mL、0.25 mL、0.5 mL、1.0 mL 或 2.5 mL 的 0.1 mol L^{-1} 的硝酸，向剩余一组重复试管中加入 0.25 mL、0.5 mL、1.0 mL 或 2.5 mL 的 0.05 mol L^{-1} 的氢氧化钙溶液。同时向质量控制样品中加入 1.0 mL 0.1 mol L^{-1} 的硝酸或 0.05 mol L^{-1} 的氢氧化钙溶液。之后用涡旋混合器摇混使土壤重新悬浮。

（6）加盖后在旋转振荡器上振荡过夜。

（7）离心（10 min，700 g）并弃去上清液。

（8）加入 25 mL 0.005 mol L^{-1} 的硝酸钙溶液，并使土壤重新悬浮，离心（10 min，700 g），弃去上清液。

（9）重复步骤 8，并分取出部分上清液测量 pH 值，剩余的上清液用重去离子水稀释 100 倍后用于分析钙离子和硝酸根离子。称量离心管与土壤及其中土壤溶液的总重量。

（10）加入 25 mL 1.0 mol L^{-1} 的氯化钾溶液，振荡 1 h，离心（10 min，700 g）。

（11）保留上清液并用重去离子水将其稀释 10 倍用于测定置换出来的钙离子和硝酸根离子。

（12）采用 AAS 法测定步骤 11 稀释 10 倍后的氯化钾提取液和步骤 9 中 0.005 mol L^{-1} 的硝酸钙平衡溶液中的钙离子含量。采用此法测定钙离子，需要向每 10 mL 稀释后的提取液中加入 0.1 mL 的镧溶液和 0.1 mL 的铯溶液。有关仪器操作的详细说明，参阅 AAS 手册。

（13）测量步骤 11 未稀释的氯化钾提取液和步骤 9 稀释的 0.005 mol L^{-1} 的硝酸钙平衡溶液中的硝酸根离子。

18.3.3 计算

（1）残留钙离子和硝酸根离子

① 土壤溶液的体积：

从步骤 9 中测得的重量中减去土壤（步骤 2）和空离心管重量，以便计算残余 0.005 mol L^{-1} 的硝酸钙溶液（Vol$_{res}$）的重量。假设 1 g 等于 1 mL。

② 残余溶液中的钙离子和硝酸根离子（Ca$_{res}$ 和 NO$_{3res}$）：

$$Ca_{res}(mol) = Vol_{res}(mL) \times Ca_{sol}(mM) \times 0.001(L \cdot mL^{-1}) \times DF \tag{18.4}$$

$$NO_{3res}(mol) = Vol_{res}(mL) \times NO_{3\,sol}(mM) \times 0.001(L \cdot mL^{-1}) \times DF \tag{18.5}$$

式中，Ca$_{sol}$ 和 NO$_{3\,sol}$ 是指测得的步骤 9 中 0.005 M 硝酸钙淋洗液中的钙离子和硝酸根离子的浓度，单位为 mM，DF 是稀释倍数（如果有稀释）。

（2）氯化钾提取液（包括残留液）中钙离子和硝酸根离子的总量（Ca$_t$ 和 NO$_{3\,t}$）：

$$Ca_t(mmol) = Ca_{KCl}(mM) \times 25(mL) \times 0.001(L\,mL^{-1}) \times DF \tag{18.6}$$

$$NO_{3\,t}(mmol) = NO_{3\,KCl}(mM) \times 25(mL) \times 0.001(L\,mL^{-1}) \times DF \tag{18.7}$$

式中，Ca$_{KCl}$ 和 NO$_{3\,KCl}$ 是来自步骤 11 的氯化钾提取液中的钙和硝酸根离子浓度（mM），DF 是稀释倍数（如果有稀释）。

（3）CEC 和 AEC 的计算：

$$CEC\ cmol(+)\ kg^{-1} = (Ca_t - Ca_{res})\ (mmol) \times 0.2(cmol(+)\,mmol^{-1}) \times 1\,000(g\,kg^{-1})/wt.(g) \tag{18.7}$$

$$AEC\ cmol(-)\ kg^{-1} = (NO_{3\,t} - NO_{3\,res})\ (mmol) \times 0.1(cmol(-)\,(mmol^{-1}) \times 1\,000(g\,kg^{-1})/wt.(g) \tag{18.8}$$

式中，wt. 为风干土样重，单位为 g。

（4）绘制 CEC 和 AEC 与最终平衡液 pH 测量值（第 18.3.2 的步骤 9）的散点图，进行分析。

18.4 在 pH 值 7.0 条件下用乙酸铵方法测定可交换阳离子和总交换量（Lavkulich，1981）

本节所介绍的方法由 Lavkulich（1981）提出，可以用于多种类型土壤的测定。它涉及的测定步骤要少于其他类似的方法，例如，McKeague（1978）法。关于这种交换性阳离子和 CEC 测量方法的缺陷已经在有关文献中广泛讨论（Chapman，1965；Bache，1976；Rhoades，1982；Thomas，1982），我们认可 Thomas（1982）的看法，即"目前，没有一种方法的测定结果比 NH$_4^+$ 交换法更为客观"。

在饱和步骤的平衡过程中，由于碳酸钙和石膏的溶解会导致过量的 Ca^{2+} 被 NH$_4^+$ 交换和提取，且由于 Ca^{2+} 和 NH$_4^+$ 之间对土壤胶体表面离子的竞争性交换，所以会使 NH$_4^+$ 被土壤胶体的吸附减少。在含有这些矿物质的土壤中，交换性 Ca 的测量值将过高，而总 CEC 将过低。前一个问题不容易纠正（Thomas，1982），然而，采用 Rhoades（1982）法可以更准确地测得这种类型土壤的 CEC。

另外，当使用 NH$_4^+$ 作为萃取剂时，K$^+$ 和 NH$_4^+$ 在层状硅酸盐中的固定也会导致可交换 K$^+$ 的值被过高或过低估计，这取决于 NH$_4^+$ 是否会进入层间置换 K$^+$，或者 NH$_4^+$ 是否会导致矿物边缘塌陷从而防止 K$^+$ 进一步交换。

与本章中介绍的其他方法相比，此方法使用的样本量较大，有助于减少样品之间的变异性。该方法的另一个优点是没有倾析步骤可能导致的样品损失，更适于有机质含量高的土壤。

以下介绍的方法可以用于同时测量交换性阳离子和 CEC 或只测量交换性阳离子。如果只测定交换性阳离子，那么交换性阳离子（包括铝）的总和也可以用作 CEC 的估计值。由于提取液 pH 值高，因此所测铝的含量通常低于用氯化钡或氯化钾溶液所置换的量。

18.4.1 材料与试剂

（1）离心管：100 mL 离心管和塞子。

（2）往复式振荡机。

（3）直径 55 mm 的布氏漏斗和连接低压真空管线的 500 mL 过滤烧瓶。

（4）1 mol L^{-1} 乙酸铵溶液：将 77.08 g 乙酸铵（NH$_4$OAc）溶于重去离子水并定容于 1 L 容量瓶中，用氢氧化铵或乙酸调节 pH 值至 7.0。

（5）异丙醇。

（6）1 mol L^{-1} 的氯化钾溶液：将 74.6 g KCl 溶于重去离子水并定容于 1 L 容量瓶中。

（7）含氮 200 mg·L^{-1} 的标准铵溶液：将 0.238 g 在 408℃ 下干燥 3~4 h 的硫酸铵溶于约 100 mL 重去离子水中，然后在 250 mL 容量瓶中稀释定容。用 200 mg·L^{-1} 的母液配制浓度为 10 mg·L^{-1}、20 mg·L^{-1}、40 mg·L^{-1} 和 80 mg·L^{-1} 的标准溶液。

（8）使用 1 mol/L 的乙酸铵溶液作为基质制备 Ca、Mg、K 和 Na 标准溶液。

18.4.2 步骤

1. 可交换阳离子的测定

（1）有机质含量低的土壤样品称取 10 g，有机质含量高的土壤样品称取 5 g 或 2 g，放入 100 mL 离心管中。同时设置空白和质量控制样品。

（2）向离心管中加入 40 mL 1 mol L^{-1} 的乙酸铵溶液。盖上盖子并在往复式振荡机（115 rpm）上振荡 5 min。从振荡器中取出离心管，摇动以便冲洗附着在管壁上的土壤，并放置过夜。

（3）再次将离心管振荡 15 min。将 Whatman No.42 滤纸放入布氏漏斗并将其装在 500 mL 过滤瓶上。

（4）将离心管内的土液混合物转移到漏斗中，同时使用真空泵抽吸，用装有 1 mol L^{-1} 乙酸铵溶液的洗涤瓶冲洗离心管和塞子，使转移完全。

（5）用 1 mol L^{-1} 乙酸铵溶液淋洗布氏漏斗中的土壤四次，每次 30 mL，且每次冲洗要确保前一次的液体完全排干，而土壤没有变干或开裂。

（6）将滤液转移到 250 mL 容量瓶中，用 1 mol L^{-1} 氯化铵溶液冲洗过滤瓶并定容。充分摇匀后取部分提取液冷藏保存，用于测定 Al、Ca、Mg、K 和 Na。

2. 对于总交换量（CEC）

（1）将盛有铵饱和土壤的漏斗更换到过滤瓶上。分三次，每次用 40 mL 异丙醇淋洗布氏漏斗中的土壤，以便从土壤中除去残余的乙酸铵。每次淋洗时，待液体完全排干后再进行下一次冲洗，最后一次洗涤之后，需要在土壤变干前停止抽吸。弃去丙醇洗涤液，先后用自来水和重去离子水冲洗烧瓶。

（2）将漏斗放回到过滤瓶上，用 1 mol L^{-1} 氯化钾溶液淋洗土壤四次，每次 50 mL，待前一次液体完全排干后再进行下一次淋洗。最后，将浸出液转移到 250 mL 容量瓶中，用重去离子水冲洗过滤瓶中的残留滤液至容量瓶中，并定容。混合后保存一部分滤液用于测定 NH$_4^+$。

18.4.3 计算

1. 可交换阳离子

$$\text{M+ cmol(+) kg}^{-1} = C \text{ cmol(+) L}^{-1} \times (0.25 \text{ L/wt. g}) \times 1\,000 \text{ g·kg}^{-1} \tag{18.9}$$

M$^+$ 为交换性阳离子浓度，单位为 $c$mol(+) kg^{-1}；C 为乙酸铵提取液中的阳离子浓度，单位为 $c$mol(+) L^{-1}；wt. 为风干土壤称样量，单位为 g。mg·L^{-1} 与 $c$mol(+) L^{-1} 的转换见 18.2.4。

2. CEC

$$\text{CEC cmol(+) kg}^{-1} = [\text{mg} \cdot \text{L}^{-1} \text{N} \times (1 \text{ cmol(+)}/140 \text{ mg})] \times (0.25 \text{ L/wt. g}) \times 1\,000 \text{g} \cdot \text{kg}^{-1} \quad (18.10)$$

参 考 文 献

Bache, B.W. 1976. The measurement of cation exchange capacity of soils. *J. Sci. Food Agric.* 27: 273-280.

Chapman, H.D. 1965. Cation exchange capacity. In: C.A. Black et al., eds., *Methods of Soil Analysis. Agronomy 9*, American Society of Agronomy, Madison, WI, 891-901.

Expert Panel on Soil. 2003. Manual on Methods and Criteria for Harmonized Sampling, Assessment, Monitoring and Analysis of the Effects of Air Pollution on Forests. Part IIIa. Sampling and Analysis of Soil. International co-operative programme on assessment and monitoring of air pollution effects on forests. (www.icp-forests.org/pdf/manual3a.pdf, verified February 9, 2005)

Fey, M.V. and LeRoux, J. 1976. Electric charges on sesquioxidic soil clays. *Soil Sci. Soc. Am. J.* 40: 359-364.

Hendershot, W.H. and Duquette, M. 1986. A simple barium chloride method for determining cation exchange capacity and exchangeable cations. *Soil Sci. Soc. Am. J.* 50: 605-608.

Hendershot, W.H., Lalande, H., and Duquette, M. 1993. Ion exchange and exchangeable cations. In: M.R. Carter, ed., *Soil Sampling and Methods of Analysis*. Lewis Publishers, Boca Raton, FL, 167-175.

Jonsson, U., Rosengren, U., Nihlgard, B., and Thelin, G. 2002. A comparative study of two methods for determination of pH, exchangeable base cations and aluminium. *Commun. Soil Sci. Plant Anal.* 33: 3809-3824.

Lavkulich, L.M. 1981. Methods Manual, Pedology Laboratory. Department of Soil Science, University of British Columbia, Vancouver, British Columbia, Canada.

McKeague, J.A. 1978. Manual on Soil Sampling and Methods of Analysis, 2nd ed. Canadian Society of Soil Science, AAFC, Ottawa, Ontario, Canada.

Ngewoh, Z.S., Taylor, R.W., and Shuford, J.W. 1989. Exchangeable cations and CEC determinations of some highly weathered soils. *Commun. Soil Sci. Plant Anal.* 20: 1833-1855.

Rhoades, J.D. 1982. Cation exchange capacity. In: A.L. Page et al., eds., *Methods of Soil Analysis. Agronomy 9*, 2nd ed. American Society of Agronomy, Madison, WI, 149-157.

Thomas, G.W. 1982. Exchangeable cations. In: A.L. Page et al., eds., *Methods of Soil Analysis. Agronomy 9*, 2nd ed. American Society of Agronomy, Madison, WI, 159-165.

（高雅洁　党海燕　译，王朝辉　校）

第 19 章　非交换态铵的测定

Y.K. Soon

Agriculture and Agri-Food Canada

Beaverlodge, Alberta, Canada

B.C. Liang

Environment Canada

Gatineau, Quebec, Canada

19.1　引　　言

早在 20 世纪初期研究人员就发现，含有蛭石和云母等黏土矿物的土壤具有固定铵的能力，这种很难用稀酸或稀碱溶液提取的铵（McBeth，1917）就是固定态或非交换态铵。Barshad（1951）认为非交换态铵指那些在土壤中不能被钾盐溶液长时间浸提或淋洗而代换的铵离子。表层土壤中非交换性铵的含量一般不超过总氮含量的 10%，但其含量会随着土壤深度增加而增加，深层土壤的含量甚至会超过 50%（Hinman，1964；Bremner，1965）。土壤中非交换态铵的来源主要有土壤有机质矿化产生的铵和施入土壤中的氨态氮肥及土壤母质中已有的固定态铵。许多研究证明非交换态铵可以被植物和微生物利用（Kudeyarov，1981；Scherer，1993；Green 等，1994；Scherer 和 Werner，1996；Soon，1998），而且植物根区土壤中非交换态铵的含量也非常高，因此量化土壤中非交换态铵的库容量具有重要意义。据 Soderland 和 Svensson（1976）估计，在全球土壤中非交换态铵的数量与土壤-植物系统中的植物生物氮数量相当。当土壤中交换态铵开始耗尽时，非交换性铵态氮库就成为土壤有效氮的一个重要来源（Drury 和 Beauchamp，1991）。从农业和环境角度来说，了解土壤，尤其是固铵能力强的土壤，例如，含蛭石和云母较多的土壤中铵态氮的固定与释放特征，对于有效管理和利用土壤中的氮素具有重要意义。

尽管有不少方法能用来测定土壤非交换态铵（Young 和 Aldag，1982），但是普遍使用的是 Silva 和 Bremner 在 1966 年提出的方法。1967 年，Bremner 等对不同的测定方法进行评估后发现，除 Silva 和 Bremner 的方法外，其他所有方法具有以下不足。

（1）用于消除有机氮化合物干扰的前处理无效或会导致测定结果偏高或偏低。

（2）用来释放非交换态铵的方法不可量化，或可能引起有机氮化合物分解形成铵态氮。Keeney 和 Nelson（1982）认为 Silva-Bremner 法能被广泛使用的原因是方法本身没有明显的不足之处，但要注意"也没有方法证实次溴酸钾-氢氟酸（KOBr–HF）处理是准确的"。Bremner 等 1967 年提出测定非交换态铵时可能存在的两个问题，一是氢氟酸处理能将含氮有机物中的氮释放出来，二是金属磷酸铵盐不溶于次溴酸钾或氯化钾溶液但能溶于氢氟酸。这两种情况都会导致非交换态铵的测定结果偏高，但正常条件下这些影响非常小，可以忽略不计。Silva-Bremner 法有三个基本步骤。

（1）除去可交换态铵。

（2）氧化除去含氮有机质。

（3）用氢氟酸和盐酸提取并测定非交换态铵。这个方法的两种修订版本将在下面进行介绍。

Zhang 和 Scherer（1998）提出的简化版 Silva-Bremner 方法（方法 A）能减少测定时间和所用的试

剂量。Nieder 等（1996）和 Liang 等（1999）提出的深度简化版直接去掉了氢氟酸浸提过程（方法 B），这个方法最主要的改进就是由原来次溴酸钾和氯化钾浸提测定土壤中残留的非交换态铵，改为用自动定氮仪干烧法直接测定，去掉了危险性高的氢氟酸浸提过程，也避免了随后对氢氟酸的处理过程，而且在测定过程中因为分析步骤减少而大大节省了测定时间。当氮素分析仪与连续流动氮同位素（$^{14}N/^{15}N$）质谱仪相连时，氮的同位素比率也能很方便地测定。

19.2 次溴酸钾—氢氟酸（KOBr-HF）提取法

下面介绍 Zhang 和 Scherer（1998）对 Silva-Bremner 法（1966）的修订方法。这个方法是将土样放入离心管中利用沸水浴使有机质直接被氧化，而不是将土样放到烧杯内在电热板上加热氧化，省去了把残余土壤转移到离心管的步骤。Zhang 和 Scherer（1998）发现用 50%功率的 1 150 瓦微波炉加热 10 min 与在沸水浴中加热测得的非交换态铵值没有差别，但要根据试验和误差对不同功率的微波炉进行调整比较麻烦。下面介绍利用沸水浴加热的方法。

19.2.1 材料和试剂

（1）带内螺丝盖的聚丙烯或聚乙烯离心管（50 mL）。
（2）2 mol L^{-1} 氢氧化钾溶液：把 112.2 g KOH 溶于约 600 mL 蒸馏水中，冷却后稀释至 1 L。
（3）次溴酸钾溶液（随用随配）：把 6 mL 液溴缓慢加入 200 mL 2 mol L^{-1} 的 KOH 溶液中（每分钟约 0.5 mL），不断地搅拌。在整个加液过程中，KOH 溶液放在冰浴中冷却。
（4）0.5 mol L^{-1} 氯化钾溶液：把 149 g KCl 溶于 600 mL 蒸馏水中并定容至 4 L。
（5）5 mol L^{-1} 氢氟酸–1 mol L^{-1} 盐酸混合液（5 mol L^{-1} HF–1 mol L^{-1} HCl）：用 1 L 的量筒量取 1.5 L 蒸馏水加到 2 L 的带刻度的聚丙烯或聚乙烯锥形瓶中。然后随着不断地搅拌慢慢加入 167 mL 浓盐酸（比重为 1.19），之后加入 325 mL 约 52%的氢氟酸（约 31 mol L^{-1}），最后用蒸馏水定容到 2 L 并充分摇匀。
（6）沸水浴。
（7）往复式振荡器。

19.2.2 步骤

（1）准确称取 0.5 g 过 60 目筛的土样，加入 50 mL 离心管中，记录离心管和土壤的总重，加 10 mL 次溴酸钾溶液后拧紧盖子。颠倒离心管几次使其内容物充分混合，拧松盖子静置 2 h，同时水浴加热。
（2）把放有离心管的试管架浸于沸水浴中，并使沸水浴液面高于离心管中的次溴酸钾液面。待离心管中的液体沸腾后，再加热 10 min。
（3）取下离心管，使离心管内容物冷却和沉淀。如果有必要，可以在 1 000 g 力下离心 5 min。
（4）轻轻倒掉上清液。
（5）在离心管中加入 30 mL 0.5 mol L^{-1} 的氯化钾溶液，振荡 5 min 使土壤充分分散，在 1 000 g 力下离心 5 min，倒掉上清液。
（6）再重复步骤 5 两次。
（7）称离心管和土壤的总重，超过最初重量（步骤 1）的部分代表土壤吸持的 KCl 溶液体积，这部分液体的体积必须在步骤 8 中加到加入的酸试剂体积中，以便准确计算土壤非交换态铵的含量（mg kg^{-1}）。

(8) 加 10 mL 5 mol L^{-1} HF–1 mol L^{-1} HCl 混合液，在往复式振荡器上以每分钟 120 次的振荡频率振荡 24 h。若土样中含有碳酸盐，则在过夜振荡前需要注意排除因为加酸产生的 CO_2。

(9) 在 1 000 g 力下离心 5 min，把上清液转到塑料瓶中进行铵态氮测定。

19.2.3 铵态氮的测定

传统的 Silva-Bremner 法是用蒸馏滴定法测定酸浸提出来的非交换态铵，而 Doram 和 Evans（1983）及 Soon（1998）使用了靛酚蓝比色法进行测定。下面将介绍自动分析法，第 6 章提出的用于测定交换态铵的自动分析法或 Kempers 和 Zweers（1986）介绍的方法均适用于非交换态铵测定。

1. 试剂

若无特别指明，则下面使用的试剂均为分析纯。

（1）柠檬酸三钠溶液（试剂 A）：溶解 20.0 g 柠檬酸三钠（$Na_3C_6H_8O_7·2H_2O$）于 700 mL 蒸馏水中。把 10.0 g 氢氧化钠溶于蒸馏水中稀释到 700 mL。将二者混合。

（2）水杨酸-硝普盐试剂（试剂 B）：溶解 18.0 g 水杨酸钠（$HOC_6H_4CO_2Na$，2-羟基苯甲酸钠）于 250 mL 蒸馏水中。溶解 0.20 g 硝普酸钠（$Na_2Fe(CN)_5NO·2H_2O$）于 250 mL 蒸馏水中。二者混合存储于棕色瓶中备用。

（3）碱性次氯酸钠溶液（试剂 C）：溶解 1.5 g 氢氧化钠于 50 mL 蒸馏水中，加入 8.0 mL 次氯酸钠溶液（5%～5.25% NaOCl），稀释至 100 mL。此试剂随配随用。

（4）铵标准溶液：用 5 mol L^{-1} HF–1 mol L^{-1} HCl 混合液把 1 000 mg L^{-1} 铵储备液稀释成每毫升含 0 μg、5 μg、10 μg、15 μg、20 μg 和 25 μg 铵态氮的标准系列溶液。

2. 步骤

（1）用移液管移取 0.2 mL 氢氟酸-盐酸（HF-HCl）土壤提取液或铵标准溶液（含铵态氮不超过 5 μg）于 16 mm×125 mm 的比色管中。

（2）加入 7 mL 试剂 A，立即混匀。

（3）加入 2 mL 试剂 B，立即混匀。

（4）加入 0.5 mL 试剂 C，立即混匀。

（5）立即在比色管外覆盖一层黑色塑料膜，静置 60 min，使其显色。

（6）在 660 nm 的波长上用 1 cm 比色杯测定铵标准系列溶液和待测溶液的吸光度。

（7）利用标准曲线算出待测溶液铵态氮的浓度。

（8）计算公式如下：

$$\text{非交换态铵(mg/kg)} = \frac{\text{每mL提取剂中的铵态氮含量(μg)} \times (10 + \text{步骤7增加的体积}) \times F}{\text{土样重量}}$$

当提取液需要稀释时，F 指稀释因子，土样重量以克表示。

19.2.4 注释

（1）溶液的最终 pH 值在 13 左右时有利于形成最稳定的颜色，用水杨酸盐代替苯酚的好处是增加了显色的敏感度、稳定性，并降低了试剂的毒性（Kempers 和 Zweers，1986）。与 EDTA 或酒石酸钾钠相比，柠檬酸钠更容易去除干扰离子的影响（Willis 等，1993）。

（2）如果用自动测定仪器，那么应该采取以下步骤以便减少分析取样器与管道玻璃中元素的缓慢蚀溶，例如，采用有滤膜的分析仪通道来稀释测试溶液中的氟化物浓度。管道清洗液中不应该含有氢氟酸，其酸度可以用 6 mol L^{-1} 盐酸调整和维持，这样不影响仪器的基线。

19.3 次溴酸钾—氯化钾浸提土壤干烧法

Nieder 等（1996）最早提出了对 Silva-Bremner 法的修订，但在 Liang 等（1999）对此法进行广泛测试和验证后才受到了重视。此法前处理与 Silva-Bremner 法一样，通过氧化去除有机质分解产生的铵及交换性铵，此时可以假设剩余的铵就是非交换态铵。随后用杜马仕干烧法干烧样品、自动定氮仪测定样品中的这部分非交换态铵。Liang 等（1999）的研究结果表明干烧法对非交换性铵的回收率为 100%，而且得到了与 Silva-Bremner 法相似的结果，用 Silva-Bremner 法和修订法分别对 17 个土壤的测定表明，其变异系数分别为 6.4%和 2.0%。

19.3.1 材料与试剂

（1）带内螺丝盖的 50 mL 聚丙烯或聚乙烯离心管。
（2）2 mol L^{-1} 的 KOH 溶液：把 112.2 g KOH 溶于约 600 mL 蒸馏水中，冷却后稀释至 1 L。
（3）次溴酸钾溶液（随用随配）：把 6 mL 液溴缓慢加入 200 mL 2 mol L^{-1} 的 KOH 溶液中（每分钟约 0.5 mL），并不停地进行搅拌。在加液过程中，KOH 溶液就置于冰浴中进行冷却。
（4）0.5 mol L^{-1} 的氯化钾溶液：把 149 g 氯化钾溶于 600 mL 蒸馏水中并定容至 4 L。
（5）沸水浴。
（6）往复式振荡器。

19.3.2 步骤

（1）准确称取 0.5 g 过 60 目筛的土样，加入 50 mL 离心管中，记录离心管和土壤的总重，加 10 mL 次溴酸钾溶液后拧紧盖子。颠倒离心管几次使其内容物充分混合，拧松盖子静置 2 h，同时水浴加热。
（2）把放有离心管的试管架浸于沸水浴中，并使沸水浴液面高于离心管中的次溴酸钾液面。待离心管中的液体沸腾后，再加热 10 min。
（3）取下离心管，使离心管内容物冷却和沉淀后取下离心管。如果有必要，那么可以在 1 000 g 力下离心 5 min。
（4）轻轻倒掉上清液。
（5）在离心管中加入 30 mL 0.5 mol L^{-1} 的 KCl 溶液，振荡 5 min 使土壤充分分散，在 1 000 g 力下离心 5 min，倒掉上清液。
（6）重复步骤 5 两次以上。
（7）将残余物在 105 ℃烘箱中烘一整夜或进行冷冻干燥。
（8）称残留物的重量（重量表示为 Y，单位为 g）。

19.3.3 残余物中非交换性铵的测定

依据氮素自动分析仪的分析步骤，用锡箔纸称取 50～100 mg 土样放入自动取样器中，在 1 030℃的有氧条件下灼烧。除其他燃烧产物外，将土样中的非交换态铵全部转换成 N_2 和 NO_x 气体。将这些气体导入含有铜的高温还原炉内除掉多余的氧，同时使 NO_x 转换成 N_2，利用气相色谱法分离并用热导检测器测定 N_2 的浓度。更多关于氮素的干烧法测定细节见第 22 章。自动分析仪需要用标准物进行校正。

由于样品测定是在去除有机物后进行的，因此需要把测定结果转换成以称取的原始土壤干重为基础的结果。需要注意以下几点。

（1）仪器测得的非交换态铵的含量是以去除有机质的残余物为基础的百分含量（Z%）。

（2）干残余物的重量（g）是步骤 8 中测得的 Y。Z%乘以 10 后把百分含量转换成 mg g^{-1} 或 g kg^{-1}。由于所有的原始土壤样品重量为 0.5 g，故非交换态铵原始土壤校正含量（g kg^{-1}）=Z×10×Y/0.5。

19.3.4 注释

与最初的 Silva-Bremner 法相比，用自动定氮仪测定土壤残余物中的非交换态铵有以下几个优点。

（1）避免了使用氢氟酸。

（2）提高了方法的精确性。

（3）简化了步骤，而且若把元素分析仪与质谱仪连接，则还可以测定氮的同位素比率，也缩短了分析需要的时间。

参 考 文 献

Barshad, I. 1951. Cation exchange in soils: I. Ammonium fixation and its relation to potassium fixation and to determination of ammonium exchange capacity. *Soil Sci.* 72: 361-371.

Bremner, J.M. 1965. Inorganic forms of nitrogen. In: C.A. Black et al., eds., *Methods of Soil Analysis, Part 2—Chemical and Microbiological Properties*. American Society of Agronomy, Madison, WI, 1179-1238.

Bremner, J.M., Nelson, D.W., and Silva, J.A. 1967. Comparison and evaluation of methods of determining fixed ammonium in soils. *Soil Sci. Soc. Am. Proc.* 31: 466-472.

Doram, D.R. and Evans, L.J. 1983. Native fixed ammonium and fixation of added ammonium in relation to clay mineralogy in some Ontario soils. *Can. J. Soil Sci.* 63: 631-639.

Drury, C.F. and Beauchamp, E.G. 1991. Ammonium fixation, release, nitrification and immobilization in high and low fixing soils. *Soil Sci. Soc. Am. J.* 55: 125-129.

Green, C.J., Blackmer, A.M., and Yang, N.C. 1994. Release of fixed ammonium during nitrification in soils. *Soil Sci. Soc. Am. J.* 58: 1411-1415.

Hinman, W.C. 1964. Fixed ammonium in some Saskatchewan soils. *Can. J. Soil Sci.* 44: 151-157.

Keeney, D.R. and Nelson, D.W. 1982. Nitrogen—inorganic forms. In: A.L. Page et al., eds., *Methods of Soil Analysis, Part 2—Chemical and Microbiological Properties*, 2nd edn. American Society of Agronomy, Soil Science Society America, Madison, WI, 643-698.

Kempers, A.J. and Zweers, A. 1986. Ammonium determination in soil extracts by the salicylate method. *Commun. Soil Sci. Plant Anal.* 17: 715-723.

Kudeyarov, V.N. 1981. Mobility of fixed ammonium in soil. *Ecol. Bull.* (Stockholm) 33: 281-290.

Liang, B.C., MacKenzie, A.F., and Gregorich, E.G. 1999. Measurement of fixed ammonium and nitrogen isotope ratios using dry combustion. *Soil Sci. Soc. Am. J.* 63: 1667-1669.

McBeth, I.G. 1917. Fixation of ammonia in soils. *J. Agr. Res.* 9: 141-155.

Nieder, R., Neugebauer, E., Willenbockel, A., Kersebaum, K.C., and Richter, J. 1996. Nitrogen transformation in arable soils of north-west Germany during the cereal growing season. *Biol. Fert. Soils.* 22: 179-183.

Scherer, H.W. 1993. Dynamics and availability of the non-exchangeable NH$_4$-N—a review. *Eur. J. Agron.* 2: 149-160.

Scherer, H.W. and Werner, W. 1996. Significance of soil micro-organisms for the mobilization of non-exchangeable ammonium. *Biol. Fert. Soils.* 22: 248-251.

Silva, J.A. and Bremner, J.M. 1966. Determination and isotope-ratio analysis of different forms of nitrogen in soils. 5. Fixed ammonium. *Soil Sci. Soc. Am. Proc.* 30: 586-594.

Soderland, R. and Svensson, B.H. 1976. The global nitrogen cycle. In: B.H. Svensson and R. Soderland, eds., *Nitrogen, Phosphorus, and Sulphur—Global Cycles*. SCOPE Report 7.

Soon, Y.K. 1998. Nitrogen cycling involving non-exchangeable ammonium in a gray luvisol. *Biol. Fert. Soils*. 27: 425-429.

Willis, R.B., Schwab, G.J., and Gentry, C.E. 1993. Elimination of interferences in the colorimetric analysis of ammonium in water and soil extracts. *Commun. Soil Sci. Plant Anal.* 24: 1009-1019.

Young, J.L. and Aldag, R.W. 1982. Inorganic forms of nitrogen in soil. In: F.J. Stevenson, ed., *Nitrogen in Agricultural Soils*. American Society of Agronomy, Madison, WI, 43-66.

Zhang, Y. and Scherer, H.W. 1998. Simplification of the standard method for the determination of nonexchangeable NH_4-N in soil. *Z. Pflanenernähr. Bodenk.* 161: 101-103.

（李斐　党海燕　译，王朝辉　校）

第20章 碳酸盐

Tee Boon Goh

University of Manitoba

Winnipeg, Manitoba, Canada

A.R. Mermut

University of Saskatchewan

Saskatoon, Saskatchewan, Canada

20.1 引言

土壤中的无机碳通常以碳酸盐方解石（$CaCO_3$）、白云石（$CaMg(CO_3)_2$）及含镁方解石（$Ca_{1-x}Mg_xCO_3$）的形式存在，少量以文石（$CaCO_3$）和菱铁矿（$FeCO_3$）的形式存在。土壤中的碳酸盐来自原生矿物和次生矿物。次生矿物中的碳酸盐常以粉粒和黏粒大小的方解石晶体形成的团聚体形式存在，而体积较大的方解石和白云石晶体主要是原生矿物（Doner 和 Lynn，1989）。变质岩学家曾提出，对碳酸盐，尤其是碳酸钙和碳酸镁的定性及定量研究，有助于对土壤起源、土壤分类、土壤微量元素及土壤磷吸收的研究。同时，土壤中的碳酸盐会影响根系生长、水分移动、土壤 pH 值（Nelson，1982）及土壤中复杂的物质转化过程（St. Arnaud 和 Herbillon，1973）。因为下层土壤中方解石与白云石侵入引起的表层土壤碳酸盐含量变异，已被用于解释侵蚀地貌区作物产量的差异（Papiernik 等，2005）。

有许多方法可以用于测定土壤中含有方解石、白云石和含镁方解石。可以采用 pH 值与已知碳酸盐的含量，或土壤加酸处理后产生的 CO_2 量与已知碳酸盐含量的经验标准曲线来确定碳酸盐的含量及土壤碳酸盐中的无机碳含量。多数方法都将土壤碳酸盐含量以碳酸钙的含量表示，但进一步分析钙、镁含量亦可估算土壤中某种无机碳酸盐的含量。测定方法中最主要的误差来源是要区分这些阳离子有多少来源于碳酸盐矿物，有多少来源于土壤胶体吸附的交换性阳离子。

例如，当土壤中的碳酸盐主要来源于原生矿物时，它们主要由较大的晶体组成，可以首先通过密度分离技术将它们分离出来（Jackson，1985；Laird 和 Dowdy，1994），然后再去进一步区分方解石和白云石。

20.2 经验标准曲线法测定碳酸盐含量（Loeppert 等，1984）

这种分析方法适合于常规快速的大量样品分析，用一定量的醋酸与碳酸盐反应，记录每个样品中碳酸钙完全溶解后的 pH 值。碳酸钙含量可以经验性地通过 pH 值与碳酸钙质量的标准曲线方程确定，具体公式为：

$$\text{pH 值} = K + n \lg[CaCO_3/(T-CaCO_3)] \tag{20.1}$$

式中，K 和 n 是常数，而 T 是指能被已知定量醋酸完全中和时所消耗的 $CaCO_3$ 总量。

20.2.1 材料和试剂

（1）标准方解石：高纯度方解石，例如，研磨至小于 270 目的冰洲石。

（2）0.4 mol L^{-1} 的醋酸溶液：用重去离子水将 400 mL 1 mol L^{-1} 的醋酸溶液稀释并定容于 1 L 容量瓶中。
（3）pH 计：推荐使用数字 pH 计。
（4）超声波探针：保证探针可以插入 50 mL 离心管。

20.2.2 步骤

1. 标准曲线

（1）按照一定的梯度分别准确称量 5～500 mg 不同重量的冰洲石于 50 mL 聚丙烯离心管中。

（2）向离心管中加入 25 mL 0.4 mol L^{-1} 的 CH_3COOH 溶液，此用量能保证最大样品量（500 mg）的碳酸钙反应完全，该反应过程为：

$$CaCO_3 + 2CH_3COOH \longrightarrow Ca^{2+} + 2CH_3COO^- + H_2O + CO_2$$

（3）间歇性地振荡离心管 8 h，每隔 1 h 需要摇动离心管，以便使反应物充分接触并进行排气。振荡完成后将离心管管口半掩开，静置一夜排出 CO_2。

（4）最后用超声波探针低速排气 30 s，注意避免液体飞溅。

（5）完成排气 4 min 后，离心并测定记录上清液的 pH 值，结果保留两位小数。

（6）绘制关于 pH 值与 $\lg[CaCO_3/(T-CaCO_3)]$ 的标准曲线。注意：T 是指一定量的醋酸被完全中和时所消耗碳酸钙的质量（mg）。当醋酸溶液的体积和浓度变化时对应碳酸钙的质量也会发生变化。

2. 土样中的碳酸钙含量

（1）准确称量 2 g 土壤（<100 目），一般 2 g 土壤中含 400 mg $CaCO_3$，如果该土样中碳酸盐含量超过 20%，就需要减少称取的土壤样品量。

（2）重复上述标准曲线制作的步骤 2～5。

20.2.3 计算

将测得的土样 pH 值代入标准曲线中得 $\lg[CaCO_3/(T-CaCO_3)]$，从而计算出土样中 $CaCO_3$ 的重量（mg），最终土壤总碳酸盐含量通过下式计算：

$$CaCO_3\% = \frac{CaCO_3(mg)}{\text{土样质量(mg)}} \times 100 \tag{20.2}$$

20.2.4 注释

如果土样中含有白云石，就需要增加反应次数，以使土样溶解并反应完全，而实验结果的精确性会受到各种因素的影响，包括土样中所含的其他成分消耗 H^+，矿物分解过程中的水解作用会产生酸，高 CO_2 分压，醋酸的挥发，pH 的测定误差。可以用以下方法降低误差：向土样和标准样品中加入氯化钙溶液以便定量加入 Ca^{2+}；研磨土样，以便提高砂粒大小的碳酸盐的反应活性，同时可以减少醋酸与其他矿物的反应时间；使用管塞，减少醋酸挥发；将 CO_2 及时排出；减少悬浮物以便降低其对 pH 值读数的影响（Loeppert 等，1984）。

20.3 重量估计法（Allison 和 Moodie，1965；Raad，1978）

将含有碳酸盐的土样称重后与酸反应，通过测定土样重量的减少量可以得出 CO_2 释放量进而计算出碳酸钙的含量。方解石与白云石从形态上不易区分，但可以通过测定土壤重量随时间的减少来估算样品中白云石的比例。

20.3.1 试剂

（1）4 mol L^{-1} 的盐酸溶液。
（2）HCl-FeCl$_2$·4H$_2$O 溶液：使用前将 3 g FeCl$_2$·4H$_2$O 溶于 100 mL 的 4 mol L^{-1} 盐酸溶液中。

20.3.2 步骤

（1）称量装有 10 mL HCl-FeCl$_2$·4H$_2$O 溶液的 50 mL 锥形瓶及其塞子的总重量。
（2）将碳酸盐含量为 100~300 mg 的土样（1~10 g）慢慢加入锥形瓶中，以便避免产生过多的气泡。
（3）当反应气泡减少后，将塞子旋松，使混合物中的碳酸盐充分反应约 30 min，在反应过程中不时振荡锥形瓶以便排出累积的 CO$_2$。最后旋紧瓶塞，称量此时锥形瓶及其内含物的总重。
（4）重复步骤 3 直至锥形瓶及其内含物总重量的变化不超过 2~3 mg，完全反应时间通常在 2 h 以内。

20.3.3 计算

碳酸盐产生的 CO$_2$ 重量等于反应前后锥形瓶及其内含物总重量之差。

$$\text{CaCO}_3\% = \frac{\text{CO}_2\text{减少量(g)}}{\text{土样质量(g)}} \times 227.3 \tag{20.3}$$

20.3.4 注释

当土样中含有白云石时，其与冰盐酸的反应活性会很弱。因此，如果在 30 min 后观察到重量明显减少，那么说明土样中含有白云石。酸中的 FeCl$_2$ 作为抗氧化剂可以消除土样中 MnO$_2$ 的氧化作用造成的误差。这种方法的精度主要取决于称量精度，以及反应过程中水蒸气的损失对溶液中残留 CO$_2$ 的弥补程度。

20.4 定量分析方法（USDA Soil Conservation Service，1967）

当土壤中的碳酸盐与酸反应后，可以精确测定土样重量的减少量。在这种方法中，通过加入无水高氯酸镁水分吸收剂，可以减少水蒸气随 CO$_2$ 损失的干扰。另外也可以向装置中加入 CO$_2$ 吸收剂，通过测定物质重量的增加而非减少量来确定土壤碳酸盐含量，同时这也可以用来检测玻璃装置各个连接处的气密性。这个方法通常只需要几个步骤就可以准确快速地得出实验结果。

20.4.1 装置

所用仪器可以按如图 20.1 所示的重量亏损法组装。而对于重量增加法，可以将装有烧碱石棉 II^R 的聚乙烯干燥管连接在气体吸收装置的旋塞 D 后面来吸收 CO$_2$。

20.4.2 试剂

（1）6 mol L^{-1} 的盐酸溶液。
（2）HCl-FeCl$_2$·4H$_2$O 溶液：使用前将 3 g FeCl$_2$·4H$_2$O 溶于 100 mL 的 6 mol L^{-1} HCl 溶液中。
（3）无水高氯酸镁（Mg(ClO$_4$)$_2$）：干燥剂。
（4）烧碱石棉 II^R：20~30 目，选择性使用。

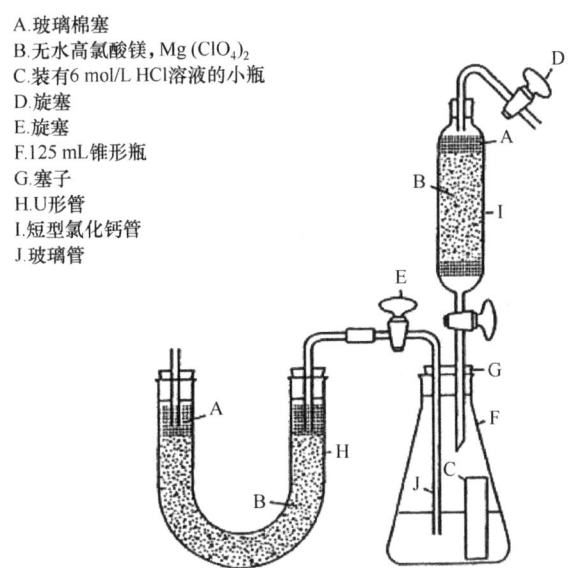

A. 玻璃棉塞
B. 无水高氯酸镁，$Mg(ClO_4)_2$
C. 装有 6 mol/L HCl 溶液的小瓶
D. 旋塞
E. 旋塞
F. 125 mL 锥形瓶
G. 塞子
H. U 形管
I. 短型氯化钙管
J. 玻璃管

图 20.1 准确定量测定碳酸钙含量的装置（From Raad, A.A., in J.A. McKeague (ed.), Manual on Soil Sampling and Methods of Analysis, 2nd edn. Canadian Society of Soil Science, AAFC, Ottawa, Ontario, Canada, 1978.）

20.4.3 步骤

1. 重量亏损法

（1）称取 1~10 g 烘干土样（<100 目）于 125 mL 锥形瓶中，样品中 $CaCO_3$ 的含量应该少于 1 g。

（2）用 10 mL 重去离子水冲洗锥形瓶的内壁边缘。

（3）添加 7 mL HCl-$FeCl_2$ 溶液于图 20.1 所示的小瓶中，并使其直立于锥形瓶内，必须避免试剂洒出。

（4）在瓶塞处涂抹甘油，并撒上少量磨细至 180 目的石英砂用来防滑。按照图 20.1 组装仪器，暂时不将活塞 E 与 U 形管相连，关闭活塞 D、E。

（5）将装置放置平稳，并使锥形瓶内的温度达到室温。

（6）将该装置放于称量天平上，打开活塞 D，记录装置的整体重量，精确到 0.1 mg，之后立即关闭活塞 D，10 min 后再次称量保证重量不变。

（7）打开活塞 D，摇晃锥形瓶使小瓶倒下，从而使酸与土样反应。

（8）10 min 后，将装置与 U 形管 H 连接，打开活塞 E，并在 D 处提供一个轻微的吸力，使干燥后的空气以每秒 5~10 个气泡的速度通过 J 管进入锥形瓶从而将 CO_2 排出，每隔 10 min 摇动一次锥形瓶。

（9）反应完全（通常为 30 min，若含白云石则需要 1 h）后停止吸力，关闭活塞 D 和 E，将 U 形管 H 拆除。待 1 h 后，打开活塞，称量装置及其内含物的重量，并在 10 min 后再次称重检验。

（10）计算公式如下：

$$CaCO_3\% = \frac{\text{初始总重量(g)} - \text{反应后总重量(g)}}{\text{土样质量(g)}} \times 227.3 \quad (20.4)$$

2. 重量增加法

（1）称量含有烧碱石棉 II^R 干燥管的重量，精确至 0.1 mg，并将此装置连于 20.1 图中的活塞 D 处。

（2）按照质量亏损法进行实验，但需要在聚乙烯干燥管后提供吸力使气体能够经过烧碱石棉 II^R 干燥管将其中的 CO_2 吸收。

（3）取下吸收 CO_2 的干燥管并称量干燥管及其内含物的总重量。

（4）计算公式如下：

$$\text{CaCO}_3\% = \frac{\text{反应后总重量(g)} - \text{初始总重量(g)}}{\text{土样质量(g)}} \times 227.3 \tag{20.5}$$

20.4.4 注释

这两种方法获得的结果偏差应该在称量误差范围之内，若超过称量误差则说明装置连接处可能存在气体泄漏。

20.5 方解石与白云石的定量分析（Peterson 等，1966）

以下介绍由 Raad（1978）提出的柠檬酸缓冲法。方解石和白云石选择性溶解于柠檬酸缓冲液中，通过定量测定溶液中钙、镁的含量，可以计算出土样中方解石的含量。白云石中钙镁的摩尔比率约为 1∶1，而且溶液中的钙和镁仅来自白云石和方解石（不包括含镁方解石），交换性钙、镁应该被事先去除或通过其他方式计算（Hesse，1971）。溶于柠檬酸缓冲液的白云石含量可以通过溶液中镁的含量进行计算，因为白云石还含有等量的钙，所以用剩余的钙可以推算出土样中方解石的含量。土样中白云石的含量可以通过另外取样所测出的总碳酸盐含量与土样中方解石所含碳酸盐量之差计算得出。为了校正结果的准确性，土样中的白云石含量也可以由溶液中的镁含量计算得出。如果土样含黏粒大小的白云石，那么此法测定十分有效。

20.5.1 试剂

（1）柠檬酸缓冲液：将 64 g 柠檬酸（$C_6H_8O_7$）溶于 1 L 去离子水中，并用浓氨水调节溶液 pH 值至 5.85。
（2）氯化钠-乙醇溶液：将 58.5 g NaCl 溶于 30%（v/v）乙醇中，并加去离子水定容至 1 L。
（3）连二亚硫酸钠。

20.5.2 步骤

（1）称取过 100 目筛的烘干土 50～500 mg 于 50 mL 离心管。
（2）用氯化钠-乙醇溶液冲洗离心管中的土样两次，然后倒出洗液。
（3）向离心管中加入 25 mL 柠檬酸缓冲液，在 80℃的水浴中加热。加入约 0.5 g 的连二亚硫酸钠后继续加热 15 min，并不断地搅拌。
（4）离心并收集上清液于 250 mL 的容量瓶中，用 25 mL 柠檬酸缓冲液冲洗残渣，再次离心并收集上清夜，用去离子水定容。
（5）用等浓度的柠檬酸缓冲液和连二亚硫酸盐配制标准溶液，通过原子吸收光谱仪测定样液中钙、镁的含量。标准溶液和样液中都应该加入 1 mg mL^{-1} 镧溶液，以便消除其他离子的干扰作用。
（6）总碳酸盐含量可以通过再次取样用其他定量方法测定（见 20.2）。

20.5.3 计算

方解石的分子式是 $CaCO_3$，白云石的分子式是 $CaMg(CO_3)_2$。假设总柠檬酸溶性钙=X mmol、总柠檬酸溶性镁=Y mmol，则柠檬酸缓冲液中来自白云石的柠檬酸溶性钙=Y mmol，所以来自方解石的柠檬酸溶性钙=$(X-Y)$ mmol。因为 1 mmol 方解石中含 1 mmol 钙，1 mmol 方解石重量为 100 mg，所以

$$\text{土样中方解石的含量}\% = \frac{X(\text{mmol}) - Y(\text{mmol})}{\text{土样质量(mg)}} \times \frac{100 \text{ (mg)}}{1(\text{mmol})} \times 100 \tag{20.6}$$

土样中的白云石含量可以通过以下方式进行计算，假设土样中总碳酸盐（CO_3^{2-}）的含量=Z mmol，

总碳酸盐含量=方解石碳酸盐含量+白云石中的碳酸盐含量，则白云石碳酸盐含量=$Z-(X-Y)$，且 1 mmol 白云石中含 2 mmol 碳酸盐，所以白云石含量（mmol）=$\frac{1}{2}$×白云石碳酸盐含量（mmol）=$\frac{1}{2}\times[Z-(X-Y)]$。

因为 1 mmol 白云石的重量为 184 g，所以

$$\text{土样中白云石的含量}\% = \frac{\frac{1}{2}\times[Z-(X-Y)](\text{mmol})}{\text{土样质量(mg)}} \times \frac{184\ (\text{mg})}{1(\text{mmol})} \times 100 \tag{20.7}$$

白云石的含量也可以通过白云石中镁的含量（Mg mmol=Y）计算：

$$\text{土样中白云石的含量}\% = \frac{Y(\text{mmol})}{\text{土样质量(mg)}} \times \frac{184\ (\text{mg})}{1(\text{mmol})} \times 100 \tag{20.8}$$

白云石的含量也可以用碳酸钙的含量表示：

$$\text{土样中白云石的含量} = CaCO_3\% = \frac{[Z-(X-Y)](\text{mmol})}{\text{土样质量(mg)}} \times \frac{100\ (\text{mg})}{1(\text{mmol})} \times 100 \tag{20.9}$$

20.5.4 注释

通过白云石中碳酸盐的含量计算出的白云石含量应该与由溶液中镁的含量计算出的含量结果一致，否则说明柠檬酸缓冲液中所含的镁不仅仅来源于白云石，或者土样中存在含镁方解石。如果存在含镁方解石，那么测得土样中的方解石含量偏低，所以对于更专业的研究，需要对含镁方解石做定性与定量分析（St. Arnaud 等，1993）。

参 考 文 献

Allison, L.E. and Moodie, C.D. 1965. Carbonate. In: C.A. Black et al., eds., *Methods of Soil Analysis, Part 2—Chemical and Microbiological Properties* 1st ed. American Society for Agronomy, Madison, WI, 1379-1396.

Doner, H.E. and Lynn, W.C. 1989. Carbonate, halide, sulfate and sulfide minerals. In: J.B. Dixon and S.B. Weed, eds., *Minerals in Soil Environments*, 2nd ed. Soil Science Society of America, Madison, WI, 279-330.

Hesse, P.R. 1971. A Textbook of Soil Chemical Analysis. Chemical Publishing Co., Inc. New York, NY.

Jackson, M.L. 1985. Soil Chemical Analysis—Advanced Course, 2nd edn. M.L. Jackson, Madison, WI.

Laird, D.A. and Dowdy, R.H. 1994. Preconcentration techniques in soil mineralogical analyses. In: J.E. Amonette and L.W. Zelazny, eds., *Quantitative Methods in Soil Mineralogy*. Soil Science Society of America, Madison, WI, 236-266.

Loeppert, R.H., Hallmark, C.T., and Koshy, M.M. 1984. Routine procedure for rapid determination of soil carbonates. *Soil Sci. Soc. Am. J.* 48: 1030-1033.

Nelson, R.E. 1982. Carbonate and gypsum. In: A.L. Page et al., eds., *Methods of Soil Analysis, Part 2—Chemical and Microbiological Properties*, 2nd edn. American Society of Agronomy, Madison, WI, 81-197.

Papiernik, S.K., Lindstrom, M.J., Schumacher, J.A., Farenhorst, A., Stephens, K.D., Schumacher, T.E., and Lobb, D.A. 2005. Variations in soil properties and crop yield across an eroded prairie landscape. *J. Soil Water Conserv.* 60: 47-54.

Peterson, G.W., Chesters, G., and Lee, G.B. 1966. Quantitative determination of calcite and dolomite in soils. *J. Soil Sci.* 17: 328-338.

Raad, A.A. 1978. Carbonates. In: J.A. McKeague, ed., *Manual on Soil Sampling and Methods of Analysis*, 2nd ed. Canadian Society of Soil Science, AAFC, Ottawa, ON, Canada, 86-98.

St. Arnaud, R.J. and Herbillon, A.J. 1973. Occurrence and genesis of secondary magnesiumbearing calcites in soils. *Geoderma* 9: 279-298.

St. Arnaud, R.J., Mermut, A.R., and Goh, Tee Boon. 1993. Identification and measurement of carbonate minerals. In: M.R. Carter, ed., *Soil Sampling and Methods of Analysis*. Lewis Publishers, Boca Raton, FL, 737-754.

USDA Soil Conservation Service. 1967. Calcium carbonate. In: Soil survey investigations report No. 1. Soil Survey Laboratory Methods and Procedures for Collecting Soil Samples. U.S. Government Printing Office, Washington DC, 28-30.

（邱炜红　李小涵　译，王朝辉　校）

第 21 章 土壤总碳与有机碳

J.O. Skjemstad and J.A. Baldock
Commonwealth Scientific and Industrial Research Organization
Glen Osmond, South Australia, Australia

21.1 引　言

土壤中的碳以有机和无机两种形式存在。多种形态的碳酸盐构成了土壤总碳的无机组分，而一系列的有机成分则构成了土壤的有机碳组分。关于土壤有机碳或有机质，有多种不同的定义。Stevenson（1994）、Baldock 和 Nelson（1998）将有机碳定义为存在于土壤内部和表面的所有有机物质的总和。Oades（1988）认为有机碳不包括木炭和烧焦的有机物质。MacCarthy 等（1990）则认为未腐解的动植物组织及其局部分解的产物、活着的土壤生物质都不属于有机碳的范畴。但在实际操作过程中，用于测定总碳和有机碳的方法并不能区分上述的各土壤碳组分。因此，在本章内容中所提到的有机碳均以 Stevenson（1994）、Baldock 和 Nelson（1998）的定义为准。

土壤总碳和有机碳的测定有许多方法。这些方法多是基于土壤有机碳的化学氧化或热氧化作用。化学氧化法或湿氧化法是测定氧化土壤有机碳后释放的 CO_2（Snyder 和 Trofymow，1984）或定量测定氧化有机碳所消耗的氧化剂（Walkley 和 Black，1934）。在酸性条件下，任何通过化学氧化或湿氧化法测定有机碳氧化后排放的 CO_2 均包括土壤中碳酸盐形态的碳，即测定的是土壤总碳。干烧法是将土壤样品在氧气过量的条件下加热到高温（通常超过 1 000℃），所有存在于有机碳中的碳和碳酸盐中的碳在这种条件下都会被定量地转化为 CO_2。释放的 CO_2 可以通过重量法（Allison 等，1965）、体积法（Rayment 和 Higginson，1992）、滴定法（Snyder 和 Trofymow，1984）或光谱法（Merry 和 Spouncer，1988）测定。当热氧化法（干烧法）的温度超过 1 100℃时，样品中包括碳酸盐在内所有的碳都会被测定出来（Giovannini 等，1975）。当用化学氧化法或热氧化法测定 CO_2 时，可以单独测定碳酸盐的含量或在分析前用酸除去碳酸盐，从而达到校正有机碳测定结果的目的。

Kalembasa 和 Jenkinson（1973）进行了多种滴定法和重量法的比较，发现干烧法得到的土壤有机碳测定结果更为准确。黏粒含量低的土壤样品在不同温度下的灼烧损失也可以作为衡量不同类型土壤的有机质含量的一个简单指标（Ball，1964；Lowther 等，1980），但是如果有可用的替代方法，就不推荐使用这些方法。

21.2 干烧法

目前，有多种商业化的仪器可以用于总碳的测定。一些仪器可以同时测定碳及下述元素中的一种或多种：氮、氢和硫。一般是用感应炉而不是更常用的电阻炉对样品进行加热。这些方法通过向样品中添加铁屑和催化剂以便使其达到 1 400℃的高温（Rayment 和 Higginson，1992）或者从外部加热置于密封石英管中的石墨坩埚内的样品（Allison，1965）。

对于所有仪器而言，通常在高温（>1 000℃）和氧气流中进行燃烧，这是为了确保所有的碳物质可以定量地转化成 CO_2。在低温条件下，土壤有机碳可能燃烧不完全，会导致 CO 的产生或者使碳酸盐物质不能完全分解。由于 CO_2 检测器无法检测 CO，因此除非将 CO 转化为 CO_2，否则会产生碳损失。而这个缺点可以通过将样品与催化剂，例如，五氧化二钒（V_2O_5）混合（Morris 和 Schnitzer，1967），或者在检测器前端加入一个催化转化炉（通常是 CuO）来克服。对于一些仪器而言，样品是用锡杯或者铝杯包裹好后点燃，所以尽管反应炉可能是在 1 000℃或 1 000℃以下运转，但是锡杯或者铝杯点燃产生的放热反应仍然能显著提高燃烧的温度使其达到反应条件。

碳酸盐在高温（500~1 000℃）下分解也会产生 CO_2，因此测定有机碳时，必须在燃烧前除去碳酸盐或者进行校正。有人建议使用较低的燃烧温度将碳的测定仅限定在有机物所包含的碳。但是，由于白云石在大于 720℃时开始分解，所以低温只能小于 720℃。而当温度小于 720℃时，不仅会产生 CO，还会产生相当数量的炭，并且如果燃烧时间短，那么有机碳不能被完全氧化。

在分析前加入酸可以将碳酸盐去除。亚硫酸（H_2SO_3）是唯一适用的酸，因为其还原特性决定了它在反应过程中可以最低程度地氧化有机碳（Piper，1944）。这可以通过两种方式来实现：在仪器的燃烧管中除掉碳酸盐，或者在样品分取前去除。前一种方式更为合适，因为其能最大限度地减少样品处理的工作量，但是燃烧管需要足够大，以便确保除样品外还能添加过量的酸，并需要考虑到加酸可能导致的大量气泡。这里介绍了三种方法，包括在两个不同的测定范围下直接向燃烧管中加酸的方法，以及样品分取前去除碳酸盐的方法。

已经有一些带有多种自动化配置的商业化的现代仪器可以用于干烧法。最常见的两种检测系统是基于红外或热传导测定法来进行检测的。所有的仪器均提供综合性的操作说明，包括设置、标准化及设备的常规分析使用方法。本节剩余部分中，将不会介绍基于一种或多种特定仪器的总碳和有机碳分析，而是讨论碳分析过程中不同环节出现的问题，以及如何处理这些问题。

21.2.1 碳酸盐的去除——大燃烧容器法

本方法针对如 Laboratory Equipment Corporation 生产的一些仪器，这些仪器采用容积 5~6 mL 的大陶瓷燃烧皿。这些燃烧皿具有多孔性，因此会发生渗漏而使样品处理过程中产生的可溶性有机碳损失，故酸处理不能直接在燃烧皿中进行。因此，称取的样品通常需要放置在垫有镍衬里的燃烧皿中。

1. 试剂

6%（w/v）的亚硫酸溶液。

2. 步骤

（1）称取过 0.15 mm 筛的土壤 0.1~1.0 g，放置于带有镍衬里的陶瓷燃烧皿中，并放置在电热板上。除非已知样品的碳酸盐或有机碳含量非常低，否则不建议增加称样量。

（2）使用少量蒸馏水或去离子水湿润样品，然后在每个皿中加入 1.0 mL 6%的 H_2SO_3 溶液并静置。同时，打开加热板，设置温度确保样品温度不超过 70℃。由于陶瓷皿的绝缘特性使样品间的加热板通常会产生大量热损耗，所以加热板的温度可能需要设置到 120℃以上。

（3）当样品停止反应时，再加入 1.0 mL 6%的 H_2SO_3 溶液。这一步很重要，以便确保预处理完成前样品不变干，否则可能会导致镍衬里的退化，发生渗漏。当然，一些蒸发是不可避免的，因此需要添加足够的酸来完全去除碳酸盐。

（4）当加酸后不再发生反应时，让样品自然变干。

（5）按照仪器制造商的说明使用有机碳检测器进行样品分析，但需要确定输入计算过程的是样品经过 6%的 H_2SO_3 溶液处理前的初始重量，而不是处理后的最终重量。

3. 注释

中和 1.0 g 碳酸钙（$CaCO_3$）需要 14 mL 6%的 H_2SO_3 溶液。由于 SO_2 损失，H_2SO_3 溶液将随着时间变化而缓慢失效，因此随 H_2SO_3 溶液存放时间延长，可能需要加入更多的酸。

21.2.2 碳酸盐的去除——小燃烧容器法

本方法针对 Carlo Erba 生产的，将少量样品放置在金属燃烧杯的仪器。对于碳酸盐的预处理，建议使用银杯来替代常用的锡杯或者铝杯，因为银对 6%的亚硫酸溶液具有更强的耐蚀性。如 Verardo 等（1990）所述，反应在一个钻有小孔以便盛放大小适宜样品杯的小铝块中进行。

1. 试剂

6%（w/v）的亚硫酸溶液。

2. 步骤

（1）将银杯放置在小铝块中。称取不超过 20 mg 过 0.02 mm 筛的土壤样品放入杯中，将铝块放置在加热板上。

（2）向每个样品中加入 10 μL 蒸馏水或去离子水，以便减小加入 6%的亚硫酸溶液后初始反应的剧烈程度，并使因为强烈冒泡而造成的样品损失最小。向每个样品中加入 10 μL 6%的 H_2SO_3 溶液并静置。同时，打开加热板将温度设置至 70℃。

（3）当样品停止反应时，再加入 10 μL 6%的 H_2SO_3 溶液。这一步很重要，以便确保预处理完成前样品不变干，否则可能会导致镍衬里的退化而发生渗漏。当然，一些蒸发是不可避免的，因此需要添加足够的酸来完全去除碳酸盐。

（4）当加酸后不再发生反应时，让样品自然变干，并根据仪器制造商的说明使用有机碳检测器进行样品分析，并确定在计算过程中使用的是未处理土壤的初始重量。

21.2.3 样品分取前碳酸盐的去除

1. 试剂

6%（w/v）的亚硫酸溶液。

2. 步骤

（1）称取 1.0~2.0 g 样品放置在预称重的试管或烧杯中，放置在消化器或加热板上。

（2）加 1.0 mL 6%的 H_2SO_3 溶液，让反应缓慢进行。同时，打开消化器或加热板，将温度设置到 70℃。

（3）以每次 1.0 mL 的添加量向样品中加入 6%的 H_2SO_3 溶液，直到再添加时不再产生反应为止，待样品变干。

（4）样品变干后，将样品从消化器或者加热板上移出，放置在干燥器或带有硅胶的密闭箱中，使其冷却。称量试管或烧杯的重量，定量处理过的样品。维持样品在 105℃烘干状态下，以便用于有机碳分析。

（5）取 10 g 土壤放置在预称重的烧杯或硅胶盘中，在 105℃的烘箱中干燥 24 h。然后在干燥器中冷却，再次称重。

3. 计算

该预处理以两种方式影响了样品。首先，因为被加热，样品中的水分发生改变。其次，由于 SO_3^{2-} 比 CO_3^{2-} 分子量更大，所以样品的质量将会增加。这些变化在计算样品中的有机碳时需要考虑。

（1）烘干因子（ODF）计算公式：

$$ODF =（未处理风干土重量）/（未处理烘干土重量） \tag{21.1}$$

(2) 土壤有机碳含量（105℃）g·kg^{-1} =（预处理后样品的有机碳含量 g·kg^{-1}）×（预处理后样品烘干（105℃）重量）/（待处理的样品风干重量/ODF） (21.2)

21.2.4 碳酸盐校准

对于基于连续流动排气且燃烧温度高于 1 000℃ 的 CO_2 测定分析，可以用数学方法对碳酸盐含量进行校准，但一些收集给定体积的排出气体的 CO_2 分析仪限制了样品加热至高温的时间。后者在同时分析碳和氮含量的仪器中较为常见。在这种情况下，碳酸盐可能没有完全分解，使总碳含量偏低。通常可以通过称取更少量样品的方法来解决这个问题，但这种分析需要进行测试以确定碳酸盐存在下的全碳测定是否是定量的。否则，那么简单的校准将无法定量进行，样品中的碳酸盐需要按上述步骤中的方法在分析前去除。

对于那些定量测定总碳的分析仪器，可以通过下面的公式进行校准：

$$\text{有机碳 (g·kg}^{-1}） = \text{总碳 (g·kg}^{-1}） - 0.12 \times CaCO_3 \text{ (g·kg}^{-1}） \quad (21.3)$$

21.2.5 标准样品

必须通过样品燃烧容器的预燃烧来消除污染。对于金属杯，可以在 550 ℃ 下燃烧。对于陶瓷皿，可以在 1 000℃ 下燃烧 16 h。

许多物质可以作为测定有机碳的标准样品，包括碳酸钙、EDTA、蔗糖、葡萄糖、邻苯二甲酸氢钾和尿素。已经给定碳含量的标准样品也可以从公司购买，如 Laboratory Equipment Corporation。建议采用的标准样品应该与样品表现出类似的燃烧特性，但不是必须的。使用高有机质含量的标准样品或样品会出现问题。对于连续监测的仪器，这样的标准样品或样品瞬间燃烧会在短时间内产生强烈的 CO_2 脉冲通过检测器，超出检测器的线性检测范围。可以采用给样品覆盖一层燃烧过的砂子降低燃烧速率的方法来解决。所用的砂子应该小于 1 mm 且在大于 1 000℃ 的条件下燃烧至少 24 h，并在燃烧过程中频繁搅动砂子以便确保任何形式的碳都被完全燃烧成 CO_2。

检测器的线性检测范围可以通过分析不同重量的标准样品和样品来确定。这些标准样品和样品要能涵盖待测样品的总碳和有机碳含量的范围。

21.3 重铬酸盐氧化还原法

在本方法中，重铬酸盐（$Cr_2O_7^{2-}$）溶液与硫酸混合氧化有机碳形成 CO_2。橙色的重铬酸盐被还原为绿色的 Cr^{3+}，反应如下：

$$2H_2Cr_2O_7 + 6H_2SO_4 + 3C \longrightarrow 2Cr_2(SO_4)_3 + 3CO_2 + 8H_2O \quad (21.4)$$

有机质中碳的氧化态（Baldock 等，2004）能够影响氧化剂的消耗量。高 H/C 比的分子，例如，脂质，和高 O/C 比的分子相比，具有更高的回收效率（Skjemstad，1992）。由于土壤有机质化学组成的高度多样，就一个具体的土壤而言，则这两种效应往往会相互抵消，但已经有关于有机碳的氧化态随着分解程度加深而发生变化的研究（Baldock 等，2004）。因此，如果仅考虑某个特定的土壤有机碳组分，那么这个问题可能值得重视。

如果用氧化剂的消耗量来定量土壤有机碳，那么测定可以在加热条件（Heanes，1984）或没有外加热的条件（Walkley 和 Black，1934）下进行。氧化剂的消耗量可以通过使用指示剂滴定、铂金—甘汞电极或者比色法确定。如果像 Walkley 和 Black（1934）的方法一样，只利用反应所产生的热而不再外加热，那么获得的碳回收率常常只有 75%~80%，通常将 1.3 作为将此法测定的有机碳结果换算为热氧化法（干烧法）有机碳测定值的换算因子。这个因子会随着土壤类型与其存在深度的变化而变化，所以必须慎用。

任何可以被重铬酸盐氧化的物质都将作为有机碳而被测定。氯化物能被铬酸定量地氧化成游离氯。因此，当利用重铬酸盐的消耗量来确定有机碳含量时，氯离子的存在将导致有机碳含量的测定值偏高。当样品中氯离子的含量已知时，这个方法产生的误差可以被校正。四个氯离子具有与一个碳原子相同的还原能力（$4Cl\equiv 2O\equiv 1C$），因此 11.83 g 氯相当于 1 g 碳。一些研究工作者建议添加硫酸银抑制氯离子的干扰（Walkley，1947）。但是，Heanes（1984）研究表明 Ag_2SO_4 无论是以固体形式还是以 H_2SO_4 溶液的形式加入，都是无效的。因此，对于盐碱土而言，建议进行氯离子测量校正，而不是添加 Ag_2SO_4。

在本节中，详细介绍两种方法：一种是基于 Schollenberger（1945）的外加热—指示剂滴定法，另一种是外加热—Cr^{III} 比色法（Heanes，1984）。铁与锰的还原形态也会干扰这些方法，但这些干扰较少发生，且可以根据 Jackson（1958）描述的步骤消除干扰。由于铁在有机碳测定的反应条件下易被氧化，而钢或铁制的研磨机可以成为铁金属的来源，因此应该避免使用。

21.3.1 重铬酸盐氧化还原比色法（Heanes，1984）

重铬酸盐氧化还原比色法是利用橙色重铬酸盐（Cr^{VI}）被还原后产生绿色的 Cr^{III} 来进行测定。重铬酸盐消耗总量是基于一个标准系列，在可见光范围内利用分光光度计进行比色测定所得的。在这个方法中碳酸盐无干扰作用，但是氯离子会对结果产生干扰。由于在这个方法中重铬酸盐溶液不是最佳基准溶液，所以在此采用溶解性更好的重铬酸钠（$Na_2Cr_2O_7$），而不是钾盐。

1. 试剂

（1）重铬酸钠溶液：溶解 50 g $Na_2Cr_2O_7$ 于蒸馏水或者去离子水中，定容至 1 L。

（2）硫酸：98%的浓硫酸。

（3）标准溶液：溶解 1.376 g 一水葡萄糖于蒸馏水或者去离子水中，定容到 250 mL。可以加入一小块氯化汞晶体以便保证葡萄糖不被微生物降解。1.0 mL 标准溶液相当于 2.0 mg 有机碳。

2. 步骤

（1）向外径为 25 mm、100 mL 硼硅试管中添加不同体积的葡萄糖标准溶液制备葡萄糖标准曲线。合适的分取范围是 1~12 mL，相当于 2~24 mg 有机碳。将含有葡萄糖溶液的试管与一个空白对照试管放置在烘箱中干燥，温度不超过 60℃。

（2）称取过 0.15 mm 筛的 0.1~2.0 g 风干土于消解管中，土样的有机碳含量应该小于 20 mg。

（3）加入 10 mL $Na_2Cr_2O_7$ 溶液，边搅拌边小心地加入 20.0 mL 98%的浓硫酸，使反应仅在管底部发生。搅拌 30 s 后放入（135℃）预热好的消煮炉中。在加热过程中应该不时地搅拌消解管以便确保土壤样品与铬酸混合液充分接触。

（4）加热 45 min 后，从消煮炉中取出试管并冷却。加入 50 mL 蒸馏水或去离子水，用一根厚壁玻璃毛细管进行搅拌，毛细管可以通入空气，以便样品充分混匀。当试管从消煮炉移出后，样品中仍然含有相当高浓度的硫酸，当水加入后会导致发热。如果试管在加水后倒置摇匀，那么会产生大量的热导致铬酸的损失，而用厚壁玻璃毛细管搅拌，同时通入空气会防止损失的发生。当冷却后，向试管中继续加入蒸馏水或者去离子水至 100 mL，塞上橡胶塞上下翻转混匀。

（5）将稀释后的铬酸混合液转移到 15 mL 离心管中，2 000 rpm 离心 15 min。用光径 10 mm 的比色杯在 600 nm 波长测定上清液的吸光值。

3. 计算

基于葡萄糖标准溶液在 600 nm 波长下的吸光值与其含碳量构建一条标准曲线。使用这条标准曲线计算未知样品中的碳含量。

$$\text{土样含碳量}（g \cdot kg^{-1}）=\text{消解液含碳量}（mg）/\text{土样重量}（g） \quad (21.5)$$

如果土样碳含量小于 2 mg 或者大于 20 mg，那么应该增加或减少称样量重新分析，以便使测定在最适当的标准曲线范围内进行。

4. 盐碱土的校正

对于盐碱土，必须进行氯离子含量的单独测定，结果以土样含氯量（$g \cdot kg^{-1}$）表示。土壤中有机碳含量与氯离子含量的关系为：

$$\text{土样含碳量}（g \cdot kg^{-1}）=\text{未校正的土样含碳量}（g \cdot kg^{-1}）-\frac{\text{土样含氯量}（g \cdot kg^{-1}）}{12} \quad (21.6)$$

21.3.2 重铬酸盐氧化还原滴定法

这个方法的步骤与分光光度计比色法相似，不同的是该方法是利用 Fe^{II} 溶液反滴定有机碳与酸性重铬酸盐反应之后剩余的未反应重铬酸盐（Cr^{VI}），从所消耗的重铬酸盐量来计算有机碳的含量。这里介绍的是 Jackson（1962）在 Schollenberger（1945）方法基础上进行改进后以邻啡罗啉为指示剂的方法。邻苯氨基苯甲酸（Nelson 和 Sommers，1982）或者二苯胺（Piper，1944）可以代替邻啡罗啉做指示剂。碳酸盐不会对测定结果产生干扰，但氯离子会有影响，因此氯离子含量偏高时，必须用校正系数校正。

1. 试剂

（1）消解混合液：在一个大玻璃烧杯中，将 39.22 g 在 90℃烘干的重铬酸钾（$K_2Cr_2O_7$）溶解于 800~900 mL 蒸馏水或者去离子水中。小心加入 1 L 98%的浓硫酸，随着酸的加入，混合溶液会变得非常热并沸腾。等到溶液冷却之后，用蒸馏水或者去离子水定容到 2 L。此时溶液中含有 0.067 mol L^{-1}（0.4 N）的重铬酸盐和 9 mol L^{-1} 的硫酸，作为有机碳测定的基准液。

（2）硫酸亚铁铵溶液：溶解 157 g $Fe(NH_4)_2(SO_4)_2 \cdot 6H_2O$ 于 1 L 含有 100 mL 98%的浓硫酸的蒸馏水或去离子水中，定容至 2 L，得到约 0.2 mol L^{-1}（0.2 N）的溶液。该溶液不能长期保存，每次使用前必须以标准的重铬酸盐溶液标定。

（3）磷酸溶液：85%的 H_3PO_4 溶液。

（4）指示剂：溶解 3.00 g 邻啡罗啉一水化合物（亚铁）和 1.40 g $FeSO_4 \cdot 7H_2O$ 于蒸馏水或去离子水中，定容至 200 mL。也可以选择溶解 0.1 g 邻苯氨基苯甲酸和 0.1 g 碳酸钠于 100 mL 蒸馏水或者去离子水中，或者将适量的 98%的浓硫酸缓慢加入 20 mL 蒸馏水或去离子水中，将 0.5 g 二苯胺溶于其中，最后用 98%的浓硫酸小心地定容至 100 mL。

2. 步骤

（1）称取过 0.15 mm 筛的土壤样品 1.0 g 于 100 mL 消解管中，样品有机碳含量应该为 1~10 mg。加入 15 mL 消解混合液，将消解管置于预热至 150℃的消煮炉上。

（2）加热 45 min 后，从消煮炉中取出试管并冷却。用约 50 mL 蒸馏水或去离子水将溶液和土样全部转移到滴定瓶中。加入 5 mL 85%的 H_3PO_4 溶液和 4 滴指示剂。其中 H_3PO_4 用于消除 Fe^{III} 的干扰。

（3）用 $Fe(NH_4)_2(SO_4)_2$ 溶液滴定，样品溶液的颜色变化为绿色-砖红色（邻啡罗啉指示剂）、暗紫色-绿色-浅绿色（邻苯氨基苯甲酸指示剂）、紫色-蓝色-绿色（二苯胺指示剂）。

（4）两个未加热的空白对照同样用 $Fe(NH_4)_2(SO_4)_2$ 溶液滴定，用来标定 $Fe(NH_4)_2(SO_4)_2$ 溶液的摩尔浓度。

3. 计算

（1）计算 $Fe(NH_4)_2(SO_4)_2$ 溶液的摩尔浓度或当量浓度：

$$\text{Fe(NH}_4)_2(\text{SO}_4)_2 \text{ 溶液的摩尔浓度} = (15 \times 0.4)/T_1 \tag{21.7}$$

式中，T_1 为 $\text{Fe(NH}_4)_2(\text{SO}_4)_2$ 溶液的滴定体积，单位为 mL。

（2）计算样品中的有机碳含量：

$$\text{土样有机碳含量}(\text{g·kg}^{-1}) = (B - T_2) \times M \times 3/W \tag{21.8}$$

式中，B 和 T_2 分别是加热的空白对照与样品的滴定量（mL），M 是 $\text{Fe(NH}_4)_2(\text{SO}_4)_2$ 溶液的摩尔浓度，W 是样品重量（g）。

21.4 重铬酸盐氧化—CO_2 吸收法（Snyder 和 Trofymow，1984）

在本方法中，硫酸-重铬酸盐混合液氧化样品时产生的 CO_2 用氢氧化钠溶液吸收，然后采用滴定法，以指示剂或 pH 计为指示进行测定。本方法与氧化还原方法相比更加复杂，但是消除了氧化还原法中的许多干扰因素。本方法的另一个优点是吸收的 CO_2 还能够确定碳的同位素组成（Amato，1983）。许多容器都可以用来进行反应及收集 CO_2。Snyder 和 Trofymow（1984）用带螺旋盖的试管进行实验，Amato（1983）则使用具有基底层的试管，Dalal（1979）使用的是 McCartney 瓶。

由于反应过程处于酸性环境下，所以样品中存在的碳酸盐都会定量地转化成 CO_2 并被测定。如果测定含碳酸盐土壤中的有机碳，那么反应容器中的碳酸盐应该先去除或者对测定结果进行碳酸盐的校正。碳酸盐的含量可以使用相同的反应容器或者其他适合的分析方法测得。

Snyder 和 Trofymow（1984）介绍的方法可以在 120℃ 下处理固体或液体样品。如果只是处理固态样品，那么可以提高消解温度但不能超过酸性混合液的沸点。如果混合液沸腾，那么消解容器可能会出现裂纹甚至破碎。对于含碳酸盐土壤的有机碳含量测定，加酸预处理或者样品总碳含量碳酸盐校正的方法在 21.2.4 中已经有介绍。

21.4.1 反应管的准备

标准培养管应该具有带圆锥形密封圈的螺旋盖子，管的顶部附近三个锯齿状凹凸，以便支撑一个嵌入管中的小玻璃瓶（15 mm×45 mm）。或者是将一端弯曲的玻璃棒插入管中使玻璃棒弯曲处在反应混合液上方以一个适当的高度支撑小瓶（Amato，1983）。Amato（1983）还建议使用具有基底层的常规消煮管。这两种方法都是可行的。

21.4.2 试剂

（1）预处理酸性混合液（去除碳酸盐）：将 57 mL 98% 的浓硫酸缓慢加入 600 mL 蒸馏水或去离子水中，边加入边搅动进行稀释，加入 92 g $\text{Fe}_2\text{SO}_4\cdot 7\text{H}_2\text{O}$，溶解并定容到 1 L，得到含 5% 抗氧化剂的约 1 mol L^{-1} 的 H_2SO_4。

（2）消解混合液：各试剂单独保存，只在反应管中混合：（1）$\text{K}_2\text{Cr}_2\text{O}_7$；（2）98% 的浓硫酸和 85% 的 H_3PO_4 溶液以 3∶2 比例混合的混合液。

（3）CO_2 吸收液：将 16.0 g NaOH 溶于 200 mL 蒸馏水或去离子水中，得到约 2 mol L^{-1} NaOH 溶液。此溶液应该保存在密闭瓶中或处于 CO_2 过滤阀下。

（4）指示剂：溶解 0.4 g 酚酞于 100 mL 酒精与蒸馏水或去离子水以 1∶1 混合的混合液中。

（5）氯化钡溶液：溶解 41.66 g 氯化钡或 48.86 g $\text{BaCl}_2\cdot\text{H}_2\text{O}$ 于蒸馏水或去离子水中，定容到 200 mL，得到约 1 mol L^{-1} BaCl_2 溶液。

（6）滴定液：精确的 1.000 mol L^{-1} 的盐酸标准溶液。

以下试剂用于与 pH 计或自动滴定器联用，进行双终点滴定。

（7）Tris 标准溶液：溶解 2.8000 g 三（羟甲基）氨基甲烷（分子量为 121.14）于蒸馏水或去离子水中，定容到 100 mL。

（8）约 0.5 mol L^{-1} 的盐酸溶液：用蒸馏水或去离子水稀释 100 mL 浓盐酸至 2 L。

21.4.3 氧化步骤

土壤样品（粒径<0.15 mm）的重量需要限制在 2.0 g 以内。液体样品 5 mL 以内不需要预处理即可消化，过量的样品必须在消解管中用 100℃加热浓缩至小于 5 mL。当处理液体样品时，消解温度必须限制在 120℃以内。

当样品中的碳酸盐含量高达 10%时，在每克土壤中加入 3 mL 预处理酸性混合溶液。预处理在消解管中进行，消解管不盖盖子，在双向或轨道振荡机上低速振荡 60 min。水中加酸限制了消解温度在 120℃。

（1）用长刮勺将样品置于消解管底部，预处理去除碳酸盐。

（2）通过一个长玻璃漏斗加入约 1 g K$_2$Cr$_2$O$_7$。加入 25 mL 消解混合液，迅速插入 CO$_2$ 收集装置（含有 NaOH 的小瓶）。

（3）盖紧试管，将其置于预热至 150℃的消解炉上（湿样 120℃）加热 2 h。

（4）将试管从消解炉中取出。12 h 后，移开试管，滴定 CO$_2$ 收集装置中 CO$_2$ 的含量。

21.4.4 注释

收集装置中的 NaOH 总量限制了 CO$_2$ 的吸收量。当 1 mL 2 mol L^{-1} NaOH 溶液盛放于容量为 6 mL 的小瓶中时，可以直接在小瓶中滴定。1 mL 2 mol L^{-1} NaOH 溶液可以收集 12 mg 的 CO$_2$-C，但吸收效率在接近此吸收最大值时下降。

21.4.5 滴定步骤

NaOH 溶液中收集的碳酸可以用双终点法或返滴定法直接滴定。

1. 返滴定步骤

（1）向 NaOH 溶液中加入 2 mL 1 mol L^{-1} BaCl$_2$ 溶液，形成 BaCO$_3$ 沉淀。

（2）加入约 5 滴酚酞指示剂，用 1.000 mol L^{-1} HCl 溶液滴定 NaOH 溶液，使用微量滴定管精确到 0.001 mL。每批（40 个）试管消解时应该包括四个空白对照。

2. 计算

土壤或植株样品的有机碳含量计算公式为：

$$\text{样品中的有机碳含量（g·kg}^{-1}\text{）} = (V_1 - V_2) \times 6 / \text{样品重量} \tag{21.9}$$

式中，V_1 为滴定空白对照所用 HCl 溶液的体积，V_2 为滴定样品所用 HCl 溶液的体积，单位为 mL。

2 mol 的 OH$^-$ 相当于 1 mol（12 g）C，酸的摩尔浓度为 1.00 mol L^{-1}。

3. 双终点滴定步骤

（1）用移液管准确吸取 20.0 mL 的 Tris 标准溶液加入滴定容器中，约 0.5 mol L^{-1} 的酸滴定标准溶液至 pH 值为 4.7。酸的标准化至少重复三次。

（2）随后用标定过的 0.5 mol L^{-1} HCl 溶液滴定三个 NaOH 空白溶液和 NaOH 收集装置中的溶液。

（3）用标定过的 0.5 mol L^{-1} HCl 溶液缓慢滴定每个样品溶液至 pH 值为 8.3，记录滴定消耗 HCl 溶液的体积（T_1），继续滴定至 pH 值为 3.8，记录滴定消耗 HCl 溶液的体积（T_2）。

如果使用自动滴定管,那么应该根据滴定管与酸的强度对滴定的速度和终点进行优化,以便确保滴定终点的 pH 值准确控制在 8.3 和 3.8。

4. 计算

$$\text{HCl 的摩尔浓度}（M_{\text{HCl}}）=0.231\ 14 \times 20/\text{平均 HCl 滴定量} \quad (21.10)$$

$$\text{样品中的有机碳含量}（\text{g·kg}^{-1}）=（T_1-T_2）\times M_{\text{HCl}} \times 6/\text{样品重量} \quad (21.11)$$

参 考 文 献

Allison, L.E., Bollen, W.B., and Moodie, C.D. 1965. Total carbon. In: C.A. Black et al. eds., *Methods of Soil Analysis*, *Part 2—Chemical and Microbiological Properties*. American Society of Agronomy, Madison, WI, 1346-1366.

Amato, M. 1983. Determination of carbon ^{12}C and ^{14}C in plant and soil. *Soil Biol. Biochem.* 15: 611-612.

Baldock, J.A., Masiello, C.A., Gélinas, Y., and Hedges, J.I. 2004. Cycling and composition of organic matter in terrestrial and marine ecosystems. *Mar. Chem.* 92: 39-64.

Baldock, J.A. and Nelson, P.N. 1998. Soil organic matter. In: M. Sumner, ed., *Handbook of Soil Science*. CRC Press, Boca Raton, FL, B25-B84.

Ball, D.F. 1964. Loss-on-ignition as an estimate of organic matter and organic carbon in noncalcareous soils. *J. Soil Sci.* 15: 84-92.

Dalal, R.C. 1979. Simple procedure for the determination of total carbon and its radioactivity in soils and plant materials. *Analyst* 104: 151-154.

Giovannini, G., Poggio, G., and Sequi, P. 1975. Use of an automatic CHN analyser to determine organic and inorganic carbon in soils. *Commun. Soil Sci. Plant Anal.* 6: 39-49.

Heanes, D.L. 1984. Determination of total organic-C in soils by an improved chromic acid digestion and spectrophotometric procedure. *Commun. Soil Sci. Plant Anal.* 15: 1191-1213.

Jackson, M.L. 1958. Soil Chemical Analysis. Prentice Hall, Englewood Cliffs, NJ.

Jackson, M.L. 1962. Soil Chemical Analysis. Constable & Co. Ltd., London.

Kalembasa, S.J. and Jenkinson, D.S. 1973. A comparative study of titrimetric and gravimetric methods for the determination of organic carbon in soil. *J. Sci. Food Agric.* 24: 1085-1090.

Lowther, J.R., Smethurst, P.J., Carlyle, J.C., and Nambiar, E.K.S. 1980. Methods for determining organic carbon in podsolic sands. *Commun. Soil Sci. Plant Anal.* 21: 457-470.

MacCarthy, P., Malcolm, R.L., Clapp, C.E., and Bloom, P.R. 1990. An introduction to soil humic substances. In: P. McCarthy et al. eds., *Humic Substances in Crop and Soil Science: Selected Readings*. Soil Science Society America, Madison, WI, 1-12.

Merry, R.H. and Spouncer, L.R. 1988. The measurement of carbon in soils using a microprocessorcontrolled resistance furnace. *Commun. Soil Sci. Plant Anal.* 19: 707-720.

Morris, G.F. and Schnitzer, M. 1967. Rapid determination of carbon in organic matter by dry-combustion. *Can. J. Soil Sci.* 47: 143-144.

Nelson, D.W. and Sommers, L.E. 1982. Total carbon, organic carbon, and organic matter. In: A.L. Page et al. eds., *Methods of Soil Analysis*, *Part 2—Chemical and Microbiological Properties*, 2nd edn. American Society of Agronomy, Soil Science Society America, Madison, WI, 539-579.

Oades, J.M. 1988. The retention of organic matter in soils. *Biogeochemistry* 5: 35-70.

Piper, C.S. 1944. Soil and Plant Analysis. The University of Adelaide, Adelaide, SA, Australia.

Rayment, G.E. and Higginson, F.R. 1992. Australian Laboratory Handbook of Soil and Water Chemical Methods. Inkata Press,

Melbourne, Victoria, Australia.

Schollenberger, C.J. 1945. Determination of soil organic matter. *Soil Sci.* 59: 53-56.

Skjemstad, J.O. 1992. Genesis of podzols on coastal dunes in southern Queensland. III. The role of aluminium-organic complexes in profile development. *Aust. J. Soil Res.* 30: 645-665.

Snyder, J.D. and Trofymow, J.A. 1984. A rapid accurate wet oxidation diffusion procedure for determining organic and inorganic carbon in plant and soil samples. *Commun. Soil Sci. Plant Anal.* 15: 587-597.

Stevenson, F.J. 1994. Humus Chemistry. Genesis, Composition, Reactions. 2nd edn. John Wiley & Sons, New York, NY.

Verardo, D.J., Froelich, P.N., and McIntyre, A. 1990. Determination of organic carbon and nitrogen in marine sediments using the Carlo Erba NA1500 analyser. *Deep-Sea Res.* 37: 157-165.

Walkley, A. 1947. A critical examination of a rapid method for determining organic carbon in soils— effect of variations in digestion conditions and of inorganic soil constituents. *Soil Sci.* 63: 251-264.

Walkley, A. and Black, I.A. 1934. An examination of the Degtjareff method for determining soil organic matter, and a proposed modification of the chromic acid titration method. *Soil Sci.* 37: 29-38.

（郭世伟　郭俊杰　党海燕　译，王朝辉　校）

第 22 章　全　氮

P.M. Rutherford, W.B. McGill, and J.M. Arocena
University of Northern British Columbia
Prince George, British Columbia, Canada

C.T. Figueiredo
University of Alberta
Edmonton, Alberta, Canada

22.1　引　言

土壤全氮包括土壤中各种形式的无机氮和有机氮。无机氮包括可溶性氮（如 NH_4^+、NO_2^- 和 NO_3^-）、交换性铵（NH_4^+），以及被黏粒固定的非交换性铵。有机氮包括许多可确定的和不确定的形态（Stevenson，1986），其含量可以通过土壤全氮与无机氮含量的差值来确定。全氮的分析方法主要有湿烧法（如凯氏定氮法）和干烧法（如杜马斯法）。湿烧法是在酸性溶液中将有机氮和无机氮全部转换为 NH_4^+，随后对 NH_4^+ 进行测定。通常通过添加盐（如硫酸钾）和催化剂（如铜）来提高消化温度并加速有机质的氧化（Bremner，1996）。干烧法是先将土样进行初步氧化，随后将氧化形成的 NO_x 气体通入还原炉，使其还原为氮气（N_2），而氮气的含量可以用热导检测仪测定。目前近红外反射光谱法也被用于土壤全氮的测定（Chang 和 Laird，2002），但在本书中不做阐述。

目前杜马斯法越来越普及，因为其十分实用而且现代化自动测定仪简单方便，可以同时测定同一种样品中的 C、H、N、S 的含量，经过简单的方法修正后也可以测定氧的含量。杜马斯法自动测定系统适用于各种配置，与早期测定全氮的方法相比，其准确度和精确度更高（Bremner，1996）。把干烧法测定全氮的设备与同位素质谱仪相联可以同步测定 ^{15}N 的含量（Minagawa 等，1984；Marshall 和 Whiteway，1985；Kirsten 和 Jansson，1986）。Bellomonte 等（1987）的研究结论表明对复杂结构的样品，杜马斯自动化分析法与凯氏分析法的结果可比，用商业化的杜马斯系统进行全氮分析时，谷物面粉的变异系数为 0.79%，肉制品的变异系数为 1.08%。之后很多报道也表明当供试样品为植物样品，饲料、排泄物、动物样品和其他农用材料时，干烧法的测定值等于或略大于凯氏定氮法的测定值（Matejovic，1995；Etheridge 等，1998；Schindler 和 Knighton，1999；Marcó 等，2002）。两种方法对土壤样品的测定结果有些许差异，但也有研究表明用凯氏法和干烧法测定土壤全氮的结果一致（Artiola，1990；Yeomans 和 Bremner，1991）。Kowalenko 在 2001 年发现干烧法测定的土壤全氮值略低于凯氏法的测定值，并且二者成比例。还有研究发现干烧法测定的土壤全氮值略高于传统凯氏定氮法的测定值（McGeehan 和 Naylor，1988；Vittori Antisari 和 Sequi，1988）。用凯氏法测定全氮时，若没有对样品进行 NO_3^- 预处理（见下文），则样品中过高的 NO_3^- 含量会使测得的全氮值偏低（Matejovic，1995；Watson 和 Galliher，2001），但 NO_3^-

本身可能并不是导致凯氏法测定值偏低的原因（Simonne 等，1998）。

凯氏法仍然广泛用于全氮测定。虽然通常凯氏法的测定值包含固定态铵，但是当土壤中固定态铵比例较高时，凯氏法不能定量提取 NH_4^+。在这种情况下，正如 Bremner（1996）所描述，需要用 HF-HCl 预处理来释放固定态铵。1999 年，Corti 等发表了一种测定固定态铵的方法：用凯氏法消煮后进行蒸馏，再用 5 mol L^{-1} HF：1 mol L^{-1} HCl 对残留物进行消煮，之后进行二次蒸馏，从而定量提取固定态铵。Vittori Antisari 和 Sequi（1988）提出在全氮分析测定中干烧法及用 HF-HCl、硼酸（H_3BO_3）和过氧化氢（H_2O_2）微波消煮后再用微量凯氏蒸馏都可以有效地提取固定态铵，使其包含在全氮测定结果之中。

鉴于凯氏定氮法分析时间较长，科学家做了大量研究来加快消煮速度。其中一个是过氧化法：用过氧单硫酸（H_2SO_5）代替硫酸钾和金属催化剂，并且在加入过氧基试剂（$H_2SO_4+H_2O_2$）前用硫酸将样品碳化，此法比传统凯氏法的消煮过程快了 25 倍，而且可以彻底消煮降解许多植物样品中的氮和最难消煮降解的有机复合物烟酸（Hach 等，1985）。为了加强安全性和提高速度，Hach 等（1987）开发了一个方法：用韦氏分馏柱以简化加入过氧基试剂的过程，并可以使消解液中保持恒定量的残余过氧化氢。Christianson 和 Holt 在 1989 年针对土壤样品发表了一个仅需 38 分钟的土壤全氮测定方法，但 6 个供试土样的氮回收率为凯氏消化法的 89%～98%，所以还需要更多的土壤样品测试来确定此法的准确性。Mason 等（1999）利用加入硫酸和硫酸铜的微波加热法加速消化过程，使土壤样品的消化时间缩短了两倍，此法可以同时进行 6 个样品的消化。虽然微波消解已经广泛应用于金属元素的分析（Smith 和 Arsenault，1996），但是在土壤全氮分析的消解过程中一直没有得到广泛应用。

对铵进行自动比色分析可以大幅度缩短凯氏定氮法的测定时间。最常用也已经被证实的方法是针对氨的 Berthelot 法或靛酚蓝比色法（Searle，1984）。此法的结果和精确度与蒸馏法相似（Schuman 等，1973）。Mason 等（1999）在土壤微波消解后使用此法。Berthelot 法已经被用于土壤样品凯氏消煮液中铵的定量测定（Wang 和 Oien，1986）。

未修订的凯氏消解法的测定结果会包括部分 NO_3^-，因此样品中 NO_3^- 的存在不容忽视，所以用凯氏法进行全氮分析时需要分离去除 NO_3^-（Goh，1972；Wikoff 和 Moraghan，1985；Bremner，1996）。因此测定结果含 NO_3^- 的凯氏消化法被开发出来。Pruden 等（1985）提出在传统的凯氏法消化过程开始前，用锌与硫酸铬钾（$CrK(SO_4)_2$）将土样进行预处理，从而使 NO_3^- 还原为 NH_4^+。Dalal 等（1984）提出在消化混合物中加入硫代硫酸钠来还原 NO_3^- 或 NO_2^-，此法无须预处理，而且对湿样或干样均适用。DuPreez 和 Bate（1989）提出，在干样中加入乙酸苯酯可以定量测定 NO_3^- 或 NO_2^-：乙酸苯酯在酸性条件下与 NO_3^- 或 NO_2^- 反应生成硝基酚化合物，从而使氮反应完全，此法不需要额外添加还原剂或进行预处理，但只适用于干样。

选择最适于凯氏法的修订方法必须根据实际需求和设施，有以下选择：添加或不添加过氧化氢的硫酸消化、用电炉或消煮炉加热、进行全量或半微量消化、包含或忽略 NO_2^- 和 NO_3^-。铵的测定可以用 Berthelot 反应法、铵电极法、在消煮管或康维皿中扩散、直接在标准锥形瓶中或直接在消煮管中蒸馏、全量或半微量蒸馏、用指示剂滴定或者直接用自动滴定仪。现在一些商业化的半自动和全自动蒸馏系统可以对样品进行快速分析。目前较常用的是把样品装在消煮管中用电子控温消煮炉进行消煮，也可以用现代红外消煮设备，而且与传统铝块加热消煮炉相比，其加热和冷却时间更快。

这里详细介绍了一些能够被广泛应用的现代方法，还提出并简单说明了一些具有特定测定目的的方法，也提供了一些老方法和传统方法的索引。微量凯氏消化法介绍了包含和不包含 NO_2^- 与 NO_3^- 的测定步骤。通常在土壤全氮中 NO_2^- 和 NO_3^- 的含量是可以忽略的，在 22.2 中介绍了相应的程序步骤可以满足其测定需求。目前全量凯氏定氮法应用较少，主要在于其费用高且需要处理消煮过程用到的化学试剂，而且其精度不及微量凯氏定氮法和杜马斯法。

22.2 微量凯氏消煮—蒸汽蒸馏法：不含 NO_2^- 和 NO_3^-

此法适合测定 NO_3^- 和 NO_2^- 含量可以忽略不计的表层土样的总氮量。如果待测样品中含有大量的 NO_3^- 或 NO_2^-，那么测定结果将会高于土样中固定态铵和有机氮的总和，但低于包含 NO_3^- 和 NO_2^- 的总氮量。由于标记的 NO_3^- 或 NO_2^- 对 ^{15}N 分析有显著影响，所以此法不推荐用于 ^{15}N 示踪研究中土壤样品的总氮分析。^{15}N 示踪土壤样品的总氮量测定详见 22.3。

22.2.1 材料和试剂：消解

（1）配有消煮管的消煮炉、计时器和温控器（见 22.2.5）。消煮炉要能持续维持 5 个小时以上的 360℃高温。可以容纳 40 个 100 mL 消煮管（直径 20 mm×长 350 mm）的消煮炉广泛应用于微量凯氏定氮法。

（2）与消煮管适配的空气冷凝器（见 22.2.5）。

（3）18 mol L^{-1} 浓硫酸。

（4）分析纯试剂 K_2SO_4 与 $CuSO_4·5H_2O$ 按 8.8∶1 的比例混合，每个样品需要约 3.5 g。

（5）含硒和不含硒的 Hengar 沸石颗粒。

22.2.2 材料和试剂：蒸馏和滴定

（1）微量凯氏蒸汽蒸馏装置（见图 22.1）见 22.2.5。

（2）可与 19/38 标准锥形磨口玻璃接头连接的 0.5 L 圆底蒸馏瓶。

（3）10 mol L^{-1} 和 0.1 mol L^{-1} 氢氧化钠溶液：用去 CO_2 的去离子水配制。

（4）含指示剂的硼酸（2% w/v）：将 80 g 硼酸粉末放入 250 mL 烧杯中，向其中加入 20～40 mL 水，并用玻璃棒搅拌，使所有硼酸湿润。将硼酸倒入装有约 3 L 水的 4 L 烧瓶中并用电动搅拌棒搅拌，当硼酸溶解后加入 80 mL 的混合指示剂（0.099 g 溴甲酚绿和 0.066 g 甲基红溶解于 100 mL 乙醇中）。用 0.1 mol L^{-1} NaOH 溶液滴定至溶液变为红紫色（pH 值 4.8～5.0），用去离子水定容至 4 L 并摇匀。

（5）标有刻度的 100 mL 烧杯。

（6）滴定管：最小刻度值为 0.02 mL 或 0.01 mL 的标有刻度的 10 mL 滴定管及配套的磁力搅拌器。

（7）0.01 mol L^{-1} 硫酸标准溶液。

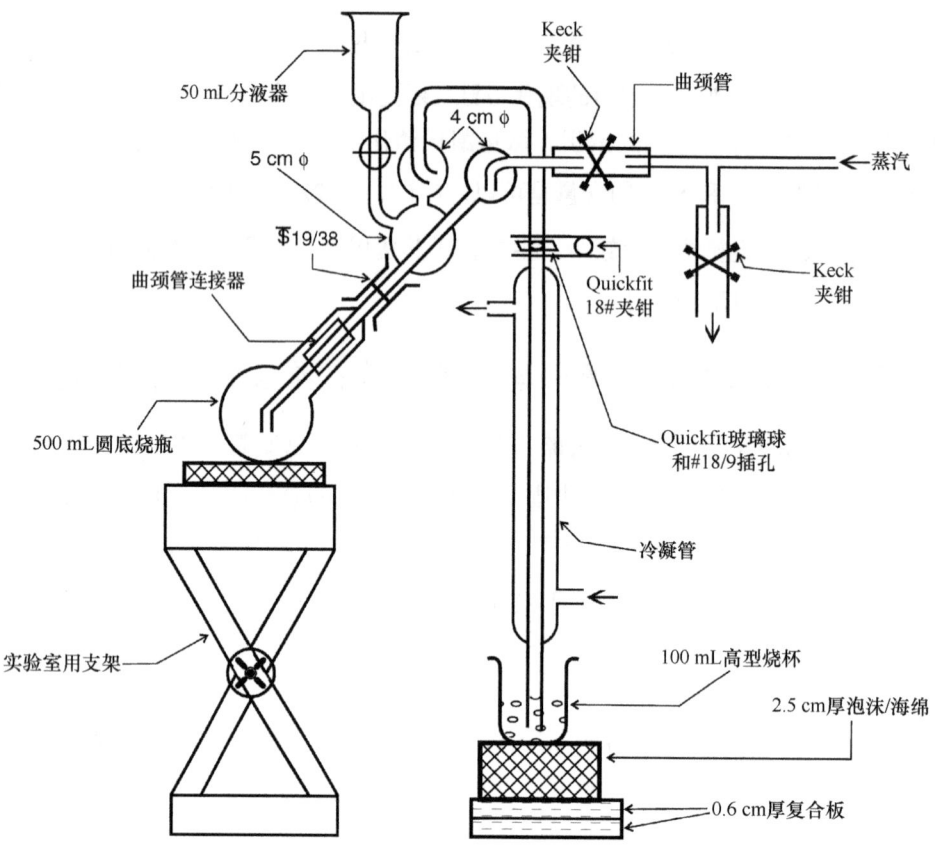

图 22.1 蒸汽蒸馏装置

22.2.3 步骤：消煮、蒸馏、滴定

（1）称量 0.25~2.0 g 的土壤样品于干燥的消煮管中，保证样品中含有约 1 mg 氮。

（2）加入 2 mL 去离子水（若土样为 2 g，则加 3 mL 去离子水）并摇动使土壤样品全部润湿。

（3）每个消煮管中加入 3.5 g K_2SO_4-$CuSO_4$ 的混合物。

（4）加入含硒和不含硒 Hengar 沸石各一粒。

（5）加入 10 mL 浓硫酸。

（6）将消煮管置于消煮炉中。

（7）打开消煮炉使温度升至 220℃并保持此温度 1.5 h。此时消煮开始，水分不断地蒸发。

（8）在 220℃消煮 1.5 h 后，把空气冷凝器盖于消煮管上。

（9）将消煮炉温度升至 360℃，并保持此温度 3.5 h。

（10）消煮完成后将样品放置在消煮炉或玻璃纤维垫上冷却过夜。

（11）移除空气冷凝器，用清水冲洗。

（12）轻轻摇动，于每个冷却的消煮管中加入 25 mL 去离子水，并使冷却的过程中凝结的盐分溶解。若盐分不能完全溶解，则缓慢加热直到全部溶解。将样品定量转移到 500 mL 圆底蒸馏烧瓶，用去离子水清洗消煮管 3 次。

（13）将装有冷凝器的圆底蒸馏烧瓶连接于蒸汽蒸馏装置上，并用夹钳固定好。

（14）打开蒸汽供应器通向蒸馏装置，使蒸汽进入管道，并打开排水管道以便可以排出蒸汽。

（15）在冷凝器下放一个 100 mL 的具有刻度的烧杯，在烧杯中加入 5 mL 2%的硼酸，并使冷凝器的尖端浸入硼酸溶液中。

（16）通过蒸馏器顶端缓慢加入过量 10 mol L^{-1} 的 NaOH 溶液（一般为 30 mL，见 22.2.5），不要让贮存器中的 NaOH 溶液加完变空，否则氨气将会由活塞开关口挥发损失。

（17）将排水管的夹钳夹紧或者关闭活塞开关，使蒸汽直接进入蒸馏瓶。应该保证蒸馏液以 6 mL min^{-1} 的速度蒸出，并收集 40 mL 蒸馏液。

（18）打开排水管的夹钳，移走蒸馏瓶，然后夹紧通向蒸馏装置的夹钳。这个步骤很重要，可以防止被蒸汽烫伤及蒸馏瓶中的液体倒流进入蒸馏系统。

（19）用蒸馏水冲洗冷凝器尖端，并将冲洗液收集到烧杯中。

（20）用 0.01 mol L^{-1} 的 H$_2$SO$_4$ 标准溶液滴定蒸馏液，滴定终点的颜色由绿色变为粉红色（pH 值≈5.4）。

22.2.4　计算

1 mL 1 mol L^{-1} 的 H$_2$SO$_4$ 溶液可以滴定 28.01 mg 的氮。

$$\text{全氮}(g \cdot kg^{-1}) = \frac{[V_1(\text{mL}) - V_0(\text{mL})] \times M \times 28.01}{m(\text{g})} \tag{22.1}$$

M——标准 H$_2$SO$_4$ 溶液的浓度（mol/L）；

V_1——滴定样品消耗的 H$_2$SO$_4$ 标准溶液的体积（mL）；

V_0——滴定空白消耗的 H$_2$SO$_4$ 标准溶液的体积（mL）；

m——烘干土重（g）。

空白不加土壤样品，其他操作与待测土壤样品相同。

22.2.5　注释

（1）土壤样品必须为干样（通常风干）、磨细过 100 目（150 μm）筛。

（2）由 Tecator 或 Technicon 公司提供的恒温加热消煮炉及消煮管已经被应用于凯氏消煮过程。Panasink 和 Redshaw（1977）提到的空气冷凝管可以由专业的玻璃吹制工制作，Tecator 公司也可以提供同类型装置。大量复杂精密的消煮装置也可以从 VELP、Gernhardt 和其他一些制造厂商购置（例如，Fisher、VWR、Cole Parmer 或其他供应商）。一些公司使用红外消解系统，该系统与传统的铝质消煮炉相比极大地缩短了加热和冷却的时间。

（3）K$_2$SO$_4$-CuSO$_4$ 混合物既可以在实验室配制，也可以从供应商（例如，由 Tecator 公司注册商标的 Kjeltabs 牌）处购买约 3.5g/袋、按比例混合并包装好的商品混合物。混合物应该使用低氮原料，并且保存于密封的存储器中，以便防止吸湿结块。

（4）很多制造商（例如，Labconco、Gernhardt、VELP 等公司）可以提供各种手动、半自动及全自动蒸馏设备，这些设备消煮速度很快，可以将图 22.1 装置的消煮时间从 7~8 min 缩短到约 2 min。Bremner（1996）、Bremner 和 Breitenbeck（1983）提出的蒸馏装置与图 22.1 相似。目前，也有商业化的蒸馏系统可以直接使用消煮管进行蒸馏，用两个由 5 L、600 瓦电炉加热圆底烧瓶提供蒸汽的蒸馏头。每个烧瓶内放十几粒 Hengar 沸石并加入约 2 mL 浓磷酸来吸收氨气。

（5）可以使用能容纳 20 个而不是 40 个 250 mL 消煮管的消煮炉，并可以省去从消煮管向蒸馏瓶转移样品的过程。蒸馏头也可以进行改进：加上一个带有小孔的橡胶塞，使蒸馏头的标准锥形接头穿过小孔与橡胶塞连接。蒸馏时将 250 mL 消煮管通过橡胶塞与蒸馏装置连接，并用夹钳夹紧，使蒸馏过程直接在消煮管中进行。Bremner 和 Breitenbeck（1983）描述的蒸馏装置使用的消煮管适用于可以容纳 40 个消煮管的消煮炉。

（6）加入 NaOH 溶液时必须小心缓慢以便避免剧烈地产生气泡而使液体进入冷凝器或污染蒸馏头。NaOH 溶液的使用量取决于消煮过程中硫酸的消耗量，而硫酸的消耗量取决于土壤样品中有机质和还原性矿物质的含量。1 g 碳需要消耗 10 mL H_2SO_4（Bremner，1996）。

（7）对于消煮后的样品，可以用自动分析仪代替蒸馏。将消煮后的样品稀释到 100 mL 后用自动比色分析仪测定 NH_4^+ 的含量（Smith 和 Scott，1991）。

（8）使用自动滴定仪可以提高测定值的一致性和稳定性，且不需要在硼酸溶液中加入指示剂。

（9）上述凯氏消化法不能准确测定出多数土壤中的固定态铵。对固定态铵含量较高的土壤进行全氮分析时，若需要释放出土壤的固定态铵，则应该使用 Bremner（1996）提出的 HF-HCl 修订法。

22.3　微量凯氏消煮—蒸汽蒸馏法：包含 NO_2^- 和 NO_3^-

此法用于含有大量 NO_2^- 和 NO_3^- 的表层土壤样品的全氮分析。由于高浓度 ^{15}N 标记的 NO_2^- 或 NO_3^- 显著影响 ^{15}N 的分析测定，故此方法推荐用于非 ^{15}N 示踪的土壤样品全氮分析。除了要进行预处理将 NO_2^- 氧化成 NO_3^-、将 NO_3^- 还原为 NH_4^+，此法其余步骤与 22.2 相同。

22.3.1　材料和试剂：前处理和消化

（1）除了与 22.2.1 相同的材料和试剂，还需要准备以下试剂。

（2）高锰酸钾溶液：将 50 g 高锰酸钾溶于 1 L 去离子水，并存于琥珀色试剂瓶中。

（3）9 mol L^{-1} 的硫酸溶液：用去离子水将浓硫酸稀释一倍。

（4）铁粉：＜100 目。

（5）正辛醇。

22.3.2　材料和试剂：蒸馏和滴定

与 22.2.2 相同。

22.3.3　步骤

将 NO_2^- 和 NO_3^- 还原为 NH_4^+ 的预处理。

（1）称取 0.25～2.0 g 土壤样品加入干燥的消煮管中，土壤样品约含 1 mg 氮。

（2）向消煮管中加入 2 mL 水（若土壤样品为 2 g，则加 3mL 水），并且摇动消煮管使土壤样品浸湿。

（3）向消煮管中加入 1 mL KMnO₄ 溶液并且振荡 30 s。

（4）使消煮管倾斜成 45°，用移液管缓慢加入 2 mL 稀硫酸。

（5）静置 5 min。

（6）加入一滴正辛醇，控制泡沫产生。

（7）用小勺通过干燥的长颈漏斗或长颈漏斗管向消煮管中加入 0.5 g 还原铁粉。

（8）立即用 25 mL 烧杯或 50 mL 锥形瓶倒置盖住消煮管，防止水分散失。

（9）振荡消煮管使铁粉与酸充分接触。

（10）持续约 15 min 直至强烈起泡现象停止。

（11）将消煮管放入消煮炉中，使温度升高到 100℃并保持 1 h。

（12）在继续进行消煮前，先让消煮管冷却。

22.3.4 步骤：消煮、蒸馏、滴定

与 22.2.3 第 3~20 步相同。

22.3.5 计算

见 22.2.4 中的式（22.1）。

22.3.6 注释

（1）用 KMnO₄ 将 NO_2^- 氧化为 NO_3^-，用还原性铁粉将 NO_3^- 还原为 NH_4^+。

（2）加正辛醇的目的是控制起泡产生。

（3）Goh（1972）提出，在进行含 NO_3^- 的全氮测定时，若以还原性铁粉作为还原剂，则无须用高锰酸盐做预处理。

（4）其余重要注释见 22.2.5。

22.4 杜马斯法

目前有一些自动化测定的杜马斯设备（Kirsten 和 Jansson，1986；Tabatabai 和 Bremner，1991；Bremner，1996）。许多设备使样品在纯氧气流中高温燃烧产生 NO_x 和 N_2。一定数量的气体与纯氦气一起被输送到还原区，在还原区内铜把 NO_x 还原成 N_2，随后用热导检测器测定 N_2 的含量。还有一些装置可以在纯氦气环境中使样品在温度极高的石墨坩埚中熔化，然后用气相色谱法测定 N_2（Bremner 1996）。也有许多可以测定其他元素（例如，C、H、S、O）的装置设备。杜马斯法的实验步骤多变且设备依赖性高，所以在这里不便提出通用的方法。

与凯氏法相比，杜马斯法有以下优点：需要更少的实验空间，可以快速分析，需要更少的化学试剂，不会产生有害气体或危险性化学废弃物，可以测定所有形式的氮而不需要复杂的预处理过程（Bellomonte 等，1987；Vittori Antisari 和 Sequi，1988）。当氮素连续流动分析仪与同位素质谱仪连接时，此方法适用于 ^{15}N 的示踪研究（Fielder 和 Proksch，1975；Minagawa 等，1984；Marshall 和 Whiteway，1985）。在

示踪研究时，可以避免消煮、蒸馏、滴定、蒸发，以及将 NH_3 氧化为 N_2 的步骤。

由于一些仪器所需要的样品量较少（<50 mg），所以样品变异性与燃烧设备有关。Schepers 等（1989）建议在燃烧分析前用球磨仪将植物和土壤样品进行粉碎。Arnold 和 Schepers（2004）提出在研磨土壤和植物样品时，可以简单地使用滚筒碾粉机代替球磨仪。更多关于样品研磨和制备的信息见 Bremner（1996）、Kowalenko（2001）、Perez 等（2001）及 Wang 等（1993）发表的文章。

建议将土壤样品风干并过 2 mm（10 目）筛，然后用球磨仪（例如，型号为 MM2 的 Brinkmann 混合研磨机）将样品磨细。当研磨机设置为最大功率时，将土壤研磨成细粉（<100 目）需要 1.5～2 min。确保在下批样品研磨前将研磨腔和研磨球清理干净。若研磨树脂类样品，则需要在样品中加一勺纯石英砂以便将树脂样品从研磨腔和研磨球上清理下来（约 30 s），并在下次样品研磨前将研磨腔和研磨球擦拭干净并抽真空。研磨后的样品应该在 60～70℃下烘干过夜，于干燥器中冷却后再称量分析。

参 考 文 献

Arnold, S.L. and Schepers, J.S. 2004. A simple roller-mill grinding procedure for plant and soil samples. *Commun. Soil Sci. Plant Anal*. 35: 537-545.

Artiola, J.F. 1990. Determination of carbon, nitrogen and sulfurin soils, sediments and wastes: a comparative study. *Int. J. Environ. Chem*. 41: 159-171.

Bellomonte, G., Costantini, A., and Giammarioli, S.1987. Comparison of modified automatic Dumas method and the traditional Kjeldahl method for nitrogen determination in infant food. *J. Assoc.Off. Anal. Chem*. 70: 227-229.

Bremner, J.M. 1996. Nitrogen-total. In: D.L.Sparks et al., eds. *Methods of Soil Analysis, Part3—Chemical Methods*. Soil Science Society ofAmerica, American Society of Agronomy, Madison, WI, 1085-1121.

Bremner, J.M. and Breitenbeck, G.A. 1983. A simple method for determination of ammonium in semimicro-Kjeldahl analysis of soils and plant materials using a block digester. *Commun. SoilSci. Plant Anal*.14: 905-913.

Chang, C.W. and Laird, D.A. 2002. Near-infrared reflectance spectroscopic analysis of soil C and N. *Soil Sci*. 167: 110-116.

Christianson, C.B. and Holt, L.S. 1989. Rapid digestion procedure for the determination of total N and nitrogen-15 content of soils. *Soil Sci.Soc. Am. J*. 53: 1917-1919.

Corti, G., Agnelli, A., and Ugolini, F.C. 1999. A modified Kjeldahl procedure for determining strongly fixed NH_4^+-N. *Eur. J. Soil Sci*. 50: 523-534.

Dalal, R.C., Sahrawat, K.L., and Myers, R.J.K.1984. Inclusion of nitrate and nitrite in the Kjeldahl nitrogen determination of soils and plant materials using sodium thiosulphate. *Commun. Soil Sci.Plant Anal*. 15: 1453-1461.

DuPreez, D.R. and Bate, G.C. 1989. A simple method for the quantitative recovery of nitrate-N during Kjeldahl analysis of dry soil and plant samples. *Commun. Soil Sci. Plant Anal*. 20: 345-357.

Etheridge, R.D., Pesti, G.M., and Foster, E.H.1998. A comparison of nitrogen values obtained utilizing the Kjeldahl nitrogen and Dumas combustion methodologies (Leco CNS 2000) on samples typical of an animal nutrition analytical laboratory. *Anim. Feed Sci. Technol*. 73: 21-28.

Fiedler, R. and Proksch, G. 1975. The determination of nitrogen-15 by emission and mass spectrometry in biochemical analysis: a review. *Anal.Chim. Acta* 78: 1-62.

Goh, K.M. 1972. Comparison and evaluation of methods for including nitrate in the total determination of soils. *J. Sci. Food Agric*.

23: 275-284.

Hach, C.C., Bowden, B.K., Kopelove, A.B., and Brayton, S.V. 1987. More powerful peroxide Kjeldahl digestion method. *J. Assoc. Off. Anal. Chem.* 70: 783-787.

Hach, C.C., Brayton, S.V., and Kopelove, A.B.1985. A powerful Kjeldahl nitrogen method using peroxymonosulfuric acid. *J. Agric. Food Chem.* 33: 1117-1123.

Kirsten, W.J. and Jansson, K.H. 1986. Rapid and automatic determination of nitrogen using flash combustion of large samples. *Anal. Chem.* 58: 2109-2112.

Kowalenko, C.G. 2001. Assessment of LECOCNS-2000 analyzer for simultaneously measuring total carbon, nitrogen and sulfur in soil.*Commun. Soil Sci. Plant Anal.* 32: 2065-2078.

Marcó, A., Rubio, R., Compañó, R., and Casals, I. 2002. Comparison of the Kjeldahl method and a combustion method for total nitrogen determination in animal feed. *Talanta* 57: 1019-1026.

Marshall, R.B. and Whiteway, J.N. 1985. Automation of an interface between a nitrogen analyzer and an isotope ratio mass spectrometer. *Analyst* 110: 867-871.

Mason, C.J., Coe, G., Edwards, M., and Riby, P.G. 1999. The use of microwaves in the acceleration of digestion and colour development in the determination of total Kjeldahl nitrogen in soil. *Analyst* 124: 1719-1726.

Matejovic, I. 1995. Total nitrogen in plant-material determined by means of dry combustion—a possible alternative to determination by Kjeldahl digestion. *Commun. Soil Sci. Plant Anal.* 26: 2217-2229.

McGeehan, S.L. and Naylor, D.V. 1988. Automated instrumental analysis of carbon and nitrogen in plant and soil samples. *Commun. Soil Sci.Plant Anal.* 19: 493-505.

Minagawa, M., Winter, D.A., and Kaplan, I.R.1984. Comparison of Kjeldahl and combustion methods for measurement of nitrogen isotoperatios in organic matter. *Anal. Chem.* 56: 1859-1861.

Panasiuk, R. and Redshaw, E.S. 1977. A simple apparatus used for effective fume control during plant tissue digestion using a heating block. *Commun. Soil Sci. Plant Anal.* 8: 411-416.

Pérez, D.V., de Alcantara, S., Arruda, R.J., and Meneghelli, N.D.A. 2001. Comparing two methods for soil carbon and nitrogen determination using selected Brazilian soils. *Commun. Soil Sci. Plant Anal.* 32: 295-309.

Pruden, G., Kalembasa, S.J., and Jenkinson, D.S.1985. Reduction of nitrate prior to Kjeldahl digestion. *J. Sci. Food Agric.* 36: 71-73.

Schepers, J.S., Francis, D.D., and Thompson, M.T. 1989. Simultaneous determination of totalC, total N and ^{15}N in soil and plant material.*Commun. Soil Sci. Plant Anal.* 20: 949-959.

Schindler, F.V. and Knighton, R.E. 1999. Sample preparation for total nitrogen and N-15 ratio analysis by the automated Dumas combustion method. *Commun. Soil Sci. Plant Anal.* 30: 1315-1324.

Schuman, G.E., Stanley, M.A., and Knudsen, D.1973. Automated total nitrogen analysis of soil and plant samples. *Soil Sci. Soc. Am. Proc.* 37: 480-481.

Searle, P.L. 1984. The Bertholet or indophenol reaction and its use in the analytical chemistry of nitrogen. *Analyst* 109: 549-568.

Simonne, E.H., Harris, C.E., and Mills, H.A.1998. Does the nitrate fraction account for differences between Dumas-N and Kjeldahl-N valuesin vegetable leaves? *J. Plant Nutr.* 21: 2527-2534.

Smith, F.E. and Arsenault, E.A. 1996. Microwave assisted sample preparation in analytical chemistry. *Talanta* 43: 1207-1268.

Smith, K.A. and Scott, A. 1991. Continuous-flow, flow-injection, and discrete analysis. In: K.A.Smith, ed. *Soil Analysis: Modern Instrumental Techniques*, 2nd ed. Marcel Dekker, New York, 183-227.

Stevenson, F.J. 1986. Cycles of Soil: Carbon, Nitrogen, Phosphorus, Sulfur, Micronutrients. John Wiley & Sons, New York, NY.

Tabatabai, M.A. and Bremner, J.M. 1991. Automated instruments for determination of total carbon, nitrogen, and sulfur in soils by combustion techniques. In: K.A. Smith, ed. *Soil Analysis*: *Modern Instrumental Techniques*, 2nd ed. Marcel Dekker, New York, NY, 261-286.

Vittori Antisari, L. and Sequi, P. 1988. Comparison of total nitrogen by four procedures and sequential determination of exchangeable ammonium, organic nitrogen and fixed ammonium in soil. *Soil Sci. Soc. Am. J.* 52: 1020-1023.

Wang, D., Snyder, M.C., and Bormann, F.H. 1993. Potential errors in measuring nitrogen content of soils low in nitrogen. *Soil Sci. Soc. Am.J.* 57: 1533-1536.

Wang, L. and Oien, A. 1986. Determination of Kjeldahl nitrogen and exchangeable ammoniumin soil by the indophenol method. *Acta Agric.Scand.* 36: 60-70.

Watson, M.E. and Galliher, T.L. 2001. Comparison of Dumas and Kjeldahl methods with automatic analyzers on agricultural samples under routine rapid analysis conditions. *Commun. SoilSci. Plant Anal.* 32: 2007-2019.

Wikoff, L. and Moraghan, J.T. 1985. Recovery of soil nitrate by Kjeldahl analysis. Commun. *Soil Sci. Plant Anal.* 16: 923-929.

Yeomans, J.C. and Bremner, J.M. 1991. Carbonand nitrogen analysis of soils by automated combustion techniques. *Commun. Soil Sci. Plant Anal.* 22: 843-850.

（李紫燕　李小涵　译，王朝辉　校）

第 23 章 土壤硫的化学特征

C.G. Kowalenko

Agriculture and Agri-Food Canada

Agassiz, British Columbia, Canada

M. Grimmett

Agriculture and Agri-Food Canada

Charlottetown, Prince Edward Island, Canada

23.1 引 言

硫在陆地环境中的含量相当丰富，为第十五个含量丰富的元素（Arnhold 和 Stoeppler，2004）。它在土壤中以有机态、无机态及各种价态存在（Blanchar，1986），每种形态都有其不同的化学、生物和环境意义。已经针对不同的目的（例如，土壤发生、植物有效性或环境评估）提出了不同的化学分析方法来测定土壤中各种形态的硫。目前可以测定不同形态的硫，但能否准确测定取决于是否有有效的化学定量方法。土壤硫形态测定中最常见的是全硫、有机硫、无机硫及可提取的植物有效性硫。

23.1.1 全硫

全硫是硫测定中的一个重要指标，而且常用于计算量化一些特定形态的硫（例如，总有机硫=全硫-总无机硫）。全硫的测定方法很多，但没有被普遍接受的方法（Tabatabai，1982；Blanchar，1986）。几乎所有的全硫测定方法都需要两步：

（1）将所有的硫转化为一种形态。

（2）定量测定这种形态的硫。

用于转化的方法有灰化或干烧法和湿消化法（Tabatabai，1982；Blanchar，1986）。干灰化法的加热方式包括热炉、加热器、开放式火焰（如熔化）、封闭式火焰（如氧瓶法），以及用感应炉或电阻炉高温燃烧。湿消化法可以用酸或碱处理。有许多硫的定量测定方法可以用于测定气体和液体中氧化或还原态的硫。气态硫的定量测定方法有红外法、化学发光法、库仑法、火焰光度法及其他方法。通常用光谱测定法，如比色法、火焰发射法、原子吸收法等，或选择性离子电极法、滴定法、重量法、色谱分析法测定液体（气体吸收液或溶解液、消煮液或固体溶解液）中硫化物和硫酸盐的含量。这些方法中硫的转换和定量步骤均可实现自动化。X 射线荧光法（Jenkins，1984）可以一步完成硫的测定。

有人将土壤全硫的测定方法进行了比较（Gerzabek 和 Schaffer，1986），但由于受限于分析的土壤样品范围和分析方法的类型，所以这种比较有一定的局限性（Tabatabai 和 Bremner，1970b；Matrai，1989；Kowalenko，2001）。而且，各测定方法的结果不尽相同，没有一种方法可以确定地说是对土壤全硫的真实测定（Hogan 和 Maynard，1984；Kowalenko，2000），即使最高值也不能肯定是真实值。

有研究发现，对于某些土壤样品来说，高温燃烧不能获得令人满意的结果，但越来越多的现代化仪器可以得到较好的结果（Kowalenko，2001）。多数燃烧装置对煤等含硫量高的材料有较高的分析检出限。X 射线荧光法需要调整样品中的有机质含量（Brown 和 Kanaris-Sotiriou，1969）。低温灰化法有多种成功的类型（Tabatabai 和 Bremner，1970a；Killham 和 Wainwright，1981）。使用酸消解法时必须避免硫以气体形式损失（Randall 和 Spencer，1980）。样品经过碳酸氢钠和氧化银干灰化后利用离子色谱法（IC）或氢碘酸还原法测定，所得结果的变异性较大（Tabatabai 和 Bremner，1970b；Tabatabai 等，1988）。一种用于地质样品测定的熔融技术是用过氧化钠处理样品后，再用离子色谱法进行分析测定，但所得的结果并不能令人完全满意（Stallings 等，1988）。1989 年，Hordijk 等研究发现淡水沉积物用 Na_2CO_3 或 KNO_3 溶解后，用离子色谱法（IC）、电感耦合等离子体光谱法（ICP）及 X 射线荧光法三种方法进行分析，其测定结果具有很好的一致性。

23.1.2 有机硫

表层土中的硫大部分为有机硫（Tabatabai，1982；Blanchar，1986）。人们已经尝试用多种方法去直接测定土壤中有机硫化物的含量（Kowalenko，1978），但均没有被普遍接受。测定含硫氨基酸（如蛋氨酸、胱氨酸等）时需要特别注意，因为这些化合物在土壤全硫中所占的比例并不大。现在已经可以测定脂类提取物中硫的含量（Chae 和 Lowe，1981；Chae 和 Tabatabai，1981），但这部分硫也只占土壤硫的一小部分。存在于微生物中的硫不能构成特定的有机化合物，其中可能包括无机态硫和各种有机态硫，这部分硫同样也只占土壤全硫的一小部分（Strick 和 Nakas，1984；Chapman，1987），但却可能具有重要的生物学意义。要估算微生物硫的含量，目前的方法需要测定可提取的无机硫酸盐含量。

Lowe 和 DeLong（1963）提出可以用氢氧化钠消解法在镍坩埚中熔融土壤样品测定其中的碳硫化合物。虽然此法对碳硫结合物有专一性，可以测定土壤中的大部分有机硫，但是因为土壤和土壤样品提取物中会存在某些干扰成分，所以此法也不能定量测定土壤有机硫（Freney 等，1970；Scott 等，1981）。通过比较全硫和氢碘酸还原硫之间的差值似乎比用镍坩锅消解直接测定能更好地估算土壤中的碳硫化合物。这种或其他利用差值来定量土壤有机硫含量的方法能否成功取决于计算所涉及的各部分硫的测定是否准确。同样，通过减去全硫中的无机硫含量来确定有机硫含量的方法，同样需要对出现在样品中的所有无机形态硫进行精确测定。

23.1.3 无机硫

通气良好的土壤中的无机硫大部分以氧化态（硫酸盐）存在，而通气不良的土壤中大多以还原态，如硫化物、单质硫等形式存在（Tabatabai，1982；Blanchar，1986）。目前还没有一种方法可以用来同时测定包括氧化态和还原态硫的总无机态硫。高度还原态的硫可溶性差，很难进行提取定量。现在已经有人提出直接测定还原态无机硫的方法，但是因为这种形态的硫在农业土壤中的含量有限，所以相关的方法也没有得到全面的评估（Barrow，1970；Watkinson 等，1987）。锌-盐酸蒸馏法已经用于测定土壤中还原态无机硫的含量（David 等，1983；Roberts 和 Bettany，1985），但其测定结果不包括所有形态的无机硫（Aspiras 等，1972）。还有人提出用锡和盐酸或磷酸消解土壤来测定土壤中的硫化物，但这种方法对无机硫没有专一性（Melville 等，1971；Pire la 和 Tabatabai，1988）。

单质硫会存在于某些自然土壤中，比如厌氧环境下的海滩或沼泽土壤，可能来自大气沉降（如工业污染）及施肥。测量土壤中的单质硫通常要用有机溶剂，如氯仿、丙酮、甲苯浸提，然后进行比色、气相或液相色谱分析，或电感耦合等离子体光谱仪（ICP）测定（Maynard 和 Addison，1985；Clark 和 Lesage，1989；O'Donnell 等，1992；Zhao 等，1996）。

无机硫酸盐可以出现在土壤水中，但大多以相对难溶的化合物，如石膏（Nelson，1982），或以与碳酸钙结合（Roberts 和 Bettany，1985）的形式固定或吸附于土壤颗粒表面。虽然最近的研究表明硫酸盐的固定机制很复杂（Kowalenko，2005），但是有人发现硫酸盐可以被吸附于酸性土壤的正电荷上（Tabatabai，1982）。游离态和吸附态无机硫酸盐均可直接被植物吸收利用。测定土壤中总无机硫酸盐时，这些形态的硫都要测定。虽然在理论上可以证明土壤中存在游离态和吸附态硫酸盐，但是实际上要将它们分别提取出来并进行定量测定有一定的难度。要根据所用分析设备、所要提取硫酸盐的形态（如游离态或吸附态硫酸盐）及所用土壤样品类型来选取适宜的浸提剂。乙酸盐、碳酸盐、氯化物、磷酸盐、柠檬酸盐及草酸盐（Beaton 等，1968；Jones，1986）等浸提液已经被用于提取游离态和吸附态无机硫酸盐。这些研究大多针对植物可吸收利用的硫酸盐，而不是所有的无机硫酸盐。如果要单独测定土壤中的游离态硫酸盐，那么理论上浸提剂中必须有充足的水。因此，往往首选低浓度氯化钙溶液，因为其可以在提取过程中抑制黏土和有机质分散（Tabatabai，1982），也可以用氯化锂，因为锂能够抑制微生物的活性，而这些微生物可以在浸提过程中及浸提后矿化有机硫（Tabatabai，1982）。通常用钠、钾或钙的磷酸盐提取吸附态和溶解态的硫酸盐（Beaton 等，1968）。在一般情况下，浓度为 500 mg P L^{-1} 时足以置换大多数土壤中硫酸盐，但对于固定大量磷酸盐的土壤，则需要 2 000 mg P L^{-1}。由于吸附机制与土壤的 pH 值相关，所以碱性溶液在理论上可以提取吸附态硫酸盐，但会提取出颜色较深的土壤有机质，从而对一些硫酸盐定量测定的方法产生干扰。酸性浸提剂能提取土壤中存在的部分石膏态硫酸盐或碳硫化物。使用缓冲性浸提剂时所得结果的一致性可能更高。样品的前处理过程，例如，风干也会影响测定结果（Kowalenko 和 Lowe，1975；Tabatabai，1982）。测定含石膏的土壤样品（Khan 和 Webster，1968；Nelson，1982）或含酸性硫酸盐的土壤样品（Begheijn 等，1978）中不溶性硫酸盐的含量需要特殊的方法。土壤中可能存在着除硫酸盐外的其他氧化态硫，例如，硫代硫酸盐、连四硫酸盐和亚硫酸盐（Nor 和 Tabatabai，1976；Wainwright 和 Johnson，1980），它们可能是硫氧化或还原过程中的中间产物。

定量测定硫酸盐的方法很多（Patterson 和 Pappenhagen，1978；Tabatabai，1982），但不是所有这些方法都能适用于土壤浸提液中硫酸盐的测定。可用的方法应该能定量测定、灵敏度高、不受干扰且对硫酸盐具有专一性。遗憾的是没有发现直接比色就能专一性测定硫酸盐的方法。最常用的定量测定硫酸盐的方法是用钡将土壤浸提液中的硫酸根沉淀或用氢碘酸将硫酸根还原为硫化物后进行测定分析。钡沉淀法有许多种，包括滴定法、比浊法、重量法和比色法（Beaton 等，1968），但这些方法都会受到干扰。氢碘酸还原法比较灵敏且相对不受干扰，但其还原过程费时，难以实现自动化，而且所用化学试剂费用昂贵。氢碘酸（Johnson 和 Nishita，1952；Beaton 等，1968）能将有机硫酸盐和无机硫酸盐还原成硫化物，此法已经被广泛用于土壤分析。这种方法对硫酸盐有专一性（Tabatabai，1982），硫酸盐包括有机硫酸盐和无机硫酸盐，所以其对无机硫酸盐并无专一性。有人为了得到专一性无机硫酸盐而尝试进行不同的前处理，但每种方法都有明显的局限性（Kowalenko 和 Lowe，1975）。1988 年，Pirela 和 Tabatabai 研究表明氢碘酸能够分解出来一些硫元素，因此其结果也应该因为不同的情况进行解释。最近，离子色谱法（IC）、电感耦合等离子体光谱法（ICP），以及 X 射线荧光法已经被用于土壤提取物中硫的分析测定（Gibson 和 Giltrap，1979；Tabatabai，1982；Maynard 等，1987）。虽然离子色谱法（IC）对无机硫酸盐具有专一性、灵敏度高且不易受到明显干扰，但是其需要特定的仪器，并且需要选择适宜浓度和类型的浸提盐溶液。电感耦合等离子体光谱法和 X 射线荧光法可以进行快速定量分析，但它们的结果中包含有机硫和无机硫。

23.2 消解法测定全硫（Tabatabai 和 Bremner，1970a；Kowalenko，1985）

硫在热的酸性溶液中可能会挥发，所以用消解法测定土壤样品中的全硫含量时首选碱性溶液。Tabatabai 和 Bremner（1970a）提出了次溴酸钠消解法，这种方法对原始方法进行了改进，通过一种特制的还原/蒸馏装置（Kowalenko，1985）利用铋而不是用亚甲基蓝反应定量测定硫化物（Kowalenko 和 Lowe，1972）。铋法使用了改进后的玻璃器皿装置，其优点在于分析时间短、可测定多种形态的硫，以及对设备要求低。由于消解和定量测定必须在同一容器中进行，因此没有进行有效评价和适当改进的其他硫的定量测定方法不能取代氢碘酸法（如 ICP 或 IC）。

23.2.1 材料和试剂

（1）次溴酸钠消解液：在通风橱中，向 100 mL 2 mol L^{-1} 的氢氧化钠溶液中缓慢加入 3 mL 溴并不断地搅拌。此消解液稳定性有限，应该在使用前配制或最少每天配制。

（2）甲酸（90%）。

（3）控温消解器：加热器（市售或定制）必须可以使样本容器温度保持在 250～260℃。

23.2.2 装置

进行样品消解并用氢碘酸还原法定量测定硫含量的推荐设备（Kowalenko，1985）为特制的玻璃器皿，其包括两个组分：可以在消解炉上加热的样品容器和与其配套的可以添加还原性溶液并进行氮气冲洗的密闭单元（见图 23.1）。稳定、可控的氮源与进气口相连，出口处需要有管壁柔软的惰性毛细滴管以便使排出的气体以气泡形式通过氢氧化钠吸收液。氢碘酸还原法操作步骤见 23.3。这个设备必须支撑起来以使其能方便地放入或从加热器中取出，使处于氢碘酸还原过程中的样品容器的温度保持在 110～115℃。

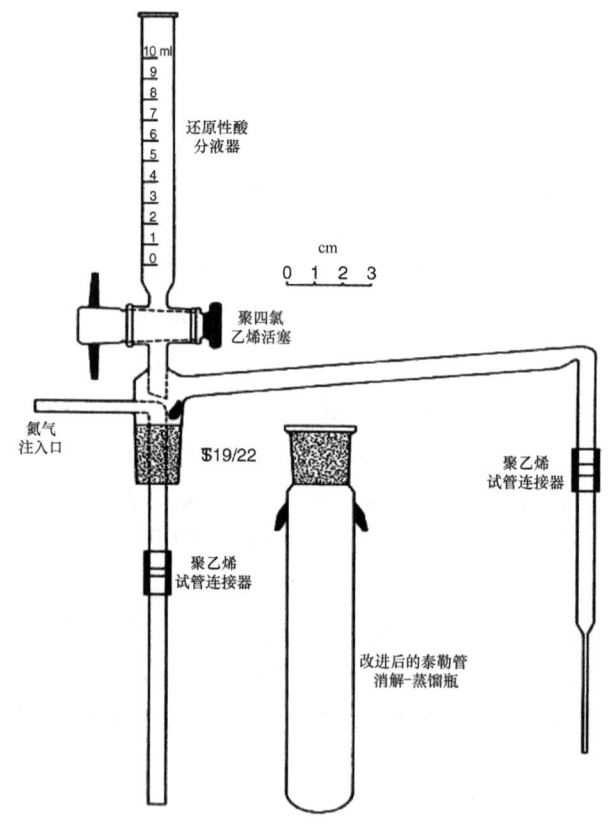

图 23.1 用于全硫或硫酸盐分析的简化消解—蒸馏装置

(源自 Kowalenko, C.G, Commun. Soil Sci. Plant Anal., 16, 289, 1985)

23.2.3 步骤

（1）称取磨细（<100 目）的土壤样品直接装入干燥的样品容器中。调整称样量（建议使用烘干土）使硫含量在校正标准范围内。例如，消解 0.1～0.4 g 的表层矿物土或 0.1 g 或更少量的有机土最终得到

30 mL 硫化铋消解液，分析测定得到硫含量的范围为 0～200 mg。

（2）加 3 mL 次溴酸钠消解液并振荡使样品完全湿润。静置 5 min 后，将其放入消解器中，在 250～260℃下使混合液蒸发变干，继续加热 30 min。从消解器中拿出消解管并冷却约 5 min。

（3）加入 1 mL 的水，振荡和稍加热使消化样品再次呈悬浊状态。冷却后，加入 1 mL 甲酸除去可能出现的多余溴。

（4）用氢碘酸还原法定量测定硫含量（同 23.3）。

23.2.4 计算

计算样品硫含量（S mg kg^{-1}）时应该考虑样品的烘干重量，并使用经过氢碘酸还原法测得的样品硫含量的标准曲线（见 23.3.3）。

23.2.5 注释

（1）用此法测定含大量有机质的土壤样品硫含量时，其测定结果可能偏低，因此必须持续消解或延长消解时间（Guthrie 和 Lowe，1984）。

（2）这种消解法也可以用于测定溶液中全硫的含量，但在消化前需要定量分取部分溶液进行蒸干（Kowalenko 和 Lowe，1972）。因为电感耦合等离子体光谱法（ICP）可以通过测定样品溶液来确定全硫含量，所以可用 ICP 代替消解法来直接进行硫的分析测定。另外，离子色谱法也可以通过测定样品溶液确定某种特定形态的硫，如硫酸，但要用这种方法测定全硫则必须用消解样品。

23.3 氢碘酸还原法测定硫酸盐

目前，由于缺乏准确适宜可直接比色的分析法，所以土壤硫酸盐的定量测定受到一定的限制。正如前面所述，现有的硫酸盐比色法基本上都是基于钡沉淀法，因此这些方法都受到一定的干扰而大多灵敏度较低。另一种广泛用于土壤硫研究的方法是用氢碘酸将硫酸盐还原为硫化氢，通过测定硫化氢的含量来确定硫含量。最近发展的一些用于硫的分析测定的新方法，其中用于土壤研究的主要有电感耦合等离子体光谱法和离子色谱法。这些方法都需要专用且昂贵的仪器设备，并且仪器操作步骤由制造商决定且因仪器而不同，故不在此过多说明。虽然这些方法的仪器设备现已被广泛应用，但是缺乏对其有效性的评估及将其结果与传统的土壤研究方法测定结果的比较。目前被普遍接受的是干扰较小的电感耦合等离子体光谱法，但其测定的是所有形态的硫而不仅仅只是硫酸盐。离子色谱法对硫酸盐有专一性，但受到传统消解液和浸提液中的一系列阴离子和阳离子的干扰，必须依据具体情况明确这些潜在干扰，并根据所用仪器通过多种方法规避干扰。在此对氢碘酸法进行概述，因为它不需要专门的仪器和特定的操作步骤，而且在土壤研究应用中历史悠久。此法将氢碘酸（Johnson 和 Nishita，1952）通入一种改进装置（Kowalenko，1985）中，使用硫化铋（Kowalenko 和 Lowe，1972）而不是亚甲基蓝定量测定转化为硫化氢的硫的含量。

23.3.1 材料和试剂

（1）特制的还原或蒸馏装置和加热器（Kowalenko，1985）同 23.2.2。

（2）氮气：气体必须相当纯净，特别是不含硫化物。可以将气体鼓入含有 5～10 g 氯化汞的 100 mL 2%（w/v）高锰酸钾溶液中使其纯化。氮气进入还原或蒸馏装置的速度应该控制在 200 mL min^{-1} 左右，速度可以由市售流量计控制（例如，Rotometer（Kowalenko，1985）），也可以将气体通过一根适宜长度（如 30 cm）的毛细玻璃管来控制速度（Kowalenko 和 Lowe，1972）。

（3）氢碘酸还原剂：将 4 体积（如 400 mL）的氢碘酸（如含 1%～2.5%次磷酸防腐剂的 57%氢碘酸）、1 体积（如 100 mL）的次磷酸（50%）、2 体积（如 200 mL）甲酸（90%）混合，同时鼓入纯化后的氮气，并在 115～117℃下加热 10 min。冷却时继续鼓入氮气。加热过程应该在通风橱中进行，推荐用回流管或特殊气体收集装置（Tabatabai，1982）。此试剂稳定性差，所以一次只能准备够几天的样品测试用的量，且需要准备标准样品对测定过程进行控制，用棕色试剂瓶存储并冷藏可以延长其稳定性。

（4）1 mol L^{-1} 氢氧化钠溶液：用来吸收硫化氢。

（5）铋试剂：将 3.4 g 五水合硝酸铋（$Bi(NO_3)_3 \cdot 5H_2O$）溶于 230 mL 冰醋酸。同时将 30 g 明胶溶于 500 mL 水中并充分混合。缓慢加热使两种溶液完全溶解，若硝酸铋溶液浑浊则需要过滤使其清澈。将制备好的硝酸铋溶液与明胶溶液混合后定容至 1 L 即得铋试剂，该试剂在室温下非常稳定。

（6）硫标准液：将 5.435 g 干燥的试剂级硫酸钾溶解并稀释定容至 1 L 制得浓度为 1 000 mg S L^{-1} 的硫原液，适当稀释后即得硫标准工作液。

（7）分光光度计：仪器应该在 400 nm 下进行测定，并能适应小体积（如 7.5 mL）样品，同时其比色皿或分析室可以清洗。

23.3.2 步骤

（1）称取适量的蒸干土壤样品、原土或用移液管吸适量土壤浸提液（如 2～5 mL）于改进后的氢碘酸还原/蒸馏器的泰勒管中，在高于 100℃下将浸提液蒸干。应该调整土壤样品的重量或浸提液体积，使仪器中硫的含量在校准标准范围内。

（2）在小型加热器上组装特制的还原或蒸馏装置，并使改进后的泰勒管极易安装，也极易将其从分液器移除。可以将加热器固定在一个位置而使泰勒管与分液器可以方便地升高和降低，或将分液器和泰勒管固定，而用可升降支架支撑加热器，从而便于泰勒管安装和移除。将一个盛有 NaOH 溶液、用来吸收硫化氢的试管（容积为 50 mL 或更大，取决于标准曲线的测定范围）固定到位，以使从仪器出口处输出的氮气鼓入几厘米深的吸收液中，充分吸收硫化氢。要根据待测样品硫酸盐浓度的范围调整吸收液的体积。调整氮气输出使其处于适宜速度并在滴定管内装满还原剂。由于每次蒸馏完成后需要移除泰勒管，所以在加热器上方放置一个表面皿，以便防止还原剂滴落。整个装置应该处于通风良好的环境中。

（3）校准还原或蒸馏设备：在还原或蒸馏设备上连上一个改进后的泰勒管，泰勒管中含有高浓度（如 200 mg S L^{-1}）硫酸盐标准液。之后将还原或蒸馏设备放在加热处，调整氮气流量，并通过分液器向泰勒管中加入 4 mL 还原剂。每次样品测定前均需要用高浓度硫酸盐标准液校准装置，以便确保其确定的初始蒸馏量。开始蒸馏至所有的硫酸盐均被还原且被转移至吸收液中。此过程所需要时间取决于氮气流速和装置的固定体积，一般 8～10 min 足够了，但在特殊情况下需要对时间进行校正（Kowalenko，1985）。硫化氢蒸馏完成后，将盛有吸收液的试管从还原或蒸馏设备上移除，立即加入适量的铋试剂并完全混合以便检查蒸馏过程是否正常。所加入铋试剂的体积应该与吸收液的体积相适应（吸收液：铋试剂=2∶1），并取决于标准硫酸盐中的硫浓度。例如，20 mL 吸收溶液对应的硫浓度为 1～200 mg S L^{-1}，5 mL 对应 1～40 mg S L^{-1}。

（4）设备经过初步的安装和校准后，将消化后的土壤样品、原土壤样品或蒸干的土壤浸提液，以及干燥的标准物质，蒸馏后得到适量体积的吸收液，随后立即向吸收液中加入制备好的铋试剂，并对产生的硫化铋进行定量测定。最好分批测定并且在每批测定中都设置标准样品作为对照。在 400 nm 波长下测定样品和标准液的吸光度。

23.3.3 计算

为了测定土壤样品中硫酸盐的含量，可以将土壤样品直接放到氢碘酸分析仪的样品容器中蒸馏，并按照一次蒸馏的硫含量范围（例如，mg S）制备用于比色分析的铋标准曲线。土壤样品的硫含量可以由从标准曲线求得的硫量与分析过程加入样品容器中烘干土重的比值求得。对于液态样品的测定，需要校准设备使其测定范围与每次测定硫含量的范围相适应，但以烘干土重为基础计算土壤样品中的硫含量时需要考虑加入样品容器中用于蒸干的分析液体积及分析液和土重的比值。

23.3.4 注释

（1）已经发现滤纸中会含有不定量的硫酸盐，这些硫酸盐会在过滤过程中被淋洗进入滤液，因此建议过滤前用浸提剂洗涤滤纸。

（2）研究表明水可以降低将硫酸盐还原为硫化物的氢碘酸反应的效率（Kowalenko 和 Lowe，1975），因此应该保证标准液和样品溶液的体积始终相同或将所有液体蒸干。虽然蒸干样品的过程十分耗时，但是却可以改善分析过程的灵敏度。也就是说，硫酸盐-硫含量高的土壤样品的蒸发体积小，硫酸盐-硫含量低的土壤样品的蒸发体积大。

（3）亚甲基蓝显色反应会受到干扰，故推荐在硫化氢被吸收前将氮气通入邻苯三酚磷酸钠进行洗涤（Johnson 和 Nishita，1952）。硫化铋法对干扰的敏感度更低，故不需要用邻苯三酚磷酸钠洗涤（Kowalenko 和 Lowe，1972）。回流冷却时使用泰勒管而不是冷凝器可以将还原或蒸馏时间从 60 min 缩短为 10 min（Kowalenko，1985）。此设备制造简便，而且可以用于多种不同的分析。虽然铋反应的灵敏度明显低于亚甲基蓝反应，但是可以通过减少吸收硫化氢的溶液体积或增加分析的原始样品量，来增强铋反应在多数土壤研究中的灵敏度。然而，当减小吸收液和铋试剂体积以便增加铋反应的灵敏度时，必须考虑到吸收液和铋试剂体积测定的精度和可重复性，特别是对于标准样品。分光光度计应该能够容纳所涉及的小样本量，并可以进行样品测定之间的适当清洗。

（4）原始的硫酸盐测定过程（Johnson 和 Nishita，1952）要求在使用前将氮气净化。目前有均匀且不含杂质的氮源，因此气体净化这一步可以省略。所用气体的纯度可以用空白测定进行检验。同时要控制好氮气流速，使其能以足够高的速度将产生的硫化氢迅速转移到接收液中，但要注意还得足够慢，以便使硫化物气体能够被氢氧化钠溶液吸收。

（5）要考虑到橡胶连接器或用于接口处密封的润滑剂等污染源的影响，特别是在还原或蒸馏过程中，少量的水即可使泰勒管与装置的其他部分密封。

（6）所用氢碘酸的浓度范围为 48%～66%，其中有无防腐剂均可。虽然这些氢碘酸中都含有不同数量的硫酸盐污染物，但是加热混合液可以去除。含防腐剂的 57%氢碘酸也可以接受，若要使用其他的产品，则可能需要调整氢碘酸与其他酸的比例，并且需要检测最终试剂的有效性。应该预留足够的时间购买氢碘酸，因为这种试剂的库存通常是有限的。

（7）虽然氢碘酸还原过程不受各种盐类的影响，但是建议标准样品的基质与样品相同，例如，所有的样品均以水或浸提液为基质。消解碱性土壤样品时，应该在消解过程中加入标准样品与样品一样进行消解。这种预防措施也可以检查可能存在于提取液或消化液中的硫酸盐或硫化物污染。

（8）虽然氢碘酸法对硫酸盐有专一性，但是也会包括无机硫和有机硫。对测定结果进行解释时不能忽略这一点。当用此法测定总有机硫酸盐含量或用差减法测定碳结合态硫总量，特别是待测样品比较特殊，例如，为下层、厌氧、有机的土壤样品时，应该考虑总无机硫酸盐或全硫测定结果的精确性。从两次重复测定的数值差异中可以看到测定的误差或变异大小。

参 考 文 献

Arnhold, W. and Stoeppler, M. 2004. Sulfur. In: E. Marian, M. Anke, M. Ihnat, and M. Stoeppler, eds. *Elements and Their Compounds in the Environment. Occurrence, Analysis, and Biological Relevance*, 2nd ed. Wiley-VCH Verlag GmbH &Co., Weinheim, Germany, 1297-1319.

Aspiras, R.B., Keeney, D.R., and Chesters, G. 1972. Determination of reduced inorganic sulfur forms as sulfide by zinc-hydrochloric acid distillation. *Anal. Lett.* 5: 425-432.

Barrow, N.J. 1970. Note on incomplete extraction of elemental sulfur from wet soil by chloroform. *J. Sci. Food Agric.* 21: 439-440.

Beaton, J.D., Burns, G.R., and Platou, J. 1968. Determination of sulfur in soils and plant material. Technical Bulletin No. 14. The Sulfur Institute, Washington, DC, 56.

Begheijn, L. Th., van Breeman, N., and Velthorst, E.J. 1978. Analysis of sulfur compounds in acid sulfate soils and other recent marine soils. *Commun. Soil Sci. Plant Anal.* 9: 873-882.

Blanchar, R.W. 1986. Measurement of sulfur in soils and plants. In: M.A. Tabatabai, ed. *Sulfur in Agriculture.* American Society of Agronomy, Madison, WI, 465-490.

Brown, G. and Kanaris-Sotiriou, R. 1969. Determination of sulfur in soils by x-ray fluorescence analysis. *Analyst*. 94: 782-786.

Chae, Y.M. and Lowe, L.E. 1981. Fractionation by column chromatography of lipids and lipid sulfur extracted from soils. *Soil Biol. Biochem.* 13: 257-260.

Chae, Y.M. and Tabatabai, M.A. 1981. Sulfolipid and phospholipid in soils and sewage sludges in Iowa. *Soil Sci. Soc. Am. J.* 45: 20-25.

Chapman, S.J. 1987. Microbial sulfur in some Scottish soils. *Soil Biol. Biochem.* 19: 301-305.

Clark, P.D. and Lesage, K.L. 1989. Quantitative determination of elemental sulfur in hydrocarbons, soils, and other materials. *J. Chromatogr. Sci.* 27: 259-261.

David, M.B., Schindler, S.C., Mitchell, M.J., and Strick, J.E. 1983. Importance of organic and inorganic sulfur to mineralization processes in a forest soil. *Soil Biol. Biochem.* 15: 671-677.

Freney, J.R., Melville, G.E., and Williams, C.H. 1970. The determination of carbon bonded sulfur in soil. *Soil Sci.* 109: 310-318.

Gerzabek, Von M.H. and Schaffer, K. 1986. Determination of total sulfur in soil—a comparison of methods. *Die Bodenkultur* 37: 1-6.

Gibson, A.R. and Giltrap, D.J. 1979. Measurement of extractable soil sulfur in the presence of phosphate using ion-exchange resin paper discs and XRF spectrometry. *N.Z. J. Agric. Res.* 22: 439-443.

Guthrie, T.F. and Lowe, L.E. 1984. A comparison of methods for total sulfur analysis of tree foliage. *Can. J. Forest Res.* 14: 470-473.

Hogan, G.D. and Maynard, D.G. 1984. Sulfur analysis of environmental materials by vacuum inductively coupled plasma emission spectrometry (ICP-AES). In: *Proceedings of Sulfur-84.* Sulfur Development Institute of Canada (SUDIC), Calgary, AB, Canada, 676-683.

Hordijk, C.A., van Engelen, J.J.M., Jonker, F.A., and Cappenberg, T.E. 1989. Determination of total sulfur in freshwater sediments by ion chromatography. *Water Res.* 23: 853-859.

Jenkins, R. 1984. X-ray fluorescence analysis. *Anal. Chem.* 56: 1099A-1106A.

Johnson, C.M. and Nishita, H. 1952. Microestimation of sulfur in plant materials, soils, and irrigation waters. *Anal. Chem.* 24:

736-742.

Jones, M.B. 1986. Sulfur availability indexes. In: M.A. Tabatabai, ed. *Sulfur in Agriculture.* Agronomy No. 27. American Society of Agronomy, Madison, WI, 549-566.

Khan, S.U. and Webster, G.R. 1968. Determination of gypsum in solonetzic soils by an x-ray technique. *Analyst.* 93: 400-402.

Killham, K. and Wainwright, M. 1981. Closed combustion method for the rapid determination of total S in atmospheric polluted soils and vegetation. *Environ. Pollut.* (Ser. B) 2: 81-85.

Kowalenko, C.G. 1978. Organic nitrogen, phosphorus, and sulfur in soils. In: M. Schnitzer and S.U. Khan, eds. *Soil Organic Matter. Developments in Soil Science 8.* Elsevier, New York, 95-136.

Kowalenko, C.G. 1985. A modified apparatus for quick and versatile sulfate-sulfur analysis using hydriodic acid reduction. *Commun. Soil Sci. Plant Anal.* 16: 289-300.

Kowalenko, C.G. 2000. Influence of sulfur and nitrogen fertilizer applications and within season sampling time on measurement of total sulfur in orchardgrass by six different methods. *Commun. Soil Sci. Plant Anal.* 31: 345-354.

Kowalenko, C.G. 2001. Assessment of LECOCNS-2000 analyzer for simultaneously measuring total carbon, nitrogen, and sulfur in soil. *Commun. Soil Sci. Plant Anal.* 32: 2065-2078.

Kowalenko, C.G. 2005. Binding of inorganic sulfate and phosphate in humid-climate soils measured by using column leaching, equilibration, and extraction methods. *Can. J. Soil Sci.* 85: 599-610.

Kowalenko, C.G. and Lowe, L.E. 1972. Observations on the bismuth sulfide colorimetric procedure for sulfate analysis in soil. *Commun. Soil Sci. Plant Anal.* 3: 79-86.

Kowalenko, C.G. and Lowe, L.E. 1975. Evaluation of several extraction methods and of a closed incubation method for sulfur mineralization. *Can. J. Soil Sci.* 55: 1-8.

Lowe, L.E. and DeLong, W.A. 1963. Carbon bonded sulfur in selected Quebec soils. *Can. J. Soil Sci.* 43: 151-155.

Matrai, P.A. 1989. Determination of sulfur in ocean particulates by combustion-fluorescence. *Mar. Chem.* 26: 227-238.

Maynard, D.G. and Addison, P.A. 1985. Extraction and colorimetric determination of elemental sulfur in organic horizons of forest soils. *Can. J. Soil Sci.* 65: 811-813.

Maynard, D.G., Kalra, Y.P., and Radford, F.G. 1987. Extraction and determination of sulfur in organic horizons of forest soils. *Soil Sci. Soc. Am. J.* 51: 801-805.

Melville, G.E., Freney, J.R., and Williams, C.H. 1971. Reaction of organic sulfur compounds in soil with tin and hydrochloric acid. *Soil Sci.* 112: 245-248.

Nelson, R.E. 1982. Carbonate and gypsum In: A.L. Page, R.H. Miller, and D.R. Keeney, eds. *Methods of Soil Analysis, Part 2— Chemical and Microbiological Properties,* 2nd ed. American Society of Agronomy, Madison, WI, 181-197.

Nor, Y.M. and Tabatabai, M.A. 1976. Extraction and colorimetric determination of thiosulfate and tetrathionate in soils. *Soil Sci.* 122: 171-178.

O'Donnell, A.G., He, Z., and Syers, J.K. 1992. A biphasic extraction procedure for the simultaneous removal of elemental sulfur and sulfate from soils. *J. Sci. Food Agric.* 59: 395-400.

Patterson, G.D., Jr. and Pappenhagen, J.M. 1978. Sulfur. In: D.F. Boltz and J.A. Howell, eds. *Colorimetric Determination of Nonmetals.* John Wiley & Sons, Toronto, ON, Canada, 463-527.

Pirela, H.J. and Tabatabai, M.A. 1988. Reduction of organic sulfur in soils with tin and phosphoric acid. *Soil Sci. Soc. Am. J.* 52: 959-964.

Randall, P.J. and Spencer, K. 1980. Sulfur content of plant material: a comparison of methods of oxidation prior to determination. *Commun. Soil Sci. Plant Anal.* 11: 257-266.

Roberts, T.L. and Bettany, J.R. 1985. The influence of topography on the nature and distribution of soil sulfur across a narrow environmental gradient. *Can. J. Soil Sci.* 65: 419-434.

Scott, N.M., Bick, W., and Anderson, H.A. 1981. The measurement of sulfur-containing amino acids in some Scottish soils. *J. Sci. Food Agric.* 32: 21-24.

Stallings, E.A., Candelaria, L.M., and Gladney, E.S. 1988. Investigation of a fusion technique for the determination of total sulfur in geological samples by ion chromatography. *Anal. Chem.* 60: 1246-1248.

Strick, J.E. and Nakas, J.P. 1984. Calibration of a microbial sulfur technique for use in forest soils. *Soil Biol. Biochem.* 16: 289-291.

Tabatabai, M.A. 1982. Sulfur. In: A.L. Page, R.H. Miller, and D.R. Keeney, eds. *Methods of Soil Analysis, Part 2—Chemical and Microbiological Properties,* 2nd ed. American Society of Agronomy, Madison, WI, 501-538.

Tabatabai, M.A., Basta, N.T., and Pirela, H.J. 1988. Determination of total sulfur in soils and plant materials by ion chromatography. *Commun. Soil Sci. Plant Anal.* 19: 1701-1714.

Tabatabai, M.A. and Bremner, J.M. 1970a. An alkaline oxidation method for determination of total sulfur in soils. *Soil Sci. Soc. Am. Proc.* 34: 62-65.

Tabatabai, M.A. and Bremner, J.M. 1970b. Comparison of some methods for determination of total sulfur in soils. *Soil Sci. Soc. Am. Proc.* 34: 417-420.

Wainwright, M. and Johnson, J. 1980. Determination of sulfite in mineral soils. *Plant Soil.* 54: 299-305.

Watkinson, J.L., Lee, A., and Lauren, D.R. 1987. Measurement of elemental sulfur in soil and sediments: field sampling, sample storage, pretreatment, extraction and analysis by highperformance liquid chromatography. *Aust. J. Soil Res.* 25: 167-178.

Zhao, F.J., Loke, S.Y., Crosland, A.R., and McGrath, S.P. 1996. Method to determine elemental sulfur in soils applied to measure sulfur oxidation. *Soil Biol. Biochem.* 28: 1083-1087.

（王朝辉　党海燕　译，王朝辉　校）

第 24 章 总磷和有机磷

I.P. O'Halloran

University of Guelph

Ridgetown, Ontario, Canada

B.J. Cade-Menun

Stanford University

Stanford, California, United States

24.1 引 言

这一章介绍几个用于测定和表征土壤总磷（P_t）及有机磷（P_o）的方法。

土壤总磷的测定要求通过对土壤矿物质和含有机磷的物质分解或破坏使磷溶解。在历史上，Na_2CO_3 熔融法和 $HClO_4$ 消解法是两个被广泛接受的测定土壤总磷的方法（Olsen 和 Sommers，1982），但目前仍然没有一个被广泛接受用于土壤总磷的测定方法。尽管 Na_2CO_3 熔融法被认为是定量测定土壤总磷的最可靠的方法，但是它费力、耗时，且不适用于大批样品的测定。虽然 $HClO_4$ 消解法更适用于日常的实验分析，但是需要在 $HClO_4$ 消解专用通风橱内进行，且由于 $HClO_4$ 聚集或者其与有机物质反应所引发的潜在爆炸危险，所以使许多研究所和实验室不再使用 $HClO_4$ 消解法。考虑到 $HClO_4$ 消解法具有广泛的适用性，可以作为日常实验室大量样品测定，所以这一章中包括了其操作步骤。读者如果需要 Na_2CO_3 熔融法的操作细节，可以参看这本书以前的版本（O'Halloran，1937）或参看 Olsen 和 Sommers（1982）发表的文章。此外，这一章还介绍了其他三种测定土壤总磷的方法：一种方法是用 NaOBr/NaOH 碱性氧化样品（Dick 和 Tabatabai，1977），其他两种是用 $H_2SO_4/H_2O_2/HF$（Bowman，1988）或 $H_2SO_4/H_2O_2/Li_2SO_4/Se$ 的湿法酸性消解（Parkinson 和 Allen，1975）。

土壤有机磷（P_o）的测定方法可以分为两类，一类是测定总有机磷的含量，另外一类是表征土壤中有机磷的数量和形态。前一类包括浸提法（Mehta 等，1954；Bowman 和 Moir，1993）或灼烧法（Saunders 和 Williams，1955）。在任何情形下，土壤总有机磷含量都无法直接测得，但土壤总有机磷含量可以通过土壤浸提液消解或土壤样品灼烧后测定的无机磷（P_i）的增加量来求算出。灼烧法相对于浸提法更简便，但易于引起更大的误差。

表征土壤有机磷的形态可以采用连续分组技术，将土壤有机磷按操作过程分为不同的组分，或者采用能识别土壤有机磷中的特定组分或形态的技术。连续分组技术，例如，本书第 25 章中 Hedley 等（1982）修订的步骤，要表征土壤 P_o 的形态需要对每一个分组中的全磷（P_t）和可溶态活性磷（srP）含量进行测定，且假设全磷和可溶态活性磷含量之差即为有机磷。但解释连续分组法所得有机磷含量时需要慎重。首先，任何一个连续分组的步骤中有机磷的形态都可能被前一步所用浸提剂改变。其次，由于可溶性磷测定的仅仅只是正磷酸盐（HPO_4^{2-}、$H_2PO_4^-$），而从溶液中全磷和可溶性磷之差获得的有机磷也可能还包含如焦磷酸盐或聚磷酸盐这类无机磷络合物。

通过鉴别特定的有机磷化合物，已经在土壤中检测到四类有机磷化合物：磷酸酯类中的正磷酸盐单酯，每个（两个）磷与一个碳原子结合，包括肌醇磷酯、磷酸糖类、磷阮（磷蛋白）和单核苷酸；磷酸酯类中的正磷酸二酯，每个磷与两个碳结合，包括DNA、RNA、磷脂、磷壁酸和芳香类化合物；膦酸盐中含有C-P键而非酯键，以膦酸（phosphonic acids）和膦酰脂（phosphonolipids）形式存在。最后一类土壤有机磷化合物是正磷酸酐，尽管绝大多数是以焦磷酸盐和聚磷酸盐等无机磷络合物形式存在，但这一类中还包括重要的有机正磷酸酐，如二磷酸腺苷（ADP）和三磷酸腺苷（ATP）。更多有关土壤中有机磷化合物的内容参见Condron等（2005）的文章。

许多方法都能用于土壤中特定的有机磷化合物测定。大多数方法都是用一种可以专一性提取特定含磷化合物的试剂进行浸提，随用一些方法，如 ^{31}P 核磁共振光谱法、酶水解法、薄层色谱法、高效液相色谱法和质谱法进行测定。这些方法通常比较费力，需要使用复杂和昂贵的仪器设备，且仅可能测定某一种或一类含磷化合物。此外，对结果的分析通常因为浸提不完全或检测限差而受到限制。这一章介绍两种常用的表征土壤浸提液中有机磷化合物的方法，分别是 ^{31}P 核磁共振光谱法和酶水解法，这两种方法都能确定土壤样品中一系列含磷化合物的相对比例。

24.2　全　磷

目前，测定土壤全磷最普遍的方法是土壤样品碱式或者酸式氧化法或消解法。这些方法都优于 Na_2CO_3 熔融法，因为它们更适用于实验室日常大批样品的测定。正如前面提到的，$HClO_4$ 消解法需要用专用通风橱，而且必须小心操作以避免爆炸。据报道，用 $HClO_4$ 消解法测定高度风化材料和含磷灰石的样品全磷含量时会导致全磷量（P_t）偏低（Syers等，1967，1968，1969）。其余三种方法不需要在专门的通风橱氧化或消解，且均能得到与 $HClO_4$ 消解法类似或略高的结果（Dick和Tabatabai，1977；Bowman，1988；Rowland和Grimshaw，1985）。$H_2SO_4/H_2O_2/HF$ 消解法较快，而且适用于少量样品的测定，但由于氢氟酸会腐蚀玻璃，因此这个方法要求用耐氢氟酸的容器。$NaOBr/NaOH$ 和 $H_2SO_4/H_2O_2/Li_2SO_4/Se$ 法均适用于大量样品的测定。

读者可能对另外两种测定土壤全磷（P_t）的方法也感兴趣。第一种是使用比 Na_2CO_3 熔融法温度更低的NaOH熔融法，其中 Na_2CO_3 熔融法的温度为850℃，NaOH熔融法为325℃，因此NaOH熔融法可用镍坩埚而不是白金（铂）坩埚（Smith和Bain，1982）。尽管很早就有NaOH熔融法对10个苏格兰土壤的 P_t 测定结果与 Na_2CO_3 熔融法相当的报道（Smith和Bain，1982），但也有人发现，对于有机质含量高的新西兰土壤，灼烧会造成80%的土壤重量损失而使土壤 P_t 回收率低（Taylor，2000）。第二种方法是基于Thomas等（1967）用 H_2SO_4/H_2O_2 消解植物组织的方法在铝块消煮器中消解土壤样品。这个方法在第25章中连续分组提取法的最后一步（也就是土壤残渣的消解）中介绍。Agbenin和Tiessen（1994）发现用 H_2SO_4/H_2O_2 法测定的巴西半干旱热带土壤中的 P_t 结果与 Na_2CO_3 熔融法结果可比且略高。Gasparatos和Haidouti（2001）研究了15种土壤中提取态磷水平的变化，发现这种方法测得的土壤全磷值为 $HClO_4$ 消解法的95%~105%。

无论用哪种测定方法，都建议将待测土壤样品磨细、过0.15~0.18 mm（100~180目）筛，以便能从土壤材料中获得较高的磷回收率或提取率，且能够改善实验的重现性。与此同时，要测定土壤含水量，以便以烘干基来表示磷含量。在测定过程中要设置不含土壤的空白样品来确定是否出现磷的污染，并在用比色法测定磷时将空白作为适宜的试剂对照值。在测定过程中还应该包含一个已知全磷含量的标准样品，并且要设置重复。

24.2.1 高氯酸（$HClO_4$）消解法（Olsen 和 Sommers，1982）

作为安全预防措施，样品在用 $HClO_4$ 消解前，首先要用浓硝酸预消解。虽然必须用 $HClO_4$ 专用通风橱，但是这个方法适合于大批土壤样品全磷的测定。可以用 250 mL 锥形瓶在电热板或者在配有 75 mL、100 mL 或 250 mL 消解管的铝块消煮炉上消解（见 24.2.1 注释）。尽管土壤样品用氢氟酸预处理能增加磷的回收率（Kara 等，1997），但是 $HClO_4$ 消解法与 Na_2CO_3 熔融法的回收率通常均为 92%～96%（Sommers 和 Nelson，1972；Dick 和 Tabatabai，1977；Bowman，1988）。

1. 材料和试剂

（1）高氯酸专用通风橱。
（2）电热板（含 250 mL 锥形瓶）或者铝块消煮炉（含 250 mL 消煮管）。
（3）浓硝酸。
（4）60%的高氯酸。
（5）显色液（见 24.5.1）。

2. 步骤

（1）准确称量约 2.0 g 磨细的土壤样品于 250 mL 锥形烧瓶中。
（2）向锥形烧瓶中加入 20 mL 浓硝酸并充分混匀，在约 130℃下加热氧化样品中的有机质。当锥形烧瓶中因为有机质的存在而呈现出的黑色消失时，表明有机质的氧化已经完成。
（3）待土壤样品-硝酸混合液稍微冷却后，在高氯酸专用通风橱中向混合液中加入 30 mL $HClO_4$ 溶液，并将样品在其沸点（约 200℃）下消解 20 min，其间会出现浓白烟，而且在锥形烧瓶或消煮管底部会出现类似白色沙子的不溶性固体物质。如果有必要，就用少量（少于 2 mL）$HClO_4$ 溶液冲洗黏附在锥形瓶或消煮管壁上的黑色颗粒物，再加热 10～15 min。
（4）混合液冷却后，用蒸馏水或去离子水将其转移至 250 mL 容量瓶中并定容，充分混匀。
（5）在取液分析之前使沉淀物沉降。
（6）按照 24.5 所给出的方法测定适量的清澈上清液中磷的浓度。

3. 注释

当用配有 75 mL 或 100 mL 消煮管的 40 孔铝块消煮装置时，可以将样品量、HNO_3 用量和 $HClO_4$ 用量依上述用量减半后按上述步骤操作，并在第 4 步中，将消解液最终稀释到 75 mL 或 100 mL。

24.2.2 次溴酸钠/氢氧化钠碱式氧化法（Dick 和 Tabatabai，1977）

这个方法是在沙浴或由 Cihaeck 和 Lizotte（1990）改进的铝块消解装置中将土壤样品和 NaOBr-NaOH 混合液消解至近干。在 NaOBr-NaOH 消解完成后，加入甲酸以便破坏样品氧化后剩余的 NaOBr，接着用 0.5 mol/L H_2SO_4 溶液来浸提土壤全磷。与 $HClO_4$ 消解法相比，虽然这个方法需要更多的操作步骤，但是其适用于大量样品同时消解。Dick 和 Tabatabai（1977）用美国和巴西的大量土壤样品实验后发现这个方法测得的全磷含量是 Na_2CO_3 熔融法的 96%，且与 $HClO_4$ 消解法测值可比（约高 1%）。Cihacek 和 Lizotte（1990）用美国大平原地区的土壤测定发现，这个方法测得的磷含量显著高于 $HClO_4$ 消解法（约为 3%）。Kara 等（1997）用苏格兰和土耳其土壤实验发现这个方法测定的磷的回收率为 Na_2CO_3 熔融法的 95%～100%，为 $HClO_4$ 消解法的 99%～102%。

1. 材料和试剂

（1）沙子的温度可以调节至 260～280℃的沙浴或者铝块消解器（见 24.2.2 注释 3）。
（2）通风橱。

（3）50 mL 带盖长颈烧瓶或者可以用于铝块消解器的消煮管。

（4）离心机和 50 mL 离心管。

（5）2 mol L^{-1} 氢氧化钠溶液：将 80 g NaOH 溶解于含有 600 mL 蒸馏水或去离子水容量瓶中，冷却后用蒸馏水或去离子水定容至 1 L。

（6）NaOBr-NaOH 溶液：在通风橱中以 0.5 mL min^{-1} 的速度缓缓将 3 mL 溴加入 100 mL 2 mol L^{-1} NaOH 溶液中，并不断地搅拌。NaOBr-NaOH 溶液必须现配现用。

（7）90%的甲酸（HCOOH）。

（8）0.5 mol L^{-1} 硫酸：将 28 mL 浓硫酸沿玻璃棒缓缓加入 600 mL 蒸馏水或去离子水中，并不断地搅拌，冷却后用蒸馏水或去离子水定容至 1 L 容量瓶中。

（9）显色液（见 24.5.1）。

2．步骤

（1）准确称量 0.10～0.20 g 磨细的土壤样品于干燥的 50 mL 长颈烧瓶中。

（2）向长颈烧瓶中加入 3 mL NaOBr-NaOH 溶液，摇动烧瓶几秒钟使其混合，静置 5 min，然后再摇动烧瓶几秒钟。

（3）将烧瓶垂直放在通风橱中的沙浴上（温度调节为 260～280℃），加热烧瓶 10～15 min 直至内含物蒸到近干，再继续加热 30 min。

（4）从沙浴中取下烧瓶，冷却约 5 min 后，加入 4 mL 蒸馏水或去离子水和 1 mL 90%的甲酸，将烧瓶摇匀，然后再加入 25 mL 0.5 mol L^{-1} 硫酸，盖上瓶盖，使其充分混匀。

（5）将混合物转移至 50 mL 塑料离心管中，并以 15 000 g min^{-1} 离心。

（6）按照 24.5 所给出的方法测定上清液中磷的浓度。

3．注释

（1）NaOBr-NaOH 溶液必须现配现用。Dick 和 Tabatabai（1977）发现 NaOBr-NaOH 溶液在 4℃存储 24 h 后测定的全磷值会下降 2%～4%。

（2）大多数土壤的最大称样量可以达到 0.5 g，但对于含铁量高的样品，当其称样量大于 0.2 g 时，会使测得的全磷值大幅度下降。

（3）在电热板上铺上 3～4 cm 厚的石英砂可以作为沙浴，但这样很难保证整个沙浴的温度均匀。Cihacek 和 Lizotte（1990）发现用铝块消解器能使所有的样品受热均匀，且能够提高土壤全磷测定的准确度。

24.2.3 硫酸/过氧化氢/氢氟酸消解法（Bowman，1988）

这个方法通过依次加入浓硫酸、过氧化氢和氢氟酸对土壤样品进行消解，其精密度和准确度可以与 HClO$_4$ 消解法媲美，且测得的土壤的全磷值相当于 Na$_2$CO$_3$ 熔融法的 94%（Bowman，1988）。该方法适用于一次测定样品量少时，由于手动加入过氧化氢和氢氟酸需要的时间与 NaOBr-NaOH 法的操作时间相同，所以使该方法比 HClO$_4$ 消解法或 H$_2$SO$_4$/ H$_2$O$_2$/ Li$_2$SO$_4$/ Se 法的工作量稍大。

1．材料和试剂

（1）已知重量的 100 mL 含氟聚合物烧杯。

（2）通风橱。

（3）天平或 50 mL 容量瓶。

（4）定量精密滤纸（如 Whatman No.42）。

(5) 浓硫酸。

(6) 30%过氧化氢（H_2O_2）溶液。

(7) 浓氢氟酸（见 24.2.3 注释 1）。

(8) 显色液（见 24.5.1）。

2. 步骤

(1) 准确称量 0.5 g 磨细的土壤样品于已知重量的 100 mL 含氟聚合物烧杯中。有机质含量高的土壤的称样量为 0.25 g。

(2) 在通风橱中，向土壤样品中加入 5 mL（9.2 g）H_2SO_4 溶液，轻轻摇动使黏附在烧杯底的固体物体呈悬浮状。

(3) 在通风橱中，缓缓加入 0.5 mL H_2O_2 溶液，用力摇动混合促使有机质氧化，重复这个步骤直至共计 3 mL H_2O_2 溶液加入烧杯中，静置样品直至其与 H_2O_2 的反应消失。

(4) 向烧杯中加入 0.5 mL 氢氟酸并混匀，重复这个步骤直至 1 mL 氢氟酸加入其中。

(5) 将烧杯放在已经预热的电炉上（约 150℃）加热 10~12 min，去除多余的过氧化氢。

(6) 取下烧杯，趁热用 10~20 mL 蒸馏水或去离子水冲洗烧杯壁。混匀后冷却至室温。

(7) 称量烧杯及其内含物，加入充足的蒸馏水或去离子水使最终内含物量为 55 g（相当于体积为 50 mL），或将烧杯中的内含物全部转移至 50 mL 容量瓶中，并用蒸馏水或去离子水定容。

(8) 将提取液混匀后过滤。

(9) 按照 24.5 所示的方法测定澄清滤液中磷的浓度。

3. 注释

(1) 因为氢氟酸会腐蚀玻璃，所以要用耐氢氟酸材料如聚氟乙烯（PTFE）的容器显得尤为重要。比如特氟龙（Teflon）就是一种耐氢氟酸的材料（这里提供商品名是为了方便读者，并不意味着受 CSSS 支持）。

(2) 过量的过氧化氢将会干扰消解的样品中磷的比色测定。如果溶液显色后出现的是黄色，而不是正常情况下由于还原态磷钼酸盐络合物形成而呈现的蓝色，就表明其中过氧化氢过量。

24.2.4 硫酸/过氧化氢/硫酸锂/硒消解法（Pakinson 和 Allen，1975）

这个方法用硫酸和过氧化氢消解土壤样品，硫酸锂可以提高消解液的温度，硒可以作为催化剂催化样品中有机物的氧化。Rowland 和 Grimshaw（1985）研究了英国 8 种主要土壤类型的 103 个土壤样品，发现这种方法测定的准确度与 $HClO_4$ 消解法相同，且通常提取的磷含量略高（103%）于 $HClO_4$ 消解法。这种方法通常需要 2~2.5 h 的消解时间，比其他的方法用时稍长一些。但是如果用配有 75 mL 或 100 mL 消煮管的铝块消解器则能进行大批样品的测定，工作量处于中等水平。样品也可以用 50 mL 长颈烧瓶消解，但一定要保持适宜的土壤样品：消解液比，这对保证样品的正确消解非常关键。

1. 材料和试剂

(1) 配有塞子或密封装置（即硅胶塞）的 100 mL 消煮管的铝块消解器，或 50 mL 长颈烧瓶及电热板。

(2) 通风橱。

(3) 涡旋混合器（选用）。

(4) 用于密封消煮管的硅胶盖（或其他装置）。

(5) 浓硫酸。

(6) 30%过氧化氢（H_2O_2）溶液。

（7）一水硫酸锂（$Li_2SO_4·H_2O$）。

（8）硒粉。

（9）显色液（见 24.5.1）。

2．步骤

（1）消解液：在样品消解前一天，将 175 mL H_2O_2 溶液与 0.21 g 硒粉和 7 g $Li_2SO_4·H_2O$ 在一个适宜的容器中混合。因为容器中会产生一定的压力，最好选用一个能密封的塑料瓶。将此溶液放在冰箱中过夜，次日硒粉应该已经溶解，请勿加热该溶液来溶解硒，这会极大地降低过氧化氢的效力。这个溶液能稳定保存 2~3 周。

（2）准确称量 0.2~0.4 g 磨细的土壤样品于 100 mL 消煮管中。

（3）为了避免暴沸，在消解管中加入惰性沸石、玻璃珠或者 PTFE 珠（见 24.2.4 注释 1）。

（4）在通风橱中，向消煮管中加入 5 mL 浓硫酸，摇动（或用涡旋混合器）至土壤样品与酸完全混合变成棕色或黑色。

（5）向消煮管中小心并缓慢地加入 1 mL 消解混合液，此时样品会起沫或飞溅，所以应该十分小心谨慎。如果加完消解混合液后无明显反应，那么轻敲消煮管加速消解液与酸土混合物的混合。重复这个步骤三次，共加入 4 mL 消解混合液。

（6）将消煮管放在未加热的消煮炉上，在 1~1.5 h 内逐渐增加温度至 360℃，并保持此温度 30 min，此时应该有硫酸蒸汽在消煮管中回流。

（7）从消煮炉上取下消煮管，冷却 5~10 min 后向消煮管加入 0.5 mL H_2O_2 溶液，冲洗黏附在管壁上的土粒，充分混匀后放回消煮炉继续加热 30 min。

（8）重复步骤 7，直到溶液变清亮呈奶白色（通常需要加两次 0.5 mL H_2O_2 溶液），表示土壤有机质（SOM）已经完全消解。注意，一些铁含量较高的土壤即使加入再多过氧化氢也不会变为白色，最终样品呈现淡黄色。

（9）最后一次加热 30 min 后，从消煮炉中取下消煮管，冷却 30 min，缓缓加入 20~30 mL 蒸馏水或去离子水，摇匀（或用涡旋混合器）样品，确保残渣悬浮在溶液中。

（10）加入蒸馏水或去离子水至液面稍低于消煮管体积刻度线，待溶液彻底冷却后，用蒸馏水或去离子水定容。

（11）盖上塞子或密封消煮管，慢慢颠倒消煮管数次以便使其充分混匀。

（12）在溶液倒入存储容器前，要使所有的内含物沉降。在比色分析前，将样品放在冰箱中过夜或用定量滤纸过滤。

（13）按照 24.5 所示的方法测定清亮的滤液中磷的浓度。

3．注释

（1）高温消解土壤样品与酸的混合物会暴沸，从而导致消煮管中的物质剧烈喷射，十分危险，可以通过添加惰性沸石、玻璃珠或 PTFE 珠来保证酸液持续平稳沸腾，降低暴沸的风险。相对于含有样品的消煮管，空白样品中这个问题更为严重。

（2）也可以在步骤 1 制备的消解液中加入 210 mL 浓硫酸，而省略向样品中直接加入浓硫酸的步骤（步骤 3）。每个样品中共加入 9 mL 消解混合液。应该小心地缓缓加入，特别要注意避免剧烈反应造成消煮管或者烧瓶中溶液和样品的损失。这个消解混合液要保存在冰箱中，可以稳定保存 2~3 周。

24.3 总有机磷

土壤总有机磷（P_o）是不能直接测定的，更确切地说测得的是土壤样品灼烧或土壤浸提液消解中增加的无机磷。不同的测定方法或土壤类型之间的差异反映的是各操作效率的变化，而非土壤有机磷含量在本质上的改变。各种浸提方法（Anderson，1960；Bowman，1989；Bowman 和 Moir，1993）都是先用各种酸和碱处理样品，随后再测定浸提液中的无机磷和全磷的含量。这些技术都存在两个主要问题。第一，对土壤有机磷提取不完全。第二，有机磷在提取液中可能水解。这些方法会导致对土壤有机磷含量的低估。灼烧法是用高温（550℃，Saunders 和 Willams，1955）或低温（250℃，Legg 和 Black，1955）将土壤有机磷氧化为无机磷，随后用弱酸或强酸提取相对应的灼烧和未灼烧的土壤样品，灼烧后样品的无机磷含量和未灼烧样品的无机磷含量之差即为有机磷含量。但有机磷氧化不完全、低温或高温灼烧引起矿质磷溶解度的改变及高温灼烧可能引起的磷挥发，均会导致这种方法得到的有机磷结果可能有偏差。每个方法由于测试条件及研究的问题的不同各有其优缺点，所以正如 Bowman（1989）所指出的，浸提法更适用于不同土壤类型有机磷水平之间的比较，而灼烧法更适用于一个给定土壤类型的不同处理之间的比较。由于在有机磷的测定过程中存在各种误差，且有机磷含量是通过差值计算确定的，所以当土壤间磷含量相差小于 20 μg P g^{-1} 时有机磷含量几乎无显著差异（Olsen 和 Sommers，1982）。

Condron 等（1990）指出尽管一些研究表明浸提法测定的有机磷含量比灼烧法更高，但是也有一些研究证实灼烧法和浸提法之间有很好的相关性，且灼烧方法测得的有机磷含量更高（Condron 等，1990；Agbenin 等，1999）。此外，在某些土壤类型中也发现这两种方法之间存在着相当大的差异。更多有关不同的土壤 P_o 测定方法之间的比较，请参见 Condron（1990，2005）、Dormaar 和 Webster（1964）、Steward 和 Oades（1972）及 Turner 等（2005）的文章。

为了提高分析的准确度和精确度，推荐用风干并磨细的土壤样品（0.15～0.18 mm 或 100～180 目）。每次测定都应该包括平行土壤样品和无土空白。目前尚没有用于总有机磷测定的标准物质。

24.3.1　高氯酸/氢氧化钠浸提法

在这个方法中，土壤依次被 0.3 mol L^{-1} 氢氧化钠溶液、浓盐酸（先用热盐酸，后用室温下的盐酸）、室温下的 0.5 mol L^{-1} 氢氧化钠溶液及 90℃的 0.5 mol L^{-1} 氢氧化钠溶液浸提。浸提液中的无机磷在浸提后立即测定，而全磷需要用过硫酸盐将有机质氧化后进行测定。

1．材料和试剂

（1）带螺旋盖的耐热聚丙烯离心管（50 mL）。
（2）90℃的水浴。
（3）离心机。
（4）涡旋混合器（选用）。
（5）往复振荡机。
（6）氢氧化钠浸提样品时所用的 90℃烘箱。
（7）高压锅。
（8）铝箔。
（9）容量瓶（50 mL 和 100 mL）。
（10）浓硫酸。
（11）0.9 mol L^{-1} 硫酸：将 50 mL 浓硫酸缓缓加入含有 600 mL 蒸馏水或去离子水的 1 L 容量瓶中，混匀，冷却后用蒸馏水或去离子水定容。
（12）浓盐酸。
（13）0.3 mol L^{-1} 氢氧化钠溶液：将 12 g NaOH 溶解于约含 700 mL 蒸馏水或去离子水的 1 L 容量瓶中，用蒸馏水或去离子水定容。

（14）0.5 mol L^{-1} 氢氧化钠溶液：将 20 g NaOH 溶解于约含 700 mL 蒸馏水或去离子水 1 L 容量瓶，用蒸馏水或去离子水定容。

（15）过硫酸铵：$(NH_4)_2S_2O_8$。

（16）显色液（见 24.5.1）。

2. 步骤

（1）称量 0.5 g 磨细的土壤样品于 50 mL 聚丙烯离心管中。

（2）0.3 mol L^{-1} 氢氧化钠浸提液：加入 30 mL 0.3 mol L^{-1} NaOH 溶液，盖上离心管的盖子，在往复振荡机上于室温下振荡 16 h。振荡后，将土壤悬浮液在 12 500 g 力下离心 10 min，然后小心地将上清液倒入 100 mL 容量瓶中，确保土壤残渣留在离心管中。

（3）浓盐酸浸提：向上一步盛有土壤残渣的离心管中加入 10 mL 浓盐酸，充分摇匀，将离心管置于 82℃ 水浴中加热 10 min。从水浴中取出离心管，向其中加入 5 mL 浓盐酸，在室温下静置 1 h，其间定期（约每隔 15 min）涡旋振荡。随后在 12 500 g 力下离心 10 min，小心地将上清液倒入 50 mL 容量瓶中，用蒸馏水或去离子水定容。

（4）0.5 mol L^{-1} 氢氧化钠室温浸提：在上一步盛有土壤残渣的离心管中加入 20 mL 0.5 mol L^{-1} NaOH 溶液，混匀，在室温下静置 1 h，其间定期（约每隔 15 min）涡旋振荡，随后在 12 500 g 力下离心 10 min，小心地将上清液倒入步骤 2 中含 0.3 mol L^{-1} NaOH 浸提液的 100 mL 容量瓶中。

（5）0.5 mol L^{-1} 热氢氧化钠溶液浸提：向上一步盛有土壤残渣的离心管中加入 30 mL 0.5 mol L^{-1} NaOH 溶液，振荡离心使土壤以悬浮态存在于溶液中。轻轻地将倒置的 50 mL 烧杯或漏斗盖在离心管上，并将其放在 82℃ 的烘箱中保温 8 h。从烘箱中拿出离心管，冷却后在 12 500 g 力下离心 10 min。将上清液倒入步骤 4 已经含有两次 NaOH 浸提液的 100 mL 容量瓶中，用蒸馏水或去离子水定容至 100 mL。

3. 无机磷的测定

（1）NaOH 浸提液中无机磷的测定：用移液管吸取适量的样液（通常≤5 mL）于 50 mL 离心管中，加入 2.0 mL 0.9 mol L^{-1} 硫酸并放置于冰箱 30 min，以便酸化沉淀其中的有机物质。在 0℃ 25 000 g 力下离心 10 min，小心地将上清液倒入 50 mL 容量瓶中，用少量酸性水小心润洗离心管，避免带出已经沉淀的有机质，并将洗涤液转移至容量瓶中（重复 2~3 次）。按照 24.5.2 的方法调节 pH 值（步骤 3）后显色。

（2）HCl 浸提液中无机磷的测定：用移液管吸取适量的样液（通常≤5 mL）于 50 mL 容量瓶中。按照 24.5.2 描述的方法调节 pH 值（步骤 3）后显色。

4. 全磷的测定

（1）用移液管吸取适量溶液（通常≤2 mL）于 50 mL 容量瓶中，用比色法测定浸提液中全磷的含量。

（2）向 NaOH 浸提液中加入约 0.5 g 过硫酸铵和 10 mL 0.9 mol L^{-1} 硫酸。

（3）向 HCl 浸提液中加入约 0.4 g 过硫酸铵和 10 mL 蒸馏水或去离子水。

（4）用铝箔盖上瓶口（HCl 浸提液需要盖双层）并在高压锅内加热消解（HCl 浸提液 60 min，NaOH 浸提液 90 min）。

（5）冷却，加入约 10 mL 蒸馏水或去离子水。按照 24.5.2 的方法调节 pH 值（步骤 3）后显色。

5. 计算

土壤样品中总有机磷含量是 HCl 和 NaOH 浸提液中全磷的总和减去 HCl 和 NaOH 浸提液中无机磷的总和。在测定完消解液和浸提液中无机磷的浓度后，将结果以土壤质量为基础进行换算（例如，mg P/kg 土），有机磷的计算公式为

$$P_o = (HCl\text{-}P_t + NaOH\text{-}P_t) - (HCl\text{-}P_i + NaOH\text{-}P_i) \tag{24.1}$$

24.3.2 注释

（1）应该尽快测定浸提液中的无机磷含量，以便降低因为磷的水解而导致对土壤有机磷含量的可能低估。

（2）对于腐殖质和金属含量高的土壤，如森林土壤和湿地土壤，在有机质沉淀过程中由于形成磷-金属-有机质配合物而可能引起无机磷的损失（Darke 和 Walbridge，2000），所以导致对 P_o 浓度的高估。这些类型土壤中的有机磷的浓度必须用另一种方法，如灼烧法（见 24.3.3）来验证。

（3）也可以不酸化沉淀 NaOH 浸提液中的有机质，只要能提供一个适宜的空白来校正浸提液中有机质的吸光度就能对其中的无机磷直接进行测定。具体步骤如下：吸取等量的同一样品浸提液于两个 50 mL 容量瓶中，调节 pH 值。其中一个如 24.5 描述，加入 8 mL 显色液，另外一个则加入 8 mL 不含抗坏血酸的显色液，稀释至刻度，测定溶液的吸光度，用含抗坏血酸溶液的吸光度减去不含抗坏血酸溶液的吸光度。

（4）尽管样品中有机质含量高时需要稀释，但是浸提液中的全磷含量可以用电感耦合等离子体光谱仪（ICP）直接测定。

（5）浸提液中的全磷也可以用其他的方法消解后测定，例如，Thomas 等（1967）的 H_2SO_4/H_2O_2 消解，或用过硫酸钾在电炉上消解（Bowman，1989）。

24.3.3 碱性 EDTA 浸提法（Bowman 和 Moir，1993）

在这个方法中，用 0.25 mol L^{-1} NaOH 溶液和 0.05 mol L^{-1} 乙二胺四乙酸二钠（Na$_2$EDTA）溶液提取有机磷，这个方法与 Anderson（1960）提出的 HCl/NaOH 浸提法或 Saunders 和 Williams（1955）提出的灼烧法效果相同，且更为简便、快速。溶液中过量的 EDTA 会干扰磷的比色测定，将浸提液酸化至 pH 值≤1.5 可以使浸提液中的土壤有机质和 EDTA 同时沉淀，经过离心或者过滤（Nnadi 等，1975）除去沉淀后即可测定溶液中可溶态活性磷的含量。

1. 材料和试剂

（1）带螺旋盖的耐热聚丙烯离心管（50 mL）。

（2）离心机。

（3）85℃ 的培养箱或烘箱。

（4）定量精密滤纸（如 Whatman No.42）。

（5）0.5 mol L^{-1} 氢氧化钠溶液：将 10 g NaOH 溶解于约含 300 mL 蒸馏水或去离子水 500 mL 容量瓶，用蒸馏水或去离子水定容。

（6）0.1 mol L^{-1} 乙二胺四乙酸二钠溶液：将 18.6 g Na$_2$EDTA 溶于含有 300 mL 蒸馏水或去离子水的 500 mL 的容量瓶中，并用蒸馏水或去离子水定容。

（7）NaOH-EDTA 混合液：将 0.5 mol L^{-1} NaOH 溶液和 0.1 mol L^{-1} Na$_2$EDTA 溶液混匀，最终溶液浓度为 0.25 mol L^{-1} NaOH 和 0.05 mol L^{-1} Na$_2$EDTA。

（8）过硫酸铵：$(NH_4)_2S_2O_8$。

（9）5.5 mol L^{-1} 硫酸：将 306 mL 浓硫酸缓缓加入约含 500 mL 蒸馏水或去离子水的 1 L 容量瓶中，混匀，冷却，用蒸馏水或去离子水定容。

（10）0.9 mol L^{-1} 硫酸：将 50 mL 浓硫酸缓缓加入含 600 mL 蒸馏水或去离子水的 1 L 容量瓶中，混匀，用蒸馏水或去离子水定容。

（11）显色液（见 24.5.1）。

2. 步骤

（1）称量 0.5 g 磨细的土壤样品于 50 mL 耐热离心管中。

（2）向离心管中加入 25 mL NaOH-EDTA 混合液，盖紧盖子，摇匀。

（3）拧松盖子，放在预热到 85℃的培养箱或烘箱中加热 10 min。

（4）拧紧盖子，培养 1 h 50 min（共培养 2 h）。

（5）在 25 000 g 力下离心 10 min。

（6）过滤上清液并保留滤液用于测定。

3. 浸提液中无机磷和全磷的测定

（1）无机磷的测定：用移液管吸取≤5 mL 浸提液于 50 mL 离心管中，加入 0.5 mL 0.9 mol L^{-1} H$_2$SO$_4$ 溶液进行酸化，在冰箱中冷却 30 min，在 0℃ 25 000 g 下离心 10 min。将上清液倒入 50 mL 容量瓶中，并用少量酸性水小心润洗离心管，以便避免带出已经沉淀的有机质，将润洗液转移至容量瓶中（重复 2~3 次），按照 24.5.2 的方法调节 pH 值（步骤 3）后显色。

（2）全磷的测定：用移液管吸取≤5 mL 浸提液于 25 mL 容量瓶中，加入约 0.5 g 过硫酸铵和 10 mL 0.9 mol L^{-1} 硫酸，用铝箔盖上瓶口并在高压锅内加热消解 90 min。冷却后加入约 10 mL 蒸馏水或去离子水，按照 24.5.2 的方法调节 pH 值（步骤 3）并显色。

4. 计算

在测定了消解液和浸提液中的磷浓度之后，将其以土壤质量为基础进行换算（例如，mg P/kg 土），P$_o$ 计算方法为

$$P_o = P_t（消解或 ICP 测定）- P_i（提取液） \tag{24.2}$$

5. 注释

（1）在培养过程中开始的 10 min 松开离心管盖是为了使离心管中聚集的气体量最小。

（2）NaOH-EDTA 混合液能够同时去除土壤有机质和可溶性有机质形成的阳离子桥（Bowman 和 Moir，1993），这样可以省去酸的预处理过程。

（3）在室温下浸提 16 h 与 85℃浸提 2 h 得到的有机磷浓度相近。

（4）正如 24.3.1 注释中所提到的，在腐殖质和金属含量高的土壤中，用沉淀法去除有机质可能会导致测得的有机磷浓度不准确。

（5）NaOH-EDTA 浸提液中的无机磷含量可以按照 24.3.1 注释 3 的步骤处理后直接测定。如果要选择用这个步骤，那么取液量不能超过 4 mL，因为过量的 EDTA 会导致显色滞后。

（6）提取液中的全磷含量可以用 ICP 或者用其他的方法测定，例如，Thomas 等（1967）H$_2$SO$_4$/H$_2$O$_2$ 消解法，或用过硫酸钾在电炉上消解后测定（Bowman，1989）。

24.3.4 灼烧法

在这个方法中，有机磷是将 550℃灼烧和未灼烧土壤样品分别用 0.5 mol/L H$_2$SO$_4$ 溶液浸提后测得的可提取态磷的差值计算而来的。这个方法适用于大批样品中土壤有机磷的测定。Dormaar 和 Webster（1964）指出当温度高于 400℃时，特别是对于泥炭土，会引起显著的磷挥发损失。

1. 材料和试剂

（1）可在 550℃下灼烧土壤样品的马弗炉和瓷坩埚。

（2）带盖或塞的聚丙烯离心管（100 mL）。

（3）能容纳上述离心管的振荡机。

（4）离心机。

（5）0.5 mol L^{-1} 硫酸：将 28 mL 浓硫酸缓缓加入含有 600 mL 蒸馏水或去离子水的 1 L 容量瓶中，并不断地搅拌，冷却后用蒸馏水或去离子水定容。

（6）显色液（见 24.5.1）。

2．步骤

（1）称量 1.0 g 磨细的土壤样品于瓷坩埚中，将瓷坩埚放在未加热的马弗炉中。

（2）在 2 h 内慢慢将马弗炉温度升温至 550℃，并在 550℃持续加热 1 h，然后取出样品并冷却。

（3）将灼烧后的样品转移至聚丙烯离心管中进行浸提。

（4）在另一个 100 mL 聚丙烯离心管中，称取 1.0 g 未灼烧土壤样品用于无机磷的浸提。

（5）在上述两个样品中同时加入 50 mL 0.5 mol L^{-1} 硫酸，充分混匀后略微松开盖子几分钟，以便释放土壤中可能存在的由碳酸盐产生的 CO_2 压力。拧紧盖子，将离心管在振荡机中振荡 16 h，同时应该包括仅含有 0.5 mol/L 硫酸的空白样品。

（6）将样品在 15 000 g 力下离心 15 min，若浸提液不清亮，则要用耐酸滤纸进行过滤。

（7）取适量的上清液或滤液按照 24.5 所示的方法进行磷浓度的测定。

3．计算

在测定浸提液的磷浓度后，按照下式进行结果计算，并以土壤质量为基础进行换算（例如，mg P/kg 土）：

$$P_o = P_i (\text{灼烧样品}) - P_i (\text{未灼烧样品}) \tag{24.3}$$

4．注释

当测定矿质土壤时，为了防止样品中磷的挥发，必须注意马弗炉的温度不能超过 550℃（Sommers 等，1970；Williams 等，1970）。

24.4 有机磷（P_o）的表征

目前没有直接区分土壤 P_o 的方法。尽管很多的研究试图用固态 ^{31}P 核磁共振光谱直接表征土壤 P_o，但是由于磷与顺磁性物质如铁紧密结合会造成谱线增宽，所以其测定结果通常很差（Cade-Menun，2005）。因此，在分类表征土壤有机磷之前必须要先浸提。大多数有机磷能与土壤矿质化合物稳定结合，使其很难被提取，而用强酸或强碱提取又会引起有机磷水解的风险。因此，土壤有机磷化学表征的理想浸提剂应该回收率最高且对其化学结构改变最小。浸提结束后，理想的形态分级技术应该能定量测定一系列含磷化合物的相对大小，满足这些要求的两个技术分别是液态 ^{31}P 核磁共振光谱法和酶解法。

24.4.1 NaOH-EDTA 浸提—液态 ^{31}P 核磁共振光谱法

自从液态 ^{31}P 核磁共振光谱法第一次被 Newman 和 Tate（1980）用于土壤研究以来，这种方法极大地推进了我们对土壤和其他环境样品中有机磷化合物的认识，其中用到多种浸提剂，例如，单独使用 0.5 mol L^{-1} NaOH 溶液，将其与 EDTA 的配合使用，或使用阳离子交换树脂 Chelex（Bio-Rad Laboratories）（这里提到这个商品名是为了方便读者，而不意味着受 CSSS 支持）。浸提剂的选择会影响土壤有机磷的回收率和浸提液中化合物的组成（Cade-Menun 和 Preston，1996；Cade-Menun 等，2002）。目前最常用的浸提剂是 Bowman 和 Moir（1993）提出的测定总有机磷含量的提取步骤中使用的 NaOH-EDTA 混合液，见 24.3.2。

^{31}P 核磁共振光谱法能表征同一浸提液中 P_o 和 P_i 形态的相对丰度。图 24.1 给出了美国国家标准技术研究所（NIST）提供的标准参比样品的 ^{31}P 核磁共振图谱，上面的样品是苹果叶标准样，下面的是圣华金地区的土壤标准样品。注意有机磷和无机磷化合物的相对丰度。

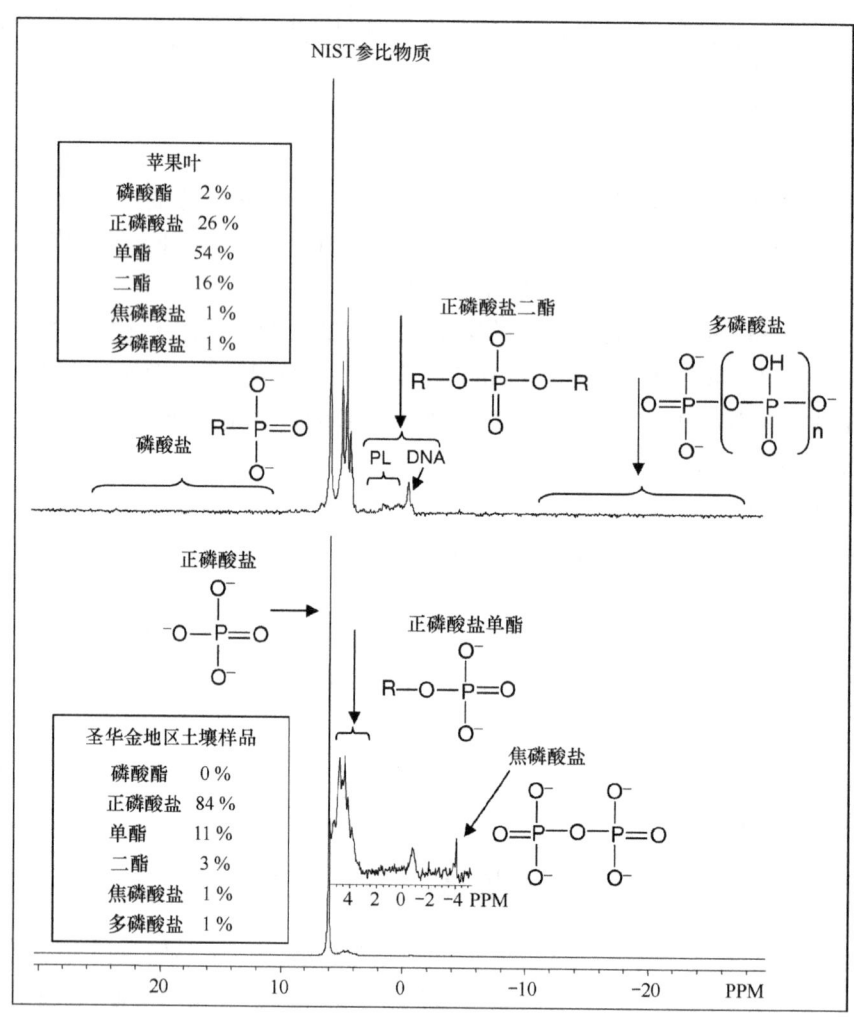

图 24.1 NIST 苹果叶参比标准样和圣华金土壤标准样品的 ^{31}P 核磁共振图谱，表明这个方法可以给出含磷化合物的范围及其在苹果叶和土壤样品中的相对丰度（PL 指磷脂，DNA 指脱氧核糖核酸）。插入的土壤光谱表明可以扩展到正磷酸盐单酯、二酯及焦磷酸区

详细描述 ^{31}P 核磁共振光谱仪的工作原理超过了这一章的范畴，确切的分析步骤也随每台仪器的不同而异，请参见 Cade-Menun（2005）"用 ^{31}P 核磁共振法成功测定土壤浸提液的重要思考"一文。这里仅给出了用于 ^{31}P 核磁共振光谱的土壤样品浸提方法。

1. 材料与试剂

（1）带螺纹盖的 50 mL 聚丙烯离心管。

（2）可以容纳上述离心管的机械振荡机。

（3）涡旋混合器（选用）。

（4）离心机。

（5）冰箱。

（6）冻干机。

（7）带宽频探针的核磁共振光谱仪。理想的是用 500 MHz（质子）光谱仪和 10 mm 探针（见 Cade-Menun，2005）。

（8）10 mol L^{-1} 氢氧化钠溶液：将 20 g NaOH 溶解于约含 30 mL 蒸馏水或去离子水 50 mL 容量瓶中，

冷却后用蒸馏水或去离子水定容。

（9）0.5 mol L^{-1}氢氧化钠溶液：将 10 g NaOH 溶解于约含 300 mL 蒸馏水或去离子水 500 mL 容量瓶中，冷却后用蒸馏水或去离子水定容。

（10）0.1 mol L^{-1} Na$_2$EDTA 溶液：将 18.6 g Na$_2$EDTA 溶于含有 300 mL 蒸馏水或去离子水的 500 mL 的容量瓶中，用蒸馏水或去离子水定容。

（11）NaOH-EDTA 混合液：将 0.5 mol L^{-1} NaOH 溶液和 0.1 mol L^{-1} Na$_2$EDTA 溶液混匀（最终溶液浓度为 0.25 mol L^{-1} NaOH 和 0.05 mol L^{-1} Na$_2$EDTA）。

（12）适用于核磁共振分析的氧化氘（D$_2$O）。

2. 步骤

（1）称量 1~2 g 土壤样品于 50 mL 离心管中。如果已知土壤中全磷含量较低，那么需要加大土壤样品称样量，而对于富含铁或有机质的土壤样品则要减小称样量。

（2）向离心管中加入 30 mL NaOH-EDTA 混合液，盖紧盖子。

（3）在室温下振荡 5~16 h，较长时间的浸提能增加全磷特别是闭蓄态磷的回收率，但同时也增大了一些形态的磷如 RNA 和磷脂类磷降解的风险。

（4）在 1 500 g 力下离心 20 min，将上清液小心地倒入另一个 50 mL 离心管中。如果上清液中含有颗粒物，就需要在倒入另一个离心管前进行过滤。

（5）吸取 1 mL 上清液，用蒸馏水或去离子水稀释至 10 mL，用于测定 P、Fe 和 Mn。

（6）将装有剩余上清液的离心管盖子拧紧，冷冻 16~24 h 直至完全冻结。注意，冰冻时应该将离心管倾斜放置以便使表面积最大。

（7）将离心管的盖子取下，用保鲜膜或类似的材料轻轻覆盖（在保鲜膜上戳一些小孔以便保证空气流通）。将离心管垂直放入冻干瓶中，按照冻干机说明书冻干 24~48 h，直至完全变干。从冻干瓶中取出离心管，拧紧盖子，室温保存。

（8）如果用的是 10 mm 探针的光谱仪，那么可以通过向离心管中直接加入 1.6 mL 蒸馏水或去离子水、1 mL 氧化氘和 0.4 mL 10 mol L^{-1} NaOH 溶液（为了达到最大的峰距，需要调节 pH 值＞12）使样品溶解。静置 30 min，其间偶尔振荡或用涡旋混合器来溶解所有固体。在 1 500 g 力下离心 20 min，将上清液小心地倒入核磁共振管中。假如用 5 mm 探针的光谱仪，则需要按相应的要求调节溶液的体积。

（9）参见 Cade-Menun（2005）"用 ^{31}P 核磁共振成功测定土壤浸提液的适宜光谱仪参数的讨论"一文。

24.4.2 酶解法表征有机磷

该方法表征有机磷的原理是基质特异性磷酸酶能从特定的磷形态中释放出无机磷。因此，向土壤浸提液中加入商用的有效磷酸酶，并用比色法测定释放出来的无机磷，浸提液中的磷形态可以按照含磷化合物的种类进行分类。磷形态的具体分类取决于实验中所用的酶的类型。例如，酸性磷酸酶或者碱性磷酸酶一般会水解正磷酸盐单酯，而肌醇六磷酸酶能水解一种特定的正磷酸盐单酯——植酸（肌醇六磷酸）。

酶水解的一个特点是其可以用于许多不同的土壤浸提液，包括连续浸提法中用到的水、NaHCO$_3$、NaOH 和 HCl（He 和 Honeycutt，2001）。但在酶水解表征有机磷前，要将溶液的 pH 值调节到相应酶的 pH 值范围。

有关酶水解有许多不同的方法，包括最近 He 等（2004）开发的万能缓冲法。下述方法改编自 Turner（2002，2003）和 Toor 等（2003）。

1. 材料和试剂

（1）带螺纹盖的 50 mL 聚丙烯离心管。

（2）能容纳上述离心管的振荡机。

（3）含刻度的一次性塑料离心管（15 mL），每个待测土壤样品浸提需要 5 个离心管。

（4）培养箱或 37℃恒温振荡水浴。

（5）离心机。

（6）0.45 μm 滤膜和真空过滤装置。

（7）1 mol L^{-1}氢氧化钠溶液：将 20 g NaOH 溶解于约 300 mL 蒸馏水或去离子水至 500 mL 容量瓶中，冷却后用蒸馏水或去离子水定容。

（8）0.5 mol L^{-1}碳酸氢钠溶液（pH 值 8.5）：将 21 g NaHCO$_3$和 0.25 g NaOH 溶解于含 300 mL 蒸馏水或去离子水的 500 mL 烧杯中，转移至 500 mL 容量瓶中，用蒸馏水或去离子水定容。

（9）25 mmol L^{-1}叠氮化钠溶液：将 0.163 g NaN$_3$溶于 40 mL 蒸馏水或去离子水的 100 mL 容量瓶中，用蒸馏水或去离子水定容。

（10）3 mol L^{-1}硫酸：将 83 mL 浓硫酸缓缓加入 300 mL 蒸馏水或去离子水的 500 mL 容量瓶中，混匀并冷却，用蒸馏水或去离子水定容。

（11）2 mol L^{-1} Tris-HCl 缓冲液：将 31.5 g Tris-HCl 粉末（Polyscience, Inc., Warrington, PA）和 0.041 g MgCl$_2$·6H$_2$O 溶解于含 60 mL 蒸馏水或去离子水的 100 mL 烧杯中，调节 pH 值至 8，将其转移至 100 mL 容量瓶，用蒸馏水或去离子水定容。

（12）2 mol L^{-1}甘氨酸-盐酸缓冲溶液：将 0.041 g MgCl$_2$·6H$_2$O 溶解于含有 60 mL 蒸馏水或去离子水的 100 mL 烧杯中，向其中加入 20 mL 浓缩 10 倍的 1 mol L^{-1}甘氨酸-盐酸缓冲溶液（Polyscience, Inc., Warrington, PA）。测定 pH 值，此时 pH 值应该为 2.5，将其转移至 100 mL 容量瓶中，用蒸馏水或去离子水定容。

（13）酶：可以从多种渠道获得合适的酶（如下所有的酶都能从 Sigma Chemicals, 圣路易斯购得，这里提到商品名是为了方便读者）。

① 碱性磷酸酶（EC 3.1.3.2），V-IIS 型，源于牛的肠黏膜，配制的活性为 1 个单位/mL：向 20 mL 2 mol L^{-1} Tris-HCl 缓冲液（pH 值 8）中加入 0.1 mL 碱性磷酸酶（蛋白质含量为 2.2 mg mL^{-1}，每毫克蛋白质的活性为 2 420 个单位）。

② 磷脂酶 C（EC 3.1.4.3），XI 型，来自蜡状芽孢杆菌，配制的活性为 1 个单位/mL：向 20 mL 2 mol L^{-1} Tris-HCl 缓冲液（pH 值 8）中加入 24.94 g 磷脂酶（固态下其活性为 16.04 个单位/mg）和 0.1 mL 碱性磷酸酶。见 24.4.2 注释 5。

③ 磷酸二酯酶（EC 3.1.4.1），IV 型，源于大响尾蛇毒液，配制的活性为 0.03 个单位/mL：向 20 mL 2 mol L^{-1} Tris-HCl 缓冲液（pH 值 8）中加入 20 mg 磷酸二酯酶（固态下其活性为 0.02 个单位/mg）和 0.1 mL 碱性磷酸酶，见 24.4.2 注释 5。

④ 肌醇六磷酸酶（EC 3.1.3.8），肌醇六磷酸 3-磷酸水解酶型，来源于无花果曲霉，配制的活性为 1 个单位/mL：向 80 mL 2 mol L^{-1}甘氨酸-盐酸缓冲液（pH 值 2.5）中加入 23 mg 肌醇六磷酸酶（固态下其活性为 1.1 个单位/mg）。在 1 500 g 力下离心 10 min。

（14）2 mmol L^{-1}氯化镁溶液：将 0.041 g MgCl$_2$·6 H$_2$O 溶于含 60 mL 蒸馏水或去离子水的 100 mL 容量瓶中，用蒸馏水或去离子水转移并定容。

（15）显色液：见 24.5.1。

2. 步骤

（1）称量 1.5 g 土壤样品于 50 mL 离心管中，在测定过程中应该设置无土空白对照。

（2）加入 30 mL 0.5 mol L^{-1} NaHCO$_3$ 溶液，振荡 30 min。

（3）在约 1 500 g 力下离心 15 min，用 0.45 μm 滤膜过滤上清液。

（4）为每个待浸提土壤样品或空白标记 5 个 15 mL 离心管，其中 4 个标记为对应的四种酶名称（每个酶一个），第五个标记为"对照"。向每个土壤样品的 5 个 15 mL 离心管中各加入 1 mL 的 NaHCO$_3$ 浸提液，预先用 0.1 mL 3 mol L^{-1} 硫酸酸化，并加入 0.12 mL 1 mol L^{-1} NaOH 溶液中和（见 24.4.2 注释 2）。

（5）加入 1 mL 25 mmol L^{-1} NaN$_3$ 溶液抑制微生物的活性。

（6）在每一个对应的已标记样品或空白的离心管中，加入 0.25 mL 对应的酶-缓冲液的混合液，向对照中加入 0.25 mL MgCl$_2$ 溶液，用蒸馏水或去离子水将所有离心管中的溶液稀释至 5 mL。

（7）37℃振荡培养 16 h（培养箱或恒温振荡水浴）。

（8）加入 1 mL 显色液（见 24.5）来终止酶的反应。样品（包括标准样品）的最终体积为 6 mL。

（9）12 min 后在 880 nm 波长下测定溶液的吸光度，与标准曲线比较计算出溶液中无机磷（Pi）的浓度。注意：磷酸二酯酶和肌醇六磷酸酶对钼蓝反应有轻微的干扰，可以用含有酶液的正磷酸盐标准液配制单独的校正曲线进行矫正。

3. 注释

（1）所有的缓冲液中均含有 2 mmol L^{-1} MgCl$_2$ 溶液，因为 Mg^{2+} 是天然的磷酸酶活化剂（Dixon 和 Webb，1966）。

（2）预酸化和中和步骤对去除碳酸氢钠提取液中的碳酸盐非常必要，可以防止碳酸盐在接下来的比色分析中形成气泡。

（3）"配制活性"是指含有土壤浸提液和其他试剂的离心管中酶的总活性。

（4）商用的肌醇六磷酸酶不纯，其中还含有其他的磷水解酶，可以按照 Hayes 等（2000）的方法提纯。

（5）在配制时，将碱性磷酸酶加入磷酸酶和磷酸二酯酶中是由于磷酸二酯酶和磷酸酶仅能水解双酯分子中的一个磷酯键，所以形成正磷酸单酯需要加入碱性磷酸酶使正磷酸盐彻底释放出来（Turner 等，2002）。

（6）如果在操作过程中用的是酸性浸提剂，就需要用酸性磷酸酶（EC 3.1.3.2）而非碱性磷酸酶。

（7）叠氮化钠和来源于大响尾蛇毒液的磷酸二酯酶均有剧毒，应该按照要求操作和处置。

4. 计算

按功能划分的有机磷化合物的计算如下。

（1）活性单酯磷：被碱性磷酸酶水解的磷。

（2）磷脂类：磷脂酶和碱性磷酸酶配用所释放的磷与单独用碱性磷酸酶所释放的磷之差。

（3）核酸：磷酸二酯酶和碱性磷酸酶配用所释放的磷与单独用碱性磷酸酶所释放的磷之差。

（4）肌醇六磷酸（植酸）：肌醇六磷酸酶所释放的磷与其他所有处理所释放的磷之差。

24.5 磷 的 测 定

溶液中磷的测定通常用比色法或电感耦合等离子（ICP）光谱法。比色法测定溶液中的磷需要理想的土壤磷库，亦即从土壤中提取的磷能完全转化为正磷酸盐，但是溶液中的全磷可以不必预先消解直接用电感耦合等离子体光谱仪测定。

一个最常用的测定溶液中正磷酸盐浓度的方法是由 Murphy 和 Riley（1962）建立的比色法，这个方法用磷锑钼络合物被抗坏血酸还原形成蓝色来定量溶液中的正磷酸盐浓度（Going 和 Eisenreich，1974；Drummond 和 Maher，1995）。这个方法最早是为了测定海水建立的，Murphy 和 Riley（1962）

仅给出最终溶液浓度（最终显色的溶液）为 0.2 mg P L^{-1} 时，仍然符合比尔定理。随后，发现此方法适用于最终溶液的磷浓度约为 0.8 mg P L^{-1} 的测定（Rodriguez 等，1994），但通过进一步调整锑的离子强度和抗坏血酸的浓度能将最终溶液中磷的浓度扩大到 3 mg P L^{-1}（Harwood 等，1969）。该方法相当简单，与氯化锡作为还原剂的方法相比其干扰更小，而且可以手工测定或与自动系统联用（Drummond 和 Maher，1995）。下面将介绍由 Watanabe 和 Olsen（1965）改进的手工测定方法，它适用于最终体积为 50 mL 且其中可溶性磷含量为 1~40 μg 样品的比色测定。

24.5.1 试剂

（1）钼酸铵溶液：将 12 g 四水钼酸铵（$(NH_4)_6Mo_7O_{24} \cdot 4H_2O$）溶于 250 mL 蒸馏水或去离子水中。

（2）酒石酸锑钾溶液：将 0.290 8 g 酒石酸锑钾（$KSbOC_4H_4O_6$）溶于 100 mL 蒸馏水或去离子水中。

（3）2.5 mol L^{-1} 硫酸：将 139 mL 18 mol L^{-1} 浓硫酸缓缓加入含 600 mL 蒸馏水或去离子水的 1 L 容量瓶中，摇匀，冷却后用蒸馏水或去离子水定容。

（4）试剂 A：将上述三种溶液混入 2 L 容量瓶中，用蒸馏水或去离子水定容，并充分混匀，将溶液存储在派热克斯玻璃瓶中，并存放于冰箱中。

（5）显色液：将 1.056 g 抗坏血酸溶于 200 mL 溶液 A 中，混匀。此液需要每天配制，如果配制时间超过 24 h 就要弃去重配。

（6）对硝基酚溶液：将约 0.25 g 对硝基酚溶于 100 mL 蒸馏水或去离子水中。

（7）4 mol L^{-1} 氢氧化钠溶液：将 160 g NaOH 溶解于含 800 mL 蒸馏水或去离子水的 1 L 容量瓶中，冷却后用蒸馏水或去离子水定容，充分摇匀。

（8）0.25 mol L^{-1} 硫酸：将 14 mL 浓硫酸缓缓加入约含 800 mL 蒸馏水或去离子水的 1 L 容量瓶中，用蒸馏水或去离子水定容，充分摇匀。

（9）标准磷储备液（100 mg P L^{-1}）：将 0.439 4 g KH_2PO_4 溶于 1 L 蒸馏水或去离子水中，将其用蒸馏水或去离子水稀释配制成标准工作液（10 mg P L^{-1}）。

24.5.2 步骤

（1）用移液管吸取适量含有 1~40 μg 磷的溶液到预先含有 15 mL 蒸馏水或去离子水的 50 mL 容量瓶中。

（2）吸取系列磷标准溶液于一组容量瓶中，使其中含浸提液中磷的浓度范围。向每个含标准溶液的容量瓶中加入与样品等量的空白溶液。

（3）加入 1~2 滴对硝基酚溶液，调节溶液的 pH 值为 5。如果溶液的 pH 值<5，那么逐滴加入 4 mol L^{-1} NaOH 溶液直至溶液变黄，然后再逐滴加入 0.25 mol L^{-1} 硫酸直至黄色刚好褪去为止（变为无色）。如果样液的 pH 值>5，那么逐滴加入 0.25 mol L^{-1} 硫酸直至黄色刚好褪去即可。

（4）加入 8 mL 显色液，用蒸馏水或去离子水定容，充分混匀，10 min 后在 882 nm 或者 712 nm 波长（当溶液中因为含有机质而呈淡黄色时）测定溶液的吸光度。

（5）按照与样品相同的方法测定相应的标准溶液（最终溶液浓度为 0~0.8 μg P mL^{-1}，或每 50 mL 容量瓶中含 1~40 μg 磷），标准溶液中应该含有与样品相同体积的浸提液或消解液。

24.5.3 注释

（1）Murphy 和 Riley（1962）的方法出版了很多版本，读者要注意的是推荐的方法产生偏差可能会导致测定结果的错误。要形成符合比尔定理的稳定的蓝色，需要按照样品中磷的浓度调节溶液 pH 值及

Mo、Sb 和抗坏血酸相互之间的浓度到特定的范围，或者根据后者调节待测中的磷浓度（Harwood 等，1969；Going 和 Eisenreich，1974；Rodriguez 等，1994；Drummond 和 Maher，1995）。方法中任何的改变都应该用已知磷含量的样品和标准物质验证。

（2）Watanabe 和 Olsen（1965）最初提出的用碳酸氢钠提取土壤中磷的方法用的是 25 mL 容量瓶，因此仅需要 4 mL 显色液，而且样品中的最高磷含量为 20 μg。

（3）砷酸盐（AsO_4）与钼锑抗溶液反应也呈现蓝色。Olsen 和 Sommers（1982）报道大多数土壤中砷的平均浓度为 6 mg kg^{-1}，与土壤中磷的浓度相比这个浓度可以忽略不计。但如果土壤被砷污染，就会导致土壤样品中磷测定结果的大幅度的高估。对于砷含量高的土壤样品，Olsen 和 Sommers（1982）建议向每份样品溶液中加入 5 mL 亚硫酸氢钠溶液（将 5.2 g $NaHSO_3$ 溶于 100 mL 0.5 mol/L 硫酸中），从而将砷酸盐（AsO_4）还原为亚砷酸盐（AsO_3），在调节溶液 pH 值及显色前，将其在水浴中加热 30 min（或 95℃ 20 min）或静置 4 h。

参 考 文 献

Agbenin, J.O., Iwuafor, E.N.O., and Ayuba, B. 1999. A critical assessment of methods for determining organic phosphorus in savanna soils. *Biol. Fert. Soils* 28: 177-181.

Agbenin, J.O. and Tiessen, H. 1994. Phosphorus transformations in a toposequence of Lithosols and Cambisols from semi-arid northeastern Brazil. *Geoderma* 62: 345-362.

Anderson, G. 1960. Factors affecting the estimation of phosphate esters in soil. *J. Sci. Food Agric.* 11: 497-503.

Bowman, R.A. 1988. A rapid method to determine total phosphorus in soils. *Soil Sci. Soc. Am. J.* 52: 1301-1304.

Bowman, R.A. 1989. A sequential extraction procedure with concentrated sulfuric acid and dilute base for soil organic phosphorus. *Soil Sci. Soc. Am. J.* 53: 362-366.

Bowman, R.A. and Moir, J.O. 1993. Basic EDTA as an extractant for soil organic phosphorus. *Soil Sci. Soc. Am.* J. 57: 1516-1518.

Cade-Menun, B.J. 2005. Using phosphorus-31 nuclear magnetic resonance spectroscopy to characterize phosphorus in environmental samples. In: B.L. Turner, E. Frossard, and D. Baldwin, eds. *Organic Phosphorus in the Environment.* CABI Publishing. Wallingford, UK, 21-44.

Cade-Menun, B.J., Liu, C.W., Nunlist, R., and McColl, J.G. 2002. Soil and litter 31P-NMR: Extractants, metals and P relaxation times. *J. Environ. Qual.* 31: 457-465.

Cade-Menun, B.J. and Preston, C.M. 1996. A comparison of soil extraction procedures for ^{31}P NMR spectroscopy. *Soil Sci.* 161: 770-785.

Cihacek, L.J. and Lizotte, D.A. 1990. Evaluation of an aluminum digestion block for routine total soil phosphorus determination by alkaline hypobromite oxidation. Commun. *Soil Sci. Plant Anal.* 21: 2361-2370.

Condron, L.M., Moir, J.O., Tiessen, H., and Stewart, J.W.B. 1990.Critical evaluation of methods for determining total organic phosphorus in tropical soils. *Soil Sci. Soc. Am. J.* 54: 1261-1266.

Condron, L.M., Turner, B.L., and Cade-Menun, B.J. 2005. Chemistry and dynamics of soil organic phosphorus. In: J.T. Sims and A.N. Sharpley, eds. *Phosphorus, Agriculture and the Environment.* Soil Science Society of America. Madison, WI, USA, 87-121.

Darke, A.K. and Walbridge, M.R. 2000. Al and Fe biogeochemistry in a floodplain forest: Implications for P retention. *Biogeochemistry* 51: 1-32.

Dick, W.A. and Tabatabai, M.A. 1977. An alkaline oxidation method for determination of total phosphorus in soils. *Soil Sci. Soc. Am. J.* 41: 511-514.

Dixon, M. and Webb, E.C. 1966. Enzymes. Longman Scientific. London, UK.

Dormaar, J.F. and Webster, G.R. 1964. Losses inherent in ignition procedures for determining total organic phosphorus. *Can. J. Soil Sci.* 44: 1-6.

Drummond, L. and Maher, W. 1995. Determination of phosphorus in aqueous solution via formation of the phosphoantimonylmolybdenum blue complex: Re-examination of the optimum conditions for the analysis of phosphate. *Anal. Chim. Acta* 302: 69-74.

Gasparatos, D. and Haidouti, C. 2001. A comparison of wet oxidation methods for determination of total phosphorus in soils. *J. Plant Nutr. Soil Sci.* 164: 435-439.

Going, J.E. and Eisenreich, S.J. 1974. Spectrophotometric studies of reduced molybdoantimonylphosphoric acid. *Anal. Chim. Acta* 70: 96-106.

Harwood, J.E., van Steenderen, R.A., and Kühn, A.L. 1969. A rapid method for orthophosphate analysis at high concentrations in water. *Water Res.* 3: 417-423.

Hayes, J.E., Richardson, A.E., and Simpson, R.J. 2000. Components of organic phosphorus in soil that are hydrolysed by phytase and acid phosphatase. *Biol. Fert. Soils* 32: 279-286.

He, Z., Griffin, T.S., and Honeycutt, C.W. 2004. Enzymatic hydrolysis of organic phosphorus in swine manure and soil. *J. Environ. Qual.* 33: 367-372.

He, Z. and Honeycutt, C.W. 2001. Enzymatic characterization of organic phosphorus in animal manures. *J. Environ. Qual.* 30: 1685-1692.

Hedley, M.J., Stewart, J.W.B., and Chauhan, B.S. 1982. Changes in inorganic and organic soil phosphorus fraction induced by cultivation practices and by laboratory incubations. *Soil Sci. Soc. Am. J.* 46: 970-976.

Kara, D., Özsavasc,i, C., and Alkan, M. 1997. Investigation of suitable digestion methods for the determination of total phosphorus in soils. *Talanta* 44: 2027-2032.

Legg, J.O. and Black, C.A. 1955. Determination of organic phosphorus in soils. II. Ignition method. *Soil Sci. Soc. Am. Proc.* 19: 139-143.

Mehta, N.C., Legg, J.O., Goring, C.A.I., and Black, C.A. 1954. Determination of organic phosphorus in soils. I. Extraction method. *Soil Sci. Soc. Am. Proc.* 18: 443-449.

Murphy, J. and Riley, J.P. 1962. A modified single solution method for the determination of phosphate in natural waters. *Anal. Chim. Acta.* 27: 31-36.

Newman, R.H. and Tate, K.R. 1980. Soil phosphorus characterization by ^{31}P nuclear magnetic resonance. *Commun. Soil Sci. Plant Anal.* 11: 835-842.

Nnadi, L.A., Tabatabai, M.A., and Hanaway, J.J. 1975. Determination of phosphate extracted from soils by EDTA and NTA. *Soil Sci.* 119: 203-209.

O'Halloran, I.P. 1993. Total and organic phosphorus. Pages 213-229 In: M.R. Carter, ed. *Soil Sampling and Methods of Analysis*. Canadian Society of Soil Science. Lewis Publishers, Boca Raton, FL, USA.

Olsen, S.R. and Sommers, L.E. 1982. Phosphorus. Pages 403-430 In: A.L. Page, R.H. Miller, and D.R. Keeney, eds. *Methods of Soil Analysis. Part2.* 2nd edn. Agronomy No.9. American Society of Agronomy, Madison, WI, USA.

Parkinson, J.A. and Allen, S.E. 1975. A wet oxidation procedure suitable for the determination of nitrogen and mineral nutrients in biological material. *Commun. Soil Sci. Plant Anal.* 6: 1-11.

Rodriguez, J.B., Self, J.R., and Soltanpour, P.N. 1994. Optimal conditions for phosphorus analysis by the ascorbic acid-molybdenum blue method. *Soil Sci. Soc. Am. J.* 58: 866-870.

Rowland, A.P. and Grimshaw, H.M. 1985. A wet oxidation procedure suitable for total nitrogen and phosphorus in soil. *Commun. Soil Sci. Plant Anal.* 16: 551-560.

Saunders, W.M. and Williams, E.G. 1955. Observations on the determination of organic phosphorus in soils. *J. Soil Sci.* 6: 254-267.

Smith, B.F.L. and Bain, D.C. 1982. A sodium hydroxide fusion method for the determination of total phosphate in soils. *Commun. Soil Sci. Plant Anal.* 13: 185-190.

Sommers, L.E., Harris, R.F., Williams, J.D.H., Armstrong, D.E., and Syers, J.K. 1970. Determination of total organic phosphorus in lake sediments. *Limnol. Oceanogr.* 15: 301-304.

Sommers, L.E. and Nelson, D.W. 1972. Determination of total phosphorus in soils: A rapid perchloric acid digestion procedure. *Soil Sci. Soc. Am. Proc.* 36: 902-904.

Steward, J.H. and Oades, J.M. 1972. The determination of organic phosphorus in soils. *J. Soil Sci.* 23: 38-49.

Syers, J.K., Williams, J.D.H., Campbell, A.S., and Walker, T.W. 1967. The significance of apatite inclusions in soil phosphorus studies. *Soil Sci. Soc. Am. Proc.* 31: 752-756.

Syers, J.K., Williams, J.D.H., Tyner, E.H., and Walker, T.W. 1969. Primary and secondary origin of "nonextractable" soil inorganic phosphorus. *Soil Sci. Soc. Am. Proc.* 33: 635-636.

Syers, J.K., Williams, J.D.H., and Walker, T.W. 1968. The determination of total phosphorus in soils and parent materials. *N. Z. J. Agric. Res.* 11: 757-762.

Taylor, M.D. 2000. Determination of total phosphorus in soil using simple Kjeldahl digestion. *Commun. Soil Sci. Plant Anal.* 31: 2665-2670.

Thomas, R.L., Sheard, R.W., and Moyer, J.R. 1967. Comparison of conventional and automated procedures for nitrogen, phosphorus and potassium analysis of plant material using a single digestion. *Agron. J.* 59: 240-243.

Toor, G.S., Condron, L.M., Di, H.J., Cameron, K.C., and Cade-Menun, B.J. 2003. Characterization of organic phosphorus in leachate from a grassland soil. *Soil Biol. Biochem.* 35: 1319-1325.

Turner, B.L., Cade-Menun, B.J., Condron, L.M., and Newman, S. 2005. Extraction of organic phosphorus from soil and manure. *Talanta* 66: 294-306.

Turner, B.L., Cade-Menun, B.J., and Westermann, D.T. 2003. Organic phosphorus composition and potential bioavailability in semi-arid arable soils of the western United States. *Soil Sci. Soc. Am. J.* 67: 1168-1179.

Turner, B.L., McKelvie, I.D., and Haygarth, P.M. 2002. Characterization of water-extractable soil organic phosphorus by phosphatase hydrolysis. *Soil Biol. Biochem.* 34: 27-35.

Walker, T.W. and Adams, A.F.R. 1958. Studies on soil organic matter. I. Influence of phosphorus content of parent materials on accumulation of carbon, nitrogen, sulfur and organic phosphorus in grassland soils. *Soil Sci.* 85: 307-318.

Watanabe, F.S. and Olsen, S.R. 1965. Test of an ascorbic acid method for determining phosphorus in water and $NaHCO_3$ extracts from soil. *Soil Sci. Soc. Am. Proc.* 29: 677-678.

Williams, J.D.H., Syers, J.K., Walker, T.W., and Rex, R.W. 1970. A comparison of methods for the determination of soil organic phosphorus. *Soil Sci.* 110: 13-18.

（梁东丽　党海燕　译，王朝辉　校）

第 25 章 用连续浸提法确定土壤有效磷的特征

H. Tiessen

Inter-American Institute for Global Change Research
Sao Jose dos Campos, Sao Paulo, Brazil

J.O. Moir

University of Saskatchewan
Saskatoon, Saskatchewan, Canada

25.1 引　　言

　　磷的有效性是受化学平衡控制的磷溶解性和速率调控的磷供应共同作用的结果。大多数有效磷的测定方法都尝试使用不同的浸提剂来量化磷的溶解性，但是只有少数方法能将磷的溶解性和与植物吸收相关的磷供应速率联系起来。

　　磷的测定方法并不是测定作物可以利用的磷含量，而是提取与植物可以利用磷相关性好的那部分土壤磷。这种相关关系建立在多年的农业试验的基础上并通过回归方程检验肥料效应。这些回归方程将植物生长状况和测试的土壤磷水平关联起来，给出达到作物最大产量时的需肥量。这种方法得出的结果在不同的植物和土壤类型上并不总能通用，因此土壤测试机构针对不同的作物和土壤类型建立了许多不同的方程。因为可测定的磷库较小，而且磷的循环对磷的有效性起决定性作用，所以这种方法不适用于多年生植物和自然生态系统。由于所有"速效磷"都能通过"缓效磷"的溶解和解吸，以及有机磷的矿化得到不断的补充，所以"植物有效磷"是随时间变化的。

25.2 土壤有效磷的测定方法

农业上有效磷的测定基于以下目的：
（1）简单实用。
（2）可以提取到足量的磷以便测定。
（3）提取的磷可以代表大部分潜在的植物可吸收利用磷，反映了土壤对植物的磷供应能力，而与土壤磷库中磷的周转和补充无关。
（4）不提取大量在植物生长周期内无效的磷。

　　要达到这些目标，可以使用适当强度的酸或碱溶液在不显著增加磷酸盐矿物溶解的前提下，将吸附在土壤矿物表面的磷释放到溶液中，也可以根据土壤 pH 值的不同，通过添加特定的阴离子，使其与磷竞争吸附位点，或者降低土壤中与磷结合的阳离子的溶解度，从而将磷置换到溶液中。基于这些理论，人们提出了许多浸提方法，这些方法各有利弊，并应用于世界不同的地区，它们的价值基于依据长期研究建立的土壤可提取态磷和作物响应的相关关系。西班牙一个研究小组（Anon，1982）发表了一篇详尽的综述，列举了 50 种不同的方法并且有 50 多篇比较不同浸提方法的文章。

　　最常见的方法应该是碱性碳酸氢盐法（Olsen 等，1954）和多次改进后的酸性氟化铵浸提法（Bray 和 Kurtz，1945）。在欧洲普遍将乳酸盐作为浸提剂（Egnér 等，1960）。用碳酸氢盐和乳酸盐浸提有效磷的原理是植物根系产生的 CO_2 可以在土壤溶液中形成碳酸氢盐，而且产生的大量类似乳酸的有机酸可以溶解土壤磷。这些浸提剂在某种程度上可以模拟植物根系对磷的溶解行为，从而可以更合理地测定植物有效磷。螯合浸提法（Onken 等，1980）也是基于类似的原理提出的。螯合浸提法的优点之一是同种浸提剂也可以用来测定土壤阳离子（微量元素和钾）。

碳酸氢盐法（Olsen 等，1954）已经被广泛应用于酸性土壤和碱性土壤。用 pH 值 8.5 的碳酸氢钠溶液浸提 30 分钟可以得到有效磷。溶液中可溶性有机物的干扰可以通过向浸提液中加入酸洗的活性炭（炭黑）来消除，但是不含磷的活性炭很难获得，因此有人提出用聚丙烯酰胺去除有机物干扰（Banderis 等，1976）。可以通过观察浸提液黄色的深浅来判断其有机物的浓度，若有机物浓度较低，则可以用空白对照消除干扰。当蓝色的磷钼酸盐络合物在波长 712 nm 进行测定时，黄色有机物的颜色干扰可以忽略不计。但是在浸提液中有机物浓度较高时，使用空白对照进行颜色校正并不适用，因为有机物在用 Murphy 和 Riley（1962）方法酸化后会形成沉淀而干扰磷的比色。土壤快速测定过程中的浸提时间通常设置为 30 min，而要使磷浸出得更完全则需要浸提 16 h（Colwell，1963）。所有用来评价碳酸氢钠浸提的磷库大小的方法，包括有机磷的测定方法，都应该浸提 16 h，因为浸提 30 min 不能得到足够的磷。

酸性氟化铵浸提法（Bray 和 Kurtz，1945）被广泛应用于酸性土壤和中性土壤中，并且已有大量数据资料。这是一个纯化学方法，其测定结果不能如碳酸氢盐、某些有机酸或螯合浸提剂一样按植物的功能去解释。氟化物用来浸提铝结合态磷，但是其与植物有效性之间没有明显关系。另外，高 pH 值土壤中植物有效性低的钙的磷酸盐，可以被酸浸提出来，使测得的有效磷结果偏高。较低的酸强度和浸提过程中酸度的重要影响使该方法不适用于石灰性土壤和强碱性土壤，因为这样的土壤会使部分酸中和，从而改变浸提测定的标准条件。但是，据报道，改变这种方法的缓冲性可以使其测定结果与碳酸氢钠法浸提的磷及植物对磷的响应具备相关性（van Lierop，1988；Soon，1990）。

25.3 有效磷的表征方法

有效磷不是一个可以测定数量的值，而是一个功能性概念，因此没有简单直接的测定方法。植物有效磷是植物在特定的时期，例如，作物的生长季节、一年或一个生长周期内吸收的磷。因为植物是通过根系或者根系共生菌从土壤溶液中吸收磷的，所以有效磷包括土壤溶液中的磷和在植物生长有效期内进入土壤溶液的磷，它们决定了土壤有效磷和土壤磷的有效性。磷进入土壤溶液的途径包括从固相土壤中解析或溶解得到无机磷（P_i），或者有机磷（P_o）的矿化。在养分贫瘠的热带雨林，磷可能不会进入土壤循环，而植物可以直接从植物凋落物层中吸收磷。

很难说清各种无机磷补充土壤溶液磷是由于解析还是溶解作用。一种情况下，可能是可溶性很差的磷化合物的溶度积常数，另一种情况下可能是吸附剂表面的饱和度决定了平衡时磷的供应能力。已经有大量文献拟合出了这个逆向反应——沉淀和吸附的理论方程。在某种程度上经验数据通常与这种拟合相符（Syers 和 Curtin 1989）。越来越多的人意识到土壤固相磷不是静态的，而且次级反应，例如，再结晶（Barrow，1983）和固相扩散（Willett 等，1988）会使吸附-解析和沉淀-溶解平衡随时间变化而变化（Parfitt 等，1989）。因此测定有效无机磷时必须同时考虑土壤固相释放出来的磷的数量和速率。但对此几乎没有合适的方法。许多方法都是用水溶液进行反复浸提，或利用吸附-解析等温线（Fox 和 Kamprath，1970；Bache 和 Williams，1971），也可能通过升高温度来代替不切实际和过长的反应时间（Barrow 和 Shaw，1975）。

一个简单可靠的方法是将阴离子交换树脂作为溶液中无机磷的吸附源。交换树脂会打破溶解态磷和可溶性无机磷之间的平衡，使交换性无机磷及一些可溶性沉淀态磷进入磷耗竭的溶液被树脂吸附。随后可以测定被交换树脂吸附的磷。许多不同的方法已经被发展和验证，包括使用不同形态的阴离子，不同的土、水和交换树脂的比例，不同的浸提时间和振荡方法，树脂装在袋子中或混合于悬浮液中（Sibbesen，1977，1978；Barrow 和 Shaw，1977）。到目前为止，最简单的方法是用聚酯基或者聚四氟乙烯基的阴离子交换膜，这种膜可以切割成条状并且使用简便，可以反复使用（Saggar 等，1990；Schoenau 和 Huang，1991）。这些离子交换膜也可以用于原位测定，将其插入或者埋入土壤中后可以用来研究养分随时间变化向交换膜释放和扩散的过程（Qian 和 Schoenau，1997）。选择膜材料时，使用含树脂的膜材料非常重要，也就是说，交换膜不能被土壤磨损，并且对用于浸提磷的化学试剂如稀盐酸或者氯仿（如果要测定微生物量磷）有抗腐蚀性。此外，硬度足够高的交换膜有利于操作。

用交换树脂浸提法测得的磷库大小和用同位素稀释法测得的结果非常相似（Amer 等，1955）。树脂的吸附过程一般在 20 h 内就可以完成，之后仅会发生细微变化。在土壤中同位素被稀释后，同位素交换同样可以在几个小时内达到平衡，可以用溶液中同位素的减少估计土壤活性磷库的大小。许多同位素稀释法都是将不含载体的 ^{32}P 加入土壤悬浮液中，测定最初标记的磷快速消失的量，接下来测定连续缓慢变化过程中标记的磷的变化量（Fardeau 和 Jappe，1980）。这些连续变化的磷量代表了土壤磷中难溶的或者动力学缓慢溶解的土壤磷库的活性，这部分磷以几天到几年的速率补充有效磷。在一些磷吸附能力较低或中等的土壤中，悬浮液中放射性的持续减少可以基于季节或更长时间来推测和估计植物的有效磷。但是土壤磷发生变化的时间越长推断的误差越大（Bühler 等，2003；Chen 等，2003）。参与到长期变化的土壤磷可以采用先去除活性磷，再去除较稳定磷的连续浸提法检测。

由 Chang 和 Jackson（1957）提出、Williams 等（1967）改进的连续浸提法依次用氯化铵浸提"不稳定态"无机磷，用氟化铵溶解铝结合态无机磷，用氢氧化钠浸提被铁固定态无机磷，用连二亚硫酸盐和柠檬酸的混合液来溶解"闭蓄态"无机磷。随后，用盐酸浸提被钙固定的可溶性无机磷，之后可以用碳酸钠熔融法测定残留样品中的残留全磷量。也可以将残留样品在碳酸钠熔融之前进行燃烧和酸浸提，以便分析其中有机磷的含量（Williams 等，1967）。在其他测定有机磷的方法中，有机磷总量不是直接测定得到的，而是通过差减法得到的：用土壤有机质燃烧后酸浸得到的大量无机磷减去未燃烧土壤样品酸浸得到的无机磷（Saunders 和 Williams，1955）（见第 24 章）。

上述提取步骤中有许多逻辑上的问题：在氟化物浸提的过程中会出现无机磷的再沉淀，铝、铁结合态无机磷的分离结果不可靠，还原性可溶态磷库或者闭蓄态磷库大小不明确（Williams 和 Walker，1969）。但用碱性溶液浸提后再用酸浸可以区分铝+铁结合态与钙结合态无机磷（Kurmies，1972）。这种区别反映出土壤的风化阶段，也可以用来监测含少量钙结合态磷的风化土壤中的矿质磷酸盐肥料的去向。由该方法提取的有机磷已经被证明在植物营养中很重要，但常常被忽略（Kelly 等，1983）。

另一种磷分组的方法由 Hedley 等（1982a）在之前浸提方法的基础上提出。连续浸提的目的是量化不稳定态（植物有效的）无机磷、钙结合态无机磷、铝铁结合态无机磷，以及活性有机磷和稳定态有机磷。不稳定态无机磷是由离子交换树脂和碳酸氢盐浸提得到的，吸附在倍半氧化物或者碳酸盐表面的无机磷（Mattingly，1975）。氢氧化物提取的无机磷植物有效性较差（Marks，1977），而且一般认为由非结晶态和结晶态的铝及铁的磷酸盐组成。这些无机磷的形态特征不太可能被更精确地描述，因为混合物中含有 Ca、Al、Fe、P 和土壤中其他占主导地位的离子（Sawhney，1973）。碳酸氢盐浸提的有机磷比较容易矿化并形成植物有效磷（Bowman 和 Cole，1978）。更稳定的有机磷需要用氢氧化物浸提获得（Batsula 和 Krivonosova，1973）。

针对在土壤培养（Hedley 等，1982a）或耕作（Tiessen 等，1983）、根际（Hedley 等，1982a）或土壤发育过程中（Tiessen 等，1984；Roberts 等，1985；Schlesinger 等，1998；Miller 等，2001）发生的磷转化，每种浸提出的磷组分都可以赋予一些不同的功能。这些基于实证的功能赋予可以用来表征与土不同磷库及它们之间转化的概念模型相关的土壤磷水平。虽然有人以不同的方式将磷组分重新分组，并反映了土壤磷循环过程中的一些有趣的概念，但是 20 世纪 80 年代以来发表的论文表明，关于磷组分的功能分配或其特性的认识几乎没有改变。Cross 和 Schlesinger（2001）把不同的提取液中分离出无机磷和有机磷组分相加来作为该提取液的全磷含量，结果表明磷稳定的模式是土壤磷的最重要特征，而不是区分有机磷和无机磷的形态。土壤矿物学性质明显影响对磷组分的解释。在半干旱地区的钙质土壤里，Cross 和 Schlesinger（2001）发现酸可以提取的磷不但包括磷酸钙，同时还包括各种不同形态的与碳酸盐结合的磷。为了更清楚地区分这些组分，Samadi 和 Gilkes（1998）在酸浸提之前添加了（在其他修改方法的基础上）醋酸铵浸提。

这种分组方法是目前唯一一个相对成功的可以评价有效态有机磷的方法。Cross 和 Schlesinger（1995）将碳酸氢钠浸提的有机磷与交换树脂加碳酸氢钠浸提磷之和的比值作为磷生物有效性的指标。这种方法可能只适用于温带土壤，因为矿质态磷与土壤中矿物的反应的存在，类似于可矿化氮或硫库用培养和淋溶的技术测定潜在可矿化态有机磷库是不可行的（Ellert 和 Bettany，1988）。各种可提取的有机磷库的性质并不能像无机磷库那样已被清楚地确定和定义（Stewart 和 Tiessen，1987）。土壤氮和硫的转化与有效性通常取决于碳的矿化，而其间磷只是作为副产品被释放出来，尽管溶解态的有机磷可以很快地被土壤酶矿化。对土壤有机磷的不断认识多数都来自对土壤有机质的研究（Tiessen 等，1983；Stewart 和 Tiessen，1987）。用物理方法获得土壤有机质组分再测定其中的磷往往比用化学方法浸提得到的有机磷和生物功能的关联更为合理。除非有充分的理由证明化学提取的有机组分有其特定的生物学意义，否则最好的方法可能就是对有机组分进行分组，并通过连续浸提法用多重浸提剂来获得尽可能多的土壤有机磷。

原始的分组方法（Hedley 等，1982a）会使 20%～60%的土壤磷不能被浸提出来。这些残留的磷中往往含有大量的有机磷，它们有时会参与到土壤中相对短期的磷转化过程中，有效性也较高。在由钙主导的相对年轻的土壤中，这些残留的有机磷可以在酸浸提之后用氢氧化钠浸提获得，在风化程度较高的土壤中，热盐酸可以提取大部分的有机和无机残留磷（Mehta 等，1954）。热盐酸浸提法能很好地适用于大多数土壤，下面将其作为一种广泛应用的磷分组方法进行介绍。

25.4　磷的分组步骤

25.4.1　仪器和材料

（1）带螺旋盖的 50 mL 离心管和冷冻高速离心机。
（2）振荡机，最好是往复式振荡机以防止样品在离心管底部聚集成块。
（3）0.45 μm 滤膜和过滤装置。
（4）水浴锅。
（5）75 mL 或 100 mL 的消煮管及消煮炉。
（6）高压灭菌器或家用高压锅。
（7）存储浸提液的塑料小瓶。
（8）Whatman 40 号滤纸（或同型号的其他滤纸）。

25.4.2　浸提液

（1）0.5 mol L^{-1} 盐酸溶液：吸取 88.5 mL 浓盐酸，用去离子水稀释至 2 L。
（2）0.5 mol L^{-1} 碳酸氢钠溶液（pH 值 8.5）：将 84 g NaHCO$_3$ 和 1 g NaOH 用去离子水溶解，定容至 2 L。

（3）0.1 mol L^{-1} 氢氧化钠溶液：将 4 g NaOH 用去离子水溶解，定容至 1 L。

（4）1 mol L^{-1} 盐酸溶液：将 177 mL 浓盐酸（11.3 mol L^{-1}）溶液缓慢加入约 500 mL 的去离子水中，并不断地搅拌，冷却后定容至 2 L。

（5）30%的过氧化氢溶液。

（6）18 mol L^{-1} 浓硫酸。

（7）树脂条：将阴离子交换膜切成条状（9 mm×62 mm）并转化成碳酸氢盐形式。吸附了磷的树脂条可以用盐酸清洗后重复使用：用 0.5 mol L^{-1} HCl 溶液分 6 次清洗 3 天，再用 0.5 mol L^{-1} NaHCO$_3$（pH 值 8.5）溶液分 6 次清洗 3 天。最后用去离子水或蒸馏水冲洗。

25.4.3 浸提步骤

第一天：称取 0.5 g 土壤样品置于 50 mL 离心管中，加入 2 个树脂条和 30 mL 去离子水，振荡过夜（16 h，如果使用往复式振荡机转速在 30 rpm）。土壤样品研磨细度参照下述注释。

第二天：移出树脂条并用去离子水将土壤洗入离心管中。将树脂条放在干净的 50 mL 试管中，加入 20 mL 0.5 mol L^{-1} HCl 溶液。静置 1 h 以便排出气体，盖上盖子后振荡过夜。用 Murphy 和 Riley 方法测定磷含量（见 25.4.5）。将土壤悬浮液在 0℃ 25 000 g 力下离心 10 min。用 0.45 μm 滤膜过滤上清液，弃去滤液，用少量 0.5 mol L^{-1} NaHCO$_3$（pH 值 8.5）溶液将滤器上的土壤颗粒洗回离心管。继续加入 NaHCO$_3$ 溶液使溶液体积达到 30 mL（称重）并将悬浊液振荡过夜（16 h）。放入振荡机之前盖上盖子摇晃，使土壤颗粒呈悬浮状态。

第三天：将土壤悬浊液在 0℃ 25 000 g 力下离心 10 min。将 NaHCO$_3$ 浸提液用膜滤器过滤到干净的塑料瓶中。测定碳酸氢盐浸提液中的无机磷和全磷含量。用少量 0.1 mol L^{-1} NaOH 溶液将滤器上的土壤颗粒冲洗回离心管中，再用 NaOH 溶液将其定容至 30 mL 并将悬浊液振荡过夜（16 h）。

第四天：将土壤悬浮液在 0℃ 25 000 g 力下离心 10 min。将 NaOH 浸提液用膜滤器过滤到干净的塑料瓶中。测定 NaOH 浸提液中的无机磷和全磷含量。用少量 1 mol L^{-1} HCl 溶液将滤器上的土壤颗粒冲洗回离心管中，再用 HCl 溶液将其定容至 30 mL 并将悬浊液振荡过夜（16 h）。

第五天：

（1）将土壤悬浮液在 0℃ 25 000 g 力下离心 10 min。将 HCl 浸提液用膜滤器过滤到干净的塑料瓶中。测定浸提液中的磷含量（在这一步中附着在滤纸上的任何残留物不用洗入离心管中，但要缓慢倾倒滤液以防带入土壤颗粒）。

（2）在残留的土壤样品中加入 10 mL 浓盐酸并于 80℃水浴中加热 10 min（涡旋振荡使土壤与盐酸溶液混匀，并在放入热水浴之前拧松盖子。该混合物需要约 10 min 升高至预定温度，用温度计测定盛有盐酸溶液试管中的温度，保证试管在热水中放置 20 min）。取出试管后再添加 5 mL 浓盐酸，涡旋振荡混合并在室温下放置 1 h（每 15 min 涡旋振荡混合一次）。拧紧盖子，在 0℃ 25 000 g 力下离心 10 min，将上清液转移到 50 mL 容量瓶中。将土壤用 10 mL 蒸馏水冲洗两次，离心，将上清液加入容量瓶中。定容，必要时用 Whatman 40 号滤纸进行过滤（或同型号的其他滤纸），测定盐酸溶液中的无机磷和全磷含量。

（3）在土壤残留样中加入 10 mL 去离子水以便分散土壤样品。将悬浮液转移到 75 mL 的消煮管，同时用尽可能少量的水将所有的残留土样转移至消煮管中，加入 5 mL 浓硫酸和少量沸石（Hengar 颗粒，Hengar 公司，美国费城，Cat. No. 136C），涡旋混合后放在未开始加热的消煮架上。缓慢升温使水分蒸发，当温度到达 360℃时用过氧化氢按照以下方法进行处理：将消煮管从消煮炉上取下并冷却至与手掌温度相同；加入 0.5 mL H$_2$O$_2$ 溶液；再次加热 30 min，在这个过程中 H$_2$O$_2$ 会被耗尽。再重复用 H$_2$O$_2$ 进行处理，直到液体澄清为止（一般需要 10 次）。确保在最后一次添加 H$_2$O$_2$ 后进行充分加热，因为残

留的 H_2O_2 会干扰磷的测定。冷却定容，摇匀后转移到小瓶中（用过滤器或静置过夜使残留物沉淀）。测定溶液中的磷（见 25.4.5）。这种消解方法基于 1967 年 Thomas 等提出的方法。

25.4.4 注释

（1）土壤研磨的程度极大地影响了可以提取磷的量，特别是树脂提取法，因为此法是提取接触到土壤颗粒表面的磷。多个实验室的测定结果表明，过 2 mm 和 60 目筛的土壤样品测定结果会差一个数量级。样品研磨的细度取决于是保证土壤样品的均一性（在样品重量只有 0.5 g 时尤为重要），还是保持土壤中磷的树脂可提取的"自然"特性。我们一般选择粉碎过 20 目筛、细度适中的样品。

（2）连续浸提是一个漫长的过程，一批样品需要一个星期（包括周末）来完成。因此，根据研究目标调整所要得到的组分非常重要。如果地质变化是目标，可能就不需要树脂和碳酸氢盐提取的步骤。如果有效磷库是目标，那么更难分离的组分可能并不重要，而包括微生物磷或有机物磷的组分更实用。对于许多风化程度较高的土壤，冷酸可溶态磷含量很小，以至于它可能是前面提取过程中引入的"污染物"。

25.4.5 浸提液中磷的分析

1. 磷测定试剂

（1）钼酸铵溶液：将 40.0 g 钼酸铵溶解在去离子水中，定容至 1 L。

（2）抗坏血酸溶液：将 26.4 g L-抗坏血酸溶解在去离子水中，定容至 500 mL。

（3）酒石酸锑钾溶液：将 1.454 g 酒石酸锑钾溶解在去离子水中，定容至 500 mL。

（4）2.5 mol L^{-1} 硫酸溶液：将 278 mL 浓硫酸缓慢加入 1 L 去离子水中，并不断地搅拌，冷却后定容至 2 L。

（5）显色剂：向 250 mL 2.5 mol L^{-1} H_2SO_4 溶液中加入 75 mL 钼酸铵溶液，然后加入 50 mL 抗坏血酸盐溶液和 25 mL 酒石酸锑钾溶液。每次加入不同的试剂后将溶液涡旋振荡混匀。最后用去离子水将溶液稀释至 500 mL 并混匀。

（6）用以下溶液沉淀有机物和调节 pH 值：

0.9 mol L^{-1} 硫酸溶液：用蒸馏水将 100 mL 浓硫酸稀释至 2 L。

0.25 mol L^{-1} 硫酸溶液：用蒸馏水将 100 mL 2.5 mol L^{-1} H_2SO_4 溶液稀释至 1 L。

4 mol L^{-1} 氢氧化钠溶液：用蒸馏水将 160 g NaOH 溶解并稀释至 1 L。

（7）10%（w/v）的对硝基酚水溶液。

（8）过硫酸铵：$(NH_4)_2S_2O_8$。

2. 交换树脂洗脱的磷和盐酸浸提的无机磷的测定

该方法（Murphy 和 Riley，1962）可以直接测定交换树脂洗脱的磷和两种盐酸浸提的无机磷。

（1）吸取适量的液体放入 50 mL 容量瓶中。标准曲线呈线性分布，其最高含磷量为 1 mg L^{-1}。加入 2 滴对硝基酚作为指示剂。如果浸提液呈酸性，那么先用 4 mol L^{-1} NaOH 溶液调节 pH 值至溶液显黄色，然后用约 0.25 mol L^{-1} H_2SO_4 溶液滴定溶液至澄清。对于碱性浸提液，将溶液酸化至澄清为止。注意：分析过程中的大多数问题都与溶液调节得过酸有关。

（2）加入 8 mL 显色剂，定容，摇匀，静置 10 min 后用分光光度计在 712 nm 波长处读数（颜色可以稳定几个小时）。

3. 0.5 mol L^{-1} $NaHCO_3$ 和 0.1 mol L^{-1} NaOH 浸提液中无机磷的测定

（1）用移液管吸取 10 mL 浸提液于 50 mL 的离心管中。

（2）调节 pH 值至 1.5，在冰箱中放置 30 min。

① 酸化 0.5 mol L^{-1} NaHCO$_3$ 浸提液：6 mL 0.9 mol L^{-1} H$_2$SO$_4$ 溶液。

② 酸化 0.1 mol L^{-1} NaOH 浸提液：1.6 mL 0.9 mol L^{-1} H$_2$SO$_4$ 溶液。

（3）在 0℃ 25 000 g 力下离心 10 min。

（4）将上清液转移至 50 mL 容量瓶中。

（5）用少量酸化的水小心冲洗离心管，将冲洗液加入容量瓶中，注意不要干扰到有机质（一般冲洗 2~3 次）。

（6）调节 pH 值，用 Murphy 和 Riley 的方法测定磷含量（见 25.4.5）。

4. 0.5 mol L^{-1} NaHCO$_3$、0.1 mol L^{-1} NaOH 和浓盐酸浸提液中全磷的测定（EPA，1971）

测定磷含量之前用过硫酸铵氧化可溶性有机质。

（1）用移液管吸取 5 mL 溶液于 50 mL 容量瓶中。

（2）对于 0.5 mol L^{-1} NaHCO$_3$ 浸提液：加入约 0.5 g 过硫酸铵和 10 mL 0.9 mol L^{-1} H$_2$SO$_4$ 溶液。

① 对于 0.1 mol L^{-1} NaOH 浸提液：加入约 0.6 g 过硫酸铵和 10 mL 0.9 mol L^{-1} H$_2$SO$_4$ 溶液。

② 对于浓盐酸浸提液：加入约 0.4 g 过硫酸铵和 10 mL 去离子水。

过硫酸盐可以用一端带有勺子的小铲子根据体积加入，而不需要每次称量。

（3）用锡箔纸盖住（浓盐酸浸提液需要覆盖两层）进行高压灭菌。

NaHCO$_3$ 和 HCl 浸提液需要 60 min，NaOH 浸提液需要 90 min（家用高压锅也可以替代高压灭菌锅）。

（4）调节 pH 值，用 Murphy 和 Riley 的方法测定磷含量（见 25.4.5）。

25.4.6 注释

（1）在 Murphy 和 Riley 的方法中，浸提液的用量可以从含磷较高的酸浸提液的 1 mL 变化到含磷量很低的树脂浸提液的 40 mL。

（2）大多数情况下出错的原因都是由于 Murphy 和 Riley 比色法中受到了干扰。显色前 pH 值调控不足是显色时最常见的问题。在消煮过程中残留物的氧化剂肯定会影响显色过程中的还原反应。在一些土壤中，我们观察到在二次酸化后的 NaOH 溶液中存在溶解态二氧化硅的干扰，导致吸光值正向偏移（即增大）。这种干扰一旦发生就很难控制。尽管显色时间精确至 10 min 时得到的吸光值读数一致性很好，但是其结果不可信。

25.5 结果的解释和限定

对连续分组法所得数据的解释需要基于对具体提取剂的作用、浸提顺序（见图 25.1）及其与土壤化学和生物学特性关系的理解。必须记住，如果磷的分组目的是尝试根据磷活性的大小来划分磷库，那么任何化学分组法都只能大概地表征其生物功能。树脂提取的磷被定义为可以自由交换的无机磷是合理的，因为树脂提取不以化学方法改变土壤溶液。碳酸氢盐浸提的磷是对植物可能有效的无机磷组分，因为其化学变化微弱，同时可以在某种程度上反映根系作用（呼吸作用）。这部分磷和广泛使用的肥力测试是不可比较的（Olsen 等，1954），因为此刻树脂可以提取的磷库已经被移出，而且 Olsen 磷的提取时间只需要 30 分钟。

碳酸氢盐和氢氧化物提取的无机磷并不是完全独立的磷库，特别是在酸性土壤中，但是随着 pH 值的增加（从土壤初始 pH 值到 8.5、13）铁结合态磷和铝结合态磷含量表现出一定的连续性。这两种试剂浸提的有机磷也可以代表类似的磷库。由于在每种浸提液中，有机磷是用全磷（P$_t$）和无机磷（P$_i$）之间的差值来表示的，所以会有误差。全磷的测定相当准确，但是无机磷是在用酸沉淀法将有机物沉淀后取上清液来测得的。任何没有沉淀的有机磷（富里酸形态的磷）不会与 Murphy-Riley 试剂发生显著反应，所以无机磷的测定值很少偏高。然而，有机物酸化时随之沉淀的任何形态的无机磷都会被错误地测定为有机磷（全磷-无机磷）。这种情况一般发生在铁或铝的氢氧化物吸附的无机磷上，它们在较高的 pH 值条件下可溶但是在低 pH 值条件下不溶。到目前为止，有机磷高估的量还不能具体量化。在可提取态有机物含量低的土壤中（低到不足以在酸性的 Murphy-Riley 试剂中产生沉淀），测定无机磷含量时可以用空白来校正浸提液的颜色而不必预先酸化、沉淀。

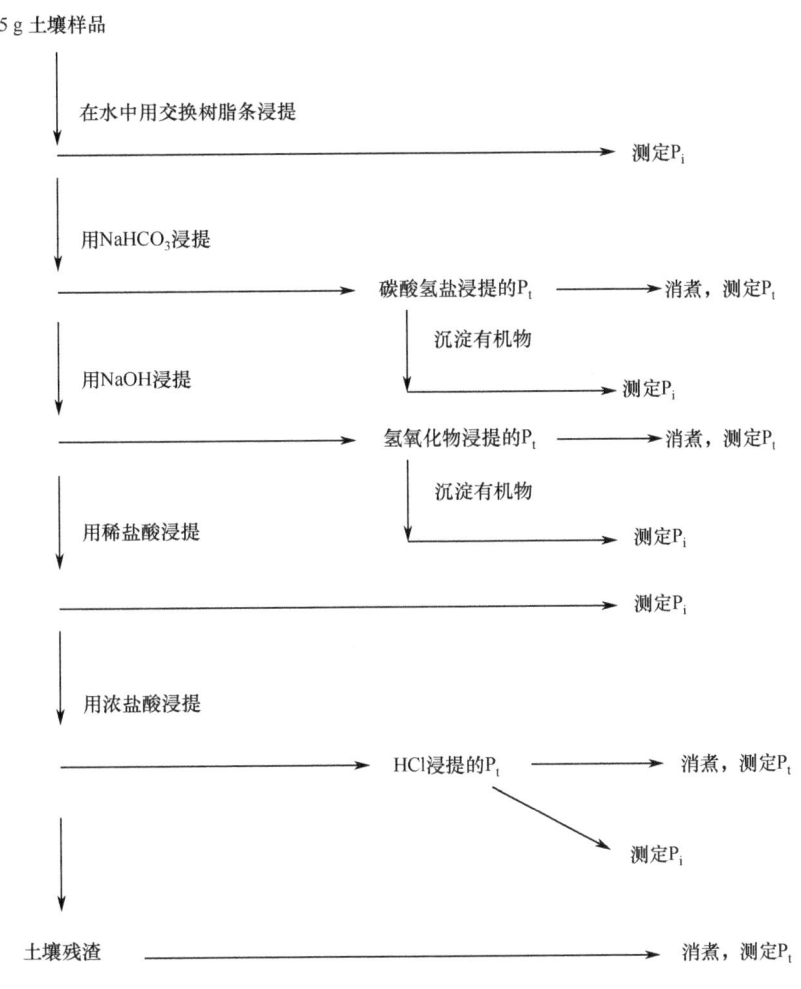

图 25.1　磷的连续浸提流程

稀盐酸提取的无机磷被明确定义为钙结合态磷，因为铁或铝结合态磷可能会在 NaOH 浸提后因为不溶于酸而不能被浸提出。在此浸提液中几乎不存在有机磷。众所周知，稀酸提取土壤中的有机碳时效率低，因此也不会提取太多有机磷。

热浓盐酸提取液不存在与其他有机磷提取液相同的问题，因为其中的无机磷可以被直接测定。在非常稳定的残渣态磷库中，该浸提液能够十分有效地区分无机磷和有机磷。然而与此同时，在这一步提取出的有机磷可能是直接来自不溶于碱但生物有效的有机物颗粒。任何纤维素结构固持的磷都会作为纤维素分解的副产物成为生物有效的，但这种磷只能在热浓盐酸浸提这一步中被提取出来。热浓盐酸提取后的残留物中除非常牢固的无机磷外不可能包含其他形态的磷。

重要的是，要记住连续提取法不是直接测定生物或地球化学过程中的重要磷库。如果可以被其他方法（如同位素或有机质研究等）证实，那么它可以为认识某些组分提供有价值的间接证据。特别是为了对有机磷转化做出合理解释，建议增加针对土壤有机质特征的磷分组，以便综合不同技术的测定结果来推断有机磷的特性。

参 考 文 献

Amer, F., Bouldin, D.R., Black, C.A., and Duke, F.R. 1955. Characterization of soil phosphorus by anion exchange resin adsorption and 32P equilibration. *Plant Soil* 6: 391-408.

Anon. 1982. Groupo de trabajo de normalisacion de metodos analiticos. Revision bibliografica de metodos de extraction de phosphoro assimilable en suelos 1957-1980. *Anales de Edafologia y Agrobiologia* 41: 1085-1112.

Bache, B.W. and Williams, E.G. 1971. Aphosphate sorption index for soils. *J. Soil Sci.* 22: 289-301.

Banderis, A.S., Barter, D.H., and Henderson, K. 1976. The use of polyacrylamide to replace carbon in the determination of Olsen's extractable phosphate in soil. *J. Soil Sci.* 27: 71-74.

Barrow, N.J. 1983. On the reversibility of phosphate sorption by soils. *J. Soil Sci.* 34: 751-758.

Barrow, N.J. and Shaw, T.C. 1975. The slow reactions between soil and anions. 2. Effect of time and temperature on the decrease in phosphate concentration in the soil solution. *Soil Sci.* 119: 167-177.

Barrow, N.J. and Shaw, T.C. 1977. Factors affecting the amount of phosphate extracted from soil by anion exchange resin. *Geoderma* 18: 309-323.

Batsula, A.A. and Krivonosova, G.M. 1973. Phosphorus in the humic and fulvic acids of some Ukrainian soils. *Soviet Soil Sci.* 5: 347-350.

Bowman, R.A. and Cole, C.V. 1978. Transformations of organic phosphorus substances in soils as evaluated by NaHCO3 extraction. *Soil Sci.* 125: 49-54.

Bray, R.H. and Kurtz, L.T. 1945. Determination of total, organic and available forms of phosphorus in soils. *Soil Sci.* 59: 39-45.

Bühler, S., Oberson, A., Sinaj, S., Friesen, D.K., and Frossard, E. 2003. Isotope methods for assessing plant-available phosphorus in acid tropical soils. *Eur. J. Soil Sci.* 54: 605-616.

Chang, S.C. and Jackson, M.L. 1957. Fractionation of soil phosphorus. *Soil Sci.* 84: 133-144.

Chen, C.R., Sinaj, S., Condron, L.M., Frossard, E., Sherlock, R.R., and Davis, M.R. 2003. Characterization of phosphorus availability in selected New Zealand grassland soils. *Nutr. Cycl. Agroecosys.* 65: 89-100.

Colwell, J.D. 1963. The estimation of the phosphorus fertilizer requirement of wheat in southern New South Wales by soil analysis. *Aust. J. Exp. Agric. Anim. Husb.* 3: 190-197.

Cross, A.F. and Schlesinger, W.H. 1995. A literature review and evaluation of the Hedley fractionation: applications to the biogeochemical cycle of soil phosphorus in natural ecosystems. *Geoderma* 64: 197-214.

Cross, A.F. and Schlesinger, W.H. 2001. Biological and geochemical controls on phosphorus fractions in semiarid soils. *Biogeochemistry* 52: 155-172.

Egnér, H., Riehm, H., and Domingo, W.R. 1960. Untersuchungen über die chemische Bodenanalyse als Grundlage für die Beurteilung des Nährstoffzustandes der Böden. 2. Chemische Extraktionsmethoden zur Phosphor- und Kaliumbestimmung. *Kungl. Landbrukshögskolans Annaler, Uppsala, Sweden* 26: 199-215.

Ellert, B.H. and Bettany, J.R. 1988. Comparisons of kinetic models for describing net sulfur and nitrogen mineralization. *Soil Sci. Soc. Am. J.* 52: 1692-1702.

EPA 1971. Methods of Chemical Analysis for Water and Wastes. Environmental ProtectionAgency, Cincinnati, OH.

Fardeau, J.C. and Jappe, J. 1980. Choix de la fertilization phosphorique des sols tropicaux: emploi du phosphore 32. *Agron. Trop.* 35: 225-231.

Fox, R.L. and Kamprath, E.J. 1970. Phosphate sorption isotherms for evaluating the phosphate requirements of soils. *Soil Sci. Soc. Am. Proc.* 34: 902-907.

Hedley, M.J., Stewart, J.W.B., and Chauhan, B.S. 1982a. Changes in inorganic and organic soil phosphorus fractions induced by cultivation practices and by laboratory incubations. *Soil Sci. Soc. Am. J.* 46: 970-976.

Hedley, M.J., White, R.E., and Nye, P.H. 1982b. Plant-induced changes in the rhizosphere of rape seedlings. III. Changes in L-value, soil phosphate fractions and phosphatase activity. *New Phytol.* 91: 45-56.

Kelly, J., Lambert, M.J., and Turner, J. 1983. Available phosphorus forms in forest soils andtheir possible ecological significance. Commun. *Soil Sci. Plant Anal.* 14: 1217-1234.

Kurmies, B. 1972. Zur Fraktionierung der Bodenphosphate. *Die Phosphorsäure* 29: 118-151.

Marks, G. 1977. Beitrag zur präzisierten Charakterisierung von pflanzen-verfügbarem Phosphat in Ackerböden. *Arch. Acker Pflanzenbau Bodenkd.* 21: 447-456.

Mattingly, G.E.G. 1975. Labile phosphate in soils. *Soil Sci.* 119: 369-375.

Mehta, N.C., Legg, J.O., Goring, C.A.I., and Black, C.A. 1954. Determination of organic phosphorus in soils: I. Extraction method. *Soil Sci. Soc. Am. Proc.* 18: 443-449.

Miller, A.J., Schuur, E.A.G., and Chadwick, O.A. 2001. Redox control of phosphorus pools in Hawaiian montane forest soils. *Geoderma* 102: 219-237.

Murphy, J. and Riley, J.P. 1962. A modified single solution method for the determination of phosphate in natural waters. *Anal. Chim. Acta* 27: 31-36.

Olsen, S.R., Cole, C.V., Watanabe, F.S., and Dean, L.A. 1954. Estimation of available phosphorus in soils by extraction with sodium bicarbonate. U.S. Department of Agriculture Circular 939, USDA, Washington, DC.

Onken, A.B., Matheson, R., and Williams, E.J. 1980. Evaluation of EDTA-extractable P as a soil test procedure. *Soil Sci. Soc. Am. J.* 44: 783-786.

Parfitt, R.L., Hume, L.J., and Sparling, G.P. 1989. Loss of availability of phosphate in New Zealand soils. *J. Soil Sci.* 40: 371-382.

Qian, P. and Schoenau, J.J. 1997. Recent developments in use of ion exchange membranes in agricultural and environmental research. *Recent Res. Devel. Soil Sci.* 1: 43-54.

Roberts, T.L., Stewart, J.W.B., and Bettany, J.R. 1985. The influence of topography on the distribution of organic and inorganic soil phosphorus across a narrow environmental gradient. *Can. J. Soil Sci.* 65: 651-665.

Saggar, S., Hedley, M.J., and White, R.E. 1990. A simplified resin membrane technique for extracting phosphorus from soils. *Fert. Res.* 24. 173-180.

Samadi, A. and Gilkes, R.J. 1998. Forms of phosphorus in virgin and fertilized calcareous soils of Western Australia. *Aust. J. Soil Res.* 36: 585-601.

Saunders, W.M.H. and Williams, E.G. 1955. Observations on the determination of total organic phosphorus in soils. *J. Soil Sci.* 6: 254-267.

Sawhney, B.L. 1973. Electron microprobe analysis of phosphates in soils and sediments. *Soil Sci. Soc. Am. Proc.* 37: 658-660.

Schlesinger, W.H., Bruijnzeel, L.A., Bush, M.B., Klein, E.M., Mace, K.A., Raikes, J.A., andWhittaker, R.J. 1998. The biogeochemistry of phosphorus after the first century of soil development on Rakata Island, Krakatau, Indonesia. *Biogeochemistry* 40: 37-55.

Schoenau, J.J. and Huang, W.Z. 1991. Anionexchange membrane, water, and sodium bicarbonate extractions as soil tests for phosphorus. *Commun. Soil Sci. Plant Anal.* 22: 465-492.

Sibbesen, E. 1977. An investigation of the anion exchange resin method for soil phosphate extraction. *Plant Soil* 46: 665-669.

Sibbesen, E. 1978. A simple ion exchange resin procedure for extracting plant available elements from soil. *Plant Soil* 50: 305-321.

Soon, Y.K. 1990. Comparison of parameters of soil phosphate availability for the northwestern Canadian prairie. *Can. J. Soil Sci.* 70: 222-237.

Stewart, J.W.B. and Tiessen, H. 1987. Dynamics of soil organic phosphorus. *Biogeochemistry* 4: 41-60.

Syers, J.K. and Curtin, D. 1989. Inorganic reactions controlling phosphorus cycling. In: H. Tiessen, ed. P Cycles in Terrestrial and Aquatic Ecosystems. Regional Workshop 1. Proceedings of a Workshop by the Scientific Committee on Problems of Environment (SCOPE). University of Saskatchewan, Saskatoon, SK, Canada, 17-29.

Thomas, R.L., Sheard, R.W., and Moyer, J.R. 1967. Comparison of conventional and automated procedures for nitrogen, phosphorus, and potassium analysis of plant material using a single digestion. *Agron. J.* 59: 240-243.

Tiessen, H., Stewart, J.W.B., and Cole, C.V. 1984. Pathways of phosphorus transformationsin soils of differing pedogenesis. *Soil Sci. Soc. Am. J.* 48: 853-858.

Tiessen, H., Stewart, J.W.B., and Moir, J.O. 1983. Changes in organic and inorganic phosphorus composition of two grassland soils and their particle size fractions during 60-70 years of cultivation. *J. Soil Sci.* 34: 815-823.

van Lierop, W. 1988. Determination of available phosphorus in acid and calcareous soils with the Kelowna multiple-element extractant. *Soil Sci.* 146: 284-291.

Willett, I.R., Chartres, C.J., and Nguyen, T.T. 1988. Migration of phosphate into aggregatedparticles of ferrihydrite. *J. Soil Sci.* 39: 275-282.

Williams, J.D.H., Syers, J.K., and Walker, T.W. 1967. Fractionation of soil inorganic phosphate by a modification of Chang and Jackson's procedure. *Soil Sci. Soc. Am. Proc.* 31: 736-739.

Williams, J.D.H. and Walker, T.W. 1969. Fractionation of phosphate in a maturity sequence of New Zealand basaltic soil profiles. *Soil Sci.* 107: 22-30.

（张育林　党海燕　译，王朝辉　校）

第 26 章 土壤中有效态铝、铁、锰、硅的元素分析

F. Courchesne and M.-C. Turmel

University of Montreal
Montreal, Quebec, Canada

26.1 引　　言

采用溶液浸提的方法提取土壤中的铝、铁、锰、硅，可以确定这些元素在土壤中的化学形态，有助于开展土壤分类、土壤成因、土壤反应、元素迁移及其在土壤中的生物有效性等方面的研究。例如，通过有机和无机铁、铝的形态与数量分析，可以研究和认识土壤的形成过程。提取的土壤成分通常与有着较大比表面积的土壤颗粒紧密结合，能够显著影响土壤的物理和化学性质。基于这些原因，浸提得到的数值，特别是铝、铁，通常用作土壤分类的化学标准。此外，溶液浸提法还常被用于研究污染土壤中金属固持和分组的机制。用于提取和确定土壤铝、铁、锰和硅的数量及形态的方法与浸提剂有很多，本章讨论了 5 种最常用的浸提剂及 4 种提取方法。

连二亚硫酸盐-柠檬酸盐混合浸提可以浸提有机结合态的铝、铁、锰，无定形无机态的铝、铁、锰化合物，非结晶态的铝硅酸盐，以及高度分散的赤铁矿、针铁矿、纤铁矿和水铁矿（Mehra 和 Jackson，1960；Guest 等，2002），但它在浸提铝的结晶氧化物和氢氧化物方面的效果不理想。由于该方法不能从多数晶体态硅酸盐矿物或蛋白石中提取铝、铁、锰和硅，因此采用该方法可以估测土壤中的游离态或非硅酸盐铁。其操作过程需要反复溶解粉粒和浸提砂粒级的针铁矿与赤铁矿（Kodama 和 Ross，1991），而磁铁矿则不被溶解。Ross 和 Wang（1993）指出铁在 1.4%、铝在 0.45%水平上的变异系数分别为 6.3%和 7.8%。

酸性草酸铵能浸提有机结合态和无定形态的无机铝、铁，也能在较小的程度上去除土壤中的锰和非结晶态的铝硅酸盐（McKeague，1967）。考虑到草酸还能够浸提有机结合态的铝，草酸铵能在某种程度上溶解弱有序相成分，如水铝英石和伊毛缟石，其在土壤中的数量可以从草酸可提取的铝和硅浓度来估算。草酸仅仅轻微地作用于结晶态铝、铁氧化物，以及大多数的晶体态硅酸盐矿物质、蛋白石、针铁矿、赤铁矿和纤铁矿，但它能够溶解大量的磁铁矿（Baril 和 Bitton，1967）和高度分散的易风化的硅酸盐，如橄榄石。Ross 和 Wang（1993）指出铁在 0.67%、铝在 0.67%水平上的变异系数分别为 7.2%和 4.1%。

羟胺和草酸有着极为相似的浸提能力（Chao 和 Zhou，1983），也常用来提取土壤中的锰。与草酸铵不同的是，羟胺不溶解磁铁矿，因此对含磁铁矿的土壤，可以用羟胺替代草酸铵（Ross 等，1985）。Ross 和 Wang（1993）指出铁在 0.63%、铝在 0.62%水平上的变异系数分别为 4.5% 和 3.0%。

钛试剂，4,5-二羟基-1,3-苯-二磺酸二钠盐，同样不能溶解磁铁矿，因此有研究者建议用以替代草酸（Kodama 和 Ross，1991）。此外，钛试剂能溶解成土的蛋白石态二氧化硅（Kendrick 和 Graham，2004），而草酸和羟胺都不能有效地溶解这种土壤成分。钛试剂目前主要用于去除黏土的外层成分（Ross 和 Wang，1993）。当然，这种试剂适用于过 0.15 mm（100 目）筛的土壤样品。

焦磷酸钠能从土壤中浸提有机态的铝和铁，也能够溶解锰的化合物，但仅能少量地溶解非晶无机成分，而对硅酸盐矿物和结晶铝、铁的氧化物或氢氧化物无明显作用（McKeague 等，1971）。焦磷酸盐溶液同样不能溶解蛋白石，且少量溶解水铝英石和伊毛缟石（Wada，1989）。Ross 和 Wang（1993）指

出铁在0.64%，铝在0.69%水平上的变异系数分别为5.9%和6.0%。然而这种方法对有机态铝和铁的专一性也受到了质疑，因为已经发现无定形态及弱有序相的无机态铝和铁也能被焦磷酸盐溶液浸提（Kaiser和Zech，1996）。

上述分析表明，这些浸提方法可以对以下成分进行定量区分和估计。

A．高度分散的固相结晶态铁，如针铁矿、赤铁矿和纤铁矿：连二亚硫酸盐-草酸提取铁、连二亚硫酸盐-羟胺提取铁、连二亚硫酸盐-钛试剂提取铁。

B．非结晶的无机形态的铁，包括水铁矿：草酸-焦磷酸盐提取铁、羟胺-焦磷酸盐提取铁、钛试剂-焦磷酸盐提取铁。

C．有机结合态的铁：焦磷酸盐提取铁。

铝在B和C形态下的浸提方法与铁大致相同，在A形态下则不然。对于锰而言，连二亚硫酸盐和草酸均在某种程度上可以作用于其结晶态氧化物，然而两种浸提剂之间的提取差异难以解释。硅的非结晶形态，如蛋白石态的二氧化硅，只能被钛试剂完全提取（Kodama和Ross，1991），不能被草酸提取，且仅一部分能够被连二亚硫酸盐和羟胺提取。不完全结晶和非结晶态的铝硅酸盐，包括水铝英石和伊毛缟石能够被草酸、羟胺和钛试剂提取，但很难被连二亚硫酸盐和焦磷酸盐提取。

文献分析表明，不同的研究者对于土壤铝、铁、锰和硅提取方法的选择存在较大差异。但是，在土壤发生分类和金属元素分组研究过程中这些不同的提取方法的测定结果经常互相比照应用。此外，土壤样品的研磨和提取剂的选择对提取的铝、铁、锰和硅数量也有较大影响（Loveland和Digby，1984；Neary和Barnes，1993）。测定时称取样品量少的情况下，土壤研磨的粒径应该尽可能小，这样可以增加样品之间的一致性和测定结果的重复性。考虑到各种浸提方法的可重复操作性，在研究或试验报告中应该说明提取的操作流程，特别是土壤样品的制备（过筛孔径、研磨方法）、离心过程（转速、离心力）及过滤方法（滤膜类型、孔径大小）。在本文提出的提取方法中，所有土壤样品均研磨通过0.15 mm筛。

26.2 连二亚硫酸盐—柠檬酸盐法

连二亚硫酸盐-柠檬酸盐法是土壤在具有还原和络合能力的溶液环境中振荡过夜以便达到提取目的。连二亚硫酸盐的主要作用是提供还原性溶液环境溶解金属氧化物，柠檬酸钠可以螯合溶解的金属，同时可以起缓冲作用使溶液pH维持在7附近，从而避免硫化亚铁沉淀形成。该方法对于溶解土壤中的游离态铁（非硅酸盐结合态铁）有明显优势，但在解释提取到的铝时更需要注意。与Mehra和Jackson（1960）的连二亚硫酸盐-柠檬酸盐-碳酸氢盐法相比，连二亚硫酸盐-柠檬酸盐法过夜振荡的操作步骤更为简单，而且其给出的结果也非常相似（Sheldrick和McKeague，1975）。该提取方法已经被加拿大土壤分类系统（Soil Classification Working Group，1998）用于描述铁在潜育土中的积累。

26.2.1 试剂

（1）连二亚硫酸钠：$Na_2S_2O_4$。

（2）0.68 mol L^{-1}（200 g L^{-1}）的柠檬酸钠（$Na_3C_6H_5O_7 \cdot 2H_2O$）。

（3）原子吸收误差标准：±1%。

26.2.2 步骤

（1）称取0.500 g风干土（<2 mm），研磨过0.15 mm（100目）筛，装入50 mL带螺旋盖的塑料离心管中（如果为黏土就称取0.2 g土壤样品，如果为粗粒土就称取1 g土壤样品）。

(2)加入 25 mL 柠檬酸钠溶液。

(3)加入约 0.4 g 连二亚硫酸钠（使用校准过的勺子）。

(4)拧紧离心管，在旋转振荡机振荡过夜（约 16 h）。也可以使用水平方向的往复式振荡机，但会增加粒子之间的磨损。

(5)取掉离心管的盖子，以 510 g（力）离心 20 min（如果土壤样品黏粒含量较高就应该提高离心机的转速），如果上清液有悬浮物则需要过滤。

(6)采用原子吸收光谱法（AAS）测定滤液中的铝、铁、锰和硅含量。应该采用相同浓度的提取液制作这些元素的标准溶液，即用连二亚酸盐-柠檬酸钠浸提液。溶液应该适度加热以便溶解连二亚硫酸钠。注意，在标准溶液浓度较高的情况下，连二亚硫酸钠的沉淀易堵塞原子吸收光谱仪的燃烧器，可以适当减少标准溶液中的连二亚硫酸钠的量以便降低其对仪器的影响。

(7)测定铁和锰采用空气-乙炔火焰，测定铝和硅采用一氧化二氮-乙炔火焰。

(8)如果土壤提取液需要稀释，那么应该采用原始提取液进行稀释，同时标准系列也应该用原始提取液进行稀释。

26.2.3 计算

$$\text{Fe、Al、Mn、Si}(\%) = \frac{\text{溶液浓度}\mu g/mL \times \text{提取剂体积}mL \times \text{稀释倍数}}{\text{称样量}g \times 10\,000} \tag{26.1}$$

例如，0.500 g 样品，25 mL 提取剂，稀释倍数为 5，待测液测定值为 48 µg Fe mL^{-1}：

$$\text{Fe}(\%) = \frac{48 \times 25 \times 5}{0.500 \times 10\,000} = 1.2 \tag{26.2}$$

26.3 酸性草酸铵法（避光）（McKeague 和 Day，1966）

1922 年，Tamm 提出酸性草酸铵法去除土壤中风化的倍半氧化物。Schwertmann 在 1959 年对该方法进行了改进，用于估算土壤中非结晶态和无序态的铝及铁。草酸铵法能够提取灰化土 B 层中积累的非结晶态的铝和铁（McKeague 和 Day，1966），以此鉴定灰化土 B 层。草酸盐也能溶解水铝英石和伊毛缟石（Wada，1989）。在土壤分类学中，草酸盐提取的铝、铁量常用来作为暗色土壤分类定性的划分标准（Soil Survey Staff，1990）。需要注意的是，该方法的提取过程必须在黑暗中进行，以防止草酸溶液发生光解。

26.3.1 试剂

(1)溶液 A：$(NH_4)_2C_2O_4 \cdot H_2O$，0.2 mol L^{-1}（28.3 g L^{-1}）。

(2)溶液 B：$H_2C_2O_4 \cdot 2H_2O$，0.2 mol L^{-1}（25.2 g L^{-1}）。

(3)将 700 mL 的溶液 A 和 535 mL 的溶液 B 混合，并通过添加溶液 A 或溶液 B 调节溶液 pH 值至 3.0。

(4)原子吸收误差标准：±1%。

26.3.2 步骤

(1)称取 0.250 g 风干土（<2 mm），研磨过 0.15 mm（100 目）筛，装入 15 mL 带螺旋盖的离心管（如果可以提取铁或铝的含量>2%，那么土壤称样量为 0.125 g）。

(2)加入 10 mL 酸性草酸铵溶液至上述离心管，并拧紧盖子。

（3）将离心管放入旋转振荡器中，在黑暗条件下振荡 4 h。也可以使用水平振荡机，但会增加粒子之间的磨损。

（4）以 510 g（力）离心 20 min（如果土壤样品黏粒含量较高那么应该提高转速），取上清液及时进行分析。上清液需要避光保存，以便避免草酸盐光解及溶解的金属产生沉淀。

（5）利用原子吸收光谱法（AAS）测定铝、铁、锰和硅。方法同 26.2.2。

26.3.3 计算

$$Fe、Al、Mn、Si(\%) = \frac{溶液浓度\mu g/mL \times 提取剂体积 mL \times 稀释倍数}{称样量 g \times 10\,000} \tag{26.3}$$

例如，0.250 g 样品，10 mL 提取剂，稀释倍数为 5，待测液测定值 12 μg Fe mL^{-1}：

$$Fe(\%) = \frac{12 \times 10 \times 5}{0.250 \times 10\,000} = 0.24 \tag{26.4}$$

26.4 盐酸羟胺法（Ross 等，1985；Wang 等，1987）

盐酸羟胺法主要用于地球化学研究，由溶解性最低的结晶态铁氧化物，例如，磁铁矿表面去除非结晶态的成分，特别是水合锰的氧化物（Chao 和 Zhou，1983）。Ross（1985）和 Wang（1987）等对该方法进行改进，并采集不同的土壤样品进行测试。结果发现，对于铝和铁而言，因为羟胺不溶解磁铁矿，所以盐酸羟胺法与草酸盐提取法的结果相近，但两种方法提取硅的结果不尽相同。此外，羟胺是否适合作为土壤中锰的提取剂并未得到充分验证。羟胺溶液比草酸盐溶液更容易通过原子吸收光谱法（AAS）进行分析，原因在于草酸盐溶液易阻塞燃烧器。

26.4.1 试剂

（1）盐酸羟胺-盐酸溶液（0.25 mol L^{-1} NH$_2$OH·HCl，0.25 mol L^{-1} HCl）：将 21.5 mL 的浓盐酸和 17.37 g 的 NH$_2$OH·HCl 加入 1 L 容量瓶中，用去离子水定容。

（2）原子吸收误差标准：±1%。

26.4.2 步骤

（1）称量 0.100 g 的风干土（<2 mm），研磨过 0.15 mm（100 目）筛，装入带螺旋盖的 50 mL 离心管。

（2）加入 25 mL 羟胺溶液至上述离心管，并拧紧盖子。

（3）将离心管放入旋转振荡器中振荡过夜（16 h）。也可以使用水平方向的往复式振荡机，但会增加粒子之间的磨损。

（4）以 510 g（力）离心 20 min（如果土壤样品黏粒含量较高就应该提高转速），取上清液及时进行分析。

（5）利用原子吸收光谱（AAS）测定铝、铁、锰和硅。方法同 26.2.2。

26.4.3 计算

$$Fe、Al、Mn、Si(\%) = \frac{溶液浓度\mu g/mL \times 提取剂体积 mL \times 稀释倍数}{称样量 g \times 10\,000} \tag{26.5}$$

例如，0.100 g 样品，25 mL 提取剂，稀释倍数为 5，待测液测定值 6 μg Fe mL^{-1}：

$$Fe(\%) = \frac{6 \times 25 \times 5}{0.100 \times 10\,000} = 0.75 \tag{26.6}$$

26.5 焦磷酸钠法（McKeague，1967）

焦磷酸钠法常用于提取与土壤有机质相关的铝、铁和锰。该方法不能提取蛋白石态或结晶的硅酸盐。该方法是加拿大土壤分类系统中识别灰化土 B 层的化学标准，也是土壤分类学中灰化层及联合国粮农组织的灰化土分类标准（Soil Survey Staff，1990；FAO，1990；Soil Classification Working Group，1998）。焦磷酸盐法的提取结果与离心和过滤操作密切相关，低速离心常不能使稍分散的硅酸盐和氧化物沉淀，因此常采用高速离心和超滤的方法使浸提液澄清（McKeague 和 Schuppli，1982；Schuppli 等，1983）。

26.5.1 试剂

(1) 焦磷酸钠溶液（$Na_4P_2O_7 \cdot 10H_2O$）：$0.1\ \text{mol L}^{-1}$（$44.6\ \text{g L}^{-1}$）。

(2) 絮凝剂（N-100）：0.1%（$1.0\ \text{g L}^{-1}$）；（可以由 Cytec Canada Inc.得到，7900 Taschereau Bld, A-106 Suite, brossard, Que., J4X 1C2.）

(3) 原子吸收误差标准：±1%。

26.5.2 步骤

(1) 称取 0.300 g 的风干土（<2 mm），研磨过 0.15 mm（100 目）筛，置于 50 mL 带螺旋盖的离心管中（如果可以提取的铁、铝含量较低，那么土壤称样量调为 1 g）。

(2) 加入 30 mL 焦磷酸钠溶液于上述离心管中，并拧紧盖子。

(3) 将离心管放入旋转振荡器中振荡过夜（16 h）。也可以使用水平方向的往复式振荡机，但会增加粒子之间的磨损。

(4) 以 20 000 g（力）离心 10 min，或者加入 0.5 mL 0.1%的絮凝剂，以 510 g（力）离心 10 min。注意以下几点：

① 对于一些土壤样品而言，焦磷酸钠提取液中铁、铝的浓度可能会因为离心时间过长或离心转速过高而降低。

② 对于热带土壤或离心后结果有问题的土壤样品，可以利用 0.025 μm 的超滤微孔过滤器过滤。

(5) 取上清液及时进行分析，如果滤液浑浊就需要再过滤。

(6) 利用原子吸收光谱法（AAS）测定铝、铁、锰和硅。方法同 26.2.2。

26.5.3 计算

$$Fe、Al、Mn(\%) = \frac{\text{溶液浓度}\mu g/mL \times \text{提取剂体积}mL}{\text{称样量}g \times 10\,000} \tag{26.7}$$

例如，0.300 g 样品，30 mL 提取剂，待测液测定值 75 μg Fe mL^{-1}：

$$Fe(\%) = \frac{75 \times 30}{0.300 \times 10\,000} = 0.75 \tag{26.8}$$

参 考 文 献

Baril, R. and Bitton, G. 1967. Anomalous values of free iron in some Quebec soils containing magnetite. *Can. J. Soil Sci.* 47: 261.

Chao, T.T. and Zhou, L. 1983. Extraction techniques for selective dissolution of amorphous iron oxides from soils and sediments.

Soil Sci. Soc. Am. J. 47: 225-232.

FAO (Food and Agriculture Organization of the United Nations). 1990. *Soil Map of the World: Revised Legend.* Rome.

Guest, C.A., Schulze, D.G., Thompson, I.A., and Huber, D.M. 2002. Correlating manganese x-ray absorption near-edge structure spectra with extractable soil manganese. *Soil Sci. Soc. Am. J.* 66: 1172-1181.

Kaiser, K. and Zech, W. 1996. Defects in estimation of aluminum in humus complexes of podzolic soils by pyrophosphate extraction. *Soil Sci.* 161: 452-458.

Kendrick, K.J. and Graham, R.C. 2004. Pedogenic silica accumulation in chronosequence soils, Southern California. *Soil Sci. Soc. Am. J.* 68: 1295-1303.

Kodama, H. and Ross, G.J. 1991. Tiron dissolution method used to remove and characterize inorganic compounds in soils. *Soil Sci. Soc. Am. J.* 55: 1180-1187.

Loveland, P.J. and Digby, P. 1984. The extraction of Fe and Al by 0.1 M pyrophosphate solutions: a comparison of some techniques. *J. Soil Sci.* 35: 243-250.

McKeague, J.A. 1967. An evaluation of 0.1 M pyrophosphate and pyrophosphate-dithionite in comparison with oxalate as extractants of the accumulation products in Podzols and some other soils. *Can. J. Soil Sci.* 47: 95-99.

McKeague, J.A., Brydon, J.E., and Miles, N.M. 1971. Differentiation of forms of extractable iron and aluminum in soils. *Soil Sci. Soc. Am. Proc.* 35: 33-38.

McKeague, J.A. and Day, J.H. 1966. Dithionite and oxalate-extractable Fe and Al as aids in differentiating various classes of soils. *Can. J. Soil Sci.* 46: 13-22.

McKeague, J.A. and Schuppli, P.A. 1982. Changes in concentration of Fe and Al in pyrophosphate extracts of soil, and composition of sediment resulting from ultra centrifugation in relation to spodic horizons. *Soil Sci.* 134: 265-270.

Mehra, O.P. and Jackson, M.L. 1960. Iron oxide removal from soils and clays by a dithionite-citrate system buffered with sodium bicarbonate. *Clays Clay Miner.* 7: 317-327.

Neary, A.J. and Barnes, S.R. 1993. The effect of sample grinding on extractable iron and aluminum in soils. *Can. J. Soil Sci.* 73: 73-80.

Parfitt, R.L. and Henmi, T. 1982. Comparison of an oxalate-extraction method and an infrared spectroscopic method for determining allophane in soil clays. *Soil Sci. Plant Nutr.* 28: 183-190.

Ross, G.J. and Wang, C. 1993. Extractable Al, Fe, Mn, and Si. In: M.R. Carter, ed. *Soil Sampling and Methods of Analysis.* Lewis Publishers, Boca Raton, FL, 239-246.

Ross, G.J., Wang, C., and Schuppli, P.A. 1985. Hydroxylamine and ammonium oxalate solutions as extractants for Fe and Al from soil. *Soil Sci. Soc. Am. J.* 49: 783-785.

Schuppli, P.A., Ross, G.J., and McKeague, J.A. 1983. The effective removal of suspended materials from pyrophosphate extracts of soils from tropical and temperate regions. *Soil Sci. Soc. Am. J.* 47: 1026-1032.

Schwertmann, U. 1959. Die frectionierte Extraction der freien Eisenoxide in Böden, ihre mineralogischen Formen und ihre Entstehungsweisen. *Z.Pflanzenernaehr. Dueng. Bodenkund* 84: 194-204.

Sheldrick, B.H. and McKeague, J.A. 1975. A comparison of extractable Fe and Al data using methods followed in the USA and Canada. *Can. J. Soil Sci.* 55: 77-78.

Soil Classification Working Group. 1998. *The Canadian System of Soil Classification.* Agriculture and Agri-food Canada, Ottawa, Canada.

Soil Conservation Service, U.S. Department of Agriculture. 1972. Soil survey laboratory methods and procedures for collecting soil samples. Soil Survey Investigations Report No. 1 (revised), U.S. Government Printing Office, Washington, DC.

Soil Survey Staff. 1990. *Keys to Soil Taxonomy,* 4th ed. SMSS Technical Monograph No. 6. Blacksburg, VA.

Wada, K. 1989. Allophane and imogolite. In: J.B. Dixon and S.B. Weed, eds. *Minerals in Soil Environments*. Soil Science Society of America, Madison, WI, 1051-1087.

Wang, C., Schuppli, P.A., and Ross, G.J. 1987. A comparison of hydroxylamine and ammonium oxalate solutions as extractants for Al, Fe, and Si from Spodosols and Spodosol-like soils in Canada. *Geoderma* 40: 345-355.

（丛日环　鲁剑巍　党海燕　译，王朝辉　校）

第 27 章 森林土壤养分有效性的测定

N. Bélanger

University of Saskatchewan

Saskatoon, Saskatchewan, Canada

D. Paré

Natural Resources Canada

Quebec, Quebec, Canada

W. H. Hendershot

McGill University

Sainte Anne de Bellevue, Quebec, Canada

27.1 引 言

氮素是决定树木生长的主要养分，这在加拿大北方地盾区的施肥试验或氮素净矿化量研究中已经得到充分证实（Attiwil 和 Adams，1993；Reich 等，1997）。然而，Ingestad（1979a，b）研究表明，如果其他营养元素，特别是磷和钾的供给速率不能满足树木的需要，那么即使氮素过量，树木对其他元素的吸收也会受到限制。例如，单施氮肥、氮肥配施磷肥或钾肥、或三者共同使用均能促进黑云杉（*Picea mariana* (Mill.) BSP）（Wells，1994；Paquin 等，1998）和斑克松（*Pinus banksiana* Lamb.）（Morrison 和 Foster，1995；Weetman 等，1995）的生长。仅有少量研究证明增加钙和镁的有效性对加拿大森林树木的营养及产量有促进作用（Hamilton 和 Krause，1985；Bernier 和 Brazeau，1988；Thiffault 等，2006）。Binkley 和 Högberg（1997）的一篇综述认为施用钙肥和镁肥只会偶尔促进北方树木的生长。实际上，施用钙肥和镁肥对树木生长产生的促进作用可能与石灰施用对氮素有效性的间接影响有关（Nohrstedt，2001；Sikström，2002）。目前，因为一些永久性的位点因素，例如，气候、排水和土壤物理特性对树木的更大影响，使得缺乏除氮外其他土壤养分在改善树木营养和促进树木生长方面作用的科学证据（Post 和 Curtis，1970）。

枯枝落叶层含有大量的树木细根（Steele 等，1997），可以将氮磷转化与树木生产力和营养联系起来（Paré 和 Bernier，1989；Reich 等，1997），是很多养分研究的重点。此外，一般认为枯枝落叶层代表着土壤总养分库的主体部分（Bélanger 等，2003）。树木中的钾、钙和镁主要来源于矿物风化，近期的研究认为土壤的母质元素组成和矿物风化评估可以很好地指示这些元素的有效性（van Breemene 等，2000；Bailey 等，2004；Thiffault 等，2006）。就磷的有效性而言，不仅受凋落物腐解过程和来自生物库作用（植物和微生物吸收）的影响，也受地球化学库作用的影响。

森林土壤和农业土壤有很多的共同点，但它们的利用和管理方式不同，多数情况下也要求不同的测定与研究方法。本章将提出目前最为认可的分析方法来测定森林生态系统中 N、K、Ca 和 Mg 的有效性，并建立其与树木营养、生长和死亡的联系。主要内容将着重于可矿化氮、pH 值、有效阳离子交换量（ECEC）和交换性阳离子、元素 Ca、Mg 和 K 的构成及其在矿物风化中的释放。有效磷指标主要与活性磷的浸提方法有关，具体细节读者可以参阅第 24 章和第 25 章。关于测定土壤有机碳、pH 值（水或氯化钙溶液浸提)、电导率和可溶性盐、碳酸盐(方解石和白云石)、全硫和硫组分及焦磷酸盐提取的铁和铝的方法都在其他章节有所讲述(大多在第三部分),同时也可以参考 Kalra 和 Maynard(1991)发表的文章。这些方法并非仅针对于农业土壤,故也可以用于森林土壤的测定。此外,关于森林土壤采样和基于浓度或总量的数据表示等相关问题已经在第 2 章中有所讨论。

27.2 森林土壤有效氮的测定

现在已经有一些用于田间条件下研究氮素净矿化的方法,但每种方法都有其局限性,究竟哪一种方法最好,目前尚无共识(Binkley 和 Hart,1989)。这些方法可以分为田间培养法、室内培养法、化学浸提法和 ^{15}N 标记的总氮通量测定法(可以更好地了解氮转化的微生物动力学过程)。Binkley 和 Hart(1989)对森林土壤有效氮组分的评估进行了全面回顾和综述。近些年来,人们对森林生态系统中氮循环的认识已经发生了实质性的变化,以下这些发现可能会对人们认为是最适合的森林土壤测定技术及其结果的解释产生重大影响。

(1)欧石南类菌根真菌和外生菌根真菌有利用有机氮和磷源的能力,并参与其分解过程(Read 等,2004)。因此,在培养过程中去除活性植物根系可能会低估土壤氮、磷通量,特别是对北方森林或针叶林。

(2)有机氮是土壤溶液中氮的主要形态(Qualls 等,2000),一些植物和相关的菌根真菌可以吸收溶解态有机氮(Näsholm 等,1998)。

(3)有关总氮通量的研究表明,在试验分析过程中,即使仅有少量矿质氮累积的系统,实际上也有较强的氮素矿化和硝化作用。

鉴于以上发现,用培养技术测定的净氮矿化就不能看作植物有效氮的直接测定,只能作为该过程的一个指标(Schimel 和 Bennett,2004)。在此提出了两种培养技术,尽管培养所用土壤中没有活的植物根系存在,但他们的结果可能会与田间氮通量有关。这些方法考虑到了培养时间,培养时间要足够长但要避免高 C∶N 比的典型森林土壤成为固定相,使更易分解的土壤氮组分能够矿化并被测定。第一种技术是用于评估土壤潜在可矿化氮的长期室内培养法,第二种技术是对田间微气候条件敏感的田间培养法。Brais 等(2002)已经对这两种技术进行了比较。

27.2.1 长期室内培养法

潜在可矿化氮(N_0)及其矿化常数(k)可以用长期室内培养法估测(Stanford 和 Smith,1972),而与农业土壤可矿化氮测定相关的一些方法参见第 46 章。这里给出的长期室内培养技术可以用于测定培养过程中产生的可溶性有机态 N、C 和 P(Smith 等,1998)及 CO_2(Côté 等,2000)。同时,可以利用该培养技术观察土壤有机质对温度变化的反应,从而评估温度对矿化率的影响(Paré 等,2006)。在样品的采集和制备过程中,土壤扰动(如烘干、研磨、过筛、冷藏或冷冻)会严重影响微生物活性,从而严重影响氮转化指数和氮有效性指数的测定(van Miegroet,1995;Ross 和 Hales,2003)。田间环境和研究目标会影响到研究方法的确定,数据解释也必须以此为基础。但为了简便起见,本章中不再对这些影响和不同的方法进行深入探讨。在此介绍一种使用鲜样的方法,这种方法可以在标准条件下对土壤碳、氮的释放潜力进行可靠估测。

1. 材料和试剂

(1)塑料过滤装置(Falcon 过滤装置,Becton Dickinson,型号 7102),但必须用玻璃纤维过滤器替代原微型蒸渗仪中的硝化纤维过滤器(Nadelhoffer,1990)。

(2)玻璃棉。

(3) 1 mol L^{-1} 盐酸溶液。

(4) 0.005 mol L^{-1} 硫酸钾溶液。

(5) 真空泵（60 mm 汞柱）。

(6) 布氏漏斗。

(7) Whatman 42 号滤纸。

(8) 1 mm（18 目）酸洗石英砂。

2. 步骤

(1) 采集一定体积的土壤样品，将新鲜、潮湿的腐殖质层（FH）和矿质层的样品分别通过 6 mm 和 4 mm 筛，去除植物粗碎屑和根系后称重。为了尽可能保持潮湿样品的土壤结构，要用大孔径筛子来混匀样品。

(2) 称取 25 g 新鲜的有机腐殖质层土壤样品（平均约 9 g 干有机腐殖质层物质）和 100 g 新鲜的矿质土壤（平均约 73 g 干矿质土壤），将其倒入玻璃棉预洗层（1 mol L^{-1} 盐酸溶液和去离子水）之上，即过滤装置顶部。之后，将土壤轻轻地包住，得到体积分别为 70 cm^3 和 100 cm^3 的有机层和矿质层土壤样品。细质矿物土壤可以与酸洗石英砂混合（占土壤体积的 50%），其中，石英砂用 1 mol L^{-1} 盐酸溶液进行洗涤，冲洗至其电导率下降到与去离子水相同。

(3) 在 22℃培养箱内培养土壤样品，维持其相对湿度在 85%左右以便保持土壤潮湿。除了短时间（24～28 h）的呼吸测量，需要保持培养箱内的微环境始终处于能与外界空气进行交换的开放状态。每周利用称重法将土壤样品的含水量调至田间持水量的 85%。

(4) 每个月用 100 mL 0.005 mol L^{-1} 硫酸钾溶液淋洗土壤一次。用滴定管（2×50 mL）将冲洗液缓缓加入土壤中，以免破坏土壤结构。使土壤自由排水，剩余溶液用真空泵去除。如果溶液中含有土壤颗粒，那么可以用布氏漏斗和滤纸重新过滤。处理后的样品放于 4℃的冰箱内保存，在 2 周内测定其铵态氮、硝态氮和全氮含量。

3. 计算

累积矿化氮与时间（N_t）的关系符合以下简单的负指数模型（Stanford 和 Smith，1972）：

$$N_t = N_0(1-e^{-kt}) \tag{27.1}$$

式中，N_0 表示潜在矿化氮；k 表示矿化率，无单位；基于全氮的 N_0 可以用于评价有机质质量，而基于面积的 N_0 则可以表示一定的土壤深度内潜在矿化氮的储量。更多细节详见第 46 章。

4. 注释

在培养过程中常设置较高的温度（如 35℃），这样的高温通常能使一阶方程表现出更好的拟合效果和收敛性。然而，式（27.1）中的常数（N_0 和 k）对温度敏感（MacDonald 等，1995；Paré 等，2006），因此推荐使用较高的土壤温度（如 22℃），但不要超过封闭林冠下表层土壤观测到的温度范围。

27.2.2 田间培养法

田间培养技术是指在尽可能减少扰动的野外环境下培养土壤样品，并估算样品中铵根和硝酸根的净累积量。培养周期为 1 周到 1 年不等。这些技术源于在聚乙烯袋内培养样品的原位埋袋法（Eno，1960），其主要缺点是对土壤样品的扰动，使矿化率增加 2～10 倍（Raison 等，1987）。Raison 等（1987）描述了应用上部封闭、两侧穿孔、底部开放的管状容器进行的原位培养技术。这项技术不仅能减少对土壤样品的扰动而且还能让样品埋得更深（40 cm）。另外，DiStefano 和 Gholz（1986）提出在培养的土芯上方和下方添加树脂芯，并在试验周期结束后去掉上方的树脂芯，其作用仅是防止大气氮进入而污染培养的土壤。氮素矿化作用可以用土芯中的净矿化氮量加下层树脂芯吸收的氮来评估。由于土芯中存在水的运动和矿化产物的输出，所以这项技术能模拟更接近未经扰动的土壤环境。假设土芯底部不会发生淋失，则另一种更为简便的方法是用顶部封闭的土芯，因为这样就不会有水从土芯的顶部流入。在此，我们将介绍顶部封闭的田间培养法。

1. 材料和试剂

（1）长 30 cm、直径 4.5 cm 且顶部封闭的丙烯腈（ABS）圆管。
（2）2 mol L^{-1} 氯化钾溶液。
（3）Whatman 42 号滤纸。
（4）往复式振荡器。
（5）三角瓶（250 mL）。
（6）漏斗。

2. 步骤

（1）将两根管带到田间，用第一根管采集土壤样品以便测定矿化氮的初始含量，将第二根管插入靠近第一根管的一个位点的预定土壤深度，并将其留在田间完成培养周期（即 1 周到 1 年，对于北方混交林的肥沃土壤，培养 6 周其结果重现性好，但在测定黑云杉生长区的净矿化量时 6 周的培养时间过短）。

（2）从田间取回管子并置于冷藏箱中，在 48 h 内提取测定。

（3）土壤样品分为森林枯枝落叶层样和矿质土壤样品。将采自有机腐殖质层和矿质土层的样品分别通过 6 mm 和 4 mm 筛，并称量过筛后新土样的湿重。

（4）取部分过筛后的有机层样品和矿质土层样品分别在 65℃和 105℃下烘干，以便测定其土壤水分含量，这些样品还可以用于利用碳氮分析仪测定全氮量和全碳量（详见第 21 章和第 22 章）。

（5）称取相当于 10 g 干土重（对于有机质含量高的样品则称样量减半）的新鲜土壤样品放入 250 mL 的三角瓶中，然后添加 100 mL 氯化钾溶液，将三角瓶加盖振荡 1 h 后用 Whatman 42 号滤纸过滤，滤液用于分析硝态氮和铵态氮（详见第 6 章）。

3. 计算

用最终浓度和初始浓度之差计算净氮矿化量、净硝化量、净铵产出量或者上述全部指标。该产出率，若用基于时间、土壤干重或全氮、全碳的氮素重量表示，则可以反映土壤有机质的质量。若用基于面积的氮素重量表示，则可以估算养分通量。

4. 注释

（1）对有高 C：N 比、高有机质含量、低氮转化量、低净硝化量、硝酸盐含量低的土壤，或者有欧石南类菌根真菌和外生菌根真菌存在的土壤，建议采用长期培养法或室内培养法。另外，短期培养试验适用于稀疏的森林或不存在净硝化有机层的森林（如糖槭林（*Acer saccharum* Marsh.））。

（2）在有着深厚有机层的北方黑云杉林中经常会发现净矿化率（净固定率）很低、甚至为负值（D. Paré，未发表数据）。这样的结果较为常见但通常不被发表。总之，建议将研究结果与养分收支进行比较研究。

（3）通过估算凋落物中的氮素含量及生物固定量可以估算氮矿化率，这虽然完全不用依赖于培养试验，但是其结果与培养法具有可比性。尽管不能总是得到这样的估算，但是在森林土壤氮素矿化研究过程中应该在一些小区和土壤类型上，将培养结果与这种收支平衡估算结果之间进行比较。

27.3 土壤 pH 值、有效阳离子交换量和交换性阳离子

27.3.1 土壤 pH 值

鉴于农业土壤离子强度的变化性，在加拿大测定农业土壤 pH 值时，最常用的方法是 0.01 mol L^{-1}

氯化钙浸提法。通过在已知浓度的电解质中测定土壤 pH 值，可以在很大的程度上消除土壤溶液中不同离子强度的影响。另外，除非受水分含量变化的影响，否则一年内森林土壤的离子强度几乎不变。因此，很多研究者选择使用水浸提法测得的 pH 值。由于待测液的离子强度较低，故测得的 pH 值将会更接近植物生长期内在田间监测的 pH 值。研究者应该注意由于土壤采集和烘干造成的干扰对 pH 值测定的影响（Courchesne 等，1995）。在第 16 章中，已经对如何选择 pH 值测定方法进行了讨论，并对相关的方法进行了详细描述。

27.3.2 有效阳离子交换量和交换性阳离子

目前，通常用无缓冲性的氯化钡溶液测定有效阳离子交换量（ECEC）。推荐使用氯化钡强迫交换法（Gillman 和 Sumpter，1986）测定各种类型的土壤（不包括含盐、碳酸盐或沸石的土壤）的阳离子交换量（CEC）（Sumner 和 Miller，1996）。同样，第 18 章提出了一种简化的氯化钡浸提法，与氯化铵或氯化钾浸提法相比，氯化钡浸提法能置换离子强度较低且未被优先吸附的三价阳离子。虽然当浸提液的离子强度为 0.3 mol L^{-1}（0.1 mol L^{-1} 氯化钡）时会比砂质灰化土的土壤溶液高 3 个数量级，从而使原土壤溶液的 pH 值在浸提过程中发生改变，但是与高浓度的浸提液相比（如离子强度为 1 mol L^{-1} 的 1 mol L^{-1} KCl 或 NH$_4$Cl），它对 pH 值的影响较小。在这个方法中，可以通过计算交换性阳离子（Ca、Mg、K、Na、Al、Fe 和 Mn）的总量得到有效阳离子交换量。

对于酸性森林土壤，例如，灰化土和暗黑色不饱和棕壤（或联合国粮农组织提出的不饱和雏形土）（1974），强烈建议使用第 18 章提出的方法。对于北方平原的森林，其土壤具有较高的 pH 值（5.5～6.0）及较低的交换性铝和锰含量（例如，黑色饱和棕壤（或饱和雏形土）、灰色淋溶土（或漂白淋溶土）和黑钙土），则通常可以用无缓冲性的氯化铵溶液浸提（Kalra 和 Maynard，1991）。虽然大多数农学家为了管理或控制土壤 pH 值（通常通过施用石灰来实现）而需要知道交换位点的数量，但是同时森林土壤学家也想要了解交换面上阳离子的种类（碱基与酸基）。因此，这里提出的方法是用无缓冲性的氯化铵溶液进行一步浸提，从而可以测定有效阳离子交换量及 Ca、Mg、K 和 Na 各自对有效阳离子交换量的贡献量（若有需要，则包括 Al、Fe 和 Mn）。

1. 材料和试剂

（1）有螺旋盖的离心管（50 mL）。

（2）能使用 50 mL 离心管的超速离心机。

（3）往复式振荡器。

（4）1 mol L^{-1} 氯化铵溶液：用重去离子水将 53.5 g NH$_4$Cl 溶解，并定容至 1 000 mL 容量瓶中。

（5）利用原子吸收试剂级 1 000 mg·L^{-1} 的标准物质来制备 Ca、Mg、K、Na、Al、Fe 和 Mn 的标准样品，这些标准样品中基质的浓度必须与待测样品中 NH$_4$Cl 的浓度相当（稀释或未稀释的基质）。

（6）100 mg·L^{-1} 镧溶液：将 53.5 g LaCl$_3$·7H$_2$O 溶解，并定容至 200 mL 容量瓶中（用于原子吸收光谱仪（AAS）分析）。

（7）100 g·L^{-1} 铯溶液：将 25.2 g CsCl 溶解，并定容至 200 mL 容量瓶中（用于 AAS 分析）。

（8）Whatman 41 号滤纸。

2. 步骤

（1）称取约 2.5 g 干的有机土壤（腐殖质层样品）或细质矿质土壤，以及约 12.5 g 干的粗质（<2 mm）矿质土壤于 50 mL 离心管中，记录土壤的准确重量（精度 0.001 g），并设置空白、重复和质量控制样品。

（2）向每个离心管中加入 25.0 mL 1 mol L^{-1} NH$_4$Cl 溶液，并在往复式振荡器上缓慢振荡（15 rpm）2 h。

（3）将振荡后的样品在 7 000 g 力下离心 15 min，之后用 Whatman 41 号滤纸过滤上清液。

(4) 用 AAS 或其他合适的仪器测定上清液中的 Ca、Mg、K、Na、Al、Fe 和 Mn 含量，在测定 Ca、K、Mg 和 Na 时可能需要稀释（10～100 倍）。在利用 AAS 测定 Ca、Mg 和 K 时，每 10 mL 的稀释浸提液中需要添加 0.1 mL 镧溶液和 0.1 mL 铯溶液（有关这方面和其他方面分析的详细说明，请参考 AAS 使用手册）。若有需要，则可以利用 0.2%硝酸酸化以便防止样品中铁和铝的损失。

3. 计算

（1）交换性阳离子：

$$M^+ cmol_c \cdot kg^{-1} = C\ cmol_c \cdot L^{-1} \times (0.025\ L/\text{土重 g}) \times 1\ 000\ g \cdot kg^{-1} \times DF \quad (27.2)$$

式中，M^+ 表示某种吸附性阳离子的浓度（$cmol_c \cdot kg^{-1}$）；C 表示测得的 NH_4Cl 浸提液中该种阳离子的浓度（$cmol_c \cdot L^{-1}$）；DF 表示稀释倍数（若需要稀释）。

（2）有效阳离子交换量：

$$ECEC\ cmol_c \cdot kg^{-1} = \sum cmol_c\ Ca、Mg、K、Na、Fe、Al、Mn\ kg^{-1} \quad (27.3)$$

有关质量控制、标准物质及不同土液比对结果的影响等方面的详细介绍，参见 18.2.4。

27.3.3 交换性 H^+ 对有效阳离子交换量的贡献

很难确定交换反应所产生的 H^+ 的数量，以及 H^+ 对 NH_4Cl 或 $BaCl_2$ 浸提法测得的 ECEC 的贡献，因为浸提液中的某些 H^+ 可能不仅仅来自交换性 H^+（例如，有机酸解离的 H^+），而且在有 Al-OH 配合物参与的反应或游离态 Al^{3+} 水解过程中会产生或消耗 H^+（Thomas 和 Hargrove，1984）。盐溶液、离子强度和土液比也会影响交换位点置换的交换性 H^+ 的数量。因此，Thomas（1982）建议用 1 mol L^{-1} KCl 浸提滴定法（具体细节参见第 18 章）来确定交换性 H^+ 对 ECEC 或盐基饱和度的贡献。交换性 H^+ 在酸性有机层（例如，森林枯枝落叶层）中比较丰富，但是在酸性矿质土壤（例如，Bhf 和 Bf 层）中也有足以引起关注的高含量的交换性 H^+（Ross 等，1996；Bélanger 等，2006）。Bélanger 等（2006）指出"从根本上来说，任何有效的 ECEC 测定方法都必须能够估算交换性 H^+ 浓度或者有证据能够表示其可以忽略"。但直接测定交换性 H^+ 的方法很耗费时间，不适用于常规分析。因此，Bélanger 等（2006）利用水浸法测得的土壤 pH 值（见第 16 章）和 ECEC（用 $BaCl_2$ 溶液浸提，详见第 18 章）估算发育于花岗岩类基岩或母质的酸性森林土有机腐殖质层和灰化 B 层样品中交换性 H^+ 浓度。虽然式（27.4）能够很好地估算各种类型森林的有机层和灰化 B 层中交换复合体上交换性 H^+ 的比例，但若需要更好的预测结果，则建议读者用自己的样品建立具体的函数关系。

$$\lg(\text{交换性 } H^+)/ECEC = 0.682 - (0.308 \times \text{水浸法所得土壤 pH 值})；R^2 = 0.691 \quad (27.4)$$

27.4 元素 P、K、Ca 和 Mg 的构成及其在矿物风化过程中的释放

人们很早就认识到树木中的钙和镁主要源自矿物风化释放到土壤溶液中的钙和镁（van Breemen 等，2000；Blum 等，2002），另外，还有研究指出矿物母质的元素构成可以作为衡量树木钙和镁营养状况的一个可靠指标。例如，Thiffault 等（2006）将生长在魁北克省的黑云杉和香脂冷杉（*Abies balsamea* (L.) Mill.）进行全树采集和仅茎干采集，并检测其土壤和叶片的营养状况，发现矿物母质 C 层的元素含量对养分限制的指示作用比表层土壤有效养分含量更明显：在上部土层（包括森林枯枝落叶层）中有效性低的钙、镁信号非常微弱，可能因为在这些土层中，物质的化学组成在很大的程度上受养分比例比较均衡的森林凋落物的控制（Knecht 和 Göransson，2004）。还有研究表明矿物母质的元素构成可能是树木死亡率和钙、镁营养的一个重要的预测器。例如，van Breemen 等（1997）研究表明美国东北部糖槭的死亡率随矿物母质 C 层中钙元素含量的下降而升高。与森林枯枝落叶层的钙、镁构成相比，糖槭的叶片中钙、镁的营养状况及死亡率与 B 层的关系更为紧密（Bailey 等，2004）。

Bailey 等（2004）进一步研究表明，用于计算土壤母质 C 层矿物风化中钙、镁释放量的模型或许也能够预测林分的营养和生产力。过去已经提出很多土壤矿物风化指数（Birkeland，1999），其首选方法是将不同土层的元素浓度与 C 层中可以假设为不变的母质元素浓度比较（Kirkwood 和 Nesbitt，1991；Bain 等，1994；Hodson，2002）。有机质增加和元素淋失会影响到所研究元素的浓度，所以，虽然这两者并非研究的关注点，但是仍然需要针对上述情况做出调整。因此，可以借助一个利用某个抗风化元素（最常用的是锆和钛）的方程将可移动元素的相关数据进行标准化。假设土壤年龄是已知的，则可以用下列方程计算特定土层中可移动元素的释放率（Hodson，2002）：

$$R=(E_{PM}-E_i^*)\times\rho\times Z/t \tag{27.5}$$

和

$$E_i^*=E_i\times C_{PM}/C_i \tag{27.6}$$

式中，R 表示元素释放率（$\mu g\cdot m^{-2}\cdot year^{-1}$）；$E_{PM}$ 表示元素 E 在母质中的浓度（$\mu g\cdot g^{-1}$）；E_i^* 表示元素 E 在 i 层的调整浓度（$\mu g\cdot g^{-1}$）；E_i 表示元素 E 在 i 层的浓度；ρ 表示该土层的容重（$g\cdot m^{-3}$）；Z 表示土层厚度（m）；t 表示土壤年龄（年）；C_{PM} 表示不可移动元素 C 在母质中的浓度（$\mu g\cdot g^{-1}$）；C_i 表示该不可移动元素 C 在 i 层中的浓度（$\mu g\cdot g^{-1}$）。

在森林土壤中，不可移动元素的浓度随深度的增加而降低。不可移动元素从底部到顶部的富集效应是因为在上部土层中存在可移动元素的损失和有机物质的累积（Melkerud 等，2000；Courchesne 等，2002；Hodson，2002）。有研究表明某些抗风化的元素仍然会发生淋溶，因此我们建议任何使用该技术的人需要对上述提及的相关作者的试验结果进行更深入的研究。

粒径＞50 μm 的组分的风化率有时可以假设忽略不计，因为该粒级的组分表面积较小，且易风化矿物含量低（Kolka 等，1996）。因此，这个方法有时只被应用于经过湿筛法去除砂砾且通过多次离心去除黏粒后剩余的粉粒部分（2～50 μm）。在此情况下，（$E_{PM}-E_i^*$）需要乘以土层中的粉粒质量，而粉粒质量可以通过测定土壤容重、粒径分布和土层厚度来计算。

通常首选熔融进样波长分散 X 射线荧光光谱法进行土壤样品中元素构成的测定（van Breemen 等，1997；Melkerud 等，2000），但是也可以用氢氟酸将样品进行消化后，用电感耦合等离子体发射光谱仪（ICP）或者原子吸收光谱仪（AAS）进行测定。

参 考 文 献

Attiwil, P. and Adams, M.A. 1993. Nutrient cycling in forests. *New Phytol.* 124: 561-582.

Bailey, S. W., Horsley, S. B., Long, R. P., and Hallett, R. A. 2004. Influence of edaphic factors on sugar maple nutrition and health on the Allegheny Plateau. *Soil Sci. Soc. Am. J.* 68: 243-252.

Bain, D. C., Mellor, A., Wilson, M. J., and Duthie, D. M. L. 1994. Chemical and mineralogical weathering rates and processes in an upland granitic till catchment in Scotland. *Water Air Soil Poll.* 73: 11-27.

Bélanger, N., MacDonald, J. D., Paré, D., Thiffault, E., Claveau, Y., and Hendershot, W. H. 2006. The assessment of exchangeable hydrogen ions in Boreal Shield soils of Quebec. *Can. J. Soil Sci.* 86: 513-521.

Bélanger, N., Paré, D., and Yamasaki, S. H., 2003. The soil acid-base status of boreal black spruce stands after whole-tree and stem-only harvesting. *Can. J. Forest Res.* 33: 1874-1879.

Bernier, B. and Brazeau, M. 1988. Magnesium deficiency symptoms associated with sugar maple dieback in a Lower Laurentians site insoutheastern Quebec. *Can. J. Forest Res.* 18: 1265-1269.

Binkley, D. and Hart, S. C. 1989. The componentsof nitrogen availability assessments in forestsoils. *Adv. Soil Sci.* 10: 57-112.

Binkley, D. and Högberg, P. 1997. Does atmospheric deposition of nitrogen threaten Swedishforests? *Forest Ecol. Manag.* 92: 119-152.

Birkeland, P. W. 1999. *Soils and Geomorphology*, 3rd ed. Oxford University Press, New York, 430.

Blum, J. D., Klaue, A., Nezat, C. A., Driscoll, C. T., Johnson, C. E., Siccama, T. G., Eagar, C., Fahey, T. J., and Likens, G. E. 2002. Mycorrhizal weathering of apatite as an important calcium source inbase-poor forest ecosystems. *Nature* 417: 729-731.

Brais, S., Paré, D., Camiré, C., Rochon, P., and Vasseur, C. 2002. Nitrogen net mineralizationand dynamics following whole-tree harvesting andwinter windrowing on clayey sites of northwesternQuebec. *Forest Ecol. Manag.* 157: 119-130.

Côté, L., Brown, S., Paré, D., Fyles, J., andBauhus, J. 2000. Dynamics of carbon and nitrogen mineralization in relation to stand type, standage and soil texture in the boreal mixedwood. *SoilBiol. Biochem.* 32: 1079-1090.

Courchesne, F., Hallé, J. -P., and Turmel, M. -C. 2002. Bilans élémentaires holocènes et alteration des minéraux dans trois sols forestiers du Québecméridional. *Géogr. Phys. Quatern.* 56: 5-17.

Courchesne, F., Savoie, S., and Dufresne, A. 1995. Effects of air-drying on the measurementof soil pH in acidic forest soils of Quebec, Canada. *Soil Sci.* 160: 56-68.

DiStefano, J. and Gholz, H. L. 1986. A proposed useof ion exchange resin to measure nitrogen mineralization and nitrification in intact soil cores. *Commun. Soil Sci. Plant Anal.* 17: 989-998.

Eno, C. 1960. Nitrate production in the field byincubating the soil in polyethylene bags. *Soil Sci. Soc. Am. Proc.* 24: 277-279.

Food and Agriculture Organization of the United Nations. 1974. FAO-UNESCO *Soil Map of theWorld*, Vol. 1, Legend. UNESCO, Paris, France, 59.

Gillman, G. P. and Sumpter, E. A. 1986. Modification to the compulsive exchange method to formeasuring exchange characteristics of soils. *Aust. J. Soil Res.* 24: 61-66.

Hamilton, W. N. and Krause, H. H. 1985. Relationship between jack pine growth and site variables in New Brunswick plantations. *Can. J. ForestRes.* 15: 922-926.

Hodson, M. E. 2002. Experimental evidence formobility of Zr and other trace elements in soils. *Geochim. Cosmochim. Acta* 66: 819-828.

Ingestad, T. 1979a. Nitrogen stress in birch seedlings. II. N, P, Ca, and Mg nutrition. *Physiol. Plant.* 45: 149-159.

Ingestad, T. 1979b. Mineral nutrient requirementof *Pinus silvestris* and *Picea abies* seedlings. *Physiol. Plant.* 45: 373-380.

Kalra, Y. P. and Maynard, D. G. 1991. *MethodsManual for Forest Soil and Plant Analysis*. Information Report NOR-X-319. Forestry Canada, Northwest Region, Northern Forestry Centre, Edmonton, Alberta, Canada.

Kirkwood, D. E. and Nesbitt, H. W. 1991. Formation and evolution of soils from an acidified watershed: Plastic Lake, Ontario, Canada. *Geochim. Cosmochim. Acta* 55: 1295-1308.

Knecht, M. F. and Göransson, A. 2004. Terrestrialplants require nutrients in similar proportions. *Tree Physiol.* 24: 447-460.

Kolka, R. K., Grigal, D. F., and Nater, E. A., 1996. Forest soil mineral weathering rates: use of multiple approaches. *Geoderma* 73: 1-21.

MacDonald, N. W., Zak, D. R., and Pregitzer, K. S. 1995. Temperature effects on kinetics of microbial respiration and net nitrogen and sulphurmineralization. *Soil Sci. Soc. Am. J.* 59: 233-240.

Melkerud, P. A., Bain, D. C., Jongmans, A. G., and Tarvainen, T. 2000. Chemical, mineralogical and morphological characterization of three podzolsdeveloped on glacial deposits in Northern Europe. *Geoderma* 94: 125-148.

Morrison, I. K. and Foster, N. W. 1995. Effect ofnitrogen, phosphorus and magnesium fertilizers on growth of a semimature jack pine stand, northwestern Ontario. *For. Chron.* 71: 422-425.

Nadelhoffer, K. J. 1990. Microlysimeter for measuring nitrogen mineralization and microbial respiration in aerobic soil incubations. *Soil Sci. Soc. Am. J.* 54: 411-415.

Näsholm, T., Ekblad, A., Nordin. A., Giesler, R., Högberg, M., and Högberg, P. 1998. Boreal forestplants take up organic nitrogen. *Nature* 392: 914-916.

Nohrstedt, H. -Ö. 2001. Effects of liming andfertilization (N, P, K) on chemistry and N turnover in acidic forest soils in SW Sweden. *Water Air Soil Pollut.* 139: 343-354.

Paquin, R., Margolis, H. A., and Doucet, R. 1998. Nutrient status and growth of black sprucelayers and planted seedlings in response to nutrientaddition in the boreal forest of Quebec. *Can. J. Forest Res.* 28: 729-736.

Paré, D. and Bernier, B. 1989. Origin of thephosphorus deficiency observed in decliningsugar maple stands in the Quebec Appalachians. *Can. J. Forest Res.* 19: 24-34.

Paré, D., Boutin, R., Larocque, G., and Raulier, F. 2006. Effect of temperature on soil organic matter decomposition in three forest biomes of eastern Canada. *Can. J. Soil Sci.* 86: 247-256.

Post, B. W. and Curtis, R. O. 1970. Estimation ofnorthern hardwood site index from soils and topography in the Green Mountains of Vermont. *Vermont Agr. Exp. Station Bull.* 664: 1-17.

Qualls, R. G., Haines, B. L., Swank, W. T., and Tyler, S. W. 2000. Soluble organic and inorganicnutrient fluxes in clearcut and mature deciduousforests. *Soil Sci. Soc. Am. J.* 64: 1068-1077.

Raison, R. J., Connell, M. J., and Khanna, P. K. 1987. Methodology for studying fluxes of soilmineral-N *in situ*. *Soil Biol. Biochem.* 19: 521-530.

Read, D., Leake, J. R., and Perez-Moreno, J. 2004. Mycorrhizal fungi as drivers of ecosystem processes in heathland and boreal forest biomes. *Can. J. Bot.* 82: 1243-1263.

Reich, P. B., Grigal, D. F., Aber, J. A., and Gower, S. T. 1997. Nitrogen mineralization and productivity in 50 hardwood and conifer stands ondiverse soils. *Ecology* 78: 335-347.

Ross, D. S., David, M. B., Lawrence, G. B., andBartlett, R. J. 1996. Exchangeable hydrogenexplains the pH of spodosol Oa horizons. *SoilSci. Soc. Am. J.* 60: 1926-1932.

Ross, D. S. and Hales, H. C. 2003. Samplinginduced increases in net nitrification in theBrush Brook (Vermont) watershed. *Soil Sci. Soc. Am. J.* 67: 318-326.

Schimel, J. P. and Bennett, J. 2004. Nitrogen mineralization: challenges of a changing paradigm. *Ecology* 85: 591-602.

Sikström, U. 2002. Effects of liming and fertilization (N, PK) on stem growth, crown transparency and needle element concentrations of Piceaabies stands in southwestern Sweden. *Can. J. Forest Res.* 32: 1717-1727.

Smith, C. K., Munson, A. D., and Coyea, M. R. 1998. Nitrogen and phosphorus release fromhumus and mineral soil under black spruce forestsin central Quebec. *Soil Biol. Biochem.* 30: 1491-1550.

Stanford, G. and Smith, S. J. 1972. Nitrogen mineralization potentials of soils. *Soil Sci. Soc. Am. Proc.* 36: 465-472.

Steele, S. J., Gower, S. T., Vogel, J. G., and Norman, J. M. 1997. Root mass, net primary production and turnover in aspen, jack pine and blackspruce forests in Saskatchewan and Manitoba,Canada. *Tree Physiol.* 17: 577-587.

Sumner, M. E. and Miller, W. P. 1996. Cationexchange capacity and exchange coefficients. In: D. L. Sparks et al., eds. *Methods of Soil Analysis,Part 3—Chemical Methods*, 3rd ed. Soil ScienceSociety of America and American Society ofAgronomy, Madison, WI, 1201-1229.

Thiffault, E., Paré, D., Bélanger, N., Munson,A. D., and Marquis, F. 2006. Harvesting intensityin the boreal forest: impacts on soil nutrient availability and tree nutrition. *Soil Sci. Soc. Am. J.* 70: 691-701.

Thomas, G. W. 1982. Exchangeable cations. In: A. L. Page, A. H. Miller, and D. R. Keeney, eds. *Methods of Soil Analysis, Part 2—Chemical andMicrobiological Properties*, 2nd ed. AmericanSociety of Agronomy and Soil Science Societyof America,

Madison, WI, 159-165.

Thomas, G. W. and Hargrove, W. L. 1984. Thechemistry of soil acidity. In: F. Adams, ed. *Soil Acidity and Liming*, 2nd ed. American Society of Agronomy, Madison, WI, 3-56.

van Breemen, N., Finzi, A. C., and Canham,C. D. 1997. Canopy tree-soil interactions withintemperate forests: effects of soil elementalcomposition and texture on species distributions. *Can. J. Forest Res*. 27: 1110-1116.

van Breemen, N., Lundström, U. S., andJongmans, A. G. 2000. Do plants drive podzolization via rock-eating mycorrhizal fungi. *Geoderma* 94: 163-171.

van Miegroet, H. 1995. Inorganic nitrogendetermined by laboratory and field extractionsof two forest soils. *Soil Sci. Soc. Am. J*. 59: 549-553.

Weetman, G. F., Dallaire, L. C., and Fournier, R. 1995. Long term effects of repeated N fertilization and straw application in a Jack pine forest. 1. Twenty-two-year growth response. *Can. J. Forest Res*. 25: 1978-1983.

Wells, E. D. 1994. Effects of planting, spacing andrefertilization on growth and nutrition of blackspruce (*Picea mariana*) planted on a minerotrophic peatland in Newfoundland, Canada. *Can. J. Forest Res*. 24: 1302-1311.

(慈恩 党海燕 译，王朝辉 校)

第28章 有机质土的化学特性

A. Karam

Laval University

Quebec, Quebec, Canada

28.1 引　言

有机质土富含不同分解阶段的新鲜植物体或有机物质，如纤维、半纤维和完全腐解的物质（Soil Survey Staff，2003）。这些土壤通常在水饱和的环境中形成，主要包括淤泥土、泥炭土或有机土（加拿大和美国）、冻土、爱尔兰泥炭沼泽、沼泽泥炭（澳大利亚）、潴育/水成有机土（法国）、英国的泥炭土（Okruszko 和 Ilnicki，2003）。有机质土壤的母质通常为苔藓（如泥炭藓）、腐殖泥、泥灰土、火山灰，以及香蒲、芦苇、莎草、水池草、禾本科植物、各种喜水性落叶及松柏科的灌木和乔木的残体或混合物。有机质土壤中含有痕量至大量的硅酸盐矿物。有机质土的特征主要取决于沉积在水中的植被的性质和它们分解的程度（Mokma，2005）。

尽管有机质土的化学特性不同于矿质土壤，但是矿质土壤的化学测定方法同样适用于有机质土，因此对这些分析过程不再进行赘述，分析人员可以在其他章节找到合适的分析方法。

28.2 样品制备（ASTM，1988）

28.2.1 介绍

与矿质土壤相比，有机质土壤固相率（即土壤容重和颗粒密度的比值）和容积含水率变化范围较大，干燥过程对有机质土壤的化学性质影响更大而使土壤分析变得十分复杂（Parent 和 Khiari，2003）。Watson 和 Isaac（1990）将土壤定量分析分为以下6个步骤。

（1）样品处理和制备。

（2）样品称量。

（3）样品消解或元素提取。

（4）干扰因素的预处理或消除。

（5）样品性质测定。

（6）计算并得到被测物的浓度。

在土壤样品分析前，有机质土壤的处理和制备非常重要。用于化学分析的样品既可以是鲜样（田间含水量），也可以是风干样。但要注意有机质土壤干燥后其干容重和固相体积会增加（Ilnicki 和 Zeitz，2003），而且有机磷的矿化会提高（Daughtrey 等，1973），用水、0.01 mol L^{-1} $CaCl_2$ 溶液和 1 mol L^{-1} KCl 溶液测定的土壤pH值会低于田间湿润条件下的测定值（van Lierop 和 Mackenzie，1977），还有可能使某些养分，例如，有效磷和有效钾的测定值偏高（Daughtrey 等，1973；Anderson 和 Beverly，1985），后者还认为过筛后的有机质土壤干燥后更易紧实，而复水后更易膨胀。Parent 和 Khiari（2003）指出原始泥炭风干后的有效磷含量比新鲜泥炭更高。Anderson 和 Beverly（1985）则建议将有机质土壤根据体积取样，以便保证结果的一致性。Harrison（1979）认为对于容重发生变化的土壤，其数据应该基于土壤体积来表示。

28.2.2 材料

（1）分析天平。
（2）高速搅拌机。
（3）大型平底盘或同类器皿。
（4）勺子或小铲子。

28.2.3 步骤

（1）将有机质土壤样品充分混匀，称取 100～300 g 有代表性的样品。将称重后的样品均匀平铺在一个大的平底盘、方形橡胶板或纸上。用勺子或小铲子压碎土块，之后将样品置于室内至少 24 h，使其湿度与室内空气平衡。

（2）不定期搅拌样品，使整个样品最大程度地暴露于空气中。

（3）当样品质量达到恒定值时，计算风干过程中散失的水分占原始样品质量的百分比。

（4）取出一部分具有代表性的风干样品在高速搅拌机中研磨 1～2 min。以克为单位确定相当于 50 g 原始样品的风干样重量，计算方法如下：

$$等量风干样重量（g）= 50.0-[(50 \times M)/100] \tag{28.1}$$

式中，M 是指土壤样品在风干过程中的水分散失率。

（5）将样品放入干燥器中。

28.3 水分和灰分含量（ASTM，1988）

28.3.1 介绍

重量法是直接测定土壤含水量的最简单方法。称量土壤样品（鲜样）在 105～110℃烘箱中烘干前后的重量，从而计算出土壤含水量。土壤含水量既可以用烘干土质量的百分比表示，也可以用鲜土质量的百分比表示。但在用烘干土测定氮含量、pH 值、阳离子交换量或其他土壤化学性质时，这种含水量测定方法并不适合。美国试验材料协会（ASTM）提出用风干样品替代烘干样品的方法，该方法不但可以除去全部水分，而且样品也比较稳定（ASTM，1997）。该方法包括两个步骤：

（1）在室温下蒸发土壤水分（风干）。
（2）之后将风干土放入 105℃烘箱中烘干。

测定泥炭或有机样品的灰分（无机组分）主要有两种方法：干灰化法和湿灰化法。

干灰化法是指将样品置于可控温的马弗炉中经过中温（375～800℃）灼烧除去有机质。在该方法中，灼烧时间或温度不足会导致灼烧不充分，温度过高则会引起损失，而这些都会使干灰化法的系统误差增加（Allen，1989）。

若有必要，则需要在灰化前将样品烘干（105～110℃）。灼烧后残留的物质主要为灰分及矿物杂质，如沙子。通过计算得到灼烧后的重量损失，可以作为酸性有机质土和非钙质泥炭土有机质含量的近似值。测定灰分时的容器推荐使用瓷器、石英或白金碟。所需样品的重量在 0.25～2.00 g 范围内。试验得到的灰分可以进一步用酸性溶液溶解进行元素分析。

28.3.2 材料

（1）马弗炉：可以将灰化温度控制为（600±5）℃。
（2）高温型瓷坩埚（30 mL）。
（3）瓷坩埚盖或铝箔纸，重型。
（4）干燥箱或带有干燥剂的非真空干燥器。
（5）分析天平和勺子。
（6）电烘箱：调至恒温 105℃。

28.3.3 步骤

（1）将 30 mL 高温型瓷坩埚置于天平上称重后归零，称取 2 g 过 2 mm 筛的烘干土壤样品（105℃）于其中，重量精确至 0.1 mg。随后称量带盖瓷坩埚的重量，并在去掉盖子后将坩埚放入马弗炉中。

（2）逐步将炉温调至 370℃并保持 1 小时，随后将样品在 550℃灰化 16～20 h（Andrejko 等，1983），或在 600℃灰化 6 h（Goldin，1987）。

（3）将坩埚从马弗炉中取出，盖上盖子后放在干燥器中，冷却后称重，精确至 0.1 mg。保存坩埚和灰化物用于金属离子的测定。

28.3.4 结果计算

灰分含量的计算如下：

$$灰分含量（g/100g）=[(a-c)/(b-c)]\times 100 \tag{28.2}$$

式中，a——坩埚和灰分最后的重量（g）；
　　　b——坩埚和样品的重量（g）；
　　　c——坩埚本身的重量（g）。

上述过程还可以用下式计算有机物质的含量：

$$有机质含量\%=100-矿物质（灰分）含量\% \tag{28.3}$$

28.3.5 注释

（1）Andrejko 等（1983）发现在利用上述步骤测定灰分含量时，将温度调至 550℃即可满足多数实验要求。美国试验材料协会（ASTM，1997）推荐的标准方法是将温度设置为 440℃，并在该温度下将样品加热至完全灰化（即继续加热不会改变重量）。

（2）干灰化法可能会高估土壤有机质含量。正误差取决于土壤性质，例如，碳酸盐含量及土壤矿质组分中黏粒的类型和数量（Goldin，1987）。

（3）上述操作步骤可以测定有机质土壤中灰分和有机质的质量百分数，其中主要包括苔藓、腐殖质和芦苇–莎草类有机质土壤（Day 等，1979）。

（4）样品应该放入未加热的马弗炉，且马弗炉的温度应该缓慢升高以便防止因为剧烈爆燃引起的挥发损失。

（5）如果要保留灰分用作元素分析，那么应该用带盖的高温型瓷坩埚或类似的容器。这些坩埚可以避免由炉壁挥发的硼对灰分的污染（Williams 和 Vlamis，1961）。

（6）通过烧失量计算得到的结果只能作为近似值（Allen，1989）。

28.4 全量元素分析（除氮、碳、氧、氢外）

28.4.1 介绍

大多数测定有机质土壤全量元素的方法都包括两个步骤，即采用不同的消化或氧化方法彻底破坏土壤基质中的有机和无机组分，使所有元素释放到溶液中；采用不同的技术测定可溶性元素。用于破坏有机物料（泥炭、植物体、沉积物和土壤）的化学方法基本上可以分为两类，即干灰化法和湿灰化（消解）法。

在干灰化过程中，将有机物料置于电控温的马弗炉中以低温（400℃）或中温（550~660℃）灼烧来氧化有机物质，并用 1.5 mol L^{-1} HCl 溶液（Ali 等，1988）、6 mol L^{-1} HCl 溶液（Kreshtapova 等，2003）或 2 mol/L HNO$_3$ 溶液（Day 等，1979）进行酸处理以便提取灰分中的离子。干灰化后的样品也可以在加热板上加热，同时添加稀盐酸以便分解残留物，之后用浓氢氟酸破坏所有的硅酸盐（Papp 和 Harms，1985）。

湿灰化法是将土壤样品加入开放或封闭容器中，添加浓酸后进行加热，使有机物质完全分解，从而将待测组分转化为溶解态，随后对溶液中的离子进行测定。分解时可以用电热板、电热消解系统、压力消化系统。开放容器通常只用于电热消化法，而开放或密闭容器均可用于微波系统中。开放容器消化系统的弊端是挥发性元素会有较大的损失风险。微波消化是许多实验室常用的方法，该方法中重要的参数是微波能量功率设置（功率、时间和压力）、所用酸的体积和组合类型及酸与样品的比例。

近来，人们研制出了一种用氢化物生成-原子荧光光谱法（HG-AFS）测定生物质、煤和富含有机沉积物样品中砷含量的新型湿消解方法（Chen 等，2005）。该方法是在 200 mg 样品中加入 3 mL HNO$_3$（65%）+ 0.1 mL HBF$_4$（约 50%），于微波灭菌锅中进行消解至温度升到 240℃。消解后，在生成砷化氢之前，需要对消化物进行无 HNO$_3$ 挥发的脱酸处理。

下述微波酸化消解法是对 Papp 和 Harms（1985）、Weiss 等（1999）和 Morrell 等（2003）所提出方法的修订与综合。该方法对样品采用微波加热，首先用 HNO$_3$+ H$_2$O$_2$ 混合液氧化有机质，再用 HNO$_3$ + HF 混合液对所有残留的有机物质进行分解，以便彻底破坏泥炭和有机质土壤中的有机组分。在消解过程的第一个平缓阶段，有机组分和富碳基质的组分可以缓慢地转变为 CO$_2$，以便避免发泡（Krachler 等，2002）。

28.4.2 材料

（1）具有密闭容器的微波辅助样品消解系统。
（2）65%浓硝酸（痕量金属纯级）。
（3）30%过氧化氢溶液。
（4）根据仪器要求，选择 40%或 48%氢氟酸溶液。
（5）聚氟乙烯特氟龙容器。
（6）50 mL 聚丙烯容量瓶。
（7）60 mL 带螺旋盖的聚丙烯瓶。

28.4.3 步骤

（1）称取 250 mg 风干、磨细过筛（100 目筛）且已知含水量的土壤样品于 60 mL 带盖特氟龙消化管中。

（2）加入 4 mL 痕量金属纯级的 HNO_3 溶液和 1 mL H_2O_2 溶液。

（3）将消化管放入微波炉中在 296 W 功率下消解 30 min。

（4）将消化管的盖子拧紧封闭后在 296 W 下继续消解 15 min。

（5）将消化管冷却约 35 min，当其低于大气压下酸的沸点时打开反应室。

（6）加入 4 mL 浓硝酸 + 1 mL 浓氢氟酸。将消化管的盖子拧紧封闭后按如下顺序消解：250W 下消解 4 min、565W 下消解 8 min、450W 下消解 4 min、350W 下消解 4 min、250W 下消解 5 min，通风 35 min。其他运行功率和温度参数可以按照仪器出厂说明进行设置。

（7）冷却后，在通风厨中，拧松消化管的盖子，排出管内气体。随后去掉盖子，将消化管静置 2 min 进一步排出气体。

（8）将消化管的内容物转移至 50 mL 聚丙烯容量瓶中。冲洗管内壁和盖子，用蒸馏水或去离子水定容至 50 mL。消煮液呈无色表示有机质已经被有效分解。

（9）将样品溶液贮存在 60 mL 带螺帽的聚丙烯瓶中以便分析金属元素和其他元素。

（10）在消解样品的过程中需要设置一个含有所有试剂的空白样。

28.4.4 注释

（1）本操作方法不能够解决实际使用时涉及的所有安全问题，所以使用者必须制定适当的安全和卫生标准，并在使用前确定规章制度的适用性。实验人员应该认真阅读所有警示，遵守仪器制造商提供的操作手册中所有的提示和说明，确保能够正确、安全地操作仪器。

（2）含有细粒物质、植物体和纤维物质混合物的泥炭样品，应该放入 50℃ 烘箱中烘干，并在低速搅拌器上充分混匀以便确保测试样品中包含泥炭样品中所有的组分。为了确保所用少量样品的均匀性，烘干土或泥炭样品必须进行研磨并过 100 目筛。筛内残留样品应该在短时间内再次研磨过筛，直到所有样品全部过筛。

（3）所有消化管在使用前都要进行金属和其他污染元素的检测。试验期间避免使用含磷或其他元素的商业洗涤剂。所选用的试剂和滤纸都要尽可能不含金属元素和磷。考虑到浓无机酸的使用量通常是样品的几倍，因此必须使用金属含量较低的试剂和蒸馏水。

（4）样品量越少消解效果越好，但这也可能会影响到分析结果的准确性。样品量过多则会使消解效果较差。

（5）硝酸要缓慢加入，并不断地摇动消化管。该过程可能需要较多的硝酸才能使有机质完全氧化。对于某些含有机物较多的样品，硝酸反应可能会比较剧烈。过氧化氢具有较高的氧化能力，可以产生剧烈的化学反应。

（6）加酸和样品消解要在通风良好的通风橱中进行。

（7）氢氟酸通常用于酸性混合物中以便分解硅酸盐。消解硅酸盐含量较高的泥炭或有机质土壤样品时需要较多的氢氟酸。但是，氢氟酸极易腐蚀玻璃器皿，灼烧损坏某些光谱仪的炬管，尤其是电感耦合等离子体质谱仪（ICP-MS）的炬管（Melaku 等，2005）。通过使用抗氢氟酸的雾化系统和等离子体炬管可以避免上述问题的出现（Swami 等，2001）。使用氢氟酸时必须注意详细的安全须知，并避免使用高硅玻璃材料和石英器皿。

（8）在 HNO_3/HF 的处理过程中，某些元素如 Ca、Mg、Al 和稀有元素可能会生成易沉淀的难溶氟化物（Krachler 等，2002；Wang 等，2004）。通常向消解混合物中加入硼酸（H_3BO_3）溶液来分解那些微溶的氟化物。在这种情况下，操作步骤如下：按每加入 1 mL 氢氟酸需要加入 10 mL H_3BO_3 溶液（5%，m/v）（Swami 等，2001）的量，将硼酸加入已经分解的样品中（步骤 7），再次密封消化管，并在高温或额定功率下再次消解 10~15 min。冷却后在通风橱中拧松管盖排出管内气体，去掉盖子后将管子静置 2 min 以便排出所有气体。如果消解不充分，那么将样品重新放入微波炉消解直至彻底消解。将样品转移至聚丙烯容量瓶中，用蒸馏水或去离子水冲洗消化管和盖子后定容至 50 mL。这种消解方法并不适用于土壤消解液中硼的测定。

（9）必须根据具体需求和设备情况来选择最佳消解方法。可供选择的消解液包括 $HNO_3 + HClO_4 + HF$（Papp 和 Harms，1985）、$HNO_3 + H_2O_2 + HF$ 和 $HNO_3 + H_2O_2 + HClO_4 + HF$（Weiss 等，1999）、$HNO_3 + HBF_4$（Krachler 等，2002）、$HNO_3 + HCl$ 和 $HNO_3 + HCl + HF$（Burt 等，2003）、$HNO_3 + HClO_4$。加热方式可以选择电热板、微波炉或电热消解器。所用容器可以选择开放或密闭容器。用 $HNO_3 + HClO_4$ 处理泥炭或土壤样品时，并非每次都能消解完全，有时可能会出现残留物质（硅酸物质）。用 Whatman 42 号滤纸过滤可以有效地去除溶液中那些能够堵塞光谱分析仪毛管尖端的固体颗粒。当使用高氯酸溶液进行酸消解时需要配置高氯酸烟罩。高氯酸是一种强氧化剂，可能会出现很多风险，不能单独使用，但是可以与其他酸联合使用。作为一种安全措施，推荐在用 $HNO_3/HClO_4$ 消解前先用 HNO_3 溶液进行消解。只有当制造商对操作流程进行了检验和许可时才能在微波炉中使用 $HClO_4$ 溶液。当消解混合物接近干燥时，$HClO_4$ 会发生爆炸反应。通常情况下，由于高氯酸盐是易溶物，所以使用 $HClO_4$ 可以大大减少 HNO_3 的使用量，并且可以使样品在短时间内完全氧化。

（10）分析人员可以根据仪器的检测范围和离子浓度来选择合适的稀释倍数。

（11）原子吸收光谱法（AAS）可以用于测定消解液中的金属元素，使用这种方法时需要在提取液（测定 Ca 和 Mg）中加入镧作为抑制剂。钠和钾通常用火焰分光光度计测定。测定某些含量低于 ppb 水平的元素时需要用石墨炉原子吸收法（GFAAS）。大多数元素均可用电感耦合等离子体原子发射光谱法（ICP-AES）和电感耦合等离子体质谱仪（ICP-MS）测定。硒可以用氢化物发生系统连接于电感耦合等离子体发射光谱仪进行测定。如果需要测定硼的含量，就需要用无 H_3BO_3 的消解液测定。磷、硫和硼可以采用分光光度法测定。

参 考 文 献

Ali, M.W., Zoltai, S.C., and Radford, F.G. 1988. A comparison of dry and wet ashing methods for the elemental analysis of peat. *Can. J. Soil Sci.* 68: 443-447.

Allen, S.E. 1989. *Chemical Analysis of Ecological Materials*, 2nd edn. Blackwell ScientificPublications, Oxford, UK.

Anderson, D.L. and Beverly, R.B. 1985. The effects of drying upon extractable phosphorus, potassium and bulk density of organic and mineral soils of the Everglades. *Soil Sci. Soc. Am. J.* 49: 362-366.

Andrejko, M.J., Fiene, F., and Cohen, A.D. 1983. Comparison of ashing techniques fordetermination of inorganic content of peats. In: P.M. Jarret, ed. *Testing of Peats and Organic Soils*. ASTM STP 820. American Society for Testing and Materials, Philadelphia, PA, 5-20.

ASTM (American Society for Testing and Materials). 1988 (02974). *Annual Book of ATM Standards*, Volume 04.08. ASTM, Philadelphia, PA.

ASTM (American Society for Testing and Materials). 1997. *Annual Book of ATM Standards*, Volume 11.05. ASTM, Philadelphia, PA.

Burt, R., Wilson, M.A., Mays, M.D., and Lee, C.W. 2003. Major and trace elements of selected pedons in the USA. *J. Environ. Qual.* 32: 2109-2121.

Chen, B., Krachler, M., Gonzalez, Z.I., and Shotyk, W. 2005. Improved determination ofarsenic in environmental and geological specimens using HG-AFS. *J. Anal. At. Spectrom.* 20: 95-102.

Daughtrey, Z.W., Gilliam, J.W., and Kamprath, E.J. 1973. Soil test parameters for assessing plantavailable P of acid organic soils. *Soil Sci.* 115: 438-446.

Day, J.H., Rennie, P.J., Stanek, W., and Raymond, G.P. 1979. *Peat testing manual. Associate committee on geotechnical research.* National Research Council of Canada. Technical Memorandum No. 125, Ottawa, Canada.

Goldin, A. 1987. Reassessing the use of loss-on-ignition for estimating organic matter content in noncalcareous soils. *Commun. Soil Sci. Plant Anal.* 18: 1111-1116.

Harrison, A.F. 1979. Variation of four phosphorus properties in woodland soils. *Soil Biol. Biochem.* 11: 393-403.

Ilnicki, P. and Zeitz, J. 2003. Irreversible loss of organic soil functions after reclamation. In: L.-E. Parent and P. Ilnicki, eds. *Organic Soils and Peat Materials for Sustainable Agriculture.* CRC Press, Boca Raton, FL, 15-32.

Krachler, M., Mohl, C., Emons, H., and Shotyk, W. 2002. Analytical procedures for the determination of selected trace elements in peat and plant samples by inductively coupled plasma mass spectrometry. *Spectrochim. Acta*, Part B, 57: 1277-1289.

Kreshtapova, V.N., Krupnov,R.A., and Uspenskaya, O.N. 2003. Quality of organic soils for agricultural use of cutover peatlands in Russia. In: L.-E. Parent and P. Ilnicki, eds. *Organic Soils and Peat Materials for Sustainable Agriculture.* CRC Press, Boca Raton, FL, 175-186.

Melaku, S., Dams, R., and Moens, L. 2005. Determination of trace elements in agricultural soil samples by inductively coupled plasma-mass spectrometry: microwave acid digestion versus aqua regia extraction. *Anal. Chim. Acta* 543: 117-123.

Mokma, D.L. 2005. Organic soils. In: D. Hillel, J.L. Hatfield, D.S. Powlson, C. Rosenzweig,K.M. Scow, M.J. Singer, and D.L. Sparks, eds. *Encyclopedia of Soils in the Environment*, Vol. 3. Elsevier Academic Press, Amsterdam, 118-129.

Morrell, J.J., Keefe, D., and Baileys, R.T. 2003. Copper, zinc, and arsenic in soil surrounding Douglas-Fir poles treated with ammoniacal copper zinc arsenate (ACZA). *J. Environ. Qual.* 32: 2095-2099.

Okruszko, H. and Ilnicki, P. 2003. The moorsh horizons as quality indicators of reclaimed organic soils. In: L.-E. Parent and P. Ilnicki, eds. *Organic Soils and Peat Materials for Sustainable Agriculture.* CRC Press, Boca Raton, FL, 1-14.

Papp, C.S.E. and Harms, T.F. 1985. Comparison of digestion methods for total elemental analysis of peat and separation of its organic and inorganic components. *Analyst* 110: 237-242.

Parent, L.E. and Khiari, L. 2003. Nitrogen and phosphorus balance indicators in organic soils. In: L.-E. Parent and P. Ilnicki, eds. *Organic Soils and Peat Materials for Sustainable Agriculture.* CRC Press, Boca Raton, FL, 105-136.

Soil Survey Staff. 2003. *Keys to Soil Taxonomy*, 9th edn. USDA. Natural Resources Conservation Service, Washington, DC.

Swami, K., Judd, C.D., Orsini, J., Yang, K.X., and Husain, L. 2001. Microwave assisted digestion of atmospheric aerosol samples followed by inductively coupled plasma mass spectrometry determination of trace elements. *Fresen. J. Anal. Chem.* 369: 63-70.

van Lierop, W. and Mackenzie, A.F. 1977. Soil pH and its application to organic soils. *Can. J. Soil Sci.* 57: 55-64.

Wang, J., Nakazato, T., Sakanishi, K., Yamada, O, Tao, H., and Saito, I. 2004. Microwave digestion with HNO_3/H_2O_2 mixture at high temperatures for determination of trace elements in coal by ICP-OES and ICP-MS. *Anal. Chim. Acta* 514: 115-124.

Watson, M.E. and Isaac, R.A. 1990. Analytical instruments for soil and plant analysis. In Westerman, R.L. *Soil Testing and Plant Analysis*, 3rd edn. Soil Science Society of America, Madison, WI, 691-740.

Weiss, D., Shotyk, W., Schäfer, H., Loyall, U., Grollimund, E., and Gloor, M. 1999. Microwave digestion of ancient peat and determination of Pb by voltammetry. *Fresen. J. Anal. Chem.* 363: 300-305.

Williams, D.E. and Vlamis, J. 1961. Boron contamination in furnace dry ashing of plant material. *Anal. Chem.* 33: 967-968.

（黄彩变 党海燕 译，王朝辉 校）

第 四 篇

土壤生物分析

主译：徐建明

第29章 土壤和根相关微生物培养方法

J.J. Germida 和 J.R. de Freitas

University of Saskatchewan
Saskatoon, Saskatchewan, Canada

29.1 引　　言

土壤作为一种生态系统，其中包含了大量的微生物种群。这些微生物种群表现出了很多生理类型。比如说，真菌等就属于好氧的化能有机营养型微生物（异养生物）。它们能够利用有机化合物作为它们的碳源和能量来源。而其他诸如硝化细菌等则属于好氧的化能无机营养型微生物（自养生物）。它们能够利用二氧化碳作为碳源，同时通过氧化（还原态的无机氮）来获得能量。有的微生物还需要特殊的生长因子来保证最佳的生长状况，比如特定环境的pH值、较低的含氧量或者无氧条件（如厌氧生物）。特定土壤的化学、物理和生物性质及其上所生长的植物，都会影响到土壤中微生物的数量和活性。同时，由于土壤的异质性（Heterogeneous nature），我们可以在邻近的地域找到很多不同生理类型的微生物。土壤微生物群落的重要性能够从三个方面体现出来：①微生物与土壤肥力的关系；②微生物和元素的生物地球化学循环的关系；③部分微生物在工业应用领域的具有潜在的利用价值。因此，计数并分离出土壤微生物群落中的主要和次要种群是十分必要的。

对土壤微生物非选择性的计数和分离是一种相对直接的方法，但是这种方法的最终结果并不一定具有意义（Parkinson等，1971；Wollum，1994）。相反，对特定生理类型的土壤微生物的选择性计数和分离则能够得出有意义的数据（如Lawrence和Germida，1988；Germida，1993；Koedam等，1994）。随着我们对土壤微生物种类的认识不断扩展，土壤微生物计数和分离的方法也在持续地更新着（Vincent，1970；Woomer，1994；Pepper和Gerba，2005）。在本章中，我们将以一些具有代表性的土壤微生物为例，为土壤微生物计数和培养基配制方法提供依据和参考。

29.2 原　　理

平板计数法（Plate count technique）和最近似值法（Most probable number，MPN）是实现土壤微生物的计数的两种技术手段。这些计数方法的主要原理是：①将样品以合适的稀释倍数分散；②将部分样品分配到合适的生长培养基上；③在适当的条件下培养接种的平板；④计算产生的菌群数或MPN管数。整个技术流程非常标准，可以被应用于非根际土壤种群（Germida，1993）、根际土壤种群（Goodfellow等，1968；Kucey，1983）和植物内生种群（Germida等，1998）的计数中。

生长培养基成分的不同往往会影响最后的结果，所以用于微生物种群计数的生长培养基成分在计数的过程中十分重要。生长培养基可以分为选择性和非选择性两种（虽然从严格意义上来说真正的非选择性培养基是不存在的）（James，1958）。选择性培养基中的特定成分能够允许或者促进目标微生物群落的生长。而在非选择性培养基中，培养基能够促进所有群落的生长，增加种群的多样性。所以我们能够设计出在合适的气压和温度条件下培养、减少非目标种群的干扰的生长培养基，来对具有特定生理性状的微生物进行计数。比如说在以几丁质作为唯一碳源和氮源培养基中，几丁质降解放线菌（Chitin-degrading actinomycetes）能够进行计数（Lingappa 和 Lockwood，1962；Hsu 和 Lockwood，1975），而培养基中包含的特定抗生素则可以阻止其他微生物的生长（Williams 和 Davies，1965）。同样地，选择性培养基也被应用于其他不同的很多土壤微生物，如溶磷菌（Phosphate- solubilizing bacteria）（Kucey，1983）、产铁载体菌（Siderophore-producing microorganisms）（Koedam 等，1994）、自生固氮菌（Free-living nitrogen-fixing bacteria）（Rennie，1981；Knowles 和 Barraquio，1994）、硝化细菌（Nitrifying bacteria）（Schmidt 和 Belser，1994）和硫氧化菌（Sulfur-oxidizing organisms）（Postgate，1966；Germida，1985；Lawrence 和 Germida，1988）等。

虽然平板计数法和最近似值法都易于操作，但是它们的有效性受到一些关键因素的制约（Germida，1993；Wollum，1994；Woomer，1994）。培养基的多次选择、分散问题甚至吸量管对细菌的吸附都会对计数过程的标准化产生干扰。而连续、准确地使用重复样品则能够减少这些问题。研究者们需要认识到微生物并不是均匀地分布在土壤环境中的，同时特定微生物的数量大小也不能够反映它的重要性。

29.3 涂布平板计数法

通过涂布平板计数法对微生物种群进行计数是一种简单快速的、计算土壤微生物细胞数的方法。但是，用这种方法得到的数值一般要比显微镜直接对土壤涂片进行计数小 10 到 100 倍（Skinner 等，1952）。造成这一数值差异的原因主要有两点：①土壤涂片在计数中测定了有活性微生物和无活性微生物的总数量；②涂布平板计数所使用的生长培养基无法提供足够或适量的营养物质（Germida，1993）。总的来说，这种方法主要包括：①以一定的稀释倍数准备一系列的土壤样品稀释液（比如 1∶10 倍稀释）；②将一滴稀释液涂抹在琼脂培养基的表面上；③在合适的环境条件下培养琼脂平板。这些涂布平板除了可以用于计数，还可以用于开始微生物分离的过程。在用于计数时为了保证纯度，一个单一的菌群挑选出来，以重复条带的方式布置在合适的生长培养基上培养。这样转移了数次后，菌群就完成了培养，并可以用于之后的研究和鉴定。使用选择性培养基还是非选择性培养基则主要基于试验目标微生物的性质。土壤浸出琼脂（Soil extract agar）（James，1958）就是一种用于土壤细菌计数的非选择性培养基。"土壤溶液等效培养基"（Soil solution equivalent medium）（Angle 等，1991）则是目前所使用的土壤浸出琼脂的替代品，即"胰酶解蛋白酪大豆琼脂"（trypticase soy agar）与"R2A 琼脂培养基"（R2A medium）这两种商品化的复合培养基（Martin，1975；Reasoner 和 Geldreich，1985）

29.3.1 材料

（1）含约 20 mL 琼脂类培养基（如土壤浸出琼脂）的培养皿。

（2）装有稀释液（如无菌水）的稀释瓶（如 50×160 mm；200 mL 体积）和（或）试管（如 18×150 mm）。

（3）灭菌的 1 mL 和 10 mL 移液管。

（4）玻璃涂布棒（如曲棍状玻璃棒）。

（5）装有 95%乙醇（ETOH）的玻璃容器。

29.3.2 琼脂培养皿的准备

（1）按照商用脱水配方或者其他文献中所使用的配料表准备琼脂培养基。具体可以参考美国标准菌库（The American Type Culture Collection，ATCC）（2005）和 Atlas（1995）的配方和相关参考文献。按照配方准备配制培养基，在 1.05 kg/cm^2 和 121℃的条件下高压灭菌 20 min，冷却至大约 48℃后倒入培养皿。对于部分热不稳定的成分，先过滤灭菌，之后加入经高压灭菌的琼脂培养基（已冷却至 48~49℃）

中混合，最后再倒入培养皿。

（2）将大约 20 mL 培养基倒入灭菌的玻璃培养皿或无菌一次性塑料培养皿中，使琼脂凝固。将琼脂在室温下静置 24~48 h，使其表面多余的水分被培养基吸收；防止菌落向琼脂外部生长。暂时不使用的平板可以用塑料袋密封，置于冰箱中（2~5℃）至多可存放两周；在使用前，存储的平板需拿出并解冻至室温。

29.3.3 土壤稀释液的准备

（1）考虑样品的最终使用和样品处理各个步骤中对微生物种群的可能影响，对样品进行采集、处理和存储。

（2）选择具有代表性的土样，过 2 mm 筛并充分混合。

（3）称取 10.0 g 土壤放入稀释瓶中，与 95 mL 空白稀释液混合。可以向瓶中加入玻璃珠（大约 25 个×2 mm）促进混合。加盖后用振荡器振荡 10 min；或者以一定的角度和时间次数（如 45°，50~100 次）手动摇匀。通过第一次稀释，得到 1：10（10^{-1}）的土壤稀释液。

（4）从振荡器上取下稀释瓶，再取少量样品剧烈摇晃瓶身使样品均匀，再次稀释。转移 10 mL 配好的土壤稀释液至另一个装有 90 mL 空白稀释液的稀释瓶中，摇晃稀释瓶，以得到一系列的土壤稀释液；也可以按照需要，将 1 mL 配好的土壤稀释液与 9 mL 空白稀释液混合（需准备 18×150 mm 试管）。继续整个操作流程直到将土壤稀释液稀释至 10^{-7}。接下来，取 0.1 mL 的 10^{-7} 土壤稀释液涂布平板；该平板检测限可达 $3×10^{10}$CFU/g 土壤（Colony-Forming Units, CFU）。具体待测样本的合适稀释梯度则需根据经验判断。

29.3.4 根菌稀释液的准备

为了分离出植物根系内的细菌（即植物内生菌，Endophytic），在试验前需要从土壤中收集植物根系，并保存在 5℃ 环境下（Foster 和 Rovira，1976）。取大约 10.0 g 新鲜植物根系，抖动根系以清除上面附带的土壤，并用灭菌水清洗。之后将植物根系放入 250 mL 锥形瓶中，加 100 mL 的 1.05% 次氯酸钠，振荡 10 min（200 r/min 转速下）。在无菌水中清洗 4 遍后，将根系放入韦林氏搅切器（Waring blender）中，加 90 mL 经灭菌的磷酸盐缓冲生理盐水（Phosphate Buffered Saline，PBS）（具体配方之后会详述），灭菌搅拌。可以得到植物根系 1/10 稀释液（由 10.0 g 根系和 90 mL 无菌水制得）。用无菌的磷酸缓冲液继续稀释样品，最后按照试验需要将适当稀释的溶液用涂布法接种在选择性或非选择性营养培养基上。

29.3.5 琼脂涂布平板的准备

（1）选择系列稀释梯度的稀释液（4 个稀释梯度，能够表征样品微生物性质）。从最高稀释度的稀释液中移取 0.1 mL 稀释液至平板中。需要注意的是，移取 0.1 mL 的 10^{-7} 稀释液相当于在平板中得到一份 10^{-8} 的稀释液。重复以上步骤，将 0.1 mL 不同稀释倍数的稀释液移至剩下的平板中稀释。

（2）用灭菌的涂布棒在每块平板的琼脂表面涂布稀释液。玻璃涂布器需浸没于装有乙醇的容器中，并在使用前灼烧去除表面多余的乙醇。从高稀释倍数到低稀释倍数依次涂布，直到完全涂满整个平板。在每个平板涂布之间，需使用酒精灯烧玻璃涂布器。将平板颠倒，放入处于合适温度的恒温培养箱中。

（3）按照试验设备和试验目的选择培养条件。条件允许的情况下最好使用模拟环境条件。通常在 24~28℃ 涂布平板样品、有氧环境下避光培养。培养的具体周期和条件完全取决于需要计数的微生物的性状。

（4）在经过合适的培养期后，将平板从恒温箱中取出，并对生长在 30~300 个菌落的平板进行计数（排除过于散布或密集的微生物）。计数的操作可以人工进行，也可以使用自动激光菌落计数器（Automated laser colony counter）。

29.3.6 计算

一般稀释液在每个平板上平均接种能产生 30~300 个菌落。可以用以下公式计算每克干土（DW）菌落形成数（CFU/g）：

$$(CFU/g)的数量菌落形成单位 = \frac{平板平均计数 \times 稀释倍数}{干重土，初始稀释} \tag{29.1}$$

其中，

$$土壤干重 = (鲜重土壤，初始稀释) \times 1 - \frac{土样的含水量/\%}{100} \tag{29.2}$$

29.3.7 注释

由于细菌往往以群落和细胞团的形式存在于土壤中，为了使涂布平板从单一的细胞中生长出来，在使用前需要将细胞进行分散。通常分散细胞的方法包括机械震荡或手工摇匀、韦林氏搅拌器（Waring blender）产生剪切力破碎、声波振动（Stevenson，1959）、机械振动（Thornton，1922）和使用反絮凝剂（Deflocculating agents）等。

29.3.8 稀释剂的种类

多种稀释剂被用于溶液的配制。通常情况下，自来水和蒸馏水就能够满足试验的需要。其他常规使用的稀释剂如下。

（1）生理盐水：氯化钠，8.5 g；蒸馏水，1 L。

（2）磷酸缓冲液（PBS）：氯化钠，8.0 g；磷酸二氢钾，0.34 g；磷酸一氢钾，1.21 g；蒸馏水，1 L。使用 0.1 mol/L 的氢氧化钠或盐酸将 pH 值调至 7.3。

（3）蛋白胨水：蛋白胨，1.0 g；蒸馏水，1 L。

29.3.9 培养基的种类

培养基选择的主要依据是所筛选的微生物种类。我们可以通过减少和改变培养基成分或者改变培养条件，来使培养基具有选择性。而通常非选择性的培养基则能够用于对土壤总异养菌数量进行计数。下面的例子是总土壤细菌、根相关细菌、放线菌和真菌常用的生长培养基。其他特殊的培养基详见 29.5 节。

1. 总异养细菌培养基

（1）土壤浸出琼脂（Soil extract agar）（James，1958）：将 1 kg 土壤溶于 1 L 水中高压灭菌 20 min（1.05 kg/cm^2）。将溶液过滤并定容至 1 L。如果溶液依然混浊，可加入少许硫酸钙静置，过滤（可使用 Whatman paper No. 5）。将土壤浸出液灭菌，并用琼脂（1.5%）凝固；凝固前可添加其他营养物质，如 0.025%磷酸一氢钾或 0.1%葡萄糖、0.5%酵母粉和 0.02%磷酸一氢钾。

（2）胰蛋白胨大豆琼脂（Tryptic soy agar）（Martin，1975）：向 1 L 蒸馏水中加入 3.0 g 胰蛋白大豆汤和 15.0 g 琼脂，高压灭菌。

（3）R2A（Reasoner 和 Geldreich，1985）：酵母粉，0.5 g；示蛋白胨（Proteose peptone No. 3），0.5 g；酪蛋白氨基酸，0.5 g；葡萄糖，0.5 g；可溶性淀粉，0.5 g；磷酸一氢钾，0.3 g；七水合硫酸镁，0.05 g；丙酮酸钠，0.3 g；琼脂，15.0 g；蒸馏水，1 L。用结晶的磷酸一氢钾或磷酸二氢钾调节 pH 值至 7.2，并高压灭菌。

2. 放线菌培养基

淀粉酪蛋白琼脂（Starch-casein agar）（Küster 和 Williams，1966）：淀粉，10.0 g；酪蛋白（不含维生素），0.3 g；硝酸钾，2.0 g；氯化钠，2.0 g；磷酸一氢钾，2.0 g；七水合硫酸镁，0.5 g；碳酸钙，0.02 g；

七水合硫酸亚铁，0.01 g；琼脂，15.0 g；蒸馏水，1 L；pH 值，7.2。经高压灭菌后使用。培养基中还可以添加抑真菌剂（Williams 和 Davies，1965）。

3. 真菌培养基

（1）察氏琼脂（Czapek-Dox agar）。溶液 1：蔗糖 30.0 g；硝酸钠，2.0 g；磷酸一氢钾，0.1 g；氯化钾，0.5 g；七水合硫酸镁，0.5 g；硫酸亚铁，微量；蒸馏水，500 mL；pH 值，3.5（用 10%乳酸调节）。溶液 2：琼脂，15.0 g；蒸馏水，500 mL。如果必要可以额外添加 0.5 g 酵母粉（Gray 和 Parkinson，1968）。将溶液 1 和溶液 2 分别高压灭菌。待两者冷却后，无菌条件下将溶液 1 倒入溶液 2，立即使用。

（2）孟加拉红琼脂（Streptomycin-rose bengal agar）（Martin，1950）：葡萄糖，10.0 g；蛋白胨，5.0 g；磷酸二氢钾，1.0 g；七水合硫酸镁，0.5 g；玫瑰红，0.03 g；琼脂，20.0 g；自来水，1 L；将培养基高压灭菌、冷却至大约 48℃，加入 1 mL 链霉素（浓度为 0.3 g/10 mL，由无菌水配制）。培养基中链霉素的最终浓度为大约 30 μg/mL。

29.4 最近似值法

最近似值法应用了绝迹稀释法（Dilution to extinction）的概念来计算给定样品的微生物数量（Taylor，1962；Woomer，1994）。土壤稀释液在经过数次连续的稀释后，其每个重复中微生物生长情况会发生变化，这种方法就是根据微生物在稀释后的重复样品中的存在与否来估算微生物在土壤中的数量的。比如说我们在一系列肉汤培养基上接种了 10^{-4} 到 10^{-7} 稀释度的土壤稀释液，当稀释比达到 10^{-5} 时培养基上的微生物低于检测限，我们就可以据此推断原微生物细胞数量为 $10^4 \sim 10^5$。这种方法的关键在于目标微生物具有可以鉴定的特殊性状或者代谢特点。此时我们才能通过观察微生物生长（如测定培养基的混浊度）、代谢活动（如底物消耗）和代谢产物的产生等现象来判断某稀释比的微生物是否在培养基上生长繁殖，然后就能使用最近似值法推断原微生物的细胞数量。最近似值法还可以应用于土壤中感染性囊泡丛枝菌根（Vesicular-arbuscular mycorrhizae，VAM）的繁殖体（详见第 30 章）或矿根瘤菌（Nodule-forming rhizobia）（详见第 31 章）的计数。

用最近似值法计算土壤样品异养菌数量的技术流程和涂布平板计数法的过程大致相同；唯一的区别在于使用最近似值法时，要将土壤稀释液接种到装有液体培养基的试管中。使用最近似值法时也可以用多孔微量滴定板（Multiwell microtiter plates，如每板 24 孔）来代替试管培养——这样能够节省材料、试剂、培养空间并同时增加重复试验的数量。

29.4.1 材料

（1）25 支装有培养基的试管或者一次性无菌微量滴定板（每板 24 孔或 96 孔）。
（2）水稀释空白（见 29.3.1 节）。
（3）无菌的 1 mL 和 10 mL 吸量管（见 29.3.1 节）。

29.4.2 步骤

（1）为准备计数的微生物准备合适的培养基。
（2）向无菌的试管或微量滴定板中分装经灭菌处理的培养基。
（3）准备一系列的 1:10 土壤样品稀释液序列（见 29.3.2 节）。
（4）选择能够反映微生物性质的一系列土壤稀释液。从最大稀释比的土壤稀释液开始，向 5 个平行设置的微量滴定板上的单个孔中各加入 0.1 mL 土壤稀释液；按照同样的流程降低浓度，依次将不同稀释比例的 0.1 mL 土壤稀释液加入 5 个平行设置的微量滴定板上的各个孔中。

(5) 在适当的条件下培养最近似值法试验用试管或微量滴定板。

(6) 在培养后，通过微生物的生长情况或生理反应判断微生物是否存在。

29.4.3 计算

使用最近似值法时，我们可以通过查阅最大或然数表（如 Cochran，1950）来计算原始样品的微生物数量。将 p_1 定义为在所有或最大多数试管均呈阳性（即表示存在微生物）的最小稀释液浓度时，试管呈阳性的数量。将 p_2 和 p_3 定义为使用接下来两个稀释比例的稀释液时，试管呈阳性的数量。根据 p_1、p_2 和 p_3 三个值的大小在表 29.1 中查找相应行列上的数字。这个在表上所查得的数值即为微生物在原样品二次稀释接种后的最大或然数；把这个值再乘以合适的稀释倍数即可得到原样品的含菌数。

举例来说，我们来设定一个以 10 倍为稀释倍率梯度、每个稀释梯度包括 5 个试管培养的试验，经培养后试管呈阳性的数量依次为：5（10^{-4}时）、5（10^{-5}时）、4（10^{-6}时）、2（10^{-7}时）和 0（10^{-8}时）。由上可知在这个系列中，$p_1=5$、$p_2=4$、$p_3=2$。查表 29.1 可得在以 10^{-6} 倍率稀释时，接种的微生物的最大或然数为 2.2。将最大或然数 2.2 乘以稀释倍数 10^6，可得原样品的最大或然数为 2.2×10^6。

再举一个例子，如果前例的条件不变，仅将第一个稀释倍率改选为 10^{-6}。在这种情况下，$p_1=4$、$p_2=2$、$p_3=0$。查表 29.1 可得在以 10^{-7} 倍率稀释时，接种的微生物的最大或然数为 0.22。将最大或然数 0.22 乘以稀释倍数 10^7，可得原样品的最大或然数为 2.2×10^6，与前例一致。

最大或然数的 95% 置信限值可以通过查表计算得到。表 29.2 列出了在相应稀释倍数和每个稀释倍数所用试管数所对应的置信限值系数。将最大或然数分别乘以和除以这个系数就能得到 95% 置信限值的上限和下限。比如之前的例子中，最大或然数为 2.2，查表得系数为 3.30，其置信上限和下限分别为 (2.2)(3.30)=7.26 和 (2.2)/(3.30)=0.66。

表 29.1 最大或然数表（10 倍稀释液和每个稀释梯度 5 个试管培养下）

p_1	p_2	\multicolumn{6}{c}{p_3}					
		0	1	2	3	4	5
0	0	—	0.018	0.036	0.054	0.072	0.090
0	1	0.018	0.036	0.055	0.073	0.091	0.11
0	2	0.037	0.055	0.074	0.092	0.11	0.13
0	3	0.056	0.074	0.093	0.11	0.13	0.15
0	4	0.075	0.094	0.11	0.13	0.15	0.17
0	5	0.094	0.11	0.13	0.15	0.17	0.19
1	0	0.020	0.040	0.060	0.080	0.10	0.12
1	1	0.040	0.061	0.081	0.10	0.12	0.14
1	2	0.061	0.082	0.10	0.12	0.15	0.17
1	3	0.083	0.10	0.13	0.15	0.17	0.19
1	4	0.11	0.13	0.15	0.17	0.19	0.22
1	5	0.13	0.15	0.17	0.19	0.22	0.24
2	0	0.045	0.068	0.091	0.12	0.14	0.16
2	1	0.068	0.092	0.12	0.14	0.17	0.19
2	2	0.093	0.12	0.14	0.17	0.19	0.22
2	3	0.12	0.14	0.17	0.20	0.22	0.25
2	4	0.15	0.17	0.20	0.23	0.25	0.28
2	5	0.17	0.20	0.23	0.26	0.29	0.32
3	0	0.078	0.11	0.13	0.16	0.20	0.23

（续表）

p_1	p_2	p_3					
		0	1	2	3	4	5
3	1	0.11	0.14	0.17	0.20	0.23	0.27
3	2	0.14	0.17	0.20	0.24	0.27	0.31
3	3	0.17	0.21	0.24	0.28	0.31	0.35
3	4	0.21	0.24	0.28	0.32	0.36	0.40
3	5	0.25	0.29	0.32	0.37	0.41	0.45
4	0	0.13	0.17	0.21	0.25	0.30	0.36
4	1	0.17	0.21	0.26	0.31	0.36	0.42
4	2	0.22	0.26	0.32	0.38	0.44	0.50
4	3	0.27	0.33	0.39	0.45	0.52	0.59
4	4	0.34	0.40	0.47	0.54	0.62	0.69
4	5	0.41	0.48	0.56	0.64	0.72	0.81
5	0	0.23	0.31	0.43	0.58	0.76	0.95
5	1	0.33	0.46	0.64	0.84	1.1	1.3
5	2	0.49	0.70	0.95	1.2	1.5	1.8
5	3	0.79	1.1	1.4	1.8	2.1	2.5
5	4	1.3	1.7	2.2	2.8	3.5	4.3
5	5	2.4	3.5	5.4	9.2	16	—

来自：Cochran, W.G., Biometrics, 5, 105, 1950. 经授权使用。

表 29.2 最大或然数 95%置信区间系数表

稀释液试管数 (n)	对应稀释比例的 95%置信区间			
	2	4	5	10
1	4.00	7.14	8.32	14.45
2	2.67	4.00	4.47	6.61
3	2.23	3.10	3.39	4.68
4	2.00	2.68	2.88	3.80
5	1.86	2.41	2.58	3.30
6	1.76	2.23	2.38	2.98
7	1.69	2.10	2.23	2.74
8	1.64	2.00	2.12	2.57
9	1.58	1.92	2.02	2.43
10	1.55	1.86	1.95	2.32

来自：Cochran, W.G., Biometrics, 5, 105, 1950. 经授权使用。

29.4.4 注释

在微生物不能够很好地生长在固体琼脂培养基中或者不能很好地从背景群落中区分出来的情况下，通常可以使用最近似值法对微生物进行计数和分离。比如说自养硝化细菌（Schmidt 和 Belser，1994）和硫氧化菌（Postgate，1966；Germida，1985；Lawrence 和 Germida，1988）都可以使用最近似值法计数。在应用中，最近似值法能通过测定光密度来测定培养基上微生物的总生长情况；或者也可以使用其他的生理反应来检测微生物的生长情况。比如硫的氧化会产生酸性产物并改变 pH 值，而 pH 值的变化可以通过 pH 计进行测量。这样的生理过程可以用来反映土壤不同生理群落微生物的相对数量变化。所以，培养基的选择和培养条件的制定取决于我们对这些特定生物群落的了解。

29.5 用于对土壤微生物分离和计数的培养基

29.5.1 异养细菌分离培养基

（1）蛋白胨酵母粉琼脂（Goodfellow 等，1968）：蛋白胨，5.0 g；酵母粉，1.0 g；磷酸亚铁，0.01 g；琼脂，15.0 g；蒸馏水，1 L；pH 值，7.2。

（2）营养琼脂：酵母粉，1.0 g；牛肉膏，3.0 g；蛋白胨，5.0 g；氯化钠，5.0 g；琼脂，15.0 g；蒸馏水，1 L；pH 值，7.3。

（3）荧光假单孢菌（Sands 和 Rovira，1970；Simon 等，1973）：蛋白胨，20.0 g；琼脂，12.0 g；甘油，10.0 g；硫酸钾，1.5 g；七水合硫酸镁，1.5 g；蒸馏水，940 mL。先使用 0.1 mol/L 浓度的 NaOH 将 pH 值调节至 7.2，然后高压灭菌。在 3 mL 浓度为 95%乙醇中加入 150000 单位青霉素 G、45 mg 新生霉素、75 mg 放线菌酮和 5 mg 氯霉素，将其用灭菌蒸馏水稀释至 60 mL；使用经灭菌的 0.45 μm 密理博（Millipore）滤膜过滤；最后加入冷却的（48℃）培养基中。在使用前，培养皿需经隔夜干燥（必要情况下在使用前需在冰箱中存放数周）。

29.5.2 用于分离特定生理组微生物的培养基

1. 涉及碳转化过程的微生物

（1）纤维素琼脂（Eggins 和 Pugh，1961）：硝酸钠，0.5 g；磷酸一氢钾，1.0 g；七水合硫酸镁，0.5 g；七水合硫酸亚铁，0.01 g；纤维素（研磨制备），12.0 g；琼脂，15.0 g；蒸馏水，1 L。

（2）几丁质琼脂：经研磨的纯几丁质，10.0 g；七水合硫酸镁，1.0 g；磷酸一氢钾，1.0 g；琼脂，15.0 g；蒸馏水，1 L。

（3）淀粉琼脂：作为一种替代性碳源或辅助性碳源，可以向任何适合生长的培养基中加入 0.2%可溶性淀粉。同时通过向培养基中加入碘溶液并标记未变色的区域，了解淀粉的水解情况。

2. 涉及氮转化过程的微生物

（1）联合碳培养基——自生固氮菌（Rennie，1981）。溶液 1：磷酸一氢钾，0.8 g；磷酸二氢钾，0.2 g；乙二胺四乙酸一铁钠盐（Na$_2$FeEDTA），28.0 mg；二水合钼酸钠，25.0 mg；氯化钠，0.1 g；酵母粉，0.1 g；甘露醇，5.0 g；蔗糖，5.0 g；乳酸钠（60%，体积比），0.5 mL；蒸馏水，900 mL；琼脂，15.0 g。溶液 2：七水合硫酸镁，0.2 g；氯化钙，0.06 g；蒸馏水，100 mL。溶液 3：生物素，5.0 μg/mL；对氨基苯甲酸（PABA），10.0 μg/mL。将溶液 1 与溶液 2 冷却至 48℃并充分混合，然后使用经灭菌的 0.45 μm 密理博滤膜过滤加入 1 mL/L 的溶液 3。

（2）固氮菌（*Azotobacter*）增菌肉汤：七水合硫酸镁，0.2 g；磷酸一氢钾，1.0 g；七水合硫酸亚铁，0.02 g；氯化钙，0.02 g；七水合氯化锰，0.002 g；二水合钼酸钠，0.001 g；蒸馏水，1 L；pH 值，7.0；95%乙醇，4.0 mL（加入经高压灭菌、冷却处理的培养基）。

（3）圆褐固氮菌（*A. chroococcum*）和敏捷氮单孢菌（*A. agilis*）（阿须贝氏，Ashby，培养基）：这两种固氮菌种将甘露醇作为它们的唯一碳源。七水合硫酸镁，0.2 g；磷酸一氢钾，0.2 g；氯化钠，0.2 g；七水合硫酸钙，0.1 g；碳酸钙，3.0 g；二水合钼酸钠，25.0 mg；甘露醇，10.0 g；琼脂，15.0 g；蒸馏水，1 L。可以使用葡萄糖（5.0 g/L）代替甘露醇，来分离印度固氮菌（*A. indicus*）。

（4）酵母粉甘露醇培养基（Allen，1957）：甘露醇，10.0 g；磷酸一氢钾，0.5 g；氯化钠，0.1g；七水合硫酸镁，0.2 g；碳酸钙，3.0 g；酵母粉，0.4 g；琼脂，15 g；蒸馏水，1 L。

(5) 固氮细菌（Lewis 和 Pramer，1958）：磷酸一氢钠，13.5 g；磷酸二氢钾，0.7 g；七水合硫酸镁，0.1 g；碳酸氢钠，0.5 g；硫酸铵，2.5 g；六水合氯化铁，14.4 mg；七水合氯化钙，18.4 mg；蒸馏水，1 L；pH 值，8.0。

3. 涉及硫转化过程的微生物

（1）氧化硫硫杆菌（*Thiobacillus thiooxidans*）或排硫硫杆菌（*T. thioparus*）（Postgate，1966）：硫酸铵，2.5 g；磷酸二氢钾，4.0 g；七水合硫酸镁，0.5 g；氯化钙，0.25 g；硫酸铁，0.01 g；粉末状硫，10.0 g，或硫代硫酸钠，5.0 g；蒸馏水，1 L；pH 值，7.0。此种培养基可以用于筛选氧化硫硫杆菌等利用单质硫作为硫来源的细菌，并能同时将初始 pH 值调制小于 3.5。

（2）脱氮硫杆菌（*T. denitrificans*）（Postgate，1966）：硝酸钾，1.0 g；磷酸一氢钠，0.1 g；硫代硫酸钠，2.0 g；碳酸氢钠，0.1 g，氯化镁，0.1 g；蒸馏水，1 L；pH 值，7.0。此种培养基主要用于琼脂平板；或装入试管，与杜氏发酵管（Durham fermentation tubes）联用，用于收集气体。细菌需在厌氧条件下培养。

参 考 文 献

Allen, O.N. 1957. *Experiments in Soil Bacteriology*, 3rd ed. Burgess Publishing Company, Minneapolis, MN.

American Type Culture Collection 2005. Microbial media formulations, web page address: http://www.atcc.org/common/catalog/media/mediaIndex.cfm (last verified April 2006), Rockville, MD.

Angle, J.S., McGrath, S.P., and Chaney, R.L. 1991. New culture medium containing ionic concentrations of nutrients similar to concentrations found in soil solutions. *Appl. Environ. Microbiol.* 57: 3674-3676.

Atlas, R.M. 1995. *Handbook of Media for Environmental Microbiology*. CRC Press, Boca Raton, FL, 544.

Cochran, W.G. 1950. Estimation of bacterial densities by means of the "most probable number". *Biometrics* 5: 105-116.

Eggins, H.O.W. and Pugh, G.J.F. 1961. Isolation of cellulose-decomposing fungi from soil. *Nature* (London) 193: 94-95.

Foster, R.C. and Rovira, A.D. 1976. Ultrastructure of wheat rhizosphere. *New Phytol.* 76: 343-352.

Germida, J.J. 1985. Modified sulfur containing media for studying sulfur oxidizing microorganisms. In: D.E. Caldwell, J.A. Brierley, and C.L. Brierly, eds. *Planetary Ecology*. Van Nostrand Reinhold, New York, NY, 333-344.

Germida, J.J. 1993. Cultural methods for soil microorganisms. In: M.R. Carter, ed. *Soil Sampling and Methods of Analysis*. A Special Publication of the Canadian Society of Soil Science. Lewis Publishers, Boca Raton, FL, 263-275.

Germida, J.J., Siciliano, S., de Freitas, J.R., and Seib, A.M. 1998. Diversity of root-associated bacteria associated with field-grown canola (*Brassica napus* L.) and wheat (*Triticum aestivum* L.). *FEMS Microbiol. Ecol.* 26: 43-50.

Goodfellow, M., Hill, I.R., and Gay, T.R.G. 1968. Bacteria in a pine forest soil. In: T.R.G. Gray and D. Parkinson, eds. *The Ecology of Soil Bacteria*. University of Toronto Press, Toronto, ON, Canada, 500-515.

Gray, T.R.G. and Parkinson, D. 1968. *The Ecology of Soil Bacteria. An International Symposium*. University of Toronto Press, Toronto, ON, Canada.

Hsu, S.C. and Lockwood, J.L. 1975. Powdered chitin as a selective medium for enumeration of actinomycetes in water and soil. *Appl. Microbiol.* 29: 422-426.

James, N. 1958. Soil extract in soil microbiology. *Can. J. Microbiol.* 4: 363-370.

Knowles, R. and Barraquio, W.L. 1994. Freeliving dinitrogen-fixing bacteria. In: R.W. Weaver et al., eds. *Methods of Soil Analysis, Part 2—Microbiological and Biochemical Properties*. Soil Science Society of America, Madison, WI, 180-197.

Koedam, N., Wittouck, E., Gaballa, A., Gillis, A., Höfte, M., and Cornelis, P. 1994. Detection and differentiation of microbial siderophores by isoelectric focusing and chrome azurol S overlay. *Biometals* 7: 287-291.

Kucey, R.M.N. 1983. Phosphate-solubilizing bacteria and fungi in various cultivated and virgin Alberta soils. *Can. J. Soil Sci.* 63: 671-678.

Küster, E. and Williams, S.T. 1966. Selection of media for isolation of streptomycetes. *Nature* (London) 202: 928-929.

Lawrence, J.R. and Germida, J.J. 1988. Most-probable number procedure to enumerate S-oxidizing, thiosulfate producing heterotrophics in soil. *Soil Biol. Biochem.* 20: 577-578.

Lewis, R.F. and Pramer, D. 1958. Isolation of Nitrosomonas in pure culture. *J. Bacteriol.* 76: 524-528.

Lingappa, Y. and Lockwood, J.L. 1962. Chitin media for selective isolation and culture of actinomycetes. *Phytopathology* 52: 317-323.

Martin, J.K. 1975. Comparison of agar media for counts of viable soil bacteria. *Soil Biol. Biochem.* 7: 401-402.

Martin, J.P. 1950. Use of acid, rose bengal and streptomycin in the plate method for estimating soil fungi. *Soil Sci.* 69: 215-232.

Parkinson, D., Gray, T.R.G., and Williams, S.T. 1971. *Methods for Studying the Ecology of Soil Microorganisms.* IBP Handbook No. 19. Blackwell Scientific Publications, Oxford, UK.

Pepper, I.L. and Gerba, C.P. 2005. *Environmental Microbiology: A Laboratory Manual*, 2nd ed. Elsevier, Amsterdam, the Netherlands, 209.

Postgate, J.R. 1966. Media for sulphur bacteria. *Lab. Pract.* 15: 1239-1244.

Reasoner, D.G. and Geldreich, E.E. 1985. A new medium for the enumeration and subculture of bacteria from potable water. *Appl. Environ. Microbiol.* 49: 1-7.

Rennie, R.J. 1981. A single medium for the isolation of acetylene-reducing (dinitrogen-fixing) bacteria from soils. *Can. J. Microbiol.* 27: 8-14.

Sands, D.C. and Rovira, A.D. 1970. Isolation of fluorescent pseudomonads with a selective medium. *Appl. Microbiol.* 20: 513-514.

Schmidt, E.L. and Belser, L.W. 1994. Autotrophic nitrifying bacteria. In: R.W. Weaver et al., eds. *Methods of Soil Analysis, Part 2—Microbiological and Biochemical Properties*. Soil Science Society of America, Madison, WI, 159-179.

Simon, A., Rovira, A.D., and Sands, D.C. 1973. An improved selective medium for the isolation of fluorescent pseudomonads. *J. Appl. Bacteriol.* 36: 141-145.

Skinner, F.A., Jones, P.C.T., and Mollison, J.E. 1952. A comparison of a direct- and a platingcounting technique for the quantitative estimation of soil microorganisms. *J. Gen. Microbiol.* 6: 261-271.

Stevenson, I.L. 1959. The effect of sonic vibration on the bacterial plate count of soil. *Plant Soil* 10: 1-8.

Taylor, J. 1962. The estimation of numbers of bacteria by ten-fold dilution series. *J. Appl. Bacteriol.* 25: 54-61.

Thornton, H.G. 1922. On the development of a standardized agar medium for counting soil bacteria with special regard to the repression of spreading colonies. *Ann. Appl. Biol.* 9: 241-274.

Vincent, J.M. 1970. *A Manual for the Practical Study of the Root-Nodule Bacteria.* IBP Handbook No. 15. Blackwell Scientific Publications, Oxford, UK.

Williams, S.T. and Davies, F.L. 1965. Use of antibiotics for selective isolation and enumeration of actinomycetes in soil. *J. Gen. Microbiol.* 38: 251-261.

Wollum, A.G. II. 1994. Soil sampling for microbiological analysis. In: R.W. Weaver et al., eds. *Methods of Soil Analysis, Part 2—Microbiologicaland Biochemical Properties*. Soil Science Society of America, Madison, WI, 1-14.

Woomer, P.L. 1994. Most probable number counts. In: R.W. Weaver et al., eds. *Methods of Soil Analysis, Part 2—Microbiological and Biochemical Properties*. Soil Science Society of America, Madison, WI, 59-79.

(朱心宇 译，徐建明 校)

第30章 丛枝菌根

Y. Dalpé

Agriculture and Agri-Food Canada
Ottawa, Ontario, Canada

C. Hamel

Agriculture and Agri-Food Canada
Swift Current, Saskatchewan, Canada

30.1 引 言

大多数植物类型可以与菌根真菌形成共生体,它能增加根系对水分和矿质养分的摄取。这些土传真菌可以寄生在根际皮层并形成外部菌丝,从而连接根系和土壤。它们被普遍认为能够改善植物适应性和土壤质量,广泛分布于所有生态系统,是农业系统中最普遍的共生体,进而影响植物产量和植物保护。

菌根真菌可以细分为三个主要类别:①丛枝菌根(arbuscular mycorrhizal,AM)真菌,专性共生体,隶属于球囊菌门,通常与大部分禾本科和栽培类植物及一些落叶林共生;②外生菌根(ectomycorrhizal,EM)真菌,分类学上和通常与乔木共生的担子菌类及子囊菌有关联;③欧石楠类菌根(ericoid mycorrhizal,ERM),一种主要与子囊菌和欧石楠族植物(如蓝莓、杜鹃和石南属植物)之间形成的共生体。

30.2 采样方法

一些用于菌根研究的方法很耗费时间,因而采样计划通常需要平衡对精密度的要求和有限的资源。为考虑不同变量的精确测量,在多样化的采样位点中,需要采用更加集中或由目标导向的采样方式。因此,了解影响土壤 AM 结构分布差异的因素有助于确定高效的采样方案。

采样方法必须根据试验目标、研究区域条件,以及这些条件下 AM 真菌在土壤中的分布进行仔细计划。土壤中 AM 真菌的出现很大程度上受到植物分布的驱动。一些植物物种并不能作为 AM 真菌的宿主。这些非宿主物种主要存在于蓼科、灯心草科、十字花科、石竹科、藜科、苋科、半日花科、松科、山毛榉科、欧石楠科及毛茛科。此外,不同植物物种可能会选择性地增加周围环境中不同 AM 物种,同时,在一些植物群落中,AM 真菌物种分布可能会遵循植物物种的分布(Gollotte 等,2004)。

AM 孢子的丰度一般随土壤深度增加而减少,通常在根区以下消失。在加拿大东部耕作和非耕作区,约 75%的 AM 孢子和菌丝发现于土壤表层 15cm 处,但这些结构仍然存在于 20~25 cm 深度(Kabir 等,1998b)。很少有繁殖体发现于 40~50 cm 以下(Jakobsen 和 Nielsen,1983)。AM 群落在深层土壤不仅丰度下降,结构也与表层土壤群落存在差异。深度土壤 AM 群落可能比土壤表层的更稳定,而表层土壤群落会受到作物管理的影响(Oehl 等,2005)。AM 真菌往往遵循植物根系分布,在行栽作物的土壤中,行内要比行间丰度更高(Kabir 等,1998a)。AM 根际定殖的发展是一个三部过程,包括迟滞期、指数期和平台期(McGonigle,2001)。迟滞期的长度取决于土壤菌根潜力及宿主植物菌根依赖度,这可以通过降低土壤温度增加其依赖度。例如,根际定殖在玉米开花期达到峰值,之后降低直至宿主达衰老期(Kabir 等,1998a)。取样策略必须适合于所研究问题的要求。混合植物群落下 AM 生物多样性的评价要求采集的样本在所有种类植物的附近。指定区域 AM 真菌丰度的评价要求更随机的采样计划。例如，在指定时间点，为取得一个代表单培养试验区块的土壤样本，采用分层随机取样计划将是最有效的策略。具体如下：

30.2.1 材料和试剂

（1）标记的塑料袋。
（2）带刻度的球形播种机或土钻。
（3）桶。

30.2.2 步骤

（1）在如下每个指定区域随机取同等数量的土壤钻孔样本：(a) 直接在每行，(b) 在行间。对于行间距较宽的作物，可按如下取样：(a) 在每行，(b) 在行间及 (c) 在行与行中的中点。各自的取样数量取决于区块大小及均匀性。
（2）将土壤钻孔样本置于桶中，直至完成该区块的取样练习。
（3）将桶内土样倒入恰当标记的塑料袋。将所有土壤钻孔样本混合为每个区块的单一代表性样本，该土样可进一步筛分、混合及再取样用作不同分析。
（4）避免将含土样的塑料袋置于日光下，使土样迅速加热。推荐使用冷却装置。

30.2.3 注释

土壤采样通常为 0~15 cm，但采样深度的选择可依据具体考虑而定。例如，有研究者比较喜欢取耕作层，即前 20 cm、15 cm 或 7.5 cm，这取决于所采用的耕作系统，或是已知的根际深度。所需的土壤钻孔样本数量取决于样本大小（土样越大所需样本数量越少），以及采样点均匀性。异质性采样点需要更多的取样量。在一个明显同质的田间区块，如使用较大的土样（例如，球形播种机取样），建议采集至少三个土壤样本。若采用土钻，可从一个区块及桶中的混合土样迅速采集 10~12 个土样。

30.3 染色法确定根系定殖

根际清理和染色可以确定 AM 真菌内生根部分，同时可以评价 AM 根际定殖程度。清理过程通常在一个热平板或者高压釜中用 KOH 溶液煮沸根系样品，以去除碱可溶的单宁酸。黄瓜、玉米或者洋葱之类较嫩的根系除酸仅需 5~10 min，而一些树根甚至需要在 10% KOH 溶液中煮沸超过 1 h。室温条件下也可进行清理，也可得到高质量的根系材料，但是需要在 KOH 溶液中浸泡数小时至数天，进一步浸泡于 30% H_2O_2（Phillips 和 Hayman，1970）后用几滴 5 mol/L HCl 酸化后的 3% NaOCl（Bevege，1968）溶液中去除根系中很难清理的残留单宁酸。

染色法的发展过程是毒性逐步降低的过程，从以乳酚（Phillips 和 Hayman，1970）为基础到以乳酸甘油（Brundrett 等，1994）、家庭食醋（Vierheilig 等，1998）到稀释的盐酸（HCl）甚至奎宁水（Walker，2005）等较温和的酸为基础。最后，普通永久性墨水如氯唑黑 E、台盼蓝、酸性品红等（Vierheilig 等，1998）可替代可能致癌的染色剂。由于墨水和食醋染色技术是一种安全廉价的方法（详见下文），通常使用台盼蓝染色法进行研究。染色剂的效果取决于 AM 根系质量，植物种类。此外，Brundrett 等（1984）还对比了氯唑黑 E、台盼蓝、酸性品红及苯胺蓝的染色效果。

30.3.1 材料和试剂

（1）10%（w/v）KOH 水溶液。

（2）黑色 Shaeffer 墨水溶液：5%黑色 Shaeffer 墨水（Ft·madbon, Lowa）加入家用食醋（5%醋酸）或者台盼蓝溶液中。台盼蓝溶液：取 0.5 g 台盼蓝，溶于 500 mL 甘油、450 mL H_2O，以及含脱色溶液的 50 mL 1% HCl 的混合溶液中。

（3）酸化水：取纯净水，用食醋或 1% HCl 酸化处理。

（4）样品染色盒（组织处理盒，Fisher Scientifi, Nepean, Ontairo）：此外，小盒、小瓶、烧杯或者锥形瓶也可以代替，玻璃瓶或烧杯作为根系容器。

（5）铅笔。

（6）1 L 烧杯。

（7）热平板。

30.3.2 步骤

（1）切 1 cm 根系片段，取足够小并具代表性样品轻置于样品染色盒内，使得根内液体环流正常进行。在样品染色盒内将根片混入一定体积水保证无土壤附着。为了使根际定殖程度评价更具代表性，要求至少 50 个根系切片，最好 100 个。

（2）将根系样品放入用铅笔标记（墨水接触 KOH 后会褪色）的样品染色盒。如果没有样品染色盒，整个步骤可用小瓶、烧杯，或者锥形瓶替代。将根系切片装入容器，浸入指定溶液，然后过 50 μm 网孔尼龙滤片后手动回收。

（3）将样品染色盒放入一个 1 L 烧杯内。烧杯中的水不应超过其体积一半。

（4）用 KOH 溶液覆盖。

（5）将含样品的烧杯放在热平板上同时煮沸至可清晰看见根系样品。这一过程通常需要 10～30 min，但也可能需要几小时，这取决于植物种类及根系材料的质量。

（6）弃掉 KOH 溶液并用水龙头冲洗染色盒几次。

（7）如果使用 Shaeffer 墨水进行染色，建议采用酸化处理水冲洗；如果使用台盼蓝染色，则建议采用 1% HCl 冲洗。

（8）使用墨水—食醋染色液轻轻煮沸 3 min，或者用台盼蓝溶液煮沸 15～60 min。

（9）弃掉墨水—食醋溶液，用食醋酸化后的自来水冲洗染色盒。台盼蓝染色后的根系放置在脱色溶液（500 mL 甘油、450 mL H_2O 和 50 mL 1% HCl）中过夜。台盼蓝染色溶液小心过滤去除根系残渣后可用做后续根系染色。染色后的根系盒或锥形瓶保存于 4℃酸化自来水或者脱色溶液中。

30.3.3 注释

在放入样品染色盒之前，特别小的根系切片可用两片尼龙筛或者过滤纸保护以防止样品损失。此外，在清理染色溶液时须冲洗适当。Toth 等（1991）提出了一种根据定殖根长度和根半径计算 AM 真菌生物量的方法。

30.4 网格线交叉法确定根系定殖

染色根系定殖评价最常采用网格线交叉法（Giovannetti 和 Mosse，1980）。McGonigle 等（1990）将这种方法修正为"放大交叉法",因为根系是在 200 倍放大倍数下进行检测的。这种方法考虑了显微镜目镜十字光标和根系的交叉效应。更近距离的检测能够更精确地识别和记录丛枝状、菌丝状和囊状定殖。分辨菌丝状和囊状定殖时应仔细推测,因为它们也可以由非菌根真菌产生。该警告同样适用于网格线交叉法。采用载玻片法(Giovannetti 和 Mosse,1980),50~100 个 1 cm 根系切片封固在含聚乙烯乳酸甘油(polyvinyl lactoglycerol,PVLG)封片剂的载玻片上(Omar 等,1979)(166 g 黏度高达 24~32 cP 的聚乙烯乙醇溶解在 10 mL 水中,加入 10 mL 乳酸和 1 mL 甘油)。测量定殖根系组织长度与所观察根系总长度之比,结果以百分数表示。

生物化学方法也可以用来确定 AM 真菌根系定殖,有时候在区分 AM 真菌和其他根系内生菌时会体现出优势,此外,还能评价目前不太清楚的木质化程度高的根系。几丁质(Hepper,1977),24-甲基/亚甲基甾醇(Fontaine 等,2004)和磷脂脂肪酸(phospholipid fatty acid,PLFA)C16:1ω5(van Aarle 和 Olsson,2003)均作为 AM 定殖的指示物质。生物化学方法测定内生根 AM 定殖有一定局限性。几丁质并不是 AM 真菌专有,它同时存在于接合真菌细胞壁中。不同 AM 真菌种类甾醇和脂肪酸指示物质的相对丰度不一致。因此,在评价田间生长植物根系 AM 定殖时,不推荐采用生物化学指示物质的方法,因为这种情况下的定殖很可能是混合真菌群落的结果。由于网格线交叉法简单,相对快速,适用于大多数根系菌根定殖的常规确定。方法如下:

30.4.1 材料和试剂

(1)将一个塑料的皮式培养皿置于解剖刀片刻度线下方。线条可随机或者布置在网格图案上。带网格的培养皿也可以直接购买。

(2)含有用几滴食醋或 HCl 酸化水的洗瓶。

(3)镊子和针:用于分散根系。

(4)解剖显微镜。

(5)带双键的台式计数器,用于记录点数。

(6)干净和染色的根系。

30.4.2 步骤

(1)将染色的根系样品放在刻蚀过的皮式培养皿中,用喷洒式洗瓶中的酸化水、镊子和针分散根系。

(2)在解剖显微镜下扫描网格线,用键盘计数器记录下根系和线条交叉的总点数。类似的,也记录下这些含有 AM 定殖的交叉总数。例如,若 100 个交叉中发现有 42 个 AM 定殖,则 AM 根系定殖等于 42%。

30.4.3 注释

根长可同时用根系计数法进行简易的计算,采用 Newman(1966)关系式:

$$R=An/2H \tag{30.1}$$

式中,R 表示根长;A 是皮式培养皿的面积;n 是根系与网格线交叉总数;H 是所有刻蚀线长的总和。

测量根系时候,须小心操作,避免染色、清理、洗涤,以及从土壤中提取过程中丢失根系。定殖和总根长密度最好用总长或单位体积土壤定殖的根系长度来表示。

30.5 土壤菌根潜力的确定

有四种方法用来评价土壤菌根潜力:

(1) Porter（1979）应用最大可能数（most probable number，MPN）方法估算土壤中 AM 真菌繁殖体。该方法包括将待测土样进行巴氏消毒后重复连续稀释，以及诱捕植物的长势的测定。分别对有和无 AM 定殖的宿主植物根系进行检测，MPN 数据源于发表文章（Fisher 和 Yates，1963；Woomer，1994）。然而 MPN 方法比较费力且繁殖体数量估计值精确度不高。此外，强烈的土壤混合可干扰 AM 菌丝网络，同时也会涉及土壤感染性。因此这一方法考虑了感染性孢子和囊泡，低估了土壤感染性。

(2) Plenchette 等（1989）提出了一种改进的方法确定菌根土壤感染性（mycorrhizal soil infectivity，MSI），可代替 MPN 法。MSI 的土壤稀释序列过程与 MPN 方法相似，但是需种植 10 种植物群落而不是单一植物。菌根植物百分比与最小未灭菌稀释土壤量的关系考虑 50%菌根感染率所需的土壤量，这一土壤量即为一个单位的 MSI。该方法比 MPN 法更为精确，但是涉及种植一个植物群落而不是单个植物，因此需要检测成百上千的根系系统。

(3) Franson 和 Bethlenfalvay（1989）提出直接计算宿主植物根系的感染单元数量来表示菌根感染率。这需要很高的技巧和精确性，因为感染点可迅速变成另外的感染源同时更难辨别。一个土壤样品所有的真菌繁殖体不可能同步发生根际感染，因此，这种方法很可能会低估一个土壤中繁殖体的总数。

(4) 完整土块法可使感染性试验操作更简便。土壤中生长的宿主植物需要经 2~4 周的检测，2~4 周的时间足以使菌根定相，并且也避免菌根发展至最大生长潜能点，即植物可均匀定殖点（见 McGonigle，2001）。Brundrett 等（1994）提出在未经扰动的土块种植宿主植物以保持 AM 菌丝体的完整性。相比于 MPN 和 MSI 方法，完整土块法可精确评价土壤感染性。这一方法的局限性在于其最终结果不是一个直接的繁殖体数量，而是数天之后菌丝在宿主植物上的侵染率。这一方法适用于比较试验框架内土壤或区块菌根侵染潜能。此外，AM 真菌呈细丝状，无法确定繁殖体初始终点的生长类型。因此，用定殖速率表示土壤 AM 侵染性要比繁殖体数量更符合实际情况。方法如下：

30.5.1 材料和试剂

(1) 恰当标记的钢制圆柱，其下底呈尖锐锥形，该装置可向外传送压力并且在它推入土壤的时候保护土块样品。准备一定数量的圆柱（具体数量即采样区数量与每区块采样点数量乘积），用作生长容器。

(2) 小木板：用于覆盖并协助圆柱推入土壤。

(3) 泥铲：用于取出圆柱。

(4) 小刀：保持土块底部平整。

(5) 尼龙网及高量程橡胶环：用于封底且维持排水畅通。

(6) 生长温室：可控制温度、湿度及光照条件以允许在其他时间重复试验的生长室。

(7) 底部褶皱的穿孔塑料托盘：浇水时允许土块排出多余的水，同时保持土壤在适当的位置。

(8) 宿主植物种子或幼苗：注意在每个土块上不止一种植物生长。在生长圆柱上，每种植物总数应保持恒定。根瘤菌可接种（Brundrett 等，1994）苜蓿幼苗，亦可接种任意菌根营养型植物。

(9) 为保护土壤表面结构，防止被淹水破坏，可用聚酯绒毛覆盖在土块表面，特别是在土壤富含黏粒的情况下。聚酯绒毛用于覆盖表层土块，尤其防止富黏粒土壤表面结构被水淹破坏。

30.5.2 步骤

(1) 用木制板将圆柱覆盖并将其推进土壤直至填满。

(2) 小心将圆柱挖掘出土壤。

(3) 用手或木制板托住表面将圆柱倒置，使土块下表面保持平稳，用尼龙网覆盖在上面，同时用高量程的橡胶环固定尼龙网。在收集过程中避免将土块暴露在过热条件下。

(4) 小心将土块带到干净的温室工作台上。

(5) 将发芽的种子或幼苗插入土块中间。种子可成对放置，几天后每对可变薄成一个。

(6) 用聚酯绒毛覆盖在土壤表面以保护土壤结构。

(7) 在指定预设条件下，将其放在生长室褶皱托盘上。

(8) 如有必要可轻轻加水至田间持水量，以避免土壤结构退化。

(9) 种植宿主植物 2~4 周（见 30.5.3 节）。

(10) 按 30.3 节所给的方法清理，染色并测量根系，采用网格线交叉法（见 30.4 节）计算菌根定殖百分比，同时确定总根长。

30.5.3 注释

在收获前须要有多余的土块空间来定期评价根际定殖状态，确保侵入宿主植物的菌根有足够生长空间。

30.6 AM 真菌根外菌丝的评估

有几种方法用来量化 AM 真菌根外菌丝体。测量土壤几丁质用来估算土壤 AM 真菌生物量（Bethlenfalvay 和 Ames，1987）。几丁质测量法并不能估算活性 AM 根外菌丝生物量，并且几丁质同时也大量存在于无脊椎动物、甲壳和接合真菌中。

采用根系排阻箱研究土壤 AM 真菌根外菌丝的伸展。在分隔开的生长容器中连续取样可以对比不同种类 AM 真菌从根系障碍物到菌丝隔间的伸展情况（Schuepp 等，1987；Jakobsen 等，1992）。有学者提出旋转线系统以促进从低黏含量矿物土壤样品中提取根外菌丝（Vilarino 等，1993；Boddington 等，1999）。即使在直接测量土壤提取菌丝方面存在一些局限，根系排阻箱方法仍是评价土壤中根外 AM 菌丝大小最普遍的方式。AM 真菌菌丝一般是无隔膜的，一些研究者发现了典型的 AM 菌丝形貌特征，如菌丝大小（Ames 等，1983）、分枝角度及壁的特征。但考虑到 AM 属中发现的不同形貌，AM 根外菌丝可能大小范围（从细寄生菌的 <1 μm 到球囊霉属菌的 18 μm（Dodd 等，2000））及另一方面土壤真菌多样性，可知从一个土壤样品中提取的多核菌丝特性也是不确定的，尤其是不含分枝的菌丝片段。另外，土壤中提取的许多 AM 菌丝既不能存活也不具有功能，如果要探究活性菌丝数量必须应用关键染色技术。

Wright 和 Upadhyaya（1999）及 Balaz 和 Vosatka（2001）提出了嵌入膜技术，该技术是将一种抗降解的膜材料嵌入土壤来诱捕将要经过的菌丝。这些方法简单而且快速。他们给出了菌丝横切面平板总数的测量。这一方法可用于 AM 真菌特异性蛋白球囊霉素的免疫检测（Wright 和 Upadhyaya，1999；Wright，2000），以评价 AM 与腐生真菌的比例。当对有关菌丝密度数无要求时，应考虑嵌入膜技术。

脂肪酸通常对不同种类基团具有专一性。磷脂的磷酸基团是构成细胞膜的脂质，可在土壤中快速裂解，PLFA 的测量可反映活体或最近死亡的生命体的发生。因此 AM 真菌 PLFA 指示物质的测量可提供生命体功能的信息。PLFA 16:1ω5 是 AM 真菌生物量的最佳指示物质（Balser 等，2005）。脂肪酸 16:1ω5、18:1ω7、20:4，以及 20:5 被认为是 AM 真菌指示物质（Olsson 等，1995；Olsson，1999）。AM 真菌并没有完全专一的脂肪酸；20:4 和 20:5 同样也存在于藻类和原生动物中，但在非 AM 真菌和细菌体内却很少见，16:1ω5 和 18:1ω7 出现在一些细菌属中，但在其他真菌中却不常发现。土壤细菌中 PLFA 16:1ω5 的含量在 30%~60%，尽管在几种球囊霉属和大多数巨孢囊霉属（Graham 等，1995）中并不存在，脂肪酸 16:1ω5 在很多真菌物种中仍占主导。全细胞脂肪酸（whole-cell fatty acid，WCFA）16:1ω5 比 PLFA

16:1ω5 更具专一性，它与菌丝长度有关且这一关系呈周期性变化（Gryndler 等，2006）。不含菌根的控制对照处理可用来校正脂肪酸 16:1ω5 的背景水平，同时得到关于细菌生物量的 PLFA 数据，用来解释脂肪酸 16:1ω5 丰度的变化。应同时监测中性脂肪酸（neutral lipid fatty acid，NLFA）16:1ω5，因为其在很大程度上决定了所有被试 AM 真菌的保守性脂肪酸，而且细菌产生了很少量的中性脂质。NLFA 16:1ω5 的测量可用来支持来自 PLFA 组分脂肪酸 16:1ω5 在观察上的变异。

土壤脂质提取法及 PLFA 和 NLFA 16:1ω5 的测量（J.M. Clapperton，personal communication，Agriculture & Agri-Food Canada，Lethbridge, Alberta）描述如下：

30.6.1 材料和试剂

1. 提取

（1）称量纸。

（2）35 mL 玻璃离心管。

（3）二氯甲烷（dichloromethane，DMC）。

（4）甲醇（methanol，MeOH）。

（5）柠檬酸盐缓冲液。

（6）饱和 NaCl 溶液。

（7）7 mL 玻璃小瓶。

（8）移液管。

（9）摇床。

（10）离心机。

（11）N_2 气流干燥歧管（Reacti-Vap III）。

（12）37℃热平板（Reacti-Therm III）。

2. 脂类分离

（1）持夹器（含 10 个夹子）。

（2）巴斯德吸管：硅胶填充至顶部 2cm 处。

（3）装有洗耳球的巴斯德吸管。

（4）4 mL 玻璃小瓶。

（5）DCM。

（6）丙酮。

（7）MeOH。

（8）N_2 气流干燥歧管（Reacti-Vap III）。

（9）37℃热平板（Reacti-Therm III）。

3. 转甲基酯化

（1）N_2 气流干燥歧管（Reacti-Vap III）。

（2）37℃热平板（Reacti-Therm III）。

（3）装有洗耳球的巴斯德吸管。

（4）微量吸液管（含尖头）。

（5）MeOH。

（6）H_2SO_4（浓）。

（7）水浴槽。

（8）己烷。

（9）涡旋振荡器。

（10）超纯水。

（11）十九烷酸甲酯（19:0；Sigma, Aldrich）。

（12）200 μL 带针头的玻璃注射器。

（13）200 μL 锥形玻璃内衬管和气相色谱（gas chromatograph, GC）小瓶。

4. 脂肪酸气相色谱测定

（1）16:1ω5 标准脂肪酸（来自 MJS Biolynx #MT1208）。

（2）带火焰离子化检测器（flame ionization detector, FID）的气相色谱仪。这里使用美国瓦里安 3900 型号的 GC，配有 CP-8400 自动进样器，氢气作为载气（30 mL/min），以及 50 m 瓦里安毛细管选择 FAME #cp7420 进样柱。

30.6.2　步骤

1. 提取

（1）为提取全部土壤脂质，将 4 g（干重）冷冻土或鲜土加入 9.5 mL DMC:MeOH:柠檬酸盐缓冲液（1:2:0.8 v/v）中，在玻璃离心管中振荡 2 h。

（2）每管中加入 2.5 mL DMC 和 10 mL 饱和 NaCl 溶液，同时振荡 5 min 以上。

（3）离心管在 1500 g 条件下离心 10 min。

（4）将有机组分吸入干净小瓶中。

（5）试管中加 5 mL DCM：MeOH（1：1 v/v）溶液。

（6）振荡 15 min。

（7）1000 g 条件下离心 10 min。

（8）将对应小瓶中的有机组分与离心底物干样在 37℃通风橱中的 N_2 气流下混合。

（9）用 2 mL DCM 溶解样品。

（10）如有必要，样品可在-20℃条件下短暂保存。

2. 脂类分离

脂类分离在巴斯德吸液管中的硅胶柱中操作。

（1）用吸液管吸入样品后装载于柱子中，用少量 DCM 洗涤两次样品瓶，然后将洗涤液加入柱子。必须非常小心以保证溶剂液面一直高于硅胶。

（2）首先用大约 2 mL DCM 淋溶柱子浸提中性脂质组分，用 4 mL 小瓶收集淋出液。

（3）用大约 2 mL 丙酮淋溶柱子洗提糖脂组分，用其他 4 mL 小瓶收集淋出液。

（4）用大约 2 mL MeOH 淋溶柱子洗提磷脂组分，同样用 4 mL 小瓶收集淋出液。

（5）弃掉糖脂组分。

（6）在 37℃通风橱中的 N_2 气流下干燥中性及磷脂组分。

（7）将干燥组分溶解在数毫升 MeOH 中作 PLFA 分析，或 DCM 中作 NLFA 分析，也可保存在-20℃条件下备用。

3. 转甲基酯化

脂肪酸甲酯按如下步骤通过弱酸作用下分解得到：

（1）在 37℃通风橱中的 N_2 气流下干燥中性及磷脂组分。

（2）向小瓶中加入一半巴斯德吸液管的 MeOH/ H_2SO_4（25：1 v/v）溶液。

（3）将小瓶放在 80℃水浴槽中加热 10 min。

（4）冷却至室温。

（5）加入 1 巴斯德吸液管的己烷，小瓶涡旋 30 s，沉降 5 min。

（6）弃掉下层组分。

（7）加 1 mL 超纯水，涡旋 30 s，静置 5 min。

（8）完全弃掉液体部分。

（9）按国内标准，加入 10 μL 十九烷酸甲酯。

（10）在 37℃通风橱中的 N_2 气流下干燥样品。

（11）用玻璃注射器注入 50 μL 己烷洗涤小瓶。

（12）将样品转移至 100 μL 尖底玻璃内衬管，并置于 GC 小瓶内。

4. 脂肪酸气相色谱测定

（1）以 5∶1 分流模式进样（2 μL）。

（2）例如，在我们的程序中进样器要保持在 250℃，FID 检测器保持在 300℃。初始炉温为 140℃，保持 5 min，以 2℃/min 速度升至 210℃，然后以 5℃/min 速度从 210℃升至 250℃，最后保持 12 min。

5. 峰鉴定

峰的鉴定是依据保留时间与已知的 16:1ω5 标准进行对比。根据特定峰下的相对面积，同时与已知的 19∶0 的峰值对应后的相对面积进行对比，该峰值是由溶于己烷中一系列浓度的 19∶0 FAME 标准物质的标准曲线校正得到，可得出特定峰对应后的浓度。单个 PLFA 结果的丰度由每克干土 PLFA 的微克数表示。

脂肪酸含量由下列公式计算得到：

$$16{:}1\omega 5 = (A_{16{:}1\omega 5}/A_{istrd})C_{istd}D \tag{30.2}$$

式中，16:1ω5 是 AM 真菌指示物质的计算浓度（每单位体积的摩尔数或重量）；$A_{16{:}1\omega 5}$ 是 AM 真菌指示物质的 GC 面积；A_{istrd} 是由 GC 数据系统（无单位）确定的国内进样标准 GC 面积；C_{istd} 是给定的国内进样标准浓度；D 是适当的稀释因子。

30.6.3 注释

所有步骤所用溶剂均为 HPLC 级，离心管和小瓶均为玻璃制品，且旋盖为聚四氟乙烯材质。有机溶剂均有毒且必须在通风橱下操作。禁止使用封口膜。必须非常小心避免外源性脂质污染。例如，推荐使用手套操作。细菌和腐生真菌脂肪酸混合指示物质（色谱科细菌酸甲酯#47080-U）可结合 AM 真菌指示物质 16:1ω5 同时获得整个土壤微生物群落信息。

30.7 AM 真菌根外菌丝的测定

研究 AM 真菌根外菌丝的方法有很多。AM 真菌在转导根系培养基中的成功培养让人们对 AM 真菌生理学有了大量的认识。这部分的工作可见 Fortin 的（2002）综述。人们建立了一个人造系统，将与 AM 共生的植物组成减少至只剩常由发根农杆菌 Ri 质粒转导的根系。Giovannetti 与她的研究小组成功利用一种三层膜方法获得了许多关于 AM 真菌根外菌丝体的信息（Giovannetti 等，1993，2001）。尽管所产生的共生环境是人造的而且是二维的，但该方法仍与使用整个植物的真实情况很接近。在该方法中，将干净的孢子放在两个置于直径 14 cm 皮氏培养皿上的潮湿无菌石英砂粒上的 7 号微孔滤膜（0.45 μm 孔径）中发芽。干净的植物幼苗置于三层膜装置中。三层膜装置以固定时间间隔收获植物以监测菌根生长情况。Rillig 和 Steinberg（2002）使用不同粒径的玻璃珠模拟了不同菌丝生长空间条件，结果表明环境条件对菌丝长度和球囊霉素的产生有很大的影响。Friese 和 Allen（1991）通过根箱观察描述了游走菌丝、菌丝桥、吸附态菌丝网络、芽管及土壤中孢子和根系片段产生的侵染网络。虽然根箱观察可以研究土壤中丛枝菌根的形貌，但该系统并不能代表田间情况。Jones 等（1948）提出了一种膜方法，该方法将一种溶于琼脂中的土壤悬液倒在膜上。琼脂膜会干燥并且染色，有助于在显微镜下计数其中的菌丝体。对该方法进行修正后，可用来记录不同种类植物根系形成的 AM 菌丝间的联系。这一方法对检测根系、AM 菌丝及田间土壤微生物间的相互作用非常有用，方法如下：

30.7.1 材料和试剂

（1）含水量 1.5%的温热琼脂。
（2）显微镜载玻片。
（3）托盘。
（4）薄的塑料膜（树脂包裹）。
（5）塑料彩旗：用于回收载玻片。
（6）染色液：由 15 mL 苯酚（5%水溶液）、1 mL 苯胺蓝 W.S.（1%水溶液）及 4 mL 冰醋酸混合配置（注意使用通风橱、手套及护眼罩）的染色溶液。
（7）油派胶封片剂（Bioquip, Gardena, California）。
（8）95%乙醇。

30.7.2 步骤

（1）将显微镜载玻片并排放在托盘上。
（2）将琼脂水溶液倒在载玻片上产生一层薄的琼脂膜覆盖在载玻片上。
（3）当琼脂冷却固化后，取出并用手术刀将琼脂覆盖的载玻片从托盘上移出，再用塑料膜包裹后置于 4℃下保存。在田间，将包裹在载玻片上的塑料膜去除，将载玻片垂直埋入距植物根系指定距离处。
（4）用塑料小旗子标记每一个埋藏载玻片的位置。
（5）一段时间后，小心挖出埋藏的载玻片，用解剖刀将载玻片周围土壤及所有生长在琼脂表面的细根削去。琼脂覆盖的载玻片继续埋藏数月。
（6）在实验室水浴槽内仔细洗涤去除整个附着的土壤。
（7）在 60℃下干燥琼脂膜 15~20 min。
（8）在通风橱内，将干燥的琼脂膜在染色液中浸泡 1 h。
（9）在 95%乙醇中洗涤并脱水，用优巴拉尔封片剂永久封固。

30.7.3 注释

使用苯酚和含苯酚溶液时，应注意戴上手套及护眼罩在通风橱中操作。此外，用品红酸性染色也能得到很好的结果。

30.8 AM 真菌的提取

为了进一步研究 AM 孢子群落、丰度及多样性，土壤样品采样方法须进一步完善。此外，还应满足提取的孢子呈分离态作为初始接种体，以此来获得混合或纯培养体。

根据所研究的土壤类型，可采取不同方法来帮助孢子从土壤中分离。最常见的有密度梯度离心法，将孢子进行筛分并移注来提取 AM 真菌孢子，非常适用于生物多样性和分类学上的研究（Khan，1999）。然而，这一方法非常耗时且不太适用于大部分基本土壤 AM 种类，以及土壤群落研究和基础研究；下面所提出的孢子提取方法是将现有的一系列方法进行结合加以改进，包括土壤筛分，倾倒，蔗糖离心和过滤，使之在原有基础上有所改善并且适应于一些特殊的研究需求。主要包括多种梯度方法（Ohms，1957；Allen 等，1979；Furlan 等，1980；Kucey 和 McCready，1982）及湿筛方式（Gerdemann 和 Nicolson，1963；Daniels 和 Skipper，1982；Singh 和 Tiwari，2001）。本书的章节和综述文章也提到了于这些步骤的评价和描述，详见：（Tommerup，1992；Brundrett 等，1996；Clapp 等，1996；Jarstfer 和 Sylvia，1997；Johnson 等，1999；Khan，1999）。

一旦孢子从土壤物质中提取，它们可直接用作初始培养体或者根据其形态类型不同进行群落研究（Smilauer，2001；Brundrett，2004）。在封固在显微镜载玻片上作 AM 真菌多样性评价之前，可根据孢子的大小、颜色及对向菌丝的形态进行分类。当所提取的孢子作为初始接种体供 AM 真菌菌株繁殖之前，须要对原始孢子进行活性测试，即测定其发芽潜力。此外，脱氢酶活性染色如四唑溴染色（四甲基偶氮唑盐（MTT））及四唑氯染色（碘硝基氯化四氮唑蓝（INT））经常被测试用作 AM 孢子活性的评价（An 和 Hendrix，1988；Meier 和 Charvat，1993；Walley 和 Germida，1995）。尽管这一染色方法可能令人费解，但它仍然是最简单也是最节省时间的方法。孢子提取及活体染色的步骤详见 30.8.1 节。

由于传统方法从土壤样品中提取 AM 真菌孢子过程繁琐费时，而且特定孢子形貌特征有限，无法从定殖根系鉴定 AM 真菌，因此发展了分子技术来研究 AM 真菌群落。以聚合酶链式反应（polymerase chain reaction，PCR）为基础的数种方法发展起来，并直接用于研究检测及其基因多样性（Claassen 等，1996；Vandenkoornhuyse 等，2002）。嵌套 PCRs（两步放大）是一种更加快捷高效用于研究土壤和根系 AM 真菌群落的方法（van Tuinen 等，1998；Jacquot 等，2000；Jansa 等，2003；de Souza 等，2004）。聚合酶链式反应—变性梯度凝胶电泳（polymerase chain reaction-denaturing gradient gel electrophoresis，PCR-DGGE）也可直接用于土壤和根系样品中扩增后的 DNA 分析。它可以在不同核苷酸序列中分离同样长度的 DNA 产物及单个碱基，并且不需要克隆过程（Ma 等，2005；Sato 等，2005），直接可以鉴别不同物种（Kowalchuk 等，2002；de Souza 等，2004）。

最后，定量实时 PCR（qPCR）将对 PCR 产物的荧光信号成比例放大，然后进行检测，该方法不仅可以检测而且可以同时定量染色体 DNA（Filion 等，2003；Isayenkov 等，2004）。

用来研究土壤真菌群落，以及 AM 真菌多样性的方法通常基于 PCR 原理，这些方法的比较及应用详见 Anderson 和 Cairney（2004）及 Clapp 等（2002）。

30.8.1 筛分和蔗糖技术提取土壤 AM 孢子

1. 材料和试剂

（1）天平。

（2）烧瓶（1 L）。

（3）一系列大小筛子（建议筛孔大小：1000 μm 截留砂砾、土壤残渣；500μm、150μm 和 50 μm 收集子实体和不同大小的孢子）。

（4）离心管：圆底，100 mL。

（5）离心机。

（6）真空抽滤装置（真空来源，布氏漏斗和并联烧瓶（2 L））。

（7）滤纸（Whatman 1 号（40 μm））。

（8）塑料皮式培养皿。

（9）50%蔗糖（w/v）。

（10）分散剂：失水山梨醇聚氧乙烯酸酯（可选）。

2．步骤

（1）称取 50 g 土壤放入含 200～300 mL 水的 1 L 烧瓶中。

（2）剧烈振荡后土壤浸提 30 min～1 h。

（3）土水混合物按筛孔从大到小依次过筛（最大直径筛子放在顶部截留残渣），仔细润洗烧瓶确保土壤无损回收，这一步骤可收集所有土壤物质来提取孢子。

（4）用水冲洗土壤，必要时可人工破坏土壤团聚体，小心防止阻塞筛子小孔。在这一步，可收集根片供根系定殖评价或作为接种材料。

（5）从每个筛子回收整个土壤样品，后倾倒于离心管中（土壤体积最大 10 mL），用 50%（w/v）蔗糖溶液填满离心管，用玻璃棒或金属棒充分混合样品，然后在 800 g 下离心 4 min。（可选步骤，见下一部分）

（6）用 40 μm 滤纸回收上清液并小心洗涤使蔗糖浓度稀释，以免在后续鉴定中影响孢子壁的形态。

（7）将孢子倒入塑料培养皿中，或用滤纸真空过滤孢子后于解剖显微镜下检测。

3．注释

当测定孢子丰度时，需测量土壤水分含量，孢子丰度则是每克干土所含孢子总量。对于步骤（2）～（4），可加入一滴分散剂（如 Tween 80）到水中以促进孢子与土壤残渣分离。分散剂不会影响孢子形态，也不影响孢子发芽潜力。在砂土中，蔗糖提取和离心（步骤（5））过程可省略，因为当土壤质地砂质时，孢子通过土—水—分散剂混合物的剧烈振荡很容易与二氧化硅颗粒分开。因此，建议采用真空抽滤 2～3 次以收集最大数量的孢子。在有机质土壤中，提取 AM 孢子时筛分及蔗糖提取步骤不能省略，而且在某些情况下还需要重复提取步骤（5）至少 2 次。近来又提出使用低浓度 HCl 或氢氟酸清洗并分离孢子（Garampalli 和 Reddy，2002），以便使用显微镜观察和体外培养繁殖。但是，在使用这些化学剂时要特别小心，提取过程应在通风橱下操作避免吸入。使用氢氟酸需要在专用通风橱下操作。

30.8.2 根系酶消解法提取囊泡

囊泡是 AM 真菌理想的繁殖体。Strullu 和 Plenchette（1991）提出用海藻酸盐微球作为高质量的根系接种体。孢子的单菌种培养也能提供高质量的接种体，但仅有少数种类可在体外培养。由于囊泡不能在体外培养的 AM 菌种，可从根系提取囊泡，根系提取也可以组织培养根系器官，根外囊泡没有附着的有机物残渣，因而比土壤提取的孢子更干净。

1．材料和试剂

（1）手术刀。

（2）由 0.2 g/L 果胶酶，0.5 g/L 崩溃酶和 1.0 g/L 纤维素酶组成的酶溶液。

（3）250 mL 烧杯。

（4）搅拌机。

（5）50 μm 筛子。

2．步骤

（1）将 10 g 根系切成 3～10 mm 片段。

（2）将根片放入 100 mL 酶溶液中。

（3）室温下培养过夜。

（4）用脱矿质水洗涤消化组织。

（5）在搅拌机中均匀混合。

（6）样品均匀混合后用 50 μm 筛子过滤并在解剖显微镜下回收附着在菌丝上的囊泡簇。

3. 注释

Jabaji-Hare 等（1984）使用研钵和槌、均化搅拌器、过滤器及密度离心法定量并回收囊泡供生化分析。

参 考 文 献

Allen, M.F., Moore, T.S., and Christensen, M. 1979. Growth of vesicular-arbuscular mycorrhizal and non-mycorrhizal *Bouteloua gracilis* in defined medium. *Mycologia* 71: 666-669.

Ames, R.N., Reid, C.P.P., Porter, L.K., and Cambardella, C. 1983. Hyphal uptake and transport of nitrogen from two ^{15}N-labelled sources by *Glomus mosseae* a vesicular-arbuscular mycorrhizal fungus. *New Phytol.* 95: 381-396.

An, A.Q. and Hendrix, J.W. 1988. Determining viability of endogonaceous spores with a vital stain. *Mycologia* 80: 259-261.

Anderson, I.C. and Cairney, J.W.G. 2004. Diversity and ecology of soil fungal communities increased understanding through the application of molecular techniques. *Environ. Microbiol.* 6: 769-779.

Balaz, M. and Vosatka, M. 2001. A novel inserted membrane technique for studies of mycorrhizal extraradical mycelium. *Mycorrhiza* 11: 291-296.

Balser, T.C., Treseder, K.K., and Ekenler, M. 2005. Using lipid analysis and hyphal length to quantify AM and saprotrophic fungal abundance along a soil chronosequence. *Soil Biol. Biochem.* 37: 601-604.

Bethlenfalvay, G.J. and Ames, R.N. 1987. Comparison of two methods for quantifying extraradical mycelium of vesicular-arbuscular mycorrhizal fungi. *Soil Sci. Soc. Am. J.* 51: 834-837.

Bevege, D.I. 1968. A rapid technique for clearing tannins and staining intact roots for detection of mycorrhizas caused by *Endogone* spp., and some records of infection in Australasian plants. *T. Brit. Mycol. Soc.* 51: 808-810.

Boddington, C.L., Bassett, E.E., Jakobsen, I., and Dodd, J.C. 1999. Comparison of techniques for the extraction and quantification of extra-radical mycelium of arbuscular mycorrhizal fungi in soils. *Soil Biol. Biochem.* 31: 479-482.

Brundrett, J. 2004. Diversity and classification of mycorrhizal associations. *Biol. Rev.* 79: 473-495.

Brundrett, M.C., Bougher, N., Grove, T., and Malajczuk, N. 1996. *Working with Mycorrhizas in Forestry and Agriculture.* ACIAR Monograph Series No. 32.

Brundrett, M.C., Melville, L., and Peterson, L. 1994. *Practical Methods in Mycorrhiza Research.* Mycologue Publications, Sydney, British Columbia, Canada.

Brundrett, M.C., Piché, Y., and Peterson, R.L. 1984. A new method for observing the morphology of vesicular-arbuscular mycorrhizae. *Can. J. Bot.* 62: 2128-2134.

Claassen, V.P., Zasoski, R.J., and Tyler B.M. 1996. A method for direct soil extraction and PCR amplification of endomycorrhizal fungal DNA. *Mycorrhiza* 6: 447-450.

Clapp, J.P., Fitter, A.H., Merryweather, J.W., and Hall, G.S. 1996. Arbuscular mycorrhizas. In: G.S. Hall, ed. *Methods for the Examination of Organismal Diversity in Soils and Sediments.* CAB International, Wallingford, Oxon, UK, 145-161.

Clapp, J.P., Helgason, T., Daniell, T.J., and Young, J.P.W. 2002. Genetic studies of the structure and diversity of arbuscular mycorrhizal fungal communities. In: M.G.A. van der Heijden and I. Sanders, eds. *Mycorrhizal Ecology.* Springer-Verlag,

Berlin, Germany, 201-224.

Daniels, B.A. and Skipper, H.D. 1982. Methods of the recovery and quantitative estimation of propagules from soil. In: N.C. Schenck, ed. *Methods and Principles of Mycorrhizal Research*. American Phytopathological Society, St. Paul, MN, 29-35.

de Souza, F.A., Kowalchuk, G.A., Leeflang, P., van Veen, J.A., and Smit, E. 2004. PCR denaturing gradient gel electrophoresis profiling of inter-and intraspecies 18S rRNA gene sequence heterogeneity is an accurate and sensitive method to assess species diversity of arbuscular mycorrhizal fungi of the genus *Gigaspora*. *Appl. Environ. Microbiol.* 70: 1413-1424.

Dodd, J.C., Boddington, C.L., Rodriguez, A., Gonzalez-Chavez, C., and Mansur, I. 2000. Mycelium of arbuscular mycorrhizal fungi (AMF) from different genera: form, function and detection. *Plant Soil* 226: 131-151.

Filion, M., St-Arnaud, M., and Jabaji-Hare, S.H. 2003. Direct quantification of fungal DNA from soil substrate using real-time PCR. *J. Microbiol. Meth.* 53: 67-76.

Fisher, R.A. and Yates, F. 1963. *Statistical Tables for Biological, Agricultural and Medical Research*, 6th ed. Oliver and Boyd, Edinburgh, Scotland, UK.

Fontaine, J., Grandmougin-Ferjani, A., Glorian, V., and Durand, R. 2004. 24-Methyl/methylene sterols increase in monoxenic roots after colonization by arbuscular mycorrhizal fungi. *New Phytol.* 163: 159-167.

Fortin, J.A., Bécard, G., Declerck, S., Dalpé, Y., St-Arnaud, M., Coughlan, A.P., and Piché, Y. 2002. Arbuscular mycorrhiza on root-organ cultures. *Can. J. Bot.* 80: 1-20.

Franson, R.L. and Bethlenfalvay, G.J. 1989. Infection unit method of vesicular-arbuscular mycorrhizal propagule determination. *Soil Sci. Soc. Am. J.* 53: 754-756.

Friese, C.F. and Allen, M.F. 1991. The spread of VA mycorrhizal fungal hyphae in the soil: inoculum types and external hyphal architecture. *Mycologia* 83: 409-418.

Furlan, V., Bartschi, H., and Fortin, J.A. 1980. Media for density gradient extraction of endomycorrhizal spores. *T. Brit. Mycol. Soc.* 75: 336-338.

Garampalli, R.H. and Reddy, C.N. 2002. A simple technique for clearing adherent debris of VAM fungal spores for identification. *Mycorrhiza News* 14: 14-15.

Gerdemann, J.W. and Nicolson, T.H. 1963. Spores of mycorrhizal *Endogone* species extracted from soil by wet sieving and decanting. *T. Brit. Mycol. Soc.* 46: 235-244.

Giovannetti, M., Fortuna, P., Citernesi, A.S., Morini, S., and Nuti, M.P. 2001. The occurrence of anastomosis formation and nuclear exchange in intact arbuscular mycorrhizal networks. *New Phytol.* 151: 717-724.

Giovannetti, M. and Mosse, B. 1980. An evaluation of techniques for measuring vesicular-arbuscular mycorrhizal infection in roots. *New Phytol.* 84: 489-500.

Giovannetti, M., Sbrana, C., Avio, L., Citernesi, A.S., and Logi, C. 1993. Differential hyphal morphogenesis in arbuscular mycorrhizal fungi during pre-infection stages. *New Phytol.* 125: 587-593.

Gollotte, A., van Tuinen, D., and Atkinson, D. 2004. Diversity of arbuscular mycorrhizal fungi colonising roots of the grass species *Agrostis capillaris* and *Lolium perenne* in a field experiment. *Mycorrhiza* 14: 111-117.

Graham, J.H., Hodge, N.C., and Morton, J.B. 1995. Fatty acid methyl ester profiles for characterization of glomalean fungi and their endomycorrhizae. *Appl. Environ. Microbiol.* 61: 58-64.

Gryndler, M., Larsen, J., Hrselova, H., Rezacova, V., Gryndlerova, H., and Kubat, J. 2006. Organic and mineral fertilization, respectively, increase and decrease the development of external mycelium of arbuscular mycorrhizal fungi in a long-term field experiment. *Mycorrhiza* 16: 159-166.

Hepper, C.M. 1977. A colorimetric method for estimating vesicular-arbuscular mycorrhizal infection in roots. *Soil Biol. Biochem.* 9: 15-18.

Isayenkov, S., Fester, T., and Hause, B. 2004. Rapid determination of fungal colonization and arbuscule formation in roots of *Medicago truncatula* using real-time (RT) PCR. *J. Plant Physiol.* 161: 1379-1383.

Jabaji-Hare, S., Sridhara, S.I., and Kendrick, B. 1984. A technique for the isolation of intramatrical vesicles from vesicular-arbuscular mycorrhizae. *Can. J. Bot.* 62: 1466-1468.

Jacquot, E., van Tuinen, D., Gianinazzi, S., and Gianinazzi-Pearson, V. 2000. Monitoring species of arbuscular mycorrhizal fungi in planta and in soil by nested PCR: application to the study of the impact of sewage sludge. *Plant Soil* 226: 179-188.

Jakobsen, I., Abbott, L.K., and Robson, A.D. 1992. External hyphae of vesicular-arbuscular mycorrhizal fungi associated with *Trifolium subterraneum* L. *New Phytol.* 120: 371-379.

Jakobsen, I. and Nielsen, N.E. 1983. Vesicular-arbuscular mycorrhiza in field-grown crops. I. Mycorrhizal infection in cereals and peas at various times and soil depths. *New Phytol.* 93: 401-413.

Jansa, J., Mozafar, A., Kuhn, G., Anken, T., Ruh, R., Sanders, R., and Frossard, E. 2003. Soil tillage affects the community structure of mycorrhizal fungi in maize roots. *Ecol. Appl.* 13: 1164-1176.

Jarstfer, A.G. and Sylvia, D. 1997. Isolation, culture, and detection of arbuscular mycorrhizal fungi. In: C.J. Hurst, G.R. Knudsen, M.J. McInerney, L.D. Stetzenbach, and M.V. Walter, eds. *Manual of Environmental- Microbiology.* American Society for Microbiology, Washington, DC, 406-412.

Johnson, N.C., O'Dell, T.E., and Bledsoe, C.S. 1999. Methods for ecological studies of mycorrhizae. In: G.P. Robertson, D.C. Coleman, C.S. Bledsoe, and P. Sollins, eds. *Standard Soil Methods for Long Term Ecological Research.* Oxford University Press, Oxford, UK, 378-412.

Jones, P.C.T., Mollison, J.E., and Quenouille, M.H. 1948. A technique for the quantitative estimation of soil micro-organisms. *J. Gen. Microbiol.* 2: 54-69.

Kabir, Z., O'Halloran, I.P., Fyles, J.W., and Hamel, C. 1998a. Dynamics of the mycorrhizal symbiosis of corn (*Zea mays* L.): effects of host physiology, tillage practice and fertilization on spatial distribution of extra-radical mycorrhizal hyphae in the field. *Agric. Ecosyst. Environ.* 68: 151-163.

Kabir, Z., O'Halloran, I.P., Widden, P., and Hamel, C. 1998b. Vertical distribution of arbuscular mycorrhizal fungi under corn (*Zea mays* L.) in no-till and conventional tillage systems. *Mycorrhiza* 8: 53-55.

Khan, Q.Z. 1999. Evaluation of techniques for isolation of vesicular-arbuscular mycorrhizal fungi. *Ann. Plant Prot. Sci.* 7: 239-241.

Kowalchuk, G.A., de Souza, F.A., and van Veen J.A. 2002. Community analysis of arbuscular mycorrhizal fungi associated with *Ammophila arenaria* in Dutch coastal sand dunes. *Mol. Ecol.* 11: 571-581

Kucey, R.M.N. and McCready, R.G.L. 1982. Isolation of vesicular-arbuscular mycorrhizal spores: a rapid method for the removal of organic detritus from wet-sieved soil samples. *Can. J. Microbiol.* 28: 363-365.

Ma, W.K., Siciliano, S.D., and Germida, J.J. 2005. A PCR-DGGE method for detecting arbuscular mycorrhizal fungi in cultivated soils. *Soil Biol. Biochem.* 37: 1589-1597.

McGonigle, T.P. 2001. On the use of non-linear regression with the logistic equation for changes with time of percentage root length colonized by arbuscular mycorrhizal fungi. *Mycorrhiza* 10: 249-254.

McGonigle, T.P., Miller, M.H., Evans, D.G., Fairchild, G.L., and Swan, J.A. 1990. A new method which gives an objective measure of colonization of roots by vesicular-arbuscular mycorrhizal fungi. *New Phytol.* 115: 495-501.

Meier, R. and Charvat, I. 1993. Reassessment of tetrazolium bromide as a viability stain for spores of vesicular-arbuscular mycorrhizal fungi. *Am. J. Bot.* 80: 1007-1015.

Newman, E.I. 1966. A method for estimating total length of root in a sample. *J. Appl. Ecol.* 3: 139-145.

Oehl, F., Sieverding, E., Ineichen, K., Ris, E.-A., Boller, T., and Wiemken, A. 2005. Community structure of arbuscular mycorrhizal fungi at different soil depths in extensively and intensively managed agroecosystems. *New Phytol.* 165: 273-283.

Ohms, R.E. 1957. A flotation method for collecting spores of a Phycomycetous mycorrhizal parasite from soil. *Phytopathology* 47: 751-752.

Olsson, P.A. 1999. Signature fatty acids provide tools for determination of the distribution and interactions of mycorrhizal fungi in soil. *FEMS Microbiol. Ecol.* 29: 303-310.

Olsson, P.A., Bååth, E., Jakobsen, I., and Söderström, B. 1995. The use of phospholipid and neutral lipid fatty acids to estimate biomass of arbuscular mycorrhizal fungi in soil. *Mycol. Res.* 99: 623-629.

Omar, M.B., Bolland, L., and Heather, W.A. 1979. A permanent mounting medium for fungi. *Bull. Br. Mycol. Soc.* 13: 31-32.

Phillips, J.M. and Hayman, D.S. 1970. Improved procedures for clearing roots and staining parasitic and vesicular-arbuscular mycorrhizal fungi for rapid assessment of infection. *T. Brit. Mycol. Soc.* 55: 158-161.

Plenchette, C., Perrin, R., and Duvert, P. 1989. The concept of soil infectivity and a method for its determination as applied to endomycorrhizas. *Can. J. Bot.* 67: 112-115.

Porter, W.M. 1979. The "Most Probable Number" for enumerating infective propagules of vesicular-arbuscular mycorrhizal fungi. *Aust. J. Soil Res.* 17: 515-519.

Rillig, M.C. and Steinberg, P.D. 2002. Glomalin production by an arbuscular mycorrhizal fungus: a mechanism of habitat modification? *Soil Biol. Biochem.* 34: 1371-1374.

Sato, K., Suyama, Y., Saito, M., and Sugawara, K. 2005. A new primer for discrimination of arbuscular mycorrhizal fungi with polymerase chain reaction-denature gradient gel electrophoresis. *Grassland Sci.* 51: 179-181.

Schuepp, H., Miller, D.D., and Bodmer, M. 1987. A new technique for monitoring hyphal growth of vesicular-arbuscular mycorrhizal fungi through soil. *T. Brit. Mycol. Soc.* 89: 429-436.

Singh, S.S. and Tiwari, S.C. 2001. Modified wet sieving and decanting technique for enhanced recovery of vesicular-arbuscular mycorrhizal fungi from forest soils. *Mycorrhiza News* 12: 12-13.

Smilauer, P. 2001. Communities of arbuscular mycorrhizal fungi in grassland: seasonal variability and effects on environment and host plants. *Folia Geobot.* 36: 243-263.

Strullu, D.G. and Plenchette, C. 1991. The entrapment of *Glomus* sp. in alginate beads and their use as root inoculum. *Mycol. Res.* 95: 1194-1196.

Tommerup, I.C. 1992. Methods for the study of the population biology of vesicular-arbuscular mycorrhizal fungi. In: J.R. Norris, D.J. Read, and A.K. Varma, eds. *Methods in Microbiology. Vol. 24. Techniques for the Study of Mycorrhiza.* Academic Press, Amsterdam, the Netherlands, 23-51.

Toth, R., Miller, R.M., Jarstfer, A.G., Alexander, T., and Bennett, E.L. 1991. The calculation of intraradical fungal biomass from percent colonization in vesicular-arbuscular mycorrhizae. *Mycologia* 83: 553-558.

van Aarle, I.M. and Olsson, P.A. 2003. Fungal lipid accumulation and development of mycelial structures by two arbuscular mycorrhizal fungi. *Appl. Environ. Microbiol.* 69: 6762-6767.

van Tuinen, D., Jacquot, E., Zhao, B., Gollotte, A., and Gianninazzi-Pearson, V. 1998. Characterization of root colonization profiles by a microcosm community of arbuscular mycorrhizal fungi using 25S rDNA-targeted nested PCR. *Mol. Ecol.* 7: 879-887.

Vandenkoornhuyse, P., Husband, R., Daniell, T.J., Watson, J., Duck, J.M., Fitter, A.H., and Young, J.P.W. 2002. Arbuscular mycorrhizal community composition associated with two plant species in a grassland ecosystem. *Mol. Ecol.* 11: 1555-1564.

Vierheilig, H., Coughlan, A.P., Wyss, U., and Piché, Y. 1998. Ink and vinegar, a simple staining technique for arbuscular-mycorrhizal fungi. *Appl. Environ. Microbiol.* 64: 5004-5007.

Vilarino, A., Arines, J., and Schuepp, H. 1993. Extraction of vesicular-arbuscular mycorrhizal mycelium from sand samples. *Soil Biol. Biochem.* 25: 99-100.

Walker, C. 2005. A simple blue staining technique for arbuscular mycorrhizal and other rootinhabiting fungi. *Inoculum* 45: 69-69.

Walley, F.L. and Germida, J.J. 1995. Estimating the viability of vesicular-arbuscular mycorrhizae fungal spores using tetrazolium salts as vital stains. *Mycologia* 87: 273-279.

Woomer, P.L. 1994. Most probable number counts. In: R.W. Weaver et al., eds. *Methods of Soil Analysis, Part 2—Microbiological and biochemical properties.* Soil Science Society of America, Madison, WI, 59-80.

Wright, S.F. 2000. A fluorescent antibody assay for hyphae and glomalin from arbuscular mycorrhizal fungi. *Plant Soil* 226: 171-177.

Wright, S.F. and Upadhyaya, A. 1999. Quantification of arbuscular mycorrhizal fungi activity by the glomalin concentration on hyphal traps. *Mycorrhiza* 8: 283-285.

（柳飞　译，徐建明　校）

第31章 根瘤菌与共生固氮作用

D. Prévost

Agriculture and Agri-Food Canada

Quebec, Quebec, Canada

H. Antoun

Laval University

Quebec, Quebec, Canada

31.1 引　言

　　植物的共生固氮作用通常发生在豆科植物和非豆科植物的根瘤中。根瘤菌是共生固氮细菌中被研究最多的一种，它可以促使豆科植物形成根瘤，这对耕作土壤的氮肥管理具有重要的环境意义。非豆科植物与根瘤细菌大部分属于 *Alnus*-type 共生关系，内部有很多放线菌 *Frankia* 形成的小共生体。蓝藻细菌中的 *Nostoc* 或 *Anabaena* 可以使苏铁目植物形成根瘤，此时根瘤细菌与植物形成 *Parasponia*-type 共生关系。

　　本章内容主要阐述根瘤菌—豆科植物共生关系的最新研究方法。全球豆科植物的增产归功于多学科领域的科研队伍改良的根瘤菌接种与种植技术。微生物学家、土壤学家、植物生理学家、植物培育人员、农学专家都在此突破中做出了重要贡献。不断发展的分子技术增进了我们对根瘤菌生态学的了解，关于根瘤菌微小共生体的分类方法发生了巨大改变。根据基因型和表现型，对来自不同区域的大量豆科植物所分离的根瘤菌株进行研究，对已知的根瘤细菌进行了重新分类，同时发现了很多的新物种。

　　共生的根瘤菌属于变形菌门下的 α 亚纲（α-根瘤菌）。然而，变形菌门 β 亚纲中的 *Burkholderia Ralstonia* 可以使一些热带豆科植物形成根瘤。这些菌属由固氮细菌演变而来，这一现象在自然界中普遍存在（Chen 等，2003）。目前根瘤菌的分类法（Rhizobia_Taxonomy，2006）将根瘤菌分为根瘤菌属（14 种），中慢生根瘤菌属（10 种）、固氮根瘤菌属（1 种）、中华根瘤菌属（也称为剑菌属，11 种）、慢生根瘤菌属（5 种），以及其他 6 个菌属（产甲烷细菌属、伯克氏菌属、罗尔斯通菌属、德沃斯氏菌属、芽生杆菌属、苍白杆菌属）。

　　在本章节中出现的根瘤菌指代的是能在豆科植物根系和茎形成根瘤的细菌。表 31.1 列举了与原生和人工种植的豆科植物相关的根瘤菌。最新的对热带地区豆科植物分离出来的根瘤菌的分类没有包含在内。

表 31.1　加拿大原生和种植的豆科植物及促进形成根瘤的根瘤菌种类

豆科植物种类		根瘤菌种类
拉丁名	常用名	
Arachis hypogae	花生	*Bradyrhizobium* sp.[a]
Astragalus cicer	鹰嘴黄芪	*Mesorhizobium* sp.[a]
Astragalus sinicus		*Mesorhizobium huakuii*
Astragalus adsurgens		*M. septentrionale, M. temperatum*

（续表）

豆科植物种类		根瘤菌种类
拉丁名	常用名	
Cicer arietinum	鹰嘴豆	*Mesorhizobium cicero, Mesorhizobium mediterraneum*
Galega	山羊豆	*Rhizobium galegae*
Glycine max	大豆	*Bradyrhizobium japonicum, B. elkanii, B. liaoningense, Sinorhizobium fredii, S. xinjiangense*
Lathyrus spp.	香豌豆，丹吉尔香豌豆，海滩豌豆	*Rhizobium leguminosarum* bv. *viceae*
Lathyrus sativus	山黧豆，草香豌豆	*Rhizobium leguminosarum* bv. *viceae*
Lathyrus pratensis	黄山黧豆	*Rhizobium leguminosarum* bv. *viceae*
Lens culinaris	兵豆	*Rhizobium leguminosarum* bv. *viceae*
Lotus corniculatus	鸟足拟三叶草	*Mesorhizobium loti*
Lupinus spp.	羽扇豆（白，蓝，黄）	*Bradyrhizobium* sp.
Medicago spp.	苜蓿	*Sinorhizobium meliloti, S. medicae*
Melilotus spp.	草木樨（白，黄）	*Sinorhizobium meliloti, S. medicae*
Onobrychis vivifolia	红豆草	*Rhizobium* sp.[a]
Oxytropis sp.		*Mesorhizobium* sp.[a]
Phaseolus vulgaris	刀豆	*Rhizobium leguminosarum* bv. *phaseoli, R. gallicum, R. giardinii, R. etli*
Pisum sativum	豌豆	*Rhizobium leguminosarum* bv. *viceae*
Securigera varia	小冠花	*Rhizobium* sp.[a]
Trifolium spp.	三叶草	*Rhizobium leguminosarum* bv. *trifolii*
Vicia sativa	蒡草	*Rhizobium leguminosarum* bv. *viceae*
Vicia villosa	毛叶苕子	*Rhizobium leguminosarum* bv. *viceae*
Vicia faba	蚕豆	*Rhizobium leguminosarum* bv. *viceae*

来源：Sahgal, M. and Johri, N., *Curr. Sci.*, 84, 43, 2003. http://www.rhizobia.co.nz/Rhizobia_Taxonomy.html.
[a] 这些豆科植物的根瘤菌仍然未知。

本章阐述了分离估算土壤中根瘤菌群落数量的方法，以此评价共生固氮作用，可以让经验不足的科研工作者得到可靠数据。比如简要阐述了利用基因分析手段来直接分离和估算土壤中根瘤菌群落数量的方法；提供相关的文献以便获得更完整的信息。

31.2 根瘤菌的分离方法

共生根瘤菌通常寄生在豆科植物和非豆科植物的根际，除了在豆科植物体内生存，它们也可以内生于一些非豆科植物，比如水稻和玉米（Sessitsch等，2002）。然而，土壤中也存在着非共生的根瘤菌（Sullivan等，1996），因此这里讨论的方法适用于分离使豆科植物形成根瘤的根瘤菌。根瘤菌可以从种植过豆科植物的田间获得，同时也可以在无菌的实验室条件下，向表面无菌的豆科植物种子接种根瘤菌，并让其在土壤悬液中生长，从而刺激根瘤的形成（见35.3节）。Date和Halliday（1987），Somasegaran和Hoben（1994）阐述和讨论了收集根瘤和收集过程中保存根瘤的方法。

这里提供的分离方法是从选定的植物中获得寄生于植物根瘤上的根瘤菌时需要执行的基本步骤（Rice和Olsen，1993）。

31.2.1 材料

(1) 田间采样工具——铁锹、园林铲、小刀等。

(2) 塑料采样袋。

(3) 冷却器和干冰。

(4) 收集容器：①带有旋盖的玻璃瓶（10~20 mL 容量），内含干燥剂（无水氯化钙或二氧化硅凝胶）占容器的 1/4 体积，底部垫有棉花塞；或②带有旋盖的玻璃或者塑料瓶，内含 50%的甘油。

(5) 95%（w/v）乙醇。

(6) 消毒液：8%（w/v）次氯酸钠或次氯酸钙溶液或者 3%（v/v）过氧化氢溶液。

(7) 无菌水，试管，玻璃棒。

(8) Petri 培养皿，含 20 mL 酵母浸出液——甘露醇培养基（yeast-extract mannitol agar，YMA）：成分（g/L）：甘露醇，10.0；K_2HPO_4，0.5；$MgSO_4 \cdot 7H_2O$，0.2；NaCl，0.1；酵母浸出液，1.0；琼脂，15.0。用 1mol/L NaOH 或 HCl 调节 pH 值为 7.0，121℃高压灭菌 15min。

(9) 带有旋盖的离心管，内含斜面培养基 YMA；无菌矿物油。

(10) 含有 YMB（不含琼脂的 YMA）的冷冻管，内有 25%的甘油。

31.2.2 步骤

(1) 用铁锹在所选植物周围划出直径为 15 cm、深度不少于 20 cm 的土壤区块。

(2) 取出所选土壤区块，小心地从植物根上取下土壤，避免次生根与植物体分离。这个过程可以将土壤区块浸到水里，使土壤快速分离。根据根瘤的大小，选取适宜目数的筛子，这有利于获得从土壤根系上分离下来的根瘤。

(3) 如果分离过程可以在 24 h 内完成，将含有根瘤的根系放入采样袋，用冷却器将其转移到实验室。新鲜的根系根瘤可以在冰箱中过夜保存，按步骤（6）进行处理。

(4) 为了更长时间地保存根瘤，可以将其放入收集容器，用此方法根瘤可以保存 6~12 个月。然而，根瘤菌的复苏与豆科植物的种类和存储温度有关，所以根瘤需要在 3 周内进行处理。将干根瘤放入水中 60 min 使其充分吸水。存储时间超过 3 个星期的根瘤需要在冰箱中过夜保存再进行吸水。

(5) 或者，在我们的实验室，我们发现根瘤可以在-20℃下，在含有 50%甘油的瓶子中保存 1 年以上。此外，假如在采样的时候没有时间将根瘤从根系上分离下来，有根瘤的根系可以用吸收了 50%甘油的纸巾包裹，放入塑料袋，存储在-20℃的条件下。

(6) 将根瘤浸入 95%乙醇 5~10 s，然后放入灭菌剂中 3~4 min。

(7) 倒掉灭菌剂，用无菌水洗至少 5 次。

(8) 为检验根瘤表面是否无菌，将无菌水洗过的根瘤划过酵母菌固体培养基表面。丢弃表面有污染的根瘤分离物。

(9) 在试管中，用灭菌过的玻璃棒将根瘤压碎。添加无菌水使其成为悬浊液，转移一滴到 YMA 平板上。

(10) 将这一滴悬液在琼脂表面上划开，使得悬液渐渐稀释。

(11) 将平板倒置放在适宜的温度（25~30℃）下培养以获得目标根瘤菌。每日观察平板寻找具有典型根瘤菌 *Rhizobium* 或者 *Bradyrhizobium* 外观的菌落。

(12) 挑出完全分离的单个菌落并再次在新的平板上划线，获得纯培养的菌。如果平板上出现了多个类似于目标根瘤菌的菌落，每一个菌落都需要进行纯培养。

(13) 如果需要暂时存储，将纯培养的分离物转移到 YMA 斜面培养基上培养，然后用无菌矿物油完全阻止根瘤菌的生长，经过这种方法可以在冰箱中保存超过 1 年。如果需要长时间保存，用含有 25%甘油的 YMB 令其形成悬液，装在冷冻瓶中-80℃条件下保存。

(14) 为了鉴定每种纯培养的分离物，可以在厌氧的种植袋（见 31.1 节）或 Leonard 广口瓶装置中，通过确定这些细菌是否促进寄主植物形成根瘤来判断。

31.2.3 注释

(1) 老化的根瘤可能含有真菌，导致在琼脂上过度生长。在 YMA 中添加 20 μg/mL 的环己酰亚胺可以减少这一问题。将 0.5 g 环己酰亚胺溶解到 25 mL 的 95%乙醇中作为灭真菌剂储备液。加入 1.2 mL 的灭真菌剂储备液到 1 L 的 YMA 中，冷却至 50～55℃。环己酰亚胺为吞食、吸入或者皮肤接触性剧毒物。

(2) 通过向 YMA 培养基中加入浓度为 25 μg/mL（每升 YMA 培养基加入 10 mL 的浓度为 250 mg/100 mL 刚果红溶液）的刚果红可以将污染细菌 β-根瘤菌与 α-根瘤菌区别开。避光培养时，α-根瘤菌不吸收或者吸收少量的刚果红，菌落呈白色，不透明或偶尔为粉色；其他菌则吸收红色染料，呈现出深红色。然而也有一些特例，例如，中华根瘤菌可以强烈吸收该染料，如果培养平板在光下暴露一小时或者更久，α-根瘤菌也会吸收该染料（Somasegaran 和 Hoben，1994）。

(3) 通常，来自一个根瘤的根瘤菌在平板上进行生长，往往会出现超过一种的菌落类型，并且具有多种根瘤菌的各种形态特征。一些情况下，这些菌落可在寄主上形成根瘤，另一些情况下，一种或多种类型的菌落并不能形成根瘤。这些类型的污染菌常常是"潜在的"，假如不进行检测的话，它们会随着之后的转移被携带，并且会突然出现，尤其是在养分和物理因素的胁迫下。因此，新筛选并且经常转移的菌株在测试植物上进行彻底检测，以及从新鲜根瘤上再次分离是十分重要的。

31.3 通过植物感染最大或然数法来计算根瘤菌的数量

植物感染最大或然数法（Most Probable Number，MPN）在计算土壤中根瘤菌的数量上已经用了很多年。这项技术也被加拿大食品检验局（Canadian Food Inspection Agency，CFIA）采用，通过计算接种体中根瘤菌的数量来完成豆科植物接种体的测试项目。

MPN 方法依靠观察连续接种了一系列含有根瘤菌的稀释样品（土壤，接种体，预接种的种子）的寄主植物是否具有形成根瘤的反应。该方法基于如下假设：①单个活的根瘤菌细胞接种到特定的寄主植物上，可以使其在无氮的培养基中形成根瘤；②形成根瘤就是根瘤菌感染的证据；③未接种的植物没有根瘤的形成可以验证这个方法的有效性；④接种的植物没有形成根瘤说明接种体中没有感染性的根瘤菌。下面描述的方法步骤是 CFIA 采用的"豆科植物接种菌和预接种的种子产品的检测方法"（Anonymous，2005）。

31.3.1 材料

(1) 一次性种子萌发袋（Mega International，St. Paul. Minneapolis）可以取代盆子和玻璃瓶，更利于观察根的生长情况。萌发袋（16 cm×20 cm）是由一种强韧透明的聚酯薄膜制成，它可以在 100 kPa（15 lb/in.^{2}）的蒸汽中灭菌 20 min。袋子中插入一个套管状的纸质萌发巾，萌发巾沿着袋子顶端折叠一直到底部，同时具有小孔可以让根部离开播种区域。在实际操作中，并不需要灭菌，因为萌发袋并不含有根瘤菌。这种类型的萌发袋可以被分成两部分，从而可以在一个相同的萌发袋中进行两个试验：将纸质的萌发巾剪成两部分，通过将小袋密封使其分隔开。建议将改造过的小袋进行灭菌处理。

（2）选择适当豆科植物的完好种子：对其表面进行灭菌处理，将其浸入 95% 乙醇中 30 s，随后：①浸入 3%～5% 的过氧化氢（H_2O_2）中 10 min，或②浸入 5% 的次氯酸钠（NaClO）溶液中 10 min，或③浸入浓缩的 H_2SO_4 中 10 min。之后用灭菌的蒸馏水对种子进行冲洗至少 5 次。

（3）不含氮的植物营养液：$CoCl_2 \cdot 6H_2O$，0.004 mg；H_3BO_3，2.86 mg；$MnCl_2 \cdot 4H_2O$，1.81 mg；$ZnSO_4 \cdot 7H_2O$，0.22 mg；$CuSO_4 \cdot 5H_2O$，0.08 mg；$H_2MoO_4 \cdot H_2O$，0.09 mg；$MgSO_4 \cdot 7H_2O$，492.96 mg；K_2HPO_4，174.18 mg；KH_2PO_4，136.09 mg；$CaCl_2$，110.99 mg；$FeC_6H_5O_7 \cdot H_2O$，5.00 mg；蒸馏水，1 L。用 1.0 mol/L 的 HCl 或 NaOH 将 pH 值调节到 6.8±0.1。在 100 kPa 下高压灭菌 20 min。

（4）灭菌的缓冲稀释液：蛋白胨，1.0 g；KH_2PO_4，0.34 g；K_2HPO_4，1.21 g；蒸馏水，1 L。pH 值=7.0±0.1。

（5）匀质器（一种浆式搅拌器）和匀质袋，或是专用 Waring 搅拌器。基础款的就可以满足常规细胞分散。这些仪器可以通过很多渠道购买。

（6）生长箱或生长室可以提供 16000 lux、16 h 的光照，期间的温度为 22℃，黑暗期间的温度为 18℃，相对湿度为 65%～70%。

31.3.2　步骤

（1）在每个萌发袋中加入 30 mL 无菌的植物培养液，将萌发袋放到架子上。

（2）直接在每个萌发袋底部放入 20 个小的（如苜蓿、三叶草等）或者 15 个中等的（如红豆草等）表面无菌的种子，在 20℃的黑暗条件下培养（大概 2 天），直到胚根长度达到 0.5～1.0 cm。当种子比较大时（如豌豆、大豆等），预先将表面无菌的种子在三层的 Kimpak 萌发纸上或是无菌的潮湿蛭石上，20℃条件下进行预萌发（大概 2 天），直到胚根长度达到 0.5～1.0 cm；随后，将 5 株幼苗小心地放入萌发袋底部，将每个胚根穿过小孔。至此，生长单元已经准备完毕，可以进行培养。为了方便起见，在接种前，它们可以在冰箱中（4℃）保存 1 周的时间。

（3）将土壤样品稀释 10 倍（w/v），方法如下：10 g 土壤加入 90 mL 无菌缓冲稀释液，在 Waring 搅拌器中，12600 r/min 转速下分散 2 min，或在匀质袋中分散 1 min。将 10 mL 土壤悬液转移到含有 90 mL 稀释液的瓶子中，振荡 5 min。豆科植物生长的土壤每克干土中大约含有 10^4 个根瘤菌，因此，在进行 5 倍的稀释之前需要对其进行 10 倍稀释，让其达到 10^{-1} 或者 10^{-2} 的水平。

（4）将 1.0 mL 的 10 倍稀释液与 4.0 mL 的无菌磷酸盐蛋白胨缓冲液混匀得到 5 倍稀释液。连续进行 6～7 次的 5 倍稀释，从每个稀释水平取 4 mL 对 4 个萌发袋进行接种（每个萌发袋 1 mL），最后一次稀释后，对 5 个萌发袋进行接种。实际操作中，5 倍的稀释过程与接种可以通过以下的快捷方法同时进行：取第一次 5 倍稀释液 4 mL（总共 5 mL）对 4 个萌发袋进行接种，每个接种 1 mL 到幼苗的根部。向剩余的 1 mL 5 倍稀释液中加入 4 mL 稀释液，在试管中混匀，取 4 mL 稀释完后的液体按照上面的方法对其余萌发袋进行接种。重复以上步骤直到最后一次 5 倍稀释，将全部 5 mL 的液体对 5 个萌发袋进行接种。在每 4 个或 5 个接种的萌发袋间放一个未接种的萌发袋当做对照。

（5）将放有萌发袋的架子放入生长室内，用无菌的蒸馏水对其进行浇灌。3 周后检查是否有根瘤形成；生长缓慢的豆科植物（如大豆）在 4 周后才能观察到根瘤的形成。对照处理必须没有根瘤的形成，这才能说明这个试验是有意义的。用"＋"表示一个生长单元（萌发袋）有根瘤形成，用"－"表示生长单元没有根瘤。

31.3.3　根瘤菌 MPN 的计算

（1）从最低到最高稀释水平，记录每个稀释水平下有根瘤生长的生长单元（萌发袋）数量。会得到一个6位数的代码，典型的结果可以是4，4，4，1，1，0。将这一系列代码与MPN表（表31.2）进行比对可以得到相应的根瘤的数量。利用最大或然数计算系统（Most Probable Number Enumeration System，MPNES）的电脑软件可以用来对不在MPN表（Woomer等，1990）上的代码进行有效的计数。这个软件由夏威夷大学开发，NifTAL Project，1000 Holomua Avenue，Paia,HI 96779，USA。

表31.2 基于5倍稀释系列的植物感染测试中得到的根瘤生长单元来计算根瘤细菌的最大或然数（MPN）

根瘤生长单元（+）						根瘤细菌的MPN值	
5倍稀释系列							
1∶5	1∶25	1∶125	1∶625	1∶3125	1∶15625[a]	估值	置信限值（95%）
0	1	0	0	0	0	1.0	0.1～7.7
0	2	0	0	0	0	2.1	0.5～9.2
0	3	0	0	0	0	3.0	0.9～10.6
1	0	0	0	0	0	1.1	0.2～7.9
1	1	0	0	0	0	2.3	0.6～9.6
1	2	0	0	0	0	3.5	1.1～11.9
1	3	0	0	0	0	4.9	1.6～14.6
2	0	0	0	0	0	2.6	0.6～10.1
2	1	0	0	0	0	4.0	1.2～12.8
2	2	0	0	0	0	5.5	1.9～16.0
2	3	0	0	0	0	7.2	2.7～19.6
3	0	0	0	0	0	4.6	1.5～14.1
3	1	0	0	0	0	6.5	2.3～18.0
3	2	0	0	0	0	8.7	3.3～23.0
3	3	0	0	0	0	11.3	4.4～29.2
4	0	0	0	0	0	8.0	3.0～21.5
4	1	0	0	0	0	11.4	4.4～29.5
4	2	0	0	0	0	16.2	6.2～42.4
4	3	0	0	0	0	24.2	9.0～64.9
4	4	0	0	0	0	40.4	15.3～106.6
4	0	1	0	0	0	10.8	4.2～28.1
4	1	1	0	0	0	15.1	5.8～39.2
4	2	1	0	0	0	21.5	8.1～57.4
4	3	1	0	0	0	32.8	12.2～87.9
4	0	2	0	0	0	14.1	5.4～36.6
4	1	2	0	0	0	19.6	7.4～51.9
4	2	2	0	0	0	28.3	10.5～76.1
4	3	2	0	0	0	43.6	16.6～114.2
4	0	3	0	0	0	18.1	6.9～47.7
4	1	3	0	0	0	25.2	9.4～67.6
4	2	3	0	0	0	36.4	13.7～96.8
4	3	3	0	0	0	56.5	21.9～146.0
4	4	1	0	0	0	57	22～147

(续表)

根瘤生长单元（+）						根瘤细菌的MPN值	
5倍稀释系列						估值	置信限值（95%）
1∶5	1∶25	1∶125	1∶625	1∶3125	1∶15625[a]		
4	4	2	0	0	0	81	31～212
4	4	3	0	0	0	121	45～324
4	4	4	0	0	0	202	76～533
4	4	0	1	0	0	54	21～140
4	4	1	1	0	0	75	29～196
4	4	2	1	0	0	108	40～287
4	4	3	1	0	0	164	61～439
4	4	0	2	0	0	71	27～183
4	4	1	2	0	0	98	37～260
4	4	2	2	0	0	141	53～381
4	4	3	2	0	0	218	83～571
4	4	0	3	0	0	91	34～238
4	4	1	3	0	0	126	47～338
4	4	2	3	0	0	182	69～484
4	4	3	3	0	0	282	109～730
4	4	4	1	0	0	2.9×10^2	1.1×10^2～7.3×10^2
4	4	4	2	0	0	4.1×10^2	1.6×10^2～10.6×10^2
4	4	4	3	0	0	6.0×10^2	2.3×10^2～16.2×10^2
4	4	4	4	0	0	10.1×10^2	3.8×10^2～26.6×10^2
4	4	4	0	1	0	2.7×10^2	1.0×10^2～7.0×10^2
4	4	4	1	1	0	3.8×10^2	1.5×10^2～9.8×10^2
4	4	4	2	1	0	5.4×10^2	2.0×10^2～14.4×10^2
4	4	4	3	1	0	8.2×10^2	3.1×10^2～22.0×10^2
4	4	4	0	2	0	3.5×10^2	1.4×10^2～9.2×10^2
4	4	4	1	2	0	4.9×10^2	1.8×10^2～13.0×10^2
4	4	4	2	2	0	7.1×10^2	2.6×10^2～19.0×10^2
4	4	4	3	2	0	10.9×10^2	4.2×10^2～28.6×10^2
4	4	4	0	3	0	4.5×10^2	7.7×10^2～11.9×10^2
4	4	4	1	3	0	6.3×10^2	2.3×10^2～16.9×10^2
4	4	4	2	3	0	9.1×10^2	3.4×10^2～24.2×10^2
4	4	4	3	3	0	14.1×10^2	5.4×10^2～36.7×10^2
4	4	4	4	1	0	14.3×10^2	5.5×10^2～36.9×10^2
4	4	4	4	2	0	20.3×10^2	7.8×10^2～53.0×10^2
4	4	4	4	3	0	30.2×10^2	11.2×10^2～81.3×10^2
4	4	4	4	4	0	50.5×10^2	19.0×10^2～133.8×10^2
4	4	4	4	0	1	13.5×10^2	5.2×10^2～35.3×10^2
4	4	4	4	1	1	18.8×10^2	7.2×10^2～49.0×10^2
4	4	4	4	2	1	26.9×10^2	10.1×10^2～71.8×10^2
4	4	4	4	3	1	41.0×10^2	15.3×10^2～110.2×10^2
4	4	4	4	0	2	17.7×10^2	6.8×10^2～45.9×10^2

(续表)

根瘤生长单元（+）						根瘤细菌的 MPN 值	
5 倍稀释系列						估值	置信限值（95%）
1:5	1:25	1:125	1:625	1:3125	1:15625[a]		
4	4	4	4	1	2	24.5×10^2	$9.2\times10^2 \sim 65.0\times10^2$
4	4	4	4	2	2	35.3×10^2	$13.1\times10^2 \sim 95.4\times10^2$
4	4	4	4	3	2	54.4×10^2	$20.6\times10^2 \sim 143.8\times10^2$
4	4	4	4	0	3	22.6×10^2	$8.6\times10^2 \sim 59.7\times10^2$
4	4	4	4	1	3	31.4×10^2	$11.7\times10^2 \sim 84.7\times10^2$
4	4	4	4	2	3	45.5×10^2	$17.0\times10^2 \sim 121.4\times10^2$
4	4	4	4	3	3	70.6×10^2	$27.1\times10^2 \sim 184.2\times10^2$
4	4	4	4	4	1	7.1×10^3	$2.7\times10^3 \sim 18.6\times10^3$
4	4	4	4	4	2	10.1×10^3	$3.8\times10^3 \sim 27.0\times10^3$
4	4	4	4	4	3	15.1×10^3	$5.4\times10^3 \sim 42.6\times10^3$
4	4	4	4	4	4	25.2×10^3	$8.6\times10^3 \sim 74.0\times10^3$
4	4	4	4	4	5	$>35.5\times10^3$	

[a] 此稀释水平下，1mL 液体接种了 5 个生长单位。

（2）MPN 估算值表示的是 1 mL 的 10 倍稀释液中根瘤菌的数量，1 mL 的该液体被用来进行 5 倍稀释并对植物进行接种，且假定每次的接种体积都为 1.0 mL。为了计算每克干土或接种体中活根瘤菌的数量，需要将 MPN 估算值乘上 10 倍稀释水平（在接种前）的倒数。当结果以每克干土中的数量表示时，需要根据土壤的湿度进行调整。

31.3.4 注释

（1）在所有步骤中，无菌的种子和生长单元需在灭菌的环境下进行操作以防止被根瘤菌所污染，这一操作至关重要。此外，在试验过程中对萌发袋进行浇水的时候需要非常小心。置于萌发袋内部角落的塑料吸管可以方便浇水并且支撑萌发袋。

（2）当用这个方法来估算液体或者固体接种体中的根瘤菌的时候，在 5 倍稀释前所需的 10 倍稀释液中的根瘤菌水平要在 $10^5 \sim 10^6$。对于预先接种过的种子，第一次稀释将 100 颗种子放入 100 mL 的稀释液（1:1），根据根瘤菌的预估值对其进行 10 倍稀释，得到的 MPN 值就是每颗种子的数值。

31.4 从土壤中直接分离根瘤菌并计数

利用宿主植株分离根瘤菌是一种间接的过程，这种方式的缺点是只能分离出可以在宿主植株形成根瘤的菌株。在自然种群的生态学研究中，利用半选择培养基可以直接获得根瘤菌，如 *S. meliloti*、*Rhizobium leguminosarum* 及 *Bradyrhizobium japonicum*。改进的半选择性培养基限制了土壤微生物的生长，对根瘤菌种生长有利。在对 *S. meliloti* 和 *R. leguminosarum* 的案例研究中，常常利用根瘤菌物种特异性 DNA 探针杂交进行菌株鉴定。

对于分子生物技术不熟悉的科学家们，建议向熟练运用这些技术的同事学习这些技能。因此，本章将不再详述分子生物技术，可通过产品说明书、台式指南（Caetano-Anollés 和 Gresshoff，1997），以及更多高级分子生物学书籍（Sambrook 等，1989；Sambrook 和 Russell，2001）进行了解。

菌落杂交的基础是将细菌菌落转移或者复制到滤膜上（硝酸纤维素滤器，尼龙或者 Whatman 541 号滤纸）。滤膜固定的 DNA，与特定的 DNA 标记的探针（放射性的或者非放射性的）杂交。与探针结合的菌落可以通过放射自显影技术（检测放射性探针）或者与分子的免疫球蛋白结合（检测非放射性探针）进行检测。

31.4.1 S. Meliloti 菌的分离及计数

1. AS 培养基（贫营养琼脂培养基）（Bromfield 等，1994）

配方：酵母提取物，0.1 g/L；胰蛋白胨，0.4 g/L；$CaCl_2$，0.1 g/L；NaCl，5.0 g/L；环己酰亚胺 0.15 g/L；刚果红 0.025 g/L；琼脂 10.0 g/L。刚果红预先配制溶液，高压 121℃，灭菌 15 min 后添加至培养基。环己酰亚胺溶液过滤膜后加入高压蒸汽灭菌后熔化了的培养基中。

用于接种的土壤稀释液：将土壤用无菌水稀释 10 倍，手腕式振荡器混匀 15 min。然后根据预期的土壤细菌和根瘤菌浓度稀释至适当浓度（1∶1000 和 1∶100），取 0.1 mL 接种至 AS 培养基上。每块平板上 100~300 cfu（colony-forming units，菌落形成单位）为宜。通过杂交技术可以检测到每块板上 7~100 个根瘤菌菌落。如果采用 1∶100 和低浓度的土壤稀释液，可向 AS 培养基中加入 0.05%脱氧胆酸钠和 12.5 mmol/L 的 Tris-HCl，pH 值调至 8.0（Barran 等，1997）以减少土壤菌落总数。

2. S. meliloti 菌落印迹杂交

按压滤膜（Whatman 滤纸或者消化纤维素滤膜）将琼脂板上的菌落原位转移，用碱破碎细胞，然后将滤膜与（^{32}P）标记的探针杂交。那些与探针结合的菌落通过放射自显影技术鉴定。目前有两种探针可以被成功用于 S. meliloti 的检测。pRWRm61 探针来自插入序列 IS*Rm*5，它可以与大多数 S.meliloti 菌株的 DNA 基因组强力杂交，除了澳大利亚或地中海东部的个别菌株（Wheatcroft 等，1993；Barran 等，1997）。pSW95 探针源于 S. meliloti 菌株 RCR2011（SU47）（Debelle 和 Sharma，1986）的 nodH 基因，该探针具有极高的物种特异性，已经被用来检测加拿大 S. meliloti 菌株（Bromfield 等，1994）。

31.4.2 R. Leguminosarum 菌的分离

1. MNBP 培养基（Louvier 等，1995）和 LB 培养基（Miller 等，1972）

MNBP 培养基可以减少 88%~95%的土壤细菌。LB 培养基（R. leguminosarum 无法在上面生长）用来作为计数的对照。通过菌落印迹杂交技术可以鉴定只生长在 MNBP 培养基上的菌落。这个技术时间较久，适合用来分离 R. leguminosarum，但是不能用以计数。相对于非选择性的培养基，这一过程有利于减少"假定"根瘤菌的数量。

MNBP 配方：$Na_2HPO_4 \cdot 12H_2O$，0.045 g/L；$MgSO_4 \cdot 7H_2O$，0.10 g/L；$FeCl_3$，0.02 g/L；$CaCl_2$，0.04 g/L；甘露醇，1.00 g/L；NH_4NO_3，0.005 g/L；生物素，0.0005 g/L；硫胺素，0.0005 g/L；泛酸钙，0.0005 g/L；杆菌肽，0.025 g/L；青霉素 G，0.003 g/L；环己酰亚胺，0.10 g/L；苯来特，0.005 g/L；五氯硝基苯，0.0035 g/L；琼脂，15.0 g/L。调节 pH 值到 6.8 并在 121℃高压灭菌 15 min。将维他命和抗菌剂用去离子水溶解配成溶液并过膜灭菌。将其添加到灭菌的熔化的琼脂中。

LB 配方：胰蛋白胨，10.0 g/L；酵母提取物，5.0 g/L；NaCl，10.0 g/L；琼脂，15.0 g/L。调节 pH 值到 7.2 并在 121℃高压灭菌 15 min。

TY 配方：胰蛋白胨，5.0 g/L；酵母提取物，3.0 g/L；$CaCl_2 \cdot H_2O$，0.87 g/L；琼脂，12.0 g/L。用 1 mol/L NaOH 调节 pH 值到 6.8~7.2。在 121℃高压灭菌 15 min 后会出现沉淀。

土壤稀释液接种：0.1 mL 土壤稀释液（10^{-3}）涂布到 MNBP 培养基上（25 个平板）。生长 2~3 天后，需要切除分泌黏液的菌落（约占琼脂平板表面 30%）以防止过度生长。每个平板中剩余的菌落通过绒毛复制转移到 LB 和 MNBP 平板上。只在 MNBP 平板上生长的菌落（每个平板约 300 个）被转移到 YT 琼脂斜面培养基上，通过杂交来进一步鉴定。随着测定方法的不断改进，在土壤的测试中，每个平板有 20 个菌落表现出强烈的同源关系。相对于非选择性的培养基，利用这个方法可以减少需要测试的菌落数量。

2. S. meliloti 菌落印迹杂交

通过 MNBP 平板获得并保存在 TY 琼脂上的菌落在含有 200 μL 的 TY 液态培养基的微孔板上生长 48 h。从微孔板的每个小孔中吸取 25 μL 的培养物（OD650：0.2～0.3）点在尼龙滤纸上。等到细胞溶解之后，该尼龙滤纸与以下一种 nod 基因探针进行杂交：pIJ1246，特异性检测 R. leguminosarum bv. viciae；pIJ1098，特异性检测 R. leguminosarum bv. phaseoli；pRt587，特异性检测 R. leguminosarum bv. trifolii（Laguerre 等，1993）。探针标记有洋地黄毒苷-dUT，杂交和检测需要根据试剂盒的说明进行。

31.4.3 分离和定量 Bradyrhizobium 菌种

1. BJMS 培养基（Tong 和 Sadowsky，1994）

B. japonicum 和 *B. elkanii* 可以在超过 40 μg/mL 的 Zn^{2+} 和 Co^{2+} 环境下生长，因此可以用该培养基从土壤中分离出这两种菌株。这个培养基适合 *Bradyrhizobium* 的生长，而 *Rhizobium* sp.无法在上面生长，因此没有必要用杂交的方法来鉴定菌落。

配方：HM 含盐培养基（Na_2HPO_4，0.125 g/L；Na_2SO_4，0.25 g/L；NH_4Cl，0.32 g/L；$MgSO_4 \cdot 7H_2O$，0.18 g/L；$FeCl_3$，0.004 g/L；$CaCl_2 \cdot 2H_2O$，0.013 g/L；N-2-羟乙基哌嗪-N'-2 乙烷磺酸，1.3 g/L；2-吗啉乙磺酸，1.10 g/L）；用 5 mol/L NaOH 调节 pH 值到 6.6（Cole 和 Elkan，1973）。这个溶液再加入：酵母提取物，10.0 g/L；L-树胶醛糖，10.0 g/L；Na-葡萄酸盐，10.0 g/L；BG（亮绿），0.001 g/L；五氯硝基苯（PNCB），0.5 g/L；$ZnCl_2$，0.83 g/L；$CoCl_2$，0.88 g/L。BG 和重金属以溶液形式，并通过过滤来灭菌。PNCB 用丙酮配制成 10%的溶液，然后加入高压灭菌过的 0.05% Triton X-100 中以促进悬浮。将这些物质加入无菌的熔化的培养基中。

土壤稀释液接种：在对土壤进行一系列稀释之前，按以下方法将根瘤菌从土壤中提取出来：10 g 土壤加入 95 mL 明胶-磷酸铵溶液（1%明胶水溶液，调节 pH 值到 10.3，通过高压灭菌 10 min 进行水解；Kingsley 和 Bohlool，1981），溶液里有 0.5mL 的 Tween 80 和 0.1mL 的硅胶止泡剂 AF72（General Electric Co.，Waterford，New Jersey）。悬浮液在腕式振荡器上震荡 30 min，再静置 30 min。转移上层的液体到无菌的试管中连续进行 10 倍稀释，再接种到琼脂平板上。

注释：杂菌很少（在 10^{-1} 的土壤稀释液中，每个平板存在 2～5 个杂质菌落）。*Bradyrhizobium* 可以形成小的发白的菌落。然而，serocluster 123 中的一些 *Bradyrhizobium*（如菌株 USDA123）是不能在这些浓度上生存的；如果希望筛选出这类菌落，可以降低培养基中 BG（0.0005 g/L）和 PCNB（0.25 g/L）的浓度或者用环己酰亚胺（0.1～0.2 g/L）来替代 PCNB。

2. *B. japonicum* 及其他慢生根瘤菌的分离（Gault 和 Schwinghamer，1993）

含有多种抗生素和重金属化合物的选择性培养基对多数的土壤细菌（包括 *Rhizobium* 菌种）有毒；抗生素与重金属化合物复合毒性的有效性与土壤类型有关。用于 *B. japonicum* 生长的基础培养基 SG 中需要补充加入抗生素和抗菌剂。

SG 琼脂培养基配方：KH_2PO_4，0.35 g/L；K_2HPO_4，0.25 g/L；$MgSO_4 \cdot 7H_2O$，0.15 g/L；NaCl，0.10 g/L；$CaCl_2 \cdot 2H_2O$，0.08 g/L；生物素，0.05 g/L；硫胺素，0.0003 g/L；Na-葡萄酸盐，3.0 g/L；Difco 酵母提取物，1.70 g/L；$(NH_4)_2SO_4$，1.0 g/L。加入有效的抑制剂组合：四环素，10～15 mg/L；利福平，4～10 mg/L；氯霉素，10～25 mg/L；环己酰亚胺，50～60 mg/L；那他霉素，40 mg/L。在一些土壤中选择性地添加 $ZnSO_4 \cdot 7H_2O$，80～130 mg/L 或者 $NiSO_4 \cdot 6H_2O$，40～80 mg/L。用水将各种抗生素和化学药品配成溶液并通过滤膜进行灭菌。

土壤稀释：将 2 g 土壤样品加入 10 mL 的灭菌水中，充分搅动，自然沉降 3 h，然后吸出上层悬浮液。将悬浮液连续稀释，取 0.5 mL 涂在琼脂培养基的表面。

注释：尽管并不推荐该方法用于计数，但是这个方法的结果与 MNP 植物感染计数的结果通常一致。

31.5 根瘤菌的直接检测方法

基于 PCR 技术的非培养方法对特定环境（土壤、根瘤、根、接种菌）中的根瘤菌检测具有潜在应用价值。根据区分水平（种或者菌株检测），鉴定特定的 DNA（总 DNA 中的寡核苷酸，染色体或者共生的基因）是可能实现的，并可用于基于 PCR 技术的方法或者杂交方法中，见 31.4 节。

最初研究根瘤菌基因组的变化是为了明确根瘤菌的多样性，以及分类和鉴定根瘤菌。16s RNA 被用于鉴定种及更高水平的根瘤菌，然而基因间间隔区（IS；16S-23SrRNA IGS）基因在同一个菌种之间存在差异。运用基因外重复序列基因片段（repetitive extragenic palindromic，REP），以及基因间保守重复序列基因片段（enterobacterial repetitive intergeneric consensus，ERIC）引物扩增获得的 DNA 指纹图谱已经被用于鉴定和分类一些根瘤菌种（Laguerre 等，1996）。共生基因用于归类和分类根瘤菌是十分有效的，如 31.4.1 节和 31.4.2 节中举例的在杂交方法中运用 *nod* 探针（来自结瘤基因）。插入序列（insertion sequences，IS）或者重复 DNA 序列（repeated DNA sequences，RS）被用于菌株鉴定和评估菌落的基因结构（Hartmann 等，1992）。

基于 PCR 技术的方法首先要从环境样品中提取微生物的 DNA。因为土壤组成成分较为复杂，这一步可能比预想的要复杂。DNA 提取物中的混合物可能会抑制后续的 PCR 扩增，不同的 DNA 提取方法也会影响菌群的丰度和组成（Martin-Laurent 等，2001）。在根瘤中，不需要进行 DNA 提取，因为可以直接利用粉碎后的根瘤进行 PCR（Tas 等，2005）。已有文章发表了提取环境样品中 DNA 和 DNA 序列检测的方法（Kowalchuk 等，2004）。

尽管 PCR 被认为是检测环境样品中特定 DNA 最灵敏的定性方法，它的定量测定却仅限于医疗领域（Jansson 和 Leser，2004）。直到现在，依旧没有标准的、强有力的筛选工具用于直接检测、计数土壤根瘤菌。只有较少的方法可用于跟踪特定的菌株，例如，对于根瘤的竞争研究（Tas 等，1996）和根部定殖（Tan 等，2001）

31.6 根瘤菌的共生固氮效率

高效固氮的根瘤菌能够在各种土壤物理和化学条件下与土壤中其他的原生根瘤菌竞争相应豆科植物的根际生长空间。这种高效菌种可以在植物宿主根上形成很多固氮根瘤，这些根瘤可以为大部分豆科植物提供 70%~90%的氮养分。因此，估算根瘤菌共生固氮效率的最好方法是在试验田中进行植物接种试验。然而，从土壤中分离出来的菌株中只有 10%是非常高效的，假如我们的目标是获得接种菌株，那么我们需要测试从土壤中分离出来的大量菌株的共生固氮效率。因此，我们首先需要在人工灭菌的条件下，在试管、生长袋、Leonard 广口瓶、装满沙子或蛭石的盆子中进行筛选培养。这些实验室内的方法可以鉴别出具有高固氮能力的根瘤菌菌株，但是并不能反映这些菌株的竞争生长能力。我们可以通过田间的盆栽试验解决这一问题（Somasegaran 和 Hoben，1994）。然而，一个菌株真正的共生固氮效率不能离开田间接种试验。关于筛选高效菌株的方法和试验设计，试验田的选择与准备，我们建议读者查阅 Somasegaran 和 Hoben（1994）的书籍。除了接种根瘤菌菌株的处理，通常还有未接种和添加氮肥的对照处理（Vincent，1970）。市场上可以买到豆科植物接种剂，内含高效的根瘤菌菌株，并且在田间条件下已经试验过多次，可以作为良好的对照。

尽管根瘤菌具有很多促进植物生长的作用，但是共生固氮作用才是对豆科植物最重要的机理。Azam 和 Farooq（2003）评估了衡量豆科植物固氮作用的不同方法。

31.6.1 作物干产量

由于豆科植物氮素的主要来源为生物 N_2 固氮作用，这一生物行为直接与一些豆科植物的干产量相关。这个简单而经济的方法是基于田间试验的理想方法，因为在田间试验中，乙炔减少量法等其他方法都会有很大变数。收割新鲜的植株（枝条、根或者豆荚），将其在 70℃下烘干直至恒重（大约 48 h）。对于草料类的豆科植物比如苜蓿（*Medicago sativa*），需对枝条进行二次修剪，因为它对正确估算 *Sinorhizobium meliloti* 的共生固氮效率非常重要（Bordeleau 等，1977）。

31.6.2 根瘤指数

由于固氮作用主要发生在根瘤处，因此根瘤指数经常被用来评估根瘤菌的共生固氮效率：

根瘤指数 $= A \times B \times C \leq 18$

根瘤大小	值 A
小	1
中	2
大	3

根瘤颜色	值 B
白	1
粉色	2

根瘤数量	值 C
很少	1
一些	2
很多	3

根瘤指数根据根瘤的数量，指数从 0（没有根瘤）到 5（可以观察到的根瘤的最大数量）变化。然而，由于固氮效率低的菌株同样也可以形成很多根瘤，因此需要加入其他参数如根瘤大小和颜色，使得结果更为准确（Ben Rebah 等，2002）。

含有高效根瘤菌的根瘤通常是较大的，这些根瘤菌含有豆血红蛋白，因此颜色从粉红到红色。而由低效根瘤菌组成的根瘤通常较小且呈白色。当接种了非常高效的根瘤菌时，豆科植物的根瘤指数为 12～18，而接种了低效根瘤菌的则为 6 个或者更低。这个根瘤指数在 Leonard 广口瓶中筛选根瘤菌的试验中非常有效。

31.6.3 总氮的差异

当只能获得总氮的数据时通常采用一个相对简单的方法。在相同的土壤条件下，通过比较豆科植物和一种没有固氮作用的植物间氮产量的差异，可以估算出豆科植物的固氮量。最合适的对照植物是经试验确认不能形成根瘤的豆科植物（Bremer 等，1990），并且进行试验的土壤中不含有可以在豆科植物上形成有效根瘤的根瘤菌，这样才能确定为对照植物。利用不长根瘤的豆科植物作为一种参考植物可以提供可靠的结果，然而非豆科的植物同样得到了较好的结果（Bell 和 Nutman，1971；Rennie，1984）。这个方法的主要假设是豆科植物和对照植物同化了相同量的土壤氮养分。然而，由于根系形态的不同会导致对土壤氮素吸收的差异，从而会对固氮作用造成错误的估算。

该方法仅仅需要在田间试验设计中加入一个对照植物的处理。在取样的过程中必须非常小心，需要尽可能将植物的所有地上部分都收割下来，并且不能带有土壤。所有植物样品要进行处理，用Kjeldahl法测定总氮的含量。通过植物原料中的总氮含量及干物质的产量来计算总氮产量，获得豆科植物与对照植物间总氮产量的差异，从而可以估算出N_2的固定量。

31.6.4 乙炔还原实验

在根瘤中，类菌体细胞即产固氮酶的根瘤菌细胞，固氮酶会将氮气还原为氨气。这些酶同样可以还原其他物质，包括将乙炔还原为乙烯。乙炔还原实验（acetylene reduction assay，ARA）包括切离的结瘤外壳，分离的根部系统，或者在一个含有10%乙炔的密闭容器中的完整植株。容器大小根据试验植物材料的大小确定（玻璃管到玻璃罐规格不等）。经特定时间保温培养后，产生的乙烯用容器收集后用带有氢火焰离子检测器的气相色谱测定，气相色谱可以检测非常低浓度的乙烯。固氮酶的活性常用 μmol 乙烯/植株/小时或者 μmol 乙烯/根瘤干重或湿重/小时表示。乙炔还原实验的标准过程和计算方法在以往的文献中已经有介绍（Turner 和 Gibson，1980；Somasegaran 和 Hoben，1994；Weaver 和 Danso，1994）。这个方法十分灵敏，受植物干扰影响较大（Singh 和 Wright，2003）。乙炔还原试验并不能测定总的固氮酶的活性度，因为试验条件会导致固氮酶的活性降低，因此乙炔还原试验不能用于准确计算固氮量。然而乙炔还原试验是一个评价根瘤/豆科植物共生体中固氮酶活性相对差异的有效方法（Vessey，1994），该评价方法适用于豆科植物的盆栽试验，对田间试验不适用（Minchin，1994）。乙炔还原试验是一个非破坏性试验，在选用植物做固氮试验中非常有用，因为该方法对植株后续产籽无影响（Hardarson，2001）。乙炔还原试验比 $^{15}N_2$ 灵敏1000倍，并且在应用上更加廉价和简单（Knowles 和 Barraquio，1994）。

31.6.5 ^{15}N 方法

^{15}N 同位素稀释法是将可固氮和不可固氮的对照植物在施用 ^{15}N 标记的有机或者无机肥料的土壤中进行栽培。比起非固氮植物，可固氮植物会对 ^{15}N 的富集较少，因为固氮植物将从空气中吸收更多未标记的氮气（Hardarson，1994）。在一个生长周期内氮的累积量可用下面的方法计算。

来自空气的氮的百分数（%Ndfa）可用下面的方程计算得到：

$$\%Ndfa = (1-\%Ndff_F/\%Ndff_{NF}) \tag{31.1}$$

式中，$\%Ndff_F$ 和 $\%Ndff_{NF}$ 分别表示固氮植物和非固氮植物在施相同 ^{15}N 标记肥料或示踪物条件下摄取的氮的百分比（Hardarson，1994）。

^{15}N 自然丰度法与同位素稀释法基于同样的原理，区别在于 ^{15}N 自然丰度法不向土壤中添加富含 ^{15}N 的物质（Weaver 和 Danso，1994）。在土壤氮元素循环过程中，^{14}N 优先流失到空气中，因此导致土壤中 $^{15}N/^{14}N$ 较大气 N_2 中的略高。因此，固氮植物较非固氮植物的 ^{15}N 富集量低，这被用于衡量生物固氮作用。

^{15}N 同位素稀释法和 ^{15}N 自然丰度法在 Hardarson（2001）、Weaver 和 Danso（1994）中有详细介绍。

参 考 文 献

Anonymous 2005. Methods for testing legumeinoculant and preinoculated seed products. Fertilizers Act, Section 23, Regulations, Canadian Food Inspection Agency, Canada.

Antoun, H. and Prévost, D. 2005. Ecology of plant growth promoting rhizobacteria. In: Siddiqui, Z.A., ed. *PGPR: Biocontrol and*

*Biofertilization.*Springer, New York, NY, 1-38.

Azam, F. and Farooq, S. 2003. An appraisal ofmethods for measuring symbiotic nitrogen fixation in legumes. *Pak. J. Biol. Sci.* 18:1631-1640.

Barran, L.R., Bromfield, E.S.P., and Whitwill, S.T.1997. Improved medium for isolation of *Rhizobium meliloti* from soil. *Soil Biol. Biochem.* 29:1591-1593.

Bell, F. and Nutman, P.S. 1971. Experiments onnitrogen fixation by nodulated Lucerne. *PlantSoil Special Vol.*: 231-234.

Ben Rebah, F., Prévost, D., and Tyagi, R.D. 2002.Growth of alfalfa in sludge-amended soils andinoculated with rhizobia produced in sludge. *J. Environ. Qual.* 31: 1339-1348.

Bontemps, C., Golfier, G., Gris-Liebe, C., Carrere, S., Talini, L., and Boivin-Masson, C. 2005. Microarray-based detection and typing ofthe rhizobium nodulation gene *nodC*: Potentialof DNA arrays to diagnose biological functions ofinterest. Appl. *Environ. Microbiol.* 71:8042-8048.

Bordeleau, L.M., Antoun, H., and Lachance, R.A. 1977. Effets des souches de *Rhizobium melilotiet* des coupes successives de la luzerne (*Medicagosativa*) sur la fixation symbiotique d'azote. *Can. J. Plant Sci.* 57: 433-439.

Bremer, E., van Kessel, C., Nelson, L., Rennie, R.J., and Rennie, D.A. 1990. Selection of *Rhizobium leguminosarum* strains for lentil (*Lens culinaris*) under growth room and field conditions. *Plant Soil* 121: 47-56.

Bromfield, E.S.P., Wheatcroft, R., and Barran, L.R.1994. Medium for direct isolation of *Rhizobium meliloti* from soils. *Soil Biol. Biochem.* 26:423-428.

Caetano-Anollés, G. and Gresshoff, P.M. 1997. *DNA Markers: Protocols, Applications, and Over-views*. Wiley-Liss Inc., New York, NY, 364.

Chen, W-M., Moulin, L., Bontemps, C., Vandamme, P., Béna, G., and Boivin-Masson, C. 2003. Legume symbiotic nitrogen fixation by β-proteobacteria is widespread in nature. *J. Bacteriol.* 185: 7266-7272.

Cole, M.A. and Elkan, G.H. 1973. Transmissibleresistance to penicillin G, neomycin, andchloramphenicol in *Rhizobium japonicum*. *Antimicrob. Agents Chemother.* 4: 248-253.

Date, R.A. and Halliday, J. 1987. Collection, isolation, cultivation and maintenance ofrhizobia. In: Elkan, G.H., ed. *Symbiotic Nitrogen FixationTechnology*. Marcel Dekker, New York, NY, 1-27.

Debelle, F. and Sharma, S.B. 1986. Nucleotidesequence of *Rhizobium meliloti* RCR2011 genesinvolved in host specifity of nodulation. *Nucl.Acid Res.* 14: 7453-7472.

Gault, R.R. and Schwinghamer, E.A. 1993. Directisolation of *Bradyrhizobium japonicum* from soil. *Soil Biol. Biochem.* 25: 1161-1166.

Gibson, A.H. 1980. Methods for legumes in glasshouse and controlled environment cabinets. In: Bergersen, F.J., ed. *Methods for Evaluating Bio-logical Nitrogen Fixation*. John Wiley & Sons, New York, NY, 139-184.

Hardarson, G. 1994. International FAO/IAEAprogrammes on biological nitrogen fixation. In: Graham, P.H., Sadowsky, M.J., and Vance, C.P., eds. *Symbiotic Nitrogen Fixation*. KluwerAcademic Publishers, Dordrecht, the Netherlands, 189-202.

Hardarson, G. 2001. Use of ^{15}N to quantify biological nitrogen fixation in legumes. In: *IAEA-TCS-14. Use of Isotope and Radiation Methodsin Soil and Water Management and CropNutrition*. International Atomic Energy Agency, Vienna, Austria, 58-70.

Hartmann, A., Gatroux, G., and Amarger, N.1992. *Bradyrhizobium japonicum*strain identification by RFLP analysis using the repeatedsequence RSα. *Lett. Appl. Microbiol.* 15: 15-19.

Jansson, J.K. and Leser, T. 2004. Quantitative PCR of environmental samples. In: Kowalchuk, G.A., bde Bruijn, F.J., Head, I.M., Akkermans, A.D.L., and van Elsas, J.D., eds. *Molecular Microbial Ecology Manual*, 2nd Ed., Vol. 1. Kluwer Academic

Publishers, Dordrecht, the Netherlands, 445-463.

Kingsley, M.T. and Bohlool, B.B. 1981. Releaseof *Rhizobium* spp. from tropical soils and recovery for immunofluorescence enumeration. *Appl. Environ. Microbiol.* 42: 241-248.

Knowles, R. and Barraquio, W.L. 1994. Free-livingdinitrogen-fixing bacteria. In: Weaver, R.W., Angle, S., and Bottomley, P., eds. *Method of Soil Analysis, Part 2—Microbiological and Biochemical Properties*. Soil Science Society of America, Madison, WI, 179-197.

Kowalchuk, G.A., de Bruijn, F.J., Head, I.M., Akkermans, A.D.L., and van Elsas, J.D. 2004. *Molecular Microbial Ecology Manual*, 2nd ed., Vol. 1. Kluwer Academic Publishers, Dordrecht, the Netherlands. 849.

Laguerre, G., Bardin, M., and Amarger, N. 1993. Isolation from soil of symbiotic andnonsymbiotic *Rhizobium leguminosarum* by DNA hybridization. *Can. J. Microbiol.* 39: 1142-1149.

Laguerre, G., Mavingui, P., Allard, M.-H., Charnay, M.-P., Louvrier, P., Mazurier, S.-I., Rigottier-Gopis, L., and Amarger, N. 1996. Typing of rhizobia by PCR DNA fingerprinting and PCR-restriction fragment length polymorphism analysis of chromosomaland symbiotic gene regions: Application to *Rhizobium leguminosarum* and its different biovars. *Appl. Environ. Microbiol.* 62: 2029-2036.

Louvier, P., Laguerre, G., and Amarger, N. 1995. Semiselective medium for isolation of *Rhizobium leguminosarum* from soils. *Soil Biol. Biochem.* 27: 919-924.

Martin-Laurent, F., Philippot, L., Hallet, S., Chaussod, R., Germon, J.C., Soulas, G., and Catroux, G. 2001. DNA extraction from soils: Oldbias for new microbial diversity analysis methods. *Appl. Environ. Microbiol.* 67: 2354-2359.

Miller, J.H. 1972. *Experiments in Molecular Genetics*. Cold Spring Harbor Laboratory, Cold Spring Harbor, NY, 466.

Minchin, F.R., Witty, J.F., and Mytton, L.R. 1994. Reply to 'Measurement of nitrogenaseactivity in legume root nodules: In defense ofthe acetylene reduction assay' by J.K. Vessey. *Plant Soil* 158: 163-167.

Rennie, R.J. 1984. Comparison of N balance and ^{15}N isotope dilution to quantify N_2 fixation infield grown legumes. *Agron. J.* 76: 785-790.

Rhizobia_Taxonomy 2006. [Online] Available htpp://www.rhizobia.co.nz/RhizobiaTaxonomy.html [March 2006].

Rice, W.A. and Olsen, P.E. 1993. Root nodulebacteria and nitrogen fixation. In: Carter, M.R., ed. *Soil Sampling and Methods of Analysis*. Canadian Society of Soil Science, Lewis Publishers, Boca Raton, FL, 303-317.

Sahgal, M. and Johri, N. 2003. The changing faceof rhizobial systemics. *Curr. Sci.* 84: 43-48.

Sambrook, J., Fritsch, E.F., and Maniatis, T. 1989. *Molecular Cloning: A Laboratory Manual*. Cold Spring Harbor Laboratory Press, Woodbury, NY.

Sambrook, J. and Russell, T.W. 2001. *Molecular Cloning: A Laboratory Manual*, 3rd ed., Cold Spring Harbor Laboratory Press. Woodbury, NY. Paperback edition or online. Availablehttp: //www.MolecularCloning.com [March 2006].

Sessitsch, A., Howieson, J.G., Perret, X., Antoun, H., and Martínez-Romero, E. 2002. Advances in *Rhizobium* research. *Crit. Rev. Plant Sci.* 21:323-378.

Singh, G. and Wright, D. 2003. Faults in determining nitrogenase activity. *J. Agron. Crop Sci.* 189: 162-168.

Smith, D.L. and Hume, D.J. 1987. Comparison ofassay methods for nitrogen fixation utilizing whitebean and soybean. *Can. J. Plant Sci.* 67: 11-20.

Somasegaran, P. and Hoben, H.J. 1994. *Handbookof Rhizobia Methods in Legume-Rhizobium Technology*. Springer-Verlag, New York, NY, 450.

Sullivan, J.T., Eardly, B.D., van Berkum, P., and Ronson, C.W. 1996. Four unnamed species ofnonsymbiotic rhizobia isolated from the rhizosphere of *Lotus corniculatus*. *Appl. Environ. Microbiol.* 62: 2818-2825.

Tan, Z., Hurek, T., Vinuesa, P., Müller, P., Ladha, J.K., and Reinhold-Hurek, B. 2001.Specific detection of *Bradyrhizobium* and *Rhizobium* strains colonizing rice (*Oryza sativa*) rootsby 16S-23S ribosomal DNA intergenic spacertargeted-PCR. *Appl. Environ. Microbiol.* 67: 3655-3664.

Tas, E., Leinonen, P., Saano, A.S., Räsänen, L.A., Kaijalainen, S., Piippola, S., Hakola, S., andLindström, K. 1996. Assessment and competitiveness of rhizobia infecting *Galegaorientalis* on thebasis of plant yield, nodulation, and strain identification by antibiotic resistance and PCR. *Appl. Environ. Microbiol.* 62: 529-535.

Tong, Z. and Sadowsky, M.J. 1994. A selectivemedium for the isolation and quantification of *Bradyrhizobium japonicum* and *Bradyrhizobium elkanii* strains from soils and inoculants. *Appl. Environ. Microbiol.* 60 (2): 581-586.

Turner, G.L. and Gibson, A.H. 1980. Measurement of nitrogen fixation by indirect means. In: Bergersen, F.J., ed. *Methods for Evaluating Biological Nitrogen Fixation*. John Wiley & Sons, New York, NY, 111-138.

Vessey, J.K. 1994. Measurement of nitrogenase activity in legume root nodules: In the defense of theacetylene reduction assay. *Plant Soil* 158: 151-162.

Vincent, J.M. 1970. *A Manual for the Practical Study of Root-Nodule Bacteria*. BlackwellScientific, Oxford, UK.

Weaver, R.W. and Danso, S.K.A. 1994. Dinitrogen Fixation. In: Weaver, R.W., Angle, S., and Bottomley, P., eds. *Method of Soil Analysis, Part 2—Microbiological and Biochemical Properties*. Soil Science Society of America, Inc., Madison, WI, USA, 1019-1045.

Wheatcroft, R., Bromfield, E.S.P., Laberge, S., and Barran, L.R. 1993. Species specific DNA probeand colony hybridization of *Rhizobium meliloti*. In: Palacios, R., Mora, J., and Newton, W.E., eds. *New Horizons in Nitrogen Fixation*. Kluwer, Boston, MA, USA, 661.

Woomer, P., Bennett, J., and Yost, R. 1990. Overcoming the inflexibility of most-probablenumberprocedures. *Agron. J.* 82: 349-353.

（连正华　译，徐建明　校）

第 32 章 小型节肢动物

J.P. Winter

Nova Scotia Agricultural College
Truro, Nova Scotia, Canada

V.M. Behan-Pelletier

Agriculture and Agri-Food Canada
Ottawa, Ontario, Canada

32.1 引　　言

在大多数土壤中，90%的小型节肢动物都是弹尾目（跳虫类）和蜱螨亚纲（螨类），剩下的还包括原尾目、双尾目、少足纲和综合纲（Wallwork，1976）。虽然目前我们对小型节肢动物生态学的认识还停留在初期，但我们已经知道，通过与微生物群落间的相互作用，它们可以加速植物残体的分解（Seastedt，1984；Moore 和 Walter，1988；Coleman 等，2004）。小型节肢动物是土壤中的"植物残体转换器"，它们可以破碎和分解植物残体并且提高其对微生物的有效性（Wardle，2002）。对于摄食颗粒物的小型节肢动物，弹尾目和蜱螨亚纲的甲螨亚目（也叫隐气门目），它们的粪球比原始的枯枝落叶有更大的比表面积，所以分解的速率更快（Coleman 等，2004）。小型节肢动物摄食微生物群落或许会加速土壤中的能量和营养物质流动，进而提高微生物生物量的周转速率。小型节肢动物对植物残体的分解能力与植物残体的特性有关，C/N 比越高（质量越低）分解速率越快（Coleman 等，2004）。弹尾目和甲螨亚目（包括无气门目（Norton，1998））主要是腐生物和真菌噬菌体，但是某些甲螨亚目表现出对线虫和其他微生物的随机性捕食，同时以小型节肢动物的尸体为食。蜱螨亚纲中的前气门目和中气门目以肉食性为主，但还有些前气门目和中气门目（尾足螨亚目）食真菌体（Wallwork，1976；Norton，1985a）。

在一个气候区域内，土壤小型节肢动物丰度的主要影响因素包括：①待分解有机残余物的类型和数量，以及它们对微生物群落的影响；②土壤结构的稳定性，特别是孔隙度；③土壤的水分状况（Wallwork，1976）。小型节肢动物在北方森林地表的丰度特别高（如 300000 个体/m²），而在耕作土壤中的数量很低（50000 个体/m²）（Petersen 和 Luxton，1982）。

Evansd 等（1961）、Macfadyen（1962）、Murphy（1962a，b）、Edwards 和 Fletcher（1971）、Edwards（1991）和 Coleman 等（2004）已经总结过从枯枝落叶和土壤中提取小型节肢动物的方法。基本上，方法可以分为两大类。

（1）动态（或者说主动）提取法要求动物在样品介质中移动，远离不利刺激而趋向有利刺激。图 32.1 展示了一个基本的动态提取器。通常，土壤或枯枝落叶样品放置在筛上，然后样品顶部加温干燥，而底部继续保持凉爽和潮湿。当样品从上往下干燥时，动物群会远离干燥带而向下移动，最后从下表面掉落到收集器中被收集起来。在提取的整个过程中都有动物群从样品底部掉下，但样品下表面干燥到 -1500 kPa，并且温度高于 30℃ 时掉落量最大（Petersen，1978；Takeda，1979）。动物群掉落到一个装有保存溶液的收集器中。

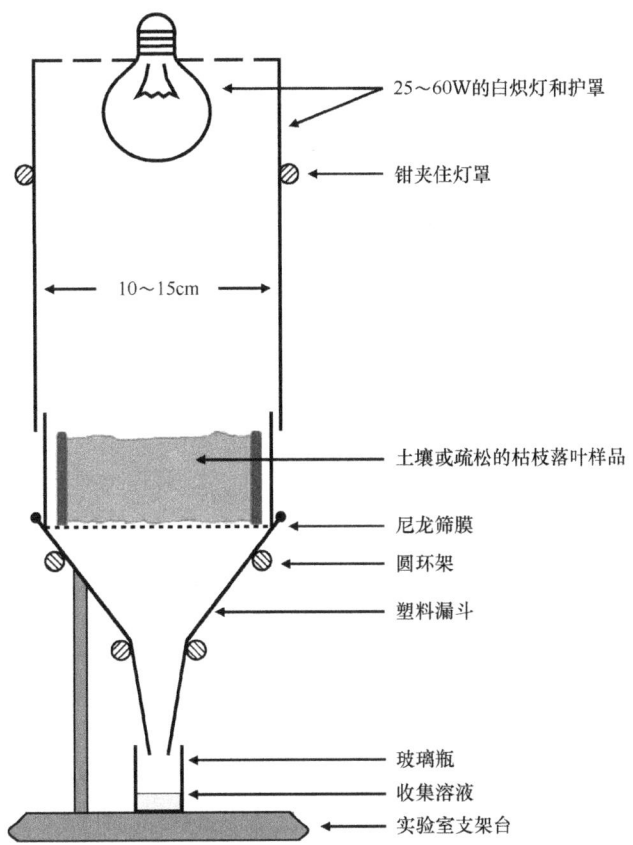

图 32.1 简易的台式 Berlese-Tullgre 动态提取器，可在室温或者 4℃ 条件下操作。光源可采用白炽台灯。这款提取器有商业化产品。（来自 Burkard Scientific 2006. *Tullgren Funnels*. Uxbridge, Middlesex, UK.线上请访问：http://www.burkardscientific.co.uk（最近一次验证是 2006 年 6 月））

（2）机械分离法是利用动物的物理和化学性质（如体型大小、密度和疏水性）来机械地提取它们。一般步骤是通过将土壤与盐溶液或者油水混合液搅拌而使其悬浮。当停止搅拌后，小型节肢动物会漂浮在液体表面。在油水悬浮液中，当搅拌停止后，油会携带亲脂性小型节肢动物漂浮在表面，但也会携带少量亲水的植物残体。

本章介绍了两种提取土壤中小型节肢动物的方法：动态提取法使用高（温度和湿度）梯度提取器，机械分离法使用水—庚烷混合液。虽然使用庚烷成本更高，但可以用来验证高梯度提取器。本章提供了土壤采样方法的建议，并且给出了动态提取法和机械分离法的推荐案例。处理和保存小型节肢动物的方法也会在本章中简要描述。

32.2 采 样

使用动态提取法的前提是动物群是存活的，并尽一切努力促使它们从样品中脱离出来。软体动物，如弹尾目、前气门目，未成熟的甲螨亚目和中气门目，在粗糙的操作过程中极易被破坏。需要注意的是，在采样过程中不能将土壤压实，以便动物可以从孔隙中出来并被计数。

动态提取器的土壤样品可以通过往土壤中压入一个金属圆筒或"去心器"来采样。圆筒的底边边缘应为斜面以便切入土壤中。若需要采集一系列深度的土柱，可以使用如图 32.2 所示的采样器。土壤保留在金属环或耐热的塑料环中。为了减少样品的紧实度，样品环的内径比采样器的刃口宽 1 mm。在向下压"去心器"时，可利用尖刀切割采样器的外部周围来采集植物残体样品。

注释

（1）土壤采样器的前沿应当保持尖锐，以防在切入土壤时将样品压实。

（2）避免样品压实，采样器的直径至少需要 5 cm。

（3）土壤采样器的高度对动物群的逃出（土壤）能力有很大的影响。对大多数结构良好的土壤，2.5～5 cm 的高度就能符合要求。对于大孔隙度较低的土壤样品，采样器高度最好为 2.5 cm。

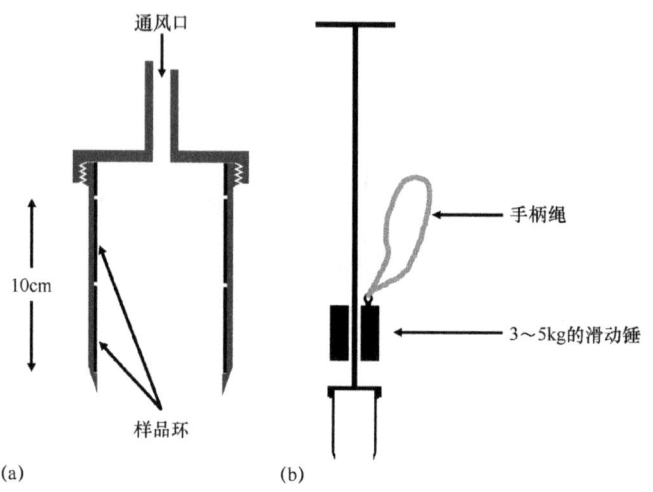

图 32.2　锤力驱动土壤去心采样器的横切面。（a）含有采样支持环的采样钻头的扩展视图。刀刃的直径应当比内环的直径小 1 mm 以减少内环的摩擦。当土壤进入采样器时，空心轴手柄可排出气体。（b）整个采样表示为金属锤落在采样钻头上进而促使钻头切入土壤中的过程。从汽车轮胎侧边切下的橡胶圆盘会减弱锤的冲击。

（4）即使使用图 32.2 所示的采样工具，土壤也可能被压实。而为了避免压实，采样器的高度应该与它的直径相近。当采样深度超过 10 cm 时，土壤需要分层采样。

（5）如果使用图 32.2 所示的采样工具，可以尝试用细针将土柱分离。如果土壤中含有根系，可能需要用小刀将样品切成几段，但是小刀可能会弄脏样品，阻隔空隙。

（6）将土壤样品放置在塑料袋中，在袋上贴上标签标明样品的顶层。转移到箱子中，最好冷却到 5～10℃。在运输过程，避免样品摇摆振动。

（7）实地采样之后最好尽快提取样品。Lakly 和 Crossley（2000）研究表明当保存在 6℃时，提取出的动物群数量与时间呈现线性负相关关系。由于存在捕食、繁殖、蜕皮和死亡过程，保存条件可能会改变小型节肢动物的群落结构。

32.3　提取方法

32.3.1　高梯度动态提取

Berlese 和 Tullgren 分别在 1905 年和 1918 年开创出通过干燥土壤驱赶小型节肢动物的方法（Murphy，1962a）。Macfadyen（1955）开发了第一个高梯度提取器，进而大幅度改良了这个方法。本章中的提取器（图 32.3）适用于完整的土柱或者疏松的植物残体样品。类似的还有 Crossley 和 Blair（1991）的提取器，它被选用在于其简单的结构和结合了之前 Macfadyen（1955）设计的大部分优点（Merhcant 和 Crossley，1970；Norton，1985b）。这个提取器最好在通风的房间操作，空气循环好，温度冷却到 4℃。在此描述了一个单提取器模块。灯泡热源从上方干燥土壤或植物残体，促使动物群掉入下方的收集杯中。一些模块是按序操作，相互分离至少 3～4 cm。这里的模块化设计只是作为一个示范，你可以用当地可用的材料构建自己的提取器。

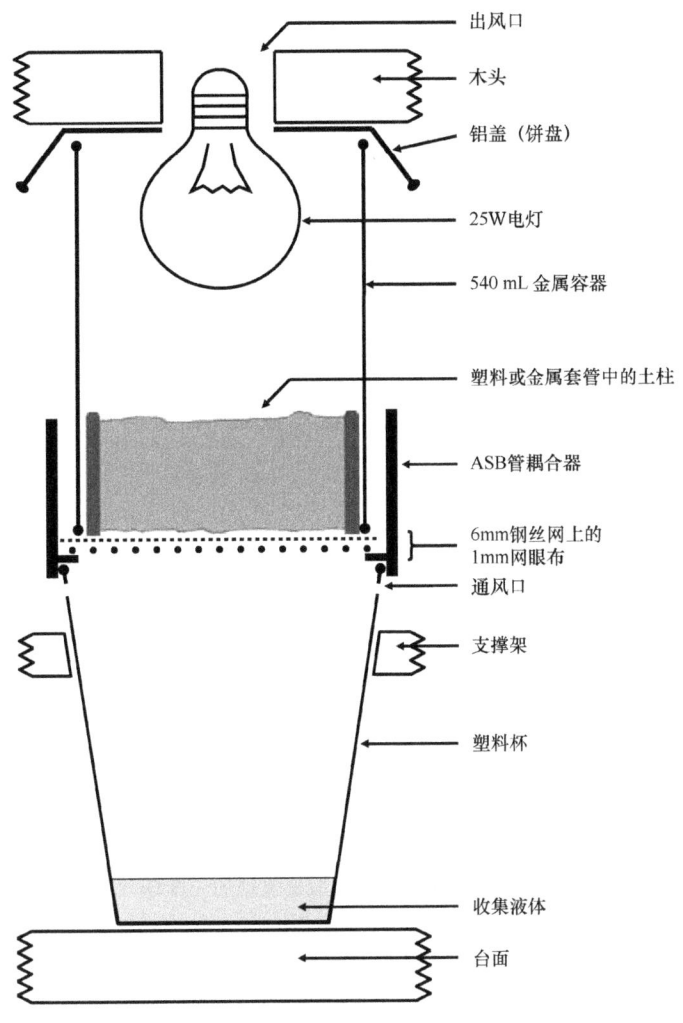

图 32.3 高梯度提取器模型的横截面

1. 材料和方法

提取器模型的主体是一个筒形联轴节（90 mm 内径，80 mm 高）通常连接一个 3 英寸的丙烯腈-丁二烯-苯乙烯（acrylonitrile butadiene styrene，ABS）黑色塑料管。底部连接的 30 mm 可以截掉做成 50 mm 高（图 32.3）。连接处内部的轮缘支撑起一个 6 mm 的铁丝网（金属布），涂上油漆以防生锈。在铁丝网的上部放置一个由塑料纱窗或者几层纱布做成的更细的细筛网，细筛网可以防止收集的动物被土壤所污染，但是孔径至少需要 1 mm 宽才能使小型节肢动物通过。细筛网上放置土壤或者枯枝落叶样品。土壤样品采集使用金属圆筒或者去心采样装置（图 32.2），样品保留在塑料或金属环中（50～75 mm 内径）。土柱的高度通常是 30～50 mm。土柱上方和周围是一个 540 mL 的食品罐做成的金属圆筒（83 mm 内径）。金属罐可以支撑起土壤上方的光源，并在土壤和光源之间形成封闭空间以保留热量。

热源是一个 25W 的白炽灯，带有白色玻璃罩。灯泡固定在吊灯插座上，周围是铝饼板做成的反光器。土壤样品上面的空气从吊灯插座周围排出。

在承载土壤样品的金属网下方是收集小型节肢动物的杯子。我们使用上口外径 90 mm 的塑料杯。杯子可以与 ABS 管接口内部紧贴，向上按倚靠支撑金属网和土壤的轮缘。将杯子紧贴可以防止动物爬出装置（更加耐用的杯子可以通过切断聚丙烯组织学样品罐的顶部制成）。在杯子的底部放有 20 mL 的收集溶液。杯子放置在夹板或树脂玻璃的支撑框架孔中，以防装置意外打翻。

理想的收集溶液应该能杀死和保留动物群，而不产生驱避剂或有毒气体。50%的丙二醇溶液可作为收集溶液。有人倾向于收集在水中，然后再用95%未变性的乙醇杀死动物群。对于动物群的分子学研究，需要收集在95%的乙醇中，但杯子必须打孔通风（详见下方注释）。

上文描述了单个高梯度提取器模块。在实际中，通常会同时使用有4～6行的多个模块，并且根据需要连接更多的行（图32.4）。

在每排线上，吊灯插座拧紧在金属杆上，并联14根标准线规的延长线。灯泡的亮度（也就是热量）通过变阻器或者调光开关控制。连接的最大模块数取决于电源和变阻器。出于安全考虑，使用功率不能超过电源额定功率的80%。如果墙壁插座提供15A（120 V电压）的电流，那么所有提取器就不应该超过12 A（或57个25 W的灯泡：功率（W）=电流（A）·电压（V））。并且，灯泡的数量不能超过电阻器的容量，否则电阻器会过热。例如，一个600 W的电阻器最多可以调节24个25 W的灯泡。吊灯插座固定在金属杆上，电阻器通过墙壁插座接地。

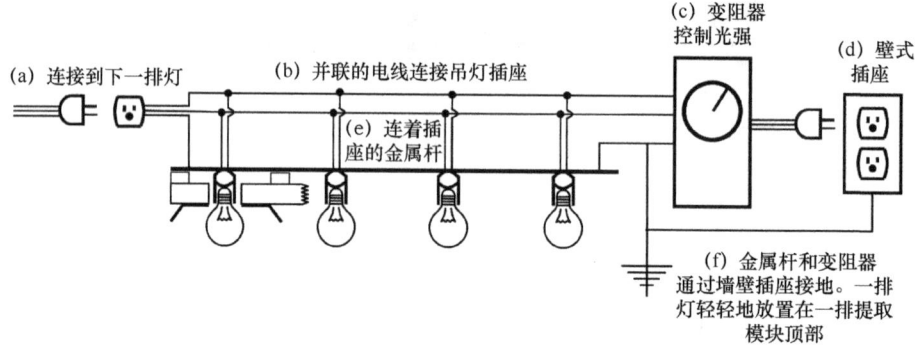

图32.4　四个高梯度提取器模型的一排灯

2. 步骤

（1）在提取器的金属网上放置一个1 mm的纱窗或纱布圆盘。

（2）对于土柱样品，将采样环和土柱一起推进金属罐中，然后放在模块的纱窗上。土壤样品应当将实地土壤的最上层向下朝向提取器（详见释（4））。对于疏松的枯枝落叶样品，先将金属罐放在模块纱窗上，然后从上方装入样品。样品高度保持在50 mm以下。

（3）在收集杯中加入20 mL的收集溶液。轻轻地将杯子贴到模块的底部。注意避免振动，以防土壤碎片掉入溶液中而使得分离小型节肢动物更困难（在装载样品之前，用自来水喷洒样品表面可减少土壤对收集溶液的污染。）

（4）如果4～6模块行已经装好，就轻轻地将光源放在顶部。这样持续到所有样品装载完。

（5）打开电灯，调节变阻器控制样品顶部的初始温度为15～20℃（可在一个灯泡旁边打一个孔放入温度计。）这样经过3～4天的过程，从上到下逐渐干燥样品。当样品底部也干燥时，大部分的小型节肢动物都会从样品中出来。如果样品底部还是潮湿的，那么提取还不够完全。对于结构良好的表层土，可以调节变阻器提高样品表层的温度，第二天提高到20～25℃，第三天25～30℃，第四天30～35℃，第五天40℃。高有机质含量的土壤可能需要更长的提取时间。对于低孔隙度的土壤样品，比如结构不佳的黏土，由于其动物群向下迁移较慢，所以需要逐渐干燥。枯枝落叶样品需要较少的热量以防干燥过快。在无振动的环境下操作提取器。

（6）定期检查收集溶液保证其未蒸干，但通常，土壤中的水分会冷凝在收集杯中。

（7）提取结束后，关闭灯光并轻轻地移动收集杯，将振动控制在最小。将杯中的物体倒入存储瓶中，然后小心地用另外的收集溶液润洗杯子,确保黏附的动物群全部被收集起来。取下样品支撑器和窗纱并清洗干净(见 32.5 节)。

(8)如果以单位重量干土含有的小型节肢动物数来表示丰度,或者要估算土壤容重,可以在 105℃ 条件下干燥 3 天。但如果用庚烷提取,则不能在 105℃ 条件下干燥土壤样品。

(9)注意:丙二醇有中度毒性且轻微可燃;乙醇有毒且易燃。应避免吸入烟雾和皮肤接触。处理化学品应该在通风良好的房间,并穿好实验服,戴上手套和护目镜。提取器所处的冷藏室需要通风并且使空气流通,以防酒精烟雾积累而被火花引燃。

3. 注释

(1)提取器的优势在于可以将样品和动物群的交叉污染降低到最小,样品底部也不会过早干燥,不同的提取器的内部环境相对比较一致。

(2)通常,白炽灯泡是作为干燥热源,而不是光源。光可能会驱退小型节肢动物,但也被作为一些中性刺激剂(Murphy,1962a),某些情况下可能还被作为引诱剂。Merchant 和 Crossley(1970)发现,相比透明灯泡或者其他颜色的灯泡,白色灯泡发出的光对小型节肢动物的提取效率更高。化学驱虫剂的作用也不如灯泡有效(Murphy,1962a)。

(3)提取器的操作房间最好保持在 4℃ 左右,这样有助于在土柱内形成温度梯度。在室温下也能进行提取,但是提取效率会比 4℃ 低。

(4)将土柱样品放入高梯度提取器时,推荐将其倒置放入,这样有助于小型节肢动物从土壤空隙中爬出。对于土壤表层样品,在样品顶部的动物群丰度最高,且越到顶端,土壤的孔隙度也越大。将表层土柱倒置能减少动物群必须经过的土壤体积。

(5)通常在完整土柱中能回收更多的动物群,而不是在从岩心器上移下的样品和在提取器的纱布上破碎过的样品(Macfadyen,1961)。虽然还未有学者能明确地解释这个现象,但扰动土壤可能会损伤脆弱的动物群,或者通过改变土壤干燥速率而降低了提取效率。

(6)常见的收集溶液为 75% 的未变性乙醇(Coleman 等,2004),若要用于分析研究,则推荐使用 95% 的乙醇。添加 5% 的甘油,可以防止提取过程中酒精挥发。虽然这个收集溶液可以成功地通过漏斗将动物群收集到玻璃瓶,但是收集到杯子中的效率会大大降低,特别是对弹尾目(Seastedt 和 Crossley,1978)。出于这个原因,50% 的低挥发性丙二醇(工业纯)更为推荐。一些学者倾向于用 10%~50% 的三硝基酚溶液替代乙醇,但如果三硝基酚变干会发生爆炸。在广口瓶和瓶盖之间留一个小空间(0.5 cm)能将收集溶液的烟雾效果降到最低。同样地,Rothamsted 修改的 Macfadyen 的高梯度漏斗在样品下方也留有空间以降低收集溶液烟雾效果到最小(Bater,1996,见图 13.2)。如果需要提取到乙醇中,图 32.1 所示的提取器具有足够的通风能力,故推荐与乙醇配套使用,而图 32.3 所示的提取器则不推荐。图 32.3 所示的提取器可以通过在收集杯顶部边缘下部用热玻璃棒打出 0.5 cm 的孔来改善通风状况,但这样可能会有一些动物从孔中爬出。

(7)关于样品水含量对动物群提取速率和效率的影响还知之甚少。在土柱中水分含量越均匀,可能提取效率也越一致。然而,要找到一个方法可以快速又均匀地湿润所有土壤而又不影响动物群是很困难的。大部分研究者都没有调节土壤样品的水分含量。在采样时应测定样品的田间持水量,以解释小型节肢动物在降雨时的垂直迁徙。

(8)土壤颗粒和植物残体对收集溶液的污染会大大地增加分类和计数样品的难度。可以通过物理障碍来阻止植物或土壤掉落(Murphy,1962a;Woolley,1982),但这样通常会降低提取效率。如果有必要的话,若收集溶液中杂质很多,可以加入高浓度盐溶液让小型节肢动物浮起来(见 32.3.2 节)。

(9)高梯度提取器的提取效率受提取器结构、试验操作和样品性质影响(André 等,2002)。许多研究报道对蜱螨亚纲和弹尾目的提取效率超过75%（Lussenhop，1971；Marshall，1972；Petersen，1978）。然而，当从半干旱土壤中提取小型节肢动物时，Walter等（1987）发现提取效率从26%到66%不等。Takeda（1979）研究发现对弹尾目的提取效率在夏天为28%，到冬天为88%。因此，精确的生态学研究需要对高梯度提取器进行校正。出于这个目的，可以在一系列栖息地中选出样品子集，然后在高梯度提取法后按下述的庚烷提取法提取。

32.3.2 机械提取方法：庚烷浮集法

1. 引言

最简易的浮集方法是将土壤样品在饱和氯化钠或硫酸镁溶液中进行搅拌（比重为 1.2 Mg/m³），密度较小的（1.0~1.1 Mg/m³）动物残体将会浮于上层。静置溶液15min后，收集上层的动物残体，并保存在70%的乙醇溶液中。这种方法在提取蜱螨亚纲和弹尾目中已被成功使用，但对大型甲螨还不适用，尤其是那些附着土壤的样本和大型昆虫（Murphy，1962b）。这种方法对含有大量有机物的样本并不适用，这种情况下高梯度的提取剂更加有效（Edwards和Fletcher，1971）。

通过在油和水的混合物中不断搅拌，能更好地提取动物残体，由于动物的外壳是亲脂性的，当停止搅拌时就会随着油层到达混合物的上层，而植物残体的表面是亲水性的，不会包含在油中。植物残体与小型节肢动物漂浮在液体的表面，矿物质的成分就会沉积在底部。植物残体漂在水层的上部，小型节肢动物的残体就漂在水层油层的交界处。油层包含小型节肢动物与很少量的残留水层，而当小油滴粘在植物残体表面或者植物残体中含大量的截留空气时植物残体才会在油层中。因此在加油搅拌之前需要对加水的样本进行局部真空处理，将截留空气挤出。

下面是一种土壤中小型节肢动物的水—油提取法的介绍。它是Walter等（1987）在化学家协会的（Williams，1984）标准浮集法步骤基础上改良得到的，不久前Geurs等（1984）发表了该方法的简化步骤，现在该方法已经被Kethely（1991）适用于处理大体积的土壤样品（18L）。

2. 材料和试剂

（1）磁力搅拌器、50 mm（聚四氟乙烯）搅拌棒或变速旋转摇荡器。

（2）不锈钢筛网（细度低于50 μm）。

（3）如图32.5中的U形玻璃烧瓶由一个带有封闭橡胶塞和比烧瓶高10 cm的金属棒的1~2 L的烧瓶组成。

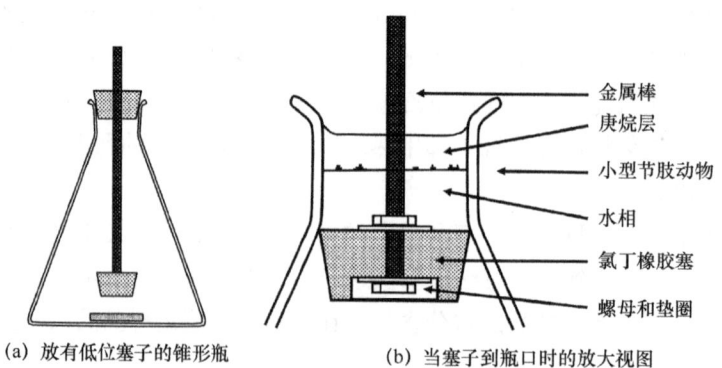

(a) 放有低位塞子的锥形瓶　　(b) 当塞子到瓶口时的放大视图

图32.5　小型节肢动物的庚烷浮集法装置

（4）95%~100%的乙醇（未变性）用蒸馏水按体积百分数稀释制成。

（5）庚烷的甲苯含量<8%。

3. 步骤（Walter 等，1987）

（1）第一阶段：将土壤样品浸入乙醇溶液中，杀死土壤中的小型节肢动物并固定采样时样品土壤中的目标数。将土壤样品（100 g 干土）全部放入盛有 500 mL95％乙醇的 2 L 大烧杯中，在烧杯口盖上保鲜膜，防止乙醇挥发。土壤样品可以在此条件下保存至少几周，且提取率没有明显增加。在浮选之前样品土壤要放置至少 24 h，以将小型节肢动物从土壤团聚体中释放。

（2）第二阶段：清洗样品有机物，形成水层，按体积均分土壤样品（以更高效提取）放入 2 L 锥形瓶中。将混合物放入真空室中排出植物残体中的空气（处理时间根据样品体积需要 2～10 min），将大量乙醇经细网眼不锈钢筛网（孔隙小于 50 μm）过滤出去。小心清洗烧杯中油部和漂浮在表面的残体，在将筛网用蒸馏水反喷清洗放入烧杯中之前，将筛网按顺序用 95％（或 100％）乙醇、70％乙醇、蒸馏水快速清洗，再加蒸馏水使烧杯中的总体积达到 800 mL。用蒸馏水清洗筛网之前，将样品放置 3～5 min，然后将表面的残体和大部分水从筛网中排出，最后在烧杯中用蒸馏水反喷清洗筛网。在水层中的土壤样品通过两个 2 L 的广口锥形瓶分开（如土壤体积较小，一个烧瓶即可）。每个烧瓶中放入一个搅拌棒或者末端带橡胶塞或薄片的金属棒，将烧瓶放在磁力搅拌器的托盘上（图 32.5）。

（3）第三阶段：将小型节肢动物从土壤样品（水相）中移入庚烷层和从水相中分离庚烷层。橡胶塞放在水面以下，将大约 25 mL 的庚烷沿着金属棒缓慢倾倒，金属棒是为了夹住橡胶塞，使其在磁体水平以上，又低于水相与庚烷界面处，在烧瓶口处放置一个有缺口的正方形保鲜膜，防止庚烷蒸发（或者金属棒滑入第二个适合烧瓶口的橡胶塞上紧的刚好合适的洞，这样，烧瓶就可以被密封，并且低的橡胶塞不接近烧瓶底部）。将混合物用低速搅拌 10～15 min，使得样品充分悬浮在庚烷中（为了确保样品中的小型节肢动物有充分的时间进入庚烷层），如果有必要，也可以放入变速旋转摇荡器用低速搅拌。之后将样品静置 5 min，使得样品中土壤颗粒沉积。沿金属棒倒入蒸馏水使得庚烷层到达烧瓶的颈部，静置 2～3 min。轻轻旋开橡胶塞移出土壤残体，然后慢慢地上升到烧瓶的颈部，将庚烷层和少部分水层与下部大部分混合物分离。将收集的庚烷层放入筛网中用 100％的乙醇清除洗去庚烷，然后再将筛网中的原料用 95％的乙醇进一步清洗，用 95％的乙醇反向清洗，最后用 70％乙醇清洗并转入合适的容器。

（4）注意：庚烷和乙醇都是有毒易燃物品，在通风橱进行操作，人员需佩戴护目镜、穿实验服，并做好对身体和眼睛的防溅保护。

4. 注释

（1）当小型节肢动物数量很多时有必要重复几次浮集步骤。将橡胶塞慢慢地降低到烧瓶底部，大部分水相就通过筛网被排出，用 100％ 的乙醇清洗瓶壁，溶解壁上附着的庚烷液膜，再加入 100 mL 左右蒸馏水，这部分新加入的水通过筛网被排出，筛网上的物质用 100％、95％的乙醇清洗，最后在烧瓶中用蒸馏水反向冲洗。加入蒸馏水使得烧瓶中总体积达到 400 mL。如上重复浮集步骤。

（2）不是所有的机械方法都比高梯度提取剂高效（Edwards 和 Fletcher，1971），但是 Walter 等（1987）发现庚烷浮集法提取的个体是高梯度提取剂的四倍，提取的物种是高梯度提取剂的两倍。实验室中的小型节肢动物放入干筛土壤中，然后用单个浮选循环庚烷浮集法提取率大约为：就蜱螨亚目而言，前气门目（39％），中气门目（69％），甲螨亚目（不含无气门目）（84％），无气门目（95％）；弹尾目（89％）。第二次浮选循环会将总体提取率从 78％增加至 88％。

（3）机械方法的问题在于活的和死的样本都会被提取出来。硬体小虫肛门和生殖器盾片的存在、体壳内部没有真菌菌丝，都可能在收集样本时对鉴别活虫有帮助。而对于其他动物类别，这种方法就不适用，会导致对土壤中存活动物数量的估算偏高。

（4）在某些地区，用有机溶剂提取的试验是被禁止的。Snider（1997）发现的饱和糖溶解法比高梯度萃取器提取的阔叶林土壤中小型节肢动物多，但是此方法工作量大。

32.4 高梯度提取法和庚烷提取法比较

高梯度提取法相比庚烷提取法有如下优势和劣势：

1. 优势

（1）低成本和低工作强度。

（2）动物能以更好的状态被提取以便鉴定。机械方法会对样本造成损坏。

（3）能更有效地从植物残体中分离出小型节肢动物。

2. 劣势

（1）不同物种对相同的刺激可能有不同的反应。比如，光对于某些物种是引诱剂，而对另外一些物种则是排斥剂。为了应对干燥，许多物种会进入休眠，或者将自己黏附到其他大的动物群上，期望被带到一个更有利的环境中（Phoretic behavior，协播行为）。

（2）同一个物种在不同生命阶段对刺激物有不同的反应（Tamura，1976；Takeda，1979）。比如，蜕皮阶段、产卵阶段、携播阶段、休眠阶段，在这些不活跃的阶段不能被提取。这对甲螨来说必须慎重考虑，因为它生命周期的 30% 被消耗在蜕皮阶段（Luxton，1982）。幼虫阶段的小型甲螨相比于成年运动甲螨通常更难被提取（Søvik 和 Leinaas，2002）。

（3）对不同类群的可提取性会随着一年中的不同时刻、天气情况和气候而变化（Leinaas，1978；Takeda，1979）。高梯度提取器在干热的气候条件下会变得低效（Walter 等，1987）。

（4）对不同类群的提取能力会随土层深度和土壤种类而变化。土壤性质比如有机质和质地会影响土壤孔隙率和孔隙空间的连续性，从而影响提取效率。

（5）在提取的过程中卵可能会孵化甚至死亡。

（6）仪器构造和试验操作也会影响提取效率。

同时采用动态提取和机械提取来解释不同物种、不同土壤及试验场地的环境变化所带来的差异时需谨慎。一种有效的技术就是从高梯度提取法中选取样品的子样本，并且用庚烷提取同样的子样本（Walter 等，1987）。Petersen（1978）批判性地详述了其他用于校正高梯度提取器的方法。

32.5 处理和鉴定

32.5.1 引言

将土壤中的小型节肢动物鉴定到较低分类并不是特别难，比如分类到蜱螨亚目和弹尾目科。初学者可以通过阅读基础书籍和与土壤动物专家交流来掌握基础知识，了解基本的分类。另外，属和种水平的详细分类需要高层次的知识，建议学习物种分类课程（Ohio State University，2006）。Dindal（1990）已出版了有关土壤动物基本知识的书籍。Dindal（1990）和 Behan-Pelletier（2003）提供了生物学和小型节肢动物分类的主要参考书目。

关于处理和存储样本的基本信息及用光学显微镜观察固定玻片的方法，需要参考 Evans 等（1961，1985），Krantz（1978）和 Woolley（1982）等的书籍。Krantz（1978）对通过连续切片制备标本以便进行显微镜观察进行了讨论。Evans 等（1961）和 Krantz（1978）提供了实验室培育小型节肢动物的方法。Marshall 等（1994）给出了提取、分类和鉴定小型节肢动物不同步骤所需的时间。

32.5.2 保存方法

小型节肢动物可以在丙二醇溶液中保存数个月，然而，却未证明可以长期存储。通常使用含 70% 的乙醇溶液来保存收集的动物群。为了保护个人健康，酒精应不含变性添加剂。建议在酒精中添加 5%的甘油防止酒精蒸发后样本干燥，不建议使用浓度大于 80%的乙醇溶液，除非样本是用于分子生物学研究，因为那样样本可能会萎缩，变得脆弱。有些动物，如弹尾目可能会覆盖一层蜡质角质层，在存储溶液中很难变湿润。70%的乙醇溶液加热至 60℃一个小时，弹尾目可脱蜡。这可以使它们在保存溶液彻底浸湿。

样本可用乙醇溶液存储在小玻璃瓶（2 mL）中。归档收藏时，建议将小瓶存放到大瓶乙醇溶液中。如果样本需送去给分类学家进行鉴定，也应该放在乙醇溶液中运输，而不是固定在玻片上，除非另有要求。

32.5.3 初步整理和清理

小型节肢动物应在液体中进行处理——通常是收集或存储的溶液——在 Syracuse 表面皿或有机玻璃皿中，或凹穴玻片上的乳酸中。动物可用线圈、小锅铲、巴斯德吸管或钨丝微针进行处理（Norton 和 Sanders，1985）。低水平分类可在大于 60 倍放大镜的显微镜下完成，有时可用复合显微镜下的更高的放大倍率。对于高倍放大，样本可暂时性放置在凹穴显微镜载玻片上的乳酸中。

32.6 简要统计注意事项

小型节肢动物在土壤中经常呈现一个"天然金块"似的分布，大量附着在植物残体上，而距植物残体几厘米外数量较少。观测值经常高度可变，并且表现出偏斜频率分布。如果是这样的话，在方差分析之前需要将原始数据用 $\log(x+1)$ 转换以标准化。此外，采样应该更多地关注生态系统的细节，比如植物的空间分布，植物残体及裸露的土壤等。在比较农艺措施的时候，可能需要采集大量的样品，因为比起更多样的生态系统中的土壤，这些土壤中的动物数量通常没有根本的差异。

参 考 文 献

André, H.M., Ducarme, X., and Lebrun, P. 2002. Soil biodiversity: myth, reality, or conning? *Oikos* 96: 3-24.

Bater, J.E. 1996. Micro- and macro-arthropods. In: G.S. Hall, ed. *Methods for the Examination of Organismal Diversity in Soils and Sediments*. CAB International, Oxford, UK, 163-174.

Behan-Pelletier, V.M. 2003. Acari and Collembola biodiversity in Canadian agricultural soils. *Can. J. Soil Sci.* 83: 279-288.

Burkard Scientific 2006. *Tullgren Funnels*. Burkard Scientific, PO Box 55, Uxbridge, Middx, UB8 2RT, UK. Available at: http://www.burkardscientific.co.uk (last verified, June 2006).

Coleman, D.C., Crossley, D.A. Jr., and Hendrix, P.F. 2004. *Fundamentals of Soil Ecology*. Elsevier, Amsterdam, the Netherlands, 386.

Crossley, D.A. Jr. and Blair, J.M. 1991. A high-efficiency, "low-technology" Tullgren-type extractor for soil microarthropods. *Agric. Ecosyst. Environ.* 34: 187-192.

Dindal, D.L. 1990. *Soil Biology Guide*. John Wiley & Sons, New York, NY, 1349.

Edwards, C.A. 1991. The assessment of populations of soil-inhabiting invertebrates. *Agric. Ecosyst. Environ.* 34: 145-176.

Edwards, C.A. and Fletcher, K.E. 1971. A comparison of extraction methods for terrestrial arthropods. In: J. Phillipson, ed. *Methods of Study in Quantitative Soil Ecology: Population, Production, and Energy Flow*. IPB Handbook No. 18. Blackwood Scientific, London, UK, 150-185.

Evans, G.O., Griffiths, D.A., Macfarlane, D., Murphy, P.W., and Till, W.M. 1985. *The Acari: A Practical Manual. Vol. 1. Morphology and Classification*. University of Notingham School of Agriculture, University of Notingham, School of

Agriculture, Sutton Bonington, Loughborough, Leics, UK.

Evans, G.O., Sheals, J.G., and Macfarlane, D. 1961. *The Terrestrial Acari of the British Isles. Vol. 1. Introduction and Biology.* British Museum (Natural History), London, UK, 219.

Geurs, M., Bongers, J., and Brussaard, L. 1991. Improvements to the heptane flotation method for collecting microarthropods from silt loam soil. *Agric. Ecosyst. Environ.* 34: 213-221.

Kethley, J. 1991. A procedure for extraction of microarthropods from bulk soil samples with emphasis on inactive stages. *Agric. Ecosyst. Environ.* 34: 193-200.

Krantz, G.W. 1978. *A Manual of Acarology.* Oregon State University Press, Corvallis, OR, 509.

Lakly, M.B. and Crossley, D.A. 2000. Tullgren extraction of soil mites (Acarina): effect of refrigeration time on extraction efficiency. *Exp. Appl. Acar.* 24: 135-140.

Leinaas, H.P. 1978. Seasonal variation in sampling efficiency of Collembola and Protura. *Oikos* 31: 307-312.

Lussenhop, J. 1971. A simplified canister-type soil arthropod extractor. *Pedobiologia* 11: 40-45.

Luxton, M. 1982. The biology of mites from beech woodland. *Pedobiologia* 23: 1-8.

Macfadyen, A. 1955. A comparison of methods for extracting soil arthropods. In: D.K. McE. Kevan, ed. *Soil Zoology.* Butterworth, London, UK, 315-332.

Macfadyen, A. 1961. Improved funnel-type extractors for soil arthropods. *J. Anim. Ecol.* 30: 171-184.

Macfadyen, A. 1962. Soil arthropod sampling. In: *Advanced Ecology.* Research, Academic Press, London, UK, 1-34.

Marshall, S.A., Anderson, R.S., Roughley, R.E., Behan-Pelletier, V., and Danks, H.V. 1994. Terrestrial arthropod biodiversity: planning a study and recommended sampling techniques. A brief prepared by the Biological Survey of Canada (Terrestrial Arthropods). Published by the Entomological Society of Canada Supplement to the Bulletin, Vol. 26 (1). Available at: http://www.biology.ualberta.ca/bsc/briefs/ brterrestrial.htm, March 1994.

Marshall, V.G. 1972. Comparison of two methods of estimating efficiency of funnel extractors for soil microarthropods. *Soil Biol. Biochem.* 4: 417-426.

Merchant, V.A. and Crossley, D.A. Jr. 1970. An inexpensive high-efficiency Tullgren extractor for soil microarthropods. *J. Georgia Entomol. Soc.* 5: 83-87.

Meyer, E. 1996. Mesofauna. In: F. Schinner, R. Öhlinger, E. Kandeler, and R. Margesin, eds. *Methods in Soil Biology.* Springer-Verlag, Berlin, Germany, 338-345.

Moore, J.C. and Walter, D.E. 1988. Arthropod regulation of micro- and mesobiota in below-ground detrital food webs. *Ann. Rev. Entomol.* 33: 419-439.

Murphy, P.W. 1962a. Extraction methods for soil animals. I. Dynamic methods with particular reference to funnel processes. In: P.W. Murphy, ed. *Progress in Soil Zoology.* Butterworths, London, UK, 75-114.

Murphy, P.W. 1962b. Extraction methods for soil animals. II. Mechanical methods. In: P.W. Murphy, ed. *Progress in Soil Zoology.* Butterworths, London, UK, 115-155.

Norton, R.A. 1985a. Aspects of the biology of soil arachnids, particularly saprophagous and mycophagous mites. *Quaest. Entomol.* 21: 523-541.

Norton, R.A. 1985b. A variation of the Merchant-Crossley soil microarthropod extractor. *Quaest. Entomol.* 21: 669-671.

Norton, R.A. 1998. Morphological evidence for the evolutionary origin of Astigmata (Acari: Acariformes). *Exp. Appl. Acar.* 22: 559-594.

Norton, R.A. and Sanders, F. 1985. Superior microneedles for manipulating and dissecting soil invertebrates. *Quaest. Entomol.* 21: 673-674.

Ohio State University. 2006. Acarology Summer Program, The Ohio State University, Columbus, OH. Available at: http://www.biosci.ohio-state.edu/~acarolog/sum2k1.htm (last verified, June 2006).

Petersen, H. 1978. Some properties of two high gradient extractors for social microarthropods and an attempt to evaluate their extraction efficiency. *Natura Jutlandica* 20: 95-122.

Petersen, H. and Luxton, M. 1982. A comparative analysis of soil fauna populations and their role in decomposition processes. *Oikos* 39: 287-388.

Seastedt, T.R. 1984. The role of microarthropods in decomposition and mineralization processes. *Ann. Rev. Entomol.* 29: 25-46.

Seastedt, T.R. and Crossley, D.A. Jr. 1978. Further investigations of microarthropod populations using the Merchant-Crossley high-gradient extractor. *J. Georgia Entomol. Soc.* 13: 333-338.

Snider, R.M. and Snider, R.J. 1997. Efficiency of arthropod extraction from soil cores. *Ent. News* 108: 203-208.

Søvik, G. and Leinaas, H.P. 2002. Variation in extraction efficiency between juvenile and adult oribatid mites: *Ameronothrus lineatus* (Oribatida, Acari) in a Macfadyen high-gradient canister extractor. *Pedobiologia* 46: 34-41.

Takeda, H. 1979. On the extraction process and efficiency of MacFadyen's high-gradient extractor. *Pedobiologia* 19: 106-112.

Tamura, H. 1976. Biases in extracting Collembola through Tullgren funnel. *Rev. Ecol. Biol. Sol.* 13: 21-34.

Wallwork, J.A. 1976. *The Distribution and Diversity of Soil Fauna*. Academic Press, London, UK, 355.

Walter, D.E., Kethley, J., and Moore, J.C. 1987. A heptane flotation method for recovering microarthropods from semiarid soils, with comparison to the Merchant-Crossley high-gradient extraction method and estimates of microarthropod biomass. *Pedobiologia* 30: 221-232.

Wardle, D.A. 2002. *Communities and Ecosystems: Linking the Aboveground and Below-ground Components*. Princeton University Press, Princeton, NJ.

Williams, S., Ed. 1984. In: *Official Methods of Analysis of the Association of Official Analytical Chemists*, XIV edition, 887-890.

Woolley, T.A. 1982. Mites and other soil microarthropods. In: A.L. Page et al., eds. *Methods of Soil Analysis, Part 2—Chemical and Microbiological Properties*. Soil Science Society of America, Madison, WI, 1131-1142.

（许伯乐 译，徐建明 校）

第33章 线　　虫

T.A. Forge

Agriculture and Agri-Food Canada

Agassiz, British Columbia, Canada

J. Kimpinski

Agriculture and Agri-Food Canada

Charlottetown, Prince Edward Island, Canada

33.1 引　　言

本章将解决如何从土壤中提取线虫这一问题。迁移性体内寄生虫（如短体线虫属）在其生命所有阶段的任何给定时间点都可以在土壤和根中被发现（Vrain 等，1997），而适当的种群定量取决于根和土壤中亚种群的分析。从根和植物的其他组织提取移动的体内寄生虫最常见的方法包括振荡法（Bird，1971；Barker，1985a；Ingham，1994）和雾室提取法（Barker，1985a；Hooper，1986b；Hooper 和 Evans，1993；Ingham，1994）。定栖性体内寄生虫第二阶段（具可侵染性）的幼虫（如根结线虫属、异皮线虫属和球异皮线虫属）通常可从土壤中提取出来，而关于它们的计数就需要结合该地区物种的生命周期知识来解释。中期和成虫期的定栖性体内寄生虫很难从根中提取出来，但是可以通过清洗和着色根组织来观察（与定量）中期、成虫期的固定体内寄生虫（Hooper，1986c，Hooper 和 Evans，1993，Baker 和 Gowen，1996）。

从土壤中提取线虫的方法可以分成两个大类：①基于线虫的能动性；②基于线虫的物理特征，如线虫的大小和具体的密度（Verschoor 和 de Goede，2000）。大多数基于能动性的方法都是对贝尔曼漏斗法（Baermann，1917）的改进。贝尔曼漏斗法最初用来回收动物粪便中的线虫，经过植物线虫学家的调整和修改来回收土壤和植物组织中的线虫（Hooper，1986a，b）。贝尔曼漏斗法的具体提取技术取决于线虫的活动。因此，线虫能动性的内在差异、样品处理和土壤质地会影响提取效率（Kimpinski 和 Welch，1971；Viglierchio 和 Schmitt，1983；Barker，1985b）。离心浮选法是基于线虫大小和密度应用最广泛的方法。由于小的线虫更容易在筛选步骤中损失，离心浮选法的提取效率主要受线虫大小的影响。

为了正确地描述线虫的种群特征，我们需要尽可能准确地估算种群，而提取效率对此是至关重要的（Ferris，1987）。适合的提取方法能优化某一目标物种的回收率。例如，环科线虫相对不活跃，采用离心浮选法可以比贝尔曼漏斗法更能有效地提取（Barker，1985a）。近年来，开展了许多研究来分析独立生存的（噬微生物的、杂食的、食肉的）线虫群体作为土壤食物网状态的指标。而针对提取方法对线虫群落分析影响的研究，至今才开始逐步接近。McSorley 和 Frederick（2004）报道，贝尔曼漏斗提取法对回收杂食性和肉食性线虫更有效，而离心浮选法对回收食草线虫更有效。一旦研究目标是整个土壤的线虫群落时，提取方法的最优化和标准化就需要充足的研究来保证。

33.2　样品前处理

在其他文章中，我们已经详细描述过线虫采样时空变异和抽样统计等注意事项（Barker，1985b；

Ingham，1994）。土壤样品应该保存在聚乙烯袋中以防止干燥，现场采样后应该尽可能快的冷藏（而非冷冻）。样品不能在阳光下直射，特别是在夏天。样本处理的第一步通常是将样品过筛去除粗的碎片和根系。除非是专门针对一些较小的物种（如短体线虫属、根结线虫属的幼虫及异皮线虫属的幼虫），那么建议土壤过>5 mm 的筛或不过筛；例如，当土壤过 2 mm 或更小的筛子时，一些大的毛线线虫（如剑线虫属）会受到破坏。

33.3　贝尔曼漏斗法（Baermann，1917）

贝尔曼漏斗法的基本方法是将样品用布或者纸包起来并局部浸没在一个装满水的漏斗中。随着线虫在饱和材料中的移动，它们从材料中沉淀出后下沉到漏斗颈部的底部并被回收。

33.3.1　材料和试剂

（1）直径 10 cm 的玻璃细颈漏斗，截面 5 cm 的橡胶管连接到每个漏斗的末端。
（2）弹簧管夹。
（3）尼龙网（100~250 μm 的网眼）制成的篮子似的筛网插口粘到从 7.5 cm 直径的 PVC 管子上切下来的 PVC 环上（2 cm 厚）。
（4）将三层的面纸剪成直径 10 cm 的圆形。
（5）漏斗支架。

33.3.2　步骤

（1）轻轻地将土彻底混合，以免伤害线虫。
（2）将纸巾放到筛网上。
（3）将 25 g 土均匀地铺在纸巾上。如果未将纸巾剪成一个圆形，将纸巾的角落向上折叠。
（4）用夹子将漏斗底部的橡胶管夹住。
（5）在漏斗的顶部灌水直到水位达筛网底部的 1 cm 之上。轻轻敲打漏斗的颈或者排出一定量的水去除漏斗颈中的气泡。
（6）轻轻地将筛网插入漏斗，允许土壤从底部变湿。
（7）用一个注射瓶调节水量（沿着篮子的边缘注射，不要直接注射到土壤上）。土壤应该完全饱和但不能完全浸没。
（8）用一个培养皿的盖子或者　块塑料膜覆盖筛网/漏斗，并在室温下培养 7 天。
（9）打开夹子并从漏斗中释放>20 mL 的水到一个小瓶子或者大试管（如 50 mL 的聚乙烯离心管）。
（10）沉降>1 h 使线虫沉淀到试管或者小瓶子的底部。
（11）除了底部的 5~10 mL（根据计数盘的尺寸）将底物全部虹吸出来放到一个计数盘中，等待几分钟使线虫沉淀，用立体显微镜观察或者在 10~70 倍放大倍数下用倒置显微镜观察。

33.3.3　注释

（1）贝尔曼漏斗法的优点在于它的装置简单并且易于安装，而且方法适用于任何样品。许多线虫实验室改进书架用来作为放置大量漏斗的支架。
（2）贝尔曼漏斗法的一个缺点是缺乏氧气，特别是在漏斗底部收集线虫的地方。为了克服这一点，Stoller（1957）连接了一个薄的聚乙烯管并向水中充入氧气或新鲜空气。另外一个缺点是小面积的筛网限制了能有效提取的土壤量，因为提取效率会随着土层厚度的增加而降低（Bell 和 Watson，2001）。

（3）在漏斗中用一个盘子或者托盘可以使氧气更快地扩散到浅水层或者薄的土壤层中（Whitehead 和 Hemming，1965）。这种贝尔曼法的改进方法被称为 Whitehead 和 Hemming 盘法、贝尔曼盒或贝尔曼盘法。贝尔曼盘法通常量更多，更适用于大量土壤的提取。

33.4 贝尔曼盘法

以下的仪器设备和步骤与 Townshend（1963）法相似。

33.4.1 材料和试剂

（1）聚四氟乙烯涂层的铝盘，大约直径 20 cm，深 5 cm。或者，用花盆下面的塑料盘也可以。

（2）合成树脂或者尼龙筛（直径 18 cm）用氯丁橡胶黏合剂黏到丙烯酸或 PVC 环上（15 mm 高，4 mm 厚），环可以从直径 18 cm 的丙烯酸或 PVC 管上切下来。三个丙烯酸腿可以黏合到每个环的外部，一小块丙烯酸可以黏到每个筛子的中心，在盘子的底部大约 4 mm 的地方来托住筛子。不能用金属筛网，因为金属离子对线虫有毒害作用（Pitcher 和 Flegg，1968）。

（3）三层的纸巾，最好切成直径 20 cm 的圆形。

（4）大试管（带架子）。

33.4.2 步骤

（1）轻轻地将土壤彻底混匀，不要伤害线虫。

（2）在每个筛子上放上直径 20 cm 的三层纸巾。

（3）将 50g 土壤在纸巾上分散成薄薄一层。如果纸巾没有剪成圆形，将纸巾的角落向上折叠。

（4）在每个盘子上放上土壤的筛子。每个盘子上应该放上足够的水来浸透土壤，但是不要完全浸没土壤。

（5）将盘子叠起来并用塑料布盖住或者放进一个大的塑料袋中来减少蒸发。如果有需要，每隔几天向盘子中加水（沿着边缘，不要把水直接倒到样品上）。

（6）样品在室温下培养几天。

（7）将筛网提起来让水从土壤流到盘子中，流 10~15 s。用洗瓶冲洗筛子的底部，水流到盘子中。

（8）搅拌盘中的水，并把样品倒入一个大试管中。用大量的水冲洗盘子并将水倒入试管中。

（9）沉降 >1 h 使线虫沉淀到试管的底部。

（10）除剩余的 5~10 mL（根据计数盘的尺寸）外，其余的底物全部虹吸出来到一个计数盘中，等待几分钟使线虫沉降，用立体显微镜在 10~70 倍放大倍数下观察。

（11）（步骤（10）的替代选择）盘子中的底物可以倒入一个倾斜 45°的 500 目的筛子（26 μm）直到筛子上留下的底物体积大约有 15 mL，然后通过一个漏斗冲洗到一个 20 mL 的闪烁管或一个相同尺寸带有喷嘴的试管中。

33.4.3 注释

Barker（1985a）表明线虫的最大回收率需要 3~14 天的培养。我们已经发现采用贝尔曼盘法经过 7 天的培养，可提取的穿刺短体线虫的回收率大约为 90%。Bell 和 Watson（2001）发现有些线虫的提取效率随着贝尔曼盘上土壤体积的增加而降低。

33.5 过筛—贝尔曼漏斗法

轻轻地倒出或者过筛可以作为从大多数土壤中提取出线虫的第一步,然后采用贝尔曼漏斗法从筛子上的残留物中把剩余的线虫完全提取出来。

33.5.1 材料和试剂

(1) 插入筛子的贝尔曼漏斗(之前描述的)和架子。
(2) 两个 1 L 的水罐。
(3) 有沟槽的漏勺。
(4) 500μm、250μm、180μm、38μm 和 26μm(分别是 35 目、60 目、80 目、400 目和 500 目)的筛子(直径 20 cm)。
(5) 50 mL 的离心管和架子。

33.5.2 步骤

(1) 在水罐中加入 100 g 的土。加入约 250 mL 的水并用手指轻轻地将土块弄碎。
(2) 将水加到 1 L 并用漏勺剧烈地搅拌 20 s。
(3) 让悬浮液沉降 30 s(使悬浮液中的沙子下沉),将上层清液通过 35 目的筛子进入第二个水罐并冲洗 35 目的筛子。
(4) (可选择的)如果目标是为了回收孢囊(孢囊就是异皮线虫科一个死去的雌性线虫的尸体,它是一个球形的疏水结构,可能含有几百个虫卵),在 35 目筛子和水罐之间放一个 80 目的筛子。孢囊可以被保留在 80 目的筛子上。
(5) 立刻将第二个水罐中的底物通过 400 目的筛子,保持筛子倾斜 45°,注意不要让悬浮液溢出筛子。轻轻地拍打筛子有助于水分从淤泥、有机质和线虫的残渣中流过。
(6) 当含有线虫的残渣剩余大约 25 mL 时,用洗瓶将残渣清洗到一个 50 mL 的离心管中;在离心管中放一个短颈漏斗有助于样品冲洗进入管中。
(7) 如之前所述,在贝尔曼漏斗中加入水,并且将含有纸巾的筛子放入漏斗中(将纸巾弄湿)。
(8) 将离心管中的样品沉降 >1 h 并轻轻地虹吸掉直到剩余 15 mL。搅拌并均匀地倒过纸巾。用少量的水冲洗离心管并倒到纸巾上。
(9) 密封,培养 48 h,像之前描述的直接贝尔曼漏斗法一样采样。

33.5.3 注释

(1) 尽管在转移和过筛的过程中一些线虫会损失,但是对一些线虫,这个方法的提取效率比贝尔曼漏斗法直接从土壤中提取的效率更高,因为线虫要经过的材料更少。
(2) 这个方法更适用于大量的土壤样品(如 250 g 土壤),特别是当目标物种不丰富或者经济阈值种群密度很低时。例如,剑线虫属和长针线虫属的种群密度通常少于 10 个线虫每 100 g 土壤,若从 250 g 或更多的土壤中提取可以导致少于可变种群的估算。
(3) 虽然这个方法比贝尔曼漏斗法和贝尔曼盘法更快速,但每个样品也需要花费更多精力。

33.6 离心浮选法(Caveness 和 Jensen,1955;Jenkins,1964)

这是一个快速而简单的从土壤中提取线虫的方法。样本可以在几分钟内被获得并且不活跃的线虫种类和线虫虫卵的回收率比其他提取方法更高。以下的细节主要来源于对 Barker（1985a）方法的改进版本。

33.6.1 材料和试剂

（1）带有摇摆臂可以装备 50 mL 或更大离心管且可以承载 420 g 重力的离心机。
（2）50 mL 的离心管和离心管架。
（3）500μm、38μm 和 26 μm（分别是 35 目、400 目和 500 目）的筛子（直径 20 cm）。
（4）600 mL 的烧杯。
（5）具有特定重力 1.18 的蔗糖溶液（将 454 g 的蔗糖溶于 1 L 水中），尽管特定的重力 1.10~1.18 的范围对于大多数土壤栖息的线虫都是适用的（Thistlethwayte 和 Riedel，1969）。
（6）振荡式或涡旋式试管混合器。

33.6.2 步骤

（1）按照 33.5.2 节描述的过筛—贝尔曼漏斗法（1）~（6）的步骤。
（2）将离心管放到离心机中。确保离心管的平衡。
（3）在 420 g 重力下离心 5 min。
（4）轻轻地将每个管子中的上清液倒掉（线虫在试管底部的土壤中）。
（5）用蔗糖溶液将离心管装满并混匀。
（6）在 420 g 重力下离心 60 s。线虫会留在蔗糖悬浮液中。不要暂停离心机，因为这会导致离心管底部的土壤发生移动。
（7）将每个离心管中的蔗糖溶液倒入一个含有大约 500 mL 水的 600 mL 的烧杯中来降低高渗透浓度。
（8）将每个 600 mL 烧杯中的样品缓慢地倒入倾斜 45°的 500 目的筛子。
（9）轻轻地将 500 目筛子上的线虫冲洗到一个 20 mL 的闪烁瓶或相同尺寸的试管中。
（10）沉降＞1 h 使线虫沉降到试管的底部。
（11）虹吸到剩余 5~10 mL（根据计数盘的尺寸），小心地倒入一个计数盘，等几分钟使线虫沉降，用立体显微镜在 10~70 倍放大倍数下检测。

33.6.3 注释

（1）离心浮选法对于不活跃的样本通常比贝尔曼漏斗法有更高的回收率，特别是环线虫科（Kimpinski 和 Welch，1971；Viglierchio 和 Schmitt，1983）。但是，这个方法对于大量的样品可能不方便，因为对于每个样品需要同等程度的处理和操作。
（2）蔗糖溶液的高渗透浓度有时会破坏样本或使样本变形（Viglierchio 和 Yamashita，1983），这个方法在样品中的提取效率可能会低于 50%（Viglierchio 和 Schmitt，1983；Barker，1985a）。

33.7 芬威克罐法（Fenwick，1940）

芬威克法这个相对经济的方法被广泛地用于提取几百克土壤样品中的孢囊。含有空气的孢囊会浮到表面，这就是其基本的原理。以下的细节来自 Ayoub（1980）和 Shepherd（1986）。

33.7.1 材料和试剂

（1）一个 30 cm 高的开罐，通常是由黄铜制作的，顶部是锥形的，是倾斜的。一个靠近橡胶塞的排水孔（直径 2.5 cm）位于开罐一边斜坡的低端。在开罐的顶部正下面是一个有 6 cm 高的颈圈边，这个边逐渐减小变成一个 4 cm 宽的出口。

（2）直径 20.5 cm、长 20.5 cm 的大黄铜漏斗。

（3）1000 μm、850 μm 和 250 μm（分别是 18 目、20 目和 60 目）的筛子（直径 20 cm），一个直径 8 cm 的 60 目的筛子。

（4）600 mL 的烧杯。

33.7.2 步骤

（1）彻底地将土壤混合，去除大的石头和非常粗的材料，晾干几个小时。

（2）将一个含有 18 目筛子的黄铜漏斗装到开罐的顶部。

（3）将 20 目的筛子装到 60 目的筛子上并将它们放到开罐颈圈的下面收集溢出的水分。

（4）在水罐中装上水并把 20 和 60 目的筛子弄湿。

（5）将土壤样品放到 18 目的筛子上并用喷嘴的水洗到开罐中。这会使有机质、一些土壤和土壤中的许多孢囊溢出到颈圈中并向下到 20 目和 60 目的筛子上。

（6）冲洗 20 目筛子上的碎片来促使孢囊通过网眼到 60 目的筛子上。

（7）去掉 20 目筛子上的粗的碎屑。

（8）将 60 目筛子上的东西洗到 600 mL 的烧杯中。

（9）将 600 mL 烧杯中的漂浮的材料倒过 8 cm 直径的 60 目的筛子。旋转烧杯去除黏附在侧壁上的材料并去掉底部的沉积物。

（10）用一个小的实验铲或实验匙将筛子上的材料转移到一个或多个计数盘中。

（11）向计数盘中加入足够的水使材料漂浮起来，并用立体显微镜检测。

（12）用解剖针将孢囊或疑似的孢囊转移到装有几毫升水的采样瓶中。

33.7.3 注释

（1）这个方法非常有效，Shepherd（1986）认为土壤样品中 70% 的孢囊可以漂浮并在筛子上获得。

（2）这个装备不贵而且容易安装，并且提取时间短。但是，当大量的样品需要处理时可能需要特殊的设备（Ayoub，1980）。

（3）一个可替代的步骤（在第（9）步之后）是用洗瓶冲洗 60 目筛子上的材料到一个漏斗中的快速过滤滤纸上，让水流干，检测了滤纸表面的孢囊。

（4）虽然芬威克开罐法是广泛应用的方法，但是其他方法像 Schuiling 离心法可能具有相同的提取效率，并且更方便（Kimpinski 等，1993）。

参 考 文 献

Ayoub, S.M. 1980. *Plant Nematology, an Agricultural Training Aid.* Nema Aid Publications, Sacramento, CA. 195.

Baermann, G. 1917. Eine einfache Methode zur Auffindung von *Anchylostomum* (Nematoden) Larven in Erdproben. *Geneesk Tijdschr. Ned.Ind.* 57: 131-137.

Baker, T.J. and Gowen, S.R. 1996. Staining nematodes and arbuscular mycorrhizae in the same root sample. Fundam. *Appl. Nematol.* 19: 607-608.

Barker, K.R. 1985a. Nematode extraction and bioassays. In: K.R. Barker, C.C. Carter, and J.N. Sasser, eds. *An Advanced Treatise* on *Meloidogyne, Volume II Methodology*. USAID, North Carolina State University Graphics, Raleigh, NC, USA, 19-35.

Barker, K.R. 1985b. Sampling nematode communities. In: K.R. Barker, C.C. Carter, and J.N. Sasser, eds. *An Advanced Treatise on Meloidogyne, Volume II Methodology*. USAID, North Carolina State University Graphics, Raleigh, NC, USA, 3-17.

Bell, N.L. and Watson, R.N. 2001. Optimizing the Whitehead and Hemming tray method to extract plant parasitic and other nematodes from two soils under pasture. *Nematology* 3: 179-185.

Bird, G.W. 1971. Influence of incubation solution on the rate of recovery of *Pratylenchus brachyurus* from cotton roots. *J. Nematol.* 3: 378-385.

Caveness, F.E. and Jensen, H.J. 1955. Modification of the centrifugal-flotation technique for the isolation and concentration of nematodes and their eggs from soil and plant tissue. *Proc. Helminth. Soc. Wash.* 22: 87-89.

Fenwick, D.W. 1940. Methods for the recovery and counting of cysts of *Heterodera schachtii* from soil. *J. Helminthol.* 18: 155-172.

Ferris, H. 1987. Extraction efficiencies and population estimation. In: J.A. Veech and D.W. Dickson, eds. *Vistas on Nematology*. Society of Nematologists, Hyattsville, MD, USA, 63-69.

Hooper, D.J. 1986a. Extraction of free-living stages from soil. In: J.F. Southey, ed. *Laboratory Methods for Work with Plant and Soil Nematodes*. Ministry of Agriculture, Fisheries and Food, Reference Book 402, Her Majesty's Stationery Office, London, UK, 5-30.

Hooper, D.J. 1986b. Extraction of nematodes from plant material. In: J.F. Southey, ed. *Laboratory Methods for Work with Plant and Soil Nematodes*. Ministry of Agriculture, Fisheries and Food, Reference Book 402, Her Majesty's Stationery Office, London, UK, 51-58.

Hooper, D.J. 1986c. Preserving and staining nematodes in plant tissues. In: J.F. Southey, ed. *Laboratory Methods for Work with Plant and Soil Nematodes*. Ministry of Agriculture, Fisheries and Food, Reference Book 402, Her Majesty's Stationery Office, London, UK, 81-85.

Hooper, D.J. and Evans, K. 1993. Extraction, identification and control of plant-parasitic nematodes. In: K. Evans, D.L. Trudgill and J.M. Webster, eds. *Plant Parasitic Nematodes in Temperate Agriculture*. CAB International, Wallingford, UK, 1-59.

Ingham, R. 1994. Nematodes. In: R.W. Weaver et al., eds. *Methods of Soil Analysis, Part 2— Microbiological and Biochemical Properties*. Soil Science Society of America, Madison, WI, 459-490.

Jenkins, W.R. 1964. A rapid centrifugalflotation technique for separating nematodes from soil. *Plant Dis. Rep.* 48: 692.

Kimpinski, J., Plumas, G., and MacDonald, M.C. 1993. Occurrence of the clover cyst nematode, Heterodera trifolii, in Prince Edward Island soils. *J. Nematol.* 25(4S): 876-879.

Kimpinski, J. and Welch, H.E. 1971. Comparison of Baermann funnel and sugar flotation extraction from compacted and non-compacted soils. *Nematologica* 17: 319-320.

McSorley, R. and Frederick, J.J. 2004. Effect of extraction method on perceived composition of the soil nematode community. *Appl. Soil Ecol.* 27: 55-63.

Pitcher, R.S. and Flegg, J.J.M. 1968. An improved final separation sieve for the extraction of plantparasitic nematodes from soil debris. *Nematologica* 14: 123-127.

Shepherd, A.M. 1986. Extraction and estimation of cyst nematodes. In: J.F. Southey, ed. *Laboratory Methods for Work with Plant and Soil Nematodes*. Ministry of Agriculture, Fisheries and Food, Reference Book 402, Her Majesty's Stationery Office, London, UK, 31-49.

Stoller, B.B. 1957. An improved test for nematodes in soil. *Plant Dis. Rep.* 41: 531-532.

Thistlethwayte, B. and Riedel, R.M. 1969. Expressing sucrose concentration in solutions used for extracting nematodes. *J.*

Nematol. 1: 387-388.

Townshend, J.L. 1963. A modification and evaluation of the apparatus for the Oostenbrink direct cotton wool filter extraction method. *Nematologica* 9: 106-110.

Verschoor, B.C. and de Goede, R.G.M. 2000. The nematode extraction efficiency of the Oostenbrink elutriator-cottonwool filter method with special reference to nematode body size and life strategy. *Nematology* 2: 325-342.

Viglierchio, D.R. and Schmitt, R.V. 1983. On the methodology of nematode extraction from field samples: Comparison of methods for soil extraction. *J. Nematol.* 15: 450-454.

Viglierchio, D.R. and Yamashita, T.T. 1983. On the methodology of nematode extraction from field samples: Density flotation techniques. *J. Nematol.* 15: 444-449.

Vrain, T.C., Forge, T.A., and De Young, R. 1997. Population dynamics of *Pratylenchus penetrans* parasitizing raspberry. *Fundam. Appl. Nematol.* 20: 29-36.

Whitehead, A.G. and Hemming, J.R. 1965. A comparison of some quantitative methods of extracting small vermiform nematodes from soil. *Ann. Appl. Biol.* 55: 25-38.

（翟伟伟 译，徐建明 校）

第34章 蚯 蚓

M.J. Clapperton

Agriculture and Agri-Food Canada
Lethbridge, Alberta, Canada

G.H. Baker

Commonwealth Scientific and Industrial
Research Organization
Glen Osmond, South Australia, Australia

C.A. Fox

Agriculture and Agri-Food Canada
Harrow, Ontario, Canada

34.1 引 言

蚯蚓常被认为是"生态系统的工程师"，因为它们可以使土壤的结构、化学和生物学性质发生明显的变化。因此，将蚯蚓作为土壤质量的生态指示生物、有益的土地管理及工业修复措施等越来越引起人们的关注。然而，有些实例也表明这些偶然或特意引入土壤以增强土壤生产力的蚯蚓具有侵害性（Gundale 等，2005）。尽管如此，由于蚯蚓相对容易被发现、识别和取样，并且较易鉴定分类，为研究土壤生物和土壤生态提供了理想的切入点。

蚯蚓的丰度和分布深受食物资源的限制而呈现斑状，并根据种类和生长阶段分布在不同的深度，在一个种群或蚯蚓群落中的分布随季节和昼夜变化较大。这就导致很难确定试验的采样时间、采样数量、采样点和采样方法。因此，在开始一个试验之前，掌握蚯蚓基本的生活史、饲养方式和行为是很重要的。

根据蚯蚓的饲养、行为和掘穴模式（Lee，1959，1985；Bouché，1977）可以将蚯蚓分为三个生态族群，这种分类与根据土壤性质、含水量和温度的分类有些重叠。生存在枯枝落叶层，主要以粗颗粒有机物为食的蚯蚓是表栖类。这些蚯蚓种类的生命周期较短，代谢和生殖速率较高。内栖类蚯蚓生存在整个土壤矿物层，以土壤和有机质为食，当它们在整个土壤中进行水平和垂直运动时，会留下它们筑造的临时洞穴。根据土壤状况，内栖类蚯蚓在土壤表面取食和筑穴，彻底地将土壤矿物和有机质混合，这种蚯蚓物种是"泥土工人"。深层类蚯蚓如陆正蚓（*Lumbricus terrestris* L.），形成既深又垂直的洞穴（大部分是永久的），通常有一个或者两个表面入口。它们主要以表层的枯枝落叶为食，这些枯枝落叶被拖进洞穴，或者是被收集起来混合成一个小土丘围绕在洞穴的出口。这些广泛的生态分类（表栖类、内栖类、深栖类）表明需要用不同的采样方法以获得更加准确的对蚯蚓的总体评估。

野外采样方法可以分为以下几种：物理方法（手动将枯枝落叶、土壤和其他栖息地的蚯蚓挑选和移除）、行为方法（采集时刺激蚯蚓，使它们搬出栖息地）和间接方法（通过设陷阱、诱饵或者计量脱落物或粪堆估算数量）。对所有的采样点和环境来讲，没有哪一种单一的采样方法是最高效的，经常需要将几种方法联合起来获得最准确的估算。例如，深栖类的物种最好通过行为方法采样，如将化学驱避剂和土丘或圆柱体技术结合起来，然而，一些表栖类和内栖类的物种更适合用手拣的方法进行采样。

对蚯蚓种群的空间分布和其随时间变化的研究还不是很充分，因此采样方法对估算蚯蚓种类和丰度至关重要。采样方法可以包含有特定间隔的网格模式，即在随机选择的坐标上使用一系列的横断面，或者有辐射断面的点。一年中对蚯蚓定期采样可以评估蚯蚓种群数量或丰度何时最大。

保持样本完整性对分类和分子遗传学研究至关重要。在某些情况下，需要进行蚯蚓解剖，并且利用分子遗传学手段分解标本，从而进行更深层次的比较。现留存较好的参考文献和综述对追踪蚯蚓物种随时间的变化具有重要作用。

本章描述了野外采集蚯蚓样品最常用的方法和建议。包含在方法中的注释和提示是根据野外和实验室经验获得的，这些注释能够提高野外试验效率。采样、处理、运输方法与广泛的土壤调查方向相关，包括生态毒理学。

34.2 采样设计

在所有的采样方法中，在一个采样小区内所有的样品都要分层随机取样，并且数量和大小都要充足（Southwood，1978），以获得准确的估算。对照试验的数据可以为调查不同的管理实践和蚯蚓种群密度、生物量、物种组成的因果联系提供较好的基础（Blair 等，1996）。然而，不同的研究，所需的样品的数量和大小会有所不同，为了准确测定不同物种的丰度需要采集不同数量的样品。

蚯蚓种群大部分呈斑块状分布，这和植被、土壤的物理、化学和生物性质相关，这使得取样单位的数量、大小和分布难以确定。研究表明减小野外取样面积，数据的总变异增大（Rossi 和 Nuutinen，2004），Whelan（2004）提出了在森林和农业景观领域，每公顷至少需要 40 个 $1 m^2$ 的采样单位，才能对蚯蚓数量和生物量做出正确的评估。

34.3 物理方法

34.3.1 手拣

手拣是样品采集中最常用的方法。这种方法虽然对土壤扰动大、费力，但它能应用于所有土壤类型。具体方法是用铲子、岩心取样器或项圈取一定体积的土壤，手拣采集土壤中的蚯蚓。采样效率随样品大小和采样单位形状而异。很多研究中，都采用了 25 cm×25 cm 到 45 cm×45 cm 的方形采样，采样深度为 10~125 cm，再根据蚯蚓的活跃深度进行调整。

在农业领域，Dickey 和 Kladivko（1989）发现最高效的蚯蚓采样单位的大小/形状是沿着作物行 10 cm，横跨作物行 45 cm（也就是 10 cm×45 cm）。然而对于蚯蚓茧来说，最高效的采样大小/形状是 30 cm×30 cm 的方形。考虑土壤取样层来确定合适的深度。在开始采样前，需进行初步试验，确定采样面积、形状和物种多样性。Clapperton（1999）在一项研究中发现大部分蚯蚓茧集中在 20 cm 深度。

1. 材料和试剂

（1）移取规定体积土壤的设备包括以下：

① 木制或者金属制成的模板，以维持采样单位大小和形状一致。构造不同大小/形状采样模板的方法已经在 Wormwatch（2002）网站中给出。

② 花园铲或铁铲（方形铁铲最有利于维持采样单位大小）。铁锹刀刃边缘标记 5 cm 或 10 cm 的深度测量是必要的。

③ 金属取样器（用手或采样仪打入土壤）。注意：取样器在干燥、团聚体疏松或者沙性土壤中不能较好工作。

④ 塑料项圈（20 cm 深，内径为 30 cm 的 PVC 管）可以压入土壤中，并且工作一段时间，从而沉

淀土壤，含有撬出土壤的项圈会根据项圈内径整齐地断裂土壤（Conner 等，2000）；这些相同的项圈也可以在田间对照试验中用作笼子来关蚯蚓（Baker 等，1996）。

（2）从土壤中挑选蚯蚓的材料：

① 浅色的托盘或浅的塑料容器或有盖子的厚塑料桶或耐用塑料袋。

② 手套（塑料或布）用来保护手。

③ 便携桌椅是可选的。

（3）土壤温度电子探针或土壤温度计（15 cm 深）。

2. 步骤

（1）选择地点和采样方法：对于草地和自然地用样带法，对一个季节重复抽样用网格抽样设计。记录每个采样点的土壤温度。模板放在土壤表面，用铁锹在模板处挖至想要的深度。如果是手拣多个深度或多个层次的土壤，下一个采样之前先手拣一层。取样的土壤样本可以在旁边的蚯蚓采样点立即提取，测定土壤含水量和其他相关的土壤性质（如 pH 值、土壤碳）（参照其他章节的方法细节）。

（2）在野外手拣有两种选择：在野外分拣土壤然后重新放回洞里，或者从田间移除放入厚的塑料或垃圾袋中，保持凉爽，远离野外进行挑选。当时间有限或天气恶劣的时候可能有必要在田间对样品进行分拣。如果样品不能马上分拣，应将样品保存在冷冻室中（尽可能的和野外土壤温度一致或者 15～20 ℃）并且分拣应该在采样后一周内进行（参见注释（1））。

（3）直接将土壤放在浅色托盘、塑料薄膜或者大的浅存储容器中。在系统地分拣之前，打破土块，用手指轻轻揉碎土壤。将检查过的土壤沉淀在浅口容器中或塑料薄膜上，以便与未经检验的土壤分开。定期查寻检查过的土壤是否有蚯蚓或蚯蚓茧漏掉（见注释（2））。

（4）将分拣出来的蚯蚓或蚯蚓茧放入单独标记的容器中。按照本章节中后面描述的步骤处理保存蚯蚓（见 34.8 节）。

3. 注释

（1）土壤分拣完成后，一些项目需要维持野外采样点的完整性，土壤可能需要放回采样点，并且把每个土壤样本放回准确的位置。在很多情况下，还要按一定的顺序放回，如顶层最后放。

（2）用铁锹挖掘移动土壤的时候经常会使蚯蚓被切成小块。在手拣过程中，有可能需要将各部分进行匹配，如果不能匹配，只计算头部。样品中所有的身体部分都应该包含在总生物量里，但是只有头部或者只有前半部分（并非两者都存在）作为一个样品中蚯蚓的总数量。

（3）当一个样品区域内大部分的蚯蚓都是垂直深挖洞穴的深栖类物种时，手拣并不实用。取完土壤样品以后，用在洞穴的化学驱虫剂（见 34.4 节）可以用来重新取回挖土过程中逃到土壤深处的这些深栖类蚯蚓。

（4）如果土壤特别坚硬或者黏性很大，很难用手揉，可以用排水软管冲洗土壤或者土壤过筛使蚯蚓、蚯蚓茧和小蚯蚓暴露和回收。

手拣需要一定数量的设备，但的确是测定蚯蚓数量（休眠或隐匿的蚯蚓也可以被发现）、生物量、蚯蚓茧的一种合理可靠的方法，并且也可以用于采集废弃物和土壤表层蚯蚓（Wormwatch，2002）。手拣的主要缺点是非常费力、费时且复杂。我们也要注意到蚯蚓能够感知采样过程中土壤扰动造成的震动，因此在土壤中插入铁锹或铁铲之后需要检查逃走的蚯蚓。然而，有时限的土壤分拣在一段长时间内的重复采样是一个较好的选择（Schmidt，2001a）。

34.3.2 冲洗和过筛

手动过筛非常费力，和手拣相比会多花费很多精力（Raw，1960）。Bouché（1972）、Bouché和Beugnot

（1972）发明并利用了机械的方法，利用以下便携清洗装置：土壤放在一系列不同孔径的筛子上，通过独立的、安装在筛子上下的洒水装置冲洗筛子，蚯蚓和蚯蚓茧收集在不同孔径筛子上。用装有手推车的水槽补给水，用空气压缩机对水增压。只要土壤中没有太多黏土，冲洗设备就会快速、高效运行。

34.4　行为方法

使用化学驱虫剂（如芥末悬液、福尔马林）驱逐蚯蚓是行为方法中最普遍的一种，这些方法往往没有破坏性，从而能够保持野外采样点的完整性。热提取对土壤钻孔样本和草地样本的提取非常有用。土壤中蚯蚓也可以用电流和震动驱逐，这两种方法在研究中用的相对较少。

化学驱虫剂刺激蚯蚓的黏液组织层，造成蚯蚓向土壤表层移动，从而容易被收集。Edwards 和 Bohlen（1996）描述了早期文献中曾经用于提取蚯蚓的不同化学剂（氯化汞、高锰酸钾、福尔马林等），这些化学剂中很多都是有危险性和毒性的。福尔马林是研究界应用最广泛和最被认可的化学驱虫剂，Raw（1959）首先提出这项技术。然而，由于福尔马林的毒性和所造成的环境问题，它的应用越来越有限。因此，用毒性相对较低的化学驱虫剂作为替代，如芥末悬液等已经被广泛研究并认可（Gunn，1992；Lawrence 和 Bowers，2002；Kukkonen 等，2004）。家用清洁剂是一个成本低、无毒的选择，但只在探索性研究中应用（East 和 Knight，1998）。

将化学驱虫剂施入土壤可以使蚯蚓向土壤表层移动，在土壤表层蚯蚓更容易被手动收集（St. Remy 和 Daynard，1982）。土壤的孔隙度和化学性质不同，会使化学驱虫剂不能够充分分散，因此化学剂并不是在所有的土壤类型中都适用。另外，因为土壤温度和湿度限制蚯蚓的活动，提取效率也随之改变。温带气候春季的土壤温度为 10~20℃，土壤湿度条件较好，在这段时间里大部分物种都很活跃，因此可以得到有代表性的群体样本（Clapperton 等，1997）。

化学驱虫剂在蚯蚓活跃和靠近土壤表层的野外条件下能够最好地发挥作用。在土壤渗透压达到饱和或接近饱和时采集蚯蚓，驱虫剂不能渗透到土壤中，而是封存在土壤表面，在干旱土壤中驱虫剂也不能渗入土壤或者会消失在土壤大裂缝中。利用化学驱虫剂是采集普通蚯蚓和其他深栖类物种最高效的方法，但对于休眠的蚯蚓完全不起作用（Raw，1959；Lee，1985；Chan 和 Munro，2001）。对于洞穴横向（内栖类）和深栖类共存的栖息环境，化学驱虫剂可以更加定量高效采集内栖类物种（Bouché，1976）。垂直洞穴深处的深栖类物种可以高效地将化学刺激物运送到表栖类和内栖类物种能够接触到的土壤表层。在没有证据表明深栖类蚯蚓活动的地方，化学驱虫剂的应用价值有限（Clapperton 等，1997；Chan 和 Munro，2001）。化学驱虫剂可以和手拣方法结合（见 34.3 节部分），化学驱虫剂倒入洞穴底部的土壤（手拣的土壤样本采样完成后），深栖类物种就会被驱逐出来（Barnes 和 Ellis，1979）。

不论何种情况，单独化学驱虫剂不能从土壤中提取所有蚯蚓物种。这项技术和手拣相比最主要的优点就是省时，特别是对于需要多次重复来测定蚯蚓种群的空间分布模式的研究更加如此。

34.4.1　热芥末

1. 材料和试剂

（1）干热的芥末粉（可以从食物商店买到大量的细碎的干芥末种子，2.27 kg 的干芥末可以采 40 个样本；115 g 的小罐芥末对于探索性野外试验来说太昂贵）。

（2）坚硬的广口塑料容器，带有盖子、刀片、大小刷子、小药匙和长柄勺以混合搅拌芥末悬液。

（3）个人防护用的一次性手套、实验服和防尘面罩。靠近通风橱或实验区通风处。

（4）采样容器应该是 500 mL 广口玻璃瓶，带有金属盖子和罐环，或者是带有盖子的广口塑料容器。

同时也需要纸巾、小木箱或者是塑料容器来保持广口瓶直立以防破碎，还需要冷却器（带有冰袋）。

（5）采样框架 0.6 m×0.6 m：用高度大约为 10 cm 的木质或金属板铰接而成，不用时放平。根据研究要求，也可以采用其他的采样尺寸（如 0.25 m²）。框架的底部边缘可以倾斜或削尖，以便更容易放入土壤中。研究项目较大、人员较多时，可以考虑使用 10～15 个框架来节省时间，几个人同时工作。

（6）铁铲、野外标志（90 cm 线标志）；用草坪耙子移除疏松的表层枯枝落叶或土壤表层的作物残渣；绿篱机、剪切机或气动切边机修剪草坪采样地点（即草皮），以便化学驱虫剂能够更容易渗入土壤中。

（7）标有体积刻度的家用塑料桶或提桶（≥10 L）。

（8）带有喷头的塑料喷水壶（≥7 L）。喷壶适用的大型塑料漏斗。如果是大型野外监控项目，至少需要 5～10 个罐子在采样时同时混合悬浮液。注意：喷头的孔要足够大，使磨碎的芥末种子残渣能够轻松通过而不至于堵塞。

（9）水箱（即 150～200 L 的塑料罐）或几个 20 L 的塑料罐。

（10）土壤温度计（15 cm 长）或电子温度探测器。

（11）70%的酒精（加 30 mL 蒸馏水到 70 mL 95%的酒精中）。

2. 步骤

1）野外采样准备

（1）称取 53 g 芥末粉末到带有防漏盖的塑料容器中。注意：戴一次性手套和防尘面具，穿实验服。热芥末中"辣"的有效成分和 3-异硫氰基丙烯相关，能够刺激呼吸道和眼睛。应该在通风橱或通风的地方操作。

（2）采样前 1 天或至少 3 h：在通风橱或通风处打开含有 53 g 干热芥末粉的容器。缓缓加入等分的 50 mL 水，到水的总体积为 150 mL，用勺子、小铲或搅拌器搅拌至光滑膏状。重新放上盖子使混合物至少静置 3 h，释放辣味。

（3）根据是否将蚯蚓从野外运回实验室，合理地准备广口玻璃瓶或塑料容器。准备样品标签，包括手写或打印的采样点信息标签（激光打印标签在溶剂泄漏时可读，而油墨打印标签不可读）。

（4）如果要保存蚯蚓到实验室中鉴定，用 500 mL 的玻璃瓶。加入 125～150 mL 70%的酒精。要想得到大量的蚯蚓，在广口瓶中加入 200～250 mL 70%的酒精，使蚯蚓完全浸入 70%的酒精中，保持样品的完整性。放到原来的箱子或塑料桶中运输。

（5）如果要将蚯蚓送回野外，不要用广口瓶或酒精。准备一个广口塑料容器，在底部放入水浸透的纸巾，盖上盖子（最好是打孔，使蚯蚓分泌的氨气能够排出；孔应该足够小使蚯蚓不致逃出）。放到移动冰箱中运回野外。

2）野外采样现场的准备

（1）根据试验设计或研究要求选择合适的采样区域，用编号的标志确认采样位置。

（2）用耙子将采样区域表面的残余物轻微掠去。如果是在厚草皮采样，用绿篱机或气动切边机将草剪到土壤水平面。这样蚯蚓出现时可以更好地观察。

（3）每一个采样区域，在土壤表面空旷的位置放置木质或金属框架，可能的话用铁锹在框架底部四周压实土壤，避免将芥末悬液倒入土壤中时在框架底部渗漏。在每个取样点放置一个采样容器。注意：在一些采样位置，将土壤沿着框架堆积起来可能是不可行的，因为要保持土壤不被扰动或因为草皮条件的限制。框架底下的漏水程度可以通过每次添加少量的芥末混合物调节，这些渗入土壤中后再加入另一部分。

（4）记录采样点信息、蚯蚓取样器中样品数量和样品标号。如果需要对照样方，在野外处理设计或草图上记录采样区域的地理位置。

（5）插入土壤温度计或电子探测器，记录土壤温度。

3）施用芥末悬液

（1）在家用塑料桶加入 3 L 水。戴上塑料手套，将整个芥末悬液容器浸入桶中，搅拌一下以漂洗容器。用抹刀或刷子除去塑料容器残留的芥末悬液。用大型搅拌器、长柄勺或带有油漆搅拌器的电钻搅拌桶中芥末水混合物确保没有大块状。再加水到桶中至水面上升到 7 L，用力搅拌悬浮液。

（2）将塑料漏斗插入喷水罐，缓慢倒入桶中芥末悬液，定期停止以重新混合内容物。

（3）芥末悬液转移到喷水罐之前要先在桶中搅拌一下。如果芥末颗粒残留在桶中，不要加水冲洗到喷水罐中。本步骤以每个采样区域 7 L 为基础倒入，再加水会降低效果，也会影响不同采样点数据之间的比较。

（4）将保存蚯蚓的采样容器放到采样框旁。不要把装有 70%酒精的广口瓶的盖子拿下来，因为酒精很快会挥发而改变酒精浓度。将盖子松开平衡住，向广口瓶加蚯蚓时拿起，加完后迅速放回盖子。

（5）缓慢施用芥末悬液，在抽样架限定的土壤区域内匀整开来，使芥末有时间渗入土壤中。蚯蚓会在 1~2 min 内出现。

4）收集采样区域的蚯蚓

如果要将蚯蚓保存起来，戴上手套用长嘴或普通的镊子将出现的蚯蚓捡起，放入玻璃广口瓶中。蚯蚓出现时捡起是非常重要的，不要等到蚯蚓被阻止和固定下来，因为当你拉蚯蚓的时候它会分成两半。只将框限定的蚯蚓捡起，并且要等整条蚯蚓从洞穴出来，这样才不会漏掉或损坏蚯蚓。蚯蚓活动到结束通常要 15~25 min。如果土壤温度低（5~8℃），蚯蚓出现会慢一些（每个采样点限制在 20~25 min）。但是，取回蚯蚓的时间限制要根据采样时的野外条件。将装有广口玻璃瓶的箱子或桶放入冰箱，特别是温度非常高的时候。从野外回来以后，立刻将样品放在冷室中（10℃）或冰箱中，直到处理分析。如果在两周以后处理，更换每个广口瓶中的酒精使蚯蚓更好地保存。

3. 注释

（1）进行试验或用一个方法时，一致性是非常重要的概念之一：如果可能的话，整个试验中用同一个品牌的芥末。

（2）Zaborski（2003）用化学剂异硫氰酸烯丙酯（芥末悬液的有效成分）驱逐蚯蚓，并且得出结论，用异硫氰酸烯丙酯和福尔马林提取蚯蚓的数量没有不同，但警示使用该化学剂时要非常小心。

（3）在一项研究中，检验了用上面的方法提取蚯蚓的效率和有效性，Lawrenc 和 Bowers（2002）发现芥末悬液可以提取 61.4%（4.2% SE）的蚯蚓、62.3%（4.3% SE）的生物量和 40 个采样点中 84.5%（4.4% SE）的物种。用手拣法重新采样验证芥末驱虫剂的效率时，发现用芥末悬液可以驱逐 100%的 *Dendrobaena octaedra*，大约 70%的 *L. Terrestris*、*Aporrectodea rosea* 和 *Aporrectodea caliginosa*，大约 50%的 *Allolobophora chlorotica* 和 45%的 *Octolasion tyrtaeum*。

34.4.2 福尔马林提取

1. 材料和试剂

（1）37%福尔马林（甲醛）。注意：福尔马林操作时需要非常小心，因为它有剧毒，吸入或皮肤接触以后能够造成严重的损伤或腐蚀，并且是潜在致癌物质。在靠近排水管、水道，或者容易从土壤渗入地下水的地方的研究不能使用福尔马林。用材料安全数据表（MSDS）推荐的安全步骤。稀释的福尔马林溶液 0.5%（v/v）直接在野外准备，和喷水壶用的水量有关。

（2）调剂吸管或量筒，塑料手套，MSDS 认定的接触蒸汽和野外操作时的个人安全防护工具。

（3）野外材料和芥末悬液的材料相同（见 3.4.1 节）。

2. 步骤

（1）准备用水稀释的 0.5%（v/v）的福尔马林溶液（加 50 mL 福尔马林至 8 L 水中）。用吸管提高野外条件下准备福尔马林溶液的效率，或者是在去野外之前，加 50 mL 福尔马林至密封玻璃瓶中。在野外，将 50 mL 福尔马林倒入 8 L 喷水壶中并完全混匀。注意：如果喷水壶的体积小于 8 L，福尔马林的用量要有所调整。警告：按照机动车辆运输危险和有毒物质的搬运要求。

（2）均匀地将福尔马林溶液喷到框内区域。按照上述芥末悬液的操作步骤，在所有行动停止（15~25 min）之前用镊子捡起蚯蚓。注意：要小心，避免吸入福尔马林蒸汽（见 MSDS 关于个人防护装置的建议）。将蚯蚓放入装有 70%酒精的广口玻璃瓶中。蚯蚓暴露于福尔马林中可能会生还，所以不要将蚯蚓放回采样现场。

（3）现场清扫：离开现场之前，用剩余水冲洗所有的喷水容器，将与福尔马林相关的所有样品和材料用拖车或小货车运出来，按照 MSDS 的要求处理和清洁材料。

（4）将广口玻璃瓶放入 4~10℃冷藏室中，直到处理蚯蚓（如鉴定和生物量称重）。

34.4.3　热提取

和其他方法相比，采用热提取方法的研究相对较少，但是它可以用于土壤钻孔样本和草皮蚯蚓的提取（Satchell，1969；Lee，1985；McLean 和 Parkinson，1997；Tisdall 和 McKenzie，1999）。此方法不适合提取深层种，如陆正蚓，除非和化学驱虫剂方法结合起来（见 34.4 节前言）。

34.4.4　电流提取

此方法可以用于蚯蚓定性研究，但不能用于定量研究（Lee，1985；Petersen，2000）。土壤水分含量不高或者存在的蚯蚓种类对交变电流敏感时，电流提取非常有用（Satchell，1955）。农业领域研究中的电气八隅体方法已经被证明是可靠的，并且可以代替化学驱虫剂使用，但是不可代替手拣法（Schmidt 2001b）。

34.4.5　机械振动

振动土壤可以将蚯蚓引诱到土壤表面（Reynolds，1973），美国南部的鱼饵采集者常用一种名为 grunt'n 的方法来捕获蚯蚓。

34.5　间接抽样估计

34.5.1　捕获和引诱

可以用陷阱法采集活跃在土壤表面的蚯蚓（Boyd，1957；Bouché，1972，1976）。该方法假设目标动物不会积极避免落入陷阱，这使该方法被视为最好的定性和半定量方法。这个方法已经成功用于捕获在土壤表面活动的蚯蚓，并且可以用于比较表面活性物种在一天或季节的变化，或随气候模式的变化（Bouché，1972）。诱饵薄片是一种可以选择的方法，已经被用来测定一个采样单位内蚯蚓活性（Gestel 等，2003）。

34.5.2　计数粪堆和脱落物

规定范围内产生脱落物的数量可以作为某些物种的间接测量方式（不是所有物种都在表面脱落，一些物种只有在一个季节的特定时间在表面脱落),但是这些结果要谨慎处理。脱落物数量不仅可以反映丰度,还可以反映活性,并且脱落物可以在干燥的季节聚集,在湿润的季节分解。考虑到这些问题,Hauser和 Asawalam (1998) 提出了一个脱落物连续采样方法,可以产生有效的数据而不扰动土壤。测定一定采样范围内粪堆的数量是一种非破坏性的方法,已经成功用来定量陆正蚓,但是采样单位大小需要考虑粪堆的空间格局 (Rossi 和 Nuutinen, 2004)。

34.5.3 标志和重捕

大部分无脊椎动物的传统标记方法都不适用于蚯蚓,主要是因为蚯蚓没有坚硬的外骨骼。尽管如此,研究者也尝试了许多标记技术:无毒染料 (Meinhart, 1976; Mazaud 和 Bouché, 1980) 染色、放射性同位素 (Joyner 和 Harmon, 1961; Gerard, 1963) 和冰冻条带 (Lee, 1985)。Espinosa 等 (1997) 在美国波多黎各将磷光染料注入蚯蚓体内作为标记,重捕研究,染料持续时间至少有 4 个月。

34.5.4 声估计

用声音估计是一项新技术,可能具有应用前景,能够不产生扰动地对蚯蚓和其他土壤大型无脊椎动物进行野外采样,且结合地统计学分析时,可以用于群体的土壤分布图 (Brandhorst-Hubbard 等, 2001)。

34.6 采集蚯蚓茧

蚯蚓茧包含蚯蚓卵。每个蚯蚓茧中卵的数量随蚯蚓种类不同而不同,一般来说是表栖类物种大于深栖类和内栖类物种 (如 r-选择策略和 k-选择策略的物种)。气候和土壤因素被认为是影响蚯蚓繁殖速度的因素,尽管对此的信息有限 (Wever 等, 2001)。了解何时、何地和在何种气候、土壤和植物条件下蚯蚓茧可以沉积对预测蚯蚓种群、数量分布和掌握更多生殖生理学方面的知识是非常重要的。蚯蚓茧可以用手拣和浮选法采集,和采集蚯蚓用到的方法相同。但是,当这些方法用于蚯蚓茧时和蚯蚓一样会遇到很多问题 (效率低,特别是对最小的蚯蚓茧来说,费力)。一些作者 (如 Baker 等, 1992) 已经注意到手拣时土壤中蚯蚓茧的存在,并且有些人已经量化了它们的丰度 (Clapperton, 1999)。这个方法至少可以证明丰度的季节性变化。一些蚯蚓茧在土壤温度高、干旱时仍然具有活力,尽管以一种干枯和难以看见的状态存在,但当环境潮湿时又可以孵化,如表栖类物种 *Microscolex dubius* (Doube 和 Auhl, 1998)。而其他蚯蚓茧在炎热、干旱的条件下会死亡。Holmstrup (1999) 提出并证实 (Holmstrup, 2000) 了一种方法,可以用来研究蚯蚓在野外的繁殖速率。直接鉴定蚯蚓茧的物种是相当困难的,并且被认为是不能定量的,但是对于一些常见的、已经遍布全球的欧洲物种来说还是可以达到的(Edwards 和 Lofty,1972;Sims 和 Gerard, 1985)。当然,可以饲养蚯蚓茧以便鉴定由它们孵化的蚯蚓,但是这需要通过几个月的饲养获得可识别的蚯蚓。在实验室潮湿土壤中很容易就可以饲养蚯蚓茧,饲养温度对繁殖速率有显著的影响 (Baker 和 Whitby, 2003)。

34.7 蚯蚓数据的解释和分析

蚯蚓群落大小通常用每单位区域内的数量或生物量来表示,以及更普遍表示为每平方米内的数量或克数。通过手拣方法得到的数据可以用每单位体积来表示,但这意味着读者需要将立方米转化为平方米才能将结果和驱虫剂方法得到的结果比较。结果可以用群落内蚯蚓的总数表示,或者根据蚯蚓的种类,栖息类型如表层类、内栖类、深栖类,成熟度如成熟蚯蚓和未成熟蚯蚓 (没有生殖带的蚯蚓) 来进行划分。各个种类的蚯蚓可以用其占总蚯蚓数量的百分数表示。如果在多个深度通过手拣采样,可以用每个种类在每个采样深度所占的百分数来表示 (Clapperton, 1999)。总生物量包括样品中蚯蚓的所有部位,但是用数量计算时只有蚯蚓的头部或前半段可以计入。

34.7.1 蚯蚓生物量

蚯蚓生物量（如重量）经常和蚯蚓数量一起记录。蚯蚓的生物量能比数量更准确地表示特定的土壤功能水平。无论是以蚯蚓数量还是以生物量来判断蚯蚓群落的大小，土壤中蚯蚓量对土壤性质和作物生产的影响结论都是不同的（Baker 等，1999）。

蚯蚓采集完成后，生物量的测量有几个误差的来源（如标本中的水分含量，肠道内存在的土壤、食物，保存过程中的重量损失）。例如，Piearce（1972）发现保存在 5% 福尔马林溶液中的蚯蚓在一周后体重损失 3%~5%。通常用干重或标准水分含量下的重量/保存时间表示蚯蚓生物量。一些作者（如 Martin，1986；Springett 和 Gray，1992；Dalby 等，1996）提出了排出蚯蚓肠道物质的方法，以消除这个来源的误差。Blair 等（1996）提出无灰分质量可以使不同时间和研究的数据进行更准确的比较。后文所总结的方法是 Dalby 等在 1996 年提出的。

34.7.2 使蚯蚓肠道物质对生物量评估无影响的步骤

（1）在野外或培养箱采集蚯蚓，放到渗透水的滤纸或湿纸巾上，在塑料培养皿上（用胶带或橡皮筋绑牢，防止蚯蚓逃出），或在密封罐中放置 24 h，在这段时间蚯蚓肠道内的大多数物质都可以被排出。

（2）蚯蚓应该保存在合适的温度下（如 15℃对于大多数的正蚓科是合适的）。在用毛巾擦干和称重之前，蚯蚓应该用水轻轻冲洗（让它们在装水的广口瓶中"游"一会儿也是出于这个目的）。60℃干燥 24 h 后测量蚯蚓组织干重。可以采用不同大小的马鬃或柔软的猪鬃刷子清除蚯蚓体表多余的土壤，用它们处理蚯蚓也比镊子更加温和。注意：该步骤在包含增长测量的试验开始和结束时都要随时进行。

34.7.3 注释

（1）不是所有的肠道物质都可以排出，一些物质不可避免地黏附在内陷的肠道黏膜上。在用缓慢的水流清洗蚯蚓以后，用拇指和食指轻轻稳定地从头部和肛门距离的 2/3 处挤出肠道物质。用水、湿纸巾固定蚯蚓，简单的纸巾也可以平衡采集蚯蚓时的含水量（深入介绍见 Dalby 等，1996）。限制蚯蚓 24 h 以上会进一步地减少肠道物质（一小部分），但是可能会使蚯蚓开始腐烂。

（2）一些抽样方法能够高效提取最大的个体从而很准确地评估蚯蚓生物量，但是很多小的蚯蚓会被遗漏，因此不能够准确评估总体数量。例如，Raw（1960）手拣湿草地土壤的蚯蚓，得到了 52% 的蚯蚓数量和 84% 的蚯蚓生物量，湿草地中大部分蚯蚓被限制在厚的草垫上。手拣法中小个体和未成熟的大个体样本大部分会被遗漏。相反，Raw（1960）通过手拣没有根垫的牧草地土壤，得到了 89% 的蚯蚓数量和 95% 的生物量，在一块古老的、可耕的、结构较差的黏性土壤中得到了 59% 的蚯蚓数量和 90% 的生物量。

34.8　处理蚯蚓作为参考标本

用于数量或生物量评估和分子遗传学研究采集的蚯蚓要保存在 70%（v/v）的酒精中。但用于鉴定和长期保存的代表性物种要特别处理和保存，这样它们就不会腐烂或易碎。

34.8.1 保护和保存的步骤

（1）接下来要用于分类的蚯蚓需要先用 15%~20%（v/v）的酒精麻醉约 15 min，或直到它们对轻轻地触碰没有反应时。用软刷轻柔地按摩蚯蚓使之伸直。

（2）在通风橱中，将蚯蚓转移到装有 4%（v/v）甲醛的平底盘中，用浸透甲醛的纸巾覆盖，固定或保存使之过夜或 2～3 h（在通风橱中）。注意：如果不能立刻保存，将蚯蚓转移到 70%酒精中，定期更换污染的乙醇，并且存储在阴凉处，直到可以处理蚯蚓。

（3）处理蚯蚓以后，长时间存储在装有 90%酒精的广口玻璃瓶中，配有聚四氟乙烯螺旋盖。一旦酒精变黄就应该定期更换。容器内部和外部都需有铅笔标记的标签。将采集的蚯蚓放在避光、凉爽的地方。

34.8.2 蚯蚓的分类鉴定

大部分蚯蚓都可以用放大镜或双目望远镜根据外部特征来鉴定，而不用解剖。但用这种方式只能准确鉴定成年蚯蚓（有一个生殖带）。

目前已有很多关于蚯蚓分类的参考资料，包括 Sims 和 Gerard（1985）、Schwert（1990）、Reynolds（1977）、Ljungström（1970）和网络资源（如 Wormwatch，2002）。

34.9 转移蚯蚓（从野外到实验室）

可以在野外鉴定和计数蚯蚓，或者运回实验室测定生物量和确定分类。蚯蚓可以在通气良好的塑料容器内的湿纸巾上存活，在有螺旋盖的装有水的容器内也可存活。这样，蚯蚓在称重和保存在酒精中之前可以排出肠道内物质。活的蚯蚓应该在冷室或 4～8℃冰箱中存储过夜，也可以直接将蚯蚓放在装有福尔马林或酒精的带有螺旋盖的密封容器中（建议用 70%（v/v）酒精）。

参 考 文 献

Baker, G.H., Barrett, V.J., Carter, P.J., and Woods, J.P. 1996. Method for caging earthworms for use in field experiments. *Soil Biol. Biochem.* 28: 331-339.

Baker, G.H., Barrett, V.J., Grey-Gardner, R., and Buckerfield, J.C. 1992. The life history and abundance of the introduced earthworms *Aporrectodea trapezoides* and *A. caliginosa* (Annelida: Lumbricidae) in pasture soils in the Mount Lofty Ranges, South Australia. *Aust. J. Ecol.* 17:177-188.

Baker, G.H., Carter, P.J., and Barrett, V.J. 1999. Influence of earthworms, *Aporrectodea* spp. (Lumbricidae), on pasture production in south-eastern Australia. *Aust. J. Agr. Res.* 50: 1247-1257.

Baker, G.H. and Whitby, W.A. 2003. Soil pH preferences and the influences of soil type and temperature on the survival and growth of *Aporrectodea longa* (Lumbricidae). *Pedobiologia* 47: 745-753.

Barnes, B.T. and Ellis, F.B. 1979. Effects of different methods of cultivation and direct drilling and disposal of straw residues, on populations of earthworms. *J. Soil Sci.* 30: 669-679.

Blair, J.M., Bohlen, P.J., and Freckman, D.W. 1996. Soil invertebrates as indicators of soil quality. In: J.W. Doran and A.J. Jones, eds. *Methods for Assessing Soil Quality.* Soil Science Society of America, Madison, WI, 273-291.

Bouché, M.B. 1972. Lombriciens de France. Ecologie et Systématique. INRA Publications 72-2. Institute National des Recherches Agriculturelles, Paris, France.

Bouché, M.B. 1976. Etude de l'actvitédes invertébrés épigés parairiaux. I. Résultats généraux etgéodrilogiques (Lumbricidae: Oligochaeta). *Rev. Ecol. Biol. Sol.* 13: 261-281.

Bouché, M.B. 1977. Stratégies lombriciennes. In: U. Lohm and T. Persson, eds. *Soil Organisms as Components of Ecosystems.* *Biol. Bull.* (Stockholm) 25: 122-132.

Bouché, M.B. and Beugnot, M. 1972. Contribution à làpproche méthodologique de l'étude des biocénoses. II. L'extraction des macroéléments du sol par lavage-tamisage. *Ann. Zool. Ecol. Amin.* 4: 537-544.

Boyd, J.M. 1957. Comparative aspects of the ecology of Lumbricidae on grazed and ungrazed natural maritime grasslands. *Oikos* 8: 107-121.

Brandhorst-Hubbard, J.L., Flanders, K.L., Mankin, R.W., Guertal, E.A., and Crocker, R.L.2001. Mapping of soil insect infestations sampled by excavation and acoustic methods. *J. Econ. Entomol.* 94: 1452-1458.

Chan, K.Y. and Munro, K. 2001. Evaluating mustard extracts for earthworm sampling. *Pedobiologia* 45: 272-278.

Clapperton, M.J. 1999. Tillage practices, and temperature and moisture interactions affect earthworm populations and species composition. *Pedobiologia* 43: 1-8.

Clapperton, M.J., Miller, J.J., Larney, F.J., and Lindwall, C.W. 1997. Earthworm populations as affected by long-term tillage practices in southern Alberta, Canada. *Soil Biol. Biochem.* 29: 631-633.

Conner, R.L., Clapperton, M.J., and Kuzyk, A.D. 2000. Control of take-all in soft white spring wheat with seed and soil treatments. *Can. J. Plant Pathol.* 22: 91-98.

Dalby, P.R., Baker, G.H., and Smith, S.E. 1996. "Filter paper method" to remove soil from earthworm intestines and standardise the water content of earthworm tissue. *Soil Biol. Biochem.* 28: 685-687.

Dalby, P.R., Baker, G.H., and Smith, S.E. 1996. "Filter paper method" to remove soil from earthworm intestines and to standardise the water content of earthworm tissue. *Soil Biol. Biochem.* 28: 685-687.

Dickey, J.B. and Kladivko, E.J. 1989. Sample unit sizes and shapes for quantitative sampling of earthworm populations in crop lands. *Soil Biol. Biochem.* 21: 105-111.

Doube, B.M. and Auhl, L. 1998. Over-summering of cocoons of the earthworm, *Microscolex dubius* (Megascolecidae) in a hot dry Mediterranean environment. *Pedobiologia* 42: 71-77.

East, D. and Knight, D. 1998. Sampling soil earthworm populations using household detergent and mustard. *J. Biol. Educ.* 32: 201-206.

Edwards, C.A. and Bohlen, P.J. 1996. *Biology and Ecology of Earthworms.* 3rd ed. Chapman and Hall, London.

Edwards, C.A. and Lofty, J.R. 1972. *Biology of Earthworms.* Chapman & Hall, London.

Espinosa, E., Liu, Z., and Zou, X. 1997. Estimating earthworm birth and death rates using a mark and recature technique. Abstracts of the 6th International Symposium on Earthworm Ecology. Vigo, Spain, 185.

Gerard, B.M. 1963. The activities of some species of Lumbricidae in pasture land. In: J. Doeksen and J. van der Drift, eds. *Soil Organisms.* North Holland, Amsterdam, The Netherlands, 49-54.

Gestal, C.A.M., Kruidenier, M., and Berg, M.P. 2003. Suitability of wheat straw decomposition, cotton strip degradation and bait-lamina feeding tests to determine soil invertebrate activity. *Biol. Fert. Soils* 37: 115-123.

Gundale, M.J., Jolly, W.M., and Deluca, T.H. 2005. Susceptibility of a northern hardwood forest to exotic earthworm invasion. *Conserv. Biol.* 19: 1075-1083.

Gunn, A. 1992. The use of mustard to estimate earthworm populations. *Pedobiologia* 36: 65-67.

Hauser, S. and Asawalam, D.O. 1998. A continuous sampling technique to estimate surface cast production of the tropical earthworm *Hyperiodrilus africanus. Appl. Soil Ecol.* 10: 179-182.

Holmstup, M. 1999. Cocoon production of *Aporrectodea longa* Ude and *Aporrectodea rosea* Savigny (Oligochaeta: Lumbricidae) in a Danish grass field. *Soil Biol. Biochem.* 31: 957-964.

Holmstrup, M. 2000. Field assessment of toxic effects on reproduction in the earthworms *Aporrectodea longa* and *Aporrectodea rosea. Environ. Toxicol. Chem.* 19: 1781-1787.

Joyner, J.W. and Harmon, N.P. 1961. Burrows and oscillative behaviour therein of *Lumbricus terrestris. Proc. Indiana Acad. Sci.*

71: 378-384.

Kukkonen, S., Palojarvi, A., Rakkolainen, M., and Vestberg, M. 2004. Peat amendment and production of different crop plants affect earthworm populations in field soil. *Soil Biol. Biochem.* 36: 415-423.

Lawrence, A.P. and Bowers, M.A. 2002. A test of the "hot" mustard extraction method of sampling earthworms. *Soil Biol. Biochem.* 34: 549-552.

Lee, K.E. 1959. The earthworm fauna of New Zealand. New Zealand Department of Science and Industrial Research Bulletin 130. Wellington, New Zealand.

Lee, K.E. 1985. *Earthworms. Their Ecology and Relationships with Soils and Land Use.* Academic Press, Sydney, NSW, Australia.

Ljungström, P.-O. 1970. Introduction to the study of earthworm taxonomy. *Pedobiologia* 10: 265-285.

Martin, N.A. 1986. Earthworm biomass: influence of gut content and formaldehyde preservation on live-to-dry weight ratios of three common species of pasture Lumbricidae. *Soil Biol. Biochem.* 18: 245-250.

Mazaud, D. and Bouché, M.B. 1980. Introductions en surpopulation et migrations de lombiciens marques. In: D.L. Dindal, ed. *Soil Biology as Related to Land Use Practices.* Proceedings of the 7th International Soil Zoology Colloquium, Syracuse, New York, 1979. U.S. Environmental Protection Agency, Washington, DC, 687-701.

McLean, M.A. and Parkinson, D. 1997. Changes in the structure, organic matter and microbial activity of pine fores t following the introduction of *Dendrobaena octaedra* (Oligochaeta, Lumbricidae). *Soil Biol. Biochem.* 29: 537-540.

Meinhart, 1976. Dauerhafte Markierung von Regenwurmen durch ihre lebendfarbung. Nachrichtenbl. Dtsch. *Pflanzenschutzdienstes* (Braunschweig) 28: 84-86.

Petersen, H. 2000. Collembola populations in an organic crop rotation: population dynamics and metabolism after conversion from clover-grass ley to spring barley. *Pedobiologia* 44: 502-515.

Piearce, T.G. 1972. Acid intolerant and ubiquitous Lumbricidae in selected habitats in north Wales. *J. Anim. Ecol.* 41: 397-410.

Raw, F. 1959. Estimating earthworm populationsby using formalin. *Nature* (London) 184: 1661-1662.

Raw, F. 1960. Earthworm population studies: a comparison of sampling methods. *Nature* (London) 187: 257.

Reynolds, J.W. 1973. Earthworm (Annelida: Oligochaeta) ecology and systematics. In: D.L. Dindal, ed. *Proceedings of 1st Soil Microcommunities Conference, Syracuse, NY.* US Atomic Energy Commission, Office of Information Services Centre, Washington, DC, 95-120.

Reynolds, J.W. 1977. *The Earthworms (Lumbricidae and Sparganophilidae of Ontario).* Royal Ontario Museum, Life Sciences, Miscellaneous Publications, Toronto, ON, Canada.

Rossi, J.P. and Nuutinen, V. 2004. The effect of sampling unit size on the perception on the spatial pattern of earthworm (*Lumbricus terrestris* L.) middens. *Appl. Soil Ecol.* 27: 189-196.

Satchell, J.E. 1955. An electrical method of sampling earthworm populations. In D.K.McE. Kevan, ed. *Soil Zoology.* Butterworths, London, UK, 356-364.

Satchell, J.E. 1969. Methods of sampling earthworm populations. *Pedobiologia* 9: 20-25.

Schmidt, O. 2001a. Time-limited soil sorting for long-term monitoring of earthworm populations. *Pedobiologia* 45: 69-85.

Schmidt, O. 2001b. Appraisal of the electrical octet method for estimating earthworm populations in arable land. *Ann. Appl. Biol.* 138: 231-241.

Schwert, D.P. 1990. Oligochaeta: Lumbricidae. In: D.L. Dindal, ed. *Soil Biology Guide.* John Wiley and Sons, New York, 341-356.

Sims, R.W. and Gerard, B.M. 1985. *Earthworms. Synopses of the British Fauna*, No. 31. Linnaean Society of London, London, UK.

Southwood, T.R.E. 1978. *Ecological Methods.* Chapman and Hall, London, UK.

Springett, J.A. and Gray, R.A.J. 1992. Effect of repeated low doses of biocides on the earthworm *Aporrectodea caliginosa* in laboratory culture. *Soil Biol. Biochem.* 24: 1739-1744.

St. Remy, E.A. and de Daynard, T.B. 1982. Effects of tillage methods on earthworm populations in monoculture corn. *Can. J. Soil Sci.* 62: 699-703.

Tisdall, J.M. and McKenzie, B.M. 1999. A method of extracting earthworms from cores of soil with minimum damage to the soil. *Biol. Fert. Soils* 30: 96-99.

Wever, L.A., Lysyk, T.J., and Clapperton, M.J. 2001. The influence of soil moisture and temperature on the survival, aestivation, growth and development of juvenile *Aporrectodea tuberculata* (Eisen) (Lumbricidae). *Pedobiologia* 45: 121-133.

Whelan, J.K. 2004. Spatial and temporal distribution of earthworm patches in corn field, hayfield and forest systems of southwestern Québec, Canada. *Appl. Soil Ecol.* 27: 143-151.

Wormwatch, 2002. www.wormwatch.ca Agriculture and Agri-Food Canada and Environment Canada, Environmental Monitoring and Assessment Network, Ottawa, ON, Canada.

Zaborski, E.R. 2003. Allyl isothiocyanate: an alternative chemical expellant for sampling earthworms. *Appl. Soil Ecol.* 22: 87-95.

（郭婷 译，徐建明 校）

第 35 章 线蚓科动物

S.M. Adl

Dalhousie University

Halifax, Nova Scotia, Canada

35.1 引　　言

线蚓，有时也称为"盆虫"，广泛分布于全球范围内的多数土壤中，是蚯蚓（寡毛类：环带纲：线蚓科）的一种。线蚓的体长范围可以从几百微米到 6 cm，它们的内部结构与蚯蚓相似，虽然部分组织有不同形式的很浅的颜色，但因其表皮和角质层通常为透明的，所以即使是活体样本也能在显微镜下观察到内部结构。

目前水生和陆生环境中发现的 600 多种线蚓大多数来源于欧洲（Dash, 1990），但是由于仍存在很多未取样地区，大部分种类还有待发现。Nielsen 和 Christensen 的专著对许多来源于欧洲的种类进行了鉴定，自此越来越多的文献介绍了线蚓。Dash（1990）提出了鉴定不同属线蚓的关键并列举了很多来源于北美的线蚓种类。最近，Schmelz（2003）对白线蚓属（*Fridericia*）进行了综合的介绍。许多综述也重点阐述了线蚓科的生物学（Dash, 1983）和生态学（Lagerloef 等，1989；Didden, 1993；van Vliet, 2000）知识。

线蚓对食物网和土壤有机质分解起到了重要的作用。线蚓广泛存在于物种丰富的亚北极区和富含有机质的土壤及森林的枯枝落叶层，甚至存在于积雪和冰川中。有机质层中的丰度可达 $10^3 \sim 10^5/m^2$，线蚓偏爱以碎屑为食，尤其是经过真菌分解软化的碎屑（Dosza-Farkas, 1982；Kasprzak, 1982；Toutain 等，1982）。它们可以穿梭在根和垃圾中进行分解，但是也有部分种类不能或者较难消化纤维素。摄取垃圾的原生动物、菌丝、细菌也是线蚓食物的一个重要部分，线蚓在摄取食物的同时也会吸收一些矿质颗粒。线蚓可以通过断裂生殖、孤雌生殖、自体受精来进行繁殖，线蚓卵在卵囊中的孵化时间通常为 2～4 个月，孵化时间长短受到品种和温度的影响。

35.2　采样及提取

土壤样品通过土壤探测器分离，在一个凉爽的房间中再根据改良过的贝尔曼漏斗法（通常用来提取线虫）来提取线蚓。提取效率不稳定，受到线蚓种类和土壤性质的影响，有时可能会很低。线蚓分布在土壤的整个根层中，本方法适用于采样点有代表性个体数量的统计。采集的土柱数量取决于研究的目的和目标，需要的漏斗装置（见 35.2.1 节）的数量与土柱数相当，第二种方法（见 35.2.2 节）主要利用硅胶提取法提取，该方法效率高，但价格昂贵。

35.2.1　湿法提取

本方法的原理是通过加水破坏土壤的结构，线蚓在移动时受到重力影响而下沉，而白炽灯等热源可以加速线蚓的移动，提高收集效率。另外，可以用网筛截留土壤颗粒。提取的目的是尽可能多地获取线蚓，去除土壤颗粒。

1. 材料和试剂

（1）直径为 5~8 cm 的土壤探头。

（2）用来保存土柱的带拉链的塑封袋。

（3）记号笔。

（4）直径 10 cm 的玻璃漏斗。

（5）可与漏斗相连的橡胶管。

（6）可夹在橡胶管上的夹子。

（7）1 mm 粗棉布或塑料网布。

（8）蒸馏水。

（9）带有可调节变阻器的 40 W 钨丝灯泡。

（10）解剖显微镜。

（11）倒置显微镜。

（12）带盖的培养皿。

2. 步骤

（1）在采样点采集深 3 cm 的土柱。

（2）将土柱保存在密封塑封袋中，保证不受外界干扰，并作适当标记。

（3）在提取前冷藏土柱（放在冷却器或冰箱中）。

（4）在漏斗上放置一层粗棉布或塑料网布，再将土样置于上面（见图 35.1）。

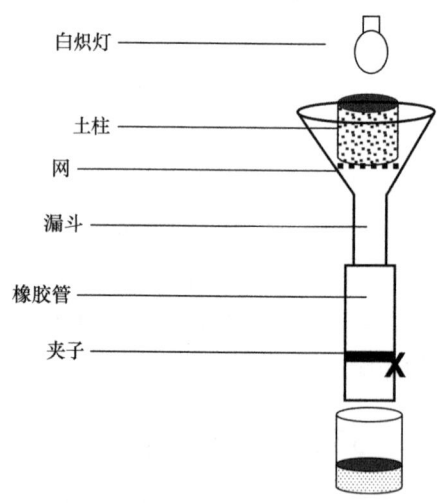

图 35.1　用于提取线虫的贝尔曼漏斗法改良装置示意图

（5）用夹子夹紧橡胶管防止流水。

（6）向漏斗中加水到土柱的 1/4 高度，沿漏斗壁加水，不要直接往土壤上加水。

（7）通过排放少量水排出漏斗下方玻璃管中的气泡，有必要的话补充水至原来高度。

（8）调节灯泡至低强度，缓慢加热土柱表面 3h。

（9）将灯泡强度调高使土柱表面温度超过 40℃，保持 0.5~1 天时间。

（10）第二天，排出漏斗中的水收集线蚓，重复上述步骤直至线蚓完全提取出来。将提取物放置在培养皿中待显微镜观察。用富氧水沿漏斗壁向漏斗中加水，不要直接往土壤中加水。

（11）在解剖显微镜下观察培养皿中的线蚓，计数。

（12）利用倒置显微镜（或复合显微镜）在 40～400 倍数下鉴定种类。

3．注释

（1）可分离的土壤取样器更有利于保证土柱的完整无损。

（2）对于超过 3 cm 深度的土柱，最好连续采取 0～3 cm 和 3～6 cm 土柱，然后分别提取。

（3）在提取前可以将采集的土样保存在低于 10℃ 的低温室或冰箱中，尽量在一两天内提取。

（4）有的方法不采用白炽灯作为热源进行提取试验，而延长提取时间；有的方法在低温室中利用白炽灯进行提取。

（5）长度与生物量的转换公式：1 mm = 0.88 mg 鲜重。

35.2.2 硅胶提取法

此法效率高于湿法提取（Phillips 等，1999）。土壤矿质颗粒集中沉淀于底部，但是生物和有机质悬浮在胶质中。通过温和的搅拌，线蚓会悬浮在硅胶的上层，这种提取方法还会提取出其他的无脊椎动物，比如缓步类、线虫类、节肢动物类。此法还能从土壤中分离出悬浮在胶体上的变形虫。

1．材料和试剂

（1）新鲜土样。

（2）250 mL 玻璃烧杯。

（3）搅拌用的玻璃棒或铲子。

（4）Ludox CL 30%的硅胶（(Sigma-Aldrich)。

（5）直径 10 cm 的带盖培养皿。

2．步骤

（1）将土样放在烧杯中，尽量避免搅动或者将土壤分散。

（2）将硅胶倒入烧杯中超过土壤 1 cm。

（3）用玻璃棒或铲子轻轻地混合硅胶和土壤，静置 30 min。

（4）将混合液的表面 1 cm 硅胶倒入培养皿待显微镜观察。

（5）补充烧杯中的硅胶至原来高度，再次搅拌，静置 30 min，然后倒入培养皿中进行二次观察。

3．注释

（1）Phillips 等（1999）采用的是 Ludox AM30。我们发现 Ludox CL 可以简单地固定样本并进行拍照和观察，因为样本在接触到硅胶以后很快就会死亡。

（2）硅胶凝固结晶后对人体有害，避免直接吸入及与皮肤接触。土壤和溶液需要根据相关规定进行安全的处理。

（3）有机质也会悬浮在硅胶上，因此需要鉴定得到的碎片是什么样本。

35.3 固定和染色

种类的描述和鉴定需要用活体样本，条件允许可以画图和拍照为证。论文中要详述鉴定中的重要观察过程。在固定之前，最好在一个凉爽的环境中将线蚓放在水中培养数小时清空肠道。观察样本只需要将样本固定。本试验步骤基于 Anneke Beylich（Institute für Angewandte Bodenbiologie, Hamburg）的试验，同时参考 35.2.2 节的步骤。

35.3.1 材料和试剂

（1）三硝基酚饱和溶液（见注释）。

（2）甲醛（约 35%）。

（3）冰醋酸。

（4）70%乙醇（V/V）。

（5）硼砂胭脂红或副卡红染色溶液。

（6）酸乙醇（100 mL 70%乙醇中加入 5 滴盐酸）。

（7）95%乙醇。

（8）100%乙醇或 100%异丙醇。

（9）二甲苯。

（10）分封胶。

（11）显微镜载玻片。

（12）盖玻片。

（13）巴斯德吸管（1.5 mL）和胶头。

（14）玻璃试管（10 mL）。

35.3.2 步骤

（1）将三硝基酚饱和溶液、甲醛、冰醋酸以 15∶5∶1 的比例混合作为 Bouin 固定液。注意：实验员需要戴手套并在通风橱中配制溶液。三硝基酚晶体属于易爆药品，应避免洒出，并保持试剂瓶盖清洁。具体见下文的注释。

（2）取 1 mL Bouin 固定液于试管中水浴加热至 60~80℃。

（3）将样本置于装有热的 Bouin 固定液的试管中进行固定。将试管从水浴中取出冷却，样本置于固定液中固定 2~6 h。

（4）使用巴斯德吸管吸出固定液，在这个阶段样本易碎，所以注意不要碰到线蚓。

（5）加入 1 mL 70%乙醇，静置 15 min。

（6）用移液管尽可能去除乙醇，重复用乙醇清洗直到样本成为白色。

（7）除去最后一次加入的乙醇后，再加入 1 mL 染色剂，静置 10~30 min。

（8）用干净的巴斯德吸管吸去染色剂。

（9）加入 1 mL 酸乙醇使样本褪色，静置直到线蚓呈现浅红色，且能观察到深色的隔腺。这个过程较细的样本需要 2~3 h，而较粗的样本需要 2 天。

（10）用巴斯德吸管除去酸乙醇。

（11）加入 1 mL 95%乙醇保持 30 min 使样本脱水。

（12）用 100% 乙醇替代 95%乙醇保持样本 15 min。

（13）再加入 1 mL 100%乙醇干燥样本，静置 30 min。

（14）加入 1 mL 二甲苯，静置 15 min。

（15）用巴斯德吸管尽可能地除去乙醇和二甲苯，注意安全。

（16）加入 1 mL 二甲苯，静置 30 min。

（17）用巴斯德吸管（或大口径吸管）取出样本和少量二甲苯置于显微镜载玻片上，操作迅速避免挥发。

(18) 在样品上加 1~2 滴分封胶覆盖。
(19) 覆盖盖玻片，静置干燥过夜。

35.3.3 注释

(1) 固定和染色的步骤也可以利用玻璃皿在通风橱中完成。注意：使用热的或冷的 Bouin 固定液，以及配制该溶液的试剂时都需要在通风橱中操作，实验员需要佩戴手套。有害试剂的安全操作请查阅化学品安全说明书，向实验室安全员咨询固定液废液处理方法及洒出试剂的清洁方法。

(2) 可以用 100%异丙醇替代 100%乙醇。

(3) 可以用毒性较低的清洁剂替代二甲苯，如 CitriSolv（FisherScientific），咨询当地供货商。

(4) 用长物镜的倒置显微镜观察样本更为简便。

(5) 有些种类可能不能快速固定以保持住它舒展（未收缩）的形状。这种情况下，可以在固定前先使用麻醉剂，麻醉剂包括碳酸水或者 20%乙醇。在显微镜下操作，将麻醉剂一滴一滴地滴在获得的样本上。

(6) 作为此方法的替代法可以使用 Ludox CL 30%硅胶（Sigma-Aldrich）来固定样本，这样可以使样本在不收缩且不变形的情况下进行观察及拍照（见 35.2.2 节）。

35.4 培 养

目前还没有标准方法来培养线蚓，也没有一种人工介质是适合所有线蚓的。某些特定种类的线蚓（*Cognettia, Enchytraeus, Lumbricillus*）非常容易培养，但是大多数的种类在实验室条件下并不能顺利地繁殖。在自然土壤中培养线蚓比较容易成功。实验员需要做好心理准备，因为在找到合适的培养条件之前可能会经历许多失败的试验。

35.4.1 材料和试剂

(1) 森林土壤有机质层（见注释）。
(2) 盛放土壤的容器。
(3) 高压灭菌锅。

35.4.2 步骤

(1) 筛去土壤中的蚯蚓和大型无脊椎动物。

(2) 为了保持线蚓的种类，土壤需要先高压灭菌 10 min 来去除存活的无脊椎动物。如果土壤是用来培养单一种类的，这个步骤可以省略；而在培养多种土壤原有线蚓时，这个步骤应该保留。

(3) 将土壤放置在合适的容器中（见注释），容器的盖子不要太紧以便通气。

(4) 不要将土壤压实，用手轻轻按压使土壤通气良好，逐渐加水以保持土壤湿度。

(5) 选做：需要在土壤中接种一些天然的生物包括小型节肢动物和原生动物来维持分解食物网。根据第 32 章和第 36 章的方法，可以提取这些生物体备用。

(6) 根据土壤提取方法筛选线蚓将其接种到土壤中。

(7) 选做：为了长时间地培养线蚓，需要每几个月在土壤中加入干燥的叶片，也可以补充燕麦片。

35.4.3 注释

(1) 容器大小根据土壤量及线蚓数量进行选择。我们使用了 125~500 mL 塑料容器来培养单一种类的线蚓，或者 20 L 水缸来培养多种线蚓。

（2）一些线蚓喜爱潮湿的环境，也有一些喜爱干燥的土壤。容器中的湿度需要根据自然条件来调节。

（3）一些线蚓喜爱有机质较少的土壤，这种情况下，可以将沙子和盆栽土混合，也可以用农田（未施加肥料或杀虫剂）中的土壤矿物来替代森林土壤。

（4）控制高压灭菌的时间使一些真菌和细菌能继续存活，它们可以分解土壤中的有机质来促进线蚓消化和同化吸收。接种了真菌、原生动物、小型无脊椎动物的土壤系统在长时间的培养中会更加稳定。

参 考 文 献

Dash, M.C. 1983. *The Biology of Enchytraeidae*. International Book Distributors, Dehradum, India, 171.

Dash, M.C. 1990. Enchytraeidae. In: D.L. Dindal, ed. *Soil Biology Guide*. John Wiley and Sons, New York, NY, 311-340.

Didden, W.A.M. 1993. Ecology of Enchytraeidae. *Pedobiologia*, 37: 2-29.

Dosza-Farkas, K. 1982. Konsum verschiedener Laubarten durch Enchytraeiden (Oligochaeta). *Pedobiologia*, 23: 251-255.

Kasprzak, K. 1982. Review of Enchytraeids (Oligochaeta, Enchytraeidae) community structure and function in agricultural ecosystems. *Pedobiologia*, 23: 217-232.

Lagerloef, J., Andren, O., and Paustian, K. 1989. Dynamics and contribution to carbon flows of Enchytraeidae (Oligochaeta) under four cropping systems. *J. Appl. Ecol.*, 26: 183-199.

Nielsen, C.O. and Christensen, B. 1959. The Enchytraeidae. Critical revision and taxonomy of European species. Studies on Enchytraeidae VII. *Nat. Jutl.*, 8-9: 1-160.

Nielsen, C.O. and Christensen, B. 1961. Studies on Enchytraeidae VII. Critical revision and taxonomy of European species. Supplement 1. *Nat. Jutl.*, 10: 1-23.

Nielsen, C.O. and Christensen, B. 1963. Studies on Enchytraeidae VII. Critical revision and taxonomy of European species. Supplement 2. *Nat. Jutl.*, 10: 1-19.

Phillips, C.T., Kuperman, R.G., and Checkai, R.T. 1999. A rapid and highly efficient method for extracting enchytraeids from soil. *Pedobiologia*, 43: 523-527.

Schmelz, R.M. 2003. Taxonomy of Fridericia (Oligochaeta, Enchytraeidae). Revision of species with morphological and biochemical methods. *Abh. Naturwiss. Ver. Hamb.* (NF), 38, 450.

Toutain, F., Vilemin, G., Albrecht, A., and Reisinger, O. 1982. Etude ultrastructurale des processus de biodégradation. II. Modéles Enchytraeids-litiéres de Feuillus. *Pedobiologia*, 23: 145-156.

van Vliet, P.C.J. 2000. Enchytraeids. In: M. Sumner, ed. *The Handbook of Soil Science*. CRC Press, Boca Raton, Fl, C-70-C-75.

（虞梦婕 译，徐建明 校）

第36章 原生动物

S.M. Adl

Dalhousie University

Halifax, Nova Scotia, Canada

D. Acosta-Mercado

University of Puerto Rico

Mayaguez, Puerto Rico

D.H. Lynn

University of Guelph

Guelph, Ontario, Canada

36.1 引　言

在微生物种群中,原生动物在水生和陆地生态系统中都参与了关键的过程。在土壤生态系统中,原生动物的作用非常显著(Berthold 和 Palzenberger,1995),作为消费者捕食其他土壤微生物(Clarholm,1981),影响了细菌群落的生长发育和新陈代谢活动(Pussard 等,1994;Griffiths 等,1999),同时会增加植物生物量(Kuikman 等,1990;Alphei 等,1996)。近期发表的一些综述以土壤中原生动物的作用和多样性为主题(Adl,2003;Adl 和 Gupta,2006)。两篇早期的综述总结了大量的相关文献(Foissner,1987;Darbyshire,1994),而 Bonkowski(2004)的文章介绍了原生动物和植物根系的交互作用。

原生动物是异养的、非丝状的原生生物,原生动物在食物分解网中的主要作用是吞食细菌。虽然这大体上是正确的,但是原生动物作为消费者的作用是多样的,它能通过互相捕食、捕食真菌,甚至土壤多细胞生物来影响食物链的其他部分。小型原生动物,如微型鞭毛虫,通过细胞口捕食,每次通常只能摄食一个细菌或原生生物。有细胞口的大型原生动物,特别是较大的纤毛虫,用食物泡能够同时摄食几百个细菌或多个原生动物。一些变形虫属、纤毛虫属和有壳变形虫能够摄食真菌菌丝或者菌丝和孢子的细胞质。这些属是摄食真菌的,而且能够用孢子、菌丝进行培养或者为饵。黏菌主要是腐食性生物,摄食粪便、木质或纤维质的底物,如树皮、落叶、树木。一些原生动物,如有壳变形虫、噬组织的纤毛虫,是无脊椎动物或者濒死的小型无脊椎动物(如线虫)的消费者。它们能聚集在虚弱的个体周围。一般来说,绝大多数种群有捕食偏向,所捕食的细菌或原生生物也并非全都营养相当。不应该将壶菌和卵菌类群分散的细胞和吞食细菌的鞭毛虫混淆。这些腐生营养型或以无脊椎动物为食的种群在扩散阶段通常会寻找一个合适的基质来定居。

一般来说,种群的多样性和个体的丰度在枯枝落叶和有机层最高,在矿质土壤中随着深度的增加而减少。一些富集现象还沿着根际出现,尤其是在沙漠环境或农业生态系统中较为常见。环境条件,比如温度和湿度的昼夜变化或季节性变化会显著影响活跃原生动物的丰度。一些土壤原生动物物种仅仅季节性地活跃或者只在特定的温度和湿度情况下活跃。丰度的量级在 24 h 内会由于下雨、土壤的增温或降温而有 100 倍的上下波动(Adl 和 Coleman,2005)。在干旱贫瘠或侵蚀土壤中,活跃细胞的丰度会低至几百个细胞每克干土。在森林土壤的适宜条件下,活跃细胞的丰度会高达 10^7 个细胞每克干土或枯枝落叶。

测量原生动物丰度的方法分为直接法和间接法。直接法和间接法分别指的是不经过培养和经过培养后的计数。不经过培养的活跃细胞计数是估算活跃的（非胞囊）原生动物原位丰度的唯一可靠方法。这些方法有以下的优点：①准备步骤最简便；②不依靠许多未经检验的假设；③不像培养方法那么耗时。缺点是：①分类学的分辨率很低；②采样后1～2天内需要完成测量。

活跃细胞的估量采用最大或然数（MPN）法，连续在培养基上培养重复的稀释系列并计数。这些方法（Rønn 等，1995；Anderson，2000；Fredslund 等，2001）基本上根据圆环法（Singh，1955）改良。根据培养的估计量对确定物种分布和生物多样性有很大意义，但不能用来确定土壤中活跃物种的丰度。Berthold 和 Palzenberger（1995）及 Foissner（1987）讨论过培养方法误差的可能来源。培养方法不适宜生长较慢的偏向 r-型选择的物种和不以细菌为食的物种（Coûteaux 和 Palka，1988；Adl，2003）。而且，使用 MPN 法估计的丰度根据 MPN 公式的选择、存储时间和条件、土壤处理和培养方案而变化，这与 Adl 和 Coleman（2005）、Berthold 和 Palzenberger（1995）、Foissner（1987）等的意见一致，因此不建议采用 MPN 法。

本章将介绍土壤原生动物计数的方法，不包括原生动物物种鉴定、多样性和群落结构评估等内容。对物种鉴定和分类感兴趣的读者可以从《原生动物说明指南》（Lee 等，2000）开始学习，这本书使用的分类方法虽然比较陈旧，但是包括不同分类的描述和参考文献，以及 Adl 等（2005）的命名方法和原生生物的分类法。Acosta-Mercado 和 Lynn（2003）介绍了一种有效的纤毛虫的提取和鉴别方法。有壳变形虫能使用涂布法（Korganova 和 Geltser，1977）或者通过过滤膜（Lousier 和 Parkinson，1981）提取和鉴定。以真菌为食的变形虫能以真菌孢子为饵来鉴定（Duczek，1983）。更多关于土壤原生动物的研究方法能在网上获得（Dalhousie University Soil Ecology Portal，2006）。

36.2 显微镜

倒置显微镜是土壤样品中观察和计数原生动物的主要工具，多数观察过程中需要用到焦距较大的相差物镜。观察原生动物的放大倍数需要100倍到400倍。物镜要求是复消色差或者质量相同的物镜。

解剖显微镜也能用于淹水样品。一个高分辨率的复消色差物镜（1 倍）下部配备照明，在基座上的棱镜提供倾斜的透射照明。通过 10 倍的目镜和变焦，至少能够放大 80 倍。棱镜对较小的物种尤其重要。较大的鞭毛虫、较小的纤毛虫和有壳变形虫都能通过这些显微镜看到。分辨率较低的显微镜适用于较大的纤毛虫和有壳变形虫，但是无法观察到较小的物种。变形虫不应该用解剖显微镜计数。

36.3 标准溶液

以下是对土壤悬浮液和稀释液、培养细胞和涂片的准备工作。更多的方法可以在网上找到（Dalhousie University Soil Ecology Portal，2006）。

36.3.1 磷酸缓冲液

磷酸缓冲液能将介质 pH 值调节到与土壤一致，也同样是培养媒介的组分。钾或钠的缓冲液是用不同体积的碱性溶液和酸性溶液混合而成的。磷酸溶液配制如表 36.1 所示。

表 36.1 配制钾（a）或钠（b）磷酸缓冲液的所需溶液量

(a) 制备 25℃ 10×0.1 mol/L 钾缓冲液 [a]		
pH 值	1 mol/L K_2HPO_4/mL	1 mol/L KH_2PO_4/mL
5.8	8.5	91.5
6.0	13.2	86.8
6.2	19.2	80.8

(续表)

(a) 制备 25℃ 10×0.1 mol/L 钾缓冲液 [a]		
pH 值	1 mol/L K_2HPO_4/mL	1 mol/L KH_2PO_4/mL
6.4	27.8	72.2
6.6	38.1	61.9
6.8	49.7	50.3
7.0	61.5	38.5
7.2	71.7	28.3
7.4	80.2	19.8
7.6	86.6	13.4
7.8	90.8	9.2
8.0	94.0	6.0

(b) 制备 25℃ 10×0.1 mol/L 钠缓冲液 [a]		
pH 值	1 mol/L Na_2HPO_4/mL	1 mol/L NaH_2PO_4/mL
5.8	7.9	92.1
6.0	12.0	88.0
6.2	17.8	82.2
6.4	25.5	74.5
6.6	35.2	64.8
6.8	46.3	53.7
7.0	57.7	42.3
7.2	68.4	31.6
7.4	77.4	22.6
7.6	84.5	15.5
7.8	89.6	10.4
8.0	93.2	6.8

[a] 获得 0.1 mol/L 溶液需稀释 10 倍。

36.3.2 土壤磷酸缓冲盐

以下试剂配制的溶液用来在悬浮液中保持细胞形态或溶洗细胞。它对细胞的伤害比蒸馏水或去离子水小。Na_2HPO_4 和 KH_2PO_4 能够根据表 36.1 与其他已知 pH 值的磷酸缓冲液替换。

具体试剂如下：

（1）8 g NaCl。

（2）0.2 g KCl。

（3）1.44 g Na_2HPO_4。

（4）0.24 g KH_2PO_4。

（5）0.0476 g $MgCl_2$。

（6）0.147 g $CaCl_2$。

（7）800 mL 蒸馏水。

（8）1 mol/L HCl。

将上述盐类逐一称量，在烧杯中加水搅拌。用 HCl 调节 pH 值至研究中土壤的 pH 值（或者获得细胞的 pH 值）。用蒸馏水定容至 1.0 L。最终盐浓度应该是：137 mmol/L NaCl，2.7 mmol/L KCl，

10 mmol/L Na_2HPO_4，2 mmol/L KH_2PO_4，0.5 mmol/L $MgCl_2$，1 mmol/L $CaCl_2$。细胞悬浮液能在这个缓冲液中保存几个小时。为了保存时间更长，应该使用下述标准土壤提取液（SSE）或者标准土壤溶液（SSS）。

36.3.3 琼脂（1.5%）

在锥形瓶中加 1.5 g 琼脂和 100 mL 蒸馏水或去离子水，高压灭菌 20 min。琼脂制备所需水也可用 SSE（见 36.3.4 节）、SSS（见 36.3.5 节）或小麦草培养介质（见 36.3.6 节）。

36.3.4 标准土壤提取液

标准土壤提取液（SSE）是一种包括土壤样品中可溶性养分的溶液。它不能用作自身的生长培养基，但是能用作生长培养基的补充。溶液中精确的成分随着使用的土壤和准备情况的变化而变化。这种溶液能够提供与供试土壤溶液一致的离子。制备 SSE 需要 300 g A 层土壤和 1.0 L 蒸馏水或去离子水。

（1）将土壤加入大烧杯内，加水搅拌 1 h。
（2）静置 30 min，通过几层纱布过滤至锥形瓶中。
（3）分装至带盖瓶中，高压灭菌 30 min。

36.3.5 标准土壤溶液

标准土壤溶液（SSS）含有已知数量和浓度的离子。当所需溶液需要标准化时，SSS 很有用；此外，当需要精确的溶液成分时，SSS 能用来代替水。SSS 如表 36.2 配制。逐次称量盐类，在大烧杯中加水持续搅拌一次溶解。用磷酸缓冲液调节至所需要的 pH 值（见 36.3.1 节）。加入含有 KH_2PO_4 的磷酸缓冲液很重要，因为这是培养基中磷酸盐的主要来源。最终的 pH 值应该与研究中土壤的 pH 值或者获得细胞的 pH 值相近。将溶液定容至 1 L，分装至带盖瓶中。高压灭菌 20 min，4℃存储。存储液以 100 倍浓度冷藏。

表 36.2 制备标准土壤溶液所需成分在最终溶液中摩尔溶度

称 重	最终摩尔浓度
6.8×10^{-4} g/L KH_2PO_4	5.00×10^{-6}
1.116 g/L $FeCl_3$	6.88×10^{-3}
0.241 g/L $MgSO_4$	2.00×10^{-3}
0.544 g/L $CaSO_4$	4.00×10^{-3}
0.133 g/L NH_4Cl	2.48×10^{-3}
0.253 g/L KNO_3	2.50×10^{-3}
0.140 g/L $NaCl$	2.40×10^{-3}
900 mL 蒸馏水	—

36.3.6 小麦草培养基 0.1%（w/v）

小麦草培养基是能用来培养许多原生动物的常见培养基。将小麦草粉（1.0 g）和水（1.0 L 蒸馏水或去离子水）在 2 L 锥形瓶中混合。将水加热至沸腾，并保持 2 min 轻微的沸腾状态。静置并冷却 1 h。通过几层纱布过滤至新的锥形瓶中去除草的残渣。用磷酸缓冲液（见 36.3.1 节）调节 pH 值至需要的值，pH 值应该与研究的土壤（pH 值 ±0.3）相近。分装至带盖瓶中，高压灭菌 20 min。

小麦草培养基也能使用 SSS 或 SSE 代替制备中所需的蒸馏水或去离子水。小麦草培养基能够稀释 1/10 或 1/100 来减少细菌的生长。如果细菌生长缓慢，很多原生动物物种就能够观察到。

36.4 土壤采样和样品保存

目前，采样方法在文献中还没有受到足够的关注，存在着很多问题：多样性和丰度相关吗？收集的样品会多大程度地影响得出的结论？关注的范围是什么？采集样品的方法最终取决于研究的对象。采集土壤的工具通常有铲、不同直径的土钻、大直径的木钻、勺子、弯刀。为了防止样品间的交叉污染，必须清洁取样工具，通常使用能够破坏细胞膜的挥发性酒精（>5%的乙醇）。

36.4.1 材料

（1）弯匙或螺旋钻。
（2）15 mL 带盖离心管和塑料袋。
（3）耐水和酒精的记号笔。
（4）5%酒精洗瓶和干净纸巾。
（5）手提式测温器（可选的）。
（6）野外记录本和笔。
（7）用来运输的塑料保温箱和冰袋。

36.4.2 步骤

（1）选择一个样方（75 cm×75 cm）。
（2）在样方中二次取样，去除周围的土块，用弯匙挖出 10 cm 深度处直径为 1 cm 的适合离心管的土块。
（3）将这个土块放入离心管中，避免挤压和破碎，因为会影响土壤孔隙度、气体交换和水分含量。贴上合适的标签。
（4）用酒精冲洗弯匙上的土壤，用干净的纸巾擦干。
（5）在这个样方中再取样两次，操作如上。
（6）记录土壤 2～10 cm 深度的温度。
（7）将贴好标签的离心管放入塑料袋。
（8）重复更多的样方，个数取决于研究的性质和研究区域的大小。
（9）将样品装入塑料袋，再放进冷却箱中运输。用毛衣或毯子包裹冰袋，不要直接将样品放在冰上，或者与冰接触。

36.4.3 注释

（1）活跃物种的直接计数，样品必须在 1～2 天内处理完毕。物种组成将随着样品中温度或水分的改变而改变。通常情况下细菌甚至捕食细菌的群落将改变，这将影响整个原生动物的物种组成和相对丰度。
（2）如果样品将要保存较长的时间（数周或数月），那么推荐在几天内将土壤慢慢风干。打开袋子或瓶盖，在冰箱 10～15℃的条件下将土壤在几天内慢慢干燥，这给了细胞时间形成自己的包囊。当充分干燥后，密封容器并转移至 4℃保存。但是，在研究开始前需要探究保存条件怎样影响丰度和多样性。例如，热带和亚热带物种可能不适合生存在低温或非常干燥的条件下（Acosta-Mercado 和 Lynn，2003）。

36.5 活跃无壳变形虫的丰度

尽管大多数试验过程都会低估无壳变形虫的丰度，但是以下的步骤在大多数土壤和枯枝落叶样品中有效。这种方法不伤害变形虫，并让它们自己爬行寻找食物。无壳变形虫是一种变形虫，归属于变形鞭毛虫门、黏菌纲、异叶足目、变形鞭毛虫科、网足虫属。生物量计算的换算系数见表36.3，能用于数据的规范化和交叉比较。

表36.3 土壤原生动物生物量换算系数[a]

参 数	转 换 为	换算系数
生物量	鲜重	$1~\mu m^3 = 1~pg$
生物量	干重	$1~\mu m^3 = 0.15~pg$
生物量	有机碳	$1~\mu m^3 = 0.11~pg$
鲜重	干重	15%的鲜重
干重	灰分重	10%的干重
干重	有机碳	50%的干重
干重	氮	4%～7%的干重
去灰分重	焦耳(J)	$1~mg = 17 \sim 20~J$
有机碳	焦耳(J)	$1~mg = 46~J$

[a] 引用自 Foissner 等（1992），此表为平均值，在采用时对任何特定的物种来说，都可能偏高或偏低。

36.5.1 材料

（1）直径为5 cm 的培养皿。

（2）1.5%的液体琼脂。

（3）保鲜膜。

（4）20 μL 或 200 μL 的移液枪及枪头（用剪刀或刀片将尖端剪宽）。

（5）小铲。

（6）铝箔。

（7）精密天平。

（8）新鲜的土壤样品。

（9）倒置显微镜。

36.5.2 步骤

（1）使用前水浴或微波溶解琼脂。

（2）将琼脂倒入直径5 cm的培养皿中，平均厚度1.5～2.5 mm，冷却。当琼脂表面开始干燥时准备好平板。琼脂要足够薄来满足琼脂表面对象的长期培养。

（3）用小铲二次取样，取1 g能够代表整个样品的土样。在不易碎的土样中，用小铲割穿土样，在剖面上取样。

（4）将1 g鲜土（代表样品）放入试管中，加入足够去离子水得到能够用移液枪吸取的泥。

（5）吸取20 μL，将枪头末端放在培养基的琼脂表面。不要减少土壤的体积，将足够多的土在表面形成斑点。重复操作，得到6个点成一行。

（6）将枪头中的土壤悬浮液放回土水混合液中。再次吸取样品。

（7）重复操作，得到18～24个点，排列成行列。

（8）用保鲜膜将平板密封，将琼脂面朝上，贴上标签，黑暗中的温度为取土时的温度，培养平板过夜。

（9）重复土壤悬浮液标点的步骤，用同样的枪头在已知重量的小条铝箔上操作。得到10个点，并风干。重新称量铝箔。用重量差值来计算每个土点的平均重量。这是每个土点的平均干重。

（10）用倒置相差显微镜200倍的放大倍数观察平板。变形虫出现在土点的边缘，开始穿透琼脂。计数是指数清在每个土点边缘的细胞数目，当细胞太多时，目镜的方格网能用来数清土点边缘代表区域的细胞数目。

36.5.3 注释

（1）沙质土壤或样品易破坏，很难将土壤点成一列。可以将土水悬浮液在整个平板上分散成薄薄的一层，土壤必须分散得足够薄以不模糊观察，所以知道分散土壤的重量很关键。

（2）通常每克干土有活跃变形虫 10^4～10^6 个。因此，1 mg 干土会有10～1000个细胞。变形虫较丰富的样品需要更大的稀释倍数及更薄的悬浮液。

（3）为了防止干燥和细胞溶解，使用湿润的土壤样品及迅速地处理很必要。

（4）在过夜的培养后，第二天观察样品会发现由于水的添加种群会脱囊及再生长。

36.6 活跃鞭毛虫的丰度

鞭毛虫属于变形鞭毛虫门、黏菌纲的传播阶段、壶菌纲、眼虫亚纲、动质体、异叶足目、丝足虫类、霜卵菌属。生物量计算的换算系数见表36.3，能用于数据的规范化和交叉比较。

36.6.1 材料

（1）新鲜土壤样品。

（2）精密天平和小铲。

（3）蒸馏水或去离子水。

（4）20 µL 的移液枪和枪头（用剪刀或刀片将尖端剪宽）。

（5）直径为5 cm的培养皿。

（6）相差显微镜的血细胞计数器。

（7）倒置显微镜。

36.6.2 步骤

（1）在培养皿中放入1 g新鲜土壤和5 mL水。

（2）轻轻地分开土壤，将悬浮液混合均匀。让重颗粒静置30 s。

（3）吸取15 µL的悬浮液至血细胞计数器室中，并盖上。

（4）用200倍和400倍的相差扫描计数室。选择有5～50个细胞的合适网格来计数。用选择的网格的面积来计算原生动物的丰度。

（5）重复操作3～5次，直到平均丰度稳定。

（6）将培养皿悬浮液的稀释倍数算入最终的丰度（例如，1 g 土壤加水 5 mL）。

36.6.3 注释

（1）这是一种计算和鉴定鞭毛虫快速而重现性高的方法。显微镜工作者能根据他们的专业知识，将鞭毛虫分到不同分类群或功能群。

（2）通常每克干土含有 $10^5 \sim 10^7$ 个鞭毛虫。计数室可能有必要将土壤悬浮液再稀释。土壤中黏土含量较高的话，可能有必要稀释土壤得到较清的悬浮液以便观察细胞。

36.7 活跃纤毛虫和有壳变形虫的丰度

活跃的纤毛虫经常在湿润时期、细菌丰度提高的时候被发现，在土壤干燥或者细菌数量和活性减少的时候丰度会下降到零。

有壳变形虫在表层土壤和枯枝落叶中很常见，能在分解的植物组织碎片中找到它们。它们作为农业生态系统和正在修复的区域的生物指示物具有重要价值。在温带，其数量会季节性地波动。当它们活跃的时候，丰度会超过 10^6 个每克土或枯枝落叶。生物量计算的换算系数见表 36.3，能用于数据的规范化和交叉比较。

36.7.1 材料

（1）新鲜土壤样品。
（2）直径为 5 cm 的培养皿。
（3）蒸馏水或去离子水。
（4）精密天平和小铲。

36.7.2 步骤

（1）在培养皿中放入 1 g 新鲜土壤和 5 mL 水，轻轻地使土壤悬浮在平板中。
（2）用解剖显微镜观察平板，扫描纤毛虫和有壳变形虫。
（3）记录漂浮的纤毛虫或在底部的有壳变形虫。纤毛虫可能在水层中，也可能在底部的沉积物中。如果解剖显微镜不能用，可以使用相差倒置显微镜 50 倍放大观察。但是，这会增加重复计数和遗漏的可能性。
（4）倒掉悬浊液，使用相同的培养皿，重复至少 3 次以得到平均值。
（5）丰度表示每克干土中细胞的数量。

36.7.3 注释

（1）如果溶液太多，扫描的体积不能全在焦距内，很难得到符合要求的计数；如果活跃的个体太多，可以在平板下划出 1 cm 的方格网，或者使用提前标记的网格；如果土壤质地干扰观察，减少土壤用量。

（2）有壳变形虫在平板底部的沉积物中。活跃的物种会用伪足在底物中移动或探索。用 200 倍或 400 倍的反相倒置显微镜扫描平板的横切面会得到更好的估计值。计算时，每个横切面上遇到的个体必须乘以它代表的扫描平板的分数或者土壤重量的分数。横切面方法见 Krebs（1999）。很多有壳变形虫在提取和计数过程中会停止摄食或移动。空白试验应该与活的样本区分开。

（3）过滤膜法（Lousier 和 Parkinson，1981）和涂布法（Korganova 和 Geltser，1977）都能提供良好的估计值。这两个方法需要较长的时间准备和记录。

（4）Acosta-Mercado 和 Lynn（2003）采用了过滤膜法对纤毛虫计数。这个染色的方法较复杂，但是能够进行物种鉴定。

36.8 落叶层原生动物

森林地面和其他土壤的地表枯枝落叶,如草原、免耕的农田,原生生物很丰富,它们埋藏在枯枝落叶中,覆盖在分解的植物组织表面。这些可以提取、计数和鉴定。一些种群的活性,如有壳变形虫,是季节性的,而其他物种的活性也随着落叶层湿度的改变而改变。不活跃物种的囊孢在落叶层中可见,并随着落叶层湿度和温度的变化会周期性地再活化。

36.8.1 材料

(1) 24 孔平板(如福尔肯多孔平底平板)。
(2) 巴斯德玻璃移液器,两双尖端钳子,一把小剪刀。
(3) 95%酒精,酒精灯。
(4) 100 mL 烧杯盛有蒸馏水或去离子水。
(5) 落叶层样品。
(6) 精密天平。
(7) 铝箔。
(8) 1000 μL 的移液枪和枪头。
(9) 电炉。

36.8.2 步骤

(1) 用 300 μL 蒸馏水或去离子水填充 24 孔平板的每个孔。
(2) 用钳子夹起落叶,用剪刀将落叶(大约 0.3 g)剪成碎片,放到预先称重的铝箔方片上。记录放入每个孔的碎片重量。不要破坏叶片表面,它携带了囊孢、孢子和活跃的细胞。上述操作的目的是对表面的样品进行二次取样得到具有代表性的样品。
(3) 将碎片放入第一个孔,使它沉入水底。碎片必须剪得足够小才放入每个孔底。
(4) 两次取样间,用酒精清洗工具,并用酒精灯灼烧。在处理新的样品前,确保工具冷却。在火烧后,可以在灭菌过的去离子水烧杯中冷却。
(5) 在其他森林地面或落叶袋样品重复以上步骤。
(6) 在 15℃或者研究区域温度下培养平板过夜。
(7) 早上,准备一个含水的平板。用钳子从底部夹起叶碎片,用巴斯德移液器吸水冲洗表面至孔中,目的是使表面的细胞回到孔中。将冲洗过的碎片放入新的重复平板的新孔中。
(8) 在每个孔的操作前,灼烧金属工具,用热水冲洗巴斯德移液器(用电炉将烧杯中的水烧至 80℃)。每个孔继续这个步骤。培养新的平板 1~2 天,继续用显微镜观察第一个平板。
(9) 用反相倒置显微镜观察没有叶片的第一个平板。每个孔的底部用 200 倍和 400 倍的放大倍数扫描变形虫、有壳变形虫、鞭毛虫和纤毛虫。如果丰度过高,可用横切面法统计分析(Krebs, 1999)。同样,在水层中扫描纤毛虫和鞭毛虫。如果鞭毛虫的丰度过高,继续用血细胞计数器来估计活跃的鞭毛虫。
(10) 在培养 1~2 天后,重复上述操作,观察重复的平板,这次是将碎叶片转移回第一个平板。在两三周内重复这个操作多次。大多数有用的数据将会在前 5~10 天中得到。
(11) 第一次过夜培养的丰度的估计值能用每克落叶表示。这个样品包括叶片处理后活跃的细胞,以及较早脱囊的囊孢(这些倾向于 r 选择的物种)。后来的样品观察到的是培养的个体,以及较晚脱囊的物种,对丰度的计算没有作用。随后的观察可以用于记录物种的多样性,因为不同的物种随着时间而脱囊。

36.8.3 注释

试验中，也可以看到无脊椎动物，尤其是轮虫类和线虫类，偶尔会出现缓步类、介形动物和蚯蚓。但是它们的数量很少很难计数，也很难提供无脊椎动物物种的具体清单。如果在 5 cm 或 10 cm 的培养皿中取更大的叶片的样品，这些繁殖步骤则可以用于无脊椎动物计数。

参 考 文 献

Acosta-Mercado, D. and Lynn, D.H. 2003. The edaphic quantitative protargol stain: A sampling protocol for assessing soil ciliate abundance and diversity. *J. Microbiol. Meth.* 53: 365-375.

Adl, M.S. 2003. *The Ecology of Soil Decomposition.* CABI, Wallingford, UK.

Adl, M.S. and Coleman, D.C. 2005. Dynamics of soil protozoa using a direct count method. *Biol. Fert. Soil* 42: 168-171.

Adl, M.S. and Gupta, V.V.S.R. 2006. Protists in soil ecology and forest nutrient cycling. *Can. J. Forest Res.* 36: 1805-1817.

Adl, M.S., Simpson, A.G.B., Farmer, M.A., Andersen, R.A., Anderson, O.R., Barta, J., Bowser, S., Brugerolle, G., Fensome, R., Fredericq, S., James, T.Y., Karpov, S., Kugrens, P., Krug, J., Lane, C., Lewis, L.A., Lodge, J., Lynn, D.H., Mann, D., McCourt, R.M., Mendoza, L., Moestrup, Ø., Mozley-Standridge, S.E., Nerad, T.A., Shearer, C., Smirnov, A.V., Spiegel, F., and Taylor, F.J.R. 2005. The new higher level classification of eukaryotes with emphasis on the taxonomy of protists. *J. Eukaryot. Microbiol.* 52: 399-451.

Alphei, J., Bonowski, M., and Scheu, S. 1996. Protozoa, Nematoda and Lumbricidae in the rhizosphere of Hordelymus europaeus (Poaceae): Faunal interactions, response of microorganisms and effects on plant growth. *Oecologia* 106: 111-116.

Anderson, O.R. 2000. Abundance of terrestrial gymnamoebae at a Northeastern U.S. site: A four years study, including El Ninõ Winter of 1997-1998. *J. Eukaryot. Microbiol.* 47: 148-155.

Berthold, A. and Palzenberger, M. 1995. Comparison between direct counts of active soil ciliates (Protozoa) and most probable number estimates obtained by Singh's dilution culture method. *Biol. Fert. Soils* 19: 348-356.

Bonkowski, M. 2004. Protozoa and plant growth: The microbial loop in soil revisited. *New Phytol.* 162: 617-631.

Clarholm, M. 1981. Protozoan grazing of bacteria in soil-impact and importance. *Microb. Ecol.* 7: 343-350.

Coûteaux, M.M. and Palka, L. 1988. A direct counting method for soil ciliates. *Soil Biol. Biochem.* 20: 7-10.

Dalhousie University Soil Ecology Portal. 2006. http://soilecology.biology.dal.ca/index.htm (accessed 27th June 2006).

Darbyshire, J.F. 1994. *Soil Protozoa.* CABI, Wallingford, UK.

Duczek, L.J. 1983. Populations of mycophagous amoebae in Saskatchewan soils. *Plant Disease* 67: 606-608.

Foissner, W. 1987. Soil protozoa: Fundamental problems, ecological significance, adaptations in ciliates and testacean, bioindicators and guide to the literature. In: J.O. Corliss and D.J. Patterson, Eds. *Progress in Protistolology*. Vol. 2. Biopress, Bristol, UK, 69-212.

Foissner, W., Berger, H., and Kohmann, F. 1992. Taxonomische und ökologische Revision der Ciliaten des Saprobiensystems—Band II: Peritrichia, Heterotrichida, Odontostomitida. Informationsberichte des Bayerischen Landesamtes für Wasserwirtschaft, Heft 5/92.

Fredslund, L., Ekelund, F., Jacobsen, C.S., and Johnsen, K. 2001. Development and application of a most probable number-PCR assay to quantify flagellate populations in soil samples. *Appl. Environ. Microbiol* 67: 1613-1618.

Griffiths, B.S., Bonkowski, M., Dobson, G., and Caul, S. 1999. Changes in soilmicrobial community structure in the presence of microbial-feeding nematodes and protozoa. *Pedobiologia* 43: 297-304.

Korganova, G.A. and Geltser, J.G. 1977. Stained smears for the study of soil Testacida (Testacea, Rhizopoda). *Pedobiologia* 17:

222-225.

Krebs, C.J. 1999. *Ecological Methodology*. 2nd edn. Benjamin Cummings, New York, NY, USA.

Kuikman, P.J., Jansen, A.G., Van Veen, J.A., and Zehnder, A.J.B. 1990. Protozoan predation and the turnover of soil organic carbon and nitrogen in the presence of plants. *Biol. Fert. Soils* 10: 22-28.

Lee, J.J., Leedale, G.F., and Bradbury, P. 2002. *An Illustrated Guide to the Protozoa*. 2nd ed. Society of Protozoologists, Lawrence, KS (Year 2000).

Lousier, J.D. and Parkinson, D. 1981. Evaluation of a membrane filter technique to count soil and litter Testacea. *Soil Biol. Biochem.* 13: 209-213.

Pussard, M., Alabouvette, C., and Levrat, P. 1994. Protozoan interactions with the soil microflora and possibilities for biocontrol of plant pathogens. In: J.F. Darbyshire, ed. *Soil Protozoa*. CAB International, Oxford, UK, 123-146.

Rønn, R., Ekelund, F., and Christensen, S. 1995. Optimizing soil extract and broth media for MPN enumeration of naked amoebae and heterotrophic flagellates in soil. *Pedobiologia* 39: 10-19.

Singh, B.N. 1955. Culturing soil protozoa and estimating their numbers in soil. In: D.K. Kevan, ed. *Soil Zoology*. Butterworths, London, UK, 104-111.

（梁思婕 译，徐建明 校）

第 37 章　土壤反硝化测定技术

C.F. Drury
Agriculture and Agri-Food Canada
Harrow, Ontario, Canada

D.D. Myrold
Oregon State University
Corvallis, Oregon, United States

E.G. Beauchamp
University of Guelph
Guelph, Ontario, Canada

W.D. Reynolds
Agriculture and Agri-Food Canada
Harrow, Ontario, Canada

37.1　引　言

反硝化作用是硝酸盐离子（NO_3^-）和亚硝酸盐离子（NO_2^-）被生物还原为一氧化氮（NO）、一氧化二氮（N_2O）及分子态氮（N_2）等气态氮（N）的过程。在农业土壤中，无机 N 是作物根系吸收的必需营养，而气体 N 在很大程度上是通过从根区排气流失的。

土壤反硝化过程主要包括生物反硝化和化学反硝化。生物反硝化是微生物介导的还原过程，发生在土壤部分厌氧到完全厌氧条件下，而化学反硝化主要是发生在含有 NO_2^- 的酸性土壤中（pH 值＜5.0）（Nelson，1982 和 Tiedje，1994）。关于土壤中发生的反硝化过程，Tiedje（1988）、Firestone 和 Davidson（1989）、Conrad（1995）、McKenney 和 Drury（1997）发表了大量的综述。

测定农业和森林土壤中的反硝化作用很重要，因为其产生的温室气体（尤其是 NO 和 N_2O）会导致全球气候变暖。另外，耕作土壤中无机氮的损失会导致农作物减产和氮肥利用率降低。了解土壤反硝化对田地、区域和国家的土壤氮素预算同样至关重要，可以开发最有效的管理实践，实现氮肥（包括化肥和有机肥）功效的最大化和以氮为基础的温室气体的废气排放最小化。

本章将重点讨论生物反硝化的测定方法，因为大多数农业土壤的 pH 值都超过 5.0，从而大大减少了化学反硝化的可能性。除了适用于田地、温室、实验室环境中的 ^{15}N 技术，我们将测定理论限定在实验室培养方法上。

常见的测定土壤反硝化作用氮素损失的方法有很多种，包括：①使用乙炔（C_2H_2）在密闭系统中可以抑制 N_2O 转化为 N_2，以测定 N_2O 随着时间的积累；②在密闭系统中 ^{15}N 标记的 NO_3^- 作为示踪剂并测定积累的 ^{15}N 标记的 N_2O 或 N_2；③在气流系统中，通入惰性气体在 N_2O 转化为 N_2 之前排出中间产物 NO 和 N_2O。每种技术的优点和局限后面都将讨论。利用培养室在田间试验点测定 N_2O 释放量的分析方法将会在第 65 章中讨论。运用微气象技术，Wagner-Riddle 等（1996，1997）测量了

N_2O 的排放量，Taylor 等（1999）测定了 NO 的排放量。同时，读者们应该意识到，利用土壤剖面不同深度的 N_2O 浓度梯度来测量土壤的 N_2O 流也是一项不错的田间技术（Burton 和 Beauchamp，1994；Burton 等，1997）。

目前测定土壤反硝化速率最为常用的方法是 Yoshinari 等（1977）发明的乙炔抑制法。该方法利用乙炔可以抑制 N_2O 还原为 N_2 的能力，使研究者能够获得土壤体系排放的 N_2O 潜在量。该技术的优点是使用相对简单，并且由于大气中 N_2O 浓度相对较低（319 ppb，2005 年），添加乙炔后很容易测定 N_2O 浓度的增加量。然而，乙炔的使用有许多限制，残留物中含有高硫化物（如苜蓿）存在的条件下（de Catanzaro 等，1987），或者培养时间过长（Yeomans 和 Beauchamp，1978）的情况下，乙炔抑制不完全。此外，当土壤中 O_2 浓度高于 400 μL/L 时，NO、C_2H_2 和 O_2 会接触形成 N_2O，这是这种方法的副产物（Bollmann 和 Conrad，1997；McKenney 等，1997）。尽管这种反应经常发生在 O_2 浓度非常低的情况下，但除了完全厌氧条件，其他所有培养条件下都被认为会发生该反应。既然 NO_2 不是常规测定的指标，那么这个反应会导致低估 NO_3^- 的反硝化总量。

这里将描述三种使用乙炔抑制技术的方法。第一种乙炔抑制方法涉及土壤基础反硝化率的测定（没有任何外源添加的厌氧培养土壤的反硝化速率）。第二种是潜在反硝化速率，是在厌氧条件下的短期培养，同时土壤中添加 NO_3^- 和可利用的碳源。第三种方法是土钻技术，其中在土柱顶部空间有氧和无额外添加的条件下，对原状土进行短期的培养。该技术主要关注反硝化过程中内在土壤结构（土壤结构和厌氧微孔位点）。

在这三种乙炔抑制技术中，建议至少采集四个气体样品和进行线性回归分析来确定反硝化率。当新的酶类产生，如提供碳和 N 底物时（反硝化潜力法），反硝化速率呈非线性。在反硝化潜在试验中，通过限制培养时间到 5 h，忽略新酶合成的相关问题。虽然基础反硝化率和土柱方法通常不会涉及额外添加碳或 NO_3^-，它们都采用短期培养（6 h），不太可能新合成相关的酶。

本章还介绍了两种不使用乙炔来测定反硝化速率的方法。^{15}N 示踪技术具有可以区分外源添加的 N 与土壤中原始的 N 对反硝化气体排放的贡献等多个优点。如果研究的目的是考究土壤反硝化过程、机制和反应速率，那么 ^{15}N 示踪技术是比较适宜的方法。然而，这种方法需要花费更多的人力和财力。连续流动法适合运用在定量土壤 NO 和 N_2O 释放量的时候。这种技术在湿润惰性气体流过土柱的时候，测定气流中 NO 和 N_2O 的浓度。然而，使用连续气体流动方法在任何情况下都只能评估有限数量的样品。

37.2 收集释放气体真空容器的准备

在所有反硝化方法中，不管是关于 NO、N_2O 还是 N_2，气体样品都将被采集和分析。采用自动进样器连接到气相色谱仪和同位素质谱仪，可以避免手动注射气体样品到气相色谱仪的一些误差。当注射力量过度和注射器针头频繁地破损时，气相色谱注射器的隔片被过早放松，这些误差与进样体积的准确性相关。由于进样器的机器臂能以恒定压力将样品垂直注入隔膜，现在有可能使用同一个隔膜来测定几百个气体样品。此外，用自动进样器缓慢均匀地将数以千计的样品注入气相色谱仪，而不会导致进样针的弯曲或断裂。

因为自动进样器在注射样品之前需要存储气体样本，因此，确保用于收集气体样品存储容器的有效排空很重要。带橡胶隔片和黑色螺旋盖的样品存储容器（如进样器，Labco Lmited, Buckinghamshire, UK）可以更有效地排空，并且相对于包括真空采血管在内的其他存储容器（Becton Dickinson, Franklin Lakes, NJ），可以更长时间保持真空。

37.2.1 抽空进样瓶的分析仪器和材料

（1）高真空旋转泵。

（2）气体集流装置通过一个扩散阀连接到旋转泵上（见图 37.1）。注射器和针头再通过旋塞阀连接到集流器上。

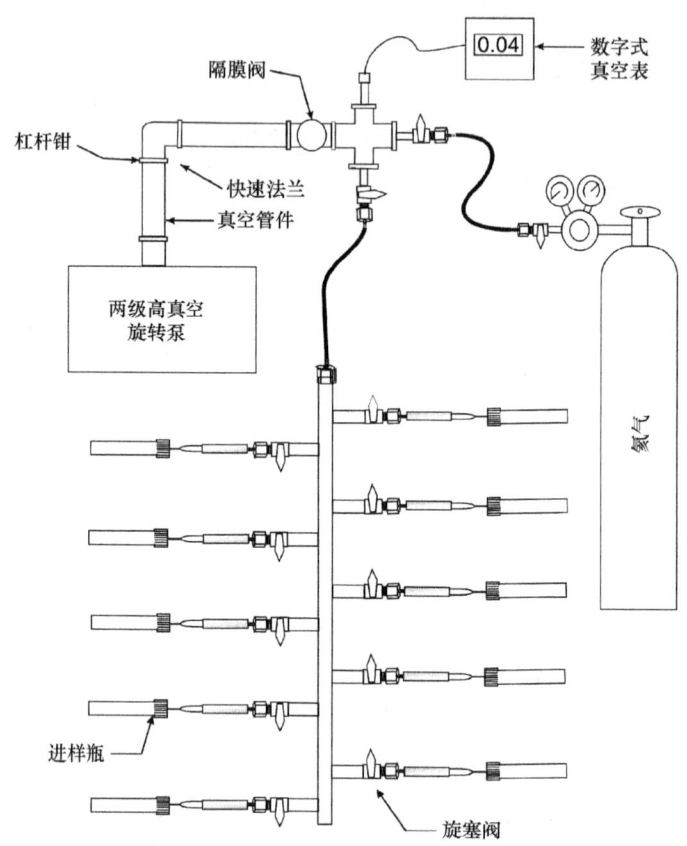

图 37.1 可用惰性气体冲洗培养用的玻璃瓶和排空气体样品瓶的隔膜原理示意图。快速法兰（QF）配件是用来连接真空管道到泵。数字式真空表的量程为 0.01~20 torr。抽空样品瓶时，打开隔膜阀，关闭惰性气体钢瓶的旋塞阀，打开注射器旋塞阀，然后启动真空泵。气体冲洗培养瓶时，隔膜阀门关闭，连接到惰性气体钢瓶和注射器旋塞阀打开，真空泵停止工作。

（3）数字真空计（0.01~20 torr，1 torr=133.322 Pa）。

（4）进样瓶，5.9 mL（英国莱布科）。

37.2.2 步骤

（1）往每个连接到真空集流器上的针头插入进样瓶（5.9 mL）（见图 37.1）。

（2）打开隔膜阀，确保连接气瓶的旋塞阀是关闭的，打开注射器旋塞阀，然后开启高真空旋转泵。它可以很方便地一次抽空 10 个进样瓶。

（3）抽真空 4 min，使容器真空度<0.05 torr，关闭连接到每个注射器的旋塞阀后立即移开进样瓶。

（4）为确保系统是无泄漏的，建议每次抽空时拿出一个进样瓶，把进样针插入瓶盖，将进样瓶倒置浸泡在盛有水的烧杯中（Rochette 和 Bertrand，2003）。进样瓶应该装满水，并且进样瓶气泡应该最多只有一个豌豆大小。这种抽空方法确保注入气体样品到真空瓶所产生的污染最小化。

（5）在试验期间，建议注入每个样品瓶体积大于 5.9 mL，以保证每个容器内部压力超过大气压。这限制了任何外部气体渗漏到样品瓶中。标准样品也应该使用同样的方法收集并存储在样品瓶中。还应该指出的是，气相色谱仪应配有包含已排出样品环的阀门（0.25 mL），在进样和切换阀直接让样品通过柱之前，样品环内的样品和标准气体压力平衡要到 101 kPa。

37.2.3 注释

（1）当采用上述的步骤抽空样品瓶时，可以在 35 天和 136 天之后，保留完全真空度的 96% 和 89%（Rochette 和 Bertrand，2003）。样品瓶气体的泄漏大部分发生在将进样针从样品瓶移开的瞬间。通过在样品瓶添加第二个聚四氟乙烯隔膜，可以进一步减少泄漏（Rochette 和 Bertrand，2003）。使用两个隔膜时，存储 136 天之后的真空度仍可以保留 98%。一些实验室使用硅酮密封胶（硅胶 I 或 II）来代替第二个隔膜以减少气体泄漏入样品瓶。唯一需要引起重视的是，除非使用死体积过滤熔块，否则硅胶有可能堵塞气相色谱仪。

（2）除了样品瓶，还有其他气体容器可以用于收集和存储气体分析的样品。这些容器应小心使用，确保在收集气体样品之前，痕量 N_2O 已经清除干净。另外，气密注射器可用于气体样品的收集和存储，不过这些装置必须手动注入气相色谱仪，而不是使用自动进样器。

（3）当从同一个烧瓶中取重复的气体样本时，其体积相对较低时，例如，≥5%顶部空间体积被移除时，而气体的这部分体积不能额外吸收反硝化过程中产生的 N_2O。鉴于此，连续的气体取样需要进行因子校正（见 37.5.2 节）。

37.3 制造厌氧环境

基础反硝化法和潜在的反硝化方法需要使用惰性气体，如氦或氩，来替换土壤孔隙和培养容器中的气体。之前提到的集流管可以用来实现这个目的（见图 37.1）。

37.3.1 步骤

（1）关闭连接于真空泵的隔膜阀，打开连接到惰性气体气瓶的旋塞阀。

（2）将装有潮湿的土壤，并用苏泊密封（William Freeman Limited, Barnsley, England）的锥形瓶放入一个刚性容器中，确保在用惰性气体置换其中气体时，锥形瓶不会翻倒。往苏泊密封圈中插入两根进样针，其中一根进样针连接到接着一个惰性气体钢瓶（氦或氩）的集流管；第二根进样针连接到真空管中，并且这个真空管插入装有 400 mL 水的烧杯中。为确保在冲洗过程中不被打翻，这个烧杯应该放置在刚性容器中。

（3）缓慢打开惰性气体钢瓶的减压阀直到水中有气泡稳定冒出，冲洗烧瓶 15 min。15 min 后，关闭气瓶上的减压阀，移除连接到集流瓶的进样针，当没有更多的泡沫被释放时，移除连接到苏泊密封圈的第二根进样针。这样操作确保了烧瓶中压力与大气压力（101 kPa）平衡。顶部气体的氧含量分析也可以被用来验证土壤是在厌氧条件下培养的。

37.4 反硝化试验中土样的准备

除了土钻法，在土壤开始培养前，需要从田间或者实验室采集土壤样品，混合并且称重。在收集和准备土壤样品时，有几个样品准备方面的问题必须考虑。已有一些研究表明，团聚的土壤被粉碎后，其 N_2O 的释放会增强（Seech 和 Beauchamp，1988；Drury 等，2004）。这主要是由于更多被保护的碳暴露给反硝化细菌群落。所以，除非试验目的是研究特定尺寸的团聚体或保护包被在团聚体内的碳，否则应尽量减少对团聚体的破坏。当土壤中有石头或大块未分解的植物时，应用筛分法（4 mm 筛子）将其去除。石头或大块未分解的植物的去除可以保证内部和前后研究结果的一致性。

鲜土总量比经过存储的土壤更适合试验。如果土壤需要存储，那么土壤应该存储在潮湿的 4℃ 条件下。当土壤需要存储在低温下时，要在与测定过程相同温度下至少预培养 24 h 后再使用，以使土壤中的微生物可以适应更高的培养温度。

37.5 基础反硝化速率（Drury 等，1911；Beauchamp 和 Bergstrom，1993）

基础反硝化速率提供了对土著反硝化微生物活性的估量，其活性受土壤中可利用碳氮含量的影响。试验所用土壤经过传统上的磨碎并过筛后备用。混合和筛分可以让样本更均匀，然而，土壤中存在的任何团聚体都会被破坏。

37.5.1 分析仪器和材料

（1）配有电子捕获检测器的气相色谱仪。连接到自动取样器的气相色谱仪会更好。

（2）当使用自动取样器时，使用样品瓶（5.9 mL）来存储气体样品。

（3）用来排空样品存储器（进样瓶）的集流管（见 37.2 节和图 37.1）。

（4）乙炔先流经浓硫酸溶液，然后再流经蒸馏水洗涤将除去有机杂质，如丙酮，可作为用于反硝化细菌的碳源（Hyman 和 Arp，1987）。当硫酸溶液颜色变化时，应该进行更换。或者，由碳化钙反应生成的乙炔不会产生丙酮，则不需要进行进一步净化（Hyman 和 Arp，1987）。

（5）将惰性气体（氦或氩）连接到集流管（见图 37.1）。

（6）带有橡胶塞的锥形瓶（250 mL）（Suba Seal, William Freeman, Limited, Barnsley, UK）。硅胶应该置于血清塞外面以减少采集气体样品时的泄漏。

37.5.2 步骤

（1）用 4 mm 筛筛分湿润的田间土壤以除去其中的石块和未分解植物残体。

（2）添加足够重量的现场潮湿土壤到 250 mL 锥形烧瓶中，保证得到烘干土壤的重量有 20 g。重力的基础（每单位干土的含水量）上加蒸馏水（如有必要）使土壤至其田间持水量（−33 kPa 的土壤水势）。每个锥形瓶口上嵌入一个苏泊密封片。注意：潮湿的田间土壤重量含水率和土壤田间持水量需要事先测定，以确定添加到烧瓶中的现场潮湿土壤的重量，以及添加多少水到烧瓶中以保证田间持水量。

（3）用之前描述到的一种惰性气体（氦或氩）冲洗每个瓶子的顶部空间。使用注射器抽取相当于锥形瓶顶部空间体积的 10% 的气体样品，然后使用另一个注射器用无丙酮—乙炔替换取样体积。

因为瓶是密封的（封闭系统），通过注射器从瓶顶部空间抽取想要体积的气体时，需要考虑到抽取样品会导致压力的降低。当注射器插入瓶中和顶部空间气体被抽取（在此之前针从瓶子中抽取出来）时，瓶内的压力发生变化。

使用理想气体定律和恒定的温度，由注射器收集的样品体积如下：

$$V_S = \frac{C}{(100-C)} V_F \quad (C < 100) \tag{37.1}$$

式中，V_S 是要求的进样气体样品体积（mL）；C 是进样气体样品体积占锥形瓶顶空体积的理想百分比（%）；V_F（mL）是锥形瓶顶空体积。因此，如果锥形瓶顶空体积 V_F=240.5 mL，所需抽取百分比 C=10 %，那么需要抽取样品体积 V_S = [10/(100−10)] × 240.5 mL = 26.72 mL。

如上所述，一旦样品被抽取，立即往锥形瓶中注入足够的乙炔保证气体压力和初始的一样。瓶为封闭系统，注入的乙炔体积V_a表达如下：

$$V_a = \frac{C}{100} V_F \tag{37.2}$$

因此，如果$C=10\%$，$V_F=240.5$ mL，那么$V_a=24.05$ mL。

（4）20℃下培养土壤20 h。1 h、2 h、4 h和6 h后从瓶中抽取9 mL样品，并存储在5.9 mL的进样瓶中。

（5）用配有电子捕获检测器气相色谱仪分析气体样品及标准样品。采用自动进样器将气体样品及标准样品注入一个连接至十通阀的开口的0.25 mL采样环，可保证注入气相色谱仪的气体压力是101 kPa（大气压力）。环中的气体样品先注入预柱，然后其中的N_2O会进入主柱。之后预柱将反冲放空，以除去气体样品可能存在的水蒸气。在70℃下使用5.0 m长的Porapak Q色谱柱，以Ar（95%）和CH_4（5%）为载气，在流速30 mL/min的条件下，可以实现N_2O在主柱的分离。在350℃下，使用电子捕获检测器测定N_2O的浓度。

（6）计算培养瓶的顶空体积。锥形瓶顶空体积必须确定才能知道氦或氩移除的量，以及添加多少乙炔才能获得10%体积的乙炔量。此外，计算土壤N_2O流量时也需要用到顶空体积。顶空体积V_h是培养瓶总体积（V_{total}）减去瓶中土壤体积（V_{soil}）和水体积（V_{water}），即

$$V_h = V_{total} - (V_{soil} + V_{water}) \tag{37.3}$$

当瓶子完全充满蒸馏水并嵌入苏泊密封圈时，通过将总质量减去空锥形瓶和苏泊密封圈质量，可以得知V_{total}。当苏泊密封圈嵌入锥形瓶时，在苏泊密封圈上插入一根针头有助于去除收集的空气。当嵌入苏泊密封圈时，标准的250 mL锥形瓶总体积为254 mL（瓶身250 mL标记线以上的顶空体积也计算在内）。

V_{soil}的计算基于农田矿质土壤的平均土粒密度（2.65 g/cm³）。因此，如果25 g的田间潮湿土壤有20 g的烘干土壤（所有的水分均除去），那么这些土壤的体积是7.55 mL。

V_{water}的计算基于培养期间土壤中水的量，即如果培养的土壤调节至30%重量水含量，在假定水的密度为1 g/mL的前提下，那么水的体积是（0.3）×（20 g干土）= 6.00 mL。因此，

$$V_h = 254 \text{ mL} - (7.55 \text{ mL} + 6.00 \text{ mL}) = 240.45 \text{ mL}$$

（7）计算在24 h培养时间内N_2O释放体积[见式（37.4）]。通过邦森吸收系数（水温20℃时，$\alpha=0.632$；Tiedje，1982）考虑到溶解在土壤溶液中的N_2O，校正N_2O体积。鉴于从瓶中连续抽取气体样品，需要使用校正系数[见式（37.5）和式（37.6）]。如式（37.7）所述，在时间t，从土壤中产生的N_2O浓度的变化是使用理想气体定律（$PV=nRT$）和1 mol的N_2O气体质量来计算的。释放的N_2O气体体积最终计算如下：

$$V_{N_2O_t} = \frac{C_t[V_h + (V_{water}\alpha)]}{CF_n} \times \frac{1\text{L}}{1000\text{mL}} \tag{37.4}$$

式中，$V_{N_2O_t}$是在时间t从土壤中产生的N_2O体积（μL）；C_t是时间t气相中N_2O气体浓度（μL/L）；V_h是顶空体积（mL）；V_{water}是培养期间土壤中水的体积（mL）；α是邦森吸收系数。CF_n值是一个无量纲校正因子，基于这一事实，顶空气体移除的样品体积不可用来吸收后续产生的N_2O分子，因此如果没有样品抽取，会使得测得的N_2O浓度（C_t）偏大。校正因子的形式（Drury和Reynolds，未公布的数据）为

$$\mathrm{CF}_n = \left[\sum_{i=1}^{n-1}\left(\frac{V_\mathrm{h}+V_\mathrm{s}}{V_\mathrm{h}}\right)\left(\frac{t_{i+1}-t_i}{t_n}\right)\right] + \frac{t_1}{t_n} \quad (n=2,3,4,\cdots) \tag{37.5}$$

式中，CF_n（无量纲）是样品 n 的校正因子；V_h 是培养瓶的顶空体积（mL）；V_s 是注射样品体积（mL）；t_i 是从培养开始累计的采样时间（h）次数，其中，$t_0=0$，t_1 是对应的样品 1 的总时间（h），t_n 是对应的样品 n 的总时间（h）。假设在式（37.5）中，包括常数 V_h 和 V_s，气体产生速率恒定。还需要注意，修正系数并不适用于第一个样品（$n=1$），因为采集第一个样品时，所有的原始顶空体积仍然存在。因此，有

$$\mathrm{CF}_1 = 1 \tag{37.6}$$

在时间 t_1，采集样品 1。

使用理想气体定律计算 N_2O 浓度公式如下：

$$N_2O\text{-}N_t = \frac{V_{N_2O_t} \times P \times (28.0134\ \mathrm{g\ N_2O\text{-}N/mol})}{R \times T \times M_\mathrm{s}} \tag{37.7}$$

式中，$N_2O\text{-}N_t$ 是时间 t 时 $N_2O\text{-}N$ 的浓度（μg/g）；$V_{N_2O_t}$ 是瓶中 N_2O 体积（μL）[见式（37.4）]；P 是压力（kPa）；R 是通用气体常数（8.31451 L kPa mol^{-1} K^{-1}）；T 是以 K 为单位的温度；M_s 是烘箱干燥后的土壤质量（g）。

因此，对于一个培养系统，有：

顶空体积，$V_\mathrm{h} = 240.45$ mL；

样品（注射）体积，$V_\mathrm{s} = 9.0$ mL；

土壤中水的体积，$V_\mathrm{water} = 6.0$ mL；

标准大气压力，$P = 101.325$ kPa；

培养温度，$T = 293.15$ K（20 ℃）；

烘箱干燥后的土壤质量，$M_\mathrm{s} = 20.0$ g；

对于在时间 $t_1=1$ h（$n=1$，$\mathrm{CF}_1=1$）采集的 N_2O 气体，检测的浓度 $C_t = 25$（μL N_2O/L），由式（37.7）得出 $N_2O\text{-}N_{(t=1h)} = 0.3556$ μg $N_2O\text{-}N$/g。同理，测得在时间 $t_3=4$ h [$n=3$，$\mathrm{CF}_3=1.04748$，式（37.7）] 采集的 N_2O 气体 $C_t = 104$ μLN_2O/L，对应的 $N_2O\text{-}N_{(t=4h)} = 1.4123$ μg $N_2O\text{-}N$/g。

培养结束后，加入 100 mL 2 mol/L KCl 到土壤中，振荡 1 h，过滤提取物来检测土壤中残留的 NO_3^- 量。关于 NO_3^- 提取和分析的额外细节，参见第 6 章。当 NO_3^- 数量限制时，其产生的 N_2O 的量也会减少。

37.5.3 注释

（1）基础反硝化速率是在没有用 NO_3^- 或者碳源添加的条件下测定的。当 NO_3^- 或者碳源任何一个数量受到限制时，反硝化速率会变低。另外，NO_3^- 或者碳源往反硝化位点缓慢扩散，可能会导致用这种方法测得的 N_2O 气体量降低。如果试验的目的是测定非限制性条件下（没有碳源或者 NO_3^- 的限制或扩散限制）的反硝化速率，那么可以使用潜在反硝化方法（见 37.6 节）。

（2）虽然这种方法提供了基于原土壤化学和生物特性的反硝化速率估计值，但由采样、过筛和混匀这些步骤对土壤的物理性破坏，使土壤样品变得均一，并改变了土壤结构。用惰性气体置换土壤中气体来创造无氧条件和加入水保持土壤中的田间持水量，方便研究者比较厌氧条件下原土和处理的差别。然而，这些样品前处理步骤不能使研究人员估算原位反硝化速率。

（3）在高硫化物（deCatanzaro 等，1987）存在的情况下，乙炔抑制 N_2O 还原为 N_2 的作用被保留，因此，含有大量的硫化物（如高紫花苜蓿残留的土壤）的样品应该使用不同的方法来评估其反硝化率。

此外，在强还原条件下或高浓度的可发酵含碳化合物存在条件下，会通过异化硝酸盐还原作用将 NO_3^- 转变为 NH_4^+（de Catanzaro 等，1987）。

（4）使用 10%顶空体积的乙炔气体也会抑制硝化作用。因此，NO_3^-底物产生会受到影响，进而更易限制培养时间。

（5）在 6 h 培养期间，NO_3^-或者碳源可能成为反硝化微生物的限制因素。通过在培养结束后提取和测定土壤可利用 NO_3^-的量，可以确认是否存在硝酸盐限制。此外，如果在 6 h 内数据的检测结果显示为曲线模式，那么需要缩短培养时间或者使用曲线方程对数据进行拟合（Pell 等，1996）。

（6）建议使用惰性气体氦和氩替换土壤中气体，它们不会抑制反硝化过程。

37.6 反硝化潜力（Smith 和 Tiedje，1979；Martin 等，1998；Luo 等，1996；Pell 等，1996）

当碳源或者 NO_3^-不是限制因素，并且土壤厌氧时（O_2不会抑制反应过程），反硝化潜力或者潜在反硝化作用活性可以得出 NO_3^-的估计值。该测量旨在提供土著反硝化微生物群数量和相关酶活性的估计值。然而，当 NO_3^-（末端电子受体）和一种可利用的碳源（能量）添加到土壤中时，微生物种群可以被诱导产生额外的酶，这会对这个实验产生人为影响。因此，使用该方法应该确保额外的酶产生是可以忽略的。通过相关技术往土壤中添加氯霉素，可抑制新酶的合成。然而，有文献中研究表明氯霉素也可能抑制现有的酶，从而导致对反硝化潜力的低估（Pell 等，1996）。因此，我们不建议在该测定中使用氯霉素。相反，由于新的酶生成需要一定的时间，可以通过缩短培养时间（最多 5 天）避免这个问题。这样可以实现测定理想条件下的潜在反硝化作用。

37.6.1 分析仪器和材料

（1）配有电子捕获检测器的气相色谱仪。有连接自动取样器的气相色谱仪会更好。

（2）当使用自动取样器时，使用样品瓶（5.9 mL）来存储气体样品。

（3）用来排空样品存储器（进样瓶）的集流管（见如上部分和图 37.1）。

（4）乙炔先经浓硫酸溶液纯化，然后流经蒸馏水洗涤将除去有机杂质，这些有机杂质可作为用于反硝化微生物的碳基质（Hyman 和 Arp，1987）。当硫酸溶液颜色变化时，应该进行更换。另外，由碳化钙反应生成的乙炔不会产生丙酮，而不需要进行进一步净化（Hyman 和 Arp，1987）。

（5）将惰性气体（氦或氩）连接到集流管（见图 37.1）。

（6）带有橡胶隔膜的锥形瓶（250 mL）（Suba Seal，William Freeman，Limited，Barnsley，UK）。硅胶应该用于隔膜外以减少采集气体样品时的泄漏。

37.6.2 步骤

（1）用 4 mm 筛筛分湿润的田间土壤以除去其中的石块和未分解植物残体。

（2）称取 25 g 潮湿田间土壤（保证得到烘干土壤的重量大概为 20g）到 250 mL 锥形瓶中。加入 25 mL 的溶液，使得每克土壤中含有 300 μg 葡萄糖碳源和 50 μg NO_3^-氮源。当土壤中 NO_3^-浓度≥100 μg 时，会抑制反硝化作用活性（Luo 等，1996）。

（3）如之前所述，用一种惰性气体（氦或氩）冲洗每个瓶子的顶部空间。使用注射器抽取相当于锥形瓶顶部空间体积的 10%的气体样品（参见 37.5.2 节中等式和算例），然后使用另一针筒用无丙酮—乙炔替换取样体积。

（4）将土壤泥浆放置在旋转振荡器以 225 rad/min 转速振荡（Pell 等，1996 年）。调整培养温度为

20℃。1 h、2 h、3 h 和 5 h 后从瓶中抽取气体样品（9 mL），并存储在进样瓶（5.9 mL）中。

（5）用配有电子捕获检测器的气相色谱仪分析气体样品及标准样品。气体样品的测试步骤和气相色谱的设置同 37.5.2 节所描述。

（6）在每个时间间隔计算 N_2O 的量（参见 37.5.2 节的计算方法）。该方法和 37.5 节中方法不同的因素是瓶中溶液的总体积（土壤中水的量及添加的 25 mL 溶液）。这些额外添加水的体积影响顶空体积的计算[见式（37.3）]，以及通过邦森吸收系数[见式（37.4）]计算的溶解在土壤溶液中的 N_2O 数量。

37.6.3 注释

（1）潜在反硝化作用试验是个连续反应过程，涉及现有的和新合成的酶，没有离散线性生长期和非线性生长阶段（Pell 等，1996）。研究者发现，产物形成方程和他们试验的数据能很好地拟合，并使他们能够确定现有酶的活动及生物生长速率。

（2）土壤采样后应该在 5 天内分析完，如果土壤存储更长的时间，潜在的反硝化作用的活动会减弱。

（3）文献中关于是否需要振荡培养瓶有一些分歧。振荡培养瓶能确保在测定潜在反硝化速率时基质的扩散不是一个限制因素。

37.7　原状土柱培养法测定反硝化作用

反硝化微生物的 NO_3^- 或者碳源的可用性和位点氧气的扩散程度会影响土壤反硝化损失的程度。土壤的结构，包括聚合、压实的程度，以及影响气体和水分运动的物理过程和厌氧微孔的存在都会通过反硝化作用影响 NO_3^- 的流失。由于这些原因，应该使用完整的土柱来评估土壤结构对反硝化过程的影响。然而在反硝化试验过程中会受到样本收集和使用的一些限制。首先，采集土柱时土壤不压实很关键。即使压实最小化，也有可能在接近土壤样品表面，特别是土壤接触土钻壁的地方存在一些干扰。其次，当土柱在封闭系统培养时，乙炔到土柱的气体扩散或土柱中反硝化气体散发可能会受到限制。设计该试验用来评价土壤环境条件对反硝化中损失 NO_3^- 所造成的影响。土壤质地、结构和它们支持反硝化细菌群产生反硝化菌酶的能力，都会影响该测定的反硝化损失程度。

37.7.1　分析仪器和材料

（1）配有电子捕获检测器的气相色谱仪。有连接自动取样器的气相色谱仪会更好。

（2）当使用自动取样器时，使用样品瓶（5.9 mL）来存储气体样品。

（3）用来排空样品存储器（进样瓶）的集流管（见如上部分和图 37.1）。

（4）乙炔先流经浓硫酸溶液，然后流经蒸馏水洗涤将除去有机杂质，如丙酮，这些有机杂质可作为反硝化微生物的碳基质（Hyman 和 Arp，1987）。当硫酸溶液颜色变化时，应该进行更换。另外，由碳化钙反应生成的乙炔不会产生丙酮，而不需要进行进一步净化（Hyman 和 Arp，1987）。

（5）带有外部斜面刀口的铝合金圆筒（直径 5 cm，长 5 cm）。

（6）盖子上装有苏泊密封圈血清瓶塞的密封罐（如 500 mL 广口玻璃罐）。血清瓶塞应包裹硅胶，以减少气体从罐子漏进或流出。

37.7.2　步骤

（1）在田间采集土柱时使用液压探头或手动使用木槌和木板仔细而均匀地将土钻轻轻敲入土中（斜

面及尖端向下)。必须非常谨慎操作,以确保在取样时土壤没有明显压紧。同时,也应该随机采集一个样品来确定重量土壤水分含量。如果土壤表面是粗糙的,土柱可以插入在仅低于土壤表面(约 1 cm)处。如果土柱是手工采取的,则可以通过在插入土壤中的土柱顶部放置第二个土柱管,并轻轻拍打第二个土柱管的顶部来实现采样。这将对汽缸壁施压和最小化施加在土壤表面上的压力。

(2) 在土钻两端各放置一个盖子,以防止土钻中土壤掉出,然后将土钻装在塑料袋中以减少其中水分的损失,将土钻带回实验室。土柱带回实验室后应尽快开始培养,如果没有尽快开始,可以将土柱存储在 4℃冰箱中,以减少微生物活动。称量装有土壤的圆筒质量,并将其放置在玻璃瓶中。关闭罐子的盖子。除去顶空气体的 10%,并添加无丙酮乙炔,使得罐中乙炔的浓度为 10% [见用于计算顶空体积的 37.5.2 节式(37.1)和式(37.2),以确定顶空气体去除的体积和添加到培养罐的乙炔体积]。

(3) 20℃下培养土壤 6 h。在 6 h 培养期间(如在 1 h、2 h、4 h 和 6 h),使用气密注射器抽取(每个 9 mL)至少 4 个顶空气体样品。这使得乙炔有足够的时间扩散到土柱中,同时保证了 NO_3^- 不是限制因素。使用 37.5.2 节中描述的公式计算 N_2O-N_t 浓度。通过使用 N_2O 浓度对采样时间线性回归方程来确定 N_2O 的产生速率。

37.7.3 注释

(1) 需要确定培养罐顶空体积,进而知道移除空气的量,以及为获得占罐子体积的 10%添加到罐中酸洗后的乙炔数量。另外,计算土壤中 N_2O 通量时,需要顶空体积(V_h)。式(37.3)可用来计算顶空体积。必须考虑的另一个因素是铝合金汽缸的体积。使用土柱技术,V_{total} 可以通过称量放有空铝合金圆筒的梅森罐质量(在采集土柱之前),然后往罐中充满水,盖上盖子,并用密封圈密封,再次称量培养罐质量。两次测量的质量差就是水的质量,基于水的质量和水的密度,可以计算出总体积(V_{total}=水的质量/水的密度)。

(2) 通过从汽缸中移动完整的土柱或者使用穿孔的汽缸,可以改善乙炔扩散到整个土柱。如果汽缸被移除或穿孔(如通过钻孔),那么顶部空间的 C_2H_2 和氧气都将增加进入土柱的内部。在这种情况下,可以优选在加入 C_2H_2 之前,用惰性气体如氦,冲洗烧瓶来避免氧气抑制反硝化作用。当乙炔加入罐中,用大的注射器抽取含有乙炔的顶空气体也可以增加乙炔进入土壤孔隙的量或加快乙炔进入土柱。

(3) 田间土壤反硝化速率的高时空变异,需要慎重考虑取样策略。研究者就样本量对反硝化作用的影响进行了讨论(Parkin 等,1987)。应当注意的是,反硝化速率经常显示出对数正态分布,必须将统计方法做相应的调整。

(4) 原状土的反硝化速率率通过使用一种气流方法进行测定(Parkin 等,1984)。在该方法中,乙炔加入循环气流中,以 300 mL/min 的流速流过土柱。该方法的主要优点是,测量快速和分析变异较小(Parkin 等,1984)。该方法可能的缺点是,通气状态下的微型孔隙位点可能和静态条件培养的土柱的微型位点不同(Parkin 等,1984)。

37.8 ^{15}N 示踪技术(Hauck 等,1958;Mulvaney 和 Vanden Heuvel,1988;Arah,1992)

通过测定已标记 $^{15}NO_3^-$ 土壤中产生 N_2 同位素组成,测定反硝化作用的理论,在大约 50 年前就已经开发出来(Hauck 等,1958),但其运用不到 25 年,主要是因为其对同位素比质谱的进展的需求。该方法最初被称为"同位素分布"（Hauck 等，1958；Hauck 和 Bouldin，1961），因为它是基于区别 ^{15}N 标记 NO_3^- 的还原过程中和大气中的背景值的 N_2 分子种类形成的二项式分布。这种方法也被称为"豪克技术"（Mosier 和 Schimel，1993；Mosier 和 Klemedtsson，1994）和"非平衡技术"（Bergsma 等，2001）。

这些年来，Hauck 等发明的方程（1958）已经被现代设备修改精炼（Siegel 等，1982；Mulvaney，1984；Arah，1992；Bergsma 等，1999）。另一种计算方法，称为"同位素配对"，由 Nielsen（1992）开发用于测量沉积物反硝化作用（Steingruber 等，2001）。所有的计算方法得到相同的结果（Hart 和 Myrold，1996）。亚拉所提出的术语和公式似乎运用最为广泛，在此我们选用他的步骤进行描述。

应当指出的是，同位素分布方法的变型已被用于测量 N_2O 通量（Mulvaney 和 Kurtz，1982；Mulvaney 和 Boast，1986；Stevens 等，1993）及划分硝化和反硝化的 N_2O 通量的贡献（Arah，1997；Stevens 等，1997；Bergsma 等，2001）。在用同位素比质谱仪测试之前，一些团队也使用各种离线和在线方法平衡 N_2 分子种类（Craswell 等，1985；Kjeldby 等，1987；Well 等，1993），可能可以增加一些仪器的灵敏度（Well 等，1993）。

一种使用同位素分布方法测量田间反硝化作用的过程如下。它可以很容易改进，适用于如 37.8.3 节描述的在气密容器培养土壤的实验室测量。

37.8.1 分析仪器和材料

（1）气体收集器。各种尺寸和材料都会用到，但直径 15～30 cm 由聚氯乙烯管构成，安装有一橡胶隔膜配有聚氯乙烯盖密封的腔室是比较常见的。该腔室的总体积通常保持较小以最大化灵敏度。

（2）用于抽取气体样品的注射器和针头。

（3）真空瓶如样品瓶（5.9 mL 或 12 mL）用来存储气体样品。通常这些瓶子和同位素比质量光谱仪的自动进样器系统匹配来用于分析。

（4）^{15}N 标记的 NO_3^- 盐溶液，通常是 99%（原子）^{15}N 在土壤 NO_3^- 库可以富集 50%（原子）^{15}N。

（5）同位素比率质谱仪（有权使用能测定气体样品的服务型实验室）。

37.8.2 步骤

（1）与使用的气体收集腔室尺寸一致的土壤微区的建立。气体收集腔室可被压入土壤表面几厘米的深度，或者植入深度更深、作为可利用的永久基地。要进行测量时，把气体收集器连接到该基地上。

（2）该微区中有 50%（原子）或者更大比例的 NO_3^- 用 ^{15}N 进行标记。由于高富集，只需要加入少量标记的 NO_3^-，大概加入两倍或三倍背景 NO_3^- 库的大小的量即可。但是，尽可能均匀地添加此标记物显得尤为重要。因此，NO_3^- 通常溶解在水中，并按照网格模式注入。

（3）放置气体收集腔室在同位素标记的土壤上，在培养期间，每隔几个小时定期进行气体样品采集。用气体收集器采集非标记地点气体样品，作为大气环境中背景标记 N_2。将气体样本存储在真空管如测试瓶中，能够便于后续的质谱分析。培养时间的增长可提高灵敏度，然而，需要注意的是，额外安放的气体收集腔室不该降低通气性、升高温度或影响植物过程来扰乱体系。

（4）运用同位素比率质谱仪测定 $^{29}N_2/^{28}N_2$ 和 $^{30}N_2/^{28}N_2$。这些数据将运用在相当复杂的计算中（见表 37.1），可得出 NO_3^- 库中参与了反硝化作用的 ^{15}N 原子分数（a_p）和反硝化作用顶空气体的气体分数（d）。用气体收集器中总 N_2 中参与了反硝化的分数，除以土壤面积和时间，可以计算出反硝化通量。该通量包括了生产（反硝化速率）和传输，因此需要进一步地计算才能得到反硝化率（Hutchinson 和 Mosier，1981）。注意，只需要 d，而不是 a_p，就能计算反硝化率。

表 37.1 使用同位素分布原则计算反硝化作用的示例 [a]

时间/h	离子流		分子分数		^{15}N 原子分数 ^{15}a
	r''	r'''	^{29}x	^{30}x	
0	0.007353	0.00001352	0.007299	$0.00001342(x_a)$	$0.003663(a_a)$
24	0.007420	0.00002927	0.007365	$0.00002905(x_m)$	$0.003663(a_m)$

来源：Arah, J.R.M., Soil Sci. Soc. Am. J., 1992, 56, 795-800.

[a] 定义：

$r'' = ^{29}N_2 + /^{28}N_2 +$

$r''' = ^{30}N_2 + /^{28}N_2 +$

$^{29}x = r''/(1 + r'' + r''')$

$^{30}x = r'''/(1 + r'' + r''')$

$^{15}a = [^{29}x + (2)(^{30}x)]/2$

d—反硝化作用产生 N_2 部分

a_p— NO_3^- 库原子部分

计算：

$d = (a_m - a_a)^2/(x_m + a_a^2 - 2a_m a_a) = 0.0001545$

$a_p = a_a + (x_m + a_a^2 - 2a_m a_a)/(a_m - a_a) = 0.3182$

37.8.3 注释

（1）^{15}N 气体排放方法存在和乙炔抑制法相似的气体扩散问题。因此，这两种方法对比起来有很多一致的地方（Myrold，1990；Malone 等，1998）。理论上，如果 NO_3^- 库未能进行均匀的标记，测得的反硝化作用结果可能偏低或偏高；然而，试验证明这并不是个大问题。

（2）当土壤在达到或接近饱和度时，测得的反硝化作用结果可能会因裹入气泡而产生偏差，会导致反硝化速率和通量的低估（Lindau 等，1988；Well 和 Myrold，1999）。

（3）理论和试验研究表明 ^{15}N 的非均匀分布，会导致土壤 NO_3^- 库 ^{15}N 富集的高估和真实的反硝化速率值的低估（Mulvaney 和 Vanden Heuvel，1988；Vanden Heuvel 等，1988；Arah，1992；Bersgma 等，1999）。

（4）通过同位素分布测定反硝化作用的检出限和质谱仪的灵敏度、培养体积及培养时间都有关；但在一般情况下，最低检出限可以达到每天每公顷 2.5~16 g N（Siegel 等，1982；Mosier 和 Klemedtsson，1994；Russow 等，1996；Well 等，1998；Stevens 和 Laughlin，2001）。虽然延长培养时间可提高灵敏度，但这一定要平衡气体收集室太长带来相关的潜在干扰，如通气性降低、温度上升，或改变植物过程。

（5）本技术适用于 37.5 节提出的已过筛土壤和 37.7 节完好无损土柱的实验室测试。主要的区别是土壤用 ^{15}N 标记的 NO_3^- 盐溶液进行标记和不添加乙炔。如上所述采集气体样品，反硝化作用产生的气体的分数用表 37.1 中公式进行计算。用气体收集器中总 N_2 中参与了反硝化的分数，除以土壤干重和时间，可以计算出反硝化通量。

37.9 连续气流法（Mckenney 等，1996）

连续气流法是在气流系统中，使用恒流的湿惰性气体（N_2 或 He）将厌氧土柱中 NO 和 N_2O 排出。这种技术的主要优点是，它可以同时测量土壤中 NO 和 N_2O 的通量。另外，在此测定法中不需要用到 C_2H_2，高流速的气体将 N_2O 转化为 N_2 的可能性降至最低。这种技术的缺点在于，在一次试验中仅有限数量的土壤可被评估。

37.9.1 分析仪器和材料

(1) 分析仪器:化学发光 NO 分析仪,配有电子捕获检测器的气相色谱仪。

(2) 可控温水浴锅。

(3) 针型阀连接到湿润蒸馏水柱(见图 37.2)和装有样品的圆柱(如土壤和研究中增加的任何改良剂)的真空集流管。

(4) 用于测定每个样本柱中气体流速的质量流量控制器。

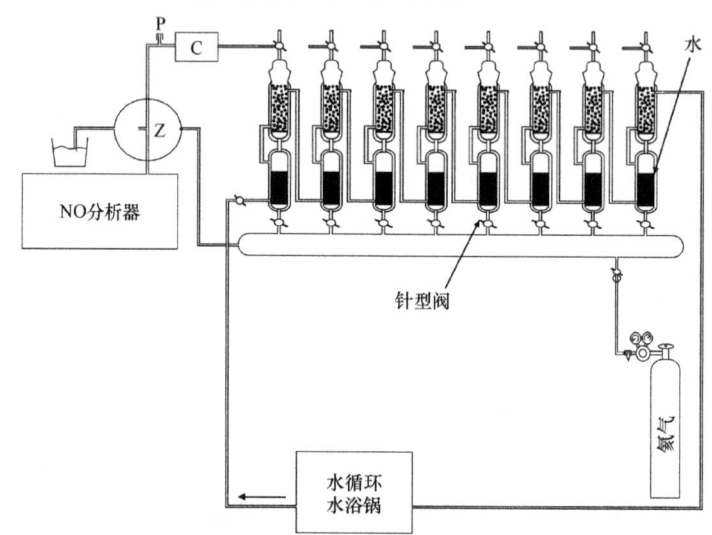

图 37.2 测量土壤中 NO 和 N_2O 的通量原理示意图(改自 McKenney 等,1996)。每个土壤柱(有点状标志的地方)都前置水柱来控制湿度。加湿器和土柱的外腔室充满水,并连接到一个可控制温度的水循环水浴锅中。气体先从惰性气体罐中流出,经过针型阀到水柱,然后流经土柱。在土柱后面,该气体的一个子样本流过一个流量控制器到一个零体积烧瓶(Z),并用于分析 NO。在流量控制器和零体积烧瓶之间插入一个端口(P),用于人工采集气体样品来分析 N_2O。

37.9.2 步骤

(1) 每个样品柱都用单独的针型阀和惰性气体罐连接(见图 37.2)。

(2) 用质量流量控制器调整惰性气体流量为 370 mL/min。惰性气体最初流经一个双蒸水的加湿柱(直径 2.5 cm、长 25 cm 的耐热玻璃管),然后流到装有 100 g(干重基)土壤样品的另一个耐热玻璃管(直径 2.5 cm,长 35 cm),其中已加入所需量的水。在一些研究中,土壤保持在田间持水量(−33 kPa)。加湿柱和土柱的外面都装有夹层,其中用恒温水浴锅控制恒温的水循环。这确保了土壤和鼓出的气体在培养期间也保持在恒定的温度。

(3) 运用 $NO/NO_2/NO_x$ 分析仪,基于 NO 和 O_3 化学发光反应,对土壤中放出气体的 NO 进行测试。将土柱的气流流经一个"零气体"(N_2)恒压烧瓶后直接流入仪器进行测试。

(4) 用预先抽空(<0.05 torr)的 5.9 mL 测试瓶,在 48 h 内不同时间(如 0.25 h、1 h、2 h、4 h、8 h、24 h、32 h 和 48 h)收集 N_2O 气体样品。运用和样品一样的方法,用测试瓶采集校准基准气瓶中的标准样品,并将样品和标准样品(2.5 mL)注射到装有自动取样系统的气相色谱仪中。

(5) 用配有自动进样器的气相色谱仪对样品和标准样品进行分析(见 37.5.2 节关于气相色谱仪的操作参数)。

(6) NO 和 N_2O 净生产率计算公式如下:

$$q_{\mathrm{NO}} = \frac{[\mathrm{NO}] \times Q}{M_\mathrm{s}} \tag{37.8}$$

$$q_{\mathrm{N_2O}} = \frac{[\mathrm{N_2O}] \times Q}{M_\mathrm{s}} \tag{37.9}$$

式中，q_{NO} 和 $q_{\mathrm{N_2O}}$ 是 NO 和 $\mathrm{N_2O}$ 的通量；[NO] 和 [$\mathrm{N_2O}$] 是排出的气体中 NO 和 $\mathrm{N_2O}$ 的浓度；Q 是流经柱的总排出的气体的流量的检测值；M_s 是干土质量。产生的 NO 和 $\mathrm{N_2O}$ 的总数量（每单位质量干土培养产生的 NO 和 $\mathrm{N_2O}$ 总质量）可以通过积分单独通量曲线下的面积得到。

37.9.3 注释

（1）为防止腐蚀，NO 标准样品必须存储在配有不锈钢稳压器的气瓶中。

（2）注意 Paul 等（1994）研究的 NO 产生是在静态实验室条件下。但是 NO 极易发生反应，测试结果可能有待商榷。

（3）培养温度的调整还可以通过将土壤在可控温室内培养实现。

参 考 文 献

Arah, J.R.M. 1992. New formulae for mass spectrometric analysis of nitrous oxide and dinitrogen emissions. *Soil Sci. Soc. Am. J.* 56: 795-800.

Arah, J.R.M. 1997. Apportioning nitrous oxide fluxes between nitrification and denitrification using gas-phase mass spectrometry. *Soil Biol. Biochem.* 29: 1295-1299.

Beauchamp, E.G. and Bergstrom, D.W. 1993. Denitrification. In: M.R. Carter, ed. *Soil Sampling and Methods of Analysis.* Lewis Publishers, Boca Raton, FL, 351-357.

Bergsma, T.T., Bergsma, Q.C., Ostrom, N.E., and Robertson, G.P. 1999. A heuristic model for calculation of dinitrogen and nitrous oxide flux from nitrogen-15-labeled soil. *Soil Sci. Soc. Am. J.* 63: 1709-1716.

Bergsma, T.T., Ostrom, N.E., Emmons M., and Robertson, G.P. 2001. Measuring simultaneous fluxes from soil of $\mathrm{N_2O}$ and $\mathrm{N_2}$ in the field using the ^{15}N-gas "nonequilibrium" technique. *Environ. Sci. Technol.* 35: 4307-4312.

Bollmann, A. and Conrad, R. 1997. Acetylene blockage technique leads to underestimation of denitrification rates in oxic soils due to scavenging of intermediate nitric oxide. *Soil Biol. Biochem.* 29: 1067-1077.

Burton, D.L. and Beauchamp, E.G. 1994. Profile nitrous oxide and carbon dioxide concentrations in a soil subject to freezing. *Soil Sci. Soc. Am. J.* 58: 115-122.

Burton, D.L., Bergstrom, D.W., Covert, J.A., Wagner-Riddle, C., and Beauchamp, E.G. 1997. Three methods to estimate $\mathrm{N_2O}$ fluxes as impacted by agricultural management. *Can. J. Soil Sci.* 77: 125-134.

Conrad, R. 1995. Soil microbial processes involved in production and consumption of atmospheric trace gases. *Adv. Microb. Ecol.* 14: 207-250.

Craswell, E.T., Byrnes, B.H., Holt, L.S., Austin, E.R., Fillery, I.R.P., and Strong, W.M. 1985. Nitrogen-15 determination of nonrandomly distributed dinitrogen in air. *Soil Sci. Soc. Am. J.* 49: 664-668.

deCatanzaro, J.B., Beauchamp, E.G., and Drury, C.F. 1987. Denitrification *vs.* dissimilatory nitrate reduction in soil with alfalfa, straw, glucose and sulfide treatments. *Soil Biol. Biochem.* 19: 583-587.

Drury, C.F., McKenney, D.J., and Findlay, W.I. 1991. Relationships between denitrification, microbial biomass and indigenous soil properties. *Soil Biol. Biochem.* 23: 751-755.

Drury, C.F., Yang, X.M., Reynolds, W.D., and Tan, C.S. 2004. Influence of crop rotation and aggregate size on carbon dioxide and nitrous oxide emissions. *Soil Till. Res.* 79: 87-100.

Firestone, M.K. and Davidson, E.A. 1989. Microbial basis of NO and N_2O production and consumption in soil. In: M.O. Andrea and D.S. Schimel, eds. *Exchanger of Trace Gases between Terrestrial Ecosystems and the Atmosphere.* John Wiley & Sons, New York, NY, 7-21.

Hart, S.C. andMyrold, D.D. 1996. ^{15}N tracer studies of soil nitrogen transformations. In: T.W. Boutton and S.I. Yamasaki, eds. *Mass Spectrometry of Soils.* Marcel Dekker, Inc., New York, NY, 225-245.

Hauck, R.D. and Bouldin, D.R. 1961. Distribution of isotopic nitrogen in nitrogen gas during denitrification. *Nature* (London) 191: 871-872.

Hauck, R.D., Melsted, S.W., and Yankwich, P.E. 1958. Use of N-isotope distribution in nitrogen gas in the study of denitrification. *Soil Sci.* 86: 287-291.

Hutchinson, G.L. and Mosier, A.R. 1981. Improved soil cover method for field measurement of nitrous oxide flux. *Soil Sci. Soc. Am. J.* 45: 311-316.

Hyman, M.R. and Arp, D.J. 1987. Quantification and removal of some contaminating gases from acetylene used to study gas-utilizing enzymes and microorganisms. *Appl. Environ. Microbiol.* 53: 298-303.

Kjeldby M., Erikson A.B., and Holtan-Hartwig, L. 1987. Direct measurement of dinitrogen evolution from soil using nitrogen-15 emission spectrometry. *Soil Sci. Soc. Am. J.* 51: 1180-1183.

Lindau, C.W., Patrick, W.H., de Laune, R.D., Reddy, K.R., and Bollich, P.K. 1988. Entrapment of $^{15}N_2$ during soil denitrification. *Soil Sci. Soc. Am. J.* 52: 538-540.

Luo, J., White, R.E., Ball, P.R., and Tillman, R.W. 1996. Measuring denitrification activity in soils under pasture: optimizing conditions for the short-term denitrification enzyme assay and effects of soil storage on denitrification activity. *Soil Biol. Biochem.* 28: 409-417.

Malone, J.P., Stevens, R.J., and Laughlin, R.J. 1998. Combining the ^{15}N and acetylene inhibition techniques to examine the effect of acetylene on denitrification. *Soil Biol. Biochem.* 30: 31-37.

Martin, K., Parsons, L.L., Murray, R.E., and Smith, M.S. 1988. Dynamics of soil denitrifier populations: relationships between enzyme activity, most probable numbers counts, and actual N gas loss. *Appl. Environ. Microbiol.* 54: 2711-2716.

McKenney, D.J. and Drury, C.F. 1997. Nitric oxide production in agricultural soils. *Glob.Change Biol.* 3: 317-326.

McKenney, D.J., Drury, C.F., and Wang, S.W. 1996. Effect of acetylene on nitric oxide production in soil under denitrifying conditions. *Soil Sci. Soc. Am. J.* 60: 811-820.

McKenney, D.J., Drury, C.F., and Wang, S.W. 1997. Reaction of NO with C_2H_2 and O_2: implications for denitrification assays. *Soil Sci. Soc. Am. J.* 61: 1370-1375.

Mosier, A.R. and Klemedtsson, L. 1994. Measuring denitrification in the field. In: R.W. Weaver, J.S. Angle, and P.J. Bottomley, eds. *Methods of Soil Analysis, Part 2—Microbiological and Biochemical Properties.* Soil Science Society of America, Madison, WI, 1047-1066.

Mosier, A.R. and Schimel, D.S. 1993. Nitrification and denitrification. In: R. Knowles and T.H. Blackburn, eds. *Nitrogen Isotope Techniques.* Academic Press, San Diego, CA, 181-208.

Mulvaney, R.L. 1984. Determination of ^{15}N labeled dinitrogen and nitrous oxide with triple collector mass spectrometers. *Soil Sci. Soc. Am. J.* 48: 690-692.

Mulvaney, R.L. and Boast, C.W. 1986. Equations for determination of nitrogen-15 labeled dinitrogen and nitrous oxide by mass spectrometry. *Soil Sci. Soc. Am. J.* 50: 360-363.

Mulvaney, R.L. and Kurtz, L.T. 1982. A new method for determination of ^{15}N-labeled nitrous oxide. *Soil Sci. Soc. Am. J.* 46:

1178-1184.

Mulvaney, R.L. and Vanden Heuvel, R.M. 1988. Evaluation of nitrogen-15 tracer techniques for direct measurement of denitrification in soil: IV. Field studies. *Soil Sci. Soc. Am. J.* 52: 1332-1337.

Myrold, D.D. 1990. Measuring denitrification in soils using ^{15}N techniques. In: N.P. Revsbech and J. Sørensen, eds. *Denitrification in Soils and Sediments*. Plenum Press, New York, NY, 181-198.

Nelson, D.W. 1982. Gaseous losses of nitrogen other than through denitrification. In: F.J. Stevenson, ed. *Nitrogen in Agricultural Soils*. American Society of Agronomy, Madison, WI, 327-363.

Nielsen, L.P. 1992. Denitrification in sediment determined from nitrogen isotope pairing. *FEMS Microbiol. Ecol.* 86: 357-362.

Parkin, T.B., Kaspar, H.F., and Sexstone, A.J. 1984. A gas-flow soil core method to measure field denitrification rates. *Soil Biol. Biochem.* 16: 323-330.

Parkin, T.B., Starr, J.L., and Meisinger, J.J. 1987. Influence of sample size measurements on soil denitrification. *Soil Sci. Soc. Am. J.* 51: 1492-1501.

Paul, J.W., Beauchamp, E.G., and Zhang, X. 1994. Nitrous and nitric oxide emissions during nitrification and denitrification from manureamended soil in the laboratory. *Can. J. Soil Sci.* 73: 529-553.

Pell, M., Stenberg, B., Stennström, J., and Torstensson, L. 1996. Potential denitrification activity assay in soil-with or without chloramphenicol. *Soil Biol. Biochem.* 28: 393-398.

Rochette, P. and Bertrand, N. 2003. Soil air sample storage and handling using polypropylene syringes and glass vials. *Can. J. Soil Sci.* 83: 631-637.

Russow, R., Stevens, R.J., and Laughlin, R.J. 1996. Accuracy and precision for measurement of the mass ratio 30/28 in dinitrogen from air samples and its application to the investigation of N losses from soil by denitrification. *Isotopes Environ. Health Stud.* 32: 289-297.

Seech, A.G. and Beauchamp, E.G. 1988. Denitrification in soil aggregates of different sizes. *Soil Sci. Soc. Am. J.* 52: 1616-1621.

Siegel, R.S., Hauck, R.D., and Kurtz, L.T. 1982. Determination of $^{30}N_2$ and application to measurement of N_2 evolution during denitrification. *Soil Sci. Soc. Am. J.* 46: 68-74.

Smith, M.S. and Tiedje, J.M. 1979. Phases of denitrification following oxygen depletion in soil. *Soil Biol. Biochem.* 11: 261-267.

Steingruber, S.M., Friedrich, J., Gachter, R., and Wehrli, B. 2001. Measurement of denitrification in sediments with the ^{15}N isotope pairing technique. *Appl. Environ. Microbiol.* 67: 3771-3778.

Stevens, R.J. and Laughlin, R.J. 2001. Lowering the detection limit for dinitrogen using the enrichment of nitrous oxide. *Soil Biol. Biochem.* 33: 1287-1289.

Stevens, R.J., Laughlin, R.J., Atkins, G.J., and Prosser, S.J. 1993. Automated determination of nitrogen-15-labeled dinitrogen and nitrous oxide by mass spectrometry. *Soil Sci. Soc. Am. J.* 57: 981-988.

Stevens, R.J., Laughlin, R.J., Burns, L.C., and Arah, J.R.M. 1997. Measuring the contributions of nitrification and denitrification to the flux of nitrous oxide from soil. *Soil Biol. Biochem.* 29: 139-151.

Taylor, N.M., Wagner-Riddle, C., Thurtell, G.W., and Beauchamp, E.G. 1999. Nitric oxide fluxes from an agricultural soil using a flux-gradient method. *J. Geophys. Res.* 104: 12213-12220.

Tiedje, J.M. 1982. Denitrification. In: A.L. Page et al., eds. *Methods of Soil Analysis, Part 2*. American Society of Agronomy, Madison, WI, 1011-1026.

Tiedje, J.M. 1988. Ecology of denitrification and dissimilatory nitrate reduction to ammonium. In: A.J.B. Zehnder, ed. *Biology of Anaerobic Microorganisms*. John Wiley & Sons, New York, NY, 179-244.

Tiedje, J.M. 1994. Denitrifiers. In: R.W. Weaver, J.S. Angle, and P.S. Bottomley, eds. *Methods of Soil Analysis, Part*

2—Microbiological and Biochemical Properties. Soil Science Society of America, Madison, WI, 245-267.

Vanden Heuvel, R.M., Mulvaney, R.L., and Hoeft, R.G. 1988. Evaluation of nitrogen-15 tracer techniques for direct measurement of denitrification in soil: II. Simulation studies. *Soil Sci. Soc. Am. J.* 52: 1322-1326.

Wagner-Riddle, C., Thurtell, G.W., Kidd, G.E., Beauchamp, E.G., and Sweetman, R. 1997. Estimates of nitrous oxide emissions from agricultural fields over 28 months. *Can. J. Soil Sci.* 77: 135-144.

Wagner-Riddle, C., Thurtell, G.W., King, K.M., Kidd, G.E., and Beauchamp, E.G. 1996. Nitrous oxide and carbon dioxide fluxes from a bare soil using a micrometeorological approach. *J. Environ. Qual.* 25: 898-907.

Well, R., Becker, K.-W., Langel, R., Meyer, B., and Reineking, A. 1998. Continuous flowequilibration for mass spectrometric analysis of dinitrogen emissions. *Soil Sci. Soc. Am. J.* 62: 906-910.

Well, R., Becker, K.-W., and Meyer, B. 1993. Equilibrating of ^{15}N gases by electrodeless discharge: a method of indirect mass spectrometric analysis of $^{30}N_2$ for denitrification studies in soils. *Isotopenpraxis* 29: 175-180.

Well, R. and Myrold, D.D. 1999. Laboratory evaluation of a new method for in situ measurement of denitrification in water-saturated soils. *Soil Biol. Biochem.* 31: 1109-1119.

Yeomans, J.C. and Beauchamp, E.G. 1978. Limited inhibition of nitrous oxide reduction in soil in the presence of acetylene. *Soil Biol. Biochem.* 10: 517-519.

Yoshinari, T., Hynes, R., and Knowles, R. 1977. Acetylene inhibition of nitrous oxide reduction and measurement of denitrification and nitrogen fixation in soil. *Soil Biol. Biochem.* 9: 177-183.

（黄丹 译，徐建明 校）

第38章 土壤硝化测定技术

C.F. Drury

Agriculture and Agri-Food Canada

Harrow, Ontario, Canada

S.C. Hart

Northern Arizona University

Flagstaff, Arizona, United States

X.M. Yang

Agriculture and Agri-Food Canada

Harrow, Ontario, Canada

38.1 引 言

硝化作用是硝化细菌在好氧条件下将铵根（NH_4^+）转化为硝酸根（NO_3^-）和亚硝酸根（NO_2^-）的过程。一些能自养的细菌诸如亚硝化单胞菌、亚硝化螺菌、亚硝化球菌及亚硝化弧菌参与了硝化作用的第一步，将铵根氧化成亚硝酸根（Schmidt，1982；Paul和Clark，1996）。在土壤系统中，硝化菌及类亚硝化螺菌参与了过程的第二步，将亚硝酸根转化为硝酸根（Schmidt，1982；Bartosch等，2002）。氨氧化菌和亚硝酸氧化菌通常一起出现，所以亚硝酸根在土壤中极少有积累（Paul和Clark，1996）。

了解土壤硝化速率重要性的原因有许多。NH_4^+向NO_3^-的转化，增加了土壤氮（N）的移动性（由于土壤胶体表面主要带负电荷），潜在增加了N对植物的有效性，也可能增加淋洗造成的N流失。而且通过硝化作用将NH_4^+转化为NO_3^-，也潜在增加了反硝化过程中土壤N的气态流失（见第37章）。硝化过程对土壤起了酸化作用，会导致pH值的降低，可以使得其他植物营养有效性的变化（Paul和Clark，1996）。此外，当评估各种各样的硝化抑制剂或者肥料配方（例如高分子包被的氮肥，超级颗粒等）时，需要标准的测定硝化反应的方法。

大量文献研究了影响土壤硝化作用的关键因素（温度、湿度、pH值、NH_4^+和氧气）（Schmidt，1982；Paul和Clark，1996；Stark和Firestone，1996）。这一章节中，将阐述估算硝化速率的三种实验室方法和一种田间试验方法。此外，对每种方法的优缺点及实施过程中的关键因素也进行了讨论。这一章节还提供了土壤采集、预处理、存储及后续处理的指南。

三种实验室培养方法包括了净硝化速率（NH_4^+加入土壤后，NO_3^-库大小的净变化值，在恒定的温度湿度下培养），潜在硝化速率（NH_4^+和磷酸根添加后土壤中的硝化作用，土壤减弱了扩散的限制，同时将土壤悬浮液至于烧瓶中使用摇床振荡，来保证最佳通气条件），以及总硝化速率（使用$^{15}NO_3^-$库稀释来测定NO_3^-的真实产生速率）的测定。当预期存在很强的氮固定或反硝化作用，或者需要一个更"真实的"而不是"可能的"的测定时候，总硝化速率则是首选方法。只测定NO_3^-库大小变化的硝化过程试验（例如，净硝化作用试验），可能会低估真实的硝化速率，因为在培养过程中，生成的一部分NO_3^-可能会被土壤微生物固定或者在其他过程中消耗（如反硝化作用和NO_3^-异化还原为铵根；deCatanzaro

等，1987；Stark 和 Hart，1997；Silver 等，2001）。

田间原位技术主要包括以下几个步骤：田间土样的采集，对其中一个土样的破坏性采样以确定初始 NO_3^- 浓度，将其余的土样（或者聚乙烯袋中的土壤）放回田间，特定时间后测定 NO_3^- 的积累。这项技术使得硝化作用能够在田间条件下发生，这些条件包括了昼夜温度波动（见第 38.6 节对于各种控制土壤样品湿度方法的额外讨论）。铵根是自养（以及部分非自养）硝化反应的底物（Paul 和 Clark，1996），通常经由肥料的施用（尿素，NH_4^+，或无水氨）、粪肥添加、大气沉降或植物及土壤有机质的矿化这些途径进入土壤。当 NH_4^+ 存在后，可能的去向有：①被土壤微生物固定，特别是存在有效碳源时如新鲜的植物残体时；②被植物吸收；③在碱性土壤中挥发（Vega-Jarquin 等，2003）；④被黏土矿物固定（Drury 等，1989；Kowalenko 和 Yu，1996）；⑤硝化为 NO_2^-、NO_3^-（Drury 和 Beauchamp，1991）。因此，由于土壤中其他竞争性生物化学过程的存在，NH_4^+ 随时间的降低不能单纯地被认为是硝化作用的结果。培养土壤并测定 NO_2^-、NO_3^- 库的净增长，是土壤硝化速率更有效的指标。

土壤 N 硝化和矿化速率，可以被农业或林业工作者用于预测作物或树木可用的有效态 N 的数量。对于管理体系来说，这个信息可以用于调整 N 施用量和施用时间来吻合植物需求，同时将环境影响降到最低。虽然大多数植物可以无困难地吸收利用 NH_4^+、NO_3^-，NO_3^- 还是能够更容易地转移到根部。硝酸根容易淋失，特别是在湿润地区，并且在厌氧条件或者反硝化微生物有可利用的碳源时，NO_3^- 易在反硝化过程中损失（Parkin 和 Meisinger，1989；Bergstrom 等，1994；Drury 等，1996）。除了管理土壤中 N 输入，硝化作用还可以通过硝化抑制剂（例如，三氯甲基吡啶或双氰胺）或在生育期施用较少的尿素或 NH_4^+ 态氮肥，来进行管理。

38.2 土壤预处理、分析及存储

这些研究中的土壤样品在采集和存储的过程中，要尽可能保持其完整性，并且在采样后 4 天内进行处理。Ross 和 Hales（2003）最近发现，在一些"敏感"的森林土壤中，甚至是轻微的扰动，如地面上的脚步声，都可以引起可提取态 NO_3^- 的显著增长。土壤样品存储超过 4 天会导致 NO_3^- 含量提高（T.O. Oloya, C.F. Drury 和 K. Reid，未发表的数据）。并且，土壤样品的冻融或是干燥也会提高土壤 NH_4^+ 含量，从而影响硝化速率的测定。这些存储注意事项适用于土壤样品的预处理、试验中使用及培养后的分析。

滤纸中的 NO_3^- 和 NH_4^+ 的污染是土壤浸提液过滤中潜在误差来源之一（Sparrow 和 Masiak，1987）。不仅在不同滤纸的等级（定性 vs 定量）、种类（纤维素 vs 玻璃纤维）之间，甚至包装内外，NO_3^- 和 NH_4^+ 的污染都存在显著的差异（Sparrow 和 Masiak，1987）。为了减小这个误差，在土壤浸提液用于分析之前，建议使用 2 mol/L KCl 或去离子水及少量的土壤浸提液进行预洗（Kowalenko 和 Yu，1996）。

当浸提土壤用于测定 NO_3^- 和 NH_4^+ 时，称量湿润的样品置于烧瓶中，加入 2 mol/L KCl，放入摇床振荡 1 h，将悬浊液过滤或离心。使用自动分析仪对浸提液进行分析，NH_4^+ 利用 Berthelot 反应，NO_3^- 使用镉还原法（Tel 和 Heseltine，1990）。镉将 NO_3^- 还原为 NO_2^-，接着用比色分析法测定 NO_2^- 含量。因此，镉还原法测定了 NO_2^- 与 NO_3^- 的总和，然而，通常情况下土壤中 NO_2^- 的含量非常低。如果研究者想单独测定 NO_2^- 的浓度，那么可以将镉柱从集水器中取下，对浸提液进行再分析。带镉柱的分析结果（$NO_3^-+NO_2^-$）与不带镉柱的分析结果（NO_2^-）之差，就能确定浸提液中 NO_3^- 的浓度。

38.3 净硝化速率

在此方法中，净硝化速率是土壤在田间持水量条件下，20℃（或者田间相温度）培养 28 天后测定

的净 NO_3^- 增加量。该测定方法在施肥土壤（如农用土壤）和不施肥土壤（许多森林土或者未开垦的草原土）中不同。在农用土壤中种植非豆科植物时，通常会施用 N 肥（如玉米[Zea mays L.]和粮食作物）。在湿润地区，通过淋溶作用及反硝化作用的 NO_3^- 损失现象在冬季十分普遍（Drury 等，1993；Drury 等，1996），N 在春季施用或者在初夏进行侧施。为了对施用的 N 管理、建模，十分有必要考虑 NH_4^+ 硝化为 NO_3^- 的速率。而在森林土中 N 肥并不会被经常施用，自养硝化菌硝化速率取决于环境 NH_4^+ 浓度，非自养硝化菌的硝化速率则同时取决于有机 N 和 NH_4^+ 浓度。因此，在对施肥的农用土壤进行研究时，需添加外源 NH_4^+，而在评估不施肥的森林或农用土壤时，不添加外源 NH_4^+。

净硝化速率测定的结果通常比潜在硝化速率（第38.4节）的结果要低。在潜在硝化过程试验中，摇床的高速振荡保证了土壤良好的通气性，对土壤悬浊液进行混合将扩散限制最小化。然而，在净硝化测定试验中，细质土壤中存在的厌氧微点位，可能会像在田间条件下那样，降低硝化速率。在田间持水量（-33 kPa）条件下培养可能会克服一些扩散限制，但是不会达到振荡土壤悬浊液所达到的程度（潜在硝化速率）。此外，一部分微生物固定的 NO_3^- 也会由于扩散约束而随着净硝化反应试验而出现（Chen 和 Stark，2000）。净硝化试验提供了一种基于实验室（恒温恒湿的扰动土壤）的评估方法，在类似温度湿度的田间条件下可能会具有代表性。可以代替的选择就是原位采样法（见第38.6节）。但是，原位采样法需要更多的劳动力，因此在不影响结果的情况下尽可能减少分析的重复数。

自养和异养微生物都参与了硝化过程。研究报道，自养硝化过程会受到乙炔、氯酸盐和三氯甲基吡啶的抑制（Bundy 和 Bremner，1973；Hynes 和 Knowles，1980；Hart 等，1997）。但是，异养硝化反应不受这些化学物质的影响。因此，添加了（如乙炔等）抑制剂的硝化过程试验，可以用来评估异养硝化反应。添加与不添加乙炔的硝化试验结果之差，则可以用来评估自养硝化。

如果烧瓶配备了可以定时进行气体采样的橡胶膜（见第 37 章对 Exetainers [Labco Limited, Buckinghamshire, UK]气体采样步骤，后续分析采用气相色谱），那么这个实验室试验后续也包括了对呼吸产生的 CO_2 测定。这个数据可以用于评估微生物呼吸速率，而微生物呼吸速率则可用于估算潜在的 N 固定量。CO_2 释放量与净矿化率之比，可用于评估 NH_4^+ 对硝化微生物的有效性（Schimel，1986）。试验中不添加可溶性 C，因为土壤中 C 基质的增加通常会提高 NH_4^+ 与 NO_3^- 的固定，导致净硝化速率的降低（Kaye 等，2002）。

38.3.1 材料和试剂

（1）250 mL 锥形瓶或离心管。
（2）用于覆盖锥形瓶的保鲜膜。
（3）带漏斗及预冲洗过的 Whatman 40 号滤纸。
（4）20℃的培养容器（或与田间条件相当的温度。对于农用土壤，采用施肥后的土壤温度）。
（5）能容下 250 mL 锥形瓶或离心管的定轨摇床。
（6）可用比色反应测定 2 mol/L KCl 提取的浸提液中 NH_4^+ 和 NO_3^- 含量的自动分析仪。

38.3.2 步骤

（1）研磨土壤过 4 mm 筛，去除石块和大块的植物残体。
（2）混合研磨后的土壤，测定重力水含量，方法如下：称取田间湿度的土壤子样品，置称重后的铝盒中，铝盒在烘箱中 105℃烘干 48 h 后，称量土壤样品和容器。重力水含量根据以下公式计算：

$$\text{重力水含量}(\%) = 100 \times (M_{SWC} - M_{SC})/(M_{SC} - M_C) \tag{38.1}$$

式中，M_{SWC} 代表湿润土壤和铝盒的总质量；M_{SC} 代表干土和铝盒的总质量；M_C 则是空铝盒的质量。

（3）每个处理称 7 个子样品（20g 鲜土），加入 250mL 锥形瓶。

（4）向土壤样品中添加 100 mL 2 moL/KCl，从每个处理后的样品中抽取一个子样品测定初始 NH_4^+ 和 NO_3^- 浓度；在旋转摇床上振荡烧瓶 1 h，用预冲洗过的 Whatman 40 号滤纸过滤或用冷冻离心机离心悬浊液。用贝特罗法测定 NH_4^+ 含量，用镉还原法测定 NO_3^-（Tel 和 Heseltine，1990）。

（5）施肥土壤中，加入 $(NH_4)_2SO_4$ 溶液，提供剩下 6 个子样品 75 mg/kg N。调节溶液体积，使得最终土壤湿度达到田间持水量（-33 kPa）。未施肥土壤中（如许多森林土），不添加 NH_4^+，但是土壤含水率还是需要调节到田间持水量。

（6）6 个土壤子样品在 20℃（或基于田间条件的温度，特别是春天施用 N 后的温度）条件下培养，在前文所述的特定时间（1天，3天，7天，14天，21天和 28天）提取其中一个样品。

（7）使用 NO_3^- 浓度随时间增加得到的线性回归计算净硝化速率。

38.3.3 注释

（1）在未施肥土壤中，如许多森林土壤，没有使用 N 肥，净硝化速率的计算，是基于 28 天内被硝化的原土壤中的 NH_4^+，或被异养硝化菌硝化的有机 N 的量。N 含量极高的土壤（如赤杨木等固 N 树木下的土壤；Hart 等，1997），NH_4^+（或有机 N）背景值足够高，以至于试验过程中 NH_4^+ 有效性不会明显限制自养硝化过程。然而，在许多未施肥森林土中，事实上土壤中所有初始 NH_4^+ 在 28 天培养结束前已被硝化完全；在这些条件下，硝化速率很大程度上受到土壤 N 矿化速率的影响（例如，基质的提供）。这些情况下，最好能够添加 NH_4^+ 保证试验过程中 NH_4^+ 不会受限，或者仅使用培养过程中线性期的数据。

（2）高硝化速率的土壤，在培养结束后 NH_4^+ 含量会很低，因此推荐使用线性期的数据来计算净硝化速率，或者可以使用更高的 NH_4^+ 添加率来重复该试验。

（3）培养温度可以调整到和田间测量的温度一致。农业土壤中，这个值可能是施用肥料后 28 天培养期顶部 15 cm 土壤的平均温度。当土壤日间温差不大时，田间平均日间温度在实验室培养中使用（Sierra，2002）。但是，如果观测到比较大的昼夜波动，可能是土壤温度与硝化速率呈非线性关系。

（4）硝化抑制剂，例如，烧瓶顶端空间添加的 1%（体积比）的乙炔，会选择性抑制自养硝化。Pennington 和 Ellis（1993）比较了两种自养硝化抑制剂（乙炔（1%）vs.氯酸盐（745 mg/kg）），结果表明乙炔是更有效的抑制剂。如果可以将自养硝化和异养硝化区分开来，那么可以进行两种分别的培养。烧瓶必须配备用于添加乙炔的橡胶隔板。在每个烧瓶中，1%的顶端空间被移除，同时加入相同体积的 C_2H_2。计算移除顶端空间及添加乙炔体积的方法，参见第 37 章（式（37.1）和式（37.2））。在乙炔存在条件下的硝化作用代表了异养硝化，而自养硝化则是未添加乙炔的培养结果和添加乙炔的结果之差。

（5）分析方法需要根据特定土壤浸提液中的 NO_3^- 浓度进行调整，同时也需要考虑到浸提基质的不同对比色反应造成的影响。

38.4 潜在硝化速率

潜在硝化速率指的是在 NH_4^+ 足够充分、土壤通气性良好、NH_4^+ 扩散不受限制的理想条件下的硝化速率（Belser 和 Mays，1980）。本试验中，硝化速率主要受到硝化菌数量及培养温度（20℃）的影响。很多种实验室培养技术被用于确定潜在的硝化能力，如振荡土壤悬浊液烧杯的培养（Belser 和 Mays，1980），烧杯中进行的好氧培养（Robertson 和 Vitousek，1981），使用微型蒸发仪进行周期性淋洗的土培（Robertson，1982）及填充柱土培。在这些方法中，振荡土壤悬浊液测定潜在硝化能力的方法，是可重复性最好和最容易阐明的（Verchot 等，2001）。该方法中，土壤悬浊液振荡 24 h，子样品在培养期间不同时间间隔后提取，用于分析 NO_3^-。

38.4.1 材料和试剂

（1）250 mL 锥形瓶。
（2）可装下 250 mL 锥形瓶的定轨摇床。
（3）分析土壤浸提液中 NH_4^+ 和 NO_3^- 含量的自动分析系统。
（4）过滤架、漏斗及预冲洗过的 Whatman 40 号滤纸。或者使用冷冻离心机。
（5）10 mL 自动移液管，顶端切开以增大开口面积，防止移取土壤悬浊液时堵塞。
（6）存储过滤后浸提液的容器。
（7）储备液和工作溶液：
① KH_2PO_4 储备液，0.2 mol/L。27.22g KH_2PO_4 溶于 1 L 水。
② K_2HPO_4 储备液，0.2 mol/L。34.84g K_2HPO_4 溶于 1 L 水。
③ $(NH_4)_2SO_4$ 储备液，50 mmol/L。6.607 g $(NH_4)_2SO_4$ 溶于 1 L 水。
④ 在 1 L 容量瓶中分别加入 1.5 mL KH_2PO_4 储备液、3.5 mL K_2HPO_4 储备液和 15 mL $(NH_4)_2SO_4$ 储备液，定容至 1 L。混合储备液时，使用稀 H_2SO_4 或 NaOH 溶液调节 pH 值至 7.2。

38.4.2 步骤

（1）研磨土壤样品过 4 mm 筛，去除大块植物残体和石块，将研磨后的土壤样品混合。
（2）称取 15 g 田间湿润土样，置于 250 mL 锥形瓶中。用带孔保鲜膜覆盖锥形瓶，保证气体可以进出。
（3）根据前文所述方法，测定子样品重力水含量。
（4）添加 100 mL 含有 1.5 mmol/L NH_4^+ 和 1 mmol/L PO_4^{3-} 的工作溶液。
（5）定轨摇床中以 180 r/min 的速度振荡土壤悬浊液。高速振荡保证了良好的通气性。20℃培养。
（6）使用改良吸管端（也就是大口径）的自动移液管，在 2 h、6 h、20 h 和 24 h 移取 10 mL 样品。取样前振荡烧瓶保证取得的子样品的土水比和悬浊液相同。
（7）用预冲洗的 Whatman 40 号滤纸过滤悬浊液。或者，将悬浊液离心，上清液转移至其他容器以去除会对之后比色分析产生影响的颗粒。
（8）使用自动分析仪分析滤液，NH_4^+ 使用贝特罗反应，NO_3^- 使用镉还原法（Tel 和 Heseltine，1990）。
（9）对 NO_3^- 浓度随时间变化的数据进行线性回归分析，确定斜率。硝化速率（NR）可以用如下方程进行计算：

$$\text{硝化速率 (mg N/kg·day)} = \frac{\text{斜率 (mg N/L·h)} \times (100\text{mL} + V_w) \times 24\text{h/day} \times 1\text{ L}\ 1000\text{mL} \times 1000\text{g/kg}}{M_s} \quad (38.2)$$

式中，M_s 是土壤干重$(M_s=15\text{g})/(1+(gwc/100))$，$gwc$ 是重力水含量（见式（38.1））；V_w 是 15 g 湿润土壤的含水率（$V_w=M_w/D_w$），20℃水的密度（D_w）是 0.9982 g/mL，$M_w=M_s \cdot (gwc/100)$）。

38.4.3 注释

（1）要确保采集的子样品的土水比和原土壤悬浊液中相同。任何一点悬浊液的静置沉降，都会导致分析误差。
（2）振荡速度至少要 180 r/min，以确保良好的好氧状态。振荡速度在 180～200 r/min 时，试验结果没有显著性差异。振荡速度低于 155 r/min，会导致厌氧环境，使得 NO_3^- 通过反硝化作用损失（Stark，1996）。

(3) 最好分析筛过的土壤样品中 NH_4^+ 含量，确保土壤培养过程中 NH_4^+ 含量没有变得过低。土壤中存在高 NH_4^+ 固定能力或者微生物 N 固定能力的矿物时，如果观测到较低的 NH_4^+ 含量，则需要额外 NH_4^+ 的添加。

(4) C 有效性高的土壤，由于异养活动较强，可能会出现反硝化导致的 NO_3^- 流失。提高振荡速度可以减缓这种现象的发生。

(5) 如果土壤初始 NO_3^- 浓度很高或者硝化速率很低，添加氯酸钠（1.1 g/L 能够提高试验的灵敏度，因为硝化反应的最终产物会是 NO_2^- 而非 NO_3^-。

(6) 该方法可以通过减少物料的使用量（大约 10 倍）并且将有机物质剪到小于 4 mm 筛，来改良，以调整土壤有机层或有机质土壤。而且，移取的溶液必须过滤而不能离心。

(7) 土壤悬浊液在取样后必须立即过滤，以防止进一步的硝化作用。浸提液在 4℃ 下保存，尽快测定分析。如果需要间隔较长时间后测，建议将样品冷冻。确保在解冻后分析前，将样品剧烈振荡。

(8) 尽管除 2 h、6 h、20 h 和 24 h 外的时间间隔也可以使用，但最佳计算斜率的方法还是使用线两端的点（所谓的"杠杆点"）。

38.5 总硝化速率

土壤总硝化速率或实际硝化速率，是指土壤中 NO_3^- 的生产率。和上文描述的其他方法类似，都是在除去植物吸收和淋失的 NO_3^- 后进行测定。但和其他方法不同的是，该方法不不是简单计算一段时间内土壤 NO_3^- 库的变化，而是同时考虑到 NO_3^- 的产生（也就是硝化作用）和消耗（也就是微生物对 NO_3^- 的固定，反硝化作用，NO_3^- 异化还原）。同位素稀释法，可以将硝化速率的分析和其他消耗性途径分开。在土壤充分混合、通气性良好并且有着较高浓度的 NH_4^+ 的条件下（比如上文描述的土壤悬浊液振荡法），很少有 NO_3^- 的消耗，因此 NO_3^- 库一段时间内的变化接近于总硝化速率（Stark 和 Firestone，1995）。但是，在其他所有的硝化试验中，不能达到这样的环境条件，所以总硝化速率会远高于净硝化速率，甚至是在 NO_3^- 库很小的土壤中（Stark 和 Hart，1997）。

总硝化速率是通过向土壤中添加 $^{15}NO_3^-$，以 ^{15}N 的形式增加周围土壤 NO_3^- 库含量的方法来进行测定。NO_3^- 库"稀释"了同位素（也就是减小了 $^{15}NO_3^-$ 相对于 NO_3^- 的丰度）并且库大小随着时间变化，由于自养硝化菌或异养硝化菌会优先将 $^{14}NH_4^+$ 转化为 $^{14}NO_3^-$。虽然 NO_3^- 的消耗过程也会改变 NO_3^- 库的大小，但是并不会显著地改变同位素组成。因此，在培养期间消耗以恒定的转化速率进行着，而转化后的 N 元素又难以循环，加上对标记和未标记的 NO_3^- 库进行了统一混合，上述几个条件使得硝化速率和 NO_3^- 消耗速率可以被解析计算（Hart 等，1994b）。

下文所述的方法是针对于混合（扰动）矿质土，在实验室条件或田间都可以使用。在许多土壤中，土体扰动会影响总硝化速率（Booth 等，2006）。如果需要测定未扰动土中的总硝化速率，可以参见 Hart 等（，1994b）。

38.5.1 材料和试剂

(1) 一个 5 mL 注射器和细针头。

(2) ^{15}N 丰度为 99% 的 $K^{15}NO_3$（40 mgN/L）溶液。

(3) 可以装下 4 mL $K^{15}NO_3$ 溶液的小瓶。

(4) 2 mol/L KCl 溶液：在 10 L 去离子水中溶解 1.49 g 试剂级 KCl。

(5) 120 mL 带紧实盖子的聚乙烯样本容器。

(6) 定轨或往复式振荡器，用于振荡 KCl—土壤悬浊液。

（7）过滤架、漏斗及用 KCl 或去离子水预冲洗的 Whatman 40 号滤纸。

（8）设定至需要温度的培养器。

（9）可用于对 2 mol/L KCl 浸提液中铵根和硝酸根含量进行比色分析的自动分析仪。

（10）其他用于分析土壤 KCl 浸提液中 NO_3^- 和 NH_4^+ 含量所需试剂。

（11）其他用于制备测定 NO_3^- 中 ^{15}N 的土壤 KCl 浸提液所需试剂。

（12）同位素比质谱仪（IRMS），用于测定相对于自然丰度提高了 ^{15}N 含量的样品的 $^{15}N/^{14}N$ 之比，样品 N 质量都相对较低（通常<100μg N）。

38.5.2 步骤

（1）对于每个重复，在需要的深度采集足够提供>120 g 烘干等效（ODE）土的土壤。将田间湿润的土壤样品研磨过 4 mm 筛，以去除大块植物残体和石块，将研磨后土壤样品混匀。

（2）在 30 cm×30 cm 的聚乙烯袋中称取大约 120 g ODE 过筛的湿润土壤（袋子厚度为 4 mm 或>100 μm 的"冷冻储藏袋"）。袋子足够厚，可以防止在剧烈混合并用针头（见下文）添加 ^{15}N 标记时，袋子破损。混匀，然后取出一个 20 g ODE 的子样品，立刻在 120 mL 样品杯中使用 2 mol/L KCl 浸提。这个子样品用于确定每个重复中，土壤初始 NO_3^-（以及 NH_4^+）库大小。按照上文描述，过滤并保存 KCl 浸提液。移取另一个 20 g ODE 的子样品，根据上文所述方法测定未处理的土壤中重力含水率。

（3）将土壤再次混匀，在平整表面上，将土样在袋子内部的一端均匀铺开。

（4）使用带细针头的 5 mL 注射器，向土壤中逐滴添加 ^{15}N 丰度为 99%的 $K^{15}NO_3$（40 mg N/L）溶液。在试验开始前，先将 4 mL ^{15}N 溶液分装到单独的 5 mL 小瓶中会很有帮助。最好每次向土壤表面中尽可能均匀地添加 1 mL 溶液，再次搅拌，然后重新将土样在袋中铺开，重复上述步骤 3 次。

（5）完成最后一次添加后，将土壤混匀，移取 2 个 20 g ODE 土壤子样品。选取这些子样中的一个，置于铝盒中根据上文所述方法测定重力含水率。选取另一个子样，用 100 mL 2 mol/L KCl 在 120 mL 样品杯中浸提，用于 0 时刻 NO_3^- 库大小和 NO_3^- 库中 ^{15}N 丰度的测定。按上文描述，过滤并保存 KCl 浸提液，尽可能多地存储提取液。

（6）将充满空气的聚乙烯袋封口（保证土壤好氧状态），在实验室温度下（或其他需求的温度）遮光培养 1~2 天。最佳培养时长（^{15}N 同位素稀释率达到最大）取决于总硝化速率和 NO_3^- 库的大小：总硝化速率高、NO_3^- 库小时，使用更短的培养周期；而总硝化速率低、NO_3^- 库较大时，延长培养周期。

（7）培养期结束后，混匀土壤，移取一个 20 g ODE 的子样，用 100 mL 2 mol/L KCl 在 120 mL 样品杯中浸提。该子样用于 t 时刻 NO_3^- 库大小和 NO_3^- 库中 ^{15}N 丰度的测定。如前文所述，过滤并保存 KCl 浸提液，尽可能收集更多的浸提溶液。

（8）根据下列方程计算总硝化速率（GNR）和 NO_3^- 消耗（c_N）：

$$\text{GNR}=(([NO_3^-]_0[NO_3^-]_t)/t)\times(\log(APE_0/APE_t)/\log([NO_3^-]_0/[NO_3^-]_t)) \quad (38.3)$$

$$c_N=\text{GNR}(([NO_3^-]_0-[NO_3^-]_t)/t) \quad (38.4)$$

式中，

GNR=总硝化速率（mg N/（day·kg 土））。

c_N= NO_3^- 消耗速率（mg N/（day·kg 土））。

t=时间（天数）。

APE=添加 ^{15}N 前后土壤 NO_3^- 库 ^{15}N 原子百分比之差。

APE_0=0 时刻的 APE。

APE_t=t 时刻的 APE。

$[NO_3^-]_0$=0 时刻总 NO_3^- 浓度（mg N/kg）；$[NO_3^-]_t$=t 时刻总 NO_3^- 浓度（mg N/kg）。

此处建议 t 为 1~2 天。

38.5.3 注释

（1）背景值或"自然" ^{15}N 丰度（在 ^{15}N 添加之前）可以假定为 0.3663 原子百分比；对于需要更精确结果的试验，这个值可以通过 ^{15}N 添加前的土壤 KCl 浸提液进行测量（见上文）。

（2）式（38.3）和式（38.4）只有当 n 不等于 c_N 时才有效。Kirkham 和 Bartholomew（1954）提供了另一个能在 $n=c_N$ 条件下使用的方程，而这种条件很少出现。

（3）浸提液中，初始时刻和 t 时刻提高了 ^{15}N 含量的 NO_3^- 库的原子百分比，使用 IRMS 进行测定。浸提液中的 NH_4^+ 先被移除（通过将 pH 值提高至大约 10），接着 NO_3^- 转化为 NH_4^+（通过添加代式合金），通过密闭系统中的气体扩散在酸化滤片上进行收集。干燥滤片（在浓酸中），置于锡制胶囊中，接着通过连接了元素分析仪的 IRMS 进行测定（具体细节见 Stark 和 Hart，1996）。如前文所述，KCl 浸提液中 NO_3^- 浓度通过比色法进行分析。计算 NO_3^- 含量的溶液提取量根据土壤内含水量调整（见方程（38.2））。处理后土壤中重力水含量可以和未处理土壤中的进行对比，用于验证添加标记溶液的量。

（4）初始土壤样品（在添加 ^{15}N 之前）浸提液，能够用于分析 NO_3^- 和 NH_4^+ 含量，从而在总硝化速率测定前计算出库的大小。这个信息可能对于分析解释总硝化和 NO_3^- 消耗的数据有用处。例如，NH_4^+ 库的大小，能够提供关于 NH_4^+ 对自养硝化菌有效性的一些信息。此外，由于 $^{15}NO_3^-$ 的添加而引起的 NO_3^- 库的增大，可以通过比较初始 NO_3^- 含量和 $^{15}NO_3^-$ 添加量（2 mg NO_3^--N /kg 烘干土）来确定。这个信息，可以用于解释 c_N，由于 NO_3^- 的消耗在某种程度上依赖于 NO_3^- 库的大小；^{15}N 添加后导致的较小的 NO_3^- 库增加（<50%），不会大幅度地改变 c_N（Hart 等，1994a，b）。

（5）0 时刻的浸提液，是用于校正 ^{15}N 标记液添加后短时间内，由于非生物途径对添加的 ^{15}N 的消耗。但是，如果一部分添加的 ^{15}N 在 0 时刻转化为不可提取态，接着又在培养过程中释放回到土壤溶液中，那么实际的同位素稀释率会被低估，导致总硝化速率的测定结果偏低。相反的，如果添加的 ^{15}N 在培养过程中不仅仅在添加后短时间内，而是持续不断地取代着土壤胶体上的 $^{14}NO_3^-$，那么总硝化速率的测定将偏高。Davidson 等（1991）发现，使用灭菌土壤，非生物的 ^{15}N 固定，在 0 时刻提取前就已经完成，因此 0 时刻提取是正确的同位素稀释分析的校正方法。我们已经证实这个假设在大范围的荒地土壤上成立（S.C. Hart，E.B. Smith 和 J.M. Stark，未发表的数据）。但是，其他种类的土壤中的消耗行为可能不同，因此我们建议测定使用同位素稀释方法的每种土壤的非生物 $^{15}NO_3^-$ 消耗动力学（见 Davidson 等，1991）。

（6）培养时间、^{15}N 添加量和溶液中的 ^{15}N 丰度可以进行改变。Davidson 等（1991）讨论了这些选择的优缺点。添加 4 mL ^{15}N 溶液于 80 g ODE 土样中，会引起土壤含水率增加约 0.05 kg/kg。含水率的增加可能会刺激微生物活动，从而提高 N 转化速率，特别是在非常干燥的土壤中。注入小体积的浓缩 ^{15}N 溶液可以减小湿润效应，但是，这会导致标记分布不均匀。Stark（1991）建立的模拟模型表明，这样体积水的添加，只会显著改变标记添加前土水势低于 −0.35 MPa 土壤的总硝化速率和 NO_3^- 消耗速率（Hart 等，1994a）。尝试使用 ^{15}N 标记的气体（如 ^{15}NO）来增加土壤 NO_3^- 库的 ^{15}N 含量，同样的尝试也在 NH_4^+ 库上。（Murphy 等，2003）这个方法，可以使得土壤被均匀标记并且不增加周边土壤含水率；然而，据我们所知现在并没有研究为了更加常规的使用，对这个方法进行充分评估。

（7）这个方法用于原位研究中，土壤的标记和浸提都在田间进行（见 Hart 等，1994a）。装有标记土壤的袋子，埋在指定土壤指定深度，埋藏时间同培养期。确认装有土样的塑料袋完全被覆盖，以避免直接光照导致袋中土壤过热，并且将充满周围空气的聚乙烯袋封口保证其空气氛围。这个方法测定的总硝化速率比选取任意的恒定的实验室温度的结果，更具有田间代表性。

（8）如果研究者需要测定结果更接近最大速率，那么在添加标记前需要加水使得土壤含水率接近田间持水量，从而总硝化速率不会受到水分有效性的限制（Stark 和 Firestone，1996）。如果需要测定潜在硝化速率，那么我们建议使用泥浆法，因为它比同位素稀释法更简便、更具有重现性。结合基于田间的总硝化速率测定方法和振荡泥浆法，会是一个十分有效的评估田间条件下硝化作用限制的方法。（Davidson 等 1990）

（9）培养期间，必须要保证土壤处于好氧状态，因为异养硝化作用是一个好氧过程。同时，在好氧条件下，反硝化作用最小，c_N 本质上会等于微生物固定 NO_3^- 的量，使得对于过程的控制条件的分析更为明确。

（10）异养硝化可以通过 Hart 的文章（使用异养硝化抑制剂；见 Hart 等，1997）描述的改良方法，来和总（自养加上异养）硝化作用区分开来。

（11）通过将材料截成小块（长度<1cm）并且将每个子样品 ODE 的质量减小 10 倍（比如添加 4 mL 溶液到 10 g ODE 的有机质中等；Hart 等，1994b），使得改良后的方法适用于有机土和土壤有机层。

（12）总硝化速率测定需要使用相对比较昂贵的 ^{15}N 标记盐。而且，同位素的准备和分析耗时且昂贵，研究者需要在自己实验室中拥有 IRMS 或者使用服务型实验室中的 IRMS。总硝化速率法所需要的时间和经费远高于本章中描述的其他技术。但如果研究者需要测定独立于其他 N 转化途径，例如，反硝化和固定的硝化作用，那么这种方法将会是首选。

38.6 原位测定净硝化速率的方法

最初的方法是由 Eno（1960）提出的，将研磨混合后的土壤置于薄壁聚乙烯袋中，埋于田间培养（所谓的埋藏袋法）。田间培养过程中 NO_3^- 的净增加量，可用于分析净硝化速率。该方法的一个优点是，袋中土壤的温度波动范围和周围土壤的相似，同时使得袋内外气体充分交换保证袋内好氧条件。并且，将土样置于聚乙烯袋中防止了 NO_3^- 通过淋洗和植物吸收途径的流失，因此，培养期间土壤 NO_3^- 库的净变化量就等于净硝化速率。但是，埋藏袋法不允许培养期间土壤湿度存在变化。并且，扰动土样（导致硝化过程的扩散限制减弱）也可能会显著提高净硝化速率（Binkley 和 Hart，1989）。然而，Burns 和 Murdoch（2005）发现，埋藏袋中混合土样和带盖 PVC 管中土壤的净硝化速率，没有显著性差异（见下文）。

另一个原位测定净硝化速率的方法，是由 Adams 和 Attiwell 提出的，该方法通过培养最小程度扰动的完整土样来进行测定。他们发现，这两种方法测定的净硝化速率并没有显著差异。土样被松散地覆盖着以使得 N 淋失达到最小化，同时阻止了植物对 NO_3^- 的吸收（Adams 和 Attiwill，1986）。Knoepp 和 Swank（1995）发现，带盖 PVC 土样（只有顶部被覆盖）比埋藏袋更好，因为土样中的土壤湿度和周边的非根际土有本质上的区别，而埋藏袋中的土壤湿度相对恒定。显然，水分可以从土样的底部通过毛细管作用流进或流出。然而，无论盖 PVC 土样还是埋藏袋，培养土壤的含水率都不能紧密跟随土壤湿度的变化，因为封装的土壤蒸散损失比田间土壤要低，并且阻止了新的降水输入。因此，需要选择非根际土的湿度变化最小的培养期。使用相对原状的土样，可以克服使用扰动土带来的缺点（Cabrera 和 Kissel，1988；Sierra，1992），但是由于反硝化作用引起的硝酸根损失依然存在。

硝酸根的淋失量可以通过在土样底部放置离子交换树脂（IER）袋来确定，IER 可以截获土壤淋失的 NO_3^-（树脂土样法；Binkley 和 Hart，1989）。和其他原位方法一样，土样温度和周围土壤一致。此外，土样顶部打开，使得土壤对于蒸发导致的干燥条件和降水导致的湿润条件都变得敏感。但是，由于土样中不存在植物根系及树脂袋与土壤之间的水力不连续性，使得土样中含水率变化和周围土壤不一样（Hart 和 Firestone，1989）。

38.6.1 材料和试剂

（1）薄壁 PVC 圆筒（内径为 5～10 cm，长度为 10～30 cm），底部尖锐，从而可以在最小程度压制内部土壤的情况下装入土壤。

(2) 过滤架、漏斗和用 KCl 溶液或去离子水预冲洗的 Whatman 40 号滤纸。

(3) 2 mol/L KCl 溶液：在 1 L 去离子水中溶解 1.49 kg 试剂级的 KCl。

(4) 其他用于分析 KCl 土壤浸提液中 NO_3^- 和 NH_4^+ 浓度的试剂（见第 6 章）。

38.6.2 步骤

(1) 通常，采样点是在研究区域随机选取的，在至少 6 个不同的地点采样，每个样点采集两个成对的土样（初始土样和培养土样），用于表征研究区域。在知道净硝化速率在不同地层间发生共变的情况下（植物覆盖种类；见 Kaye 和 Hart，1998），可以使用随机层采样法。

(2) 使用其中一个土样测定土壤容重、含水率和初始 NO_3^-、NH_4^+ 浓度。

(3) 如上文所述，使用 100 mL 2 mol/L KCl 浸提 20 g 田间湿度的土样，用于测定样品初始 NO_3^- 和 NH_4^+ 浓度。过滤并使用自动分析仪分析，NH_4^+ 使用贝特罗反应，NO_3^- 使用镉还原法（Tel 和 Heseltine，1990），结果以干重来计算。

(4) 在每个用于培养的土样底部放置一个尼龙网筛（53 μm），用橡皮筋固定在土样的一端。尼龙网筛将土壤流失最小化，同时又允许水气的交换。如果培养期间土样底部的土壤流失已经最小化，那么该步骤可以省略。

(5) 将土样放回采集的孔洞中。如果部分非根际土成颗粒状并且在放回土样之前已经在孔洞底部，那么非根际土和土样之间的连接会得到改善。

(6) 在每个土样顶部放置表面钻了 4~5 个孔（直径 1~2 mm）的盖子，使得气体交换得以实现。

(7) 大约 28 天后（冬天可以使用长达 4 个月的培养期），移出培养后的土样，混合土样，在每个土样中称取 20 g 田间湿度的土样，置于 250 mL 锥形瓶中。使用 2 mol/L KCl 浸提，如上文所述那样分析 NO_3^- 和 NH_4^+ 浓度。每个土样选取一个单独的子样，用于分析土壤含水率。

38.6.3 注释

(1) 田间技术的一个主要优势是，研究者可以分析各种通常出现在田间的温度湿度变化的处理，对硝化过程的影响。典型的夜间低温（在温带寒带环境）和潜在的日间高温可能会限制微生物活动，使得测定得到的净硝化速率通常会比前文提到的实验室净硝化速率法或振荡土壤悬浊液法（潜在硝化速率）得到的结果要低（Jefts 等，2004）。

(2) 解析曲线的研究表明，如果在土样和田间土之间存在充足的水力联系，孔径为 53 μm 的尼龙网筛能起到良好的效用（见第 72 章）。建立和维持水力联系，需要将织物覆盖的土样底部与田间土压实。

(3) 现在有许多研究使用埋藏在聚乙烯袋（厚度 15~30 μm）的完整土样用于测定原位净硝化速率（Binkley 和 Hart，1989）。该方法不使用尼龙网筛或盖子，因此土样中的湿度不随周围土壤波动。但是，该方法的优点是，装在聚乙烯袋中的土壤不会出现由于质流或扩散引起的 NO_3^- 损失；但在加盖土样中，可能会存在扩散造成的 NO_3^- 损失。

(4) 如果在土样下放置混合床和 IER 袋以收集淋失的 NO_3^-，那么可以使用开口土样（Binkley 和 Hart，1989；Hart 和 Firestone，1989）。IER 袋可以截获任何从培养土样中淋失的 NO_3^-（以及 NH_4^+），同时水分又可以在土样中自由进出。田间培养结束后，取出 IER 袋使用 KCl 浸提，测定从土样中淋洗进入树脂中的 NO_3^-。净硝化速率即是 IER 袋收集的 NO_3^- 量与土样中 NO_3^- 库净变化之和。

(5) 建议使用 PVC 而不是金属。培养土壤的温度在金属圆筒中会升高，尤其是对于夏季表层土的试验（Raison 等，1987；Edmonds 和 McColl，1989），或是在农用地中作物冠层的遮蔽还不足的时候造成的影响更大。

（6）在一些研究中，穿孔的土样是为了进一步使得土壤经历更接近环境中出现的水分波动。Adams 等（1989）发现，当使用穿孔的样品时，土样的土壤湿度与非根际土中的相差不超过 5%。但是，这些土样中任何水分的得失，都会影响样品中 NO_3^- 浓度，导致净硝化速率测定误差。

（7）在一些条件下，例如，当研究浅表层土时，存在大量石块或者土壤结构较差的时候，最好使用原本的扰动的混合土壤置于聚乙烯袋中的方法，而不是使用一个完整的土样（Eno，1960；Adams 等，1989；Pajuste 和 Frey，2003）。如果使用埋藏袋并且土壤采样时很干燥或很湿润，那么研究者可以比较不同湿度下的土壤培养结果，或是将混合样品的湿度调整至标准值，例如，田间持水量（−33 kPa）。如果使用了混合土样，那么称取 100 g 田间湿度的样品封入聚乙烯袋中（15～30μm 厚；Gordon 等，1987）。重新将土袋埋回原始的孔洞中，28 天后取出。根据前文描述的方法处理土壤样品。

参 考 文 献

Adams, M.A. and Attiwill, M.P. 1986. Nutrient cycling and nitrogen mineralization in eucalypt forests of south-eastern Australia. *Plant Soil* 92:341-362.

Adams, M.A., Polglase, P.J., Attiwill, M.P., and Weston, C.J. 1989. *In situ* studies on nitrogen mineralization and uptake in forest soils: some comments on methodology. *Soil Biol. Biochem.* 21: 423-429.

Bartosch, S., Hartwig, C., Spieck, E., and Bock, E. 2002. Immunological detection of Nitrospira-like bacteria in various soils. *Microb. Ecol.* 43:26-33.

Belser, L.W. and Mays, E.L. 1980. Specific incubation of nitrite oxidation by chlorate and its use in assessing nitrification in soils and sediments. *Appl. Environ. Microbiol.* 39: 505-510.

Bergstrom, D.W., Tenuta, M., and Beauchamp, E.G. 1994. Increase in nitrous oxide production in soil induced by ammonium and organic carbon. *Biol. Fert. Soils* 18: 1-6.

Binkley, D. and Hart, S.C. 1989. The components of nitrogen availability assessments in forest soils. *Adv. Soil Sci.* 10: 57-112.

Booth, M.S., Stark, J.M., and Hart, S.C. 2006. Soil-mixing effects on inorganic nitrogen production and consumption in forest and shrubland soils. *Plant Soil* 289: 5-15.

Bundy, L.G. and Bremner, J.M. 1973. Inhibition of nitrification in soils. *Soil Sci. Soc. Am. Proc.* 37: 396-398.

Burns, D.A. and Murdoch, P.S. 2005. Effects of clearcut on the net rates of nitrification and N mineralization in a northern hardwood forest, Catskill Mountains, New York, USA. *Biogeochemistry* 72: 123-146.

Cabrera, M.L. and Kissel, D.E. 1988. Potentially mineralizable nitrogen in disturbed and undisturbed soil samples. *Soil Sci. Soc. Am. J.* 52: 1010-1015.

Chen, J. and Stark, J.M. 2000. Plant species effects and carbon and nitrogen cycling in a sagebrush-crested wheatgrass soil. *Soil Biol. Biochem.* 32: 47-57.

Compton, J.E. and Boone, R.D. 2002. Soil nitro-gen transformations and the role of light fraction organic matter in forest soils. *Soil Biol. Biochem.* 34: 933-943.

Davidson, E.A., Hart, S.C., Shanks, C.A., and Firestone, M.K. 1991. Measuring gross N miner-alization, immobilization, and nitrification by ^{15}N isotopic pool dilution in intact soil cores. *J. Soil Sci.* 42: 335-349.

Davidson, E.A., Stark, J.M., and Firestone, M.K. 1990. Microbial production and consumption of nitrate in an annual grassland. *Ecology* 71:1968-1975.

deCatanzaro, J.B., Beauchamp, E.G., and Drury, C.F. 1987. Denitrification *vs.* dissimilatory nitrate reduction in soil with alfalfa, straw, glucose and sulfide treatments. *Soil Biol. Biochem.* 19: 583-587.

Drury, C.F. and Beauchamp, E.G. 1991. Ammonium fixation, release, nitrification, and immobilization in high- and low-fixing soils. *Soil Sci. Soc. Am. J.* 55: 125-129.

Drury, C.F., Beauchamp, E.G., and Evans, L.J. 1989. Fixation and immobilization of recentlyadded $^{15}NH_4^+$ in selected Ontario and Quebec soils. *Can. J. Soil Sci.* 69: 391-400.

Drury, C.F., McKenney, D.J., Findlay, W.I., and Gaynor, J.D. 1993. Influence of tillage on nitrate loss in surface runoff and tile drainage. *Soil Sci. Soc. Am. J.* 57: 797-802.

Drury, C.F., Tan, C.S., Gaynor, J.D., Oloya, T.O., and Welacky, T.W. 1996. Influence of controlled drainage subirrigation on surface and tile drainage nitrate loss. *J. Environ. Qual.* 25: 317-324.

Edmonds, R.L. and McColl, J.G. 1989. Effects of forest management on soil nitrogen in Pinusradiata stands in the Australian Capital Territory. *Forest Ecol. Manag.* 29: 199-212.

Eno, C.F. 1960. Nitrate production in the field by incubation of soil in polyethylene bags. *Soil Sci.Soc. Am. Proc.* 24: 277-279.

Gordon, A.M., Tallas, M., and van Cleve, K. 1987. Soil incubations in polyethylene bags: effect of bag thickness and temperature on nitrogen transformations and CO_2 permeability. *Can. J. Soil Sci.* 67: 65-75.

Hart, S.C., Binkley, D., and Perry, D.A. 1997. Influence of red alder on soil nitrogen transformations in two conifer forests of contrasting productivity. *Soil Biol. Biochem.* 29: 1111-1123.

Hart, S.C. and Firestone, M.K. 1989. Evaluation of three in situ soil nitrogen availability assays. *Can. J. Forest Res.* 19: 185-191.

Hart, S.C., Nason, G.E., Myrold, D.D., and Perry, D.A. 1994a. Dynamics of gross nitrogen transformations in an old forest: the carbon connection. *Ecology* 75: 880-891.

Hart, S.C., Stark, J.M., Davidson, E.A., and Firestone, M.K. 1994b. Nitrogen mineralization, immobilization, and nitrification. In: R.W. Weaver, S. Angle, P. Bottomed, D. Bezdicek, S. Smith Tabatabai, and A. Wollum, eds. *Methods of oil Analysis, Part 2—Microbiological and Bio-chemical Properties*. Soil Science Society of America, Madison, WI, 985-1018.

Hynes, R.K. and Knowles, R. 1980. Denitrifi-cation, nitrogen fixation and nitrification incontinuous flow laboratory soil columns. *Can.J. Soil Sci.* 60: 355-363.

Jefts, S.S., Fernandez, I.J., Rustad, L.E., and Dail, D.B. 2004. Comparing methods for assessing forest soil net nitrogen mineralization and net nitrification. *Commun. Soil Sci. Plant Anal.* 19: 2875-2890.

Kaye, J.P., Binkley, D., Zou, X., and Parrotta, J.A. 2002. Non-labile soil 15-nitrogen retention beneath three tree species in a tropical plantation. *Soil Sci. Soc. Am. J.* 66: 612-619.

Kaye, J.P. and Hart, S.C. 1998. Ecological restoration alters nitrogen transformations in a ponderosa pine-bunchgrass ecosystem. *Ecol. Appl.* 8: 1052-1060.

Killham, K. 1987. A new perfusion system for the measurement of potential rates of soil nitrification. *Plant Soil* 97: 267-272.

Kirkham, D. and Bartholomew, W.V. 1954. Equations for following nutrient transformation in soil utilizing tracer data. *Soil Sci. Soc. Am. Proc.* 18: 33-34.

Knoepp, J.D. and Swank, W.T. 1995. Comparison of available soil nitrogen assays in control and burned forested sites. *Soil Sci. Soc. Am. J.* 59:1750-1754.

Kowalenko, C.G. and Yu, S. 1996. Assessment ofnitrate adsorption in soils by extraction equilibration and column-leaching methods. *Can. J. Soil Sci.* 76: 49-57.

Murphy, D.V., Recous, S., Stockdalem, E.A., Fillery, I.R.P., Jensen, L.S., Hatch, D.J., and Goulding, K.W.T. 2003. Gross nitrogen fluxesin soil: theory, measurement and application of ^{15}N pool dilution techniques. *Adv. Agron.* 79: 69-118.

Pajuste, K. and Frey, J. 2003. Nitrogen mineralization in podzol soils under boreal Scots pineand Norway spruce stands. *Plant Soil* 257: 237-247.

Parkin, T.B. and Meisinger, J. 1989. Denitrification below the crop rooting zone as influenced by surface tillage. *J. Environ. Qual.* 18: 12-16.

Paul, E.A. and Clark, F.E. 1996. *Soil Microbiology and Biochemistry*, 2nd ed. Academic Press Inc., San Diego, CA, 188.

Pennington, P.I. and Ellis, R.C. 1993. Autotrophic and heterotrophic nitrification in acidic forest and native grassland soils. *Soil Biol. Biochem.* 25: 1399-1408.

Raison, R., Connell, M., and Khanna, P. 1987. Methodology for studying fluxes of soil mineral-N *in situ*. *Soil Biol. Biochem.* 19: 521-530.

Robertson, G.P. 1982. Factors regulating nitrification in primary and secondary succession. *Ecology* 63: 1561-1573.

Robertson, G.P. and Vitousek, P.M. 1981. Nitrification potentials in primary and secondary succession. *Ecology* 62: 376-386.

Ross, D.S. and Hales, H.C. 2003. Sampling-induced increases in net nitrification in the Brush Brook (Vermont) watershed. *Soil Sci. Soc. Am. J.* 67: 318-326.

Schimel, D.S. 1986. Carbon and nitrogen turnover in adjacent grassland and cropland ecosystems. *Biogeochemistry* 2: 345-357.

Schmidt, E.L. 1982. Nitrification in soil. In: F.J. Stevenson, ed. *Nitrogen in Agricultural Soils*. American Society of Agronomy, Madison, WI, 252-283.

Sierra, J. 1992. Relationship between mineral N content and N mineralization rate in disturbed soil samples incubated under field and laboratory conditions. *Aust. J. Soil Res.* 30: 477-492.

Sierra, J. 2002. Nitrogen mineralization and nitrification in tropical soil: effects of fluctuating temperature conditions. *Soil Biol. Biochem.* 34: 1219-1226.

Silver, W.L., Herman, D.J., and Firestone, M.K. 2001. Dissimilatory nitrate reduction to ammoniumin upland tropical forest soils. *Ecology* 82: 2410-2416.

Sparrow, S.D. and Masiak, D.T. 1987. Errors in analyses for ammonium and nitrate caused by contamination from filter papers. *Biol. Fert. Soils* 6: 33-38.

Stark, J.M. 1991. Environmental factors versus ammonium-oxidizer population characteristics as dominant controllers of nitrification in a California oak woodland-annual grassland soil. Ph.D. Diss., Univ. of California, Berkeley, CA.

Stark, J.M. 1996. Shaker speeds for aerobic soil slurry incubations. *Commun. Soil Sci. Plant Anal.* 27: 2625-2631.

Stark, J.M. and Firestone, M.K. 1995. Isotopic labeling of soil nitrate pools using nitrogen-15-nitric oxide gas. *Soil Sci. Soc. Am. J.* 59: 844-847.

Stark, J.M. and Firestone, M.K. 1996. Kinetic characteristics of ammonium-oxidizer communities in a California oak woodland-annual grassland. *Soil Biol. Biochem.* 28: 1307-1317.

Stark, J.M. and Hart, S.C. 1996. Evaluation of a diffusion technique for preparing salt solutions, Kjeldahl digests, and persulfate digests for nitrogen-15 analysis. *Soil Sci. Soc. Am. J.* 60: 1846-1855.

Stark, J.M. and Hart, S.C. 1997. High rates of nitrification and nitrate turnover in undisturbed coniferous forests. *Nature* 385: 61-74.

Tel, D.A. and Heseltine, C. 1990. The analysis of KCl soil extracts for nitrate, nitrite and ammonium using a TRAACS 800 autoanalyzer. *Commun. Soil Sci. Plant Anal.* 21: 1681-1688.

Vega-Jarquin, C., Garcia-Mendoza, M., Jablonowski, N., Luna-Guido, M., and Dendooven, L. 2003. Rapid immobilization of applied nitrogen in saline-alkaline soils. *Plant Soil* 256: 379-388.

Verchot, L.V., Holmes, Z., Mulon, L., Groffman, P.M., and Lovett, G.M. 2001. Gross *vs.* net rates of N mineralization and nitrification as indicators of functional differences between forest types. *Soil Biol. Biochem.* 33: 1889-1901.

（吴骥子 译，徐建明 校）

第 39 章　底物诱导呼吸作用和选择性抑制测定土壤中的微生物生物量

V.L.Baily, H.Bolton.Jr
Pacific Northwest National Laboratory
Richland, Washington, United States

J.L.Smith
U.S. Department of Agriculture
Washington State University
Pullman, Washington, United States

39.1　引　言

土壤微生物生物量的测定对于反应进程的研究尤为重要，因为微生物介导的反应具有时间依赖性。元素的矿化比如碳、氮和很多（有机）化学物质的降解都有它们的动力学，这取决于底物的浓度和土壤的物理化学环境，且需要微生物生物量作为反应介质。如果有可靠且不受土壤环境影响的生物量速测法，那么微生物生物量对土壤矿化、化学降解和养分吸收的动力学都可以被测定。

底物诱导呼吸法（substrate-induced respiration，SIR）是一种简单、快速且经济的土壤和残体的微生物生物量碳的测定方法。该方法的理论依据是当添加可溶性产能底物后，微生物产生 CO_2 的初始速率与微生物生物量成比例。这种方法最初是用来区别细菌和真菌的生物量，现在被标准化为氯仿熏蒸培养法（chloroform fumigation incubation method，CFIM）用来定量土壤微生物生物量（参见第 39 章）。应用这个方法有两点要求：①土壤中必须有充足的底物；②对底物的响应必须在生物量增大之前测定。所以需要进行预试验来绘制葡萄糖饱和曲线和微生物生长曲线以确定滞后时间（Smith 等，1985）。

这种方法已经被用来评价耕作对土壤过程和微生物生物量的影响（Lynch 和 Panting，1980；Ross，1980；Adams 和 Laughlin，1981），以及农药（Anderson 等，1981）、重金属（Brookes 和 McGrath，1984）和森林砍伐（Ayanaba 等，1976）对微生物生物量的影响。微生物生物量的测定对于了解土壤体系中养分和能量流动也是很关键的（Paul 和 Voroney，1980；van Veen 等，1985；Smith 和 Paul，1990）。

选择性抑制法是用真菌抑制剂和细菌抑制剂来计算真菌活性和细菌活性的比例（Anderson 和 Domsch，1973）。这种方法是早于校准的 SIR 法来测定微生物生物量（Anderson 和 Domsch，1978），但其本质上是 SIR 法的一种变异。通过选择性抑制估计的真菌和细菌活性比例（F:B）比较了这两种群落的活性，而不是这两种群落在土壤总微生物生物量中的相对丰度（比如，磷脂脂肪酸测定中的 F:B）。一些学者已经报道了微生物活性比例和微生物生物量比例之间的关系（Bailey 等，2002；Bååth 和 Anderson，2003）。

39.2　底物诱导呼吸作用

底物诱导呼吸作用（SIR）方法从 20 世纪 70 年代末期出现以来受到广泛关注（Anderson 和 Domsch，1978），直到 21 世纪仍在使用、测试和改进。SIR 法对于潜在生物量（预培养土壤）、不同培养时期土壤的生物量,以及原位土壤生物量的测定都很有用。但这种方法存在一定的争议,因为它依赖以葡萄糖为碳源的微生物来测定整个光谱和微生物生物量。Smith 等(1985)指出在长期培养中土壤营养条件可能会发生改变,建议在测定呼吸作用的时候使用平衡营养底物,比如葡萄糖+营养肉汤。另外一些学者研究了土壤含水量和底物添加的优化(West 和 Sparling,1986),以及土壤质地和有机物的影响(Kaiser等,1992;Lin 和 Brookes,1999)。这些改进使得这种方法适用于测定植物残体的微生物生物量(Beare等,1990)。SIR 法被广泛使用,甚至在利用原来的 Anderson 和 Domsch(1978)公式将 CO_2 转换为微生物量碳时被过度使用。对于在大量试验中使用相似土壤研究多年的科研人员,我们建议建立 CFIM 法和 SIR 法之间的特定关系。一旦成功,这种关系可以适用很长一段时间。同时有必要建立葡萄糖饱和曲线和微生物生长曲线,从而来确定最佳的底物浓度和底物添加后微生物开始生长的时间。

39.2.1 材料和试剂

(1)合适的培养容器。如果呼吸作用产生的 CO_2 通过气相色谱法(Gas chromatography,GC)测定,培养容器应该有匹配的不透气的橡胶隔膜。如果产生的 CO_2 通过滴定法来测定,试验就需要更大的培养容器(具体请参照 39.2.4 节)。标准气相色谱法测定需要 40 mL 的带螺旋盖子的平底玻璃容器或者 50 mL 的带套筒式橡胶瓶塞的厄伦美厄烧瓶(Erlenmeyer flasks)。

(2)试剂纯葡萄糖(分子量 180.16)。

(3)移液管。

(4)小铲子。

(5)带热导池检测器(TCD)的气相色谱仪(GC)。

(6)CO_2 标准气体。

39.2.2 步骤

1. SIR 基础步骤

(1)称取 10 g(烘干重,ODW)土壤重复样品置于 40 mL 培养瓶中。土壤必须足够干以便于加入大量溶液时不被淹没。

(2)根据葡萄糖饱和曲线添加适量的葡萄糖溶液(具体请见下一节)。混匀土壤,隔绝空气并加盖。记录时间并准备下一个瓶子。

(3)一小时后,用注射器在瓶子的顶部取气,注射适量气体到气相色谱仪中。所有样品重复此步。在此,我们使用配备 Carboxen-1000 色谱柱(60/80 目,4.5 m×0.3175 cm,Supelco)的 Hewlett Packard 5890 Series II 气相色谱仪测量 1 mL 顶空气体中的 CO_2 浓度。注射温度是 150℃,检测器温度是 300℃。起始炉温是 150℃,在前 2 min 升温至 210℃。总运行时间为 4.5 min,CO_2 洗脱时间为 3.9 min。

(4)通过和 CO_2 标准曲线比对或根据步骤(1)计算(请见 39.2.3 节)顶空气体中的 CO_2 比例。通过式(39.2)至式(39.4)计算 CO_2 呼吸速率和转化的微生物生物量碳。

2. 葡萄糖饱和曲线

(1)称取 10 g(干重)土壤重复样品,放置在 40 mL 培养瓶中。准备足够的瓶子配置 4~6 个浓度的葡萄糖。葡萄糖建议浓度为 0、200、400、600、800μg 葡萄糖/g 土壤,相当于 0、80、160、240 和 320μg C/g 土壤。需要调节葡萄糖溶液浓度使得加入的溶液将土壤调节到田间持水量(−0.033 MPa)。

(2)每次准备一个瓶子,添加适量的葡萄糖溶液,另外在对照瓶子中加入等体积的水。混匀土壤,充入湿润的空气,加盖。记录时间准备下一个瓶子。

(3) 一小时后，用注射器抽取瓶子顶部的气体并将适量的气体充入气相色谱仪中。每个瓶子重复相同操作。

(4) 绘制添加葡萄糖后 1 h 反应时间内的饱和曲线。作图条件是：葡萄糖浓度达到最大值，即葡萄糖浓度增加反应不再继续。对于 SIR 试验来说，最佳的葡萄糖浓度是在恒定响应曲线的顶部，以确保在变化的条件下土壤葡萄糖浓度仍然饱和。

3. 微生物生长曲线

(1) 称取 10 g（干重）土壤重复样品，放置在 40 mL 培养瓶中。

(2) 根据葡萄糖饱和曲线向土壤添加适量葡萄糖。混匀土壤，充入湿润的空气，加盖。记录时间并准备下一个瓶子。

(3) 一小时后，用注射器抽取瓶子顶部的气体样品并将适量的气体充入气相色谱仪中。往瓶子中充入湿润的空气继续密封。持续 6~8 h，每 1 小时取样一次。

(4) 通过方程（39.2）计算 CO_2 呼吸速率。绘制随着时间变化每小时 CO_2 呼吸速率的曲线图。确定 CO_2 呼吸速率上升的时间点（在呼吸速率上升之前的任何时间段都可取样并根据 SIR 法测定）。

4. 土壤前处理和准备

(1) 为了测量新鲜土壤的微生物生物量，土壤采样时应使土壤含水量低于田间持水量（-0.033 MPa）。过筛（2~6 mm）、混匀土壤。称取两份样品在 105℃测定含水率。称取 3~10 g 样品分别放置在 40 mL 玻璃容器中。按照上述 SIR 法的步骤进行操作。

(2) 为了测定潜在的土壤微生物生物量浓度，在第（1）步的基础上用封口膜把瓶子封起来，然后在黑暗处培养 5~7 天。在预培养的过程中向瓶中充入湿润的空气至少 1 次。预培养以后，按照上述 SIR 法的步骤进行操作。

(3) 对于土壤培养中的微生物生物量测定，最好在培养前准备一系列瓶子，随着培养的进行在每个瓶子中破坏性取样。然后按照步骤（1）在每个时间段采集 3 个重复。在每个采样时间点，取走培养室中的 3 个样品并按照 SIR 法的基本步骤进行操作。

(4) 对于微生物生物量的原位测定，使用高 7 cm、直径 5 cm 的塑料或者金属圆柱体。将直径 5 cm 的圆柱体按入土壤中，取出土柱，将直径 5 cm 厚的橡皮纸放入孔中来代替土柱。另外，重复的土柱样品用来测定土壤的含水率。估测圆柱体中干土的量。准备大量的葡萄糖注射液来达到每克土壤合适的葡萄糖浓度和最佳的含水量。圆柱体用密封的塑料膜覆盖以便于扎针。1 h 后，在圆柱体的顶端取样并按照 SIR 法的基本步骤进行操作。

39.2.3 计算

(1) 瓶子顶端的 CO_2% 计算：

$$CO_2\%(顶端) = (样品最高峰-空气样品最高峰)/标准样品最高峰 \times CO_2\%(标准) \tag{39.1}$$

(2) 如果 CO_2 浓度通过气相色谱仪测定，必须从顶部空间的 CO_2 浓度来确定土壤释放的 CO_2 的量。在试验过程中不需要氢氧化物小瓶子。当试验中有 10 g 干土时，每克干土产生的 CO_2 量计算如下：

$$CO_2(mL/(h \cdot g\ 土)) = (CO_2\%(顶端)/100) \times 所有瓶顶空间(mL)/(1\ h \times 10\ g\ 土壤) \tag{39.2}$$

(3) 微生物生物量 C 通过方程 Anderson 和 Domsch（1978）计算得到，该方程在 22℃±0.5℃ 条件下有效：

$$CO_2(mL/(h \cdot 100\ g\ 土)) = 呼吸速率 \times 100 \tag{39.3}$$

$$生物量\ C(mg/100\ g\ 土) = 40.04 \times CO_2(mL/(h \cdot 100\ g\ 土)) + 0.37 \tag{39.4}$$

39.2.4 注释

（1）底物诱导呼吸作用法采用装有 NaOH 的瓶子去收集底物诱导产生的 CO_2。因为该方法是以小时为单位来计算得到的，由于滴定法计算 CO_2 具有低敏感性，试验用土需要增加到原来的 2～3 倍。CO_2 在 3 h 内测定然后用式（39.2）计算是可取的（只要依据微生物生长曲线得出 CO_2 产生速率在这个时间段是不变的）。高 pH 值土壤（＞7）可能不适合用这些静态捕获方法，因为当土壤 pH 值上升时，增加的 CO_2 以 HCO_3^- 的方式溶解于土壤溶液中。连续流动系统可以用来准确地测量 CO_2 释放速率（Martens，1987）。

（2）如果滞后期是稳定的，底物添加后培养时间可以改变。变化包括 1 h 后的测量（或者封口 2 h 后测量第 3 个小时产生的 CO_2）。这些改变通常是为了方便处理大批量样品。

（3）在这个方法中存在很多共性。许多土壤的葡萄糖饱和浓度是 600～1000 µg/g 土。葡萄糖饱和水平随着土壤中有机碳水平的上升而上升，而土壤质地对葡萄糖饱和水平影响不大。本身有机物含量比较高的土壤，如森林土壤，含有较高的葡萄糖饱和水平。

（4）土壤中存在污染物或者极度贫瘠的土壤（如底层土壤）可能会使呼吸 C/同化 C 的比值严重倾斜而导致式（39.3）不再适用。因为这个方程是基于一般土壤条件下得到的，在该条件下不同生理阶段的细胞都是存在的（Anderson 和 Domsch，1978）。不是基于该假设的土壤更适用于潜在微生物量的计算方法，比如氯仿熏蒸提取法（参见第 39 章）。为了保证土壤条件可以适用于该方程，在筛选或储藏后需要一星期的预培养试验（Anderson 和 Domsch，1978）。

（5）SIR 法的精确度非常高，在很多文献报道中不同重复间的变异系数（Coefficient of variability，CV）为 1%～6%。我们的田间数据（未发表）表明在一个 0.5 公顷田块的 220 个样品数据中，采用 SIR 法测定微生物生物量的空间变异度是 31%，重复间变异度是 3%。在更大规模的田间试验中（60 km²）有 161 样品，空间变异度是 53%，而重复间变异度只有 5%。所以该方法更有利于解释自然界中微生物生物量的变异度。

（6）在第 39.2.3 节中，方程（39.1）～（39.4）调节成适合瓶中充入无 CO_2 空气的情况，这样空气的峰值点不需要减去。另外，很多气相色谱程序会将峰高或者峰面积调成标准曲线，继而直接将 CO_2% 结果给出。类似地，微生物生物量常被表示为 µg 生物量碳/g 土壤，而不是 mg 微生物碳/100 g 土壤。

39.3 选择性抑制（Anderson 和 Domsch，1975；Bailey 等，2003）

抗生素在土壤微生物选择性抑制方面的应用率先是由 Anderson 和 Domsch（1973）提出的。这种方法用真菌抑制剂选择性抑制真菌活性，用细菌抑制剂抑制细菌活性，便于得出真菌和细菌的比例（F：B）。在添加少量的葡萄糖后土壤呼吸会被促进，它是通过计算单一添加某种抗生素或者添加组合抗生素后产生的 CO_2 来得到的。真菌抑制剂中，环己酰亚胺（Badalucco 等，1994）或克菌丹（Beare 等，1990）比较具有代表性。传统的细菌抑制剂有链霉素（Badalucco 等，1994）和氧四环素（Beare 等，1990），而溴硝丙二酮（Bailey 等，2003）和氯霉素（Nakamoto 和 Wakahara，2004）已经被成功地运用到现在方法中。我们的研究表明调查这些不同的抗生素对于确定哪种抗生素对特定土壤最有效方面可发挥作用（Bailey 等，2003；Nakamoto 和 Wakahara，2004）。为了优化方法，我们最好绘制真菌抑制剂的呼吸抑制曲线和细菌抑制剂的呼吸抑制曲线，从而来确定这些化学药物的最佳浓度。葡萄糖浓度的设定需要根据葡萄糖饱和曲线与最大呼吸对应。

一般来说，文献中报道农业土壤中 F:B 值在 0.54～3.04（Beare 等，1992）。而草原土壤 F：B 值在 13.5，酸性土壤在 18.2（Blagodatskaya 和 Anderson，1998）。这些结果常常被"抑制剂添加比例"

(Inhibitor additivity ratio，IAR）混淆，IAR 值是用来定量抗生素对土壤微生物的影响。IAR 值反映了不设目标的抑制作用。当 IAR 值显著超出 1.0 表明单独添加真菌抑制剂或细菌抑制剂比组合添加能更好地抑制呼吸作用，因为它们的功能有部分重叠。这个重叠对于 F:B 值会产生误导作用，因为重叠效应不能归因于真菌抑制剂和细菌抑制剂的平均效应。在 IAR 值较低而 F:B 值较高的土壤中，就算很小的重叠也可以对两种微生物群落中的较小群落产生巨大影响（Bailey 等，2002）。有些学者认为 IAR 值大于 1.0 是由于抗生素的组合效应小于单一抗生素的作用。我们赞同 Beare 等（1990）和 Velvis（1997）建议的 IAR 值在 1.0 最佳，因为非目标抑制是重叠效应的最可能来源。因此，选择性抑制法的优化包括组合添加剂的应用来保证 IAR 值在 1.0 左右。一种方法是降低抗生素的浓度，Velvis（1997）指出当环己亚酰胺添加量增加时细菌数量和目标真菌数量被抑制。在其他的文献中，IAR 值也有高达 3.12（Imberger 和 Chiu，2001）。这么大的 IAR 值会导致计算的比值存在很多的不确定性。

没有一组真菌–细菌抑制剂可以在 6 h 的培养时间内完全抑制土壤呼吸作用（Wardle 和 Parkinson，1990；Bailey 等，2002）。在细菌抑制剂和真菌抑制剂同时存在时土壤微生物也有呼吸作用，可能是以下几个原因：

（1）只有新合成的生物量易受到抗生素的影响（Anderson 和 Domsch，1973）。

（2）在试验中组合酶可能存在且具有活性（Heilmann 等，1995）。

（3）在培养中由于抗生素的存在，组合酶的降解可能比较慢而新的酶还没合成（Heilmann 等，1995）。

（4）真菌和细菌中的耐药菌株可能是土壤呼吸的贡献者（Heilmann 等，1995）。

（5）抗生素本身可能是非靶标微生物的底物（Badalucco 等，1994；Alphei 等，1995）。

（6）有些抗生素会黏附在土壤固体颗粒物上以至于它们不能在整个 6 h 中发挥作用（Alphei 等，1995）。

（7）对于未培养的土壤微生物及它们对抗生素的敏感性不够了解。这些微生物在抗生素的存在下可能继续它们正常的代谢。

F：B 值在正在生长、对抗生素敏感的生物组分中的分布与不受影响、与已经存在的生物组分的分布成正比，用 D 表示（式（39.6））（Anderson 和 Domsch，1975）。我们建议在这方面谨慎对待，因为还没有证据证明这一点。不敏感的组分可能在微生物组成上差异很大，用现在的方法不能去培养它们，因此它们对抗生素的反应也无法独立地验证。

我们研究发现在加入抗生素 1 h 以后才可以添加葡萄糖，否则葡萄糖和抗生素一起加入会在抗生素产生抑制作用前促进微生物的呼吸作用，从而错误产生高呼吸作用值。

土壤呼吸作用产生的 CO_2 可以通过气相色谱仪（Bailey 等，2003）或者氢氧化物捕获测定（Anderson，1982）。在这里展现的方法是采用气相色谱仪测定，所以存在着和高 pH 值土壤在底物诱导呼吸作用测量方法同样的问题。

我们下面的方法基于 1 g（干重）干土，该方法可以扩展到 5 g 或者 10 g 土壤，这主要取决于能被测定得到的 CO_2 量。将抗生素分布于更大的土壤样本中可能存在难度。

39.3.1 材料和试剂

参考 39.2.1 节内容添加。

（1）真菌抑制剂（环己酰亚胺或克菌丹）。

（2）细菌抑制剂（盐酸–氧四环素，硫酸链霉素，或溴硝丙二醇）。

（3）分析天平（四位小数）用于准确称取抗生素。

（4）称量舟。

（5）用于混合土壤和抗生素的铲子。

39.3.2 步骤

1. 抗生素抑制曲线

对于每种土壤和抗生素组合必须采取以下步骤，建议每个处理设定 3 个重复。

（1）预先称取一种抗生素的一系列质量梯度，范围在 250~8000 μg/g 土壤。另外称取一定量的滑石确保总质量在 0.02 g/g 土壤。同样称取滑石 0.02 g/g 作为抗生素处理的零点。

（2）称取 1 g（干重）湿土放置在称量舟中，撒上抗生素–滑石混合物。使用不锈钢铲子将不溶性材料与土壤充分混合，注意分散团聚体，将抗生素–滑石均匀分布在样品中。将土壤–抗生素–滑石混合物添加到管子中，用泡沫塞或者其他材料将管子密封以防管子被污染。

（3）1 h 后立刻添加葡萄糖并迅速用可密封的样品帽密封管子。将密封的管子在黑暗中培养 6 h。

（4）6 h 培养后测量每个样品管顶端的 CO_2 含量，具体参考 SIR 法中的气相色谱法。

（5）绘制 CO_2 释放量和抗生素浓度之间的关系图。为了在选择抗生素浓度时将抑制非目标微生物的风险控制在最小，最佳的抗生素浓度应该是比最大抑制略低的浓度。

2. 选择抑制

（1）根据最佳的曲线称量合适的抗生素和滑石质量。对于每一种抗生素而言，每个处理至少需要 3 个重复。这些处理如下：

① 无抗生素——0.02 g 滑石/g 土壤。
② 真菌抑制剂——预定确定的在 0.02 g 滑石/g 土壤中真菌抑制剂的最佳用量。
③ 细菌抑制剂——预定确定的在 0.02 g 滑石/g 土壤中细菌抑制剂的最佳用量。
④ 真菌+细菌抑制剂——最佳的真菌和细菌抑制剂在总量为 0.02 g 滑石/g 土壤中。

（2）称取 1 g（干重）湿土置于称量舟中，并将抗生素–滑石混合物洒在上面。将滑石或抗生素–滑石混合物与土壤充分混合，将混合物添加到管子中，且用泡沫塞堵住管子。

（3）在添加滑石或者抗生素–滑石混合物 1 h 后向管子中加入葡萄糖，然后用阀或者密封膜封住管子，在黑暗中培养 6 h。

（4）测定管子顶端 CO_2 释放量，然后将其转化为总的 CO_2 释放量。

39.3.3 计算

（1）真菌和细菌活性比例：

$$F:B = \frac{A-B}{A-C} \tag{39.5}$$

式中，A 是在没有抑制剂情况下的呼吸速率（μg CO_2/(h·g) 土）；B 是在真菌抑制剂存在下的呼吸速率；C 是细菌抑制剂存在下的呼吸速率。

（2）抑制剂活性比例：

$$IAR = \frac{(A-B)+(A-C)}{A-D} \tag{39.6}$$

式中，A、B、C 同式（39.6）；D 是既有真菌抑制剂又有细菌抑制剂存在下的呼吸速率。

39.3.4 注释

（1）因为这一系列培养需要最优化，选择性抑制会很耗时。我们发现在添加抗生素和葡萄糖之前将土壤在-0.033 MPa 湿度含量，室温下黑暗预培养几天很有用。这使得土壤中的多个培养条件（葡萄糖、真菌抑制剂、细菌抑制剂和 IAR 最优化）保持在一致的代谢水平。该方法需要不断优化，同种土壤的新鲜样品可以根据存储土样的参数进行测定。

（2）不同抗生素有不同的溶解度。将水溶性抗生素加入水溶液中可获得良好的结果；然而，水必须加入所有处理中，就像滑石一样。如果使用水溶性添加剂，需要检查每种抗生素在水中的溶解性，因为有些高浓度的添加剂可能会超过溶解度。也有一些抗生素的溶解度低于别的抗生素（比如，氧四环素盐酸化物比氧四环素二水合物易溶）。当少量的抗生素施加到土壤中时，用滑石作为一种载体显得尤为重要。将抗生素和滑石混合在一起可以将抗生素均匀地分布到土壤中。

（3）使用葡萄糖促进呼吸作用进而来影响微生物群落仍存在一些争议，因为这会导致 F:B 值只反映响应葡萄糖的群体。然而，对于没有生物量刺激的处理，呼吸作用水平（特别是抑制的处理）可能比准确监测的值要低。

（4）还有人提出另外一个问题，选择性抑制步骤中的抗生素会造成相当一部分的敏感微生物死亡，它们会作为存活微生物的底物，继而对选择性抑制的步骤造成影响。Anderson 和 Domsch（1975）在最初的方法介绍中规定短时间的培养（6~8 h）可以降低抑制剂的降解而产生的 CO_2；短时间的培养同样会降低一种可能性，即源于死亡生物量的 CO_2 会显著改变因为葡萄糖的加入而产生的 CO_2。

（5）我们已经就可能有效的浓度范围给出了建议。对于有机质含量较高的土壤需要更多的抗生素去抑制呼吸作用，因为部分抗生素会被吸附到有机物或者其他土壤组分上（Alphei 等，1995）。

参 考 文 献

Adams, T.M. and Laughlin, R.J. 1981. The effects of agronomy on the carbon and nitrogen contained in the soil biomass. *J. Agric. Sci.* 97: 319-327.

Alphei, J., Bonkowski, M., and Scheu, S. 1995. Application of the selective inhibition method to determine bacterial: fungal ratios in three beechwood soils rich in carbon-optimization of inhibitor concentrations. *Biol. Fert. Soils.* 19: 173-176.

Anderson, J.P.E. 1982. Soil respiration. In: A.L. Page, R.H. Miller, and D.R. Keeney, eds. *Methods of Soil Analysis, Part 2—Chemical and Microbiological Properties*, 2nd ed. ASA-SSSA, *Madison*, WI, 831-871.

Anderson, J.P.E., Armstrong, R.A., and Smith, S.N. 1981. Methods to evaluate pesticide damage to the biomass of the soil microflora. *Soil Biol. Biochem.* 13: 149-153.

Anderson, J.P.E. and Domsch, K.H. 1973. Quantification of bacterial and fungal contributions to soil respiration. *Arch. Für Mikrobiol.* 93: 113-127.

Anderson, J.P.E. and Domsch, K.H. 1975. Measurement of bacterial and fungal contributions to respiration of selected agricultural and forest soils. *Can. J. Microbiol.* 21: 314-322.

Anderson, J.P.E. and Domsch, K.H. 1978. A physiological method for the quantitative measurementof microbial biomass in soils. *Soil Biol. Biochem.* 10: 215-221.

Ayanaba, A.A., Tuckwell, S.B., and Jenkinson, D.S. 1976. The effects of clearing and cropping on the organic reserves and biomass of tropical forest soils. *Soil Biol. Biochem.* 8: 519-525.

Bååth, E. and Anderson, T.H. 2003. Comparison of soil fungal/bacterial ratios in a pH gradient using physiological and PLFA-based techniques. *Soil Biol. Biochem.* 35: 955-963.

Badalucco, L., Pomaré, F., Grego, S., Landi, L., and Nannipieri, P. 1994. Activity and degradation of streptomycin and cycloheximide in soil. *Biol Fert. Soils.* 18: 334-340.

Bailey, V.L., Smith, J.L., and Bolton, H., Jr. 2002. Fungal-to-bacterial ratios in soils investigated for enhanced carbon sequestration. *Soil Biol. Biochem.* 34: 1385-1389.

Bailey, V.L., Smith, J.L., and Bolton, H., Jr. 2003. Novel antibiotics as inhibitors for the selective respiratory inhibition method of measuring fungal: bacterial ratios in soil. *Biol. Fert. Soils.* 38:154-160.

Beare, M.H., Neely, C.L., Coleman, D.C., and Hargrove, W.L. 1990. A substrate-induced respiration (SIR) method for measurement of fungal and bacterial biomass on plant residues. *Soil Biol. Biochem.* 22: 585-594.

Beare, M.H., Parmelee, R.W., Hendrix, P.F., Cheng, W., Coleman, D.C., and Crossley, D.A., Jr. 1992. Microbial and faunal interactions and effects on litter nitrogen and decomposition in agroecosystems. *Ecol. Monogr.* 62: 569-591.

Blagodatskaya, E.V. and Anderson, T.-H. 1998. Interactive effects of pH and substrate quality on the fungal-to-bacterial ratio and QCO_2 of microbial communities in forest soils. *Soil Biol. Biochem.* 30: 1269-1274.

Brookes, P.C. and McGrath, S.P. 1984. Effects of metal toxicity on the size of the soil microbial biomass. *J. Soil Sci.* 35: 341-346.

Heilmann, B., Lebuhn, M., and Beese, F. 1995. Methods for the investigation of metabolic activities and shifts in the microbial community in a soil treated with a fungicide. *Biol. Fert. Soils.* 19: 186-192.

Imberger, K.T. and Chiu, C.-Y. 2001. Spatial changes of soil fungal and bacterial biomass from a sub-alpine coniferous forest to grassland in a humid, sub-tropical region. *Biol. Fert. Soils.* 33:105-110.

Kaiser, E.-A., Müeller, T., Joergensen, R.G., Insam, H., and Heinemeyer, O. 1992. Evaluation of methods to estimate the soil microbial biomass and the relationship with soil texture and organic matter. *Soil Biol. Biochem.* 24: 675-683.

Lin, Q. and Brookes, P.C. 1999. An evaluation of the substrate-induced respiration method. *Soil Biol. Biochem.* 31: 1969-1983.

Lynch, J.M. and Panting, L.M. 1980. Cultivation and the soil biomass. *Soil Biol. Biochem.* 12: 29-33.

Martens, R. 1987. Estimation of microbial biomass in soil by the respiration method: importance of soil pH and flushing methods for the measurement of respired CO_2. *Soil Biol.Biochem.* 19: 77-81.

Nakamoto, T. and Wakahara, S. 2004. Development of substrate induced respiration (SIR) method combined with selective inhibition for estimating fungal and bacterial biomass in humic andosols. *Plant Prod. Sci.* 7: 70-76.

Paul, E.A. and Voroney, R.P. 1980. Nutrient and energy flows through soil microbial biomass. In: D.C. Ellwood, J.N. Hedger, M.J. Latham, J.M. Lynch, and J.H. Slater, eds. *Contemporary Microbial Ecology*, Academic Press, London, New York, NY, 215-237.

Ross, D.J. 1980. Evaluation of a physiological method for measuring microbial biomass in soils from grasslands and maize fields. *N Z J. Sci. 23*: 229-236.

Smith, J.L., McNeal, B.L., and Cheng, H.H. 1985. Estimation of soil microbial biomass: an analysis of the respiratory response of soils. *Soil Biol. Biochem.* 17: 11-16.

Smith, J.L. and Paul, E.A. 1990. The significance of soil biomass estimations. In: J.M. Bollag and G. Stotzky, eds. *Soil Biochemistry*, Marcel Dekker, New York, NY, 357-396.

van Veen, J.A., Ladd, J.N., and Amato, M. 1985. Turnover of carbon and nitrogen through the microbial biomass in a sandy loam and a clay soil incubated with ($^{14}C(U)$) glucose and $^{15}N(NH_4)_2SO_4$ under different moisture regimes. *Soil Biol. Biochem.* 17: 747-756.

Velvis, H. 1997. Evaluation of the selective respiratory inhibition method for measuring the ratio of fungal: bacterial activity in acid agricultural soils. *Biol. Fert. Soils.* 25: 354-360.

Wardle, D.A. and Parkinson, D. 1990. Response of the soil microbial biomass to glucose, and selective inhibitors, across a soil moisture gradient. *Soil Biol. Biochem.* 22: 825-834.

West, A.W. and Sparling, G.P. 1986. Modifications to the substrate-induced respiration method to permit measurement of microbial biomass in soils of differing water contents. *J. Microbiol. Meth.* 5: 177-189.

（虞璐 译，徐建明 校）

第40章 土壤生物活性的评估

R.P.Beyaert

Agriculture and Agri-Food Canada
London, Ontario, Canada

C.A.Fox

Agriculture and Agri-Food Canada
Harrow, Ontario, Canada

40.1 引　言

描述土壤生物多样性从而判定其数量及生物量，进而在某一特定时期鉴别这些群落（Phillipson，1971）的方法有很多。土壤生物群落就多样性、群落丰富度及生物量来说，从来不是固定的。土地管理措施和土地利用方式通过影响土壤生物在土壤中的活性及其对土壤进程的动态贡献对土壤生物区系产生正面或负面的影响（Curry 等，1998；Fox 等，2003）。

土壤生物在作物残渣分解及有机质形成和周转的过程中是非常活跃的，对这一过程的逐渐认知，使得对定量及判别土壤生物、理解土壤群落功能动力学的能力的需求更为迫切。有机物质随时间的降解率或分解率可以用来测量土壤整体生物活性，该方法是通过测定在土壤中经历了很多物理、化学及生物活动之后的有机基质的变化来实现的。

本章描述了两种测定土壤生物活性的方法，在最近的一篇文献综述中，以生态相关性、易用性及标准化为指标进行衡量后，认为这两种方法都是测定土壤生物活性非常有用的方法（Knacker 等，2003）。第一种，分解网袋法，通过测定有机质随时间变化的重量损失来确定其分解率。第二种，诱饵层片法，在田间条件下，在特定时期内，通过测评土壤生物的摄食活力来评估土壤生物活性。

40.2 分解网袋法评估生物活性

分解网袋法，最初由 Bocock 和 Gilbert 发明（1957），是一种常用的、直接测定由生物活动引起植物残渣降解的方法。分解网袋法被用来评价不同环境因素对有机质分解的影响，包括温度（Christensen，1985a；Moore，1986；Henriksen 和 Breland，1999）、水分（Moore，1986；Andrén 等，1992）、季节波动（Quested 等，2005）、参与分解的分解者种类（Vreeken-Buijs 和 Brussaard，1996；Curry 和 Byrne，1997）、残渣质量（Christensen，1986；Robinson 等，1994）、土壤类型（Christensen，1985b）、不同管理措施如耕作（Burgess 等，2002、2003）和秸秆还田及降解（Curtin 和 Fraser，2003）、秸秆还田时间（Beare 等，2002），以及除草措施（Wardle 等，1993、1994；Yadvinder-Singh 等，2004）。

该技术基于已知重量的有机物质随时间变化的质量损失评价土壤生物活性。有机底物密封装在耐分解的尼龙网中，暴露在土壤表面或埋在土壤里一段时间。回收后，通过测定经过不同时间的残渣残留量或损失量，来确定其分解量。

该方法提供了一个简单的、低成本的方法来测定参与分解过程的生物活性。其优点包括：测定损失量用到的仪器简单、常见；残渣封闭在尼龙网内，确保土壤生物对其可利用；残留物易回收；雨水、阳光和风都可以通过网状材料进入,从而使分解袋内的物质可以与环境接触。尽管有些研究矿物污染、有机污染及比较分解袋法与其他残渣降解方法的分析总结出分解袋法的一些缺点,但瑕不掩瑜,该方法提供了用来比较不同环境及不同管理措施下生物活性的可靠指标。

40.2.1 材料及试剂

(1)转筒混合机。
(2)有合适网眼的尼龙或玻璃纤维网(见 40.2.7 节注意事项 1 和 2)。
(3)刷子或喷雾机。
(4)测定含水量用的铝盒。
(5)干燥器。
(6)马弗炉。
(7)瓷坩埚。
(8)2.5 M HCl:稀释 208 mL 浓盐酸至 1 L。
(9)干燥剂。
(10)金属或塑料标签及细导线。
(11)残渣放置在土壤表面时用的金属桩。
(12)拉链式可重封聚乙烯袋。

40.2.2 残渣收集及处理

(1)从田间已知区域随机选择作物的地上和地下部分,去除可采集的部分后作为残渣。
(2)称量新鲜残渣的重量,于阴冷干燥处保存直至测定残渣中干物质量和灰分含量。
(3)将烘干的铝盒放在干燥器中冷却,称重,精确至 0.1 mg。
(4)称 5 g 新鲜残渣样品至已知重量的铝盒中。
(5)将敞口的铝盒放在干燥器中,65℃烘干至恒重。
(6)将铝盒和烘干的残渣放在干燥器中冷却至恒重,计算干物质含量。
(7)将用于测定干物质量的烘干样品研磨后过 1 mm 筛。
(8)用 2.5 M HCl 清洗瓷坩埚,并用蒸馏水漂洗。
(9)烘干瓷坩埚,并在干燥器内冷却,称重,精确至 0.1 mg。
(10)称 5 - 10 g 研磨的作物残渣至已知重量的瓷坩埚中,100℃烘干至恒重,干燥器中冷却,称重,精确至 0.1 mg。
(11)将装有烘干残渣的瓷坩埚放到马弗炉中,500℃灼烧 4 h。
(12)将装有灰分的瓷坩埚在干燥器中冷却,称重精确至 0.1 mg,计算残渣中灰分含量。
(13)通过计算单位面积取出的残渣中去除灰分的干残渣量,来确定每单位面积添加残渣的量。
(14)将残渣剪成约 5 cm 长,在转筒搅拌器中(如水泥搅拌机)充分混匀。
(15)将混匀的残渣过筛进行预处理,筛孔稍微大于用来制作分解袋的尼龙网眼,从而去除比网筛小的残渣颗粒。该过程将装填、迁移及安放分解袋过程中残渣的损失降到最低。
(16)确定与上述采集过程计算的不同处理中单位面积施加的残渣量相等的新鲜残渣的数量。当分解袋水平安放的时候,每个分解袋内添加的新鲜残渣量可以通过计算每分解袋面积添加的适量残渣来计算。校正残渣的质量,使得添加的残渣是在去除灰分的、干残渣的基础上。

40.2.3 分解袋的制作

（1）将尼龙材料裁剪为所需长度与宽度的细条，细条的数量是所需分解袋数量的 2 倍。或使细条切分宽度为分解网袋的 2 倍，并对折。所需分解袋数量通过回收次数乘以处理数乘以重复数来计算。

（2）制作分解袋的时候，将细条的三个边密封，密封方式可以是热封、装订或用尼龙线缝起来。需额外制作一些"旅行者"分解袋，用来确定安放过程中转移及处理的时候残渣的损失量，参考 Harmon 等（1999）的概述。

（3）计算每个分解袋中需要的新鲜残渣量。

（4）称量计算好的新鲜作物残渣的重量，精确至 0.01 g，从分解袋开口的一侧放入残渣（包括"旅行者"分解袋），将开口封住，使残渣完全密闭在分解袋中。用细导线将铝制或塑料的标签系到分解袋上，标签上应列出其地点、处理方式、重复数及回收时间。

40.2.4 分解袋的安放

（1）小心地将分解袋转移至田间，"旅行者"分解袋也需要转移至田间，与其他袋子进行同样的处理。

（2）将分解袋放入田间。在传统耕作和少耕的区域中，分解袋应该平埋在耕作层中。移出耕作层土壤，将分解袋放入，分解袋应尽可能平放，使其与土壤接触，再将之前移出的土壤覆盖其上。固定标签的导线应足够长，以确保分解袋埋起来之后标签能留在土壤表面，便于辨识。对于放置在表面的残渣，例如，在免耕处理中，分解袋应平放在土壤表层，用金属桩拴到土壤上，确保其与土壤表面接触，标签可见。放在同一个区域但在不同时间点取出的分解袋应随机放置，并距离足够远，以消除空间自相关效应。

（3）"旅行者"分解袋一放到田间就应立即取出，残留物经处理之后，重新称重至 0.01 g。初始分解袋中去掉灰分的残留物的干重用运输和处理过程中的损失量来校正。

40.2.5 分解袋的回收及处理

（1）不同时间段取出的分解袋。由于分解初期重量损失速率较快，分解初期回收时间点应较密集，而后期间隔增大，以便于检测初始分解过程中发生的巨大变化。很重要的一点是，分解袋回收应格外小心，确保处理前残留物不会碎裂并掉出袋子。任何碎渣和材料的损失都应尽可能恢复并予以记载。回收的分解袋放入标记好的聚乙烯可重封袋子中，且要在田间封好口，小心地转移至实验室。

（2）从聚乙烯袋中取出分解袋，小心地将黏在袋子上的土壤及植物残渣取出，分解袋中的内容物取出后，在喷雾器下刷洗分解袋，取出紧紧黏附在上面的土壤颗粒。

（3）测定分解袋中残留物的干重：在 65℃条件下烘干至恒重，称量袋中残留物的干重，精确至 0.01 g。

（4）将残留物在威利磨粉机中研磨，过 1 mm 筛。

（5）确定残留物中的灰分含量：将研磨后的样品干灰化后，在马弗炉中 500℃灼烧 4 h，详见 40.2.2。

（6）将分解袋内容物的干重校正成去除灰分的干基重，通过分解袋内容物的干重减去灰分重来解释分解袋内的土壤污染效应。

40.2.6 计算

1. 新鲜残渣干物质量的计算

计算残渣中干物质的百分量：

$$\mathrm{DM}_\% = (1 - \{[(X_i - X_c) - (X_d - X_c)]/(X_i - X_c)\}) \times 100 \tag{40.1}$$

式中，$\mathrm{DM}_\%$ 为残渣中干物质百分含量；X_i 为残渣初始鲜重加铝盒重；X_c 为铝盒加盖子的干重；X_d 为残渣干重加铝盒重。

计算残渣干重：

$$DM_R = X_T \times \left(\frac{DM_\%}{100}\right) \tag{40.2}$$

式中，DM_R 为收集到残渣的干物质量；X_T 为收集残渣的总鲜重；$DM_\%$ 为残渣中干物质百分含量。

2．残渣中灰分含量的校正

计算残渣中灰分的百分含量：

$$A_{Ri} = \left[\frac{(X_{apc} - X_{pc})}{(X_{dpc} - X_{pc})}\right] \times 100 \tag{40.3}$$

式中，A_{Ri} 为残渣中灰分的百分含量；X_{apc} 为灰分的干重加瓷坩埚重量；X_{pc} 为瓷坩埚重量；X_{dpc} 为残渣的干重加瓷坩埚重量。

根据灰分含量校正残渣的干物质量：

$$DM_{AFR} = \{DM_R - [DM_R \times (A_{Ri}/100)]\} \tag{40.4}$$

式中，DM_{AFR} 为收集到的残渣去灰分后干重；DM_R 为收集到残渣的干物质量；A_{Ri} 为残渣中灰分的百分含量。

3．确定单位面积上残渣去灰分后的干重

计算每平方米残渣的去灰分质量：

$$DM_{AFRM} = DM_{AFR}/A_m \tag{40.5}$$

式中，DM_{AFRM} 为每平方米残渣去灰分后的干重；DM_{AFR} 为收集到的残渣去灰分后干重；A_m 为采样区域的面积（m^2）。

4．确定添加到分解袋中新鲜残渣的量

计算分解袋的面积：

$$A_L = L \times W \tag{40.6}$$

式中，A_L 为分解袋的面积（m^2）；L 为分解袋长度（m）；W 为分解袋宽度（m）。

计算添加到每个分解袋中去灰分后残渣的干重：

$$DM_{AFLi} = DM_{AFRM} \times A_L \tag{40.7}$$

式中，DM_{AFLi} 为每个分解袋中去除灰分后残渣的干重；DM_{AFRM} 为每平方米残渣去灰分后的干重；A_L 为分解袋的面积（m^2）。

计算添加到每个分解袋中新鲜残渣的量：

$$R_{FL} = \{DM_{AFLi} + [DM_{AFLi} \times (A_\%/100)]\} \times (1/DM_\%) \tag{40.8}$$

式中，R_{FL} 为添加到分解袋中新鲜残渣的量；DM_{AFLi} 为每个分解袋中去除灰分后残渣的干重；$A_\%$ 为残渣中灰分百分含量；$DM_\%$ 为残渣中干物质百分含量。

5．校正转移和处理过程中的损失量

计算转移和处理之后分解袋中最终去除灰分的残渣的干重：

$$DM_{RAFLic} = \sum DM_{AFT}/n \tag{40.9}$$

式中，DM_{RAFLic} 为安放好的分解袋中残渣去除灰分后的干物质量；DM_{AFT} 为"旅行者"分解袋中收集到的残渣去除灰分后的干重；n 为用来确定转移和处理过程中损失量的"旅行者"分解袋数量。

6．回收的分解袋中灰分含量的校正

计算回收的分解袋内容物中灰分的百分含量：

$$A_{Lt} = [(X_{apct} - X_{pct})/(X_{dpct} - X_{pct})] \times 100 \tag{40.10}$$

式中，A_{Lt} 为回收的分解袋内容物中灰分的百分含量；X_{apct} 为灰分干重加瓷坩埚重；X_{pct} 为干燥的瓷坩埚重量；X_{dpct} 为回收分解袋内容物的干重加瓷坩埚重。

计算回收的分解袋中去除灰分后，内容物的干重：

$$DM_{AFLt} = DM_{Lt} - [DM_{Lt} \times (A_{Lt}/100)] \tag{40.11}$$

式中，DM_{AFLt} 为回收的分解袋材料去除灰分后的干重；DM_{Lt} 为回收的分解袋材料的干重；A_{Lt} 为回收的分解袋内容物中灰分的百分含量。

7. 计算损失量及残留率

计算损失率：

$$\%M_t = [(DM_{AFLic} - DM_{AFLt})/DM_{AFLic}] \times 100 \tag{40.12}$$

式中，$\%M_t$ 为 t 回收点质量损失率；DM_{AFLt} 为 t 回收点分解袋内剩余的去除灰分后残渣的干重；DM_{AFLic} 为校正后分解袋内容物的初始去灰分干重。

计算每个回收点干重残留率：

$$\%R_t = (DM_{AFLt}/DM_{AFLic}) \times 100 \tag{40.13}$$

式中，$\%R_t$ 为 t 时间点残留率；DM_{AFLt} 为 t 回收点残留物去除灰分后的干重；DM_{AFLic} 为校正后分解袋内容物的初始去灰分干重。

40.2.7 注意事项

（1）用分解袋法研究作物残渣在田间的降解情况存在一些问题，这是该方法基于一个假设导致的，该假设为：残渣的降解率在人为制造的分解袋内部环境中与外部自然环境中是相同的。分解袋改变了影响作物残渣分解的生物和非生物因素。微气候及土壤动植物区系都能影响作物分解，而分解袋的大小又会影响这些因素的空间变异。大多数研究使用的分解袋大小在 $15 \sim 600 \text{ cm}^2$（Knacker 等，2003）。然而，也有研究中（BakerⅢ 等，2001）使用更大尺寸的分解袋，其边长 $30 \sim 46 \text{ cm}$，面积达 1300 cm^2。为了缩小土壤–残渣结合不佳对该技术的影响，分解袋最终的长和宽应确保残渣的厚度最小，并跟网袋外的一致。对于埋在耕作层的分解袋而言，分解袋内容物的量应根据体积来校正，而不是其占据的表面积。

（2）增大网眼可提高土壤动物对残渣的利用，减少人为活动对微气候的影响，同时能增加碎片的潜在损失。因此，分解袋网眼大小的选择通常依据将不必要的残渣损失降到最低，并维持分解袋内环境与自然相同两个标准。之前提到的 2 mm 网眼既能保证土壤动物自由进入，又能将分解中的残渣损失降到最低。在一些研究中，作者使用下表面小网眼，上表面大网眼来降低这些副作用（BakerⅢ 等，2001）。在一些研究中，作者使用不同大小网眼的分解袋来根据尺寸排除土壤生物，比较不同大小土壤生物对分解作用的贡献（Vreeken-Buijs 和 Brussaard，1996；Curry 和 Byrne，1997；Cortez 和 Bouché，1998）。还有实验设置了一些添加卫生球的分解袋来抑制土壤微小节肢动物的活动，并测定有节肢动物、无节肢动物的情况下，枯枝落叶的分解率（Heneghan 等，1998）。

（3）放到分解袋中的材料应尽可能接近田间的枯枝落叶，以此来确定田间条件下的分解率。因此，作物残渣的采集及处理方式应使其保持在田间时的结构和质量。在许多分解袋研究中，将残渣切成 $2 \sim 5 \text{ cm}$ 长的碎片以保持其结构的完整并能使植物各部分充分混匀，同时还能减少对分解袋内微气候的负面影响。这些作物残渣包括植物的不同部分，它们有不同的适口性和分解速率。如果每个分解袋中的材料差异很大，那留在分解袋中残留的残渣数量的变异性就增大了。因此，将残渣放到分解袋中的时候，把植物每部分（如树叶、茎部、豆荚）都称合适的量放到每个分解袋中是比较明智的，而不是把各部分都混合起来，再将适量混合物放进每个分解袋中。根据研究目的，植物每部分的分解可以通过将其单独放置到分解袋中来实现，从而减缓混合物的变异性。

（4）残渣加到田间之前，应该减少对残渣质量的影响。研究表明，风干树叶的分解速率明显比新鲜树叶低，因此，把风干树叶填充到分解袋中的时候，就会造成残渣损失率的低估（Taylor，1998）。冷水萃取导致大麦秸秆水溶性物质大量减少，并且在分解初始阶段产生一个"滞留期"，总分解率也比不处理的秸秆低（Christensen，1985a）。因此，不建议在放到田间之前对添加到分解袋中的残渣进行风干或清洗。初始干物质量应按前述方法用水分和灰分含量来校正。

（5）回收分解袋中的残渣可能被外界物质污染，从而导致低估了分解袋内物质的实际分解率。用分解袋方法研究分解过程时，通常使用手动挑除、刷除及水洗的方法从回收的残渣中去除外界物质（Andrén 等，1992；Wardle 等，1993；Cortez 和 Bouché，1998）。手动挑除和刷除的方法不能完全去除有机污染物和矿质污染物，而水洗的方法能保证去除残渣中的水溶性物质。培养一段时间后用冷水提取，会导致大量营养物质流失，并相较于未处理的秸秆增加了损失量（Christensen，1985a）。因此，用水清洗回收残渣的时候要用尽可能少的水，以减少淋失的养分量和对分解率的高估。

（6）很多分解袋研究中都假设用灰分含量来校正干物质量时已经校正了矿质材料的污染，然而很多研究者认为，分解袋中的有机污染和矿质污染是非常明显的，应制定其他校正方法（Christensen，1985b；Blair，1988；Idol 等，2002）。Blair（1988）和 Christensen（1985b）假设分解袋内外土壤的组分是相似的，提出了通过调整分解袋外面土壤的灰分含量来校正污染的方程。而一旦较小的土壤颗粒更容易进入分解袋的时候，该校正方法就会导致对损失量的轻微低估（Christensen，1985b），但它能简单地根据残留的去除灰分的干物质量来计算残渣损失量（Blair，1988）。Idol 等（2002）发明了一种方法，在每个回收时间，通过减掉田间培养的装有不可分解的对照材料的分解袋增加的重量，来确定有机污染物和矿物污染物的校正量。这种方法得出的分解率相较于通过未校正或用去除灰分的干重校正量确定的分解率明显增高。

（7）评价生物活性可通过测定不同处理中经过不同时间后残渣损失率或残留率的不同来确定。检验这种数据最常用的分析方法是方差分析。在这些变量中，$t=0$ 时的值不算作内，因为 $t=0$ 时所有处理的残留率都是 100%。除了用包含方差分析在内的统计学进行比较，处理间的趋势可通过将分解数据拟合成数学模型来估计描述质量随时间损失的衰减常数。模型的选择基于其数学属性和模型与残渣分解中涉及的生物学之间的关系。在一些研究中，考虑温度和水分这些驱动因子对分解过程的影响，对这些模型进行了修饰，包含温度和水分的作用（Andrén 等，1992），或者是将数据拟合到模型之前，先校正温度和水分的影响（Moore，1986）。用方差分析和数学模型来描述数据的优点、缺点及潜在解释问题，可以在 Wieder 和 Lang（1982）的文献综述中找到。

（8）当研究区域被研究得很透彻的时候，分解袋研究的结果评估可以明显改善。这些特征包括土壤和采样点属性（如 pH 值、质地、水分含量、植被、气候），土地利用方式及生物学数据（如蚯蚓的数量或微生物生物量）。当测定像杀虫剂这种人为干扰对分解过程的影响时，这种现象尤为重要，因为化学物质在土壤中的归趋受到土壤生物群落的影响（Singer 等，2001）。捕食者通过捕食中型和大型腐蚀性动物而对残渣分解的影响是间接的，但有证据表明，去掉顶级捕食者之后，伴随着有机质分解率的变化，土壤微生物区系的活性会受到影响（Lawrence 和 Wise，2000）。土壤微生物与土壤动物的相对重要性依环境条件的不同而不同。通常来说，土壤动物对分解的影响会随着干旱和低温等恶劣环境而增加（Tian 等，1997）。

40.3 诱饵层片法

用诱饵层片来监测土壤生物利用土壤碳源的整体摄食活力。由 von Törne（1990）首先提出并被其他人应用（Larink，1993；Kratz，1998），诱饵层片由一个薄的塑料片（大约 6 mm 宽，15 cm 长）组成，塑料片上面钻了 16 个直径 2 mm 的孔，孔间间隔 0.5 cm，总长 8 cm。准备对土壤生物有吸引力的有机材料并压入孔中。一般而言，将一组（16 片）塑料片插入土壤中一段时间（通常是 14 天）以允许土壤生物摄食。将每组移出土壤之后，空白孔与总孔数的百分比代表了每个深度间隔土壤生物区系对碳源的摄食活力。

40.3.1 材料

（1）纤维素纸（酸洗过、无灰分、柱层析用的）（特鲁利贝克化工有限公司（J.T. Baker Chemical Co.）1-5225）。或者用西格玛化工有限公司（Sigma Chemical Co.）的纤维素微粒，EC 识别号：232-674-9 [9004-34-6] C-6413。购买 1 kg 规格的。

（2）膨润土。可从美国胶体公司购买。VOLCLAYHPM-20。

http:==www.colloid.com=AGP=Tech=Volclay%20HPM-20.pdf

（3）琼脂（琼胶）。货号：A-7002。可以从西格玛化工有限公司购买。也可以有其他来源。

（4）麦麸（桂格燕麦）。可从杂货店购买，必须研磨至能过 0.5 mm 筛。在植物组织研磨机中研磨麦麸，直至其粒径范围跟其他材料一致。

（5）诱饵层片。只能从以下途径获得：terra protecta GmbH, Himbeersteig 18，D-14129 Berlin, Germany (http:==www.terra-protecta.de)。

（6）蒸馏水，带盖广口塑料或玻璃容器（250～500 mL），小铲，匙，塑料或乳胶手套，柔韧腻子刀，厚的塑料薄膜，莎伦包装膜，塑料盘，用来装整套诱饵层片的盒子或塑料袋。

（7）灯箱或灯桌。

（8）有坚固木质把手的钢探针，用来在土壤中钻孔。钢探针应该薄而且比条层的宽度稍宽，长度应至少 15 cm；但其厚度也要保证不会在推力下弯曲；需要一个 908 g（2 英镑）的大锤将探针敲入中强夯实的土壤中，用手将探针敲进这些土壤是很难的。

（9）钻有 16 个钢探针宽度的孔洞的模板胶合板（6.4 mm）：钻 4 行孔，每行有 4 个洞，间隔 10 cm，即 4×4 模式。其他参数，如板长及钻孔量，则根据需要来确定。模板根据项目的属性随意选择，层带也随意放置到土壤中。

（10）土壤取样器，土壤温度计（15 cm 长），土壤水分取样的铝盒或时域反射（time-domain reflectometry，TDR）湿度计，田间标志旗（76～92 cm 长）。

40.3.2 诱饵层片的准备

开始之前，不管是新的还是之前用过的条带，都用肥皂和水仔细清洗以去除任何残留物，用蒸馏水漂洗。一些研究方法可能在使用之前用次氯酸盐或者 70% 的酒精对条带进行漂洗杀菌。

诱饵混合物的的材料如下：

（1）纤维素纸 6.5 g。

（2）琼脂 1.5 g。

（3）膨润土 1.0 g。

（4）麦麸 1.0 g。

（5）蒸馏水。

40.3.3 插入土壤中诱饵层片的准备

（1）穿过条带两边，在 0 cm 处放一条有永久标记的线。

（2）将 40.3.2 列出的所有干物质称到塑料或玻璃容器中。注意：材料（1~4）是细粉状物，易分散。要穿戴"物料安全数据表"中推荐使用的合适呼吸面罩和衣服。

（3）准备诱饵层片时要戴乳胶或塑料手套。加少量（每次 5~10 mL）蒸馏水到干材料上，用小铲充分混匀，直到获得跟曲奇饼类似的潮湿的（不饱和）细至中等颗粒的糊状物为止。用小铲或手将各部分混匀，以实现诱饵材料的光滑稠度。不能让糊状物变湿或浸透，否则黏不到洞里。

（4）填充条带的过程：

① 用手：在长凳上（容易清理）放一张塑料薄膜。戴手套保护手。从容器中取出少量糊状物，用拇指和食指沿着孔洞方向挤压诱饵材料，利用向下移动的力将尽可能多的诱饵推进孔中，用手指上的力使穿过孔洞的诱饵光滑，从而保证诱饵与塑料条带相平，不能溢出孔洞；不能颠倒添加方向，以防将加入的材料拔出来。

② 用刀：如果需要很多条带，用手将诱饵压倒孔中是非常累的。可以用柔韧的腻子刀或类似的工具将糊状物推进孔中。将塑料薄膜放到试验台上，在塑料薄膜上从上至下放几个条带，用腻子刀将尽可能多的糊状物推压到条带一边的孔中，然后将条带翻过来，添加另一面。

（5）当糊状物填满条带上的孔时，将条带放到托盘一边让其风干（1~2 h 完全风干）。第一次添加糊状物之后，大部分孔洞里的诱饵会收缩，导致一部分填满的孔出现干缩裂缝，这是很正常的。需要第二次（甚至第 3 次）添加糊状物以完全填充。重复第 4 步实现对诱饵材料的二次包被。

（6）第二次添加之后，将干的条带放到灯桌或灯箱上看孔洞是否透光。如果透光或一些孔仍然没有完全填充，需要第三次包被。

（7）当条带干了之后，用解剖针或金属铲仔细清理孔周围多出来的诱饵材料。最终确认没有光线可以透过孔洞。此时的条带就准备好可以打包去田间安装了。

（8）数出 16 个条带作为一组，将其放在作为田间搬运容器的塑料袋或者盒子里，16 个一组是文献上面用来监测土壤生物活性最常用的田间评估标准；但是，如果需要，减少条带数的组合也可以使用。但应该注意的是这可能会影响结果的变异性。

40.3.4 诱饵层的田间放置

（1）定位田间采样区。在土壤表面放置模板，在模板旁边插入土壤温度计并使其平衡（大概在记录前 1 min）。从搬运容器或塑料袋中拿出一组条带。

（2）托住模板，穿过模板上的孔向土壤中插入钢探针，做一个定位孔。用手推动探针（如果需要则用锤子）到土壤中足够深的地方，足够 8 cm 长的条带加上模板与土壤表面的距离。将钢探针取出，在定位孔中插入一个条带。一次做一个。当 16 个条带都穿过模板上的洞插入土壤时，小心地将模板从土壤表层拿出放到一边，调整导孔中每个条带的高度，使条带上 0 cm 处标记的线与土壤表面相平，然后用拇指和食指用力按压 0 cm 线周边的土壤，使条带紧紧陷在土壤中。

（3）记录土壤温度。

（4）采集土柱样品，测定土壤重力水。紧挨着插入土壤中的条带，用土壤采样器采出 10 cm 土柱来测定插入条带时的田间持水量。将土壤样品放入含水量盒中。或者，条件允许的话，可以使用 TDR 水分计（见第 70 章）来记录每个采样点的土壤水分。土壤水分和温度数据可以用来解释监测时间点，即放入条带时和取出时的土壤条件。

（5）将田间标记旗放在采样区域周围，距离条带的四个角均在 30 cm 左右，从而在返回田间的时候可以快速定位条带，确定采样区域位置，同时警示其他人不要步行或驱车经过该区域。

40.3.5 田间回收诱饵条带

（1）将田间标志旗取出。在采样点附近插入温度计，并使其平衡。

（2）慢慢地将每个条带从土壤中拖出，小心地放到标记好的塑料袋中，离开采样地前清点所有条带数（确保所有条带都取出是非常重要的）。如果土壤非常潮湿，条带上通常会有一层看得见的水膜，将条带放到旁边稍微风干一下，再放到塑料袋中，或者在放入塑料袋之前用擦镜纸小心地将多余的水分吸掉。

（3）采集 10 cm 土柱样品，放入土壤含水量盒中测定重力水含量，或者使用电子 TDR 水分探头。记录土壤温度。

（4）测定前将条带放到冰箱里。在测定条带之前，如果孔中的材料依然湿润，将一组 16 个条带放到平盘里或者容器中使其完全风干（1~2 h）。保证条带中的材料完全风干，对恰当地评价孔洞是非常重要的。

40.3.6 记录诱饵层片数据

（1）用记录纸手动记录每条带上完全空白的孔（见图 40.1）。对于一半被消耗的孔，条带两边的孔都要进行检查。消耗一半的孔有个很明显的现象：条带一边的诱饵被完全消耗，而另一边仍然充满。只将那些一边诱饵被完全消耗掉的孔记为被消耗一半的。只有一小部分诱饵被消耗的孔不要记载，因为损失的这小部分可能是安装诱饵过程中人为造成的，不是由摄食活动导致的。如果在孔洞边缘的诱饵材料中有非常明显干缩裂缝，这些孔洞也不要记载。

位置：_____ 地点：_____ 放入：_____ 取出：_____ 注释：																	
深度(cm)	0.5	1.0	1.5	2.0	2.5	3.0	3.5	4.0	4.5	5.0	5.5	6.0	6.5	7.0	7.5	8.0	总计
																	完全消耗 消耗一半
条带 1																	
孔	1	2	3	4	5	6	7	8	9	10	11	12	13	14	15	16	
摄食	○	○	○	○	○	○	○	○	○	○	○	○	○	○	○	○	
条带 2																	
孔	1	2	3	4	5	6	7	8	9	10	11	12	13	14	15	16	
摄食	○	○	○	○	○	○	○	○	○	○	○	○	○	○	○	○	
条带 3																	
孔	1	2	3	4	5	6	7	8	9	10	11	12	13	14	15	16	
摄食	○	○	○	○	○	○	○	○	○	○	○	○	○	○	○	○	
⋮																	
条带 16																	
孔	1	2	3	4	5	6	7	8	9	10	11	12	13	14	15	16	
摄食	○	○	○	○	○	○	○	○	○	○	○	○	○	○	○	○	
总计																	完全消耗
总计																	消耗一半

图 40.1 诱饵层片测定生物活性的数据记录表。完全倒空（完全消耗）的孔，在圆圈中涂色，消耗一半的孔在圆圈中画斜线。每个条带上完全消耗和消耗一半的孔数在右侧计数，每个土层深度的在表格底部计数（由 J. Miller 设计，加拿大农业与农业食品学会，伦敦，安大略省）。

（2）可以用数字扫描仪对每组条带进行永久记录。每组条带的扫描图像可以用来作为人工记录的质检及做展示材料。

（3）记录完成之后，条带可以清洗干净以备循环使用。将条带浸泡在水中过夜，用牙刷或小刷子将孔洞中的残留物清理干净，晾干后重新填充诱饵循环使用。

（4）空白和被消耗一半的孔洞数量数据制成表格并分析，以确定以 0.5 cm 为间隔 8 cm 深的生物活性或摄食活性。

40.3.7　注意事项

（1）诱饵混合物的配方基于诱饵薄层试验标准化协议，该试验记载在德国布伦瑞克的一个工场里（Larink 和 Kratz，1994；Helling 等，1998）。评估土壤生物活性的特定组分，包括毒理学研究或与土壤修复相关研究时，可以设计其他的诱饵混合物。

（2）处理诱饵混合物时，糊状物会逐渐变干，加几滴水使其保持一致。将没用到的糊状物用保鲜膜或容器盖住以减缓其变干。如果糊状物剩了很多，将其放到冰箱中保存过夜，否则扔掉。不要让诱饵材料保存超过一天，免得长霉或滋生细菌。每次都使用新鲜的混合物以得到最好的结果。

（3）确保条带中任何孔洞都不透光是非常重要的，因为这是很关键的基准。确定生物活性范围的测验基于计数那些诱饵被土壤生物摄食的孔洞。因此，每个洞都必须完全填满并且没有干缩裂缝。变干之后，诱饵材料会非常牢固地黏在条带中，即使条带稍微弯曲，孔中的诱饵材料也不应弹出。

（4）当将条带插入较湿并松散的土壤中达到 10 cm 及以上时，可以用手一个个将条带推进土壤中，但大多数情况下，需要用探针做个导孔。注意：如果土壤较紧实，钢探针应足够结实，以免用小锤子（908 g）敲进土壤中的时候弯曲或折断。最好等到土壤水分足够多，大多数土壤中探针都可以用手推进去的时候进行。

（5）上述描述的田间放置方法基于将条带插入土壤表层，这是最常用的。其他的插入方法包括在选定的深度水平地插入条带或用于温室盆栽研究。

（6）条带通常放在土壤中两周（文献建议时间）后取出，目标是实现一个平衡：一方面，要有足够多被消耗完全的孔洞以至于处理间的差异明显，另一方面，条带不能放在土壤中太长时间，以至于每个条带上的每个孔都被耗尽，导致所有处理效果都无法比较。根据土壤条件和项目需求，可以选择较长和较短时间。最好的监测条件是 15 cm 表层土壤温度为 10～20℃，土壤湿度在稍微湿润到田间持水量范围。通常来说，在加拿大，春秋季这种土壤湿度和温度条件比较合适。如果一年中或几年内，相同的地点被观测过好几次，为了获得一致性的比较，以后的每次采样要尽可能近地保持相同的时间间隔。随着时间变化，不同的采样周期提供了不同温度和水分条件下的平均生物活性。对于第一年监测的新样点的策略是：多次采样（设置时间周期）来确定不同温度和水分条件下的潜在活性。例如，春季和秋季的结果可能不一样，初秋（初春）与晚秋（晚春）也可能不一样。

（7）当监测一个新样点时，可以在样点放置额外的条带，并定期检查其进程。可以在两周之后取出一组实验条带，来评估空白孔洞的数量。如果猜测新样点生物活性非常高，并且有最适宜的温度和水分，实验条带应早点检查（如第一周后）。如果超过 10 个条带上面有多于 40% 的孔被耗尽，那应该将条带提前取出（不到两周）。如果 16 个条带中只有少量（<20%）的孔洞是空白的，那将条带再多放一周比较好，尤其是当我们从土壤生物群落丰度的其他数据中，有理由相信该区域的潜在活性会很高的时候。

（8）尽管有证据表明群落密集，但其活性低，也就是说只能找到很少空白孔洞的地方，经常是由于在开始两周监测时间内，顶层 10 cm 土壤的水分和温度没有达到最适条件，尤其是炎热和干旱或者非常湿润或非常干旱的水分条件与低温相结合的条件。此外，有些类型的土壤，例如有机质含量很低的粗砂中，土壤生物区系的多样性和丰富度自然都很低。

（9）田间监测的方法至少要放置 3 组重复的条带以实现数据分析，从而确定平均值，标准差及标准误等。例如，在一个田间试验中放置 3 个或多个重复，或者使用田间区组试验设计，每个区组每种处理至少有 1 组作为重复。一组可使用少于 16 个条带，但必须要评估每组条带数量的减少对结果数据有没有显著影响。

参 考 文 献

Andrén, O., Steen, E., and Rajkai, K. 1992. Modelling the effect of moisture on barley straw and root decomposition in the field. *Soil Biol. Biochem.* 24: 727-736.

Baker III, T.T., Lockaby, B.G., Conner, W.H., Meier, C.E., Stanturf, J.A., and Burke, M.K. 2001. Leaf litter decomposition and nutrient dynamics in four southern forested floodplain communities. *Soil Sci. Soc. Am. J.* 65: 1334-1347.

Beare, M.H., Wilson, P.E., Fraser, P.M., and Butler, R.C. 2002. Management effects on barley straw decomposition, nitrogen release, and crop production. *Soil Sci. Soc. Am.* J. 66: 848-856.

Blair, J.M. 1988. Nitrogen, sulphur and phosphorus dynamics in decomposing deciduous leaf litter in the southern Appalachians. *Soil Biol. Biochem.* 20: 693-701.

Bocock, K.L. and Gilbert, O.J.W. 1957. The disappearance of leaf litter under different woodland conditions. *Plant Soil* 9: 179-185.

Burgess, M.S., Mehuys, G.R., and Madramootoo, C.A. 2002. Decomposition of grain-corn residues (*Zea mays* L.): A litterbag study under three tillage systems. *Can. J. Soil Sci.* 82: 127-138.

Burgess, M.S., Mehuys, G.R., and Madramootoo, C.A. 2003. Nitrogen dynamics of decomposing corn residue components under three tillage systems. *Soil Sci. Soc. Am. J.* 66: 1350-1358.

Christensen, B.T. 1985a. Decomposability of barley straw: Effect of cold-water extraction on dry weight and nutrient content. *Soil Biol. Biochem.* 17: 93-97.

Christensen, B.T. 1985b. Wheat and barley straw decomposition under field conditions: Effect of soil type and plant cover on weight loss, nitrogen, and potassium content. *Soil Biol. Biochem.* 17: 691-697.

Christensen, B.T. 1986. Barley straw decomposition under field conditions: Effect of placement and initial nitrogen content on weight loss and nitrogen dynamics. *Soil Biol. Biochem.* 18: 523-529.

Cogle, A.L., Saffigna, P.G., Strong, W.M., Ladd, J.N., and Amato, M. 1987. Wheat straw decomposition in subtropical Australia. I. A comparison of ^{14}C labelling and two weight-loss methods for measuring decomposition. *Aust. J. Soil Res.* 25: 473-479.

Cortez, J. and Bouché, M.B. 1998. Field decomposition of leaf litters: earthworm-microorganism interactions-the ploughing effect. *Soil Biol. Biochem.* 30: 795-804.

Curry, J.P., Bolger, T., and Purvis, G. 1998. Special Issue XII International Colloquium on Soil Zoology: Soil Organisms and Soil Resource Management. Dublin, 22-26 July, 1996. *Appl. Soil Ecol.* 9: 1-543.

Curry, J.P. and Byrne, D. 1997. Role of earthworms in straw decomposition in a winter cereal field. *Soil Biol. Biochem.* 29: 555-558.

Curtin, D. and Fraser, P.M. 2003. Soil organic matter as influenced by straw management practices and inclusion of grass and clover seed crops in cereal rotations. *Aust. J. Soil Res.* 41: 95-106.

Fox, C.A., Topp, E., Mermut, A., and Simard, R. 2003. Soil biodiversity in Canadian agroecosystems. *Can. J. Soil Sci.* 83 (Special Issue): 227-336.

Harmon, M.E., Nadelhoffer, K.J., and Blair, J.M. 1999. Measuring decomposition, nutrient turnover, and stores in plant litter. In:

G.P. Robertson, D.C. Coleman, C.S. Beldsoe, and P. Sollins, eds., *Standard Soil Methods for Long-term Ecological Research*. Oxford University Press, New York, 202-240.

Helling, B., Pfeiff, G., and Larink, O. 1998. A comparison of feeding activity of collembolan and enchytraeid in laboratory studies using the bait lamina test. *Appl. Soil Ecol.* 7: 207-212.

Heneghan, L., Coleman, D.C., Zou, X., Crossley, D.A., Jr., and Haines, B.L. 1998. Soil microarthropod community structure and litter decomposition dynamics: A study of tropical and temperate sites. *Appl. Soil Ecol.* 9: 33-38.

Henriksen, T.M. and Breland, T.A. 1999. Decomposition of crop residues in the field: evaluation of a simulation model developed from microcosm studies. *Soil Biol. Biochem.* 31: 1423-1434.

Herrick, J.E. 1995. Simple method for the determination of mass loss rates for soil-contaminated samples in decomposition studies. *Pedobiologia* 69: 74-77.

Idol, T.W., Holzbaur, K.A., Pope, P.E., and Poder, F., Jr. 2002. Control-bag correction for forest floor litterbag contamination. *Soil Sci. Soc. Am. J.* 66: 620-623.

Knacker, T., Förster, B., Römbke, J., and Frampton, G.K. 2003. Assessing the effects of plant production products on organic matter breakdown in arable fields-litter decomposition test systems. *Soil Biol. Biochem.* 35: 1269-1287.

Kratz, W. 1998. The bait-lamina test. *Environ. Sci. Pollut. Res.* 5: 94-96.

Kurz-Besson, C., Coûteaux, M.-M., Thiéry, J.M., Berg, B., and Remacle, J. 2005. A comparison of litterbag and direct observation methods of Scots pine needle decomposition measurement. *Soil Biol. Biochem.* 37: 2315-2318.

Larink, O. 1993. Bait lamina as a tool for testing feeding activity of animals in contaminated soils. In: M.H. Donker, H. Eijsackers, and F. Heimbach, eds. *Ecotoxicology of Soil Organisms*. Lewis Publishers, Boca Raton, FL, 339-345.

Larink, O. and Kratz, W. 1994. KöderstreifenWorkshop in Braunschweig-ein Resümee. Braunschw. *Naturkundl. Schr.* 4: 647-651.

Lawrence, K.L. and Wise, D.H. 2000. Spider predation on forest-floor Collembola and evidence for indirect effects on decomposition. *Pedobiologia* 44: 33-39.

Moore, A.M. 1986. Temperature and moisture dependence of decomposition rates of hardwood and coniferous leaf litter. *Soil Biol. Biochem.* 18: 427-435.

Phillipson, J. 1971. Methods of study in quantitative soil ecology: population, production and energy flow. In: *IBP Handbook No. 18*. Blackwell Scientific Publications, Oxford, UK, 297.

Potthoff, M. and Loftfield, N. 1998. How to quantify contamination of organic litter bag material with soil? *Pedobiologia* 42: 147-153.

Quested, H.M., Callaghan, T.V., Cornelissen, J.H.C., and Press, M.C. 2005. The impact of hemiparasitic plant litter on decomposition: direct, seasonal and litter mixing effects. *J. Ecol.* 93. 87-98.

Robinson, C.H., Dighton, J., Frankland, J.C., and Roberst, J.D. 1994. Fungal communities on decaying wheat straw of different resource qualities. *Soil Biol. Biochem.* 26: 1053-1058.

Rustad, L.E. 1994. Element dynamics along a decay continuum in a red spruce ecosystem in Maine, USA. *Ecology* 75: 867-879.

Singer, A.C., Jury, W., Luepromchai, E., Yahng, C.-S., and Crowley, D.E. 2001. Contribution of earthworms to PCB remediation. *Soil Biol. Biochem.* 33: 765-776.

Taylor, B.R. 1998. Air-drying depresses rates of leaf litter decomposition. *Soil Biol. Biochem.* 30: 403-412.

Tian, G., Brussard, L., Kang, B.T., and Swift, M.J. 1997. Soil fauna-mediated decomposition of plant residues under constrained environmental and residue quality conditions. In: G. Cadisch and K.E. Giller, eds. *Driven by Nature. Plant Litter Quality and Decomposition*. CAB International, Wallingford, UK, 125-134.

von Törne, E. 1990. Assessing feeding activities of soil living animals: 1. Bait-lamina tests. *Pedobiologia* 34: 89-101.

Vreeken-Buijs, M.J. and Brussaard, L. 1996. Soil mesofauna dynamics, wheat residue decomposition and nitrogen mineralization in buried litterbags. *Biol. Fert. Soils.* 23: 374-381.

Wardle, D.A., Nicholson, K.S., and Rahman, A. 1994. Influence of herbicide applications on the decomposition, microbial biomass, and microbial activity of pasture shoot and root litter. *N.Z. J. Agric. Res.* 37: 29-39.

Wardle, D.A., Yeates, G.W., Watson, R.N., and Nicholson, K.S. 1993. Response of soil microbial biomass and plant litter decomposition to weed management strategies in maize and asparagus croppingsystems. *Soil Biol. Biochem.* 25:857-868.

Wieder, R.K. and Lang, G.E. 1982. A critique of the analytical methods used in examining decomposition data obtained from litterbags. *Ecology* 63: 1636-1642.

Yadvinder-Singh, Bijay-Singh, Ladha, J.K., Khind, C.S., Khera, T.S., and Bueno, C.S. 2004. Effects of residue decomposition on productivity and soil fertility in rice-wheat rotation. *Soil Sci. Soc. Am. J.* 68: 854-864.

（张倩 译，徐建明 校）

第41章 土壤ATP

R.P. Voroney

University of Guelph

Guelph, Ontario, Canada

G. Wen

Lemington, Ontario, Canada

R.P. Beyaert

Agriculture and Agri-Food Canada

London, Ontario, Canada

41.1 引　言

三磷酸腺苷（Adenosine 5'-triphosphate，ATP）的测定采用荧光素荧光酶法，此法长时间地被用来测定土壤和沉积物中的微生物生物量（Karl 和 LaRock，1975；Jenkinson 等，1979；Verstraete 等，1983；Maire，1984）。早期研究表明土壤ATP总量与土壤微生物生物量碳有关，土壤微生物生物量碳通常用氯仿熏蒸-培养法或者熏蒸-提取法测定（Tate 和 Jenkinson，1982；Jenkinson，1988）。已有研究表明土壤的生物量碳与ATP的比值一般维持在150～200（de Nobili 等，1996）。近期研究报道了存在14个农田土壤中土壤生物量碳与ATP的比值达到了208～217（Martens，2001），土壤生物量碳ATP浓度为11 μM ATP g^{-1} C_{mic}（Contin 等，2002），11.4 μM ATP g^{-1} C_{mic}（Dyckmans 等，2003），以及 11.7 μM ATP g^{-1} C_{mic}（Jenkinson 等，1988），这些结果与～6.1 mg ATP g^{-1} C_{mic} 或者土壤微生物量碳与ATP的比值为164相当（假设无水三磷酸腺苷镁盐分子量为553.8）。

除了微生物生物量的测定方法，研究者们还经常用ATP和ATP相关的测定方法来观测土壤环境对微生物和生化进程的影响（Dilly 和 Nannipieri，2001；Wen 等，2001；Joergensen 和 Raubuch，2002；Raubuch 等，2002；Shannon 等，2002；Joergensen 和 Raubuch，2003）。另外，研究常年施用富含重金属的污泥和矿场工厂废弃物对土壤的影响时也常用到ATP测定方法（Chander 等，2001；Renella 等，2003）。Nannipieri 等（1990）在综述中指出土壤ATP含量也可以作为一种微生物活性指标，因为其可以在几分钟内对外界环境变化做出响应，相比其他方法可以检测到更微小的变化。

ATP是活细胞中一种极不稳定的成分，从死细胞释放以后容易迅速被水解（$t_{1/2}<1$ h）（Webster 等，1984）。土壤ATP测定时可能会遇到以下潜在问题：①仍有活性的ATP酶参与到ATP合成降解过程中；②ATP的溶解性决定了活细胞的最大释放量；③释放的ATP被土壤有机无机成分水解；④土壤胶体吸附释放的ATP；⑤ATP的共沉淀反应；⑥提取ATP的所用到的多种可溶性试剂会干扰检测；⑦试验中有物质抑制荧光素酶或其他发光组分（Eiland，1983；Webster 等，1984；Wen 等，2001）。

Webster 等（1984）提出了磷酸（Phosphoric acid，PA）法来测定土壤ATP，这种方法克服了之前测定方法的一些问题，使ATP得回收率大大提高（Vaden 等，1987）。对比试验表明用磷酸与用三氯乙酸（Trichloroacetic acid，TCA）-磷酸盐-百草枯（Ciardi 和 Nannipieri 1990）提取土壤ATP的效果是相同的，鉴于两种提取方法效果相同，且磷酸法的试剂简单，其低毒性、低致癌性、低致突变，大大减少了暴露与环境风险，我们建议采用 PA 法作为提取土壤 ATP 的最佳方法。本文中介绍的方法主要来源于 Webster 等（1984）提出的方法，同时综合了 Vaden 等（1987）和 Wen 等（2005）在后来作出的一些改进。土壤 ATP 提取主要采用了经典的荧光素-荧光酶系统。

41.2 土壤 ATP 测定方法

41.2.1 土壤采样和预处理

将田间采集的鲜土过 2 mm 筛，除去粗矿质颗粒和植物残体，拣去植物根系和残留物，保证土壤样品的均一稳定。可以在田间自然持水量的条件下对土壤进行分析，也可以用蒸馏水（1 型）将土壤含水量调节至田间饱和持水量（-60 kPa 水势下的土壤含水率）的 50%。由于采样及过筛等过程对土壤微生物生物量和微生物活性有一定的影响，因此提取 ATP 前土壤应该在实验室条件下预培养一段时间（5~7 天）（Tate 和 Jenkinson，1982；Nannipieri 等，1990）。

41.2.2 试剂

（1）Tris 缓冲液（pH 值 10.66，0.1 M）：称取 12.11 g 三（羟甲基）氨基甲烷（Tris (hydroxymethyl) aminomethane）溶于水，定容至 1 L。

（2）4-羟乙基哌嗪乙磺酸（HEPES）缓冲液（pH 值 7.75，25 mM）：称取 5.96 g HEPES 溶解于约 900 mL 水中，用 1 M 氢氧化钠溶液调节 pH 值至 7.75，定容至 1 L。

（3）ATP 分析混标稀释缓冲液：将 ATP 分析混标稀释缓冲液（Sigma-Aldrich）与 50 mL 水混合。考虑到每个样品测定需要 100 μL ATP 分析混标稀释缓冲液，10 mL 缓冲液足够完成 100 次测定。此外 ATP 标准曲线也需要利用该缓冲液制备。

（4）荧光素-荧光素酶溶液：将 ATP 分析混标液（Sigma-Aldrich）与 5 mL 冰水混合（装在 30~50 mL 细口瓶中）。酶溶液静置 10 min 后，将 ATP 分析混标液加入 20 mL ATP 分析混标稀释缓冲液中。酶溶液在使用之前需放置在冰上 1 h。

（5）PA 提取液（1 L），将下列试剂依次混合：

a. 340 mL 芦布若尔（聚乙二醇十六烷基醚）(MP Biomedicals, Inc.)溶液：取 5 g 芦布若尔于 340 mL 水中，加热至 45℃~50℃。

b. 200 mL 3.33 M 磷酸溶液。

c. 200 mL 10 M 尿素（加热搅拌溶解）。

d. 200 mL 二甲基亚砜（dimethyl sulfoxide，DMSO）。

e. 40 mL 5 mg L^{-1} 腺苷溶液（Sigma-Aldrich）。

将混合液加热至 35℃，加入 20 mL 1 M EDTA。提取液保存温度不宜过低（>25℃），配制后尽快使用防止 EDTA 沉淀。

1 M EDTA 溶液：取 18.612 g 乙二胺四乙酸二钠和 2.248 g 氢氧化钠溶于水中，用约 7 mL 1 M 氢氧化钠溶液调节 pH 值至 7.8~8.0，定容至 50 mL。EDTA 溶液需要在加热提取混合物前配好。芦布若尔溶液保存温度需大于 35℃（Vaden 等 1987）。

（6）ATP 标准溶液：将含有约 1 mg（2 μM）的磷酸腺苷钠（分子量 551.1）试剂（Sigma-Aldrich）与 10 mL 冷水混合，得到含有约 0.2 mM ATP（具体含量见试剂标签）的溶液。此 ATP 标准溶液可以分开保存，每份 0.5 mL（保存在 4 mL 的带盖塑料瓶中），如果不立刻使用需置于-15℃冰冻保存。

（7）ATP 标准曲线是 ATP 浓度与相对光单位（relative light units，RLU）的关系曲线，用 ATP 分析混标稀释缓冲液制备。作为反应混合体系的组分时，一般配制的曲线浓度范围为 0～60 pM ATP assay^{-1}。取 0.1 mL ATP 标准溶液用水定容至 10 mL 制备为 ATP 工作标准溶液，再取 0.1 mL 该工作标准溶液用 ATP 分析混标稀释缓冲液定容至 10 mL，得到的溶液含有 20 pM ATP mL^{-1}，完全混合，在冰上保存。利用上述 ATP 溶液按照表 41.1 制备标准曲线溶液。在反应溶液中，用不同体积的 ATP 溶液来替代 ATP 分析混标稀释缓冲液（100 μL）。以 ATP 标准浓度的对数为自变量，经过荧光素-荧光素酶反应得到的 RLU 的对数为因变量，做出一条相关曲线。

表 41.1 ATP 标准曲线

ATP 标准曲线浓度 (pM ATP assay^{-1})	ATP 工作标准溶液体积 (μL)	ATP 分析混标稀释缓冲液体积 (μL)
0	0	1000
0.1	50	950
0.2	100	900
0.3	150	850
0.4	200	800
0.5	250	750
0.6	300	700

（8）为了测定回收率需配制 ATP 加样溶液，取 0.3 mL ATP 标准溶液与 0.3 mL HEPES 缓冲液混合，得到含有 0.10 uM ATP mL^{-1} HEPES 的 ATP 加样溶液，于冰上保存。

（9）将土壤高压灭菌后用来制备 ATP 标准曲线，取 5 g 土壤（烘干重）于 100 mL 玻璃离心管中，随即 121℃高压灭菌 20 min。冷却后盖上盖子冰冻存储。使用时解冻，提取步骤与下文中提取鲜土中 ATP 相同。

41.2.3 提取步骤

（1）分别称取三份 5 g（干土重）鲜土于 100 mL 玻璃离心管中（配有旋盖），加入 50 mL 提取液，轻轻振荡，置于冰浴中。

（2）ATP 回收率测定：将 50 uL ATP 标准液（含 5nM ATP）加到含 5 g 土和 50 mL 提取物的离心管中，常规冰浴里振荡摇均。对照十样为仅含 50 uL HEPES 缓冲液的 5 g 土壤和 50 mL 提取物，也存放在离心管里。

（3）在土壤中加入提取液后，利用带有不锈钢尖端的 Brinkmann 均质机（PTA 20S，Kinematica）超声 1 min 混合均匀，或者利用带有直径为 12.5 mm 探头的 20 kHz 140W 的 Branson 细胞破碎仪（Model 200）超声破碎 2 min。在超声过程中，离心管应处在冰浴中且用塑封膜封口防止喷溅。（两个土壤样品之间，探头需要用水清洗，且在机器运行的情况下快速清洗，再干燥。）盖好离心管置于腕式振荡器（180 冲次 min^{-1}）上振荡 30 min，随后在 4℃条件下离心（31000 g，20 min）。

（4）移取 0.2 mL 上清液于 4 mL 玻璃样品杯中，用 3.2 mL Tris 缓冲液中和。

（5）在分析 ATP 标准品时也需要采用中和高压灭菌土壤提取物（或未加土壤的提取液）的相同步骤操作。

（6）中和过的提取液需保存在 4℃条件下或者即刻冷冻置于-15℃条件下直至 ATP 测定。冷冻保存的提取液在测定前置于 4℃解冻。

41.2.4 测定步骤

（1）最终反应混合液的测定步骤（325 uL，总计），以下溶液按顺序依次加入反应池中。

a. 100 uL 水。

b. 100 uL 纯 ATP 标准稀释缓冲液。

c. 25 uL 中性土壤提取液。

d. 100 uL 荧光素-荧光素酶溶液；反应池立即置于仪器中测定。

（2）ATP 标准曲线最终反应混合液（325 uL，总计）的测定步骤，以下溶液按顺序依次加入反应池中。

a. 100 uL 水。

b. 100 uL ATP 混合稀释缓冲液（含有 ATP 标准物质）。

c. 25 uL 中性高压灭菌土样提取物（最好是）或中性提取物。

d. 100 uL 荧光素-荧光素酶溶液；反应池立即置于仪器中测定。

（3）检测 ATP 浓度最可靠的方法是与光检测仪器联用，市售的光度计或设定为连续计数模式的液体闪烁计数仪（不重合模式）都可以用来测定 ATP。如果使用测光仪（Lumac Model 1070，Lumac Systems Inc. P.O. Box 2805, Titusville, FL 32780, USA），需提前 30 min 开机稳定系统。设定延迟时间为 5 s 避免错误读取荧光素-荧光素酶与 ATP 混合时产生的闪光。读数时间设定为 10 s。每个样本的测定要重复。同时，周期性的回测标准样品确保仪器稳定。如果电网不稳定，建议采用不间断电源来保证仪器的稳定性。

41.3　土壤 ATP 含量计算方法

41.3.1　材料与试剂

每个样品溶液中的 ATP 含量通过 ATP 标准曲线（以 ATP 标准浓度的对数为自变量，经过荧光素-荧光素酶反应得到的 RLU 的对数为因变量）计算得到（pM ATP assay^{-1}）。

41.3.2　土壤 ATP 回收率

利用 ATP 加样溶液测定的土壤 ATP 回收率，通过以下两个公式计算：

$$\text{回收率（RE）} = \frac{\text{加样溶液中测得的ATP含量}}{\text{加样溶液中实际的ATP含量}} \quad (41.1)$$

其中，

$$\text{加样溶液中测得的 ATP 含量} = (\text{土壤 ATP} + \text{加样溶液 ATP}) - \text{土壤 ATP 测定含量} \quad (41.2)$$

加样溶液中实际的 ATP 含量 = 0.1469 pM ATP。

41.3.3　分析液中土壤 ATP 含量

分析液中的土壤 ATP 含量通过溶液中 ATP 含量和回收率计算得：

$$\text{分析液中土壤ATP含量（pM assay}^{-1}\text{）} = \frac{\text{测得的ATP含量}}{\text{RE}} \quad (41.3)$$

41.3.4 土壤 ATP 含量

土壤 ATP 含量通过分析液中的 ATP 含量计算得到，中和提取液分析液（NE）为 25 uL，提取液总量为 3.4 mL，被中和的土壤提取液（SE）为 0.2 mL，土壤提取液为 50 mL，土壤含水量，土壤质量为 5 g，计算公式如下：

$$\text{土壤ATP}(pM\ g^{-1}\text{土}) = \frac{\text{土壤ATP}(pM)}{0.025\text{mL NE}} \times \frac{3.4\text{mL NE}}{0.2\text{mL SE}} \times \frac{(50+SW)\text{mL SE}}{5\text{g 土}} \quad (41.4)$$

式中，SW 是土壤含水量，计算公式如下：

$$\text{土壤含水量(SW)(mL)} = 5\ \text{g（烘干土）} \times \text{土壤含水率（\%）} \quad (41.5)$$

结果通常表示为 nM g^{-1} 土：

$$\text{土壤ATP}(nM\ g^{-1}\text{土}) = \frac{\text{土壤ATP}(pM\ g^{-1}\text{土})}{1000} \quad (41.6)$$

41.4 注意事项

（1）大部分实验中所用到的试剂，除了特别指出的，都容易获得并且都是分析纯级别的。所有的试剂配制都要用去离子水（1 型）。

（2）荧光素酶活性和发射波长受到 pH 值的影响，因此，调节土壤提取液到合适 pH 值对于分析灵敏度至关重要（Wen 等 2005）。

（3）ATP 标准曲线制备需要用到高温灭菌的土壤提取液，确保 ATP 标准液中的化学性质与土壤提取液中相同。

（4）需要严格控制反应混合液的 pH 值（约 7.75），提取液中组分的稀释可能影响酶的活性。

（5）保证玻璃器皿干净清洁，实验员需佩戴全新的手套防止外源 ATP 污染。所有试剂的 ATP 含量需低于 0.002 pM ATP mL^{-1}。

（6）利用此法测定土壤 ATP 较为准确，同一个土壤样品三个重复的测定结果差异在 0.05%水平下应保持在 5%～10%。

41.5 ATP 和微生物生物量

研究微生物生物量及其活性时，测定土壤 ATP 是一种非常灵敏的方法。此法测定快速，因此在环境快速改变的条件下依然可以用来测定土壤 ATP（湿法和干法，冷冻和干燥）。同时也可以用来测定采集于特定土壤微生物栖息地的样品，如团聚体表面和内部空间，以及根际等（Nannipieri 等，1990）。

土壤微生物生物量的平均生理水平可以通过测定腺苷酸能荷（Adenadenylate Energy Charge，AEC）得到（Brookes 等，1987；Vaden 等，1987；Raubuch 等，2002；Joergensen 和 Raubuch，2003；Raubuch 等，2006）。AEC 与腺苷酸浓度相关，计算公式如下：

$$AEC = \frac{[ATP] + 0.5[ADP]}{[ATP] + [ADP] + [AMP]} \quad (41.7)$$

式中，ATP、ADP、AMP 分别代表土壤中三磷酸腺苷、二磷酸腺苷、腺苷（一磷）酸的浓度（μ）酸的浓度（土）。鲜土中 AEC 含量通常为 0.70～0.95，风干土中为 0.4～0.5。

通过离子对反相高效液相色谱法（High-Performance Liquid Chromatography，HPLC）一次性测定三种腺苷酸是一种更有效率的分析方法（Dyckmans 和 Raubuch，1997）。

参 考 文 献

Brookes, P.C., Newcombe, A.D., and Jenkinson, D.S. 1987. Adenylate energy charge measurements in soil. *Soil Biol. Biochem.* 19: 211-217.

Chander, K.C., Dyckmans, J., Joergensen, R.G., Meyer, B., and Raubuch, M. 2001. Different sources of heavy metals and their long-term effects on soil microbial properties. *Biol. Fert. Soils* 34: 241-247.

Ciardi, C. and Nannipieri, P. 1990. A comparison of methods for measuring ATP in soil. *Soil Biol. Biochem.* 22: 725-727.

Contin, M., Jenkinson, D.S., and Brookes, P.C. 2002. Measurement of ATP in soil: correcting for incomplete recovery. *Soil Biol. Biochem.* 34: 1381-1383.

de Nobili, M., Diaz-Ravinãvin Diaz-Ravin-Ravin and Jenkinson, D.S. 1996. Adensoine 5'-triphosphate measurements in soils containing recently added glucose. *Soil Biol. Biochem.* 28: 1099-1104.

Dilly, O. and Nannipieri, P. 2001. Response of ATP content, respiration rate, and enzyme activities in an arable and a forest soil to nutrient additions. *Biol. Fert. Soils* 34: 64-72.

Dyckmans, J., Chander, K., Joergensen, R.G., Priess, J., Raubuch, M., and Sehy, U. 2003. Adenylates as an estimate of microbial biomass C in different soil groups. *Soil Biol. Biochem.* 35: 1485-1491.

Dyckmans, J. and Raubuch, M. 1997. A modification of a method to determine adenosine nucleotides in forest organic layers and mineral soils by ion-paired reverse-phase high performance liquid chromatography. *J. Microbiol. Methods* 30: 13-20.

Eiland, F. 1983. A simple method for quantitative determination of ATP in soil. *Soil Biol. Biochem.* 15: 665-670.

Jenkinson, D.S. 1988. Determination of microbial biomass carbon and nitrogen in soil. In: J.R. Wilson, ed. *Advances in Nitrogen Cycling in Agricultural Ecosystems.* CAB International, Wallingford, UK, 368-386.

Jenkinson, D.S., Davidson, S.A., and Powlson, D.S. 1979. Adenosine triphosphate and microbial biomass in soil. *Soil Biol. Biochem.* 11: 521-527.

Joergensen, R.G. and Raubuch, M. 2002. Adenylate energy charge of a glucose-treated soil without adding a nitrogen source. *Soil Biol. Biochem.* 34: 1317-1324.

Joergensen, R.G. and Raubuch, M. 2003. Adenylate energy charge and ATP-to-biomass C ratio in soils differing in the intensity of disturbance. *Soil Biol. Biochem.* 35: 1161-1164.

Karl, D.M. and LaRock, P.A. 1975. Adenosine triphosphate measurements in soil and marine sediments. *J. Fish. Res. Board Can.* 5: 599-607.

Maire, N. 1984. Extraction de l'adenosine triphosphate dans les sols: une nouvelle methode de calcul des pertes en ATP. *Soil Biol. Biochem.* 16: 361-364.

Martens, R. 2001. Estimation of ATP in soil: extraction methods and calculation of extraction efficiency. *Soil Biol. Biochem.* 33: 973-982.

Nannipieri, P., Grego, S., and Ceccanti, B. 1990. Ecological significance of the biological activity in soil. In: J.M. Bollag and G. Stotzky, eds. *Soil Biochemistry*, Vol. 6. Marcel Dekker, New York, NY, 293-355.

Raubuch, M., Campos, A., and Joergensen, G.R. 2006. Impact of cycloheximide addition on adenylates in soil. *Soil Biol. Biochem.* 38: 222-228.

Raubuch, M., Dyckmans, J., Joergensen, R.G., and Kreutzfeldt, M. 2002. Relation between respiration, ATP content, and adenylate energy charge (AEC) after incubation at different temperatures and after drying and rewetting. *J. Plant Nutr. Soil Sci.* 165: 435-440.

Renella, G., Reyes Ortigoza, A.L., Landi, L., and Nannipieri, P. 2003. Additive effects of copper and zinc on cadmium toxicity to phosphatase activities and ATP content of soil as estimated by the ecological dose (ED_{50}). *Soil Biol. Biochem.* 35: 1203-1210.

Shannon, D., Sen, A.M., and Johnson, D.B. 2002. A comparative study of the microbiology of soils managed under organic and conventional regimes. *Soil Use Manage.* 18: 274-283.

Tate, K.R. and Jenkinson, D.S. 1982. Adenosine triphosphate (ATP) and microbial biomass in soil: effects of storage at different temperature and different moisture levels. *Commun. Soil Sci. Plant Anal.* 13: 899-908.

Vaden, V.R., Webster, J.J., Hampton, G.J., Hall, M.S., and Leach, F.R. 1987. Comparison of methods for extraction of ATP from soil. *J. Microbiol. Methods* 7: 211-217.

Verstraete, W., van de Werf, H., Kucnerowicz, F., Ilaiwi, M., Verstraeten, L.M.J., and Vlassak, K. 1983. Specific measurement of soil microbial ATP. *Soil Biol. Biochem.* 15: 391-396.

Webster, J.J., Hampton, G.J., and Leach, F.R. 1984. ATP in soil: a new extractant and extraction procedure. *Soil Biol. Biochem.* 16: 335-342.

Wen, G., Voroney, R.P., Curtin, D., Schoenau, J.J., Qian, P.Y., and Inanaga, S. 2005. Modification and application of a soil ATP determination method. *Soil Biol. Biochem.* 37: 1999-2006.

Wen, G., Voroney, R.P., Schoenau, J.J., Yamamoto, T., and Chikushi, J. 2001. Assessment of ionic quenching on soil ATP bioluminescence reaction. *Soil Biol. Biochem.* 33: 1-7.

（虞梦婕 译，徐建明 校）

第42章 基于脂质的群落分析

K.E. Dunfiled

University of Guelph

Guelph, Ontario, Canada

42.1 引　言

土壤微生物群落复杂多样,在单个土壤样品中约有超过4000个细菌基因组(Torsvik等,1990;Amann等,1995)。但是,研究表明在标准条件下利用普通实验媒介培养的细菌数量甚至不到土壤细菌总量的1%(Torsvik等,1990;Ovreas和Torsvik,1998)。因此,选择一个不依赖于分离和培养的群落分析方法显得至关重要。直接从土壤中提取能够代表绝大多数细菌种群的细胞成分的方法逐渐得到广泛应用。这些方法根据直接从土壤中提取的细菌细胞成分,如脂质、核酸,来对微生物群落进行分析,从而不需要分离细菌细胞(Drenovsky等 2004)。本章将重点介绍基于脂质的群落分析。

细菌的脂质是主要存储能量的物质,也是细胞膜的重要组成成分,包括游离脂肪酸、碳氢化合物、脂肪醇和膜结合脂肪酸(如磷脂质、糖脂)(Kennedy,1994)。通常,细菌分类单元有特殊的脂肪酸组成,脂肪酸可用于细菌鉴定,也可作为微生物群落结构指示物质(White等,1979;Sasser,1990)。土壤微生物群落脂质分析是通过有机溶剂提取、高分辨率熔融石英毛细管色谱检测等一系列步骤来确定脂质特性的(Kennedy,1994)。通过将标准细菌脂肪酸的滞留时间与待鉴定细菌脂肪酸的进行对比,我们能够在类似夏洛克微生物鉴定系统(MIDI,纽华克股份有限公司)上可以鉴定未知脂肪酸。现在普遍应用的从土壤中提取脂质的方法有两种。脂肪酸甲酯(Fatty acid methyl ester,FAME)分析针对所有的土壤脂肪酸,而磷脂脂肪酸(Phospholipid fatty acid,PLFA)分析特别针对活性菌细胞中的磷脂脂肪酸。

脂肪酸甲酯分析耗时一天,用4步化学提取法使土壤样品中的所有脂质都皂化、甲基化,再通过提取FAMEs并利用色谱分析,最终得到土壤脂肪酸组成。为监测整体群落结构的变化,土壤FAME组成能够相互比较;同时,当采集的土壤样品环境条件相近时,FAME也能有较高的重现性(Haack等,1994)。MIDI-FAME分析能够较好地比较两个或更多的微生物群落,或不同耕地管理模式下的微生物群落,及不同作物耕作模式下的微生物群落((Klug和Tiedje,1993;Cavigelli,1995;Dunfield和Germida,2001、2003)。这个方法提取了所有活细胞和死细胞中的脂质,包括各种动植物及腐殖物质(Ibekwe和Kennedy,1999)。统计分析时,能够采用一些方法来减小来自植物和动物的脂肪酸的影响,如忽略已知植物脂肪酸,或去除链长超过20个碳的脂肪酸(相较于原核生物,这些脂肪酸更能代表真核生物)(Buyer和Drinkwater,1997;Fang等,2001)。但是,由于脂肪酸普遍存在于植物、动物及微生物体中,这个方法不能可靠地通过脂质生物标记物分析来作为微生物群落的分类学特征。

磷脂脂肪酸分析耗时6天,提取所有的脂肪酸,使用固相萃取从土壤脂质中分离出磷脂脂肪酸,将他们转化为FAMEs,最终通过色谱分析结果(Bligh和Dyer,1959;Bobbie和White,1980;Bossio和Scow,1998)。这个方法最大的优点是仅能提取出活细胞膜中的磷脂,因为细胞死后磷脂会分解;因此,PLFA的组成能够较好地描述土壤中存活的微生物群落情况(White等,1979;Zelles等,1992)。有些研究利用PLFA监测土壤整体微生物群落结构的变化(Bååth等,1992;Bossio和Scow,1998;Feng等,

2003）。而且，考虑到 PLFA 是来自活的微生物体，因此特定的生物标记物脂肪酸能够作为微生物特定种群的指示物质，提供土壤微生物群落的系统分类信息（Pankhurst 等，2001）。例如，羟基脂肪酸主要来源于如 *Pseudomonas* spp.的革兰氏阴性菌，然而，环丙烷脂肪酸可以作为其他的如 Chromatium、Legionella、Rhodospirillum 和 Campylobacter 等革兰氏阴性菌的指示物质（Harwood 和 Russell，1984；Wollenweber 和 Rietschel，1990；Cavigelli 等，1995）。支链脂肪酸（如 a 15:0）通常可作为革兰氏阳性细菌（*Clostridium* 和 *Bacillus* 等）的生物标记物（Ratledge 和 Wilkinson，1988；Ibekwe 和 Kennedy，1999）；而 18:3 w6、9、12c，这种脂肪酸的首次发现是在低等真菌中（Harwood 和 Russell，1984）。关于生物标记物脂肪酸用作生物分类的指示物质的详细调查在 Zelles（1999）的一篇已出版的综述可以看到。

MIDI-FAME（42.2）和 PLFA（42.3）这两种方法在本章都有介绍。两种方法的具体比较在近期发表的文献中也能找到（Pankhurst 等，2001；Petersen 等，2002；Drenovsky 等，2004）。总体来说，相较 MIDI-FAME，PLFA 能代表功能上更加明确的土壤脂质成分，尤其是在分析微生物群落组成时，PLFA 能在样品重复中提供更加一致的脂肪酸信息。但是 MIDI-FAME 的提取耗时较少，获得可靠的群落指纹所需要的样品量较少（Petersen 等，2002；Drenovsky 等，2004）。研究者在决定选用哪种方法时需考虑以上的比较，尤其是：①是否需要通过生物标记物对分类单元进行分析；②时间和样本大小是否受到限制。

42.2 脂肪酸甲酯法（Sasser，1990；经 Cavigelli 等改良为适用于土壤版本，1995）

42.2.1 材料和试剂

（1）带聚四氟乙烯盖子的 25 mL 试管。

（2）试剂 1（皂化试剂）。溶于 50%甲醇的 4 M NaOH 溶液。称取 45g NaOH 溶解于 150 mL 甲醇和 150 mL 蒸馏水中。

（3）涡旋仪。

（4）水浴（100℃）。

（5）试剂 2（甲基化试剂）。溶于 50%甲醇的 6.0 M HCl。将 325 mL 标定过的 6.0 M HCl 与 275 mL 甲醇混合。

（6）水浴（80±1℃）。

（7）冷水浴。

（8）试剂 3（萃取试剂）。1:1（v/v）的正己烷：甲基叔丁基醚。200 mL 正己烷与 200 mL 甲基叔丁基醚混合。

（9）旋转震荡器。

（10）离心机。

（11）巴斯德吸量管。注意：用火焰灼烧去除污染物。

（12）带聚四氟乙烯盖子的 15mL 试管。

（13）试剂 4（洗脱试剂）。0.3 M NaOH。称取 10.8 g NaOH 溶解于 900 mL 蒸馏水中。

（14）气相色谱（GC）进样瓶。

（15）GC 测样要求包括：25 m（5%苯基）-聚甲基硅氧烷柱，程序设定从 170℃以 2℃/min 的速度升高到 260℃，配备火焰离子检测器和积分器。

（16）氢气（99.999%纯度）。

(17) 氮气（99.999%纯度）。
(18) 空气，工业纯，干燥。
(19) 装有 MIDI-Sherlock 峰鉴定软件的电脑（Microbial ID Inc., Newark, DE）。

42.2.2 步骤

(1) 称取 5 g 干土加入 25 mL 带聚四氟乙烯盖子的试管。

(2) 加入 5 mL 试剂 1 使脂肪酸皂化。涡旋 10 s。在 100℃下培养 5 min。涡旋 10 s。在 100℃下培养 25 min。冷却至室温。

(3) 加入 10 mL 试剂 2。调节溶液 pH 值至 1.5 以下，使脂肪酸发生甲基化反应。涡旋 10 s。在 80℃下培养 10 min。在冷水浴中迅速冷却。

(4) 加入 1.5 mL 试剂 3。这个步骤是将 FAMEs 提取至有机相中，用于 GC 测定。旋转振荡器上震荡 10 min。121 g 条件下离心 5 min。将顶层液体转移至 15 mL 试管中。

(5) 加入 3.0 mL 试剂 4。洗脱样品，减少进样口衬管、柱子和检测器中的污染物。旋转振荡器上震荡 5 min。129 g 条件下离心 3 min。将顶层液体转移至进样瓶。

(6) 用 GC 分离检测 FAMEs。GC 测定条件用 MIDI Sherlock 程序控制。进样量：2 μL；温度设定：初始 170℃以 2℃/min 升温至 260℃；H_2 作为载气，N_2 作为补充气体，空气作为维持燃烧的气体。出峰使用细菌标准脂肪酸鉴定，样品的分析使用 MIDI Sherlock 鉴定软件。

42.2.3 注意事项

(1) 所有试剂必须达到色谱纯。

(2) 第二步的时候需要注意：试管中的液体可能会沸腾，小心不要溅出，溅出可能导致脂肪酸的挥发和溢出（Schutter 和 Dick 2000）。

(3) 所有玻璃器皿需要蒸馏水洗净，在马弗炉中 450℃下灼烧至少 4 h 以去除所有脂质。

42.3 磷脂脂肪酸分析法（Bligh 和 Dyer，1959；经 Bossio 和 Scow 修正，1998；Smithwick 等，2005）

42.3.1 脂肪酸萃取

1. 材料和试剂

(1) 聚四氟乙烯离心管。

(2) 单一相混合提取剂，1:2:0.8（v/v/v）氯仿：甲醇：磷酸缓冲液。

(3) 磷酸缓冲液（1 M）。39 mL 1M K_2HPO_4，61 mL KH_2PO_4，定容至 1 L，调节 pH 值至 7.0。

(4) 振荡器。

(5) 离心机。

(6) 分液漏斗。

(7) 氯仿（$CHCl_3$）。

(8) 玻璃试管。

(9) 通风橱。

(10) 真空抽滤装置。

(11) 压缩氮气缸。

2. 步骤

（1）称取 8 g 冷冻干燥后的土，加入聚四氟乙烯离心管中。

（2）加入 23 mL 单一相混合提取剂。遮光震荡 2 h。756 g 条件下离心 10 min。将上清液倒入分液漏斗中。

（3）再加入 23 mL 单一相混合提取剂到土样中，震荡 30 min。756 g 条件下离心 10 min。倒出上清液，与步骤 2 得到的上清液混合。

（4）加入 12 mL 磷酸缓冲液和 12 mL 氯仿使上清液更好地混合起来。涡旋 1 min 并定期排气。黑暗中静置过夜，使各个相能够完全分离。

（5）（此步骤在通风橱中操作）利用真空抽滤装置除去上层液体。将底部氯仿层倒入装有脂质的干净玻璃试管中，并在 32℃下氮吹至干燥。

（6）加入 0.5 mL 氯仿用来洗脱脂质。涡旋使残留的脂肪酸溶解，并转移至干净的玻璃试管。此步骤重复 4 次（最终得到 2 mL 液体）。最后将样品完全干燥。

3. 注意事项

（1）所有玻璃器皿必须保证干净，需要在马弗炉中 450℃下灼烧至少 4 h 以去除所有脂质。清洗掉与正己烷混合后不耐热的物质。

（2）如果在步骤 6 中出现了絮状物，表明样品中含有水。水会攻击脂肪酸中的双键。因此，一滴滴地加入甲醇直到溶液澄清，这样才能继续步骤 6（Balser，2005）。

42.3.2 磷脂的固相提取

1. 材料和试剂

（1）装有 0.5 g 二氧化硅的固相萃取柱。

（2）氯仿。

（3）丙酮。

（4）甲醇。

（5）玻璃试管。

（6）压缩氮气缸。

2. 步骤

（1）用 0.50 g 二氧化硅填充固相萃取柱。用 3 mL 氯仿稳定柱子。

（2）加入 250 μL 氯仿溶解玻璃试管中的干燥脂质。转移至柱子中。重复 4 次（最终体积 1 mL）。

（3）加入 5 mL 氯仿至柱子，利用重力使其排干。流出的成分主要包括中性的脂质，可以保存下来做后续分析，也可以直接倒掉。

（4）加入 5 mL 丙酮至柱子，利用重力使其排干。重复 1 次（最终体积 10 mL）。流出的成分主要包括糖脂，可以保存下来做后续分析，也可以直接倒掉。

（5）加入 5 mL 甲醇至柱子，利用重力使其排干。流出成分主要包括磷脂，收集起来并在 32℃氮气环境下干燥。

3. 注意事项

研究人员有时会想研究其他组分，如果需要分析真菌生物质的固醇物质，可以将步骤 3 中的组分保存下来；如果需要分析聚羟基脂肪酸（PHAs），可以将步骤 4 的组分保存下来（White 和 Ringelberg，1998）。

42.3.3 （弱碱性甲醇条件下）脂肪酸甲酯的转换

1. 材料和试剂

（1）1∶1（v/v）甲醇：甲苯。100 mL 的甲醇与 100 mL 的甲苯加入正己烷冲洗过的瓶子。

（2）甲醇配的 0.2 M KOH，现配现用。称取 0.28 g KOH 溶解于 25 mL 甲醇。

（3）涡旋仪。

（4）超纯水。

（5）1 M 醋酸。取 58 mL 冰醋酸于 1 L 容量瓶中，定容至 1 L。

（6）正己烷。

（7）离心机。

（8）棕色 GC 进样瓶。

（9）压缩氮气缸。

（10）19:0 甲酯溶解于正己烷（25 ng mL^{-1}）。

（11）带玻璃衬管的 GC 进样瓶。

2. 步骤

（1）将干燥的磷脂重新溶解于 1 mL 的 1:1 甲醇：甲苯和 1 mL 0.2 M 甲醇溶解的 KOH。稍微涡旋。37℃下培养 15 min。冷却至室温。

（2）加入 2 mL 水，0.3 mL 1 M 醋酸和 2 mL 正己烷来提取 FAMEs。将液体摇匀，并涡旋 30 s。484 g 下离心 5 min 分离各相。去除正己烷（顶层），并转移至棕色 GC 进样瓶。

（3）洗脱从步骤 2 得到的液相物质，加 2 mL 正己烷去除底层残留的 FAMEs。将液体摇匀，并涡旋 30 s。480 g 下离心 5 min 分离有机各相。去除正己烷（顶层），并转移至装有步骤 2 中提取的 FAMEs 的 GC 进样瓶中。室温下氮气环境干燥样品，并在−20℃下黑暗中保存。

（4）取样品溶解于 150 μL 的 19:0 甲酯溶解于正己烷（25 ng mL^{-1}）溶液中作为内标，并转移至带有玻璃衬管的 GC 进样瓶中。

42.3.4 气相色谱分析

磷脂脂肪酸样品用 MIDI-FAME 软件设定的程序通过气相色谱分析（42.2.2 的步骤 6）。

42.4 脂肪酸数据的处理

42.4.1 脂肪酸鉴定

GC 分析后 FAMEs 可以使用 Sherlock 微生物鉴定系统（MIDI Inc., Newark, DE）来鉴定脂肪酸，比如通过分析等效链长（equivalent chain length, ECL）值来鉴定。直链饱和脂肪酸的等效链长与 FAME 链中碳原子个数一致（如 11∶0 = ECL 11.000）。因为每个 FAME 的 ECL 都是一个特殊的常数，所以可以通过已知的 ECL 值来在 FAMEs 库中搜索出相应的 FAME（White 和 Ringelberg，1998）。

42.4.2 命名

科学术语中对脂肪酸的命名通常用以下形式：A∶B ωC。其中，A 代表碳原子总数，B 代表双键个数，ωC 代表双键在分子甲基端的位置。

42.4.3 数据分析

多变量分析如主成分分析（Principal Components Analysis，PCA）通常用来比较土壤微生物群落的脂肪酸组成。PCA 可以用来总结每个样品测定后多变量的情况（Cavigelli 等，1995）。尤其在分析单一土壤超过 40 种脂肪酸的样品时，此方法十分有用。我们还可以用方差分析比较平均峰面积或每个处理的脂肪酸含量占总体的百分比，但是这个处理会比较耗时，也缺乏生态学意义。PCA 将所有原始的变量（脂肪酸）转化成最能代表原始信息的一些重要变量（主成分）（Dunteman，1989）。根据方差将主成分（Principal Components，PC）进行分级，选取最能代表原始数据的变量。数据中的那些代表变量在 PC 图中可以直观地看出来，这个图会将 1~3 个 PC 的得分在二维或三维中表示出来。PC 图通常直接能够根据 FAME 或 PLFA 数据来比较土壤微生物群落的多样性（Fang 等，2001；Dunfield 和 Germida，2001、2003；Feng 等，2003）。通过检查与 PC 相关的特征值载荷还能获得更多信息。这个特征值反映了每个原始变量在对应的 PC 变量中的贡献量，能够用于鉴定群落中贡献最大的脂肪酸，再选用这些脂肪酸来进行下一步的分析。

参 考 文 献

Amann, R., Ludwig, W., and Schleifer, K.H. 1995. Phylogenetic identification and *in situ* detection of individual microbial cells without cultivation. *Microbiol. Rev.* 59: 143-169.

Bååth, E., Frostegård, Å., and Fritze, H. 1992. Soil bacterial biomass, activity, phospholipids fatty acid pattern, and pH tolerance in an area polluted with alkaline dust deposition. *Appl. Environ. Microbiol.* 58: 4026-4031.

Balser, T. 2005. Phospholipid-fatty acid analysis. (Online). Available at http:==www.cnr.berkeley. edu=soilmicro= methods=BalserPLFA.pdf. Verified March 2006.

Bligh, E.G. and Dyer, W.J. 1959. A rapid method of total lipid extraction and purification. *Can. J. Biochem. Physiol.* 37: 911-917.

Bobbie, R.J. and White, D.C. 1980. Characterzation of benthic microbial community structure by high-resolution gas chromatography of fatty acid methyl esters. *Appl. Environ. Microbiol.* 39: 1212-1222.

Bossio, D.A. and Scow, K.M. 1998. Impacts of carbon and flooding on soil microbial communities: phospholipids fatty acid profiles and substrate utilization patterns. *Microb. Ecol.* 35: 265-278.

Buyer, J.S. and Drinkwater, L.E. 1997. Comparison of substrate utilization assay and fatty acid analysis of soil microbial communities. *J. Microbiol. Methods* 30: 3-11.

Cavigelli, M.A., Roberson, G.P., and Klug, M.J. 1995. Fatty acid methyl ester (FAME) profiles as measures of soil microbial community structure. *Plant Soil* 170: 99-113.

Drenovsky, R.E., Elliott, G.N., Graham, K.J., and Scow, K.M. 2004. Comparison of phospholipids fatty acid (PLFA) and total soil fatty acid methyl esters (TSFAME) for characterizing soil microbial communities. *Appl. Environ. Microbiol.* 36: 1793-1800.

Dunfield, K.E. and Germida, J.J. 2001. Diversity of bacterial communities in the rhizosphere and root-interior of field-grown genetically modified *Brassica napus*. *FEMS Microbiol. Ecol.* 38: 1-9.

Dunfield, K.E. and Germida, J.J. 2003. Seasonal changes in the rhizosphere of microbial communities associated with field-grown genetically modified canola (*Brassica napus*). *Appl. Environ. Microbiol.* 69: 7310-7318.

Dunteman, G.H. 1989. Principal Components Analysis No. 69. In: Lewis-Beck, M.S., ed. *Quantitative Applications in the Social Sciences*. Sage Publications, Newbury Park.

Fang, C., Radosevich, M., and Fuhrmann, J.J. 2001. Characterization of rhizosphere microbial community structure in five similar grass species using FAME and BIOLOG analyses. *Soil Biol. Biochem.* 33: 679-682.

Feng, Y., Motta, A.C., Reeves, D.W., Burmester, C.H., van Stanten, E., and Osborne, J.A. 2003. Soil microbial communities under conventionaltill and no-till continuous cotton systems. *Soil Biol. Biochem.* 35: 1693-1703.

Haack, S.K., Garchow, H., Odelson, D.A., Forney, L.J., and Klug, M.J. 1994. Accuracy, reproducibility, and interpretation of fatty acid profiles of model bacterial communities. *Appl. Environ. Microbiol.* 60: 2483-2493.

Harwood, J.L. and Russell, N.J. 1984. *Lipids in Plants and Microbes.* George Allen and Unwin Ltd., Herts, U.K.

Ibekwe, A.M. and Kennedy, A.C. 1999. Fatty acid methyl ester (FAME) profiles as a tool to investigate community structure of two agricultural soils. *Plant Soil* 206: 151-161.

Kennedy, A.C. 1994. Carbon utilization and fatty acid profiles for characterization of bacteria. In: R.W. Weaver et al., eds. *Methods of Soil Analysis, Part 2—Microbiological and Biochemical Properties.* Soil Science Society of America, Madison, WI, USA, 543-556.

Klug, M.J. and Tiedje, J.M. 1993. Response of microbial communities to changing environmental conditions: chemical and physiological approaches. In: Guerrero, R. and Pedros-Alio, C., eds. *Trends in Microbial Ecology.* Spanish Society for Microbiology, Barcelona, Spain, 371-374.

Ovreas, L. and Torsvik, V. 1998. Microbial diversity and community structure in two different agricultural soil communities. *Microb. Ecol.* 36: 303-315.

Pankhurst, C.E., Yu, S., Hawke, B.G., and Harch, B.D. 2001. Capacity of fatty acid profiles and substrate utilization patterns to describe differences in soil microbial communities associated with increased salinity or alkalinity at three locations in South Australia. *Biol. Fert. Soils* 33: 204-217.

Petersen, S.O., Frohne, P.S., and Kennedy, A.C. 2002. Dynamics of a soil microbial community under spring wheat. *Soil Sci. Soc. Am. J.* 66: 826-833.

Ratledge, C. and Wilkinson, S.G. 1988. *Microbial Lipids.* Academic Press, Inc., New York, NY.

Sasser, M. 1990. Identification of bacteria by gas chromatography of cellular fatty acids. Tech. Note #101. Microbial ID, Newark, DE.

Schutter, M.E. and Dick, R.P. 2000. Comparison of fatty acid methyl ester (FAME) methods for characterizing microbial communities. *Soil Sci. Soc. Am. J.* 64: 1659-1668.

Smithwick, E.A.H., Turner, M.G., Metzger, K.L., and Balser, T.C. 2005. Variation in NH_4^+ mineralization and microbial communities with stand age in lodgepole pine (*Pinus contorta*) forests, Yellowstone National Park (USA). *Soil Biol. Biochem.* 37: 1546-1559.

Torsvik, V., Goksoyr, J., and Daae, F.L. 1990. High diversity in DNA of soil bacteria. *Appl. Environ. Microbiol.* 56: 782-787.

White, D.C., Davis, W.M., Nickels, J.S., King, J.D., and Bobbie, R.J. 1979. Determination of the sedimentary microbial biomass by extractable lipid phosphate. *Oecologia* 40: 51-62.

White, D.C. and Ringelberg, D.B. 1998. Signature lipid biomarker analysis. In: Burlage, R.S., Atlas, R., Stahl, D., Geesey, G., and Sayler, G., eds. *Techniques in Microbial Ecology.* Oxford University Press, New York, NY, 255-272.

Wollenweber, H.W. and Rietschel, E.T. 1990. Analysis of lipopolysaccharide (lipid A) fatty acids. *J. Microbiol. Methods* 11: 195-211.

Zelles, L. 1999. Fatty acid patterns of phospholipids and lipopolysaccharides in the characterization of microbial communities in soil: a review. *Biol. Fert. Soils* 29: 111-129.

Zelles, L. and Bai, Q.Y. 1993. Fractionation of fatty acids derived from soil lipids by solid phase extraction and their quantitative analysis by GC-MS. *Soil Biol. Biochem.* 25: 495-507.

Zelles, L., Bai, Q.Y., Beck, T., and Beese, F. 1992. Signature fatty acids in phospholipids and lipopolysaccharides as indicators of microbial biomass and community structure in agricultural soils. *Soil Biol. Biochem.* 24: 317-323.

（邱晨 译，徐建明 校）

第43章 细菌群落信息的变性梯度凝胶电泳（DGGE）分析

E. Topp 和 Y.-C. Tien

Agriculture and Agri-Food Canada
London, Ontario, Canada

A. Hartmann

National Institute of Agronomic Research
Dijon, France

43.1 引　言

传统微生物学中，通常以检测到的活细胞个数来表征土壤微生物的数量，可通过平板计数法或最大或然数计数等方法来检测。而这类表征方法的主要缺陷是检测到的微生物是指能够在特定培养条件下（如温度）的选择培养基上生长的活菌，范围受限。微生物学家多年来对利用传统方法来培养细菌持怀疑态度，并认为用此种方法检测到的细菌仅代表土壤中的一小部分细菌。大概是因为土壤细菌对营养物质的需求比较复杂，阻止了传统培养手段的进一步发展，又或者是土壤细菌与土壤中其他生命体如原生动物等有着紧密的相互作用。Torsvik 等指出，从土壤中分离出 DNA 的复性行为表明了每克土壤中至少含有 10 000 种细菌（Torsvik 等，1996）。典型的农田土壤每克甚至含有百万种或更多的细菌。地球上大约有 5×10^{30} 个原生动物，其中约有 49×10^{27} 个分布在地球表层的耕作土中（Whitman 等，1998）。迄今为止，利用能够阐明细菌的丰富度、特性及活性的其他科学方法而不是单一依靠培养的探索在微生物界是可行的，且直接提取土壤中的细菌核酸进行序列分析在这些新兴的科学技术中十分有力。

在土壤微生物生态学中，DNA、核糖体 RNA（rRNA）及信使 RNA（mRNA）是广泛被使用的三种核酸。生态学中的一个原理就是每个生命体都携带其自身由 DNA（一些病毒除外）组成的基因蓝图，或称基因图谱。编码在 DNA 内的基因经转录与翻译过程控制着氨基酸的合成，进而组成生命体所必须的蛋白质。每种蛋白质由一段特殊的 DNA 序列编码首先转录成 mRNA 分子，再指导氨基酸的组装，最后合成蛋白质。核糖体是蛋白质合成机制中最重要的组成成分，构成了蛋白质和三种不同的 rRNA 分子，其中一种核糖体 RNA 基因，编码 16S rRNA 分子的合成，即细菌分类学上的一种有力的工具。大部分的基因序列都会被高度保留在不同的菌群中，可以用来鉴定细菌类别，以及建立不同菌群之间的进化相关关系。

总体来说，特异 rDNA 序列的存在与特殊种类的细菌是非常相关的，并且这些分子的数量与土壤中细菌的丰富度也是十分相关的。

变性梯度凝胶电泳-聚合酶链式反应（DGGE-PCR）分析在表征细菌群落组成中是一项相对易操作、有效的一种非传统培养的方法（Muyzer 和 Smalla，1998；Muyzer，1999）。任何一种实验方法得到的结果能够展现出群落的指纹图谱图，就可以反应出土壤处理的不同而造成的群落组成变化。例如，从土壤里提取得到的 16S rDNA，利用通用引物进行 PCR 扩增，与保守序列进行杂交，并得到土壤中大部分细菌的基因片段。PCR 产物的构成情况与产物的浓度，DNA 的序列有着很密切的关系，也会因土壤中细菌的多样性及种类的不同而产生不同的结果。可将溶解在凝胶里 DNA 条带的碱基序列与已知序列进行对比,从而得到未知菌株的种类。在 DGGE-PCR 技术中,将实验得到的单个凝胶条带进行切割,得到的条带即 DNA 溶解到缓冲液中,再利用合适的载体将该片段进行克隆回收、测序,实验得到的碱基序列与已归档的条带进行比对。可以利用基本局部相似性比对搜索工具即 BLAST 系统与美国国家生物技术信息中心即 NCBI 数据库进行比对而得到结果(McGinnis 和 Madden,2004)。

43.2 提取土壤 DNA(Martin-Laurent 等,2001)

43.2.1 注意事项及原则

提取土壤微生物群落的 DNA 并加以纯化,最终应用于 PCR 的扩增。若提取物中的腐殖质等抑制性物质未去除,PCR 结果会受到很大的影响。在实际操作中,提取 DNA 一般常用以下两种方法:第一种方法是直接从土壤混合物中分离出土壤微生物,进行 DNA 的提取。这种方法在密度梯度离心法应用于微生物分离之后,使用率下降,且该种方法在研究群落结构的回收率由于土壤的性质不同而有着 5%~20% 的偏差。第二种方法是使用率较高的方法,即直接从非根际土中直接提取 DNA。这个实验方法在操作上的挑战是需要大批量的纯化 DNA,旨在去除其中的腐殖质等避免影响 PCR 实验,该方法在多种土壤类型的 DNA 提取中被公认为是最有效的操作方法,操作相对也较简单。

如今,市场上有较多的土壤 DNA 提取试剂盒,在提取效率和质量上可以有较多的选择。比如,利用机械方法分散微生物细胞从非根际土壤提取的基因组 DNA,通过圆珠进行匀浆,十二烷基磺酸钠(SDS)作为阴离子洗涤剂进行化学分散。通过离心步骤除去土壤部分,DNA 在乙酸钾条件下与异丙醇作用发生沉淀。提取出的 DNA 首先由聚乙烯吡咯烷酮柱(PVPP)进行纯化,再置于玻璃乳中进行下一步的纯化(Geneclean Turbo Kit, Bio 101 Systems, Qbiogene)。以上所描述的提取方法是根据 Martin-Laurent 等(2001)的研究加以改进后得到的。

43.2.2 材料与试剂

(1)冰桶,冰块。

(2)微量存液管(2 mL,灭菌),弹扣式离心管(2 mL,1.5 mL,灭菌)。

(3)直径为 0.1~2mm 的玻璃珠(灭菌)。

(4)玻璃珠(Mikrodismembrator S, B. Braun Biotech International)。

(5)利用水浴或干燥加热块将 2 mL 管温度调节至 70℃。

(6)冷冻(20℃)。

(7)试剂盒层析柱(Biorad, #732-6204)。

(8)台式离心机:1.5 mL 离心管转子,14000 g。

(9)琼脂糖凝胶电泳装置,电源配置(至少 300 V)。

(10)凝胶成像设备(如 Alphalmager、Alpha Innotech Corporation)。

(11)微量移液器,无菌操作。

(12)抽提缓冲液:Tris-HCl pH 值 8,100 mM;Na_2EDTA pH 值 8,100 mM;NaCl,100 mM;SDS,2%(w=v)。

(13)醋酸钾(CH_3COOK),pH 值 5.5,3 M。

(14)PVPP(Sigma-Aldrich Chemical Co.)。

(15)异丙醇,乙醇。

(16) 小牛胸腺 DNA。

(17) Geneclean Turbo Kit 玻璃奶（Glassmilk）法凝胶回收试剂盒。

(18) 琼脂糖，四溴乙烷（TBE）缓冲液：每升含 54 g 三羟甲基氨基甲烷（Tris base），27.5 g 硼酸，0.5 M 的 EDTA 20 mL，pH 值 8.0。

(19) 溴化乙锭溶液（EB，0.4 mg L^{-1}）。

43.2.3 操作步骤

（1）提取 DNA 应在新鲜土壤采样回来时进行，不能为风干土，原因是土壤风干后其微生物组成会发生变化，会影响土壤 DNA 提取的有效性。或者采集回来的新鲜土样可用塑料管在液氮中迅速冷冻，保存在-80℃环境中。

（2）湿土（约为 25%含水率）置于 2mL 的微量存液管中，每管分装 0.5 g 的直径分别为 0.1 mm、2 mm 的玻璃珠，加入 1 mL 溶菌缓冲液，拧紧盖帽，搅拌器 1600 rpm 匀浆 30 s，于 70℃水浴或干燥加热块培养 20 min。14000 g 离心 1 min，转移上清液至新 2 mL 灭菌离心管中。加入上清液体积 1/10 的 pH 值调节为 5.5 的 3 M 醋酸钾，冰浴 10 min，14000 g 离心 5 min，将上清液再次转移到新的无菌 2 mL 离心管中。加入等体积的-20℃温度的异丙醇，放入-20℃温度下培养以沉淀出 DNA，30 min 后取出 14000 g 离心 30 min，弃去上清液，使用低温 200 mL 70%的乙醇对 DNA 颗粒进行清洗，室温自然风干 30 min，最后使用 100 mL 无菌水重悬 DNA。

（3）使用 DNA 之前可利用 PVPP 柱进行洗脱，步骤如下：将层析柱置于 2 mL 离心管中，加入 92 mg PVPP 粉末；加入 400 mL 无菌水，10℃温度下 1000 g 离心 2 min。加入 400 mL 无菌水，重复离心，沉淀物转移进新的 2 mL 离心管，上层覆盖 DNA 产物，冰浴 5 min，10℃温度下 1000 g 离心 4 min，由此洗脱下来的 DNA 体积约为 80~90 uL。

（4）上述步骤洗脱下来的 DNA 产物可继续利用玻璃奶法凝胶回收试剂盒（Geneclean Turbo Kit）进行纯化（可将 DNA 从 PCR 产物及其他酶溶液中迅速分离）。最终 DNA 溶解于水中的体积约为 30~50 uL。

（5）利用琼脂糖凝胶电泳（1%琼脂糖，TBE 缓冲液）观察纯化 DNA 的条带数，以实现定量化。将定量的小牛胸腺 DNA（10 ng/孔、50 ng/孔、100 ng/孔和 200 ng/孔）加入已纯化的 DNA 样品。

（6）电泳结束，EB 染色凝胶，紫外光照射下拍照，根据加入的小牛胸腺 DNA 量回归分析土壤样品中 DNA 的含量。

43.3　PCR 扩增（Dieffenbach 和 Dveksler，2003）

43.3.1　注意事项及原则

采用寡核苷酸引物通过 PCR 使特定 DNA 片段以指数增长的速率扩增。PCR 在土壤微生物生态学领域已成为一项应用率非常高的技术，扩增出大量 DNA，利用多种电泳图谱、分子杂交等技术建立群落组成。PCR 的扩增引物可以可根据特定序列需要选择合适的引物，最终通过实时定量 PCR 仪（如 LightCycler PCR System，Roche Applied Science）对土壤 DNA 进行定量化。其中扩增特定 DNA 片段的引物可在相关文献中查找，或从相关软件程序（如 PrimerSelect, DNAStar Inc.）中获得。查找出适合的引物，通过预实验找出扩增中合适的变性、复性温度、循环次数、DNA 模板等。

43.3.2 材料与试剂

(1) 冰桶，冰块。
(2) PCR 专用移液器（1~1000 uL），无菌操作。
(3) EP 管（25 uL 或 100 uL）。
(4) 热循环仪（最好加盖）。
(5) 操作前用紫外光对 DNA 进行灭菌处理。
(6) PCR 混合物试剂准备：Taq 聚合酶（5 个单位/uL），10×扩增缓冲液，三磷酸脱氧核糖核苷酸（dNTPs），25mM $MgCl_2$。
(7) 引物：使用细菌 16S rDNA 通用引物，其中使用了 Santegoeds 等（1998）提到的 GC 夹子。
(8) 纯化土壤 DNA 模板，运用于 PCR 实验中。

43.3.3 操作步骤

(1) 标记好使用的 0.5 mL EP 管，置于冰块上进行预冷，将除 DNA 模板以外的 PCR 反应体系分装至管中，记录总的溶液体积，以便后续调整，总的反应体系体积要求是 100 uL：10 uL 10×PCR 扩增缓冲液，0.5 uM 引物，0.2 mM dNTP，3 单位的 Taq 聚合酶，灭菌 Milli-Q 水将反应体系调节到 96 uL。

(2) 体系中加入模板 DNA，（约 4 mL 以 1:10 梯度稀释的土壤 DNA，大约含 40 ng 的 DNA，冰浴操作），移液器反复吹吸进行混合完毕，置于 PCR 热循环仪中。可采用降落式 PCR，此项技术运用细菌通用引物多次在实验中得到了充分的应用。PCR 循环仪操作步骤：94℃预变性 5 min；94℃变性 1 min，65℃退火 1 min，72℃延伸 2 min，循环 3 次；94℃变性 1 min，63℃退火 1 min，72℃延伸 2 min，循环 3 次；94℃变性 1 min，61℃退火 1 min，72℃延伸 2 min，循环 3 次；94℃变性 1 min，59℃退火 1 min，72℃延伸 2 min，循环 3 次；94℃变性 1 min，58℃退火 1 min，72℃延伸 2 min，循环 3 次；94℃变性 1 min，57℃退火 1 min，72℃延伸 2 min，循环 3 次；94℃变性 1 min，56℃退火 1 min，72℃延伸 2 min，循环 3 次；94℃变性 1 min，55℃退火 1 min，72℃延伸 2 min，循环 14 次；最后于 72℃延伸 5 min，取出 EP 管，于-20℃保存。

(3) PCR 产物的片段大小及产量可通过 1%琼脂糖凝胶电泳进行检验，具体操作详见 43.2.3。

43.4 DGGE 技术探究群落组成（Muyzer 和 Smalla，1998）

43.4.1 注意事项及原则

利用土壤 DNA 模板 PCR 扩增的产物片段大小大致在同一个数量级上，这也大致反映出 PCR 引物两端之间的 DNA 片段大小。因此常规的利用片段大小分离 DNA 产物的琼脂糖凝胶电泳就不再适用，但 DGGE 技术是根据 DNA 在不同浓度变性剂（尿素，甲酰胺）中解链行为的不同而导致迁移行为的变化，从而将片段大小相同但碱基不同的 DNA 分离。PCR 过程中添加的 DNA 两个引物，其中一个添加了 GC 夹子，不会轻易变性或解链，产生的双链 GC 夹子 PCR 产物在 DGGE 凝胶中的移动可显示出最低温度条件下变性域十分不稳定的临界点，即双螺旋 DNA 解旋成单链形式。双链 GC 夹子可将部分的变性分子结合起来，使其停止在凝胶上的移动。因此，包含很多解链行为不一致的 DNA 分子的 PCR 产物，会在 DGGE 凝胶上产生一系列混合的条带，移动到凝胶上不同的位置。条带的分布规律是一个群落图谱的表征，其特性因细菌的种类和数量不同而发生差异。且 DGGE 技术在其应用方面也是十分的灵活，分析主体可根据实验研究选择 16S rDNA 或编码指导酶生成的相关功能基因等。相关引物的选择也是可以揭示很广泛或更为特殊的细菌群落。DGGE 凝胶的主要部分为变性剂的浓度,可根据 PCR 产物的解链特性来确定出一个最佳的浓度和实验条件。

43.4.2 材料与试剂

(1) DGGE 装置:市场上购买,本实验室使用的装置为 BioRad DCode Universal Mutation Detection System,包括温度控制模块,"三明治"制胶板系统,16 cm 及 10 cm 玻璃平板,固定夹板(1 mm),预备梳 2 齿(1 mm),梳子垫圈。

(2) 垂直灌胶装置:使用简单的丙烯酸材质的梯度仪,通过 20 mL 注射器连接 25 cm 长的塑料管将配置好的溶液重力作用下进入凝胶制备的"三明治"芯中,制胶。

(3) 电泳电源装置:直流电电源供应,最高电压为 500 V,最大功率限制为 50 W。

(4) 进样吸液器:100 uL 量程,注射聚丙烯酰胺 DNA 样品。

(5) 凝胶染色、脱色盘子,观察染色凝胶条带的 UV 照射设备,照胶设备。

(6) 记录、存档、分析凝胶条带的相关软件。

(7) 凝胶制备材料:根据实验所需变性梯度制备合适的凝胶,变性剂浓度一般为 35%~65%(100% 指 7M 的尿素,40%甲酰胺)。

注意:丙烯酰胺单体是一种致畸致癌的神经毒素,单体聚合前,需要做好防护措施于通风厨中操作,聚合之后看戴手套进行操作。

(8) 50×TAE 缓冲液制备:242 g Tris 碱,57.1 mL 冰醋酸,18.6 g EDTA,加入至 900 mL 蒸馏水中,最后调整溶液体积至 1 L。

注意:冰醋酸极易挥发,腐蚀性强,需在通风厨中操作,TAE 缓冲液制备好调节 pH 值至 8.3,冰醋酸停止挥发。

DGGE 凝胶制备参数

	低(35%)	高(65%)
40%丙烯酰胺/双丙烯酰(37.5:1)	25 mL	25 mL
50×TAE	2 mL	2 mL
甲酰胺(去离子)	14 mL	26 mL
尿素	14.7 gm	27.3 gm
溶液总容积	100 mL	100 mL

(9) 丙烯酰胺聚合催化剂:现配 10%过硫酸铵($(NH_4)_2S_2O_8$),N,N,N',N'-四甲基乙二胺(TEMED)。

注意:$(NH_4)_2S_2O_8$ 为强氧化剂,TEMED 极易挥发、易燃、腐蚀,吸入体内可致命,此操作需要通风橱中进行。

(10) 上样缓冲液:6×缓冲液包括 0.25%溴酚蓝,0.25%二甲苯青 FF,70%甘油。

(11) 染色剂:1×TAE 缓冲液,1×荧光染料。

(12) 1×TAE 电泳缓冲液通过 50×TAE(详见材料 8)浓缩 50 倍制备。

43.4.3 操作步骤

(1) 每个样品经 PCR 得到的含 GC 夹子的 DNA 至少有 1 μg,具体数量及质量可进行检测、调整,优化 PCR 产物以除去可能干扰凝胶电泳分析的杂质。DGGE 凝胶电泳分析之前需要将 PCR 产物通过琼脂糖凝胶电泳检测纯度,检测结果中明亮的 PCR 条带方可进行进一步的 DGGE 分析。将数个 PCR 反应产物混合，用乙醇进行沉淀浓缩以得到理想的浓度约为 150 ng μL^{-1}，以提高 DGGE 实验成功率。通过荧光计可对 DNA 进行定量化检测：加水将 DNA 溶液体积调节至 20 μL，加入 5 μL 上样缓冲液，涡旋混匀。

（2）将 15 μL 高浓度变性剂及 15 μL 低浓度变性剂加至变性梯度制作容器中，一般做法为先加入高浓度变性剂，后加入低浓度变性剂。倒胶首先加入聚丙烯酰胺，再加入 150 μL 10% $(NH_4)_2S_2O_8$ 及 15 μL TEMED，制成的凝胶垂直注入"三明治"芯装置中，凝胶在重力作用下自上而下流动，在凝胶成胶质状态前将梳子插入。室温（20℃）放置至少 1 h。

（3）缓冲槽中加入 1×TAE，放入"三明治"凝胶，将温度调节至 60℃，利用进样器将 25 uL DNA 样本注入凝胶中，恒定电压 100 V 跑胶 16 h。

（4）细心拆开"三明治"芯，将胶从玻璃板间剥离开，放入盛有 150 mL 1×TAE 缓冲液及 15 μL 10000×荧光绿染料，染色 40 min，小心转移胶至含 250 mL 1×TAE 缓冲液中褪色 5~20 min，置于紫外照射设备下进行 DNA 条带拍照。

43.4.4 分析

DGGE 图谱及特殊条带切割回收、克隆测序 DNA 片段都可以得到土壤群落的信息，DGGE 图谱可用来肉眼观察比较处理或条件不同的土壤微生物群落图谱的差异。有相关实验利用 DGGE 技术评估了转基因土豆的根基微生物群落信息，温度变化对土壤中氨氧化细菌的群落结构的影响，土壤耕作方式和作物种类对土壤中氮转化细菌的影响，以及全球的细菌群落结构受到有机污染物、重金属等污染的影响及变化（Heuer 等，2002；Avrahami 和 Conrad，2003；Becker 等，2006；Patra 等，2006）。处理效果之间的差异可以通过多种数据分析软件得出（Fromin 等，2002；Kropf 等，2004）。DGGE 凝胶上的特殊条带可进行切割回收，克隆测序，实验所得序列与数据库进行比对。有相关研究使用该方法确定了厌氧环境中的水稻秸秆的降解菌，大豆胞囊线虫囊孢相关的细菌的阐明，以及对植物病原菌可产生抗生素进行抑制的根际假单胞菌的识别与鉴定（Weber 等，2001；Nour 等，2003；Bergstra-Vlami 等，2005）。总体来说，研究者可利用该项技术根据自身研究要求等进行多方面的分析，深度挖掘，方可探索更远。

参 考 文 献

Avrahami, S. and Conrad, R. 2003. Patterns of community change among ammonia oxidizers in meadow soils upon long-term incubation at different temperatures. *Appl. Environ. Microbiol.* 69: 6152-6164.

Becker, J.M., Parkin, T., Nakatsu, C.H., Wilbur, J.D., and Konopka, A. 2006. Bacterial activity, community structure, and centimeter-scale spatial heterogeneity in contaminated soil. *Microb. Ecol.* 51: 220-231.

Bergsma-Vlami, M., Prins, M.E., Staats, M., and Raaijmakers, J.M. 2005. Assessment of genotypic diversity of antibiotic-producing pseudomonas species in the rhizosphere by denaturing gradient gel electrophoresis. *Appl. Environ. Microbiol.* 71: 993-1003.

Dieffenbach, C.W. and Dveksler G.S., Eds. 2003. *PCR Primer: A Laboratory Manual*, 2nd ed. Cold Spring Harbor Laboratory Press. Plainview, NY, USA.

Fromin, N., Hamelin, J., Tarnawski, S., Roesti, D., Jourdain-Miserez, K., Forestier, N., Teyssie Cuvelle, S., Gillet, F., Aragno, M., and Rossi, P. 2002. Statistical analysis of denaturing gel electrophoresis (DGE) fingerprinting patterns. *Environ. Microbiol.* 4: 634-643.

Heuer, H., Kroppenstedt, R.M., Lottmann, J., Berg, G., and Smalla, K. 2002. Effects of T4 lysozyme release from transgenic potato roots on bacterial rhizosphere communities are negligible relative to natural factors. *Appl. Environ. Microbiol.* 68:

1325-1335.

Kropf, S., Heuer, H., Gruning, M., and Smalla, K. 2004. Significance test for comparing complex microbial community fingerprints using pairwise similarity measures. *J. Microbiol.* Methods 57: 187-195.

Martin-Laurent, F., Philippot, L., Hallet, S., Chaussod, R., Germon, J.-C., Soulas, G., and Catroux, G. 2001. DNA extraction from soils: Old bias for new microbial diversity analysis methods. *Appl. Environ. Microbiol.* 67: 2354-2359.

McGinnis, S. and Madden, T.L. 2004. BLAST: At the core of a powerful and diverse set of sequence analysis tools. *Nucleic Acids Res.* 32: W20-W25.

Muyzer, G. 1999. DGGE=TGGE: A method for identifying genes from natural ecosystems. *Curr. Opin. Microbiol.* 2: 317-322.

Muyzer, G. and Smalla, K. 1998. Application of denaturing gradient gel electrophoresis (DGGE) and temperature gradient gel electrophoresis (TGGE) in microbial ecology. *Ant. van Leeuw.* 73: 127-141.

Nour, S.M., Lawrence, J.R., Zhu, H., Swerhome, G.D.W., Welsh, M., Welacky, T.W., and Topp, E. 2003. Bacteria associated with cysts of the soybean cyst nematode (*Heterodera glycines*). *Appl. Environ. Microbiol.* 36: 607-615.

Patra, A.K., Abbadie, L., Clays-Josserand, A., Degrange, V., Grayston, S.J. Guillaumaud, N., Loiseau, P., Louault, F., Mahmood, S., Nazaret, S., Philipot, L., Poly, F., Prosser, J.I., and Le Roux, I. 2006. Effects of management regime and plant species on the enzyme activity and genetic structure of N-fixing, denitrifying, and nitrifying bacterial communities in grassland soils. *Environ. Microbiol.* 8: 1005-1016.

Santegoeds, C.M., Ferdelman, T.G., Muyzer, G., and de Beer, D. 1998. Structural and functional dynamics of sulfate-reducing populations in bacterial biofilms. *Appl. Environ. Microbiol.* 64: 3731-3739.

Torsvik, V., Sorheim, R., and Goksoyr, J. 1996. Total bacterial diversity in soil and sediment communities-a review. *J. Ind. Microbiol. Biotechnol.* 17: 170-178.

Weber, S., Stubner, S., and Conrad, R. 2001. Bacterial populations colonizing and degrading rice straw in anoxic paddy soil. *Appl. Environ. Microbiol.* 67: 1318-1327.

Whitman, W.B., Coleman, D.C., and Wiebe, W.J. 1998. Prokaryotes: The unseen majority. *Proc. Nat. Acad. Sci.* USA 95: 6578-6583.

（邢佳佳　译，徐建明　校）

第44章 土壤食物链特性指示物

T.A. Forge

Agriculture and Agri-Food Canada
Agassiz, British Columbia, Canada

M. Tenuta

University of Manitoba
Winnipeg, Manitoba, Canada

44.1 引　言

　　土壤食物链是土壤生物圈的简化概念，就是将微生物群和微动物群通过主要的能量（有机碳）和营养（主要为氮和磷）流归为一般营养群。分析土壤食物链的结构可以深入获悉土壤管理措施如何影响微生物固化、能量和养分的转变（Wardle，2002）。根、植物残体、农药和动物粪便是耕作土壤主要的能源和养分输入。细菌和少数真菌是这些有机输入物的主要分解者，这些细菌和真菌通道不同的存储效率和转化速率将土壤食物链区分开（Edwards，2000；Wardle，2002）。因此，区分细菌和真菌的生物量是分析土壤食物链的基本组成。土壤原生动物、线虫和微小节肢动物是微生物生物量主要的消费者（图 44.1）。虽然他们摄食微生物，但也以此调控微生物群落结构并强化养分的矿化。原生生物是主要吞噬细菌的生物。土壤线虫群体主要包括食细菌线、食真菌线虫、杂食线虫、食肉线虫（主要为吞噬其他微动物）和食根线虫，除此之外还有在第33章中提到过的植物寄生虫（Edwards，2000；Wardle，2002）。土壤微小节肢动物群落主要由弹尾目和蜱螨目（螨虫类）组成，包含了食真菌、食细菌、杂食和食肉营养组群（Edwards，2000；Wardle，2002。）获取微小节肢动物、线虫、原生生物和总微生物量的方法已经分别在第32、第33、第36和第49章中描述了。

　　这里值得注意的一点是，土壤动物分类的信息并非直接可获知，而是通过相近食性的形态学相似性推测出来的。因此，土壤动物群分类成广义营养群，如图44.1，是真实土壤食物链所反映复杂交互关系的总的简化。微小节肢动物食性基于其肠酶基础的同时辅以口器形态（Behan-Pelletier，1999）。包含稳定性同位素和脂肪酸分析等新技术，可以用来确定土壤动物不同群组的食物来源，同时还可确定食物链碳的实际通量（Fitter 等，2005；Ruess 等，2005）。在未来，这些方法将成为除显微镜观察鉴定之外，评估不同途径进入食物链相对量的有力工具。

　　一种最初由Hunt等报道（1987）（见图44.1）的描述土壤食物链的方法是获取主要养分群落生物量的数据，然后以此构建食物链模型并估计流经这些养分群落的碳、氮和磷的流量。这些模型通过真实测量土壤碳和氮的矿化（de Ruiter 等，1993；Hassink 等，1994；Berg 等，2001）及食物链组成 ^{13}C 标记流量（Leake 等，2006）进行了检验。仅利用细菌、真菌、原生生物和线虫数据的简化模型用于估计养分互作中氮矿化直接贡献率（Hassink 等，1994；Forge 等，2005）。用于土壤食物链分析的细菌、真菌、原生生物和线虫生物量丰度信息已经本章中介绍。土壤食物链模型的真实组成远超本章范围，更多细节请参阅 Irvine 等（2006）、de Ruiter 等（1993）和 Hunt 等（1987）的有关报道。

　　另一种描述土壤食物网的方法是聚焦于一个或几个生物群，利用这些群落中指示性变化的信息来描述广义土壤食物链中群落变化的特性。

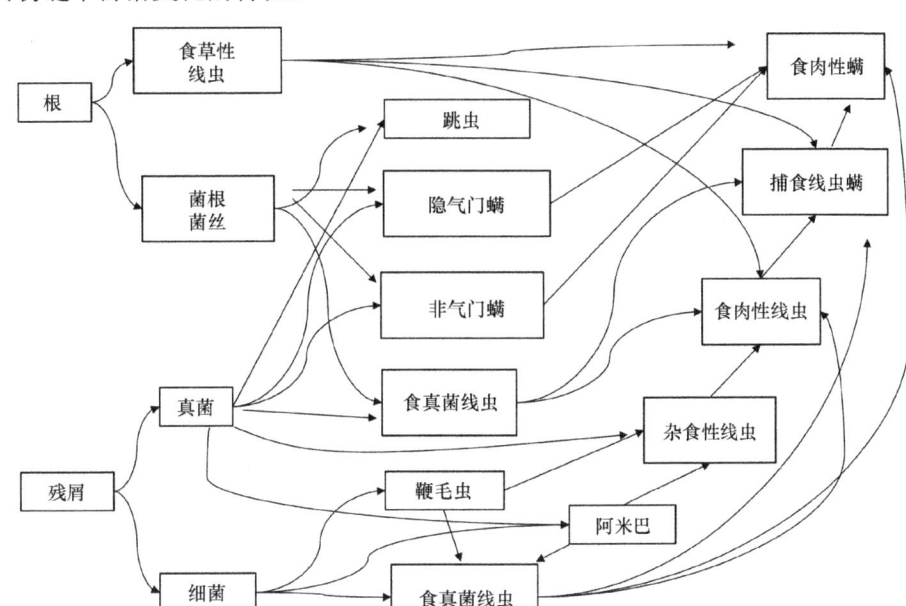

图44.1　食物链（获自 Hunt, H.W., Coleman, D.C., Ingham, E.R., Ingham, R.E., Elliot, E.T., Moore, J.C., Rose, S.L., Reid, C.P.P., and Morley, C.R., *Biol. Fert. Soils*, 3, 57, 1987.）

例如，真菌生物量和总微生物生物量的比例提供了有关于食物链中真菌-食真菌途径碳、氮和磷的输送，由于这些影响了能量转化速率和存储效率。同样，作为土壤食物链中指示性变化，线虫群落结构指示性描述越来越多，这些也将在本章中描述。微小节肢动物群落数据也可以进行（Behan-Pelletier，1999；Parisi 等，2005），但是并不像指示性线虫，微小节肢动物没有食物链中广泛适用的指示性物种。

本章将描述区分细菌和真菌生物量、获取线虫群落结构和计算线虫指示物的方法，以提供土壤食物链特性的信息。

44.2　真菌和细菌生物量的区分

细菌和真菌的生物量可以通过生物化学、生理学和显微镜等方法区分开。Guggenberger 等（1999）分别使用葡萄糖胺和胞壁酸作为真菌和细菌贡献于微生物驱动的土壤有机质。其他研究者通过对定总生物量和真菌生物量的不同来确定细菌生物量，总生物量通过氯仿熏蒸提取法测定（第49章）、真菌生物量通过麦角固醇测定（Montgomery 等，2000）。细菌和真菌磷脂脂肪酸（Phospholipid Fatty-acid, PLFA）图谱的不同和特定 PLFA 组成也被用于土壤中细菌和真菌生物量的生物标记（第49章；Frostegard 和 Baath，1996；Bossio 等，1998）。用来测定总生物量的底物诱导呼吸法（Substrate-Induced Respiration, SIR）改善适用于区分真菌和细菌生物量的测定（第39章；Beare 等，1990；Lin 和 Brookes，1999）。土壤样品的 SIR 通过放线菌酮（真菌抑制剂）和链霉素（细菌抑制剂）进行修正，从而分别估计细菌和真菌呼吸作用活性。这种方法只能评估对于这种底物有代谢活性的群体，因此只能作为生物量的一种指示，并非直接测定自身的总生物体积或生物量。Fierer 等（2005）设计了一种通用细菌和真菌引物，从而可以通过定量聚合酶链式反应测定土壤细菌和（或）真菌 DNA，基于 DNA 技术可以快速可重复的测定土壤细菌和真菌生物量指示性。

通过显微镜测定微生物生物体积是测定细菌和真菌最直接的方法，但是也是最费人力的方法。最近数字影像分析技术及激光扫描共聚焦方法的发展，极大地减少了显微镜测定微生物生物体积人力的花费

(Bloem 等，1995；Bolter 等，2002）。

自从 Jones 和 Mollison（1948）第一次提出琼脂膜法，涌现出了多种多样的方法（Bottomly，1994）。滤膜技术广泛应用与真菌生物体积估计，但是这种方法并不如琼脂膜法有效（Baath 和 Soderstrom，1980）利用。结合运用荧光素二乙酸盐（Fluorescein Diacetate，FDA）和四唑氯，使得改良后的琼脂膜和滤膜技术得以从有代谢活性的菌丝和细菌细胞中分别区分出空或死的细菌（Bottomly，1994）。以下方法就是一种改良后的琼脂膜技术，非常便利于在同一张琼脂膜片上估计总（无代谢活性）真菌和细菌的生物量。

44.2.1 仪器与试剂

（1）捣碎机。

（2）包含有 15 mm 直径环的荧光免疫玻片（如 VWR 产品编号 48349-057）；用 70%乙醇洗净，风干待用。

（3）无荧光浸镜油（配液 A）和#1 盖玻片。

（4）染瓶。

（5）带有目镜测微尺和（或）网格测微尺的荧光显微镜。

（6）福尔马林溶液（37%～40%（v/v）福尔马林）。

（7）纯琼脂溶液（0.15%）：1.5 g 纯琼脂溶解于 1000 mL 双蒸水，煮沸，保存于 50℃保持溶解状态。

（8）吖啶橙储液：1 g 溶解于 500 mL 双蒸水。

44.2.2 实验步骤

（1）在捣碎机中放置 5.0 g 鲜土并加入 500 mL 双蒸水，高速捣碎 1 min，沉淀 10 s。

（2）转移 1 mL 入观众，并加入 3.5 mL 0.15%琼脂溶液（50℃）和 0.5 mL 福尔马林（终浓度为 3.7%福尔马林），混成 0.1%胶的 1:500 土悬液。

（3）涡旋并立即转移 0.1 mL 如两个 15 mm 直径圆的免疫载玻片，用针头把悬液均匀分布于圆圈范围，置于温暖无尘下风干（约 4 h）。

（4）将玻片浸入吖啶橙染色溶液中（5 mL 储液 + 95 mL 水）30 min。移除并轻轻洗去残液，可以风干。

（5）在每个涂片上放置一滴无荧光浸镜油（配液 A）或甘油，覆上#1 盖玻片。

（6）在两块观察片上，通过 400×至 600×相差下，随机观察 20 个视野，每片 10 个视野。使用目镜网格，通过网格互交法（Newman 1966）估计每个视野中菌丝的长度。此外，也可使用目镜测微尺测定菌丝的长度。

（7）在 1000×油镜下，选择适用于吖啶橙滤片（激发 490 nm，发射 520 nm）使用荧光观察。在暗背景下，细菌细胞呈现黄绿色。在每个琼脂膜上随机观察 20 个视野，并对细胞进行计数，同时依照 Lundgren（1984）按照以下五个大小/形状对细胞进行（单位为 μm）：(i)<0.5×<0.5，(ii)0.5×(0.5-1.0)，(iii)0.5×(1.0-2.0)，(iv)>0.5×>2.0 和(v)>1.0×>1.0。每个大小分类的标准体积分别为 0.03 μm^3、0.22 μm^3、0.34 μm^3、0.75 μm^3 和 1.77 μm^3。计算每个视野下不同大小分类的细胞平均数。

44.2.3 计算

使用镜台测微尺，在 40×和 100×物镜下计算每个视野的面积，分别记为 A_{v40} 和 A_{v100}。计算涂片的总面积，标记为 A_s（每个 15 mm 直径圆面积为 177 mm^2），然后计算每个大小分类的生物量：

细菌生物量 $-$C/g 湿土（B_b）$= [N_{ave}(A_s/A_{v100})/0.1 \, mL \times D \times V_b \times C_v]$

式中，N_{ave}是每个视野细胞（不同大小分类）平均数，A_s是涂片的总面积，A_v是观察视野的面积，D是稀释倍数（上述例子中为500），V_b是每个大小分类的平均生物体积（μm^3），C是细菌特定碳含量。Bloem等（1995）报道的C值为196 $fg/\mu m^3$：

$$真菌生物量 - C/g 湿土（B_f） = (\pi r^2 L_{ave}) \times N_{ave}(A_s/A_{v100})/0.1 mL \times D \times (b/v) \times C_m]$$

式中，L_{ave}是每个视野平均菌丝长度；(b/v)是真菌生物量和生物体积的比值，比值从 200 $fg/\mu m^3$ 到 330 196 $fg/\mu m^3$ 不等（Bottomley 1994）；C_m是作为总质量中 C 含量的一部分，常用的值为 0.5（van Veen 和 Paul 1979）。

44.2.4 评论

（1）上述实验开始于 1∶500 的土悬液。依照土壤不同，可以适当增加或减少稀释倍数。理想情况是每个视野平均细菌数为 15~30 个细胞。过大的细胞密度会导致计数疲劳及错误。细胞簇的出现会引起计数错误，导致最终结果低估。很多研究者使用 0.1%焦磷酸钠或者六偏磷酸钠作为分散剂，但是 Bloem 等（1995）系统比较发现使用分散剂并不能显著提高细胞计数准确性。

（2）连二硫酸钠溶液（3.5 g 溶解于 100 mL 双蒸水）可以显著降低荧光观察过程中的光褪色，同时还可作为一种封固剂。

（3）在缺少荧光显微镜的条件下，酚醛苯胺蓝、醋酸苯胺蓝或者色氨酸苯胺蓝可以作为替代品。细菌细胞在明场下可以呈现深蓝色。真菌菌丝吸收苯胺蓝染料后呈现不同色度，但是通过相差可以更可靠的观察真菌菌丝。

44.3 线虫捕食类群和食物链结构指示物

总的来说，线虫群落结构的一些特定指示物对于评估食物链结构变化非常有用。本章中，我们使用"结构"这个词特指存在相对优势的主要营养群，也可评估这些营养群组成的功能群多样性。Bongers（1990、1999）依照 c-p（colonizer-persister）类群，在 1~5 内归类了线虫家族。代表 c-p 群落结构分类重量平均值的成熟指数（maturity index，MI）是群落中响应于扰动、环境压力和易降解高氮化合物的指示物，Ferris 等（2001）拓展了 MI 的概念，改变主要在结合线虫群落丰度、结构迹，同时应用重量反映不同线虫科在食物链中的重要性（表 44.1）。

表 44.1 陆生线虫常见科的捕食类群、c-p（colonizer-persister）类群和丰度-结构（enrichment-structure, E-S）权重

科	捕食类群	c-p 类群	E-S 权重
Tylenchidae	F-Rh	3	1.8(s)
Aphelenchidae	F	2	0.8(b,e)
Aphelenchoididae	F	2	0.8(b,e)
Neotylenchidae	F	2	0.8(b,e)
Anguinidae	F	2	0.8(b,e)
Iotonchiidae	F	2	0.8(b,e)
Rhabditidae	B	1	3.2(e)
Bunonematidae	B	1	3.2(e)
Diplogasteridae	B	1	3.2(e)
Tylopharingidae	B	1	3.2(e)
Panagrolaimidae	B	1	3.2(e)

(续表)

科	捕食类群	c-p 类群	E-S 权重
Cephalobidae	B	2	0.8(b)
Teratocephalidae	B	3	1.8(s)
Monhysteridae	B	2	0.8(b)
Plectidae	B	2	0.8(b)
Achromadoridae	B	3	1.8(s)
Desmodoridae	B	3	1.8(s)
Odontolaimidae	B	3	1.8(s)
Basianiidae	B	3	1.8(s)
Prismatolaimidae	B	3	1.8(s)
Ironidae	B	4	3.2(s)
Tripylidae	B	3	1.8(s)
Alaimidae	B	4	3.2(s)
Mononchidae	C	4	3.2(s)
Anatonchidae	C	4	3.2(s)
Nygolaimidae	C	5	5(s)
Dorylaimidae	O	4	3.2(s)
Chrysonematidae	O	5	5(s)
Thornenematidae	O	5	5(s)
Nordiidae	O	4	3.2(s)
Qudsianematidae	O	4	3.2(s)
Aporcelaimidae	O-C	5	5(s)
Belondiridae	O	5	5(s)
Actinolaimidae	C	5	5(s)
Discolaimidae	C	5	5(s)
Leptonchidae	F	4	3.2(s)
Diphtherophoridae	F	3	1.8(s)

来源：除食根线虫 Tylenchidae 门最初由 Bongers 鉴定（1990，1999），其他数据获取自 Bongers, T., *Plant Soil*, 212, 13, 1999 and Ferris, H., Bongers, T., andde Goede, R.G.M., *Appl. Soil Ecol.*, 18, 13, 2001.

F-Rh，食真菌-根-毛捕食者；F，食真菌；B，食细菌；O，杂食；C，食肉。括号内的值为：b，集体；e，富集；s，结构。

有机质的输入、耕作和其他转变导致了微生物生产和转化的增加，同时也导致机会线虫的富集，主要代表有 Rhabditidae、Diplogasteridae 和 Panagrolaimidae 科的食细菌线虫和 Aphelenchidae 和 Aphelenchoidida 科的食真菌线虫（表 44.1）。Ferris 等（2001）描述丰富度指数（enrichment index, EI）为定量食细菌和食真菌线虫丰富度增加的指标。通道指数（channel index, CI）是描述细菌或真菌分解者生物量占据的量。高的 CI 值反映了真菌占主导的分解者途径。EI 值和食细菌线虫总量与氮的矿化呈现正相关（Hassink 等，1993；Forge 和 Simard，2001；Ferris 和 Matute，2003；Parfitt 等，2005）。

少数食细菌、食真菌的科和所有杂食和食肉的科象征了食物链的大部分结构（例如，成为高级营养捕食者和表示广义营养群大多数的功能多样性）；这些类别被分为丰度-结构（enrichment-structure, E-S）权重（表 44.1）。结构指数（structure index, SI）用于衡量线虫群落中占主导的类别。SI 指数自身并不是衡量物种多样性的一个指标，但是物种多样性的增加会随着加入的物种而导致高 c-p 和结构权重值（Ferris 等，2001）。这些关系的显著性表明了 SI 可用于评估动物生物多样性乃至土壤生物多样品的变化，这里 SI 主要是基于门水平鉴定的线虫而不是种水平。

本节将会描述如何估计线虫群落结构、鉴定门水平线虫的可能性（最好为种水平）。线虫的鉴定基础介绍超过了本章的范围。Freckman 和 Baldwin（1990）是土壤线虫鉴定很好的读本。一些线虫学实验室提供了线虫鉴定方面的研习会。

44.3.1 试剂与仪器

（1）带有机械台倒置显微镜和立体显微镜。
（2）可以放入倒置显微镜或立体显微镜且容纳>4 mL 悬液的网纹计数盘。
（3）15 mL 圆锥底离心管。
（4）显微镜载玻片、#1 盖玻片、指甲油。
（5）巴斯德吸管。
（6）提取出的线虫（第 33 章）。

44.3.2 计数

（1）将线虫样品导入计数盘中，通过立体显微镜观察并按照第 33 章中的方法对总线虫数进行计数
（2）将样品洗入 15 mL 圆锥底立离心管中，静置 2 h 以上或者 420 g 离心 5 min。使用巴斯德吸管或枪头转移出除底部 0.5 mL 悬浊液外的其他所有液体。将离心管浸入 60℃水域中杀死所有线虫。
（3）震荡悬浮线虫，使用巴斯德吸管吸取 0.25 mL，分别在显微镜载玻片上两个地方各滴一滴。盖上#1 盖玻片并用指甲油封住。短时间可以坚持一个工作日，但是长时间还是会干掉。如果需要在制片几小时后观察，最好把玻片放置于冰箱中。
（4）在 400×复式显微镜下观察。确保每个盖玻片之间的间隔，鉴定每个线虫的种、科或营养类群，直到 100 个线虫被鉴定。
（5）或者，使用 4×和 40×物镜的高质量倒置显微镜，如此可以实现在同一块计数板上对线虫的同时计数（40×）和鉴定（400×）。当使用这个方法时，对于第一次使用复式显微镜（400×到 1000×），从实验品观察大量（如 500 个）线虫、鉴定物种，以及在 40×和 400×倒置显微镜下计数或者分类学习主要的种和科是非常有帮助的。

44.3.3 计算

从鉴定出来的 100 个线虫中计算列于表 44.1 每个科的相对丰度（p_i）：$p_i = n_i/100$。通过乘上线虫总数算出每科的绝对丰度（P_i）。

如 Bongers（1990，1999；表 44.1）应用 C-P 分类把这些科评级列表，根据 Ferris 等（2001；表 44.1）判定 E-S 权重。相对加权丰度可以通过以下公式计算：

$$\text{分类群的权重丰度}(b) = \sum(v_b \times n_b) \tag{44.3}$$

式中，n_b 代表了食物链分类特性每个科的丰度，v_b 是与这些科相关的权重（0.8）：

$$\text{富集机会的权重丰度}(e) = \sum(v_e \times n_e) \tag{44.4}$$

式中，n_e 代表了食物链富集特性每个科的丰度，v_e 是与这些科相关的权重（1.8 或 3.2）：

$$\text{食真菌富集机会的权重丰度}(f_e) = \sum(v_{f_e} \times n_{f_e}) \tag{44.5}$$

式中，n_{fe} 代表了食物链富集特性每个食真菌科的丰度，v_{fe} 是与这些科相关的权重（0.8）：

$$\text{结构分类的权重丰度}(s) = \sum(v_s \times n_s) \tag{44.6}$$

式中，n_s 代表了食物链结构特性每个科的丰度，v_s 是与这些科相关的权重（0.8 到 5）：

$$富集指数 = e/(b+e) \times 100 \quad (44.7)$$
$$结构指数 = s/(b+s) \times 100 \quad (44.8)$$
$$通道指数 = f_e/e \times 100 \quad (44.9)$$

44.3.4 注意事项

获得总数是最容易用活的线虫来完成，活的线虫在 40× 显微镜下的计数板中有运动的辅助。如果鉴定步骤不能及时的完成，在之前描述的热杀后，样品可能减少至 0.9 mL，这时可以添加入 0.1 mL 16% 的甲醛（40%福尔马林溶液）作为防腐剂。

44.4 用于食物链模型微动物生物量的计算

如果线虫的数据可以被用于计算食物链中能量流或者模拟食物链动态，这将对每个营养群大量生物转换为生物量是非常必要的。在使用复式显微镜鉴定步骤中，线虫的长度和宽度可以被测定，同时更具 Andrassy（1956）可以转换成生物体积。或者，生物量可以从每个分类已发表的方法中推测出来（Forge 等，2005）。在提取和定量原生动物后（第 36 章），原生动物的生物体积假设为一个球形，可以通过平均细胞直径估计出。Forge 等（2003）获得了鞭毛虫原生动物集群 10 μm 的平均直径。通过 0.212 pg C μm^{-3} 的一个转换因子，可以将原生动物生物体积转换成生物量碳（Griffiths 和 Ritz，1988）。

参 考 文 献

Andrassy, I. 1956. The determination of volume and weight of nematodes. *Acta Zool. (Hungarian Acad. Sci.)* 2: 1-15.

Baath, E. and Soderstrom, B. 1980. Comparisons of the agar-film and membrane-filter methods for the estimation of hyphal lengths in soil, with particular reference to the effect of magnification. *Soil. Biol. Biochem.* 12: 385-387.

Beare, M.H., Neely, C.L., Coleman, D.C., and Hargrove, W.L. 1990. A substrate-induced respiration (SIR) method for measurement of fungal and bacterial biomass on plant residues. *Soil Biol. Biochem.* 22: 585-594.

Behan-Pelletier, V.M. 1999. Oribatid mite biodiversity in agroecosystems: Role for bioindication. *Agric. Ecosyst. Environ.* 74: 411-423.

Berg, M., DeRuiter, P., Didden, W., Jansen, M., Schouten, T., and Verhoef, H. 2001. Community food web, decomposition and nitrogen mineralization in a stratified Scots pine forest soil. *Oikos* 94: 130-142.

Bloem, J., Veninga, M., and Shepherd, J. 1995. Fully automatic determination of soil bacterium numbers, cell volumes, and frequencies of dividing cells by confocal laser scanning microscopy and image analysis. *Appl. Environ. Microbiol.* 61: 926-936.

Bolter, M., Bloem, J., Meiners, K., and Moller, R. 2002. Enumeration and biovolume determination of microbial cells-A methodological review and recommendations for applications in ecological research. *Biol. Fert. Soils* 36: 249-259.

Bongers, T. 1990. The maturity index: An ecological measure of environmental disturbance based on nematode species composition. *Oecologia* 83: 14-19.

Bongers, T. 1999. The Maturity Index, the evolution of nematode life history traits, adaptive radiation and cp-scaling. *Plant Soil* 212: 13-22.

Bossio, D.A., Scow, K.M., Gunapala, N., and Graham, K.J. 1998. Determinants of soil microbial communities: effects of agricultural management, season, and soil type on phospholipid fatty acid profiles. *Microb. Ecol.* 36: 1-12.

Bottomley, P. 1994. Light microscopic methods for studying soil microorganisms. In: R.W. Weaver et al., eds. *Methods of Soil*

Analysis, Part 2-Microbiological and Biochemical Properties. Soil Science Society of America, Madison, WI, 81-106.

de Ruiter, P.C., van Veen, J.A., Moore, J.C., Brussaard, L., and Hunt, H.W. 1993. Calculation of nitrogen mineralization in soil food webs. *Plant Soil* 157: 263-273.

Edwards, C.A. 2000. Soil invertebrate controls and microbial interactions in nutrient and organic matter dynamics in natural and agroecosystems. In: D.C. Coleman and P.F. Hendrix, eds. *Invertebrates as Webmasters in Ecosystems.* CABI Publishing, Wallingford, UK, 141-159.

Ferris, H., Bongers, T., and de Goede, R.G.M. 2001. A framework for soil food web diagnostics: Extension of the nematode faunal analysis concept. *Appl. Soil Ecol.* 18: 13-29.

Ferris, H. and Matute, M.M. 2003. Structural and functional succession in the nematode fauna of a soil food web. *Appl. Soil Ecol.* 23: 93-110.

Fierer, N., Jackson, J.A., Vilgalys, R., and Jackson, R.B. 2005. Assessment of soil microbial community structure by use of taxon-specific quantitative PCR assays. *Appl. Environ. Microbiol.* 71: 4117-4120.

Fitter, A.H., Gilligan, C.A., Hollingworth, K., Kleczkowski, A., Twyman, R.M., Pitchford, J.W., and Members of the NERC Soil Biodiversity Programme. 2005. Biodiversity and ecosystem function in soil. *Funct. Ecol.* 19: 369-377.

Forge, T.A., Bittman, S., and Kowalenko, C.G. 2005. Responses of grassland soil nematodes and protozoa to multi-year and single-year applications of dairy manure slurry and fertilizer. *Soil Biol. Biochem.* 37: 1751-1762.

Forge, T.A., Hogue, E., Neilsen, G., and Neilsen, D. 2003. Effects of organic mulches on soil microfauna in the root zone of apple: implications for nutrient fluxes and functional diversity of the soil food web. *Appl. Soil Ecol.* 22: 39-54.

Forge, T.A. and Simard, S.W. 2001. Structure of nematode communities in forest soils of southern British Columbia: Relationships to nitrogen mineralization and effects of clearcut harvesting and fertilization. *Biol. Fert. Soils* 34: 170-178.

Freckman, D.W. and Baldwin, J.G. 1990. Nematoda. In: D.L. Dindal, ed. *Soil Biology Guide.* John Wiley and Sons, New York, NY, 155-200.

Frostegard, A. and Bååth, E. 1996. The use of phospholipid fatty acid analysis to estimate bacterial and fungal biomass in soil. *Biol. Fert. Soils* 22: 59-65.

Griffiths, B.S. and Ritz, K. 1988. A technique to extract, enumerate and measure protozoa from mineral soils. *Soil Biol. Biochem.* 20: 163-173.

Guggenberger, G., Frey, S.D., Six, J., Paustian, K., and Elliott, E.T. 1999. Bacterial and fungal cellwall residues in conventional and no-tillage agroecosystems. *Soil Sci. Soc. Am. J.* 63: 1188-1198.

Hassink, J., Bouwman, L.A., Zwart, K.B., and Brussaard, L. 1993. Relationships between habitable pore space, soil biota and mineralization rates in grassland soils. *Soil Biol. Biochem.* 25: 47-55.

Hassink, J., Neutel, A.M., and De Ruiter, P.C. 1994. C and N mineralization in sandy and loamy grassland soils: The role of microbes and microfauna. *Soil Biol. Biochem.* 11: 1565-1571.

Hunt, H.W., Coleman, D.C., Ingham, E.R., Ingham, R.E., Elliott, E.T., Moore, J.C., Rose, S.L., Reid, C.P.P., and Morley, C.R. 1987. The detrital food web in a shortgrass prairie. *Biol. Fert. Soils* 3: 57-68.

Irvine, L., Kleczkowski, A., Lane, A.M.J., Pitchford, J.W., Caffrey, D., and Chamberlain, P.M. 2006. An integrated data resource for modelling the soil ecosystem. *Appl. Soil Ecol.* 33: 208-219.

Jones, P.C.T. and Mollison, J.E. 1948. A technique for the quantitative estimation of soil microorganisms. *J. Gen. Microbiol.* 2: 54-69.

Leake, J.R., Ostle, N.J., Rangel-Castro, J.I., and Johnson, D. 2006. Carbon fluxes from plants through soil organisms determined by field $^{13}CO_2$ pulse-labelling in an upland grassland. *Appl. Soil Ecol.* 33: 152-175.

Lin, Q. and Brookes, P.C. 1999. Comparison of substrate induced respiration, selective inhibition and biovolume measurements of microbial biomass and its community structure in unamended, ryegrass-amended, fumigated and pesticidetreated soils. *Soil Biol. Biochem.* 31: 1999-2014.

Lundgren, B. 1984. Size classification of soil bacteria: Effects on microscopically estimated biovolumes. *Soil Biol. Biochem.* 16: 283-284.

Montgomery, H.J., Monreal, C.M., Young, J.C., and Seifert, K.A. 2000. Determination of soil fungal biomass from soil ergosterol analyses. *Soil Biol. Biochem.* 32: 1207-1217.

Newman, E.I. 1966. A method for estimating the total length of root in a sample. *J. Appl. Ecol.* 3: 139-145.

Parfitt, R.L., Yeates, G.W., Ross, D.J., Mackay, A.D., and Budding, P.J. 2005. Relationships between soil biota, nitrogen and phosphorus availability, and pasture growth under organic and conventional management. *App. Soil Ecol.* 28: 1-13.

Parisi, V., Menta, C., Gardi, C., Jacomini, C., and Mozzanica, E. 2005. Microarthropod communities as a tool to assess soil quality and biodiversity: A new approach in Italy. *Agric. Ecosyst. Environ.* 105: 323-333.

Ruess, L., Schutz, K., Haubert, D., Haggblom, M.M., Kandeler, E., and Scheu, S. 2005. Application of lipid analysis to understand trophic interactions in soil. *Ecology* 86: 2075-2082.

van Veen, J.A. and Paul, E.A. 1979. Conversion of biovolume measurements of soil organisms, grown under various moisture tensions, to biomass and their nutrient content. *Appl. Environ. Microbiol.* 37: 686-692.

Wardle, D.A. 2002. *Communities and Ecosystems: Linking the Aboveground and Belowground Components.* Princeton University Press, Princeton, NJ, USA.

（楼骏　译，徐建明　校）

第 五 篇
土壤有机质分析

主译：王朝辉

第45章 碳矿化

D.W. Hopkins

Scottish Crop Research Institute
Dundee, Scotland, United Kingdom

45.1 引　言

土壤有机质是由植物、动物、微生物残体及其在不同的分解阶段所产生的新陈代谢的产物组成的复杂混合物。有机碳的矿化是通过生物降解将碳从有机态转化为无机态化合物的过程，其中大部分的生物是微生物（细菌和真菌）(Gregorich 等，2001)。在利用土壤有机质的过程中，土壤中的异养生物会通过呼吸作用释放 CO_2。碳矿化是指有机质分解过程中微生物新陈代谢形成副产品并释放 CO_2 的过程。因为土壤有机质是一类由不同的生物来源且处于不同腐解阶段的有机物组成的复杂混合物，所以碳矿化是由不同的生物进行一系列复杂的生物化学过程所产生的结果。事实上，尽管碳矿化的测定是对复杂过程的简化，但是它常被应用于土壤研究，而且所得的数据广泛应用于农业、林业、生态及环境科学领域。其中一个原因是在实验室测定 CO_2 比较简单。有许多可以在野外和景观尺度测定 CO_2 的方法，但是本章主要介绍如何在实验室控制条件下测定碳的矿化量，而仅用有限的参考文献阐述野外测定方法的一些基本原理。

土壤中碳的矿化量通常有两种用途。一个周期（从几天到几周）内测得的碳矿化速率是反映总生物活性的一个指标，因为它是在特定的条件下对土壤中所有生物的呼吸速率的综合测定。然而，随着时间的推移，如果不添加新鲜有机质，那么碳矿化速率会随着大多数易分解土壤有机质的消耗而减少。在矿化速率衰减到稳定值时，释放的 CO_2 总量可以作为土壤中有机碳易矿化组分的一个指标。如果时间足够长，那么所有或者几乎所有的土壤有机质均会发生矿化，此时可矿化碳总量与土壤有机碳总量相当或者接近。因此，最重要的是要区分最终被矿化的有机碳总量和最初快速分解阶段被矿化的碳组分，此时最易利用和被微生物接触到的有机组分将被分解。本章将重点介绍土壤有机质中易矿化的碳组分，尽管它是根据测定结果定义的概念，但是它在土壤有机质中有着重要的生物学意义。因为易矿化碳是根据测定结果来定义的，所以需要认真确定测定条件。因此从生物学意义上定义碳组分非常困难（Hopkins 和 Gregorich，2005）。另外，还应该注意到易矿化碳组分的多少和短期内测定的碳矿化速率之间没有内在联系。即使两种土壤含有等量的易矿化碳，但如果其中一种土壤具备有利的分解条件，那么其碳矿化初始速率也可能远远高于另一种土壤。

45.2 土壤预处理与培养条件

在矿化分析开始前，需要对土壤样品进行一定的预处理。一般来讲，样品准备应该保持最低限度的一致性，以便保证样品的代表性和适用性。通常将土壤样品在田间湿度状态下过 2 mm 筛以便保证样品具有代表性，同时剔除其中的石头和大块植物残体。要避免风干和研磨土壤，否则会使土壤矿化作用大幅度增加，通常将这种情况称为呼吸"速增"。这种速增是由于样品物理保护释放的非生物碳的矿化作用，以及通过风干和快速复水过程杀死的生物释放碳共同作用的结果（Powlson，1980；Wu 和 Brookes，2005）。即使样品的采集和预处理没有经历不规范的风干和研磨操作，也可能出现短期（3~4 天）的呼吸速增。所以建议在与碳矿化分析相同的温度和水分条件下对土壤样品进行预培养，即在碳矿化分析前将样品平衡 7~10 天。

通常将培养温度范围设置为 20~25℃（Hopkins 等，1988；Šimek 等，2004），但是实际情况下的培养温度取决于特定的研究目的。如果研究目的是确定温度对矿化的影响，那么此时培养温度选择就极为重要。近来有研究关注到土壤有机质不同组分的矿化对培养温度的响应可能相同，也可能不同（Bol 等，2003；Fang 等，2005；Fierer 等，2005），这对预测土壤有机碳库对气候变化的响应有重要意义。通常情况下，在整个培养过程中需要恒定的温度，所以需要用控温室或者培养箱。与温度相似，在整个培养过程中，土壤含水量也需要特别注意。通常将含水量控制在田间持水量的 50%~60%（Rey 等，2005；Wu 和 Brookes，2005），因为矿化作用所需的最适含水量一般处于这个范围内。然而，当研究目的是确定水分或者干湿交替对矿化的影响时，含水量可以另作考虑（Rey 等，2005；Chow 等，2006；Hopkins 等，2006）。

45.3 培养和测定方法

在此给出三种室内测定土壤碳矿化的方法。其中两种是将土壤样品装在密闭容器中，使其产生的 CO_2 分别累积至容器顶部的空间而后再进行测定，或者将 CO_2 吸收（通常在碱性溶液中）后进行测定。第三种方法是将土壤样品置于气体流通的系统中，系统顶部空间不断地有不含 CO_2 的气体流过，通过容器内外气体的流动来实现土壤中释放的 CO_2 的收集或连续测定。选择哪种方法取决于研究人员所有的仪器设备和其他资源（如资金），同时应该考虑到各方法的优缺点（见表 45.1）。

表 45.1　实验室条件下测定土壤碳矿化方法的优缺点比较

方法	优点	缺点
累积 CO_2 于容器顶部的密闭容器培养法	成本低，仪器设备常用，易于进行重复，可以用气象色谱法快速测定 CO_2 含量	O_2 的消耗和 CO_2 的富集会使空气组成发生变化。除非容器顶部空气是流动的，否则不适用于长期培养实验（也就是培养时间为 5~10 天）。不适用于 pH 值>7 的土壤，因为这种土壤样品的土壤溶液会吸收一部分 CO_2。通常仅适用于短期培养
吸收 CO_2 的密闭容器培养法	成本低，仪器设备常用，易于重复，适合长期培养和短期培养	O_2 和 CO_2 的消耗会使空气组成发生变化。如果需要大量 O_2，就不适用于长期培养。自动化、多通道呼吸计费用昂贵。用碱溶液吸收手工滴定耗时长，而且产生的有毒废弃物需要进行妥善处理
吸收 CO_2 的开放式气流循环培养法	适合长期培养和短期培养	成本高，需要大型仪器，不适合进行重复实验

CO_2 的测定方法取决于培养方法和可用的仪器设备。四种测定土壤产生的 CO_2 的常用方法概述如下。

45.3.1　酸滴定法

用碱液（一般是氢氧化钾或氢氧化钠）吸收 CO_2，然后用稀酸反滴定过量的碱来测定（Hopkins 等，1988；Schinner 等，1996）。这个过程操作简便，加入酸碱指示剂后用滴定管进行手动滴定即可完成。自动滴定仪可以利用电极测定 pH 值并自动加酸，能够提高测量精度，但很少有大量样品需要进行自动滴定。

45.3.2 红外气体分析法

由于 CO_2 吸收红外区域的辐射,所以用红外气体分析仪(IRGAs)检测其吸光度来测定密闭培养系统或者开放培养系统中 CO_2 的含量(Bekku 等,1995;Schinner 等,1996;Rochette 等,1997;King 和 Harrison,2002)。在市售的一系列红外气体分析仪中,许多测定土壤 CO_2 生成量的仪器都是光合作用测定系统的改版。

45.3.3 电导法

根据碱性溶液电阻率随 CO_2 吸附量增加而降低的原理,可以采用电导法定量测定碱液吸收的 CO_2。尽管可以组装得到独立的电导系统(Chapman,1971;Anderson 和 Ineson,1982),但是这种 CO_2 检测装置通常是多通道呼吸计整体中的一部分(Nordgren,1988)。虽然其价格昂贵,但是可以多次重复、连续测定样品。

45.3.4 气相色谱法

气相色谱法虽然可以进行非常精确的分析,但是仅适用于累积 CO_2 的培养方法。有多种气相色谱仪均可以用于测定 CO_2,但对不同类型仪器的评述超过了本章的范围。最常用的气相色谱法需要用到分离色谱柱,并利用热电导(如热线)检测器进行 CO_2 检测(Hopkins 和 Shiel,1996;Schinner 等,1996)。气相色谱法的优点之一是其仪器具有多种功能,可以通过重新配置注射器、色谱柱和检测器来测定分析除 CO_2 外多种类型的气体。

45.4 用碱液吸收 CO_2 的密闭容器培养法

45.4.1 材料与试剂

(1)带有气密盖的培养瓶(Mason 或 Kilner 型,见图 45.1)。

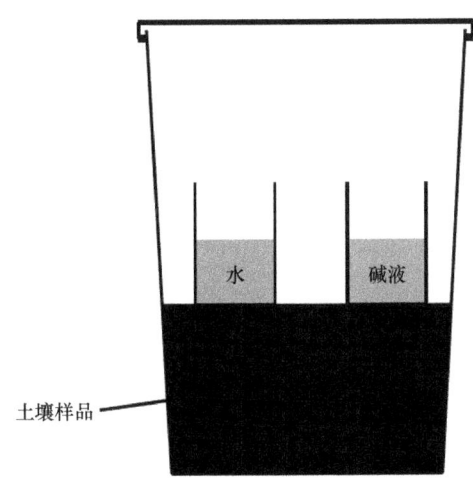

图 45.1 利用碱液吸收 CO_2 的密闭容器培养装置

(2)装有碱液和水的玻璃小瓶(20~50 mL)。

(3)1 mol L^{-1} 氢氧化钠溶液。

(4)0.5 mol L^{-1} 盐酸溶液。

(5)酚酞指示剂。

(6) 1 mol L^{-1} 氯化钡溶液。

(7) 移液管。

(8) 滴定管或自动滴定仪。

(9) 磁力搅拌器（选用）。

(10) 恒温培养箱或环境可控培养室（选用）。

45.4.2 步骤

称取相当于 100~150 g 干重的土壤样品于培养瓶中，并且记录每个瓶子和土壤样品的总重量（不计盖子重）。在每个培养瓶中放置一个盛有 10 mL 1 mol L^{-1} NaOH 溶液的小瓶和一个盛有蒸馏水的小瓶，用盖子将培养瓶密封（见图 45.1）。将培养瓶置于预定温度的避光恒温培养箱中培养。每隔 3~10 天需要进行一次 CO_2 测定。氢氧化钠每吸收 1 mol CO_2，会使 2 mol NaOH 转化为 Na_2CO_3（见式（45.1））。因此，产生的 CO_2 总量是氢氧化钠消耗量的 2 倍。将盛有水和 NaOH 溶液的小瓶取出，加入 2 mL $BaCl_2$ 溶液使溶液中溶解的 CO_2 和碳酸盐全部以碳酸钡形式沉淀移除，以酚酞为指示剂，用稀盐酸回滴多余的氢氧化钠（见式（45.2））。

$$2NaOH + CO_2 \rightarrow Na_2CO_3 + H_2O \quad (45.1)$$
$$NaOH + HCl \rightarrow NaCl + H_2O \quad (45.2)$$

例如，向最初含有 10 mL 1.0 mol L^{-1} NaOH 碱性吸收液中加入 $BaCl_2$ 溶液使其中的碳酸盐完全沉淀后，如果回滴多余的氢氧化钠时需要 5 mL 0.5 mol L^{-1} HCl 溶液，那么可以按式（45.3）计算 CO_2 吸收量：

$$CO_2 吸收量 = 0.5 \times \{[(V_{NaOH} \times C_{NaOH})/1\,000] - [(V_{HCl} \times C_{HCl})/1\,000]\} \quad (45.3)$$

式中，V_{NaOH} 是 NaOH 的初始体积（mL），C_{NaOH} 是 NaOH 的初始摩尔浓度，V_{HCl} 是滴定过程中消耗的 HCl 溶液的体积（mL），C_{HCl} 是滴定过程中所用 HCl 溶液的摩尔浓度。

因此，CO_2 吸收量 = 0.5×{[(10×1.0)/1 000]−[(5×0.5)/1 000]} = 0.003 75 mol C

当培养相当于 100 g 干重的土壤样品，且培养时间为 48 h 时，碳的矿化速率计算公式如下：

$$\begin{aligned}碳矿化速率 &= CO_2 吸收量 / (土壤质量(g) \times 培养时间(h)) \\ &= 0.003\,75/(100 \times 48) \\ &= 0.000\,000\,78 \text{ mol C}^{-1} \text{g}\pm \text{h}^{-1} \text{ 或 } 0.78 \text{ μmol C}^{-1} \text{g}\pm \text{h}^{-1}\end{aligned} \quad (45.4)$$

如果滴定后仍需要继续培养，就要将培养瓶和盖子内侧的凝结物擦去，并称量培养瓶的质量，然后向其中加水以便校正损失的重量。最后在培养瓶中放入新的 NaOH 溶液和蒸馏水小瓶，重新密封，继续培养。

45.4.3 注释

上述方法是一种普遍应用的方法，而且适用于解决很多具体的研究问题。在具体应用时，可以通过调整土壤质量、温度和水分条件、NaOH 溶液的浓度和数量及培养时间这些因素来适应特定的研究目标。但是，要确保培养瓶上部有足够大的空间以便避免长时间的培养过程带来的厌氧风险。一般来讲，称取 100~150 g 土于 1 000 mL 的容器中适合 3~4 天间隔培养。同时，确保有足够的 NaOH 溶液能够使所产生的 CO_2 被全部吸收。如果产生的 CO_2 量很少，就需要降低 NaOH 溶液的浓度以便增加分析的敏感度。向分析物中添加碳酸酐酶，可以催化溶液中 CO_2 的溶解，使最终回滴时的 pH 值处于酚酞指示剂的两个 pH 值端点之间，即 3.7~8.3（Underwood，1961）。使用自动滴定仪和磁力搅拌器能够提高滴定的精确度，但如果操作者能够仔细、熟练地使用手动滴定仪器，就不需要使用这些仪器。

通常应该用密闭培养来测定土壤生物活性、量化土壤中易矿化的碳量，其中常用的方法介绍如下所示。Anderson（1982）和 Zibilske（1994）也曾提出采用碱液吸收测定 CO_2 排放量的田间密闭容器培养法。

45.5 累积 CO_2 的密闭容器培养法

45.5.1 材料和试剂

（1）小型培养容器（见图 45.2（a）和图 45.2（b））。
（2）1%的 CO_2 标准混合气体。
（3）气相色谱仪。
（4）培养箱（选用）。

45.5.2 步骤

这个步骤基于 Heilmann 和 Beese（1992）所提出的方法，后由 Hopkins 和 Shiel（1996）改进。称取相当于 10～15 g 干重的土壤样品于玻璃小瓶中，然后把它们放在培养室内，在关闭三通阀前通过调节柱塞来设置培养室的体积（见图 45.2（a））。2～3 天后，用小型采样注射器抽取容器顶部的气体样品，反复推出抽取几次以便确保密闭容器中的气体充分混匀，利用气相色谱仪进行气体样品测定。其中气象色谱仪有多种选择。在 Hopkins 和 Shiel（1996）提出的方法中，气相色谱仪内装有一个长为 1.32 m、内径为 3 mm 的不锈钢柱子，而柱子里装有 80/100 目的聚苯乙烯型色谱固定相（Poropak Q）和一个热导检测器。气体样品的抽取完成后，打开培养室更新空气，然后进行重新密封并继续培养。如图 45.2（b）所示的培养室是图 45.1 所示的培养室的一种改型，可以用来进行 CO_2 累积。

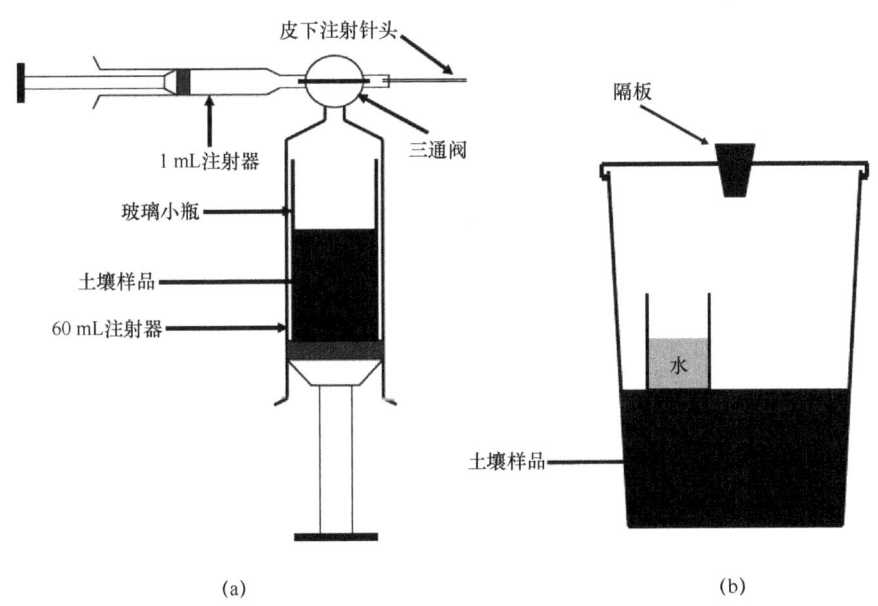

图 45.2 两种可以累积 CO_2 的密闭培养容器

45.5.3 注释

土壤是 CO_2 的汇集地，比如碱性土壤溶液中可能会累积重碳酸盐（Martens，1987），而化能自养细菌会消耗 CO_2（Zibilske，1994）。人们经常忽视这些汇集地的重要性，但是在碱性土壤中，CO_2 溶解量大或者 CO_2 呼吸通量小均会低估碳矿化量，此时 CO_2 吸收法更为可取。

培养室可以由一些常用材料组装得到。但是CO_2可以透过某些种类的塑料，而且部件连接处也可能发生CO_2的泄漏，所以最好在培养前检查塑料材料的密闭性，或使用玻璃器皿。如果使用塑料注射器，就应该确保注射器针筒和柱塞之间没有土壤颗粒，以免引起CO_2泄漏。容器顶部的空间较小，因此如果延长培养时间但不更新空气，那么会增加产生厌氧的概率且增加CO_2泄漏的风险，所以要及时进行空气更新。

45.6　开放式培养法

图45.3显示的系统适用于在一个开放式培养容器中收集CO_2，可以利用抽吸泵、真空管线抽吸气体通过装置，或利用气泵（比如隔膜鱼池泵）、压缩气筒迫使空气通过该系统以便维持气体流动。要根据气体来源确定气体的纯度，若有必要则需要用浓硫酸净气器去除由压缩汽缸或气泵带入的有机污染物。在土壤样品上游侧的进气端可以用碱石灰去除气体中的CO_2。培养之后，将NaOH吸收液定量转移到烧杯中，按照45.4.2所述方法滴定所产生的CO_2。这个方法的主要优点是没有厌氧风险，也不会发生CO_2的泄漏，而且气流进入水瓶后会立即上升进入培养室，从而减缓土壤的干燥过程。该设备可以用实验室常见的玻璃器皿进行组装。然而进行重复测量时，此方法需要用多重并列系统，所需实验空间将会增加。

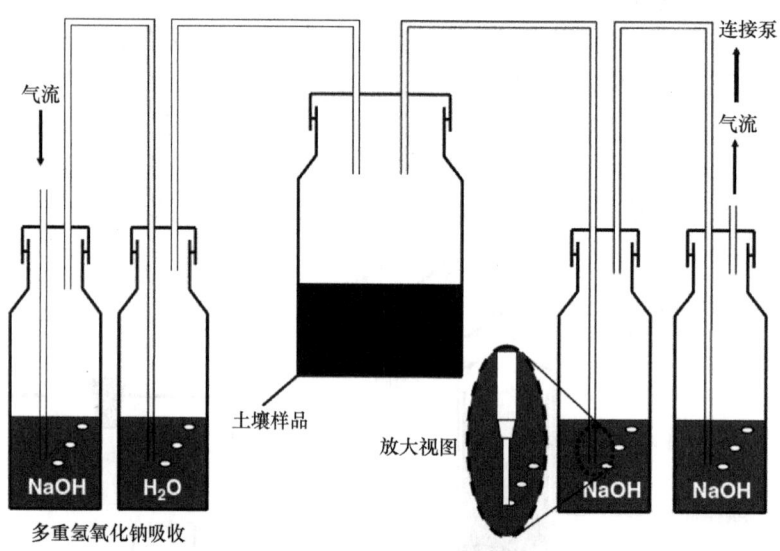

图45.3　开放式培养，利用碱液吸收法测定CO_2释放量（改编自：Zibilske, L.M., in R.W. Weaver, S. Angle, P. Bottomly, D. Bezdieck, S. Smith, A. Tabatabai, and A. Wollum (Eds), Methods of Soil Analysis, Part 2—Microbiological and Biochemical Processes, Soil Science Society of America, Madison, Wisconsin, 1994.）

45.7　电导呼吸法

有多种专用的多通道呼吸计可以用来测定土壤、沉积物、堆肥、动物和细胞培养（包括微生物）中的CO_2通量（在某些情况下可以测定其他气体）。对这些仪器系统操作的介绍超出了本章范围。在土壤研究过程中广泛应用的是Respicond型仪器（Nordgren, 1988）。该仪器有多达96个室（见图45.4），并用KOH溶液吸收CO_2。CO_2的吸收导致吸收液中KOH浓度下降，从而其电导也下降。该仪器可以每隔30～45 min测定一次电导变化，且可连续运行数月，其间仅有几次短时间的间断。该电导测定仪对温度波动和电力供应变化很敏感。尽管该仪器有内置的控温系统，但是位于一个控温且单独供电的房间时，会得到最理想的结果。

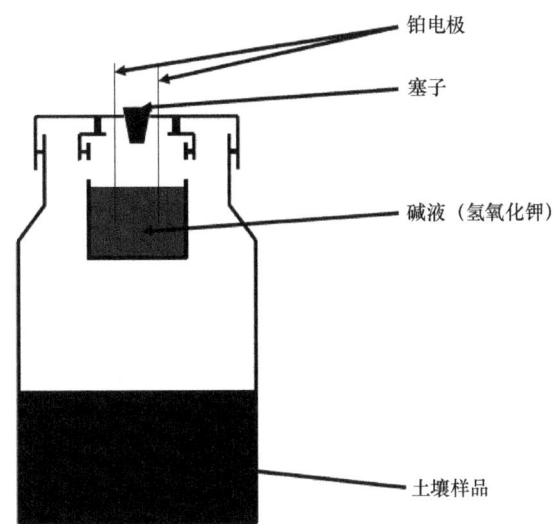

图45.4 利用Respicond型呼吸计进行密闭室培养（改编自：Nordgren, A., Soil Biol. Biochem., 20, 955, 1988.）

参 考 文 献

Anderson, J.M. and Ineson, P. 1982. A soil microcosm system and its application to measurements of respiration and nutrient leaching. *Soil Biol. Biochem.* 14: 415-416.

Anderson, J.P.E. 1982. Soil respiration. In: A.L. Page et al., eds. *Methods of Soil Analysis, Part 2—Chemical and Biological Properties, 2nd ed.* Agronomy Society of America, Madison, WI, 831-871.

Bekku, Y., Koizumi, H., and Iwaki, H. 1995. Measurement of soil respiration using closedchamber method—an IRGA technique. *Ecol. Res.* 10: 369-373.

Bol, R., Bolger, T., Cully, R., and Little, D. 2003. Recalcitrant soil organic materials mineralize more efficiently at higher temperatures. *Z. Pflanzen. Boden.* 166: 300-307.

Chapman, S.B. 1971. Simple conductiometric soil respirometer for field use. *Oikos* 22: 348.

Chow, A.T., Tanji, K.K., Gao, S.D., and Dahlgren, R.A. 2006. Temperature, water content and wet-dry cycle effects on DOC and carbon mineralization in agricultural peat soils. *Soil Biol. Biochem.* 38: 477-488.

Fang, C.M., Smith, P., Moncrieff, J.B., and Smith, J.U. 2005. Similar responses of labile and resistant soil organic matter pools to changes in temperature. *Nature* 433: 57-59.

Fierer, N., Craine, J.M., McLauchlan, K., and Schimel, J.P. 2005. Litter quality and the temperature sensitivity of decomposition. *Ecology* 82: 320-326.

Gregorich, E.G., Turchenek, L.W., Carter, M.R., and Angers, D.A. 2001. *Soil and Environmental Sciences Dictionary.* CRC Press, Boca Raton, FL.

Heilmann, B. and Beese, F. 1992. Miniaturized method to measure carbon dioxide production and biomass of soil microorganisms. *Soil Sci. Soc. Am. J.* 56: 596-598.

Hopkins, D.W. and Gregorich, E.G. 2005. Carbon as a substrate for soil organisms. In: R.D. Bardgett, M.B. Usher, and D.W. Hopkins, eds. *Biodiversity and Function in Soils,* British Ecological Society Ecological Reviews. Cambridge University Press, Cambridge, 57-79.

Hopkins, D.W. and Shiel, R.S. 1996. Size and activity of soil microbial communities in longterm experimental grassland plots treated with manure and inorganic fertilizers. *Biol. Fert. Soils* 22: 66-70.

Hopkins, D.W., Shiel, R.S., and O'Donnell, A.G. 1988. The influence of sward species composition on the rate of organic matter decomposition in grassland soil. *J. Soil Sci.* 39: 385-392.

Hopkins, D.W., Sparrow, A.D., Elberling, B., Gregorich, E.G., Novis, P., Greenfield, L.G., and Tilston, E.L. 2006. Carbon, nitrogen and temperature controls on microbial activity in soils from an Antarctic dry valley. *Soil Biol. Biochem* 38: 3130-3140.

King, J.A. and Harrison, R. 2002. Measuring soil respiration in the field: an automated closed chamber system compared with portable IRGA and alkali adsorption methods. *Commun. Soil Sci. Plant Anal.* 33: 403-423.

Martens, R. 1987. Estimation of microbial biomass in soil by the respiration methods: importance of soil pH and flushing methods for respired CO_2. *Soil Biol. Biochem.* 19: 77-81.

Nordgren, A. 1988. Apparatus for the continuous, long-term monitoring of soil respiration rate in large numbers of samples. *Soil Biol. Biochem.* 20: 955-957.

Powlson, D.S. 1980. The effects of grinding on microbial and non-microbial organic matter in soil. *J. Soil Sci.* 31: 77-85.

Rey, A., Petsikos, C., Jarvis, P.G., and Grace, J. 2005. Effect of temperature and moisture on rates of carbon mineralization in a Mediterranean oak forest soil under controlled and field conditions. *Eur. J. Soil Sci.* 56: 589-599.

Rochette, P., Ellert,B., Gregorich, E.G., Desjardins, R.L., Pattey, E.L., Lessard, R., and Johnson, B.G. 1997. Description of a dynamic closed chamber for measuring soil respiration and its comparison with other techniques. *Can. J. Soil Sci.* 77: 195-203.

Schinner, F., Öhlinger, R., Kandeler, E., and Margesin, R. 1996. *Methods in Soil Biology.* Springer-Verlag, Berlin, Germany.

Šimek, M., Elhottová, D., Klimeš, F., and Hopkins, D.W. 2004. Emissions of N_2O and CO_2, denitrification measurements and soil properties in red clover and ryegrass stands. *Soil Biol. Biochem.* 36: 9-21.

Underwood, A.L. 1961. Carbonic anhydrase in the titration of carbon dioxide solutions. *Anal. Chem.* 33: 955-956.

Wu, J. and Brookes, P.C. 2005. The proportional mineralization of microbial biomass and organic matter caused by air-drying and rewetting of a grassland soil. *Soil Biol. Biochem.* 37: 507-515.

Zibilske, L.M. 1994. Carbon mineralization. In: R.W. Weaver, S. Angle, P. Bottomly, D. Bezdieck, S. Smith, A. Tabatabai, and A. Wollum, eds. *Methods of Soil Analysis, Part 2—Microbiological and Biochemical Processes,* SSSA Book Series No. 5. Soil Science Society of America, Madison, WI, 835-863.

（李富翠　谢钧宇　张树兰　党海燕　译，王朝辉　校）

第 46 章 矿化态氮

Denis Curtin

New Zealand Institute for Crop and Food Research

Christchurch, New Zealand

C.A. Campbell

Agriculture and Agri-Food Canada

Ottawa, Ontario, Canada

46.1 引　言

在农业生产系统中，氮通常是最常见的限制植物生长的营养元素。植物吸收的氮素有多种来源，特别是肥料、生物固氮及土壤有机质、植物残茬和有机肥矿化形成的氮（Keeney，1982）。土壤中氮的矿化作用可以为作物提供 20～200 kg N·ha^{-1} 的氮素（Goh，1983；Cabrera 等，1994），矿化量的多少取决于土壤可矿化有机氮的数量及控制矿化速率的环境条件（土壤温度和水分）。草原土壤中可以累积大量的可矿化有机氮，因此经过长期的草地种植后，草原土壤的矿化作用可以为作物迅速生长提供大量的氮素。相反，集约化种植的农田中往往仅有少量氮可以被矿化，因此作物吸收的氮素主要依赖于氮肥的施用。

潜在的可矿化氮是土壤有机氮中的活性组分，它主要通过微生物的作用释放矿质态氮。可矿化氮由一系列异质的有机物质组成，包括微生物生物量、新鲜的作物残茬和腐殖质。尽管人们从未停止研究（Jalil 等，1996；Picone 等，2002），但是仍然没有发现能够很好地分析土壤可矿化氮的化学方法，因此培养试验法依然是目前估算可矿化氮的首选方法。

Stanford 和 Smith（1972）提出了一个估算潜在可矿化氮的方法，在最适温度和水分条件下将土壤和沙的混合物进行 30 周的好氧培养，其间释放的矿质氮总量即为潜在可矿化氮的含量。尽管这个方法被当作标准参考方法，但是由于耗费的时间过长而无法适用于常规分析，所以仅作为研究工具。现在已经发现可以有效评估土壤氮素供应能力的短期好氧培养法（Paul 等，2002；Curtin 和 McCallum，2004），但是这些分析方法仍然需要花费几周时间，而且要求操作者具备多种专业技能。

Keeney 和 Bremner（1966）提出用厌气培养法估算可矿化氮的含量。矿化时间较短（7 天），且不需要对土壤水分含量进行仔细调整，使厌氧（即渍水土壤）培养法的实用性和可操作性显著优于好氧培养法。因此，这种分析方法有时用于商业实验室常规土壤肥力的测定。Keeney 和 Bremner（1966）提出厌氧培养测定的可矿化氮和温室条件下植物吸收氮之间有很好的相关性，但随后在大田试验中得到的结果却不尽相同（Thicke 等，1993；Christensen 等，1999）。

46.2　潜在可矿化氮

46.2.1　原理

在理论上，潜在可矿化氮是在最适温度和水分条件下，在无限长的时间内矿化出的氮的数量。它是在最适条件下培养土壤，并且每隔一段时间淋洗土壤中的无机氮，并建立无机氮与时间的函数方程，从而确定氮的矿化量。可以用以下一级动力学方程计算潜在可矿化氮的含量：

$$N_{min} = N_0(1 - e^{-kt}) \quad (46.1)$$

式中，N_{min}是在时间 t 时氮的矿化累积量，N_0是潜在可矿化氮的含量，k是矿化速率常数。这个方程有两个未知数（N_0和k），通常利用适当的统计软件由最小二乘迭代法估算这两个未知数的值。

46.2.2 材料

（1）能将温度保持在40℃的恒温箱（湿度需要接近100%，以防土壤样品在整个培养过程中变干）。

（2）可在-80 kPa压强下提取渗滤液的真空泵。

（3）能支撑待培养土壤样品的淋洗装置。可以是特制渗漏管（Campbell 等，1993）、市售沥滤元件（例如，150 mL膜过滤器元件；MacKay 和 Carefoot，1981）或布氏漏斗（Ellert 和 Bettany，1988；Benedetti 和 Sebastiani，1996）。

（4）用于制作厚约6 mm的垫子铺在待培养样品的底部，厚3 mm的垫子铺在样品上面的玻璃棉上。

（5）20目酸洗石英砂。

（6）0.01 mol L^{-1} 氯化钙淋洗液（由$CaCl_2$原液配制）。

（7）无氮营养液，其中含有0.002 mol L^{-1} $CaSO_4$、0.002 mol L^{-1} $MgSO_4$、0.005 mol L^{-1} $Ca(H_2PO_4)_2$ 和 0.002 5 mol L^{-1} K_2SO_4，以便代替土壤样品在淋溶过程中所损失的养分。

46.2.3 步骤

（1）土壤样品在培养前通常要进行风干和过筛，也可以使用田间水分条件下的鲜土。氮矿化速率对样品预处理很敏感，特别是在矿化培养的早期阶段（见46.2.5）。

（2）将15~50 g的土壤样品与沙子混匀。如果土壤质地中等，那么土沙比为1:1。而如果土壤质地较细，那么土沙比为1:2。建议在将样品转移至渗漏管时，添加少量水以便避免土壤颗粒或团聚体大小形态分离。

（3）在渗漏管底部先放置玻璃棉垫子，或玻璃棉/Whatman 型玻璃微纤维滤纸/玻璃棉组成的复合夹层，然后装入沙土混合物。为了防止添加淋洗液时团聚体遭到破坏，要在沙土混合物上覆盖一个薄的玻璃棉垫。

（4）可用100 mL 0.01 mol L^{-1} $CaCl_2$溶液淋洗土壤本身的矿质氮，每次加入少量（约10 mL）淋洗液，然后再加入25 mL无氮营养液淋洗。先让砂土混合物中的水自然排干，然后用真空泵（-80 kPa）抽去多余的水分。弃掉第一次的渗滤液。

（5）将渗漏管两端用塞子堵上后放入35℃培养箱内。在底部插入皮下注射针（38 mm，16~18 容量规格）以便促进气体流通。每周将渗漏管顶部的塞子拔出两次以便进行气体交换。

（6）培养开始后的8~10周内每2周重复第4步（淋洗）一次，之后每4周重复第4步（淋洗）一次。用Whatman 42号滤纸将收集的滤液进行过滤，并且分析其中的硝态氮（$NO_3^- $-N）和铵态氮（$NH_4^+$-N）的含量。

（7）当矿化氮累积量达到平台期时可以终止培养，通常需要约20周（见46.2.5）。

46.2.4 计算

非线性最小二次回归分析法是估算一级动力学模型中N_0和k的最佳统计学方法（Campbell 等，1993；Benedetti 和 Sebastiani，1996）。初始计算时需要粗略估计N_0和k。一般建议将每周k的初始值设置为0.10（k值每周的变化范围通常为0.05~0.20），而假设N_0比培养结束时累积可矿化氮高50%左右（Campbell

等，1993）。

46.2.5 注释

（1）目前尚未确定培养前样品处理的最适方法。以往研究中既可以用风干土壤也可以用鲜土。如果使用鲜土，就应该在培养开始前将所采集的样品置于约 4℃ 下冷藏保存。Campbell 等（1993）认为对于田间土壤处于风干状态的地区，样品采集后可以先进行风干处理再进行培养。土壤风干过程能杀死部分微生物，并且再湿润过程会使这部分微生物态氮迅速矿化。单指数模型（见式（46.1））也许不能精确地表示再湿润过程中的初始矿化峰（Cabrera，1993），而且在估算 N_0 时，有时需要剔除最初两周的数据（Stanford 和 Smith，1972）。此外，样品的处理程度（如筛分细度）也会影响结果。但是，Stenger 等（2002）发现未过筛的土壤样品与过 2 mm 筛的土壤样品的氮矿化量（培养 6 个月）几乎没有差别。

（2）式（46.1）中隐含着一个假设：可矿化氮仅有一个库。这个假设并不准确，因为有足够的证据表明土壤中存在多种形式的"活性氮"。人们已经尝试将可矿化氮分为两个或三个库来提高数据的拟合度（Deans 等，1986）。虽然双库（即双指数）模型比单指数模型能更精确地拟合实验室氮矿化数据（Curtin 等，1998），但是许多研究者认为这种改进后的模型仍然无法保证其普遍适用性（Campbell 等，1988）。

（3）用式（46.1）拟合得到的 N_0 值和 k 值会随着温度、含水量和培养持续时间的变化而变化（Wang 等，2003）。氮的矿化作用的最适温度通常为 35℃。Campbell 等（1993）认为低温培养（如 28℃）可能会导致氮的矿化作用在培养开始后的 2 周内出现滞后期。这种滞后期在富含碳基的土壤（如森林土壤）中表现得更为明显，因为氮的固定作用在这种土壤的培养初始阶段占主导地位，从而使其初始净氮矿化量可能会很低（Scott 等，1998）。土壤样品的最适含水量与田间持水量（-5 kPa 到 -10 kPa）基本持平。理想的培养时间至少为 25 周（Ellert，1990）。随着培养时间的增加，N_0 值逐渐增加，k 值逐渐减少（Paustian 和 Bonde，1987；Wang 等，2003）。氮的累积矿化量（N_{min}）通常会在培养 16～20 周后逐渐增加至最大值，之后基本不变（Campbell 等，1993）。

（4）用一级动力学模型拟合矿化数据时，存在的一个问题是 N_0 和 k 之间往往呈反比关系。有人认为要使估算的 N_0 值能够表征土壤氮真正的矿化量，那么 k 应该设置为一个标准值（如每周 0.054）（Wang 等，2003）。这个方法减小了矿化时间对 N_0 值的影响，即在 20～40 周的培养期内，N_0 值不受培养时间的影响（Wang 等，2003）。

46.3 短期好气培养法

短期好气培养法最明显的优点是能够更加及时地估算可矿化氮量，且由于不需要进行周期性淋洗，所以降低了对劳动力的需求。通过对两组数据的分析比较，Campbell 等（1994）发现在北美土壤中，培养阶段最初两周的氮矿化量与 N_0 显著相关，但并非都是如此。某些土壤（例如，C/N 比值较高的森林土壤；Scott 等，1998）在短期培养期间会固定大量的氮，短期内净氮矿化量与 N_0 并不密切相关。许多短期培养研究发现，这种相关关系因为培养周期和温度的不同而异。Parfitt 等（2005）在新西兰进行了 56 天的好氧培养（25℃）发现，培养期内氮的矿化量与豆科牧草对氮的吸收量显著相关。另有研究显示在为期 28 天的好氧培养（20℃）过程中，氮的矿化量与温室燕麦（*Avena sativa* L.）对氮的吸收量紧密相关，试验中所用的 30 种土壤代表了不同的管理历史和土壤母质（Curtin 和 McCallum，2004）。与 28 天相比，培养更长时间（56 天）得到的结果可能会更准确地反映某个生长季的氮素供应水平，但如果考虑的重点是结果的时效性，那么较长时间培养并没有太多优点。通过调节土壤温度和湿度来控制培养实验的基本值（即在特定的温度和水分条件下培养土壤样品所得到的值）可以估算田间土壤的矿化率（Paul

等，2002）。

下述步骤以 Scott 等（1998）和 Parfitt 等（2005）提出的方法为基础。

46.3.1 步骤

（1）称取已经过筛（<4 mm 或 5 mm）的新鲜土壤样品（相当于 5 g 干土）于 125 mL 聚丙烯容器内（推荐使用田间鲜土以便避免风干土壤再湿润时出现的矿化速增，但对于半干旱区土壤，用风干样品更为合适）。

（2）向土壤样品中加水从而使其土壤水分达到-10 kPa 下的土壤含水量。-10 kPa 下的土壤含水量一般可以通过单独取样并用张力表测得。

（3）用聚乙烯膜（30 μm）盖上容器，并用橡皮筋在适当的位置将其固定，然后放在装有水的塑料托盘内，最后用大聚乙烯袋子覆盖以便维持较高的湿度。

（4）在适宜的温度下（20~30℃）进行一定时间的（如 28 天或 56 天）培养。

（5）培养结束后用 2 mol L^{-1} KCl 溶液浸提，并测定其矿质氮（硝态氮和铵态氮）含量。培养前土壤中的矿质氮含量可以用 KCl 溶液浸提另一份未培养样品来确定。

（6）用培养后的测定值与初始矿质氮值之差计算矿质氮含量。

46.4 厌气培养法

与好气培养法相比，厌气培养法更具有可操作性和实用性，因此更适应于常规分析。其培养时间较短（7 天），向所有土壤样品中加入等体积的水即可，无须考虑土壤样品的持水能力。此外，在厌氧条件下不会产生硝态氮，因此仅需要测定铵态氮的含量。

46.4.1 步骤

（1）称取 5 g 已经过筛的土壤（<4 mm 或 5 mm）于 50 mL 带螺旋盖的塑料离心管中，向其中加入 10 mL 去离子水以便浸没土壤，盖紧离心管，放置于恒温箱（40℃）中培养 7 天。

（2）从恒温箱中取出离心管，加入 40 mL 2.5 mol L^{-1} KCl 溶液（经过样品中的水稀释后，KCl 的最终浓度为 2 mol L^{-1}）。将离心管中的物质混匀，以 1 900 g 离心，然后用预洗后的 Whatman 42 号滤纸过滤上清液。

（3）测定滤液中铵态氮的含量。在培养前用 KCl 溶液浸提另一份样品，并测定其中铵态氮的含量。用培养后测得的样品铵态氮的含量减去培养前样品中的铵态氮的含量来计算可矿化氮含量。

46.4.2 注释

（1）由于大多数耕地土壤的铵态氮含量不高，所以可能无须测定土壤的初始铵态氮含量，但应该进行预实验以确保土壤本身的铵态氮可以忽略（Keeney，1982）。

（2）样品的预处理还没有标准的方法。通常风干土壤和鲜土均可用于测定厌氧条件下的可矿化氮含量。但 Larsen（1999）认为预处理（风干、冷冻）会对厌氧条件下的可矿化氮含量产生显著影响，因此他建议使用鲜土。

（3）尽管厌氧条件下的可矿化氮含量与好氧条件下的氮矿化相关，但是这种关系通常并不紧密（Curtin 和 McCallum，2004）。

（4）如果要将厌氧条件下的可矿化氮含量用作氮肥推荐施肥系统的指标，那么建议在当地田间条件下将其与作物生长状态进行试验校正（Christensen 等，1999）。

46.5 氮矿化能力的化学指标

由于上述测定矿化氮的生物培养法有时间要求，所以人们也尝试用化学分析法来替代生物分析法。化学分析的优点是它们比生物（培养）分析更快捷、更准确，但截至目前，还没有任何浸提剂能够模拟出培养土壤中发生的由微生物介导的矿质氮释放过程。许多化学分析法的作用模式比较简单，也就是它们会选择性地提取一种或几种特定形态的氮。此外，矿化作用是一个复杂的生物过程，这个过程是由矿质氮的产生（总矿化）和消耗（固定）过程共同组成，正如培养实验所测得的净氮矿化量是氮的总矿化和总固定过程平衡的结果。选择性地测定土壤中活性氮的化学分析法也具有估算氮总矿化量的潜力（Wang 等，2001）。然而，因为化学浸提法的测定结果不包括氮的固定，所以用这种方法预测的净氮矿化量有更多的疑问。

尽管人们已经提出许多测定氮有效性的化学分析方法（由 Keeney（1982）列出），但是这些方法均未被用于一般或常规的土壤肥力评价。在过去十多年，人们最关注的化学分析法可能是热的 2 mol L^{-1} KCl 溶液浸提法，这种方法会使一部分有机氮水解为铵态氮（Gianello 和 Bremner，1986）。尽管有一些令人鼓舞的结果（Gianello 和 Bremner，1986；Jalil 等，1996；Beauchamp 等，2004），但是对这种化学分析法的表现并无广泛一致的共识（Wang 等，2001；Curtin 和 McCallum，2004）。对化学分析法的研究和评估工作仍在继续（Mulvaney 等，2001；Picone 等，2002），但目前研究人员对哪种土壤有效氮测定方法最有潜力作为土壤氮素供应能力的预测方法尚无定论。因此，在达成科学共识之前，将任何一种分析方法推荐为通用方法都是不可取的。

参 考 文 献

Beauchamp, E.G., Kay, B.D., and Pararajasingham, R. 2004. Soil tests for predicting the N requirement of corn. *Can. J. Soil Sci.* 84: 103-113.

Benedetti, A. and Sebastiani, G. 1996. Determination of potentially mineralizable nitrogen in agricultural soil. *Biol. Fert. Soils* 21: 114-120.

Cabrera, M.L. 1993. Modeling the flush of nitrogen mineralization caused by drying and rewetting soils. *Soil Sci. Soc. Am. J.* 57: 63-66.

Cabrera, M.L., Kissel, D.E., and Vigil, M.F. 1994. Potential nitrogen mineralization: laboratory and field evaluation. In: J.L. Havlin and J.S. Jacobsen, eds. *Soil Testing: Prospects for Improving Nutrient Recommendations.* Soil Science Society of America Special Publication No. 40. SSSA and ASA, Madison, WI, 15-30.

Campbell, C.A., Ellert, B.H., and Jame, Y.W. 1993. Nitrogen mineralization potential in soils. In: M.R. Carter, ed. *Soil Sampling and Methods of Analysis.* Lewis Publishers, Boca Raton, FL, 341-349.

Campbell, C.A., Jame, Y.W., Akinremi, O.O., and Beckie, H.J. 1994. Evaluating potentialnitrogen mineralization for predicting fertilizer nitrogen requirements of long-term field experiments. In: J.L. Havlin and J.S. Jacobsen, eds. *Soil Testing: Prospects for Improving Nutrient Recommendations.* Soil Science Society of America Special Publication No. 40. SSSA and ASA, Madison, WI, 81-100.

Campbell, C.A., Jame, Y.W., and de Jong, R. 1988. Predicting net nitrogen mineralizationover a growing season: model verification. *Can. J. Soil Sci.* 68: 537-552.

Christensen, N.W., Qureshi, M.H., Baloch, D.M., and Karow, R.S. 1999. Assessing nitrogen mineralization in a moist xeric environment. *Proceedings, Western Nutrient Management Conference,* Vol. 3, March 4-5, 1999. Salt Lake City, UT. Potash & Phosphate Institute, Norcross, GA, 83-90.

Curtin, D., Campbell, C.A., and Jalil, A. 1998. Effects of acidity on mineralization: pH-dependence of organic matter mineralization in weakly acidic soils. *Soil Biol. Biochem.* 30: 57-64.

Curtin, D. and McCallum, F.M. 2004. Biological and chemical assays to estimate nitrogen supplying power of soils with contrasting management histories. *Aust. J. Soil Res.* 42: 737-746.

Deans, J.R., Molina, J.A.E., and Clapp, C.E. 1986. Models for predicting potentially mineralizable nitrogen and decomposition rate constants. *Soil Sci. Soc. Am. J.* 50: 323-326.

Ellert, B.H. 1990. Kinetics of nitrogen and sulfur cycling in Gray Luvisol soils. Ph.D. thesis, University of Saskavtchewan, Saskatoon. SK, Canada, 397.

Ellert, B.H. and Bettany, J.R. 1988. Comparison of kinetic models for describing net sulfur and nitrogen mineralization. *Soil Sci. Soc. Am. J.* 52: 1692-1702.

Gianello, C. and Bremner, J.M. 1986. Comparison of chemical methods of assessing potentially available organic nitrogen in soil. Commun. *Soil Sci. Plant Anal.* 17: 215-236.

Goh, K.M. 1983. Predicting nitrogen requirements for arable farming: a critical review and appraisal. *Proc. Agron. Soc. New Zealand* 13: 1-14.

Jalil, A., Campbell, C.A., Schoenau, J., Henry, J.L., Jame, Y.W., and Lafond, G.P. 1996. Assessment of two chemical extraction methods as indices of available nitrogen. *Soil Sci. Soc. Am. J.* 60: 1954-1960.

Keeney, D.R. 1982. Nitrogen-availability indices. In: A.L. Page et al., eds. *Methods of Soil Analysis. Part 2,* 2nd ed. *Chemical and Microbiological Properties,* Agronomy 9. SSSA and ASA, Madison, WI, 711-733.

Keeney, D.R. and Bremner, J.M. 1966. Comparison and evaluation of laboratory methods of obtaining an index of soil nitrogen availability. *Agron. J.* 58: 498-503.

Larsen, J.J.R. 1999. How to estimate potentially plant available soil nitrogen in sandy soils using anaerobic incubation. M.S. thesis, Department of Agricultural Sciences, The Royal Veterinary and Agricultural University, Copenhagen, Denmark.

MacKay, D.C. and Carefoot, J.M. 1981. Control of water content in laboratory determination of mineralizable nitrogen in soils. *Soil Sci. Soc. Am. J.* 45: 444-446.

Mulvaney, R.L., Khan, S.A., Hoeft, R.G., and Brown, H.M. 2001. A soil organic nitrogen fraction that reduces the need for nitrogen fertilization. *Soil Sci. Soc. Am. J.* 65: 1164-1172.

Parfitt, R.L., Yeates, G.W., Ross, D.J., Mackay, A.D., and Budding, P.J. 2005. Relationships between soil biota, nitrogen and phosphorus availability, and pasture growth under organic and conventional management. *Appl. Soil Ecol.* 28: 1-13.

Paul, K.I., Polglase, P.J., O'Connell, A.M., Carlyle, J.C., Smethurst, J.C., and Khanna, P.K. 2002. Soil nitrogen availability predictor (SNAP): a simple model for predicting mineralisation of nitrogen in forest soils. *Aust. J. Soil Res.* 40: 1011-1026.

Paustian, K. and Bonde, T.A. 1987. Interpreting incubation data on nitrogen mineralization from soil organic matter. In: J.H. Cooley, ed. *Soil Organic Matter Dynamics and Soil Productivity.* Proceedings of INTECOL Workshop, INTECOL Bulletin 15. International Association for Ecology, Athens, GA, 101-112.

Picone, L.I., Cabrera, M.L., and Franzluebbers, A.J. 2002. A rapid method to estimate potentially mineralizable nitrogen in soil. *Soil Sci. Soc. Am. J.* 66: 1843-1847.

Scott, N.A., Parfitt, R.L., Ross, D.J., and Salt, G.J. 1998. Carbon and nitrogen transformations in New Zealand plantation forest soils from sites with different N status. *Can. J. Forest Res.* 28: 967-976.

Stanford, G. and Smith, S.J. 1972. Nitrogen mineralization potentials of soils. *Soil Sci. Am. Proc.* 36: 465-472.

Stenger, R., Barkle, G.F., and Burgess, C.P. 2002. Mineralisation of organic matter in intact versus sieved / refilled soil cores. *Aust. J. Soil Res.* 40: 149-160.

Thicke, F.E., Russelle, M.P., Hesterman, O.B., and Sheaffer, C.C. 1993. Soil nitrogen mineralization indexes and corn response in crop rotations. *Soil Sci.* 156: 322-335.

Wang, W.J., Smith, C.J., Chalk, P.M., and Chen, D. 2001. Evaluating chemical and physical indices of nitrogen mineralization capacity with an unequivocal reference. *Soil Sci. Soc. Am. J.* 65: 368-376.

Wang, W.J., Smith, C.J., and Chen, D. 2003. Towards a standardised procedure for determining the potentially mineralisable nitrogen of soil. *Biol. Fert. Soils* 37: 362-374.

（张树兰　谢钧宇　党海燕　译，王朝辉　校）

第47章　物理性非复合有机质

E.G. Gregorich
Agriculture and Agri-Food Canada
Ottawa, Ontario, Canada

M.H. Beare
New Zealand Institute for Crop and Food Research
Christchurch, New Zealand

47.1　引　言

物理性非复合有机质由未被土壤矿质颗粒固定的有机质颗粒组成，可以用密度法（使用重液）或粒度法（使用筛子）将其从土壤中分离。把它从土壤中分离出来是由于有机质与土壤矿物颗粒结合后会改变它在土壤环境中的功能、转化及动态。现在已经将非复合有机质分离出来并用于研究土壤有机组分的形态与功能，评价土地使用、管理和植被类型对碳、氮转化和存储的影响（Gregorich 和 Janzen，1996；Gregorich 等，2006），包括评价和研究养分有效性（Campbell 等，2001）、植物残体的分解（Magid 和 Kjærgaard，2001）、土壤有机质的物理性保护（Beare 等，1994）及团聚过程（Golchin 等，1994）。

物理性非复合有机质是处于不同分解阶段的植物、动物和微生物残体的混合物，包括花粉、孢子、种子、无脊椎动物外骨骼、植物岩和木炭（Spycher 等，1983；Baisden 等，2002）。虽然轻组（LF）有机质和颗粒有机质（POM）的总量和化学特性不同，但是它们都是物理性非复合有机质最常见的分离形态。在本章中，将土壤悬浮在已知比重的重液（即比重大于水的溶液）中浸提得到的有机质定义为轻组有机质，其中重液的比重范围通常为 1.6~2.0（Sollins 等，1999）。相比之下，将分散的土壤通过已知大小的筛子，得到的有机质定义为颗粒有机质，筛孔直径通常为 53~250 μm。分离颗粒有机质时，既可以单独使用粒径分离法（如>53 μm），也可以使用粒径与密度结合的分离法（Cambardella 和 Elliott，1992）。

物理性非复合有机质在土壤全碳和全氮中占很大的比例。Gregorich 等（2006）对超过 65 篇已经发表的论文进行综述表明，农业矿质土壤中以颗粒有机质形式存在的土壤碳、氮含量远超过轻组有机质。颗粒有机质（直径 50~2 000 μm）平均占土壤有机碳的 22%、土壤全氮的 18%。而轻组有机质（比重<1.9）仅占土壤有机碳的 8%、土壤全氮的 5%。目前对轻组有机质中磷、硫含量的研究较少，但研究表明，有少于 5% 的土壤有机磷存在于轻组有机质中（Curtin 等，2003；Salas 等，2003）。

物理性非复合有机质的 C∶N 比大于全土，但小于植物残体。轻组有机质的 C∶N 比随比重的增加而减小，比重 1.0~1.8 时其 C∶N 比为 17~22，比重 1.8~2.2 时其 C∶N 比为 10~17（Gregorich 等，2006）。低比重（<1.8）提取的轻组有机质有较高的 C∶N 比，能反映出植物成分（如木质素）的主导影响，而高比重下的提取物包含更多的带有吸附有机质的矿质颗粒。Gregorich 等（2006）也发现颗粒有机质的平均粒径与其 C∶N 比之间存在正对数线性关系。总之，大粒径组分 C∶N 比的变化远大于小粒径组分 C∶N 比的变化，这与 Magid 和 Kjærgaard（2001）的发现相符。

通常用固定比重的液体分离轻组有机质，比重范围一般为 1.6~2.0（Sollins 等，1999）。分离颗粒有机质既可以单独使用粒径法，也可以使用粒径与密度结合法（Cambardella 和 Elliott，1992）。在本章将介绍两种非复合有机质的分离方法：

（1）将分散在六偏磷酸钠溶液中的土壤进行湿筛以便分离砂粒级（>53 μm）颗粒有机质。

（2）使分散的土壤悬浮在比重 1.7 的碘化钠溶液中以便分离轻组有机质。

分离颗粒有机质时推荐将粒径设置为>53 μm，因为 53 μm 是粒径分析中砂粒的界限，这个粒径已经被广泛用于颗粒有机质研究（Gregorich 等，2006）。推荐使用比重为 1.7 的重液分离轻组有机质，是因为早期研究发现这个比重可以从腐解的植物残体中分离出最多的有机矿质颗粒和矿质颗粒（Ladd 等，1977；Scheffer，1977；Ladd 和 Amato，1980；Spycher 等，1983）。

47.2 颗粒有机质

根据粒径大小分离得到的非复合有机质通常被称为"颗粒有机质"（Cambardella 和 Elliott，1992），也被称为"砂粒有机质"或"大有机质"（Gregorich 和 Ellert，1993；Wander，2004）。通过分散土壤并用筛子收集砂粒粒径的组分而分离得到砂粒有机质。首先将土壤过 2 mm 筛，之后用 53 μm 筛回收到粒径 53~2 000 μm 的颗粒有机质，这些颗粒有机质可以代表土壤全部有机质中可以量化的一个组分。

47.2.1 材料与试剂

（1）2 mm 筛。

（2）往复式或旋转式振荡机，200~250 mL 瓶子或带防漏盖的烧瓶。

（3）5 g/L 六偏磷酸钠$(NaPO_3)_6$溶液。

（4）将孔径 53 μm、直径 10 cm（或更大）的筛子放在实验台上有环钳支撑的聚丙烯漏斗（比筛子直径更大）上。

（5）1 L 高脚烧杯，用于收集非颗粒态有机质及过筛淋洗后的粉粒和黏粒悬浮液。

（6）一大瓶蒸馏水和一把小铲子或橡胶刮板以便保证所有的黏粒和粉粒都能通过筛子。

（7）干燥箱。

47.2.2 步骤

（1）将田间湿度下的土壤通过 2 mm 筛，弃去筛子上的残留物，并将土壤样品风干。

（2）取 5 g 土壤样品放入 105℃烘箱内烘干，计算土壤含水量。

（3）向每个瓶中称取 25 g 风干土，分别加入 100 mL 六偏磷酸钠溶液，盖上盖子后振荡过夜（例如，16 h）。

（4）将悬浮液倒在 53 μm 的筛子上，并用少量的水将瓶子中的土壤颗粒洗出。

（5）用细水流的洗瓶冲洗含矿质和细有机质的粉粒及黏粒，使其通过筛子，同时用橡胶刮板轻轻压碎所有的团聚体。最后留在筛子上的即为颗粒有机质（即砂粒和大颗粒有机质）。

（6）可以先将 53 μm 筛子上的颗粒有机质直接进行第一次烘干（40℃下烘 1 h），然后转移到烧杯或类似容器内，放入 60℃烘箱中过夜，进行最后的烘干。注意：在筛子下放一个小盘回收可能从筛孔掉落的颗粒有机质。用小铲子或画笔小心地从筛子上转移颗粒有机质，切记要将筛子上的物质全部转移，并记录这些物质的干重。

（7）用研钵和研杵将烘干的颗粒有机质研磨均匀，使其全部通过 250 μm 筛子。测定碳、氮及其他需要测定的元素含量。

47.2.3 注释

(1) 在土壤分散前通常要使其风干以便避免含水量变化造成的影响。在样品预处理或分散过程中过度的摩擦会导致大块有机质破碎,从而降低颗粒有机质的回收率。在湿筛前也可以用除六偏磷酸钠外的方法来分散土壤(例如,声波降解法和加入玻璃珠振荡法)。在整个操作过程中,应该格外小心以便确保分散土壤时所用的力度不会影响到颗粒有机质的回收总量(Oorts 等,2005)。

(2) 另一种回收颗粒有机质的方法是用洗瓶将砂粒粒级的物质从筛子上冲洗到预称重的干燥锡盒内,蒸发过夜,最后将其放入 60℃烘箱内干燥。使用这种方法时,要确保颗粒有机质在干燥过程中不会因为长时间暴露在高温度的水中而引起化学组成的改变,例如,碳或养分的溶解会使其化学组成发生改变。

(3) 通常假设任何有机质与砂粒结合后,对待测物质中的碳和养分浓度的影响较小。但对于必须确定不含砂粒的颗粒有机质干重或者将颗粒有机质与砂粒分离以便进行其他分析的研究来说,可以将砂粒有机质在重液中进行二次悬浮,从而使有机质完成进一步的密度分离(Cambardella 和 Elliott,1992)。使用这种方法时要确保在进行下一步分析前将重液从颗粒有机质中全部洗出。

(4) Magid 和 Kjærgaard(2001)推荐在研究残体分解时将颗粒有机质分组。在这种情况下,要将一套筛子(例如,1 000 μm 和 250 μm)放在 53 μm 筛子上部以便分离不同粒级的颗粒有机质(Oorts 等,2005)。

47.3 轻组有机质

将土壤悬浮于重液中,使较重的组分在底部沉淀而轻组分聚集于上部,从而可以从多种矿质土壤中将轻组有机质分离出来。密度分组法的研究前提假设是轻质土壤颗粒主要包括新添加的部分分解且尚未腐殖化的有机质,比重颗粒更加不稳定和活跃,而重颗粒吸附有大量腐殖态有机质。轻组有机质分离法是在比重 1.7 的碘化钠溶液中振荡土壤,并使土壤矿质颗粒沉降 48 h 后回收悬浮的轻组有机质。

47.3.1 材料与试剂

(1) 2 mm 筛。

(2) 往复式或旋转式振荡机、带盖的塑料瓶或玻璃瓶、有橡胶塞的高脚烧杯(至少 250 mL)。实验过程中振荡的方式和速度(每分钟转数)及瓶子的方向和形状均必须记录,因为这些参数可能会影响土壤样品的分散程度。

(3) 比重 1.7 的碘化钠溶液。将含有 1 L 水的大烧杯放置在磁力搅拌器上进行加热和搅拌,其间向其中缓慢加入 1 200 g 碘化钠。待碘化钠溶解后,将溶液冷却至室温,然后用比重计将溶液的比重调节为 1.7。每 90 mL 溶液中含有 84 g 碘化钠,而每分离 25 g 土壤样品需要 90 mL 溶液。

(4) 抽吸装置(见图 47.1)中包含以下元件:一个管尖为 45° 的一次性吸管连接的真空管,用来吸取轻组有机质;一个多孔玻璃过滤装置;一个可拆卸漏斗;一个将漏斗固定在瓶子顶端的夹子;两个 1 L 的大吸滤瓶,一个用来收集重液进行再利用,另一个用来收集需要丢弃的洗液。用尼龙或定量滤纸特制的滤膜(例如,0.45 μm 微孔滤膜)以便回收滤膜上的轻组有机质,以便避免来源于滤纸的碳造成污染。

(5) 3 个洗瓶:一个装比重 1.7 的碘化钠溶液(比重=1.7),一个装 0.01 mol/L 氯化钙溶液,一个装蒸馏水。

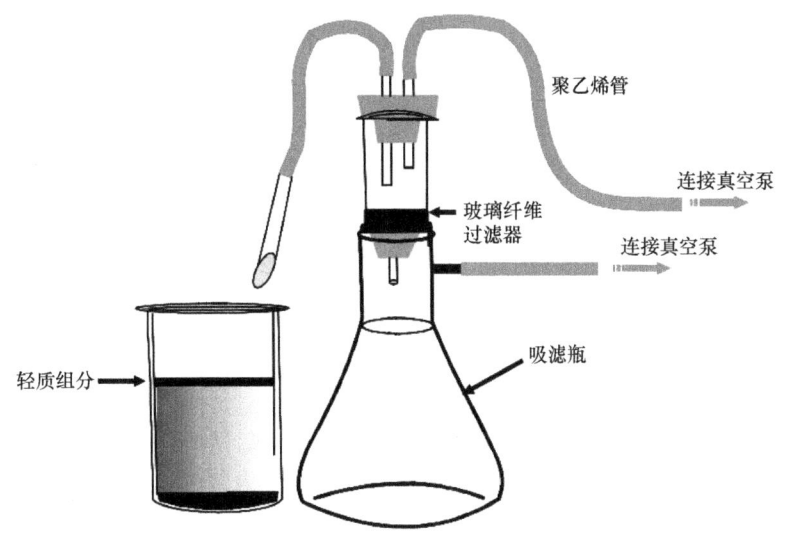

图 47.1 用于分离轻组有机质的带吸滤瓶的真空过滤装置

47.3.2 步骤

（1）将田间湿度的土壤过 2 mm 筛，弃去残留在筛子上的残渣，风干土壤。

（2）另取 5 g 土壤样品放入 105℃烘箱干燥，测定土壤的含水量。

（3）向每个瓶中放入 25 g 土壤，并分别向其中加入 50 mL 碘化钠溶液，盖上盖子后在往复式振荡机上振荡 60 分钟。振荡力度弱时需要延长振荡时间。

（4）打开盖子，将瓶中的溶液分别倒入 200 mL 烧杯中，并用装有碘化钠的洗瓶将盖子上和瓶中的土壤冲洗到烧杯中。

（5）在室温下将烧杯放置在实验台上静置 48 h。

（6）分别从每个烧杯表层抽取约 25 mL 的溶液将轻组有机质吸到抽滤装置中，进行抽滤并回收滤液（比重 1.7）再次利用。用足量重液冲洗真空管中的轻组有机质。

（7）不移动夹子和滤膜，将抽滤装置中装有重液滤液（再利用）的吸滤瓶换成收集洗液的吸滤瓶。用装有 $CaCl_2$ 溶液的洗瓶将真空瓶和漏斗壁上的轻组有机质全部冲洗到滤纸上。先后使用约 75 mL 的 $CaCl_2$ 溶液和 75 mL 的蒸馏水（总共至少 150 mL）将轻组有机质表面的碘化钠冲洗干净。其中 $CaCl_2$ 可以防止滤孔堵塞。弃去洗液（滤液），但保留第一瓶的碘化钠溶液再次利用。

（8）将滤膜拿出并把滤膜上的轻组有机质冲洗到预称重的干燥锡盒中，之后把锡盒放到 60℃的烘箱进行烘干，得到轻组有机质的干重。

（9）如果待测土壤中含大量的植物残体（如森林土壤），则需要重复上述步骤。此时需要用第 6 步保留的 NaI 溶液重复分离轻组有机质。首先加入足够量新的（或者过滤后的）NaI 溶液（比重 1.7）并定容至 50 mL，使土壤再次悬浮，之后重复上述第 4~8 步。

（10）将两次分离得到的烘干轻组有机质混合，并用研钵和研杵碾碎使其通过 250 μm 筛。最后用标准方法测定轻组有机质中碳和氮（或所需的其他元素）的含量。

47.3.3 注释

（1）现在已经有多种化合物可以用来配制重液并分离轻组有机质（Gregorich 和 Ellert，1993）。我们推荐使用碘化钠，因为与其他物质相比，碘化钠的价格和毒性更低、使用广泛，而且在 25℃下就可以配制得到密度达 1.9 $g·cm^{-3}$ 的溶液。当根据密度进行土壤分组时可以使用有机溶剂，但有机溶剂毒性高、有碳污染且对悬浮颗粒有凝聚作用,因此不推荐使用(Gregorich 和 Ellert,1993;Sollins 等,1999)。曾经也有人在 25℃下用偏钨酸钠($Na_6(H_2W_{12}O_{40})$,Aldrich 化工公司,Milwaukee, Wisconsin)配制密度达 3.1 的溶液(Plewinsky 和 Kamps,1984)。偏钨酸钠具有惰性且溶解的碳较少(Sollins 等,1999)。胶体二氧化硅(Ludox TM40)也可以用来配制密度为 $1.37 \text{ g} \cdot \text{cm}^{-3}$ 的溶液,但其高 pH(如 pH=9)会提取出大量的腐殖物质。

(2)除密度外,溶液的多种属性,例如,黏度、表面张力、介电常数也会影响密度分组的结果。例如,轻组有机质的表观密度取决于重液占据颗粒内部空间的程度,而这又相应地取决于溶液的表面张力。

(3)土粒密度可以反映出有机物质与矿质颗粒之比(Sollins 等,1999),重液中很小的比重变化都会导致提取的有机质中碳的数量(Richter 等,1975)和 C∶N 比(Gregorich 等,2006)产生很大不同。我们推荐使用的密度——$1.7 \text{ g} \cdot \text{cm}^{-3}$ 处于多数研究者使用的范围内(Gregorich 等,2006)。为了确定实际情况下的最适密度,Sollins 等(1999)建议用 $1.2\sim1.9 \text{ g} \cdot \text{cm}^{-3}$ 范围内不同密度的溶液进行轻组有机质的连续分离,并分析所得组分的灰分含量、碳含量和 C∶N 比。他们认为当密度高于某个值后,所得组分中的灰分含量会大大增加或其 C∶N 比会明显减少,这个密度就是分离与生物相关的轻组有机质的理想密度。在立体显微镜下观察轻组有机质通常也有助于确定矿质土壤的污染程度和明确所得组分的生物组成。

(4)达到预期比重所需要的溶质质量可以通过测量特定温度下溶质的浓度计算得到。浓度用质量分数表示,因为向溶液中加入的组分的质量而非体积是可加的。

$$F = S/(S + L) \tag{47.1}$$

$$S = FL/(1-F) \tag{47.2}$$

$$S = F\, SG_{\text{sol'n}} V_{\text{sol'n}} \tag{47.3}$$

式中,F 是质量分数,即溶质(NaI)的质量与溶质和溶剂(水)总质量的比率,S 是溶质质量(g),L 是溶剂的质量(g),$SG_{\text{sol'n}}$ 是溶液的比重,$V_{\text{sol'n}}$ 是溶液的体积(cm^3)。比重 1.6、1.7、1.8 和 1.9 的质量分数(F)分别为 0.51、0.55、0.60 和 0.64,当配制比重为 1.8 的碘化钠溶液时,其 $F=0.60$,根据式(47.2)可知需要向 950 g 水中加入 1 425 g 碘化钠(最终溶液体积=(950+1 425)/1.8 或者 1 319 cm^3)。另外,式(47.3)指出 1 425 g 碘化钠能够配制出 1 319 mL 比重为 1.8 的溶液。

(5)可以在一定的离心力(例如,1 000 g)下进行离心以便加快上述轻组与重组的分离过程,从而加快样品处理进程,而不必将烧杯放在实验台上(1 g 离心力)静置。使用离心管也可以增加分离后轻组与重组的垂直距离,并且其液土比相对于上述方法可以更小。如果液土比减小到 2∶1 以下,那么一些非复合有机质就会在分离过程中被包埋在重组分中。因此,如果使用离心法,那么建议将重组分进行二次悬浮,分离步骤(见 47.3.2 第 9 步)重复至少 2 到 3 次。

(6)通常需要测定原土壤的碳和养分含量(例如,氮含量),以便将轻组碳或氮用土壤全碳或全氮的百分数表示。

47.4 重点注意事项

47.4.1 结果计算

轻组有机质的量可以用以干重为基础的全土质量百分数表示。但应该注意的是轻组有机质中可能会有少量矿质土壤的污染,从而会过高估计轻组有机质的量。颗粒有机质或轻组有机质在土壤全碳中所占比例的计算公式如下:

组分碳/土壤全碳=[组分 $_{dw}$×（POM C 或 LF C）]/土壤全碳　　　　　　　　（47.4）

式中，组分碳/土壤全碳是颗粒有机质或轻组有机质中的碳占土壤全碳的比例，组分 $_{dw}$ 是颗粒或轻组有机质的干重（组分 g /g 全土），POM C 或 LF C 是颗粒有机质或轻组有机质样品中的 C 含量（g C/g 组分 $_{dw}$），土壤全碳是整个土壤的碳含量（即 g 土壤全碳/g 土）。

用灰分修正轻组有机质有助于计算轻质矿物或硅酸体含量。轻组有机质中的灰分含量可以通过将样品放置在 550℃ 马弗炉灼烧 4 h 后，计算灼烧前后的重量变化来确定。

47.4.2　分组过程中的损失

第一次进行操作时，需要确定回收率，并弄清分组过程中可能会发生损失的步骤。如果操作过程足够谨慎，那么也可能不需要定期确定回收率。可以将全土的质量或有机碳含量与不同组分的质量或碳含量之和进行比较，从而确定分组过程中的损失并未引起明显偏差。为了计算质量平衡，需要回收筛分法中的粉粒和黏粒组分或悬浮法中的重组分物质。可以将氯化钙（例如，20 mL 3 mol L^{-1} CaCl$_2$ 溶液）或其他的絮凝剂加到过 53 μm 筛的悬液中用来回收粉粒和黏粒结合态有机质。抽去上清液后，可以将烧杯底部的泥浆转移到能够冻干的容器中。在密度分离法中，可以吸出重液从而回收重组分，并用洗液使其多次悬浮，然后重复地进行离心和上清液抽取步骤。当重组分难以形成稳定颗粒时（通常在 2 到 3 次清洗后），就可以将其放入离心管中进行冷冻干燥。

47.4.3　轻组分的生物测定

从全土中分离轻组有机质时，所用重液可能会对某些微生物群落活性及其活动产生有害的影响，从而改变轻组有机质分解性或使轻组有机质络合。Magid 等（1996）观察发现当用二氧化硅悬浮液分离时，会加强轻组分中碳的矿化作用，而用聚钨酸钠时则会降低。因此建议对于任何涉及轻组分生物测定的研究，都应该对介质可能引起的污染和可能对分解过程造成的所有影响进行全面评估。

47.4.4　木炭或矿质土壤对非复合有机质的污染

物理性非复合有机质中可能会含有木炭，这会大大影响这种有机质的化学组成和转化。目前已经利用显微技术在许多土壤的轻组有机质和颗粒有机质中检测出木炭（Spycher 等，1983；Baisden 等，2002）。如果要作为"年轻"或易循环的有机物来研究轻组有机质或颗粒有机质，那么除去木炭对准确评价这种组分的大小、养分含量和转化相当重要。然而，目前还没有可以对非复合有机质中木炭含量进行校正的标准方法。

据其操作定义，土壤中的颗粒有机质（>53 μm）中通常含有较大比例的砂粒。因此，如果需要测定颗粒有机质的质量，就要用重液分离法去除这些砂粒。同样，据其所用的分离方法，轻组有机质中可能也会含有少量矿质土壤污染物，从而使测得的轻组有机质中多了一些老的、不活跃的、与矿物质复合的有机质。

参 考 文 献

Baisden, W., Amundson, R., Cook, A.C., and Brenner, D.L. 2002. Turnover and storage of C and N in five density fractions from California annual grassland surface soils. *Glob. Biochem. Cycl.* 16: 1117.

Beare, M.H., Hendrix, P.F., and Coleman, D.C.1994. Water-stable aggregates and rganic matter fractions in conventional and no-tillage soils. *Soil Sci. Soc. Am. J.* 58: 777-786.

Cambardella, C.A. and Elliott, E.T. 1992. Particulate soil organic-matter changes across a grassland cultivation sequence. *Soil Sci.*

Soc. Am. J. 56: 777-782.

Campbell, C.A., Selles, F., Lafond, G.P., Biederbeck, V.O., and Zentner, R.P. 2001. Tillage-fertilizer changes: effect on some soil quality attributes under long-term crop rotations in a thin black chernozem. *Can. J. Soil Sci.* 81: 157-165.

Curtin, D., McCallum, F.M., and Williams, P.H. 2003. Phosphorus in light fraction organic matter separated from soils receiving long-term applications of superphosphate. *Biol. Fert. Soil.* 37: 280-287.

Golchin, A., Oades, J.M., Skjemstad, J.O., and Clarke, P. 1994. Soil structure and carbon cycling. *Aust. J. Soil Res.* 32: 1043-1068.

Gregorich, E.G., Beare, M.H., McKim, U.F., and Skjemstad, J.O. 2006. Chemical and biological characteristics of physically uncomplexed organic matter. *Soil Sci. Soc. Am. J.* 70: 975-985.

Gregorich, E.G. and Ellert, B.H. 1993. Light fraction and macroorganic matter in mineral soils. In: M.R. Carter, ed., *Soil Sampling and Methods of Analysis*. Canadian Society of Soil Science. Lewis Publishers, Boca Raton, FL, 397-407.

Gregorich, E.G. and Janzen, H.H. 1996. Storage of soil carbon in the light fraction and macroorganic matter. In: M.R. Carter and B.A. Stewart, eds., *Structure and Organic Matter Storage in Agricultural Soils*. Lewis Publishers, CRC Press, Boca Raton, FL, 167-190.

Ladd, J.N. and Amato, M. 1980. Mineralization in calcareous soils: IV. Changes in the organic nitrogen of light and heavy subfractions of siltand fine clay-size particles during nitrogen turnover. *Soil Biol. Biochem.* 12: 185-189.

Ladd, J.N., Parsons, J.W., and Amato, M. 1977. Studies of nitrogen immobilization and mineralization in calcareous soils—II. Mineralization of immobilized nitrogen from soil fractions of different particle size and density. *Soil Biol. Biochem.* 9: 319-325.

Magid, J., Gorissen, A., and Giller, K.E. 1996. In search of the elusive "active" fraction of soil organic matter: three size-density fractionation methods for tracing the fate of homogeneously ^{14}C-labelled plant materials. *Soil Biol. Biochem.* 28: 89-99.

Magid, J. and Kjærgaard, C. 2001. Recovering decomposing plant residues from the particulate soil organic matter fraction: size versus density separation. *Biol. Fert. Soil.* 33: 252-257.

Oorts, K., Vanlauwe, B., Recous, S., and Merckx, R. 2005. Redistribution of particulate organic matter during ultrasonic dispersion of highly weathered soils. *Eur. J. Soil. Sci.* 56: 77-91.

Plewinsky, B. and Kamps, R. 1984. Sodium metatungstate: a new medium for binary and ternary density gradient centrifugation. *Die Makromolecular Chemie* 185: 1429-1439.

Richter, M., Mizuno, I., Aranguez, S., and Uriarte, S. 1975. Densimetric fractionation of soil organomineral complexes. *J. Soil Sci.* 26: 112-123.

Salas, A.M., Elliott, E.T., Westfall, D.G., Cole, C.V., and Six, J. 2003. The role of particulate organic matter in phosphorus cycling. *Soil Sci. Soc. Am. J.* 67: 181-189.

Scheffer, B. 1977. Stabilization of organic matter in sand mixed cultures. In: *Soil Organic Matter Studies*, Vol. 2. International Atomic Energy Agency, Vienna, Austria, 359-363.

Sollins, P., Glassman, C., Paul, E.A., Swanston, C., Lajtha, K., Heil, J.W., and Elliott, E.T. 1999. Soil carbon and nitrogen: Pools and fractions. In: G.P. Robertson, D.C. Coleman, C.S. Bledsoe, and P. Sollins, eds., *Standard Soil Methods for Long-Term Ecological Research*. Oxford University Press, Oxford, UK, 89-105.

Spycher, G., Sollins, P., and Rose, S. 1983. Carbon and nitrogen in the light fraction of a forest soil: vertical distribution and seasonal patterns. *Soil Sci.* 135: 79-87.

Wander, M. 2004. Soil organic matter fractions and their relevance to soil function. In: F. Magdoff and R.R. Weil, eds., *Soil Organic Matter in Sustainable Agriculture*. CRC Press, Boca Raton, FL, 67-102.

（耿玉辉　党海燕　译，王朝辉　校）

第 48 章 可溶性有机质的提取和测定

Martin H. Chantigny and Denis A. Angers

Agriculture and Agri-Food Canada

Quebec, Quebec, Canada

Klaus Kaiser

Martin Luther University

Halle-Wittenberg, Halle, Germany

Karsten Kalbitz

University of Bayreuth

Bayreuth, Germany

48.1 引　言

在土壤中，可溶性有机质（DOM）只占总有机质的很小一部分（0.04%～0.2%，Zsolnay，1996），然而，由于它在土壤中具有移动性和不稳定性，所以可溶性有机质经常被认为是土壤有机质中最活跃的部分。过去 20 年的研究表明，可溶性有机质可以在土壤的一些关键过程中发挥重要作用，例如，营养物质转运（Murphy 等，2000；Michalzik 等，2001）、土壤剖面有机污染物和金属的转化（Herbert 和 Bertsch，1995；Zsolnay，1996）、深层土壤中碳的补给（Michalzik 等，2001；Guggenberger 和 Kaiser，2003），以及作为微生物活动的基质（Burford 和 Bremner，1975；McGill 等，1986；Chantigny 等，1999；Marschner 和 Kalbitz，2003）。

从提取操作来看，可溶性有机质是指通过 0.45 μm 滤膜过滤后滤液中的有机物质（Thurman，1985），但在一些特定的研究中，也指通过其他一些孔径滤膜过滤后溶液中的可溶性有机质（Herbert 和 Bertsch，1995）。土壤溶液可以通过不同的方法提取，但不同的方法提取的土壤溶液中可溶性有机质的数量及成分不同（Zsolnay，1996，2003；Hagedorn 等，2002，2004）。目前，大部分土壤可溶性有机质的研究集中在温带森林生态系统（Zsolnay，1996；Kalbitz 等，2000），一般用无压渗漏仪原位收集土壤溶液并进行测定，同时也有其他技术的应用，例如，有压力渗漏仪法、抽滤管法、离心法（Herbert 和 Bertsch，1995；Titus 和 Mahendrappa，1996）。而在草地和耕地土壤中，直接通过水溶液提取可溶性有机质的方法比原位土壤溶液收集法更常见（Zsolnay，1996；Chantigny，2003），主要原因是农业土壤中频繁的田间管理可能会对土壤渗漏计设备造成干扰。用低离子强度水溶液提取的可溶性有机物质称为水提取态有机质（WEOM），这种水提取态有机质可以作为原位采集的土壤溶液可溶性有机质的替代（Herbert 和 Bertsch，1995；Zsolnay，2003）。土壤有机质也可以用高离子强度的水溶液提取，这种方法在提取的过程中会同时提取出可溶性有机质（DOM），以及其他一些在提取过程中解吸的有机物质，故此方法不能用来替代土壤可溶性有机质的原位采集法。进一步的研究证实，高离子强度水溶液提取的土壤有机质中包含较多易生物降解的有机化合物（Guggenberger 等，1989；Novak 和 Bertsch，1991；Hagedorn 等，2004），这也就可以解释为什么它会影响土壤微生物的生物量（McGill 等，1986；Liang 等，1998）及生物过程，例如，反硝化作用（Burford 和 Bremner，1975；Lemke 等，1998）、土壤呼吸/碳矿化（Gregorich 等，1998；

Chantigny 等，1999）和氮矿化（Appel 和 Mengel，1993；Murphy 等，2000）。

可溶性有机质是一个来自水科学的概念（Thurman，1985；Zsolnay，2003），后来被用到土壤科学中。在土壤科学中，可溶性有机质可以指出现在任何溶液中的有机物质，包括土壤提取液。这也许可以解释为何科学文献中土壤可溶性有机质的定义非常混乱。对于土壤研究人员来说，明确可溶性有机质的定义并将其不同的提取方法进行区分有助于进行土壤研究。为了方便起见，本章所用可溶性有机质是一个通用概念，并将获取的土壤可溶性有机质的最常用方法划分为三类：土壤溶液态有机质、水提取态有机质和盐提取态有机质。此外，本章还介绍了收集和分析各类土壤可溶性有机质的通用步骤，包括其碳和氮浓度、重要的光谱和化学性质及生物可降解能力的分析方法。

48.2 土壤可溶性有机质的采集

48.2.1 土壤溶液态有机质

在研究过程中，需要仔细选择采集土壤溶液态有机质（SSOM）的方法和步骤，以便确保该方法能够解决要研究的问题。目前，有多种用来收集土壤溶液的方法和设备，其中最常见的是用渗漏仪或抽滤管原位收集的方法（Heinrichs 等，1996；Titus 和 Mahendrappa，1996；Ludwig 等，1999）及田间湿度土壤样品的直接离心法（Zsolnay，1996）。在选择采集土壤溶液的方法和步骤时必须谨慎，因为不同方法可能收集到土壤溶液的不同组分（Raber 等，1998；Zsolnay，2003）。例如，无压渗漏仪法收集的是自由排出的土壤溶液，而有压渗漏仪法（例如，抽滤管）和离心法则可以收集到土壤小孔隙中的溶液。关于用渗漏仪表面对土壤溶液态有机氮的影响与干扰详见相关的研究（Guggenberger 和 Zech，1992；Jones 和 Edwards，1993；Marques 等，1996；Wessel-Bothe 等，2000；Siemens 和 Kaupenjohann，2003）。关于土壤溶液的采集方法与步骤，请参考第 17 章。需要注意的是在任何情况下土壤溶液样品必须过 0.45 μm 过滤装置后才能进行分析。

48.2.2 水提取态有机质（Zsolnay，1996；Kalbitz 等，2003）

水提取态有机质已经被证实可以作为原位法采集的土壤溶液态有机质的替代物（Herbert 和 Bertsch，1995；Zsolnay，1996），且该方法得到改进后，可以减少或避免因为土壤物理结构破坏和交换位点解吸而导致的有机质释放（Zsolnay，2003）。

1. 材料与试剂

（1）聚丙烯离心管（50 mL）或离心瓶（250 mL）。
（2）玻璃棒。
（3）去离子水或 5 mmol L^{-1} 氯化钙溶液。
（4）离心机（选用）。
（5）玻璃真空过滤装置或不锈钢压力过滤装置。
（6）适用于过滤装置的 0.4 μm 聚碳酸酯滤膜。
（7）用于支撑过滤装置的 125 mL 锥形瓶（如果选用真空过滤器则需要带侧柄的锥形瓶）。
（8）真空泵或其他真空/压力系统。
（9）符合要求体积的贮存瓶（首选玻璃瓶，如果需要冷冻就使用塑料瓶）。

2. 步骤

（1）将 5 g 矿质土壤（干重）装入 50 mL 离心管，或将 5 g 有机质土壤（干重）倒入 250 mL 离心瓶。为了使样品具有代表性，应该将矿质土壤样品提前混匀，或过 6 mm 筛。土壤样品应该采用田间湿度的土壤，并且在采样后尽快进行提取，因为土壤样品在低温下保存几天后，其中水提取态有机质浓度或组成会发生变化（Chapman 等，1997b；Kaiser 等，2001）。

（2）将 10 mL 5 mmol 氯化钙溶液加入矿质土壤中，或将 50 mL 去离子水加入有机质土壤中。用玻璃棒轻轻搅拌均匀；对于矿物土壤浸提，搅拌约 1 min；对于有机质土壤，应该在 4℃条件下静置 24 h，其间偶尔用玻璃棒搅拌（为 3～4 次）。搅拌必须尽可能轻，以便避免其他可溶性物质出现明显解吸。

（3）在 12 000 g 力下离心 10 min。这一步为可选步骤，其目的是减轻胶体颗粒引起的过滤器堵塞问题。

（4）将泥浆（未离心）或上清液（离心）通过 0.4 μm 聚碳酸酯滤膜的真空或压力过滤器过滤。

（5）如果在两天内测定，那么可以将滤液转移到玻璃瓶中并在 4℃条件下保存。如果需要长时间保存，那么需要将滤液转移到塑料瓶中，并在 -20℃条件下保存。

3. 注释

（1）矿质土壤推荐使用 1∶2 土液比，有机土壤推荐使用 1∶10 土液比，因为更大的土液比可能会促进部分其他有机物质解吸到溶液，导致水提取态有机质含量增加（Chapman 等，1997a；Zsolnay，2003）。

（2）Zsolnay（1996）和 Kalbitz 等（2003）已经分别对推荐的提取时间进行了测试，即矿质土壤浸提 1 min，有机土壤浸提 24 h。但也有人发现提取时间从 1 min 到 5 min 对矿质土壤的水提取态有机质的提取效率影响极小（Zsolnay，1996）。因此，重点在于明确提取的时间，并保证在每个研究中提取时间一致。

（3）如果在真空（负压）下进行过滤，那么必须注意真空度不能太高，以便避免滤液中形成气穴而改变可溶性有机质的数量和性质。更多有关可溶性有机质收集或提取过程中的细节可以参考 Zsolnay（2003）的文章。

（4）提取前风干土壤样品会增加水提取态有机质的浓度（Zsolnay 等，1999；Kaiser 等，2001），这可能是由于微生物细胞的溶解和可溶性组分的释放或者黏土的膨胀作用。

（5）矿物土壤提取时不推荐使用去离子水，因为去离子水对土壤团聚体有分散作用，在提取过程中可能有利于有机质从矿物表面解吸（Zsolnay，1996；Kaiser 等，2001）。

（6）强烈振荡（例如，用往复式振荡机振荡）提取得到的水提取态有机质不能代替从原位收集的土壤溶液中得到的溶液态有机质，因为强烈振荡可能会提取到其他不同性质的（Zsolnay，2003；Hagedorn 等，2004）有机物质（Herbert 和 Bertsch，1995；Zsolnay，1996；Zsolnay，2003），这可能是由于振荡破坏或磨损了微生物细胞，其与采用下节介绍的步骤得到的可溶性有机物质有众多相似之处。

48.2.3 盐提取态有机质

利用盐溶液提取的有机质也常被称为"可溶性有机质"或"水溶性有机质"。盐提取态有机质（SEOM）包括土壤溶液态有机质（SSOM）和其他一些在提取过程中解吸或溶解的有机质（Zsolnay，1996，2003；Hagedorn 等，2004）。例如，在耕地土壤中，盐提取态有机质（0.5 mol/L K_2SO_4 溶液提取）含量为 29～127 μg/g 干土，而水提取态有机质（4 mmol/L $CaSO_4$ 溶液或 10 mmol/L $CaCl_2$ 溶液提取）含量仅为 8～13 μg/g 干土（Zsolnay，1996）。此外，额外提取出的有机质比土壤溶液态有机质更易被生物降解（Guggenberger 等，1989；Novak 和 Bertsch，1991；Hagedorn 等，2004）。因此，盐提取态有机质不能替代土壤溶液态有机质。然而，盐提取态有机质往往可以用来估算土壤异养生物易获取的有机质的含量（Burford 和 Bremner，1975；McGill 等，1986；Murphy 等，2000）。下述提取步骤类似于土壤矿质氮的提取步骤（详见第 6 章）。

1. 材料与试剂

(1) 聚丙烯离心瓶（250 mL）。

(2) 往复式振荡机。

(3) 1 mol L^{-1} 氯化钾溶液。

(4) 离心机（选用）。

(5) 玻璃真空过滤装置或不锈钢压力过滤装置。

(6) 适用于过滤装置的 0.4 μm 聚碳酸酯滤膜。

(7) 用于支撑过滤装置的 125 mL 锥形瓶（如果选用真空过滤器就需要带侧柄的锥形瓶）。

(8) 真空泵或其他真空/压力系统。

(9) 符合要求体积的存贮瓶（首选玻璃瓶，如果冷冻就需要使用塑料瓶）。

2. 步骤

(1) 在离心管内加入 20 g 土壤（干重）。应该将矿质土壤样品提前混匀或过 6 mm 筛。土样采集后应该尽快提取，原因同 48.2.2。

(2) 加入 100 mL 1 mol L^{-1} KCl 溶液，在往复式振荡机上振荡 30 min（每分钟 160 次）。

(3) 在 3 000 g 力下离心 10 min。这一步可以选择性进行，其目的是为了减轻胶体颗粒引起的过滤器堵塞问题。

(4) 将泥浆（未离心）或上清液（离心）通过 0.4 μm 聚碳酸酯滤膜的真空过滤器过滤。

(5) 如果在两天内测定，那么可以将滤液转移到玻璃瓶中并在 4℃条件下保存。如果需要长时间保存，那么需要将滤液转移到塑料瓶中，并在 -20℃条件下保存。

3. 注释

(1) 提出用氯化钾溶液提取和测定盐提取态有机质，是因为这种方法也在常规分析中用来提取和测定土壤矿质氮含量。然而，盐提取态有机质也常用 0.5 mol L^{-1} 硫酸钾溶液提取。当测定土壤微生物的生物量时，从未熏蒸土壤中直接提取就是用这种方法（Vance 等，1987；见第 49 章）。有时也会用热水或热氯化钾溶液提取盐提取态有机质，但所得到的有机质不等于土壤溶液态有机质，因为与室温提取相比，土壤水溶液加热后可能会溶解更多的有机物质。

(2) 提取前风干土壤会增加盐提取态有机质的含量，而且如果额外提取的有机质具有不同的化学性质，那么盐提取态有机质的生物降解性会发生改变。更多关于土壤盐提取态有机质的提取方法及细节可以参考相关的文献（Zsolnay，1996，2003；Murphy 等，2000）。

48.3 可溶性有机质的表征方法

现在普遍认为，可溶性有机质具有复杂的化学成分，并且对多种土壤过程具有重要作用。在本节中，我们将详细介绍几种成本较低、操作简单的分析方法，用来分析土壤溶液态有机质（SSOM）和土壤提取态有机质（水提取态有机质 WEOM 和盐提取态有机质 SEOM）中可溶性有机质的化学成分，并进行生物可降解性评价。下面将介绍定量测定全碳、全氮、苯酚、己糖、戊糖氨基酸含量、特定紫外吸光值及评价生物可降解性的方法。

48.3.1 碳含量

碳是土壤可溶性有机质的一个重要组成部分。过滤后的土壤溶液或提取液中的碳含量可以通过湿化学法或自动燃烧法进行测定。碳的测定可以先用紫外催化湿式氧化法进行氧化，之后通过用红外检测仪

测定产生的 CO_2 的含量来确定碳含量，但现在首选的方法是在 700~800℃下进行的干烧法，因为这种方法能更容易、更准确地测定溶液中的无机和有机溶解态碳的含量。

48.3.2 氮含量（Cabrera 和 Beare，1993）

研究者们常常热衷于测定土壤溶液或水提取液中有机态营养元素的含量。可溶性有机质中有机氮的含量可以用过硫酸钾氧化法测定，即在高温下用过硫酸盐将有机氮氧化为硝态氮（NO_3^-），然后再用标准比色法（例如，镉柱还原法，即将 NO_3^- 还原为 NO_2^-）测定。

1. 材料与试剂

（1）经过认证的低氮过硫酸钾（$K_2S_2O_8$；EM Science，EM Industries，Inc. Gibbstown，NJ，USA）。

（2）硼酸。

（3）纯净水（电阻率≥17.8 MΩ·cm^{-1}）。

（4）3.75 mol L^{-1} 氢氧化钠溶液：将 150 g NaOH 溶解于 900 mL 纯净水中，待溶液冷却至室温后用纯净水将其定容到 1 L。

（5）氧化液：将 100 g 过硫酸钾（$K_2S_2O_8$）和 60 g 硼酸溶解于 200 mL 3.75 mol L^{-1} NaOH 溶液中，然后用纯净水定容到 2 L。

（6）带螺旋盖的 50 mL 玻璃试管，其中盖子内部有聚四氟乙烯内衬。

2. 氧化过程

（1）参考第 6 章给出的测定可溶性有机质中无机氮（NO_2^--N + NO_3^--N + NH_4^+-N）浓度的标准方法。

（2）转移或吸取 15 mL 的可溶性有机质样品放入 50 mL 玻璃管中，并在加入 15 mL 氧化液后立即拧紧盖子，漩涡振荡几秒钟，之后称量每个试管的质量。

（3）将试管盖拧松后放入高压蒸汽灭菌锅内氧化 30 min（121℃，135 kPa）。

（4）取出试管后在室温下冷却，然后再次拧紧试管，并称量每个试管的质量。高压氧化过程中水分的损失一般应该小于初始值的 3%，可以此校正氧化液中 NO_3^- 的浓度。

（5）用标准方法测定氧化液中 NO_3^- 的浓度（详见第 6 章）。

（6）用氧化后样品中的 NO_3^- 浓度（步骤 5）与未氧化样品中的初始矿物氮浓度（步骤 1）之差计算得到有机氮浓度。

3. 注释

（1）氧化和未氧化样品中的无机氮浓度均可用自动化流动注射分析仪系统（FIA）测定。一些流动注射分析仪也可以利用紫外实时催化过硫酸盐氧化有机氮，因此能够同时测定矿质态氮和总溶解氮的含量。这些自动化测定系统的氧化效果与这里介绍的手动操作步骤的氧化效果同样好。

（2）应该注意的是，该方法可能会氧化空气中的部分氮气，因此要保证测试管中空气的体积尽可能小（Hagedorn 和 Schleppi，2000）。

48.3.3 特定紫外吸光值

可溶性有机质样品中的芳香化合物浓度可以通过特定紫外吸光值来进行估计（Traina 等，1990；Novak 等，1992；Chin 等，1994；Korshin 等，1997），已经证实该吸光值与芳烃聚合物（XAD-8）吸附的可溶性有机碳（DOC）含量（Dilling 和 Kaiser，2002；Kalbitz 等，2003），以及下节测定的苯酚含量呈正相关关系。此外，有研究证实，森林土壤腐殖质层、土壤 A 层（淋溶层），以及泥炭样品中的可溶性有机质的特定紫外吸光值与可溶性有机质的生物降解性呈负相关，表明芳香族化合物是可溶性有机质中较难降解的部分（Kalbitz 等，2003）。

1. 材料与试剂

(1) 光径 1 cm 的石英玻璃比色皿。

(2) 分光光度计。

2. 步骤和计算

(1) 将提取出的足量可溶性有机质样品倒入石英比色皿。

(2) 以空白为对照，在 254~285 nm 波长下读取吸光度。

(3) 紫外吸光值的计算：测得的样品吸光度（cm^{-1}）除以样品中的可溶性有机碳浓度（$mg\ L^{-1}$），单位为 $L \cdot mg^{-1}\ C \cdot cm^{-1}$。

(4) 需要注明测定过程中使用的实际波长。

3. 注释

(1) 为了避免样品的酸化和鼓泡，测定紫外吸光值时应该选择合适的 pH 值。应该选用石英玻璃比色皿，因为普通玻璃比色皿或塑料比色皿可能会吸收部分紫外光。同时要确保样品的吸光度不超过仪器的线性范围，如果超出，就需要用纯净水稀释样品。

(2) 在测定过程中，Fe^{2+}、NO_3^-、NO_2^- 和 Br^- 可能对吸光值造成干扰。因此，可在 280 nm 下进行测定，以便最大限度地降低 NO_3^- 的干扰，NO_2^- 和 Br^- 浓度一般很小，几乎不造成干扰，可以忽略不计。

48.3.4 酚类

样品溶液中溶解的酚类，无论是单体或低聚体，主要来自植物多酚类代谢产物，例如，单宁、木质素（Guggenberger 等，1989）。它们是重要的金属络合剂，能结合蛋白质、干扰无机阴离子，如磷酸盐的吸收，并可能对微生物和植物产生化感作用（Herbert 和 Bertsch，1995；Zsolnay，2003）。

1. 材料与试剂

(1) 1.5 mL 微量离心管。

(2) 分光光度计。

(3) 光径 1 cm 的石英或光学玻璃比色皿。

(4) 微型离心机（适配 1.5 mL 离心管）。

(5) Folin–Ciocalteu's 酚试剂（可以从 SIGMA 公司购买），避光存储。

(6) 饱和碳酸钠（Na_2CO_3）溶液：将 216 g Na_2CO_3 溶于 1 L 去离子水中。

(7) 标准贮备液：2-羟基苯甲酸（分析纯，100 $mg\ L^{-1}$），使用去离子水定容。

(8) 标准工作液：利用标准贮备液制备 2.5 $mg\ L^{-1}$、5 $mg\ L^{-1}$、10 $mg\ L^{-1}$、20 $mg\ L^{-1}$、30 $mg\ L^{-1}$、40 $mg\ L^{-1}$ 的 2-羟基苯甲酸标准溶液。

2. 步骤和计算

(1) 向 1.5 mL 微量离心管中分别加入 0.7 mL 可溶性有机质提取液样品、标准样，并设置空白对照。

(2) 加入 50 μL Folin–Ciocalteu's 试剂。

(3) 混匀后在室温下静置 3 min。

(4) 加入 100 μL 饱和碳酸钠溶液。

(5) 加入 150 μL 去离子水，混匀后在室温下静置 10~20 min。

(6) 如果溶液中有酚类存在，那么溶液会慢慢变成蓝色，空白呈无色。如果有沉淀形成，那么离心 2~3 min（2 000 g）后立即读取吸光值。

(7) 将足量测定液样品或标准样品转移到玻璃比色皿中，以空白作为对照，在 725 nm 波长下读取吸光度。

(8) 作出标准曲线并计算酚浓度，将单位折合为 mg 2-羟基苯甲酸 L^{-1}。

3. 注释

(1) 此方法可以用于各种土壤提取液中的酚类测定，包括碱性土壤提取液（Morita，1980）。

(2) 该方法对苯酚浓度的检测能够精确到 1 mg 2-羟基苯甲酸 L^{-1}。

(3) Folin–Ciocalteu's 试剂能够与各种酚单体和多酚类物质反应，导致反应产物的颜色与吸光值差异较大。因此，该方法不能准确地测定总酚浓度，但可以用于样品之间的定性比较研究。关于用该方法估算酚浓度时具体的局限性可以参考文献（Box，1983；Ohno 和 Paul，1998）。当然，可以先用酪蛋白将多酚沉淀，然后离心并分析上清液中单体酚的浓度，从而实现对单体酚和多酚的粗略估计。多酚的浓度为总浓度与沉淀样品中单体酚浓度之差（Kuiters 和 Denneman，1987）。此外，除了 2-羟基苯甲酸，其他酚类物质如单宁、香草酸、没食子酸等也可以作为标准物质。样品中高浓度的 Fe^{2+}、Mn^{2+} 或 S^{2-} 会干扰该方法测得的酚含量，可能导致高估酚含量。

48.3.5 己糖

土壤可溶性有机质中的己糖是土壤微生物的能源，因此可以作为可溶性有机质生物降解性的指标（DeLuca 和 Keeney，1993）。除葡萄糖外，土壤中的大多数己糖来源于土壤微生物（见第 50 章）。

1. 材料与试剂

(1) 10 mL 玻璃试管。

(2) 涡旋振荡器。

(3) 分光光度计。

(4) 光径 1 cm 的比色皿（光学玻璃或塑料）。

(5) 蒽酮–硫酸试剂：将 0.2 g 蒽酮（分析纯）溶于 100 mL 浓硫酸（96%～98% v/v，分析纯）。现配现用，但使用前需要在室温下静置大约一小时。

(6) 标准储备液：将葡萄糖（分析纯）配制为 100 mg L^{-1}，用去离子水定容。

(7) 标准工作液：稀释标准储备液，制备 2.5 mg L^{-1}、5 mg L^{-1}、10 mg L^{-1}、20 mg L^{-1}、30 mg L^{-1} 和 50 mg L^{-1} 的葡萄糖标准工作液。

2. 步骤和计算

(1) 分别加 1 mL 土壤可溶性有机质浸提样品、标准样到玻璃试管中，并设置空白对照。

(2) 加 2 mL 蒽酮–硫酸试剂（注意：加入此溶液后会产热）。

(3) 利用涡旋振荡器混合均匀，并在室温下静置 15 min。

(4) 将蒽酮处理后的样品或标准样转移到比色皿中，以空白作为对照，在 625 nm 波长下读取吸光度值。

(5) 作出标准曲线并计算己糖浓度，将单位折合为 mg 葡萄糖 L^{-1}。

3. 注释

(1) 此方法是对土壤水解产物中碳水化合物测定方法的改进（Brink 等，1960）。

(2) 在通常情况下，蒽酮—硫酸试剂足以水解溶液中的可溶性多糖。

(3) 这种方法似乎能避免 Fe^{2+}、Mn^{2+}、NO_3^- 及 Cl^- 的干扰。但是，若要获得可靠的结果，则必须严格控制，例如，在遵守详细的分析操作步骤的同时，还要进行回收率试验。

(4) 玻璃试管使用前应该用超纯水清洗干净以避免己糖的污染。由于所有测定都使用单一化合物作为标准物质校准，所以此法会高估溶液中的己糖含量。关于己糖的色谱分析法的具体步骤请参考第 50 章相关的内容。

48.3.6 戊糖

戊糖也是土壤微生物的能源，同时测定戊糖和己糖可以用来衡量可溶性有机质中的碳水化合物总丰度。土壤中的戊糖主要来源于植物（见第 50 章）。因此，戊糖与己糖的比值可能会提供更多关于可溶性有机质中的植物源碳水化合物相对丰度的信息。

1. 材料与试剂

（1）带螺旋盖的 10 mL 玻璃管，其中盖子内部有聚四氟乙烯内衬。

（2）95℃水浴锅。

（3）分光光度计。

（4）光径 1 cm 的比色皿（光学玻璃或塑料）。

（5）氯化铁试剂：将 0.1 g 氯化铁（分析纯）溶于 100 mL 浓盐酸（32% v/v，分析纯）中。

（6）95%乙醇（分析纯）。

（7）3,5-二羟基甲苯试剂：将 1 g 3,5-二羟基甲苯（$CH_3C_6H_3$-1,3-$(OH)_2$）溶于 100 mL 95%乙醇（分析纯）中。

（8）标准储备液：核糖（分析纯），100 mg L^{-1}，用去离子水定容。

（9）标准工作液：稀释标准储备液，制备 2.5 mg L^{-1}、5 mg L^{-1}、10 mg L^{-1}、20 mg L^{-1}、30 mg L^{-1} 和 50 mg L^{-1} 的核糖标准工作液。

2. 步骤

（1）分别加 1 mL 土壤可溶性有机质浸提样品、标准样品到玻璃试管中，并设置空白对照。

（2）向试管中加氯化铁试剂和 3,5-二羟基甲苯试剂各 1 mL，拧紧瓶盖。

（3）在 95℃条件下水浴 20 min。

（4）在冰上冷却 5 min。

（5）添加 2 mL 95%的乙醇，混合均匀。

（6）将足量待测样品或标准样品转移到比色皿中，以空白作为对照，在 660 nm 波长下读取吸光度值。

（7）作出标准曲线并计算戊糖含量，将单位折合为 mg 核糖 L^{-1}。

3. 注释

（1）这种方法是对生物组织戊糖释放测定方法的改进（Mejbaum，1939），最近已经用于测定水提取液中戊糖的含量，并被证明能够得出可靠的土壤可溶性有机质中总戊糖的估计值（Kawahigashi 等，2003）。

（2）由于所有测定都使用单一化合物作为标准物质校准，所以会高估溶液中的戊糖含量。玻璃试管使用前应该用超纯水清洗干净以避免己糖的污染。关于戊糖的色谱分析法的具体步骤请参考第 34 章相关的内容。

48.3.7 氨基酸

可溶性有机质中含有低浓度的游离氨基酸。这种游离的氨基酸是自然生态系统中土壤微生物和植物所需氮的主要来源（Jones 和 Kjelland，2002）。

1. 材料与试剂

（1）带螺旋盖的 10 mL 玻璃管，其中盖子内部有聚四氟乙烯内衬。

（2）95℃水浴锅。

（3）室温水浴锅。

（4）分光光度计。

(5) 光径 1 cm 的比色皿（玻璃或塑料）。

(6) 醋酸盐缓冲液（pH 值 5.5）：将 54 g 三水醋酸钠（$3H_2O$-NaAc，分析纯）溶于 40 mL 去离子水中，加入 10 mL 冰醋酸，并用氢氧化钠调节 pH 值至 5.5。

(7) 茚三酮试剂：将 2 g 茚三酮（分析纯）和 0.3 g 还原茚三酮（hidrindantin）溶于 75 mL 2-羟基乙醇（分析纯），用氮气吹吸溶液 30 分钟，然后加入 25 mL 醋酸盐缓冲液（pH 值 5.5）。此溶液要现配现用，并尽量避免与空气接触。

(8) 稀释液：将等量的 95%乙醇（分析纯）和去离子水混合。

(9) 标准储备液：亮氨酸（分析纯），1 000 µmol L^{-1}，用去离子水定容。

(10) 标准工作液：稀释标准储备液，制备 20 µmol L^{-1}、40 µmol L^{-1}、60 µmol L^{-1}、80 µmol L^{-1} 和 100 µmol L^{-1} 的亮氨酸标准工作液。

2．步骤和计算

(1) 分别加 2 mL 土壤可溶性有机质浸提样品、标准样品到玻璃试管中，并设置空白对照。

(2) 缓慢加入 1.25 mL 的茚三酮试剂，加盖。

(3) 在 95 ℃条件下水浴 25 min。

(4) 在另一个水浴锅中冷却到室温。

(5) 加入 4.5 mL 稀释液，混合均匀。

(6) 将足量待测样品或标准样品转移到比色皿中，以空白作为对照，在 570 nm 波长下读取吸光度值。

(7) 制作标准曲线并计算氨基酸含量，将单位折合为 mg 亮氨酸/L。

3．注释

(1) 该方法由 Moore 和 Stein（1948）提出，并在其基础上进行了改进。

(2) 分析方法中最关键的一点是避免水合茚三酮与氧气发生反应。最近 Jones 等（2002）提出了另一种基于游离氨基酸与邻苯二甲醛和 β-巯基乙醇发生反应的荧光分光光度计法来测定氨基酸，其灵敏度较好。

48.3.8 蛋白质

蛋白质是土壤中可溶性有机氮的重要来源，同时也是可溶性有机质中的游离氨基酸库的重要补充源。因此，它们对土壤微生物的生长具有重要的影响。

1．材料与试剂

(1) 分光光度计。

(2) 光径 1 cm 的比色皿（光学玻璃或塑料）。

(3) Bradford 蛋白质试剂（可以从 SIGMA 公司购得），冷藏贮存。

(4) 标准储备液：牛血清白蛋白（BSA），100 mg L^{-1}，用去离子水定容。现配现用，因为该储备液在冰冻条件下也不能很好地存储。

(5) 标准工作液：稀释标准储备液，制备 2.5 mg L^{-1}、5 mg L^{-1}、10 mg L^{-1}、15 mg L^{-1}、20 mg L^{-1} 和 25 mg L^{-1} 的牛血清白蛋白标准工作液。

2．步骤和计算

(1) 加入 0.5 mL Bradford 蛋白试剂于分光光度计比色皿中。

(2) 在不同的比色皿中分别加入 0.5 mL 可溶性有机质浸提样品、标准样品，并设置空白对照。

(3) 混合均匀后在室温下静置 5 min。

(4) 以空白为对照，在 620 nm 波长下读取吸光值。

(5) 作出标准曲线并计算蛋白质浓度，将单位折合为 mg 牛血清白蛋白 L^{-1}。

3．说明

经存储后溶液的蛋白质含量可能会迅速下降，因此进行提取溶液样品的蛋白质含量测定时，只推荐测定新鲜样品。该方法测定的蛋白质浓度可以精确到 1 mg/L。

48.3.9 生物降解性评价

可溶性有机质是土壤微生物群落潜在的能量和营养物质（尤其是氮、磷）来源。微生物在分解可溶性有机质时，可以通过减少土壤中 O_2 的含量，以及为产甲烷作用和反硝化作用提供所需的电子来调节温室气体，例如，甲烷和氧化亚氮的排放（Yavitt，1997；Zsolnay，1997；Lu 等，2000）。此外，了解可溶性有机质的生物降解性也是评估其对土壤有机质形成贡献大小的关键（Kalbitz 等，2003）。可溶性有机质的生物降解性由土壤微生物对这些有机化合物的分解或降解情况来确定，可以将培养试验中可溶性有机质的损耗率、耗氧率或 CO_2 释放速率作为其评价指标（Marschner 和 Kalbitz，2003）。

1．材料与试剂

（1）聚四氟乙烯、玻璃或聚丙烯培养瓶（50 mL）。

（2）微生物菌剂（土壤培养液：向 50 mL 的聚丙烯试管中加入新鲜土壤样品和 5 mmol 氯化钙溶液，振荡 30 min，用 5 μm 滤膜过滤后的滤液）。

（3）1 g L^{-1} 硝酸铵溶液和 1 g L^{-1} 磷酸氢二钾溶液。

（4）土壤可溶性有机质浸提液样品。

（5）玻璃真空过滤器或不锈钢压力过滤装置。

（6）适用于过滤器的 0.4 μm 聚碳酸酯滤膜。

（7）适用于过滤器的 5 μm 聚碳酸酯滤膜，用于过滤培养液。

（8）用于支撑过滤器的 125 mL 锥形瓶（如果选用真空过滤器，就需要用带侧柄的烧瓶）。

（9）真空泵或其他真空/压力系统。

2．步骤和计算

（1）吸取 15 mL 可溶性有机质浸提液样品（碳浓度为 10～30 mg C L^{-1}，不在此范围内需要稀释样品）到聚四氟乙烯、玻璃或聚丙烯试管中，加入 NH_4NO_3 溶液和 K_2HPO_4 溶液各 3 mL，同一个样品至少做 3 次重复。

（2）制备微生物菌剂并利用 5 μm 聚碳酸酯滤膜及过滤装置进行过滤，以便去除大的颗粒和杂质。

（3）向步骤 1 试管中加入 150 μL 微生物菌剂，将其混匀后进行密封，在室温、避光条件下培养 7 天。

（4）需要准备两个空白试验：一是将营养液和微生物菌剂加入超纯水中，用来定量微生物菌剂中的可溶性有机碳含量。二是用葡萄糖溶液代替可溶性有机质浸提液样品，用来验证微生物菌剂的功能，在这个对照中应该有超过 50%的葡萄糖态碳在 7 天内被降解。

（5）培养前后分别用 0.4 μm 聚碳酸酯滤膜过滤样品，并测定其有机碳浓度（见 48.3.1），两者之间的差值即为生物可降解的可溶性有机质含量。

3．注释

（1）这个方法的目的是评估易生物降解的可溶性有机质含量，因此培养时间延长可能会导致溶液中更多的有机碳发生降解（或矿化），从而高估可溶性有机质的生物降解性（McDowell 等，2006）。

（2）在培养过程中推荐添加营养物质，因为营养缺乏可能会限制可溶性有机质的生物降解，从而低估其真正的生物降解性（McDowell 等，2006）。

（3）通过对不同方法的比较表明，制备微生物菌剂的土壤不需要与提取可溶性有机质的土壤保持一致，也可以从其他土壤中提取菌剂（McDowell 等，2006）。

（4）应该选择大小适宜的培养容器，以避免培养容器内缺乏氧气。液体体积与培养容器内的剩余体积之比应该约为 1 或者更低。

（5）除通过短期培养测定可溶性有机碳的生物降解性外，McDowell 等（2006）还建议进行长期培养，即在室温下将添加了微生物菌剂和营养液的溶液进行 42 天的培养，并定期监测培养容器顶部的 CO_2 浓度。这样测得的 CO_2 浓度可以用来估算可溶性有机碳中易降解及难降解部分的生物降解性，为模拟土壤中的可溶性有机碳的去向提供更多的信息。

参 考 文 献

Appel, T. and Mengel, K. 1993. Nitrogen fractions in sandy soils in relation to plant nitrogen uptake and organic matter incorporation. *Soil Biol. Biochem.* 25: 685-691.

Box, J.D. 1983. Investigation of Folin-Ciocalteu phenol reagent for the determination of polyphenolic substances in natural waters. *Water Res.* 17: 511-525.

Brink, Jr. R.H., Dubach, P., and Lynch, D.L. 1960. Measurement of carbohydrates in soil hydrolyzates with anthrone. *Soil Sci.* 89: 157-166.

Burford, J.R. and Bremner, J.M. 1975. Relationships between denitrification capacities of soils and total water soluble and readily decomposable soil organic matter. *Soil Biol. Biochem.* 7: 389-394.

Cabrera, M.L. and Beare, M.H. 1993. Alkaline persulfate oxidation for determining total nitrogen in microbial biomass extracts. *Soil Sci. Soc. Am. J.* 57: 1007-1012.

Chantigny, M.H. 2003. Dissolved and waterextractable organic matter in soils: a review on the influence of land use and management practices. *Geoderma* 113: 357-380.

Chantigny, M.H., Angers, D.A., Prévost, D., Simard, R.R., and Chalifour, F.P. 1999. Dynamics of soluble organic C and C mineralization in cultivated soils with varying N fertilization. *Soil Biol. Biochem.* 31: 543-550.

Chapman, P.J., Edwards, A.C., and Shand, C.A. 1997a. The phosphorus composition of soil solutions and soil leachates: influence of soil: solution ratio. *Eur. J. Soil Sci.* 48: 703-710.

Chapman, P.J., Shand, C.A., Edwards, A.C., and Smith, S. 1997b. Effect of storage and sieving on the phosphorus composition of soil solution. *Soil Sci. Soc. Am. J.* 61: 315-321.

Chin, Y.P., Aiken, G., and O'Loughlin, E. 1994. Molecular weight, polydispersity, and spectroscopic properties of aquatic humic substances. *Environ. Sci. Technol.* 28: 1853-1858.

DeLuca, T.H. and Keeney, D.R. 1993. Soluble anthrone-reactive carbon in soils: effect of carbon and nitrogen amendments. *Soil Sci. Soc. Am. J.* 57: 1296-1300.

Dilling, J. and Kaiser, K. 2002. A rapid method for the estimation of fractions of dissolved organic matter in water samples using UV photometry. *Water Res.* 36: 5037-5044.

Grandy, A.S., Erich, M.S., and Porter, G.A. 2000. Suitability of the anthrone-sulfuric acid reagent for determining water soluble carbohydrates in soil water extracts. *Soil Biol. Biochem.* 32: 725-727.

Gregorich, E.G., Rochette, P., McGuire, S., Liang, B.C., and Lessard, R. 1998. Soluble organic carbon and carbon dioxide fluxes in maize fields receiving spring-applied manure. *J. Environ. Qual.* 27: 209-214.

Guggenberger, G. and Kaiser, K. 2003. Dissolved organic matter in soil: challenging the paradigm of sorptive preservation. *Geoderma* 113: 293-310.

Guggenberger, G., Kögel-Knabner, I., Haumaier, L., and Zech, W. 1989. Gel permeation chromatography of water-soluble organic matter with deionized water as eluent. II. Spectroscopic and chemical characterization of fractions obtained from an aqueous litter extract. *Sci. Tot. Environ.* 81-82: 447-457.

Guggenberger, G. and Zech, W. 1992. Sorption of dissolved organic carbon by ceramic P-80 suction cups. *J. Plant Nutr. Soil Sci.* 155: 151-155.

Hagedorn, F., Blaser, P., and Siegwolf, R. 2002. Elevated atmospheric CO_2 and increased N deposition effects on dissolved organic carbon-clues from delta C-13 signature. *Soil Biol. Biochem.* 34: 355-366.

Hagedorn, F., Saurer, M., and Blaser, P. 2004. A C-13 tracer study to identify the origin of dissolved organic carbon in forested mineral soils. *Eur. J. Soil Sci.* 55: 91-100.

Hagedorn, F. and Schleppi, P. 2000. Determination of total dissolved nitrogen by persulfate oxidation. *J. Plant Nutr. Soil Sci.* 163: 81-82.

Heinrichs, H., Böttcher, G., Brumsack, H.-J., and Pohlmann, M. 1996. Squeezed soil-pore solutes—a comparison to lysimeter samples and percolation experiments. *Water Air Soil Poll.* 89: 189-204.

Herbert, B.E. and Bertsch, P.M. 1995. Characterization of dissolved and colloidal organic matter in soil solution: a review. In: W.W. McFee and J.M. Kelly, eds. *Carbon Forms and Functions in Forest Soils*. Soil Science Society of America, Madison, WI, 63-88.

Jones, D.L. and Edwards, A.C. 1993. Evaluation of polysulfon hollow fibres and ceramic suction samplers as devices for the *in situ* extraction of soil solution. *Plant Soil* 150: 157-165.

Jones, D.L. and Kjelland, K. 2002. Soil amino acid turnover dominates the nitrogen flux in permafrost-dominated taiga forest soils. *Soil Biol. Biochem.* 34: 209-219.

Jones, D.L., Owen, A.G., and Farrar, J.F. 2002. Simple method to enable the high resolution determination of total free amino acids in soil solutions and soil extracts. *Soil Biol. Biochem.* 34: 1893-1902.

Kaiser, K., Kaupenjohann, M., and Zech, W. 2001. Sorption of dissolved organic carbon in soils: effects of soil sample storage, soil-to-solution ratio, and temperature. *Geoderma* 99: 317-328.

Kalbitz, K., Schmerwitz, J., Schwesig, D., and Matzner, E. 2003. Biodegradation of soil-derived dissolved organic matter as related to its properties. *Geoderma* 113: 273-291.

Kalbitz, K., Solinger, S., Park, J.H., Michalzik, B., and Matzner, E. 2000. Controls on the dynamics of dissolved organic matter in soils: a review. *Soil Sci.* 165: 277-304.

Kawahigashi, M., Sumida, H., and Yamamoto, K. 2003. Seasonal changes in organic compounds in soil solutions obtained from volcanic ash soils under different land uses. *Geoderma* 113: 381-396.

Korshin, G.V., Li, C.W., and Benjamin, M.M. 1997. Monitoring the properties of natural organic matter through UV spectroscopy: a consistent theory. *Water Res.* 31: 1787-1795.

Kuiters, A.T. and Denneman, C.A.J. 1987. Watersoluble phenolic substances in soils under several coniferous and deciduous tree species. *Soil Biol. Biochem.* 19: 765-769.

Lemke, R.L., Izaurralde, R.C., and Nyborg, M. 1998. Seasonal distribution of nitrous oxide emissions from soils in the Parkland region. *Soil Sci. Soc. Am. J.* 62: 1320-1326.

Liang, B.C., MacKenzie, A.F., Schnitzer, M., Monreal, C.M., Voroney, P.R., and Beyaert, R.P. 1998. Management-induced change in labile soil organic matter under continuous corn in eastern Canadian soils. *Biol. Fert. Soils* 26: 88-94.

Lu, Y.H., Wassmann, R., Neue, H.U., and Huang, C.Y. 2000. Dynamics of dissolved organic carbon and methane emissions in a flooded rice soil. *Soil Sci. Soc. Am. J.* 64: 2011-2017.

Ludwig, B., Meiwes, K.J., Khanna, P., Gehlen, R., Fortmann, H., and Hildebrand, E.E. 1999. Comparison of different laboratory methods with lysimetry for soil solution composition—experimental and model results. *J. Plant Nutr. Soil Sci.* 162: 343-351.

Marques, R., Ranger, J., Gelhaye, D., Pollier, B., Ponette, Q., and Goedert, O. 1996. Comparison of chemical composition of soil solutions collected by zero-tension plate lysimeters with those from ceramic-cup lysimeters in a forest soil. *Eur. J. Soil Sci.* 47: 407-417.

Marschner, B. and Kalbitz, K. 2003. Controls on bioavailability and biodegradability of dissolved organic matter in soils. *Geoderma* 113: 211-235.

McDowell, W.H., Zsolnay, A., AitkenheadPeterson, J.A., Gregorich, E.G., Jones, D.L., Jödemann, D., Kalbitz, K., Marschner, B., and Schwesig, D. 2006. A comparison of methods to determine the biodegradable dissolved organic matter (DOM) from different terrestrial sources. *Soil Biol. Biochem.* 38: 1933-1942.

McGill, W.B., Cannon, K.R., Robertson, J.A., and Cook, F.D. 1986. Dynamics of soil microbial biomass and water-soluble organic C in Breton L after 50 years of cropping to rotations. *Can. J. Soil Sci.* 66: 1-19.

Mejbaum, W. 1939. Über die Bestimmung kleiner Pentosemengen, insbesondere.in Derivaten der Adenylsäure. *Zeitschrift für Physiologische Chemie* 258: 117-120.

Michalzik, B., Kalbitz, K., Park, J.-H., Solinger, S., and Matzner, E. 2001. Fluxes and concentrations of dissolved organic carbon and nitrogen—a synthesis for temperate forests. *Biogeochemistry* 52: 173-205.

[42] Moore, S. and Stein, W.H. 1948. Photometric ninhydrin method for use in the chromatography of amino acids. *J. Biol. Chem.* 176: 367-388.

Morita, M. 1980. Total phenolic content in the pyrophosphate extracts of two peat soil profiles. *Can. J. Soil Sci.* 60: 291-297.

Murphy, D.V., Macdonald, A.J., Stockdale, E.A., Goulding, K.W.T., Fortune, S., Gaunt, J.L., Poulton, P.R., Wakefield, J.A., Webster, C.P., and Wilmer, W.S. 2000. Soluble organic nitrogen in agricultural soils. *Biol. Fert. Soils* 30: 374-387.

Novak, J.M. and Bertsch, P.M. 1991. The influence of topography on the nature of humic substances in soil organic matter at a site in the Atlantic Coastal Plain of South Carolina. *Biogeochemistry* 15: 111-126.

Novak, J.M., Mills, G.L., and Bertsch, P.M. 1992. Estimating the percent aromatic carbon in soil and aquatic humic substances using ultraviolet absorbance spectrometry. *J. Environ. Qual.* 21: 144-147.

Ohno, T. and Paul, R. 1998. Assessment of the Folin and Ciocalteu method for determining soil phenolic carbon. *J. Environ. Qual.* 27: 776-782.

Raber, B., Kögel-Knabner, I., Stein, C., and Klem, D. 1998. Partitioning of polycyclic aromatic hydrocarbons to dissolved organic matter from different soils. *Chemosphere* 36: 79-97.

Siemens, J. and Kaupenjohann, M. 2003. Dissolved organic carbon is released from sealings and glues of pore-water samplers. *Soil Sci. Soc. Am. J.* 67: 795-797.

Thurman, E.M. 1985. *Organic Geochemistry of Natural Waters*. Nijhoff / Junk Publishers, Dordrecht, The Netherlands, 497.

Titus, B.D. and Mahendrappa, M.K. 1996. Lysimeter system designs used in soil research: a review. *Natural Resources Canada and Canadian Forest Service, Newfoundland and Labrador Region*. Information Report N-X-301. Ottawa, ON, Canada, 113.

Traina, S., Novak, J., and Smeck, N.E. 1990. An ultraviolet absorbance method of estimating the percent aromatic carbon content of humic acids. *J. Environ. Qual.* 19: 151-153.

Vance, E.D., Brookes, P.C., and Jenkinson, D.S. 1987. An extraction method for measuring soil microbial biomass C. *Soil Biol. Biochem.* 19: 703-707.

Wessel-Bothe, S., Patzold, S., Klein, C., Behre, G., and Welp, G. 2000. Sorption of pesticides and DOC on glass and ceramic suction cups. *J. Plant Nutr. Soil Sci.* 163: 53-56.

Yavitt, J.B. 1997. Methane and carbon dioxide dynamics in *Typha latifolia* (L.) wetlands in central New York State. *Wetlands* 17: 394-406.

Zsolnay, A. 1996. Dissolved humus in soil waters. In: A. Piccolo, ed. *Humic Substances in Terrestrial Ecosystems*. Elsevier, Amsterdam, The Netherlands, 171-123.

Zsolnay, A. 1997. The complexity of the flux of natural substrates in soils: A freeze-thaw can increase the formation of ischemic and anaerobic microsites. In: H. Insam and A. Rangger, eds. *Microbial Communities*. Springer, Heidelberg, 236-241.

Zsolnay, A. 2003. Dissolved organic matter: artefacts, definitions, and functions. *Geoderma* 113: 187-209.

Zsolnay, A., Baigar, E., Jimenez, M., Steinweg, B., and Saccomandi, F. 1999. Differentiating with fluorescence spectroscopy the sources of dissolved organic matter in soils subjected to drying. *Chemosphere* 38: 45-50.

（刘金山　李小涵　译，王朝辉　校）

第49章 微生物量碳、氮、磷和硫

R.P. Voroney

University of Guelph

Guelph, Ontario, Canada

P.C. Brookes

Rothamsted Research

Harpenden, Hertfordshire, United Kingdom

R.P. Beyaert

Agriculture and Agri-Food Canada

London, Ontario, Canada

49.1 引 言

土壤微生物量的测定可以用于研究各种陆地生态系统中土壤有机质的动态变化和养分循环。该指标表示生活在土壤中的微生物体的生物量，在耕地土壤中微生物量占土壤总有机质数量的 1%~5%（Jenkinson，1988；Smith 和 Paul，1990）。由于微生物量是土壤中可以定量测定的重要组分之一，因此微生物量碳、氮、磷和硫的含量是研究土壤有机质转化的基础指标（Brooks 等，1990）。这些数据可以用来评价土壤管理（Powlson 等，1987）和耕作（Spedding 等，2004）过程中引起的土壤有机质的变化，评估管理措施对土壤强度和孔隙度、土壤结构和团聚体稳定性的影响（Hernández-Hernández 和 López-Hernández，2002），衡量土壤氮素的肥力水平（Elliot 等，1996）。

由于土壤微生物量对土壤环境条件的变化非常敏感，因此可以用作土壤生态系统受外来压力影响的早期预警指标，而其他指标在土壤生态系统发生可见性变化之前是相对稳定的（Barajas Aceves 等，1999）。土壤微生物量可以用来衡量诸如重金属（Renella 等，2004；Barajas Aceves，2005）、杀虫剂（Harde 等，1993）、抗生素（Castro 等，2002）等环境污染物对土壤生态系统的影响，监控石油污染的土壤生物修复过程。同时，将单位土壤微生物体的 CO_2 产生量，即生物体即时呼吸速率与土壤微生物量结合起来，以土壤有机碳的百分比的形式表示，是一个非常有用和可靠的指标（Barajas Aceves 等，1999）。

Jenkinson（1988）、Smith 和 Paul（1990）及 Carter 等（1999）均对土壤微生物量测定的重要性进行了论述。微生物量测定方法的综述也有几篇（Horwath 和 Paul，1994；Joergensen 和 Brooks，2005）。

土壤微生物量可以通过很多直接或间接的技术测定。这些技术包括土壤有机体的直接显微计数法和微生物量转换法，例如，通过测定土壤有机体容积、密度、固体内含物和碳含量（van Veen 和 Paul，1979），土壤中的 ATP 含量（Conton 等，2001；Dyckmans 等，2003）、精氨酸矿化量（Lin 和 Brooks，1999）、蒽酮反应碳（Badalucco 等，1992）、水合茚三酮反应氮（Amato 和 Ladd，1988；Mondini 等，2003）和底物诱导的呼吸响应（Aderson 和 Domsch，1978；Graham 和 Haynes，2005）来估算微生物量。最初测定微生物量是以氯仿熏蒸 10 天后 CO_2 的产生量（Jenkinson，1966）为依据的。将土壤置于氯仿蒸汽中，氯仿会溶解细胞膜中的磷脂从而杀死土壤中所有的有机体，并将细胞内含物释放到土壤中。与未熏蒸土壤相比，移走熏蒸剂后对熏蒸的土壤进行培养，由于重新接种生物群落，所以熏蒸土壤中的细胞组织成分会矿化分解形成"分解峰"，产生大量 CO_2，此时的 CO_2 量与微生物量碳的数量呈正比。最初人们将测量微生物量碳（Jenkinson 和 Powlson 1976）和微生物量氮（Voroney 和 Paul, 1990）的熏蒸—培养法认定为标准方法，以其来校准其他方法（Ross, 1990）。然而，该方法现在已经普遍被熏蒸—浸提法取代。在熏蒸-浸提法中，氯仿熏蒸释放出来的微生物组织成分可以被直接提取出来并进行测定，大大节省了测定时间。本章内容将主要介绍如何用熏蒸-浸提法测定微生物量碳、氮、磷和硫的含量。

49.2 氯仿熏蒸—浸提法

与熏蒸-培养法相比，用氯仿熏蒸—浸提法测定土壤微生物量碳、氮、磷和硫有几个优点。除速度快外，熏蒸-浸提法还可以用于 pH 值较低的土壤（Couteaux 和 Henkinet, 1990）及新添加有机基质的土壤（Vance 等, 1987）的测定，也避免了通过控制条件下 10 天培养过程对熏蒸杀死的生物体进行微生物矿化的需求（Vance 等, 1987；Amato 和 Ladd, 1988；Gallardo 和 Schlesinger, 1990）。因此，该方法适用于初始水分含量低的土壤，可以在熏蒸过程中将其土壤水势控制在-5～-10 kPa（Sparling 等, 1990），也适用于淹水土壤和水稻土（Inubushi 等, 1991）。Diaz-Raviña 等（1992）还将该方法应用于加热到 600℃的土壤。然而，熏蒸-浸提法最主要的优点是可以测定含新加入和新鲜分解底物土壤（Ocio 和 Brooks, 1990a）的微生物量，并且与同位素标记底物结合会得到更理想的结果（Wu 和 Brooks, 2005）。

49.3 微生物量碳和氮

微生物量碳和氮含量是由氯仿熏蒸的新鲜土壤中浸提出的总碳和总氮数量与未熏蒸对照土壤中浸提出的总碳和总氮数量的差值来计算的。氯仿熏蒸和未熏蒸土壤的总碳与总氮是指用 0.5 mol L^{-1} 硫酸钾溶液浸提测得的碳和氮含量（Sparling 和 West, 1988a）。微生物量碳和氮是用氯仿熏蒸后土壤的碳和氮释放增量与硫酸钾浸提的微生物量碳和氮组分的方程计算出来的。

49.3.1 材料和试剂

大部分试剂（除了特别说明的）都易获得且为分析纯。所有试剂均用去离子水（1 号）配制。

（1）无乙醇氯仿。试剂级氯仿提纯的详细步骤见 49.6 说明 1。

（2）大型真空干燥器。该干燥器对氯仿蒸汽呈惰性、无油密封、能承受高真空而不破裂，能同时容纳约 25 个样品。厚壁玻璃真空干燥器较合适。

（3）0.5 mol L^{-1} 硫酸钾浸提液。制备 10 L 的提取剂时，可以向约 9.5 L 水中缓慢加入 871.3 g 硫酸钾（试剂级）。在磁力搅拌器上搅拌溶液至硫酸钾完全溶解（约 2 h），待溶液温度冷却至室温后，用水定容至 10 L。

（4）其他材料和试剂：

① 通风橱。

② 沸石。

③ 100 mL 带塞子的玻璃容器。

④ 测定土壤水分含量的铝盒。

⑤ 玻璃纤维滤纸（Whatman GF 934-AH）。

⑥ 用于过滤样品的 50 mL 分析玻璃瓶。

49.3.2 土壤样品的制备

(1) 在标准方法中,一般将过 2 mm 筛的土壤样品在 25℃和含水量 40%~50%的条件下预培养几天,从而使土壤代谢和水分达到稳定状态(Vance 等,1987)。如果土壤样品过湿或过干而不易研磨过筛,那么可以将土壤样品破碎成小块(<1 cm)进行预培养,但所要求的土壤样品的重量(约 250 g)大于标准方法的重量。然后在熏蒸之前充分混匀(Ocio 和 Brooks,1990b)。当土壤中含有大量新鲜植物残体和活体根系时,必须用手或筛子将其剔除(Mueller 等,1992)。

(2) 称取约 15 g 的鲜土 3 份,分别放入测定土壤水分含量的称重容器中,然后放入 105℃烘箱中烘至少 24 h,使土壤样品完全烘干或烘至恒重。烘干后将容器转移至干燥器中冷却后重新称重,计算土壤样品的水分含量。所有微生物量的结果均以烘干重为基础来计算。

(3) 称取 25~50 g 鲜土(标准方法)6 份,分别放入 100 mL 的玻璃瓶中。其中 3 份土壤用氯仿熏蒸 24 h 后浸提,另外 3 份土壤不熏蒸,立即浸提。

49.3.3 熏蒸处理

注意:测定过程会释放出氯仿气体,必须在通风橱中进行。

(1) 沿干燥器底部边缘铺上刚浸湿的纸巾。对于熏蒸处理,将盛有土壤样品的玻璃瓶与盛有 50 mL 氯仿和少量沸石的 100 mL 烧杯一起放置到干燥器中,然后密封干燥器并抽真空,缓慢释放出由真空泵排出的气体,直至氯仿剧烈沸腾,之后再继续抽真空 1~2 min。最后在真空条件下密封干燥器并使其在室温(20~25℃)下避光熏蒸 24 h。

(2) 熏蒸 24 h 后,释放真空,打开干燥器,并移走盛氯仿的烧杯和湿润的纸巾。剩余的氯仿应该装入密封瓶中并作为危险废弃物处理掉,纸巾应该放入密封袋中作为常规废弃物处理。

(3) 通过反复抽真空去除土壤样品中残留的氯仿气体,通常是用水抽气泵抽取 3~6 次,每次约 5 min,然后用二级旋转式油泵(能产生 10^{-5} kPa 压力的真空泵)抽真空 15~20 min。

49.3.4 微生物量碳、氮的提取

(1) 分别向未熏蒸样品瓶和熏蒸样品瓶中加入 0.5 mol L^{-1} K_2SO_4 溶液,控制烘干土重(g)与提取剂(mL)的比例为 1:2 至 1:5(Joergensen 和 Olfs,1998)。

(2) 盖上瓶盖后将其放入振荡机(往复式或旋转式)中振荡 1 小时。振荡结束后,用 Whatman GF 934-AH 滤纸过滤土壤悬浊液。根据分析方法的不同,测定有机碳和总氮需要用滤液 5~20 mL。加盖后的滤液在 4℃下最多贮存 2~3 天,如果存储时间超过 3 天就需要冷冻。融化冷冻的硫酸钾浸提液时,近中性和碱性土壤的浸提液中会出现白色的硫酸钙沉淀,但不会影响分析,可以忽略(Joergensen 和 Olfs,1998)。

49.3.5 浸提液中碳、氮的测定

(1) 土壤浸提液中的有机碳可以用自动燃烧或湿氧化法测定。但测定浸提液中碳含量的首选方法是用高温全碳分析仪。这个方法是在去除样品中的无机碳后,将提取液中的碳氧化成 CO_2,然后通过红外检测器测定产生的 CO_2 的含量。提取液中碳的定量测定也可以先用紫外光催化湿法氧化,随后用红外检测器检测产生的 CO_2 含量。还可以用比色法测定提取液中的碳。该方法包含去除无机碳的前处理过程,即将无氮或碳的高速气流通过酸化后的样品,以便去除碳酸盐反应后产生的 CO_2。接下来将样品与 0.5 mol L^{-1} 硫酸溶液和 4%(w/v)过硫酸钾溶液混合后放到紫外光下照射。由样品中的有机碳反应后产生的 CO_2 通过硅胶膜渗析后与弱缓冲性的酚酞指示剂反应。在 550 nm 下测定的指示剂颜色强度的减

少值与有机碳含量成比例。标准溶液中碳含量的范围为 $0\sim150\ \mu g\ C\ mL^{-1}$，可以通过稀释含 1 000 mg 碳的酞酸氢钾储备液得到。

(2) 土壤浸提液中的有机氮可以用 Cabrera 和 Beare（1993）提出的方法进行测定。在该方法中，需要用过硫酸盐将可溶性有机氮和铵态氮氧化成硝态氮。氧化过程是将样品装入螺帽管中后在高压灭菌锅中进行，产生的无毒盐溶液中的硝态氮用铬还原后利用 Griess-Ilosvay 反应进行显色、比色法测定其含量。具体氧化步骤见第 48 章（48.3.2），浸提液中硝态氮和亚硝态氮的测定方法见第 6 章。

49.3.6 微生物量碳和氮的计算

（1）土壤含水量，用烘干基表示：

$$WS(\%) = (土壤鲜重(g) - 土壤干重(g))/土壤干重(g) \times 100 \tag{49.1}$$

（2）用土壤样品重量（相当于烘干重）来计算微生物量：

$$MS(g) = 土壤鲜重(g) \times 100/(100 + WS(\%)) \tag{49.2}$$

（3）土壤浸提液的总体积（VS）：

$$VS(mL) = [(土壤鲜重(g) - 土壤干重(g))/1 g \cdot mL^{-1}] + 提取剂体积(mL) \tag{49.3}$$

（4）熏蒸土壤样品（C_F）和未熏蒸土壤样品（C_{UF}）中可提取碳的总重：

$$C_F, C_{UF}(\mu g \cdot g^{-1} 土壤) = 有机碳(\mu g\ mL^{-1}) \times (VS(mL)/MS(g)) \tag{49.4}$$

（5）熏蒸土壤样品（N_F）和未熏蒸土壤样品（N_{UF}）中可提取氮的总重：

$$N_F, N_{UF}(\mu g \cdot g^{-1} 土壤) = 总氮(\mu g\ mL^{-1}) \times (VS(mL)/MS(g)) \tag{49.5}$$

（6）土壤中微生物量碳（$MB\text{-}C$）：

$$MB\text{-}C(\mu g \cdot g^{-1} 土壤) = (C_F - C_{UF})/K_{EC} \tag{49.6}$$

式中，$K_{EC} = 0.35$，表示微生物量碳的提取率。K_{EC} 值的范围可以为 $0.25\sim0.45$（Wu 等，1990；Joergensen，1996）

（7）土壤微生物量氮（$MB\text{-}N$）：

$$MB\text{-}N(\mu g \cdot g^{-1} 土壤) = (N_F - N_{UF})/K_{EN} \tag{49.7}$$

式中，$K_{EN} = 0.5$，表示微生物量氮的提取率。K_{EN} 值的范围可以为 $0.18\sim0.54$（Joergensen 和 Mueller，1996）。

49.4 微生物量磷

微生物量磷是由氯仿熏蒸的鲜土中提取的无机磷和未熏蒸鲜土中提取的无机磷的差值来计算的（Brookes 等，1982；Hedley 和 Stewart，1982）。其中释放的大多数磷为无机态磷（即正磷酸盐态无机磷）。所用提取剂为 pH 值 8.5 的 $0.5\ mol\ L^{-1}$ 碳酸氢钠（$NaHCO_3$）溶液。对于酸性土壤，Wu 等（2000）推荐用 Bray-I 试剂（$0.03\ mol\ L^{-1}\ NH_4F\text{-}0.025\ mol\ L^{-1}\ HCl$），而 Kouno 等（1995）证明阴离子交换膜技术也可以用来测定酸性土壤和固磷能力高的土壤中的微生物量磷。熏蒸过程中释放的部分无机磷可以被土壤胶体吸附，因此必须测定每种土壤的回收率。回收率是通过在回收无机磷的提取和测定过程中向土壤中加入一定的数量的无机磷来得到的。微生物量磷通过氯仿熏蒸过程释放的无机磷增加量和熏蒸杀死微生物的碳酸氢钠溶液提取的无机磷组分的方程来计算，并用磷回收率校正。

49.4.1 材料和试剂

（1）无乙醇氯仿。试剂级氯仿纯化的详细步骤见 49.6 的注释 1。

（2）大型真空干燥器。该干燥器对氯仿蒸汽呈惰性、无油密封、能承受高真空度而不破裂，能同时容纳约 25 个样品。厚壁玻璃真空干燥器较合适。

（3）0.5 mol L^{-1} 碳酸氢钠浸提液（pH 值 8.5）（Olsen 等，1954）。制备 10 L 的提取剂时，称量 420 g 碳酸氢钠加入约 9 L 水中，再加入 7.2 g 氢氧化钠颗粒，用 10 mol L^{-1} NaOH 溶液（或浓硫酸）调节 pH 值至 8.5，然后用水定容到 10 L。试剂浓度不需要绝对准确，但 pH 值必须精确。

（4）250 µg mL^{-1} 无机磷（P$_i$）校正液。制备 1 L 添加液需要将 1.098 g 磷酸二氢钾溶解到 900 mL 水中，并转移到 1 L 容量瓶中定容。

（5）其他材料和试剂

① 通风橱。
② 沸石。
③ 250 mL 带塞子的玻璃锥形瓶。
④ 测量土壤水分含量的铝盒。
⑤ Whatman 42 号滤纸。
⑥ 用于过滤样品的 50 mL 分析玻璃瓶。

49.4.2 土壤样品制备

（1）按照 49.3.2 所述步骤筛分和混合土壤样品。

（2）按照 49.3.2 所述步骤称重和烘干土壤样品以便测定土壤水分含量。

（3）称取 9 份鲜土，每份土壤样品约 10 g（烘干基），分别放入 250 mL 锥形瓶中。

① 三份土壤样品用氯仿蒸汽熏蒸 24 h 后进行浸提。

② 三份土壤样品不熏蒸，放在含有水和碱石灰的密封干燥器中 24 h，然后进行浸提。

③ 另三份土壤样品不熏蒸，放在含有水分和碱石灰的密封干燥器中 24 h，然后用添加了无机磷校正液的浸提液浸提。

49.4.3 熏蒸处理

熏蒸过程见 49.3.3。

49.4.4 微生物量磷的提取

（1）向每个含有未熏蒸对照和熏蒸样品的锥形瓶中加 200 mL 提取剂和 1 mL 水，控制烘干土重（g）与提取剂体积（mL）的比例为 1∶2 至 1∶5。

（2）向三份未熏蒸样品的锥形瓶中加入 200 mL 提取剂和 1 mL 无机磷校正液，土液比同上。

（3）每组设置 3 个空白对照。将对照和以上样品置于 20℃定轨摇床中振荡 30 min（每分钟 150 转），然后用 Whatman 42 号滤纸过滤到经过酸洗的塑料瓶中。

49.4.5 提取态磷的测定

氯仿熏蒸过程中产生的无机磷可以用来估算微生物量磷。土壤浸提液中的无机磷可以用 Murphy 和 Riley（1962）的方法测定。简而言之，钼酸铵和酒石酸氧锑钾在酸性环境中与磷酸盐反应形成锑磷钼复合物，然后加入抗坏血酸将该复合物还原为深蓝色的复合物。当样品磷的浓度在一定的范围内时，深蓝色比色液在 712 nm 波长下的吸光值与样品中的磷浓度成正比。详见第 25 章（25.4.5）。

49.4.6 微生物量磷的计算

(1) 土壤水分含量（WS）用式（49.1）计算。

(2) 干土质量（MS）用式（49.2）计算。

(3) 土壤浸提液总体积（VS）：

$$VS\,(\mathrm{mL}) = (土壤鲜重\,(\mathrm{g}) - 土壤干重\,(\mathrm{g})/1\,\mathrm{g\,mL^{-1}}) + 浸提剂体积\,(\mathrm{mL})$$
$$+ 1\,\mathrm{mL}\,(水或无机磷校正液) \tag{49.8}$$

(4) 熏蒸（F）和未熏蒸（UF）土壤样品中可以提取的无机磷总重：

$$P_\mathrm{F},\,P_\mathrm{UF}\,(\mathrm{\mu g \cdot g^{-1}}\,土壤) = 无机磷\,(\mathrm{\mu g\,mL^{-1}}) \times (VS\,(\mathrm{mL})/MS\,(\mathrm{g})) \tag{49.9}$$

(5) 加入无机磷校正液的土壤样品中可以提取的无机磷总重：

$$添加无机磷土壤样品\,(\mathrm{\mu g\,g^{-1}}\,土壤) = 添加无机磷土壤样品$$
$$(\mathrm{\mu g\,mL^{-1}}) \times (VS\,(\mathrm{mL})/MS\,(\mathrm{g})) \tag{49.10}$$

(6) 土壤微生物量氮（$MB\text{-}P$）：

$$MB\text{-}P\,(\mathrm{\mu g\,g^{-1}}\,土壤) = [(P_\mathrm{F} - P_\mathrm{UF})/K_\mathrm{EP}] \times (100/R) \tag{49.11}$$

式中，$K_\mathrm{EP} = 0.40$，代表微生物量磷的提取率；

$R = 100[(\mathrm{P_i}校正土壤 - 土壤\,P_\mathrm{UF})/\mathrm{P_i}校正液]$，表示 $\mathrm{P_i}$ 校正液的回收率；

$\mathrm{P_i}$ 校正液 = 250 μg $\mathrm{P_i}$。

49.5 微生物量硫

微生物量硫是由氯仿熏蒸土壤中提取的总硫与未熏蒸土壤提取的总硫之差计算得到的（Sagger 等，1981）。在操作过程中可以用氯化钙溶液将有机硫和无机硫一并提取出来，而在分析过程中需要将有机硫转化成无机硫，然后测定总的提取态硫。微生物量硫通过氯仿熏蒸过程中产生的硫增量与熏蒸杀死微生物的氯化钙溶液提取的硫组分的方程来计算。

49.5.1 材料和试剂

(1) 无乙醇氯仿。试剂级氯仿纯化的详细步骤见 49.6 注释 1。

(2) 大型真空干燥器。该干燥器对氯仿蒸汽呈惰性、无油密封、能承受高真空而不破裂，能同时容纳约 25 个样品。厚壁玻璃真空干燥器较合适。

(3) 0.10 mol $\mathrm{L^{-1}}$ 氯化钙浸提液（pH 值 8.5）（Sagger 等，1981）。制备 10 L 的提取液需要向约 9.5 L 水中加入 14.7 g 二水氯化钙（$\mathrm{CaCl_2 \cdot 2H_2O}$），将容器放到磁力搅拌器上搅拌至 $\mathrm{CaCl_2 \cdot 2H_2O}$ 完全溶解，然后用水定容到 10 L。

(4) 其他材料和试剂。

① 通风橱。

② 沸石。

③ 100 mL 带塞子的玻璃瓶。

④ 测定土壤水分的铝盒。

⑤ 0.45 μm 微孔滤膜（Millipore 公司，Bedford，MA）。

⑥ 用于过滤样品的 50 mL 玻璃瓶。

49.5.2 土壤样品的制备

（1）按照 49.3.2 所述步骤筛分和混合土壤。
（2）按照 49.3.2 所述步骤称重和烘干土壤以便测定土壤的水分含量。
（3）称取 6 份鲜土，每份 15～50 g，分别放入 100 mL 玻璃瓶中。三份土壤用氯仿蒸汽熏蒸 24 h 后浸提；三份土壤不熏蒸，立即浸提。

49.5.3 熏蒸处理

熏蒸过程详见 49.3.3。

49.5.4 微生物量硫的提取

（1）向含有未熏蒸对照样品和熏蒸样品的瓶中加入 0.01 mol L^{-1} 氯化钙溶液，控制烘干土重（g）与提取剂容积（mL）的比例为 1∶2 至 1∶5（Wu 等，1994）。
（2）盖上瓶塞后放在振荡机（往复式或循环式）中振荡 1 h，然后用 0.45 μm 微孔滤膜过滤土壤悬浊液。加盖后的滤液可以在 4℃ 下保存不超过 3 天，否则需要冷冻保存。

49.5.5 提取态硫的测定

在氯仿熏蒸过程中总硫的增加量可以用来估计微生物量的硫含量。土壤浸提液中总硫的测定包括两个步骤：
（1）将土壤浸提液中的各种硫化物转化成同一种形态。
（2）测定硫的含量。

推荐方法是用碱解法将有机硫转化为硫酸盐，然后用氢碘酸将其还原为硫化物（Tabatabai 和 Bremner，1970）。最后通过比色法测定硫化物含量。将有机硫转化成硫酸盐后再还原为硫化物的具体步骤见第 23 章。

49.5.6 微生物量硫的计算

（1）土壤水分含量（WS）用式（49.1）计算。
（2）干土质量（MS）用式（49.2）计算。
（3）土壤浸提液总体积（VS）用式（49.3）计算。
（4）熏蒸（F）和未熏蒸（UF）土壤样品中可以提取的硫的总重：

$$S_F, S_{UF} (\mu g\, g^{-1}\text{土壤}) = 总硫 (\mu g\, mL^{-1}) \times (VS\,(mL)/MS\,(g)) \qquad (49.12)$$

（5）土壤微生物量硫（$MB\text{-}S$）：

$$MB\text{-}S\,(\mu g \cdot g^{-1}\text{土壤}) = (S_F - S_{UF})/K_{ES} \qquad (49.13)$$

式中，$K_{ES} = 0.35$，表示微生物量硫的提取率。K_{ES} 的范围可以为 0.30 到 0.35（Wu 等，1994）。

49.6 注 释

（1）试剂级氯仿通常在含乙醇（约 1% v/v）的条件下比较稳定。测定微生物量碳时必须用无乙醇氯仿，因为熏蒸后土壤中的乙醇不能被完全去除。如果只测微生物量氮，那么可以用含乙醇的氯仿（Deluca 和 Keeney，1993）。纯化过程是将氯仿在 55℃ 下蒸馏两次，用 18 mol L^{-1} 硫酸洗涤 3 次，然后用去离子水洗涤 5 次（Jenkinson 和 Powlson，1976）。纯化后的氯仿保存在含无水碳酸钾的棕色瓶中，用时需要再次蒸馏。纯化后的氯仿可以在含过量无水碳酸钾的条件下避光保存 3 周。虽然使用戊烯（2-甲基-2-丁烯）稳定氯仿（色谱级）的成本会增加 2~3 倍，但这种方法可以简化操作步骤，并大大减少与有毒氯仿气体的接触（Jenkinson 和 Powlson，1976），同时其测定结果与新蒸馏氯仿的测定结果一致（Mueller 等，1992）。

（2）测定微生物量碳和氮所用土壤样品的重量介于 200 mg（Daniel 和 Anderson，1992）至 200 g（Ocio 和 Brooks，1990b）之间。但是，为了降低取样误差和提高测定的精确度，建议测定样品的最小重量为折合烘干土重 25 g。

（3）土壤在浸提液中不易分散时，在振荡前应该将其混匀（Winter，1994）。可以用装有锯齿形 PT 20ST 探头的 Brinkmann PT 10-35 组织高速搅拌器使土壤分散，搅拌时机器功率调节到 4 挡，搅拌 5~10 s。

（4）微生物量的测定应该在土壤样品采集后尽可能短的时间（几个小时）内进行，并保证其温度和水分含量不会发生变化。如果不能立即完成样品分析，那么应该尽快将土壤样品冷冻保存于-18℃环境中，并于测定前进行解冻。但是，冷冻后会导致土壤样品中的微生物量和非微生物有机质的可萃取性发生变化（Winter 等，1994）。Ross（1991）却发现在 4℃下保存土壤样品对微生物量的影响很小。

（5）熏蒸-浸提法得到的结果比较准确。同一个土壤样品的三次重复测定应该能够检测到具有 5%~10%差异的微生物量，否定概率为 0.05%。

（6）测定微生物量磷的熏蒸-浸提法对操作条件的变化极其敏感，因此必须谨慎，否则得到的结果不具有复现性。如果要比较不同土壤之间的结果，那么每次浸提过程必须严格控制在同样的温度、振荡速度，以及在同一振荡机上进行。同时，必须采用标准的过滤方法。在此推荐的方法是快速摇动锥形瓶使土壤颗粒分散，然后快速将土壤提取液倒入滤纸进行过滤。如果需要较多的提取液，就应该严格按同样的方法持续过滤。此外，在过滤过程中要避免出现过量的蒸发。

（7）微生物量碳和氮的测定可以通过向浸提液中加入液体氯仿来代替 24 h 的氯仿熏蒸过程，从而大大加快测定进程。通常在振荡前将 1~2 mL 液体氯仿加入土壤悬浊液中。一般在测定底物有机质含量超过 20%的样品时（例如，粪肥和堆肥的微生物量）使用液体氯仿。过滤之后，通过向滤液中鼓入无 CO_2 的空气泡来排出氯仿，通常鼓气需要持续 1~2 min。尽管该方法大大简化了操作步骤，缩短了测定时间，且其结果与氯仿熏蒸-浸提法的精确性相同，但是其微生物量回收率（$K_{EC}=0.18$）较低（Gregorich 等，1990）。当土壤样品的微生物量水平较低时，这将会成为一个非常重要的限制因素。

（8）土壤微生物量 C：N：P：S 的平均比约为 100：12：2：1（Smith 和 Paul，1990）。

根据氯仿熏蒸时微生物量碳、氮、磷、硫的增加量，可以用 K_{EC}、K_{EN}、K_{EP} 和 K_{ES} 的值，以便计算微生物量碳、氮、磷、硫的含量。虽然我们对所提到的微生物量提取率相当自信，但是从文献可以了解到，对于不同的土壤微生物和土壤类型的测定，其提取率有很大的变化。文献中所提到的大部分数值都是有限数量的实验室微生物培养（大多数为细菌）得到的（Saggar 等，1981；Brooks 等，1982；Wu 等，1994），并且运用了原位校正技术（Voroney 和 Paul，1984；Sparling 和 West，1988b；Bremer 和 van Kessel，1990）。与估测微生物量的其他方法相比，该方法已经相当标准（Joergensen，1996；Joergensen 和 Mueller，1996）。然而，除非有基于更大范围的土壤微生物测定，研究出有机体提取效率更高的方法，我们还是推荐采用本方法中提供的 K_{EC}、K_{EN}、K_{EP} 和 K_{ES} 值来计算微生物量。

参 考 文 献

Amato, M. and Ladd, J.N. 1988. Assay for microbial biomass based on ninhydrinreactive nitrogen in extracts of fumigated soils. *Soil Biol. Biochem.* 20: 107-114.

Anderson, J.P.E. and Domsch, K.H. 1978. A physiological method for the quantitative measurement of microbial biomass in soils. *Soil Biol. Biochem.* 10: 215-221.

Badalucco, L., Gelsomino, A., Dell 'Orco, S., Grego, S., and Nannipieri, P. 1992. Biochemical characterization of soil organic compounds extracted by 0.5 M K_2SO_4 before and after chloroform fumigation. *Soil Biol. Biochem.* 24: 569-578.

Barajas Aceves, M. 2005. Comparison of different microbial biomass and activity measurement methods in metal-contaminated soils. *Bioresour. Technol.* 96: 1405-1414.

Barajas Aceves, M., Grace, C., Ansorena, J., Dendooven, L., and Brookes, P.C. 1999. Soil microbial biomass and organic C in a gradient of zinc concentrations around a spoil tip mine. *Soil Biol. Biochem.* 31: 867-876.

Bremer, E. and van Kessel, C. 1990. Extractability of microbial ^{14}C and ^{15}N following addition of variable rates of labelled glucose and $(NH_4)_2SO_4$ to soil. *Soil Biol. Biochem.* 22: 707-713.

Brookes, P.C., Ocio, J.A., and Wu, J. 1990. The soil microbial biomass: its measurement, properties and role in soil nitrogen and carbon dynamics following substrate incorporation. *Soil Microorganisms* 35: 39-51.

Brookes, P.C., Powlson, D.S., and Jenkinson, D.S. 1982. Measurement of microbial biomass phosphorus in soil. *Soil Biol. Biochem.* 14: 319-329.

Cabrera, M.L. and Beare, M.H. 1993. Alkaline persulphate oxidation for determining total nitrogen in microbial biomass extracts. *Soil Sci. Soc. Am. J.* 57: 1007-1012.

Carter, M.R., Gregorich, E.G., Angers, D.A., Beare, M.H., Sparling, G.P., Wardle, D.A., and Voroney, R.P. 1999. Interpretation of microbial biomass measurements for soil quality assessment in humid temperate regions. *Can. J. Soil Sci.* 79: 507-520.

Castro, J., Sanchez-Brunete, C., Rodriguez, J.A., and Tadeo, J.L. 2002. Persistence of chlorpyrifos and endosulfan in soil. *Fres. Environ. Bull.* 11: 578-582.

Contin, M., Todd, A., and Brookes, P.C. 2001. The ATP concentration in the soil microbial biomass. *Soil Biol. Biochem.* 33: 701-704.

Couteaux, M.M. and Henkinet, R. 1990. Anomalies in microbial biomass measurements in acid organic soils using extractable carbon following chloroform fumigation. *Soil Biol. Biochem.* 22: 955-957.

Daniel, O. and Anderson, J.M. 1992. Microbial biomass and activity in contrasting soil materials after passage through the gut of the earthworm *Lumbricus rubellus* Hoffmeister. *Soil Biol. Biochem.* 24: 465-470.

DeLuca, T.H. and Keeney, D.R. 1993. Ethanol-stabilized chloroform as fumigant for estimating microbial biomass by reaction with ninhydrin. *Soil Biol. Biochem.* 25: 1297-1298.

Diaz-Raviña, M., Prueto, A., Acea, M.J., and Carballas, T. 1992. Fumigation-extraction method to estimate microbial biomass in heated soils. *Soil Biol. Biochem.* 24: 259-264.

Dyckmans, J., Chander, K., Joergensen, R.G., Priess, J., Raubuch, M., and Sehy, U. 2003. Adenylates as an estimate of microbial biomass C in different groups. *Soil Biol. Biochem.* 35: 1485-1491.

Elliot, L.F., Lynch, J.M., and Papendick, R.I. 1996. The microbial component of soil quality. In: G. Stotsky and J.M.Bollag, eds. Soil Biochemistry, Vol. 9. Marcel Dekker, New York, NY, 1-20.

Gallardo, A. and Schlesinger, W.H. 1990. Estimating microbial biomass nitrogen using the fumigation-incubation and fumigation-extraction methods in a warm-temperate forest soil. *Soil Biol. Biochem.* 22: 927-932.

Graham, M.H. and Haynes, R.J. 2005. Catabolic diversity of soil microbial communities under sugarcane and other land uses estimated by Biolog and substrate-induced respiration methods. *Soil Biol. Biochem.* 29: 155-164.

Gregorich, E.G., Wen, G., Voroney, R.P., and Kachanoski, R.G. 1990. Calibration of a rapid chloroform extraction method for measuring soil microbial biomass C. *Soil Biol. Biochem.* 22: 1009-1011.

Harden, T., Joergensen, R.G., Meyer, B., and Wolters, V. 1993. Mineralization of straw and formation of soil microbial biomass in a soil treated with simazine and dinoterb. *Soil Biol. Biochem.* 25: 1273-1276.

Hedley, M.J. and Stewart, J.W.B. 1982. Method to measure microbial phosphate in soils. *Soil Biol. Biochem.* 14: 377-385.

Hernández-Hernández, R.M. and López-Hernández, D. 2002. Microbial biomass, mineral nitrogen and carbon content in savanna soil aggregates under conventional and no-tillage. *Soil Biol. Biochem.* 34: 1563-1570.

Horwath, W.R. and Paul, E.A. 1994. Microbial biomass. In: R.W. Weaver et al., eds. *Methods of Soil Analysis, Part 2—Microbial and Biochemical Properties*. Soil Science Society of America, Madison, WI, 753-773.

Inubushi, K., Brookes, P.C., and Jenkinson, D.S. 1991. Soil microbial biomass C, N and ninhydrin-N in aerobic and anaerobic soils measured by the fumigation-extraction method. *Soil Biol. Biochem.* 23: 737-741.

Jenkinson, D.S. 1966. Studies on the decomposition of plant material in soil. II. Partial sterilization of soil and the soil biomass. *J. Soil Sci.* 17: 280-302.

Jenkinson, D.S. 1988. Determination of microbial biomass carbon and nitrogen in soil. In: J.R. Wilson, ed. Advances in Nitrogen Cycling in Agricultural Ecosystems. CAB International, Wallingford, UK, 368-386.

Jenkinson, D.S. and Powlson, D.S. 1976. The effects of biocidal treatments on metabolism in soil—V. A method for measuring soil biomass. *Soil Biol. Biochem.* 8: 167-177.

Joergensen, R.G. 1996. Thefumigation-extraction method to estimate soil microbial biomass: calibration of the k_{EC} value. *Soil Biol. Biochem.* 28: 25-31.

Joergensen, R.G. and Brookes, P.C. 2005. Quantification of soil microbial biomass by fumigation extraction. In: R. Margesin and F. Shinner, eds. Manual of Soil Analysis. Springer, Berlin, 281-296.

Joergensen, R.G. and Mueller, T. 1996. The fumigation-extraction method to estimate soil microbial biomass: calibration of the k_{EN} value. *Soil Biol. Biochem.* 28: 33-37.

Joergensen, R.G. and Olfs, H.W. 1998. The variability between different analytical procedures and laboratories for measuring soil microbial biomass C and biomass N by the fumigation extraction method. *Z. Pflanzenernähr Bodenk.* 161: 51-58.

Kouno, K., Tuchiya, Y., and Ando, T. 1995. Measurement of soil microbial biomass phosphorus by an anion exchange membrane method. *Soil Biol. Biochem.* 27: 1353-1357.

Lin, Q. and Brookes, P.C. 1999. Arginine ammonification as a method to estimate soil microbial biomass and microbial community structure. *Soil Biol. Biochem.* 31: 1985-1997.

Mondini, C., Contin, M., Leita, L., and De Nobili, M. 2002. Response of microbial biomass to air-drying and rewetting in soils and compost. *Geoderma* 105: 111-124.

Mueller, T., Joergensen, R.G., and Meyer, B. 1992. Estimation of soil microbial biomass C in the presence of living roots by fumigation-extraction. *Soil Biol. Biochem.* 24: 179-181.

Murphy, J. and Riley, J.P. 1962. A modified single solution method for determination of phosphate in natural waters. *Anal. Chim. Acta* 27: 31-36.

Ocio, J.A. and Brookes, P.C. 1990a. An evaluation of methods for measuring the microbial biomass in soils following recent additions of wheat straw and the characterization of the biomass that develops. *Soil Biol. Biochem.* 22: 685-694.

Ocio, J.A. and Brookes, P.C. 1990b. Soil microbial biomass measurements in sieved and unsieved soil. *Soil Biol. Biochem.* 22: 999-1000.

Olsen, S.R., Cole, C.V., Watanabe, F.S., and Dean, L.A. 1954. Estimation of available phosphorus in soils by extraction with sodium bicarbonate. Circular 935, United States Department of Agriculture, Washington DC.

Plante, A.F. and Voroney, R.P. 1998. Decomposition of land applied oily food waste and associated changes in soil aggregate stability. *J. Environ. Qual.* 27: 395-402.

Powlson, D.S., Brookes, P.C., and Christensen, B.T. 1987. Measurement of soil microbial biomass provides an early indication of changes in total soil organic matter due to straw incorporation. *Soil Biol. Biochem.* 19: 159-164.

Renella, G., Mench, M., van der Lelie, D., Pietramellara, G., Ascher, J., Ceccherini, M.T., Landi, L., and Nannipieri, P. 2004. Hydrolase activity, microbial biomass and community structure in long-term Cd-contaminated soils. *Soil Biol. Biochem.* 36: 443-451.

Ross, D.J. 1990. Estimation of soil microbial C by a fumigation-extraction method: influence of seasons, soils and calibration with the fumigation-incubation procedure. *Soil Biol. Biochem.* 22: 295-300.

Ross, D.J. 1991. Microbial biomass in a stored soil: a comparison of different estimation procedures. *Soil Biol. Biochem.* 23: 1005-1007.

Saggar, S., Bettany, J.R., and Stewart, J.W.B. 1981. Measurement of microbial sulphur in soil. *Soil Biol. Biochem.* 13: 493-498.

Smith, J.L. and Paul, E.A. 1990. The significance of soil microbial biomass estimations. In: J.-M. Bollag and G. Stotzky, eds. Soil Biochemistry, Vol. 6. Marcel Dekker, New York, NY, 357-396.

Sparling, G.P., Felthan, C.W., Reynolds, J., West, A.W., and Singleton, P. 1990. Estimation of soil microbial C by a fumigation-extraction method: use on soils of high organic matter content, and reassessment of the k EC -factor. *Soil Biol. Biochem.* 22: 301-307.

Sparling, G.P. and West, A.W. 1988a. Modifications to the fumigation-extraction technique to permit simultaneous extraction and estimation of soil microbial biomass C and N. Commun. *Soil Sci. Plant Anal.* 19: 327-344.

Sparling, G.P. and West, A.W. 1988b. A direct extraction method to estimate soil microbial C: calibration *in situ* using microbial respiration and ^{14}C-labelled cells. *Soil Biol. Biochem.* 20: 337-343.

Spedding, T.A., Hamel, C., Mehuys, G.R., and Madramootoo, C.A. 2004. Soil microbial dynamics in maize-growing soil under different tillage and residue management systems. *Soil Biol. Biochem.* 36: 499-512.

Tabatabai, M.A. and Bremner, J.M. 1970. An alkaline method for determining total sulfur in soils. *Proc. Soil Sci. Soc. Am.* 34: 62-65.

Vance, E.D., Brookes, P.C., and Jenkinson, D.S. 1987. An extraction method for measuring soil microbial biomass C. *Soil Biol. Biochem.* 19: 703-707.

van Veen, J.A. and Paul, E.A. 1979. Conversion of biovolume measurements of soil organisms grown under various moisture tensions to biomass and their nutrient content. *Appl. Environ. Microbiol.* 37: 686-692.

Voroney, R.P. and Paul, E.A. 1984. Determination of k_C and k_N *in situ* for calibration of the chloroform fumigation incubation method. *Soil Biol. Biochem.* 16: 9-14.

Winter, J.P., Zhang, Z., Tenuta, M., and Voroney, R.P. 1994. Measurement of microbial biomass by fumigation extraction in soil stored frozen. *Soil Sci. Soc. Am. J.* 58: 1645-1651.

Wu, J. and Brookes, P.C. 2005. The proportional mineralization of microbial biomass and organic matter caused by air-drying and rewetting of a grassland soil. *Soil Biol. Biochem.* 37: 507-515.

Wu, J., He, Z.L., Wei, W.X., O'Donnell, A.G., and Syers J.K. 2000. Quantifying microbial biomass phosphorus in acid soils. *Biol. Fert. Soils.* 32: 500-507.

Wu, J., Joergensen, R.G., Pommerening, B., Chaussod, R., and Brookes, P.C. 1990. Measurement of soil microbial biomass C by fumigation-extraction—an automated procedure. *Soil Biol. Biochem.* 22: 1167-1169.

Wu, J., O'Donnell, A.G., He, Z.L., and Syers, J.K. 1994. Fumigation-extraction method for the measurement of soil microbial biomass-S. *Soil Biol. Biochem.* 26: 117-125.

（王西娜　党海燕　译，王朝辉　校）

第 50 章 碳水化合物

Martin H. Chantigny and Denis A. Angers

Agriculture and Agri-Food Canada
Quebec, Quebec, Canada

50.1 引　言

碳水化合物占土壤有机碳总量的 10%～15%（Cheshire，1979），占有机氮的 5%～10%（Greenfield，2001）。大多数的碳水化合物在土壤中以复杂的多糖形式存在，这些多糖由植物源或微生物源的单体糖组成（例如，纤维素、半纤维素、肽聚糖、几丁质）（Oades 和 Wagner，1971；Parsons，1981）。碳水化合物可以作为土壤微生物群落的能源和营养来源（Alexander，1977；Cheshire，1979），也已经有人证明碳水化合物在土壤团聚体的形成与稳定过程中起着关键的作用（Cheshire，1979；Tisdall 和 Oades，1982）。

酸水解是从土壤中提取多糖的常用方法（Ivarson 和 Sowden，1962；Cheshire 和 Mundie，1966）。该方法将多糖分解成单糖后通过比色法对这些单糖进行定量测定。显色反应中与单糖反应的试剂包括蒽酮（Brink 等，1960）、碱性铁氰化物（Cheshire，1979）、苯酚–硫酸混合液（Lowe，1993）或 Ehrlich 试剂（Stevenson，1982a）。对原土直接进行酸水解可以产生不同结构的单糖，但无法区分出其源化合物。单体中性糖的色谱分析法已经被用于评价植物和微生物对土壤碳水化合物的贡献（Oades 和 Wagner，1971；Puget 等，1999；Chantigny 等，2000）。

氨基糖主要来自土壤微生物（Parsons，1981；Stevenson，1982b）。色谱定量分析法已经被用于评价土壤中细菌和真菌的相对丰度（Zelles，1988），是由于已知各种氨基糖存在生物活体和死体中（Parsons，1981；Amelung，2001）。土壤中最常见的氨基糖有葡萄糖胺、半乳糖胺、甘露糖胺和胞壁酸。胞壁酸专一地来源于细菌，而真菌产生的几丁质是土壤中葡萄糖胺的主要来源（Parsons，1981；Amelung，2001）。因此，葡萄糖胺和胞壁酸已经成为评价真菌和细菌在土壤有机质积累、团聚体形成和稳定过程中相对贡献的指标（Chantigny 等，1997；Guggenberger 等，1999；Six 等，2001）。

单体单糖可以用气相色谱法进行定量测定（Oades 等，1970；Benzing-Purdie，1981；Zhang 和 Amelung，1996）。虽然气相色谱法具有高灵敏度和专一性，但是其更费时并且需要用衍生化方法将水解的单体转化成易挥发的组分。高效液相色谱也可以用于单糖的定量测定，并且用时更短（Angers 等，1988；Zelles，1988）。近年，高效液相色谱的灵敏度和专一性也得到了显著提高（Martens 和 Frankenberger，1991；Appuhn 等，2004）。本章就提取土壤碳水化合物的酸水解法和两种定量测定中性糖和氨基糖的色谱法加以陈述（Martens 和 Frankenberger，1991；Appuhn 等，2004）。

50.2 中性糖的浸提

硫酸已经被广泛用于水解土壤中的多糖（Ivarson 和 Sowden，1962；Cheshire 和 Mundie，1966）。多种多聚物中都含有糖类，但这些多聚物对酸水解的抗性不同（Oades 等，1970；Chantigny 等，2000）。有人建议用热水（Haynes 和 Francis，1993；Puget 等，1999）和 0.5 mol L^{-1} 硫酸溶液（Lowe，1993；Puget 等，1999）提取土壤多聚糖中最易分解的组分，用 2.5 mol L^{-1} 硫酸溶液水解大多数非纤维素类多聚糖

（Oades 等，1970），而用 12 mol L^{-1} 硫酸溶液预浸后再用 0.5 mol L^{-1} 硫酸溶液高温水解纤维素类物质（Ivarson 和 Sowden，1962；Lowe，1993；Puget 等，1999）。因此，依据多聚糖的耐酸性，通过对其进行一系列强度递增的酸水解处理，就可以实现多聚糖的分组（Chantigny 等，2000）。

50.2.1 材料与试剂

（1）12 mol L^{-1} 硫酸溶液：将 667 mL 浓硫酸（96% w/w，分析纯）缓慢加入 300 mL 去离子水中，并不断地搅拌，待溶液冷却至室温后，用去离子水将其定容至 1 L。

（2）2.5 mol L^{-1} 硫酸溶液：将 139 mL 浓硫酸缓慢加入 850 mL 去离子水中，并不断地搅拌，待溶液冷却至室温后，用去离子水将其定容至 1 L。

（3）0.5 mol L^{-1} 硫酸溶液：将 28 mL 浓硫酸缓慢加入 950 mL 去离子水中，并不断地搅拌，待溶液冷却到室温后，用去离子水将其定容至 1 L。

（4）去离子水。

（5）烘箱、涡旋搅拌器、离心机、玻璃棒。

（6）50 mL 聚丙烯离心管、离心管盖。

（7）250 mL 聚丙烯离心瓶、离心瓶盖。

（8）用于存储样品的适当体积的塑料瓶。

50.2.2 步骤

1. 热水提取态碳水化合物

（1）称取 2 g 磨细过 0.15 mm 筛的风干土，倒入聚丙烯离心管中。在水解前进行土壤的风干和研磨有利于从土壤中提取碳水化合物。

（2）缓慢加入 30 mL 去离子水，并在涡旋搅拌器上混匀。

（3）将离心管盖紧，在 85℃烘箱中培养 24 h。

（4）用涡旋搅拌器将离心管内含物充分混匀，然后冷却至室温。

（5）用离心机在 16 000 g 离心力下离心 10 min。

（6）另取一个离心管，按照水解液：浓硫酸为 35：1 的比例加入水解液和浓硫酸（96% w/w，分析纯）。

（7）用涡旋搅拌器混匀后，在 85℃烘箱中再培养 24 h。酸化（步骤 6）和二次培养是为了使二聚糖、三聚糖及低聚糖完全水解，便于随后对单体进行测定。

（8）重复步骤 4 和 5。

（9）将 15 mL 水解液转移至塑料瓶中，并将其存储于-20℃中待测。

2. 弱酸提取态碳水化合物

稀释的酸溶液也可以水解碳水化合物，并且可以溶解不稳定多糖，例如，微生物体物质和半纤维素等。最常用的稀酸溶液为 0.5 mol L^{-1}（Lowe，1993）和 2.5 mol L^{-1} 硫酸溶液（Oades 等，1970）。

（1）土壤样品的处理过程同热水提取态碳水化合物，但在步骤 2 中用 30 mL 0.5 mol L^{-1} 或 2.5 mol L^{-1} 硫酸溶液。

（2）省去步骤 6 到步骤 8，因为水解条件已经为酸性。

3. 强酸提取态碳水化合物（据 Cheshire 和 Mundie（1966）、Oades 等（1970）的方法修订）

该过程包括一个初始的浸泡期，用以"软化"结晶态的多糖，例如，纤维素和木质纤维素。

（1）称取 2 g 磨细过 0.15 mm 筛的风干土，倒入 50 mL 离心管中。

（2）加入 8 mL 12 mol L^{-1} 硫酸溶液，用玻璃棒轻轻将土和酸混合，确保所有的土壤均被酸浸润。

(3) 轻轻盖上离心管的盖子，将离心管在实验台上静置 2 h。

(4) 将悬浊液转入 250 mL 聚丙烯瓶中，并用 184 mL 的去离子水冲洗离心管，洗液同样转移至聚丙烯瓶中，使硫酸溶液稀释为 0.5 mol L^{-1}。

(5) 将聚乙烯瓶加盖密封，在 85℃烘箱中培养 24 h。

(6) 在涡旋搅拌器上将聚乙烯瓶内含物充分混匀，并冷却至室温。

(7) 用离心机在 16 000 g 离心力下离心 10 min。将 15 mL 水解液转移至塑料瓶中并于-20℃保存待测。

50.2.3　注释

(1) 中性糖的酸水解习惯上是在回流装置中进行的（100～120℃），但也有一些研究用密封管进行水解。虽然有人提出相对于回流法而言，密封管法的碳水化合物回收率更低（Oades 等，1970），但是没有人做过详细的直接比较。与回流法相比，密封管法的优点是使用简便，并且可以一次性处理更多的样品。

(2) 用弱酸（0.5 mol L^{-1} 硫酸溶液）代替热水进行土壤浸提将会得到更多的中性糖（Puget 等，1999；Chantigny 等，2000）。人们通常能够在热水提取物中发现丰富的微生物糖（甘露糖、半乳糖），这些微生物糖来源于胞外多糖，它们可能与土壤团聚体的稳定过程或机制有关（Feller 等，1991；Haynes 和 Francis，1993）。

(3) 有时把弱酸和强酸浸提的碳水化合物分别称为非纤维素态和纤维素态碳水化合物，但这种定义方式过于简单，因为植物残体一旦混入土壤中就会迅速被微生物利用和分解，此时浸提液中就会同时存在微生物源和植物源的糖（Puget 等，1999；Chantigny 等，2000）。

(4) 土壤中的糖是以糖苷键连接的多聚糖混合物，具有不同的酸解抗性。延长水解时间能引起某些碳水化合物降解（Martens 和 Loeffelmann，2002）。所有的酸水解过程都是糖的最大释放和最小分解的平衡（Greenfield，2001）。在含有中性糖的土壤中，酸强度按梯度增加的连续水解法可能是完全表征和统计中性糖的最佳方法。但采用上述任何一个处理步骤时，都需要证明其能够有效评价或比较糖在时间尺度上的数量或组成的变化。

50.3　氨基糖的浸提（据 Zelles（1988）的方法修订）

50.3.1　材料与试剂

(1) 带有聚四氟乙烯内衬的旋盖的玻璃试管（25 mm×100 mm）。

(2) 带有用于插入玻璃管的插管和插针的多口鼓泡系统。

(3) 通入鼓泡系统的氮气。

(4) 6 mol L^{-1} 盐酸溶液：将 500 mL 浓盐酸缓慢加入 475 mL 去离子水中，并不断地搅拌，待冷却至室温后用去离子水定容至 1 L。

(5) 烘箱、涡旋搅拌器、离心机。

(6) 用于存储水解液的适当体积的塑料瓶。

50.3.2　步骤

(1) 称取 1 g 磨细过 0.15 mm 筛的风干土，倒入玻璃管中。在水解前进行土壤的风干和研磨有利于氨基糖的提取。

（2）加入 20 mL 6 mol L^{-1} 盐酸，并在涡旋搅拌器上完全混匀。

（3）通过鼓泡系统向玻璃管中鼓入 N_2，去除溶液中的 O_2。注意要小心调节气泡鼓入的强度，以便控制发泡程度并避免溶液损失。

（4）用盖子密封玻璃管。

（5）将玻璃管放入 105℃ 烘箱中培养 6 h，培养结束后将玻璃管放入冰浴中冷却至室温。

（6）将 10~15 mL 水解液小心地倒入塑料瓶中。如果水解液中有悬浮物存在，那么可以先用玻璃纤维过滤器（例如，Whatman GF/A）将水解液过滤。塑料瓶密封后存储在 -20℃ 中待测。

50.3.3 注释

氨基糖的提取多采用 6 mol L^{-1} 盐酸。然而，如上述中性糖一样，氨基糖的水解条件是必须能够最多地提取氨基糖，同时又要尽量降低其分解。虽然回流法能够提供所需的水解条件（Greenfield, 2001），但是在密封试管中于 105℃ 培养 6 h 的水解法，简单高效、可以用于大量样品处理而被普遍使用（Amelung, 2001; Appuhn 等, 2004）。加热前向玻璃管中通入氮气的环节必不可少，以便保证去除氧气从而避免氨基糖在水解过程中氧化。

50.4 中性糖的测定（据 Martens 和 Frankenberger（1991）的方法修订）

50.4.1 材料与试剂——提取物的纯化

（1）强阴离子固相交换（SAX）树脂（3 mL Supleclean LC-SAX 树脂柱，由 Supelco 公司制造，Bellefonte, PA）。

（2）强阳离子固相交换（SCX）树脂（3 mL Supleclean LC-SCX 树脂柱，由 Supelco 公司制造，Bellefonte, PA）。

（3）0.5 mol L^{-1} 氢氧化钠溶液：将 2 g NaOH 溶于 90 mL 去离子水中，并不断地搅拌，待冷却至室温后定容至 100 mL 容量瓶中。

（4）50 mL 玻璃烧杯。

（5）滤纸（Whatman 42 号）。

（6）适当体积的塑料存储瓶。

（7）1.5 mL 微量离心管。

50.4.2 纯化过程

（1）取步骤 2 中的任意一步水解液 5 mL 转移至 50 mL 玻璃烧杯中。

（2）缓慢加入 0.5 mol L^{-1} NaOH 溶液调至 pH 值 6.5~7.0。记录所加入 NaOH 溶液的体积，用于水解液的稀释校正及糖含量的计算。

（3）过滤溶液（Whatman #934-AH），用塑料瓶收集滤液。中性滤液可以于 -20℃ 存储待测。

（4）将足量的中性滤液（通常 4 mL 就足够分析）通过强阴离子固相交换树脂，然后将得到的纯阳离子溶液收集于烧杯中。

（5）将纯阳离子溶液再通过强阳离子固相交换树脂，收集纯化液于 1.5 mL 微量离心管中，于 -20℃ 保存待测。

50.4.3 注释

（1）一般情况下，在进行中性糖的色谱分析前，都需要进行纯化以便消除干扰离子。纯化过程是测定土壤中性糖过程中最耗时的步骤。使用 SCX 和 SAX 树脂净化水解产物时需要在样品之间调节和清洁树脂。调节和清洁程序由树脂制造商提供，必须严格遵守这些程序，以便确保色谱柱发挥正常功能。我们发现净化水解液时先通过 SAX 再通过 SCX 会延长树脂的使用寿命。通过适当的调节和清洁，由 Supelco 公司提供的 LC-SAX 和 LC-SCX 色谱柱，净化三到五个样品后才会失效。这些色谱柱的净化效率在水解液流量小于 5 mL/min 时最佳。

（2）在提取和纯化过程中建议设置空白对照，特别是使用纤维素类滤纸时。因为这些滤纸可能会释放一些树胶醛醣、木糖和葡萄糖，空白对照可以用来校准样品。

50.4.4 材料与试剂——分析过程

（1）配备脉冲电流滴定探测器的高效阴离子交换色谱仪（High-Performance Anion Exchange Chromatograph with Pulsed Amperometry Detector，HPAEC-PAD；型号为 DX-500，由 Dionex 公司制造，Sunnyvale，CA）。这个系统必须配备一个梯度泵、一个电化学检测器和一个自动进样器。

（2）装有一次性金电极的检测器电池。

（3）与分析柱（4 mm×250 mm）相连接的 CarboPac-PA10 前置柱（4 mm×50 mm）

（4）10~50 μL 的注射环。注射环的体积随样品中糖含量的增加而减小。

（5）2 个洗脱装置，2 个 2 L 的洗脱液存储容器，用于洗脱液存储和将洗脱液传送到系统。

（6）用于盛装自动进样器待注射样品的 0.5 mL 带滤帽塑料瓶（由 Dionex 公司制造）。

（7）氢氧化钠溶液（50% w/w，由 Fisher Scientific 提供）。

（8）超纯水（电阻率为 18 MΩ）。所用纯水应该在使用前于真空环境中通过 0.45 μm 滤纸进行脱气。

50.4.5 色谱条件

（1）洗脱液 A（21 mmol L^{-1} 氢氧化钠溶液）：将 2.1 mL 50%氢氧化钠溶液缓慢加入适量脱气的超纯水中并不断地搅拌，待冷却至室温后转移至 2 L 容量瓶中并定容。立即转移此溶液到 2 L 的洗脱液容器并密封。在容器顶部填充氦气防止形成碳酸盐。

（2）洗脱液 B（500 mmol L^{-1} 氢氧化钠溶液）：将 52.8 mL 50%氢氧化钠溶液缓慢加入适量脱气的纯水中并不断地搅拌，待冷却至室温后转移至 2 L 容量瓶中并定容。立即转移此溶液到 2 L 的洗脱液容器并密封。在容器顶部填充氦气防止形成碳酸盐。

（3）设定电化学检测器模式为"脉冲电流分析"。

（4）设定脉冲工作点位（E）和持续时间（t）为：E_1= 0.1 V，t_1 = 300 ms；E_2 = 0.6 V，t_2 = 120 ms；E_3 = −0.6 V，t_3 = 60 ms。

（5）转移约 0.7 mL 由 50.4.2 第 5 步中得到的纯化样品到刻度为 0.5 mL 塑料瓶中（塑料瓶的总容量为 1 mL）。随后插入滤帽，只保留 0.5 mL 的样品。多余的约 0.2 mL 样品会在进入自动进样器的进样瓶之前经过滤帽去除。

（6）色谱时间表（相同的分析条件）按照表 50.1 所示设定。在上述色谱条件下，一般可以检测出 7 种中性糖（见图 50.1）

表 50.1 利用配备有脉冲电流滴定检测器的高效阴离子交换色谱仪（HPAEC-PAD）测定土壤浸提液的中性糖含量的系统时间表

运行时间（min）	步骤描述	总流量（mL·min^{-1}）	洗脱液 A	洗脱液 B
0.0	调节	1.0	0	100%
13.1	平衡	1.0	100%	0
22.0	打开自动进样器	0.8	100%	0
23.1	进样	0.8	100%	0
43.1	运行结束	0.8	100%	0

洗脱液 A：21 mmol L^{-1} NaOH 溶液；洗脱液 B：500 mmol L^{-1} NaOH 溶液。溶液顶部必须填充氦气以便防止形成碳酸盐。

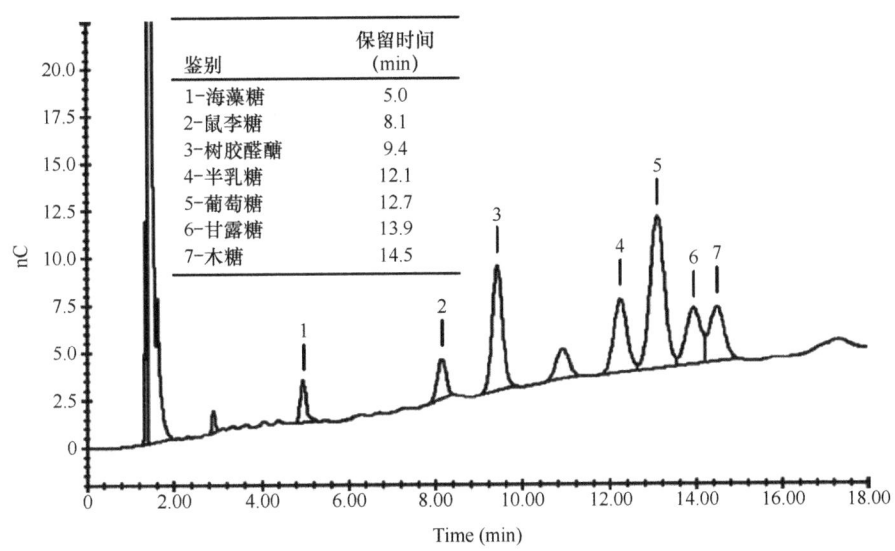

图 50.1 用 HPAEC-PAD 检测土壤浸提液所得的中性糖典型色谱图

50.4.6 注释

（1）高效液相色谱法已经被用于定量测定土壤水解产物中的中性糖含量（Angers 等，1988）。然而，已经证实 HPAEC-PAD 对某些中性糖具有更高的灵敏性和专一性（Martens 和 Frankenberger，1991）。

（2）CarboPac-PA10 色谱柱对碳酸盐及其他土壤污染物具备高敏感度，它可以缩短糖的保留时间，尤其对于色谱图上较晚洗脱出的糖。虽然水解产物在分析前已经被纯化，但是随着水解液的不断加入，将会使糖的保留时间逐渐缩短。为了避免在鉴别过程中出现问题，我们建议每注射 5～10 次水解液就注射一次标准样品。另一种方法是延长第一步的调节持续时间（见表 50.1），这有助于清洁色谱柱和维持糖的保留时间。每周都应该及时更换一次洗脱液，以便避免碳酸盐在洗脱液存储容器中积累。

50.5 分析步骤——氨基糖（据 Zelles（1988）的方法修订）

50.5.1 材料和试剂

（1）高效液相色谱仪：配备有一个梯度泵、色谱柱加热装置、荧光检测器和一个手动进样口（本实验室所用高效液相色谱由 Waters Limited, Milford, MA operated under the Millenium system 制造）。

（2）分析柱：NOVA-PACK C18, 4 μ, 8 ×100 mm （Waters 柱 #8 NVC18, 4 μ）。

（3）保护柱：NOVA-PACK C18，4 μ。

（4）有沸水浴的旋转真空蒸发器和 25 mL 烧瓶。

（5）适用于 1.5 mL 微量离心管的微型离心机。

（6）0.5 mol L^{-1} 四硼酸钾溶液：将 30.55 g 四硼酸钾溶于 200mL 去离子水。若需要，则可以加入 1 mol L^{-1} 氢氧化钠溶液将其 pH 值调节为 10.0。在室温下存储于密闭玻璃瓶内。

（7）O-酞二醛（OPA）溶液：将 250 mg 的 99%纯 O-酞二醛（可以购于 Sigma 公司）溶于 50 mL 0.5 mol L^{-1} 四硼酸钾溶液中。在 4℃环境中存储此溶液。

（8）2-巯基乙醇。

（9）洗脱液 A（柠檬酸钠/醋酸-甲醇-四氢呋喃（THF）混合液）：将 25.59 g 柠檬酸钠溶于 870 mL 超纯水中（电阻率为 18 MΩ）。另取一个烧杯，将 11.84 g 醋酸钠溶于 870 mL 超纯水中。然后将两者混合在一起并用冰醋酸将 pH 值调节至 5.3。最后，加入 164 mg 甲醇和 96 mL 四氢呋喃。将溶液充分混匀并用真空过滤器（0.45 μm）脱气。最后将洗脱液 A 存储在棕色玻璃瓶内。

（10）洗脱液 B（65%的甲醇）：分别量取 650 mL 甲醇（高效液相色谱级）和 350 mL 超纯水。分别将两种溶液用真空过滤器（0.45 μm）脱气，然后将二者混匀并存储在玻璃瓶内。

（11）色谱柱清洗液（100%甲醇）：用真空过滤器（0.45 μm）过滤高效液相色谱级甲醇，之后存储在玻璃瓶内。

50.5.2 样品制备和衍生

（1）向 25 mL 烧瓶中转移 1 mL 在 50.3.2 第 6 步得到的水解液，并用旋转真空蒸发器蒸干。

（2）向烧瓶内加入 980 μL OPA 溶液和 20 μL 2-巯基乙醇，用涡旋搅拌器充分混匀。加入巯基乙醇后即视为衍生化阶段开始。

（3）向 1.5 mL 微量离心管中加入足量的底物后使其在 20 000 g 离心力下离心 2～3 min。

（4）用注射器吸取 25 μL 上清液，待衍生期达到 5 min±15 s 时，向 HPLC 中注入样品并启动 HPLC。丢弃未使用的已经衍生化的样品。

50.5.3 色谱条件

（1）分析柱温度：40℃。

（2）检测：将荧光-OPA 的发射波长设定为 425 nm，激发波长设定为 338 nm。

（3）检测器灯类型：氙。

（4）注入量：25 μL。

（5）色谱时间表（渐变类型）（见表 50.2）。

在上述色谱条件下，可以识别出四种氨基糖（见图 50.2）。

重要提示：必须按照下述步骤每天清洗一次分析柱：

（1）总洗脱流速设置为 1.5 mL·min^{-1}。逐渐（约 2 min）将洗脱液 B 的比例从 15%增加到 100%。至少运行 5 min。

表 50.2 利用高效液相色谱法（HPLC）测定土壤浸提液中氨基糖量的系统时间表

运行时间（min）	步骤描述	总流量（mL·min^{-1}）	洗脱液 A[a]	洗脱液 B
0.0	注射[b]	1.5	85%	15%
2.5	梯度相位	1.5	85%	15%
17.5	梯度相位	1.5	70%	30%
20.0	结束梯度	1.5	85%	15%
20.5	调节	1.5	85%	15%

a 洗脱液 A：柠檬酸钠/醋酸-甲醇-THF 混合液；洗脱液 B：65%的甲醇溶液。
b 在衍生期达到 5 min±15 s 后运行 HPLC（从样品中加入 2-巯基乙醇时开始）。

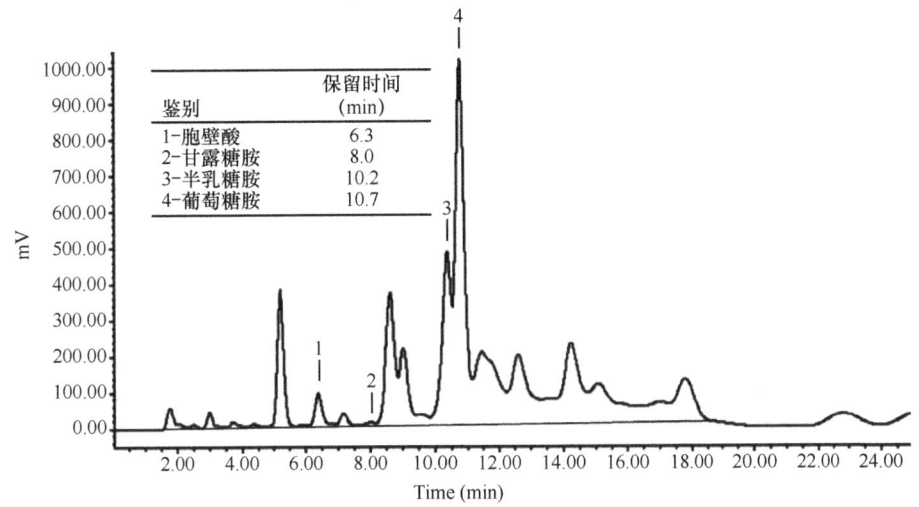

图 50.2 用 HPLC 测量土壤浸提液中氨基糖量的典型色谱图

（2）将洗脱液 B 换为清洗液（100%的甲醇），至少再运行 10 min。

（3）换回洗脱液 B，待色谱柱平衡 10 分钟后，逐渐（约 2 min）增加洗脱液 A 的比例至分析所需的比例。运行 15 min 后再注入新的样品。

50.5.4 注释

（1）可以用 Ehrlich 试剂，通过比色法测定土壤中总氨基糖的含量（Stevenson，1982a）。然而，每种氨基糖的丰度测定需要色谱分析。这里提出的分析方法是对 Zelles（1988）高效液相色谱法的修订，与 Appuhn 等（2004）的方法类似。但是，这里提出的方法中色谱仪运行的时间更短，且不需要恒温控制自动进样器，通过手动操作即可完成样品的衍生和注射。

（2）在巯基乙醇存在的情况下，氨基和 OPA 之间形成的荧光络合物会短暂存在（Amelung，2001），因此对所有样品操作时间必须完全相同。Appuhn 等（2004）提出可以使用自动衍生-注射系统。然而，如果能保持向样品中添加 2-巯基乙醇和将样品注射到色谱仪中的时间恒定，那么手动进样也可以。在本实验室，发现衍生期为 5 min±15 s 时，氨基糖可以呈现出最强烈且一致的荧光性。

（3）有着不同最强值（最低检测限）的氨基糖，荧光发散性不同。胞壁酸的荧光发散性按以下顺序依次衰减：葡萄糖胺、半乳糖胺和甘露糖胺（Appuhn 等，2004）。

参 考 文 献

Alexander, M. 1977. Introduction to *Soil Microbiology*, 2nd ed. John Wiley & Sons, Inc., New York, NY, 467.

Amelung, W. 2001. Methods using amino sugars as markers for microbial residues in soil. In: R. Lal, J.M. Kimble, R.F. Follett, and B.A. Stewart, eds. *Assessment Methods for Soil Carbon*. Lewis Publishers, Boca Raton, FL, 233-272.

Angers, D.A., Nadeau, P., and Mehuys, G.R. 1988. Determination of carbohydrate composition of soil hydrolysates by high-performance liquid chromatography. *J. Chromatogr.* 45: 444-449.

Appuhn, A., Joergensen, R.G., Raubuch, M., Scheller, E., and Wilke, B. 2004. The automated determination of glucosamine, galactosamine, muramic acid, and mannosamine in soil and root hydrolysates by HPLC. *J. Plant Nutr. Soil Sci.* 167: 17-21.

Benzing-Purdie, L. 1981. Glucosamine and galactosamine distribution in a soil as determined by gas liquid chromatography in soil hydrolysates: Effect of acid strength and cations. *Soil Sci. Soc. Am. J.* 45: 66-70.

Brink, Jr. R.H., Dubach, P., and Lynch, D.L. 1960. Measurement of carbohydrates in soil hydrolysates with anthrone. *Soil Sci.* 89: 157-166.

Chantigny, M.H., Angers, D.A., and Beauchamp, C.J. 2000. Decomposition of de-inking paper sludge in agricultural soils as characterized by carbohydrate analysis. *Soil Biol. Biochem.* 32: 1561-1570.

Chantigny, M.H., Angers, D.A., Prévost, D., Vézina, L.-P., and Chalifour, F.-P. 1997. Soil aggregation and fungal and bacterial biomass under annual and perennial cropping systems. *Soil Sci. Soc. Am. J.* 61: 262-267.

Cheshire, M.V. 1979. *Nature and Origin of Carbohydrates in Soils*. Academic Press, London, 216.

Cheshire, M.V. and Mundie, C.M. 1966. The hydrolytic extraction of carbohydrates from soil by sulphuric acid. *J. Soil Sci.* 17: 372-381.

Feller, C., François, C., Villemin, G., Portal, J. M., Toutain, F., and Morel, J.L. 1991. Nature des matières organiques associées aux fractions argileuses d'un sol ferrallitique. *C.R. Acad. Sci. Paris Sér.* II 312: 1491-1497.

Greenfield, L.G. 2001. The origin and nature of organic nitrogen in soil as assessed by acidic and alkaline hydrolysis. *Eur. J. Soil Sci.* 52: 575-583.

Guggenberger, G., Frey, S.D., Six, J., Paustian, K., and Elliott, E.T. 1999. Bacterial and fungal cellwall residues in conventional and no-tillage agroecosystems. *Soil Sci. Soc. Am. J.* 63: 1188-1198.

Haynes, R.J. and Francis, G.S. 1993. Changes in microbial biomass C, soil carbohydrate composition and aggregate stability induced by growth of selected crop and forage species under field conditions. *J. Soil Sci.* 44: 665-675.

Ivarson, K.C. and Sowden, F.J. 1962. Methods for the analysis of carbohydrate material in soil: I. Colorimetric determination of uronic acids, hexoses, and pentoses. *Soil Sci.* 94: 245-250.

Lowe, L.E. 1993. Total and labile polysaccharide analysis of soils. In: M.R. Carter, ed. *Soil Sampling and Methods of Analysis*. Canadian Society of Soil Science. Lewis Publishers, CRC Press, Boca Raton, FL, 373-376.

Martens, D.A. and Frankenberger, Jr., W.T. 1991. Determination of saccharides in biological materials by high-performance anion-exchange chromatography with pulsed amperometric detection. *J. Chromatogr.* 546: 297-309.

Martens, D.A. and Loeffelmann, K.L. 2002. Improved accounting of carbohydrate carbon from plants and soils. *Soil Biol. Biochem.* 34: 1393-1399.

Oades, J.M., Kirkman, M.A., and Wagner, G.H. 1970. The use of gas-liquid chromatography for the determination of sugars extracted from soils by sulfuric acid. *Soil Sci. Soc. Am. Proc.* 34: 230-235.

Oades, J.M. and Wagner, G.H. 1971. Biosynthesis of sugars in soils incubated with ^{14}C glucose and ^{14}C dextran. *Soil Sci. Soc. Am. Proc.* 35: 914-917.

Parsons, J.W. 1981. Chemistry and distribution of amino sugars in soils and soil organisms. In: E.A. Paul and J. N. Ladd, eds. *Soil Biochemistry*, vol. 5. Marcel Dekker, New York, NY, 197-227.

Puget, P., Angers, D.A., and Chenu, C. 1999. Nature of carbohydrates associated with waterstable aggregates of two cultivated soils. *Soil Biol. Biochem.* 31: 55-63.

Six, J., Guggenberger, G., Paustian, K., Haumaier, L., Elliott, E.T., and Zech, W. 2001. Sources and composition of soil organic matter fractions between and within soil aggregates. *Eur. J. Soil Sci.* 52: 607-618.

Stevenson, F.J. 1982a. Nitrogen—Organic forms. In: A.L. Page et al., eds. *Methods of Soil Analysis,* Part 2, 2nd ed. American Society of Agronomy, Madison, WI, 625-641.

Stevenson, F.J. 1982b. Humus Chemistry. John Wiley and Sons, New York, NY, 443.

Tisdall, J.M. and Oades, J.M. 1982. Organic matter and water stable aggregates in soils. *J. Soil Sci.* 33: 141-163.

Zelles, L. 1988. The simultaneous determination of muramic acid and glucosamine in soil by high-performance liquid chromatography with precolumn fluorescence derivatization. *Biol. Fert. Soils* 6: 125-130.

Zhang, X. and Amelung, W. 1996. Gas chromatographic determination of muramic acid, glucosamine, mannosamine, and galactosamine in soils. *Soil Biol. Biochem.* 28: 1201-1206.

（吴景贵　党海燕　译，王朝辉　校）

第 51 章 有机氮的形态

D.C. Olk

U.S. Department of Agriculture
Ames, Iowa, United States

51.1 引 言

测定土壤有机氮的化学形态一般包括两个步骤。首先用热的无机酸（一般用盐酸）水解土壤，然后通过蒸馏来分离水解液中的氮组分或通过色谱法鉴定水解液中常见的氨基酸（Bremner，1965；Stevenson，1994）。一般来说，这种方法可以鉴定土壤全氮中一半以上的氮素形态。其回收率较低，原因可以归结为以下几个方面：

（1）有20%~35%的土壤全氮无法被盐酸水解。

（2）相当一部分不同形态的氮水解后会成为 NH_4^+，掩盖了其原始形态。

（3）有10%~20%的土壤全氮可以被水解，但不能确定为何种常见氨基酸（Stevenson，1994，1996）。

通常认为不能被酸解的氮和酸化后不能识别的氮是比氨基酸惰性更强的有机氮组分，如杂环氮，据此推测土壤有机氮的惰性通常是由于大量芳香族结构的存在(Flaig 等,1975；Schulten 和 Schnitzer,1998)。由于尚未找到支持这种推测的有力证据，所以不能被酸解的氮和酸解后不能被识别的氮的化学形态仍然不能确定。大多数酸不溶态氮可能是次氨基态氮，例如，多肽、氨基酸、氨基糖及其水解后的残留物（Knicker 和 Hatcher，1997；Nguyen 和 Harvey，1998）。

光谱技术的新发展使我们能进一步观察到不同形态的土壤有机氮。采用先进的技术分析发现，大部分土壤有机氮是氨基化合物，即脂肪族氮和已经被确认的芳香族氮，但从总体上看它们仅是土壤氮的较小部分。通过 ^{15}N 交叉极化魔角旋转核磁共振技术（CP/MAS ^{15}N NMR）得到的证据显示，几乎所有的研究都很难找到除氨基化合物外的其他形态的氮信号（Preston，1996；Knicker 等，1997），但问题在于 CP/MAS ^{15}N NMR 测得的强烈的氨基态氮信号是否会掩盖杂环态氮所表现出来的微弱信号，或者说是否会有多种不同形态的杂环态氮化合物因含量过低而不能被 CP/MAS ^{15}N NMR 精确测定，但这些杂环态氮化物依然可能存在于土壤中（Schulten 和 Schnitzer，1998；Thorn 和 Mikita，2000）。

其他的新型技术也被应用于测定少量样品，发现了少量的杂环氮化合物，其含量占土壤全氮的10%~30%，以及一些腐殖质组分或分解中的植物残体。这些技术包括高温热解技术（Schulten 等，1995；Bracewell 等，1980；Olk 等，2002）、氮 X 射线吸收近边结构技术（Vairavamurthy 和 Wang，2002；Jokic 等，2004）、X 射线光电子能谱法（Abe 和 Watanabe，2004；Abe 等，2005）和 ^{15}N 核磁共振技术（Skene 等，1997；Knicker 和 Skjemstad，2000；Mahieu 等，2000）。可鉴定的杂环氮化合物包括吡啶、吡咯和吲哚。

尽管科学家们已经做出相当大的努力，但最近才证明了土壤有机质中存在苯胺类氮化物，这类化合物在实验室条件下很容易通过有机氮和酚类化合物的共价结合形成。饱和脉冲诱导重耦偶极交换法（SPIDER）是一种先进的核磁共振技术，它可以选择性地观测各种与氮结合的碳形态（Schmidt-Rohr 和 Mao，2002）。Schmidt-Rohr 等（2004）使用 SPIDER 方法，在一种土壤中发现约

20%的土壤有机碳以与氮结合的芳香族化合物存在,其中有少于8%的苯胺。从这种土壤中提取的富苯酚腐殖质组分,25%的腐殖质态氮是苯胺态氮,18%是杂环态氮。用 ^{15}N NMR 对这种腐殖质样品进行氮形态分析发现其中以次氨基化合物为主(Mahieu 等,2000)。因此,通过 SPIDER 法测得的苯胺态氮若用 ^{15}N NMR 法测定则会以氨基类化合物的形式呈现。但问题在于 ^{15}N NMR 定量测定的可能是苯胺态氮,也可能是杂环态氮。而 SPIDER 分析法尚未得到广泛应用,仍然需要用三重共振的 NMR 光谱法进行辅助测定。

传统酸解法和蒸汽蒸馏技术(Parsons,1981;Stevenson,1994)和新型技术,例如,气相色谱技术、高效液相色谱法(HPLC)或柱前、柱后衍生化法的氨基酸分析仪(Amelung,2001)的测定结果表明氨基糖占土壤全氮的10%以上。测定氨基糖浓度的推荐方法请参见第50章。

Martens 和 Loeffelmann(2003)及 Martens 等(2006)提出了一种测定氨基酸的方法,此法可以同时分析氨基糖,如葡萄糖胺和半乳糖胺,且不需要经过化学衍生化过程。这种方法是用甲磺酸(MSA)代替盐酸来水解土壤,从而避免了由盐酸引起的含硫氨基酸的氧化,以及丝氨酸和苏氨酸的降解。此外,在温度提升时,甲磺酸不挥发,也可以保持热稳定性。通过阴离子色谱分析法和脉冲电流法可以确定氮素形态,其原理是通过测定每种氨基化合物氧化后产生的电流来确定氮素形态。这个方法已经被用于美国中西部地区的部分土壤的鉴定,并确定了其中占全氮51%的氮素形态(Martens 和 Loeffelmann,2003;Martens 等,2006),其中大部分是氨基酸,小部分是氨基糖。另外,全氮中35%以 NH_4^+ 的形式被回收于水解液中。相比较而言,将这些土样中的12个样品用盐酸水解后,通过阴离子色谱分析可以检测到全氮中47%的氮素形态(Martens 和 Loeffelmann,2003)。如今,很少有研究再用阴离子色谱法和脉冲电流法来测定土壤氮的形态。

上述讨论表明,目前没有一种测定方法能够以较高的回收率来定量化分析土壤有机氮形态或者可以完全表征有机态氮的形态。尽管如此,已经有一些可以用于表征有机态氮的相对标准的技术,并且已经被用于常规测定中。在本章中,我们集中介绍用热盐酸水解土壤后再利用色谱分析技术和蒸汽蒸馏法分析有机态氮形态的方法。同时,也会简单介绍用甲磺酸水解土壤后再利用阴离子色谱法和脉冲电流法测定氨基酸与氨基糖的方法。

51.2 盐酸水解—蒸汽蒸馏或色谱法分析氮素形态

51.2.1 土壤酸解样品的制备(Bremner,1965)

向每克土壤中加入3 mL 6 mol L^{-1} 盐酸,使其在盐酸的回流作用下酸解12 h,中和酸解产物时不需要提前去除多余的酸。

1. 材料和试剂

(1)微量凯氏定氮仪。

(2)带有24/40毛玻璃接头的李比希冷凝器。

(3)适用于李比希冷凝器的带有标准锥形(24/40)毛玻璃接头的圆底烧瓶。

(4)电热炉。

(5)6 mol L^{-1} 盐酸:将513 mL浓盐酸(比重为1.19)慢慢加入500 mL水中并不断地搅拌,待冷却至室温后定容至1 L容量瓶中。

(6)正辛醇。

(7)10 mol L^{-1} 氢氧化钠溶液:称取3.2 kg试剂纯氢氧化钠放入有8 L刻度的10 L厚壁Pyrex玻璃瓶中,并向其中加入4 L无 CO_2 水,振荡玻璃瓶直至碱完全溶解。用橡胶塞盖紧瓶口,待溶液冷却后用

无 CO_2 水定容至 8 L。混匀后盖紧密封,以便隔离大气中的 CO_2。

(8) 5 mol L^{-1} 氢氧化钠溶液:将 500 mL 10 mol L^{-1} NaOH 溶液稀释至 1 L,保存在带塞子的玻璃瓶中。

(9) 0.5 mol L^{-1} 氢氧化钠溶液:将 50 mL 10 mol L^{-1} NaOH 溶液稀释至 1 L,保存在带塞子的玻璃瓶中。

2. 步骤

(1) 称取一定量研磨好的土壤样品(<100 目),并保证所取土壤样品中约含 10 mg N,之后将土壤样品放入带有标准锥形(24/40)毛玻璃接头的圆底烧瓶中。

(2) 加入两滴正辛醇和 20 mL 6 mol L^{-1} HCl 溶液,振荡烧瓶使酸与土壤样品完全混匀。

(3) 将烧瓶放置在电热炉上,并与带有 24/40 毛玻璃接头的李比希冷凝器连接。

(4) 加热土-酸混合物,使其在酸的回流作用下微沸 12 h。

(5) 用少量蒸馏水清洗冷凝器,待烧瓶冷却后将其从电热炉上移除。

(6) 用装有 Whatman 50 号滤纸的布氏漏斗过滤酸解混合物,并用真空过滤装置将滤液收集至 200 mL 的烧杯中。

(7) 用蒸馏水冲洗残渣,直至滤液达到烧杯的 60 mL 刻度线。

(8) 将烧杯放入碎冰块中,没过烧杯下半部分。

(9) 缓慢滴加 NaOH 溶液并不断地搅拌以便确保在整个酸的中和过程中酸解产物都不会变为碱性,最终调至 pH 值 6.5±0.1。先滴加 5 mol L^{-1} NaOH 溶液使 pH 值升至 5 左右,然后滴加 0.5 mol L^{-1} NaOH 溶液完成酸的中和。酸解产物也可以放入冰箱中冷却后用冷的 NaOH 溶液中和。

(10) 将中和后的酸解产物转移到 100 mL 容量瓶中。

(11) 将清洗烧杯、电极的洗液转移至容量瓶中,并用蒸馏水定容。用蒸馏水清洗设备时采用少量多次的原则。

(12) 盖紧容量瓶,并颠倒数次将其内含物混匀。

51.2.2 酸解产物中氮组分的测定

蒸汽蒸馏法分离氮组分

酸水解产物中的氮组分常按照 Stevenson(1996)介绍的蒸汽蒸馏分离测定。这些氮组分包括总水解态氮、酸不溶态氮、氨基酸态氮、氨态氮、氨基糖态氮和可以水解的未知态氮(见表 51.1)。由于用这种方法得到的氮组分与田间环境下的氮循环在很大的程度上没有相关性(Stevenson,1982),所以这个分组方法的应用受到质疑,它还可能存在方法上的错误(Mulvaney 和 Khan,2001),而且不能区分单体氨基化合物。

表 51.1 蒸汽蒸馏法分析土壤水解样品中各形态的氮

氮形态	方法 [a]
总水解氮	用 H_2SO_4 溶液和 K_2SO_4-催化剂混合物进行凯氏消解后,加 NaOH 进行蒸馏。
氨基酸态氮	加入 NaOH 溶液在 100℃下去除氨基糖和 NH_4^+,然后加入水合茚三酮(pH 值 2.5,100℃)将 α-氨基氮转变为 NH_4^+,最后加入磷酸盐-硼酸盐缓冲液进行蒸馏。
氨基糖态氮	用 pH 值 11.2 的磷酸盐-硼酸盐缓冲液进行蒸馏,收集 NH_3-N。
氨态氮	用氧化镁进行蒸馏。
酸不溶态氮	由总氮与水解态氮的差值得到。
可水解的未知态氮	总水解氮−(NH_3-N+氨基酸态氮+氨基糖态氮)

资料来源:Stevenson, F.J. In: D.L. Sparks et al. (Eds.), Methods of Soil Analysis, Part 3—Chemical Methods. Soil Science Society of America, Madison, Wisconsin, 1996, 1185-1200.

[a] 在上述方法中,用硼酸-指示剂溶液收集蒸馏过程中释放的 NH_3,并用标准 H_2SO_4 溶液(0.002 5 mol L^{-1})滴定确定各形态氮的含量。

色谱分离法分析氨基酸和氨基糖

有多种色谱法可以用来分析盐酸水解产物中单体氨基酸和氨基糖的含量。为了测定蛋白质水解产物中的氨基酸，生物化学家们通常将反相 HPLC 与前置柱衍生化过程和荧光检测结合起来使用（Cooper 等，2001）。这种方法能够十分灵敏地检测氨基酸含量，但是由于土壤中各种成分的干扰，所以这种方法不能直接用于土壤样品的分析。Warman 和 Bishop（1985）首先将硅酸盐土壤矿物用氢氟酸溶解，之后通过阳离子交换树脂吸附土壤金属阳离子，从而将反相 HPLC 法用于土壤分析。Jones 等（2005）用反相 HPLC 法测定了土壤溶液中的氨基酸。Amelung 和 Zhang（2001）在将土壤氨基酸分离成两种呈镜像、不可叠加的对映异构体后，对每种土壤氨基酸含量进行测定。通过阳离子交换树脂吸附氨基酸去除多余的有机化合物，从而纯化酸解产物，再用草酸洗脱去除土壤阳离子。之后，用氢氧化铵（NH_4OH）溶液将氨基酸的对映异构体从树脂上洗脱下来，然后通过衍生化过程形成 N-五氟丙氨酸异丙酯（N-pentafluoropro- pionylamino），最后用气象色谱仪进行分析。Amelung 和 Zhang（2001）对其他分析土壤氨基酸的气象色谱法进行了综述，Amelung（2001）也对反相 HPLC 或气象色谱分析氨基糖的方法进行了介绍。

到目前为止，最常见的土壤氨基酸常规分析方法是茚三酮柱后衍生的离子交换色谱法（Moore 和 Stein，1948；Moore 等，1958）。将酸解液注入配有强阳离子交换柱的液相色谱仪后，其中的氨基酸会因为在酸溶液中带正电荷而被吸附。当其他土壤组分通过交换柱后，利用流动相 pH 值、盐浓度和温度不同的梯度溶液将氨基酸从交换柱中逐渐洗脱下来。通常 pH 值通过不同浓度水平的柠檬酸钠进行调控，盐浓度则由氯化钠水平控制。洗脱的氨基酸用茚三酮进行衍生化，茚三酮会高度特异性地与氨基酸、多肽、伯胺和 $NH_3\alpha$-NH_2 结合。通过测定最终产物在 440 nm（脯氨酸和羟基脯氨酸）和 570 nm（其他化合物）的吸光值来确定形成的复合物含量。这种方法需要较长的运行时间并且灵敏度低于氨基化合物的荧光检测法，但是该方法不会受到其他土壤化合物衍生化产生的荧光干扰。

离子交换氨基酸分析仪有多种来源，不同厂家制造的色谱分析仪的具体步骤会有轻微差别。要按照制造商的说明书进行样品分析，包括试剂的选择和所用溶液的浓度梯度。Stevenson（1965）曾提出一种离子交换色谱仪法的操作步骤，但是色谱柱功能的显著提高（Zumwalt 和 Gehrke，1988）使这种方法逐渐被淘汰。

51.2.3 注释

（1）酸水解和蒸汽蒸馏可以在价格相对低廉的设备上进行，但色谱分离则需要更先进的设备，通常在一些专业部门的主要研究机构中会有这些设备，例如，蛋白质结构实验室。

（2）如前所述，由于氮化合物的不完全溶解、氨基断裂形成游离铵及某些氨基酸的过度降解，所以导致所有用盐酸水解的土壤中，氮回收率较低，只有约 50%的土壤氮能够以氨基酸形态被检出。

51.3 通过甲磺酸水解、阴离子色谱—脉冲法分析单体氨基酸和氨基糖

如上所述，Martens 和 Loeffelmann（2003）通过用甲磺酸代替盐酸水解土壤，用阴离子色谱—脉冲检测法测定氨基化合物，包括氨基酸和氨基糖。用甲磺酸水解土壤能够允许一些不稳定的氨基酸存在。

在灭菌期间用甲磺酸浸提土壤，并将上清液中和为碱性，使氨基化合物带负电荷。将上清液通过含有季铵基团的阴离子交换柱，使氨基化合物被高度特异性地吸附于交换柱中。氨基化合物用水、NaOH 溶液、乙酸钠三级梯度洗脱。因为氨基化合物与阴离子交换柱的高度特异性吸附，这个方法不需要衍生化。

这种方法已经被用于测定典型的氨基化合物（Clarke 等，1999）、蛋白质（Jandik 等，2001）、土壤氨基化合物（Martens 和 Loeffelmann，2003；Martens 等，2006）。这几个有限的研究结果表明，为了最大限度地提取氨基化合物，这种方法需要对每种土壤确定最佳的灭菌时间。最佳灭菌时间可能因为土壤类型（包括黏粒矿物的类型和黏粒数量）、土地利用方式，例如，耕作、有机肥施用量的不同而异。Martens 和 Loeffelmann（2003）、Martens 等（2006）曾在 136℃下，用较短的时间（30～90 min）完成灭菌，但许多高压灭菌器不能达到 121℃以上的温度。如果提取过程中不能排除大气中的氧，那么可能产生氨基糖的部分降解（Amelung，2001）。

参 考 文 献

Abe, T., Maie, N., and Watanabe, A. 2005. Investigation of humic acid N with X-ray photoelectronspectroscopy: effect of acid hydrolysis and comparison with ^{15}N cross polarization/magic anglespinning nuclear magnetic resonance spectroscopy. *Org. Geochem.* 36: 1490-1497.

Abe, T. and Watanabe, A. 2004. X-ray photoelectron spectroscopy of nitrogen functional groups insoil humic acids. *Soil Sci.* 169: 35-43.

Amelung, W. 2001. Methods using amino sugarsas markers for microbial residues in soil. In: R. Lal, J.M. Kimble, R.F. Follett, and B.A. Stewart, eds. *Assessment Methods for Soil Carbon*. LewisPublishers, Boca Raton, FL, 233-272.

Amelung, W. and Zhang, X. 2001. Determination of amino acid enantiomers in soils. *Soil Biol.Biochem.* 33: 553-562.

Bracewell, J.M., Robertson, G.W., and Williams, B.L. 1980. Pyrolysis-mass spectrometry studiesof humification in a peat and a peaty podzol. *J. Anal. Appl. Pyrol.* 2: 53-62.

Bremner, J.M. 1965. Organic forms of nitrogen. In: C.A. Black et al. eds. *Methods of Soil Analysis*. American Society of Agronomy, Madison, WI, 1148-1178.

Clarke, A.P., Jandik, P., Rocklin, R.D., Liu, Y., and Avdalovic, N. 1999. An integrated amperometry waveform for the direct, sensitive detection of amino acids and amino sugars following anion exchange chromatography. *Anal. Chem.* 71: 2774-2781.

Cooper, C., Packer, N., and Williams, K. 2001. Amino Acid Analysis Protocols. *Methodsin Molecular Biology*, Vol. 159. Humana Press, Totowa, NJ.

Flaig, W., Beutelspacher, H., and Rietz, E. 1975. Chemical composition and physical properties ofhumic substances. In: J.E. Gieseking, ed. *Soil Components, Vol. 1. Organic Components*. Springer-Verlag, New York, NY, 1-211.

Jandik, P., Pohl, C., Barreto, V., and Avdalovic, N. 2001.Anion exchange chromatography and integrated amperometric detection of amino acids. In: C. Cooper, N. Packer, and K. Williams, eds.Amino Acid Analysis Protocols. *Methods in Molecular Biology*, Vol. 159. Humana Press, Totowa, NJ, 63-85.

Jokic, A., Cutler, J.N., Anderson, D.W., and Walley, F.L. 2004. Detection of heterocyclic N compounds in whole soils using N-XANES spectroscopy. *Can. J. Soil Sci.* 84: 291-293.

Jones, D.L., Shannon, D., Junvee-Fortune, T., and Farrar, J.F. 2005. Plant capture of free amino acids is maximized under high soil amino acid concentrations. *Soil Biol. Biochem.* 37: 179-181.

Knicker, H., Fründ, R., and Lüdemann, H.-D.1997. Characterization of nitrogen in plant composts and native humic material by natural-abundance^{15}N CPMAS and solution NMR spectra. In: M.A. Nanny, R.A. Minear, and J.A.Leenheer, eds. *Nuclear Magnetic Resonance Spectroscopy in Environmental Chemistry*. Oxford University Press, New York, NY, 272-294.

Knicker, H. and Hatcher, P.G. 1997. Survival of protein in an organic-rich sediment: possible protection by encapsulation in organic matter. *Naturwissenschaften* 84: 231-234.

Knicker, H. and Skjemstad, J.O. 2000. Nature of organic carbon and nitrogen in physically protected organic matter of some Australian soils as revealed by solid-state ^{13}C and ^{15}N NMR spectroscopy. *Aust. J. Soil Res.* 38: 113-127.

Mahieu, N., Olk, D.C., and Randall, E.W. 2000. Accumulation of heterocyclic nitrogen in humified organic matter: a ^{15}N-NMR study of lowland rice soils. *Eur. J. Soil Sci.* 51: 379-389.

Martens, D.A., Jaynes, D.B., Colvin, T.S., Kaspar, T.C., and Karlen, D.L. 2006. Soil organic nitrogen enrichment following soybean in an Iowa corn—soybean rotation. *Soil Sci. Soc. Am. J.* 70: 382-392.

Martens, D.A. and Loeffelmann, K.L. 2003. Soil amino acid composition quantified by acid hydrolysis and anion chromatography-pulsed amperometry. *J. Agric. Food Chem.* 51: 6521-6529.

Moore, S., Spackman, D.H., and Stein, W.H. 1958. Chromatography of amino acids on sulfonated polystyrene resins: an improved system. *Anal. Chem.* 30: 1185-1190.

Moore, S. and Stein, W.H. 1948. Photometric ninhydrin method for use in the chromatography of amino acids. *J. Biol. Chem.* 176: 367-388.

Mulvaney, R.L. and Khan, S.A. 2001. Diffusion methods to determine different forms of nitrogen in soil hydrolysates. *Soil Sci. Soc. Am. J.* 65: 1284-1292.

Nguyen, R.T. and Harvey, H.R. 1998. Protein preservation during early diagenesis in marine waters and sediments. In: B.A. Stankiewicz and P.F. van Bergen, eds. *Nitrogen-Containing Macromolecules in the Bio- and Geosphere*. ACS Symposium Series 707. American Chemical Society, Washington, DC, 88-112.

Olk, D.C., Dancel, M.C., Moscoso, E., Jimenez, R.R., and Dayrit, F.M. 2002. Accumulation of lignin residues in organic matter fractions of lowland rice soils: a pyrolysis-GC-MS study. *Soil Sci.* 167: 590-606.

Parsons, J.W. 1981. Chemistry and distribution of amino sugars in soils and soil organisms. In: E.A. Paul and J.N. Ladd, eds. *Chemistry and Distribution of Amino Sugars in Soils and Soil Organisms*. Marcel Dekker, New York, NY, 197-227.

Preston, C.M. 1996. Applications of NMR to soil organic matter analysis: history and prospects. *Soil Sci.* 161: 144-166.

Schmidt-Rohr, K. and Mao, J.-D. 2002. Selective observation of nitrogen-bonded carbons in solidstate NMR by saturation-pulse induced dipolar exchange with recoupling. *Chem. Phys. Lett.* 359: 403-411.

Schmidt-Rohr, K., Mao, J.-D., and Olk, D.C. 2004. Nitrogen-bonded aromatics in soil organic matter and their implications for a yield decline in intensive rice cropping. *Proc. Natl. Acad. Sci. USA* 101: 6351-6354.

Schulten, H.-R. and Schnitzer, M. 1998. The chemistry of soil organic nitrogen: a review. *Biol. Fert. Soils* 26: 1-15.

Schulten, H.-R., Sorge, C., and Schnitzer, M. 1995. Structural studies on soil nitrogen by Curie-point pyrolysis-gas chromatography/mass spectrometry with nitrogen-selective detection. *Biol. Fert. Soils* 20: 174-184.

Skene, T.M., Clarke, P., Skjemstad, J.O., and Oades, J.M. 1997. Browning reactions between Eucalyptus litter and different nitrogen sources. *Aust. J. Soil Res.* 35: 1085-1091.

Stevenson, F.J. 1965. Amino acids. In: C.A. Black et al., eds. *Methods of Soil Analysis*, Part 2—*Chemical and Microbiological Properties*. American Society of Agronomy, Madison, WI, 1437-1451.

Stevenson, F.J. 1982. Organic forms of soil nitrogen. In: F.J. Stevenson, ed. *Nitrogen in Agricultural Soils*. ASA-CSSA-SSSA, Madison, WI, 67-122.

Stevenson, F.J. 1994. *Humus Chemistry*, 2nd ed. John Wiley & Sons, New York, 496.

Stevenson, F.J. 1996. Nitrogen-organic forms. In: D.L. Sparks et al. eds. *Methods of Soil Analysis*, Part 3—*Chemical Methods*. Soil

Science Society of America, Madison, WI, 1185-1200.

Thorn, K.A. and Mikita, M.A. 2000. Nitrite fixation by humic substances: nitrogen-15 nuclear magnetic resonance evidence for potential intermediates in chemodenitrification. *Soil Sci. Soc.Am. J.* 64: 568-582.

Vairavamurthy, A. and Wang, S. 2002. Organic nitrogen in geomacromolecules: insights on speciation and transformation with K-edge XANES spectroscopy. *Environ. Sci. Technol.*36: 3050-3056.

Warman, P.R. and Bishop, C. 1985. The use of reverse-phase HPLC for soil amino-N analysis. *J. Liq. Chromatogr.* 8: 2595-2606.

Zumwalt, R.W. and Gehrke, C.W. 1988. Amino acid analysis: a survey of current techniques. In: J.P. Cherry and R.A. Barford, eds. *Methods for Protein Analysis*. American Oil Chemists'Society, Champaign, IL, 13-35.

（黄玉芳　王祎　姜桂英　叶优良　党海燕　译，王朝辉　校）

第52章　土壤腐殖质组分

D.W. Anderson 和 J.J. Schoenau

University of Saskatchewan
Saskatoon, Saskatchewan, Canada

52.1 引　　言

土壤有机质可以分为腐殖物质和非腐殖物质。腐殖物质或腐殖质是由有机物质高度转化而成的暗棕色至黑色物质，与矿质组分紧密结合。非腐殖物质包括颗粒物（例如，死亡的根系）和构成土壤溶液一部分的简单可溶性组分。尽管其定义很简单，但是想要完全分离腐殖物质和非腐殖物质并不容易。因此，要想建立一个能够彻底和确定地分离腐殖物质和非腐殖物质的实验方法极具挑战性。

MacCarthy（2001）推测，腐殖物质具有不同于其他天然物质的独特性质，代表着一类具有各种化学结构的超级混合物。在其所有的可能的结构中，很难发现两个相同的结构。显然，如果以这种方式理解腐殖物质，那么分离、纯化及对所分离物质的化学成分与结构进行最终鉴定的传统方法并不适用于腐殖质测定。但这并不是说不能使用提取法，而是在使用前要认识到传统方法的局限性。

尽管腐殖物质的提取率（通常小于50%）及提取过程中由于人为因素影响产生的物质需要引起重视，但是在许多研究过程中提取和分组仍然是主要步骤。通过提取，可以使复合在矿物组分中的腐殖物质分离出来，排除其他无机物的干扰，提高腐殖物质的浓度，并使有机质溶解（Swift，1996）。

用碱液浸提有机质后将提取物与残留的土壤分离，并酸化提取物，最终可以得到三种物质：胡敏酸（HA）、富里酸（FA）和胡敏素。富里酸一般为淡黄色物质，存在于酸化后的碱提取液中，而胡敏酸是提取物经过酸化产生的深褐色至黑色的沉淀，胡敏素是有机质中没有被提取出的物质。土壤腐殖质中有30%~60%的成分可以在碱性环境下被提取出来。

尽管在大多数土壤中胡敏素占有机碳的50%以上，但是因为其在任何pH值下都不溶于提取液，即为不可提取的腐殖质，因此目前对胡敏素的研究最少，同时相对于有机质中的其他组分，对胡敏素的了解也最少（Rice，2001）。从实质上讲，虽然胡敏素在大多数土壤中是主要的，但是在有机质研究领域中却占很小一部分。与胡敏酸相比，胡敏素脂肪族性质更强，并且含有大量的芳香族与碳水化合物成分。在碱提取后的残留土壤中，加入一定量的水即可将大概1/3到1/2的碳简单分离，随后利用超声波可以使其分散于悬浮液中，最后通过离心可以使除极细黏粒外的所有物质完全沉淀（Anderson等，1974）。将离心液酸化后可以得到与黏粒相结合的深色腐殖物质。这些腐殖物质（通常是胡敏素的一部分）芳香性较弱，更易酸解，富含氮，且其分子量比第一步用强碱提取出的腐殖物质更高。分离出第二组胡敏酸后，仍然存在于土壤残渣中的胡敏素主要是植物根系的颗粒状碎片、真菌和木炭。对那些对胡敏素组分感兴趣的研究者，建议用不同pH值的液相与甲基异丁基酮来分离胡敏素组分（Rice，2001）。

有很多使用不同提取剂的提取方法。下面将介绍使用碱性提取剂的提取方法，这种方法适用于相关土壤之间的比较。推荐使用下述提取和分组方法，但需要注意其局限性。

52.2 样品的采集与制备

在样品采集过程中首先应该注意腐殖物质与非腐殖物质的分离。在钻取土壤前应该将土壤表层明显可见的植物残体除去,采样时建议使用已知体积的土壤取样器(见第 3 章),以便计算容重和后期的数据分析。由于土壤变异性和提取过程的复杂性,所以一般采用取几个土壤样品充分混合得到混合样品的取样方法。尽管分层采样(例如,0~5 cm、5~15 cm)有助于评价由农艺措施产生的差异,但是还是建议采集耕层深度的样品。虽然采样深度不同会增加统计分析的难度,但是仍然建议按土壤学定义的土层分层次采样(见第 1 章)。

建议在无尘空间风干样品。风干样品应该轻轻用圆木棒或者其他类似设备磨碎,并过 2 mm 筛。与估算总有机碳含量时的操作相反(见第 3 章),在这一步中应该除去可见的根和其他植物残体。为了降低样品的变异性,应该另取一些具有代表性的样品进行仔细研磨后分析有机碳或氮含量。提取过程可能需要大量过 2 mm 筛的样品。

52.3 碱提取法

碱提取法可以用于提取部分土壤有机质,常用的碱性提取剂包括 0.1 mol L^{-1} NaOH 溶液、0.5 mol L^{-1} NaOH 溶液和 0.1 mol L^{-1} NaOH-0.1 mol L^{-1} Na$_4$P$_2$O$_7$ 混合液,下述方法所用提取剂为 0.5 mol L^{-1} NaOH 溶液。

52.3.1 试剂

(1)0.5 mol L^{-1} 盐酸溶液:在通风橱中,将 40 mL 浓盐酸缓慢加入去离子水中,并不断地搅拌,待冷却至室温后定容至 1 000 mL。这种试剂用于氢氧化钠提取前的土壤预处理,以便除去漂浮的植物碎屑和无机态 C、N、P 和 S。

(2)0.5 mol L^{-1} 氢氧化钠溶液:将 20.0 g NaOH 溶于 1 000 mL 去离子水中。要保证溶液的 pH 值约为 13.5。NaOH 溶液必须现配现用,并盖紧瓶盖,以防其吸收空气中的 CO_2。

52.3.2 步骤

(1)取 15 g 风干土壤样品(粒径<2 mm),放入 250 mL 能够承受高速冷冻离心的塑料离心管中。

(2)加入 150 mL 0.5 mol L^{-1} HCl 溶液。静置 1 h,其间偶尔进行搅拌。之后以 9 000 g 离心 15 min,弃去上清液。

(3)为了完全洗去土壤中的盐酸,向离心管中加入 150 mL 去离子水,混匀后以 9 000 g 离心 15 min,弃去上清液。

(4)加入 150 mL 新配的 0.5 mol L^{-1} NaOH 溶液至离心管中,用无氧氮气充满离心管顶部,然后迅速拧紧管盖。

(5)把离心管放在往复式振荡机上振荡 18 h(60 rpm)。

(6)振荡完成后,以 9 000 g 离心 15 min,将氢氧化钠提取物与残留土壤分离。小心地将上清液倒入一个干净的离心管中保存,用于分离胡敏酸和富里酸组分。提取后的残留物(胡敏素)可以弃去,也可以留存用于其他分析(见 52.4)。

52.3.3 注释

（1）预处理会除去少量有机质和可溶性有机碳（DOC）。若使用国际腐殖质协会（IHSS）的预处理方法（Swift，1996），则会将可溶性有机碳包含在富里酸中。如果分析有机养分时有明显的矿物干扰，就应该使用该预处理方法。

（2）含碳酸钙的土壤会与 0.5 mol L^{-1} HCl 溶液发生剧烈反应。

（3）在提取过程中保持离心管顶部充满氮气，对减轻氧化作用及防止氢氧化钠对 CO_2 的吸收具有重要作用。因此，应该选择离心管和盖子之间密封性良好的离心管。如果没有往复式振荡机，那么可以用摇动式振荡机。

52.4 分离腐殖质组分

将氢氧化钠提取物酸化后可以分离出常见的胡敏酸和富里酸组分。

碱提取后的残留物，一般被称为胡敏素，胡敏素在很大的程度上是有机物质与矿物组分紧密结合的产物。胡敏素既可以被舍弃，也可以用于进行下一步分析，或者利用超声波分离为黏粒结合态的胡敏酸（HA-B）和富里酸（FA-B）（Anderson 等，1974；Bettany 等，1979）。

52.4.1 试剂

（1）6 mol L^{-1} 盐酸溶液：在通风橱中，将 50 mL 浓盐酸缓慢加入 50 mL 去离子水中，并不断地搅拌将溶液冷却至室温。

（2）0.1 mol L^{-1} 氢氧化钠溶液：将 4.0 g NaOH 溶于 1 000 mL 去离子水中，并不断地搅拌将溶液冷却至室温。待酸化分离后，用此溶液重新溶解胡敏酸。

52.4.2 步骤

（1）用滴管向盛有氢氧化钠提取物的离心管中滴加 6 mol L^{-1} HCl 溶液，不断地搅拌并用 pH 计检测，直到 pH 值达到 1.5。酸化会使部分有机质沉淀为深褐色至黑色物质，而这部分有机质被命名为传统意义上的胡敏酸（HA-A）。酸化后仍然留在溶液中的部分（颜色微黄）有机质，被命名为传统意义上的富里酸（FA-A）。

（2）以 9 000 g 离心 15 min 将胡敏酸和富里酸分开。

（3）离心后，将上清液（富里酸）倒出，并保留于小瓶中用于分析。然后向离心管中加入 50 mL 0.1 mol L^{-1} NaOH 溶液，重新溶解沉淀物（胡敏酸）。随后将溶解的胡敏酸转移到另一个小瓶中保存用于分析。

（4）如果需要，那么 NaOH 溶液提取后的残留物（胡敏素）可以再分为胡敏酸（HA-B）和富里酸（FA-B）。向残留物中加入 150 mL 去离子水并混匀，以 125 W 超声分散处理 10 min，将悬浮液冷藏静置 48 h。

（5）以 9 000 g 离心 15 min，并弃去上清液。

（6）同上，酸化上清液直至 pH 值达到 1.5。

（7）通过离心将沉淀物（HA-B）分离，保存上清液（FA-B）。

（8）用 100 mL 0.1 mol L^{-1} NaOH 溶液溶解沉淀物（HA-B），保存溶液用于分析。

52.4.3 注释

（1）可以按标准 IHSS 方法（Swift，1996）所述，可以用 HF-HCl 混合液脱去胡敏酸中的灰分。但是，这种方法可能会引起氮和碳水化合物损失（Schnitzer 和 Schuppli，1989）。

（2）可以将样品冻干，从而得到分析用的干燥腐殖物质。许多分析方法都可以用于已经溶解的腐殖物质组分，包括使用消化或自动燃烧的元素分析法。

（3）已经溶解的腐殖质组分中的碳含量通常用可溶性碳分析仪测定（见第 48 章）。

（4）E4/E6 比值能够作为腐殖物质分子量的一个指标。这个比值可以先用 0.05 mol L^{-1} 碳酸氢钠溶液溶解一定量的胡敏酸或富里酸（一般碳浓度为 34 μg g^{-1} 时效果较好），之后测定其在 465 nm 和 665 nm 的吸光值来确定（Kononova，1966；Anderson 等，1974）。使用红外（IR）光谱和 ^{13}C 核磁共振波谱法可以得到有关腐殖物质化学结构的重要信息（Schnitzer 和 Schuppli，1989）。同样，如标准 IHSS 方法所述，可以用 XAD-8 树脂柱降低富里酸的灰分含量（Swift，1996）。

（5）在研究腐殖质中的无机硫时，应该注意碱提取过程中的水解作用。这是由于富里酸提取物中存在的无机硫酸盐，使人们推测有机硫酸盐基团在氢氧化钠作用下会水解成为无机硫酸盐（Schoenau 和 Bettany，1987）。因此，在讨论有机质分组结果时需要注意这些由于人为因素产生的物质的存在。

52.5 全土的腐殖质特征

有几种适用于对土壤有机质进行原位分析的方法，包括固体 ^{13}C 核磁共振波谱法（见第 53 章）和热解-场致离子质谱法（Py-FIMS）（Leinweber 和 Schulten，1999）。Hatcher 等（2001）讨论了 Py-FIMS 及其他几种主要适用于生物化学领域的现代分析方法，且将其应用于腐殖物质等的复杂生物分子。

Jokic 等（2003）将同步超声法和 X 射线吸收近边结构法（XANES）与固体 ^{13}C 核磁共振光谱法结合起来，用于研究腐殖质的化学结构及其中存在的有机硫化物种类。这种方法，尤其是 K-边缘碳 XANES 法，能够为研究全土有机组分中的脂肪族、芳香族和碳水化合物结构的相对比例提供更多信息。有人用 N-XANES 进行氮化合物的分析，鉴定出了氨基态氮和杂环态氮，预示着同步超声光谱法能适用于腐殖质研究（Jokic 等，2004）。

参 考 文 献

Anderson, D.W., Paul, E.A., and St. Arnaud, R.J. 1974. Extraction and characterization of humus with reference to clay-associated humus. *Can. J. Soil Sci.* 54: 317-323.

Bettany, J.R., Stewart, J.W.B., and Saggar, S. 1979. The nature and forms of sulfur in organic matter fractions of soils selected along an environmental gradient. *Soil Sci. Soc. Am. J.* 43: 481-485.

Hatcher, P.G, Dria, K.J., Kim, S., and Frazier, S.W. 2001. Modern analytical studies of humic substances. *Soil Sci.* 166: 770-794.

Jokic, A., Cutler, J.N., Anderson, D.W., and Walley, F. 2004. Detection of heterocyclic N compounds in whole soils using N-XANES spectroscopy. *Can. J. Soil Sci.* 84: 291-293.

Jokic, A., Cutler, J.N., Ponomarenko, E., van der Kamp, G., and Anderson, D.W. 2003. Organic carbon and sulfur compounds in wetland soils: insights on structure and transformation processes using K-edge XANES and NMR spectroscopy. *Geochim. Cosmochim. Acta* 67: 2585-2597.

Kononova, M.M. 1966. *Soil Organic Matter*, 2nd ed. Pergamon Press, London, UK, 544.

Leinweber, P. and Schulten, H.R. 1999. Advances in the analytical pyrolysis of soil organic matter. *J. Anal. Appl. Pyrol.* 49: 358-383.

MacCarthy, P. 2001. The principles of humic substances. *Soil Sci.* 166: 738-751.

Rice, J.A. 2001. Humin. *Soil Sci.* 166: 848-857.

Schnitzer, M. and Schuppli, P. 1989. The extraction of organic matter from selected soils and particle size fractions with 0.5 M NaOH and 0.1 M $Na_4P_2O_7$ solutions. *Can. J. Soil Sci.* 69: 253-262.

Schoenau, J.J. and Bettany, J.R. 1987. Organic matter leaching as a component of carbon, nitrogen, phosphorus, and sulfur cycles in a forest, grassland and gleyed soil. *Soil Sci. Soc. Am. J.* 51: 646-651.

Swift, R.S. 1996. Organic matter characterization. In: D.L. Sparks et al., eds. *Methods of Soil Analysis,* Part 3—Chemical Methods. SSSA Book Series, No. 5. SSSA, American Society of Agronomy, Madison, WI, 1011-1029.

（窦森　关松　党海燕　译，王朝辉　校）

第 53 章 固态 ^{13}C 核磁共振波谱法测定土壤有机质

Myrna J. Simpson

University of Toronto

Toronto, Ontario, Canada

Caroline Preston

Natural Resources Canada

Victoria, British Columbia, Canada

53.1 引 言

近 20 年来，固态 ^{13}C 核磁共振（Nuclear Magnetic Resonance，NMR）波谱技术已广泛应用于土壤有机质性质的测定。该技术可以提供有机质中碳骨架的化学性质和相对数量（Preston，1996；Kögel-Knabner，2000；Preston，2001）。固态 ^{13}C 核磁共振技术的使用加强了我们对土壤有机质结构的理解，而且它对整个土壤样品的无损分析是其他技术无法做到的。使用固态 ^{13}C 核磁共振技术分析土壤有机质可以得到有机质中未被取代的和已经取代的脂肪族、芳香族、酚、羧基和羰基碳的相对数量。此外，用这种方法测试只需要少量样品（100～500 mg，取决于核磁共振所用的探针类型）。

最常用的固态 ^{13}C 核磁共振技术是交叉极化魔角旋转法（Cross Polarization with Magic Angle Spinning，CP/MAS）。交叉极化（CP）技术能够将 ^1H 这类丰核的磁化强度通过极化转移传递到稀核 ^{13}C，从而加强 ^{13}C 的信号，通常 ^{13}C 的信号可以增强 1 到 3 倍，最多可以增强 4 倍。交叉极化法的另一个优点是其测定时间取决于 ^1H 的弛豫时间，而 ^1H 的弛豫时间远低于 ^{13}C 的弛豫时间，从而可以减少脉冲间隔时间。因此，交叉极化法比 ^{13}C 直接极化法（例如，Bloch 衰变，Bloch Decay，BD）快得多，并可以在合适的时间内（12～24 h）半定量地获得土壤中碳的相关化学信息。在进行固态 ^{13}C 核磁共振分析时，样品在旋转轴与磁场方向夹角为 54.7°（魔角）的方向高速旋转以便减少由固态分子不同取向引起的化学位移各向异性（Chemical Shift Anisotropy，CSA），从而达到窄化线宽的目的（如果没有使用魔角旋转，那么不同分子取向的所有信号将被全部检测）。此外，大功率去耦合可以消除由 ^{13}C 和 ^1H 之间的偶极耦合造成的线宽过宽现象。

随着核磁共振技术的进步，低场（100 MHz 和 200 MHz）光谱仪已经逐渐被高场（300 MHz 及更高）光谱仪所替代。这些技术因为磁场强度而异（Preston，2001；Dria 等，2002；Smernik，2005）。例如，当磁场强度较高时，必须使用更快的旋转速度以去除光谱窗口中由化学位移各向异性引起的旋转边带（Spinning sidebands，SSBs）。但是，较高的转速会降低交叉极化法的效率（虽然 Bloch 衰变的效率不受影响），并且高速转子所能承载的样品量较少。在较高的旋转速度下，常用斜坡振幅（Ramped Amplitude，RAMP-CP）脉冲程序来补偿交叉极化法的效率，但是这个功能在旧仪器上无法实现。如果无法使用高转速探头（即在 300 MHz 仪器上使用 10～13 kHz 探头），那么也可以采用交叉极化魔角旋转法 CP/MAS 的旋转边带完全抑制技术（Total Suppression of Sideband，TOSS）。然而，应该注意的是，旋转边带完全抑制技术可能会导致峰值区域失真，并产生较低的信噪比（Signal to Noise Ratio，S/N），反而延长实验所需要的时间。

如果样品中有机碳含量较低或铁氧化物含量较高，就应该在进行 ^{13}C 核磁共振分析前用氢氟酸（HF）进行预处理（Preston 等，1989；Skjemstad 等，1994；Schmidt 等，1997；Gélinas 等，2001；Smernik 和 Oades，2002；Gonçalves 等，2003；Schilling 和 Cooper，2004）。通过去除样品中的含铁顺磁性矿物来增加有机碳含量可以提高信噪比，从而缩短实验时间。富含碳酸盐的样品应该使用盐酸（HCl）进行预处理，以便提高样品中有机碳的相对浓度。在已有的研究中，常用不同浓度的氢氟酸和盐酸来降低样品中的铁含量从而增加有机碳的含量。Schmidt 等（1997）用 10%（v/v）的氢氟酸处理样品，发现其有机碳分布没有差异。Gonçalves 等（2003）发现使用 10%（v/v）的氢氟酸处理后 B 层土壤会出现碳损失，但并未观察到任何碳官能团分布的变化。Simpson 和 Hatcher（2004）用低浓度盐酸和氢氟酸（0.1 mol/L HCl / 0.3 mol L^{-1} HF）对土壤样品进行脱灰处理以便防止样品中有机碳的损失。

本章可以作为实际操作指南，其中也包括了一些已经发表的研究工作。一些综述文章已经从各个方面对核磁共振技术的方法和理论作了总结，建议读者在使用核磁共振技术测定土壤有机质时提前参考这些相关的综述文章。Preston（2001）对测定土壤有机质的核磁共振技术进行了综述，Dria 等（2002）对核磁共振的理论基础作出了简要的总结，若想了解更多关于固态核磁共振技术的详细信息，则可以在 Bryce 等（2001）发表的综述中找到。本章将介绍在实际应用中如何准备样品及如何获取并处理核磁共振数据。当待测样品中富含碳酸盐时，我们强烈推荐使用氢氟酸和盐酸对土壤样品进行预处理。通过预处理，可以富集样品中的有机质，从而提高核磁共振光谱的信噪比，同时可以除去样品中可能会干扰数据采集的磁性矿物，例如，铁等。

53.2 样品预处理

53.2.1 仪器与材料

（1）分析天平。

（2）0.1 mol L^{-1} HCl / 0.3 mol L^{-1} HF 溶液。注：氢氟酸有剧毒，使用时需要在通风橱中进行操作。氢氟酸可以腐蚀玻璃，使用时需要盛放在塑料或不锈钢器皿中。实验操作全过程均需要佩戴手套，并且应该在实验室准备葡萄糖酸钙软膏（氢氟酸解毒软膏），用于氢氟酸皮肤灼伤的急救处理。

（3）250 mL，带防漏盖的高密度塑料离心管。

（4）水平摇床。

（5）高速离心机（离心力可以达到 4 000 g）。

（6）去离子水。

（7）冷冻干燥机。

53.2.2 样品预处理的步骤

（1）称量 5～10 g 风干土至 250 mL 塑料离心管中。注：土壤样品应该提前通过 2 mm 筛并研磨粉碎（粒径<200 μm）。

（2）向样品中加入 200 mL 0.1 mol L^{-1} HCl / 0.3 mol L^{-1} HF 溶液。若样品中不含碳酸盐，则可仅加入 0.3 mol L^{-1} HF 溶液。

（3）振荡 18～24 h。

（4）于 4 000 g 力下离心 20～25 min。

（5）小心地倒出上清液，并加入 200 mL 新鲜配制的 0.1 mol L^{-1} HCl / 0.3 mol L^{-1} HF 溶液或 0.3 mol L^{-1} HF 溶液，重复步骤 3～5 直到样品中有机碳含量达到 25%以上。注：若土壤样品中有机质含量较低，则可能需要多次重复该步骤。氢氟酸或盐酸溶液不可以直接倒入水槽，应该作为废弃物统一收集处理。

（6）用去离子水冲洗样品以便去除多余的盐酸或氢氟酸溶液。最后一次去除盐酸或氢氟酸溶液后，向样品中加入去离子水，振荡 4～6 h，然后在 4 000 g 力下离心 20～25 min。此步骤至少重复三次，以便除去多余的盐分。注：样品中残留的氢氟酸或盐酸会损坏元素分析仪等仪器设备。

（7）将处理好的样品冷冻干燥，并保存在密闭容器中，供后续 ^{13}C 核磁共振分析使用。

53.3 ^{13}C 核磁共振分析

53.3.1 安全须知

由于仪器中的超导磁体总是处于开启状态，所以装有心脏起搏器或类似设备的人员请不要接近磁体（包括仪器上方和下方）。在接近磁体时请去除身上的一切金属物品（例如，钥匙、回形针、工具和小刀）、装有磁条卡的钱包、手表、计算机磁盘和电子设备等。金属物体在靠近磁体，尤其是较大的磁体时，会具有像导弹一样威力的破坏性，造成人身伤害或毁灭性的磁体损坏（超过 10 万美元）。最后注意操作时不要踩到任何接通的电缆上。

53.3.2 样品准备

将样品放在转子中，应该保证对称位置转子中的样品重量相等，相邻样品重量差异尽可能小，并使用购买仪器时提供的工具将转子固定在仪器上。若样品数量小于转子中可容纳的样品数量，则建议将样品对称集中放置或对称松散放置。如果样品数量较少，那么在高速离心时建议在转子的空置位置中放入重量相等的间隔物。转子必须牢固并完整地安装在仪器上。样品放置不合理或转子安装不牢固都会影响旋转速度的稳定性，甚至会对转子或探头造成严重的损坏。

53.3.3 CP/MAS 的参数采集

交叉极化魔角旋转法（CP/MAS）是分析土壤有机质时最常用的实验方法，它比下面将要讨论的直接极化法更快捷。交叉极化法将丰核 ^{1}H 的磁化强度转移至稀核 ^{13}C 上，并且利用质子的相对快速弛豫过程，从而使用户更快地获得信号强度。

下面将介绍参数采集条件的通用设置。由于不同的光谱仪在操作细节上会有较大差异，所以建议使用时咨询核磁共振波谱研究的专业人士。主要的采集参数包括松弛延迟（平衡核所需要的时间）、质子 90°脉冲时间、交叉极化接触时间（磁化强度从 ^{1}H 核转移到 ^{13}C 核的时间），扫描宽度（SW，一个信号脉冲的频率范围）和采集时间（监控得到的一个给定自由感应衰减的时间）。循环时间（连续扫描之间的时间）是采集时间和松弛延迟的总和。

（1）松弛延迟：松弛延迟时间必须足够长，以便使质子实现完整的自旋-晶格弛豫（设置为质子自旋-晶格弛豫时间的 5 倍，T_1H 注：自旋-晶格弛豫发生在纵向方向（Z 轴）对应的磁场）。这种延迟对于甘氨酸约为 4 s，对于含碳量高的土壤有机质样品（例如，枯枝落叶和表层森林土）为 1～2 s，对于含碳量低的矿质土壤样品通常可以减少到 0.4~0.5 s。如果质子自旋-晶格弛豫不完全，就会使信噪比降低。另外，需要注意的是，极其快速的脉冲可以使样品升温或使大功率元件负荷过重，因此建议测定时使用的弛豫时间应该比 T_1H 所要求的更长。

（2）质子 90°脉冲时间：质子 90°脉冲时间通常为 3~4 μs，应该预先用标准物（例如，甘氨酸）确定。质子 90°脉冲时间通常不能够直接测定，但可以通过观察 ^{13}C 交叉极化信号的变化来确定质子脉冲时间的变化。核磁共振信号在 180°和 360°时是零，在 270°时是负值。当交叉极化脉冲序列开始时，质子磁化旋转 90°到 X–Y 平面，并保持在该平面，直到 ^{13}C 和 ^1H 磁场与该转动参考系吻合。

（3）交叉极化接触时间：交叉极化接触时间（t_C）是磁化强度由质子转移到碳的时间。当质子连接在碳的刚性结构上时，交叉极化效率最高。当碳远离质子，并且其结构在固相中有移动时，交叉极化效率最低。因此，当测定纤维素中的烷氧基和双烷氧基碳时，交叉极化效率较高。而测定高度浓缩的芳香结构（例如，生物燃烧产生的物质）时，交叉极化效率较低。当测定能够转动的长链烷基、甲基和甲氧基碳时，交叉极化的效率也较低（Alemany 等，1983）。一般来说，物质整体强度较高时，t_C 约为 1 ms。但在测定芳香族碳（例如，木炭中的芳香族碳）时，t_C 可以增加到 1.5~2 ms。一味地延长 t_C 并不能使信号持续增强，因为在旋转结构中质子会产生磁化衰减（其有一个时间常数 $T_{1\rho}H$，它是质子在旋转结构中的自旋-晶格弛豫时间，表示在接触时间内质子的磁化衰减率）。顺磁物质，例如，铁氧化物或铜（Cu^{2+}）的存在也会降低交叉极化信号的强度，因为它们能够使附近质子的 $T_{1\rho}H$ 减小，从而缩短了它们发生磁化转移的时间。在简单的交叉极化过程中，质子和碳的动能是恒定的，但在斜坡振幅（RAMP）中，碳或质子的动能均可以改变以提高交叉极化效率，这能够在很大程度上弥补高速旋转下交叉极化效率的损失。

交叉极化完成后，剩余的质子动能足够将质子去耦，此时可以采集到自由感应衰减信号。这是所有频谱衰变在时间上的叠加。对于矿质土壤样品，这个时间<5 ms。对于新鲜的枯枝落叶，这个时间可以达到 20 ms。对于纯的化合物来说，这个时间可以达到几百毫秒。从屏幕上可以直接观察自由感应衰减信号的数值，以便对样品质量有所预期。若信号快速出现且信号峰较宽，则说明样品含碳量高。若出现一个持续时间很短的尖峰，则说明碳接近顺磁中心或信号来自探针的背景值。采集时间应该足够长，以便使其完成自由感应衰减信号的捕捉，若中途暂停则会导致基线出现人为误差，并使分辨率降低。另外，采集时间不应该超过自由感应衰减信号出现时间的两倍，因为这样会产生噪点并增加仪器的工作周期。原始数据存储为自由感应衰减，并可以通过多种方法进行处理分析。

（4）扫描宽度（SW）：当测定化学位移范围在 200 ppm 左右的土壤有机质时，SW 至少应该为 300 ppm。对可能会产生较宽较弱信号的样品，SW 可以达到 400 ppm。使用共振频率 75 MHz 检测 ^{13}C 时，SW 应该设置到 22 500~30 000 Hz。最小采样速率应该是频率的两倍（称为 Nyquist 频率）。例如，所用扫描宽度为 25 000 Hz 时，采样速率为 50 000 Hz，或 20 μs/点（即停留时间）。对于一个有 1 024 个数据点的 1 K 谱，采集时间为 20.48 ms，故数字分辨率为 24.4 Hz/点，可以满足绝大多数样品的土壤有机质测定。

（5）采集时间：对于碳含量较低的样品，采集时间可以降到 512 点（10.24 ms），但仍然需要使用 1 024 点对应的采样率。为了增加数字分辨率，频谱大小可以增加到 2 K 或 4 K，在合适的条件下采集时间仍然可以缩短。这些条件与测定的液态（甚至固态）纯化合物的核磁共振是完全不同的，测定纯化合物时，SW 被设置为最小值，而为了优化分辨率，数据大小和采集时间通常设置得较大。

53.3.4 直接极化或 Bloch 衰变参数

分析土壤有机质时通常使用直接观测法。Bloch 衰变（BD）也被称为直接极化或单脉冲激发，它是使用一个 90°的 ^{13}C 脉冲进行简单的采集，其间不增加强度。采用此技术是因为在交叉极化过程中 ^{13}C 核是通过附近 ^{1}H 核的磁化转移而间接观测的。这可能低估了未在质子附近的碳的含量，尤其是当接近顺磁物质，或有一些分子具有流动性时。因此，直接观测可以提供更确切的定量强度分布。理论上交叉极化的增强因子最大为 4（对应于 ^{1}H/^{13}C 的频率比），但是对许多土壤有机质样品来说这个值接近 1.5～2.5（Dria 等，2002）。对于 Bloch 衰变，弛豫延迟是由 ^{13}C 的自旋-晶格弛豫时间控制的，所以延迟时间（$5\times^{13}$C T_1）通常是 100 s。碳的弛豫时间较长，因此若想获得与交叉极化同样信噪比（S/N）的谱图，只能减少扫描次数并延长实验时间。另外，Bloch 衰变光谱在一定的扫描次数下一般具有较低的信噪比和分辨率。对于一个碳含量有限的样品，在测试过程中很可能得不到可用的 Bloch 衰变光谱，而在一次正常交叉极化频谱扫描过程中需要扫描 500 次即可。典型的 Bloch 衰变光谱采集是 1 000 次数据扫描，需要至少 24 h，才能和 1 000 次交叉极化的扫描结果相比。但是，Bloch 衰变光谱的优点在于它能够较准确地对样品进行定量。

53.3.5 偶极相移技术

另一个有用的技术是偶极相移。偶极相移采用的延迟方法可以在数据采集前使已经发生质子化的碳的信号衰减。这项技术可以使谱图上的信号仅来自未发生质子化的碳和具有分子流动性的碳（即长链 CH_2 基团上的甲基可以转动或振动（摆动））。在偶极相移实验中，去耦器在交叉极化和信号收集的间隙会暂时关闭一段时间，通常为 45～60 μs。当去耦器关闭后，由于 ^{13}C 和 ^{1}H 核之间的偶极相互作用，所以 ^{13}C 的信号将消失。当进行交叉极化时，偶极相互作用对远离质子的碳来说较弱，或在固态下有一些作用。因此，偶极相移光谱上未与质子连接的碳的信号强度最强（例如，羧基＞酚类＞芳香族碳），可移动碳的信号强度稍弱，例如，甲基、甲氧基、长链 CH_2 基团。尽管偶极相移技术可以用于定量化研究（Hatcher，1987；Smernik 和 Oades，2001a），但通常还是将该技术用于定性研究来获取结构信息。偶极相移的移相时间应该调整到零，此时烷氧碳信号约为 73 ppm，对于类似的样品，其移相时间也应该保持稳定。

53.3.6 边带全抑制技术

当由于仪器频率限制（300 MHz 或更高的频率）而不能使用高转速，或者由于采集信号的样品数量太多而不能使用高转速的情况时，可以使用边带全抑制来消除旋转边带。该技术可以使相关的区域变形，一是通过降低旋转边带的强度，二是降低完整的边带全抑制序列的强度（可能是非选择性）。但这些在土壤有机质的研究中还较少。旋转边带在多种转速条件下都会出现（见图 53.1），而且它对样品峰的影响通常随化学位移和非对称耦合的增加而增大。例如，使用共振频率 300 MHz、魔角自旋频率 4 500 Hz，如果芳香族碳和羧基碳的峰很小，就不需要进行边带全抑制。然而，若使用共振频率 400 MHz（100 MHz 测定 ^{13}C）、魔角自旋频率 5 kHz，则必须使用边带全抑制才能得到可靠的高芳香族碳谱。将边带全抑制和偶极相移技术结合起来使用更为有效，它可以将强度集中在高旋转边带区域，并且可以对样品进行定性测定。

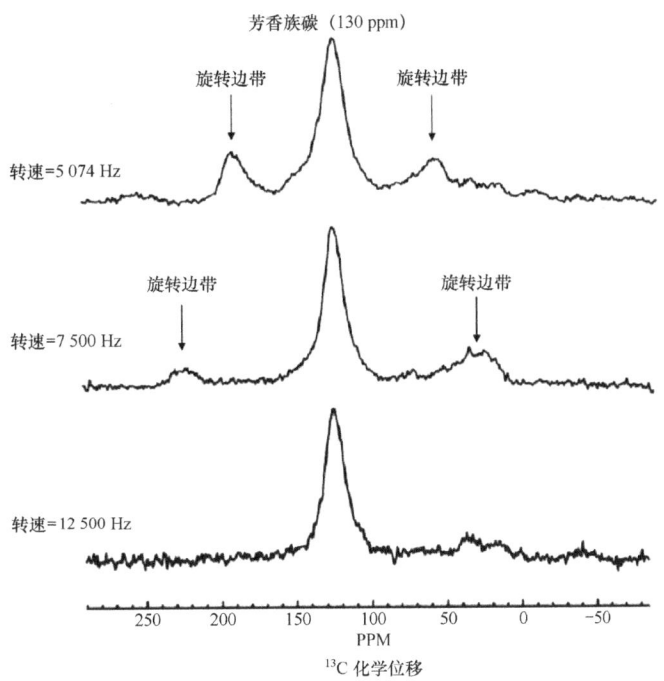

图 53.1　在共振频率 75 MHz（300 MHz 的仪器），不同转速下得到的生物炭 CP/MAS ^{13}C 核磁共振谱。在低转速时出现明显的旋转边带。在较高转速（12 500 Hz）下，旋转边带被旋转到光谱窗口外

53.3.7　背景信号

转子与探头组件产生的背景信号会影响 Bloch 衰变光谱和低碳样品的交叉极化光谱（Preston，2001；Smernik 和 Oades，2001b）。它通常会出现一个最大为 110～115 ppm 的很宽的信号峰，从而会让人误以为样品含有较多的芳香族基团。背景信号随着探头与转子的类型不同而有差异，并且更容易出现在低碳样品和高顺磁性物质的检测过程中，其中高顺磁性物质会诱导自由感应衰减光谱在初始阶段出现尖峰。最常用的解决办法是空转转子，然后将其从自由感应衰减光谱中除去。通常不需要将每个样品空转或者使所有样品使用相同的转子来得到背景值，但是在进行不同类型的实验时则必须先得到背景值。Smernik 和 Oades（2000a）发现，延迟 10 s 可以得到与延迟更长时间相同的 Bloch 衰变背景信号，但对于特定的分光计与探针的组合来说，这个结论还需要进一步验证。由于自由感应衰减光谱可以被测量，所以空转和样品测定时的扫描次数也可以有所不同（取决于所用的软件）。但是，如果要比较绝对强度（例如，交叉极化与 Bloch 衰变的绝对强度），那么测定的背景值和样品的扫描次数应该保持一致。测定背景值时，最好能保存于不同扫描次数下得到的数据。

53.3.8　其他实验

若对其他更复杂的实验感兴趣则可以阅读相关的文献，例如，自旋计数法测量 ^{13}C（Smernik 和 Oades，2000a,b）、顺磁性的专性影响（Preston 等，1989；Skjemstad 等，1994；Schmidt 等，1997；Gélinas 等，2001；Smernik 和 Oades，2002；Gonçalves 等，2003；Schilling 和 Cooper，2004）、质子自旋弛豫编辑（PSRE；Preston 和 Newman，1995）、通过 TCH 和 T$_{1\rho}$H 复原光谱（RESTORE；Smernik 等，2004）、更详细的定量研究（Mao 等，2000）、分子的流动性（Hu 等，2000）和二维核磁共振技术（Mao 等，2001）等。

53.4　数据处理

数据处理分为几个阶段，每个阶段都对最终的谱图有很大的影响。需要注意的是，数据通常会从单

独的工作站获得，但即使研究者不能自己操作仪器获得数据，最好也要参与完成数据的分析处理工作，从而更有利于理解和阐述结果。傅里叶变换可以将时域自由感应衰减谱图转换为频域谱图。在此之前，通常需要将自由感应衰减信号进行调整来增加信噪比。最常见的手法是谱线展宽，就是将自由感应衰减信号乘以一个衰减指数，来增加信噪比较高的初始部分。通常来说，谱线展宽（单位为 Hz）至少应该和数字分辨率一样大（例如，30 Hz）。谱线展宽可以一直增加，直到频谱的分辨率开始下降或谱图形状变形失真。如图 53.2 所示，有时可以绘制不同谱线展宽条件下的谱图，来满足宽度或者精度的需求。谱线展宽也可以与其他操作相结合。如果采集时间明显长于自由感应衰减光谱，那么自由感应衰减光谱的后半部分便可以设置为零，这样数据点就增加了一倍，从而可以提高分辨率。若想除去初始尖峰的影响，则可以将前两个或前四个数据点设置为零，或者将这几个数据点左移。除此之外，还可以使用其他的衍射控象功能，详情可以参考核磁共振的相关专业资料。

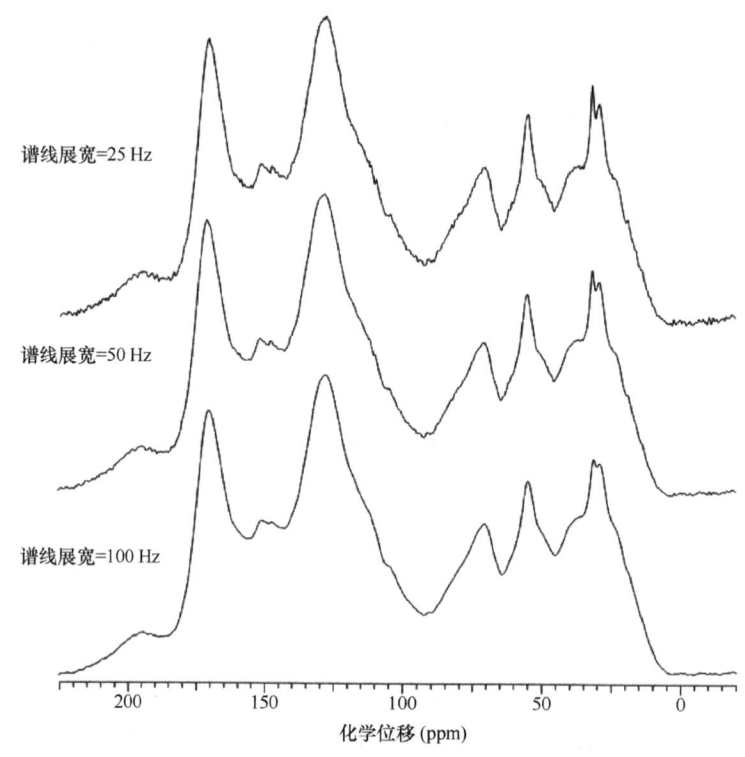

图 53.2　不同的谱线展宽下得到 CP/MAS ^{13}C 核磁共振谱图。样品为使用 HF/HCl 处理的泥炭胡敏酸。亚甲基碳区域（30~34 ppm）出现明显的失真。数据采集时使用 RAMP-CP，共振频率为 75 MHz（300 MHz 仪器），魔角自旋频率为 13 kHz

通过校正相位可以得到一个纯吸收谱图，但并不适用于基线较宽或不稳定的情况。因此，相位校正可能需要多次迭代。图 53.3 将没有完全校正相位和完成相位校正的谱图进行了对比。通常，土壤有机质波谱至少在 110 ppm，相位校正可以调整波谷的深度。相位校正之后，在谱图积分之前可能需要先调整基线。许多核磁共振数据分析程序具有自动或手动调整基线的功能，在进行峰面积积分前，可以使用这些功能来调整不规则的基线。^{13}C 核磁共振谱图的积分可以使用一般区域，即烷基（0~45 ppm）、烷氧基（45~110 ppm）、芳香族碳和取代芳香族碳（110~160 ppm）、羧基和羰基碳（160~220 ppm）。这种方法比较常用，通常用峰面积区域的大小来表示其占总信号的百分比，如图 53.4 所示。此外，化学位移可以用来识别土壤有机质中典型的特殊官能团，见表 53.1。需要注意的是，一些核磁共振方法并不能做到完全定量，所以通常认为其数据是半定量的。尽管如此，固态 ^{13}C 核磁共振法在对土壤样品进行比较和了解土壤有机质降解与转化过程方面还是有价值的，并且在大多数情况下，固态 ^{13}C 核磁共振法可用来比较使用同一台核磁共振仪器、在相同采集参数条件下，测定的样本之间的相对差异。除使用常规积分区域外，也可以将特殊组分对应的特殊区域进行积分（见表 53.1 中列举的特殊区域），或者将两个峰谷之间的面积进行积分。

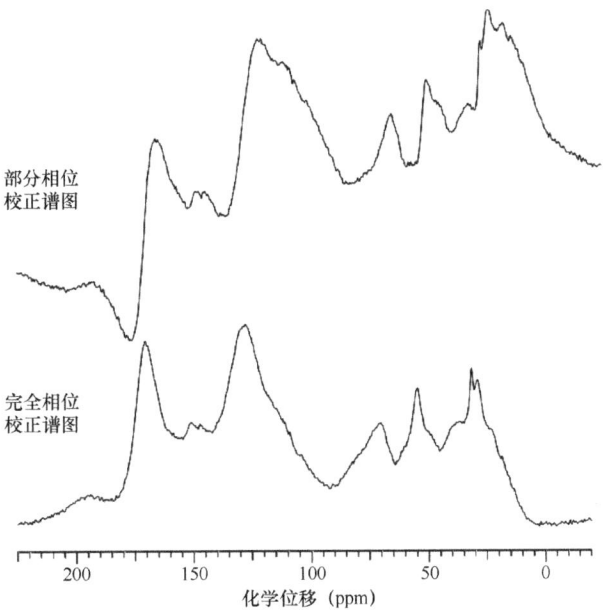

图 53.3　HF/HCl 处理的泥炭胡敏酸 CP/MAS ^{13}C 核磁共振谱图。上图是部分相位校正的谱图。经过完全相位校正后（下图），两侧的基线是相等的。数据采集时使用 RAMP-CP，共振频率为 75 MHz（300 MHz 仪器），魔角自旋频率为 13 kHz

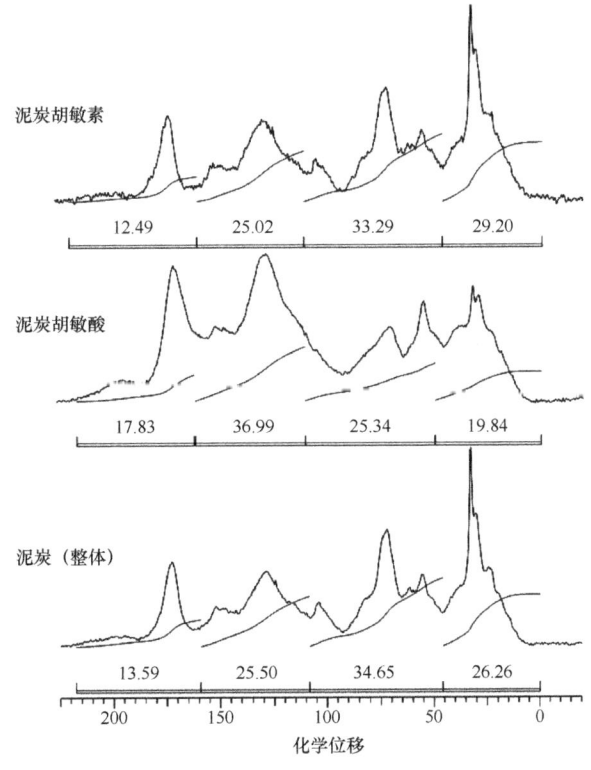

图 53.4　HF/HCl 处理的泥炭（整体）、泥炭胡敏酸和泥炭胡敏素的 CP/MAS ^{13}C 核磁共振谱图。通过图中的积分和相对信号强度（%），可以展示 CP/MAS ^{13}C 核磁共振可以用于比较土壤有机质中结构基团的相对丰度。数据采集时使用 RAMP-CP，共振频率为 75 MHz（300 MHz 仪器），魔角自旋频率为 13 kHz，谱线展宽为 25 Hz

表 53.1　土壤有机质中不同组分的典型化学位移范围

化学位移范围（ppm）	碳的结构特征
0～45	未取代的烷基碳：包括直链亚甲基碳（30～34 ppm）和末端甲基基团（15 ppm）；支链亚甲基碳通常出现在较低场（35～45 ppm）
45～65	取代的烷基碳，例如，胺（45～46 ppm）和甲氧基基团（56 ppm）
65～95	碳水化合物中的烷氧碳、碳环，以及醚类化合物中的碳
95～110	碳水化合物中的双烷氧脂族碳和异构碳（105 ppm）
110～145	芳香碳
145～160	酚碳
160～190	羧基碳、酰胺碳和酯基碳
190～220	羰基碳

资料来源：Malcolm, R.L. In: M.H.B. Hayes, P. MacCarthy, R.L. Malcolm, and R.S. Swift (Eds.), Humic Substances II, Wiley, New York, 1989, 339-372; Baldock, J.A. and Skjemstad, J.O., Org. Geochem., 31, 697, 2000.

解释数据时可能需要综合评估信号区域。在判断土壤有机质结构时，尽管大部分的特殊结构组分可以通过它们的化学位移来确定，但是仍然有许多结构体除了具有特定化学位移值，还会出现其他的信号峰。例如，木质素既有甲氧基（56 ppm）的信号，也有酚类的信号（140～160 ppm）。

53.5　注　释

固体核磁共振法在土壤有机质结构研究和生物地球化学领域是非常有用的。它的优点在于可以在不破坏土壤结构的前提下检测少量的土壤样品。样品在分析前不需要浸提，从而避免了浸提过程中可能产生的人为影响。该方法可以测定出烷基、烷氧基、芳香族碳、酚、羧基和羰基碳的相对比例。但是，核磁共振仪器的使用有限，不能进行大量样品的分析（即核磁共振可能不适用于常规分析）。含碳量低的样品在检测前必须经过预处理，因为该样品中 ^{13}C 的自然丰度和固有灵敏度都很低，从而会影响波谱强度定量分析的可靠性，这种影响在交叉极化光谱中尤为明显（Mao 等，2000）。然而，使用外部自旋计数技术可以确定实际观测到的是哪部分样品碳。最后，土壤有机质中的复杂结构可能会产生较广的共振，这可能会影响对土壤有机质结构的分析预测。无论如何，固态 ^{13}C 核磁共振技术提供的信息可以与其他土壤有机质测定方法得到的信息相互补充，从而为后续针对特殊结构的研究方法起到指导作用，例如，多维液态核磁共振波谱分析、质谱分析和特定化合物的湿化学分析。

参 考 文 献

Alemany, L.B., Grant, D.M., Alger, T.D., and Pugmire, R.J. 1983. Cross polarization and magic angle sample spinning NMR spectra of model organic compounds. 3. Effect of the ^{13}C-^{1}H dipolar interaction on cross polarization and carbon-proton dephasing. *J. Am. Chem. Soc.* 105: 6697-6704.

Baldock, J.A. and Skjemstad, J.O. 2000. Role of the soil matrix and minerals in protecting natural organic materials against biological attack. *Org. Geochem.* 31: 697-710.

Bryce, D.L., Bernard, G.N., Gee, M., Lumsden, M.D., Eichele, K., and Wasylishen, R.E. 2001. Practical aspects of modern routine solid-state multinuclear magnetic resonance spectroscopy: one-dimensional experiments. *Can. J. Anal. Sci. Spect.* 46: 46-82.

Dria, K.J., Sachleben, J.R., and Hatcher, P.G. 2002. Solid-state carbon-13 nuclear magnetic resonance of humic acids at high magnetic field strengths. *J. Environ. Qual.* 31: 393-401.

Gélinas, Y., Baldock, J.A., and Hedges, J.I. 2001. Demineralization of marine and freshwater sediments for CP/MAS ^{13}C NMR analysis. *Org. Geochem.* 32: 677-693.

Gonçalves, C.N., Dalmolin, R.S.D., Dick, D.P., Knicker, H., Klamt, E., and Kögel-Knabner, I. 2003. The effect of 10% HF treatment on the resolution of CPMAS ^{13}C NMR spectra and on the quality of organic matter in Ferralsols. *Geoderma* 116: 373-392.

Hatcher, P.G. 1987. Chemical structural studies of natural lignin by dipolar dephasing solid-state ^{13}C nuclear magnetic resonance. *Org. Geochem.* 11: 31-39.

Hu, W.-G., Mao, J., Xing, B., and Schmidt-Rohr, K. 2000. Poly(methylene) crystallites in humic substances detected by nuclear magnetic resonance. *Environ. Sci. Technol.* 34: 530-534.

Kögel-Knabner, I. 2000. Analytical approaches for characterizing soil organic matter. *Org. Geochem.* 31: 609-625.

Malcolm, R.L. 1989. Applications of solid-state ^{13}C NMR spectroscopy to geochemical studies of humic substances. In: M.H.B. Hayes, P. MacCarthy, R.L. Malcolm, and R.S. Swift, eds. *Humic Substances II*. Wiley, New York, 339-372.

Mao, J.-D., Hu, W.-G., Schmidt-Rohr, K., Davies, G., Gabhour, E.A., and Xing, B. 2000. Quantitative characterization of humic substances by solid-state carbon-13 nuclear magnetic resonance. *Soil Sci. Soc. Am. J.* 64: 873-884.

Mao, J.-D., Xing, B., and Schmidt-Rohr, K. 2001. New structural information on a humic acid from two-dimensional ^{1}H-^{13}C correlation solid-state nuclear magnetic resonance. *Environ. Sci. Technol.* 35: 1928-1934.

Preston, C.M. 1996. Applications of NMR to soil organic matter analysis: history and prospects. *Soil Sci.* 161: 144-166.

Preston, C.M. 2001. Carbon-13 solid-state NMR of soil organic matter—using the technique effectively. *Can. J. Soil Sci.* 81: 255-270.

Preston, C.M. and Newman, R.H. 1995. A long-term effect of N fertilization on the ^{13}C CPMAS NMR of de-ashed humin in a second-growth Douglas-fir stand of coastal British Columbia. *Geoderma* 68: 229-241.

Preston, C.M., Schnitzer, M., and Ripmeester, J.A. 1989. A spectroscopic and chemical investigation on the de-ashing of a humin. *Soil Sci. Soc. Am. J.* 53: 1442-1447.

Schilling, M. and Cooper, W.T. 2004. Identification of copper binding sites in soil organic matter through chemical modifications and ^{13}C CP-MAS NMR spectroscopy. *Environ. Sci. Technol.* 38: 5059-5063.

Schmidt, M.W.I., Knicker, H., Hatcher, P.G., and Kögel-Knabner, I. 1997. Improvement of ^{13}C and ^{15}N CPMAS NMR spectra of bulk soils, particle size fractions and organic material by treatment with 10% hydrofluoric acid. *Eur. J. Soil Sci.* 48: 319-328.

Simpson, M.J. and Hatcher, P.G. 2004. Determination of black carbon in natural organic matter by chemical oxidation and solid-state ^{13}C nuclear magnetic resonance spectroscopy. *Org. Geochem.* 35: 923-935.

Skjemstad, J.O., Clarke, P., Taylor, J.P., Oades, J.M., and Newman, R.J. 1994. The removal of magnetic materials from surface soils. A solid-state ^{13}C CP/MAS NMR study. *Aust. J. Soil Res.* 32: 1215-1229.

Smernik, R.A. 2005. Solid-state ^{13}C NMR spectroscopic studies of soil organic matter at two magnetic field strengths. *Geoderma* 125: 249-271.

Smernik, R.J. and Oades, J.M. 2000a. The use of spin counting for determining quantitation in solid state ^{13}C NMR spectra of natural organic matter. 1. Model systems and the effects of paramagnetic impurities. *Geoderma* 96: 101-129.

Smernik, R.J. and Oades, J.M. 2000b. The use of spin counting for determining quantitation in solid state ^{13}C NMR spectra of natural organic matter. 2. HF-treated soil fractions. *Geoderma* 96: 159-171.

Smernik, R.J. and Oades, J.M. 2001a. ^{13}C-NMR dipolar dephasing experiments for quantifying protonated and non-protonated carbon in soil organic matter and model systems. *Eur. J. Soil Sci.* 52: 103-120.

Smernik, R.J. and Oades, J.M. 2001b. Background signal in solid-state ^{13}C NMR of soil organic matter (SOM)—quantification and minimization. *Solid State Nucl. Mag. Res.* 20: 74-84.

Smernik, R.J. and Oades, J.M. 2002. Paramagnetic effects on solid state carbon-13 nuclear magnetic resonance spectra of soil organic matter. *J. Environ. Qual.* 31: 414-420.

Smernik, R.J., Olk, D.C., and Mahieu, N. 2004. Quantitative solid-state ^{13}C NMR spectroscopy of organic matter fractions in lowland rice soils. *Eur. J. Soil Sci.* 55: 367-379.

（曲植　党海燕　译，王朝辉　校）

第54章 稳定性同位素在土壤和环境科学研究中的应用

B.H. Ellert and L. Rock

Agriculture and Agri-Food Canada
Lethbridge, Alberta, Canada

54.1 引　言

同位素是指原子核中质子数相同，但中子数不同的元素。由于相差一个或几个中子，故同一元素不同同位素的质量存在差异。正是因为一种元素的不同同位素具有相同数目的电子数目，才使它们表现出相同的化学特性。然而，由于质量差异，同种元素的不同同位素在进行化学、生物及物理反应时，其反应速率会略有一些不同，并会在同位素标记物没有完全反应消耗或被生物吸收利用之前，产生同位素分离效应。因此，利用同位素技术进行科学研究需要注意：同位素丰度的自然变化为元素动态变化研究提供了一个高效而实用的途径，但由于形态变化与同位素分离过程错综复杂也使对元素的动态变化解释更为复杂。

元素的同位素可能具有稳定性，也可能具有放射性。放射性同位素在衰变过程中会产生辐射，衰变之后将转化成为一种新的元素。大部分元素的同位素以稳定性同位素为主，而且放射性同位素的自然丰度要远远低于稳定性同位素的自然丰度，甚至低于某些含量极少的稳定性同位素。在同位素示踪研究过程中，所用示踪剂通常包含一种或多种人工添加的放射性或者稳定性同位素。示踪剂中特定的同位素组成（通常添加了自然界中的稀有同位素）可以追踪研究系统中很难甚至不可能测定的元素迁移和转化过程。

利用同位素技术研究土壤和植物中元素的迁移和转化，是1945年后和平利用核技术最早的范例之一。早期的应用主要包括人工添加放射性同位素，如 ^{32}P、^{14}C，或者稳定性同位素 ^{15}N，然后对植物组织或土壤组分进行分析，明确所添加的示踪核素的迁移转化过程（Noggle, 1951; FAO/IAEA, 1966）。这些方法至今依然十分有用（Frossard 和 Sinai, 1997; Di 等, 2000; IAEA, 2001）。同位素 ^{15}N 是农业生态系统研究中应用最早和最广泛的稳定性同位素，用于示踪肥料氮的迁移转化去向和有效性（Norman 和 Werkman, 1943; Hauck 和 Bremner, 1976）。虽然稳定性同位素的提取和分析成本比放射性同位素更高，但是由于缺少具有足够长半衰期的放射性氮素，因此早期的土壤和环境研究中通常使用稳定性同位素，如 ^{15}N。

在本章中，我们将重点介绍在自然丰度和人工富集丰度水平上如何运用稳定性同位素来研究土壤和环境的生物地球化学循环过程。本章重点介绍稳定性同位素，原因在于以下几方面。

（1）稳定性同位素，包含 ^2H、^{13}C、^{15}N、^{18}O、^{34}S 等，常用于研究农业生产力及农业对环境的影响。

（2）稳定性同位素可以在自然和人工富集水平上对元素的生物地球化学循环过程进行研究。

（3）应用人工富集水平的稳定性同位素时，不会像放射性同位素那样受到安全和监管制约。

（4）近年来稳定性同位素比质谱仪（IRMS）的发展使稳定性同位素的分析精度得以提高，且更方便研究者进行使用、开展相关的分析研究。

本章将重点阐述如何进行常规土壤组分的碳、氮同位素分析研究。

54.2 稳定同位素的命名、符号、标准和转换

在土壤和环境科学研究中常使用一些原子量小于 40 的轻元素，包括 H、C、N、O 和 S（见表 54.1），尽管其他一些具有稳定性的轻元素也有应用，如 Li、B、Si、Cl、He、Ne、Ar。这些元素的常见同位素的原子丰度范围为 95 atm%～99 atom%，部分同位素的丰度更高。稳定同位素的研究以测得的稀有同位素的丰度变化为基础。在进行人工示踪研究时，向研究体系（室内微型生态系统或野外试验点）中加入含有大量稀有同位素的示踪剂（例如，^{15}N 的原子丰度介于 10 atm%～90 atom%的尿素）后，人们发现研究体系的同位素丰度值通常会发生较大的跃变。人为控制同位素丰度的研究对特定假设具有更强的针对性，并可以揭示同位素在更小的时间和空间尺度上的迁移转化现象。由于天然同位素自然分离所导致的小跃变，通常将其用于研究大尺度上生物地球化学过程的综合效应。Robinson（2001）比较了人工富集丰度和自然丰度的 ^{15}N 研究技术的主要特征，并就如何区分自然 ^{15}N 是作为示踪剂，还是作为研究氮循环过程的综合因子进行了详细阐述。

表 54.1 广泛应用于土壤和环境科学研究中的稳定性同位素及其相对原子质量（u，g·mol^{-1}）和原子丰度值（atom %）

元素	同位素	原子质量（u）	相对丰度值（atom%）
氢	^{1}H	1.007 825 032	99.984 426
	^{2}H 或 D	2.014 101 778	0.015 574
碳	^{12}C	12.000 000 000	98.894 400
	^{13}C	13.003 354 838	1.105 600
氮	^{14}N	14.003 074 007	99.633 700
	^{15}N	15.000 108 970	0.366 300
氧	^{16}O	15.994 914 622	99.762 060
	^{17}O	16.999 131 500	0.037 900
	^{18}O	17.999 160 400	0.200 400
硫	^{32}S	31.972 070 730	95.039 570
	^{33}S	32.971 458 540	0.748 650
	^{34}S	33.967 866 870	4.197 190
	^{36}S	35.967 080 809	0.014 590

资料来源：2002 年弗吉尼亚州莱斯顿的美国内政部地质调查局 Coplen 等撰写的水资源调查报告 01-4222。

按照惯例，同位素丰度用摩尔分数或比率表示。在人工添加示踪剂的研究中，丰度值一般表示为原子百分比，即原子分数 F 乘以 100：

$$F = E_{稀}/E_{全} \approx E_{稀}/(E_{常} + E_{稀})；例如，^{13}C/(^{12}C + ^{13}C) \tag{54.1}$$

式中，$E_{稀}$ 是指元素 E 的稀有同位素的摩尔数，$E_{常}$ 是指元素 E 中丰度最大的同位素的摩尔数。富集原子百分比或者超量原子百分数（APE）定义为：人工富集同位素样本的原子百分比与基值或背景值之差：

$$APE = (F_{人} - F_{基}) \times 100 \tag{54.2}$$

由于同位素原子质量的差异，所以摩尔分数丰度 F 与质量分数丰度不同，造成同位素原子百分比（F）不同。同位素摩尔比率 R 的定义式如下：

$$R = E_{稀}/E_{常}；例如，^{13}C/^{12}C \tag{54.3}$$

因此，F 和 R 是相互关联的（两者为近似值。例如，相对于 ^{12}C 和 ^{13}C 而言，放射性同位素 ^{11}C 和

^{14}C 通常可以忽略不计），F 与 R 的关系如下：

$$R = F/(1-F) \text{ 和 } F = R/(R+1) \tag{54.4}$$

在自然丰度的研究中，我们想要知道 R 的微小变化，所以将研究样本的丰度值表示为相对于国际标准物的同位素比率的差值，用 δ 表示，其定义如下：

$$\delta_{样} = [(R_{样}/R_{标}) - 1] \times 1000 \tag{54.5}$$

式中，$R_{样}$ 为样本的同位素摩尔比率，$R_{标}$ 为国际标准物的同位素摩尔比率（见表 54.2）。因此，δ 值表示样品同位素比率与已知标准物同位素比率的相对千分差。根据定义可知，对于任意标准样品及与标准样品具有相同 R 的样品，其 δ 值都为 0。与标准物相比，富集稀有同位素样品的 δ 值为正，而贫化稀有同位素的样本的 δ 值为负。在进行元素分析时，可以根据表 54.2 中确定的国际标准物的 R 值，利用式（54.4）和式（54.5）将样本的 δ 值转换为同位素的摩尔比率或者摩尔分数。可以用下述公式将 δ 值转换为原子百分比（atom%）：

$$\text{atom\%} = 100 \times \{R_{标} \times [1 + (\delta/1000)]\}/[1 + R_{标} + (R_{标} \times \delta/1000)] \tag{54.6}$$

感兴趣的读者可以参考 Boutton（1991）和 Scrimgeour 和 Robinson（2004），从中可以找到更多关于计量单位及其转换方式的内容。

54.3 同位素比质谱仪的使用

在通常情况下，稳定性同位素的比率可以用电子轰击离子化的气体同位素比质谱仪（IRMS）测定。测定步骤如下：首先，分离待测样本（例如，原土、植物组织、溶质及环境气体中的氮）的组分，并将其转换为适用于同位素比质谱仪的气体状态（见表 54.2）。以碳为例，为了确定土壤中全碳的同位素组成（全碳、δ^{13}C），首先需要通过氧化将所有碳质组分（例如，碳酸盐、植物残体、芳香族化合物、脂肪族化合物及木炭）转化为 CO_2 气体。用同位素比质谱仪分析得到的质量，不是 12 和 13，而是 44 和 45，分别代表 $^{12}C^{16}O^{16}O$ 和 $^{13}C^{16}O^{16}O$ 分子的质量（见表 54.2）。

许多软件系统都可以将同位素比质谱仪的原始数据（每个分子离子的质量相对应的离子流）转换为待测元素的稀有同位素的 δ 值（例如，δ^{13}C），并且可以对具有相同质量的分子产生的干扰进行校正（例如，$^{12}C^{17}O^{16}O$ 和 $^{13}C^{16}O^{16}O$ 的质量都是 45，仅在同位素组成上有所不同）。关于校正 δ^{13}C 值的更多内容，详见 Craig（1957），Santrock 等（1985），或 Werner 和 Brand（2001）。根据同位素比质谱仪所用软件的不同，可能需要用户对 N_2O 等其他气体进行类似的校正。

同位素比质谱仪由以下几部分组成：一个真空系统、一个样本气体进气口、一个电离样本气体的离子源、一个加速室、一个用于分离分子离子（例如，$^{12}C^{16}O^{16}O^+$、$^{13}C^{16}O^{16}O^+$、$^{12}C^{18}O^{16}O^+$）的磁体，用于计量分子数的收集器（法拉第杯），以及一台用于设备控制、数据采集、数据存储和数据处理的电脑（可以将原始值转化为 δ 值，有时也可以用于计算元素浓度）。目前已经有人对同位素比质谱仪体系的配置和构成进行了综述（Brenna 等，1997；de Groot，2004）。

表 54.2 用 IRMS 对轻元素进行稳定性同位素分析时的气体及对应的质量、干扰质量测定的气体种类及对应的具有绝对同位素比率的国际标准物。用粗体标注的同位素为待测定的样品元素

元素	分析的气体	测定的质量	质量测定干扰因子	国际标准[a]
氢	H_2	2: $^1\mathbf{H}^1H$	3: $^1H^1H^1H$	V-SMOW
		3: $^2\mathbf{H}^1H$		$2R_{\text{V-SMOW}}=0.000\,155\,76$
碳	CO_2	44: $^{12}\mathbf{C}^{16}O^{16}O$	45: $^{12}C^{17}O^{16}O$	V-PDB
		45: $^{13}\mathbf{C}^{16}O^{16}O$		$13R_{\text{V-PDB}}=0.011\,237\,2$
氮	N_2	28: $^{14}\mathbf{N}^{14}N$		

（续表）

元素	分析的气体	测定的质量	质量测定干扰因子	国际标准 [a]
		29: $^{15}N^{14}N$		大气中的 N_2
		30: $^{15}N^{15}N$		$15R_{atmN2}=0.003\,676\,5$
	N_2O	44: $^{14}N^{14}N^{16}O$	45: $^{14}N^{14}N^{17}O$	
		45: $^{15}N^{14}N^{16}O$		
氧	CO_2	44: $^{12}C^{16}O^{16}O$	46: $^{13}C^{17}O^{16}O$;	V-SMOW
		46: $^{12}C^{18}O^{16}O$	46: $^{12}C^{17}O^{17}O$	$18R_{V\text{-}SMOW}=0.002\,005\,20$
	CO	28: $^{12}C^{16}O$	30: $^{13}C^{17}O$	或
		30: $^{12}C^{18}O$		V-PDB
	N_2O	44: $^{14}N^{14}N^{16}O$	46: $^{15}N^{15}N^{16}O$;	$18R_{V\text{-}PDB}=0.002\,067\,1$
		46: $^{14}N^{14}N^{18}O$	46: $^{15}N^{14}N^{17}O$	
硫	SO_2	64: $^{32}S^{16}O^{16}O$	66: $^{32}S^{18}O^{16}O$;	V-CDT
		66: $^{34}S^{16}O^{16}O$	66: $^{33}S^{17}O^{16}O$;	$34R_{V\text{-}CDT}=0.045\,004\,5$
			66: $^{32}S^{17}O^{17}O$	

aV-SMOW，维也纳标准平均海洋水；V-PDB，维也纳标准拟箭石；V-CDT，维也纳标准迪亚布洛峡谷陨硫铁；R，每一种元素的稀有同位素与最大丰度同位素的摩尔比率（即 $2R = {}^2H/{}^1H$，$13R = {}^{13}C/{}^{12}C$，$15R = {}^{15}N/{}^{14}N$，$18R = {}^{18}O/{}^{16}O$，$34R = {}^{34}S/{}^{32}S$）。

充分研磨破碎的植物组织或一小瓶土壤空气等样本中某个元素的稳定性同位素比率可以用连续流动同位素比质谱仪或双通路同位素比质谱仪进行测定。尽管还有许多其他技术（例如，光学发射光谱法、红外光谱法、四级质量分析器）可用，但我们将在本章中重点介绍连续流动同位素比质谱仪（Continuous Flow-IRMS，CF-IRMS）。用双通路同位素比质谱仪的脱机程序可以将样品中的各组分转化成适当的气体，样品的制备和转化与随后的同位素分析过程相对独立。连续流动同位素比质谱仪是使用各种前端预处理装置将样本进行分离、净化，并将其转化为能够进入一种连续转运的气流（通常使用氦气流作为载气），进而进入同位素比质谱仪进行分析。图 54.1 列出了连续流动同位素比质谱仪系统的主要部件。

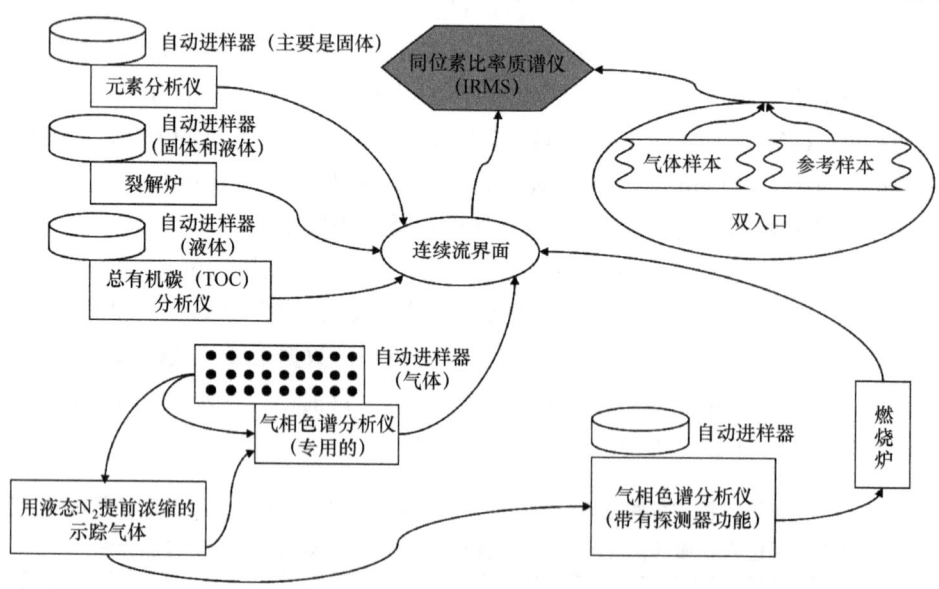

图 54.1 利用连续流动同位素比质谱仪（CF-IRMS）对环境中样品的稳定性同位素进行分析所用的各种前端预处理设备或双路进样设备配置示意图。专用于 CF-IRMS 的基础气相色谱分析仪（GC）可以区分无机气体，如 CO_2。而一些装有各种探测器的全功能气相色谱分析仪经常用于区分有机气体成分，这些气体被氧化成 CO_2 后可以用于特定化合物中 ^{13}C 的分析。大多数 CF-IRMS 体系很少包含超过三个的预处理装置（有时包含一个双路装置）

预处理装置不仅可以通过燃烧（高温氧化）或者高温分解（热解）将固体或液体样品转化为气体样品，还可以分离、纯化和浓缩气态或液体样品。元素分析仪可以用于测定碳、氮、硫的同位素比率，而裂解炉则可以用于测定氢、氧的同位素比率（Gehre 和 Strauch，2003）。诸如氧化亚氮等微量气体需要提前进行浓缩处理，以便增加其在同位素比质谱仪中的信号强度。正如 Brand（1995）所说，这些过程都需要借助脱机技术或者使用联机的外围设备才能够完成。而气相色谱分析仪（GC）可以用于分离及分析混合气体。根据需要分析的化合物的不同组分，在对特定有机化合物进行同位素分析（CSIA）时，可能需要在气相色谱柱之后放置一个燃烧氧化炉。感兴趣的读者可以参考 Hayes 等（1989）、Brand 等（1994）、Meier-Augenstein（1999a，b）、Whiticar 和 Snowdon（1999）或 Glaser（2005）的著作，以便获取更多关于气相色谱仪在同位素比质谱仪中使用的详细内容。为了测定溶解态的不同种类碳（有机和无机）的 $\delta^{13}C$ 值，需要以连续流的形式将总有机碳（TOC）液体分析仪与同位素比质谱仪连接（St-Jean，2003）。

54.4 样品制备及分析

在本章中，我们将重点介绍包括固体土壤样品、土壤液体提取物和土壤气体在内的土壤中碳、氮、氧同位素的测定。Teece 和 Fogel（2004）最近对利用同位素分析来理解生态问题所涉及的关于收集和存储生物材料的方法进行了综述。Mayer 和 Krouse（2004）介绍了硫的同位素的样品制备及分析方法。Scrimgeour（1995）就土壤-植物系统中水的同位素组成的研究方法进行了讨论。许多关于同位素技术的实用信息及其在土壤和环境科学研究中的应用可以查阅最近的国际原子能机构手册（IAEA 2001）。

对于所有同位素分析研究，必须在样品制备期间将样品中待测元素的所有同位素完全转化为适用于同位素比质谱仪的气体样本，并且避免元素受到污染。同位素转化不完全或受到污染都有可能改变同位素的组成而改变实验结果，这种干扰在同位素的自然丰度研究中尤为显著（Robinson，2001）。

最终样品的同位素组成用相对于国际基本标准物的结果表示，例如，$\delta^{13}C$ 的标准物为 V-PDB（见表 54.2）。连续流动同位素比质谱仪系统要求从加压筒中导入参照气体样品进行比对。因此，由不同样品制备装置（例如，元素分析仪）制备的样品气体就可以与一个统一的参照气体样品进行比对，而且该方法还可以对同位素比质谱仪的性能进行独立评估。已知 δ 值的标准物也被列入分析序列中用以判定样品制备及整体分析的质量（Coplen 等，2002）。感兴趣的读者可以从 Werner 和 Brand（2001）的文章中获得更多关于同位素比质谱仪设置参照的技术与方法。

基础参照物质是已经进行过充分确定的矿物质或化学物质（例如，碳酸盐、硝酸盐、蔗糖），并且由各种机构（例如，IAEA 2004）制备和认证。二级标准物，例如，根据国际认证标准进行标定的土壤或植物材料，通常用于校正常规分析结果。在理想条件下，这些二级标准物应该与样品具有相似的背景基质及化学组成（Jardine 和 Cunjak，2005）。为此，对于那些开展与土壤和植物研究相关的同位素比质谱仪实验室，作者鼓励他们对那些广泛分布且在一定的程度上有确定的总碳和总氮含量的土壤与植物样品进行标定。天然基质材料中碳、氮同位素的值也可以从供应商处获取（例如，英国德文郡奥克汉顿镇的元素分析公司）。

在利用连续流动同位素比质谱仪分析土壤和植物样品中的 $\delta^{15}N$ 或者 $\delta^{13}C$ 时，需要通过调整样品和标准物的重量使每次进样都具有相近的氮或碳含量。这就意味着需要将少许氮、碳含量较高的纯化学标准物与植物和土壤样品混合。虽然样品重量的不定性不会显著影响同位素的测量，但是会影响到碳、氮含量的测定。当每次进样都具有相似的待测元素含量，而且背景样品的基质也具有可比性时，分析条件会更加一致。

54.4.1 土壤有机质中 $\delta^{13}C$ 值的测定

因为许多土壤中碳酸盐的 $\delta^{13}C$ 值（原生碳酸盐的 $\delta^{13}C$ 值约为 0）远高于有机质中的 $\delta^{13}C$，所以分析测定土壤有机质中的 ^{13}C 时必须去除其中的无机碳。将称重后的样品放入银样杯中进行轻度酸化可以有效地去除样品中的无机碳，之后再将其放入与同位素比质谱仪耦联的元素分析仪中进行燃烧。这种方法已经广泛用于海洋沉积物的研究中（Nieuwenhuize 等，1994；Ryba 和 Burgess，2002），也可以用于土壤有机 ^{13}C 的分析。因为有机碳的浓度取决于酸化前样品的重量，因此在酸化过程中样品重量的变化可以忽略。酸化后残留在土壤样品中的碳包括可溶性和细小颗粒组分的有机态及木炭类物质。

根据预测的土壤有机碳含量及仪器的敏感度，通常称取 10~70 mg 土壤样品置于银样杯中。当样品中碳、氮的含量很低时，则称样量需要相应增加，以便使每次进入元素分析仪的样品中碳、氮的数量相近。假设有机体的碳氮比约为 10，基于样品全氮、全碳含量的已知信息，酸化过程中去除的无机碳数量可以根据全碳量减去 10 倍全氮量来估算。例如，全氮和全碳含量分别为 0.10% 和 3.00% 的 50 mg 土壤样品，其预估的无机碳含量约为 2%（也就是 1 mg）。如果假设这 1 mg 无机碳以碳酸钙的形式存在，那么至少需要添加 28 μL 6 mol L^{-1} 盐酸溶液，使碳酸盐以 CO_2 的形式释放出来（如果是 50 mg 纯碳酸钙，那么至少需要 167 μL 6 mol L^{-1} 盐酸溶液）。

通常用微量移液管向每个样品杯中分别添加 50~80 μL 6 mol L^{-1} 盐酸溶液。在实际操作过程中需要将盐酸溶液等分成 5~10 μL 的小份（样品活性越高则每份盐酸溶液的量越少），分次添加到 50 孔支架的每个样杯中，直至加够一定量的盐酸溶液。部分研究者倾向于采用全自动的酸化过程，将样品放置在封闭式干燥器中数小时，使盐酸蒸汽扩散到已经称重的湿样中（Harris 等，2001），但盐酸与土壤中无机碳反应产生的气泡外溢会阻碍这种轻度的酸化过程。作者更倾向于直接将盐酸溶液添加到试样中，因为这样可以根据反应时气泡产生的强烈程度调整盐酸溶液的添加速率，并且可以时刻观测和发现发生气泡溢流的样杯，从而舍弃发生溢流的样品，并根据需要重新酸化新样品。为了更好地盛装样品并减少酸化过程中的溢流现象，通常使用壁高 11 mm，直径 8 mm 的银样杯，并将其放在一个可以容纳 50 个小杯的丙烯酸支架上进行样品的酸化及干燥。

所加入的盐酸总量需要至少能够与样品中两倍预期量的无机碳进行充分反应。添加超出反应所需要的盐酸溶液是为了使整个样品完全浸湿并与盐酸充分反应。如果银杯中所盛样品的无机碳含量大于 0.5 mg（例如，富含碳酸盐的底层土壤），就需要在加入约 80 μL 的盐酸后对样品进行干燥，以便去除多余的水分，然后再逐次添加 10 μL 的盐酸以便确保样品完全被酸化（但添加的盐酸总量很少超过 240 μL）。在样杯折边封闭前需要将其置于 65℃、20 kPa 的真空炉中干燥约 16 h，以便去除水分及未反应的盐酸。干燥后应该立即将样杯折边封闭并进行分析，或者将其存储于干燥器中。否则，由于盐酸与土壤中碳酸盐反应后生成的 $CaCl_2$ 具有吸湿性，会导致钙质土壤样品吸收空气中的水分，从而影响测定结果。

使用银样杯时，元素分析仪必须合理装配（足够高的温度、适当的氧气量），确保样品中的碳能够燃烧完全，但在使用锡样杯时，要确保不会产生放热反应（锡样杯会被盐酸腐蚀，不能盛装酸化的样品）。由于银杯在燃烧管中不能彻底分解，产生的残渣会迅速堆积，因此必须及时去除残留物以便保证样品中的碳燃烧完全。为了避免碳酸盐的非意料损失，在自动进样器旋转架开始装样前，用于校准元素分析仪的未酸化的样品要与已经酸化的样品分开。

54.4.2 测定土壤全 $\delta^{13}C$ 值和全 $\delta^{15}N$ 值

土壤中全 $\delta^{13}C$ 和全 $\delta^{15}N$ 的分析测定很简单，其步骤如下：称取研磨好的土壤样品（一般 5~50 mg）

置于锡杯中，然后放入与同位素比质谱仪耦联的元素分析仪中进行燃烧。通常情况下碳和氮同位素可以在一次进样中同时测定（通过同位素比质谱仪瞬时从质量 28、29 和 30 到 44、45 与 46 发生峰值跃变）。但这个过程需要利用处于元素分析仪-稳定同位素比质谱仪的接口处的自动氦气稀释仪将 CO_2 进行稀释，使其处于可以测定的范围，并使其他参数优化处于适合测定 N_2 的范围。在大多数情况下碳、氮的同位素比值需要分别进行测定，但是元素分析仪的热传导检测器可以一次同时测定两种元素的浓度。因此，碳、氮两种元素的浓度和其中一种元素的同位素比值可以在无须稀释或测定峰值跃变的情况下同时进行测定。然而，由于酸化会降低氮素测定的准确度及精确度（Harris 等，2001；Ryba 和 Burgess，2002），所以测定土壤全氮含量（和 $δ^{15}N$）时最好用未酸化的土壤样品。当主要研究对象为土壤有机 ^{13}C 时，可以单独使用元素分析仪分析未酸化的样品来得到全氮、全碳含量，然后利用连续流动同位素比质谱仪分析酸化的样品来确定有机碳含量和 $δ^{13}C$ 值。

Baccanti 等（1993）对利用闪速燃烧测定碳、氮元素所需的主要条件进行了综述，其内容包括以下几方面。

（1）适当的氧气供给量，既能保证样品氧化完全又不会过度消耗用于将 N、NO_2 及 N_2O 还原成 N_2 的铜，这样可以保证能够回收样品中全部的氮，并可以在 CO_2 测定期间避免与 CO_2 相同质量的 N_2O 的干扰。

（2）完全无泄漏的自动进样器，以便避免空气中的 N_2 及其他气体的影响。

（3）及时清理反应产生的残渣，以便保证高温区域的燃烧反应。

（4）要维持整个系统（尤其是高氯酸镁脱水器）中的载气流通畅。相较于土壤样品，有时可以通过减少样品量或者增加氧气供给量的方法来测定植物组织中的碳、氮含量。比如，当植物样品称样量为 5～10 mg 时，气压设置为 200 kPa，氧气量约为 15 mL；土壤样品称样量为 25～75 mg，气压设置为 200 kPa，氧气量约为 10 mL。

由于很多碳酸盐矿物的热稳定性比大多数有机物的热稳定性好，所以当存在碳酸盐时必须合理配置元素分析仪，以便保证碳酸盐彻底转化为 CO_2。当测定碳酸盐含量高而氮含量低（即 C/N>20）的深层土壤的 $δ^{15}N$ 值时，通常需要添加碱石灰去除燃烧过程中排放的 CO_2，否则，CO_2 在同位素比质谱仪的离子源中分解会产生的 CO，可能会影响质量为 28、29、30 对应的粒子测定（见表 54.2）。当 C/N 比较小（20 以下）时，N_2 和 CO_2 的峰值就极易分辨，CO 的干扰作用可以忽略不计。

54.4.3 铵盐中 $δ^{15}N$ 值和硝酸盐中 $δ^{15}N$ 值、$δ^{18}O$ 值的测定

测定铵盐（NH_4^+）和硝酸盐（NO_3^-）中 $δ^{15}N$ 的方法有很多，首先通常需要将硝酸盐和亚硝酸盐分离并用化学方法将其还原为 NH_4^+，之后的分析过程与 NH_4^+ 的分析过程一致。这些方法包括蒸汽蒸馏法、扩散技术和阳离子交换树脂吸附技术。扩散技术已经广泛应用于包括水文学在内的土壤和环境科学研究中。通过提高样品的 pH 值可以将溶液中的 NH_4^+ 转化为 NH_3，其可扩散至酸性的捕获器并在干燥后沉淀（例如，被 H_2SO_4 捕获后可以以 $(NH_4)_2SO_4$ 的形式沉淀）。之后将沉淀物密封在锡样杯中，通过与连续流动同位素比质谱仪耦合的元素分析仪测定 $δ^{15}N$ 值。Sebilo 等（2004）提出了一个利用氨扩散法测定 NH_4^+ 和 NO_3^- 中的 $δ^{15}N$ 值的技术。但要注意扩散技术不能测定 NO_3^- 中的 $δ^{18}O$。

Kohl 等（1971）是最早开始测试氮同位素是否可以用来判定地表水中溶解氮来源的研究者之一。他们的文章引发了学术界对于利用 $δ^{15}N$ 的自然丰度来研究农业氮素动态变化的利与弊的深刻讨论。然而，由于各个来源的 $δ^{15}N$ 值会发生重叠，同时多种氮素之间的转换会造成同位素分离，使原始氮来源的特征信号变得更加模糊（Kendall，1998），因此单独使用 $δ^{15}N$ 值不能辨别硝酸盐的来源。这个难题在 Amberger

和 Schmidt（1987）提出测定硝酸盐中 $\delta^{18}O$ 值的新技术后得以解决，从而能够清楚地区分硝酸盐的来源。$\delta^{18}O$ 值与 $\delta^{15}N$ 值的结合很少用于土壤-植物研究，但其已经被广泛应用于水文学研究，以便评估硝酸盐的来源及转化（Aravena 等，1993；Durka 等，1994；Wassenaar 等，1995；Chang 等，2002；Rock 和 Mayer，2002，2004）。土壤硝态氮来源有多种，例如，土壤有机氮的矿化、无机肥、有机改良剂和大气沉降物等。因此，$\delta^{15}N$ 值和 $\delta^{18}O$ 值的结合使用可能会成为阐明土壤氮的来源和转换的强有力工具（Högberg，1997）。例如，在氮固定和再矿化程度最小的冬天，Mengis 等（2001）采用双同位素技术示踪农业土壤中施肥产生的硝酸盐。

目前，确定硝酸盐中 $\delta^{18}O$ 值（$\delta^{18}O_{硝}$）的常用方法是以阴离子交换树脂提取水溶液中的 NO_3^-，然后将提取出的 NO_3^- 与氧化银（Ag_2O）反应生成 $AgNO_3$。采用将裂解炉或元素分析仪与连续流动同位素比质谱仪联用，将硝酸银沉淀物包裹在银样杯中，经过热解作用转化为 CO 以便测定 $\delta^{18}O_{硝}$；将沉淀物包裹在锡杯中，用杜马斯氮法将其转化成 N_2 以便测定 $\delta^{15}N_{硝}$（Silva 等，2000）。由于高盐浓度会阻碍离子交换过程，所以这种方法不能直接应用于含盐度较高的溶液，例如，2 M KCl 土壤浸提液。但 2002 年 Casciotti 等发明的针对于海水研究的方法可以测定土壤浸提硝酸盐液中的 $\delta^{18}O$ 值和 $\delta^{15}N$ 值（Rock 和 Ellert，2007）。该方法是利用一种缺乏氧化亚氮还原酶的细菌将 NO_3^- 还原为氧化亚氮（N_2O），所以该方法不会进一步将 N_2O 还原为 N_2。这样就可以根据所得 N_2O 中的氮、氧同位素的组成来获取硝酸盐中的 $\delta^{18}O$ 和 $\delta^{15}N$ 值。

54.4.4 N_2O 中 $\delta^{18}O$ 值和 $\delta^{15}N$ 值的测定

因为在多数环境空气样品中，CH_4 和 N_2O 等微量气体的浓度很低（<10 ppmv），所以在用连续流动比质谱仪进行同位素测定前需要去除其他气体的影响并将微量气体浓缩。为了测定从土壤气体采样器及地上气体中收集的 N_2O 中的 $\delta^{18}O$ 值和 $\delta^{15}N$ 值，需要将低温预浓缩系统（PreCon，Brand，1995）与毛细管气相色谱和同位素比质谱仪耦合使用。同位素比质谱仪测得的质量为 44、45、45（见表 54.2）。此外，必须对原始 δ 值进行适当修正来消除质量干扰（Inoue 和 Mook，1994；Brand，1995）。

目前原位收集用于 N_2O 同位素分析的土壤气体和地上气体的方法有很多（van Groenigen 等，2005）。将土壤气体取样管水平插入未受扰动的土壤中收集气体样品，可以避免取样器在垂直方向上的质量流动。用毛细管（0.254 mm 内径×100 mm 长）将体积为 230 mL 的不锈钢真空瓶与取样器连接到一起，然后收集两个小时内的土壤气体样品。根据连续流动同位素比质谱仪的敏感程度不同，当 N_2O 的浓度≤4 ppmv 时，同位素比质谱仪分析所需的样品体积一般为 230 mL。当 N_2O 的浓度≥24 ppmv 时，所需的样品体积为 10 mL。

除了分析 N_2O 中的 $\delta^{15}N$ 和 $\delta^{18}O$ 值，由于 N_2O 分子具有非对称线性结构，所以也可以用各种光谱技术来确定 N_2O 中某个具体同位素的 $\delta^{15}N$ 值（$^{15}N^{14}N^{16}O$ 中的 $\delta^{15}N^{\beta}$ 和 $^{14}N^{15}N^{16}O$ 的 $\delta^{15}N^{\alpha}$）（Brenninkmeijer 和 Röckmann，1999；Toyoda 和 Yoshida，1999）。同位素异构体（即同位素的同分异构体）指各同位素原子数相同但位置不同的分子结构。虽然不能明确证明 N_2O 的来源（Schmidt 等，2004），但是除了 $\delta^{15}N$ 和 $\delta^{18}O$ 值，测定同位素异构体也有助于进一步地解释硝化和反硝化作用对土壤中 N_2O 形成的贡献（Pérez，2005）。如果想要有效地管理土壤以便减少 N_2O 气体的排放，那么阐明 N_2O 的来源是关键，因为从农业系统中排放的温室气体中绝大部分为 N_2O。

54.5 轻同位素的应用与计算

多年来稳定同位素技术在土壤和环境科学研究中的主要应用是使用富含 ^{15}N 的肥料来评估所施用氮

素的去向，后来其应用扩大到氮的其他转化途径，包括生物固氮、反硝化、矿化-固定转化过程（Högberg 等，1997）。目前，稳定同位素的应用已经不仅仅局限于^{15}N，而是囊括了一系列人工添加的和自然水平上的不同元素的同位素。当基于元素自然丰度进行研究时，我们必须认识到氮的某些转化过程（例如，氨挥发、反硝化作用）可能会引起显著的同位素分离现象，而其他转化过程（例如，氮的固定、淋溶）则基本不会引起分离。关于影响氮循环过程的富集与分离因素可以参考 Robinson（2001）和 Bedard-Haughn 等（2003）的研究。此外，人们逐渐认识到土壤只是生态系统的一个组成部分，因此除了利用稳定同位素研究元素在土壤内部的转化，稳定同位素技术已经用于研究元素如何从土壤转移到生态系统其他的组分（植物、动物、水和空气）中去。目前，已经有多本利用稳定同位素技术研究生态系统中的元素运移、转化原理及应用的著作（Coleman 和 Fry，1991；Lajtha 和 Michener，1994；Sala 等，2000；Unkovich 等，2001；de Groot，2004；Fry，2006；Sharp，2007）出版。本章只介绍三种较为普遍的稳定同位素应用。

54.5.1 由植被引起的土壤有机物 $\delta^{13}C$ 值的转变

在土壤研究过程中，自然丰度 ^{13}C 主要用于估算不同来源的各种同位素对土壤有机质的贡献率（Balesdent 和 Mariotti，1996）。首先，我们可以近似地假设 ^{13}C 在分解过程中的分离可以忽略不计，因此土壤的碳输入与有机质的积累具有相同的 $\delta^{13}C$ 值（即同位素在土壤的碳输入与有机质库之间处于平衡状态）。如果碳输入的 $\delta^{13}C$ 丰度发生改变，那么这种投入转变为土壤有机质或再分解为 CO_2 的量，可以根据土壤有机物质库中 ^{13}C 丰度的改变来估算。

影响 ^{13}C 丰度变化的最主要原因是植物通过 C3 或 C4 光合作用途径对土壤碳的输入比例不同。由于羧化酶（C3 途径的 rubisco 羧化酶及 C4 途径的 PEP 羧化酶）对 CO_2 的亲和力存在差异，所以 C3 植物对大气中 $^{13}CO_2$ 的亲和力远低于 C4 植物。因此，C3 植物的 $\delta^{13}C$ 值一般介于-30‰～-25‰，而 C4 植物的 $\delta^{13}C$ 值范围则介于-15‰～-13‰。

将土地上的原有植被（C3 森林、C3 草原、C4 草原或热带稀树草原等）清除，并种上与之光合途径不同的植被后，植物的 ^{13}C 输入量会因为植被类型的改变而发生改变。在这种情况下，可以利用初级同位素混合模型估计不同植被类型对土壤有机碳的贡献率（即原有植被和新种植的具有不同同位素含量的植被，如图 54.2 所示）。δ 值和 F 值（即原子分数）近似存在线性关系，这条混合线的斜率为 $1/(\delta_{C4}-\delta_{C3})$，截距为 $\delta_{C3}/(\delta_{C4}-\delta_{C3})$，其中 δ_{C3} 和 δ_{C4} 分别代表 C3（-28‰）和 C4（-14‰）植物的 $\delta^{13}C$ 值。通过图 54.2 中混合线的斜率可知，土壤有机质中的 $\delta^{13}C$ 值每增加 1‰，来自 C4 植物的贡献率就会增加约 7%。

通过区分不同同位素的土壤碳输入（图 54.2 中 y 轴代表的 p_{C4}）和土壤中本身存在的碳（$1-p_{C4}$）对土壤有机质的贡献率，可以为了解碳循环过程提供非常有用的信息。p_{C4} 随时间的变化可以表明新添加碳的积累和原始碳的存留之间的动态变化过程（Balesdent 和 Mariotti，1996）。根据土壤有机碳的含量（可以用一定的土壤深度的含碳量 $Mg \cdot C \cdot ha^{-1}$ 或用容重校正后的质量表示，见第 3 章）及其 $\delta^{13}C$ 值，在植物 ^{13}C 输入发生转变后引起的土壤原有有机碳在各个时期的存留量可用土壤有机碳值乘以（$1-p_{C4}$）计算得出。举一个简单的例子，一阶衰减模型可以用来拟合在某个连续时间段内原始碳的存留量（$C_t=C_0e^{-kt}$，其中 C_t 指时间为 t 时原有碳的量，C_0 指 ^{13}C 输入转变开始前的碳量，k 值是一阶衰减系数）。土壤原有机质的 k 值、半衰期（$\ln 2/k$）、全衰期（$1/k$）值都可以用 $k=(\ln C_0 - \ln C_t)/t$ 计算。Amundson 和 Baisden（2000）对土壤有机质的同位素模型进行了更深入的探讨。

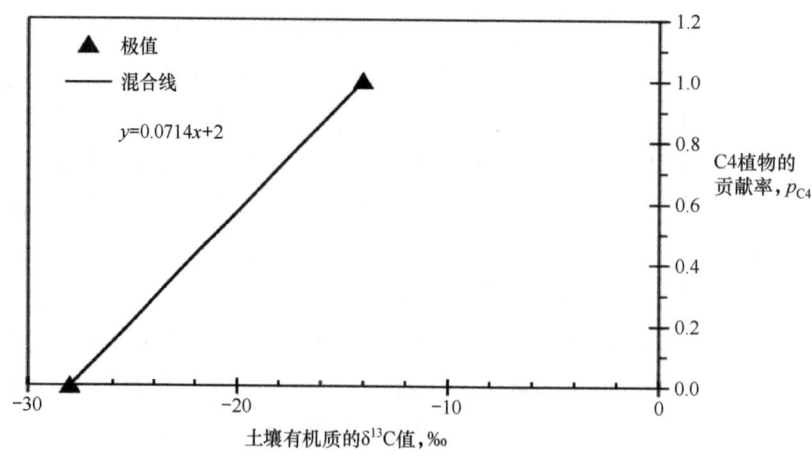

图 54.2　估算 C3、C4 植物对土壤有机质贡献率的初级同位素混合模型

上述多种同位素区分方法已经被广泛用于不同环境下的研究中。通常会对严格成对匹配的地点在同一时间收集的样品进行比较分析，采样点包括一个条件不变的参比点及一个或多个几年内 ^{13}C 输入不断变化的实验点（即以空间上的比较代替时间序列）。一般情况下，由于植被变化引起的土壤有机质同位素的变化小于 C3 和 C4 植物间 14‰的同位素差值，因此土壤有机质来源的分辨率会相应下降。要想使用这种研究方法则需要满足以下几个假设：植物 ^{13}C 的均匀输入、不同土层和土壤组分中有机质的 ^{13}C 丰度不同、有机质的分解与同位素的改变相关。例如，植物碳的 $\delta^{13}C$ 值（尤其是 C3 植物）通常随着季节、水分有效性、盐碱度和施氮量的变化而变化（Jenkinson 等，1995；Shaheen 和 Hood-Nowotny，2005）。生物合成引起的同位素分离会导致不同化学组分中 ^{13}C 极显著的不均匀分布（Hayes，2001）。相较于碳水化合物，木质素及脂类的 $\delta^{13}C$ 值会贫化 3‰~6‰，且呈现出不同的衰减率。碎屑物质的呼吸作用会使残留的 ^{13}C 增加，而这个增加量可以与木质素的缓慢降解造成的贫化相互抵消，因此 Balesdent 和 Mariotti（1996）提出短期（2~10 年）的有机物降解过程中的同位素分离现象可以忽略不计。然而，在长期的降解过程中，由碎屑物质循环产生的影响会占据主导作用，此时有机质的分解会增加土壤残存有机质的 $\delta^{13}C$ 值。因此，土壤剖面中的有机质的 $\delta^{13}C$ 值通常从表层到深层呈增加趋势（由 1‰增加至 3‰），因为表层土壤中主要存在新输入的植物碳，而底层土壤中含有许多已经高度分解及不易分解的有机质（Boutton，1991；Accoeet 等，2002）。

从理论上来讲，$n+1$ 种不同源的贡献率可以用 n 种不同的同位素示踪剂（例如，$\delta^{13}C$、$\delta^{15}N$、$\delta^{18}O$、$\delta^{34}S$）计算。然而，在实际情况中每种贡献源的同位素组成不明晰，而且潜在源的数量可能会比可以利用的同位素示踪剂的数量多一个以上。通常假设贡献源（例如，C3、C4 植物）同位素组成的变异性对于所要区分的库（例如，土壤有机碳）而言可以忽略不计。Phillips 及其同事（Phillips 和 Gregg，2001，2003；Phillips 等，2005）讨论了区分源时所要面临的不确定性，而且对源数量过多（$>n+1$）的系统，他们评估了源聚合作用产生的影响，并给出了计算贡献率分布的可行算法（编写本文时，IsoError 和 IsoSource 软件可以从 http://www.epa.gov/wed/pages/models.htm 下载）。

54.5.2　富 ^{15}N 肥的足迹

许多综述中都提到用田间施入 ^{15}N 的方法来研究陆地生态系统中的氮循环过程（Hauck 和 Bremner，1976；Di 等，2000；Bedard 等，2003）。确定某些氮库（例如，植物氮、土壤有机氮、土壤无机氮、挥发性氮）中的自然氮素和人为添加的富 ^{15}N 肥料的贡献率的基本方法与划分 C3、C4 植被对土壤的有机质贡献率的方法类似（见 54.5.1）。在富集试验中，我们用 APE 代替 δ 值，因为自然氮素的 APE 值为 0，从原点出发的混合线就表示富集氮源的贡献率（$p_{富}$），斜率为富集氮源 APE 的倒数（即，$p_{富}$=APE$_{样}$×1/APE$_{富}$）。通常用生长季生产的植物干物质中富集氮源的比例来估计肥料利用率（IAEA，2001）。首先，可以通过收获及植物组织分析得到单位面积的总植物氮产量，然后可以用这个值和 $p_{富}$ 的乘积来估计单位面积作物从肥料中获得的氮量，最后可以用单位面积作物从肥料中获得的氮量除以施氮量来估算氮肥的利用率。

目前，已经有一些更为复杂的利用富 ^{15}N 肥来研究氮循环的方法。Stark（2000）将这些方法分为三类：同位素示踪技术、同位素稀释技术和同位素数字模型求解技术。上一段提到的肥料利用率的估算方法可以归结为同位素示踪技术，其目的是研究元素在不同库中的转移（例如，从施入的氮肥到植物氮）。目前，已经有人对这种估算方法的优缺点及各种假设进行了论述（Hauck 和 Bremner，1976；Stark，2000）。值得注意的是，在氮的固定-矿化转换过程中，富 ^{15}N 肥中的 ^{15}N 会替代土壤中不同氮库中的氮，从而使氮素循环过程更难以解释（Jansson 和 Persson，1982；Jenkinson 等，1985）。富 ^{15}N 肥料会被固定并替代未标记的氮，因此土壤无机氮（易被植物直接吸收的无机氮）中含有的 ^{15}N 比没有发生氮库替换的土壤少。因为富 ^{15}N 试剂价格昂贵，所以在研究过程中一般仅少量施用，为了获得具有代表性的样品并使同位素分布均匀，通常采用某种形式的微区试验以便限制 ^{15}N 的侧向扩散（Follett，2001）。

同位素稀释法通常用已知数量的同位素对库进行标记，然后经过一个预定的平衡期后对氮库容量及同位素的丰度进行测定。由于同位素质量守恒，所以同位素稀释技术测定的是整个平衡库中同位素的含量，而不是未从土壤中分离出来的那部分。因此，平衡期内同位素被稀释的程度可以反映示踪剂所能扩散达到的整个库的库容量（Di 等，2000）。Kirkham 和 Bartholomew（1954，1955）提出了一系列方程来描述加入土壤的富 ^{15}N 肥料中 ^{15}N 的交换及后续的转化过程，这些方程为近期研究氮素矿化和固定总速率的工作奠定了基础。

54.5.3 未知源中 δ^{15}N 值的确定

在某些情况下，同位素的自然丰度可以用来鉴别一些未知的同位素源，确定这些未知源对某个特定生物地球化学库的贡献。同样，在此再次强调，研究者必须留意同位素（尤其是土壤氮）在转移和转化过程中发生同位素分离的可能性，这会使同位素的来源与去向更加难以解释（Shearer 和 Kohl，1993）。

随着距离集约化经营的畜牧厂的距离逐渐靠近，植物叶片中总氮的 δ^{15}N 值（δ^{15}N$_{叶}$）逐渐减小，而叶片中的氮浓度会逐渐增加（见图 54.3）。研究所用样叶来源于统一种植在相同盆栽土壤中的标准植物，促使叶片氮含量增加的氮源假设来自集约化畜牧厂排放的氨气。随着叶片氮含量的增加，δ^{15}N 值发生了改变，这表明各氮源的同位素含量不一致，而且各氮源的 δ^{15}N 值可以估算。测得的叶片 δ^{15}N 值与其氮含量的倒数可能呈线性关系（见图 54.3），具体方程如下：

$$\delta^{15}N_{叶}=斜率×(1/N_{叶})+截距 \tag{54.7}$$

其中，直线的截距可以用来估计未知氮源的 δ^{15}N 值。如果 δ 值代表同位素的简单混合，那么 δ 值和氮浓度的倒数之间就是一条直线。但是，如果元素浓度的增加引发同位素分离，那么二者之间的关系将会变成曲线（Kendall 和 Caldwell，1998）。反之，如果已知氮源和植物叶片总氮的 δ^{15}N 值并且没有外源氮输入，就可以用 54.5.1 所述的同位素划分方法，通过与畜牧厂的距离来估算氮源的相对贡献率。此外，Shearer 和 Kohl（1993）也提出如下计算公式：%N$_{未知}$=（δ^{15}N$_{已知}$−δ^{15}N$_{测}$）/（δ^{15}N$_{已知}$−δ^{15}N$_{未知}$）。其中%N$_{未知}$指未知氮源（δ^{15}N$_{未知}$）的贡献率（例如，畜牧厂释放的氨气）；δ^{15}N$_{已知}$为已知氮源的贡献率（例如，土壤中的初始氮）；δ^{15}N$_{测}$为测得的贡献率（例如，测得的由于未知氮输入而受到影响的植物或土壤的 δ^{15}N）。

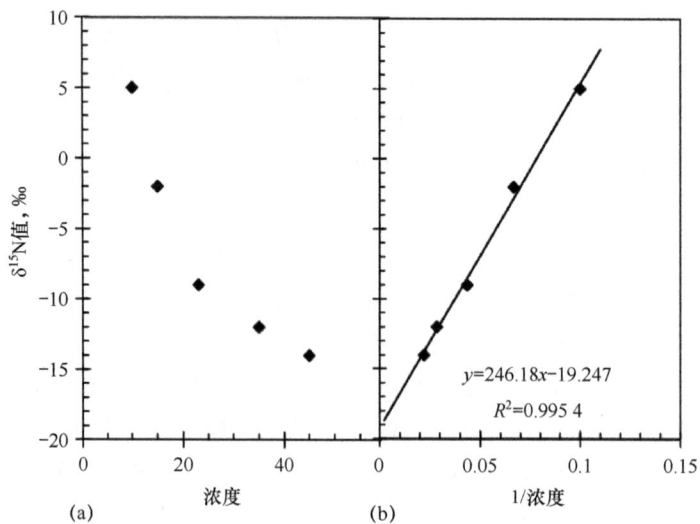

图 54.3　盆栽植物叶片的 $\delta^{15}N$ 值随（a）总氮浓度（任意单位）和（b）总氮浓度倒数的可能变化关系图。
（b）图中 y 轴的截距可以估算引起总氮浓度增加的同时使叶片 $\delta^{15}N$ 降低的氮源的 $\delta^{15}N$ 值

类似的方法已经广泛应用于生态系统呼吸作用的研究。在这些研究中，可以随着空气 CO_2 浓度的增加收集一系列空气样品，并测定其 CO_2 浓度，然后将这些 CO_2 浓度的倒数与 δ 值的关系以数据图来表示，从而可以估算出土壤呼吸作用产生的 CO_2 的 $\delta^{13}C$ 值（Keeling，1958，1961；Flanagan，和 Ehleringer，1998）。土壤 CO_2 扩散过程中发生的同位素分离可能需要进行校正。

54.6　关于稳定性同位素在环境研究中应用的说明

用于测定轻元素的连续流动同位素比质谱仪的不断发展使研究人员能够更加方便地利用稳定性同位素进行研究分析。自动化仪器的使用极大地提高了分析效率，正确地使用连续流动同位素比质谱仪减少了样品制备过程中产生的误差。在大多数土壤研究过程中，由田间试验和取样产生的同位素组成上的变异有时可能超过了分析时的变异性。在这种情况下，如果忽略了有影响力的同位素源、转化过程和同位素分离的影响，就极易将结果进行错误解读。因此，推荐研究者在试验过程中应用 O'Leary 等（1992）提出的归零法则："对<1‰的效应保持怀疑态度。"因为有时一些<1‰的差异可能真实存在并达到显著水平，但土壤内在的变异性和土壤有机质的异质性可能会掩盖这些轻微的同位素效应。

目前，有许多创新性的技术被应用于同位素分析，使我们能够更加清晰和准确地探索轻元素（如 C、N、S）的生物地球化学循环及土壤的生态过程（Staddon，2004）。然而，这些技术最好能应用于设计精细、完全采取最适用的非同位素方法的研究中（Pennock，2004）。稳定性同位素技术只有建立在传统分析方法的坚实基础上才能发挥其强大的功能（例如，庞大的浓度数据用于估计生物地球化学循环的通量和库容量）。因此，研究者要注意 Kendall 和 Caldwell（1998）提及的 Fretwell 法则："注意！单独使用稳定性同位素数据可能会引起严重的不良后果。为了避免给审稿人和你自己制造麻烦，在获取稳定性同位素数据的同时，请采集诸如水文、地质、地球化学等方面的信息。只有这样，所得到的稳定性同位素数据才会发挥其有益的作用。"

参 考 文 献

Accoe, F., Boeckx, P., van Cleemput, O., Hofman, G, Zhang, Y., hua Li, R., and Guanxiong, C. 2002. Evolution of the $\delta^{13}C$ signature related to total carbon contents and carbon decomposition rate constants in a soil profile under grassland. *Rapid*

Commun. Mass Spectrom. 16: 2184-2189.

Amberger, A. and Schmidt, H.L. 1987. Natürliche Isotopen Gehalte von Nitrat als Indikatoren für dessen Herkunft. *Geochim. Cosmochim. Acta* 51: 2699-2705.

Amundson, R. and Baisden, W.T. 2000. Stable isotope tracers and mathematical models in soil organic matter studies. In: O.E. Sala, R.B. Jackson, H.A. Mooney, and R.W. Howarth, eds. *Methods in Ecosystem Science*. Springer, New York, NY, 117-137.

Aravena, R., Evans, M.L., and Cherry, J.A. 1993. Stable isotopes of oxygen and nitrogen in source identification of nitrate from septic systems. *Ground Water* 31: 180-186.

Baccanti, M., Magni, P., Oakes, W., Lake, J., and Szakas, T. 1993. Application of an organic elemental analyzer for the analysis of nitrogen, carbon, and sulfur in soils. *Am. Environ. Lab.* 5: 16-17.

Balesdent, J. and Mariotti, A. 1996. Measurement of soil organic matter turnover using ^{13}C natural abundance. In: T.W. Boutton and S. Yamasaki, eds. *Mass Spectrometry of Soils*. Marcel Dekker, New York, NY, 83-111.

Bedard-Haughn, A., van Groenigen, J.W., and van Kessel, C. 2003. Tracing ^{15}N through landscapes: potential uses and precautions. *J. Hydrol.* 272: 175-190.

Boutton, T.W. 1991. Stable carbon isotope ratios of natural materials. I. Sample preparation and mass spectrometric analysis. In: D.C. Coleman and B. Fry, eds. *Carbon Isotope Techniques*. Academic Press, New York, NY, 155-171.

Brand, W. 1995. PreCon: a fully automated interface for the pre-GC concentration of trace gases in air for isotopic analysis. *Isotopes Environ. Health Stud.* 31: 277-284.

Brand, W.A., Tegtmeyer, A.R., and Hilkert, A. 1994. Compound-specific isotope analysis: extending toward 15N/14N and 18O/16O. *Org. Geochem.* 21: 585-594.

Brenna, J.T., Corso, T.N., Tobias, H.J., and Caimi, R.J. 1997. High-precision continuous-flow isotope ratio mass spectrometry. *Mass Spectrom. Rev.* 16: 227-258.

Brenninkmeijer, C.A.M. and Röckmann, T. 1999. Mass spectrometry of the intramolecular nitrogen isotope distribution of environmental nitrous oxide using fragment-ion analysis. *Rapid Commun. Mass Spectrom.* 13: 2028-2033.

Casciotti, K.L., Sigman, D.M., Galanter Hastings, M., Böhlke, J.K., and Hilkert, A. 2002. Measurement of the oxygen isotopic composition of nitrate in seawater and freshwater using the denitrifier method. *Anal. Chem.* 74: 4905-4912.

Chang, C.C.Y., Kendall, C., Silva, S.R., Battaglin, W.A., and Campbell, D.H. 2002. Nitrate stable isotopes: tools for determining nitrate sources among different land uses in the Mississippi River Basin. *Can. J. Fish. Aquat. Sci.* 59: 1874-1885.

Coleman, D.C. and Fry, B. 1991. *Carbon Isotope Techniques*. Academic Press, San Diego, CA, 274.

Coplen, T.B., Hopple, J.A., Böhlke, J.K., Peiser, H.S., Rieder, S.E., Krouse, H.R., Rosman, K.J.R., Ding, T., Vocke, R.D. Jr., Révész, K.M., Lamberty, A., Taylor, P.D.P., and De Bièvre, P. 2002. Compilation of minimum and maximum isotope ratios of selected elements in naturally occurring terrestrial materials and reagents. Water Resources Investigations Report 01-4222, US Department of the Interior, US Geological Survey, Reston, VA, 98.

Craig, H. 1957. Isotopic standards for carbon and oxygen and correction factors for massspectrometric analysis of carbon dioxide. *Geochim. Cosmochim. Acta* 12: 133-149.

de Groot, P.A. 2004. *Handbook of Stable Isotope Analytical Techniques*, Vol. 1. Elsevier, Amsterdam, the Netherlands, 1234.

Di, H.J., Cameron, K.C., and MacLaren, R.G. 2000. Isotopic dilution methods to determine the gross transformation rates of nitrogen, phosphorus, and sulfur in soil: a review of the theory, methodologies, and limitations. *Aust. J. Soil Res.* 38: 213-230.

Durka, W., Schulze, E.D., and Gebauer, G. 1994. Effects of forest decline on uptake and leaching of deposited nitrate determined from N-15 and O-18 measurements. *Nature* 372: 765-767.

FAO/IAEA (Food and Agriculture Organization of the United Nations and the International Atomic Energy Agency). 1966. *The Use of Isotopes in Soil Organic Matter Studies* (Proceedings of the Technical Meeting, BrunswickVölkenrode, Germany, 1963; Supplement to Journal of Applied Radiation and Isotopes). Pergamon Press, New York, NY, 505.

Flanagan, L.B. and Ehleringer, J.R. 1998. Ecosystem-atmosphere CO_2 exchange: interpreting signals of change using stable isotope ratios. *Trends Ecol. Evol.* 13: 10-14.

Follett, R.F. 2001. Innovative ^{15}N microplot research techniques to study nitrogen use efficiency under different ecosystems. *Commun. Soil Sci. Plant Anal.* 32: 951-979.

Frossard, E. and Sinai, S. 1997. The isotope exchange kinetic technique: a method to describe the availability of inorganic nutrients. Applications to K, P, S, and Zn. *Isotopes Environ. Health Stud.* 33: 61-77.

Fry, B. 2006. *Stable Isotope Ecology.* Springer, New York, NY, 308, plus CD-ROM.

Gehre, M. and Strauch, G. 2003. High-temperature elemental analysis and pyrolysis techniques for stable isotope analysis. *Rapid Commun. Mass Spectrom.* 17: 1497-1503.

Glaser, B. 2005. Compound-specific stableisotope ($\delta^{13}C$) analysis in soil science. *J. Plant Nutr. Soil Sci.* 168: 633-648.

Harris, D., Horwath, W.R., and van Kessel, C. 2001. Acid fumigation of soils to remove carbonates prior to total organic carbon or carbon-13 isotopic analysis. *Soil Sci. Soc. Am. J.* 65: 1853-1856.

Hauck, R.D. and Bremner, J.M. 1976. Use of tracers for soil and fertilizer nitrogen research. *Adv. Agron.* 28: 219-266.

Hayes, J.M. 2001. Fractionation of the isotopes of carbon and hydrogen in biosynthetic processes. In: J.W. Valley and D. Cole, eds. *Stable Isotope Geochemistry,* Vol. 43 of Reviews in Mineralogy & Geochemistry, Mineralogical Society of America, Chantilly, VA, 225-278.

Hayes, J.M., Freeman, K.H., Popp, B.N., and Hoham, C.H. 1989. Compound-specific isotopic analyses: a novel tool for reconstruction of ancient biogeochemical processes. *Org. Geochem.* 16: 1115-1128.

Högberg, P. 1997. Tansley Review No. 95: ^{15}N natural abundance in soil-plant systems. *New Phytol.* 137: 179-203.

IAEA. 2001. Use of isotope and radiation methods in soil and water management and crop nutrition. Training Course Series No. 14. International Atomic Energy Agency, Vienna, Austria, 247. Available at: http: //www.iaea.org/ programmes/nafa/d1/public/tcs-14.pdf (last verified May 2006).

IAEA. 2004. Analytical Quality Control Services Reference Materials Catalogue, 2004-05. International Atomic Energy Agency, Vienna, Austria, 116. Available at: http: //www.iaea.org/ programmes/aqcs/pdf/catalogue.pdf (last verified May 2006).

Inoue, H.Y. and Mook, W.G. 1994. Equilibrium and kinetic nitrogen and oxygen isotope fractionations between dissolved and gaseous N_2O. *Chem. Geol.* 113: 135-148.

Jansson, S.L. and Persson, J. 1982. Mineralization and immobilization of soil nitrogen. In: F.J. Stevenson, ed. *Nitrogen in Agricultural Soils.* Agronomy Monograph 22. ASA, CSSA, and SSSA, Madison, WI, 229-252.

Jardine, T.D. and Cunjak, R.A. 2005. Analytical error in stable isotope ecology. *Oecologia* 144: 528-533.

Jenkinson, D.S., Coleman, K., and Harkness, D.D. 1995. The influence of fertilizer nitrogen and season on the carbon-13 abundance of wheat straw. *Plant Soil* 171: 365-367.

Jenkinson, D.S., Fox, R.H., and Rayner, J.H. 1985. Interactions between fertilizer nitrogen and soil nitrogen—the so-called priming effect. *J. Soil Sci.* 36: 425-444.

Keeling, C.D. 1958. The concentration and isotopic abundances of atmospheric carbon dioxide in rural areas. *Geochim.*

Cosmochim. Acta 13: 322-334.

Keeling, C.D. 1961. The concentration and isotopic abundances of carbon dioxide in rural and marine air. *Geochim. Cosmochim. Acta* 24: 277-298.

Kendall, C. 1998. Tracing nitrogen sources and cycling in catchments. In: C. Kendall and J.J. McDonnell, eds. *Isotope Tracers in Catchment Hydrology.* Elsevier, Amsterdam, the Netherlands, 519-576.

Kendall, C. and Caldwell, E.A. 1998. Fundamentals of isotope geochemistry. In: C. Kendall and J.J. McDonnell, eds. *Isotope Tracers in Catchment Hydrology.* Elsevier, Amsterdam, the Netherlands, 51-86.

Kirkham, D. and Bartholomew, W.V. 1954. Equations for following nutrient transformations in soil, utilizing tracer data. *Soil Sci. Soc. Am. Proc.* 18: 33-34.

Kirkham, D. and Bartholomew, W.V. 1955. Equations for following nutrient transformations in soil, utilizing tracer data: II. *Soil Sci. Soc. Am. Proc.* 19: 189-192.

Kohl, D.A., Shearer, G.B., and Commoner, B. 1971. Fertilizer nitrogen: contribution to nitrate in surface water in a Corn Belt watershed. *Science* 174: 1331-1334.

Lajtha, K. and Michener, R.H., eds. 1994. *Stable Isotopes in Ecology and Environmental Science.* Blackwell Scientific Publications, Oxford, UK, 316.

Mayer, B. and Krouse, H.R. 2004. Procedures for sulfur isotope abundance studies. In: P.A. de Groot, ed. *Handbook of Stable Isotope Analytical Techniques,* Vol. 1. Elsevier, Amsterdam, the Netherlands, 538-607.

Meier-Augenstein, W. 1999a. Applied gas chromatography coupled to isotope ratio mass spectrometry. *J. Chromatogr. A* 842: 351-371.

Meier-Augenstein, W. 1999b. Use of gas chromatography-combustion-isotope ratio mass spectrometry in nutrition and metabolic research. *Curr. Opin. Clin. Nutr. Metab. Care* 2: 465-470.

Mengis, M., Walther, U., Bernasconi, S.M., and Wehrli, B. 2001. Limitations of using delta ^{18}O for the source identification of nitrate in agricultural soils. *Environ. Sci. Technol.* 35: 1840-1844.

Nieuwenhuize, J., Maas, Y.E.M., and Middelburg, J.J. 1994. Rapid analysis of organic carbon and nitrogen in particulate materials. *Mar. Chem.* 45: 217-224.

Noggle, G.R. 1951. The use of isotopes in soil research. *Scientific Monthly* 72: 50-56.

Norman, A.G. and Werkman, C.H. 1943. The use of the nitrogen isotope N^{15} in determining nitrogen recovery from plant materials decomposing in soil. *Am. Soc. Agron. J.* 35: 1023-1025.

O'Leary, M.H., Madhavan, S., and Paneth, P. 1992. Physical and chemical basis of carbon isotope fractionation in plants. *Plant Cell Environ.* 15: 1099-1104.

Pennock, D.J. 2004. Designing field experiments in soil science. *Can. J. Soil Sci.* 84: 1-10.

Perez, T. 2005. Factors that control the isotopic composition of N$_2$O from soil emissions. In: L.B. Flanagan, J.R. Ehleringer, and D.E. Pataki, eds. *Stable Isotopes and Biosphere-Atmosphere Interactions: Processes and Biological Controls.* Elsevier Academic Press, San Diego, CA, 69-84.

Phillips, D.L. and Gregg, J.W. 2001. Uncertainty in source partitioning using stable isotopes. *Oecologia* 127: 171-179.

Phillips, D.L. and Gregg, J.W. 2003. Source partitioning using stable isotopes: coping with too many sources. *Oecologia* 136: 261-269.

Phillips, D.L., Newsome, S.D., and Gregg, J.W. 2005. Combining sources in stable isotope mixing models: alternative methods. *Oecologia* 144: 520-527.

Robinson, D. 2001. $\delta^{15}N$ as an integrator of the nitrogen cycle. *Trends Ecol. Evol.* 16: 153-162.

Rock, L. and Ellert, B.H. 2007. Nitrogen-15 and Oxygen-18 natural abundance of potassium chloride extractable soil nitrate using the denitrifer method. *Soil Sci. Soc. Am. J.* 71: 355-361.

Rock, L. and Mayer, B. 2002. Isotopic assessment of sources and processes affecting sulfate and nitrate in surface water and groundwater of Luxembourg. *Isotopes Environ. Health Stud.* 38: 191-206.

Rock, L. and Mayer, B. 2004. Isotopic assessment of sources of surface water nitrate within the Oldman River Basin, Southern Alberta, Canada. *Water Air Soil Pollut.: Focus* 4: 545-562.

Ryba, S.A. and Burgess, R.M. 2002. Effects of sample preparation on the measurement of organic carbon, hydrogen, nitrogen, sulfur, and oxygen concentrations in marine sediments. *Chemosphere* 48: 139-147.

Sala, O.E., Jackson, R.B., Mooney, H.A., and Howarth, R.W. 2000. *Methods in Ecosystem Science.* Springer-Verlag, New York, NY, 421.

Santrock, J., Studley, S.A., and Hayes, J.M. 1985. Isotopic analyses based on the mass spectrum of carbon dioxide. *Anal. Chem.* 57: 1444-1448.

Schmidt, H.-L., Werner, R.A., Yoshida, N., and Well, R. 2004. Is the isotopic composition of nitrous oxide an indicator for its origin from nitrification or denitrification? A theoretical approach from referred data and microbiological and enzyme kinetic aspects. *Rapid Commun. Mass Spectrom.* 18: 2036-2040.

Scrimgeour, C.M. 1995. Measurement of plant and soil water isotope composition by direct equilibration methods. *J. Hydrol.* 172: 261-274.

Scrimgeour, C.M. and Robinson, D. 2004. Stable isotope analysis and applications. In: K.A. Smith and M.S. Cresser, eds. *Soil and Environmental Analysis: Modern Instrumental Techniques,* 3rd edn. Marcel Dekker, New York, NY, 381-431.

Sebilo, M., Mayer, B., Grably, M., Billiou, D., and Mariotti, A. 2004. The use of the 'ammonium diffusion' method for $\delta^{15}N$-NH_4^+ and $\delta^{15}N$-NO_3^- measurements: comparison with other techniques. *Environ. Chem.* 1: 99-103.

Shaheen, R. and Hood-Nowotny, R.C. 2005. Effect of drought and salinity on carbon isotope discrimination in wheat cultivars. *Plant Sci.* 168: 901-909.

Sharp, Z. 2007. *Principles of Stable Isotope Geochemistry.* Pearson Prentice Hall, Upper Saddle River, NJ, 344.

Shearer, G. and Kohl, D.H. 1993. Natural abundance of ^{15}N: fractional contribution of two sources to a common sink and use of isotope discrimination. In: T.R. Knowles and H. Blackburn, eds. *Nitrogen Isotope Techniques.* Academic Press, New York, NY, 89-125.

Silva, S.R., Kendall, C., Wilkison, D.H., Ziegler, A.C., Chang, C.C.Y., and Avanzino, R.J. 2000. A new method for collection of nitrate from fresh water and the analysis of nitrogen and oxygen isotope ratios. *J. Hydrol.* 228: 22-36.

Staddon, P.L. 2004. Carbon isotopes in functional soil ecology. *Trends Ecol. Evol.* 19: 148-154.

Stark, J.M. 2000. Nutrient transformations. In: O.E. Sala, R.B. Jackson, H.A. Mooney, and R.W. Howarth, eds. *Methods in Ecosystem Science.* Springer, New York, NY, 215-234.

St-Jean, G. 2003. Automated quantitative and isotopic (^{13}C) analysis of dissolved inorganic carbon and dissolved organic carbon in continuous-flow using a total organic carbon analyzer. *Rapid Commun. Mass Spectrom.* 17: 419-428.

Teece, M.A. and Fogel, M.L. 2004. Preparation of ecological and biochemical samples for isotopic analysis. In: P.A. de Groot, ed. *Handbook of Stable Isotope Analytical Techniques,* Vol. 1. Elsevier, Amsterdam, the Netherlands, 177-202.

Toyoda, S. and Yoshida, N. 1999. Determination of nitrogen isotopomers of nitrous oxide on a modified isotope ratio mass spectrometer. *Anal. Chem.* 71: 4711-4718.

Unkovich, M.J., Pate, J.S., McNeill, A., and Gibbs, D.J. 2001. *Stable Isotope Techniques in the Study of Biological Processes and Functioning of Ecosystems.* Springer, New York, NY, 289.

van Groenigen, J.W., Zwart, K.B., Harris, D., and van Kessel, C. 2005. Vertical gradients of $\delta^{15}N$ and $\delta^{18}O$ in soil atmospheric N_2O — temporal dynamics in a sandy soil. *Rapid Commun. Mass Spectrom.* 19: 1289-1295.

Wassenaar, L.I. 1995. Evaluation of the origin and fate of nitrate in the Abbotsford Aquifer using the isotopes of ^{15}N and ^{18}O in NO_3^-. *Appl. Geochem.* 10: 391-405.

Werner, R. and Brand, W. 2001. Referencing strategies and techniques in stable isotope ratio analysis. *Rapid Commun. Mass Spectrom.* 15: 501-519.

Whiticar, M.J. and Snowdon, L.R. 1999. Geochemical characterization of selected Western Canada oils by C_5-C_8 Compound Specific Isotope Correlation (CSIC). *Org. Geochem.* 30: 1127-1161.

（何海龙　党海燕　译，王朝辉　校）

土壤采样与分析方法

（下册）

［加］M.R. Carter（M.R.卡特）　　E.G. Gregorich（E.G. 格雷戈里奇）主编

李保国　李永涛　任图生　王朝辉　徐建明　主译

电子工业出版社

Publishing House of Electronics Industry

北京·BEIJING

Soil Sampling and Methods of Analysis 2nd edited by M.R. Carter and E.G. Gregorich (ISBN: 978-0-8493-3586-0).

Copyright © 2008 by Taylor & Francis Group, LLC.

All Rights Reserved. Authorized translation from English language edition published by CRC Press, an member of the Taylor & Francis Group, LLC.

Publishing House of Electronics Industry is authorized to publish and distribute exclusively the Chinese (Simplified Characters) language edition. This edition is authorized for sale throughout Mainland of China. No part of the publication may be reproduced or distributed by any means, or stored in a database or retrieval system, without the prior written permission of the publisher.

Copies of this book sold without a Taylor & Francis sticker on the cover are unauthorized and illegal.

本书原版由 Taylor & Francis 出版集团旗下的 CRC 出版公司出版，并经其授权翻译出版。版权所有，侵权必究。

本书中文简体翻译版授权由电子工业出版社独家出版并限在中国大陆地区销售。未经出版者书面许可，不得以任何方式复制或发行本书的任何部分。

本书封面贴有 Taylor & Francis 公司防伪标签，无标签者不得销售。

版权贸易合同登记号　图字：01-2016-7940

图书在版编目（CIP）数据

土壤采样与分析方法. 下册/（加）M.R.卡特（M.R. Carter），（加）E.G.格雷戈里奇（E.G. Gregorich）主编；李保国等主译. —北京：电子工业出版社，2022.3
书名原文：Soil Sampling and Methods of Analysis 2nd
ISBN 978-7-121-41908-9

Ⅰ. ①土… Ⅱ. ①M… ②E… ③李… Ⅲ. ①土壤环境－环境质量－采样②土壤分析 Ⅳ. ①X825②S151.9

中国版本图书馆 CIP 数据核字（2021）第 179460 号

责任编辑：缪晓红
印　　刷：北京七彩京通数码快印有限公司
装　　订：北京七彩京通数码快印有限公司
出版发行：电子工业出版社
　　　　　北京市海淀区万寿路 173 信箱　邮编：100036
开　　本：880×1230　1/16　印张：57　字数：1735 千字
版　　次：2022 年 3 月第 1 版
印　　次：2022 年 8 月第 3 次印刷
定　　价：480.00 元（上、下册）

凡所购买电子工业出版社图书有缺损问题，请向购买书店调换。若书店售缺，请与本社发行部联系，联系及邮购电话：(010) 88254888，88258888。

质量投诉请发邮件至 zlts@phei.com.cn，盗版侵权举报请发邮件至 dbqq@phei.com.cn。

本书咨询联系方式：(010) 88254760。

编者介绍

M. R. Carter 拥有阿尔伯塔大学农业与土壤学学位,并于 1983 年在萨斯喀彻温大学获得土壤学博士学位。自 1977 年以来,他一直在加拿大农业与农业食品部(AAFC)从事农业研究工作,目前是位于爱德华王子岛夏洛特敦市 AAFC 研究中心的高级研究员。Carter 博士是加拿大土壤学学会的研究员和前主席,曾任《加拿大土壤学杂志》的编辑。他参与校订了第一版的《土壤采样和分析方法》(CRC 出版社,1993),也校订了《温带农业生态系统保护性耕作》(CRC 出版社,1994)、《农业土壤有机质结构和存储》(CRC 出版社,1996)。与 Gregorich 博士合作,他校订了《作物生产的土壤质量与生态系统健康》(Elsevier,1997)和《土壤与环境科学词典》(CRC 出版社,2001)。Carter 博士目前担任国际科学杂志《农业生态系统与环境》的总编。

E.G Gregorich 是加拿大农业与农业食品部位于渥太华的中央试验农场的高级研究员。他的工作重点是土壤生物化学,特别是土壤中的碳氮循环。他是加拿大土壤学学会的研究员和前主席,并担任美国土壤学学会土壤生物学和生物化学部门主席。Gregorich 博士是政府间气候变化专门委员会成员,并且指挥了苏格兰、新西兰和南极洲的野外调查,同时也指导了加拿大在越南进行的国际开发项目。他是《环境质量杂志》《农业生态系统与环境》《欧洲土壤学杂志》和《加拿大土壤学杂志》的副主编。本书是他与 Carter 博士合作主编的第三本书。

序

《土壤采样和分析方法》首次出版于 1993 年，本书为第一版基础上的更新版本。本版的目的仍然是为土壤样品的采集与分析提供常规的、相对简单易用的分析方法。所有分析方法在材料及操作步骤等方面都提供了详尽的表述，给出了每种方法的优点与不足，并附上了相应的主要参考文献。

随着分析方法的发展，其复杂程度也随之增加。考虑到这点，本版中的几个章节除了描述方法本身，还对测定方法的原理和某些特定测量方法的概念进行了"入门性"描述。

本版保留了第一版所有章节，并进行了修订和更新，在生物分析、物理分析、土壤采样及处理方面增加了新的章节。例如，新增的"土壤生物分析"部分反映了新兴微生物技术和土壤生态研究的蓬勃发展状况。新增了表征土壤有机质的动力学和化学特性分析工具的章节，土壤水相关章节增加了应用于田间和实验室中测定饱和与非饱和土壤水力学特性的最新测定方法。

本书中土壤采样和分析内容分为 7 部分，共包括 85 章、2 个附录，由 140 位作者及合作者共同完成。每部分都由两名编辑共同完成且由至少两名审稿人进行审稿校正。在此，衷心感谢每位工作人员为新版本的完成与打磨所付出的辛苦与努力，并特别鸣谢 Elaine Nobbs 在本书完成过程中给予的大力支持。

最后，衷心希望本书能够给土壤研究工作者带来实质性的帮助！

M.R. Carter and E.G. Gregorich

前　言

　　土壤是人类生活之本，健康的土壤带来健康的生活，未来就在您脚下的土壤里……为应对粮食安全、气候变化、生物多样性消失和水资源短缺等全球性问题，关于土壤特性与过程的监测和研究受到了越来越多的关注。在我国，进入 21 世纪以来，生态文明建设进入新时代，国家对土壤利用与保护事业的重视达到了前所未有的程度，农业农村部、自然资源部、生态环境部和水利部等部级机构都设立了与土壤管理有关的部门，我国高等院校、研究院所、推广部门和企事业单位从事土壤学研究和管理利用的专业队伍不断壮大，人数已位居世界第一。然而，与美欧为代表的国际先进水平相比，我国土壤学的科技与教育水平总体上仍有不少差距，在土壤采样和分析方法的理论和技术创新研究上差距更是明显，还需要我们努力去发展。

　　2016 年，还在我组织翻译另一本国际著名土壤学教材工作之时，电子工业出版社的编辑联系我，说经过有关专家推荐，社里同意引进并出版这本《土壤采样与分析方法》实用性工具书，希望我也能组织翻译。经过与同事沟通，我答应了此请求。理由很简单，我国在这方面有大量需求，但业界缺少相关的高水平实用专业书籍，而且由我国科学家组织编辑出版的有关土壤分析方法的书籍更新较慢。国际上最权威的关于土壤采样与分析方法的专业书籍是由美国土壤学会组织出版的相关系列巨著，但翻译这套丛书似乎不太现实。这本由加拿大土壤学会编辑出版的专著，基本上是美国土壤学会土壤分析方法相关丛书的浓缩版，这本书提供了土壤样品采集与分析最常规但相对简单易用的方法，而且保证了理论与方法的先进性。

　　本书在翻译过程中得到了国内同行的大力支持。李永涛教授负责组织第一篇（土壤样品采集与处理）、第二篇（土壤与环境管理的诊断方法）的翻译工作；王朝辉教授组织了第三篇（土壤化学分析）、第五篇（土壤有机质分析）的翻译工作；徐建明教授组织了第四篇（土壤生物分析）的翻译工作；任图生教授组织了第六篇（土壤物理分析）的翻译工作；我负责了第七篇（土壤水分析）及附录等的翻译工作，并进行了全书的审读。在出版时，主要组织翻译者的姓名在封面和扉页上的排名按照汉语拼音顺序罗列，各章的最后给出了译者和校者的名字。

　　本书可作为从事与土壤相关的农业、资源环境、生态、土地、水利、地理和相关工程等学科或专业科研及技术人员的重要实用参考书目，也建议作为与土壤测试有关实验室工作人员的必备参考手册。

　　希望本书的出版能对我国土壤学研究和土壤利用与保护事业有所帮助。译文中不妥之处，敬请各位读者批评指正。

李保国
2021 年 10 月 29 日

目 录

第六篇 土壤物理分析

第 55 章 颗粒大小分布 ········· 529
- 55.1 引言 ········· 529
- 55.2 吸管法 ········· 531
  - 55.2.1 材料与试剂 ········· 532
  - 55.2.2 样品预处理步骤 ········· 532
  - 55.2.3 土壤粒径分离步骤 ········· 533
  - 55.2.4 计算 ········· 534
- 55.3 比重计法 ········· 535
  - 55.3.1 材料与试剂 ········· 535
  - 55.3.2 比重计标定 ········· 535
  - 55.3.3 比重计法步骤 ········· 535
  - 55.3.4 计算 ········· 536
  - 55.3.5 注释 ········· 536
- 55.4 筛分法（机械方法） ········· 536
  - 55.4.1 材料与试剂 ········· 536
  - 55.4.2 步骤 ········· 536
- 55.5 新技术 ········· 537
- 参考文献 ········· 537

第 56 章 土壤收缩 ········· 539
- 56.1 引言 ········· 539
- 56.2 田间土壤收缩测定方法 ········· 540
  - 56.2.1 材料 ········· 540
  - 56.2.2 步骤 ········· 540
  - 56.2.3 注释 ········· 540
- 56.3 室内土壤收缩测定方法 ········· 541
  - 56.3.1 线性收缩 ········· 541
  - 56.3.2 三维收缩 ········· 543
- 参考文献 ········· 546

第 57 章 土壤容重和孔隙 ········· 549
- 57.1 引言 ········· 549
- 57.2 土壤容重 ········· 550
  - 57.2.1 环刀取样法 ········· 550
  - 57.2.2 蜡封法 ········· 552

- 57.2.3 挖坑法 ················ 552
- 57.2.4 核辐射法 ················ 553
- 57.3 土壤颗粒密度 ················ 553
  - 57.3.1 材料 ················ 553
  - 57.3.2 步骤 ················ 554
  - 57.3.3 计算 ················ 554
  - 57.3.4 注释 ················ 554
- 57.4 土壤孔隙 ················ 554
  - 57.4.1 总孔隙度 ················ 555
  - 57.4.2 大孔隙度或有效孔隙度 ················ 555
  - 57.4.3 充气孔隙度 ················ 555
  - 57.4.4 充水孔隙度或相对饱和度 ················ 556
  - 57.4.5 土壤孔隙分布 ················ 556
  - 57.4.6 孔隙连续性或功能指标 ················ 558
- 参考文献 ················ 558

第58章 土壤结持性：塑性上限和下限 ················ 562
- 58.1 引言 ················ 562
- 58.2 塑性上（液）限 ················ 562
  - 58.2.1 卡萨格兰德（Casagrande）法 ················ 562
  - 58.2.2 单点卡萨格兰德（One-point Casagrande）法 ················ 563
  - 58.2.3 锥式液限仪法 ················ 564
- 58.3 塑性下限 ················ 565
  - 58.3.1 卡萨格兰德（Casagrande）法 ················ 565
- 参考文献 ················ 566

第59章 压实和压缩性 ················ 567
- 59.1 引言 ················ 567
- 59.2 实验室一维测量：压缩仪 ················ 568
  - 59.2.1 装置 ················ 568
  - 59.2.2 土壤样品的制备 ················ 569
  - 59.2.3 压缩实验 ················ 569
  - 59.2.4 计算 ················ 570
  - 59.2.5 结果说明 ················ 570
- 59.3 田间原位平板载荷试验：板式贯入计 ················ 570
  - 59.3.1 步骤 ················ 571
  - 59.3.2 结果计算和介绍 ················ 571
- 59.4 预压力的测定 ················ 571
  - 59.4.1 卡萨格兰德（Casagrande）法 ················ 571
  - 59.4.2 其他方法 ················ 572
- 59.5 注释 ················ 572
  - 59.5.1 封闭实验室测试和田间评估土壤压缩性的比较 ················ 572

59.5.2　另一种实验室方法：三轴应力装置 ··· 573
59.5.3　土壤压缩性参数的变化范围 ··· 573
参考文献 ··· 573

第 60 章　田间土壤强度 ··· 575
60.1　原理和参数定义 ··· 575
60.2　穿透阻力 ·· 575
60.2.1　贯入仪的操作原理 ·· 575
60.2.2　仪器介绍 ·· 577
60.2.3　步骤 ··· 578
60.2.4　计算和数据处理 ··· 579
60.2.5　注释 ··· 579
60.3　土壤抗剪切强度 ··· 580
60.3.1　测量原理 ·· 581
60.3.2　设备和条件 ··· 581
60.3.3　步骤 ··· 583
60.3.4　计算和数据处理 ··· 584
60.3.5　注释 ··· 585
参考文献 ··· 586

第 61 章　透气性 ··· 588
61.1　引言 ·· 588
61.2　恒压梯度法 ··· 588
61.2.1　材料 ··· 589
61.2.2　步骤 ··· 589
61.2.3　注释 ··· 590
61.3　恒定通量法 ··· 590
61.3.1　材料 ··· 590
61.3.2　步骤 ··· 591
61.3.3　注释 ··· 591
参考文献 ··· 591

第 62 章　团聚体的水稳性 ·· 594
62.1　引言 ·· 594
62.2　田间采样、储存和预处理的注意事项 ·· 594
62.3　湿团聚体的稳定性 ··· 595
62.3.1　设备 ··· 595
62.3.2　步骤 ··· 595
62.3.3　注释 ··· 596
62.4　水稳性团聚体的粒级分布 ··· 596
62.4.1　材料、设备及试剂 ·· 596
62.4.2　步骤 ··· 596
62.4.3　计算 ··· 597

62.4.4	注释	597
62.5 测定湿团聚体稳定性和浊度的综合方法		597
62.5.1	步骤	597
62.5.2	注释	598
62.6 一般性说明		598
致谢		598
参考文献		598

第63章　干团聚体的粒级分布　601

- 63.1　引言　601
- 63.2　干筛法　602
  - 63.2.1　设备　603
  - 63.2.2　步骤　603
  - 63.2.3　计算　603
  - 63.2.4　几何平均直径和几何标准偏差　603
  - 63.2.5　平均重量直径　605
- 63.3　注释　605
- 参考文献　607

第64章　土壤气体　610

- 64.1　引言　610
- 64.2　气相的采集　610
- 64.3　气相的分析　612
  - 64.3.1　利用气相色谱法进行实验室分析　612
  - 64.3.2　气相色谱的替代系统　614
- 64.4　气体—液体界面分析　615
  - 64.4.1　ODR测定　615
  - 64.4.2　O_2浓度测量　617
  - 64.4.3　其他气体传感器　618
- 参考文献　619

第65章　地表气体排放　623

- 65.1　引言　623
- 65.2　非稳态气室　623
  - 65.2.1　气体样品收集　624
  - 65.2.2　集气室设计　626
  - 65.2.3　集气室部设　627
  - 65.2.4　通量计算　627
  - 65.2.5　注释　628
- 65.3　稳态集气室　628
- 参考文献　628

第66章　森林土壤容重测定　630

- 66.1　引言　630

	66.2	原理	630
	66.3	近地表有机层（LFH）	631
		66.3.1 材料和设备	631
		66.3.2 步骤	631
		66.3.3 计算	631
		66.3.4 注释	631
	66.4	矿质土壤	632
		66.4.1 材料和设备	632
		66.4.2 步骤	632
		66.4.3 计算	632
		66.4.4 注释	633
	参考文献		633
第67章	有机土壤和生长基质的物理性质：土壤粒径和分解度		635
	67.1	引言	635
	67.2	分解度	635
		67.2.1 von Post 按压方法	636
		67.2.2 纤维体积法（Lynn 等，1974）	636
		67.2.3 离心法（加拿大燃料工业部，1976）	637
		67.2.4 比色法	639
	67.3	泥炭土的粒径分布和木质含量	640
		67.3.1 粒径分布	640
		67.3.2 木质含量	641
	参考文献		642
第68章	有机土和栽培基质的物理性质：水、空气的存储和流体动力学		644
	68.1	引言	644
	68.2	湿润性（或斥水性）	644
		68.2.1 水滴穿透时间法	645
		68.2.2 直接接触角测定：液滴法	645
		68.2.3 间接接触测定：毛细管上升法	646
	68.3	容重	647
		68.3.1 环刀法（适用于有机土或疏松基质）	647
		68.3.2 原位容重测定	648
	68.4	水分和空气存储	648
		68.4.1 总孔隙度	648
		68.4.2 原位测定总孔隙度	648
		68.4.3 总孔隙度计算	649
		68.4.4 泥炭土的脱湿曲线	649
		68.4.5 栽培基质的脱湿曲线	651
		68.4.6 进气值	652
	68.5	水分和气体运动	653

68.5.1	泥炭土饱和导水率	653
68.5.2	栽培基质的饱和导水率	654
68.5.3	栽培基质的非饱和导水率	655
68.5.4	非饱和导水率原位测定	656
68.5.5	气体扩散率	658
68.6	栽培基质质量的解释表	659
参考文献		659

第七篇　土壤水分析

第69章	土壤水分析：原理和参数	665
69.1	引言	665
69.2	土壤含水量	665
69.3	土壤水势	666
69.4	土壤脱水曲线和吸水曲线	667
69.4.1	脱水曲线和吸水曲线的应用	668
69.4.2	水和空气存储参数	669
69.4.3	脱水曲线与吸水曲线的测定	670
69.5	饱和水力学特性	671
69.6	非饱和水力学特性	673
参考文献		680
第70章	土壤含水量	684
70.1	引言	684
70.2	烘干法	684
70.3	时域反射仪法	685
70.3.1	材料和设备	685
70.3.2	步骤	687
70.3.3	计算过程	688
70.3.4	注释	688
70.4	探地雷达法	689
70.4.1	材料和设备	690
70.4.2	步骤	691
70.4.3	注释	692
70.5	电容电阻法	692
70.5.1	材料和设备	693
70.5.2	步骤	694
70.5.3	校准	694
70.5.4	测量	695
70.5.5	计算	695
70.5.6	注释	696
参考文献		696

第71章 土水势 ... 699

- 71.1 引言 ... 699
- 71.2 压力计法 ... 699
  - 71.2.1 材料和设备 ... 700
  - 71.2.2 步骤 ... 701
  - 71.2.3 压力计的响应时间及改进 ... 702
  - 71.2.4 监测和数据采集 ... 702
  - 71.2.5 计算注意事项 ... 702
- 71.3 张力计法 ... 702
  - 71.3.1 材料和设备 ... 703
  - 71.3.2 步骤 ... 703
  - 71.3.3 计算注意事项 ... 704
  - 71.3.4 注释 ... 704
- 71.4 电阻块法 ... 705
  - 71.4.1 材料和设备 ... 705
  - 71.4.2 步骤 ... 705
  - 71.4.3 计算注意事项 ... 705
  - 71.4.4 注释 ... 706
- 71.5 热电偶干湿计法 ... 706
  - 71.5.1 原位土壤热电偶干湿计法 ... 706
  - 71.5.2 实验室露点湿度计法 ... 707
- 71.6 结语 ... 708
- 参考文献 ... 708

第72章 土壤水分特征曲线（脱水和吸水）：张力和压力法 ... 710

- 72.1 引言 ... 710
- 72.2 张力台和张力板法 ... 710
  - 72.2.1 材料和物品 ... 710
  - 72.2.2 步骤 ... 714
- 72.3 压力抽取法 ... 716
  - 72.3.1 材料和物品 ... 716
  - 72.3.2 步骤 ... 717
  - 72.3.3 分析和计算 ... 718
- 72.4 注释 ... 720
- 参考文献 ... 721

第73章 土壤水分特征曲线（脱水和吸水）：长土柱法 ... 722

- 73.1 引言 ... 722
- 73.2 材料与物品 ... 722
- 73.3 步骤 ... 724
- 73.4 分析和计算 ... 725
- 73.5 注释 ... 725

参考文献 726

第74章 土壤水分特征曲线：露点干湿计法 727
74.1 引言 727
74.2 理论与原理 727
74.3 装置与步骤 728
74.4 注释 729
参考文献 729

第75章 饱和水力学特性：室内测定法 731
75.1 引言 731
75.2 定水头土芯法 731
75.2.1 装置和步骤（圆柱状土芯） 732
75.2.2 分析和计算 733
75.2.3 注释 734
75.3 降水头土芯法 735
75.3.1 装置和步骤（圆柱状土芯） 735
75.3.2 分析和计算 736
75.3.3 注释 736
75.4 其他室内方法 737
参考文献 738

第76章 饱和水力学特性：井渗法 739
76.1 引言 739
76.2 定水头井渗法 739
76.2.1 装置和步骤 740
76.2.2 分析和计算 741
76.2.3 注释 745
76.3 降水头井渗法 747
76.3.1 设备和步骤 747
76.3.2 分析和计算 748
76.3.3 注释 749
参考文献 750

第77章 饱和水力学特性：圆环入渗法 752
77.1 引言 752
77.2 单圆环入渗法 752
77.2.1 装置和步骤 753
77.2.2 分析和计算 755
77.2.3 注释 758
77.3 其他圆环入渗法 760
参考文献 760

第78章 饱和水力学特性：钻孔法 762
78.1 引言 762

78.2 装置和物品 ········· 764
78.3 步骤 ········· 765
78.4 计算 ········· 765
78.5 注释 ········· 766
参考文献 ········· 766

第79章 饱和水力学特性：测压管法 ········· 767
79.1 引言 ········· 767
79.2 装置和物品 ········· 768
79.3 步骤 ········· 770
    79.3.1 具有密封套的测压管 ········· 770
    79.3.2 无密封套的测压管 ········· 770
    79.3.3 有或无密封套的测压管 ········· 770
79.4 计算 ········· 771
79.5 注释 ········· 771
参考文献 ········· 772

第80章 非饱和导水率：室内张力入渗仪法 ········· 773
80.1 引言 ········· 773
80.2 近饱和吸渗率的计算 ········· 774
80.3 近饱和导水率的计算 ········· 775
80.4 土芯的采集 ········· 776
80.5 近饱和吸渗率的测定 ········· 776
    80.5.1 材料 ········· 776
    80.5.2 步骤 ········· 777
80.6 近饱和导水率的测定 ········· 777
    80.6.1 材料 ········· 777
    80.6.2 步骤 ········· 778
80.7 计算 $\theta(\psi_0)$ 或者测定其他的 $S(\psi_0)$ 和 $K(\psi_0)$ ········· 779
80.8 与毛管作用相关的参数的计算 ········· 779
80.9 注释 ········· 779
参考文献 ········· 780

第81章 非饱和水力学特性：室内蒸发法 ········· 781
81.1 引言 ········· 781
81.2 材料 ········· 781
81.3 步骤 ········· 782
    81.3.1 样品制备 ········· 782
    81.3.2 数据收集 ········· 784
81.4 计算 ········· 784
    81.4.1 脱水曲线计算（2T设置） ········· 784
    81.4.2 土壤导水率计算（2T设置） ········· 788
    81.4.3 脱水曲线计算（5T设置） ········· 789

        81.4.4 土壤导水率计算（5T 设置）·················790
        81.4.5 土壤毛管作用关系参数·····················791
    81.5 注释···················791
    参考文献···················793
第 82 章 非饱和水力学特性：田间张力入渗法···················795
    82.1 引言···················795
    82.2 装置和步骤···················795
    82.3 分析和计算···················797
        82.3.1 稳态流···················797
        82.3.2 瞬态流···················799
        82.3.3 接触砂层分析···················800
    82.4 注释···················804
        82.4.1 固定环和保护膜的作用···················804
        82.4.2 设计、饱和、密封性检测及校准···················805
        82.4.3 平衡时间、储水管的再次充水及蒸发损失···················806
        82.4.4 影响准确性和 $K(\psi)$ 范围的因素···················807
        82.4.5 校准和坡地的敏感性···················807
        82.4.6 可供选择的设计方案和分析方法···················807
    82.5 张力入渗仪法的优缺点···················807
    参考文献···················808

第 83 章 非饱和水力学特性：瞬时剖面法···················811
    83.1 引言···················811
    83.2 装置和步骤···················811
    83.3 分析和计算···················812
    83.4 注释···················816
    83.5 瞬时剖面法的优缺点···················817
    参考文献···················817

第 84 章 土壤水力学特性估算···················818
    84.1 引言···················818
    84.2 土壤脱水—吸水关系···················818
        84.2.1 Brooks-Corey（1964）$\theta(\psi)$ 模型···················818
        84.2.2 van Genuchten（1980）$\theta(\psi)$ 模型···················821
    84.3 非饱和导水率···················823
        84.3.1 Brooks-Corey（1966）$K(\theta)$ 模型···················823
        84.3.2 Mualem-van Genuchten $K(\theta)$ 和 $K(\psi)$ 模型···················823
    84.4 计算···················824
        84.4.1 Brooks-Corey $\theta(\psi)$ 和 $K(\theta)$ 函数···················825
        84.4.2 van Genuchten $\theta(\psi)$、$K(\theta)$ 和 $K(\psi)$ 函数···················827
    84.5 注释···················830
    参考文献···················830

附录	831

第85章 土壤特性变异分析法 ... 836

- 85.1 引言 ... 836
- 85.2 地统计分析 ... 836
- 85.3 测量时间或空间结构 ... 837
  - 85.3.1 自协方差和自相关结构分析 ... 837
  - 85.3.2 半方差函数结构分析 ... 838
  - 85.3.3 平稳性要求 ... 840
- 85.4 联合变异的表征 ... 840
- 85.5 指示半方差函数 ... 841
- 85.6 空间或时间结构的计算 ... 842
  - 85.6.1 均匀间隔一维数据 ... 842
  - 85.6.2 非均匀一维样本采集或二维样本采集 ... 843
  - 85.6.3 半方差函数计算实用准则 ... 843
- 85.7 半方差数据拟合模型 ... 844
  - 85.7.1 拟合标准和程序 ... 845
  - 85.7.2 最优半方差函数模型选择 ... 845
  - 85.7.3 套合半方差函数模型拟合 ... 846
- 85.8 块金值、变程、范围和基台值的解释 ... 846
- 85.9 计算实例 ... 846
  - 85.9.1 土壤导水率和砂粒含量空间变异性分析 ... 846
  - 85.9.2 高程、土壤质地、有机碳含量、土壤含水量及导水率 ... 850
- 85.10 注释 ... 855
- 参考文献 ... 856

附录A 样点描述 ... 859

- A.1 引言 ... 859
- A.2 样点属性 ... 859
- 参考文献 ... 861

附录B 实验室一般安全操作规范 ... 862

- B.1 一般安全规范 ... 862
- B.2 碱类 ... 862
- B.3 酸类 ... 863
- B.4 易燃物和可燃物 ... 864
- B.5 压缩气体钢瓶 ... 864
- B.6 病原与媒介 ... 865
- 参考文献 ... 866

第 六 篇
土壤物理分析

主译：任图生

第55章 颗粒大小分布

D. Kroetsch and C. Wang

Agriculture and Agri-Food Canada
Ottawa, Ontario, Canada

55.1 引　言

土壤质地分级（如壤土、黏壤土、砂壤土）是根据筛分和沉降方法得到的初级土壤颗粒的大小和分布估计得到的。野外估计的土壤质地需要在室内对样品进一步分析后确认。颗粒大小分析指的是对土壤颗粒大小分布进行测定。加拿大土壤信息系统词汇表（*Canadian Soil Information System Glossary*）将粒径分布定义为土壤样品中不同粒级分散体的数量，通常用质量百分数表示（Gregorich等，2001）。

Gee和Or（2002）指出，颗粒大小分析的两个主要特征是分散和分级。首先，利用化学、机械或超声波方法，将土壤团聚体破坏（或分散）为独立的单元。其次，通过筛分和沉降分离将这些颗粒进一步分级，并计算某粒级在设定所有粒级中的相对质量，即得到其所占的比例。本章中，初级土壤颗粒分级基于加拿大土壤分类系统（The Canadian System of Soil Classification，CSSC，Soil Classification Group 1998），见表55.1。几种常用的分类系统对土壤粒径大小分级的规定不同（见图55.1）。美国农业部（USDA）、国际土壤学会（ISSS）分类系统常将CSSC用于土壤调查中。美国州际高速公路联合会（AASHO）和统一分类系统（美国检测与材料学会，ASTM）常将CSSC用于工程中。

表55.1　加拿大土壤分类系统中土壤颗粒粒径的分级标准

颗粒大小	直径（mm）	颗粒大小	直径（mm）
非常粗砂粒	2.0~1.0	微砂粒	0.10~0.05
粗砂粒	1.0~0.5	粉粒	0.05~0.002
中砂粒	0.5~0.25	黏粒	≤0.002
细砂粒	0.25~0.10	细黏粒	≤0.0002

来源：Soil Classification Working Group, The Canadian System of Soil Classification, Agriculture and Agri-Food Canada Publication 1646 (Revised), Ottawa, Ontario, Canada, 1998.

测定土壤粒径分布的常用方法包括吸管法（Pipette Method）和比重计法（Hydrometer Method）。两种方法都利用筛分法将粗颗粒组分分离出来，细颗粒组分根据Stokes定律用沉降速率分离。Stokes定律是指固体颗粒沉降的数量取决于颗粒密度，即悬浮液中的紧实（大）颗粒比欠紧实（小）颗粒沉降得快。根据Stokes定律，对于土壤中密度为PS、直径为D的圆形颗粒，其在密度为PL、黏滞系数为n的液体中的沉降速率为（Sheldrick和Wang 1993）

$$v = D^2 g(\text{PS} - \text{PL})/18n \tag{55.1}$$

式中，g是重力加速度。值得注意的是，沉降表（见表55.2）中列出的土壤粒径分布基于以下假设：①土壤颗粒是圆球体（大多数硅酸盐黏土颗粒是片状结构）；②PS = 2.65 Mg m^{-3}或者2.60 Mg m^{-3}（土壤颗粒密度变化范围为2.0~3.2 Mg m^{-3}）；③在土壤颗粒沉降过程中水的温度保持恒定（最好控制在室温下进行测定）。同时，该技术也假设在沉降过程中土壤颗粒不受其他颗粒或管壁的影响。

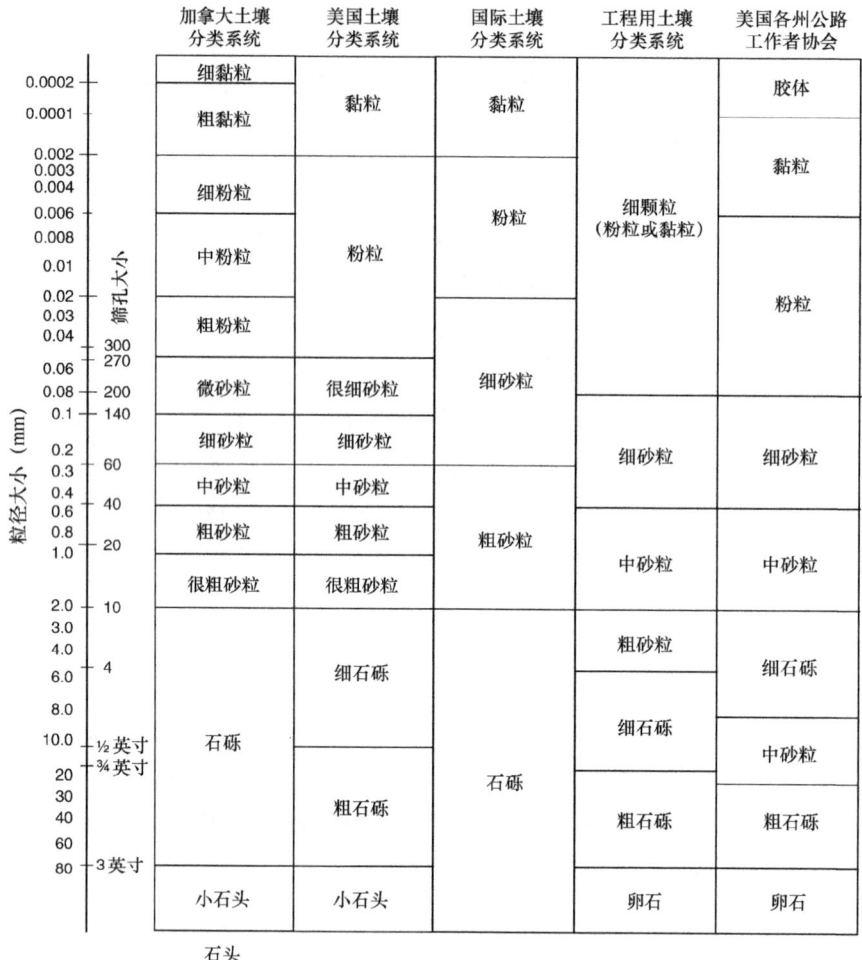

图 55.1　5 种土壤分类系统中颗粒大小的分级比较（源自：Sheldrick and Wang, in M.R. Carter（Ed）, Soil Sampling and Methods of Analysis, Canadian Society of Soil Science, Lewis Publishers, Boca Raton, Florida, 1993. Gee and Or, in J.H. Dane and G.C. Topp（Eds）, Methods of Soil Analysis, Part 4- Physical Methods, Soil Science Society of America, Madison, Wisconsin, 2002）

表 55.2　特定时间和温度下粒径 2 μm 颗粒的沉降深度

温度 （℃）	时间 （h）			
	4.5	5	5.5	6.5
	深度 （cm）			
20	5.79	6.44	7.08	8.37
20.3	5.81	6.48	7.13	8.43
20.5	5.86	6.52	7.17	8.47
20.7	5.89	6.55	7.2	8.51
21	5.93	6.59	7.25	8.57
21.3	5.97	6.64	7.3	8.63
21.5	6.01	6.68	7.33	8.68
21.7	6.04	6.72	7.39	8.73
22	6.09	6.75	7.43	8.78

(续表)

温度 (℃)	时间 (h)			
	4.5	5	5.5	6.5
	深度 (cm)			
22.3	6.13	6.8	7.49	8.85
22.5	6.15	6.83	7.51	8.88
22.7	6.18	6.86	7.55	8.92
23	6.22	6.91	7.6	8.98
23.3	6.27	6.96	7.66	9.05
23.5	6.29	6.98	7.68	9.08
23.7	6.33	7.04	7.74	9.15
24	6.37	7.08	7.78	9.2
24.3	6.4	7.12	7.83	9.25
24.5	6.43	7.15	7.86	9.29
24.7	6.45	7.18	7.89	9.33
25	6.51	7.24	7.96	9.41
25.3	6.56	7.28	8.01	9.47
25.5	6.58	7.31	8.04	9.5
25.7	6.61	7.35	8.08	9.55
26	6.66	7.4	8.14	9.62
26.3	6.69	7.44	8.18	9.67
26.5	6.72	7.47	8.22	9.72
26.7	6.76	7.51	8.26	9.76
27	6.81	7.56	8.32	9.83
27.3	6.85	7.61	8.37	9.89
27.5	6.87	7.64	8.4	9.93
27.7	6.91	7.68	8.44	9.98
28	6.97	7.74	8.51	10.06
28.3	7.01	7.79	8.57	10.13
28.5	7.04	7.82	8.61	10.17
28.7	7.07	7.86	8.65	10.22
29	7.12	7.91	8.7	10.28
29.3	7.16	7.95	8.75	10.34
29.5	7.19	7.99	8.79	10.39
29.7	7.22	8.02	8.82	10.43
30	7.27	8.08	8.88	10.5

来源：McKeague, J.A. (Ed.), in Manual on Soil Sampling and Analysis, 2nd ed., Canadian Society of Soil Science Ottawa, Ontario, Canada, 1978.

55.2 吸管法

下面介绍的吸管法（Soil Conservation Service，1984）改编自美国土壤调查规范（US Soil Survey，Lincoln，NE）。采用滤芯系统替代了多次离心洗涤过程，从而缩短了测定时间。利用滤芯系统得到的数据与标准的吸管法和离心洗涤法的结果具有很好的一致性（Sheldrick 和 Wang，1987）。

如果读者更倾向于采用离心洗涤法，经过前处理后的土壤样品应在 250 mL 的离心管中用大约 50 mL 的水清洗，在 500 g 下离心约 10 min。离心洗涤过程需要重复 3 次，然后根据步骤 2"去除可溶性盐"（第 533

页）中的方法测试其含盐量。

55.2.1 材料与试剂

（1）三角瓶：300 mL，带塑料盖。

（2）陶瓷滤芯。

（3）振荡器：

（a）旋转式（上下颠倒）（转速 40~60 rpm）；

（b）摇筛机（振荡频率为每分钟 500 次）。

（4）量筒：土壤悬浊液（1205 mL）添加至 1000 mL 处。

（5）支架：

（a）可以悬挂 4 个电动搅拌器的支架，带有旋浆式搅拌器和 Teflon 牌护罩；

（b）经改装能悬挂 4 个 Lowry 式吸管（25 mL）的 Shaw 吸管架；

（c）定制的可以放置三角瓶、陶瓷滤芯和真空系统的木质支架。

（6）发泡胶管绝缘盖。

（7）100 mL 的烧杯或者广口玻璃瓶。

（8）天平（精度 0.1 mg）。

（9）筛子：

（a）300 目，直径 15 cm；

（b）直径为 6.3 cm 的铜网套筛。下表是美国系列筛号或者 Tyler 筛号。

筛孔（mm）	美国系列筛号	Tyler 筛号
1.00	18	16
0.50	35	32
0.25	60	60
0.105	140	150
0.047	300	300

（10）30% 或 50% 的过氧化氢溶液。

（11）1 M 的 HCl 溶液。

（12）柠檬酸—碳酸氢盐缓冲液。准备 0.3 M/L 的柠檬酸钠（88.4 g L^{-1}），在每升柠檬酸溶液中加入 125 mL 的碳酸氢钠（84 g L^{-1}）。

（13）硫酸钠（连二亚硫酸）。

（14）饱和氯化钠溶液。

（15）具有足够量碳酸钠的偏磷酸钠溶液，使溶液的 pH 值达到 10（NaPO$_3$），35.7 g L^{-1} + Na$_2$CO$_3$ 7.9 g L^{-1} 较适宜。

55.2.2 样品预处理步骤

1. 去除碳酸盐

（1）称 10 g 过 2 mm 筛的风干土，倒入 300 mL 的三角瓶中（精确到 1 mg）。若待测样品为砂质土壤，需要增加样品量（如 30 g）。

（2）向烧杯中加入 50 mL 水，混合，再慢慢加入 1 M 的 HCl 溶液，使 pH 值达到 3.5~4.0，静置 10 min 左右。对于碳酸盐含量较高的土壤样品，可以用更强的 HCl 溶液，以有效地降低反应后混合液的体积。对于需要大量 HCl 来调节 pH 值的土壤样品，混合液 pH 值稳定后需要多次采用滤芯系统用水冲洗，以洗去多余的酸。

2. 去除有机质

（1）在三角瓶中加入 H_2O_2 溶液（浓度为 30%或 50%的 H_2O_2）并静置。如果反应较剧烈，重复该步骤直至没有泡沫产生。

（2）当泡沫减少时，将三角瓶加热至 90℃。继续添加 H_2O_2 溶液并持续加热，直至土样中的有机质全部去除（通过观察土样的颜色及反应速率判断）。

（3）不断地由上而下清洗瓶壁。在完成最后一次加入 H_2O_2 溶液之后，持续加热烧杯约 45 min 直至完全去除烧杯中多余的 H_2O_2。

注意：含有机质较多的土样（>5%），需要将样品转移至较大的烧杯中（如 100 mL）。如果仍有过多的泡沫产生，将容器用冷水冷却或者加入甲醇除去泡沫，以防止样品损失。

3. 去除可溶性盐

（1）将三角瓶放置在支架上，利用滤芯系统，将上述步骤 3 的土壤中剩余的过氧化氢和水过滤掉。

（2）以水流的形式向土壤样品加入 150 mL 的水，水流强度应足够搅动土壤。然后用滤芯系统过滤混合液。除含有大量粗颗粒石膏的样品外，一般土壤样品冲洗、过滤过程重复 5 次即可。为了测试土壤中的盐，可用硝酸银（$AgNO_3$）测试 Cl^-，用氯化钡测试 SO_4^{2-}。

（3）在滤芯上施加一个微小的反压以去除附着在滤芯上的土样，也可以用手指（戴橡胶手套）去除残留物质。

注意：如果要去除铁氧化物，勿进行步骤 4。

（4）将样品放置在烘箱中加热至 105℃过夜，在干燥器中冷却、称重。利用此干重作为最后计算各粒级土粒含量的基础样品质量。

4. 去除铁氧化物（供选择）

（1）在三角瓶中加入 150 mL 柠檬酸—碳酸氢钠缓冲液。然后边搅拌边缓慢加入 3 g 连二亚硫酸钠（$Na_2S_2O_4$），以防止有些样品起泡沫。

（2）将三角瓶放入 80℃的水浴中，连续搅拌 20 min。

（3）将三角瓶从水浴中取出，放置在支架上，用滤芯系统将悬浊液过滤。如果样品呈现棕褐色，重复步骤 1~3；如样品颜色全部为灰色，则转至步骤 4。

（4）用洗瓶将样品洗涤 5 次（喷水强度应足够搅动土壤样品），并将悬浮液通过滤芯系统过滤。

（5）为了确定计算所用的烘干重，重复步骤 4 以去除可溶性盐类。

55.2.3　土壤粒径分离步骤

1. 样品分散

（1）向装有烘干土样的三角瓶中加入 10 mL 六偏磷酸钠分散剂，加入去离子水至 200 mL。

（2）将瓶子密封，放置在振荡器（转速为 50~60 rpm）上振荡过夜。

2. 分离砂粒

（1）将 300 目的筛子（直径 14 cm）放在装有大漏斗的 1205 mL 沉降桶上，用铁架台固定。将上述悬浊液过 300 目（47 μm）筛，滤液转移至沉降桶内。

（2）用洗瓶反复冲洗留在筛子上的砂粒，冲洗产生的液体收集到沉降桶中至 950 mL 左右。将筛子移开后在沉降桶中加水至 1000 mL。

（3）将筛子上的砂粒转移至一个 100 mL 的烧杯中，在 105℃下烘干至恒重，得到砂粒的总质量。如果需要将砂粒进行进一步细分，进入砂粒筛分步骤。

（4）用套筛（直径 6 cm）对烘干后的砂粒进行进一步筛分。套筛的孔径从上至下依次为：1.0 mm（18 目），0.5 mm（30 目），0.25 mm（60 目），0.105 mm（140 目），0.047 mm（300 目）和底盘。将砂粒倒入最上方的筛子，盖上盖子，放在振筛器上振荡。振荡时间通常由筛子类型及砂粒含量决定，一般 5~10 min 即可。最后收集每个筛子上的砂粒，称重并记录。

3. 黏粒的测定（0~2 μm）

（1）将沉降桶放置在沉降室（无振动区域，配有 Shaw 型吸管架）之前，用电动搅拌器将沉降桶中的混合液搅拌 4 min。如果混合液放置超过 16 h，则需要搅拌 8 min。

（2）将沉降桶从搅拌器移开，用一段柱状聚苯乙烯泡沫塑料绝缘物封盖沉降桶。用手持式搅拌器上下搅动悬浊液 30 s，记录搅动完毕的时间。

（3）在预先计算好的沉降时间（一般 4.5~6.5 h）采集 2 μm 颗粒。采样深度根据温度和时间确定（见表 55.1）。在达到既定采样时间前 1 min 时，移动事先校正过的 Shaw 型吸管架，将一个顶端封闭、容量为 25 mL 的 Lowry 吸管缓慢地降至悬浊液内预定深度。将吸管的吸液时间调整为 12 s，吸取溶液，并将液体转移到 90 mL 的配衡广口瓶或 100 mL 的烧杯中。冲洗一次吸管，将冲洗液保存至容器中。

（4）将放有样品的容器置于 105℃的烘箱内，使水分蒸发 24 h 以上。然后将烘干后的样品放入盛有三氧化二磷（P_2O_3）或干燥剂（无水硫酸钙）的干燥器中冷却，最后称重并记录质量。

4. 细黏粒的测定（<0.2 μm）（供选择）

（1）从沉降桶中倒出 200 mL 的悬浊液，置于 250 mL 的离心管中。摇动样品，并在 IEC 离心机上以适当的离心速度和时间下进行离心，使粒径大于 0.2 μm 的颗粒沉降至 5 cm 深（在 510 g 和 25℃下离心 54 min）。其原理基于 Stokes 定律：

$$t=\frac{63.0\times10^8 n\log R/S}{N^2 D^2 \Delta s} \tag{55.2}$$

式中，n 为该温度下液体的黏滞系数，单位为 poises（动力黏滞度的单位为 cgs，等于 1 dyn s cm^{-2}）；R 是离心管中沉降物顶部的旋转半径（cm）；S 为离心管中悬浊液表面的旋转半径（cm）；N 为每分钟转速；Δs 为土壤颗粒与周围液体的比重的差值（一般取 $\Delta s=1.65$）；t 为时间（min）。

（2）在 5 cm 深度处吸取 25 mL 试样，倒入配衡称重瓶（或烧杯）中，润洗吸管并将洗液倒入称重瓶中。最后，将样品在 105℃条件下烘干，在干燥器中冷却，称重。

55.2.4 计算

（1）$A=$ 吸管吸出组分（2 μm 或者 0.2 μm）的重量（g）

$B=$ 分散剂的校正重量（g）

注意：校正系数的确定。在 1000 mL 的沉降桶中加入 10 mL 偏磷酸钠，定容至 1000 mL，搅拌均匀，并吸取 25 mL 溶液，烘干后称重（约为 0.012 g）：

$$K=1000/\text{移液管的体积（mL）} \tag{55.3}$$

$$D=100/\text{预处理的烘干样品的重量（g）} \tag{55.4}$$

（2）砂粒部分：

$$\text{砂粒百分含量}(s)=\text{筛子上的砂粒质量}\times D \tag{55.5}$$

吸出样品部分：

$$吸出部分百分含量（s）=(A-B)KD \qquad (55.6)$$

粉粒部分：

$$粉粒百分含量 = 100 - (0-2\ \mu m\ 黏粒+砂粒) \qquad (55.7)$$

55.3 比重计法

比重计可以用于测定不同沉降时间后土壤悬浊液的密度，进而推断土壤颗粒组成。该方法可以用于55.2.2 节中列出的任何经过预处理的土壤悬浊液。实际应用中，比重计法常被用于估测没有经过任何预处理的土壤悬浊液的密度，并据此得到土壤粒径分布。这里给出的比重计法是简化的 Day（1965）方法。

55.3.1 材料与试剂

（1）标准比重计，型号 ASTM No. 1.152H，带有单位为 $g\ L^{-1}$ 的鲍氏刻度（Bouyoucos Scale）。
（2）电动搅拌器
（3）活塞
（4）旋转振荡器
（5）1000 mL 沉降桶，在内部距底部 36±2 cm 高度处有标记
（6）正戊醇
（7）Calgon 牌溶液（50 $g\ L^{-1}$），含六偏磷酸钠的分散剂
（8）恒温室

55.3.2 比重计标定

（1）在沉降桶中加入 100 mL 的 Calgon 溶液，用去离子水定容至 1000 mL。搅拌均匀，放置在恒温室中，保持温度在 20～25℃。
（2）将比重计向下放入该溶液中，根据比重计上的刻度，读取水银半月面上方刻度 R_L。

55.3.3 比重计法步骤

（1）称取 40 g 土壤（壤砂土或砂土需要 100 g），放入 600 mL 烧杯中，加入 100 mL 的 Calgon 溶液和 300 mL 去离子水，放置过夜。
（2）称取另一份土样（10 g）用于确定烘干重量。在 105℃下烘干 24 h 后，冷却、称重。
（3）将用 Calgon 溶液处理过后的土样转移至分散杯中，用电动搅拌器搅拌 5 min，然后将悬浊液放入振荡瓶中，在旋转振荡器上振荡过夜。
（4）将振荡后的溶液转移至沉降桶中，加去离子水定容至 1000 mL。
（5）静置一定时间，使悬浊液温度与室温（20～25℃）平衡。
（6）将活塞放入沉降桶中上下搅拌，使悬浮液完全均匀。为了使沉淀在底部的土壤颗粒分散，当活塞接近底部时用力上提，并在处于土壤颗粒上方时对其旋转。最后 2~3 次搅拌应保持缓慢平稳。记录搅动完毕的时间。加入一滴正戊醇用于消泡。
（7）将比重计小心放入悬浊液中，40 s 后开始读数（R_{40s}）。
（8）将比重计取出，润洗后擦干。
（9）7 h 后再次放入比重计，读数（R_{7h}）。

55.3.4 计算

$$砂粒\% = 100 - (R_{40s} - R_L) \times \frac{100}{烘干(g)} \tag{55.8}$$

$$黏粒\% = (R_{7h} - R_L) \times \frac{100}{烘干(g)} \tag{55.9}$$

$$粉粒\% = 100 - (砂粒\% + 黏粒\%) \tag{55.10}$$

55.3.5 注释

对于钙质土壤、盐渍土或者有机碳含量超过 2%的土壤，不建议采用本章介绍的简化比重计法。关于完整的比重计法，请参阅 Day（1965）。

55.4 筛分法（机械方法）

在工程中，土壤粒径组成被用于对土壤进行分类。土壤粒径分布曲线是道路施工中的一项参照指标。例如，在公路路堤施工中，土壤粒径组成可用来确定土壤对冻胀作用的敏感性。

粒径组成分析是用于测定一定质量土壤中各种粒径颗粒的比例。该分析方法具有一定局限性。Day（1965）指出，在一定振荡时间内，某个颗粒通过筛子的概率与颗粒本身的性质、该粒径颗粒的数量及筛子的属性有关。Gee 和 Or（2002）建议，要保证该方法具有良好的重复性，需要认真地对每个步骤进行标准化。

55.4.1 材料与试剂

（1）筛子和底盘（20 cm 直径）。建议用 ASTM 中的 4 号筛（4.76 mm）、10 号筛（2.00 mm）、40 号筛（0.42 mm）和 200 号筛（0.074 mm）。
（2）筛子专用刷。
（3）玻璃烧杯（500 mL）。
（4）陶瓷蒸发皿（直径 20 cm）。
（5）天平（量程 1000 g，精度 0.1 g）。
（6）研钵和带有乳胶头的研棒。
（7）烘箱（105℃）。
（8）筛子振荡器。

55.4.2 步骤

（1）将每个筛子清理干净并称重，精确至 0.1 g。
注意：筛子需要从底部开始用刷子刷干净。嵌入筛孔的一些土壤颗粒会使筛孔变大，缩短筛子的使用寿命。用手轻拍筛壁可使嵌入筛孔的土壤颗粒掉出。
（2）称量具有代表性的土样约 500 g，用手或者研磨棒将土样碾碎。
土样的多少应考虑到代表性，取决于土壤中最大组分的粒径（Gee 和 Or，2002）。下面列出了代表性土样所需的重量，供参考：
最大颗粒约为 5 mm——500 g；

最大颗粒约为 20 mm——5 kg；

最大颗粒约为 75 mm——20 kg。

注意：对于细质地土壤，样品变干后易形成较硬的土块或团聚体，最佳、重复性最好的筛分法是将一定量的土样烘干，将土块或团聚体尽量碾碎，用 200 号的筛子湿筛、烘干，最后将剩余部分在套筛上用手或者摇筛器水平晃动 10 min。

（3）第一次湿筛土壤需要仔细操作，避免破坏筛子和溅出土样。在筛子上方用自来水冲洗土样，直到出水变清为止。

（4）利用洗瓶仔细将残留物反向冲洗至一个陶瓷蒸发皿中，尽量倒出多余的水并确保土样不流失。将样品放入烘箱中在 105℃条件下烘干 16~24 h。

（5）将烘干样品取出，将蒸发皿表面上放置一块玻璃，并冷却至室温。最后称重得到样品质量（S_w）。

（6）将土样过套筛：4 号、10 号、40 号和 200 号筛。为提高半对数曲线的拟合精度，建议再加入 20 号、60 号、100 号和 140 号筛。

（7）在摇筛器上将筛子振荡 10 min，将各个筛子称重，记录筛子加土样的质量，减去筛子的初始质量，计算每个筛子上土样的百分比。

（8）将各个筛子上的土壤残留质量相加，与第 5 步得到的土样总重量 S_w 相比较。如果结果相差大于 2%，则需要重新测定。

（9）计算每个筛子上土壤样品的百分比，从 100% 开始，逐级减去各步骤得到的每个粒径颗粒的百分比。

（10）做出土壤粒径分布的半对数分布曲线。如果有小于 10% 的样品量通过 200 号筛，测定结束；如果有大于 10% 的样品量通过 200 号筛，则需要继续粒径分布测定步骤。

（11）根据粒径分布曲线，计算均匀系数（$Cu = D_{60}/D_{10}$）。其中，D 是指土壤颗粒的有效直径，下标 10 和 60 是指小于该百分比的数量；Cu 反映了粒径的范围或离散度，Cu 值较大表示 D_{60} 和 D_{10} 差异显著。

55.5 新技术

Gee 和 Or（2002）列举了一些测定粒径组成的新技术，包括 X 射线衰减法、颗粒计数法（Coulter 法）和激光散射（衍射）法。Elias 等（1999）和 Vaz 等（1999）讨论了 γ 射线衰减法，McTainsh 等（1997）提出一个测定粒径组成的综合方法，即将筛分法（>75 μm）、颗粒计数法（2~75 μm）和吸管法（<2 μm）组合使用。

参 考 文 献

Day, P.R. 1965. Particle fractionation and particle size-analysis. In: C.A. Black et al., eds. *Methods of Soil Analysis*. Agronomy No. 9, Part 1. American Society of Agronomy, Madison, WI, 545-567.

Elias, E.A., Bacchi, O.O.S., and Reichardt, K. 1999. Alternative soil particle-size analysis by gamma-ray attenuation. Soil Till. Res. 52: 121-123.

Gee, G.W. and Or, D. 2002. Particle-size analysis, In J.H. Dane and G.C. Topp, eds. Methods of Soil Analysis, Part 4—Physical Methods. Soil Science Society of America, Madison WI, 255-293.

Gregorich, E.G., Turchenek, L.W., Carter, M.R., and Angers, D.A., eds. 2001. Soil and Environmental Science Dictionary. CRC Press, Boca Raton, FL.

McKeague, J.A., ed. 1978. Manual on Soil Sampling and Analysis, 2nd ed. Canadian Society of Soil Science, Ottawa, ON, Canada.

McTainsh, G.H., Lynch, A.W., and Hales, R. 1997. Particle-size analysis of aeolian dusts, soils, and sediments in very small quantities using a Coulter multisizer. Earth Surf. Proc. Land. 22: 1207-1216.

Sheldrick, B.H. and Wang, C. 1987. Compilation of data for ECSS reference soil samples. Land Resource Research Centre, Agriculture Canada, Ottawa, ON, Canada.

Sheldrick, B.H. and Wang, C. 1993. Particle size distribution. In M.R. Carter, ed. Soil Sampling and Methods of Analysis. Canadian Society of Soil Science. Lewis Publishers, Boca Raton, FL, 499-511.

Soil Classification Working Group. 1998. The Canadian System of Soil Classification. Agriculture and Agri-Food Canada Publication 1646 （Revised）, Ottawa, ON, Canada.

Soil Conservation Service. 1984. Soil survey laboratory methods and procedure for collectingsoil samples. Soil Survey Investigations, Report No. 1. (Revised 1984), U.S. Department of Agriculture, Washington, DC.

Vaz, C.M.P., Naime, J.M., and Macedo, A. 1999.Soil particle size fractions determined by gammaray attenuation. Soil Sci. 164: 403-410.

（卢奕丽　译，任图生　校）

第 56 章 土壤收缩

C.D. Grant

University of Adelaide

Glen Osmond, South Australia, Australia

56.1 引 言

土壤收缩是指土壤在由湿变干过程中总体积减小的一种现象。所有类型的土壤均可能发生不同程度的收缩，对于含有大量膨胀性黏粒（特别是含钠黏粒）的土壤，收缩最为普遍（Parker 等，1977；Boivin 等，2004）。土壤收缩后常常发生膨胀，但因为黏粒体积的变化具有滞后现象，因此土壤收缩并不是真正的可逆现象（Haines，1923；Holmes，1955；Chang 和 Warkentin，1968）。尽管土壤收缩和膨胀过程存在较大差异，土壤收缩还是常被用于表征土壤缩胀能力（Franzmeier 和 Ross，1968；Ross，1978；de Jong 等，1992）、耕性及其对作物性状的潜在影响（Auchinleck，1912）。此外，土壤缩胀特性还影响着土壤工程结构完整性（Jumikis，1984；Gillot，1986）、地下水（通过裂缝）污染的可能性（Coles 和 Trudgill，1985）、遭破坏土壤结构的演变（Pillai-McGarry 和 McGarry，1999），以及适度覆盖层下土壤水分的有效性（Groenevelt 和 Grant，2001；Groenevelt 等，2001）。

土壤收缩分为几个不同阶段，各阶段收缩程度主要取决于饱和状态下土壤结构是否良好。例如，当结构不良的土壤在饱和状态下开始失水，土壤即发生收缩。若该土壤在收缩过程中始终保持完全饱和的状态，这一土壤收缩初始阶段被称为"正常"阶段，该阶段土壤体积减少量等于水分损失量。当土壤颗粒间接触开始阻碍正常收缩，土壤裂隙形成，空气进入土壤基质，含水量小于"进气"值后的土壤收缩被称为"残余"阶段，该阶段内土壤体积减少量逐渐小于水分损失量。当超过"收缩限值"（该"限值"并非总是单一的、清晰定义的土壤含水量，Groenevelt 和 Grant，2004），绝大多数土壤收缩逐渐受限并最终停止。但是，对于包含稳定大孔隙的结构良好的土壤，在一定含水量范围内，土壤排水会导致土壤体积很少损失或无损失，这一阶段称为"结构性"收缩阶段。当土壤结构性孔隙排空，空气已无法进入土壤基质，土壤仍以成比例方式收缩，即土壤体积损失量等于（或近似于）土壤水分损失量，这一阶段称为"基础"或"成比例"收缩阶段（Groenevelt 和 Grant，2001）。超过该阶段，结构良好土壤也将以上述"残余"阶段方式发生收缩。

测定土壤收缩的方法取决于采集数据的目的。例如，采集于实验室内土壤样品的数据与田间原位试验采集的数据差异显著，因为田间土壤和室内土样开裂尺度的差异很大（Crescimanno 和 Provenzano，1999）。田间原位条件下土体受侧向和上层积土压力，但在实验室内土样并不承受该压力（Richards，1986）。此外，绝大多数田间收缩测定方法需要建立一个本构关系来联系土壤一维和三维位移，以使高度变化与土体体积变化产生联系（Aitchison 和 Holmes，1953）。对于绝大多数情况，"土壤收缩是等维度的"这一假设基本上合理（Yaalon 和 Kalmar，1972；Yule 和 Ritchie，1980a，1980b），但这种关联性不仅取决于测定样品高度时土壤的水分范围（Fox，1964），还与样品的大小与具有代表性的田间基本单元之间的关系相关。例如，田间测定高度变化时忽略水平方向开裂，可能导致低估土壤收缩。而室内测定土样体积变化时完全忽略土体开裂，可能导致高估收缩。因此，无论使用哪种方法，都需要考虑上述固有误差。

室内测定土壤收缩的方法众多（McGarry，2002），这里我们仅涉及其中两种方法。田间测定方法虽然在形式上有差异，但几乎所有方法都通过测定土体剖面上若干点相对于一个固定参考点的垂向变化以测定土壤收缩。

56.2　田间土壤收缩测定方法

田间测定土壤收缩的关键是找到一个固定不动的参考点，但找到这个参考点并不容易，测定者可能需要深挖至基岩或至少至膨胀性土层以下，有时可以找到一个不受膨胀性土壤影响的清晰的远程参考点。

56.2.1　材料

（1）一定长度和材质的高度传感棒。切割该棒时预留额外的长度，使棒的一头可以在需要的深度钉进土体以通过混凝土进行固定，另一头露出地表以方便定位。

（2）开口式套管（金属或 PVC 材质），以围住各个传感棒。套管需要与土壤中钻孔相配，向该钻孔中注入湿混凝土，之后将传感棒插入以进行固定。向传感棒与套管之间回填聚苯乙烯微球（以防止水汽运移）或润滑油（在钻孔经过地下水水面时防止水分进入），上述任一回填物还能防止土壤收缩或膨胀导致的套管的移动。

（3）环形浮板（绝大多数零件商店有售）和深度计。环形浮板被放置于开敞式套管和传感棒上方并且可独立移动。深度计被放置于环形浮板上以测定高度传感棒的垂向移动。

（4）水准仪，测量尺，基准面。

（5）中子仪管（中子水分测定仪）。绝大多数土壤垂向深度变化与含水量变化相关，所以，中子仪管（或其他类型非扰动土壤的含水量监测系统）需要被安置于高度传感棒周围，由此可以了解土壤剖面上各点对土壤表面垂直方向为位移的贡献，这对工程结构中的地基尤为重要。为防止中子仪管移动，可在管上设置环形浮板以校正各土壤含水量的测定深度。

56.2.2　步骤

（1）以一定时间间隔，利用千分表确定各高度传感棒在垂直方向上相对于环形浮板的位置（见图 56.1）。

（2）利用水准仪和测量尺测定环形浮板在垂直方向上相对于基准面的位置。此操作需要两人配合完成，其中一人操作水准仪，另一人在水准面和各环形浮板上掌控测量尺。

（3）利用中子水分测定仪测定各高度传感棒所在深度土壤的含水量。由于中子水分测定仪水分测定值可代表较大的土壤体积，需要慎重选择测定深度。因此，高度传感棒需要设置在合适的深度，使各水分测定结果代表地表下相应土层，方便对数据做进一步分析。

56.2.3　注释

根据测定仪器在测定点布设的时间和预算来选择相应的田间测定材料。为应对长期埋设，建议采用耐盐、不易氧化还原的材料，但不同材质的材料价格悬殊（不锈钢、铁氟龙和有机玻璃材料相对昂贵）。图 56.1 为测定所需基本设备的示意图，具体测定实例（照片和常用设备示意图）可参考 Aitchison 和 Holmes（1953）、Coquet（1998）、Braudeau 等（1999）和 Kirby 等（2003）。

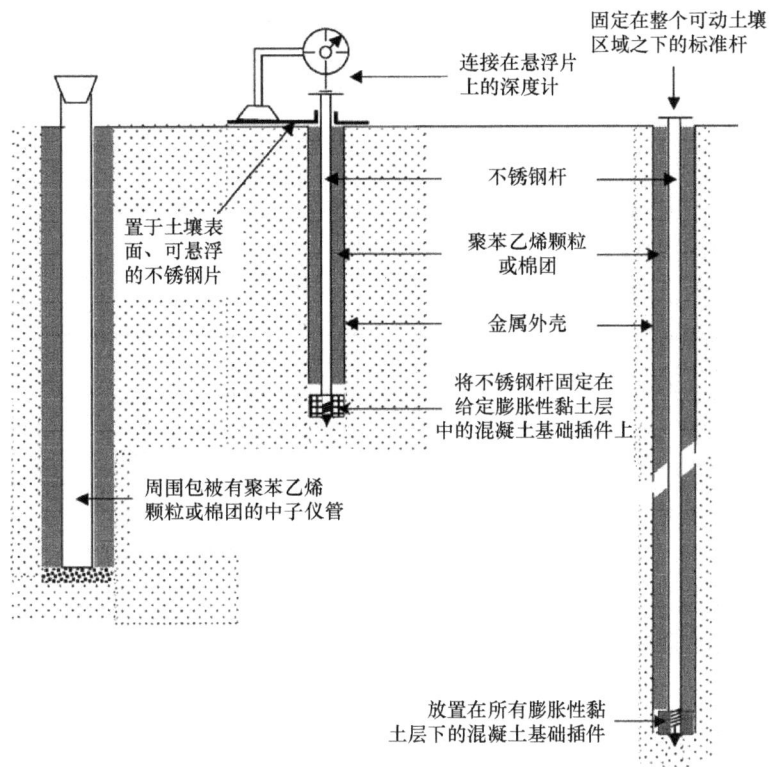

图56.1 测定垂直方向土壤移动和含水量的设备

土壤收缩总体上发生在靠近地表的土层（含水量变化最大），但也有例外，当植物根系在地表下各深度吸取水分时，测定者难以将含水量变化与高度变化相联系。对这一情况，测定者需要（通过对中子仪管做校正）获取不同深度土壤容重信息，从而通过考虑土壤饱和状态下总深度（材料深度）以调整含水量剖面（Ringrose-Voase 等，2000）。此外还需要注意，在膨胀性土壤中做中子仪管校正需要土壤容重信息，而土壤容重随含水量变化呈现非线性变化。Greacen 等（1981）根据中子仪管读数，利用下式获取膨胀性土壤准确的含水量（θ）测定值：

$$\theta = \exp\left(\frac{\mathrm{CR}-c}{m}\right) \tag{56.1}$$

式中，CR 为计数率，c 和 m 为无量纲拟合参数。

56.3 室内土壤收缩测定方法

在实验室内，根据所拥有仪器和所需数据精度的不同，有许多种测定土壤收缩的方法。测定者常常测定线性收缩（因其过程简单且可被重复），即在土壤从一个固定的含水量状况收缩到风干含水量状况这一过程中，测定该重塑土样的初始和最终长度。有些情况下也测定三维（体积）收缩，但测定过程更详细且耗时更多。测定方法的选择需要权衡快速简单测定（提供有限的土壤变化信息）和复杂测定（提供丰富、细致的信息，有助于理解土壤各方面的变化）之间的优劣势（Grant 等，2002）。

56.3.1 线性收缩

测定线性收缩的方法众多（McGarry，2002）。其中有一种简便方法，即通过向土样加水直到其达到结持状态（阿特贝液限，见本书第 58 章）；随后将土样压入半圆柱状模具（长度为 L）中，填土过程中通过轻拍以去除气泡；随后让土样慢慢变干，直到达到风干含水量，测定长度为 L_d。在风干过程中，用土样长度减小值与模具总长度的比值来表示，称为"线性收缩"（LS）：

$$\mathrm{LS} = \left(\frac{L - L_\mathrm{d}}{L}\right) \times 100 \tag{56.2}$$

1. 材料

(1) 2 mm 孔径土筛，用以筛选土样。

(2) 蒸馏水，用以湿润土样。

(3) 适当长度的调土刀，用以调节、装填土样。

(4) 平玻璃板（大且厚），用以调节、装填土样。

(5) 阿特贝液限信息（或测定该界限的仪器）。

(6) 烘箱（设置为 105℃）。

(7) 半圆柱状模具，内径 2.5 cm，长 25 cm（可略短），底呈长方形，用于装填湿土样。模具可采用刚性材料制作，保证其不生锈，不在 105℃ 条件下融化（如黄铜或不锈钢材质）。但在某些情况下（如本科生实验课程），使用上述材料可能导致实验花费过高，可采用更便宜的材质（如将 PVC 管从中间剖开），同时控制烘箱温度不超过 60℃。

(8) 在模具内铺上硅润滑脂，减少干燥过程中的黏结和破裂。

(9) 尺子（mm 刻度）。

2. 步骤

(1) 若已知阿特贝液限土壤含水量，计算需要使用的土壤风干含水量。

(2) 取 200 g 风干土样，逐渐加入蒸馏水直到达到阿特贝液限（可通过第 58 章中标准步骤计算阿特贝界限）。

(3) 利用调土刀调节土样直到达到阿特贝液限后，将其放入密闭容器，放置过夜以使其达到平衡状态（第二天再次检查土样含水量状况，若未达到界限，加入蒸馏水再调节土样）。

(4) 在模具内涂上硅润滑脂 [见图 56.2（a）]。

(5) 向模具内装填土样，防止产生空气空隙，同时保证表面平滑且与模具表面齐平。利用湿布擦净模具边缘，防水收缩过程中土样黏附于模具边缘 [见图 56.2（b）]。

(6) 在室温下，静置土样数日，使其慢慢变干 [见图 56.2（c）和图 56.2（d）]。

(7) 将模具转移至烘箱内，105℃ 条件下烘干 24 h（若为 PVC 材质模具，温度控制在 60℃，烘干一周），之后将模具取出静置降温。

(8) 测定模具内干土的长度 L_d。若土样开裂，小心地将各土块聚集到一起，测定其组合总长度 [见图 56.2（e）]。

3. 注释

对于高度膨胀性土壤，模具内土样烘干后可能发生开裂或破碎，导致难以准确测定 L_d。测定者可采取措施防止土样过快变干以避免其过度开裂或破碎，比如，将土样放入一个密封容器内，以一定时间间隔将其暴露于空气中，整个过程持续数周而非仅仅数日。当土样中绝大多数水分通过蒸发损失后，再将其放入烘箱进行烘干。若需要进行快速测定，则需要将开裂土样重新聚集（使用一段细线），测定其组合总长度。

许多研究者对线性收缩方法做了改进或调整，被广泛使用（Mills 等，1980；McKenzie 等，1994）。有些方法使用粒径更细（如<425 μm）的团聚体样品，或采用不同方法步骤设置收缩开始阶段的最高含水量（例如，在一定的基质势条件下让土样达到平衡，而后进行标准装填步骤）。所以，使用调整方法测定线性收缩时需要对测定细节进行描述。

LS 测定值与其他测定收缩方法（下述）的结果一致性较好，还可以与非分散、膨胀性土壤的变化趋势相关联，用于说明土壤自闭现象（Grant 和 Coughlan，2002）。

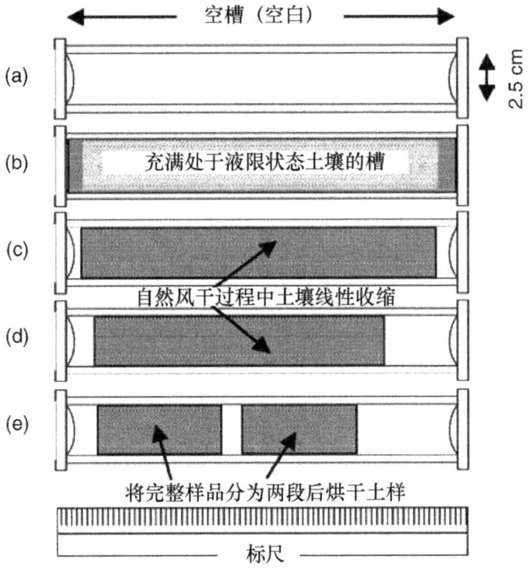

图 56.2　用于测定重塑土壤线性收缩的土槽

56.3.2　三维收缩

测定者可通过测定膨胀性土壤的三维收缩以了解更详尽的缩胀特性信息，即通过观测土样由湿到干过程中总质量和体积变化以进行测定。Grossman 等（1968）提出的线性收缩系数法（COLE）最为常用。但本书不对其进行说明，因为该方法并非测定土样由饱和状态开始的收缩，且有许多其他文献和资料对其进行详尽描述和说明（Dasog 等，1988；Warkentin，1993；Soil Survey Staff，1999；McGarry，2002）。

本节内容主要说明土样（由饱和到烘干）三维收缩测定方法的相关步骤。在进行测定前，有若干准备工作需要完成，可能耗费数周时间。

测定土样质量的过程简单易行，但在实际测定过程中，含水量很高的土样由于容易发生变形而难以进行质量测定，只有当其处于稳定状态时才可进行测定。笔者发现，使用铁氟龙环装填土样，可有效避免操作过程中土样形变，还可避免收缩过程中土样黏附于环的边缘。

测定土壤三维收缩最大的挑战是准确测定土样总体积的变化。测定一个立方体、柱体或有规则形状的土样的体积相对简单（Schafer 和 Singer，1976），可使用的仪器众多，如游标卡尺、可移动显微镜或高差计。对于整个收缩过程（或至少起始阶段），有规则形状土样的体积可通过一定精度和准确度的线性尺寸测定值计算得到。但对于无规则形状土样，体积计算值的误差以线性尺寸测定值误差的立方级增加。绝大多数研究忽略了这一问题，没有考虑线性尺寸测定误差。重塑土样在初始阶段一般具有规则的形状（圆盘形、立方形等），在干燥过程中发生形变，不再具有规则形状（对于这一类土样，尤其当土样较小时，易产生更大的误差）。

阿基米德原理指出，当一固体物质浸入一不可压缩流体（水）时，该物体所排开的流体质量等于该物体体积。这是因为浸入流体的物体受一个浮力，其质量看似有所减小。浸入流体的物体的表观重量损失量与其排水体积直接相关。常使用薄层赛伦树脂包裹土样，可防止其吸收水分，同时允许水汽在收缩过程中扩散（Warkentin，1993）。若包裹树脂层很薄，则对该包裹树脂薄层体积的校正值控制在 4.6%（McGarry，2002）。土样体积 V_{sample}，可通过下式计算：

$$V_{\text{sample}} = V_{\text{water}} = \frac{M_{\text{sample(air)}} - M_{\text{sample(water)}}}{\rho_{\text{water}}} = \frac{M_{\text{water}}}{\rho_{\text{water}}} \tag{56.3}$$

式中，V_{water} 是土样所排开水的体积，M_{water} 是土样所排开水的质量，$M_{\text{sample(air)}}$ 为空气中测定土样的质量，$M_{\text{sample(water)}}$ 为水中测定土样的质量，ρ_{water} 为水的密度。

测定者可使用橡胶膜（气球）代替赛伦树脂以包裹土样（Tariq 和 Durnford，1993）。图 56.3（a）~56.3（c）介绍了相应测定装置，可用于在不直接接触土样或橡胶膜的情况下进行土壤干燥过程，同时可轻松移取土样以进行烘干操作。

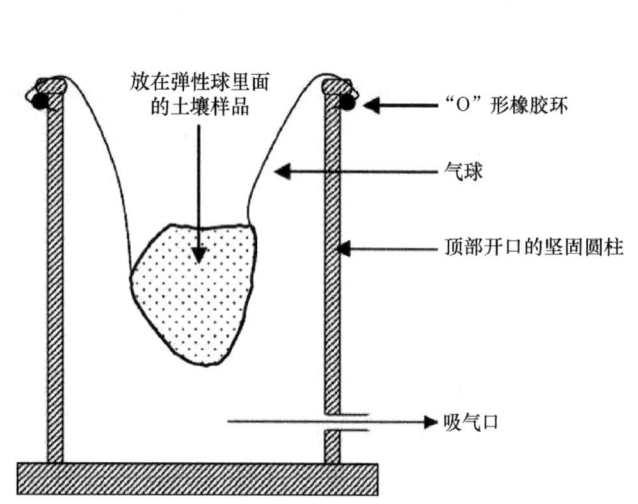

图 56.3（a） 安装在带有橡胶膜土壤样品上的吸力圆环

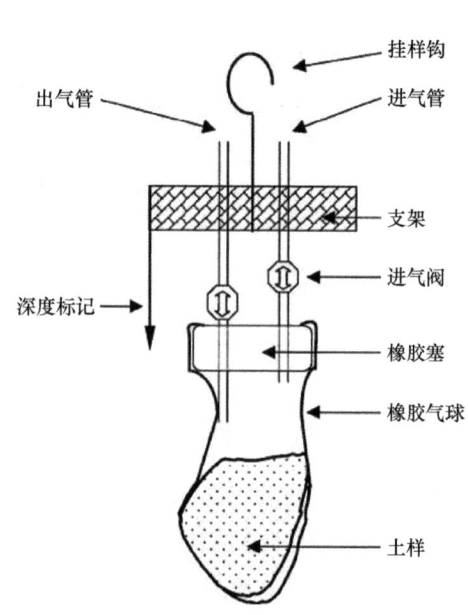

图 56.3（b） 用于支撑样品并使空气穿过样品使其干燥的装置

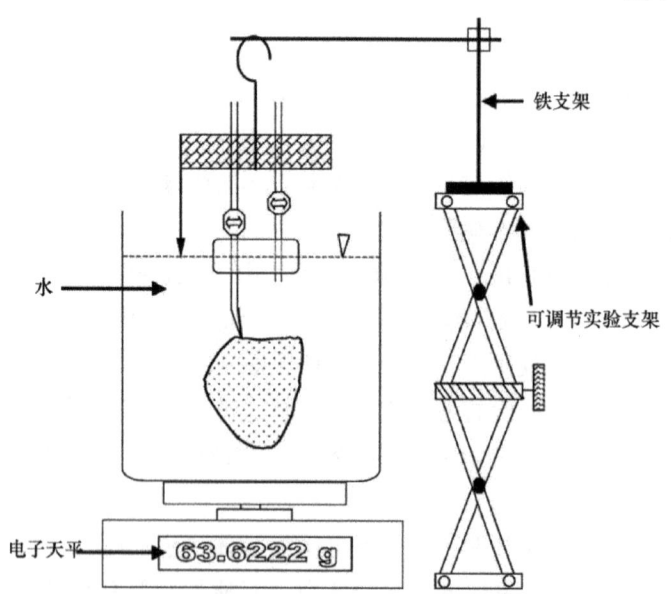

图 56.3（c） 测定土壤收缩过程中由于土壤位移产生的体积变化的装置

1. 材料

（1）刚性（黄铜）开口圆柱体（称为"吸入缸"，工程人员将其与三轴试验机配合使用），顶部为"O"

形橡胶环，底部有一吸气口［见图 56.3（a）］。这一装置需要足够大以装下土样，同时要允许将薄橡胶膜（气球）拉伸于圆柱体上沿，并通过"O"形橡胶环固定。

(2) 薄层气球。在将其拉伸并包裹土样时，其质量和体积需要足够小。

(3) 制作土样支撑装置（含进气管和出气管）的材料［见图 56.3（b）］。

(4) 实验室用铁支架，可调节升降台。

(5) 数字顶载式天平（1 kg 量程）。

(6) 1000 mL 烧杯或其他容器。

(7) 干燥的空气（有加压可调节流量）。

(8) 体积介于 30～500 cm³ 的土块（稍大于该体积更佳）。

(9) 与土样温度相同的水。

(10) 图 56.3（c）所示其他材料。

2. 步骤

(1) 如图 56.3（a）～56.3（c）所示，装配测定材料。

(2) 使用刚性开口圆柱体，顶部套一橡胶薄膜，在下方施加一个吸力，拉伸薄膜的同时放入土样。

(3) 释放吸力，使薄膜紧密包裹土样，保证膜内没有截留空气。

(4) 将土样从吸入缸取出，将薄膜缠绕在橡皮塞上［见图 56.3（b）］，防止进气口和出气口被堵塞。

(5) 关闭进气阀，打开出气阀。加一个吸力以排除多余空气，使薄膜紧密包裹土样。

(6) 空气中测定土样质量 $M_{\text{sample (air)}}$。

(7) 首先取一烧杯水放于顶载式的数字天平上，将土样装设于铁架台上，调节土样高度使其浸入烧杯中。通过深度标志器［见图 56.3（c）］确定土样浸于水中一定深度，测定其质量 $M_{\text{sample (water)}}$。

(8) 为干燥土样，首先将其从烧杯中取出，将两个气阀同时打开，向土样通入稳定且较小的正压，空气通过土样后从出气管流走。

(9) 通过控制通过土样的气流以控制土样的收缩速率。

(10) 当土样开始收缩时，以一定的时间间隔，重复步骤 5 到步骤 7 的操作以测定其体积。

(11) 当土样不再收缩时，将土样从薄膜中分离出来，在烘箱中 105℃ 下烘干至恒重，测定其质量和体积。

(12) 使用公式（56.3）计算收缩各阶段土样的体积。利用该数据计算孔隙率 e（单位体积固体物质中孔隙所占体积），以及含水率 θ（单位体积固体物质中水分所占体积）：

$$e = \frac{V_{\text{pores}}}{V_{\text{solids}}} \tag{56.4}$$

其中，

$$V_{\text{pores}} = V_{\text{sample}} - V_{\text{solids}}$$

$$V_{\text{solids}} = \frac{M_{\text{OD solids}}}{\rho_{\text{solids}}}$$

M_{ODsolids} 为烘干土质量。

$$\theta = \frac{V_{\text{water}}}{V_{\text{solids}}} \tag{56.5}$$

其中，

$$V_{\text{water}} = \frac{M_{\text{water}}}{\rho_{\text{water}}}$$

M_{water} 为收缩各阶段土样所含水分的质量，ρ_{water} 为水的密度，常取 1g cm^{-3}。

（13）以各收缩阶段下孔隙率和含水率测定值分别作为自变量和因变量作图，可得到"收缩曲线"，可将其叠加到1∶1线上以确定进气点（见图56.4）。

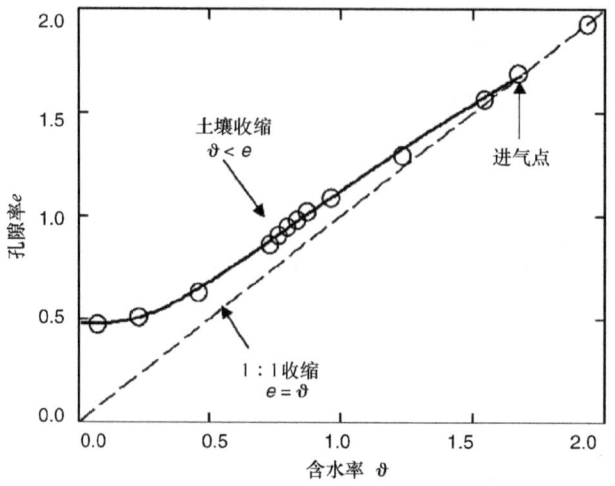

图56.4　典型的带有进气值和收缩直线的收缩曲线与1∶1线的关系

3. 注释

（1）对于无规则形状的土样，在使用直接测定方法且不扰动（或不接触）土样的前提下，测定其质量和体积信息的难度很大。上述方法虽然将潜在的不确定性参数的数量控制到尽量少，但仍不是完美的方法。由于土样的大小和形状不同，需要准备各种类型的橡胶膜，其厚度需要足够薄以紧密包裹土样，同时应足够厚以防止被撕裂。超市所售橡胶避孕套可提供不同类型橡胶膜。吸入缸有助于橡胶膜与土样间紧密包裹，实际测定前需要多次练习实验操作以防止土样与橡胶膜之间产生间隙。

（2）田间取回土样在室内测定的收缩（Reeve和Hall，1978；Prebble，1991）与其在自然覆盖物下的收缩状况不同（Groenevelt等，2001）。在室内测定土壤收缩时，需要对土样加上一个负载（等同于其自然条件下的负载），否则测定者需要校正土样的水吸力。可使用无载收缩线校正土样的水吸力（Groenevelt和Bolt，1972；Stroosnijder，1976；Groenevelt和Kay，1981），但几乎没有其他数据以证实这一方法的结果，且相关实验均基于重塑（填装）土样（Talsma，1977）而非原状土。为避免进行水吸力校正，可以使用本节介绍的技术对土样加上负载。使用图56.3（b）中所列装置，将土样浸入水中一定深度（等同于相应的负载）。此外，需要考虑是否在通气过程中将进气阀和排气阀同时打开。可用多孔薄膜包裹土样并浸入液体中（渗透压可被调节，如聚乙二醇材料），这一状况下（已知渗透压值，Groenevelt等，2004，同时允许加上自然负载）使用进气管和排气管中其中一根即可。

（3）使用多种方法分析收缩曲线，可得到膨胀性土壤的收缩限、塑性限，以及其他重要的结构特性（Groenevelt和Grant，2002；Peng等，2005；Cornelis等，2006）。

参 考 文 献

Aitchison, G.D. and Holmes, J.W. 1953. Aspects of swelling in the soil profile. *Aust. J. Appl. Sci.* 4: 244-259.

Auchinleck, G. 1912. The measurement of shrinkage in soils and its application in agriculture. *West Indian Bull.* 12: 50-61.

Boivin, P., Garnier, P., and Tessier, D. 2004. Relationship between clay content, clay type, and shrinkage properties of soil samples. *Soil Sci. Soc. Am. J.* 68: 1145-1153.

Braudeau, E., Costantini, J.M., Bellier, G., and Colleuille, H. 1999. New device and method for soil shrinkage curve measurement and characterization. *Soil Sci. Soc. Am. J.* 63: 525-535.

Chang, R.K. and Warkentin, B.P. 1968. Volume change of compacted clay soil aggregates. *Soil Sci.* 105: 106-111.

Coles, N. and Trudgill, S. 1985. The movement of nitrate fertiliser from the soil surface to drainage waters by preferential flow in weakly structured soils, Slapton, S. Devon. *Agric. Ecosyst. Environ.* 13: 241-259.

Coquet, Y. 1998. *In situ* measurement of the vertical linear shrinkage curve of soils. *Soil Till. Res.* 46: 289-299.

Cornelis, W.M., Corluy, J., Medina, H., Diaz, J., Hartmann, R., Van Meirvenne, M., and Ruiz, M.E. 2006. Measuring and modelling the soil shrinkage characteristic curve. *Geoderma* 137: 179-191.

Crescimanno, G. and Provenzano, G. 1999. Soil shrinkage characteristic curve in clay soils: measurement and prediction. *Soil Sci. Soc. Am. J.* 63: 25-32.

Dasog, G.S., Acton, D.F., Mermut, A.R., and de Jong, E. 1988. Shrink-swell potential and cracking in clay soils of Saskatchewan. *Can. J. Soil Sci.* 68: 251-260.

De Jong, E., Kozak, L.M., and Stonehouse, H.B. 1992. Comparison of shrink-swell indices of some Saskatchewan soils and their relationships to standard soil characteristics. *Can. J. Soil Sci.* 72: 429-439.

Fox, W.E. 1964. A study of bulk density and water in a swelling soil. *Soil Sci.* 98: 307-316.

Franzmeier, D.P. and Ross, S.J. 1968. Soil swelling: laboratory measurement and relation to other soil properties. *Soil Sci. Soc. Am. Proc.* 32: 573-577.

Gillot, J.E. 1986. Some clay-related problems in engineering geology in North America. *Clay Miner.* 21: 261-278.

Grant, C.D. and Coughlan, K.J. 2002. Estimation of the self-mulching characteristics of surface soils. In: N.J. McKenzie, K.J. Coughlan, and H.P. Cresswell, eds. *Soil Physical Measurement and Interpretation for Land Evaluation*, CSIRO Australia, Melbourne, 370-372.

Grant, C.D., Groenevelt, P.H., and Bolt, G.H. 2002. On hydrostatics and matristatics of swelling soils. In: P.A.C. Raats, D.E. Smiles, and A. Warrick, eds. *Environmental Mechanics: Water, Mass, and Energy in the Biosphere.* American Geophysical Union, Washington, DC, 95-105.

Greacen, E.L., Correll, R.L., Cunningham, R.B., Johns, G.G., and Nicolls, K.D. 1981. Calibration. In: E.L. Greacen, Ed. *Soil Water Assessment by the Neutron Method.* CSIRO Australia, Melbourne, 50-81.

Groenevelt, P.H. and Bolt, G.H. 1972. Water retention in soil. *Soil Sci.* 113: 238-245.

Groenevelt, P.H. and Grant, C.D. 2001. Reevaluation of the structural properties of some British swelling soils. *Eur. J. Soil Sci.* 52: 469-477.

Groenevelt, P.H. and Grant, C.D. 2002. Curvature of shrinkage lines in relation to the consistency and structure of a Norwegian clay soil. *Geoderma* 106: 235-245.

Groenevelt, P.H. and Grant, C.D. 2004. Analysis of soil shrinkage data. *Soil Till. Res.* 79: 71-77.

Groenevelt, P.H., Grant, C.D., and Murray, R.S. 2004. On water availability in saline soils. *Aust. J. Soil Res.* 42: 833-840.

Groenevelt, P.H., Grant, C.D., and Semetsa, S. 2001. A new procedure to determine soil water availability. *Aust. J. Soil Res.* 39: 577-598.

Groenevelt, P.H. and Kay, B.D. 1981. On pressure distribution and effective stress in unsaturated soils. *Can. J. Soil Sci.* 61: 431-443.

Grossman, R.B., Brasher, B.R., Franzmeier, D.P., and Walker, J.L. 1968. Linear extensibility as calculated from natural-clod bulk density measurements. *Soil Sci. Soc. Am. Proc.* 32: 570-573.

Haines, W.R. 1923. The volume-changes associated with variations of water content in soil. *J. Agr. Sci.* (Cambr.) 13: 296-310.

Holmes, J.W. 1955. Water sorption and swelling of clay blocks. *J. Soil Sci.* 6: 200-208.

Jumikis, A.R. 1984. *Soil Mechanics.* R.E. Krieger Publishing, Malabar, FL.

Kirby, J.M., Bernardi, A.L., Ringrose-Voase, A.J., Young, R., and Rose, H. 2003. Field swelling, shrinking, and water content change in a heavy clay soil. *Aust. J. Soil Res.* 41: 963-978.

McGarry, D. 2002. Soil shrinkage. In: N.J. McKenzie, K.J. Coughlan, and H.P. Cresswell, eds. *Soil Physical Measurement and Interpretation for Land Evaluation.* CSIRO Australia, Melbourne, 240-260.

McKenzie, N.J., Jacquier, D.J., and Ringrose-Voase, A.J. 1994. A rapid method for estimating soil shrinkage. *Aust. J. Soil Res.* 32: 931-938.

Mills, J.J., Murphy, B.W., and Wickham, H.G. 1980. A study of three simple laboratory tests for the prediction of soil shrink-swell behaviour. *J. Soil Cons. Serv.* NSW 36: 77-82.

Mitchell, A.R. 1992. Shrinkage terminology: escape from "normalcy". *Soil Sci. Soc. Am. J.* 56: 993-994.

Parker, J.C., Amos, D.F., and Kaster, D.L. 1977. An evaluation of several methods of estimating soil volume change. *Soil Sci. Soc.Am. J.* 41: 1059-1064.

Peng, X., Horn, R., Deery, D., Kirkham, M.B., and Blackwell, J. 2005. Influence of soil structure on the shrinkage behaviour of a soil irrigated with saline-sodic water. *Aus. J. Soil Res.* 43: 555-563.

Pillai-McGarry, U.P.P. and McGarry, D. 1999. Structure repair of a compacted vertisol with wet-dry cycles and rotation crops. *Soil Sci. Soc. Am. J.* 63: 201-210.

Prebble, R.E. 1991. Shrinkage, moisture characteristic, and strength of cracking clay soils. CSIRO Division of Soils, Divisional Report No.113, Melborne, Australia, 19.

Reeve, M.J. and Hall, D.G.M. 1978. Shrinkage in clayey subsoils of contrasting structure. *J. Soil Sci.* 29: 315-323.

Richards, B.G. 1986. The role of lateral stresses on soil water relations in swelling clays. *Aus. J. Soil Res.* 24: 457-476.

Ringrose-Voase, A.J., Paydar, Z., and Cresswell, H.P. 2000. Swelling soils: problems with accesstube installations. In: P. Charlesworth, ed. *Irrigation Insights No. 1 Soil Water Monitoring, Land and Water Australia*, Canberra, Australia, 54-56.

Ross, G.S. 1978. Relationships of specific surface area and clay content to shrink-swell potential of soils having different clay mineralogical compositions. *Can. J. Soil Sci.* 58: 159-166.

Schafer, W.M. and Singer, M.J. 1976. A new method of measuring shrink-swell potential using soil pastes. *Soil Sci. Soc. Am. J.* 40: 805-806.

Soil Survey Staff 1999. *Soil Taxonomy: A Basic System of Soil Classification for Making and Interpreting Soil Surveys*, 2nd edition. United States Department of Agriculture. Natural Resource Conservation Service. Agricultural Handbook No. 436. USA Government Printing Office, Washington, DC.

Stroosnijder, L. 1976. Infiltration in swelling and shrinking soils. *Versl. Landbouwkd. Onderz. (Agric. Res. Rep.)* 847: 119-174 (translated into English by T. Talsma).

Talsma, T. 1977. A note on the shrinkage behaviour of a clay paste under various loads. *Aus. J. Soil Res.* 15: 275-277.

Tariq, A.R. and Durnford, D.S. 1993. Soil volumetric shrinkage measurements: a simple method. *Soil Sci.* 155: 325-330.

Warkentin, B.P. 1993. Soil shrinkage. In: M.R. Carter, ed. *Soil Sampling and Methods of Analysis*, Canadian Society of Soil Science, Lewis Publishers, CRC Press, Boca Raton, FL, 513-518.

Yaalon, D.H. and Kalmar, D. 1972. Vertical movement in an undisturbed soil: continuous measurement of swelling and shrinkage with a sensitive apparatus. *Geoderma* 8: 231-240.

Yule, D.F. and Ritchie, J.T. 1980a. Soil shrinkage relationships of Texas vertisols. 1. Small cores. *Soil Sci. Soc. Am. J.* 44: 1285-1291.

Yule, D.F. and Ritchie, J.T. 1980b. Soil shrinkage relationships of Texas vertisols. 2. Large cores. *Soil Sci. Soc. Am. J.* 44: 1291-1295.

（王力　高伟达　译，任图生　校）

第57章 土壤容重和孔隙

X. Hao

Agriculture and Agri-Food Canada

Lethbridge, Alberta, Canada

B.C. Ball

Scottish Agricultural College

Edinburgh, Scotland, United Kingdom

J.L.B. Culley

Agriculture and Agri-Food Canada

Ottawa, Ontario, Canada

M.R. Carter

Agriculture and Agri-Food Canada

Charlottetown, Prince Edward Island, Canada

G.W. Parkin

University of Guelph

Guelph, Ontario, Canada

57.1 引　言

土壤是由大小不同的固体颗粒（矿物和有机质）组成的。通常，这些颗粒在有机质、无机氧化物和带电黏粒的作用下聚在一起形成团聚体。颗粒之间的孔隙相互连接形成复杂的孔隙网络。对于特定的土壤来说，土壤总孔隙既包括存在于土壤颗粒之间的孔隙，也包括团聚体之间的孔隙。通过这些孔隙，土壤中的水分和气体与外界环境进行交换，土壤中的热量和养分也会随之进行运移。不同质地、结构和有机质含量的土壤，其孔隙数量和大小相差很大。

土壤容重（$D_b = m_s/V_t$）是土壤固体烘干后质量（m_s）和总体积（V_t）的比值，其中 V_t 包括土壤固相体积和土壤颗粒之间的孔隙体积（Blake 和 Harge，1986a）。土壤容重是一个应用十分广泛的物理性质，可以用来衡量土壤的紧实状态、进行土壤质量含水量和体积含水量之间的相互转换，在已知土壤颗粒密度时计算土壤总孔隙度，以及估算难以称重的土块质量。

土壤颗粒密度（$D_p = m_s/V_s$）指的是单位体积土壤固体颗粒的质量，不考虑土壤颗粒之间的孔隙。土壤颗粒密度通常用在考虑土壤体积和质量的数学公式中（Blake 和 Harge，1986b）。因此，土壤孔隙度、土壤容重和气体空间的相互关系，以及液体中土壤颗粒沉积速率的计算都要用到土壤颗粒密度。

土壤孔隙度（S_t）是土壤孔隙体积占土壤总体积的百分比。土壤中孔隙的类型和数量同样重要。土壤孔隙中会填充空气（F_a，充气孔隙度）或水分（WFPS，充水孔隙度或饱和度）。根据孔径的大小，土壤孔隙被分为不同的类型，其中土壤大孔隙与土壤中水分和气体的运移有关（Carter 和 Ball，1993）。

农业生产活动，如耕作和重型机械的轮胎都会对土壤造成压实，影响土壤容重和孔隙度（Gysi 等，2000；Cameira 等，2003；Osunbitan 等，2005）。任何提高土壤有机质的管理方式都能够改善土壤颗粒结构，提高土壤孔隙度或降低土壤容重（Shaver 等，2003）。土壤容重和孔隙度是评估人为扰动土壤情况的两个非常重要的参数。

近十年内，关于土壤容重和孔隙度的测定取得了重要进展。其中一个新方法是在计算机断层扫描技术（Computerized Tomography，CT）中，通常将 α 射线或者 γ 射线作为放射源（Pedrotti 等，2005）。这种技术已经被用来测定土壤物理性质，如容重、含水量（Crestana 和 Vaz，1998；Pedrotti 等，2005）、孔隙度、裂缝、大孔隙几何形状（Perret 等，1999）和微孔的孔径（Macedo 等，1998）。另外，时域反射技术（Time Domain Reflectometry，TDR）也被应用于同时测定土壤含水量、充气孔隙度和容重（Ochsner 等，2001）。本章主要介绍几种常见且易于操作、设备简单、价格便宜的方法。

57.2 土壤容重

容重是一个动态的土壤特性。不同于土壤颗粒密度（仅表示土壤固相的密度），容重包括土壤内部的所有孔隙，受到土壤孔隙数量、大小，以及土壤固相组成的影响。因此，疏松多孔土壤的容重低于紧实的土壤。砂质土壤的容重通常较高，主要是由于其总孔隙度和有机质含量比较低。

除了刚刚耕作后的土壤，土壤容重通常具有较低的空间变异性（Warrick 和 Neilson，1980）。总的来说，对于给定的土壤剖面，土壤容重测定值的变异系数不会超过平均值的 10%（Grossman 和 Reinsch，2002）。因此，对于均质土壤，每块农田的某个深度取 4 个土壤样品来估计土壤容重平均值，能够保证测定值在真值 10% 的变化范围内（95% 概率水平）。

土壤容重可以通过取样方法或者原位技术测定。较常用的取样方法包括环刀取样法、蜡封法和挖坑法等，其中最常用的是环刀法。环刀取样方法会破坏土壤，而核辐射法作为原位技术不会破坏测定土壤。本章将会介绍以上 4 种测定土壤容重的方法，分析各方法消耗的人力和物力的差异。

57.2.1 环刀取样法

1. 材料

（1）手动操作或液压驱动的双环刀。

（2）干净、干燥且均质的圆柱形环刀，已知其内环直径 d（cm）和高度 h（cm），环刀体积 V（cm³）可根据公式（57.1）计算得：

$$V = \frac{1}{4}\pi d^2 h \tag{57.1}$$

（3）锋利坚硬的小刀或者小铲。

（4）百分之一天平（精确到 0.01 g）。

（5）烘箱（温度可达 105℃），最好有排风扇。

（6）用于装土样和环刀的塑料袋和耐腐蚀的铝盒。

（7）环刀盖，用于保护土柱两端。

（8）胶带。

2. 步骤

（1）标记并称量环刀的质量，记为 W_1（g）。

（2）标记并称量铝盒（带盖）质量，记为 W_2（g）。

（3）在取样深度的位置，沿水平或者垂直方向，修平土壤剖面。

（4）利用液压机或者人工将环刀压入土中直至环刀内部充满土壤，在此过程中不要摇晃环刀，防止压实土壤造成结果不准确。对于紧实的土壤需要小心挖掘，可在环刀内壁上涂抹一些矿物油以减少土壤与环刀壁之间的摩擦，有助于得到更有代表性的土柱。如果土壤样品用来测定土壤吸水特性，矿物油则可能会影响土壤样品的干湿过程。

（5）将装有原状土样的环刀小心移出后，检查土样是否破碎或者被挤压。用削土刀或者小铲削去环刀两端多余的土壤。如果土样中有大量的根系或者石块则需要重新进行采样，采样前清除土壤表面的杂草等有机物质。

（6）将环刀中的土样转移至已称重的铝盒内，盖好盖子称重，记为 W_3（g）。

（7）打开铝盒盖，将土样放入烘箱（温度设置为 105℃）烘干。烘干时间与土样的大小和烘箱类型有关。体积约为 350 cm³ 的土样在配有风扇的烘箱内烘干大约需要 72 h。土样体积越小烘干所需时间越短。烘干后，将装有土样的铝盒放在干燥器内冷却至室温，称量烘干后土样和铝盒（带盖）的质量，记为 W_5（g）。

3. 计算

土壤容重计算如下：

$$D_b = \frac{W_5 - W_2}{V} \tag{57.2}$$

土壤体积含水量 θ 计算如下：

$$\theta = \frac{W_3 - W_5}{W_5 - W_2} \times \frac{D_b}{D_w} \tag{57.3}$$

土壤湿容重（D_{bw}）通常用于土壤力学，或用来反映土壤由湿变干过程中的体积变化，计算如下：

$$D_{bw} = D_b + \theta \text{（g cm}^{-3}\text{）} \text{ 或 } \frac{W_3 - W_2}{V} \tag{57.4}$$

4. 未填满土柱的容重计算

（1）将体积为 V_{g1} 的量筒放在天平上，去皮后，填满玻璃珠，玻璃珠的质量记为 W_{g1}；

（2）称量未填满环刀的土样质量，记为 W_4，环刀底部加盖后放在托盘上备用；

（3）将玻璃珠缓慢倒在土柱表面，用土样刀将玻璃珠抹平，使其与环刀边缘齐平；

（4）在顶部加盖后，将环刀倒过来，用玻璃珠将另一端土柱填满，将环刀内的土样和玻璃珠全部转移到已知质量（W_2）的铝盒（带盖）内，在 105℃下烘干；

（5）将托盘里的玻璃珠倒入量筒，记录下剩余玻璃珠的体积（V_{g2}）和质量（W_{g2}）；

（6）土样（含玻璃珠）烘干后，放置在干燥器中冷却至室温，称重，记为 W_5；

（7）土样体积计算如下：

$$V_s = V - \frac{W_{g1} - W_{g2}}{C} \tag{57.5}$$

其中，C 是玻璃珠的填充密度，每次分析都需要进行计算。对于标注直径为 260 μm 的玻璃珠，填充的容重约为 1.50 g cm⁻³。玻璃珠的体积也可以通过 $V_{g1} - V_{g2}$ 得到，那么 $V_s = V - (V_{g1} - V_{g2})$。

（8）土壤容重计算如下：

$$D_b = \frac{W_5 - (W_{g1} - W_{g2}) - W_1 - W_2}{V_s} \tag{57.6}$$

土壤体积含水量计算如下：

$$\theta = \frac{W_4 - W_1}{V_s \cdot D_w} \tag{57.7}$$

5. 对粗颗粒的修正

对于某些特定应用,我们关心的是直径小于 2 mm 土壤颗粒的容重。先将土壤过 2 mm 筛,将过筛的土壤烘干。未过筛的颗粒经过冲洗、烘干,称重(记为 W_6),利用排水法测定体积(记为 V_6)。那么土壤容重计算如下:

$$D_b = \frac{W_5 - W_2 - W_1 - W_6}{V - V_c} \tag{57.8}$$

式中,W_6 和 V_6 分别是大于 2 mm 土壤颗粒烘干后的质量和体积。对于 W_1、W_2、W_5 和 V,详见环刀法的测定步骤。

6. 注释

(1)环刀法采样过程中对土壤的压实是该方法存在的最大误差的来源。对于黏性大、紧实或塑性较强的土壤,为了避免取样过程中的扰动和压实,环刀直径应大于 7.5 cm,且高度不大于直径。这样可以将环刀边缘对土壤的扰动最小化,在土壤样品用于测定孔隙分布或者导水率时尤其重要(Blake 和 Hartge, 1986a)。如果仅是测定土壤容重,常用的环刀直径范围为 5~7.5 cm。

(2)除了双环环刀,其他工具也可以用于测定土壤容重。例如,麦考利(McCauley)泥炭钻只用一半环刀,通常用于泥炭土壤采样。

(3)环刀法只需要环刀、天平和烘箱,设备相对便宜,但采样耗时多,人工费用较高。在采集深层土壤样品时,往往需要两个人操作。

(4)利用破坏性方法取样并测定土壤容重时,结果容易受到含水量的影响,尤其是对于随含水量变化发生明显膨胀和收缩的土壤。因此,通常需要同时测定土壤容重和含水量(Blake 和 Hartge, 1986a)。

57.2.2 蜡封法

Blake 和 Hartge(1986a)及 Grossman 和 Reinsch(2002)详细介绍了蜡封法。蜡封法应用阿基米德原理测定土块的体积。首先,称量土块质量,在土块面涂上一层防水材料,或者将土块放入斥水材料(如石蜡、树脂等)中进行饱和。其次,分别在空气中及已知温度和密度的液体中称量涂有防水材料的样品或饱和样品(Campbell 和 Henshall, 2001)。随后取土块的一部分称重,在 105℃烘干后再称重,据此确定土壤含水量,并计算土壤容重。

蜡封法测定土壤容重耗时较多,且只适用于团聚体稳定或黏结性强的土壤。即使在结构稳定的土壤上,蜡封法也不很准确(Blake 和 Hartge, 1986a)。应当将全部土样(而不是部分样品)在 105℃烘干。蜡封法关于烘干过程中有 10%的树脂损失的假设对结果影响不大。另外,在涂抹树脂前可以将土块放在压力板或者张力台上平衡,以确定样品在特定含水量范围内的收缩特性。

蜡封法不适合测定小土块的容重。因为土块太小时,难以包括存在于土块之间或(粗质地土壤)较大结构体之间的大孔隙。另外,由于受仪器压实的影响,从扰动土层中采集具有代表性的土块也比较困难(Blake 和 Hartge, 1986a)。

57.2.3 挖坑法

对于耕作土壤和森林土壤,由于表层比较疏松或存在大量石子,很难利用环刀法或者蜡封法测定土壤容重,而挖坑法是一个不错的选择(Blake 和 Hartge, 1986a)。挖坑法从岩土工程发展而来。首先挖出一定量的土壤后烘干、称重;然后将惰性材料按照已知的填充密度将坑填满,从而确定坑的体积;最后计算得到土壤容重。

57.2.4 核辐射法

射线法是一种可以快速测定土壤湿容重的方法，但需要进行标定。Gardner（1986）、Grossman 和 Reinsch（2002）及 Campbell 和 Henshall（2001）已经介绍了利用 γ 射线衰变测定土壤容重的原理和误差。简而言之，就是基于 γ 射线的散射或衰变受容重等土壤性质影响的原理，通过测定放射源和探测器之间 γ 射线的散射或透射（衰变）来确定土壤容重。散射技术使用单一放射源和安装在仪表或探针中的探测器；透射（或衰变）技术则使用两根探针，伽马放射源和 Geiger 探测器各自放在一根探针中。在测定时，将探针插入事先挖好的洞或者预埋进土壤的测管，测定射线的散射率和衰变率。与此同时，测定土壤含水量，将土壤湿容重转换为干容重。双放射源（伽马-中子复合探头）可以实现土壤容重和含水量的同时测定，但土壤干容重的测定需要进行校正。

测定土壤湿容重和含水量的商业设备逐渐增多。例如，Campbell Pacific Nuclear Dual Probes Strata Gauge MC-S-24 配备了两个放射源：一个是用于测定土壤湿容重的 Cs_{137}（370 MB_q）伽马射线发射器，另一个是用于测定土壤含水量的 Am_{241}-Be（1900 MB_q）快中子发射器。仪器自动计算土壤湿容重和含水量，并将结果直接显示在显示屏上。土壤干容重则是由湿容重减去体积含水量计算得到的。

制造商负责提供仪器安全使用的详细说明。测定标准和次数请参考制造商的操作说明，并定期检查仪器是否有辐射泄漏。

射线法是非破坏性方法，在难以采集原状土柱时尤其有用。其优点是快速测定，一个人在短时间内就可以完成大量测定。但是该技术的成本较高，需要考虑辐射安全监测的注册成本、特殊的运输要求、核安全协议的培训及核源的存放与处理。

57.3 土壤颗粒密度

土壤颗粒密度指组成土壤的全部颗粒的复合平均密度。单个土壤颗粒的密度取决于其矿物类型及组成。土壤中常见矿物的密度变化为 2.60～2.75 $g\ cm^{-3}$。石英、长石和胶质硅酸盐是矿质土壤的主要成分，其密度在这个范围内。然而，当土壤中含有大量"重"矿物（如磁铁矿、锆石、电气石和角闪石）时，土壤颗粒密度可能会大于 2.75 $g\ cm^{-3}$。不同土壤类型间，或者同一个土系的不同土壤，颗粒密度会相差很大。受耕作措施或重质矿物类型和含量的影响，同一坡上不同位置土壤的黏土矿物组成可能存在差异（Ball 等，2000），导致土壤颗粒密度也会随坡上位置不同而改变。Ball 等（2000）建议，在利用土壤颗粒密度计算土壤孔隙度时，应当通过试验测定土壤颗粒密度（见 57.4.1 节）。土壤有机质的颗粒密度为 1.3～1.5 $g\ cm^{-3}$，远远低于土壤矿物质。因此，少量的有机质就会显著影响土壤颗粒的复合密度。表层土壤有机质含量高，其土壤颗粒密度往往小于底层土壤。

一般情况下假设土壤颗粒密度为 2.65 $g\ cm^{-3}$，对应的是石英的密度。对于一个三组分土壤，各组分质量分数分别为 x_1、x_2 和 x_3，颗粒密度分别为 D_{p1}、D_{p2} 和 D_{p3}，土壤颗粒密度（D_p）可以通过下式计算（Culley，1993）：

$$\frac{1}{D_p} = \frac{x_1}{D_{p1}} + \frac{x_2}{D_{p2}} + \frac{x_3}{D_{p3}} \tag{57.9}$$

土壤颗粒密度根据测定的土壤颗粒质量和体积计算。质量通过称重测定，体积通过测定被土壤样品取代的水（或其他液体）的质量和密度计算得到。

57.3.1 材料

（1）比重瓶（或 100 mL 容量瓶）。

(2) 蒸馏水。
(3) 温度计。
(4) 风干土样（过 2 mm 筛）。
(5) 千分之一天平（精确到 0.001 g）。
(6) 烘箱（温度可达 105℃）。

57.3.2 步骤

(1) 在 105℃烘箱烘干土壤样品，测定风干土壤的质量含水量（θ_w）。重复两次。

(2) 制去气水。将去离子水加热煮沸几分钟后冷却至室温即可得到去气水。记录下此时水的温度，以及该温度下的水的密度（D_w）。

(3) 在比重瓶内加满去气水，加塞密封。确保塞子内的毛管孔隙充满水。擦干比重瓶外壁并称重（W_w）。

(4) 将比重瓶内的水倒出一半，加塞密封，擦干比重瓶外壁并称重。

(5) 取约 10 g 过 2 mm 筛的风干土样加入比重瓶内，加塞后称重（第 5 步和第 4 步的质量差是加入的风干土样的质量，W_a）。烘干土质量 W_s 计算如下：

$$W_s = \frac{W_a}{1 + \theta_w} \tag{57.10}$$

(6) 将比重瓶加满去气水，加塞密封，确保塞子内的毛管孔隙充满水。称量比重瓶、去气水和土壤总质量（W_{sw}）。

57.3.3 计算

$$D_p = \frac{d_w W_s}{W_s - (W_{sw} - W_w)} \tag{57.11}$$

57.3.4 注释

注：如果使用 100 mL 容量瓶，需要加入 50 g 风干土样，其余步骤和使用比重瓶相同。

57.4 土壤孔隙

土壤孔隙的数量、大小、构型和分布可以用于评价土壤物理性质和结构（Carter 和 Ball，1993）。关于土壤孔隙等级分类，目前没有统一标准。在很多情况下，不同等级的孔隙的分布往往最能体现土壤的物理条件。孔隙体积、孔隙连续性和充气孔隙量等与孔隙度相关的性质，是表征土壤结构的重要指标。

土壤质地和土壤固体颗粒的分布决定了土壤孔隙状况。砂质土壤表层的孔隙度为 35%～50%，细质地土壤的孔隙度通常为 40%～60%。下层压实土壤的孔隙度只有 25%～30%。土壤容重能够反映土壤孔隙度。一般而言，土壤容重越高，其孔隙度越低。砂质土壤的总孔隙度较低，但大孔隙居多，水汽在土壤内部移动受限较少且速度较快；细质地土壤孔隙度较高，但主要由小孔隙组成，限制了水汽在土体内部的运移。

有研究表明，利用土壤孔隙分布能够预测土壤水分入渗速率、水分有效性、储水性、通气性（Cary 和 Hayden，1973）和土壤结构类型（Thomasson，1987；McKeague 等，1986）。土壤饱和时，土壤中的大孔隙主要用于水分运动。土壤孔隙分布是预测土壤导水率方面的有效指标（Suleiman 和 Ritchie，2001）。土壤饱和导水率和大孔隙度（有效孔隙度）有很强的相关性（Aimrun 等，2004）。

土壤孔隙分布能够提供关于土壤孔隙系统的定性信息，而不是绝对测定值。土壤孔隙分布的测定受限于毛管理论的基本假设，即土壤孔隙由许多不同半径的平行圆管组成（Ball，1981a）；而且采用非标准的术语（Nonstandard Terminologies）对不同孔径进行分类（Danielson 和 Sutherland，1986）。因此，土壤孔径也被称为当量孔径（Equivalent Pore Diameters，EPD）。

近年来，计算机和图像分析软件的不断发展为利用高分辨率 X 射线断层扫面技术等先进手段分析土壤大孔隙提供了技术支持（Beaudet-Vidal 等，1998；Gantzer 和 Anderson，2002）。微形态方法（Micromorphological Methods）可以描述土壤孔隙的实际形态，尤其对于研究直径大于 100 μm 的孔隙形状和连通性具有重要作用。形态技术（Morphological Techniques）主要用于描述大孔隙和土壤裂隙（直径或宽度大于 2 mm），如虫洞、大结构单元之间的孔隙。

本节主要介绍常用且操作简单的测定土壤总孔隙度、充气孔隙度和储水孔隙度的方法，以及利用土柱脱湿试验测定土壤孔隙分布的方法。后者可以用于测定 150 μm 以下的当量孔径（Bouna，1991）。本节也会讨论利用气体扩散性或透气性测定孔隙连通性的指标。

57.4.1 总孔隙度

土壤总孔隙度（S_t）可根据土壤容重（D_b）和颗粒密度（D_p）计算：

$$S_t = 1 - \frac{D_b}{D_p} \tag{57.12}$$

测定土壤容重和颗粒密度的装置和试验方法详见 57.2 节和 57.3 节。土壤总孔隙度可以用体积分数或者质量百分比来表示，本章采用质量百分比。

57.4.2 大孔隙度或有效孔隙度

土壤饱和时，大孔隙是水分流动的主要路径。有效孔隙度（$Ø_e$）可以用来衡量土壤的导水能力。土壤有效孔隙度近似等于土壤总孔隙度与 33 kPa 吸力（黏质土壤为 66 kPa）下土壤体积含水量（或田间持水量）之差（Yu 等，1993）。Deek 等（2004）将公称直径大于 50 μm 的孔隙定义为大孔隙，将公称直径小于 50 μm（相当于 6 kPa 吸力）的孔隙定义为微孔隙。

土壤饱和导水率（K_s）的测定费时、费力且费用较高，可以通过土壤有效孔隙度（$Ø_e$）来估算 K_s（Carter，1988）。$Ø_e$ 能够有效地反映土壤对各种管理措施和耕作系统的响应。通常，土壤有效孔隙度大于土壤体积大的 10%才能保证理想的通气性。但是，土壤有效孔隙度也可以通过改变土壤孔隙连通性得以改善。

57.4.3 充气孔隙度

土壤充气孔隙度表示土壤气体部分占土壤总体积的百分比。在报告土壤充气孔隙时，需要提供土壤基质势信息。根据 Deeks 等（2004）的定义，假设饱和时土壤中的所有孔隙都充满水，当基质势为-6 kPa 时，充气孔隙所占空间等于土壤大孔隙的体积。

依据张力台测定结果，在任意基质势下，土壤充气孔隙度（F_a）可以通过下式计算：

$$F_a = \frac{W_s - W_p}{V_t} \times 100 \tag{57.13}$$

式中，W_s 为饱和土柱质量，W_p 为在某一基质势下土柱质量，V_t 为土柱体积。根据公式（57.12），利用土壤容重和含水量计算出土壤总孔隙度，也可利用式（57.14）计算任意含水量下土柱的充气孔隙度（体积百分比）：

$$F_a = S_t - \theta_w D_b / D_w \tag{57.14}$$

式中，θ_w 为土壤质量含水量。Ball 和 Hunter（1988）介绍了关于测定土壤充气孔隙度的限制因素和误差。

57.4.4 充水孔隙度或相对饱和度

土壤充水孔隙度（Water-Filled Pore Space，WFPS），有时称作"相对饱和度"，指的是土壤水分体积占土壤总孔隙体积的百分比。土壤充水孔隙度的范围在 0（干土）~100%（饱和土壤）。当相对饱和度达到65%~70%时，意味着土壤通气性变差（Linn 和 Doran，1984），对于研究湿土孔隙是一个非常有用的参数（Carter，1988）。土壤相对饱和度的计算公式如下：

$$\text{WFSP} = \frac{W_w / \left(V_t - \dfrac{W_s}{D_p}\right)}{D_w} \tag{57.15}$$

式中，W_w 为水分质量（g），W_s 为干土质量（g），V_t、D_p 和 D_w 的定义见57.1节。

土壤充水孔隙度也可根据土壤充气孔隙度（F_a）和总孔隙度（S_t）计算得到，WFSP=$(S_t - F_a)/S_t$。

57.4.5 土壤孔隙分布

1. 土壤孔隙分类

土壤学家们不仅从孔径大小，而且试图根据孔隙的功能对土壤孔隙进行分类。以下是描述不同大小孔径（当量孔径）功能性质的术语：裂隙（>500 μm）、传导孔隙（500~50 μm）、储水孔隙（50~0.5 μm）和残余孔隙（<0.5 μm）。需要强调的是，孔径大于 50 μm 的大孔隙（Large Pores 或 Macropores）与土壤饱和导水率有关（Germann 和 Beven，1981）。一般而言，土壤孔隙的研究范围取决于研究目的（Ball 和 Hunter，1988）。例如，土壤调查研究的孔径范围从田间持水量（约 50 μm）到能够被植物利用的最低含水量（约 3~1.5 μm）。Thomasson（1978）将直径大于 60 μm 的孔隙体积（空气容量，Air Capacity）和直径为 60~0.2 μm（有效水孔隙）的孔隙体积作为土壤结构分类的依据。相反，在关于土壤结构或耕作的研究中，需要了解大孔隙（>50 μm）的信息。在研究土壤入渗和优先流时，既需要大于 1 mm 当量孔径的孔隙信息，还需要较小尺度孔隙的信息（Luxmoore 等，1990）。

2. 土壤孔径分布

由于土壤孔隙本质上非常复杂，不可能精确地确定土壤孔隙的大小、构型和分布。然而，在特定假设的基础上，能够在可接受的精度范围内确定土壤大孔隙的分布。先将土壤样品饱和，逐步将土壤内部水分排出，并测定相邻两次排出水的体积。排出水的体积相当于排水孔隙的体积。如果得到每步排水的孔隙直径范围，就可以得到土壤孔径分布。理论上，孔径最大的孔隙最先开始排水，然后是小孔隙逐渐开始排水。事实上，互连的土壤孔隙系统的排水往往受到连接相邻孔隙的"瓶颈"的直径限制。

3. ≤1 mm 当量孔径的分布

脱湿法已经广泛用于测定土壤孔隙分布。该方法基于水分脱湿曲线（土壤水分特征曲线），涉及土壤含水量和对应的水分能量状态（土壤水基质势），适用于包含较小土壤结构单元（直径<2 cm）的原状土柱和装填土柱。根据毛管理论假设，土壤水基质势改变导致水分从土壤内排出，排水体积相当于大于某一直径的土壤孔隙的体积。在数学上，可用 Kelvin 公式表示：

$$d = \frac{4\gamma \cos\alpha}{\rho g h} \tag{57.16}$$

式中，d 为在一定基质势（h）下能充满水的最大孔隙直径（m）；γ 为水的表面张力（72.75 mJ m^{-2}，20℃）；

α 为孔隙中水分的接触角（通常取值 0）；ρ 为水的密度（0.998 Mg m^{-3}，20℃）；g 为重力加速度（9.8 m s^{-2}）。根据公式（57.16），在 ρgh 综合作用力下能够保持水分半月面状态的孔隙半径存在一个上限。因此，外加 -1 m 水头（相当于-0.1 bar 或-10 kPa）的压力时，充水孔隙的最大孔径为 30 μm（20℃）。

在应用上述步骤时需要逐渐降低基质势使土壤逐渐排水。否则，土壤滞后性会影响一定基质势下的土壤含水量。在测定土壤脱湿曲线时土壤孔径分布也必须保持稳定。

对于细质地土壤（黏粒含量高于 30%），随着时间推移，土壤收缩会改变土壤孔径分布；而对于砂质土壤（砂粒含量高于 80%），水分黏着力较低，导致水分在重力作用下排出土壤。在这些情况下，注汞法和氮吸附法等方法被用来测定土壤孔径分布。这些方法都基于圆柱孔隙模型来计算土壤孔径分布。Danielson 和 Sutherland（1986），以及 Flint 和 Flint（2002）详细介绍了注汞法。下面介绍的脱湿法最适用于中等质地土壤，也可用于砂质和细质地土壤。对于黏质土壤，该方法主要在低吸力范围（-100~-1 kPa）内使用。

在不同基质势范围，采用不同方法测定土壤脱湿过程。在 0~-20 kPa，使用张力台脱水技术（Topp 和 Zebchuk，1979；Ball 和 Hunter，1988；Romano 等，2002）；低于-20 kPa 时，使用压力板法（-500~-20 kPa）和压力薄膜法（-1500~-100 kPa）。这 3 种方法的测定过程见第 72 章。

1）计算

绘制体积含水量（θ）——基质势图。根据下式计算不同基质势下土壤体积含水量（%）：

$$\theta_v = \frac{W_p - W_2}{V_t} \times 100 / D_w \tag{57.17}$$

式中，W_p 是在特定基质势下土壤样品和环刀的质量，W_2 是烘干后土壤样品和环刀的质量。根据式（57.17），在-1 m（-10 kPa）水基质势下平衡后，充满水的孔隙直径为 30 μm。因此，在某一吸力下排水的最小孔隙直径可根据下式计算：

$$D(\mu m) = \frac{300}{kPa} \tag{57.18}$$

因此，两个特定土壤孔径之间的排水体积，即等于两个土壤孔径范围内孔隙的体积。

2）注释

（1）土壤孔径是近似值，用当量孔径 EPD 代替真实孔径。公式（57.16）中的接触角（α）假定为 0，该假设并不是在所有情况下都成立。另外，这种方法无法提供土壤孔隙连通性或形状的信息。对于含有大量大孔隙（EPD＞50 μm）的土柱，很难通过毛管润湿饱和。在这种情况下，建议采用真空湿润方法（Ball 和 Hunter，1988），或根据式（57.12）利用土壤容重计算总孔隙度。

（2）对于刚耕作后的土壤，由于土壤松散很难使用原状土柱测定。一般地，在天气等因素作用下，土壤经过一定程度的压实，才能够采集到原状土柱。

（3）在饱和过程中，可以在土壤表层喷洒甲醛溶液（4% w/V），消除或抑制蚯蚓和其他大型土壤动物的活动（Ball 和 Hunter，1988）。

4. ≥1 mm 当量孔径的分布

当量孔径≥1 mm 的孔隙大小和连续性对模拟水分入渗和溶质运移尤其重要。Douglas（1986）提出了评估大孔隙维数的形态学方法。方法 1 适用于变干过程中收缩不明显（测定不出收缩）的土壤；方法 2 适用于饱和过程中能保持结构稳定的土壤。

1）方法 1

原状土柱烘干后，记录土柱两端均有开口的直径大于等于 1 mm 的通道孔隙的数量和直径。土壤孔隙直径采用一套直径为 1~8 mm 的铝棒标尺。

Douglas（1986）还提出了一种识别功能性大孔隙的方法，即识别样品中的过流孔隙。

2）方法2

土壤样品饱和后，将若丹明-B（Rhodamine-B）染料溶液倒在土壤样品上。土壤排水后，从环刀的水流流出端挤出 1 cm 高的土壤样品，小心地将这部分土样取下。用醋酸布覆在土柱表面，记录露出的连续、染色的孔隙，计数并测定其大小。

5. 利用计算机图像分析技术分析孔隙大小和形状

图像分析技术不仅可以测定孔径分布，还可以显示孔隙形状，得到三维数据。X 射线 CT 扫描就是可以代替染色的或直接测定的一种技术（Rasiah 和 Aylmore，1998；Gantzer 和 Anderson，2002）。这种技术利用扫描仪扫描原状土柱的相对像素密度，然后利用图像处理软件计算面积、体积，并进行三维测量（Perret 等，1999）。另一种技术是利用立体成像的图像差值法对土壤孔隙进行图像分析（Grevers 和 de Jong，1990；Sort 和 Alcañiz，1999）。

57.4.6 孔隙连续性或功能指标

土壤大孔隙的连续性对于确定土壤通气性、水分入渗和根系伸展尤其重要。连续性反映土壤孔隙传导流体的能力。通常使用气体进行测定，因为它在土壤中扩散或流动时不会改变土壤结构。另外，采用气体法可以实现在不同土壤含水量下重复测定，从而用来评估孔隙连续性随充气孔隙度的变化。

为了测定孔隙连续性，需要在室内测定土柱气体扩散系数（D/D_0）、空气渗透率（K_a）（以 μm^2 为单元）和充气孔隙度（F_a）（体积分数）。测定 K_a 的方法详见第 61 章。另外，Ball 和 Smith（1991）比较全面地介绍了如何选取合适的测定技术。

根据气体扩散系数计算孔隙连续性的公式为

$$C_d = \frac{D/D_0}{F_a} \times 100 \tag{57.19}$$

这里，系数 C_d 是 Ball（1981b）推导出的，变化范围从 0 到 1，分别对应孔隙完全被堵塞和孔隙为与气体扩散方向一致的直管。Schjonning 等（2002）指出，较大的 C_d 值也可解释为存在大量边缘孔隙，无法用于气体扩散。这个关于孔隙功能的概念是 Arah 和 Ball（1994）提出的。

根据空气渗透率计算孔隙连续性 C_k 或大孔隙组织性的公式为（Groenevelt 等，1984；Blackwell 等，1990）：

$$C_k = \frac{K_a}{F_a} \times 100 \tag{57.20}$$

Ball 等（1988）总结了表征孔隙连续性和孔隙弯曲度的其他指标。

参 考 文 献

Aimrun, W., Amin M.S.M., and Eltaib, S.M. 2004. Effective porosity of paddy soils as an estimation of its saturated hydraulic conductivity. *Geoderma* 121: 197-203.

Arah, J.R.M. and Ball, B.C. 1994. A functional model of soil porosity used to interpret measurements of gas diffusion. *Eur. J. Soil Sci.* 32: 465-481.

Ball, B.C. 1981a. Modelling of soil pores as tubes using gas permeabilities, gas diffusivities and water release. *J. Soil Sci.* 32: 465-481.

Ball, B.C. 1981b. Pore characteristics of soils from two cultivation experiments as shown by gas diffusivities and permeabilities and air-filled porosities. *J. Soil Sci.* 32: 483-498.

Ball, B.C., Campbell, D.J., and Hunter, E.A. 2000. Soil compactibility in relation to physical and organic properties at 156 sites in UK. *Soil Till. Res.* 57: 83-91.

Ball, B.C. and Hunter, R. 1988. The determination of water release characteristics of soil cores at low suctions. *Geoderma* 43: 195-212.

Ball, B.C., O'Sullivan, M.F., and Hunter, R. 1988. Gas diffusion, fluid flow and derived pore continuity indices in relation to vehicle traffic and tillage. *J. Soil Sci.* 39: 327-339.

Ball, B.C. and Smith, K.A. 1991. Gas movement. In: K.A. Smith and C.M. Mullins, eds. *Soil and Environmental Analysis: Physical Methods*, 2nd ed. Dekker, New York, NY, 499-538.

Beaudet-Vidal, L., Fradin, V., and Rossignol, J.P. 1998. Study of the macroporosity of reconstituted anthropic soils by image analysis. *Soil Till. Res.* 47: 173-179.

Blackwell, P.S., Ringrose-Voase, A.J., Jayawardane, N.S., Olsson, K.A., McKenzie, D.C., and Mason, W.K. 1990. The use of air-filled porosity and intrinsic permeability to characterize structure of macropore space and saturated hydraulic conductivity of clay soils. *J. Soil Sci.* 41: 215-228.

Blake, G.R. and Hartge, K.H. 1986a. Bulk density. In: A. Klute, ed. *Methods of Soil Analysis. Agronomy No. 9*, 2nd ed. American Society of Agronomy, Madison, WI, 363-375.

Blake, G.R. and Hartge, K.H. 1986b. Particle density. In: A. Klute, ed. *Methods of Soil Analysis. Agronomy No. 9*, 2nd ed. American Society of Agronomy, Madison, WI, 377-382.

Bouma, J. 1991. Influence of soil macroporosity on environmental quality. *Adv. Agron.* 46: 1-37.

Cameira, M.R., Fernando, R.M., and Pereira, L.S. 2003. Soil macropore dynamics affected by tillage and irrigation for a silty loam alluvial soil in southern Portugal. *Soil Till. Res.* 70: 131-140.

Campbell, D.J. and Henshall, J.K. 2001. Bulk density. In: K.A. Smith and C.M. Mullins, eds. *Soil and Environmental Analysis: Physical Methods*, 2nd ed. Dekker, New York, NY, 315-348.

Carter, M.R. 1988. Temporal variability of soil macroporosity in a fine sandy loam under mouldboard ploughing and direct drilling. *Soil Till. Res.* 12: 37-51.

Carter, M.R. and Ball, B. 1993. Soil porosity. In: M.R. Carter, ed. *Soil Sampling and Methods of Analysis*. Canadian Society of Soil Science, Lewis Publishers, CRC Press, Boca Raton, FL, 581-588.

Cary, J.W. and Hayden, C.W. 1973. An index for soil pore size distribution. *Geoderma* 9: 249-256.

Crestana, S. and Vaz, C.M.P. 1998. Non-invasive instrumentation opportunities for characterizing soil porous systems. *Soil Till. Res.* 47: 19-26.

Culley, J.L.B. 1993. Density and compressibility. In: M.R. Carter, ed. *Soil Sampling and Methods of Analysis*. Canadian Society of Soil Science, Lewis Publishers, CRC Press, Boca Raton, FL, 529-539.

Danielson, R.E. and Sutherland, P.L. 1986. Soil porosity. In: A. Klute, ed. *Methods of Soil Analysis. Agronomy No. 9*, 2nd Ed. American Society of Agronomy, Madison, WI, 443-461.

Deeks, L.K., Bengough, A.G., Low, D., Billett, M.F., Zhang, X., Crawford, J.W., Chessell, J.M., and Young, I.M. 2004. Spatial variation of effective porosity and its implications for discharge in an upland headwater catchments in Scotland. *J. Hydrol.* 290: 217-228.

Douglas, J.T. 1986. Macroporosity and permeability of some cores from England and France. *Geoderma* 37: 221-231.

Flint, L.E. and Flint, A.L. 2002. Porosity. In: J.H. Dane and G.C. Topp, eds. *Methods of Soil Analysis, Part 4—Physical Methods*. Soil Science Society of America, Madison, WI, 241-254.

Gantzer, C.J. and Anderson, S.H. 2002. Computed tomographic measurement of macroporosity in chisel-disk and no-tillage seedbeds. *Soil Till. Res.* 64: 101-111.

Gardner, W.H. 1986. Water content. In: A. Klute, ed. *Methods of Soil Analysis. Agronomy 9*, 2nd ed. American Society of Agronomy. Madison, WI, 493-544.

Germann, P. and Beven, K. 1981. Water flow in soil macropores III. A statistical approach. *J. Soil Sci.* 32: 31-39.

Grevers, M.C.J. and de Jong, E. 1990. The characterization of soil macroporosity of a clay soil under ten grasses using image analysis. *Can. J. Soil Sci.* 70: 93-103.

Groenevelt, P.H., Kay, B.D., and Grant, C.D. 1984. Physical assessment of soil with respect to rooting potential. *Geoderma* 34: 101-114.

Grossman, R.B. and Reinsch, T.G. 2002. Bulk density and linear extensibility. In: J.H. Dane and G.C. Topp, eds. *Methods of Soil Analysis, Part 4—Physical Methods*. Soil Science Society of America, Madison, WI, 201-228.

Gysi, M., Klubertanz, G., and Vulliet, L. 2000. Compaction of an Eutric Cambisol under heavy wheel traffic in Switzerland—field data and modelling. *Soil Till. Res.* 56: 117-129.

Linn, D.M. and Doran, J.W. 1984. Effect of water-filled pore space on carbon dioxide and nitrous oxide production in tilled and non-tilled soils. *Soil Sci. Soc. Am. J.* 48: 1267-1272.

Luxmoore, R.J., Jardine, P.M., Wilson, G.V., Jones, J.R., and Zelazny, L.W. 1990. Physical and chemical controls of preferred path flow through a forested hillslope. *Geoderma* 46: 139-154.

Macedo, A., Crestana, S., and Vaz, C.M.P. 1998. X-ray microtomography to investigate thin layers of soil clod. *Soil Till. Res.* 49: 249-253.

McKeague, J.A., Wang, C., and Coen, G.M. 1986. Describing and interpreting the macrostructure of mineral soils—a preliminary report. LRRI Contribution No. 84-50 Research Branch, Agriculture Canada, Ottawa, Ontario, Canada, 47.

Ochsner, T.E., Horton, R., and Ren, T. 2001. Simultaneous water content, air-filled porosity, and bulk density measurements with thermotime domain reflectometry. *Soil Sci. Soc. Am. J.* 65: 1618-1622.

Osunbitan, J.A., Oyedele, D.J., and Adekalu, K.O. 2005. Tillage effects on bulk density, hydraulic conductivity and strength of a loamy sand soil in southwestern Nigeria. *Soil Till. Res.* 82: 57-64.

Pedrotti, A., Pauletto, E.A., Crestana, S., Rodrigues, F.S., Cruvinel, P.E., and Vaz, C.M.P. 2005. Evaluation of bulk density of Albaqualf soil under different tillage systems using the volumetric ring and computerized tomography methods. *Soil Till. Res.* 80: 115-123.

Perret, J., Prasher, S.O., Kantzas, A., and Langford, C. 1999. Three-dimensional quantification of macropore networks in undisturbed soil cores. *Soil Sci. Soc. Am. J.* 63: 1530-1543.

Rasiah, V. and Aylmore, L.A.G. 1998. Characterizing the changes in soil porosity by computed tomography and fractal dimension. *Soil Sci.* 163: 203-211.

Romano, N., Hopmans, J.W., and Dane, J.H. 2002. Suction table. In: J.H. Dane and G.C. Topp, eds. *Methods of Soil Analysis, Part 4—Physical Methods*. Soil Science Society of America, Madison, WI, 692-697.

Schjonning, P., Munkholm, L.J., Moldrup, P., and Jacobsen, O.H. 2002. Modelling soil pore characteristics from measurements of air exchange: the long-term effects of fertilization and crop rotation. *Eur. J. Soil Sci.* 53: 331-339.

Shaver, T.M., Peterson, G.A., and Sherrod, L.A. 2003. Cropping intensification in dryland systems improves soil physical properties: regression relations. *Geoderma* 116: 149-164.

Sort, X. and Alcañiz, J.M. 1999. Modification of soil porosity after application of sewage sludge. *Soil Till. Res.* 49: 337-345.

Suleiman, A.A. and Ritchie, J.T. 2001. Estimating saturated hydraulic conductivity from soil porosity. *Trans. ASAE* 44: 235-239.

Thomasson, A.J. 1978. Towards an objective classification of soil structure. *J. Soil Sci.* 29: 38-46.

Topp, G.C. and Zebchuk, W. 1979. The determination of soil-water desorption curves for soil cores. *Can. J. Soil Sci.* 59: 19-26.

Warrick, A.W. and Neilson, D.R. 1980. Spatial variability of soil physical properties in the filed. In: D. Hillel, ed. *Applications of Soil Physics*. Academic Press, New York, NY, 319-344.

Yu, C., Loureiro, C., Cheng, J.J., Jones, L.G., Wang, Y.Y., Chia, Y.P., and Failance, E. 1993. Data Collection Handbook to Support Modeling Impacts of Radioactive Material in Soil. Environmental Assessment and Information Sciences Division, Argonne, National Laboratory, Argonne, IL.

（张猛　王雅婧　译，任图生　校）

第58章 土壤结持性：塑性上限和下限

R.A. McBride

University of Guelph
Guelph, Ontario, Canada

58.1 引 言

土壤（Atterberg）结持性界限度主要用于工程领域中对黏性土壤物质进行分类（ASTM，2000a），与其他基础土壤性状密切相关（De Jong 等，1990）。这一特性还常被用于估算土壤工程学领域其他测试指标，如剪切强度、承载能力、压缩性、膨胀能力，以及比表面积（McBride，1989）。

收缩限、塑性下限（w_P）及塑性上限（或液限）（w_L）均为土壤质量含水量，分别代表土壤在固态、半固态、可塑态及液态土壤结持性变化的 3 个关键点。美国材料与试验协会（ASTM）提出的测定 w_P 和 w_L 的操作（ASTM，2000b）是相对主观和随意的抗剪测试，受操作过程中变异性的影响较大。与常用的繁复的操作步骤相比，使用单点 w_L 测试方法减少了测试所需时间和费用，但并没有提高测试的重现性。

研究者做了许多努力试图找到可替代的、程序上统一的测试方法，包括压力板提取脱附（McBride，1989）、土壤—水悬浊液固结（McBride 和 Bober，1989；McBride 和 Baumgartner，1992）、泥浆体黏度测定、圆锥穿透测试等。其中部分方法得到较好的测定结果，但只有圆锥穿透测试 w_L 被标准化，并被英国标准协会（BS1377：Part2：1900）（BSI，2000）作为推荐测定方法。但 Harison（1988）发现，圆锥穿透测试不能用于直接测定 w_P。

本章仅对被标准化的，且被广泛接受和使用的测试方法进行概述。主要参考资料和文献包括 AASHTO（2000a，2000b）、ASTM（2000b）、BSI（2000），以及 Sheldrick（1984）。

58.2 塑性上（液）限

黏性土壤塑性上（液）限的概念是：在可重塑状态下，土壤液态和可塑态之间的界限所对应的质量含水量（百分比）。依照 ASTM 标准（Casagrande）测定程序，土壤塑性上（液）限指：在 ASTM 标准液限测试装置中，一小块（用标准尺寸槽切割）土壤被刀划分为两半，在 25 次冲击下，土样流动 13 mm 时所对应的土壤含水量。在这一结持状态下，不排水土壤的黏结力约为 1.7 kPa（Wroth 和 Wood，1978）。

58.2.1 卡萨格兰德（Casagrande）法

1. 测定装置和材料

(1) ASTM 液限测试装置（带划刀）。
(2) 金属调土刀（7~8 cm 长，2 cm 宽）。
(3) 调土皿（直径 10~12 cm）。
(4) 土样存储容器（用于测定土壤含水量）。
(5) 天平（精度 0.01 g）。

(6) 烘箱（105℃）。

(7) 100 g 风干土样，过 40 号筛（425 μm 孔径）。

2. 步骤

(1) 将土样置于调土皿上，加入 15～20 mL 蒸馏水，用调土刀搅拌、捏合、切剁以充分混匀土样。这一过程中适当加入 1～3 mL 蒸馏水若干次，每次加水后重复上述混匀操作，而后再次加水。

(2) 加入足量水与土样充分混合使其达到一定的黏稠度（需要落碟 30～35 次以达到合拢）后，取一小部分土样放入土碟中，向下挤压，用调土刀将其抹开（用尽量少的次数）。注意避免土样中滞留空气。利用调土刀将土样抹平，调整至 1 cm 厚度（最厚处）。将多余土样放回调土皿。利用划刀顺着涡轮直径（沿中心线）将土样划成槽缝清晰的两半。为避免槽缝边撕裂或土碟中土样滑移，应尽量减少划槽次数，允许进行最多 6 次刀划操作（由前至后，或由后至前为一次），将槽逐步加深，最后一次划槽能由后到前将碟底刮净。

(3) 以每秒 2 转的速率转动摇柄，使土碟反复起落坠击在底座上，直至土样两边在槽底的合拢长度为 13 mm，停止坠击，记录击数。

(4) 取小块土样（大致与调土刀宽度相当），放置于一平衡容器中，测定质量含水量。

(5) 将土碟中剩余土样移至调土皿中。清洗并擦干土碟和划刀，将其重新装配以进行下一次试验。

(6) 按步骤 2～5 至少再进行 2 次试验。对调土皿中土样加入充足的水进行拌和混匀操作，使其达到更易流动的状态。进行这一步骤的目的是使土样达到一定的黏稠度，需要落碟 15～35 次（25 次以上和以下各一次测试）以达到合拢。测试需要在土壤由干到湿的过程中进行。

3. 计算

(1) 计算各击次下合拢时土样质量含水量（w）：

$$w = (水的质量/烘干土质量) \times 100 \tag{58.1}$$

(2) 以含水量（w）为横坐标，击数（N）为对数纵坐标绘制曲线。以 3～4 个测定点做趋势直线得到流动曲线。

(3) 查得流动曲线上击数 $N=25$ 次所对应的含水量，即为该土样的液塑性上限。取 w_L 到最接近的整数值。

4. 注释

(1) 测试前，检查液限测定仪器是否处于良好的工作状态：连接土碟的销子是否磨损致使土碟左右晃动；螺丝及销子是否上紧；划刀是否磨损；划刀口尺寸是否正确（ASTM，2000b）。

(2) 以划刀柄为量度，前后移动调整板，调整土碟底座之间的高度恰好为 1 cm。拧紧螺丝以固定调整板。通过迅速转动摇柄以检查调整板。当涡轮撞击从动件，若听到轻微鸣音，说明上述调整正确，否则继续进行调整。

(3) 使用装配有撞击计数器的电动液限测定装置可减小测试者的不确定性对结果带来的误差。

58.2.2 单点卡萨格兰德（One-point Casagrande）法

1. 步骤

(1) 单点卡萨格兰德法基于对较大数量的测试土样做回归分析，适用于土样尺寸较小，或粗略估计 w_L 等情况。试验测定装置、土样准备工作和校正程序与 58.2.1 节中相同。

(2) 通过 58.2.1 节中介绍的试验步骤 1～5 进行测试。当落碟数为 20～30 次以达到合拢（连续两次）时，测定土样含水量，以计算液限。测试需要在土壤由干到湿的过程中进行。

2．计算

（1）利用公式（58.1）计算各击次下合拢时土样含水量。

（2）利用下式计算液限：

$$w_L = w(N/25)^{0.12} \qquad (58.2)$$

式中，N 为土样达到合拢时落碟数。

（3）取 w_L 到最接近的整数值。

58.2.3 锥式液限仪法

1．装置和材料

（1）锥式液限仪。

（2）不锈钢或硬铝合金圆锥，35 mm 长，锥角 30±1°，有光滑抛光表面。圆锥加滑动轴总质量 80.00±0.05 g。

（3）抗腐蚀密闭容器。

（4）金属杯，5.5 cm 直径，4.0 cm 深，边缘与底平行。

（5）金属调土刀（7～8 cm 长，2 cm 宽）。

（6）调土皿（10～12 cm 直径）。

（7）土样存储容器（用于测定土壤含水量）。

（8）天平（分度值 0.01 g）。

（9）烘箱（105℃）。

（10）200 g 风干土样，过 40 号筛（425 μm 孔径）。

2．步骤

（1）取土样（至少重 200 g）放于调土皿中，加蒸馏水，用调土刀充分混匀至厚度均质的糊状，置密闭容器 24 h 使水分分布均匀。

（2）将土样从密闭容器取出，再次混合 10 min。若有必要，加入额外的蒸馏水以保证第一次锥体下沉深度约为 15 mm。

（3）将再次混匀的土样装入试杯中，注意避免土样中滞留空气。用调土刀抹平土面。将锥柄放下，使锥尖与土面接触。若圆锥在恰当的位置，当试杯有轻微位移时，锥尖会在土面上留下轻微划痕，英制千分尺可读到 0.1 mm。放开锥体使其在自重作用下下沉 5±1 s。若测试仪器没有装配自动排放和锁定装置，需要注意避免仪器在测定过程中受到扰动。当锥体被锁定，利用英制千分尺读圆锥滑动轴的位置，精确到 0.1 mm。试验前后两次读数之差即圆锥穿透深度。

（4）将圆锥升起并清理干净。向试杯中加入一些更湿润的土样，重复上述操作。当两次圆锥穿透深度读数差值＜0.5 mm 时，记录两次测定值的平均值；若差值为 0.5～1 mm，需要进行第 3 次测试。当总差异范围＜1 mm 时，在锥体周围取 10 g 土样测定土壤含水量，记录 3 次穿透试验结果平均值。当总差异范围＞1 mm，需要取出全部土样放入试杯中，重新拌匀，重复进行测试以获取一致的测定结果。

（5）上述步骤 3 和步骤 4 重复进行至少 4 次，之后需要加入额外的蒸馏水混入土样。需要控制加入水量，以保证圆锥穿透深度值范围为 15～25 mm。

3．计算

以含水量为横坐标，圆锥穿透深度为纵坐标绘制曲线，对测定点加趋势线。穿透深度 20 mm 所对应的含水量即塑性上限，取到最接近的整数值。需要在测定结果后说明获取 w_L 所采用的方法（使用锥形透度计)。

4. 注释

使用装配有电子自动控制器(带数显)的锥形透度计可减小测试者不确定性带来的误差。因为许多研究结果表明锥形透度计方法导致低估或高估 w_L(McBride 和 Baumgartner,1992;Leroueil 和 Le Bihan,1996),测定者需要谨慎使用 20 mm 穿透深度的标准。

58.3 塑性下限

收缩性土壤塑性下限的概念:土壤可塑状态与半固体状态间的限度所对应的土壤含水量。依据 ASTM 标准测试程序(Casagrande 法),当土壤被搓滚为直径约 3.2 mm 的土条时发生断裂,相对应的含水量即塑性下限。这一结持状态下,不排水土壤的黏结力约为 170 kPa(Wroth 和 Wood,1978)。

58.3.1 卡萨格兰德(Casagrande)法

1. 装置和材料

(1)调土皿(10~12 cm 直径)。
(2)金属调土刀(7~8 cm 长,2 cm 宽)。
(3)毛玻璃板以搓滚土样。
(4)土样存储容器(用于测定土壤含水量)。
(5)天平(精度 0.01 g)。
(6)烘箱(105℃)。
(7)风干土 15 g,过 40 号筛(425 μm 孔径)。

2. 步骤

(1)若只需要测定塑性下限,取 15 g 风干土,放于调土皿中用蒸馏水充分混匀,使土样能被轻松塑造成团。取 8 g 重土团进行测试。

(2)若同时需要测定塑性上限和塑性下限,则依照 58.2.1 节介绍的方法配制土样,取 8 g 备试。加水直到土样能被轻松塑造成团,同时不粘手。

(3)根据上述步骤,挤压土样,揉捏成椭球形,置于毛玻璃板上,用手指搓滚,使土球成为直径 3 mm 的土条。搓揉速率控制在每分钟 80~90 次(由前至后返回原位置为一次完整搓揉)。

(4)当土条直径约为 3.2 mm,将其分为 6~8 段,重新挤压揉捏成椭球形,再次搓滚至 3.2 mm 直径土条,再破开土条,挤压揉捏,搓滚,当土条在直径大于 3.2 mm 时发生断裂为止。不同土壤断裂形式不同。有些土壤破裂为许多小团聚体;其他土壤可能形成外部管状层,从两端开始破裂,随后向中部发展,最后破裂为若干小的板状土粒。黏重的土壤需要较大的压力以形成土条,随着接近塑性下限,土条破损为若干柱状土段(长度介于 6.4~9.5 mm)。对于低塑限土壤,可通过揉捏椭土球到近似 3.2 mm 直径,以减少重塑操作次数。

(5)集合所有破碎土块,置于一平衡容器中,测定土壤质量含水量。

3. 计算

(1)根据式(58.1)计算重塑土样的质量含水量,即 w_P 测定指数,取到最接近的整数值。
(2)计算土壤塑性上限和下限的差值,即土壤塑性指数(Plasticity Index):

$$\text{土壤塑性指数} = w_L - w_P \tag{58.3}$$

(3)建议在下述情况以外使用式(58.3)计算土壤塑性指数:

① 当 w_L 和 w_P 指数无法测得时,标记塑性指数为 NP(无塑性)。

② 当土样砂粒含量很高时,w_P 测试需要在 w_L 测试之前进行。若 w_P 指数无法测得,则标记塑性指数为 NP。

③ 当 w_P 指数大于或等于 w_L 指数时,标记塑性指数为 NP。

4. 注释

使用 Bobrowski 和 Griekspoor(1992)提出的土壤搓揉装置(与标准手工方法差异较小)可有效提高测试的再现性,并减少测试耗时。

参 考 文 献

AASHTO. 2000a. Determining the liquid limit of soils (T89-90). In *Standard Specifications for Transportation Materials and Methods of Sampling and Testing*. Part II. American Association of State Highway and Transportation Officials, Washington, DC.

AASHTO. 2000b. Determining the plastic limit and plasticity index of soils (T90-87). In *Standard Specifications for Transportation Materials and Methods of Sampling and Testing*. Part II. American Association of State Highway and Transportation Officials, Washington, DC.

ASTM. 2000a. Standard test methods for liquid limit, plastic limit, and plasticity index of soils (D 4318-98). In *2000 Annual Book of ASTM Standards*, Vol. 04.08, American Society for Testing and Materials, West Conshohocken, PA, 546-558.

ASTM. 2000b. Standard practice for classification of soils for engineering purposes (Unified Soil Classification System) (D 2487-98). In *2000 Annual Book of ASTM Standards*, Vol. 04.08, American Society for Testing and Materials, West Conshohocken, PA, 238-248.

Bobrowski, L.J. and Griekspoor, D.M. 1992. Determination of the plastic limit of a soil by means of a rolling device. *Geotech. Test. J. GTJODF* 15: 284-287.

BSI. 2000. Methods of test for soils for civil engineering purposes: classification tests. British Standard 1377: Part 2: 1990. British Standards Institution, London.

De Jong, E., Acton, D.F., and Stonehouse, H.B. 1990. Estimating the Atterberg limits of southern Saskatchewan soils from texture and carbon contents. *Can. J. Soil Sci.* 70: 543-554.

Harison, J.A. 1988. Using the BS cone penetrometer for the determination of the plastic limit of soils. *Geotechnique* 38: 433-438.

Leroueil, S. and Le Bihan, J.-P. 1996. Liquid limits and fall cones. *Can. Geotech. J.* 33: 793-798.

McBride, R.A. 1989. A re-examination of alternative test procedures for soil consistency limit determination: II. A simulated desorption procedure. *Soil Sci. Soc. Am. J.* 53: 184-191.

McBride, R.A. and Baumgartner, N. 1992. A simple slurry consolidometer designed for the estimation of the consistency limits of soils. *J. Terramechanics* 29: 223-238.

McBride, R.A. and Bober, M.L. 1989. A re-examination of alternative test procedures for soil consistency limit determination: I. A compression-based procedure. *Soil Sci. Soc. Am. J.* 53: 178-183.

Sheldrick, B.H. 1984. Analytical methods manual 1984. L.R.R.I. Contribution No. 84-30. Land Resource Research Institute, Research Branch, Agriculture Canada, Ottawa, ON, Canada.

Wroth, C.P. and Wood, D.M. 1978. The correlation of index properties with some basic engineering properties of soils. *Can. Geotech. J.* 15: 137-145.

(王力 高伟达 译,任图生 校)

第59章 压实和压缩性

Pauline Défossez

French National Institute for Agricultural Research

Laon, France

Thomas Keller

Swedish University of Agricultural Sciences

Uppsala, Sweden

Guy Richard

French National Institute for Agricultural Research

Olivet, France

59.1 引　言

农业和林业机械的碾压是造成农、林土壤压实的主要原因。如果在机械工作过程中土壤的负载超过了其本身所能承受的最大应力（土壤机械强度），就会造成土壤的压实。压实（也常被称为压缩）指的是给定质量的土壤体积变小的现象。土壤体积的减少是由于部分空气和水的排出使得土壤的孔隙体积减小了，土壤被压实时，孔隙度减小而容重增加。压实不仅能引起土壤孔隙度的减小，还会改变孔隙几何形状，如孔隙形态和连通性。因此，土壤压实会导致土壤结构发生改变。孔隙的几何形状对土壤的水气运输性质有很大影响，是表征土壤结构性状的重要因子，压实过程会受到剪切力的显著影响。

土壤压实强度取决于车辆和土壤本身的性质：

（1）施加在土壤表面（如土壤与轮胎或与履带的接触面）的力，以及土壤与轮胎或履带之间的接触面积（取决于负载、轮胎类型、尺寸和膨胀压力、履带特性）和土壤条件，。

（2）土壤机械强度，即土壤抵抗体积减小的能力，受土壤类型和土壤性状的影响（土壤质地、土壤有机质含量、土壤结构、容重及土壤水分状况）。对于某一质地的土壤，其机械强度主要受土壤水分和容重的影响。一般来说，含水量降低和容重增加都会导致土壤强度增加。

土壤强度是根据土壤的压缩性获得的，可以通过室内或田间的压缩试验测得。土壤的压缩性可通过施加压力的对数和一些反映压实状态的参数之间的关系图获得，如应力、孔隙率、比容积或容重，这种关系也被称为压缩曲线。

图 59.1 展示的是一条典型的土壤压缩曲线，主要有两个区域：低应力范围的膨胀曲线（SL）（也称为再压缩曲线）和高应力下的原始压缩曲线（VCL）。两条曲线由一临界压力分开，此临界值称为预压力（也称为固结压力或预负荷）。

一般认为再压缩范围内土壤主要产生弹性形变，初始压缩范围主要产生塑性形变。预压力被广泛用于判定土壤的负载能力。例如，在农用机械通过时，土壤不发生压实所能够承受的最大压力。

膨胀曲线的斜率称作膨胀指数或再压缩指数（C_s），原始压缩曲线的斜率称为压缩指数（C_c）（图 59.1）。

因此，描述土壤压缩性需要三个参数：预压力（σ_p）、压缩指数（C_c）和膨胀指数（C_s）。

在使用土壤压实模型时，均输入这些参数（Défossez and Richard 2002）。

应力和土壤形变的关系可通过室内和田间试验测得，以获取 σ_p、C_c、C_s。为了表征土壤的压缩性，在此介绍两种常用且易于应用的方法：①使用压缩仪的实验室方法；②使用平板载荷的田间方法。接下来是有关如何确定预压力的部分。

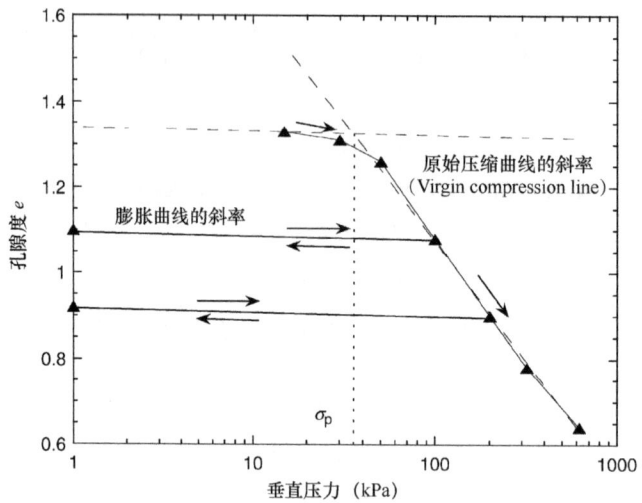

图 59.1　初始质量含水量为 0.15 g g^{-1} 及初始孔隙比（e_0）为 1.34 的条件下，饱和始成土的应力-应变曲线。用 Casagrande 方法计算得到的膨胀指数（C_s）为 0.09，压实指数（C_c）为 0.51、预压力（σ_p）为 36 kPa。

59.2　实验室一维测量：压缩仪

压缩仪试验是一个单轴的、有侧限的压缩试验，用于模拟田间车辆轮胎施加到土壤上的纵向载荷。压缩仪的基本设置如图 59.2 所示。土壤样品置于环刀中，施加纵向压力，环刀能够保证样品不发生横向形变。在压缩试验中，同时测定轴向应力和土壤样品产生的位移。

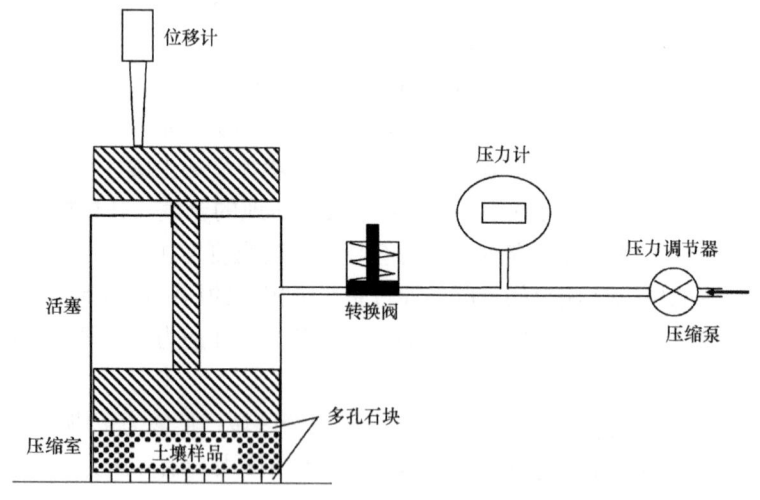

图 59.2　气动加载设备的压缩试验设备

59.2.1　装置

压缩仪包含一个加载装置、一个压缩层，以及记录施加压力和土样位移的装置。

（1）加载装置：通过采用静负载、气压法或步进电机法对土壤样品施加一种单轴、纵向的压力。

（2）压缩层：压缩层通常由一个圆形的金属环组成（直径 75 mm，高 15—20 mm），把土样装在两层多孔板中间。为了使环壁的摩擦最小化，金属环的直径和高度比应该大于 3。

(3)用于测量施加的力或压力的仪表（压力是施加的力除以土壤样品的表面积计算得到。

(4)一定量程的位移传感器，如 0.002 mm 精度的 15 mm 传感器。

(5)可选：记录位移和压力数据的电子数据采集系统。

59.2.2 土壤样品的制备

实验可以采用原状土也可以采用装填土样。下面介绍装填土样的制备过程。

装填土样通常采用过筛的土壤。土样风干后过 2 mm 筛，测量风干土样的质量含水量，w_{airdry}（见"土壤水分析"部分）。然后将土样放置在塑料盒子里，称取一定质量的风干土样（m_{airdry}）加水调节至设定的含水量，$w_{desired}$，喷洒水维持平衡并放置 24 h 让水分分布均匀。

加入水的质量，记为 m_w^{added}，加水以让土壤达到的设定的质量含水量，记为 $w_{desired}$：

$$m_w^{added} = m_{airdry} \frac{(w_{desired} - w_{airdry})}{(w_{airdry} + 1)} \tag{59.1}$$

使用土壤样品的密度，记为 $\rho_{desired}$，根据密度计算装填到压缩层中土样质量：

$$m_{soil} = \rho_{desired} V_{cylinder} \tag{59.2}$$

$V_{cylinder}$ 是压缩仪环刀的体积。

59.2.3 压缩实验

压缩实验中，向样品施压方式包括两种：连续加压或以恒定的位移速度加压，其中连续加压（或分步加压）被广泛使用。

1. 连续加压

连续加压是指压力是逐步增加的。因此，每个压力水平都持续了一定的时间。加载时间可根据土壤性质和实验目的进行选择。农业土壤力学研究通常需要 30 min，岩土工程通常需要 24 h，但可以根据研究问题来选择或更长或更短的时间。连续加压的典型顺序为 15 kPa、30 kPa、50 kPa、100 kPa、200 kPa、300 kPa 和 600 kPa。

2. 步骤：

(1)压缩试验开始前先称量土壤样品。

(2)将环刀放置在压缩仪上。

(3)使用第一个压力水平，在设定的加压时间内维持这一压力。

(4)在该应力水平下完成设定的加压时间后，测量位移。

(5)将压力水平设置为下一压力。

(6)重复步骤 4 和 5 直到完成所有压力水平下的实验。

(7)把环刀从压缩仪上取出，称量样品。

(8)样品在 105℃下烘干 24 h。

在步骤 4—5 时，土样可以卸载下来进行测定。

压缩试验中压力和位移数据可以通过电子数据采集系统进行高分辨率的记录。

3. 以匀速位移加压

以匀速位移加压就是指压缩仪的活塞（图 59.2）匀速向下移动，同时测量对应的压力，这种方法需要电子数据采集系统来记录位移和压力数据。步骤和上述步骤类似，把步骤 3—6 换成以匀速位移加压，同时用数据采集仪记录位移和压力数据即可。

59.2.4 计算

每个样品的初始条件需要确定。初始含水量 w_0 计算如下：

$$w_0 = \frac{m_0 - m_{\text{dry}}}{m_{\text{dry}}} \tag{59.3}$$

m_0 是压缩试验前初始水分条件下土壤样品的质量；m_{dry} 是烘干样品的质量。初始孔隙比 e_0 计算如下：

$$e_0 = \frac{\rho_s}{\rho_0} - 1 = \frac{\rho_s V_0}{m_s} - 1 \tag{59.4}$$

式中，ρ_s 是土壤固体密度；ρ_0 是初始干容重；V_0 是初始样品体积（也就是压缩仪环刀体积）。

59.2.5 结果说明

压缩试验的结果通过施加压力的对数和一些能够反映土壤压实状态的参数之间的关系图来表示，如应力、容重或图 59.1 中使用的孔隙率。孔隙率 e 通过测量的位移 Δh 来计算：

$$e(\Delta h) = \frac{\rho_s V(\Delta h)}{m_s} - 1 = \frac{\rho_s \pi r^2 (h_0 - \Delta h)}{m_s} - 1 \tag{59.5}$$

式中，V、r、h_0 分别代表环刀中土壤样品的体积、半径及初始高度。

由图 59.1 中的压缩曲线可以得到 C_s、C_c、σ_p，C_s 和 C_c 是压缩和膨胀指标，分别代表原始压缩曲线（VCL）和膨胀曲线（SL）的斜率，计算公式如下：

$$C_c = \frac{\Delta e}{\log(\Delta \sigma)}; \sigma \in (\text{VCL}) \tag{59.6}$$

$$C_s = \frac{\Delta e}{\log(\Delta \sigma)}; \sigma \in (\text{SL}) \tag{59.7}$$

式中，e 代表孔隙率，σ 代表施加的压力，σ_p 的测定在 59.4 部分有详细介绍。

59.3 田间原位平板载荷试验：板式贯入计

平板载荷试验是建立于预测越野车辆通行阻力方法基础上的。Alexandrou 和 Earl（1995）指出，这种方法可用于测定土壤的预压力。

图 59.3 给出了一个板式贯入计的例子。该装置包括一个荷载单元来测量所需的压力，一个深度电位计来测定圆板的下沉，以及一个电动机来控制穿透板以设定的速度（位移）下沉。

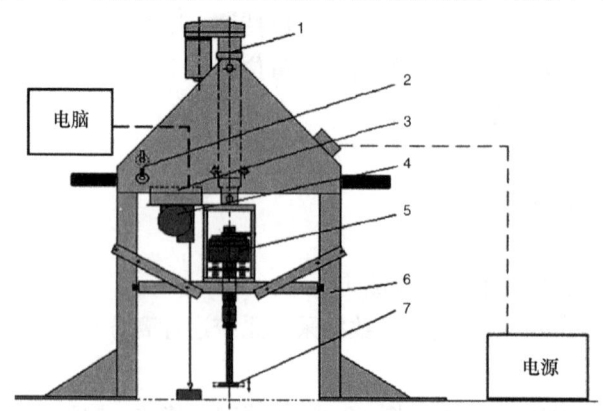

图 59.3 板式贯入计纵截面

（1）电力单元（2）记录数据开关（3）数据存储（4）深度传感器（5）荷载传感器（6）保护框（7）穿透板（源自：Dawidowski, J.B.Morrison, J.E.,and Senieg, M., Trans. Am. Soc. Agr. Eng., 44, 1059, 2001.）

59.3.1 步骤

（1）将土壤挖到所需的深度（可以在土壤表面或任何所需深度对土壤进行压缩）。注意挖开的土壤面积要足够大以供放置仪器并满足在同一深度能够进行几次测量（重复）。

（2）在土壤表面进行测量时先去除表层的作物残留。将所需深度的土壤剖面修理平整以保证穿透板能够垂直下沉。

（3）放置好仪器，如图 59.3 所示的仪器需要两个人分别站在两边的踏板上，起平衡重量的作用。

（4）开始试验。

（5）每次试验的垂直压力和位移通过高分辨率的数据采集仪记录（如 100 Hz）。

Dawidowski 等（2001）和 Keller 等（2004）在研究中使用的仪器参数如下：

（1）圆板直径：49 mm。

（2）最大负荷：4400 N，最大误差±0.05%。

（3）贯入仪最大深度误差±0.1%。

（4）圆板最大位移量：200 mm。

（5）圆板下降速度：7 mm s^{-1} 或 25 mm s^{-1}。

（6）数据记录最大频率：1000 Hz。

59.3.2 结果计算和介绍

将记录下来的数据绘制成 σ 对数–位移图，从中可以得到预压力、膨胀指数及压缩指数，如 59.2.4 和 59.2.5 所述。

我们发现在平板载荷试验中没有对贯入仪圆板下方的侧向变形进行控制。因此，由该方法得到的压缩曲线用 σ 对数–位移图表达（而压缩仪试验得到的压缩曲线一般用 σ 对数–e 图表示）。因此，在应用平板载荷试验测试时，"压缩指数"这一表述不够精确，而对于较小的位移来说侧向变形也较小（也可见 59.5.1 部分）。

59.4 预压力的测定

通过压缩曲线来估算预压力有几个著名的方法，Dias 和 Pierce（1995）给出了一些最常用的方法。

59.4.1 卡萨格兰德（Casagrande）法

Casagrande（1936）提出的方法被认为是标准方法，是通过对不同类型土壤进行大量实验得到的经验方法。

共包括 6 个步骤（图 59.4）：

（1）通过大量的数据点来确定 VCL 的位置。

（2）确定点 T，与最小曲率半径相对应。

（3）过点 T 画一条切线，t。

（4）过点 T 画一条水平线，h。

（5）过点 T 画切线和水平线的二等分线。

（6）二等分线和 VCL 的交点，即为预压力 σ_p。

最初的 Casagrande 方法是一个作图过程。比如，对应最小曲率半径的点是通过视觉观察决定的，而视觉观察是主观且取决于尺度的。Dawidowski 和 Koolen（1994）根据 Casagrande 的方法提出了一系列数学步骤来计算预压力。另一种可能性将数据点拟合成一个数学方程，由此可计算出上述（1）—（6）中提到的点。这些数据点可能适合 van Genuchten 方程的对数函数（Bailey 等，1986），也可能适合一个多项式方程（Arvidsson 和 Keller，2004）。

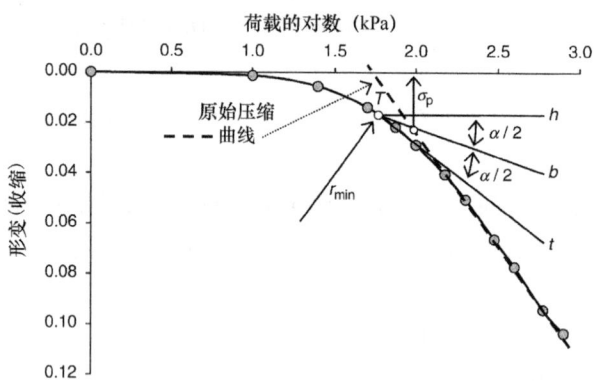

图 59.4　依据 Casagrande 方法确定土壤的预压力（步骤和符号含义见正文）

（改编自 Casagrande, A., Proceedings of the International Conference on Soil Mechanics and Foundation Engineering, Vol. III, Cambridge, UK, 1936.）

59.4.2　其他方法

由于确定与最小曲率半径相对应的点可能很困难，因此已经开发出其他涉及回归分析的方法来确定预压力（Sällfors，1975；Culley 和 Larson，1987；Jose 等，1989；Lebert 和 Horn，1991；Dias 和 Pierce，1995）。

最简单的方法是用 SL 和 VCL 两条线的交点估算预压力：①SL，即利用压缩曲线中再压缩部分连续加压测定的数据点回归获得线；②VCL，即利用压缩曲线中原始压缩部分的点回归获得线（Dias 和 Pierce，1995）。

不同的测定方法会导致预压力值略有不同（Arvidsson 和 Keller，2004）。

59.5　注释

59.5.1　封闭实验室测试和田间评估土壤压缩性的比较

在压缩仪试验中（见 59.2），侧向的（即水平的）力都被装填土样的环刀抵消了。田间原位平板载荷试验（见 59.3）仅在部分有限的条件下进行，允许侧向形变。因此，压缩仪试验和田间原位平板载荷试验的机理是不同的（图 59.5）。

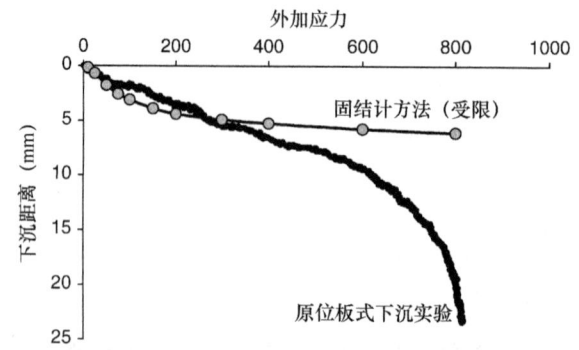

图 59.5　压缩仪方法和原位平板荷载方法测定土壤压实结果对比

注意：与图 59.1 和 59.4 不同的是，本图中应力是线性形式

Earl（1997）指出，对于较小的形变，侧限压缩试验和平板载荷试验的数据相似（对应图 59.5 中 0－300 kPa 的应力范围），因此在这个形变范围内的预压力是准确的（Dawidowski 等，2001）。对于较大的形变（对应图 59.5＞300 kPa 的应力范围），平板的继续下沉是由侧向形变引起的，而侧限试验的形变是由压实引起的（Earl，1997）。

因此，在贯入计板下出现任何土壤侧向形变之前就应该收集平板载荷试验的所有关键数据（Dawidowski 等，2001），即仅应考虑荷载较小时的平板下沉方法测定的相关数据来确定预压力。Dawidowski 等（2001）和 Keller 等（2004）用平板载荷试验和压缩仪分别测定了从壤土到黏土 3 种质地土壤的预压力，他们考虑了平板下沉＜5 mm 的数据，发现两种方法得到的预压力的值之间没有显著差异性。

59.5.2 另一种实验室方法：三轴应力装置

三轴应力装置用于测量土壤的力学性质，可以同时描述土壤的压缩性和剪切行为。前面的方法是通过 C_s、C_c 和 σ_p 来描述的，后者通过摩尔–库伦（Mohr-Coulomb）参数内聚力和内摩擦角进行描述。

三轴应力装置允许施加轴向垂直应力 σ_1（通过活塞）和侧向围压 σ_3（通过静水压力），而在压缩仪试验中 σ_3 是未知的。各向同性的三轴压缩试验意味着 $\sigma_1=\sigma_3$。在三轴仪测定仓中，圆柱形土壤样品被橡胶薄膜包裹，并上下两面安装透水石以供排水。

压缩仪试验由于耗时少且易于使用，在工程应用中常多于三轴测试。

59.5.3 土壤压缩性参数的变化范围

对于潮湿的土壤其预压力的值一般在 30～150 kPa 之间，而压缩指数可能在 0.05～0.35 间变化（Lebert 和 Horn，1991）。

科学家们测定了不同条件和不同土壤的预压力和压缩指数。上面我们提到，土壤的力学性质受土壤质地、有机质含量和组成、容重、土壤水基质势（含水量）及土壤结构的影响。因此，很多学者包括 Gupta 和 Larson（1982）、McBride（1989）、Angers（1990）、Lebert 和 Horn（1991）、McBride 和 Joosse（1996）、Veenhof 和 McBride（1996）、Défossez 等（2003）和 Imhoff 等（2004）都曾提出了通过易测定的土壤性质，如土壤质地、有机质含量、容重和含水量等建立传递函数来估算土壤力学参数。

参 考 文 献

Alexandrou, A. and Earl, R. 1995. *In situ* determination of the pre-compaction stress of a soil. *J. Agric. Eng. Res.* 61: 67-72.

Angers, D.A. 1990. Compression of agricultural soils from Québec. *Soil Till. Res.* 18: 357-365.

Arvidsson, J. and Keller, T. 2004. Soil precompression stress I. A survey of Swedish arable soils. *Soil Till. Res.* 77: 85-95.

Bailey, A.C., Johnson, C.E., and Schafer, R.L. 1986. A model for agricultural soil compaction. *J. Agric. Eng. Res.* 33: 822-825.

Baumgartl, T. and Köck, B. 2004. Modelling volume change and mechanical properties with hydraulic models. *Soil Sci. Soc. Am. J.* 68: 57-65.

Casagrande, A. 1936. Determination of the preconsolidation load and its practical significance. Proceedings of the International Conference on Soil Mechanics and Foundation Engineering, 22-26 June 1936, Vol. III, Cambridge, UK, 60-64.

Culley, J.L.B. and Larson, W.E. 1987. Susceptibility to compression of a clay loam Haplaquoll. *Soil Sci. Soc. Am. J.* 51: 562-567.

Dawidowski, J.B. and Koolen, J. 1994. Computerized determination of the preconsolidation stress in compaction testing of field core samples. *Soil Till. Res.* 31: 277-282.

Dawidowski, J.B., Morrison, J.E., and Snieg, M. 2001. Measurement of soil layer strength with plate sinkage and uniaxial confined methods. *Trans. Am. Soc. Agr. Eng.* 44: 1059-1064.

De´fossez, P. and Richard, G. 2002. Compaction of tilled topsoil due to traffic: a review of models tested in field conditions. *Soil Till. Res.* 67: 41-64.

De´fossez P., Richard G., Boizard H., and O'Sullivan, M., 2003. Modelling change in soil compaction due to traffic as function of soil water content. *Geoderma* 116: 89-105.

Dias Junior, M.S. and Pierce, F.J. 1995. A simple procedure for estimating preconsolidation pressure from soil compression curves. *Soil Tech.* 8: 139-151.

Earl, R. 1997. Assessment of the behaviour of field soils during compaction. *J. Agric. Eng. Res.* 68: 147-157.

Gupta, S.C. and Larson, W.E. 1982. Predicting soil mechanical behaviour during tillage. In Predicting Tillage Effects on Soil Physical Properties and Processes. American Society of Agronomy, Special Publication 44, Madison, WI, 151-178.

Imhoff, S., Da Silva, A.P., and Fallow, D. 2004. Susceptibility to compaction, load support capacity, and soil compressibility of Hapludox. *Soil Sci. Soc. Am. J.* 68: 17-24.

Jose, B.T., Sridharan, A., and Abraham, B.M. 1989. Log-log method for determination of preconsolidation pressure. *Geotech. Test. J.* 12: 230-237.

Keller, T., Arvidsson, J., Dawidowski, J.B., and Koolen, A.J. 2004. Soil precompression stress II. A comparison of different compaction tests and stress-displacement behaviour of the soil during wheeling. *Soil Till. Res.* 77: 97-108.

Lebert, M. and Horn, R. 1991. A method to predict the mechanical strength of agricultural soils. *Soil Till. Res.* 19: 275-286.

McBride, R.A. 1989. Estimation of densitymoisture- stress functions from uniaxial compression of unsaturated, structured soils. *Soil Till. Res.* 13: 383-397.

McBride, R.A. and Joosse, P.J. 1996. Overconsolidation in agricultural soils: II. Pedotransfer functions for estimating preconsolidation stress. *Soil Sci. Soc. Am. J.* 60: 373-380.

Sa¨llfors, G. 1975. Preconsolidation Pressure of Soft High Plastic Clays, Doctoral Thesis. Department of Geotechnical Engineering, Chalmers University of Technology, Gothenburg, Sweden.

Veenhof, D.W. and McBride, R.A. 1996. Overconsolidation in agricultural soils: I. Compression and consolidation behavior of remolded and structured soils. *Soil Sci. Soc. Am. J.* 60: 362-373.

（张文璨　高伟达　译，任图生　校）

第60章 田间土壤强度

G. Clarke Topp and David R. Lapen

Agriculture and Agri-Food Canada
Ottawa, Ontario, Canada

60.1 原理和参数定义

土壤强度有多种表达形式,如抗压强度、抗剪切强度和抗拉强度等。相应的土壤强度测定技术繁多,但大多数测定技术基于某个特定的土壤测试需求发展而来。耕作过程中土壤通常会受到很多方向的力,通常会产生一系列抵抗这些作用力发生形变的土壤强度,直至土壤破碎。抗压强度指土壤抵抗工具插入的作用力,剪切强度是土壤抵抗侧向粉碎的力,抗张力度是土壤抵抗土壤破碎的力,包括耕作过程中土壤在耕作犁的边缘分散的力。如第59章所述,尽管土壤支撑机具或建筑的能力与其压缩性和抗压强度有关,但与根系受到的穿透阻力或耕作机具阻力相关的土壤强度均可以通过相同贯入仪轻易地测量,即利用一个能够贯穿土壤的仪器测定土壤的穿透阻力(一般是纵向的)。另外,那些能够准确地测定土壤剪切力的设备,如标准剪切力测定仪,也可以较准确地检测土壤抵抗滑坡或某些侵蚀的强度。

本章主要介绍两种测定土壤强度的方法:圆锥穿透阻力和抗剪强度测定。下文只讨论农业和环境科学评估最密切相关的手动原位测定的圆锥阻力和抗剪强度的方法。关于测定抗拉强度的内容,可参考Dexter 和 Watts(2001)的介绍。

60.2 穿透阻力

60.2.1 贯入仪的操作原理

贯入仪测量的是将设备插入(或打入)土壤过程中所施加的力。农业上最古老的贯入仪可能是动物的蹄,农民可以根据踩踏的深度判断某块农田适合放牧还是适合种植作物。现代贯入仪的设计原则基本上采用了"天然的"土壤穿透阻力指标,但拥有标准化测量的优势,可以提供更好的重复性和可比性。

贯入仪由一个能垂直插入土壤的杆或轴,以及能同时测量其插入设定深度所需压力的装置。与土壤接触的杆底端或顶端一般为圆锥或扁平形状。一些类似的压力传感器和各种数据记录设备连用。贯入仪数据通常以单位面积上的穿透压力记录土壤的穿透阻力,使用压力单位。对于具有圆锥头的贯入仪,穿透阻力通常被认为是"圆锥指数"(CI),单位用帕斯卡(Pa)、千帕(kPa)或兆帕(MPa)表示,$1 \text{ Pa}=1 \text{ N m}^{-2}$。为了保证手动或机械化设备能够插入不同条件的土壤中,大部分贯入仪使用标准的30°圆锥角且底面积小于700 mm^{-2}。

Bengough 等(2001)及 Lowery 和 Morrison(2002)给出了关于土壤贯入仪和穿透性广泛且全面的评论,包括在开展土壤穿透性研究中需要考虑的背景因素。虽然贯入仪的种类很多,但是选择贯入仪的标准已不断完善。越来越多的数据采集器和小型电动驱动器为比较不同贯入仪的方法学研究提供了更多机会,从中可以进一步发展选择标准(Motavalli 等,2003)。依据研究目的为标准选择贯入仪仍存在困难,主要原因包括:(i)影响土壤的穿透阻力的物理因素的较多;(ii)测量时在数理逻辑上和操作上的限制(如计划测定深度、农作物的破坏、向田间的运输、测量目标及成本等)。

土壤贯入仪可以在不同土壤剖面深处提供原位数据，而无需扰动土体。在实验室获得同样的土壤力学性质测量需要大量的土壤样品，会导致对土体的破坏。土壤贯入仪一般分为两类："动态"和"静态"。动态贯入仪设计为使用锤子或重力下降使其插入土壤，这种类型的贯入仪用于公路路面和路基评估，但是很少有自动数据采集功能，因此在土壤科学研究中未曾广泛使用。静态贯入仪以缓慢稳定的速度插入土壤，从而避免在分析时受其动态因素的影响。本章只介绍静态贯入仪。

1. 影响穿透阻力的土壤物理因素

土壤贯入仪测量土壤发生形变所需要的力，形变的本质主要受贯入仪尖端的形状及穿透深度的影响。在土壤表层主要是剪切变形，随着深度的增加逐渐转化为剪切和压缩的组合性变形。这种转变表现为穿透阻力随深度而增加，穿透阻力随深度发生变化的临界深度估计为探头直径的3~5倍（Barley等，1965；Waldron和Constantin，1970）。超过这个深度的形变主要用圆孔扩张理论进行解释（Farrell和Graecen，1966；Vesic，1972）。Farrel和Graecen（1996）曾假设压缩主要发生在两个区域，即发生塑性形变的内部区域和外围的弹性压缩范围。除了出现在土壤中的剪切和压缩，在圆锥/杆上还存在摩擦力。因此，贯入仪记录的是剪切和压缩形变，以及探头和土壤之间摩擦力的总和，贯入仪的读数反映了这几种因素的综合作用，因此，可以认为是表征土壤强度的一个指标。这些因素反过来又受到土壤物理条件状况的影响，如土壤水基质势、含水量、土壤质地、容重、结构及黏土矿物等。这些因素的互相及交互作用对穿透阻力值的影响很复杂。因此，除非仅关注某种土壤强度的临界值，只测定穿透阻力用处很小。然而，大多数情况下，为了有效地利用土壤穿透阻力来描述土壤行为或土壤处理的效果，必须同时对这些复杂因素进行测量或控制。这是监测和比较不同地点穿透阻力的最重要的条件。

2. 尖端设计

美国农业工程学会对土壤锥形贯入仪的使用制定了工程标准，ASAE S313.3 Feb99（美国农业工程学会（ASAE），1999）。该标准提供了相关准则，包括目的、范围、定义、测试仪器、程序，以及锥形贯入仪的解释说明和数据报告。该标准采用30°圆形不锈钢圆锥作为其模型，圆锥的直径很小，以最大程度减少土壤和轴的摩擦力。这种类型的贯入仪是土壤测试中最常用的仪器。

如Lowery和Morrison（2002）所述，锥角的大小决定了引起圆锥阻力的两个主要应力的相对比例，一是圆锥形锥头使土壤产生形变的力；二是土壤和金属之间的摩擦力。对于给定的直径，30°角是一个界限，当圆锥角<30°时，锥头阻力随角度的增加而减小，当圆锥角>30°时，锥头阻力随角度增加而增加。

在测量团聚性较好的或具有裂缝的土壤时，圆锥的直径是一个重要的考虑因素。当在土壤团聚体上开展随机测量时，使用直径较小的圆锥会导致数据的变异较大，因为在团聚体内部的空隙中或裂缝中穿透阻力值较小（Grant，1995）。对于团聚体具有较大形变特性的土壤，使用直径较大的圆锥可能会降低这些影响，但可能会影响更大尺度上结构单元的测量。

3. 穿透速率

由于穿透速率和锥头阻力之间潜在的相互作用，贯入仪的穿透速度并没有标准化，尤其是对于细质地土壤（Freitag，1968）。此外由于土壤水势是土壤强度决定性因素之一（Busscher等，1997），在贯入仪测量时任何可能会改变土壤水势的行为都可能影响锥头的阻力。当锥头进入土壤造成局部土壤的形变也可能改变土壤水势，如果潜在的变化没有随着圆锥的进入及时消失，这个潜在变化可以表现为圆锥阻力的误差。使用缓慢且稳定的贯入仪很重要，可以比较不同土壤和不同实验点之间的差异，并记录使用的速率。美国农业工程学会标准（ASAE，1999）建议该速率不应超过$30\ \text{mm s}^{-1}$。在一些研究中已经使用了更慢的速率（Cockcroft等，1969；Waldron和Constantin，1970；Perfect等，1990），试图模拟根系伸长速率，如$2.78\times10^{-4}\ \text{mm s}^{-1}$。除了一些专项研究，该速率在实际应用中收集数据耗时较长。

4. 同时测量含水量和穿透阻力

在不同的水分状况下，土壤的穿透阻力值不同（Busscher 等，1997；Lapen 等 2004）。因此，在比较研究结果时，含水量是解释穿透阻力值的关键。近年来，已经研发出能够同时测定含水量和穿透阻力的贯入仪（Morrison 等，2000；Young 等，2000；Topp 等，2003；Sun 等，2004；Hummel 等，2004）。已经使用了很多测量含水量的方法，但还没有研制出效果最佳的设备。Hummel 等（2004）将标准圆锥贯入仪进行了改进，利用近红外反射率测定圆锥周围土壤的含水量。其他还有利用高频电磁波传播的方法，包括测量含水量的基础方法时域反射技术（TDR）。Young 等（2000）和 Topp 等（2003）在圆锥连接轴的外围插入传输线，利用时域传输（TDT）技术测定土壤含水量（图 60.1）。Topp 等（2003）使用的螺旋包裹式传输线优于 Young 等（2000）所使用的方法，因为水分测量区域沿锥减少至 6 cm 同时保持传输线长度为 30 cm。这种基于轴螺旋的 TDT 系统测量含水量的精度为 $\pm 0.02\ m^3\ m^{-3}$，和 TDR 的测量精度相同。Morrison 等（2000）在贯入仪的锥头表面连接一个小的 TDR 传输线进行含水量的测定，Starr 等（2000）对含水量传感器进行了详细描述。Sun 等（2004）在现有圆锥的基础上使用电容或电阻式传感器来估算含水量。由于这些组合式贯入仪相对较新，因此还未被广泛使用和评估。上述一些传感器的操作原则在第 70 章中有详细介绍。

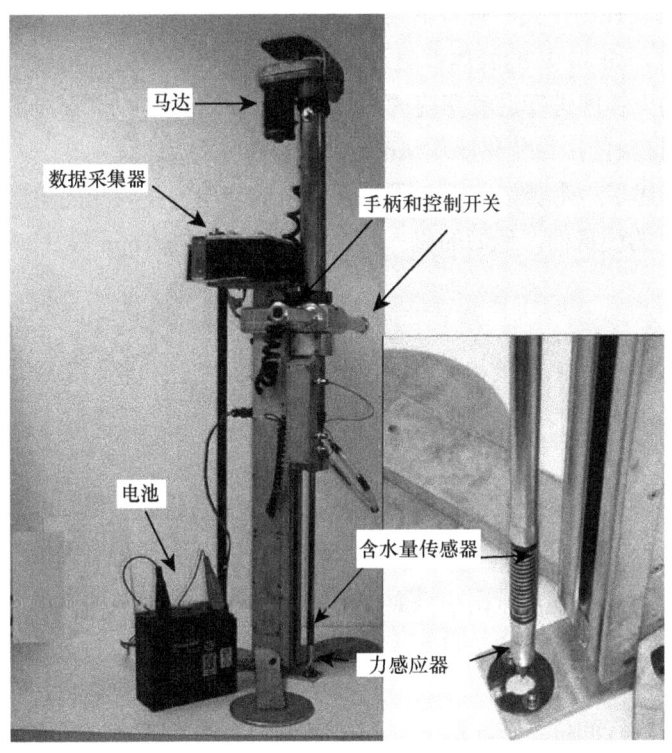

图 60.1　同时测定圆锥阻力和含水量的便携式机动化的贯入仪

（源自：Topp, G.C., Lapen, D.R., Edwards, M.J., 和 Young, G.D., Vadose Zone J., 2, 633, 2003）

60.2.2　仪器介绍

1. 便携式手推锥形贯入仪

便携式锥形贯入仪是一种手推装置，约 1.2 m 高，允许测量深度约为 0.8 m（一些经过改进的型号可以提供更深层土壤的测定）。圆锥采用精加工的不锈钢材料制成，圆锥角是美国农业工程学会建议的 30°角。圆锥型基座和相应的连接杆通常有两种尺寸：（i）杆直径为 9.5 mm，圆锥直径为 12.8 mm；（ii）

杆直径为15.9 mm，圆锥直径为20.0 mm，用于质地松软的土壤。压力传感器位于连接杆的顶端，采用多传感集成技术，如测力环、千分表，以及以应变为基础的测量传感器。深度传感通过在杆上做标记、土壤表面的激光反射及电位计等方法实现。如果使用数采记录和处理等相关设备，一般会安装在负载传感器上方。在大多数设备中，仪器都是在仪器外壳的两侧有两个手柄，手柄的中间部位通常是仪表盘和数据显示屏。插入的速率可以控制。便携式锥形贯入仪可以通过美国洛弗兰德国际土壤实验公司（ELE）等公司购买。

2. 便携式电动锥形贯入仪测量含水量

土壤含水量是影响锥形贯入仪测量重要因素之一，对大多数以土壤为对象的研究来说，含水量的测定是基础。能够同时测量含水量的贯入仪已经从手动锥形贯入仪发展到具有两个附加功能，一个是能够测量含水量，另一个是能够控制穿透速度。为了实现这些改进，需要一个支架和框架来支持电机并控制贯入仪，这导致该类贯入仪体积较大，便携性较差。尽管如此，这种组合式贯入仪也有很强的操作优势。

Young 等（2000）和 Topp 等（2003）描述了这种能够同时测量含水量和穿透阻力的组合式贯入仪的一般操作方法。这类贯入仪系统（图 60.1）使用一个轻量的 12 V 电动螺旋千斤顶来提供探头约 28 mm s^{-1} 的恒定速率。距离量程为 400 mm。驱动装置安装在一个由轻质材料构成的垂直支撑框架上，同时还可以放置传感器、数采和机动控制开关。垂直框架由三个水平支架组成，可以为设备在操作时提供支撑。整个系统的电源包括电机，由 12 V 的胶体蓄电池提供。Topp 等（2003）把轴上的水分传感器和螺旋传输线连接在 50 Ω 的同轴电缆间进行沿着螺旋的高频信号的发送和接收，信号的传输时间用于衡量土壤的水分含量（图 60.1）。锥头的压力传感器如 Adams 等（2000）所述。

Sun 等（2004）也描述了一个类似的组合式贯入仪，但使用的是较短的电容式水分传感器。除了处在发展的初期阶段及较差的便携性，他们的贯入仪在操作性质上与 Topp 等（2003）设计的类似。

60.2.3 步骤

使用贯入仪的详细步骤与很多因素相关：(i) 数据的预期用途；(ii) 贯入仪的类型和功能；(iii) 测量时土壤或田间条件。

1. 锥形贯入仪

锥头阻力数据的变异性很高，必须精心选择重复数量来确保数据质量。理想状态下，重复的选择应该基于预取样调查后获得样品的方差和平均值，基于此可以算出达到期望置信度所需的重复次数。锥形贯入仪经常用于表征土壤剖面状况。耕作和机械等土壤表面操作会影响土壤剖面强度的分布。在田间进行测定时，测量点的位置和重复的选择是首先要考虑的因素。

（1）测量位置采用标准规则，以便在选择重复的位置时能够保持一致性，同时考虑实验条件和研究目的。例如，如果比较作物行间位置车轮碾压对穿透阻力的影响，则应选择作物行与车轮碾压过或未碾压过的中间位置，其他情况下只能选择作物行间位置。

（2）制定田间采样方案以便在测量开始前指定重复位置、数据标签和采样位置选择标准等。

（3）安排现场测量，以优化所获得数据的质量。由于穿透阻力值高度依赖含水量，因此建议同时进行含水量的测定。在实验过程中，含水量的测定不能达到穿透阻力测定的频率，因此可以在某些特定的水分状况下测量穿透阻力，如"田间持水量"或在季节性或阶段性重复出现的某种相同的水分状况下进行测定。

（4）测量前设置贯入仪。此步骤的细节取决于使用的穿透阻力计的类型。对于仪表型或类似的手动贯入仪，将贯入仪受力归零；对于自动记录数据的贯入仪，此步骤即为启动数据采集并重置数据标签。

（5）以不超过 30 mm s^{-1} 的恒定速度将贯入仪插入土壤。对于手动穿透阻力计，速度主要由操作者控制，一些商业设备可以帮助提示是否超速。在偶尔遇到硬层或大孔隙时会导致操作者产生不稳定的穿透速度。因此该步骤在使用机动装置时更稳定。

（6）将贯入仪拔出土壤，必要时将其擦拭干净。

（7）采取一些必要的措施保证数据已经记录或保存在数采当中。对于完全的手动贯入仪，只有穿透阻力的极端值能够被记录，而大多数有采数功能的贯入仪都能实现自动记录数据。

（8）重新设置贯入仪然后返回第 4 步按照规划在下一个实验点重复测定。

（9）根据需要检索和下载数据以达到研究目标。

60.2.4 计算和数据处理

穿透阻力数据的获得和分析没有统一的或标准化的规定。这里只进行一般处理，操作者确保记录数据被正确采集和处理。需要对仪器进行校准，建议在田间使用前、使用中及使用后校准仪器的稳定性。

一般校准应集中在以下 3 个方面：（i）深度记录和分辨率；（ii）压力或阻力；（iii）测量含水量的仪器。通常，深度指示器和传感设备都很精密且稳定，不需要频繁校准，但是仍然建议进行定期检查。

Adams 等（2000）描述了一种在实验室中进行压力传感器的校准方法。这种在实验室可控制条件下的校准是至关重要的，因此应该定期进行，而装置设置不同检查方法也不同。

Topp 等（2003）发明了一种在田间检查、校准压力和水分传感器的程序。一般情况下适用于任何传感器，但具体情况需要根据传感器的需求进行更改。更多校准细节在 Topp 等（2003）中有描述。

贯入仪通常是通过使用一系列砝码施加一系列的负荷进行校准。施加的力（N）=m（kg）× g（9.81 m s^{-2}），其中，g 是具有常量值的重力加速度。贯入仪会根据使用设备的数据处理能力以不同的方式记录和存储数据。在一些情况下，穿透阻力值并不是以压力单位进行测量的，将其转换成帕斯卡（Pa）就变得很重要。幸运的是，大多数商用装置都能够自动地在内部进行单位转换，并最终以 Pa 为单位。用于转换压力的面积使用的是圆锥底面积或贯入仪探头平面或尖端的横截面积，因此，使用正确匹配的锥头对于单位转换的计算至关重要。

在贯入仪的数据分析上没有特殊准则；因此，数据分析的方法取决于整体研究中某一部分对穿透阻力数据的需求。

60.2.5 注释

如上述几部分所述，田间穿透阻力的测量即使在相似的土壤类型之间也存在很高的变异性。石块、植被、土壤结构、质地和车辆碾压等都会造成变异性，还有操作者的不同对其也有影响。穿透阻力数据可以呈现 1 m 以内的空间独立性（O'Sullivan 等，1987）。Lapen 等（2001）研究表明对于草地植被的黏壤土，与车辆通过的方向上穿透阻力的大小具有一定的空间变异范围，然而在垂直车辆通过的方向穿透阻力空间变异距离较短。有人提出了关于为达到预期平均值的置信区间所需的最少测量次数的建议（如 Bengough 等，2001）。然而，这些建议不应被认为是严格的执行标准，而是应当作为参考，特别是在所需测量的最低数量由于费用的限制不能实现的时候。在各种条件下，贯入仪操作者的一个重要的经验法则是获得关于实验点的尽可能多的信息以帮助改善空间测定方法，因为没有一种方法能够满足所有条件下的测定需求。

任何比较不同处理间差异性的研究，都必须考虑含水量对土壤穿透阻力值的影响。理想状态下最好的选择就是同时进行含水量和穿透阻力的测定。但是，如果没有能够同时测量两者的仪器，含水量的测定点就应该选择在穿透阻力测定点的旁边。大多数情况下，含水量和穿透阻力值呈负相关。考虑这种关系可以将强度和水分相互作用的误差最小化，否则可能会掩盖土壤管理对强度性质的影响。Busscher 等（1997）利用一个方程（方程 60.1）规范穿透阻力数据和含水量相互影响并使其最小化：

$$C_c = C_o + \frac{dC}{dW}(W_c - W_o) \tag{60.1}$$

式中，C_c 是校正的圆锥指数；C_o 是原始圆锥指数；W_c 是圆锥指数校正后的一般含水量；W_o 是原始圆锥指数 C_o 的原始含水量，$\frac{dC}{dW}$ 是下列方程（或 60.2~60.4）中最适合一系列圆锥指数的含水量的一阶导数：

$$C = aW^b \tag{60.2}$$

$$C = a(1-W)^b \tag{60.3}$$

$$C = ae^{bW} \tag{60.4}$$

式中，C 是圆锥指数（MPa）；W 是土壤质量含水量（$g\,g^{-1}$）；e 是自然对数；a 和 b 是经验参数。

在一些情况下，受实验处理和条件的影响，含水量和穿透阻力之间的关系会随时间而变化。例如，土壤随时间的固结可能会改变不同土壤处理状况下含水量与土壤强度的关系。Lapen 等（2004）发现，对于免耕管理下的黏壤土，含水量和穿透阻力之间的关系不随时间的变化，存在时间一致性。而对于传统耕作土壤，在春季播种后的 3 个月内这种关系随着时间的推移具有很强的变异性。这些结果强调了在确定田间实验方案开始前尽早获得实验点信息的重要性。

60.3 土壤抗剪切强度

在土木工程中墙壁和道路的地基建设中，土壤抗剪切强度是一个重要的考虑因素。在农业生产中，剪切强度常表现在车轮牵引或耕作工具对土壤造成破坏时表现出来。抗剪切强度定义为土壤强度，是指当土壤不能抵抗发生形变时表现的力学性质。在田间，施加到土壤上的力是多方面的，因此难以判断引起土壤剪切的力。因此，在田间只有少数土壤强度测量方法能直接应用于土壤剪切强度的测定。大多数土壤剪切强度的测量都是在实验室内完成的，或者重装土或结构完整的土块或土柱。作为衡量土壤强度的方法，剪切强度随含水量，更确切地说是随土壤水势的变化而变化。一般来说，土壤变干或水势降低时土壤强度增加。一篇关于室内测量非饱和土壤剪切强度的详细研究中，Fredlund 和 Vanapalli（2002）总结了土壤水势对土壤剪切强度重要性的研究现状，他们还给出了工程中规范的测量剪切强度的参考和标准指南。

田间测量剪切强度的方法发展缓慢且可用的技术很少。Lloyd 和 Collis-George（1982）描述了结构性的田间土壤可能发生的四种剪切类型，取决于团聚强度或其他结构的特征。采集土样并转移到实验室后，土样的破损细节是很难获得和测量的。Loyd 和 Collis-George（1982）描述了一个在近零载荷下测量田间土壤剪切强度的扭转剪切装置，并将其作为估计内聚力对土壤抗剪强度作用的最佳方法。一种手持风叶片式剪切仪，也称为扭剪计，也可以测量零载荷的土柱表面剪切强度（新西兰岩土工程学会公司，2001）。有一种类似的测量方法可以在土壤表面进行测定，该方法中使用一个相似的扭转头附加到叶片并垂直于圆盘沿半径对齐的齿轮上进行测定。一些扭剪计既包括针对不同强度土壤的不同直径的水平叶片，也包括对不同强度土壤不同维度的轴向叶片。进行水平叶片测量具有一定的难度，因为测量是在零载荷下进行的，在应用抗剪切转矩时很难保持零荷载。在这部分主要讲述用于田间抗剪切强度原位测定的携式剪切应力记录仪的使用方法（Cohron, 1963）。尽管扭转剪切和表面剪切的操作原则类似，但 Cohron

剪切记录仪增加了测量剪切过程中施加的法向应力或载荷的优势。

60.3.1 测量原理

土壤抗剪切强度主要来自土体的两个特征：土壤内聚力和内摩擦力。土壤内聚力来自颗粒之间的黏结和吸引及水膜引起的黏结。当土壤颗粒在剪切过程中互相黏合和摩擦时产生的阻力就是内摩擦力。抗剪切强度通常表示为

$$\tau = c + \sigma_n \tan\varphi \tag{60.5}$$

式中，τ（kPa）表示剪切强度；c（kPa）表示内聚力；σ_n（kPa）指法向应力；$\tan\varphi$ 是摩擦系数，φ 是摩擦角。式（60.5）是基于摩尔定义的假设的屈服模型及屈服曲面剪切力和法向应力之间的线性关系（Ayers，1987）。在实践中，c 和 $\tan\varphi$ 可以通过测量在土壤承受一系列不同应力（σ_n）时，引起土壤剪切所需要的应力得到的经验数值。根据 τ 和 σ_n 之间的线性回归关系、凝聚力（c）、摩擦角及 $\tan\varphi$ 都分别能够通过 τ 的截距和回归线的斜率得到。

库伦剪应力图形记录仪是用于原位测量土壤强度的扭转剪切装置。同其他的田间扭转剪切装置一样，该装置也同样有缺点，即不能像在室内测定中那样确定剪切面上的应力分布和剪切平面的精确几何形状，但是该装置的实用性胜过任何缺点（Kirby 和 Ayers，1993）。库伦剪应力图形记录仪另一个不足的地方是机械地记录图形和随后的图形数字化（见 60.3.3）。除此之外，还需要根据重量法测量含水量。最近，我们通过结合 TDR 测量含水量和直接采集压力数据的方法改进了剪切应力记录仪而克服了上述两个缺点。这些改进在下面"剪切数据采集器"部分进行介绍。

Ayers（1987）进行了大量的剪应力图形记录仪的测量来检验内聚力、摩擦力、含水量和容重之间的关系。此外，Kirby 和 Ayers（1993）从临界土壤力学概念方面对这些测量进行了解释。

60.3.2 设备和条件

通过 Cohron（1963）的描述，通过定制设计可以获得库伦剪切仪。Kirby 和 Ayers（1993）提供了一个如图 60.2 所示的示意图来说明其基本组件。剪切头是一个直径为 40 mm 的圆盘，带有 6 个履齿叶片（叶片深 10 mm，厚 1 mm），沿六个等间距的径向轴垂直于圆盘延伸 10 mm 并进入土壤。对于较松软的土壤，使用更大的剪切头（直径 80 mm）。两种直径的剪切头的剪切面积分别为 1257 mm^2 和 5027 mm^2。

螺旋弹簧能够同时记录所施加的法向应力（向下的力）和剪切阻力（转矩）。内径为 35 mm 的螺旋弹簧，大约有 10 个 3 mm（8 gauge）的线圈，线长 150 mm，能够为 40 mm 直径的剪切头提供 300 kPa 的最大法向应力（约为 375 N）。

记录笔由一个装有弹簧的铅笔架组成，这支插入的铅笔就可以在缠绕在记录鼓上的用户提供的方格纸上记录弹簧的运动。一种替代方法是使用压敏纸和弹簧切割点的组合。在测量过程中使用手柄手动施加向下的压力。

其他需要的设备，如 Instron 加载机（Ayers，1987），用于在轴向和扭转或旋转方向上对螺旋弹簧进行校准，以便可以将轴向压缩和角位移转换为成以压力为单位。

为了在强度测量期间实现更大程度的自动化，Cohron 剪应力图形记录仪已经从两个重要的方面进行了修改。一个是提供使用 TDR 同步测量土壤含水量，另一个是自动记录法向应力和剪切应力。为了与 TDR 一起使用，剪切头改装为含有一对和履齿叶片深度类似的圆形的同心叶片并用作 TDR 传输（TX）线（图 60.3a）。半径为 10 mm 和 20 mm 的叶片安装在 3 mm 厚的环氧树脂层上。TDR 传输线以每个环

形齿片上 2 mm 的垂直缝隙作为终点。在缝隙的两边，齿片之间连接的 5 pf 的电容器在 TDR 信号中提供了明确的区间可以表明 TDR 传输线的终止。图 60.3a 展示了用剪切头的履齿叶片（图 60.3b）插入塑料槽测量剪切。TDR 测量可以使用制造商制定的 TRASE 型号仪器（Soil moisture Equipment Corp., USA），以及其他 TDR 设备。

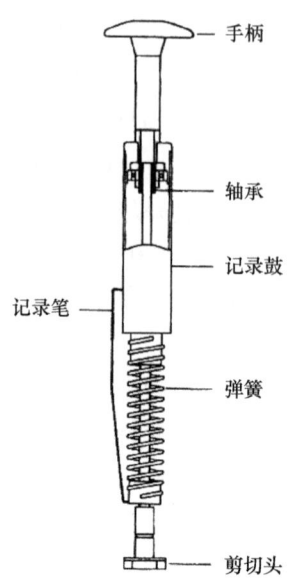

图 60.2　Cohron 剪应力图形记录仪

（源自：Kirby, J.M. and Ayers, P.D., Soil Till. Res., 211, 1993）

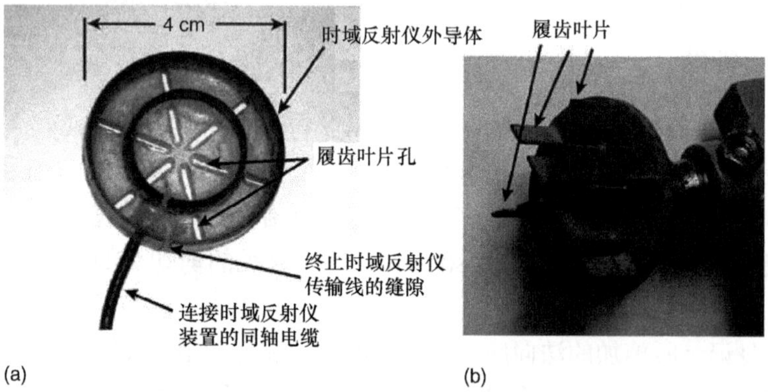

图 60.3　(a) 与 Cohron 剪应力图形记录仪或剪切数据采集仪相连接的含水量探头 (b) 安装完水分探头的带有履齿刀片的剪切头

自动记录应力的第二种改进是增加了两个应变仪负载传感器，一个用于记录法向应力，一个用于记录剪切应力，均位于剪切头和弹簧组件之间（图 60.4）。尽管称重传感器的改进使对螺旋弹簧的需求降至最低，但弹簧依旧要保留以帮助操作者对施加的应力进行估算。负载传感器的电压信号通过 CR510 数据采集仪进行记录（Campbell Scientific, Inc., Canada）。负载传感器是一个 S 形的传感器（0－100 磅，即 45.4kg 载荷范围（Intertechnology Ltd., Canada））测量法向应力，用一个微型圆梁（50 磅，即 22.7kg 负载容量，Artech Industries, Inc., USA））测量剪切应力。由于不再需要图形功能，笔式手柄被移除并替换为手柄两侧两个平行的塑料棒，以将施加的扭矩从手柄传递到负载传感器组件，而无需使用弹簧提供扭矩。当使用没有塑料杆约束的弹簧时，在峰值剪切应力下，弹簧趋向于迅速达到较低的应力水平。在弹簧的旋转"卡紧"过程中，操作者很难维持一致的法向应力，并且很难在没有约束杆的状况下记录快速下降到低水平的剪切应力值。

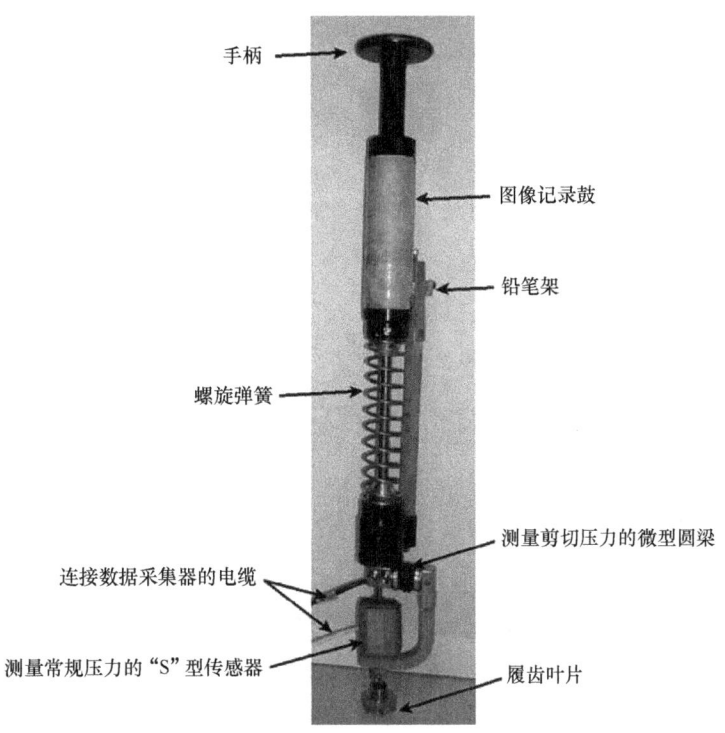

图 60.4　增加记录法向应力和剪切应力负载元件后的剪切数据采集仪或剪应力图形记录仪

60.3.3　步骤

剪切应力图形记录仪和剪应力数采仪都是根据 Cohron（1963）所描述的自定义设计的，因此操作步骤也是类似的。由于剪切记录仪效率更高且更易于使用，因此将其描述为主要方法，并给出了使用剪切图的指示性说明。

库伦剪应力图形记录仪或剪切应力数采仪测量是在 50 mm×50 mm 的小型剪切头的平面上进行的，大头用于较大的区域。需要将测定位置表面的植被清理干净，以提供一个水平的土壤表面。更深的土壤平面通过挖开一侧的土壤获得。

在每个位置进行测量时需要以下步骤：

（1）首先测量水分含量。将水分传感器叶片插入平坦的土壤表面直到树脂（塑料）顶端刚好接触到土壤表面。

（2）通过 TDR 设备记录水分含量（详见第 70 章）。

（3）在水分传感器塑料顶端的开口处插入剪切头的履齿叶片到土壤里面，直到剪切头的顶端接触到水分传感器的顶端（图 60.3）。用小刀或铲子轻轻去掉水分传感器外面的土壤。

（4）从剪切记录器上的负载传感器启动数据记录。

对剪切应力记录仪，需要安装和设置图形图表，在"零"负荷条件下正确对齐和定位。

（5）选择拟施加在土壤上的三到五个不同大小的法向应力，通过推动剪切应力记录仪或数采仪上的手柄垂直向下施加在土壤上。Ayers（1987）在实验室中的装填土壤中使用了 4 个法向应力水平：0 kPa、20 kPa、35 kPa 和 70 kPa。笔者在田间土壤中使用了五个法向应力水平，60 kPa、100 kPa、150 kPa、200 kPa 和 250 kPa（四个低水平典型数据如图 60.5 所示）。

（6）法向应力和剪切应力的传导过程如图 60.5 中所示的标有编号的箭头序列所示。法向应力从零增长到上述步骤 5 中给出的预选值之一，而剪切应力为零（图 60.5 中的路径Ⅰ）。这相当于没有旋转下压手柄。

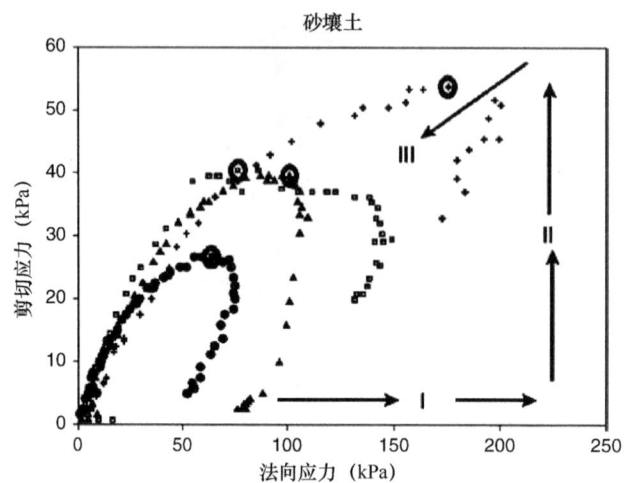

图 60.5　一个砂质壤土上四次测量过程中法向-剪切应力路径

带数字的箭头表示在每次测定过程中法向应力和剪切应力的发展过程

（7）法向应力维持恒定，而剪切应力随着土样逐渐被破坏通过旋转手柄而缓慢增加，表明剪切头倾向于转动（沿着图 60.5 中的路径Ⅱ），直到土样破坏。在土样破坏时，土壤剪切应力的最大值，超过了剪切应力的减少值。这步一般需要大量的实践经验，因为操作者在旋转手柄的过程中很难维持恒定的压力，最大剪切应力的数值会出现一个"不稳定"的趋势。

（8）在土壤屈服后，按照图 60.5 中的路径Ⅲ，法向应力和剪切应力一起降低直到法向压力变为零。提起手柄会降低法向应力，并且剪切头倾向于通过旋转降低剪切应力，弹簧的旋转趋势可以表明允许手柄存在轻微的旋转。这步完成了法向压力和剪切应力数据的收集，表示数采仪可以停止了。在每个应力水平上一般需要 3 次或更多次的重复测定。

在降低剪切应力记录仪法向应力水平的过程中，一般会同时存在剪切头的旋转回位和剪切应力的降低。在记录鼓上绘制的图形将包含一次剪切测量的数据集。这个数据集描述了三个阶段应力增加和降低的闭合循环，如图 60.5 所示。

（9）在使用剪应力记录仪时，完成剪切测量后可以收集剪切头上的土样用重量法测量含水量。

（10）在使用剪应力数采仪和记录仪测定时，都应该收集测量位置相邻的土样进行容重的原位测定。

（11）如果数据采集程序中没有校准步骤，则需从数采仪中下载数据再进行压力传感器的校准。

剪切应力记录仪在步骤 6，7，8（a）的图形都经过了数字化处理。一般情况下，需要通过光学扫描对图像进行数字化处理，数值转化为应力值需要基于螺旋弹簧的校准信息。

（12）法向应力和剪切应力的图形如图 60.5 所示，在 60.3.4 部分有计算方法。

60.3.4　计算和数据处理

由于库伦剪应力图形记录仪和剪应力数采仪的数据类似，因此其计算和数据处理方法也相同。从两个装置中的数据可以得到包括土样破坏时最大剪切应力外的更多的信息。这部分的目的是通过一种土壤的法向应力和剪切应力的一系列数据而获得两个参数：内聚力和摩擦角度。由于含水量对抗剪强度的影响很大，所以必须同时考虑具有相似含水量的土壤。因此，含水量的测定是初步分析数据分组的基础之一。

（1）绘制类似图 60.5 所示的法向应力和剪切应力生成的曲线。

（2）找出每条曲线（类似图 60.5）剪切应力的最大值点和剪切应力最大值点的法向压力。图 60.5 中圈出的数据为作者选择作图的数据。

（3）从图 60.5 获得的最大剪切应力（τ）和法向应力和（σ_n）的数据集，通过线性拟合满足方程（60.5），内聚力（c），摩擦系数（$\tan\varphi$）和摩擦角（φ）分别从截距和斜率获得。

（4）表 60.1 给出了两种不同质地土壤的回归结果。黏壤土在灌水前后分别取样因此表示为两种含水量。

（5）在一些实验中黏壤土呈脆性屈服，如图 60.6 中实线数据所示。这些实线数据可以解释为两种类型的剪切强度，称为峰值和极限强度（Kirby 和 Ayers，1993）。峰值剪切强度是从最大剪切应力之前的最大剪切应力到较低斜率剪切应力下降的区域给出的，由此可得到极限剪切强度。尽管表 60.1 给出了极限剪切强度和峰值回归参数（Kirby 和 Ayers，1993），但没有具体的步骤。

（6）剪切应力数采仪测得的含水量对于估算剪切强度对水分状况的依赖性，这与 Ayers（1987）所表明的一样。

60.3.5 注释

上述数据并没有和其他测量方法进行比较和验证。Kirby 和 Ayers（1993）的室内试验表明法向应力和剪切应力曲线有着类似的变化趋势。在图 60.5 中，砂壤土的最大剪切强度在法向应力范围内（即在最大剪切应力处的曲线是平缓的）。尽管在最大剪切应力记录了一系列几乎相等的法向应力，笔者依旧使用最大法向应力进行了回归分析，见表 60.1。

表 60.1　田间剪切数据采集仪测定得到的回归参数：内聚力，摩擦角和含水量及它们的标准偏差

土壤类型	内聚力（kPa）		摩擦角（°）		R^2		含水量（$m^3\ m^{-3}$）	标准偏差
	峰值	极限值	峰值	极限值	峰值	极限值		
砂壤土	9.7	—	12.8	—	0.612		0.216	0.027
黏壤土	24.5	7.3	6.7	10.4	0.496	0.824	0.140	0.017
黏壤土	16.3	5.9	18.4	14.4	0.846	0.679	0.207	0.018

对于黏壤土（图 60.6），最大剪切应力有更好的定义。因此，选择峰值应力及其对应的法向应力更加简单。黏壤土的图展现了相同水分状况下（0.14 $m^3\ m^{-3}$）的 3 个重复。同时，图 60.6 中的其中一个重复中出现的实线数据表明土壤的脆性屈服。在另两个重复中没有出现这种变化，而是存在更多的塑性破坏。

从图 60.6 可以发现，随着剪切应力增加维持恒定的法向应力的难度。尽管所有的测量都计划设定在约 120 kPa 的法向应力下进行，但是每个数据都有较大的浮动（±7 kPa），并且随着剪切应力的增加及最大剪切应力的出现有增加的趋势。

虽然库伦剪切应力记录仪在测量土壤剪切应力强度上提供了有用的信息（Ayers，1987；Kirby 和 Ayers，1993），但是在过去的 40 年时间里已很少使用。该技术需要较高操作水平且操作过程烦琐，其中必须手动将获取的数字化以图形输出，并且需要测试的土壤样品较少，经常受到土壤质量含水量测定设备和人工的限制。本章介绍的改进后的剪应力记录仪（剪切应力数采仪）通过使用 TDR 技术测定水分含量和增加负载元件进行数据的自动记录克服了一些烦琐的工作。这节省了相当可观的时间，根据现有的剪切应力数采仪，水分传感器，每个应力路径的确定，在只有一个操作者的情况下在田间测定对应的水分含量平均需要 6 min，数据通过数字化形式自动记录。如果没有进行改进，使用图形数据并手动进

行质量含水量的测定，在田间至少需要两倍的时间，之后在室内进行数据的数字化仍将花费大量时间。通过剪切应力记录仪和剪应力数采仪获得的数据精度相当，并且目前正在对剪切记录仪的数据质量和操作细节进行更清晰的评估。

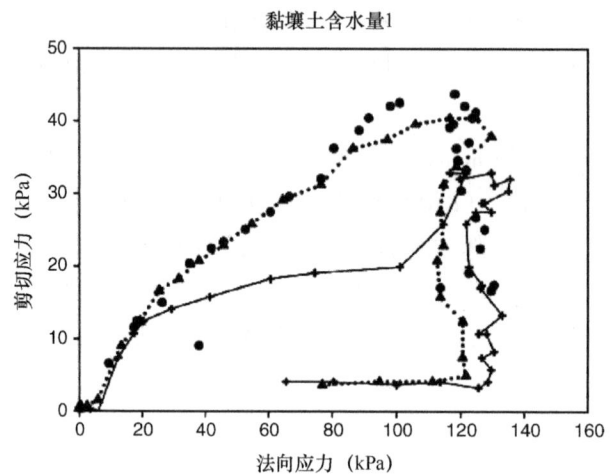

图 60.6　含水量较低的黏壤土剪切测定过程中法向-剪切应力路径

注意：为了实现最大法向应力达到 120 kPa，试验重复进行了三次。实线数据表明峰值和极限剪切过程均发生。注意发生在 120 kPa 后的"不稳定"路径表明随着剪切应力的增加很难使法向应力保持恒定。

参 考 文 献

Adams, B.A., St-Amour, G., and Topp, G.C. 2000. Evaluation of a piezoelectric load cell for use on cone penetrometers. *J. Agr. Eng. Res.* 76: 205-210.

American Society of Agricultural Engineers (ASAE) Standards. 1999. Soil cone penetrometer. In *Agricultural Engineering Yearbook*. ASAE Standard: ASAE 313.3 February 1999. American Society of Agricultural Engineers, St. Joseph, MI, 832-833.

Ayers, P.D. 1987. Utilizing the torsional shear test to determine soil strength-properties relationships. *Soil Till. Res.* 10: 373-380.

Barley, K.P., Farrell, D.A., and Greacen, E.L. 1965. The influence of soil strength on the penetration of a loam by plant roots. *Aust. J. Soil Res.* 3: 69-79.

Bengough, A.G., Campbell, D.J., and O'Sullivan, M.F. 2001. Penetrometer techniques in relation to soil compaction and root growth. In: Smith, K.A. and Mullins, C.E., Eds. *Soil and Environmental Analysis: Physical Methods*, 2nd ed., Marcel Dekker, New York, NY, 377-403.

Busscher, W.J., Bauer, P.J., Camp, C.R., and Sojka, R.E. 1997. Correction of cone index for soil water content differences in a coastal plain soil. *Soil Till. Res.* 43: 205-217.

Cockcroft, B., Barley, K.P., and Greacen, E.L. 1969. The penetration of clays by fine probes and root tips. *Aust. J. Soil Res.* 7: 333-348.

Cohron, G.T. 1963. Soil sheargraph. *Agr. Eng.* 44: 554-556.

Dexter, A.R. and Watts, C.W. 2001. Tensile strength and friability. In: Smith, K.A. and Mullins, C.E., eds. *Soil and Environmental Analysis: Physical Methods*, 2nd ed., Marcel Dekker, New York, NY, 405-433.

Farrell, D.A. and Greacen, E.L. 1966. Resistance to penetration of fine probes in compressible soil. *Aust. J. Soil Res.* 4: 1-17.

Fredlund, D.G. and Vanapalli, S.K. 2002. 2.7 Shear strength of unsaturated soils. In: Dane, J.H. and Topp, G.C., eds. *Methods of Soil Analysis, Part 4—Physical Methods*, Soil Science Society of America, Madison, WI, 329-361.

Freitag, D.R. 1968. Penetration tests for soil measurements. *Trans. Am. Soc. Agr. Eng.* 11: 750-753.

Grant, C.D., Kay, B.D., Groenevelt, P.H., Kidd, G.E., and Thurtell, G.W. 1985. Spectral analysis of micropenetrometer data to characterize soil structure. *Can. J. Soil Sci.* 65: 789-804.

Hummel, J.W., Ahmad, I.S., Newman, S.C., Sudduth, K.A., and Drummond, S.T. 2004. Simultaneous soil moisture and cone index measurement. *Trans. ASAE* 47: 607-618.

Jamieson, J.R., Morris, R.J., and Mullins, C.E. 1988. Effect of subsoiling on physical properties and crop growth on a sandy soil with a naturally compact subsoil. In Proceedings 11th Int. Conf. Int. Soil Till. Res. Org., Vol. 2, ISTRO, Edinburgh, Scotland, UK, 499-503.

Kirby, J.M. and Ayers, P.D. 1993. Cohron sheargraph data: interpretation using critical state soil mechanics. *Soil Till. Res.* 26: 211-225.

Lapen, D.R., Topp, G.C., Gregorich, E.G., and Curnoe, W.E. 2004. Combination cone penetrometer- water content instrumentation to evaluate cone penetration-water content relationships in tillage research. *Soil Till. Res.* 79: 51-62.

Lapen, D.R., Topp, G.C., Hayhoe, H.N., Gregorich, E.G., and Curnoe, W.E. 2001. Stochastic simulation of soil strength compaction and assessment of corn yield risk using threshold probability patterns. *Geoderma* 104: 325-343.

Lloyd, J.E. and Collis-George, N. 1982. A torsional shear box for determining the shear strength of agricultural soils. *Aust. J. Soil Res.* 20: 203-211.

Lowery, B. and Morrison, J.E., Jr. 2002. Soil penetrometers and penetrability. In: Dane, J.H. and Topp, G.C., eds. *Method of Soil Analysis, Part 4—Physical Methods*, Soil Science Society of America, Madison, WI, 363-388.

Morrison, J.E., Jr., Lowery, B., and Hart, G.L. 2000. Soil penetrometer for sensing soil water content as in soil characterization for sitespecific farming. In: Proc. Agrophysical and Ecological Problems of Agriculture in the 21st Century. Vol. 2, 2000. International Soil and Till. Research Organization, St. Petersburg, Russia, 121-129.

Motavelli, P.P., Anderson, S.H., Pengthamkeerati, P., and Gantzer, C.J. 2003. Use of soil cone penetrometers to detect the effects of compaction and organic amendments in claypan soils. *Soil Till. Res.* 74: 103-114.

New Zealand Geotechnical Society, Inc. 2001. Test method for determining the vane shear strength of a cohesive soil using a hand held shear vane, 5. www.nzgeotechsoc.org.nz=Shear %20Vane%20 Test%20Method %20_Final_.pdf. （verified April 2006）.

O'Sullivan, M.F., Dickson, J.W., and Campbell, D.J. 1987. Interpretation and presentation of cone resistance data in tillage and traffic studies. *J. Soil Sci.* 38: 137-148.

Perfect, E., Groenevelt, P.H., Kay, B.D., and Grant, C.D. 1990. Spatial variability of soil penetrometer measurement at the mesoscopic scale. *Soil Till. Res.* 16: 267-271.

Starr, G.C., Lowery, B., and Cooley, E.T. 2000. Soil water content determination using a network analyzer and coaxial probe. *Soil Sci. Soc. Am. J.* 64: 867-872.

Sun, Y., Lammers, P.S., and Ma, D. 2004. Evaluation of a combined penetrometer for simultaneous measurement of penetration resistance and soil water content. *J. Plant Nutr. Soil Sci.* 167: 745-751.

Topp, G.C., Lapen, D.R., Edwards, M.J., and Young, G.D. 2003. Laboratory calibration, in-field validation and use of a soil penetrometer measuring cone resistance and water content. *Vadose Zone J.* 2: 633-641.

Vesic, A.S. 1972. Expansion of cavities in infinite soil mass. *J. Soil Mech. Found. Div., ASCE* 98: 265-290.

Waldron, L.J. and Constantin, G.K. 1970. Soil resistance to a slowly moving penetrometer. *Soil Sci.* 109: 221-226.

Young, G.D., Adams, B.A., and Topp, G.C. 2000. A portable data collection system for simultaneous cone penetrometer force and volumetric soil water content measurements. *Can. J. Soil Sci.* 80: 23-31.

（张文璨，高伟达 译，任图生 校）

第61章 透气性

C.D. Grant

University of Adelaide
Glen Osmond, South Australia, Australia

P.H. Groenevelt

University of Guelph
Guelph, Ontario, Canada

61.1 引　　言

土壤（和其他多孔介质）透气性是指在一定的总压力梯度下控制土壤空气对流的系数，用 k_a 表示。气体在土壤中的传输理论以达西定律为基础，即多孔介质中流体的流速与压力差成正比，与介质长度成反比。这一理论已被证明普遍适用于均质和非均质材料（Maasland 和 Kirkham，1955；Corey，1986）。需要注意的是，大孔隙和宽裂缝对透气性贡献最大，因为空气通过单个孔隙的容积流量与孔隙半径的四次方成正比。透气率 k_a（m^2），也叫作固有透气率（Reeve，1953），可以基于土壤气体为等温的、非紊流的黏性气体流假设，利用达西定律（流体的层流运动）推导得到（Kirkham，1946）。

在 20 世纪初期，透气性已经被用来描述、定义和表征土壤孔隙的结构分布和连续性（Green 和 Ampt，1911；Buehrer，1932；Moldrup 等，2001）。透气性对土壤结构的差异十分敏感（Corey，1986；Moldrup 等，2003），已被广泛应用于表征不同土壤管理措施对土壤结构变化的影响研究（Ball，1981；Groenevelt 等，1984；Ball 等，1988；Fish 和 Koppi，1994；Poulsen 等，2001），也被用于预测其他重要的土壤物理性质，如饱和导水率（Loll 和 Moldrup，1999；Iversen 等，2004）。

田间（与实验室相对）透气性测定是一项必要的技术特长（Van Groenewoud，1968；Green 和 Fordham，1975）。由于土壤表层结构通常具有非均质性特征，透气性的变异性很大且分布不规律（McIntyre 和 Tanner，1959），导致田间数据不容易解释（Janse 和 Bolt，1960）。近期已有大量工作研究解决田间测定的相关问题，使得田间测定越来越有用（Davis 等，1994；Fish 和 Koppi，1994；Iversen 等，2001，2003；Jalbert 和 Dane，2003）。不过许多科学家选择在实验室进行透气性测定，因为尺度和几何变量在室内条件下更容易定义（Iversen 等，2000；Tartakovsky 等，2000）。室内实验也可以测定宽范围的土壤水分基质势，获取更详细的土壤孔隙网络概况（Buehrer，1932；Moldrup 等，2003）。

室内土壤透气性测定有多种方法（Corey，1986；Ball 和 Schjønning，2002），本章讨论两种主要方法，恒压梯度法（测定空气流量）和恒定通量法（测定压力）。每种方法各有优势，读者可以根据具备的测定条件进行选择。本章只考虑稳态条件下的透气性测定，对于可能出现瞬变流的高度不透水样品，透气性的计算更加复杂，感兴趣的读者可以参考 Groenevelt 和 Lemoine（1987）提供的解决方案。

61.2 恒压梯度法

恒压梯度法测定透气性涉及多个变量（如 Grover，1955；Ball 等，1981；Groenevelt 等，1984）。该方法测定过程如下：将固定体积（如圆柱形土柱）的土壤样品放置在大量恒压（高于大气压）空气中，测定通过土柱的空气体积随时间的变化。在较低气压（如 <0.2m 水柱）下，土壤空气的固有透气

率 k_a（m^2）可以通过下式计算：

$$\frac{Q}{A} = k_a \frac{\rho_w g}{\eta} \frac{\Delta h}{L} \tag{61.1}$$

式中，Q 表示在土柱高压端（气流入口）每单位时间进入土柱的空气体积（$m^3\,s^{-1}$），A 为与气流方向垂直的土柱横截面积（m^2），L 为土柱长度（m），$\Delta h = h_i - h_a$ 表示在大气压力下土柱进气侧 i 和出气侧 a 的空气压力差（m），$h_i = P_i/\rho_w g$ 表示进气侧压力（m），$h_a = P_a/\rho_w g$ 表示出气侧压力（m），ρ_w 为水的密度（$kg\,m^{-3}$），g 为重力加速度常数（$m\,s^{-2}$），η 为空气黏滞性系数（$kg\,m^{-1}\,s^{-1}$）。

61.2.1 材料

Tanner 和 Wengel（1957）给出了恒压梯度法的设备示意图，实际应用可能有许多变动。本章仅介绍仪器配置的基本要素，如图 61.1 所示。

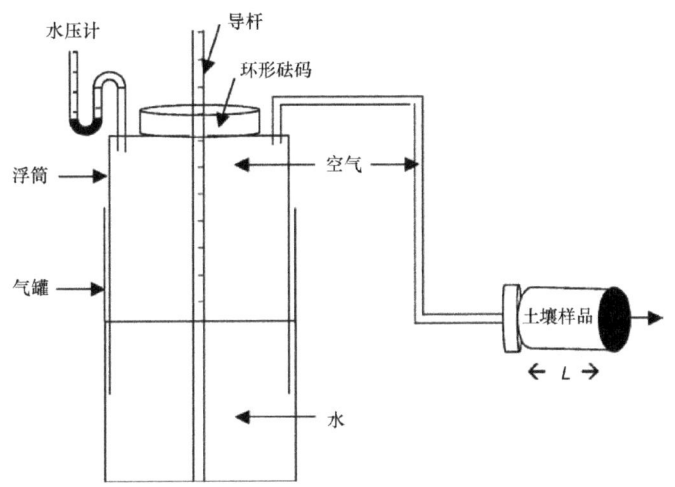

图 61.1　恒压梯度法测定透气率的设备

（1）大容积空气罐：体积至少为 20L 或样品体积的 200 倍，由不锈钢或其他刚性材料制成；空气罐下方部分加水，使浮筒与水之间隔有空气。

（2）浮筒：由不锈钢或其他刚性材料制成。

（3）导杆：提前用水校正单位体积（m^3）空气流量在导杆上产生的高度变化（mm^{-1}）；确保浮筒能够均匀地浸入空气罐中的蓄水池，并作为量尺测定从气罐流入土柱的空气体积。

（4）环形砝码：增加空气罐中的压力；穿过导杆放置在浮筒上方。

（5）压力计：常规水压计即可。

（6）土壤样品：利用取样器（硬质环状容器）采集的原状土柱，并在特定的土壤水基质势下达到平衡，固定在置样器上。

（7）置样器：根据可利用的材料，可以设计成复杂或简单的装置。最简单的结构包括一小段与土柱容器外径相同的空圆环，将一个橡胶塞和空气导管安装到空圆环的一端，另一端用一条保鲜膜与土柱容器固定。（当然可以考虑更多复杂的设计。我们通常使用一个特殊构造的铜环，其直径恰好容纳一个紧密包裹土柱容器的橡胶 O 形环，避免了重复切割和拉伸多条保鲜膜）。

61.2.2 步骤

（1）用裁剪好的保鲜膜将土柱固定在置样器上，或直接将土柱装入带有橡胶 O 形环的特制铜环内以确保良好的密封性。将置样器连接到实验室铁架台上，并放入水中，使土柱与置样器的接合处完全浸没

（检查是否漏气），土柱气体流出端置于大气中。

（2）浮筒自由下落，或利用环形砝码施压以产生维持实验的更高压力。

（3）实时监测导杆，当浮筒下降速率变为常数（稳定状态）时，选择两个读数计算在测定的恒压差下流经样品的空气通量。

（4）用公式（61.1）计算固有透气率。

61.2.3 注释

对于高渗透性样品这个方法是理想化的。两个原因：一是很难维持流量不变，二要避免在样品中形成高气压（如湿润的、高渗透性土壤）。恒压梯度法中样品内部可以保持很小的气压梯度（如<3 m 空气 m^{-1} 土壤），以避免湍流，保证液相不被扰动。在日常工作中，通常会保持 0.05 m 长的样品内 0.14 m 的压力头差——提供 2.8 m m^{-1} 的压力头梯度。

浮筒下降时封闭出气口可以检查空气泄漏。如果系统没有漏气，浮罐应该会停止下沉。浮罐法的一种替代方法是直接用流量计测定通量，可以省去校准的步骤（Green 和 Fordham，1975）。

61.3 恒定通量法

恒定通量法是施加恒定通量的气体使其通过土壤样品，测定产生的气压差。根据实验室现有条件，可以很容易地确定施加空气通量的方法，例如，一个小圆筒和提供压缩空气的流量计就可以满足。另外一种方法是采用注射器，如图 61.2 所示，通过一个缓慢向前推进、由电机驱动的活塞逐渐压缩注射器的空气体积（V）。其他任何能够提供一个恒定的和容易测量的空气流量的设备均适用于恒定通量法。

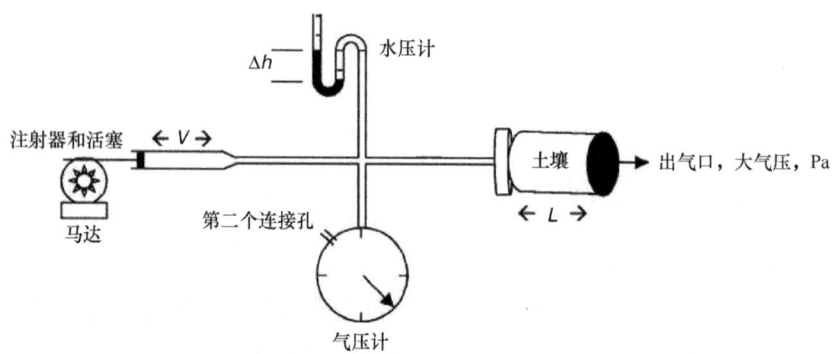

图 61.2 恒定通量法测定透气率的设备

稳态气流不一定出现，当出现时压力差会变得非常大（Δh >0.2 m 水柱）。对于较大 Δh 值，固有透气率 K_a 可以依据理想气体定律计算如下：

$$\frac{Q}{A} = k_a \frac{\rho_w g}{\eta} \frac{\Delta h}{L} \left[1 - \frac{\Delta h}{2h_i}\right] \tag{61.2}$$

式中，h_i 及常数 ρ_w，g 和 η 定义同式（61.1）。如果 Δh 没有超过 0.2 m 水柱，括号中的第二项接近零，则括号中的两项接近 1，可被忽略。在此情况下，式（61.2）转变为式（61.1）。

61.3.1 材料

装置安装示意图见图 61.2。

（1）注射器：体积（V）较大，从 35 cm^3 到 140 cm^3 都可以。注射器的内壁可涂抹凡士林防止空气泄漏。如果准备好了一系列不同大小的注射器，就可以很容易地改变空气流量。

（2）电机驱动活塞："活塞"仅是注射器的柱塞，放置在一个马达驱动的支架上，通过记录注射器每单位刻度排出水的质量，校准每个注射器和马达转速，然后按照马达转速设定排出的空气流量。Groenevelt 和 Lemoine（1987）及 Groenevelt 等（1984）使用了一个 Saga 355 型泵，但实验可以使用任何这样的机动传输仪器。

（3）压力计：水压计或差压表（Magnehelic 压力计，德维尔仪器仪表有限公司）即可。每个仪器的使用条件见操作步骤。

（4）土壤样品：与恒压梯度法样品相同，详见 61.2.1。

（5）采用小内径刚性连接管道，以尽量减小闭塞空气的体积。

61.3.2 步骤

（1）与恒压梯度法相同，将土柱固定在一个含有橡胶 O 形密封圈的坚固容器内，确保良好的密封性。然后将容器连接到铁架台上，并放入水中，使圆环与容器的接合处完全浸没（检查是否漏气），土柱气体流出端置于大气中。

（2）将注射器与土样连接，电机驱动泵设定为恒速。随注射器推进，在土柱中形成一个空气压差。这个压差可以利用图 61.2 中的 Magnehelic 压力计监测。实际装置的选择取决于土壤样品的渗透性。在采集数据之前，需要根据注射器大小和泵的设置对气体流量进行初始调整。当压差恒定，通过土柱的空气质量流量也变为恒量。

（3）当稳态流建立后，通过土柱的流量和其内部压力差均恒定，样品的固有透气率可使用式（61.2）计算。

（4）如果没有达到稳态气流条件，样品的固有透气率必须由瞬态流的观察结果计算。在这种情况下，需要使用水压计而不是 Magnehelic 压力计，因为 Magnehelic 压力计会慢慢抽出空气直到样品达到稳态条件。Groenevelt 和 Lemoine（1987）曾举例详细介绍了该情况下计算透气率的流程和数学工具，因此本节不再涉及。

61.3.3 注释

恒定通量法的主要优点有：仪器简单；在稳态流或瞬态流条件下，均可对透气率很低的样品进行测定。如上所述，瞬态气流下 k_a 的计算更加复杂，这里没有讨论——感兴趣的读者可查阅 Groenevelt 和 Lemoine（1987）或他们的文献。无论如何，使用恒定通量法必须仔细检查装置的密封性以减小仪器误差：密封装置的出气口，使其内部形成气压；关闭泵后监控气压，若装置气密性良好，气压应保持恒定。

参 考 文 献

Ball, B.C. 1981. Pore characteristics of soils from two cultivation experiments as shown by gas diffusivities and permeabilities and air-filled porosities. *J. Soil Sci.* 32: 483-498.

Ball, B.C., Harris, W., and Burford, J.R. 1981. A laboratory method to measure gas diffusion and flow in soil and other porous materials. *J. Soil Sci.* 32: 323-333.

Ball, B.C., O'Sullivan, M.F., and Hunter, R. 1988. Gas diffusion, fluid flow and derived pore continuity indices in relation to vehicle traffic and tillage. *J. Soil Sci.* 39: 327-339.

Ball, B.C. and Schjønning, P. 2002. Air permeability. In: J.H. Dane and G.C. Topp, eds. *Methods of Soil Analysis*, Part 4. Soil Science Society of America, Series 5. Madison WI, 1141-1158.

Buehrer, T.F. 1932. The movement of gases through the soil as a criterion of soil structure. *Ariz. Agric. Exp. Sta. Tech. Bull.* 39: 57.

Corey, A.T. 1986. Air permeability. In: A. Klute, ed. *Methods of Soil Analysis, Part 1-Physical and Mineralogical Methods*, 2nd ed. Monograph No. 9. American Society of Agronomy, Madison, WI, 1121-1136.

Davis, J.M., Wilson, J.L., and Phillips, F.M. 1994. A portable air-minipermeameter for rapid in situ field measurements. *Ground Water* 32: 258-266.

Fish, A.N. and Koppi, A.J. 1994. The use of a simple field air permeameter as a rapid indicator of functional soil pore space. *Geoderma* 63: 255-264.

Green, R.D. and Fordham, S.J. 1975. A field method for determining air permeability in soil. In: Soil Physical Conditions and Crop Production. Tech. Bull. 29. HMSO, London, 273-288.

Green, W.H. and Ampt, G.A. 1911. Studies on soil physics. Part 1. The flow of air and water through soils. *J. Agric. Sci.* 4: 1-24.

Groenevelt, P.H., Kay, B.D., and Grant, C.D. 1984. Physical assessment of a soil with respect to rooting potential. *Geoderma* 34: 101-114.

Groenevelt, P.H. and Lemoine, G.G. 1987. On the measurement of air permeability. *Neth. J. Agric. Sci.* 35: 385-394.

Grover, B.L. 1955. Simplified air permeameters for soil in place. *Soil Sci. Soc. Am. Proc.* 19: 414-418.

Iversen, B.V., Moldrup, P., and Loll, P. 2004. Runoff modelling at two field slopes: use of *in situ* measurements of air permeability to characterize spatial variability of saturated hydraulic conductivity. *Hydrol. Process.* 18: 1009-1026.

Iversen, B.V., Moldrup, P., Schjønning, P., and Jacobsen, O.H. 2003. Field application of a portable air permeameter to characterize spatial variability in air and water permeability. *Vadose Zone J.* 2: 618-626.

Iversen, B.V., Moldrup, P., Schjønning, P., and Loll, P. 2001. Air and water permeability in differently textured soils at two measurement scales. *Soil Sci.* 166: 643-659.

Iversen, B.V., Schjønning, P., Poulsen, T.G., and Moldrup, P. 2000. *In situ*, on-site and laboratory measurements of soil air permeability: boundary conditions and measurement scale. *Soil Sci.* 166: 97-106.

Jalbert, M. and Dane, J.H. 2003. A handheld device for intrusive and nonintrusive field measurements of air permeability. *Vadose Zone J.* 2: 611-617.

Janse, A.R.P. and Bolt, G.H. 1960. The determination of the air-permeability of soils. *Neth. J. Agric. Sci.* 8: 124-131.

Kirkham, D. 1946. Field method for determination of air permeability of soil in its undisturbed state. *Soil Sci. Soc. Am. Proc.* 11: 93-99.

Loll, P. and Moldrup, P. 1999. Predicting saturated hydraulic conductivity from air permeability: application in stochastic water infiltration modelling. *Water Res.* 35: 2387-2400.

Maasland, M. and Kirkham, D. 1955. Theory and measurement of anisotropic air permeability in soil. *Soil Sci. Soc. Am. Proc.* 19: 395-400.

McIntyre, D.S. and Tanner, C.B. 1959. Anormally distributed soil physical measurements and nonparametric statistics. *Soil Sci.* 88: 133-137.

Moldrup, P., Olesen, T., Komatsum, T., Schjønning, P., and Rolston, D.E. 2001. Tortuosity, diffusivity, and permeability in the soil liquid and gaseous phases. *Soil Sci. Soc. Am. J.* 65: 613-623.

Moldrup, P., Yoshikawa, S., Olesen, T., Komatsum, T., and Rolston, D.E. 2003. Air permeability in undisturbed volcanic ash soils:

predictive model test and soil structure fingerprint. *Soil Sci. Soc. Am. J.* 67: 32-40.

Poulsen, T.G., Iversen, B.V., Yamaguchi, T., Moldrup, P., and Schjønning, P. 2001. Spatial and temporal dynamics of air permeability in a constructed field. *Soil Sci.* 166: 153-162.

Reeve, R.C. 1953. A method for determining the stability of soil structure based upon air and water permeability measurements. *Soil Sci. Soc. Am. Proc.* 17: 324-329.

Tanner, C.B. and Wengel, R.W. 1957. An air permeameter for field and laboratory use. *Soil Sci. Soc. Am. Proc.* 21: 663-664.

Tartakovsky, D.M., Moulton, J.D., and Zlotnik, V.A. 2000. Kinematic structure of mini-permeameter flow. *Water Res.* 36: 2433-2442.

van Groenewoud, H. 1968. Methods and apparatus for measuring air permeability of the soil. *Soil Sci.* 106: 275-279.

（苏志慧　王雅婧　译，任图生　校）

第62章 团聚体的水稳性

Denis A. Angers

Agriculture and Agri-Food Canada

Quebec, Quebec, Canada

M.S. Bullock

Holly Hybrids

Sheridan, Wyoming, United States

G.R. Mehuys

McGill University

Sainte Anne de Bellevue, Quebec, Canada

62.1 引言

团聚体是一组比周围土壤颗粒相互黏结更紧密的初级颗粒形成的集合体（Kemper 和 Rosenau，1986）。团聚体的稳定性是指团聚体内部的黏接抵抗冲击、剪切和磨损等外力和由内部残留的压缩气体排出（崩解）及各类膨胀造成的内力，防止其分散或破坏的能力。随着测定方法的发展，团聚体稳定性已经用作一项反映土壤抵抗水蚀、表层气闭或结皮形成，以及导致入渗和下层土壤透气性下降的土壤压实的指标，也是一项常用的土壤质量指标（Doran 和 Parkin，1994；Le Bissonnais 和 Arrourays，1996；Larney 等，1996）。已经发明的测定团聚体稳定性的方法多种多样（Yoder，1936；Hénin 等，1958；Kemper 和 Rosenau，1986；Le Bissonnais，1996；Marquez 等，2004）。Nimmo 和 Perkins（2002）讨论了对广泛使用的标准方法的一些变化或修改。

稳定性的测定通常在土块、大团聚体（>250 μm）或黏粒及粉粒尺度进行。在宏观尺度上，通过湿筛将团聚体或土块暴露在破坏力之中。保留在某一级或数级筛子上的团聚体代表稳定的团聚体。在黏粒或粉粒尺度，测定方法通常包括用比浊法或密度测定法（如吸管法）测定团聚体在破坏力作用下分散形成的悬浊液。

本章主要描述了测定大团聚体稳定性（水稳性）的方法（62.3 节）、水稳性团聚体的粒级分布（62.4 节），以及一项综合测定湿团团聚体稳定性和浊度的方法（62.5 节）。

62.2 田间采样、储存和预处理的注意事项

为了保证测定结果的准确性和精度，土样采集、储存和预处理过程与湿筛法本身的测定过程同样重要。由于土壤团聚体稳定性受季节性气候条件（干湿交替、冻融交替）、耕作、种植制度和土壤改良的影响（Angers 和 Mehuys，1988；Caron 等，1992a；Sun 等，1995），采样应该考虑其动态特性。通常采集表层土壤样品，但采样深度可以依据研究目的而不同。一般用方头铁铲或大直径（>5 cm）的套筒取芯装置采集土样。需要注意，被车轮、铁铲、套筒等压实的区域不能采样，也不能采集被取样工具剪切过的土壤。与风干土壤相比，湿润土壤对采样和预筛过程的外力破坏更加敏感（Kemper 等，

1987）。采样时需要测定土壤含水量。Caron 等（1992b）建议，如果土壤含水量（作为协变量）在各采样时间存在较大差异，应进行协方差统计分析。田间湿润土经风干后，团聚体稳定性会增加（Kemper 等，1987；Bullock 等，1988）。风干土壤样品的稳定性随着保存时间延长而增加，因此，应该尽快分析土样，如果可能应当在采样两周内完成分析（Kemper 和 Rosenau，1984，1986）。应该用手轻轻地将田间湿润团聚体破碎，以便过 8 mm 或 6 mm 筛，进行整土的多筛分析，或通过指定尺寸的筛子，进行特定粒级的单筛分析（1~4 mm）。样品最好置于硬质塑料容器中，在 4℃下保存，以减少微生物活动和水分损失，并避免储存过程团聚体的压缩。用于单筛分析的田间样品应尽快在空气流通良好的地方轻轻摊开风干，保证土壤在 24 h 内风干。通常不建议烘干（Kemper 和 Rosenau，1986；Kemper 等，1987）。

62.3 湿团聚体的稳定性

团聚体稳定性通过测定给定粒级（通常为 1~2 mm）的团聚体所占的比例来确定，这些团聚体在破碎力的影响下未破解成比预选粒径更小的团聚体（通常为 250 μm）。Kemper 和 Rosenau（1986）采用的方法被认为是标准方法（Nimmo 和 Perkins，2002）。该方法包含了常规的湿筛法，并利用常见的多筛粒级分布方法进行了验证（Kemper 和 Koch，1966），具有测定快速、结果一致性好等优点。以下是 Kemper 和 Rosenau（1986）拟定的标准方法。

62.3.1 设备

（1）湿筛装置和 250 μm 筛（Kemper 和 Rosenau，1986；Nimmo 和 Perkins，2002）。
（2）改进的喷雾器（商用加湿器），用来蒸汽润湿 250 μm 筛中的土样（Kemper 和 Rosenau，1986）。
（3）超声波探头或六偏磷酸钠溶液（0.5%，w/v）。
（4）铝盒。

62.3.2 步骤

（1）称取 1~2 mm 团聚体样品，于 105℃烘干，计算质量含水量（$g\,g^{-1}$），作为参考值。如果需要，计算烘干土重。
（2）若在湿筛过程中对团聚体质量含水量（$g\,g^{-1}$）有特定要求，计算湿团聚体和筛子去皮后的质量。
（3）称取 4 g 重的 1~2 mm 团聚体，放置在去皮重并标号的筛子中。
（4）为了用蒸汽气流缓慢润湿团聚体，将筛子置于加湿器的槽上，并连续检查直至湿润的团聚体加上去皮后的筛子重量达到上述预期值。也可以使用其他湿筛方法（62.6 节）。
（5）用低电解水（<0.01 dS m^{-1}）装满去皮重并标号的铝盒，置于筛子下方的筛分装置上。
（6）将筛子没入水面以下，开始按固定时间筛分（通常为 3~5 min）。筛子上下移动 3.7 cm，29 次/min，共进行 10 min。也可以设置其他筛分参数。
（7）停止筛分设备，并将筛子升出水面。
（8）将<250 μm 的不稳定团聚体转移进铝盒，在 105℃下烘干。
（9）用低电解水（<0.01 dS m^{-1}）装满另一套去皮重并标号的铝盒中。
（10）从筛分装置上移走筛子，并分别放进铝盒中。
（11）用超声波探头，将保留在筛子上的土壤颗粒分散，并转移进铝盒内。移开含有>250 μm 稳定团聚体的铝盒，并置于 105℃烘干。也可以用 62.4.2 节描述的方法使用六偏磷酸钠分散团聚体。
（12）取出烘干铝盒，得到稳定团聚体（w_1）和不稳定团聚体（w_2）的净重，并计算湿团聚体稳定

性的百分数（%WAS），如

$$\%\text{WAS} = \frac{100w_1}{w_1 + w_2} \tag{62.1}$$

62.3.3 注释

可以同时做两个重复，以明确样品间的变异性。

有学者用 1~4 mm 团聚体粒级的组分来代替 1~2 mm 团聚体组分（Bullock 等，1988；Lehrsch，1998）。

调整筛子的高度，确保在筛分过程中，装置上行时团聚体能够完全浸入水中，或者装置下行时团聚体能刚好没入水面以下。下行过程会对团聚体造成额外的破坏，例如，水对团聚体的摩擦。建议使用统一的方法将团聚体有效地拿出水面或将其浸没在水中。

62.4 水稳性团聚体的粒级分布

本方法考虑了完整的土壤粒级组分，通过湿筛测定团聚体的粒级分布。对于大多数土壤，较粗的初级颗粒需要进行校正。

62.4.1 材料、设备及试剂

（1）湿筛设备与 Bourget 和 Kemp（1957）或 Kemper 和 Rosenau（1986）的描述近似，用孔径分别为 4.0 mm、2.0 mm、1.0 mm、0.5 mm 和 0.25 mm 的套筛。

（2）250 mL 锥形烧瓶。

（3）六偏磷酸钠溶液（0.5%，w/v）或超声波探头。

62.4.2 步骤

（1）称量 40 g 过 8 mm 筛的土壤样品（w_1）（见 62.2 节）。根据研究目的选择风干土或田间湿土（见 62.6 节）。

（2）将土样均匀地置于套筛顶端。

（3）将筛子放在湿筛装置上。

（4）降低筛子使其浸入水中，直至筛子顶部与水面齐高。土样在毛细管作用下润湿 10 min。也可以使用其他润湿方法（见 62.6 节）。

（5）启动马达，使套筛上下移动 3.7 cm，29 次/min，进行 10 min。也可以使用其他参数。同 62.3.3 节的方法，调节套筛高度，使筛分过程中装置上行时团聚体能完全浸入水中，或者装置下行时团聚体刚好被水面淹没。建议采用统一的方法。

（6）升起筛子，将各级筛子上保留的稳定团聚体冲洗进去皮的锥形瓶中。

（7）在 105℃下烘干各粒级团聚体，并称重（w_{2i}）。

（8）每个锥形瓶中加入约 50 mL 六偏磷酸钠溶液，振荡 45 min。也可以按照 62.3.2 节描述的方法，使用超声波探头分散稳定团聚体。

（9）将分散后的团聚体各个组分冲洗进相同孔径的筛子，作为团聚体粒级组分的下限。将保留在每级筛子上的粗颗粒进行校正，转移进去皮重的锥形瓶，于 105℃烘干，并称重（w_{3i}）。

（10）称取少部分土样，测定质量含水量（wc），用 g g^{-1} 表示。

62.4.3 计算

水稳性团聚体在各粒级组分中所占的比例（WSA_i）可以用公式 62.2 计算：

$$WSA_i = \frac{w_{2i} - w_{3i}}{\dfrac{w_1}{1+wc} \sum_{i=1}^{n} w_{3i}} \tag{62.2}$$

这里，$i = 1, 2, 3, \cdots, n$，对应每一粒级组分。

如果需要单一指标来表示粒级分布，则可以进行计算。使用最广泛的是平均质量直径（mean weight diameter，MWD）：

$$MWD = \sum_{i=1}^{n} x_i WSA_i \tag{62.3}$$

这里，$i = 1, 2, 3, \cdots, n$，对应每一个选择的粒级，包括了过最细筛的组分，x_i 是各粒级组分的平均直径（筛孔平均尺寸），WSA_i 的定义见公式 62.2。

由于团聚体的粒级分布大致呈对数正态分布，而非正态分布（Gardner，1956），因此也可以使用几何平均质量直径（geometric mean weight diameter，GMWD）（Kemper 和 Rosenau，1986）。Baldock 和 Kay（1987）用幂函数描述粒级分布，提出可以将幂常数作为团聚体粒级分布的指标。Perfect 和 Kay（1991）提出用分形理论描述土壤团聚体粒级的分布。有研究试图通过给每个团聚体粒级范围设定权重值，以分析适合农业的团聚体（Dobrzanski 等，1975；MacRae 和 Mehuys，1987）。假定大小在 1~5 mm 间的团聚体是理想级别，则分别给 8~4 mm、4~2 mm、2~1 mm、1~0.25 mm 和 <0.25 mm 的团聚体粒级组分设定权重为 3、8.5、9.5、4 和 0（MacRae 和 Mehuys，1987）。

62.4.4 注释

筛分工作的最大误差来自样品的准备。无论是风干样品或田间湿润土样，都应尽可能少地扰动样品。为使分析可重复，必须取有代表性的子样品。将土样堆成圆锥体，用一个大抹刀将圆锥体分为四份。从每两个四分之一样品中称取一份 40 g 的子样品，共两份。一份子样品用于测定团聚体粒级分布，另一份用于测定样品的含水量。

通常使用过 8 mm 筛的团聚体进行团聚体粒级分析，也可以使用过 6 mm 筛的团聚体。后者可以从套筛中省略 4 mm 筛，从而略微减少工作量。

62.5 测定湿团聚体稳定性和浊度的综合方法

Pojasok 和 Kay（1990）提出了同时测定两种不同尺度土壤结构的方法。该方法结合了大团聚体（1~2 mm）稳定性和浊度的测定。62.5.1 节进行了简略地描述。读者可以参考原始文献获得更多细节。Williams 等（1966）和 Molope 等（1985）也描述了单独测定浊度的其他方法。

62.5.1 步骤

（1）田间湿润团聚体在压力下（0.1 kPa）润湿，在水中上下颠倒振荡 10 min。也可以使用其他润湿步骤（见 62.6 节）。

（2）样品过 250 μm 的筛。保留在筛子上的团聚体为水稳性团聚体，用 62.3 节方法进行进一步分析。

（3）在 Stokes 定律计算的深度下，用 620 nm 红外线波长测定滤液的透光率。如果需要，可以用悬浮黏粒百分比与透光率百分比关系的标准曲线，获得悬浮液中黏粒的数量。

62.5.2 注释

这个方法具有测定不同尺度土壤结构单元稳定性的优点，能够用较少的设备和空间实现样品的大批量分析。可以同时测定整土及不同粒径的团聚体。

62.6 一般性说明

测定给定粒级（如 1~2 mm）团聚体的水稳性比用套筛测定整土更加省时。但是对整土的分析能够获得更多的信息。例如，耕作、种植或有机改良等管理效果，往往只能在特定粒级的组分检测到。Angers 和 Mehuys（1988）发现，种植制度对 2~6 mm 粒级水稳性团聚体的数量有较大影响，而对 1~2 mm 粒级团聚体影响不大。然而，在其他研究中，这两个组分的测定结果相近（Kemper 和 Rosenau，1986）。尽管测定尺度完全不同，但浊度和大团聚体稳定性间具有相关性（Williams 等，1966；Molope 等，1985）。Molope 等（1985）的研究表明，浊度对管理措施较为敏感。

控制土壤团聚体水稳性的两个主要因素：(a) 团聚体的初始含水量；(b) 润湿过程。当接近风干的团聚体直接浸入水中时，崩解发生。一些研究认为，在研究灌溉、评估土壤稳定性的差异（Angers 等，1992）或研究土壤有机质活性时，团聚体崩解具有重要意义（Elliott，1986；Angers 和 Giroux，1996；Six 等，2004）。若想避免团聚体崩解，应使用水蒸气或细水雾，在真空或压力下，将风干团聚体润湿。Kemper 和 Rosenau（1986）对此进行了全面的讨论。也可以对田间湿润的团聚体进行分析。在此情况下，在最小的崩解下，用毛细作用润湿团聚体或直接浸润团聚体。不同含水量下样品团聚体稳定性的对比尚不明确（Alderfer，1946）。因此，可以在湿筛前将样品润湿到相近的含水量。除采样时的含水量，样品在润湿前的含水量及湿润速率也会对团聚体稳定性产生影响（Caron 等，1992b）。

前面提到，也有用其他方法来测定团聚体稳定性。这些方法大部分是本章所述方法的变异，差异包括湿筛前化学前处理以分析其黏合机制。例如，团聚体用高碘酸钠处理，氧化碳水化合物和有机质（Kemper 等，1987），或用焦磷酸钠打断阳离子键（Baldock 和 Kay，1987）。也可以用苯对团聚体预处理，从而形成疏水薄层（Hénin 等，1958）。Le Bissonnais（1996）提出一种综合方法，将乙醇预润湿（Hénin 等，1958）、慢速湿润、快速湿润和机械破坏相结合，以分离不同键合机制的作用。也有一些方法通过使用不同的团聚体破坏程度来判断其结构的稳定性（van Steenbergen 等，1991；Marquez 等，2004）。

样品采集、储存、预处理和湿筛过程中的差异会影响团聚体稳定性的分析结果。因此，建议在发表研究结果时详尽地描述团聚体稳定性分析的所有步骤。

致谢

感谢 Gary Lehrsch 博士在本章准备中给出的建设性建议和忠告。

参 考 文 献

Alderfer, R.B. 1946. Seasonal variability in the aggregation of Hagerstown silt loam. *Soil Sci.* 62: 151–169.

Angers, D.A. and Giroux, M. 1996. Recently-deposited organic matter in soil water-stable aggregates. *Soil Sci. Soc. Am. J.* 60: 1547–1551.

Angers, D.A. and Mehuys, G.R. 1988. Effects of cropping on macro-aggregation of a marine clay soil. *Can. J. Soil Sci.* 68: 723-732.

Angers, D.A., Pesant, A., and Vigneux, J. 1992. Early cropping-induced changes in soil aggregation, organic matter, and microbial biomass. *Soil Sci. Soc. Am. J.* 56: 115-119.

Baldock, J.A. and Kay, B.D. 1987. Influence of cropping history and chemical treatments on the water-stable aggregation of a silt loam soil. *Can. J. Soil Sci.* 67: 501-511.

Bourget, S.J. and Kemp, J.G. 1957. Wet sieving apparatus for stability analysis of soil aggregates. *Can. J. Soil Sci.* 37: 60.

Bullock, M.S., Kemper, W.D., and Nelson, S.D. 1988. Soil cohesion as affected by freezing, water content, time and tillage. *Soil Sci. Soc. Am. J.* 52: 770-776.

Caron, J., Kay, B.D., and Perfect, E. 1992a. Shortterm decrease in soil structural stability following bromegrass establishment on a clay loam soil. *Plant Soil* 145: 121-130.

Caron, J., Kay, B.D., Stone, J.A., and Kachanoski, R.G. 1992b. Modeling temporal changes in structural stability of a clay loam soil. *Soil Sci. Soc. Am. J.* 56: 1597-1604.

Dobrzanski, B., Witkowska, B., and Walczak, R. 1975. Soil-aggregation and water-stability index. *Polish J. Soil Sci.* 8: 3-8.

Doran, J.W. and Parkin, T.B. 1994. Defining and assessing soil quality. In J.W. Doran, D.C. Coleman, D.F. Bezdicek, and B.A. Stewart, eds. *Defining Soil Quality for a Sustainable Environment. SSSA Special Publications No. 35*, American Society of Agronomy, Madison, WI, 3-21.

Elliott, E.T. 1986. Aggregate structure and carbon, nitrogen, and phosphorus in native and cultivated soils. *Soil Sci. Soc. Am. J.* 50: 627-633.

Gardner, W.R. 1956. Representation of soil aggregate- size distribution by a logarithmic-normal distribution. *Soil Sci. Soc. Am. Proc.* 20: 151-153.

Hénin, S., Monnier, G., and Combeau, A. 1958. Méthode pour l'étude de la stabilité structural des sols. *Ann. Agron.* 9: 73-92.

Kemper, W.D. and Koch, E.J. 1966. Aggregate stability of soils fromwestern portions of the United States and Canada. USDA Tech. Bull. 1355. U.S.

Government Printing Office, Washington, DC. Kemper, W.D. and Rosenau, R.C. 1984. Soil cohesion as affected by time and water content. *Soil Sci. Soc. Am. J.* 48: 1001-1006.

Kemper, W.D. and Rosenau, R.C. 1986. Aggregate stability and size distribution. In: A. Klute, ed. *Methods of Soil Analysis, Part 1*, 2nd ed. American Society of Agronomy, Madison, WI, 425-442.

Kemper, W.D., Rosenau, R.C., and Dexter, A.R. 1987. Cohesion development in disrupted soils as affected by clay and organic matter content and temperature. *Soil Sci. Soc. Am. J.* 51: 860-867.

Larney, F.J., Janzen, H.H., Olson, B.M., Bullock, M.S., and Selinger, L.J. 1996. Aggregate stability: A soil quality indicator for southern Alberta soils. In Proc. 33rd Annual Alberta Soil Science Workshop, February 20-22, 1996, Edmonton, AB, Canada, 262-267.

Le Bissonnais, Y. 1996. Aggregate stability and assessment of soil crustability and erodibility: I. Theory and methodology. *J. Soil Sci.* 47: 425-437.

Le Bissonnais, Y. and Arrourays, D. 1996. Aggregate stability and assessment of soil crustability and erodibility: II. Application to humic loamy soils with various organic carbon contents. *J. Soil Sci.* 48: 39-48.

Lehrsch, G.A. 1998. Freeze-thaw cycles increase near-surface aggregate stability. *Soil Sci.* 163: 63-70.

MacRae, R.J. and Mehuys, G.R. 1987. Effects of green manuring in rotation with corn on physical properties of two Québec soils. *Biol. Agric. Hortic.* 4: 257-270.

Marquez, C.O., Garcia, V.P., Cambardella, C.A., Schultz, R.C., and Isenhart, T.M. 2004. Aggregate-size stability distribution and soil stability. *Soil Sci. Soc. Am. J.* 68: 725-735.

Molope, M.B., Page, E.R., and Grieve, I.C. 1985. A comparison of soil aggregate stability tests using soils with contrasting cultivation histories. *Commun. Soil Sci. Plant Anal.* 16: 315-322.

Nimmo, J.R. and Perkins, K.S. 2002. Aggregate stability and size distribution. In: J.H. Dane and G.C. Topp, eds. *Methods of Soil Analysis, Part 4—Physical Methods.* Soil Science Society of America, Madison, WI, 317-328.

Perfect, E. and Kay, B.D. 1991. Fractal theory applied to soil aggregation. *Soil Sci. Soc. Am. J.* 55: 1552-1558.

Pojasok, T. and Kay, B.D. 1990. Assessment of a combination of wet sieving and turbidimetry to characterize the structural stability of moist aggregates. *Can. J. Soil Sci.* 70: 33-42.

Six, J., Bossuyt, H., Degryze, S., and Denef, K. 2004. A history of research on the link between（micro）aggregates, soil biota, and soil organic matter dynamics. *Soil Till. Res.* 79: 7-31.

Sun, H., Larney, F.J., and Bullock, M.S. 1995. Soil amendments and water-stable aggregation of a desurfaced Dark Brown Chernozem. *Can. J. Soil Sci.* 75: 319-325.

Van Steenbergen, M., Cambardella, C.A., Elliott, E.T., and Merckx, R. 1991. Two simple indexes for distributions of soil components among size classes. *Agric. Ecosyst. Environ.* 34: 335-340.

Williams, B.G., Greenland, D.J., Lindstrom, G.R., and Quirk, J.P. 1966. Techniques for the determination of the stability of soil aggregates. *Soil Sci.* 101: 157-163.

Yoder, R.A. 1936. A direct method of aggregate analysis of soils and a study of the physical nature of erosion losses. *J. Am. Soc. Agron.* 28: 337-351.

（赵龙华　王雅婧　译，任图生　校）

第63章 干团聚体的粒级分布

F.J. Larney

Agriculture and Agri-Food Canada
Lethbridge, Alberta, Canada

63.1 引 言

在物理和生物过程作用下，黏粒含量>15%的土壤容易形成团聚体等结构单元（Horn 和 Baumgartl, 2000）。Kay 和 Angers（2000）从本质上区分了团聚体、土壤结构体和土块。土壤结构体是自然形成的。当土壤结构呈颗粒状时，团聚体和土壤结构体经常通用。土块指直径>100 mm 的团聚体。

尽管由机械能导致的破碎土壤结构单元也被广泛称为团聚体，Díaz-Zorita 等（2002）认为团聚体应仅限于在内聚力、有机黏合、无机胶结，以及根系和真菌菌丝影响等"建造"过程中形成的单元。他们认为，应该使用碎片来定义经过如耕作、冻融交替、崩解及分散等"破碎"过程形式的单元。然而，他们也意识到，当土壤表面同时出现团聚体和碎片时，表明发生了相反的土壤过程（形成与破碎），二者通常都笼统地用来描述土壤结构。

耕作土壤表层的团聚体粒级分布（Aggregate size distribution, ASD）受管理措施和气象因素的影响。管理措施包括耕作强度、时间、准备苗床使用的工具（Larney 等，1988；Larney 和 Bullock，1994）、种植制度（Broersma 等 1997；Ball-Coehlo 等，2000）及施用有机肥（Whalen 和 Chang, 2002）等。气象因素包括降水形式（降雨或降雪），以及干湿交替、冻融交替和冻干交替的强度和数量（Bullock 等，1999）。ASD 能够影响出苗（例如，由于种子和土壤接触面较小，质地较粗或土块较多的苗床可能导致出苗减少或需要补苗）及空气、水和溶质的流动。ASD 也是控制土壤风蚀的主要因素（Zobeck，1991；Larney 等，1994；Merrill 等 1999）。由于大团聚体能够增加土壤表面的粗糙度、降低近地表的风速（Chepil, 1941），随着团聚体粒级的增大，土壤遭受风蚀的风险降低。ASD 分布也被作为指示牧场风蚀或放牧强度的指标（Warren 等，1986）。

区别本章中干团聚体的粒级分布（DASD）和第62章中湿团聚体的粒级分布（WASD）有重要意义。尽管两种方法都依靠筛分设备，但是对团聚体粒级分布数据结果的解释和应用不同。与干筛有关的干团聚体粒级分布的测定，通常对风干团聚体进行筛分，主要在耕作研究中评估苗床的结构或在风蚀研究中评价侵蚀风险。与此不同，WASD 或湿筛测定的是团聚体在水中的破坏和崩解情况。因此，WASD 被用来指示对水蚀、结皮形成、沉降或压实的敏感性（Nimmo 和 Perkins, 2002），或用来研究团聚过程和有机质转化的关系（Plante 等，2002）。

干筛法也被用来描述不同粒级团聚体中微生物群落的异质性（Schutter 和 Dick, 2002）、碳、氮、磷含量（Whalen 和 Chang, 2002）和磷的吸附（Wang 等，2001）。Nissen 和 Wander（2003）认为，与湿筛团聚体相比，干筛团聚体更适合用于耕地质量的研究，因为干筛团聚体与结构性土壤的苗床质量、土壤侵蚀和溶质运移有关（Perfect 等，1997）。另外，湿团聚体难以与原状土的功能相联系（Young 等，2001），而干团聚体与原状土壤水分的存储和移动及有机质的物理保护有关。Sainju 等（2003）基于以下原因选择干筛方法测定团聚体粒级分布，并认为其与 C、N 库相联系：(a) 与湿筛相比，干筛能够减少对微生物群落物理分布的破坏（Schutter 和 Dick，2002）；（b）干筛能够测定分离的团聚体中的水溶性 C 和 N 浓度（Beauchamp 和 Seech，1990）；（c）干筛分离的团聚体更接近田间无雨或无灌溉条件下的土壤自然状态。

Díaz-Zorita 等（2002）综合叙述了评价土壤结构的方法，包括干湿和湿筛法所分离的团聚体粒径分布的定量化指标。

63.2 干筛法

DASD 分析多采用旋转筛分的方法。通常用套筛获得保留在每一级筛子上土壤样品的质量百分比表示（Chepil，1942，1952，1962；Chepil 和 Bisal，1943；Lyles 等，1970）。也可以采用手动筛分，但费时，同时用力过度也可能导致团聚体磨蚀量增加。Ro-Tap 摇筛机是可替代的工作系统之一（W.S. Tyler, Mentor, Ohio）。该设备能够模仿手动的圆形螺旋运动，可以同时均匀地作用于 6 个直径为 200 mm 的平筛上。尽管 Hagen 等（1987）描述了只使用两个筛子的方法，但通常可以同时用 6～7 个筛子进行 DASD 分析。

干筛中后保留在每一级筛子上的团聚体百分数不太容易给出结论性解释，用途不大。人们最感兴趣的是用独立参数或指标来评价耕作处理或气象过程对干团聚体粒级分布的影响（Kemper 和 Chepil，1965；Kemper 和 Rosenau，1986）。团聚性最简单的指标是重量百分数，即大于或小于某些规定粒径的团聚体百分数。易侵蚀组分（Erodible fraction，EF）是指粒径<0.84 mm 的团聚体百分数，被广泛应用于风蚀研究中。通常认为，易侵蚀组分>60%的土壤遭受风蚀的可能性较大（Anderson 和 Wenhardt，1966）。Larney 等（1988）提出了土块比的概念，即粒径>9.4 mm 团聚体百分数与粒径<9.4 mm 团聚体百分数之比。土块比越高，说明苗床越粗糙。

易侵蚀组分或土块比这样的简单指标不能充分反映团聚体粒级分布的相关信息。van Bavel（1949）提出用各粒级团聚体的百分数所占的权重来反映土壤团聚性，即平均重量直径（Mean weight diameter，MWD）。Gardner（1956）提出几何平均直径（Geometric mean diameter，GMD）和几何标准偏差（Geometric standard deviation，GSD）能够表示团聚体粒径分布。Kemper 和 Rosenau（1986）证实了采用 GMD 符合 Gardner's（1956）关于大多数土壤 ASD 大致呈对数正态分布的理论。对于团聚体粒径的对数正态分布，Gardner（1956）将 GMD 定义为累积比例大于 0.5（50%）的团聚体的粒径。GMD 是一个通过计算得到的筛孔直径：50%的颗粒因过大而不能通过筛孔，另外 50%的颗粒恰好能通过该筛孔，也就是以质量为单位的团聚体粒径的中间值。GSD 定义为 84.13%的团聚体不能穿过的孔径与 50%的团聚体不能穿过的孔径之比的常用对数。GMD 和 GSD 提供了关于 ASD 的所有可能信息，具有统计学意义，并且能够进行定量的统计分析。因此，GMD 和 GSD 是美国农业部风蚀预报系统模型（Wind Erosion Prediction System，WEPS）中描述团聚体粒级分布的重要参数（Zobeck，1991；USDA-ARS，1996）。

过去用 GMD 和 GSD 描述 DASD 的主要问题是测定这些指标的工作量太大（Kemper 和 Rosenau，1986）。20 世纪 50 年代，GMD 和 GSD 的估算需要手工绘图，测定距离并拟合回归曲线。近来用统计软件进行对数分布的数值算法逐渐普及（Nimmo 和 Perkins，2002）。Leys 等（2005）设计了电脑程序，允许从统计学上进行曲线拟合，并对多峰的粒径分布进行复合群体的定量化分析。如果有足够粒级数（>5），该方法就能应用于 DASD 分析。

Larney 等（1994）对 Gardner's（1956）的方法进行了改进。他们用概率函数（SAS Institute Inc.，2005）转化得到 $\log_{10}$ 筛孔直径（y）与留在筛上颗粒的累积比例（x）的回归方程，在此基础上求得 GMD 和 GSD。Larney 等（1994）和 Bullock 等（2001）使用的旋转筛中不包含 0.84 mm 孔径的筛。但是，将 0.84 代入回归方程的 y 可以计算易侵蚀组分 EF。回归方程的 $R^2>0.9$，表明该方法所得结果很准确。

Zobeck 和 Popham（1990）根据改进的 Gardner（1956）方法计算了 GMD 和 GSD。他们利用通过某筛孔的累积质量百分数代替留在筛上颗粒的累积比例，用实际通过某筛孔的累积百分数与筛孔直径对数值进行回归，而没有进行概率单位变换（x 轴为线性尺度而不是概率尺度）。

63.2.1 设备

（1）有直角的平面铁铲。为确保采样深度，应定制 2.5 cm 的高边。

（2）无盖托盘或纸袋。

（3）旋转筛或套筛。20 世纪 50 年代，加拿大农业和农业食品部 Lethbridge 研究中心按照 Chepil（1952）提出的基本规格，制作了旋转筛，但只有 6 个（而非 13 个）筛。上半部由 3 个同轴的圆柱形筛组成，筛孔直径分别为 38 mm、12.6 mm 和 7.1 mm；下半部由筛孔由直径为 1.9 mm、1.2 mm 和 0.47 mm 的三个圆柱形筛组成。最初假设这套筛与 Chepil（1952）设计的上半部旋转筛（38.1 mm、12.7 mm、6.4 mm、2.38 mm、1.19 mm、0.84 mm 和 0.42 mm）相似，实际产品却有所不同。

（4）一台精确到两位小数的天平。

63.2.2 步骤

（1）用采样铲采样，保证各处理采样深度一致（如 2.5 cm）。每个小区的采样数应能够代表所在处理。例如，Larney 等（1994）在 6 m×40 m 的耕作小区内采了 5 个样品。旋转筛大约需要 5 kg（净重）的土样，平筛需要的土样量较少。

（2）将样品放置于标记好的无盖托盘或纸袋，在室温下风干。

（3）风干约 7 天，将样品放进旋转筛漏斗或套筛中。

（4）称量通过每一级筛进入收集盘（旋转筛）或保留在每一级筛（平筛）上团聚体的质量。

63.2.3 计算

以加拿大农业与农业食品部 Lethbridge 研究中心的数据为例。他们使用旋转筛分离耕地表层土壤（深棕色黑钙土，黏壤土，加拿大 Lethbridge 土系）得到了典型的 ASD 结果（表 63.1）。

表 63.1 旋转筛分法测定 Lethbridge 黏壤土干团聚体粒径分布及计算。表中展示了 GWD 和 GSD 所需的数据转换

筛孔直径（mm）	留在筛上颗粒的累积分数 [a]	$\log_{10}$ 筛孔直径（y）	概率单位变换后留在筛上颗粒的累积百分数或正态对等离差（NED）值（x）
38	17.2	1.58	−0.95
12.6	38.5	1.1	−0.29
7.1	48.7	0.85	−0.03
1.9	64.9	0.28	0.38
1.2	71	0.08	0.56
0.47	81.8	−0.33	0.91

a 为方便于概率转换，用分数来表示，如 0.172 或者 0.385 等。

63.2.4 几何平均直径和几何标准偏差

用 SAS 软件（SAS Institute Inc., 2005）计算 GMD 和 GSD。具体步骤如下：

（1）对筛孔直径以 10 为底取对数（$\log_{10}$）（表 63.1）。

（2）用概率函数（probit function）进行概率单位变换。概率函数将留在筛上颗粒的累积分数（0-1）

变为数字表示的概率,并且通过标准正态分布(standard normal distribution)得到正态对等离差(normal equivalent deviate, NED)(表63.1)。

(3)对$\log_{10}$筛孔直径(y)和概率单位变换后留在筛上颗粒的累积百分数(x)进行最小二乘法回归分析。这个关系与Gardner(1956)手绘的结果相似(图63.1)。为了便于解释,表63.1列出了留在筛上颗粒的累积百分数和NED值。回归分析得到下列方程:

$$y = 0.695 - 1.056x \tag{63.1}$$

R^2值为0.983。

(4)将概率单位变换值0.5(50%留在筛上)作为x带入回归方程,得到一个y值,即积累百分数为50%时筛孔直径的对数,而10^y就是GMD(4.95 mm)(表63.2)。利用Gardner(1956)的方法,也可以从图63.1中通过肉眼估测GMD,即积累百分数为50%时的y值(4.95 mm)。另外,概率转换后,50%对应的NED为0(表63.1,图63.1),GMD为10^y。其中,y为0.695,代表回归方程的截距。

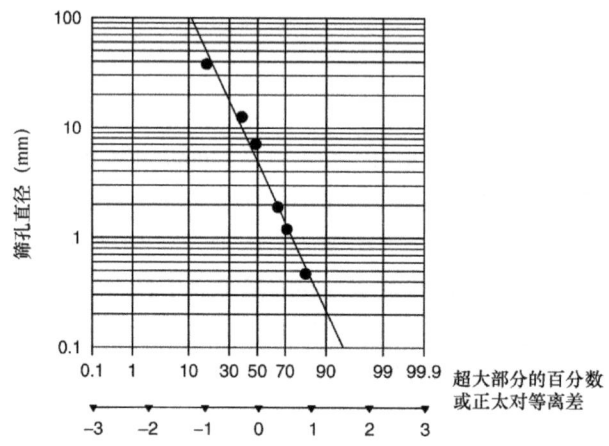

图63.1 筛孔直径对数值(y)与概率转换后留在筛上部分的累积百分数或正态对等离差(x)间的回归分析

(5)在回归方程中用概率变化值0.8413代替x,得到的y值为累积百分数为84.13%时相应直径的对数。GSD的计算公式为

$$\log\left[\frac{\text{累积百分数84.13\%对应的直径}}{\text{累积百分数50\%对应的直径}}\right] = \tag{63.2}$$

$$[\log(\text{累积百分数84.13\%对应的直径}) - \log(\text{累积百分数50\%对应的直径})] \tag{63.3}$$

两个对数值之差的绝对值(式63.3)1.056即GSD值(表63.2)。Gardner(1956)指出,GSD是数据分散性的表征,必须以log单位存在,而GSD的反对数没有统计意义。另外,GSD值等于回归方程斜率的绝对值(1.056)。从图63.1可以看出,累积百分数为84.13%的数值对应1个NED。

表63.2 利用回归方程 $y = 0.695 - 1.056x$ 计算GMD和GSD

留在筛上颗粒的累积百分数%	x值 [a]	计算得到的y值,筛孔直径以10为底取对数	GMD [b] (mm)	GSD [c] log 单位
50%	0	0.695	4.95	—
84.13%	0.99982	−0.361	—	1.056

a. 概率转换积累百分数。
b. $10^{\text{累积百分数为50\%的}y\text{值}} = 10^{0.695} = 4.95$。
c. 由公式(63.3):[log(积累百分数为84.13%对应的直径) − log(累积百分数为50%对应的直径)] = (−0.361 − 0.695) = −1.056. 取log时需转换为绝对值 = 1.056。

以上举例介绍了改进的 Gardner's（1956）方法，以及其他采用留在筛上颗粒累积百分数的方法。然而，无论筛分数据是留在筛上部分的累积百分数，还是过筛部分的累积百分数，得到的 GMD 和 GSD 值完全一致。把过筛部分的积累百分数作为 x 轴绘图，其优点是所得回归方程的斜率是正数。在 GMD 计算中，留在筛上的累积百分数为 50%等同于过筛部分的积累百分数为 50%，不需要调整统计分析软件的程序。需要注意的是，为了得到准确的 GSD，应当严格按照 Gardner（1956）的公式 63.2 进行计算。在回归方程中，将概率单位变化值 0.1587（15.87%）赋予 x，得到的 y 值为 15.87%土壤所过筛孔直径的对数，等同于留在筛上部分的累积百分数为 84.13%。

63.2.5 平均重量直径

van Bavel（1949）提出了描述 ASD 的平均重量直径指标 MWD，认为团聚体权重因子的大小与其粒径成正比。MWD 是（a）每一级筛样品的平均直径和（b）该级筛样品占样品总重量百分比的乘积之和。van Bavel（1949）的方法需要手工作图并用求积仪测定。Youker 和 McGuinness（1957）将此方法进行简化，并用求和公式表示为

$$\sum_{i=1}^{n} \bar{x}_i w_i \tag{63.4}$$

这里，$\bar{x}_i$ 是某一粒级组分的平均粒径，w_i 是该粒级占样品总重量的百分数。表 63.3 列出了前面 GMD/GSD 例子中 MWD 的计算过程。各粒级的乘积相加，最后结果为 16.207。把该值带入下列回归方程：

$$y = 0.876x - 0.079 \tag{63.5}$$

得到的 y 就是 MWD（Youker 和 McGuinness，1957）。这里，MWD 的值为 14.12 mm，明显高于同一样品的 GMD（4.95 mm）。

表 63.3　旋筛法得到的 Lethbridge 黏壤土的平均质量直径计算

各级筛直径范围（mm）	各级筛孔直径的中值(A)(mm)	占样品总重量的百分数（B）%	($A \times B$)/100
>38	51.5[a]	17.2	8.858
12.6~38	25.3	21.3	5.389
7.1~12.6	9.85	10.2	1.005
1.9~7.1	4.50	16.1	0.725
1.2~1.9	1.55	6.2	0.096
0.47~1.2	0.84	10.7	0.090
<0.47	0.24[b]	18.3	0.044
		$\sum$ = 100%	$\sum$ = 16.207 mm

a. 假设最大筛级等于过筛之前最大团聚体的直径。该土壤样品为 65 mm，因此中值为[(38 + 65)/2] = 51.5。如果最大团聚体直径未知，则该上限可以用最大孔径的两倍简单估计，即 38 × 2 = 76，则中值为[(38 + 76)/2] = 57。

b. 筛孔直径下限设为 0。因此中值为[(0+0.47)/2] = 0.24。

63.3　注　释

在干燥的田间条件下，更容易获得离散的团聚体样品。如果采集湿润的田间土壤样品并迅速风干，团聚体紧实度可能大于田间情况。同样，不建议将样品烘干，因为烘干会改变团聚体紧实度从而产生错误的分析结果。如果土壤有结皮，DASD 取样过程中可能会人为制造"团聚体"，事实上是破碎了的结皮。这些并非团聚体的物体颗粒较大，结构比较稳定，在旋转筛分时能抵抗解体。据 Bullock 等（2001）介绍，在 Alberta 南部，融雪和蒸发干燥过程后结皮的产生导致土壤样品 GMD 的测定结果偏高。

筛分过程可能导致部分团聚体解体。只要掌握好筛分的力度（轻微地）和持续时间，所得团聚体的分布可以代表田间状态。然而，也可以根据筛分过程中团聚体的破碎情况来评价其抗磨蚀度和干团聚体的稳定性。这需要在第一次筛分后对土壤样品进行复原，然后进行第二次筛分（Kemper 和 Rosenau，1986），最多可以进行四次筛分（Chepil，1952）。在连续筛分中，GMD 的降低情况反映了干团聚体的稳定性。Eynard 等（2004）对 2～25 mm 的团聚体组分进行了多次重复筛分，得到了团聚体解体直线，并利用直线的斜率来表示团聚体的解体速率。

Díaz-Zorita 等（2002）对筛分时间进行了讨论。在旋转筛分中，仪器一直运转到完全分离为止。因此，不同样品的筛分时间和投入的能量会有差异。对于平筛，样品的筛分时间从 5 s 到 100 min 不等，没有统一的标准。对大多数土壤，筛分 30 min 就足够了（Braunack 和 McPhee，1991；Aubertot 等，1999）。Díaz-Zorita 等（2002）利用一套平筛和振动摇摆方式，在两种土壤探讨了筛分持续时间（15～120 s）对 GMD 变化的影响。

需要注意的是，MWD（van Bavel，1949）和 GMD/GSD（Gardner，1956）最初用是用来表征在湿筛研究中的 ASD，在湿筛前需要挑出大团聚体（＞8 mm）（van Bavel，1949）。前面已经指出，在 DASD 分析中，团聚体粒径的范围更广，干筛前不应当挑出大团聚体（除非团聚体太大不能放进旋转筛分器。在这种情况下，应在称重前将这些团聚体剥碎，然后和最大一级的团聚体放在一起）。

关于 DASD 的表征，GMD 是一个比 MWD 更科学的指标。MWD 更容易受到诸如筛孔直径中值、最大团聚体直径的高度变异性等不确定性的影响。例如，在表 63.3 中，最大粒径的中值和保留在最大筛子上的团聚体重量的乘积（8.858）占到了总和（16.207）的 55%。显然，最大团聚体粒径估算值的微小误差会在很大程度上影响最终的 MWD 结果。

尽管耕作影响下表层土壤样品的 ASD 符合对数正态分布，一些土壤可能呈偏态分布（例如，＞50%的积累质量仍保留在最大筛上，或通过最小的筛）或双峰分布（与中等大小的团聚体相比，大团聚体和小团聚体比较多）。Hagen 等（1987）指出，如果利用最小二乘法对筛分数据作回归分析，所得到的 R^2 较小，则说明样品的分布与对数正态分布存在偏差。在这些情况下，利用对数正态分布进行分析就不准确，得到的 GMD 和 GSD 可能没有意义。Gardner（1956）指出，田间样品的 ASD 在团聚体粒径的两端（最大或最小）会偏离对数正态分布。Wagner 和 Ding（1994）指出，标准的对数正态分布意味着最小粒径团聚体的比例为 0，最大粒径的比例则为无穷大。由于农田土壤的团聚体粒径存在一个上限和一个下限，导致其偏离标准的对数正态分布。如果分布的尾端对 ASD 数据的应用比较重要的话，他们建议采用改进的对数正态分布。Wagner 和 Ding（1994）举了一个风蚀研究中需要获取完整 DASD 信息的例子。风力能够搬运小团聚体（＜0.84 mm），而更小颗粒（PM_{10}，粒径＜10 μm）在人体健康和调控应用中有很大意义。在 DASD 另一端的大团聚体则能够抵抗风蚀。在风蚀即将或正在发生时，作为应对措施可以通过耕作将大团聚体（＞50 mm）翻到土壤表层。

Díaz-Zorita 等（2002）和 Zobeck 等（2003）介绍了除对数正态分布外，其他描述 DASD 的统计学方法，包括高斯分布、正态分布、对数的双曲线分布、双峰或多峰分布、Rosin-Rammler 分布、Weibull 分布和 Gaudin-Schuhmann 分布。另外，分形分布也被用于描述土壤各粒级的质量分布（Young 和 Crawford，1991；Perfect，1997；Perfect 等，2002）。Zobeck 等（2003）比较了美国六个州、24 个地点的 5400 个土样的对数正态分布、分形分布及 Weibull 分布。他们发现，Weibull 分布描述最准确，其误差通常小于其他分布类型，而分形分布的准确性最低。

除筛分法外，也可以使用其他方法描述 DASD。为了探讨土块对种床的影响，Sandri 等（1998）比较了图像分析、＞40 mm 土块计数及筛分法。Aubertot 等（1999）利用给土壤表面着色、土表照片的图像分析、嵌入样品部分立体形态分析及干筛法描述了甜菜（*Beta vulgaris* L.）种床的特征。

参 考 文 献

Anderson, C.H. and Wenhardt, A. 1966. Soil erodibility, fall and spring. *Can. J. Soil Sci.* 46: 255-259.

Aubertot, J.N., Dürr, C., Kiêu, K., and Richard. R. 1999. Characterization of sugar beet seedbed structure. *Soil Sci. Soc. Am. J.* 63: 1377-1384.

Ball-Coehlo, B.R., Roy, R.C., and Swanton, C.J. 2000. Tillage and cover cropimpactson aggregation of a sandy soil. *Can. J. Soil Sci.* 80: 363-366.

Beauchamp, E.G. and Seech, A.G. 1990. Denitrification with different sizes of soil aggregates obtained from dry-sieving and from sieving with water. *Biol. Fert. Soils* 10: 188-193.

Braunack, M.V. and McPhee, J.E. 1991. The effect of initial soil water content and tillage implement on seedbed formation. *Soil Till. Res.* 20: 5-17.

Broersma, K., Robertson, J.A., and Chanasyk, D.S. 1997. The effects of diverse cropping systems on aggregation of a Luvisolic soil in the Peace River region. *Can. J. Soil Sci.* 77: 323-329.

Bullock, M.S., Larney, F.J., Izaurralde, R.C., and Feng, Y. 2001. Overwinter changes in wind erodibility of clay loam soils in southern Alberta. *Soil Sci. Soc. Am. J.* 65: 423-430.

Bullock, M.S., Larney, F.J., McGinn, S.M., and Izaurralde, R.C. 1999. Freeze-drying processes and wind erodibility of a clay loam soil in southern Alberta. *Can. J. Soil Sci.* 79: 127-135.

Chepil, W.S. 1941. Relation of wind erosion to the dry aggregate structure of a soil. *Sci. Agric.* 21: 488-507.

Chepil, W.S. 1942. Measurement of wind erosiveness of soils by dry sieving procedure. *Sci. Agric.* 23: 154-160.

Chepil, W.S. 1952. Improved rotary sieve for measuring state and stability of dry soil structure. *Soil Sci. Soc. Am. Proc.* 16: 113-117.

Chepil, W.S. 1962. A compact rotary sieve and the importance of dry sieving in physical soil analysis. *Soil Sci. Soc. Am. Proc.* 26: 4-6.

Chepil, W.S. and Bisal, F. 1943. A rotary sieve method for determining the size distribution of soil clods. *Soil Sci.* 56: 95-100.

Dıaz-Zorita, M., Perfect, E., and Grove, J.H. 2002. Disruptive methods for assessing soil structure. *Soil Till. Res.* 64: 3-22.

Eynard, A., Schumacher, T.E., Lindstrom, M.J., and Malo, D.D. 2004. Aggregate sizes and stability in cultivated South Dakota prairie Ustolls and Usterts. *Soil Sci. Soc. Am. J.* 68: 1360-1365.

Gardner, W.R. 1956. Representation of soil aggregate- size distribution by a logarithmic-normal distribution. *Soil Sci. Soc. Am. Proc.* 20: 151-153.

Hagen, L.J., Skidmore, E.L., and Fryrear, D.W. 1987. Using two sieves to characterize dry soil aggregate size distribution. *Trans. ASAE* 30: 162-165.

Horn, R. and Baumgartl, T. 2000. Dynamic properties of soils. In: M.E. Sumner, ed. *Handbook of Soil Science*. CRC Press, Boca Raton, FL, A19-A51.

Kay, B.D. and Angers, D.A. 2000. Soil structure. In: M.E. Sumner, ed. *Handbook of Soil Science*. CRC Press, Boca Raton, FL, A229-A276.

Kemper, W.D. and Chepil, W.S. 1965. Size distribution of aggregates. In: C.A. Black et al., eds. *Methods of Soil Analysis, Part 1-Physical and Mineralogical Properties Including Statistics of Measurement and Sampling. Agronomy No. 9*, ASA, Madison, WI, 499-510.

Kemper, W.D. and Rosenau, R.C. 1986. Aggregate stability and size distribution. In: A. Klute, ed. *Methods of Soil Analysis, Part 1-Physical and Mineralogical Methods*, 2nd ed., ASA= SSSA, Madison, WI, 425-442.

Larney, F.J. and Bullock, M.S. 1994. Influence of soil wetness at time of tillage and tillage implement on soil properties affecting wind erosion. *Soil Till. Res.* 29: 83-95.

Larney, F.J., Fortune, R.A., and Collins, J.F. 1988. Intrinsic soil physical properties influencing the intensity of cultivation procedures for sugar beet seedbed preparation. *Soil Till. Res.* 12: 253-267.

Larney, F.J., Lindwall, C.W., and Bullock, M.S. 1994. Fallow management and overwinter effects on wind erodibility in southern Alberta. *Soil Sci. Soc. Am. J.* 58: 1788-1794.

Leys, J.F., McTainsh, G.H., Koen, T., Mooney, B., and Strong, C. 2005. Testing a statistical curvefitting procedure for quantifying sediment populations within multimodal particle-size distributions. *Earth Surf. Proc. Land.* 30: 579-590.

Lyles, L., Dickerson, J.D., and Disrud, L.A. 1970. Modified rotary sieve for improved accuracy. *Soil Sci.* 109: 207-210.

Merrill, S.D., Black, A.L., Fryrear, D.W., Saleh, A., Zobeck, T.M., Halvorson, A.D., and Tanaka, D.L. 1999. Soil wind erosion hazard of spring wheatfallow as affected by long-term climate and tillage. *Soil Sci. Soc. Am. J.* 63: 1768-1777.

Nimmo, J.R. and Perkins, K.S. 2002. Aggregate stability and size distribution. In: J.H. Dane and G.C. Topp, eds. *Methods of Soil Analysis, Part 4-Physical Methods.* SSSA Book Series No. 5, SSSA, Madison, WI, 317-328.

Nissen, T.M. and Wander, M.M. 2003. Management and soil-quality effects on fertilizer-use efficiency and leaching. *Soil Sci. Soc. Am. J.* 67: 1524-1532.

Perfect, E. 1997. Fractal models for the fragmentation of rocks and soils: a review. *Eng. Geol.* 48: 185-198.

Perfect, E., Díaz-Zorita, M., and Grove, J.H. 2002. A prefractal model for predicting soil fragment mass-size distributions. *Soil Till. Res.* 64: 79-90.

Perfect, E., Zhai, Q., and Blevins, R.L. 1997. Soil and tillage effects on the characteristic size and shape of aggregates. *Soil Sci. Soc. Am. J.* 61: 1459-1465.

Plante, A.F., Feng, Y., and McGill, W.B. 2002. A modeling approach to quantifying soil macroaggregate dynamics. *Can. J. Soil Sci.* 82: 181-190.

Sainju, U.M., Whitehead, W.F., and Singh, B.P. 2003. Cover crops and nitrogen fertilization effects on soil aggregation and carbon and nitrogen pools. *Can. J. Soil Sci.* 83: 155-165.

Sandri, R., Anken, T., Hilfiker, T., Sartori, L., and Bollhalder, H. 1998. Comparison of methods for determining cloddiness in seedbed preparation. *Soil Till. Res.* 45: 75-90.

SAS Institute Inc. 2005. SAS OnlineDoc 9.1.3. SAS Institute Inc., Cary, NC.

Schutter, M.E. and Dick, R.P. 2002. Microbial community profiles and activities among aggregates of winter fallow and cover-cropped soil. *Soil Sci. Soc. Am. J.* 66: 142-153.

USDA-ARS 1996. WEPS Technical Documentation, BETA Release 95-08. USDA-ARS, Wind Erosion Research Unit, Manhattan, KS.

van Bavel, C.H.M. 1949. Mean weight-diameter of soil aggregates as a statistical index of aggregation. *Soil Sci. Soc. Am. Proc.* 14: 20-23.

Wagner, L.E. and Ding, D. 1994. Representing aggregate size distributions as modified lognormal distributions. *Trans. ASAE* 37: 815-821.

Wang, X., Yost, R.S., and Linquist, B.A. 2001. Soil aggregate size affects phosphorus desportion from highly weathered soils and plant growth. *Soil Sci. Soc. Am. J.* 65: 139-149.

Warren, S.D., Thurow, T.L., Blackburn, W.H., and Garza, N.E. 1986. The influence of livestock trampling under intensive rotation grazing on soil hydrologic characteristics. *J. Range Manage.* 36: 491-495.

Whalen, J.K. and Chang, C. 2002. Macroaggregate characteristics in cultivated soils after 25 annual manure applications. *Soil Sci. Soc. Am. J.* 66: 1637-1647.

Youker, R.E. and McGuinness, J.L. 1957. A short method of obtaining mean weight-diameter values of aggregate analyses of soils.

Soil Sci. 83: 291-294.

Young, I.M. and Crawford, J.W. 1991. The fractal structure of soil aggregates: its measurement and interpretation. *J. Soil Sci.* 42: 187-192.

Young, I.M., Crawford, J.W., and Rappoldt, C. 2001. New methods and models for characterizing structural heterogeneity of soil. *Soil Till. Res.* 61: 33-45.

Zobeck, T.M. 1991. Soil properties affecting wind erosion. *J. Soil Water Conserv.* 46: 112-118.

Zobeck, T.M. and Popham, T.W. 1990. Dry aggregate size distribution of sandy soils as influenced by tillage and precipitation. *Soil Sci. Soc. Am. J.* 54: 198-204.

Zobeck, T.M., Popham. T.W., Skidmore, E.L., Lamb, J.A., Merrill, S.D., Lindstrom, M.J., Mokma, D.L., and Yoder, R.E. 2003. Aggregatemean diameter and wind-erodible soil predictions using dry aggregate-size distributions. *Soil Sci. Soc. Am. J.* 67: 425-436.

（赵龙华　王雅婧　译，任图生　校）

第64章 土壤气体

R.E. Farrell

University of Saskatchewan

Saskatoon, Saskatchewan, Canada

J.A. Elliott

Environment Canada

Saskatoon, Saskatchewan, Canada

64.1 引　　言

在任何时间点，土壤大气（或者土壤气相）的成分决定于：①土壤中各种气体产生速率和消耗速率之间的平衡；②土壤气体和地表以上气体之间的交换速率；③气体在土壤气相、液相和固相中的分配。生物过程（例如，呼吸）通常消耗 O_2，产生 CO_2。但土壤中硝酸盐的生物还原过程也可以导致其他气体（如 NO、N_2O 和 N_2）的排放。化学过程也可以产生气体，例如，肥料中氨的挥发或氡气从土壤矿物成分中的释放。

土壤大气反映了土壤呼吸过程的本质（好氧或厌氧）。如果结合合适的气体传输系数，就可以计算这些过程发生的速率。例如，利用已知的土壤扩散常数，de Jong 等（1974）通过 CO2 在土壤中的分布来计算 CO2 通量；Rolston（1978）和 Colbourn 等（1984）用相同的方法计算了厌氧土壤中的 N2O 通量。最近，Tang 等（2003）用固态探头原位测定 CO2 浓度剖面，进而计算出通过地表排放的 CO2 通量。本研究中假设为稳定条件，并且只考虑通过扩散作用的气体交换。对土壤中气体变化的完整描述，应该综合考虑扩散、质流和各种气体在液相中的溶解和解析作用。

土壤大气的分析，包括采集有代表性的气体样品和分析样品中的目标气体。常见方法归为四类：全空气采样法、吸附法、水样采集法和原状土柱顶空采样法（Farrell 等，2002）。进一步可以区分为主动采样（在一定吸力下抽取气体或者水样）和被动采样（气体通过扩散进入采样室）。各种各样的检测系统可用于土壤中气体和蒸汽的测定，其中许多特别适合现场和原位分析。然而，在大多数情况下，样品在采集后首选的分析方法是气相色谱法（GC）。

64.2　气相的采集

在多种可用的土壤气体采样方法中，全空气采样法是迄今为止用的最多的。一些研究采用"抓取法取样"：实验者将取样器插入土壤的指定深度，在轻微的真空条件下（如注射器）慢慢将土壤气体抽出。根据取样器插入时的小心程度、样品的量和抽气的速度，取样器周围漏气或大孔隙的优先流可能会产生仪器周围漏气或优先抽取大孔隙中的气体，导致样品严重污染。目前，"抓取法取样"一般只用于筛检目的，如果要分析样品的具体成分，大多数研究采用扩散井来采集气体样品。

图 64.1 为一些气井（或扩散井）的基本设计。气井内的气体在入口通过扩散作用与土壤中气体平衡。达到平衡所需的时间取决于土壤的扩散常数、入口的横截面积和气井的长度。图 64.1a 和图 64.1b 给出了最简单的气井设计：由一根顶端封闭的 PVC 管组成。入口越小，需要平衡的时间越长（图 64.1b，图 64.1c）。在图 64.1c 中，由于采样室的体积较小，气井底部空间的气体会更快地达到平衡。抽气管内的气体需要较长的平衡时间，尽管这些气体在取样分析前可能被清除和丢弃。图 64.1d 是多井管设计，其

优点是能为每个采样深度提供一个相似的几何结构,并减少每个小区插入井管的数量。

图 64.1a 至图 64.1d 中的气井可以用来采集地下水位以上的土壤气体(即应用于排水良好的非饱和土壤)。研究人员也可以制作气体扩散井,用于滞水或者暂时性饱和土壤(Clark 等,2001;Kammann 等,2001)。这些土壤气体取样器由硅胶管做成,不透水但对多种重要的土壤气体(包括 CO_2、CH_4 和 N_2O)具有高透性(图 64.1e)。Kammann 等(2001)指出,即使硅膜两端的浓度梯度较小,内部和外部(土壤)气体也能够迅速达到平衡。气体平衡达到 95% 所需的时间与气体的种类(依次为:N_2O < CO_2 < CH_4)、硅胶管的管壁厚度和温度有关。

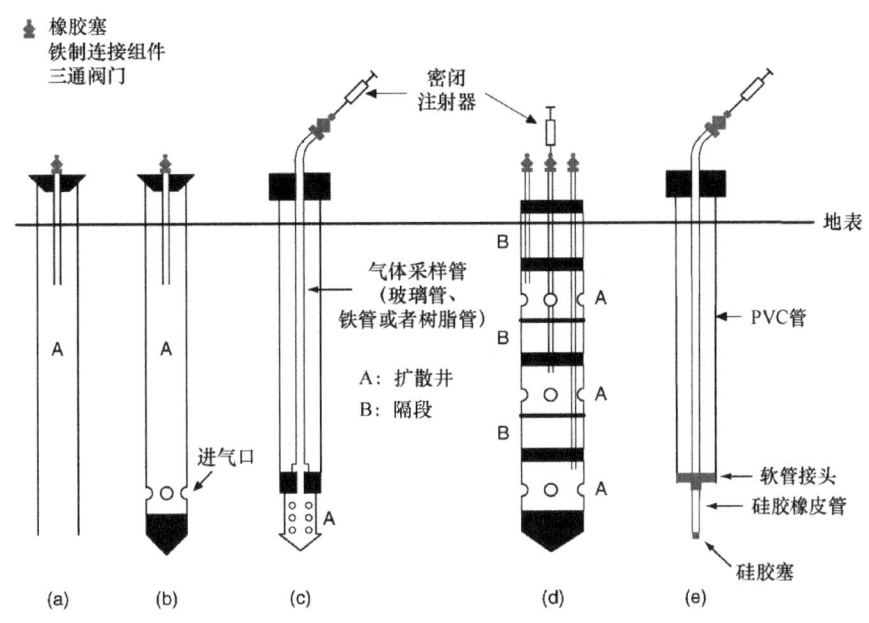

图 64.1 气体扩散井设计:(a-c)简单的单气室采样井;(d)多气室采样井;(e)适用于滞水或淹水土壤的硅树脂薄膜气体采样探头

1. 材料

塑料(PVC)管是制作气体扩散井最常用的材料。气体采样管通常用不锈钢管或者特氟隆(Teflon,聚四氟乙烯)管制成。PVC 的优点包括费用低、制作简便并且耐用。橡胶塞、Swagelok 管接头和三通阀门都是常用的气井顶端或抽气管密封材料。我们的经验表明,在日光照射下,用作采样管的半透明塑料管会随着时间变脆,可以在采样管外包裹抗紫外线的塑料来预防。另外需要注意的是,一些啮齿动物偶尔会咬这些管子。

2. 安装

气体扩散井应被周围的土壤紧密包围。为了达到该目的,可以用土钻打一个直径比扩散井稍小的洞,然后将管子插进去,也可以用土钻打一个比扩散井略微大一点的洞,扩散井放入后用井口周围的土填充缝隙,井口处用田间土壤或膨润土密封。如图 64.1b 到图 64.1d 中所示,扩散井底端是尖的,可以比较容易地插入土中。如果在潮湿土壤中安装,井周围会由于黏土收缩产生裂缝。因此,建议在土壤干燥时安装扩散井。装有硅胶膜扩散室的井(如如图 64.1e 所示),也可以采用相同的技术安装。有些扩散井(如 Kammann 等(2001)介绍的井)需要安放在适当深度土坑的壁上,安装难度较大。

3. 平衡

根据 van Bavel(1954)的估计,如果土壤总孔隙度≥15%,一个长 15 cm(内径 2.5 cm)、底端开口的扩散井需要 1.5 h 平衡时间(误差控制在最终平衡点的 2%);同样情况下,一个 45 cm 长的扩散井则需要 8 h 才可以平衡。如果土壤总孔隙度<15%,而且扩散井的入口较小(图 64.1b~图 64.1d),需要更长的平衡时间。实际上,与土壤中气体的实际浓度相比,气井中的气体浓度会总有降低和滞后现象。气

井越短，气井采样室和入口处土壤气体之间的浓度差越小。

4. 采样和存储

从采样气井中抽取气体样品的方法多种多样。塑料注射器是一种经济的采气方法，但是存储气体的时间不能超过几个小时（Rochette 和 Bertrand，2003）。根据我们的经验，最有效、最经济的存储气体样品的方法是使用真空玻璃瓶（Exetainers；Labco Ltd., High Wycombe, UK；Vacutainers, Becton Dickinson, Oakville, ON）。这些瓶子可以重复使用，在装入样品后，可以利用二次隔膜（PTFE 或者硅胶）或者在小瓶顶端覆盖一层薄薄硅胶的方法来防止漏气。事实上，在轻微正压力下，气体样品可以存储几个星期（Rochette 和 Bertrand，2003）。在我们实验室，在 200 kPa 的压力下，N_2O 样品可以存储长达 11 周，损失率小于 3%。Rochette 和 Bertrand（2003）讨论了使用呼吸质谱（Exetainer）瓶采集并存储土壤气体的方法。呼吸质谱瓶可以拿来就用，而真空采样管首先需要清洗以去除污染物（Covert 等，1995）。

64.3 气相的分析

早期测量土壤气体组成一般依靠吸收技术，例如，用碱吸收 CO_2，用酚吸收 O_2。总的来说，该技术需要收集大量的土壤气体（$\geqslant 50\ cm^3$），带回实验室后，用滴定的方法测定被吸收的 CO_2 和 O_2。目前，该技术已经普遍被分析少量气体的气相色谱方法所取代。一些综述文章详细介绍了现代土壤气体分析的原理和实践（Smith 和 Arah，1991；Farrell 等，2002；Smith 和 Conen，2004），这里就不讨论了。

64.3.1 利用气相色谱法进行实验室分析

气相色谱法是土壤气体分析最通用的方法，仍然被大多数实验室所选择。通常将注射器（或者呼吸瓶）从气体采样井中抽出的小量气体样品带到实验室分析。回到实验室后，从气体样品中取一小部分子样品通过注射口注入一个能够调节流量的载气气流中。样品通过进样系统进入色谱柱，在此被分离成各种气体组分，然后通过一个检测器，检测样品中的各个组分，并产生一个与每个组分浓度成正比的信号。检测器产生的信号被数据采集系统（如专用电子数字积分器或者多功能数据站）记录并处理。色谱柱和检测器被安置在控制温度的环境中。一些气相色谱的温度在分析过程可以通过程序控制，以提高色谱柱或检测器的性能。目前，土壤气体研究中有各种各样的仪器、检测器和色谱柱填料（Smith 和 Arah，1991；Farrell 等，2002；Smith 和 Conen，2004）。表 64.1 列出了最常见的检测器的功能特征及其在土壤气体研究中的案例。

表 64.1 常用的测定土壤气体组分的气相色谱检测器

检测器	检测范围 (g)	线性动态范围	检测气体	参考文献
热导率（TCD）	$10^{-9} \sim 10^{-6}$	$10^4 \sim 10^5$	O_2, CO_2, CH_4	Kabwe 等（2005），Sakata 等（2004），Sitaula 等（1992），Hall 和 Dowdell（1981）
火焰电离（FID）	$10^{-10} \sim 10^{-9}$	$10^6 \sim 10^7$	CH_4, C_2H_4	Sakata 等（2004），Wood（1980），Smith 和 Dowdell（1973）
氦离子化（HID）	$10^{-12} \sim 10^{-11}$	$10^3 \sim 10^4$	CO_2	Mitchell（1973）
电子俘获（ECD）	$10^{-13} \sim 10^{-12}$	$10^2 \sim 10^3$	N_2O, CO_2	Izaurralde 等（2004），Loftfield 等（1997），Thomson 等（1997）
火焰光度（FPD）	$10^{-13} \sim 10^{-11}$	$10^3 \sim 10^4$	S 气体	de Souza（1984），Banwart 和 Bremner（1974）
超声波	$10^{-10} \sim 10^{-9}$	$10^5 \sim 10^6$	O_2, CO_2, N_2O, CH_4	McCarty 和 Blicher-Mathiesen（1996），Blackmer 和 Bremner（1977）

来源：Farrell, R.E., Elliott, J.A., and de Jong, E. in M.R. Carter (ed.), *Soil Sampling and Methods of Analysis*, Canadian Society of Soil Science, Lewis Publishers, Boca Raton, Florida, 1993, 663-672.

Farrell, R.E., Elliott, J.A., and de Jong, E. in J.H. Dane and G.C. Topp (eds.), *Methods of Soil Analysis, Part 4-Physical Methods*. Soil Science Society America, Madison, Wisconsin, 2002, 1076-1111.

由于气体样品和标准样品体积变化会对结果造成误差，准确的样品进样非常重要。我们注意到，在手动操作注射时，用 N_2 作为样品体积的内部标准很有用。在通气良好的土壤中，N_2 占总样品的百分数应接近78%。因此，与内部标准预期值的任何偏差，都应当作为一个尺度因子来校正样品的体积变化。这个问题可以通过使用样品环（Smith 和 Arah，1991）或者自动进样器将样品注射进入色谱柱来避免。

在大多数情况下，样品被操作者直接注射进入色谱柱，但将自动进样系统包含在气相色谱之内的方法正在越来越普及。这不仅提高了分析精度，而且即使操作者不在现场时，也能够将样品注入色谱柱，在分析大批量样品时特别有用。Smith 和 Arah（1991）介绍了一系列自动进样系统的设计。市面上所售的自动进样器适用于各种样品存储瓶，能够分析多达 200 个样品的产品越来越普遍。在 Saskatchewan 大学的实验室，我们用一个配备该系统的气相色谱（CombiPAL, CTC Analytics AG, Switzerland），每年分析 20000～30000 个气体样品，而每天操作系统所需的时间不超过 2 小时。

通过比较目标气体和已知浓度标准气体的峰面积（或峰高）能够从集成的气相色谱图中得到定量信息。这样，气体样品的浓度可以通过最小二乘法回归方程（线性或非线性，取决于所涵盖标准的浓度范围）得到。每个目标气体都有特定的校准曲线方程（描述浓度与峰面积的关系曲线）。另外，也可以采用一种内部校准校正法，即将一定量的标准气体加入含有未知气体的样品中。首先，注入已知量的内标气体和目标气体来确定内部响应因子（IRF）。IRF 由以下公式计算：

$$\mathrm{IRF} = \left(\frac{A_{is}}{C_{is}}\right)\left(\frac{C_{tg}}{A_{tg}}\right) \tag{64.1}$$

式中，C_{tg} 和 C_{is} 分别是目标气体和内标气体的浓度；A_{tg} 和 A_{is} 是目标气体和内标气体的峰面积。其次，注入掺了内标气体的未知样品，重新排列公式（64.1）并求解公式（64.2）就可以得到目标气体的浓度：

$$C_{tg} = \mathrm{IRF}\left(A_{tg}\frac{C_{is}}{A_{is}}\right) \tag{64.2}$$

内标法还有一个优势，就是考虑了气相色谱性能的变化。校准气体可以在市面上买到，尽管 Lemke 等（2002）认为在准备一套"工作标准"时，"需要仔细评估并交叉检验商业制备的标准气体"。

用来描述和量化土壤气体成分的色谱柱/检测器的数量众多，难以罗列。最终选择一个什么样的系统，需要根据目标气体、灵敏度要求和检测器的成本（或利用率）来确定。Smith 和 Arah（1991）对利用气相色谱分析土壤气体时，色谱柱选择和检测器能力作了非常好的综述。Farrell 等（2002）及 Smith 和 Conen（2004）的综述论文也可以作为参考。表 64.1 列出了各种气相色谱分析的文献，并给出了几个与环境相关的土壤气体的例子。

Sitaula 等（1992）介绍了一种主要用于测定土壤中温室气体（即 CO_2、N_2O 和 CH_4）的气相色谱系统。他们为气相色谱（Fractovap 4200，Carlo Erba，Italy）装备了三个测定 CO_2（热导率检测器，TCD），CH_4（火焰离子化检测器，FID）和 N_2O（电子捕获检测器，ECD）的检测器。样品用 500 μL 的环形注射器在线注入，所有的分离过程在大口径毛细管柱（Poraplot Q；内径 25 m×0.53 mm）内的恒温（35℃）条件下进行。TCD（在 70℃下运行）和 FID 串联在一条检测系统中，而 ECD（在 350℃下运行）与第二条线路连通。两条检测线路用一个六通阀门来切换，同时保持检测器内的载气气流（7 mL He min^{-1}）不与柱内相连接。TCD 和 ECD 的输出数据都记录在一个集成通道上，而 FID 的输出数据被记录在第二个通道上。辅助气体提供给所有三个检测器：TCD 以 7～8 mL min^{-1} 接收额外的 He 气；FID 以 200 mL min^{-1} 接收空气，以 20 mL min^{-1} 接收 H_2；ECD 以 18 mL min^{-1} 接收 $Ar-CH_4$（10:1）混合气体。完成三种气体分析共需要 3.3 min 时间。

Blackmer 和 Bremner（1977）提出了一种最全面的土壤气体气相色谱分析技术。此方法可以快速

精确地测定 N_2、O_2、Ar、CO_2、CH_4 和 N_2O。Ne、H_2、CO_2 和 NO 也被从一个 C_2H_4 和 C_2H_2 的复合峰中分离出来。在该系统中，气相色谱（a Tracor Model 150G）装备了一个超声波探测器和双相位计。气体在两个装有 50/80 目二乙烯基苯与乙烯基乙苯聚合物（Porapak Q）的不锈钢柱内被分离。气体样品通过第一个柱子（内径 4.3 m×2.1 mm；维持在 45℃）进入探测器的 A 端，然后进入第二个柱子（内径 7.6 m×2.1 mm；浸没在干冰-甲醇浴中），出来后进入探测器的 B 端。载气（UHP He）流量维持在 50 mL min^{-1}，由一个 412 kPa 的气压调节器和一个 206 kPa 的背压调节器（B 端）调控。总分析时间为 6.5 min。如果样品中有大量的 C_2H_4，C_2H_2 或者 He，可能需要较长的运行时间。McCarty 和 Blicher-Mathiesen（1996）也在一个全自动气相色谱系统中采用了超声波探测器，检测土壤气体样品中的 CO_2、N_2O、O_2/Ar 和 N_2。

更简单的系统可用于有关基本气体（即 N_2、O_2、Ar、CO_2 或者 CH_4）的研究分析。例如，Anderson（1982）介绍了一个系统，采用两个柱子（装备了 5A 分子筛和 Porapak R）和一个 TCD，用来检测 O_2、N_2 和 CO_2。TCD 是最普通 CO_2 的检测器，可以通过降低 N_2O 检测器的运行温度，使 ECD 检测 CO_2 达到足够的灵敏度（Loftfield 等，1997；Thomson 等，1997）。

64.3.2 气相色谱的替代系统

尽管气相色谱是研究土壤气体组分最通用的方法，市场上也有一些替代的土壤气体分析检测系统，包括测定 CO_2、NH_3 和挥发性有机化合物（VOCs）的比色气体检测管（Buyanovsky 和 Wagner，1983；Mayer，1989；DeLaune 等，2004）；用于单一和多成分（CO_2、CH_4 和 N_2O）检测的红外气体分析仪 IRGA（Deyo 等，1993；Ambus 和 Robinson，1998；Fang 和 Moncrieff，1998；Griffith 等，2002）；顺磁性、极谱和光纤 O_2 传感器（van Bavel，1965；Blackwell，1983；Cortassa 等，2001；Ramamoorthy 等，2003）；O_2 和 N_2O 的电化学传感器（Sexstone 等，1985；LiandLundegard，1996）；各种氦气探测器（Reimer，1991；Monnin 和 Seidel，1992；Mazur 等，1999；Yamamoto 等，2003）。与气相色谱系统相比，这些检测器的敏感性较低，但往往更适合于田间原位土壤气体分析，以及监测土壤和大气间的气体通量。Saltzman 和 Caplan（1995）、Woebkenberg 和 McCammon（1995）、Farrell 等（2002）和 Smith 和 Conen（2004）综合叙述了各种气体检测系统的基本原理、特征和表现。

IRGA 经常用来测量从土壤向大气排放的 CO_2 通量，但是也可以用于测量和监测土壤气体中的 CO_2 浓度。这些分析仪都基于大多数气体在 2~14 μm 波段内拥有独特红外吸收特征的原理。基本的 IRGA 系统由一个进样口、一个红外光源、一个样品室（即一个已知光学长度的腔室）、一个光学滤波器和一个红外探测器组成。光学滤波器允许检测器只检测目标气体的红外光谱部分。目标气体在给定长度路径内吸收的红外辐射量与其浓度成正比。因此，可以通过增加路径长度提高测定精度并降低检测下限。Woebkenberg 和 McCammon（1995）、Smith 和 Conen（2004）详细介绍了 IRGA。

Fang 和 Moncrieff（1998）利用 IRGA 测定了在田间土壤指定深度气井中采集气体的 CO_2 浓度。Gut 等（1998）介绍了一个新的土壤气体采样系统：将一个透气且疏水的聚丙烯管埋设在土壤中，采样管与一个 IRGA 串联；土壤空气在采样管和 IRGA 连续体中不断循环，利用 IRGA 记录气体中 CO_2 浓度的动态。基于红外光谱的气体传感器也已经进入土壤气体分析领域。例如，Hirano 等（2000）使用硅树脂制成的非色散红外传感器来测定日本落叶阔叶林土壤气体中 CO_2 浓度。Tang 等（2003）利用这款传感器的改进版本连续定位监测了加利福尼亚州一个地中海热带稀树草原生态系统中土壤 CO_2 浓度剖面，并计算了土壤 CO_2 的排放通量。Nobuhiro 等（2003）将一个类似的传感器与一个密闭的静态室系统相结合，用于观测从土壤排放到大气的 CO_2 通量。

另一个技术是日益普及的同位素比值质谱法（IRMS）。该技术基于这样一个事实：环境和农业科学家关注的重要元素（即氢、碳、氮、氧和硫）至少有两个稳定同位素，较轻的同位素在自然系统中更为丰富。由于这些同位素的相对丰度可以用同位素质谱技术获得，稳定同位素分析可以提供有关土壤中示踪气体的来源信息，而这些信息仅通过测定浓度无法得到。关于 IRMS 的详细讨论超出了本章的范围，感兴趣的读者可以查阅 Barrie 和 Prosser（1996）、Platzner（1997）、Scrimgeour 和 Robinson（2004）、Flanagan 等（2005）的综述论文。

64.4 气体—液体界面分析

人类关于通气性如何影响植物生长和微生物过程的认识，部分是基于我们对土壤-大气和土壤-水交界面土壤通气状况的了解。此外，由于土壤-水具有调节土壤气体成分的重要作用（即影响土壤生物过程，控制土壤气体和大气之间的交换，并且临时存储可溶性气体），有必要评估液相中气体的组成。在 64.3 节所描述的各种气体分析系统中，电化学传感器已被证明是原位监测气相和液相中气体浓度（分压）和动态最有用的方法。事实上，电化学传感器已经用于测定和监测 O_2 扩散率（ODR）、O_2 浓度剖面和田间土壤中 O_2 的扩散率（Patrick，1976；Rolston，1986；Khan 等，2000），以及原位连续测定土壤（Jensen 等，1965）和沉积物（Zhao 和 Cai，1997）中的 CO_2 浓度。

在本节中，我们将主要讨论铂（Pt）微电极作为测量土壤气相和液相中 ODR 和 O_2 浓度的工具。这是研究土壤-气体-水交界面最常见的电化学传感器类型。文献中已经对 Pt 微电极的原理、有效性和方法进行了详细介绍（Birkle 等，1964；McIntyre，1971；Phene，1986）。

64.4.1 ODR 测定

1. 原理和方法

氧气从大气到旺盛生长的植物根（或微生物群落）的运动过程包括在土壤气相中扩散、穿过水-气相边界、通过水膜渗透到达根际。因此，通过测定 O_2 从土壤液相扩散进入一个近似于植物根系的还原界面（即 Pt 电极），可以有效地反映 ODR。

典型的 ODR 测定系统由四个基本部分组成（图 64.2）：①铂电极（阴极）；②非极化参考电极（阳极，通常是 Ag，AgCl 电极，浸泡在饱和 KCl 的琼脂盐桥中）；③电源及相关电路（在阴极和阳极之间施加一个电压）；④毫安表（测量输出电流）。基本的 ODR 测定系统可以连接到包括土壤电阻修正的数据采集系统（见 843 页注释），从而实现多个电极的连续快速测定（Phene 等，1976；Callebaut 等，1980）。

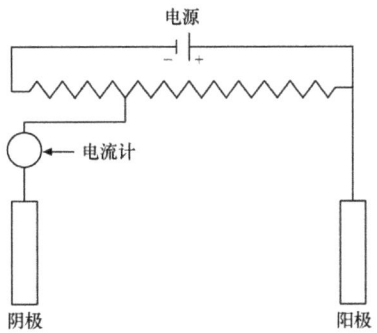

图 64.2　氧气扩散率测定系统基本组成部分

将 Pt 电极插入土壤中后，相对于参考电极，Pt 电极的电势被不断降低，直到电极表面的 O_2 被电解还原。实际测定中，施加电压降低到大约 $-0.2V$ 时，电流不断增加，直到达到极限电压。此时，O_2 被还原的速率受 O_2 扩散到阴极表面的速率所控制，而电流强度（i_{lc}）与 Pt 电极表面的 O_2 通量成正比，可用下列公式表示：

$$i_{lc} = nFAf_{t,a} \tag{64.3}$$

式中，n 是每摩尔的 O_2 当量数（4），F 是法拉第常数（96485 C mol^{-1}），A 是电极的表面积（m^2），$f_{t,a}$ 是在时间为 t（min）时，流向半径为 a（m）的电极表面的 O_2 通量。重新排列公式（64.3），可以得到流向电极表面的 O_2 通量 $f_{t,a}$：

$$f_{t,a} = ODR = \left(\frac{i_{lc}}{nFA}\right) \quad (64.4)$$

或者，将通量单位转换为 $g\ m^{-2}\ min^{-1}$：

$$ODR = 0.00497\left(\frac{i_{lc}}{A}\right) \quad (64.5)$$

式中，0.00497 为常数（$g\ A^{-1}\ min^{-1}$），i_{lc} 为测定的输出电流（A），A 是电极的表面积（m^2）。[注释：O_2 的分子量为 32 $g\ mol^{-1}$]

2. Pt 微电极的制作

用于测定土壤 ODR 的 Pt 电极的制作技术举不胜举，难以详细描述。值得注意的是，使用玻璃管并装有液态汞接头的电极已经普遍被更坚固、对环境影响较低的电极取代。Letey 和 Stolzy（1964）、Farrell 等（2002）和 Wafer 等（2004）介绍了合理的电极设计。本文作者常用的 Pt 微电极的制作过程如下：

（1）将绝缘的 18 号铜导线切割成所需长度。在导线两端剥离大约 3 cm 的绝缘塑料。

（2）将长度为 1.25 cm 的 20 号（或 22 号）Pt 电缆（纯度＞98%）点焊到铜线上。然后，将铜线抛光，用一小段热缩管（长度应覆盖 Pt-Cu 连接部分）套到电缆上 Pt-Cu 交界处，缓慢加热使其收缩。（注意：为了最大程度地保护 Pt-Cu 接头，覆盖热缩管之前，在焊接处涂上少量的船用环氧树脂。）

（3）将 Cu-Pt 线插入一次性的 1 mL 的塑料吸管头（当作模具），保持大约 1 mm 长的的 Pt 丝外露。然后在吸管内灌满船用环氧树脂，静置树脂凝固（Farrell 等，1991）。环氧树脂可以防止饱和条件下探头变质。

（4）环氧树脂硬化后，将一个镀金的引脚连接器焊接到 Cu 线上，以便将电缆连接到毫安表上。在测试和使用前，将铂线端用贵重金属清洗剂清洗。

（5）利用 Ag 和 AgCl 参考电极（盐桥为 3.5 M 的 KCl 溶液）测试 Pt 微电极。将电极放入由 3.33 mM 的亚铁氰钾、3.33 mM 的铁氰化钾和 0.1 M 的 KCl 组成的氧化还原缓冲液中，记录电池电位。如果电池电位达到 425±10 mV，表明电极达到标准了。

需要注意的是，使用环氧树脂来密封 Pt-Cu 连接点后，一旦电极坏了，很难收回所有的铂金。为了避免这个问题，Wafer 等（2004）使用青铜焊条作为电极的主体，将 Pt 尖端焊接到焊条一端的小孔中（而将 Cu 线连接器焊接到另一端的孔中），然后用热缩管覆盖焊接点，并在焊接点上装上一个脊状的绝缘接线柱（覆盖 Pt 尖的一小部分）。他们认为这些电极制作简单，需要时便于维修，可以在很长时间内（19 个月）稳定地测定土壤的氧化还原电势。

3. 插入土壤和测定 ODR

在测定表层土壤时，需要将 Pt 微电极用手插入土壤中。此时要小心，防止损坏电极尖。一般情况下，用一根塑料或者金属棒在土壤中轻轻地钻一个比微电极直径稍小的小孔。为了将对周围土壤的扩散路径扰动降到最低，这个小孔要稍浅于（1～2 cm）测定深度。在测定下层土壤时，Pt 微电极可以埋在测定位置（由于存在电极受污染的潜在风险，一般不建议埋设），也可以通过一根细管插入（或拔出），然后将细管顶端密封，尽量减小电极之上的空间。Patrick（1976）和 Phene 等（1976）介绍了利用细管在土壤下层放置 Pt 微电极的方法。

一旦 Pt 微电极插入土壤，参考电极（通常是甘汞电极或 Ag、AgCl 电极）就会通过盐桥（饱和或者 3.5 M KCl）与土壤接触。如果土壤干燥，可以在盐桥附近滴一些蒸馏水，以确保参考电极与土壤接触良好。参考电极可以从众多的厂商处购买，或者可以按照 Phene（1986）、Armstrong 和 Wright（1976）、Blackwell（1983）和 Farrell 等（2002）的描述来自行制作。Veneman 和 Pickering（1983）介绍了原位测定土壤氧化还原电位的盐桥。这个盐桥也可以用来测定 ODR。

测定 ODR 需要在电极之间施加电压（为促进标准化，建议使用-0.65V 电压）。当电流达到稳定状态后（一般在施加电位后 5~10 min），记录电流强度，并利用式 64.2 计算得到 ODR。

4. 建议

影响 ODR 测量的主要因素可以分为两类：①电化学因素（例如，施加电位的选择、稳定电流的建立、电极的安装及 Pt 电极的污染）；②土壤因素（例如，含水量和含盐量、O_2 浓度和温度）。McIntyre（1971）、Phene（1986）和 Farrell 等（2002）已经详细地讨论了这些因素。总的来说，ODR 测量错误可能来源于以下三个原因之一：①施加了一个不合理的电压；②Pt 微电极中毒；③土壤含水量或含盐量的变化。

（1）施加电压：在理想条件下，O_2 在阴极的还原在施加大约-0.2 V（O_2 的分解电压）电压时开始。随着（负向）施加电压提高，电流强度增加，直到电压达到限制电压（该电压时，O_2 还原速率受到 O_2 扩散到电极表面的速率控制）。在这个阶段，电流和施加电压的关系图（极谱图）形成一个，电流强度在施加电压达到氢离子的放电电势前保持稳定（Arm Strong 和 Wright，1976）。尽管通常采用-0.65 V 的外加电压测定 ODR（Phene，1986），Armstrong 和 Wright（1976）和 Blackwell（1983）建议，任何测定 ODR 的第一步是根据限制电压的电流-电压图原位确定施加电压；如果电流-电压图没有稳定，应当放弃进一步测定 ODR。Blackwell（1983）指出，采用 Armstrong 和 Wright（1976）法得到的 ODR 值往往比标准方法（施加-0.65 V 电压）的结果小一个数量级。因此，应该通过认真考虑，确定一个合适的施加电压。考虑到测定多个限制电压不方便而且费用较高，在每个采样深度获取一个测量值就足够了（Armstrong 和 Wright，1976）。

（2）电极中毒：中毒可以定义为当 Pt 微电极表面发生化学或者物理变化，从而干扰其对 O_2 的还原效率（Devitt 等，1989）。如果每次测定后将电极从土壤中移出，中毒通常不是影响因素。如果将电极长的时间放置在一个地方，中毒就可能成为影响因素。胶体物质移动到电极表面、碳酸盐或碳酸盐与硅铝酸盐混合物在电极表面的沉积都会导致电极中毒（McIntyre，1971；Devitt 等，1989）。通过每 4~8 周把电极取出来清洗一次可以将中毒的影响最小化。

（3）土壤含水量和含盐量的校正：土壤含水量或者含盐量的改变可以从土壤电阻的变化中反映出来。这种改变会进一步影响 Pt 电极和参比电极之间的真实电压。由于输出电流决定于电极之间的真实电压，以及和流向铂电极的 O_2 通量，真实的 ODR 在一定程度上取决于土壤电阻。Callebaut 等（1980）讨论了根据土壤电阻变化校正 ODR 方法。

尽管存在这些问题，并且 Pt 微电极测定土壤 O_2 理论的有效性还有一些保留性意见（McIntyre，1971），大家普遍认为在发明更好的方法之前，采用 Pt 微电极测定 ODR 能够为研究土壤通气性提供有价值的信息。

64.4.2 O_2 浓度测量

1. 原理和设备

基础的 Clark 类型 O_2 电极是一种安培计式传感器，由 Pt（或 Au）阴极和一个 Ag、AgCl 阳极（用一种诸如 KCl 的电解质与阴极相连）组成。传感器通过一个透气膜与土壤接触（图 64.3）。Phene（1986）、Ding 和 Wang（1993）、Hitchman 和 Berlouis（1995）、Pham 和 Glass（1997）已经综合论述了这些电极的理论和操作事项。简而言之，当阴极和阳极之间加载一个合适的电位时，通过渗透膜扩散到阴极部位的 O_2 减少，阴极表面 O_2 浓度为零，而输出电流与阴极上 O_2 浓度的减少成正比。在基础电极设计上增加一个热敏电阻可以实现温度补偿。电极上覆盖有第二层透气膜，用一块尼龙网与第一层膜隔开，以防止在靠近铂阴极的膜上形成冷凝水。根据这种设计，即使外膜上有水凝结，在两个膜之间存在一个 O_2 扩散到阴极的低阻抗路径。这种探头适合测定土壤气相和溶液中的 O_2 浓度。在此基础上，Revsbech（1989）进一步增加了一个保护阴极，以阻止 O_2 从电解质溶液向探针尖部扩散，从而改进了 O_2 微电极。该电极后来被用于测量 O_2 在土体和根际土壤中的分布（Christensen 等，1994；Højberg 等，1994）。

2. 步骤

具备上述电极特征的氧气探头可以在实验室制作，也可以购买。应根据制造商的指南来完成激活、校准和使用等操作。总的来说，这些探头每个月需要校准一次。如果需要更高的精度，很有必要进行更频繁的校准。同样，为了确保其性能，应当每月更换一次电解质。因为氧气在水中和空气中的扩散速率略有不同，为了得到空气饱和水的校准值，先进的仪表对水饱和空气校准值赋予一个校正系数。对大多数的 Orion 型探头（Thermo Electron Corporation，Beverly，Massachusetts），校正系数为 101.7%。当测定低浓度（低于 $2~\mu L~L^{-1}$）样品时，需要利用零氧标准进行第二次校准。在氧气浓度为零时，一些更先进的探头不产生电流，就没有必要确定零点并且进行第二次校准了。

3. 注释

氧气电极的持续发展，带动了一些新的实验设计。例如，为了在单个团聚体上建立厌氧微生境并且测定团聚体内部的 O_2 扩散系数，Sexstone 等（1985）采用了一个 O_2 微电极来直接测定单个土壤团聚体内 O_2 浓度剖面。Revsbech 等（1988）发明了一个能够测定 O_2 和 N_2O 的复合电极，后来被 Højberg 等（1994）用来研究土壤团聚体中的呼吸和反硝化作用下 O_2 的空间分布。虽然这些实验中也面临一些其他困难，但采用其他分析技术无法实现。这些研究也表明，在开发其他气体传感器方面存在着巨大的潜力。

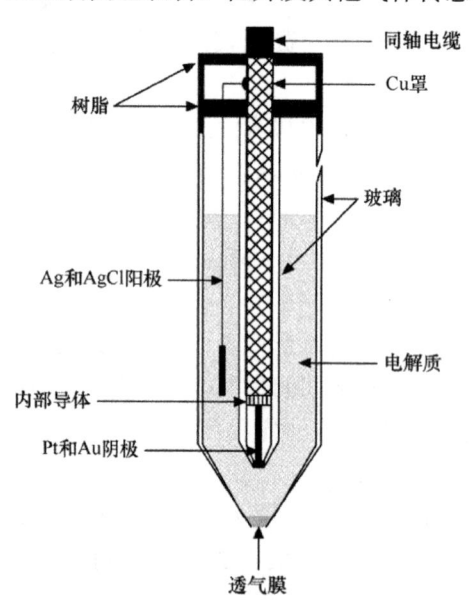

图 64.3　Clark 型安倍计式 O_2 微电极

64.4.3　其他气体传感器

在环境研究中，Clark 类型的 O_2 微探头使用最频繁、应用最广泛（Kühl 和 Revsbech，2001），而科学家们也相继研发了一系列测定其他气体（如 CO_2、NH_3、H_2S、SO_2 和 CH_4）的电化学探头。然而，到目前为止，对土壤气体的研究只采用了电位式的二氧化碳探头（Jensen 等，1965）。电化学、光纤传感器和生物传感器领域的不断发展，有望为土壤气体各个组分的定量化和原位研究提供新的契机。比如，光纤 O_2 传感器与传统的 Clark 型传感器相比具有很多优点：容易微型化实现原位监测，制作简单，干扰因素少，而且具有更持久的稳定性（Kühl 和 Revsbech，2001）。

参 考 文 献

Ambus, P. and Robinson, G.P. 1998. Automated near-continuous measurement of carbon dioxide and nitrous oxide fluxes from soil. *Soil Sci. Soc. Am. J.* 62: 394-400.

Anderson, J.P.E. 1982. Soil respiration. In:A.L. Page et al. eds. *Methods of Soil Analysis, Part 2-Chemical and Microbiological Properties*. 2nd ed. American Society of Agronomy, Madison, WI, 831-871.

Armstrong, W. and Wright, E.J. 1976. A polarographic assembly for multiple sampling of soil oxygen flux in the field. *J. Appl. Ecol.* 13: 849-856.

Bakker, E. 2004. Electrochemical sensors. *Anal. Chem.* 76: 3285-3298.

Banwart, W.L. and Bremner, J.M. 1974. Gas chromatographic identification of sulfur gases in soil atmospheres. *Soil Biol. Biochem.* 6: 113-115.

Barrie, A. and Prosser, S.J. 1996. Automated analysis of light-element stable isotopes by isotope ratio mass spectrometry. In :T.W. Boutton and S. Yamasaki, Eds. *Mass Spectrometry of Soils*. Marcel Dekker, New York, NY, 1-46.

Birkle, D.E., Letey, J., Stolzy, H., and Szuszkiewicz, T.E. 1964. Measurement of oxygen diffusion rates with the platinum microelectrode. II. Factors influencing the measurements. *Hilgardia* 35: 555-566.

Blackmer, A.M. and Bremner, J.M. 1977. Gas chromatographic analysis of soil atmospheres. *Soil Sci. Soc. Am. J.* 41: 908-912.

Blackwell, P.S. 1983. Measurements of aeration in waterlogged soils: some improvements of techniques and their application to experiments using lysimeters. *J. Soil Sci.* 34: 271-285.

Buyanovsky, G.A. and Wagner, G.H. 1983. Annual cycles of carbon dioxide level in soil air. *Soil Sci. Soc. Am. J.* 47: 1139-1145.

Callebaut, F., Balcaen, M., Gabriels, D., and De Boodt, M. 1980. Data acquisition system for field determination of redox potential, oxygen diffusion rate and soil electrical resistance. *Mooed. Fac. Landbouwwet. RUG* 45: 15-24.

Christensen, P.B., Revsbech, N.P., and Sand-Jensen, K. 1994. Microsensor analysis of oxygen in the rhizosphere of the aquatic macrophyte *Littorella uniflora* (L.) Ascherson. *Plant Physiol.* 105: 849-852.

Clark, M., Jarvis, S., and Maltby, E. 2001. An improved technique for measuring concentration of soil gases at depth in situ. *Commun. Soil Sci. Plant Anal.* 32: 369-377.

Colbourn, P., Harper, I.W., and Iqbal, M.M. 1984. Denitrification losses from ^{15}N-labelled calcium nitrate fertilizer in a clay soil in the field. *J. Soil Sci.* 35: 539-547.

Cortassa, S., Aon, M.A., and Villon, P.F. 2001. A method for quantifying rates of O_2 consumption and CO_2 production in soil. *Soil Sci.* 166: 68-77.

Covert, J.A., Tenuta, M., and Beauchamp, E.G. 1995. Automated analysis of gases stored in *Vacutainer vials. Commun. Soil Sci. Plant Anal.* 26: 2995-3003.

de Jong, E., Schappert, H.J.V., and MacDonald, K.B. 1974. Carbon dioxide evolution from virgin and cultivated soil as affected by management practices and climate. *Can. J. Soil Sci.* 54: 299-307.

de Souza, T.L.C. 1984. Supelpak-S: The GC separating column for sulphur gases. *J. Chromatogr. Sci.* 22: 470-472.

DeLaune, P.B., Moore, P.A. Jr., Daniel, T.C., and Lemunyon, J.L. 2004. Effect of chemical and microbial amendments on ammonia volatilization from composting poultry litter. *J. Environ. Qual.* 33: 728-734.

Devitt, D.A., Stolzy, L.H., Miller, W.W., Campana, J.E., and Sternberg, P. 1989. Influence of salinity, leaching fraction, and soil type on oxygen diffusion rate measurements and electrode "poisoning." *Soil Sci.* 148: 327-335.

Deyo, B.G., Robbins, G.A., and Binkhorst, G.B. 1993. Use of portable oxygen and carbon dioxide detectors to screen soil gas for subsurface gasoline contamination. *Ground Water* 31: 598-604.

Ding, C.P. and Wang, J.H. 1993. Voltammetric methods. In: T.R. Yu and G.L. Ji, eds. *Electrochemical Methods in Soil and Water Research*. Pergamon Press, Oxford, UK, 366-412.

Fang, C. and Moncrieff, J.B. 1998. Simple and fast technique to measure CO_2 profiles in soil. *Soil Biol. Biochem.* 30: 2107-2112.

Farrell, R.E., Elliott, J.A., and de Jong, E. 1993. Soil air. In: M.R. Carter, ed. *Soil Sampling and Methods of Analysis*. Canadian Society of Soil Science. Lewis Publishers, Boca Raton, FL, 663-672.

Farrell, R.E., Elliott, J.A., and de Jong, E. 2002. Gas sampling and analysis. In: J.H. Dane and G.C. Topp, eds. *Methods of Soil Analysis, Part 4-Physical Methods*. Soil Science Society America, Madison, WI, 1076-1111.

Farrell, R.E., Swerhone, G.D.W., and van Kessel, C. 1991. Construction and evaluation of a reference electrode assembly for use in continuous monitoring of in situ soil redox potentials. *Commun. Soil Sci. Plant Anal.* 22: 1059-1068.

Flanagan, L.B., Ehleringer, J.R., and Pataki, D.E., Eds. 2005. *Stable Isotopes and Biosphere-Atmosphere Interactions: Processes and Biological Controls*. Elsevier, San Diego, CA.

Griffith, D.W.T., Leuning, R., Denmead, O.T., and Jamie, I.M. 2002. Air-land exchanges of CO_2, CH_4 and N_2O measured by FTIR spectrometry and micrometeorological techniques. *Atmos. Environ.* 36: 1833-1842.

Gut, A., Blatter, A., Fahrni, M., Lehmann, B.E., Neftel, A., and Staffelbach, T. 1998. A new membrane tube technique (METT) for continuous gas measurements in soil. *Plant Soil* 198: 79-87.

Hall, K.C. and Dowdell, R.J. 1981. An isothermal gas chromatographic method for the simultaneous estimation of oxygen, nitrous oxide and carbon dioxide content of gases in the soil. *J. Chromatogr. Sci.* 19: 107-111.

Hirano, T., Setoyama, H., Tanaka, Y., and Kim, H. 2000. Diffusive CO_2 efflux from the soil surface of a deciduous broad-leaved forest in Hokkaido, Japan. In: Proceedings of the International Workshop for Advanced Flux Network and Flux Evaluation. Center for Global Environmental Research, National Institute for Environmental Studies, Japan, 113-118.

Hitchman, M.L. and Berlouis, L.E.A. 1995. Electrochemical methods. In: F. McLennan and B.R. Kowalski, eds. *Process Analytical Chemistry*. Blackie Academic & Professional, London, UK, 217-258.

Højberg, O., Revsbech, N.P., and Tiedje, J.M. 1994. Denitrification in soil aggregates analyzed with microsensors for nitrous oxide and oxygen. *Soil Sci. Soc. Am. J.* 58: 1691-1698.

Izaurralde, R.C., Lemke, R.L., Goddard, T.W., McConkey, B., and Zhang, Z. 2004. Nitrous oxide emissions from agricultural toposequences in Alberta and Saskatchewan. *Soil Sci. Soc. Am. J.* 68: 1285-1294.

Jensen, C.R., Van Gundy, S.D., and Stolzy, L.H. 1965. Recording CO_2 in soil root systems with a potentiometric membrane electrode. *Soil Sci. Soc. Am. Proc.* 29: 631-633.

Kabwe, L.K., Farrell, R.E., Carey, S.K., Hendry, M.J., and Wilson, G.W. 2005. Characterizing spatial and temporal variations in CO_2 fluxes from ground surface using three complimentary measurement techniques. *J. Hydrol.* 311: 80-90.

Kammann, C., Grünhage, L., and Jäger, H.-J. 2001. A new sampling technique to monitor concentrations of CH_4; N_2O and CO_2 in air at well-defined depths in soils with varied water potential. *Eur. J. Soil Sci.* 52: 297-303.

Khan, A.R., Chandra, D., Quraishi, S., and Sinha, R.K. 2000. Soil aeration under different soil surface conditions. *J. Agron. Crop Sci.* 185: 105-112.

Kühl, M. and Revsbech, N.P. 2001. Biogeochemical microsensors for boundary layer studies. In: B.P. Boudreau and B.B. Jørgensen, eds. *The Benthic Boundary Layer*. Oxford University Press, New York, 180-210.

Lemke, R., Goddard, T., Hahn, D., Burton, D., Ellert, B., Farrell, R., Monreal, M., and Noot, D. 2002. An inter-laboratory comparison of nitrous oxide analysis in western Canada. Commun. *Soil Sci. Plant Anal.* 33: 2705-2713.

Letey, J. and Stolzy, L.H. 1964. Measurement of oxygen diffusion rates with platinum microelectrodes. I. Theory and equipment.

Hilgardia 35: 555-566.

Li, D.X. and Lundegard, P.D. 1996. Evaluation of subsurface oxygen sensors for remediation monitoring. *Ground Water Monitor. Remed.* 16: 106-111.

Loftfield, N., Flessa, H., Augustin, J., and Beese, F. 1997. Automated gas chromatographic system for rapid analysis of the atmospheric trace gases methane, carbon dioxide, and nitrous oxide. *J. Environ. Qual.* 26: 560-564.

Mayer, C.L. 1989. Interim guidance document for soil-gas surveying. Contract No. 68-03-3245, U.S. EPA Environmental Monitoring Systems Laboratory, Office of Research and Development, Cincinnati, OH.

Mazur, D., Janik, M., Loskiewicz, J., Olko, P., and Swakolq, J. 1999. Measurements of radon concentration in soil gas by CR-39 detectors. *Rad. Meas.* 31: 295-300.

McCarty, G.W. and Blicher-Mathiesen, G. 1996. Automated chromatographic analysis of atmospheric gases in environmental samples. *Soil Sci. Soc. Am. J.* 60: 1439-1442.

McIntyre, D.S. 1971. The platinum microelectrode method for soil aeration measurement. *Adv. Agron.* 22: 235-283.

Mitchell, M.J. 1973. An improved method for microrespirometry using gas chromatography. *Soil Biol. Biochem.* 5: 271-274.

Monnin, M.M. and Seidel, J.L. 1992. Radon insoil-air and in groundwater related to major geophysical events: a survey. *Nucl. Inst. Meth. Phys. Res.* A314: 316-330.

Nobuhiro, T., Tamai, K., Kominami, Y., Miyama, T., Goto, Y., and Kanazawa, Y. 2003. Development of the IRGA enclosed-chamber system for soil CO_2 efflux measurement and its application to a spatial variation measurement. *J. For. Res.* 8: 297-301.

Patrick, W.H. Jr. 1976. Oxygen content of soil air by a field method. *Soil Sci. Soc. Am. J.* 41: 651-652.

Pham, Q.A. and Glass, R.S. 1997. Characteristics of the amperometric oxygen sensor. *J. Electrochem. Soc.* 144: 3929-3934.

Phene, C.J. 1986. Oxygen electrode measurement. In: A.L. Page et al. eds. *Methods of Soil Analysis, Part 1-Physical and Mineralogical Methods*. 2nd ed. American Society of Agronomy, Madison, WI, 1137-1159.

Phene, C.J., Campbell, R.B., and Doty, C.W. 1976. Characterization of soil aeration *in situ* with automated oxygen diffusion measurements. *Soil Sci.* 122: 271-281.

Platzner, I.T. 1997. *Modern Isotope Ratio Mass Spectrometry*. John Wiley & Sons, Chichester, UK.

Ramamoorthy, R., Dutta, P.K., and Akbar, S.A. 2003. Oxygen sensors: materials, methods, designs and applications. *J. Mater. Sci.* 38: 4271-4282.

Reimer, G.M. 1991. Simple techniques for soilgas and water sampling for radon analysis. In: L.S. Gunderson and R.B. Wanty, eds. *Field Studies of Radon in Rocks, Soils and Water*. Part 1, Section 1. U.S. Geological Survey Bulletin 1971, Reston, VA, 19-22.

Revsbech, N.P. 1989. An oxygen microelectrode with a guard cathode. *Limnol. Oceanogr.* 34: 474-478.

Revsbech, N.P., Christensen, P.B., Nielsen, L.P., and Sørensen, J. 1988. A combined oxygen and nitrous oxide microsensor for denitrification studies. *Appl. Environ. Microbiol.* 54: 2245-2249.

Rochette P. and Bertrand, N. 2003. Soil air sample storage and handling using polypropylene syringes and glass vials. *Can. J. Soil Sci.* 83: 631-637.

Rolston, D.E. 1978. Application of gaseousdiffusion theory to measurement of denitrification. In: D.R. Nielsen and J.G. MacDonald, eds. *Nitrogen in the Environment, Vol. 1*. Academic Press, New York, NY, 309-335.

Rolston, D.E. 1986. Gas diffusivity. In: A.L. Page et al. eds. *Methods of Soil Analysis, Part 1-Physical and Mineralogical Methods*. Agronomy 9, 2nd ed. American Society of Agronomy, Madison, WI, 1089-1102.

Sakata, T., Ishizuka, S., and Takahashi, M. 2004. A method for measuring fluxes of greenhouse gases from forest soils. *Bull.*

FFPRI 3: 259-265.

Saltzman, B.E. and Caplan, P.E. 1995. Detector tubes, direct-reading passive badges, and dosimeter tubes. In: B.S. Cohen and S.V. Hering, eds. *Air Sampling Instruments for Evaluation of Atmospheric Contaminants*, 8th edn. American Conference of Governmental Industrial Hygienists, Cincinnati, OH, 401-437.

Scrimgeour, C.M. and Robinson, D. 2004. Stable isotope analysis and applications. In: K.A. Smith and M.S. Cresser, eds. *Soil and Environmental Analysis: Modern Instrumental Techniques*, 3rd edn. Marcel Dekker, New York, NY, 381-431.

Sexstone, A.J., Revsbech, N.P., Parkin, T.B., and Tiedje, J.M. 1985. Direct measurement of oxygen profiles and denitrification rates in soil aggregates. *Soil Sci. Soc. Am. J.* 49: 645-651.

Sitaula, B.K., Luo, J., and Bakken, L.R. 1992. Rapid analysis of climate gases by wide bore capillary gas chromatography. *J. Environ. Qual.* 21: 493-496.

Smith, K.A. and Arah, J.R.M. 1991. Gas chromatographic analysis of the soil atmosphere. In: K.A. Smith, ed. *Soil Analysis: Modern Instrumental Techniques*, 2nd edn. Marcel Dekker, New York, NY, 505-546.

Smith, K.A. and Conen, F. 2004. Measurement of trace gases. I. Gas analysis, chamber methods, and related procedures. In: K.A. Smith and M.S. Cresser, eds. *Soil and Environmental Analysis: Modern Instrumental Techniques*, 3rd edn. Marcel Dekker, New York, NY, 433-476.

Smith, K.A. and Dowdell, R.J. 1973. Gas chromatographic analysis of the soil atmosphere: automatic analysis of gas samples for O_2, N, Ar, CO, NO and C-C hydrocarbons. *J. Chromatogr. Sci.* 11: 655-658.

Tang, J., Baldocchi, D.D., Qi, Y., and Xu, L. 2003. Assessing soil CO_2 efflux using continuous measurements of CO_2 profiles in soils with small solid-state sensors. *Agric. For. Met.* 118: 207-220.

Thomson, P.E., Parker, J.P., Arah, J.R.M., Clayton, H., and Smith, K.A. 1997. Automated soil monolith-flux chamber system for the study of trace gas fluxes. *Soil Sci. Soc. Am. J.* 61: 1323-1330.

van Bavel, C.H.M. 1954. Simple diffusion well for measuring soil specific diffusion impedance and soil air composition. *Soil Sci. Soc. Am. Proc.* 18: 229-234.

van Bavel, C.H.M. 1965. Composition of soil atmosphere. In: C.A. Black et al., eds. *Methods of Soil Analysis, Part 1-Physical and Mineralogical Properties*. 1st ed. American Society of Agronomy, Madison, WI, 315-319.

Veneman, P.L.M. and Pickering, E.W. 1983. Salt bridge for field redox potential measurements. *Commun. Soil Sci. Plant. Anal.* 14: 669-674.

Wafer, C.C., Richards, J.B., and Osmond, D.L. 2004. Construction of platinum-tipped redox probes for determining soil redox potential. *J. Environ. Qual.* 33: 2375-2379.

Woebkenberg, M.L. and McCammon, C.S. 1995. Direct reading gas and vapor instruments. In: B.S. Cohen and S.V. Hering, eds. *Air Sampling Instruments for Evaluation of Atmospheric Contaminants*, 8th edn. American Conference of Governmental Industrial Hygienists, Cincinnati, OH, 439-510.

Wolfbeis, O.S. 2004. Fiber-optic chemical sensors and biosensors. *Anal. Chem.* 76: 3269-3284.

Wood, M.J. 1980. An application of gas chromatography to measure concentrations of ethane, propane, and ethylene found in interstitial soil gases. *J. Chromatogr. Sci.* 18: 307-310.

Yamamoto, S., Yoshida, Y., and Iida, T. 2003. Development of an underground radon detector using an optical fiber. *IEEE Trans. Nucl. Sci.* 50: 987-990.

Zhao, P. and Cai, W.-J. 1997. An improved potentiometric pCO_2 microelectrode. *Anal. Chem.* 69: 5052-5058.

（苏志慧　译，任图生　校）

第 65 章 地表气体排放

Philippe Rochette and Normand Bertrand

Agriculture and Agri-food Canada
Quebec, Quebec, Canada

65.1 引　言

测定地表气体排放具有多种用途。它是全面评价农田管理对大气环境（氨、温室气体和农药）影响的必需指标，也是开发和检验气体排放预测模型的重要参数。相比于监测土壤中底物浓度的变化速率，直接监测相关的气体排放速率更容易对土壤生物或化学反应的瞬时速率进行量化。

测量土壤气体排放量的技术很多，但大部分是基于气室法理论、气体扩散理论或微气象理论建立的。这些理论方法都是以扩散菲克第一定律（Fick's first law）为基础的，因气体扩散率不能准确估算和垂直方向的气体浓度梯度难以确定，尤其当气体产生或消耗速率随土壤深度变化不均匀时，基于菲克第一定律的建立的技术的可靠性降低。微气象技术是用数学表达的方法描述相对大而平坦的，均一来源的湍流物质和能量传输过程的理论，这种非扰动式的方法可在时间和空间上综合估计农业生态系统气体交换。有关气体扩散理论和微气象理论技术的使用详情可参阅其他综述性文章（Rolston，1986；Pattey 等，2006）。

气室法目前使用最广泛，使用历史已有八十多年。这种技术测量精度高，建造和使用费用相对较低，适用于各种现场条件及实验目标。根据气室气流是否恒定分为稳态（Steady-state）和非稳态（Nonsteady-state，NSS）两种类型。这里主要介绍目前在农业生态系统中应用最普遍的非稳态气室（NSS）。

65.2 非稳态气室

非稳态气室一般被用来测定土表相对惰性的气体的通量，如 CO_2、CH_4 和 N_2O。在非稳态气室中，目标气体通量（F_g；$g\ m^{-2}\ s^{-1}$）可通过测定期间气室气体浓度变化速率（dG/dt；$mol\ mol^{-1}\ s^{-1}$）计算得到（Rochette 和 Hutchinson，2005）：

$$F_g = dG/dt \times V/A \times M_{m,g}/V_m \times (1-e_p/P) \tag{65.1}$$

式中，G 表示气室中干燥气体浓度（$mol\ mol^{-1}$）；

V 表示气室体积（m^3）；

A 表示气室覆盖面积（m^2）；

e_p 表示气室中水汽分压（kPa）；

P 表示大气压力（kPa）；

$M_{m,g}$ 表示气体 g 的相对分子质量（$g\ mol^{-1}$）；

V_m 表示在气室温度和大气压力下气体摩尔体积（$m^3\ mol^{-1}$）；

e_p 和 V_m 为测量开始时（$t=0$）的初始值。

气体浓度 G 的测量可用便携式气体分析仪原位测定。该方法限于测定气体通量较高且气体浓度变化速率快的情况，如 CO_2。便携式气体分析仪不能测定的一般带回实验室测定浓度。而非稳态气室法测定结果质量高低的关键在于气体采集、存储及分析。因此，气室设计、部设及 dG/dt 的确定都对测量结果至关重要。

65.2.1 气体样品收集

（1）收集气体的容器必须洁净，具有良好的密封性且制作容器的材质不与气体发生反应。通常采用市场出售的顶部开口的进样瓶作为土壤实验气体收集器（12 mL Exetainer, Labco, High Wycombe, UK）。大多数情况下，顶部开口的进样瓶瓶口的橡胶塞可以提供良好的密封。然而，针头拔出后，橡胶塞上留下的针孔需要几秒钟才会闭合，导致瓶内外的气体通过橡胶塞发生交换，在瓶内气压不足或过高时尤其明显。可以在橡胶塞上加上一个硅胶塞（表 65.1）来降低此过程带来的误差（Rochette 和 Bertrand，2003）。

表 65.1 非稳态集气室组成和气体采集材料

集气室	描述
集气室及框架	洁净的丙烯酸塑料（6.35 mm）
气体采集端口	连接有注射过滤膜（Vygon, Ecouen, France）的 6.35 mm 塑料管
覆盖	绝缘、反光、隔热的门板材料
排气管	长 25 cm * 内径 1.5 cm（60 L 气室）
密封垫	6.35 mm 闭孔泡沫塑料（Lundell Manufacturing Corp., Minneapolis, Minnesota）
安装固定	弹簧扣件和锚板（如连接锁）
气体采集	**描述**
注射器	聚丙烯注射器（如 20 mL；Becton Dickinson, Rutherford, New Jersey）
针	26 计量注射针（如 26 G 3/8；Becton Dickinson, Rutherford, New Jersey）
	带有螺旋帽的玻璃小瓶（如 12 mL Exetainer, Labco Ltd., High Wycomne, UK）
小瓶	13 mm 聚四氟乙烯硅酮隔片（如 Supelco, Bellefonte, Pennsylvania；参考 Rochette 和 Bertrand [2003]）

（2）新购买的顶部开口进样瓶真空度存在差异，因此在收集气体前将其与真空泵连接排除瓶内残余气体。瓶内真空度随抽真空时间延长而提高，抽取 3~4 min 后瓶内气体排出速度很快降低。随着抽取时间的延长，真空度也会增加，但同时橡胶塞上针孔闭合的时间也随之延长，通过针孔的气体交换速度也会加快，降低真空度。因此，使用者在抽真空过程中必须考虑抽取时间与真空度的关系。抽真空过程中使用的针头尽可能细（26G3/8；Becton dickison, Rutherford, New Jersey），使针头对橡胶密封塞的破坏作用减到最小，避免气体泄漏。在每次抽真空后，瓶内充满诸如氦（分子量越小，扫气完成越快越彻底）之类的惰性气体。整个过程在连接有惰性气体压缩箱的真空管路中进行，瓶内充满气体可以避免因为不完全的排气导致气体样品受 CO_2 或 N_2O 的污染。抽真空之前必须对真空管路进行检查，在具有双向针头的瓶内注入水检测真空管路。通过比较进气值和出气值计算残留气体的量，从而修正真空管路的矫正函数。如果真空管路密闭性差，就必须先检查真空管路本身是否有问题，检查各接口处螺丝是否松动。顶部开口的进样瓶瓶塞双层隔膜（表 65.1）可以多次使用（至少 7 个周期）（Rochette 和 Bertrand，2003）。从实际应用角度考虑，最好同一批次气体样品采集分析使用批次相同的进样瓶。硅胶瓶塞暴露在空气中会逐渐老化，因此在不使用的时候应该将进样瓶保存在密封的容器中，在不考虑使用周期的情况下大约 6 个月更换一次。装有双层隔膜盖子的完全真空进样瓶，在 20 周后真空度保持在 98% 以上（Rochette 和 Bertrand，2003）。操作注射器针头时必须小心，避免造成人身伤害，还要避免刺穿瓶塞边缘。损坏的针头可能会割破隔膜并引起气体泄漏，所以应定期检查针头，根据需要随时更换（B. H. Ellert, 私下交流，

2005）。

（3）气体通量通常以干燥气体为标准计算。由于采集过程中集气室水汽压的升高，计算气体通量时必须进行修正（Rochette 和 Hutchinson，2005）。高氯酸镁与很多气体不发生反应，是一种高效的气体干燥剂。因此，在抽气之前向进样瓶中添加 2~3 mg 高氯酸镁，除去气体中水汽。但需要注意的是，高氯酸镁是一种非常强的氧化剂，进行操作的时候必须做好防护措施，避免与皮肤接触，避免接触到酸和有机质，必须贴好容器标签及操作说明。同样，操作和存储时应该保持瓶口向上，避免高氯酸镁与橡胶隔膜接触。

（4）将聚丙烯注射器（Becton Dickison，Rutherford, New Jersey；26G3/8 针）插入集气室采样口，抽满注射器（大约 1 mL）注入进样瓶（表 65.1），然后再注入 20~24 mL 空气，注射过程中避免产生侧压导致隔膜变形。进样瓶的内压大约 200 kPa 时周围空气对其污染最小（~0.13% d^{-1}；Rochette 和 Bertrand，2003），同时要避免分析取样对气体造成的污染。空气不能在注射器内停留时间太长，防止气体泄漏和注射器壁的吸附（Rochette 和 Bertrand，2003）。同样，用于采集高浓度气体的注射器不能继续用于采集低浓度样品，因为前者样品的微量残留会导致后者明显污染。

（5）采集气体前先向进样瓶注入惰性气体 N_2 或 He。以只注入惰性气体的进样瓶为空白，测定其中 O_2 或 CO_2 浓度，评估进样瓶准备、操作及存储过程的污染程度。气体样品不宜低温、低压保存，保存温度应该高于或与试验温度持平的条件下。最好将进样瓶置于容器之后再保存，尽量不要单独存储保存。

（6）气体浓度通常在室内测定，不同气体的浓度的测定方法不一。例如，少量样品中 CO_2 可用红外分析仪测定（Parkinson，1981），比色法测定酸溶液中氨的浓度（Rochette 等，2001）。气相色谱仪是目前农业中测定气体浓度的最常规设备（CO_2，N_2O，CH_4，O_2）（Smith 和 Conen，2004）。根据气体特性不同采用不同的检测器，N_2O 为电子捕获检测器，CO_2 和 CH_4 为火焰离子化检测器，图 65.1 和表 65.2 分别展示了气相色谱仪测定 O_2、CO_2、N_2O 和 CH_4 浓度的原理和过程。测定一个 CO_2 样品所用的时间大约 5 min，而 N_2O 和 CH_4 只需要 2 min，而测定所需时间可以通过调节分析柱和检测器温度、流速和进样量等参数改变。通过已知气体的标准曲线计算测定未知气体浓度，然后除去空白样品中未知气体浓度。以购买的一级标准气体为参照气体（Lemke 等，2002），将进样瓶置于自动进样器进行测定。

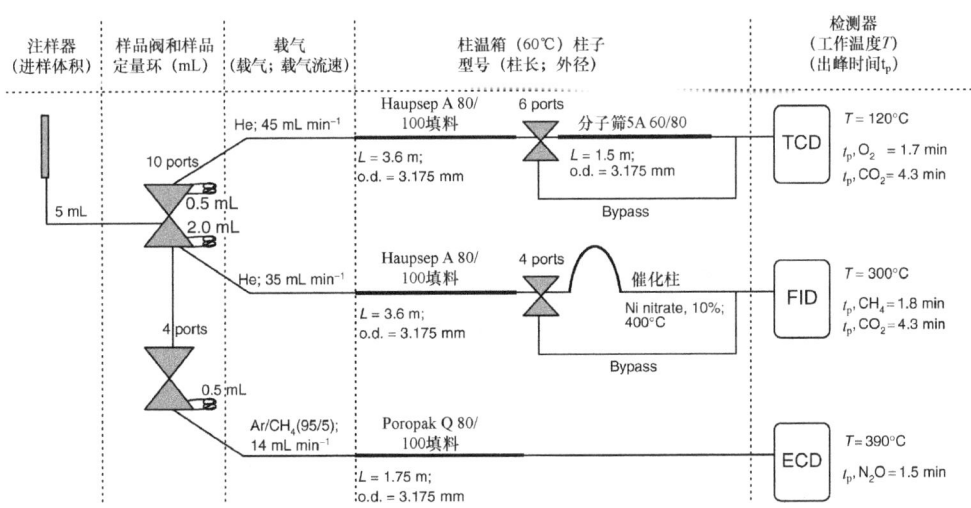

图 65.1 测定空气中 CO_2、O_2、N_2O 和 CH_4 的气相色谱配置

表65.2 采用图65.2 所示气象色谱分析气体浓度（O_2、CO_2、CH_4和N_2O）的再现性

检测器	进样体积（μL）	200/360/20000 μL CO_2 L^{-1} (±μL L^{-1}) 再现性[a]	0.15/0.21/20000 L O_2 L^{-1} (±mL L^{-1}) 再现性[a]	0.3/0.95/10/15 μL N_2O L^{-1} (±nL L^{-1}) 再现性[a]	1.0/2.0/10.0 μL CH_4 L^{-1} (±nL L^{-1}) 再现性[a]
热导检测器	500	8/15/43/228	0.17/0.16	NA	NA
氢火焰离子化检测器	2000	0.4/0.7/7/–	NA	NA	9.9/6.0/12.0
电子俘获检测器	500	NA	NA	0.9/2.4/19.6/34.4	NA

[a] 变异来源包括采样，操作和自动进样（平均值标准差来自20个连续分析样本）

65.2.2 集气室设计

（1）集气室的建造相对容易，但必须以不与目标气体发生反应的材料建造，如聚丙烯酸硬塑料（表65.1），至于集气室的几何形状则无规定，在气体混合均匀的情况下气室形状对测定结果无影响。因此研究者可根据实验地点的实际情况选择集气室的形状和尺寸规格，针对研究的实际情况部设合适的集气室是实验的首要任务，决定了实验结果的好坏。对某一确定的气体通量F_g，气室高度决定了dG/dt，以及最佳的部设时间。由于地表不平整使气体体积难以确定，因此气室高度不宜小于5 cm。然而，气室高度过高又导致检测气体浓度G的时间延长，气体交换速率超出可接受水平，影响野外实验效率。因此，对多数农田生态系统的大部分气体而言，集气室的最适宜高度大约为15 cm。10～15 cm高的集气室，30 min内测得的气体通量F_g非常小，并且对很多农学研究可能没有意义，因此也无法确定dG/dt。除非为了一些其他研究目的，集气室尽可能覆盖更大的面积。图65.1和表65.1展示了一个在作物行间使用一平方米大的集气室案例。关于优化集气室的更多信息详见Rochette和Hutchinson（2005）。

（2）在集气室内部水平安装小型电风扇确保集气室气体充分混合。气体混合后降低了连续取样过程中的变异，减小因集气室的存在对土表气体流通的影响。最理想的混合效果是模拟自然风的混合效果。因此对风扇转速的调节就需要根据实际情况而定，例如，在有风的情况下就调大风扇转速，在浓密的树冠下面就要降低风扇转速或者关掉风扇。

（3）在集气室出风口的位置避免产生内外压强差，防止改变土表气体交换。在设计出风口时不但要其传送压强波动同时还要使气体泄漏和污染减到最小（Hutchinson和Mosier，1981；Livingston和Hutchinson，1995）。例如，典型农田条件下0.06 m^3集气室的排气管建议长度为24 cm，直径为1.5 cm（图65.1和表65.1）。

（4）减少外界的影响对在开放式环境中进行的长期监测至关重要。因此需在集气室外壁用反光材料和绝热材料包裹，减小室内外温度变异。

（5）将集气室固定在土壤中会破坏植物根系，改变气体扩散过程，使气体通量测定结果出现偏差，而通过测定前在土壤中埋设框架的方法可以避免。框架埋设的深度随土壤及部设时间的不同而不同，但对大部分部设时间小于60 min的监测而言最好为10 cm左右（Rochette和Hutchinson，2005）。应采用防水层或橡胶制成或密闭泡沫制成的垫圈将框架与集气室之间密封。在集气室顶部用重物挤压确保集气室与框架良好接触，但是重物过重可能会导致框架移动，影响气体流出。另一种方法可以将框架与集气室固定在一起（图65.2），减小土壤压力，避免框架变形，影响土壤气体扩散。在集气室内注入某种气体作为标记气体，通过测定室内标记气体浓度变化计算通过接触面及排气口排泄的气体。

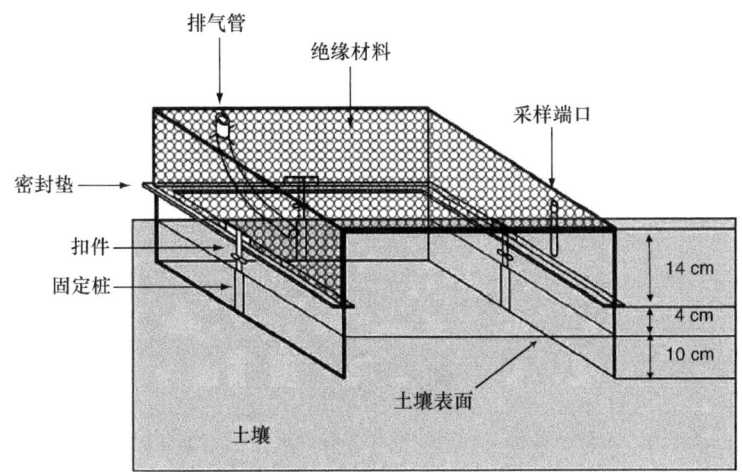

图 65.2 非流动稳态集气室测定土表气体通量

65.2.3 集气室部设

（1）根据相邻两次采样气体浓度增量可度量原则及 dG/dt 统计结果有效性确定部设持续的最短时间。因此，一个操作员采集的气室不宜过多且距离不宜过远。在测量过程中，将同一处理的不同重复相互混合代表一个处理。在测量准备阶段，将气室、固件及采样注射器都贴近放置，方便操作。取样过程中快速测定近地面气温和空气湿度以备计算气体通量（公式 65.1）。当第一个气室固定在框架时尽快用注射器抽取气体，标记为"1"。收集实验地周围近地面气体代表集气室内初始值，标记为"0"。如果实验地周围大气中目标气体随时间或空间变异性大或者受到人为影响，则不宜采用此办法。每个集气室采样间隔时间则根据集气室位置确定，一般不小于 60 s。

（2）当所有的集气室安装完毕，周围环境气体采集结束后，操作中则从第一个集气室开始连续采样，但这个过程需要注意把握时间。同一气室两次采样间隔时间则根据气室数量而定，但也要考虑间隔时间内气体浓度增量。为了避免气体通量超过可接受区间，一般当气体通量较高时，不超过 20 min（Rochette 和 Hutchinson，2005），气体通量较低时不超过 60 min。确定一个处理的 dG/dt 至少用三个或三个以上重复，按照这个标准，每个操作员每分钟采集一个气室，31 min 内可以完成 8 个气室的 4 个采样周期，一个气室部设 24 min。如果同时测定气体流量，可能在不同气体之间发生冲突。但是在大部分情况下，以研究 CO_2 为目的只采集 4 次样品时，部设时间应该不超过 20 min。

65.2.4 通量计算

地表气体通量对集气室内气体浓度变化迅速响应，因此通过公式 65.1 得到的非稳态条件下气体通量往往低于实际通量。很多方法被提出来减小 dG/dt 估算偏差（Hutchinson 和 Mosier，1981；Rayment，2000）。最常用的方法是开展实验期间尽可能早地估算 dG/dt。通常建立气体浓度对时间的变化函数，根据函数的一阶导数求得某一点曲线的斜率 dG/dt。依据气体扩散理论气体浓度变化时地表气体交换减弱，因此也支持采用非线性模型计算（Hutchinson 和 Mosier，1981；Anthony 等，1995；Pedersen，2000）。即使线性函数拟合度较高，将非线性数据代入线性模型也会对数值造成很大的低估（图 65.3 低估 28%）。非线性模型（二次函数、三次函数、指数函数）产生较小的估计偏差，但是也会对测量误差极其敏感。因此，估算 dG/dt 最好的模型就是根据部设时间、浓度测量的次数及精度来选择。当不能确定时，则用线性模型计算，因为线性模型往往能够最小化通量计算中的误差。

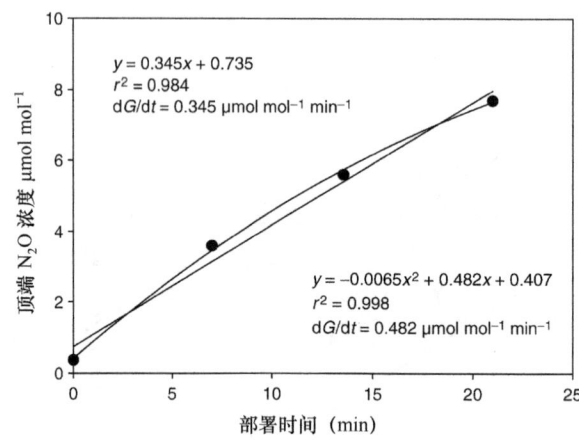

图65.3 非流通、非稳态条件下利用线性和非线性模型确定部署时间为0时的 dG/dt

65.2.5 注释

在非稳态气室中气体浓度也可用原位分析仪测定。与不连续测定气体浓度相比，在非稳态集气室使用便携流入式分析仪更能详细地描述气体浓度变化模式。大量高频度的测定气体浓度也有助于缩短观测时间。其他一些优点包括及早检查实验存在问题，避免造成一些重要数据缺失，减少气体泄漏及气室壁下面侧向扩散，减小气室温度和湿度的变化。缺点在于非稳态气室只限定了可用便携式分析仪测定的气体组分，很少考虑短期内排放量较低的气体组成（如 N_2O、CH_4），将取样时间主要集中在土壤扰动最大时。通量计算方法和流入式非稳态气室的部设方法见于 Rochette 和 Hutchinson（2005）。

65.3 稳态集气室

与非稳态集气室相比，稳态集气室展示出一些优点：可以控制气室气体浓度（G）、气温、湿度及流量使之接近周围环境。同时，装置设计本身也增加了更便捷的自动化操作和近乎连续流量监测系统。另外，它的操作也更加复杂，需要原位气体分析仪，并且只限同时测定一种气体，对气室内外压强差反应敏感。因此，目前的文献报道中较少采用稳态集气室测定。因此，本章并没有详述稳态集气室，读者可参阅最近发表的关于集气室的综述文章（Smith 和 Conen，2004；Rochette 和 Hutchinson，2005）。

在没有气流通过集气室时，稳态集气室也可以测定气体流量。非流动稳态集气室被称为静态集气室，吸收室或者碱液吸收室。非流动稳态集气室里放置一个盛满已知可以吸收目标气体的溶液，这样的集气室一般会部设很长时间，通常为12 h 或 24 h，被液体吸收的气体通过实验分析得到。关于非流动稳态集气室更多的信息可参阅 Rochette 和 Hutchinson（2005）。

参 考 文 献

Anthony, W.H., Hutchinson, G.L., and Livingston, G.P. 1995. Chamber measurement of soil-atmosphere gas exchange: Linear vs. diffusionbased flux models. *Soil Sci. Soc. Am. J.* 59: 1308-1310.

Hutchinson, G.L. and Mosier, A.R. 1981. Improved soil cover method for field measurement of nitrous oxide fluxes. *Soil Sci. Soc. Am. J.* 45: 311-316.

Lemke, R., Goddard, T., Hahn, D., Burton, D., Ellert, B., Farrell, R., Monreal, M., and Noot, D. 2002. An inter-laboratory comparison of nitrous oxide analysis in western Canada. *Commun. Soil Sci. Plant Anal.* 33: 2705-2713.

Livingston, G.P. and Hutchinson, G.L. 1995. Enclosure-based measurement of trace gas exchange: Applications and sources of error.

In: P.A. Matson and R.C. Harriss, eds., *Biogenic Trace Gases: Measuring Emissions from Soil and Water*. Blackwell Science, Oxford, UK, 14-51.

Parkinson, D. 1981. An improved method for measuring soil respiration in the field. *J. Appl. Ecol.* 18: 221-228.

Pattey, E., Edwards, G., Strachan, I.B., Desjardins, R.L., Kaharabata, S., and Wagner-Riddle, C. 2006. Towards standards for measuring greenhouse gas flux from agricultural fields using instrumented towers. *Can. J. Soil Sci.* 86: 373-400.

Pedersen, A.R. 2000. Estimating the nitrous oxide emission rate from the soil surface by means of a diffusion model. *Scand. J. Stat.* 27: 385-403.

Rayment, M.B. 2000. Closed chamber systems underestimate soil CO_2 efflux. *Eur. J. Soil Sci.* 51: 107-110.

Rochette, P. and Bertrand, N. 2003. Soil air sample storage and handling using polypropylene syringes and glass vials. *Can. J. Soil Sci.* 83: 631-637.

Rochette, P., Chantigny, M.H., Angers, D.A., Bertrand, N., and Côté, D. 2001. Ammonia volatilization and soil nitrogen dynamics following fall application of pig slurry on canola crop residues. *Can. J. Soil Sci.* 81: 515-523.

Rochette, P. and Hutchinson, G.L. 2005. Measuring soil respiration *in situ*: Chamber techniques. In: J.L. Hatfield and J.M. Baker, eds., *Micrometeorology in Agricultural Systems. ASA Monograph. No. 47*, American Society of Agronomy, Madison, WI, 247-286.

Rolston, D.E. 1986. Gas flux. In: A. Klute, ed., *Methods of Soil Analysis, Part 1-Physical and Mineralogical Methods*, 2nd ed. Soil Science Society of America, Madison, WI, pp. 1103-1119.

Smith, K.A. and Conen, F. 2004. Measurement of trace gases I: Gas analysis, chamber methods, and related procedures. In: K.A. Smith and M.C. Cresser, eds, *Soil and Environmental Analysis, Modern Instrumental Techniques*, 3rd ed. Marcel Dekker, Inc., New York, pp. 433-476.

（王力　高伟达　译，任图生　校）

第66章 森林土壤容重测定

D.G. Maynard
Natural Resources Canada
Victoria, British Columbia, Canada

M.P. Curran
British Columbia Ministry of Forest
Nelson, Brithish Columbia, Canada

66.1 引　言

评估农业系统土壤的许多重要的物理性质与评估森林土壤是一样的。然而，由于森林土壤和地形的性质与森林生态系统相关，对农业土壤最恰当的方法并不总是适合森林土壤。粗碎屑、大根系和陡坡限制了森林土壤某些测定方法的适用性（Page-Dumroese 等，1999）。另外，森林土壤表层被有机质覆盖，测定它们的物理特性如土壤容重不应同于矿质土壤的取样方法。

压实是受森林管理影响的关键物理过程之一，影响森林土壤的生产力（Powers 等，1998）。土壤特性除了主要通过测定土壤容重评价，还可以使用其他的测定方法，如充气孔隙和土壤强度。土壤强度可以用锥形穿透计测定，该设备用于测定物体贯穿土壤受到的阻力，比如植物根系尖部（Miller 等，2001）。利用锥形穿透计测定土壤强度比测定土壤容重有一定的优势，但在含石量较高的土壤上（如变异性大）效果不好，这种土壤在森林里常见（Powers 等，1998；Miller 等，2001）。即使是利用穿透计进行测定时，也应该同时测定土壤容重，可以为解释穿透计的读数提供依据（Miller 等，2001）。记录式穿透计在深度上评估土壤压实非常有用，比如评估森林采伐时车辆设备对土壤的压实。每次测定穿透阻力时也应测定土壤含水量，因为穿透阻力随土壤含水量变化而变化，不同的土壤扰动经常会造成土壤含水量的不同（Busscher 等，1997）。

由于有机质的密度比矿物颗粒小和它的团聚性在土壤结构中的作用，所以有机质对土壤容重有重要影响（De Vos 等，2005）。通常有机质含量越高容重越小。可以利用与有机质含量有关的回归方程对特定土壤的容重进行估算（例如，Alexander，1989；Grigal 等，1989；Huntington 等，1989；Prevost，2004）。但是，利用有机质含量估计土壤容重时应该注意，尤其是应用到与原始校正系数所处的土壤和环境不同的情况（De Vos 等，2005），这种方法仅仅对观察一般趋势有用，不适合用于评价土壤扰动对压实的影响。

确定评估土壤压实最合适的方法需要考虑很多因素。快速、不太精确的方法最适于田间调查；而科学研究则需要精度较高、花费较多且耗时的方法（Miller 等，2001）。但是，在区域尺度上测定养分含量（$kg\ ha^{-1}$）（包括碳）时必须要有容重数据。

本章将介绍一种森林土壤表层有机质（LFH）和矿质土壤容重的测定方法。矿质土壤容重的测定基于挖坑-填沙法（Blake 和 Hartge，1986）。这种方法与测定石质森林土壤的方法相关。

66.2 原　理

通过挖掘和确定体积得到土壤容重是非常可靠的方法，可以用于含有较多粗碎土块的森林土壤，挖掘出来的样品还可用于下一步的物理和化学分析（Page-Dumroese 等，1999；Maynard 和 Senyk，2004）。挖掘法的优势是相对简单，而且标准误差小，还可以准确估计较大土块的含量（Page-Dumroese 等，1999）。整土和细颗粒组成部分（<2 mm）的容重被确定。在研究大土块含量较高的土壤中养分平衡和碳平衡过程中，需要将养分和碳数据转化为单位面积上的质量，由于只有细颗粒部分用来分析 C 或 N 含量，所以研究过程中细颗粒部分容重非常关键。与取样法和中子仪方法相比，挖掘法的主要缺点是需要投入大量的人力。如果需要沙子来确定体积，测定地点较远的情况下，便携性将成为问题。然而，可用玻璃珠或聚氨酯泡沫（见 66.4.4）填充将会解决部分沙子填充的问题。

66.3　近地表有机层（LFH）

66.3.1　材料和设备

（1）方架（20 cm×20 cm）。
（2）小刀、弯刀、轧刀。
（3）卷尺。
（4）塑料袋。
（5）105℃烘箱。

66.3.2　步骤

（1）对大部分森林土壤，有机层的容重没有按照单个有机层的容重进行计算（比如，L 层，F 层或是 H 层）。
（2）将方架（20 cm×20 cm）放在有机层表面。
（3）移走地上部绿色植物（活的），如草本科植物、禾本科植物类和苔藓植物。
（4）用小刀将方架内部有机层取出放到标记好的塑料袋中保存，避免混入矿质土壤。因为有机质和矿质土壤容重存在差异，即使混入少量的矿物质在重量上也会造成很大的误差。
（5）对有机层的深度进行重复多次测定（比如，在每边的角落和中心各测定 8 次）。
（6）在实验室内，将样品在 105℃烘箱中烘 24 h，得到烘干重量。如果样品中有需要鲜样或风干样进行化学分析，那么测定含水量时需要预留出一部分样品。

66.3.3　计算

$$V_{LFH} = 400 \text{ cm}^2 \text{ Dep}_{LFH} \text{ (cm)} \tag{66.1}$$

$$D_{b(LFH)} = W_{t(LFH)}/V_{LFH} \tag{66.2}$$

式中，V_{LFH} 是挖坑的体积（cm³），Dep_{LFH} 是挖坑的深度，$D_{b(LFH)}$ 是表层有机层的容重，$W_{t(LFH)}$ 是表层有机层烘干后的重量。

66.3.4　注释

位于 LFH 层下有 Ah 层的土壤上，本质上区分有机层和矿物层是非常困难的。在野外，当把鲜样放在拇指和食指间，如有矿物类物质，这个样品很可能含有矿物。

框架的大小依据 LFH 的深度来确定。例如，如果有机层深度大于 20 cm，需要用较小的框架来限制收集到的有机物质的体积。

66.4 矿质土壤

66.4.1 材料和设备

(1) 沙漏装置：具有阀门的金属漏斗，当漏斗倒立时阀门可控制沙子的流速。沙漏直径 10 cm，与样板上洞的大小匹配（市场上可以买到）。

(2) 样板是一个平的金属板 30 cm×30 cm（脊状），在中心有个 10 cm 的洞。

(3) 统一粒径的沙子，清洁、干净并且流动自如。通常会使用渥太华沙粒（在渥太华伊利诺斯州开采），因为在粒径和形状上相对统一。

(4) 精度 0.1 g 的野外称重天平。

(5) 小刀、轧刀。

(6) 卷尺。

(7) 塑料袋。

(8) 2 mm 筛。

(9) 105℃烘箱。

66.4.2 步骤

(1) 将一个密度锥形瓶装满沙子并称重。锥形瓶沙子的重量在实验室已确定。锥形瓶中用来填充洞的沙子的重量将从总沙子重量中减去。

(2) 当取样位置确定之后，将苔藓、其他植物和任何有机层物质从土壤表层移走。

(3) 利用钉子（长 20 cm）将一个密度板固定在取样点上。在金属板每边下垫一个塑料片。

(4) 使用勺子、剪刀、小刀和小铲子尽可能以圆柱形取土样，直到要求的深度，将土样收集到已知重量的容器内。

(5) 记录土洞的深度（cm）。通常采用标准深度 10 cm。但是对于某些情况和研究目的要求，可以按照发生层取样。

(6) 称量土样和容器的质量。

(7) 将土样从容器转移到有标记的塑料袋中。

(8) 将装有沙土的锥形瓶放在金属板上，打开阀门使沙子流入洞中。确保锥形瓶和金属板之间的密封性，沙子不会漏出。

(9) 当沙子停止流动时，关闭阀门，移走锥形瓶并称重。

(10) 收集洞中的沙子重复利用。如果沙子被污染或是弄湿，过筛后烘干或是丢弃。

(11) 重新装满锥形瓶并称重，在下个样点使用。

(12) 在实验室，将土样从袋子中取出并风干。过 2 mm 筛（仅破碎大土块）。

(13) 对<2 mm 的土壤组分、>2 mm 的粗颗粒、有机物质（如根系）和岩石分别称重。

(14) 将<2 mm 的土样在 105℃烘箱中烘 24 h。如果样品太大影响彻底烘干或是需要进行化学分析的鲜样或风干样，那么在测定含水量时需预留部分样品。

(15) 测定样品烘干后重量。

66.4.3 计算

首选的国际制单位是 $Mg\ m^{-3}$，在数值上与 $g\ cm^{-3}$ 相等。细颗粒（<2 mm 土壤组分）土壤容重。较

大根系的体积和重量非常重要，可以利用确定岩石重量和体积的方法来计算：

$$\text{WSH (g)} = (\text{SWB} - \text{SWA}) - \text{WSC} \tag{66.3}$$

$$\text{VH (cm}^3\text{)} = \text{WSH}/D_{b(\text{sand})} \tag{66.4}$$

$$\text{VR (cm}^3\text{)} = \text{WR}/D_{p(\text{rock})} \tag{66.5}$$

$$\text{VF (cm}^3\text{)} = \text{VH} - \text{VR} \tag{66.6}$$

$$\text{BDF (cm}^3\text{)} = \text{DWF}/\text{VF} \tag{66.7}$$

式中，WSH 代表所挖土洞中沙子的质量，SWB 代表倒入洞中之前砂土的质量，SWA 代表填满洞后沙子的质量，WSC 代表锥形瓶内沙子质量（在实验室提前测定），VH 代表洞的体积，$D_{b(\text{sand})}$ 代表沙子的体积密度，VR 代表岩石的体积，WR 代表岩石的质量（>2 mm 粒级），$D_{p(\text{rock})}$ 代表岩石的比重（一般取 2.65 g cm^{-3}），VF 代表细颗粒的体积，BDF 代表细颗粒的容重，DWF 代表细颗粒的干重。

总的容重：

$$\text{TW} = \text{DWF} + \text{DWC} \tag{66.8}$$

$$\text{BDT} = \text{TW}/\text{VH} \tag{66.9}$$

式中，TW 代表从洞中移出物质的烘干重，DWF 代表细颗粒的烘干重，DWC 代表粗颗粒的干重，BDT 代表总容重，VH 代表洞的体积。

66.4.4 注释

所挖洞的体积还可以用玻璃珠或是聚氨酯泡沫来确定。如果使用玻璃珠，需要将一个塑料袋在洞中展开，然后将玻璃珠放在塑料袋中填满。然后将玻璃珠倒入量筒中确定体积。如果用聚氨酯泡沫，将泡沫放入所挖洞中，用一块硬板覆盖，当泡沫变干时用岩石固定，对于干得快的泡沫一般需要 2 h。在实验室将泡沫浸泡在水里来确定其体积（Muller 和 Hamilton，1992）。

如果需要在多个深度和水平点取样测定容重，那么需要挖一个比要求深度更深的沟渠或是小坑。密度板放在沟渠的边缘。一旦取完测定容重的表层土样，将土壤（板的面积）移动到下个层次（所挖坑的底部），为取样模板准备一个平面。

密度板上洞的直径一般为 10 cm。还有较大直径洞的密度板。具有较大直径洞的密度板能减小土样的变异性，但是土样较多，尤其是在较远的地方取样不太可行。

如果一块石头占土洞体积的一半以上，需要重新取样。

参 考 文 献

Alexander, E.B. 1989. Bulk density equations for southern Alaska soils. *Can. J. Soil Sci.* 69: 177-180.

Blake, G.R. and Hartge, K.H. 1986. Bulk density. In: A. Klute, ed. *Methods of Soil Analysis. Part I, Agronomy No. 9*, American Society of Agronomy, Madison, WI, 464-475.

Busscher, W.J., Bauer, P.J., Camp, C.R., and Sojka, R.E. 1997. Correction of cone index for soil water content differences in a coastal plain soil. *Soil Till. Res.* 43: 205-217.

De Vos, B., van Meirvenne, M., Quataert, P., Deckers, J., and Muys, B. 2005. Predictive quality of pedotransfer functions for estimating bulk density of forest soils. *Soil Sci. Soc. Am. J.* 69: 500-510.

Grigal, D.F., Brovold, S.L., Nord, W.S., and Ohmann, L.F. 1989. Bulk density of surface soils and peat in the north central United States. *Can. J. Soil Sci.* 69: 895-900.

Huntington, T.G., Johnson, C.E., Johnson, A.H., Siccama, T.G., and Ryan, D.F. 1989. Carbon, organic matter, and bulk density relationships in a forested Spodsol. *Soil Sci.* 148: 380-386.

Maynard, D.G. and Senyk, J.P. 2004. Soil disturbance and five-year tree growth in a montane alternative silvicultural systems (MASS) trial. *Forest. Chron.* 80: 573-582.

Miller, R.E., Hazard, J., and Howes, S. 2001. Precision, accuracy, and efficiency of four tools for measuring soil bulk density or strength. Res. Paper PNW-RP-532: U.S. Department of Agriculture, Forest Service, Pacific Northwest Research Station, Portland, OR.

Muller, R.N. and Hamilton, M.E. 1992. A simple, effective method for determining the bulk density of stony soils. *Commun. Soil Sci. Plant Anal.* 23: 313-319.

Page-Dumroese, D.S., Jurgensen, M.F., Brown, R.E., and Mroz, G.D. 1999. Comparison of methods for determining bulk densities of rocky forest soils. *Soil Sci. Soc. Am. J.* 63: 379-383.

Powers, R.F., Tiarks, A.E., and Boyle, J.R. 1998. Assessing soil quality: practicable standards for sustainable forest productivity in the United States. In: J.M. Bigham et al. eds. *The Contribution of Soil Science to the Development of and Implementation of Criteria and Indicators of Sustainable Forest Management. Special Publ. No. 53*, Soil Science Society of America, Madison, WI, 53-80.

Prevost, M. 2004. Predicting soil properties from organic matter content following mechanical site preparation of forest soils. *Soil Sci. Soc. Am. J.* 68: 943-949.

（张猛 译，任图生 校）

第67章 有机土壤和生长基质的物理性质：土壤粒径和分解度

L.E. Parent and J. Caron

Laval University
Quebec, Quebec, Canada

67.1 引　言

在加拿大和北欧，有机土壤对蔬菜和木材产量及收获泥炭藓苔极为重要。有机土壤在湿地比较常见，这里野生动物活动频繁，形成了具有独特生物多样性的生态系统。很长时期内，有机土壤被认为是土壤系统的一部分，通过特定的管理技术来用于蔬菜和树木栽培。作为目前世界上生长基质的主要成分，一些泥炭沼泽也常被用于泥炭苔藓的养殖。由于有机土壤的本质和特性，在湿地利用与保护、农业栽培和种植树木及有机栽培基质的设计与生产等领域，有机土壤分析方法近年来得到了较大发展。下面两章对一些常见方法进行总结。

测定有机土壤和生长基质物理特性的方法主要可以分为三大类：粒径分布及分解度测定，结构性土壤中储水储气性能及含水量，一定体积土壤中水气运移的动态变化。本章节将介绍泥炭土和生长基质的粒径和分解度的测定方法。

67.2 分解度

泥炭土的物理性质在园艺学和泥炭土水文学的研究中很重要。分解度一般与许多泥炭土材料的物理化学性质紧密相关。对于不同用途的分类和评估来说，泥炭土材料的分解度是一项重要性质（Parent，1980）。泥炭土的分解度或腐殖化程度是利用其含有的纤维或腐殖质含量进行评估的。纤维或腐殖质含量是共轭成分对，需要将泥炭土过60目或者100目的筛子（对应的筛孔大小分别为0.25 mm或者0.15 mm）。在实际操作中，在野外测定泥炭土的分解度可用von post按压方法（von Post和Granlund，1926；Grosse-Brauckmann，1976），室内测定比较常用的方法包括纤维体积法（Farnham和Finney，1965；Sneddon等，1971；Lynn等，1974），机械分散方法及筛分法（Dinel和Lévesque，1976），测定泥炭土标准的离心法（Lishtvan和Kroll，1975；Malterer，1988；Malterer等，1992），以及Kaila比色法（Kaila，1956；Schnitzer和Desjardins，1966；Lynn等，1974）。

排水和复垦后，经改良、施肥和种植过程，有机土壤会经历一系列物理、化学和生物方面的转变，例如，不可逆的失水过程、变暗、分解，以及微生物定植过程，产生更多的颗粒及微小的有机物质，与最初的泥炭土相比存在很多差异。该过程被称为粪肥（muck-forming）或者沼泽化（moorsh-forming）过程（Okruszko和Ilnicki，2003）。这个过程的最终产物是退化土壤，该土壤颗粒较小，土壤表面易受到风蚀的影响，在其表层下方会形成焦炭层（Okruszko和Ilnicki，2003）。一般来说，对于中低分解度的泥炭土，土壤结构呈现为层状，在表层会逐渐变得颗粒化，深层泥炭土中会形成块状和棱柱状的土壤结构（Ilnicki和Zeitz，2003）。von Post按压方法和纤维体积法在沼泽土上不适用。

67.2.1 von Post 按压方法

该方法由瑞典科学家 Lennart von Post 在 1922 年提出（von Post 和 Granlund，1926），是土壤和地理调查研究中最可靠的野外测定方法。

1. 步骤

将一定量的新鲜泥炭土样品放在手掌上，挤压土样将得到的液体放在另外一只手的手背上，观察液体颜色和浊度，并计算其所占比例，这是泥炭土分类的唯一标准。野外观查结果需要与 von Post 尺度定义的十个腐殖化等级（H1 到 H10）进行匹配（表 67.1）。

表 67.1 评价泥炭土分解度的 von Post 尺度（H）

H	植物残茬	挤压流出物	挤压后的残留物
1	无改变	清水	非糊状
2	明显	棕黄色清水	非糊状
3	明显	棕色浑水	非糊状
4	明显	棕色非常浑浊的水	非糊状
5	明显	棕色非常浑浊的水带植物残茬	稍成糊状
6	不明显 [a]	1/3 泥炭土被挤出	糊状
7	不明显但可辨识	1/2 泥炭土被挤出	糊状
8	非常不明显	2/3 泥炭土被挤出	若干纤维
9	几乎不可分辨	几乎所有泥炭土被挤出	若干纤维
10	不可分辨	所有泥炭土被挤出	无残留物

来源：After Grosse-Brauckmann, in K. GöSttlich (Ed.), *Peat Stratification*, Scheizerbart'sche Verlag, Stuttgart, Germany, 1976, 91-133.

[a] 植物残茬不明显，但是比泥炭土中挤压后的残留物更可分辨。

2. 注释

von Post 按压方法不建议在较干的泥炭土样和表层有机质土样上测试，因为这些土样的压缩性较低，易造成分解度的低估（Grosse-Brauckmann，1976）。H 值可将其分类为纤维类（fabric，H1 到 H3）、中生类（mesic，H5 到 H6）、腐殖类（humic，H7 到 H10）。H4 类在加拿大分类中属纤维类而在德国分类标准中属中生类。von Post 按压方法在很大程度上依赖于测试者的经验水平和技巧，因为 von Post 按压方法尺度是基于顺序尺度。因此，参数统计检验的结果往往会引起怀疑，尤其当样本数量有限时，利用平均值代替中间值（Parent 等，1982）。

67.2.2 纤维体积法（Lynn 等，1974）

除了 von Post 按压方法，纤维体积法是泥炭土分类的另一种可选方法。纤维与非纤维物质分开的方法是将搓过的和未搓过的泥炭土过 100 目筛（孔径 0.15 mm）。

1. 方法和试剂

（1）将一个刻度为 5 mL 的医用注射器调整到体积为 2.5 mL（将注射器的两端切掉，使其成为原来容积的一半）。

（2）自来水。

（3）100 目筛子（孔径 0.15 mm），直径为 8 cm。

（4）吸水纸。

2. 步骤

（1）将体积约为 25 mL 的湿土放在吸水纸上，轻缓地将吸水纸卷起吸走多余的水分，将吸水纸铺平，将样品剪切成 6 mm 长的段，随机混合样品。

(2) 随机选择一些土样将其填入被剪半的注射器里面，按压使内部空气排出，确保使样品完全填满，但不要挤出任何水分。这主要是为了使其含水量和残余土样含水量保持一致。

(3) 纤维测定。将 2.5 mL 的样品放入 100 目刷子，并用自来水进行冲洗，直至流出液变得透明。用吸水纸吸走筛子周围多余的水分，将筛子上残余样品填装至注射器中，用吸水纸吸干多余的液体，使之达到步骤 1 的水平。读出注射器上残余土样的体积，即为未揉搓纤维百分含量。将残余土样再次放入 100 目筛子中，用手指揉搓，并用自来水冲洗，此时由注射器得到的体积即为揉搓纤维含量。

3. 注释

Lévesque 和 Mathur（1979）发现在 26 种原始泥炭土上，纤维含量与相对生物降解度有很好的相关性，相关系数达 0.58。但纤维方法测定结果的变异系数为 12.7%～22%，而离心法的变异系数为 5.0%～7.2%（Malterer，1988；Malterer 等，1992）。

67.2.3 离心法（加拿大燃料工业部，1976）

在 1965 年苏联首次将这种方法作为标准方法，其主要是将纤维与被称作凝固的腐殖酸分离，需要在离心机中将泥炭土过 60 目筛子（孔径 0.25 mm）。泥炭土的分解程度是将一个与过筛前和后收集到的沉积物体积的列线图作为参考而确定的。该方法可以应用于所有自然存在的泥炭土类型，但泥炭物质含水量低于 65%时需要下列预处理步骤。该方法无法在处理过的泥炭土上标定，因为在处理过程中泥炭土碎裂会导致分解度增加 2～3 倍。

1. 样品和试剂

(1) 离心机设置为当开关关闭后有 2 min 的时间延迟，将离心管和试管架固定好（如图 67.1），离心管需要有 0.1～1.5 mL 的刻度。

(2) 将底部带有过滤网（60 目，0.25 mm）的圆柱形杯子固定在一个 PVC 环（高 22 mm，内径 28 mm）中（图 67.1）。60 目筛子与 PVC 管底部用防水胶黏接固定。杯子必须能够轻松地插入至 PVC 管当中。

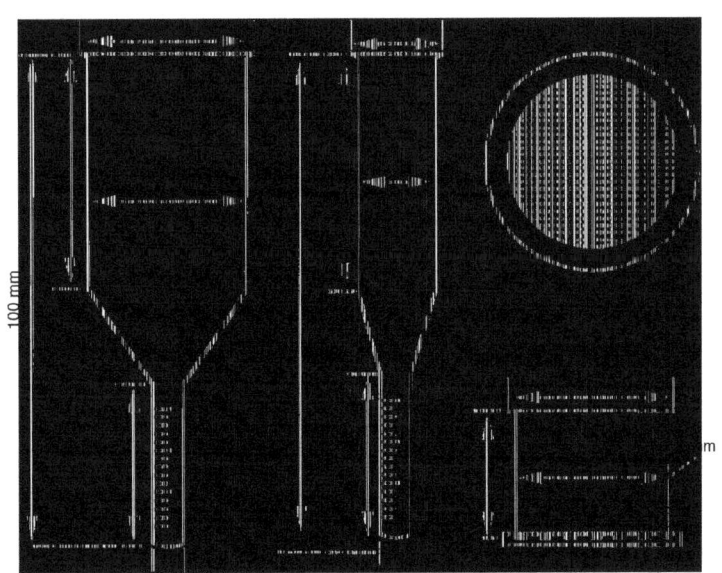

图 67.1　离心法测定分解度过程中使用的管子

(3) 25 cm×25 cm 的方盘，取样器和一个塞子，样品取样器是一个直径为 5 cm 的铜管，一端被削尖使其能够切断 3～4 mm 的泥炭土层，活塞用于将泥炭土推出样品取样器。每次取样后进行清洗。

(4) 化学试剂：1 M NaOH 或者 1 M KOH、1 M HCl、10% $FeCl_3$。

2. 对于含水量超过65%的泥炭土的测试步骤

(1) 将100~200 g的泥炭土样品在方盘上平铺成3~4 mm厚的均质土层,用取样器在平铺的土层上打10~12个孔,包括质地较粗的部分。取样完成的样品大概有10 mm长,用活塞将细铜管中的样品推出,将推出的样品置于较小的测试管中,在其上部注入1 cm高的水。然后加入1~2滴$FeCl_3$溶液,搅拌至均匀混合悬浊液,至少做四次平行测定以保证统计上的可靠性。

(2) 小型离心管在离心机中离心2 min,每分钟转速1000。相对离心力取决于距离中轴的旋转半径(当旋转半径为17.5 cm时离心力约为200 g)。沉积物的体积,用肉眼看其平均高度,精确至0.01 mL。浮在表层的液体需为透明液体,如果不是,加入更多滴的氯化铁溶液。体积为0.7~1.5 mL(样品质量为0.3~0.5 g),泥炭土体积为0.7~1.0 mL。

(3) 泥炭土在溶液中悬浮,然后转移至放在大离心管上方有过滤网的容器中。小离心管用3~4 mL水进行洗涤。带有滤网的容器半径为10 cm。过滤后的泥炭土样在离心机中以每分钟1000转的速度离心2 min。沉积物的体积精确至0.01 mL。在晒网上沉积的泥炭土颗粒物显示泥炭土的分散程度较差,该情况下需要重复以上分散步骤。

3. 对于含水量低于65%的泥炭土的测试步骤

(1) 将泥炭土放置于蒸发皿中,保持泥炭土吸水膨胀后体积占瓷盘的2/3或3/4左右。然后加入碱溶液(1 M NaOH或者1 M KOH),平衡24~30小时后,搅动使大块泥炭土破碎。如果需要,可加入更多碱液使其分散成均一的混合物。使用取样器在蒸发皿中取样并加入小试管中,再向小试管中加入1 M HCl溶液,摇晃均匀,静置平衡2~5 min直至中和反应完成。最后,在小试管中加入蒸馏水至管口1 cm处,摇晃均匀。

(2) 将小试管放入离心机中,在每分钟1000转速下离心2 min。确定试管中沉积物的体积(精确至0.01 mL),小心移去上清液。再向小试管中加入蒸馏水和1~2滴$FeCl_3$溶液,摇晃均匀。重复上述步骤(3)。

4. 注释

离心法是苏联泥炭土地综合利用及标准当中的官方标准方法,若离心半径不是17.5 cm,则离心机需要一定的矫正,使其达到的相对离心力应该为190~200 g。离心法的精度和重复性要比纤维体积法更好(Malterer, 1988)。

5. 数据分析

(1) 泥炭土分解度(百分数 R)是利用小离心管中的沉积物体积和大离心管中沉积物体积之比,做列线图来得到的(图67.2)。分解度 R 可以从右侧的泥炭土类型中读取。较高的 R

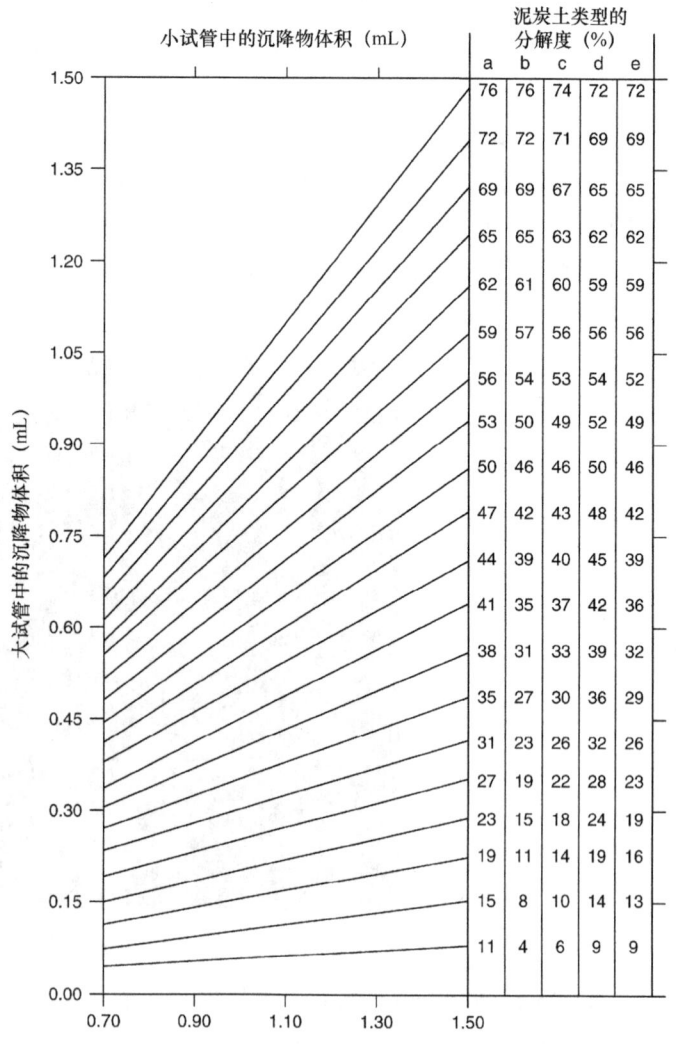

图67.2 离心法得到的用来解释分解度的列线图

值说明泥炭土的分解度较高。

（2）当灰分含量大于15%时，得到的分解度需要矫正（表67.2）。

表67.2 当灰分含量超过15%时，计算得到分解度值需要根据灰分含量减去相应的修正数值

灰分含量（%）	减去的修正数值（%）
≤15	0
15～25	2
25～35	3
35～45	4
45～55	5

来源：改编自 the Ministry of Fuel Industry RSFSR, The State Standard of the USSR Peat, Trans. Comm. I Int. Peat Soc.: Working Group for the Classification of Peat, Helsinki, Finland, 1976, 57-66.

（3）分析精确度取决于分解度的大小和泥炭土的含水量（表67.3）。

表67.3 确定泥炭土分解度的精度

质量含水量（%）	分解度（%）			
	1～15	15～30	30～50	>50
>65	1.5	2.0	3.0	5.0
<65	2.0	3.0	5.0	5.0

来源：改编自 the Ministry of Fuel Industry RSFSR, The State Standard of the USSR Peat, Trans. Comm. I Int. Peat Soc.: Working Group for the Classification of Peat, Helsinki, Finland, 1976, 57-66.

67.2.4 比色法

该方法由芬兰科学家Kaila于1956年提出，主要是基于磷酸钠的碱性溶液提取和溶解腐殖酸物质的能力。过滤物在550 nm下比色或者过滤物颜色与Munsell颜色表（10 YR页）相比对的结果即为分解度的测量值。

1. 方法与试剂

（1）体积为2.5 mL的注射器，一个30 mL的塑料容器，层析纸，透明三角瓶，往复式振荡机，漏斗，分光光度仪。

（2）焦磷酸钠晶体（$Na_4P_2O_7 \cdot 10H_2O$），0.025 M溶液（将11.152 g $Na_4P_2O_7 \cdot 10H_2O$溶解于一升蒸馏水中）。

2. 使用Munsell色帖（color chart）步骤

（1）将2.5 mL注射器样品中加入1 g焦磷酸钠晶体和4 mL水并混合，并在30 mL的塑料容器中搅拌均匀，将混合物放置过夜。

（2）混合均匀并插入一条层析纸（0.5 cm×3 cm），吸取有颜色的溶液，使层析纸充分吸取溶液直至全部湿润。撕去粘有土壤的一头，将其轻轻放到另一张层析纸上，并将层析纸上的条状纹与Munsell色帖（10 TR Munsell）做对比。

（3）计算焦磷酸盐指数（PI）：读数减去色度（PI=value − chroma）。

（4）以分类为目的时，PI值为5 h纤维类，PI值小于或等于3表示非纤维类有机物质。

3. 比色法步骤

（1）称量0.5 g过2 mm筛的风干泥炭土样，并转移至125 mL的烧瓶中。

（2）加入 50 mL 0.025 M 的焦磷酸钠溶液，振荡 18 h（室温，转速 300 rpm），离心样品在过滤之前以 2000 rpm（1118 g）下离心 30 min。用滤纸（Whatman No. 1）过滤，将滤液稀释到 250 mL。

（3）用分光光度计在 550 nm 波长下读取吸光度，然后将吸光度乘以 100 得到吸光百分率。在 465 nm 和 665 nm 波长下重复该步骤。

（4）在有限的土样上，PA＜40 分类为泥炭土（peat），PA＞60 分类为腐殖土（muck）。在 465 nm 和 665 nm 波长下光密度的比值（E_4/E_6）在 2.0 和 5.0 之间时，一般说明大量分子凝结，反之，高 E_4/E_6 比值说明含有更多的开放结构（Schnitzer，1970）。

4．注释

在很多情况下，焦磷酸盐数值上和其他分解度测定方法不统一（Kaila，1956）。PI 值因为光线强度和操作者颜色认知的差异会有偏差（Malterer 等，1992）。比色法属于半定量化方法，适用于对于比较同源分解物质的泥炭土，因为腐殖化过程和原始多酚物质含量取决于泥炭土演化过程和形成过程中的植被类型（Grosse-Braukmann，1976；Williams 和 Yavitt，2003）。

67.3　泥炭土的粒径分布和木质含量

67.3.1　粒径分布

粒径分布扩大了分解度的概念，将其扩展为多于两个粒级。其步骤在（Dinel 和 Lévesque，1976）和（Lévesque 和 Dinel，1977）中有相关阐述。

1．材料与试剂

（1）往返式振荡器。

（2）500 mL 三角瓶。

（3）滤纸（Whatman No. 1）。

（4）200 目筛子。

（5）粒径设备：包括内径为 14.5 cm 的圆筒一个，高 46 cm，底部开孔使水流出空气进入。直径为 1.5 cm，长 45 cm 的皮管，连接至开孔处。一系列筛子，直径为 13.5 cm，排列顺序为 10 目、20 目、40 目、100 目和 200 目，用厚度为 2 mm 的垫圈放置在各个筛子中间，防止土样外溢，最后筛子用皮筋固定，并放入圆筒中。圆筒上方放置一个漏斗，如图 67.3 所示。

（6）铝盒。

（7）烘箱（最好连接通风橱）。

（8）10%福尔马林溶液，10%醋酸溶液，45%乙醇溶液和 35%蒸馏水。

（9）可以收集纤维的足够大的玻璃瓶。

2．步骤

（1）将 25 g 湿润的泥炭土样品打碎呈小块，放入 500 mL 三角瓶中，加入 300 mL 水并放置于振荡器上摇动 16 h，转速为 300 rpm。

（2）将 25 g 重复样品在 70℃下烘干，称重（注意步骤 1 和 2 中，要保证 25 g 样品具有代表性，样品的数量可以视具体情况而定）。

（3）将步骤 1 所得悬浊液倒入 200 目筛子上，并用水冲洗，去除大于 200 目的部分。

（4）将筛子上留下的部分放入粒径装置顶端的 10 目筛子上。

（5）将装有粒径装置的圆筒中加入水，并使水面与顶端筛子平齐。

（6）打开圆筒低端的进气口，让空气进入粒径装置，调整进气速率以保证一系列筛子可以持续发泡 1 h。

（7）最后将筛子拿出，每个筛子上残留的纤维，用水洗入漏斗中，并用滤纸过滤。

（8）（a）如果需测定纤维中的植物组成部分，除去滤纸上的纤维并放入玻璃瓶，在玻璃瓶中装入保存溶液（甲醛溶液等），（b）如果纤维含水量待定，则将不同组分在 70℃下烘干并称重，减去滤纸重量。以干重为基础，计算每个粒级下纤维的数量。

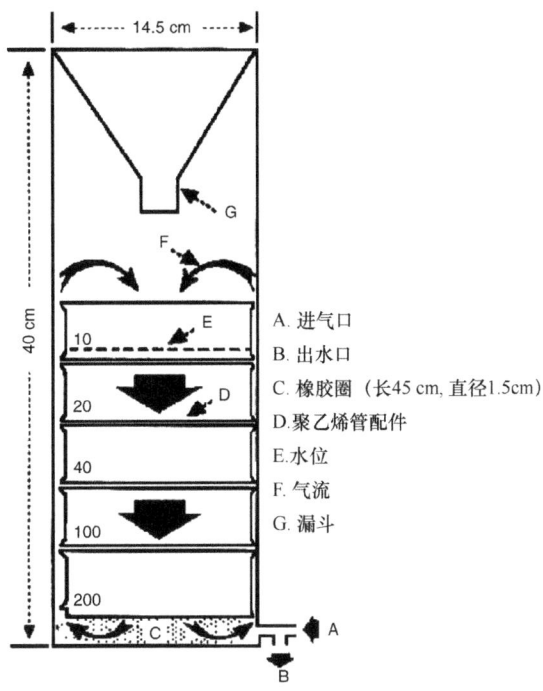

图 67.3　泥炭物质湿筛装置

（源自：Dinel, H 和 Lévesque, M., Can. J. Soil Sci., 56, 119, 1976）

3. 注释

利用电解质溶液来分散泥炭土颗粒看来似乎没有什么优势，因为需要长时间振荡过夜（Lévesque 和 Dinel，1977）。在 Ontario 地理调查实验中，纤维测定（100 目筛颗粒大小），机械振荡 10 分钟之后给出的结果和没有经过揉搓的纤维方法类似，然而经过 16 h 的机械振动后结果与揉搓纤维方法类似（Riley，1989）。干筛法是欧洲和北美工业中普遍应用的方法，然而其结果非常依赖于筛分的时间和转速，这些因子限制其在小样品上的测定（Caron 等，1997）。

67.3.2　木质含量

木质含量和残株量对于泥炭土来说都是重要性质。残株量是指泥炭土总体积中树木残体和其他木质的体积含量（Antonov 和 Kopenkin，1983）。树木残体会影响有机土壤和泥炭土地上的水分入渗及维修工程。在地质调查中，木质层的出现可以用该剖面上该层次出现的频率来定量化。在土壤调查中，残株量被定义为在直径 10 cm 或更大，130 cm 深的空间内，土壤表面被树木残体占据的体积比（Mills 等，1977）。残株量对于泥炭土提取来说，可以分类为无（0）、低（0.5%）、中等（0.5%~2%）和高（>2%）（Antonov 和 Kopenkin，1983）；对于泥炭土耕作来讲，分为无（<1%）、中等（1%~5%）和高（>5%）（Mills 等，1977）。

参 考 文 献

Antonov, V. and Kopenkin, V.D. 1983. *Technology and Complex Mechanization of Peat Production. Nedra*, 2nd ed. Moscow (in Russian).

Caron, J., Blanchet, L., Richard, G., Tardif, P., and Daigle, J.Y. 1997. Guide d'analyse des propriétés physiques, des milieux artificiels, des tourbes et des sols organiques. Conseil des productions végétales du Québec, Québec QC, Canada.

Dinel, H. and Lévesque, M. 1976. Une technique simple pour l'analyse granulométrique de la tourbe en milieu aqueux. *Can. J. Soil Sci.* 56: 119-120.

Farnham, R.S. and Finney, H.R. 1965. Classification and properties of organic soils. *Adv. Agron.* 17: 115-162.

Grosse-Brauckmann, G. 1976. Peat Stratification. In: K. GöSttlich, ed. *Moor- und Torfkunde. E. Scheizerbart'sche Verlag* (Na¨U¨gele und Obermiller), Stuttgart, Germany, 91-133.

Ilnicki, P. and Zeitz, J. 2003. Irreversible loss of organic soil functions after reclamation. In: L.E. Parent and P. Ilnicki, eds. *Organic Soils and Peat Materials for Sustainable Agriculture*. CRC Press, Boca Raton, FL, 15-32.

Kaila, A. 1956. Determination of the degree of humification in peat samples. Maatal. *Tiet. Aikak*. 28: 18-35.

Lévesque, M. and Dinel, H. 1977. Fibre content, particle-size distribution and some related properties of four peat materials in eastern Canada. *Can. J. Soil Sci.* 57: 187-195.

Lévesque, M. and Mathur, S.P. 1979. A comparison of various means of measuring the degree of decomposition of virgin peat materials in the context of their relative biodegradability. *Can. J. Soil Sci.* 59: 397-400.

Lishtvan, I.I. and Kroll, N.T. 1975. Basic Properties of Peat and Methods for Their Determination. Nauka and Tekhnica, Minsk (in Russian).

Lynn, W.C., McKinzie, W.E., and Grossman, R.B. 1974. Field laboratory tests for the characterization of Histosols. In: A.R. Aandahl et al., eds. *Histosols: Their Characterizations, Use, and Classification*. Spec. Publ. No. 6, Soil Science Society of America, Madison, WI, 11-20.

Malterer, T.J. 1988. A comparative analysis of the USDA fiber volume, USSR centrifugation and von Post humification methods for determining fiber content and degree of decomposition (humification). Vol. IV: Proc. 8th Int. Peat Congr., Leningrad, USSR, 129-139.

Malterer, T.J., Verry, E.S., and Erjavec, J. 1992. Fiber content and degree of decomposition: a review of national methods. *Soil Sci. Soc. Am. J.* 56: 1200-1211.

Mills, G.F., Hopkins, L.A., and Smith, R.E. 1977. Organic Soils of the Roseau River Watershed in Manitoba. Monogr. No. 17, Agriculture Canada, Ottawa, ON, Canada.

Ministry of Fuel Industry RSFSR. 1976. The State Standard of the USSR Peat. Method for the determination of the degree of decomposition: GOST 10650-10672. Trans. Comm. I Int. Peat Soc.: Working Group for the Classification of Peat, Helsinki, Finland, 57-66.

Okruszko, H. and Ilnicki, P. 2003. The moorsh horizons as quality indicators of reclaimed organic soils. In: L.E. Parent and P. Ilnicki, eds. *Organic Soils and Peat Materials for Sustainable Agriculture*. CRC Press, Boca Raton, FL, 1-14.

Parent, L.E. 1980. Guidelines for peat utilization in Quebec and the Maritimes. Tech. Contr. J. 826, Tech. Bull. 15, Agriculture Canada, Saint-Jean-sur- Richelieu, QC, Canada.

Parent, L.E., Fanous, M.A., and Millette, J.A. 1982. Comments on parametric test limitations for analyzing data on peat decomposition. *Can. J. Soil Sci.* 62: 545-547.

Riley, J.L. 1989. Laboratory methods for testing peat-Ontario peatland inventory project. Ontario Geological Survey Misc. Pap. 145, Ont. Min. North. Dev. Mines, Toronto, ON, Canada.

Schnitzer, M. 1970. Characteristics of organic matter extracted from podzol B horizons. *Can. J. Soil Sci.* 50: 199-204.

Schnitzer, M. and Desjardins, J.G. 1966. Oxygencontaining functional groups in organic soils and their relationship to the degree of humification as determined by solubility in sodium pyrophosphate solution. *Can. J. Soil Sci.* 46: 237-243.

Sneddon, J.I., Farstad, L., and Lavkulich, L.M. 1971. Fiber content determination and the expression of results in organic soils. *Can. J. Soil Sci.* 51: 138-141.

Vaillancourt, N., Parent, L.E., Buteau, P., Parent, V., and Karam, A. 1999. Sorption of ammonia and release of humic substances as related to selected peat properties. *Can. J. Soil Sci.* 79: 311-315.

von Post, L. and Granlund, E. 1926. Soedra Sveriges torvtillgangar. 1. Sver. Geol. Unders. Arsb. 19, Ser. C, No. 335, Stockholm, Sweden (in Swedish).

Williams, C.J. and Yavitt, J.B. 2003. Botanical composition of peat and degree of peat decompositionin three temperate peat lands. *Ecoscience* 10: 85-95.

（卢奕丽 译，任图生 校）

第 68 章 有机土和栽培基质的物理性质：水、空气的存储和流体动力学

J. Caron

Laval University

Quebec, Quebec, Canada

D.E. Elrick

University of Guelph

Guelph, Ontario, Canada

J.C. Michel

INH–INRA–University of Angers

Angers, France

R. Naasz

Laval University

Quebec, Quebec, Canada

68.1 引　言

除了前面介绍的颗粒粒径分布和分解程度，需要建立测定栽培基质和泥炭土其他特定性质的方法，以便更好地利用并描述这些材料。干泥炭湿润性较低，在评价其园艺用途时应考虑到此特征。泥炭土其他物理性质的测定方法与矿质土壤基本一致，但为了对泥炭土的测定进行标准化，人们对矿质土壤的测定方法进行了改进。此过程同样适应于栽培基质，但其更具特殊性。为了排除人为扰动对分析结果的影响，并考虑到其使用中的特殊条件（如盆栽布置、灌溉设施及培育类型），已经建立了一些分析栽培基质特性的方法。

分析有机土和栽培基质时，除了对样品的干扰，还必须考虑湿润性和滞后效应。可以用热水、润湿剂处理土样，或对样品提前进行预湿润。滞后效应是指样品的性质在脱湿过程和吸湿过程中有所不同。许多栽培基质都有明显的滞后效应。因此，应当根据栽培基质的用途（温室或苗圃）、水势范围，以及其他特定条件（容器形状、灌溉设备等）来测定吸湿和脱湿过程中气体扩散、水分保持、空气含量、非饱和导水率等特征。本章主要阐述了栽培基质和有机土物理性质的测定方法，适用于扰动较少的情况，并考虑了吸湿和脱湿过程的差异。

68.2　湿润性（或斥水性）

尽管泥炭能够存储大量水分，风干泥炭土却表现出强烈的疏水性（Fuchsman，1986）。在商业应用中，可以利用表面活性剂或添加矿物成分来改变泥炭土的疏水性（Michel，1998）。但是，在使用以泥炭土基质之前需测定其湿润性，用于判断是否需要向基质中添加润湿剂。

在复湿过程中，有机质是影响土壤亲水性或斥水性的关键成分（Jouany 等，1992；Dekker 等，2000；Michel 等，2001）。由于变干后干燥有机土或其他栽培基质中的水流速率存在高度变异性，斥水性会导

致一系列不良的物理性质,因而需要较长的再湿润时间(Valat 等,1991;Michel,1998)。

湿润性是指液体散布于物体表面的能力(Letey 等,1962)。液滴在固体表面的自然形态取决于固体和液体之间的相互作用。Young(1805)方程描述了平衡状态下的系统:

$$\gamma_L \cos\varepsilon = \gamma_S - \gamma_{SL} \tag{68.1}$$

式中,γ_S、γ_{SL}、γ_L 分别为固体的表面张力、固体和液体之间的界面张力及液体的表面张力,ε 是固体-液体-气体界面的接触角。

湿润性可以通过测量接触角进行估计。当 ε 趋于 0 时,湿润性最高(见第 888 页的数据分析)。水滴穿透时间法(water drop penetration time,WDPT)(Letey,1969;McGhie 和 Posner,1980;Dekker 和 Ritsema,2000)、乙醇摩尔浓度法(molarity of an ethanol droplet)(King,1981;de Jonge 等,1999)等能够简单快速地测定湿润性,但只能进行基本的定性评估。测量固-液接触角是准确测定材料湿润性的最佳方法。

68.2.1 水滴穿透时间法

1. 材料与试剂

(1)注射器(2 mL)、蒸馏水。

(2)表面干燥的土壤或基质。

2. 步骤

(1)用注射器在土壤或栽培基质表面加 10~15 滴蒸馏水(每滴 10 μL 左右)。

(2)测定水滴全部渗入材料的时间。

(3)根据表 68.1 描述与入渗时间相关的表面状态。

表 68.1 根据 WDPT 方法确定土壤或基质斥水性的分类

WDPT	<5 s	5~60 s	60~600 s	600 s~1 h	>1 h
表面状态	亲水	弱斥水	强斥水	严重斥水	极度斥水

来源:Dekker, L.W., Ritsema, C.J., and Oostindie, K. in L. Rochefort and J.-Y. Daigle (Eds.), Proceedings of the 11th International Peat Congress, Vol. 2., Edmonton, AB, Canada, 2000, 566-574.

3. 注释

物质的粗糙度、结构及组成的异质性都会导致测定结果产生较大的变异。

68.2.2 直接接触角测定:液滴法

目前使用最多的方法是直接用液滴法测定液体和固体表面接触角。

1. 材料与试剂

(1)测角仪。

(2)液压机,用于压实土壤或栽培基质。

(3)几克风干土或栽培基质(1~5 g,根据其密度而定)。

2. 步骤

(1)制备光滑、平坦、均匀的表面(Busscher 等,1984)。用 75 MPa 的液压机压实土样或栽培基质(Valat 等,1991),或在薄斜面板上将土壤或栽培基质的液体悬浮液晾干来获得均匀表面。

(2)用注射器将水滴(10 μL)滴在材料表面。

(3）测定接触角。用光学测角仪直接测量小液滴的几何形状，也可以测定小液滴的几何尺寸，包括体积、高和长（Letey 等，1962；Chassin，1979；Good，1979）。

3. 数据分析

通常情况下，当材料表面与水滴的接触角小于90°时，材料表现为亲水性；当接触角大于90°时，材料表现为斥水性。接触角越小，湿润性越强。

4. 注释

测定时需要确保表面光滑平坦。因此，该方法不能用于表面粗糙度（粗燥系数）因含水量而变化情况下基质吸湿性的测定。接触角方法只能用于干物质的测定。

68.2.3 间接接触测定：毛细管上升法

由于上述限制，与液滴法相反，毛细管上升法已被用于测定土壤的湿润时间（Letey 等，1962；Watson 和 Letey，1970），也被用于测定非压实材料的接触角及不同含水量条件下材料的湿润性（Michel 等，2001）。

利用改进后Washburn（1921）方程计算接触角。假设材料由一束毛管组成，那么在一个毛管中的液体流动可以表示为

$$\frac{l^2}{t} = \frac{\gamma_L(\tau \cdot r)\cos\varepsilon}{2\eta} \tag{68.2}$$

式中，l 为湿润锋的高度（cm），t 为时间（s），η 和 γ_L 分别为黏滞性（mPa·s）和液体的表面张力（mJ m^{-2}），r 和 τ 分别为平均半径（cm）和弯曲度常数（近似于毛细管的弯曲度），ε 为接触角（°）。

用液体穿透一束毛管增加的质量 m 代替湿润锋高度 l，Washburn 方程可以表示为

$$\cos\varepsilon = \left(\frac{m^2}{t}\right)\left(\frac{\eta}{\rho^2 \gamma_L c}\right) \tag{68.3}$$

其中，

$$c = \frac{1}{2}\Pi^2(\tau r)^5 n^2 \tag{68.4}$$

式中，m 为吸附液体质量（g），ρ 为液体密度（g cm^{-3}），n 为毛细管数量，c（cm^5）对应毛细管孔隙度和弯曲度的经验常数，取决于粒径大小和装填程度。

1. 材料与试剂

（1）试管，带孔的玻璃底板（直径1 cm，高4 cm）。

（2）微量天平（精度为0.01 g）。

（3）张力计（测定液体或固体表面性质的设备，如表面能和表面张力）。注：不是测定土壤水势的张力计。

（4）液体：己烷（特纯级），蒸馏水。

（5）称量几克在不同含水量下平衡的土壤或栽培基质（1～5 g，根据样品密度和含水量决定）。

2. 步骤

本实验涉及不同液体在土壤和栽培基质中的毛管上升情况。

（1）将土样或栽培基质放进试管中（带有孔的玻璃底板）。

（2）将试管固定在微量天平上。

（3）将试管放在装有液体的容器中，要求液体的表面张力较低（如己烷）且完全润湿样品（$\varepsilon = 0$）。

(4）用电脑自动记录毛细管上升速率（表现为样品质量增加）。

(5）将步骤（1）～（4）用己烷重复若干次。

(6）用 Washburn 公式（68.3）计算参数 c。

(7）用蒸馏水重复步骤（1）～（4）若干次。

(8）计算接触角。

3．注释

在本实验中，待测材料的孔隙度和渗透性的变化是误差的主要来源；假设吸湿过程对孔隙几何结构没有影响也会导致测定误差。由于毛细管上升法无法测定大于 90° 的接触角（在斥水性材料上没有毛管上升现象），该方法不能判断材料的斥水程度。另外，由于在基本饱和的基质中难以观察到毛细管上升，该方法也不能测定高水势时（>-10 kPa，近饱和）材料的湿润性。这点并不重要，因为水势>-100 kPa 时，基质已经高度亲水（Michel，1998）。

68.3　容　重

容重（Bulk density，BD）与泥炭土的其他性质紧密相关，比较容易测定，通常用于商业和定性分析等用途。同矿质土壤相同，有机土壤的测定也是用已知体积的环刀采集土样，然后风干称重。有研究提出了特殊形状的取样器（Sheppard 等，1993）。也可以使用具有锋利边缘的环刀。需要注意的是，采集有机土容重的环刀要求较大的底面面积，以避免小环刀（5 cm 直径或更小）导致土壤压实；环刀底面直径与高的比例大约为 5∶1、6∶1 甚至 7∶1，而采集矿质土壤容重的环刀比例仅为 1.2∶1。

由于泥炭土栽培基质（以及其他有机栽培基质）容易沉降和松散，已经建立了一些特定方法避免对对基质的机械扰动。因此，样品准备和容重测定方法的可靠性非常重要。所采集样品的容重测定结果应尽可能接近其田间实际数值。目前，国际上存在两组标准方法。第一种方法采用大体积的未压实样品（20 L），主要用于商业目的（例如，CEN 方法，12580；Morel 等，1999）。第二种方法采用的小体积样品（小于 1 L），饱和后自然施排水，或者在额外压力和积土压力共同作用下排水（Hidding，1999）。这些方法模拟盆栽基质培养过程中的自然沉降过程，主要用于定性目的。Caron 和 Rivière（2003）对这两种方法做了详细的阐述。

68.3.1　环刀法（适用于有机土或疏松基质）

该方法适用于有机土或疏松基质。

1．材料与试剂

(1）环刀或 McCauley 采集器、刀。

(2）鼓风烘箱。

2．步骤

(1）对于有机土，用环刀取土，用刀修整土样边缘，使其符合环刀的形状。也可以使用 McCauley 采样器采集样品。

(2）对于泥炭栽培基质，将其松散地填装入环刀（与下述测定吸湿曲线相同，用 CEN/TC 223 方法）。与测定脱湿曲线时的样品准备步骤相同（见脱湿过程），将环刀上半部移去，从底部开始润湿样品使其逐渐饱和。然后，将样品放在张力台上，在-1 kPa 下排水。

(3）在 105℃或 70℃下烘干土样，并计算容重：

$$BD = \frac{SDW}{V} \tag{68.5}$$

式中，BD 是容重（单位体积的干土重），SDW 是样品的干土重，V 是环刀体积。

3. 注释

需要注意的是，采样时应尽量减少对泥炭的压实作用。泥炭材料的容重受含水量影响较大。在填装土样前将基质在 5 kPa 吸力下进行预平衡（Verdonck 和 Gabriels，1992）。容重与灰分含量（Grigal 等，1989）、分解程度（Silc 和 Stanek，1977）也密切相关。由于泥炭土基质中的有机质在 85℃ 以上时发生分解损失，105℃ 下烘干的结果可能会稍微高估泥炭土含水量（Macfarlane，1969）。因此，建议在 70℃ 烘干土样。综上所述，应提前了解基质的特性以确定烘干温度。

68.3.2 原位容重测定

目前已经可以实现栽培基质容重的原位非破坏性测定（Paquet 等，1993）。自然压实或人工压实后，用时域反射仪（time domain reflectometry，TDR）测定（Topp 等，1980）测定其饱和含水量，然后利用 TDR 技术在原状土壤或装填土柱上测定的总孔隙度计算得到容重。也可以用此方法测定土壤剖面的饱和层（见 68.4.2）。

68.4 水分和空气存储

68.4.1 总孔隙度

总孔隙度是脱湿曲线的第一个点，是土壤可存储水分和空气的最大体积。总孔隙度是评估商业用途栽培基质质量的重要参数（Hidding，1999）。可以直接原位测定盆栽栽培基质的总孔隙度，也可以间接地原位监测有机土的田间总孔隙度。对于疏松基质，样品准备方法同吸湿曲线（见下文）。

68.4.2 原位测定总孔隙度

该方法基于环刀土块或栽培基质的体积含水量结果得到总孔隙度。从环刀底部开始，向上缓慢润湿基质进行排气（假设饱和后空气全部排出）。此方法也可以用于测定土壤剖面上的饱和层。

1. 材料

（1）装填好样品的盆栽容器或环刀，也可以直接在饱和土层测定。
（2）水浴，用于从（盆栽容器或环刀）底部缓慢润湿土样。
（3）蒸馏水或去离子水。
（4）TDR 探针，长度与土样体积相当。
（5）TDR 主机，或者 CS-615，或者其他时域或者频域反射仪、电容探针等，但准确性较差。
（6）如果需要，建立探头的校正曲线。

2. 步骤

（1）通过逐渐升高水位从环刀底部润湿样品，然后保持水位在基质表面以下 1 cm 的条件下浸润 24 h，使基质完全饱和。由于没有积土压力作用，该过程可确保基质的总孔隙度保持不变。

（2）将 TDR 探针插入样品。因为 TDR 探针测定的是探针周围的平均含水量，探针长度应与环刀高度（垂直样品）、指定深度（泥炭沼泽）或环刀直径（水平采样）相匹配。探针应完全插入样品或整个深度进行测定。在此基础上，可以将探针重复插入样品的其他位置进行多次测定。TDR 技术测定基质的介电常数，并进一步推导出体积含水量。必须事先用称重法进行 TDR 设备测定基质体积含水量标定，因为关于矿质土壤上介电常数和体积含水量的关系不适用于有机土壤（Paquet 等，1993）。Paquet 等（1993）、Anisko 等（1994）和 Da Sylva 等（1998）提出了适用于各类有机-矿质混合土样的不同标定方程。

3. 计算

用介电常数计算体积含水量。假定总孔隙度等于饱和含水量，容重可以由总孔隙度计算得出，而总孔隙度则可以通过饱和含水量和颗粒密度（PD）估算得到（见下一节）。

4. 注释

此方法的关键是缓慢升高水位使样品逐渐达到完全饱和。主要适用于湿润的棕色泥炭土（Caron 等，2002），在风干的白色或黑色泥炭土中可能出现较大误差（Wever，1995），需要延长土样的饱和时间。可以通过长时间内定期检查 TDR 读数是否继续变化来检查饱和情况。需要的话，将样品放在张力箱中进行排气（Nemati 等，2002）。新割下的带根的盆栽植物可能产生大量气体，为防止气体截留，需在饱和样品时将样品置于真空中。在田间测定中，经常出现气体（甲烷）滞现象（Buttler 等，1991）。

68.4.3 总孔隙度计算

测定容重后，可以通过容重和灰分含量计算总孔隙度（total pore，TP）（见上文）。

1. 计算

可以通过容重和颗粒密度计算总孔隙度。颗粒密度通过样品的灰分（ash）含量估算（Paquet 等，1993）。一般假设有机组分（OM）的颗粒密度为 1.55，矿质组分（solids）的颗粒密度为 2.65（Verdonck 等，1978）：

$$\%OM = 100\% - \%ash \tag{68.6}$$

$$PD = \frac{1}{\dfrac{F}{1.55} + \dfrac{1-F}{2.65}} \tag{68.7}$$

这里，

$$F = \frac{\%OM}{\%solids} \tag{68.8}$$

$$TP = 1 - \frac{BD}{PD} \tag{68.9}$$

另外，也可以采用经典的矿质土壤方法测定基质的颗粒密度（即密度瓶法，液体用煤油或乙醇）（Blake 和 Hartge，1986）。

2. 注释

根据 Macfarlane（1969），由灰分含量得到的颗粒密度与真实值的误差可能达到 18%。

68.4.4 泥炭土的脱湿曲线

这里介绍的方法已经在欧洲广泛应用，国际园艺学会也采用此方法来研究苗圃和温室的栽培基质（Verdonck 和 Gabriels，1992；Hidding，1999）。该方法提供了不同水势下基质体积含水量（或持水量）的计算方法。对于泥炭基质，饱和泥炭土中的水分通常在重力作用下排出，通常采用浸泡和排水的方法测定其持水量（Parent 和 Caron，1993）。尽管测定持水量时的水势为泥炭样品高度的一半，由于该方法不能提供测定含水量时环刀高度的信息，导致测定的持水量不太准确。因此，此方法只适用于持水能力的测定，泥炭土的脱湿曲线才能提供更完整的持水量信息。

1. 材料

（1）双环（高 5 cm，内径 10 cm），固定用的耐热聚丙烯项圈。用胶水将项圈固定在体积为 V_R 的底环外围（项圈共 2 cm 高，与底环重合 1.5 cm，与顶铁环重合 0.5 cm）。

（2）尼龙纱布包裹在底环底部。

(3）沙箱或张力台（Topp 和 Zebchuk，1979）。

(4）塑料容器，底部穿孔。

(5）钢架，尼龙布（30 cm× 60 cm）。

(6）水浴（≥5 L）。

2．步骤

(1）将约 10 L 材料转移进几个塑料容器中。

(2）盖上尼龙布。

(3）将塑料容器放在水浴中。

(4）向水浴中缓慢加水，让水位在基质表面以下 1 cm 处。

(5）静置过夜。

(6）把样品转移至沙箱中放置 48 h，调节水头至−5 kPa。

(7）用纱布或粗尼龙布固定在底环底部，以防漏土。然后用大勺将土样填入组装的双环中，每次 100 mL 左右，既要防止压实，又要填满环内的间隙。

(8）用尼龙布盖住上方的铁环，以防止基质隆起。

(9）将装填好的双环放进水浴。

(10）向水浴中缓慢加水，至低于顶环表面 1 cm 处。

(11）饱和 24 h。

(12）转移进张力台。

(13）用尼龙布盖住张力台和样品。

(14）调节水头至−1 kPa（10 cm 吸力），可从底环的中间位置算起。

(15）平衡 48 h。

(16）从张力台中取出样品，小心取出上方铁环，将最上部露出。

(17）用小刀小心修整表面至平整。该步骤需要尽量细致，用大剪刀将比较粗的纤维基质修整平。

(18）测定底环中的样品质量（W_R）。

(19）再次将样品放入张力台内，调节水头至其他水势（−2 kPa，−5 kPa，−10 kPa），每次调节水势应间隔至少 24 h，调节前应保证达到充分平衡。

(20）最后在 105℃下烘干样品，确定对应水势的容重和体积含水量。对于胀缩性材料，需要测定样品高度变化来调整 V_R，并得到校正后的体积含水量。同时，也需要对纱布或尼龙布的质量进行修正。

3．计算

(1）−1 kPa 时的体积含水量 θ_1，计算如下：

$$\theta_1 = \frac{W_1 - W_R}{V_R} \tag{68.10}$$

式中，W_R 为底环的干重，V_R 为底环体积。用其他水势所对应的质量替换 W_1，可以计算得到其他水势所对应的体积含水量。

(2）用总孔隙度（total porosity，TP）和 θ_1 之差计算得到充气孔隙度（air-filled porosity，AFP）：

$$\mathrm{AFP} = \frac{\mathrm{TP} - \theta_1}{V_R} \tag{68.11}$$

(3）易利用有效水分（Easily available water，EAW）为−1 kPa 和−5 kPa 水势所对应的水分体积之差：

$$\text{EAW} = \frac{\theta_1 - \theta_5}{V_R} \tag{68.12}$$

（4）有效水分（Available water，AW）为-1 kPa 和-10 kPa 水势所对应的水分体积之差：

$$\text{AW} = \frac{\theta_1 - \theta_{10}}{V_R} \tag{68.13}$$

（5）缓冲容量（Buffer capacity，BC）为-5 kPa 和-10 kPa 水势所对应的水分体积之差：

$$\text{BC} = \frac{\theta_5 - \theta_{10}}{V_R} \tag{68.14}$$

4．注释

由于存在显著的滞后效应，应在重新饱和后测定不同水势下的吸湿曲线。在使用地下灌溉措施（潮汐灌溉，集水沟和毛管垫）时，这样做可以更接近田间种植条件。

68.4.5 栽培基质的脱湿曲线

在设施栽培、温室种植和苗圃中，可以利用在独立样品上测定的脱湿曲线诊断盆栽基质的质量。Paquet 等（1993）指出，对基质的扰动可能改变其特性。Fonteno（1989）认为，盆栽容器的大小和形状会改变容器内水分和空气的含量。我们的经验表明，一旦基质装填进盆栽容器，其性质会随着自然沉降、压实、分解、颗粒团聚和根系活动等发生显著变化（Allaire-Leung 等，1999）。因此，为了更准确地分析盆栽基质的质量，应该在种植植物前和植物生长期直接测定基质的性状。

1．材料
（1）已经装盆的栽培基质，盆底部开口。
（2）TDR 设备和探针，或者电子秤。
（3）聚乙烯薄膜、尼龙纱布。
（4）张力台（Topp 和 Zebchuk，1979）。

2．步骤
（1）若实验对象是长有植物的栽培基质，首先应切掉地上部的植物。
（2）从底部逐渐饱和样品，垂直插入 TDR 探针测定含水量。
（3）升高水位，至低于基质顶部 1 cm 处。
（4）在白天测定含水量，直至含水量不变。如含水量读数有波动，说明内部有滞留气体。可以通入二氧化碳将滞留气体排出，然后用去气水饱和样品。也可以将样品置于真空容器中排气。
（5）测定饱和含水量（等于总孔隙度 TP）。
（6）让样品脱湿 1.5～2 h。脱湿过程中，垂直插入 TDR 探针，定期监测含水量，直至含水量不变（即达到容器最大持水力时的体积含水量）。因为水势和容器内水的高度有关并随着容器的高度变化而改变，该含水量可能和-1 kPa 时的含水量有所不同（Fonteno，1989）。如果没有TDR 设备，可以用天平秤量容器质量并得到含水量。
（7）用饱和体积含水量和脱湿后的体积含水量（θ_c）计算充气孔隙度：

$$\text{AFP} = \text{TP} - \theta_c \tag{68.15}$$

（8）用塑料模盖住基质表面，防止水分蒸发。
（9）水平插入 TDR 探针，再次测定含水量，记录探针高度并据此估算相应的水势。
（10）将样品放在张力台上（图 68.1），确保底部与台面接触良好。可以使用泥浆，或在盆底部打些孔，将盆底包裹纱布以防止样品漏出。

（11）将张力台排水管从探针高度每次降低一定距离（如 10 cm、20 cm 等），调节水势至-1 kPa、-2 kPa、-5 kPa 和 -10 kPa。每次调整水势后平衡至少 24 h，然后测定体积含水量或称重。每个水势都有含水量和对应的探针高度。由于高度已知，TDR 可以获得某高度的准确含水量，并避免了称重法需要搬动基质的缺点。

（12）由于滞后效应，吸湿和脱湿过程的水分过程存在差异，并影响空气含量和有效水分的测定结果。因此，需要分别测定吸湿和脱湿两个过程。

（13）画出脱湿曲线，计算上述参数（式 68.11 和式 68.15）。如果没有 TDR 设备，在 105℃烘干后称重，用式 68.15 计算 AFP，根据容重和颗粒密度计算得到 TP。

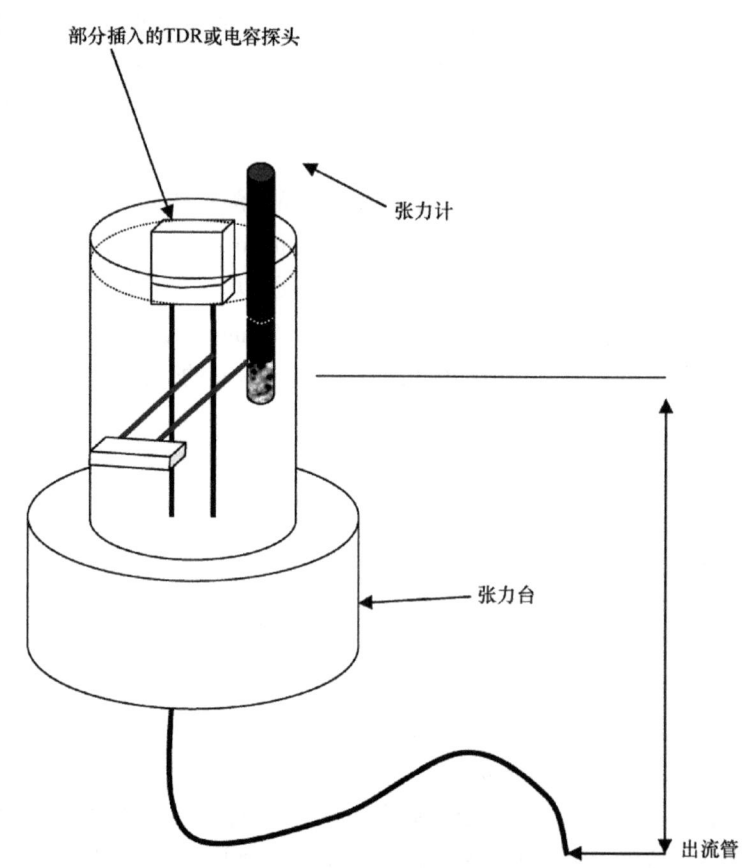

图 68.1 盆栽基质或土柱上测定土壤脱湿曲线的实验仪器设备

其中，TDR 探针可横向或竖向插入基质中，测定前需要将上部植物去除

3. 注释

气体滞留是张力台法测定时的主要问题，应注意避免打断水力的连续性。Paquet 等（1993）描述了以上实验过程的更多细节。

68.4.6 进气值

进气值的测定是间接估计气体扩散率的关键（Caron 和 Nkongolo，2004）。进气值是不少模型的一个重要参数，在设计生长系统时可以据其大小分析容器底部饱和带的高度，并进一步判断缺氧带。Caron 等（2002）和 Nemati 等（2002）比较了测定进气值的几种方法。这里主要介绍根据脱湿曲线测定盆栽容器底部进气值的方法（Nemati 等，2002）。另外，Nemati 等（2002）提出并验证了根据压力传感器实现自动测定进气值的方法。也有其他方法用于测定栽培基质的进气值，但误差较大（Caron 等，2002）。

1. 材料

（1）将疏松基质或田间直接采集的基质填装进 PVC 柱体或盆栽容器（温室或苗床）。在盆栽桶壁打两个螺纹孔，一个放置 TDR 探头，用于监测含水量；另一个放置张力计，用于监测水势。

（2）TDR 探针：由 3 根长 145 mm、直径 2 mm、间距 15 mm 且位于同一平面的不锈钢针组成。

（3）微型张力计，长 80 mm，外径 8 mm。

（4）灵敏的张力台，一个锥形烧瓶和一个金属支架（Nemati 等，2002，图 68.1）。

2. 步骤

（1）开始测定前，确定 TDR 探针的影响范围。将探针水平插入水中，在探针水平方向上的某位置改变含水量，同时观察 TDR 信号变化，确定探针影响距离。

（2）将基质装入盆栽柱体（见 68.4.5），或直接从生产区采集基质样品。

（3）从底部饱和基质，缓慢提高水位过夜，使水位升至距离基质顶部 1 cm 处。

（4）将盆栽柱体放在张力台上，保持良好接触，使基质缓慢排水。

（5）插入 TDR 探针（距离盆栽柱体底部 30 cm），在 TDR 探针影响区域的顶部高度处水平插入张力计（Nemati 等，2002），然后将张力台水势调节至 0.2 kPa（即张力台表面之上有 20 mm 水柱）。

（6）盖住盆栽柱体防止蒸发，但需要在表面留下小孔，确保空气可以进入。

（7）以 10 mm/天的速率降水底位，每天监测含水量和基质势变化。由于基质的水力特性差异，该过程可快可慢。可以根据 TDR 含水量的变化来确定水势变化后系统是否达到平衡。

（8）根据张力计中的水柱高度，调整基质势数据及张力计与 TDR 探针间的距离。

（9）根据含水量随水势的变化曲线 $\theta(\psi)$。曲线至少可以分为两个区域：在初始区域，随水势降低，含水量基本不变；在第二个区域，含水量随水势迅速降低。有时还存在第三个含水量随水势缓慢降低的区域。前两个区域的拟合曲线的交点为进气值（Nemati 等 2002）。

68.5 水分和气体运动

68.5.1 泥炭土饱和导水率

该方法主要适用于有机土和基质装填的土柱。测定有机土饱和导水率的方法与矿质土壤基本一致（Klute 和 Dirksen，1986）。需要注意的是，由于有机土由大量疏松物质组成，在测定导水率或田间测定水分入渗速率时，打孔后的盆壁可能不太稳定。由于水力学参数对有机土壤的结构高度敏感，原位测定的结果比在扰动土柱上的结果要更加可靠。如果泥炭土中有较大颗粒，则不能用定水头法或降水头法测定其饱和导水率（K_s）。另外，用于计算田间饱和导水率的数学模型可能也不适用于有机土壤（Hemond 和 Goldman，1985）。然而，在泥炭基质上的适用性验证指出，在流速较低时水分运动形式为层流，达西定律可以适用（Allaire 等 1994）。在这种情况下，可以在田间用 Guelph 入渗仪直接测定潜水面以上土壤的饱和导水率，但需要单独确定 α（一个用于表示非饱和导水率的参数）。有机土的 α 值约为 9 m^{-1}（J. Caron，未发表数据），与一些泥炭土的 α 值（7~9 m^{-1}）近似（Caron 等 1998；Jobin 等 2004），但也可能更高。意外的是，有机土的饱和导水率有时与砂壤土或壤土接近，可能与其较低的孔隙有效性有关（Caron 和 Nkongolo，2004）。关于在田间和室内（土柱）测定矿质土壤饱和导水率的具体步骤和细节，请参考"土壤水分分析"部分。

68.5.2 栽培基质的饱和导水率

由于栽培基质结构对扰动的高度敏感性，需要特别强调在未扰动的原状基质上测定其饱和导水率。另外，栽培基质有时包含有植物，有机物分解、重组、沉降和根系包络等都会导致结构变化，从而影响饱和导水率的测定（Allaire-Leung 等，1999）。本方法用定水头入渗仪建立稳态条件，并测定容器中的流量（图 68.2）。但流量测定受容器几何形状和孔洞分布（3-D 流）的影响，需要将流量修正为依据达西定律估计的等效饱和导水率，类似于在圆柱形土柱上测定的一维饱和导水率。由于栽培基质结构的易变性，而主要形变等都会影响 K_s 的大小，在土柱中测定 K_s 面临很多问题。Allaire 等（1994）提出直接利用盆栽条件下的测定来矫正流量结果，并证实了该方法的可行性。显然，容器的几何形状、孔洞分布和水力梯度都可能影响该校正因子。若不能获得校正因子，Allaire 等（1994）提出了通过求解 3-D 拉普拉斯方程获取校正因子的实验步骤。

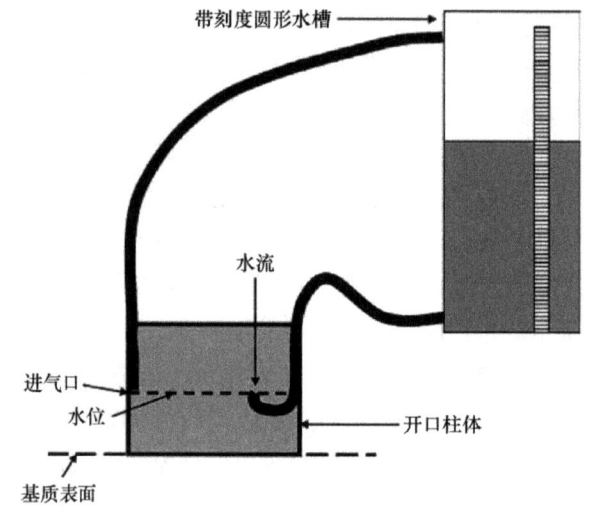

图 68.2 用于测定非饱和导水率的 Côté 渗透仪的特殊水头示意图

1．材料

（1）定水头入渗仪（Côté 入渗仪，图 68.2），具有特殊的水头设计，可以直接移动到盆栽表面（Banton 等，1991）。

（2）不同容器高度和孔穴分布的说明图（Allaire 等，1994）。

（3）尺子。

（4）装填基质的容器（也可能有正在生长的植物）。

（5）水桶。

2．步骤

（1）将容器放入充满蒸馏水或自来水的容器中浸泡 24 h，从底部缓慢润湿样品。如出现斥水特征，则可能需要预湿润过程。

（2）从水池中缓慢取出容器，放置于表面打孔的金属支架上。

（3）如果容器边缘和基质之间存在空隙，用膨胀土填充以防止出现优先流。

（4）用格栅或多孔垫片覆盖基质表面，防止颗粒漂浮并堵塞渗透计的开口处，或减少颗粒移动。

（5）利用入渗仪在基质表面以上保持一定高的水位时，建立稳态。

（6）记录渗透仪的水滴数随时间的变化函数。

（7）达到稳态后，计算水流通量（Q）。

(8) 测定距离基质表面以上的水位高度（h）。

(9) 实验结束后，测定最终的水位高度（L）。

(10) 计算基质表面积（A）。

(11) 参照 Allaire 等（1994）的图 5 查找水流通量降低比率。对于温室常用的 1 L 多孔盆栽容器，当基质高度为 7 cm、水头为 3 cm 时，R_f 值等于 1.66。

(12) 计算饱和导水率 K_s：

$$K_s = \frac{QLR_f}{A(h+L)} \tag{68.16}$$

68.5.3 栽培基质的非饱和导水率

瞬时剖面法（Watson，1966；Wind，1969；Hillel 等，1972；Vachaud 和 Dane，2002）已经被成功用于测定田间排水和再湿过程中不同深度土壤的全范围非饱和导水率曲线。此方法也可用于测定装填基质和土柱的非饱和导水率曲线（Naasz 等，2005）。尽管该技术在接近饱和（$-1 \sim 0$ kPa）时变异度较高（Caron 和 Elrick，2005；Naasz 等，2005），但能够在有效水范围（$-1 \sim -20$ kPa）内实现快速有效的测定。当水势低于 -2 kPa 时，用定水头法测定非饱和导水率不够准确，这里不再介绍。

1. 材料

(1) 两个大 PVC 圆筒（直径 14 cm，高 14 cm）。

(2) 若干小 PVC 圆筒（直径 10 cm，高 12 cm，体积 942 cm³）。

(3) TDR 系统：包括两个 TDR 微型探针（三根不锈钢针，长 80 mm，直径 4 mm，间距 10 mm）。探针通过多路转换器连接 Tektronix 1502C 系统（Tektronix, Beaverton, OR），用 WINTDR 软件（Time Domain Reflectometry Soil Sample Analysis Program V. 6.1, Utah State University, Logan , Utah）控制。

(4) 张力计系统：包含两个微型张力计（直径 2.2 mm，长 20 mm，陶瓷质，SDEC 220[Société Développement et Commercialization, Reignac, France]），与压力传感器（差分式传感器，精度：±0.03%，反应时间：10^{-3} s）连接，由多任务计算机在线控制并收集数据。

(5) 小型通风机，用于加快表面蒸发。

(6) 马氏瓶，用于保持底部定水头入渗。

2. 步骤

(1) 由于有机基质的物理性质容易受样品准备和装填过程的影响，需要对样品准备步骤进行标准化：手动将基质装填进两个大 PVC 圆筒（直径 14 cm，高 14 cm），避免压实。从底部缓慢润湿圆筒（30 min），用蒸馏水饱和样品 24 h，然后在 -5 kPa（张力台）水势下平衡 48 h。清空 PVC 筒，混匀样品并装填于小 PVC 圆筒（直径 10 cm，高 12 cm）中。最后从底部缓慢饱和样品 24 h。

(2) 在距离小 PVC 圆筒底部的 h_1 和 h_2 位置（$h_1 = 9$ cm，$h_2 = 3$ cm，图 68.3），水平插入（90°角）两对传感器（TDR 探针和微型张力计，分别监测体积含水量 θ 和水势 ψ）。

(3) 密封圆筒底部防止水分渗漏，然后用马氏瓶从底部缓慢饱和基质。

(4) 当 TDR 和张力计读数显示土柱处于静水力学平衡状态（约 30 min 后）后，开始蒸发实验。

(5) 用小型通风机控制样品表面蒸发速率。

(6) 当基质土柱最上部的张力计读数达到 -30 kPa 后，停止蒸发实验。

(7) 在三个压力水平下（-15 kPa，-5 kPa，0 kPa，逐级增加）进行入渗实验研究。

(8) 干湿循环持续约 1 个月。每 5 min 测定一次，共得到约 8000 组含水量和水势数据。

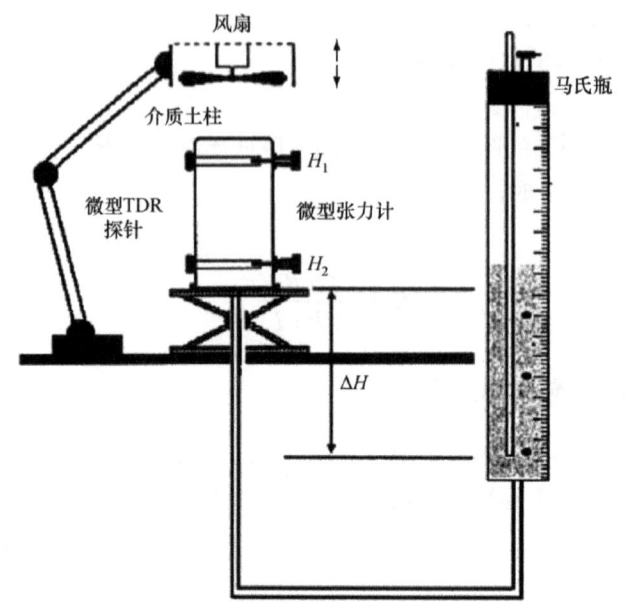

图68.3 在土柱中测定非饱和导水率的实验设计示意图

(Naasz, R., Michel, J.-C., and Charpentier, S., *Soil Sci. Soc. Am. J.*, 69, 13, 2005)

3. 计算

利用蒸发和入渗过程中直接测定的含水量和水势数据，基于达西方程计算非饱和导水率。首先，用两个深度（h_1 和 h_2）水分储量随时间的变化量计算通过圆柱的水流通量 q：

$$q = -\frac{\Delta\theta_{h_1} - \Delta\theta_{h_2}}{\Delta t} \tag{68.17}$$

式中，$\Delta t = t_2 - t_1$，为时间间隔，t_1 为时刻1，t_2 为时刻2。非饱和导水率 $K(\psi)$ 由通量密度和同一位置（$dz = h_1 - h_2$）和时间的水势差（$d\psi$）计算得：

$$k(\psi) = \frac{-q}{\left(\dfrac{d\psi}{dz} - 1\right)} \tag{68.18}$$

4. 注释

插入微型TDR探针和微型张力计可能导致基质结构的微小变化，从而影响其水力学特性。我们的估算表明，所有传感器的体积占圆柱中样品总体积的比例小于1%。

68.5.4 非饱和导水率原位测定

有机栽培基质主要用于温室和温床生产，并且从地上（空中喷灌、喷雾、喷嘴）或地下（毛管垫、潮汐灌溉和集水沟）进行灌溉。对于温床中的地下灌溉系统，非饱和导水率曲线的形状是评价其性能的关键因素（Caron 等 2005）。测定非饱和导水率曲线需要将样品再湿润后，在接近饱和条件下原位（在盆内）进行，而不能采用瞬时剖面法（见前一节）。Caron 和 Elrick（2005）提出一种适用于多孔基质（大孔隙比例较高，如有机基质）的特殊方法。该方法只用一种简单的张力盘装置，也可以测定样品的饱和导水率。

1. 材料

（1）装有膜（如尼龙纤维）的张力盘，进气值大约为 -5 kPa（-50 cm）。

（2）圆柱形容器（如商用花盆），至少 15 cm 高。底部有几个孔（以维持 1-D 流）或者配有较粗的丝网来装基质（图 68.4）。

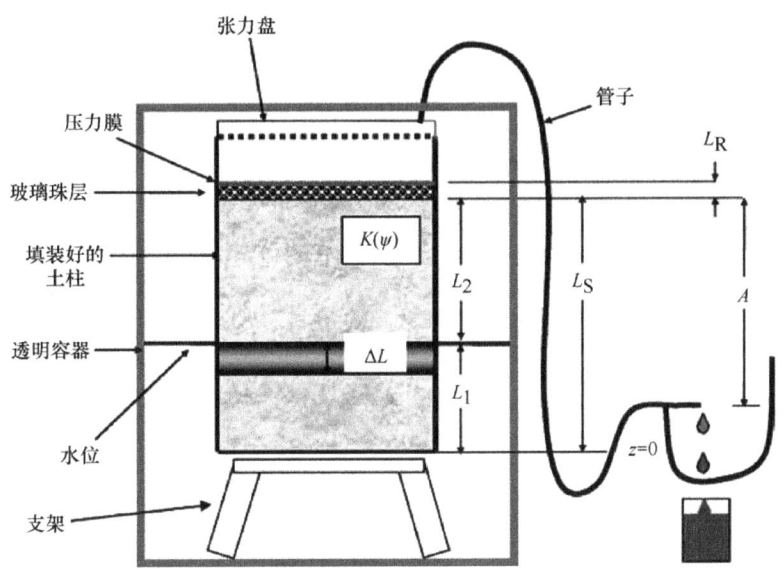

图 68.4　在盆栽基质中测定润湿过程非饱和导水率的 Laval 张力盘示意图
（Caron, J. and Elrick, D.E., *Soil Sci. Soc. Am. J.*, 69, 794, 2005.）

（3）足够大的透明容器（如亚克力），能容纳步骤 2 中装满基质的容器。
（4）马氏瓶，用来维持定水头。
（5）玻璃珠（平均直径 180～120 mm）。
（6）塑料管和量筒，用来测量所收集的水的体积。

2. 步骤

（1）尽可能均匀地将基质填装在圆柱形容器（或花盆）中。从底部润湿容器，使表面出现自由水，然后脱湿、再次润湿，重复两次以上，从而得到比较稳定的体积。如果润湿过程有问题，也可以用水从顶部喷湿基质。L_S 为基质的厚度。也可以直接从产地采集基质，但需要切除地上的植物部分。

（2）将盆栽容器放入亚克力盆中的支架上（图 68.4），保证水流能够自由流动到盆栽容器底部。

（3）在顶部铺一层玻璃珠（进气值约为 −2.5 kPa）。

（4）将张力盘放在基质表面（张力盘的直径略小于盆栽容器的内径），平衡一夜。（注意：张力盘膜系统的厚度为 L_R，$L_R \ll L_S$，图 68.4）。

（5）给亚克力盆中加水，水位约为盆栽容器底部以上 1 cm。L_1 为亚克力盆中水位到盆栽容器底部的距离，L_2 为亚克力盆中水位到基质顶部的距离。

（6）降低塑料管底端（顶端连张力盘），为张力盘加压，使塑料管中水位低于亚克力盆中水位约 2 cm。测定亚克力盆中水位到塑料管出口的距离（$A-L_2$）。图 68.4 中 ΔL 为饱和区域达西流造成的水头损失。

（7）水流稳定后（约测定 3 次之后），记录流速，单位为 $cm^3\ min^{-1}$（其他单位亦可）。

（8）提高亚克力盆水位约 2 cm，提高塑料管底端约 2 cm，测定亚克力盆中水位到塑料管出口的距离，记录稳定流的流速。

（9）重复步骤 8，直至水面与基质表面的距离达到 2 cm 之内，记录稳定流流速。

（10）最后，将水位提高至高于基质表面约 1 cm 处，使基质饱和，基于达西定律测定饱和导水率。

（11）全部测定通常在 2～3 h 内完成。

3. 计算

计算饱和导水率 K_s。可能需校正由张力盘薄膜和玻璃珠产生的阻力,尤其是在接近饱和含水量时。利用以下公式计算 K_s:

$$K_s = \frac{L_s}{\frac{(\Delta H)_T}{J_T} - R_R} \tag{68.19}$$

式中,L_s 为基质厚度,$(\Delta H)_T = (A-L_2)$ 为基质和张力盘(复合系统)的水头落差,J_T 为流经复合系统的水流通量,R_R 为独立测定的、张力盘系统对水流的阻力(Caron 和 Elrick,2005)。

计算非饱和导水率 $K(\psi)$,其中 ψ 为土壤水头。可以用计算机软件进行数值模拟,也可以用 Excel 程序实现,具体步骤参见 Caron 和 Elrick(2005)。

4. 注释

该方法用于测定高水势范围(如水头为 $-2\sim 0$ kPa)内再湿润基质的非饱和导水率。这是地下灌溉(潮汐灌溉和毛管垫等)条件下盆栽有机基质的常见水分区间,尤其适用于普遍使用地下灌溉的有机土。此方法也可用于高导水率的矿质土壤,例如,砂质或高度结构化的矿质土壤。当然,该系统也适用于具有地下灌溉设备的砂质苗床或蔓越莓生产。关于该方法的理论依据,其他文献中已经有介绍,并在生长基质和沙土上得到了验证(Caron 和 Elrick,2005)。研究表明,该方法的估算结果能够有效地预测毛管垫灌溉下的毛细过程及盆栽植物生产(Caron 等,2005)。

68.5.5 气体扩散率

许多研究表明,气体扩散率是诊断栽培基质通气性的关键指标(Allaire 等,1996;Nkongolo,1996;Nkongolo 和 Caron,1999;Caron 等,2001;Caron,2004)。为此,前人开展了大量的尝试,以描述气体扩散率的变化特征。基于 Rolston(1986)提出的经典方法,King 和 Smith(1987)测定了泥炭土的气体扩散率,读者可以参考这些文献以获得更详细的信息。需要强调的是,由于基质的气体扩散率与体积含水量有关,有必要在多种含水量下测定该指标。如果要利用气体扩散率评价植物生长情况时,应尽可能选择与盆栽条件接近的含水量(水势)。

为了调控栽培基质的质量,需要测定其脱湿曲线和饱和导水率。可以利用脱湿曲线的形状和饱和导水率预测气体扩散率(和孔隙连通性)。研究指出,对于泥炭基质,该方法能够提供无偏的、与以前发表的气体扩散率一致的数据。然而,该方法仅基于对泥炭和有机生长介质有效的假设,不适用于矿质土壤(Caron 和 Nkongolo,2004)。

1. 方法

(1)如上所述,利用在同一样品上原位测定的饱和导水率(K_s)、脱湿曲线和进气值结果。测量时尽可能把基质装填在圆柱形容器中。

(2)能够处理非线性方程的商业软件,用于计算不同参数。

2. 步骤

用 Milks 等(1989)提出的的适用于园艺基质的函数,拟合脱湿曲线数据,得到 a、b、n 之间的关系:

$$\theta = \theta_r + \frac{\theta_s - \theta_r}{\left[1 + (a\psi)^n\right]^b} \tag{68.20}$$

式中,θ 为体积含水量,θ_s 为土壤饱和时的平均体积含水量(总孔隙度),θ_r 为接近残余的平均体积含水量，ψ 为水势（kPa），b、n 和 α 为拟合的经验参数。

（1）计算无量纲的含水量：

$$\Theta = \frac{\theta - \theta_r}{\theta_s - \theta_r} \tag{68.21}$$

（2）计算孔隙弯曲度：

$$\tau_w = \frac{0.00028\rho g}{\eta K_s} \int_{\theta_r}^{\theta_{ea}} \alpha^2 \left(\Theta^{-1/b} - 1\right)^{-2/n} d\theta \tag{68.22}$$

式中，积分上限 θ_{ea} 从进气值对应的体积含水量计算得出，相当于水流通过的最大孔隙半径。积分下限 θ_r 由水势为-10 kPa 时的残留含水量计算得到。积分下限理论上等于0。当泥炭基质水势低于-10 kPa 时，孔隙中残留的水分对 K_s 的影响较小，在计算 τ_w 时可忽略。

（3）得到 τ_w 后，计算孔隙有效系数（γ）：

$$\gamma = \frac{1}{\tau_w} \tag{68.23}$$

计算同一个土柱或盆栽样品的 θ_a。King 和 Smith（1987）表明，对于泥炭基质，其气体扩散率（D_s）、充气孔隙度（AFP，θ_a）和空气中的气体扩散率（D_0）存在以下关系：

$$D_s = D_0 \gamma \theta_a \tag{68.24}$$

（4）将上述过程得到的孔隙弯曲度（孔隙效率）和气体扩散率乘以体积含水量（公式68.24），就可以估算出一系列含水量下的气体扩散率。

68.6 栽培基质质量的解释表

为了帮助种植者诊断田间水分和通气状况，合理评价苗圃实验中灌溉系统的表现，表 68.2 列出了与气体和水的储存和交换有关的生长介质的物理性质标准。这些数据来自 Caron（2004）总结的大量实验，补充了该领域现有的以诊断为目的数据。由于这些信息来自特定实验条件下表现最好的基质，在实际应用中应当只作为指示性指标。

表 68.2　与气体和水的储存和交换有关的生长介质的物理性质标准

属性	通气过程		易利用含水量 (EAW)	K_s	非饱和导水率	
参数	充气孔隙度 (AFP)(−1 kPa)	相对气体扩散率 (−0.8 kPa)			α_1	ψ_b
单位	$cm^3\ cm^{-3}$	—	$cm^3\ cm^{-3}$	$cm\ s^{-1}$	kPa^{-1}	kPa
取值范围	0.15～0.30[a,b]	0.010～0.015[c]	0.20～0.30[b]	0.08[d]	9.6[e]	−0.5[e]

来源：[a] Wever, G, Acta Hort., 294, 41, 1991；[b] De Boodt, M. and Verdonck, O., Acta Hort., 26, 37, 1972；[c] Allaire, S., Caron, J., Duchesne, I., Parent, L.E., and Rioux, J.A., J. Am. Soc. Hort. Sci., 121, 236, 1996；[d] Mustin, M., in Le Compost, Dubusc, Paris, France, 1987；[e] Caron, J. and Elrick, D.E., Soil Sci. Soc. Am. J., 69, 794, 2005.

参 考 文 献

Allaire, S., Caron, J., Duchesne, I., Parent, L.E., and Rioux, J.A. 1996. Air-filled porosity, gas relative diffusivity and tortuosity: indices of *Prunus xcystena* sp. growth in peat substrates. *J. Am. Soc. Hort. Sci.* 121: 236-242.

Allaire, S., Caron, J., and Gallichand, J. 1994. Measuring the saturated hydraulic conductivity of peat substrates in nursery containers. *Can. J. Soil Sci.* 74: 431-437.

Allaire-Leung, S.E., Caron, J., and Parent, L.E. 1999. Changes in physical properties of peat substrates during plant growth. *Can. J. Soil Sci.* 79: 137-139.

Anisko, T., NeSmith, D.S., and Lindstrom, O.M. 1994. Time-domain reflectometry for measuring water content of organic growing media in containers. *Hortscience* 29: 1511-1513.

Banton, O., Côté, D., and Trudelle, M. 1991. Détermination au champ de la conductivité hydraulique satureé à l'aide d'un infiltromètre a` charge constante de Côté: théorie et approximations mathé matiques. *Can. J. Soil Sci.* 71: 119-126.

Blake, G.R. and Hartge, K.H. 1986. Particle density. In: A. Klute, ed., *Methods of Soil Analysis, Part 1*, 2nd ed. American Society of Agronomy, Madison, WI, 377-381.

Busscher, H.J., van Pelt, A.W.J., de Boer, P., de Jong, H.P., and Arends, J. 1984. The effect of surface roughening of polymers on measured contact angles of liquids. *Colloid Surface* 9: 319-331.

Buttler, A.J., Dinel, H., Lévesque, M., and Mathur, S.P. 1991. The relationship between movement of subsurface water and gaseous methane in a basin bog with a novel instrument. *Can. J. Soil Sci.* 71: 427-438.

Caron, J. 2004. Defining new aeration and capillary rise criteria to assess the quality of growing media. In: J. Päivänen, Ed., Proceedings of the 12th International Peat Congress, June 5-12, Tempere, Finland, 221-228.

Caron, J. and Elrick, D.E. 2005. Measuring the unsaturated hydraulic conductivity of growing media in pots with a tension disc. *Soil Sci. Soc. Am. J.* 69: 794-806.

Caron, J., Elrick, D.E., Beeson, R., and Boudreau, J. 2005. Defining critical capillary rise properties for growing media in nurseries. *Soil Sci. Soc. Am. J.* 69: 783-793.

Caron, J., Morel, D., and Rivière, L.M. 2001. Aeration in growing media containing large particle sizes. *Acta Hort.* 458: 229-234.

Caron, J. and Nkongolo, N.V.K. 2004. Assessing gas diffusion coefficients in growing media from *in situ* water flow and storage measurements. *Vadose Zone J.* 3: 300-311.

Caron, J. and Rivière, L.M. 2003. Quality of peat substrates. In: L.E. Parent and P. Ilnicki, eds., *Organic Soils and Peat Materials for Sustainable Agriculture*, CRC Press, Boca Raton, FL, 67-93.

Caron, J., Rivière, L.M., Carpentier, S., Renault, P., and Michel, J.C. 2002. Using TDR to estimate hydraulic conductivity and air entry in growing media and sand. *Soil Sci. Soc. Am. J.* 66: 373-383.

Caron, J., Xu, H.L., Bernier, P.Y., Duchesne, I., and Tardif, P. 1998. Water availability in three artificial substrates during *Prunus xcistena* growth: variable threshold values. *J. Am. Soc. Hort. Sci.* 123: 931-936.

Chassin, P. 1979. Détermination de l'angle de contact acides humiques-solutions aqueuses de diols. Conséquences sur l'importance relative des mécanismes de destruction des agrégats. *Annales Agronomiques*, 30: 481-491.

Da Sylva, F.F., Wallach, R., Polak, A., and Chen, Y. 1998. Measuring water content of soil substitutes with time domain reflectometry. *J. Am. Soc. Hort. Sci.* 123: 734-737.

de Boodt, M. and Verdonck, O. 1972. The physical properties of the substrate in horticulture. *Acta Hort.* 26: 37-44.

de Jonge, L.W., Jacobsen, O.H., and Moldrup, P. 1999. Soil water repellency: effects of water content, temperature, and particle size. *Soil Sci. Soc. Am. J.* 63: 437-442.

Dekker, L.W. and Ritsema, C.J. 2000. Wetting patterns and moisture variability in water repellent Dutch soils. *J. Hydrol.* 231: 148-164.

Dekker, L.W., Ritsema, C.J., and Oostindie, K. 2000. Wettability and wetting rate of Sphagnum peat and turf on dune sand affected by surfactant treatments. In: L. Rochefort and J.-Y. Daigle, eds., Vol. 2, Proceedings of the 11th International Peat Congress. Edmonton, AB, Canada, 566-574.

Fonteno, W.C. 1989. An approach to modeling air and water status of horticultural substrates. *Acta Hort.* 238: 67-74.

Fuchsman, C.H. 1986. *Peat and Water: Aspects of Water Retention and Dewatering in Peat*. Elsevier Applied Science Publishers, London, UK.

Good, R.J. 1979. Contact angle and the surface free energy of solids. *Surface Colloid Sci.* 11: 1-29.

Grigal, D.F., Brovold, S.L., Nord, W.S., and Ohmann, L.F. 1989. Bulk density of surface soils and peat in the North Central United States. *Can. J. Soil Sci.* 69: 895-900.

Hemond, H.F. and Goldman, J.C. 1985. On non-Darcian flow in peat. *J. Ecol.* 73: 579-584.

Hidding, A. 1999. Standardization by CEN=TC 223 "Soil improvers and growing media" and its consequences. In: G. Schmilewski and W.J. Tonnis, eds., *Peat in Horticulture. Proceedings of the International Peat Conference*, November 1, 1999, Amsterdam, the Netherlands, 21-24.

Hillel, D., Krentos, V., and Stilianou, Y. 1972. Procedure and test of an internal drainage method for measuring soil hydraulic characteristics *in situ*. *Soil Sci.* 114: 395-400.

Jobin, P., Caron, J., Bernier, P.Y., and Dansereau, B. 2004. Impact of two hydrophilic polymer on the physical properties of three substrates and the growth of *Petunia hybrida* "Brilliant pink". *J. Am. Soc. Hort. Sci.* 129: 449-457.

Jouany, C., Chenu, C., and Chassin, P. 1992. Détermination de la mouillabilité des constituants du sol à partir des mesures d'angles de contact: revue bibliographique. *Science du Sol*. 30: 33-47.

King, J.A. and Smith, K.A. 1987. Gaseous diffusion through peat. *J. Soil Sci.* 38: 173-177.

King, P.M. 1981. Comparison of methods for measuring severity of water repellence of sandy soils and assessment of some factors that affect its measurement. *Aust. J. Soil Res.* 19: 275-285.

Klute, A. and Dirksen, C. 1986. Hydraulic conductivity and diffusivity: laboratory methods. In: A. Klute, ed., *Methods of Soil Analysis. Part. 1*. 2nd ed. Agronomy 9, American Society of Agronomy, Madison, WI, 687-734.

Letey, J. 1969. Measurement of contact angle, water drop penetration time, and critical surface tension. In: L.F. DeBano and J. Letey, eds., *Water-Repellent Soils*. Proceedings of the Symposium on Water-Repellent Soils, University of California, Riverside, CA, 43-47.

Letey, J., Osborn, J., and Pelishek, R.E. 1962. Measurement of liquid-solid contact angles in soil and sand. *Soil Sci.* 93: 149-153.

Macfarlane, I.C. 1969. Engineering characteristics of peat. In: I.C. Macfarlane, ed., *Muskeg Engineering Handbook*. University of Toronto Press, Toronto, ON, Canada, 78-126.

McGhie, D.A. and Posner, A.M. 1980. Water repellence of a heavy-textured western Australian surface soil. *Aust. J. Soil Res.* 18: 309-323.

Michel, J.C. 1998. Studies on wettability of organic media used as growing culture media (in French). PhD thesis, Ecole Nationale Supérieure Agronomique de Rennes, Rennes, France.

Michel, J.C., Rivière, L.M., and Bellon-Fontaine, M.N. 2001. Measurement of the wettability of organic materials in relation to water content by capillary rise method. *Eur. J. Soil Sci.* 52: 459-467.

Milks, R.R., Fonteno, W.C., and Larson, R.A. 1989. Hydrology of horticultural substrates: II. Predicting physical properties of media in containers. *J. Am. Soc. Hort. Sci.* 114: 53-56.

Morel, P., Rivière, L.M., and Julien, C. 1999. Measurement of representative volumes of substrates: which method, in which objective? *Acta Hort.* 517: 261-269.

Mustin, M. 1987. Le compost. Editions Francois Dubusc, Paris, France.

Naasz, R., Michel, J.-C., and Charpentier, S. 2005. Measuring hysteretic hydraulic properties of peat and pine bark using a transient method. *Soil Sci. Soc. Am. J.* 69: 13-22.

Nemati, R., Caron, J., Banton, O., and Tardif, P. 2002. Determining air entry in peat substrates. *Soil Sci. Soc. Am. J.* 66: 367-373.

Nkongolo, N.V.K. 1996. Tortuosity of porous space: importance, assessment and effect on plant growth (in French, with English summary). PhD thesis, Université Laval, Sainte-Foy, QC, Canada.

Nkongolo, N.V. and Caron, J. 1999. Bark particle sizes and the modification of the physical properties of peat substrates. *Can. J. Soil Sci.* 79: 111-116.

Paquet, J., Caron, J., and Banton, O. 1993. *In situ* determination of the water desorption characteristics of peat substrates. *Can. J. Soil Sci.* 73: 329-339.

Parent, L.E. and Caron, J. 1993. Physical properties of organic soils. In: M.R. Carter, ed., *Soil Sampling and Methods of Analysis*, CRC Press, Boca Raton, FL, 441-458.

Rolston, D.E. 1986. Gas diffusivity. In: A. Klute, Ed., *Methods of Soil Analysis, Part 1*, 2nd ed. American Society of Agronomy, Madison, WI, 1089-1102.

Sheppard, M.I., Tarnocai, C., and Thibault, D.H. 1993. Sampling organic soils. In: M.R. Carter, ed., *Soil Sampling and Methods of Analysis*, CRC Press, Boca Raton, FL, 423-439.

Silc, T. and Stanek, W. 1977. Bulk density estimation of several peats in northern Ontario using the von Post humification scale. *Can. J. Soil Sci.* 57: 75.

Topp, G.C., Davis, J.L., and Annan, A.P. 1980. Electromagnetic determination of soil water content: measurements in coaxial transmission lines. *Water Resour. Res.* 16: 574-582.

Topp, G.C. and Zebchuk, W. 1979. The determination of soil-water desorption curves for soil cores. *Can. J. Soil Sci.* 59: 19-26.

Vachaud, G. and Dane, J.H. 2002. Simultaneous determination of water transmission and retention properties: direct methods: field. In: J.H. Dane and G.C. Topp, eds., *Methods of Soil Analysis. Part 4, Soil Science Society of America Book Series 5*. Soil Science Society of America, Madison, WI, 937-945.

Valat, B., Jouany, C., and Rivière, L.M. 1991. Characterization of the wetting properties of air dried peats and composts. *Soil Sci.* 152: 100-107.

Verdonck, O. and Gabriels, R. 1992. Reference method for the determination of physical properties of plant substrates. *Acta Hort.* 302: 169-179.

Verdonck, O.F., Cappaert, T.M., and de Boodt, M.F. 1978. Physical characterization of horticultural substrates. *Acta Hort.* 82: 191-200.

Washburn, E.W. 1921. The dynamics of capillary flow. *Phys. Rev.* 17: 273-283.

Watson, K.K. 1966. An instantaneous profile method determining the hydraulic conductivity of unsaturated porous materials. *Water Resour. Res.* 2: 709-715.

Watson, C.L. and Letey, J. 1970. Indices for characterizing soil-water repellency based upon contact angle-surface tension relationships. *Soil Sci. Soc. Am. J.* 34: 841-844.

Wever, G. 1991. Guide values for physical properties of peat substrates. *Acta Hort.* 294: 41-47.

Wever, G. 1995. Physical analysis of peat and peatbased growing media. *Acta Hort.* 401: 561-567.

Wind, P. 1969. Capillary conductivity data estimated by a simple method. In: P.E. Rijtema and H. Wassink, eds., *Water in the Unsaturated Zone*. Proc. Wageningen Symp. June 1966. Vol. 1. IASAH, Gentbrugge, Belgium, 181-191.

Young, T. 1805. An essay on the cohesion of fluids. *Philos. Trans. R. Soc. Lond.*, 95: 65-87.

（赵龙华　译，任图生　校）

第七篇

土壤水分析

主译：李保国

第69章 土壤水分析：原理和参数

W.D. Reynolds

Agriculture and Agri-Food Canada

Harrow, Ontario, Canada

G. Clarke Topp

Agriculture and Agri-Food Canada

Ottawa, Ontario, Canada

69.1 引　言

土壤水分析涉及众多复杂的参数，且许多原理不易被理解，如果你不具备这方面一定的专业基础知识，就难以开展这方面的工作。本章主要内容是对现代土壤水分析中的主要原理和参数进行叙述，同时也可以作为第70—85章所论述分析方法的背景知识。

土壤水分析可以分成两大类，即贮量性质的分析和水力学性质分析。贮量性质是指土壤吸附和保持水分的能力，这些性质包括含水量、水势、吸水和脱水特征。而水力学性质是指水分的输运或传导的能力，包括饱和导水率、非饱和导水率，以及众多有关的毛管作用的参数，如吸渗率、通量势、吸渗数，以及流量权重平均（flow-weighted mean，FWM）孔隙直径。下面的各节将论述这些性质和它们之间的相互关系。

69.2 土壤含水量

土壤含水量可以定义为以重量计（每单位质量干土中水的质量[①]）或以体积计（每单位容积土壤中水的体积），用无量纲的比率或百分比表示。然而，这两个定义是不等同的，因此当给出含水量的数值时，必须给出所采用的定义。也应该强调的是干土的容积是指所采土样在测定含水量之前，且没有任何扰动时的体积。重量含水量（即水的质量/干土质量）与体积含水量（即水的体积/干土的容积）、土壤的干容重 ρ_b（Mg·m^{-3}）及孔隙中水的密度 ρ_w（Mg·m^{-3}）之间的关系见下式：

$$\theta_v = \left(\frac{\rho_b}{\rho_w}\right)\theta_m \tag{69.1}$$

式中，θ_m 为重量含水量（kg$_{water}$·kg$_{soil}^{-1}$），θ_v 为体积含水量（m$_{water}^3$·m$_{soil}^{-3}$）。

体积含水量经常用"相对饱和度"（也称为饱和比或饱和度）表示，其定义为所测得的体积含水量（θ_v）与完全或充分饱和时体积含水量之比。如此，相对饱和度给出的是被水充填孔隙的比例，其数值大小为0（孔隙中没有水）到1（孔隙完全被水充填），当土壤孔隙完全被水充满（相对饱和度=1）时，土壤体积含水量就等于土壤孔隙度 n（孔隙度定义为单位容积土壤所具有土壤孔隙的总体积）。相对饱和度经常也用"有效饱和度"S_e 来表示，有效饱和度的定义为 $S_e=(\theta_v-\theta_r)/(\theta_s-\theta_r)$，这里 θ_r 为残余土壤含水量，即在风干土壤中所遗存的那一部分"不可动"水和保持在小的隔离封闭孔隙中的水分，其数值在 $\theta_v=\theta_r$

[①] 译者注：从理论上讲，干土中应该不含水。以重量计的重量含水量或质量含水量实际上是指所采样品土壤中水的质量与干土（近似可以视为固相）质量之比，不是一般所说的"含量"的概念。所以，如果要确实表达含水量，就应该采用基于体积的含水量，即体积含水量。

时达到最小值为 0，在 $\theta_v=\theta_s$ 完全饱和时达到最大值 1。

含水量测量技术经常分为"直接法"或"间接法"。直接法要改变测试样品的含水量和物理特征，从而使样品不可能恢复原样（它们是"破坏性"方法），这些方法都涉及把水从土壤基质中移出或分离，然后直接测定被移除的这部分水量。把水从土壤基质中分离出来的方法有加热（水的汽化）、用溶剂置换（水的吸附）或化学反应（水的分解）。通过测定加热后土壤质量的变化、收集或冷凝释放出的水蒸气、萃取溶剂的物理或化学分析、化学反应产物的定量分析，就可以确定被移除的这部分水量。通过加热移除水分通常是指热重量分析技术（详见 Topp 和 Ferré，2002），到目前为止，它是最常见的直接方法（见第 70 章）。间接方法是测量与含水量有关的一些土壤物理或化学性质，这些性质包括相对电容率（介电常数）、电导率、热容量、氢的含量及磁化率等。间接方法在测定样品时，对含水量和物理特征的变化作用很小，从而对样品有最低程度的影响（或几乎没有）（它们是"非破坏性"方法）。然而，间接法的精度与准确度在很大的程度上取决于所测量的性质（如介电常数）与 θ_v 之间关系的精度和准确度。如今建立在相对容积土壤介电常数上的间接方法已经十分成熟，且应用广泛，我们将在第 70 章中讨论。

在第 70 章中所讨论的所有电磁（EM）方法都是建立在分析 EM 波的传播或无线频率（RF）电路基础上的。这些方法测定土壤含水量是把土壤作为一种 EM 波的传播介质或在电路中的电阻或电容。时域反射仪（TDR）、地面穿透雷达（GPR）及远控雷达（遥感）方法是利用了 EM 波在土壤中的传播性质，而电容和电阻的方法则把土壤视为一个电路中的电容或电阻器。

水（无论是纯水还是土壤孔隙水）具有独特的介电性质，这就构成用 EM 波传播性质来测量土壤含水量的基础。水的介电常数一般情形下比其他土壤组分大一个数量级，这样就导致土壤固相体积与容积土壤电导率之间依赖关系很弱，容积相对介电常数（ε_{ra}）与土壤体积含水量（θ_v）几乎完全呈函数关系（Topp 等，1980），第 70 章中所述的每一种 EM 方法，都是通过测量 ε_{ra} 来推导出 θ_v 的。

ε_{ra} 和 θ_v 之间并不存在一个对所有土壤都适用的单一的关系，这是因为在 EM 波和土壤之间存在着复杂的交互作用。但对大部分土壤而言，这个关系很相似。所以在满足一定的准确度的基础上，仅采用几种"准普适"的关系式，例如，针对矿质、有机、盐化等类型土壤的关系式就可以满足实际需要（Topp 等，1980；Topp 和 Ferré，2002）。对大多数土壤而言，进一步假设 θ_v 与 $\sqrt{\varepsilon_{ra}}$ 之间为一种线性关系是可以接受的（Topp 和 Reynolds，1998），并且这个关系通过以土壤固相、土壤水和土壤空气三组分混合的介电模型可以预测得到。因此，当今采用 EM 方法测定体积含水量是十分可靠的。

第 70 章将论述含水量的测定方法，包括热重量法（烘干）、TDR 法、GPR 法，以及常用的电容和电阻技术。基于烘干的热重量法通常认为是准确度的"基准"，其他方法都要依据它进行评估。

69.3 土壤水势

总土水势（ψ_t）的经典定义是在等温可逆条件下，从确定的参照条件（所确定压力和高度下的纯水池）移动极微小量的水到所考虑系统中所做的功（力×距离）（Or 和 Wraith，2002）。然而，对于自然的多孔介质而言，通常较为方便的是从介质材料中移去水分所做的功（即移走水分而不是添加水分），这是由于大多数自然材料是亲水的，就如纸巾（非膨胀材料）或海绵（膨胀材料）一样就倾向于吸附和保持水分。

水势通常用每单位质量所具有的能量 U_m（J·kg^{-1}）、每单位体积所具有的能量 U_v（Pa）或每单位重量所具有的能量 U_{wt}（m）的单位数来表示，后两种表示方法最为常用，它们之间的转换关系如下：

$$U_m = U_v/\rho_w = gU_{wt} \tag{69.2}$$

式中，ρ_w 为水的密度（在 20℃时，为 1 000 kg·m^{-3}），g 为重力加速度（9.81 m·s^{-2}）。

在土壤或自然多孔介质中，总水势 ψ_t 总是4个分水势的总和：

$$\psi_t = \psi_m + \psi_\pi + \psi_p + \psi_g \tag{69.3}$$

式中，ψ_m 是基质势，ψ_π 是渗透势，ψ_p 是压力势，ψ_g 为重力势。基质势为负值（$\psi_m \leq 0$），当土壤处于非饱和态时，由土壤基质中吸附水的众多静电力所产生。渗透势也为负值（$\psi_\pi \leq 0$），它是由溶质（盐分）和胶体所导致，使孔隙中水的活度（自由能）低于纯水。压力势为正值（$\psi_p \geq 0$），当土壤饱和时就会产生，为测量点上的静水压。重力势（ψ_g）是由地球的重力场作用于孔隙水所产生的，既可以是正值，也可以是负值，这取决于测量点位于基准面的上方还是下方。

Campbell（1987）综述了测量基质势的众多技术和所用的传感器，关于基质势重要性更加详细的论述，推荐读者参考 Passioura（1980）的文献。通过测量水中校正后的电导率可以得到溶质势的合理估计值（Gupta 和 Hanks，1972），然而最可靠的测量方法是通过抽取土壤孔隙水后，用热电偶干湿计直接测量渗透势，或利用 Campbell（1987）的压力室和热电偶干湿计联合系统测量。当基质、压力及重力势用每单位重量（U_{wt}）表示时，它们通常称为"水头"而不是势，此时它们等于测量点（即压力计的进水口、张力计探头等）与任意一个自由水面（对应基质和压力水头）、选择的参照高度或基准面的垂直距离（见图 69.1）。虽然只有在半透膜（允许水通过但不允许所选择的溶质和胶体通过）存在的条件下，才可能有渗透势梯度的存在，但是水流一般是在这4种水势的共同作用下沿着梯度流动的（Or 和 Wraith，2002）。第71章将论述水势的测定方法，包括压力计法、张力计法、电阻块法及选择热电偶干湿计法。

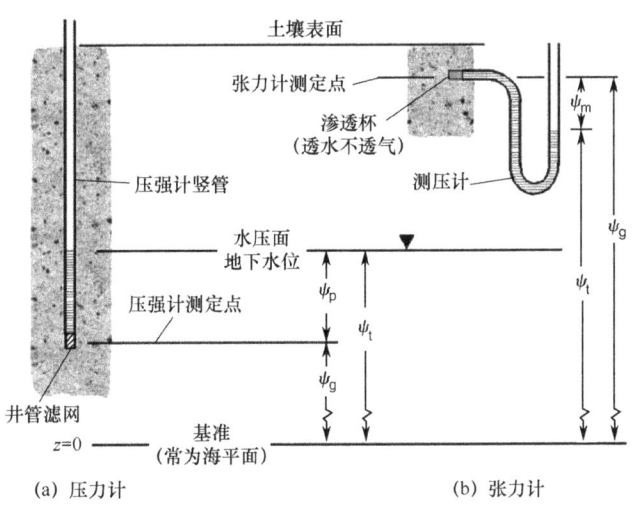

图 69.1 压力计和张力计的工作原理

压力计测定压力势（ψ_p），张力计测定基质势（ψ_m）

69.4 土壤脱水曲线和吸水曲线

土壤脱水与吸水曲线表征了土壤体积含水量 $\theta_v [L^3 \cdot L^{-3}]$（第72章到第74章）与孔隙水的基质水头 $\psi_m [L]$（第71章）之间的关系。脱水曲线（也称为释水曲线或持水曲线或土壤水分特征曲线）描述了随着 ψ_m 从零开始减少，θ_v 从饱和逐渐减少的过程。而吸水曲线则描述了随着 ψ_m 从一个大的负值开始增加，θ_v 从干燥逐渐增加的过程（见图 69.2）。

由于滞后效应的存在，这两个曲线形状是不相同的（Hillel，1980）。当部分排水的土壤重新湿润时，或当部分湿润土壤重新排水时，ψ_m 与 θ_v 的关系曲线就在脱水与吸水曲线中间变化，且不确定。基于此，脱水曲线经常称为"主排水曲线"，吸水曲线称为"主湿润曲线"，而内部中间的曲线称为"扫描曲线"。当土壤有相对一致和孔隙大小分布很窄时（如无结构的砂性土），在脱水和吸水曲线上就会分别出现明

显的"进气"和"进水"基质水头。进气水头或进气值 $\psi_a[L]$ 是指当 ψ_m 逐步减少时，饱和土壤（即 θ_v 恒定且最大）突然开始进入脱饱和状态时的孔隙水的基质势。进水水头或进水值 $\psi_w[L]$ 是指当 ψ_m 逐步增加时，非饱和土壤突然开始进入饱和状态时的孔隙水的基质势。ψ_a 和 ψ_w 均为负值，且在典型情形下 $|\psi_a| \approx 2|\psi_w|$（Bouwer，1978）。从图 69.2 也可以看出，吸水曲线的饱和体积含水量（当 $\psi_m=0$，为 θ_{fs}）低于脱水曲线的饱和体积含水量（当 $\psi_m=0$，为 θ_s），这是由于当土壤在湿润过程中，土壤孔隙中存在气泡所导致的（Bouwer，1978）。以上论述表明，确定土壤脱水与吸水曲线是一个极其复杂的过程，了解其细节既困难又耗时。而实际应用时，我们一般不需要测定扫描曲线，因此第 72—74 章就仅针对脱水（主排水）曲线和吸水（主湿润）曲线的确定进行论述。

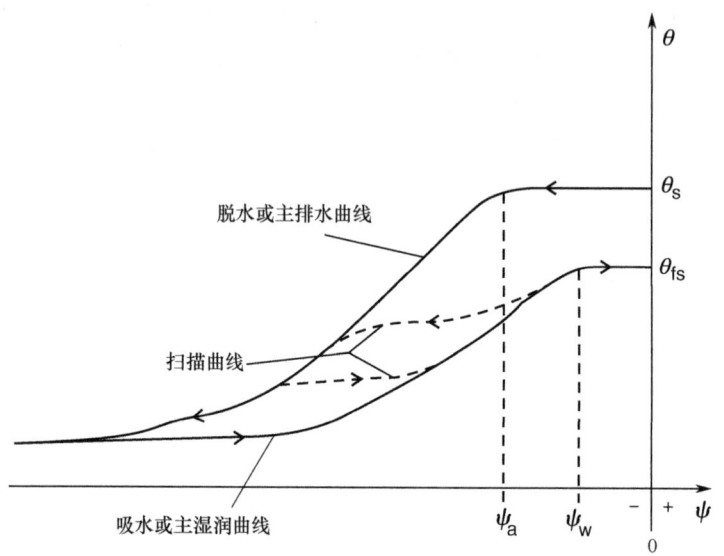

图 69.2　有滞后效应土壤的脱水、吸水及扫描曲线

箭头表明排水和湿润过程的方向。可以看出由于重新湿润过程中会产生气泡，所以吸水曲线的饱和体积含水量低于脱水曲线。也可以看出进水基质水头 $\psi_w[L]$ 大于（小的负值）进气水头值 $\psi_a[L]$

69.4.1　脱水曲线和吸水曲线的应用

土壤质地、孔隙度、结构、有机质含量及黏土矿物决定了土壤孔隙数量和大小的分布，也就决定了脱水曲线和吸水曲线的形状与变化范围。图 69.3 列举了几种代表性土壤的脱水曲线，它们是无结构的粗质地土壤（即均质砂土）、无结构和有结构的细质地土壤（黏质土），这里"结构"是指有团聚体、自然结构体及大孔隙（即大裂隙、根通道、蚯蚓洞等）。可以看出，粗质地（砂质）土壤保持的水分比细质地（黏质）土壤要少（θ_v 值低），并且释水的方式也不同（即有不同的曲线形状）。也可以看出，土壤结构能增加饱和含水量（如果容重减少），并且造成脱水曲线的湿润端相对于无结构的土壤变化十分陡峭，这里无结构是指土壤中不存在团聚体、自然结构体和大孔隙。

在确定土壤孔隙大小分布、解释土壤强度数据及确定土壤剖面中流体（液体和气体）的运移与贮存时，土壤脱水曲线与吸水曲线的作用十分重要。脱水曲线与吸水曲线和 Kelvin 或"毛管上升"方程相结合可以得到土壤孔隙大小的分布，可以揭示出流体的运动和贮存特征。土壤强度，比如锥形穿透阻力、剪切力等因子，都高度取决于在测定前土壤的含水量。因此，在进行详细分析之前，就必须弄清与土壤脱水曲线和吸水曲线的关系。在水和溶质运移方面，要确定水分运动 Richards 方程中的水容量，以及溶质运移的对流-弥散方程中众多的吸附-解吸关系都要基于脱水曲线与吸水曲线。在水和空气贮存方面，脱水曲线与吸水曲线可用来确定饱和及田间实际饱和土壤含水量、田间持水量、永久萎蔫点含水量、空

气容量及植物有效水容量。这些水/气贮存参数及由此推导出的其他参数将在下面的章节中给出定义，并进行简要的讨论。

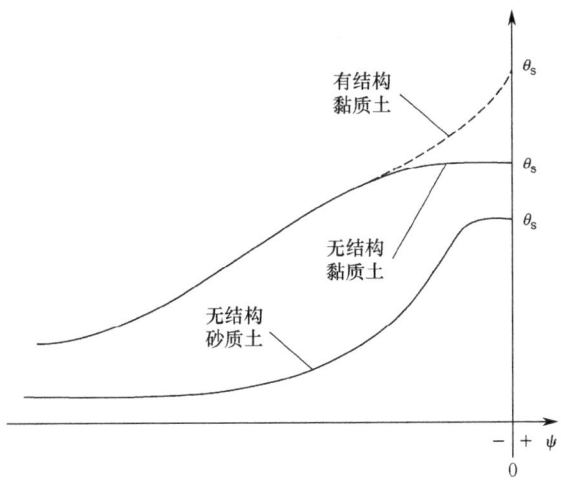

图69.3 具有代表性的无结构砂质土、有结构和无结构黏质土的土壤脱水曲线 $\theta_s[L^3 \cdot L^{-3}]$ 为饱和体积含水量，$\psi_w[L]$孔隙水的基质水头。可以看出，有结构的黏质土相对于无结构的黏质土来讲 θ_s 增加了，这就意味着土壤容重减少了。如果容重保持恒定，那么土壤结构的变化仅会造成曲线形状的改变，但 θ_s 值不变

69.4.2 水和空气存储参数

对一个刚性土壤（即不收缩或膨胀），其体积含水量 $\theta_v[L^3 \cdot L^{-3}]$ 定义如下：

$$\theta_v = V_w/V_b \tag{69.4}$$

式中，$V_w[L^3]$为土壤水的体积，$V_b[L^3]$为自然状态或干土的体积。当土壤完全饱和时（即不夹带有空气），V_w=孔隙体积，也就是 $\theta_v = \theta_s$=土壤孔隙度。当土壤为"田间实际饱和"时（夹带有空气），V_w<孔隙体积，$\theta_v = \theta_{fs}$<土壤孔隙度，通常低2～5个百分点（Bouwer，1978）。在绝大部分田间应用时，干湿交替存在，土壤总是会夹带空气，所测得的最大土壤体积含水量更多是反映了 θ_{fs}，而不是 θ_s 或孔隙度。

田间持水量（更一般的称为田持，FC）的正式定义为：初始饱和或近饱和土壤，在无蒸发损失的条件下，经过2～3天的自由重力排水后，所能保持的水量（Hillel，1980；Townend等，2001）。然而，为了应用方便，FC定义为在一个给定的基质水头 ψ_{FC} 下，所对应的平衡体积含水量 θ_{FC}，对于未扰动的含有正常田间结构的土壤，大多数情况下 $\psi_{FC}=-1$ m。但也有专家推荐在浅层水位湿土条件下，可以取一个高值，$\psi_{FC}=-0.5$ m，在水位很深的干土条件下，取低值，$\psi_{FC}=-5$m（Cassel 和 Nielsen，1986）。如果土壤经过扰动且重新填装，要与未扰动土壤值相当的话，通常就考虑取 $\psi_{FC}=-3.3$ m。

永久萎蔫点（PWP）是指在通过水汽饱和大气来限制蒸散的情况下，生长的植物经过至少12 h后发生萎蔫且无法恢复时的土壤含水量（Hillel，1980；Romano 和 Santini，2002）。一旦土壤水分降低到 PWP 值，如果不尽快补充水分，植物就将永久性地受到危害甚至死亡。从这个角度讲，PWP 水分含量也反映了"植物无效"水量，即这部分水被土壤强烈吸持，而植物无法吸收。虽然实际 PWP 值随着植物的种类、植物的生长阶段，以及土壤类型的不同而变化很大，但是研究发现，在基质水头 $\psi_{pwp}=-150$ m 时的平衡体积含水量 θ_{pwp} 在应用中是合适的（美国土壤学会，1997）。这是因为对大多数农业土壤而言，在 $\psi_{pwp} \leqslant -150$ m 时，含水量对基质水头已经相对不怎么敏感了（此时含水量几乎为常数）（Romano 和 Santini，2002）。

植物生长及其状况严格依赖于根区土壤水和空气的充分供给。土壤存贮和为植物提供可利用的水与空气的能力最为广泛及方便的度量就是所谓的空气容量和植物有效水容量，空气容量（AC）的定义

如下：

$$AC = \theta_v - \theta_{FC} \tag{69.5}$$

为了充足的根区通气性，建议 AC 的最小值在壤质土壤为 $0.10 \, \text{m}^3 \cdot \text{m}^{-3}$（Grable 和 Siemer，1968），黏质土壤为 $0.15 \, \text{m}^3 \cdot \text{m}^{-3}$（Cockroft 和 Olsson，1997），栽培介质大约为 $0.20 \, \text{m}^3 \cdot \text{m}^{-3}$（Verdonck 等，1983；Bilderback 等，2005）。田间土壤 AC 值可能周期性地略低于这些最小值，从而造成根层通气性不足。植物有效水容量（PAWC）定义如下：

$$PAWC = FC - PWP \tag{69.6}$$

它给出了完全补充水后土壤供给植物根系的最大水量。这个定义建立在下述概念的基础上，当 $\psi_m > \psi_{FC}$ 时土壤水会快速排干，植物根系来不及利用。而当 $\psi_m < \psi_{pwp}$ 时，土壤对水分吸持太强烈，根系无法吸收（见 PWP 的讨论）。为了确保植物生长最优并尽量降低干旱敏感性，建议的最小 PAWC 值为 $0.20 \sim 0.30 \, \text{m}^3 \cdot \text{m}^{-3}$（Verdonck 等，1983；Cockroft 和 Olsson，1997；Bilderback 等，2005）。

最近的研究（Olness 等，1998；Reynolds 等，2002）建议，在雨养作物条件下，根层土壤田间持水量（FC）和空气容量（AC）的最优平衡状态为

$$FC / \text{孔隙度} = 0.66 \tag{69.7}$$

或另一种形式：

$$AC / \text{孔隙度} = 0.34 \tag{69.8}$$

这个标准建立的依据是，在研究过程中发现，当根层土壤孔隙 66% 被水充填时，或 34% 为充气孔隙时，好气微生物对有机质矿化作用才会发生，从而产生的作物有效氮量最大（Skopp 等，1990）。对式 (69.7) 或式 (69.8) 在雨养作物田间的合理应用，就是希望经常和长时间地（特别是在早期的关键期）维护根层土壤这样一个水和气的适宜比例（适宜氮的微生物转化），而不是高于或低于此比例。

69.4.3 脱水曲线与吸水曲线的测定

通常"理想"的获取土壤水分的脱水与吸水曲线应该是，在田间非扰动的稳定排水（脱水）或稳定湿润（吸水）条件下，同时测定体积含水量 θ_v 与基质水头 ψ_m。有几种方法可以实现这种测定（如 Bruce 和 Luxmoore，1986），但最常见的方法就是"瞬时剖面"法（见第 83 章）。然而有几个因素限制这种方法的应用或者使此方法在实际应用过程中过于复杂，这包括复杂和难以控制的边界条件（即地下水位的变化、温度梯度过大且多变）；测定 ψ_m 的仪器受限（即张力计测定范围过窄，而且时间不长就可能失效）；通体剖面上很难保持连续的排水过程和湿润过程（即周期性降水可以导致滞后效应）；复杂且费力的仪器安装（即在一定的深度范围内，要做到尽量少的扰动土壤，同时还需要安装许多对测定 ψ_m 和 θ_v 的探头；设备的安装也需要大量的水来饱和土壤剖面；同时长期监测需要一套复杂的电路控制设备和数据采集器；很难在空间上实现重复），以及可能需要很长的测定时间（由于脱水速率和吸水速率较慢，要获取整个土壤深度的脱水曲线或吸水曲线需要几周到几个月的时间）。因此，脱水曲线和吸水曲线的测定通常是取较小的原装土芯或土柱样，在实验室内操作完成，这样，初始和边界条件能得到精确的定义与控制，ψ_m 和 θ_v 探头也容易安装和维持。脱水曲线和吸水曲线也可以通过基于土壤数据应用土壤传递函数的方法进行估算（见第 84 章）；或通过流量实验获得，例如，蒸发的方法（见第 81 章）和瞬时剖面法（见第 83 章），以及通过模型反求方法来获得（Hopmans 等，2002）。

要使实验室所测定的脱水曲线与吸水曲线能代表田间的情形，需要做到土芯或土柱的样品应该足够大到能反映出田间的土壤结构，在采集、处理及分析过程中要保持土壤结构不能受损。Bouma（1983，1985）建议土芯/土柱样品的体积应该至少包含 20 个土壤结构单位（自然结构体、虫洞、废弃根孔等），

这个在 $\psi_m > -3.3\,\text{m}$ 范围内测定时和同时用此样品测定饱和导水率时（见第 75 章）尤为重要。对相对无结构的砂质土，最小的土芯/土柱样品内径和高度大约为 7.6 cm，而有结构的壤质和黏质土壤则土芯的长度和直径至少应该取 10 cm（McIntyre，1974）。采集样品时，土壤含水量应该接近田持 θ_{FC}。当打入土环或土柱采样器时，土壤一般能抵抗压实作用，使结构不至于破坏，又有一定的塑性，使自然的结构体不至于分离和破损。McIntyre（1974）（见第 80 章）给出了最小扰动土壤采样所推荐的规程。挖掘土样时应该把带有封底的圆柱采样器匀速地垂直取出，土样的两端要加盖，用塑料膜包好，防止水分蒸发。运送到实验室后，为了使震动引起的破坏及温度的剧烈变化降到最低，要把样品放入带有坐垫的冰箱内。分析前，样品需要保存在温度为 0~4℃ 的黑暗设备内。这么低的温度，可以抑制动物-细菌-真菌-藻类的活性，同时也不至于使样品发生冻结和冰晶的形成。

第 72—74 章论述了土壤脱水-吸水曲线的测定方法，包括张力台、张力板及压力抽取法（见第 72 章）、长土柱法（见第 73 章）及露点干湿计法（见第 74 章）。这些方法测定的大概基质水头范围见图 69.4。

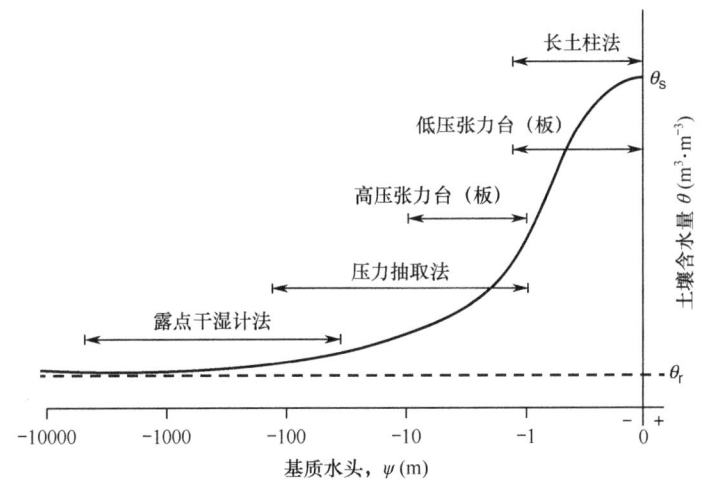

图 69.4 长土柱法、张力台、张力板、压力抽取法及露点干湿计法测定脱水曲线和吸水曲线时大约所覆盖的基质水头范围 θ_s 是饱和含水量，θ_r 是残余含水量。这些方法将在第 72—74 章论述

69.5 饱和水力学特性

饱和水力学特性是用来表述和预测在孔隙水压力（或基质）水头大于或等于进气值或进水值（见式（69.4）对进气值和进水值的解释）时，可渗透介质（如土壤、建筑填埋料、砂子、岩石等）中水的运动状况。与饱和水力学性质相关的性质包括饱和导水率、田间饱和导水率、所谓的毛管特性参数，如基质流量势、吸渗率、吸渗数、Green-Ampt 湿润锋压力水头及 FWM 孔隙大小和孔隙数。饱和导水率 $K_s[LT^{-1}]$ 和田间饱和导水率 $K_{fs}[LT^{-1}]$ 表征了可渗透介质传导水的"容易"程度或"能力"。在多孔介质中，导水孔隙被水完全充满（饱和）时采用 K_s 参数表示，而导水孔隙含有闭塞的空气、气体或封闭的气泡（田间饱和）时用 K_{fs} 表示。对于初始的非饱和土壤（即地下水位以上的土壤），当完成 K_s 或 K_{fs} 的测量后，一般都需要测量毛管特性的参数，这些参数表征了非饱和土壤中入渗水分的所受吸力或"毛管拉力"的多个特性。接下来我们首先讨论 K_s 和 K_{fs} 参数，然后在 69.6 节中讨论毛管特性参数。

根据达西定律，见式（69.9），可以给出 K_s 和 K_{fs} 参数的定义。

$$q = K_{sat} i \tag{69.9}$$

式中，q 为通过多孔介质的水流密度（单位时间内流过单位横切面积水的体积），i 为多孔介质中水力头的梯度（无量纲），$K_{sat} = K_s$ 或 K_{fs}，这分别取决于多孔介质是完全饱和还是田间饱和的情形。式（69.9）

中可以得出 K_{sat} 的量纲与 q 相同（即为单位时间内通过单位横切面积水的体积），然而在实际应用时，为了方便 K_{sat} 的表达，将其量纲简化为速度单位（$cm \cdot s^{-1}$、$cm \cdot h^{-1}$、$m \cdot days^{-1}$ 等），用单位时间内的长度表示（但物理上不准确）。在下面几种情形下，K_{sat} 的值为一个常数。

① 多孔介质假设为刚性的、均质的、各向同性的，以及稳定的。

② 田间原位的生物活动，如蚯蚓掘穴和藻类/真菌生长不予考虑。

③ 流动的水保持物理和化学性质（如温度、黏性、可溶气的含量、可溶盐的含量等）不变，并且不与多孔介质发生物理作用和化学作用。K_{sat} 的大小主要决定因子是多孔介质的物理特征和流动水的物理特征及化学特征（下面将讨论）。

影响 K_{sat} 的多孔介质物理性质包括导水孔隙的大小分布、粗糙度、弯曲度、形状及连通性。对土壤来讲，质地越粗（大颗粒越多），生物孔洞（如虫洞、根通道）越多，结构性（团聚性、自然结构体之间的空间、收缩的裂缝）越强，K_{sat} 就越大，这是由于这些因素相对提高了大的、直的（降低了弯曲度）、平滑的、圆状的、连通的导水孔隙的数量。因此，具有粗质地、有结构的、生物孔洞的与细质地、无结构、无生物孔洞的土壤和其他多孔介质相比有较大的 K_{sat}。另外，由于质地、结构与生物孔隙的交互作用，也会造成在有些实际情形下，具有结构性或生物孔隙（如具有收缩裂隙或虫洞的黏土）的细质地介质比没有结构和虫孔的粗质地（如单一大小颗粒的砂质土）的 K_{sat} 要大。这一点很重要，为了使测定的 K_{sat} 值能代表"自然"或原位情况下的情形，就需要维持在测定过程中质地-结构-生物孔隙交互作用所造成的多孔介质的物理状况不变。

导水率与水的黏度成反比，而水的黏度又与温度成反比（Bouwer，1978，第 43 页）。所以，在其他所有因素不变的情况下，测定时，所用水的温度增加，那么测定的 K_{sat} 值就会变大。当温度从 10℃ 升高到 25℃ 时，K_{sat} 的测定值会提高 45%。当田间测定时，如果所用水的温度与土壤中保持的水分或地下水的温度相差很大，或田间样品（如原状土芯）室内测定，其室内温度与田间差别也很大时，就应该考虑温度的效应。因此，K_{sat} 的准确测定和比较就应该确定一个参照水温，一般采用的温度为 20℃（Bouwer，1978，第 43 页），此时，水的黏度几乎为 1 cP。应该注意的是运动的"深层"土壤水和浅层地下水的温度十分恒定，接近于当地的年平均气温，例如，在北纬 40°～45°，其值约为 10℃（Bouwer，1978，第 378 页）。

水中含有的可溶盐的浓度与种类可以通过对多孔介质中黏粒和粉粒的膨胀、絮凝，或分散作用，或通过沉淀的生成或溶解来影响 K_{sat} 的大小。如果黏粒和粉粒发生絮凝或沉淀溶解，就会导致导水孔隙变大或连通性增加，这就使 K_{sat} 值提高。相反，沉淀的形成及黏粒和粉粒的膨胀/分散使孔隙变窄和闭塞，就会导致 K_{sat} 值降低。降水、灌溉水或地下水的输入会引起阳离子种类发生变化或残余土壤水的浓度稀释，这一般都会造成富含黏粒粉粒土壤的 K_{sat} 值降低，这主要取决于溶液中与吸附到多孔介质交互位点上钠、钙和镁的相对浓度（Bouwer，1978，第 44 页）。在极端情形下，当可溶盐很低的水（如雨水）被输入盐土时，黏粒和粉粒的分散结果能使 K_{sat} 降为零。所以，在测定多孔介质的 K_{sat} 时，所用的水应该是从多孔介质抽取的"土著"水，或与土著水主要离子组成和浓度基本相同的实验室内所配的"近似"水。一般来讲，当地的自来水与所在地土壤土著水在性质上基本相似，但由于一些市政水处理设施能完全改变主要离子的化学特征，所以在应用时必须进行检验。由于蒸馏水或去离子水总会导致黏粒膨胀和黏粒粉粒的分散，所以不应该用它们来测定自然多孔介质的 K_{sat}。

多孔介质中所封闭的气泡可以压缩或堵塞导水孔隙，结果就导致了 K_{fs}（田间饱和 K_{sat}）一般低于 K_s（完全饱和的 K_{sat}），其降低的程度主要取决于这种气泡形成的机制。这包括一个初始非饱和多孔介质在其湿润过程中，通过对残余空气进行物理围捕，可以形成孔隙中封闭的气泡（Bouwer，1966）；通过微生物活动会导致生物气（如甲烷）的积累（Reynolds 等，1992）；以及由于孔隙水的化学或温度发生变化，可以导致所溶解的空气"逸出"（Bouwer，1978，第 45 页）。快速湿润过程（如积水入渗）能导致空气的封闭，经常使 K_{fs} 仅有 $0.5 K_s$（Bouwer，1966；Stephens 等，1987；Constantz 等，1988），而生物气和逸出气体的逐渐积累过程所导致 K_s 降低的幅度更大（Bouwer，1978；Reynolds 等，1992）。

K_{fs}、K_s 及相关毛管特性参数的理论基础及其相关论述，可以进一步参考 Bouwer（1978）、Koorevaar 等（1983）、Smith（2002）、Reynolds 和 Elrick（2005）的工作，以及这些论文的参考文献。第 75—79 章及第 84 章论述了饱和水力学性质的获取方法。第 75 章为定水头或降水头土芯法，第 76 章为选择性定水头和降水头井渗法，第 76 章为选择性定水头和降水头圆环入渗法，第 78 章为钻孔法，第 79 章为压力计法，第 84 章为选择性估计方法。

69.6 非饱和水力学特性

非饱和水力学特性是用来表述和预测在部分饱和状态下、孔隙水基质水头小于进气值或大于进水值（见式（69.4）对进气值和进水值的解释）时，可渗透介质（土壤、建筑填埋料、砂子、岩石等）中水的运动状况。与非饱和水力学特性密切相关的性质包括非饱和导水率 $K(\psi)$ 或 $K(\theta)[LT^{-1}]$、吸渗率 $S(\psi)[LT^{-1/2}]$、吸渗参数 $\alpha^*(\psi)[L^{-1}]$、通量势 $\phi(\psi)[L^2T^{-1}]$、FWM 孔隙直径 $PD(\psi)[L]$ 和单位面积上的 FWM 孔隙数 $NP(\psi)[L^{-2}]$。参数 $K(\psi)$ 或 $K(\theta)$ 定量反映了在非饱和多孔材料中由水头梯度驱动水的传输能力，而 $K(\psi)$ 表征了由于毛管力的作用所产生的多孔材料对水的吸附能力（Philip，1957）。参数 $\alpha^*(\psi)$ 从另一个方面反映了在非饱和流过程中重力和毛管力的相对大小（Raats，1976），而参数 $\phi(\psi)$ 与水流的"势"相关（Gardner，1958）。参数 $PD(\psi)$ 为在恒定水头入渗情形下平均有效当量孔隙直径，$NP(\psi)$ 则为实时发挥作用 $PD(\psi)$ 孔隙的数量（Philip，1987）。下面将简要地讨论一下这些参数和它们之间的相互关系。

对于刚性、均质、非饱和孔隙介质（如土壤），垂直水流可以用下述方程描述（Richards，1931）：

$$\frac{\partial \theta}{\partial t} = \frac{\partial}{\partial z}\left[K(\psi)\frac{\partial H}{\partial z}\right] = \frac{\partial}{\partial z}\left[K(\theta)\frac{\partial H}{\partial z}\right]; \quad H=\psi+z \tag{69.10}$$

式中，$\theta[L^3L^{-3}]$ 为体积含水量，$t[T]$ 为时间，$K(\psi)[LT^{-1}]$ 为与孔隙水基质水头 (ψ) 相关的导水率 (K)，$K(\theta)[LT^{-1}]$ 为与体积含水量 (θ) 相关的导水率 (K)，$H[L]$ 为总水头，$z[L]$ 为人为设定基准面以上的高度或重力水头（向上为正）。（注意：这里为了简化命名，忽略了 ψ 和 θ 的下标 "v" 和 "m"）。式（69.10）表明，通过多孔介质的水流是由水头梯度的大小 $\frac{\partial H}{\partial z}$ 和导水率函数 $K(\psi)$ 或 $K(\theta)$ 决定的。$K(\psi)$ 或 $K(\theta)$ 是多孔介质导水关系函数，它给出了多孔介质中水的渗透性与孔隙基质水头 $\psi[L]$ 或体积含水量 $\theta[L^3L^{-3}]$ 之间的关系。

$K(\psi)$ 和 $K(\theta)$ 的关系强烈取决于体积含水量随着孔隙水基质水头的变化而变化的关系曲线，即孔隙水的吸-脱曲线的形状与范围（见 69.4 节）。因此，随着 θ 和 ψ 从介质饱和时（即 $\theta=\theta_s$，$\psi=0$）最大值逐渐减少，$K(\psi)$ 和 $K(\theta)$ 也从最大值 K_{sat} 随即降低。通过与 $\theta(\psi)$ 关系曲线的联系，$K(\psi)$ 和 $K(\theta)$ 取决于孔隙介质中孔隙的数量和分布，也就是取决于孔隙度、结构、质地、有机质含量和黏土矿物学特性。而与 $\theta(\psi)$ 不同的是，$K(\psi)$ 和 $K(\theta)$ 另外还取决于孔隙的形态学特性，如弯曲度、粗糙度、连通性和连续性。这些因素作用的结果使 $K(\psi)$ 和 $K(\theta)$ 在应用到植物生长的范围内（即 $-150\ m \leqslant \psi \leqslant 0$），其变化范围可以达到好几个数量级。

由于非饱和导水率对孔隙大小和孔隙形态十分敏感，所以 $K(\psi)$ 和 $K(\theta)$ 关系曲线的形状与范围也主要随着孔隙介质的质地及结构而变化。图 69.5 给出了具有代表性的"砂质"土，以及有结构和无结构的"壤质"土的 $K(\psi)$、$K(\theta)$ 关系曲线，这里有结构是指有团聚体、自然结构体、裂隙、根孔、蚯蚓洞等存在。为了方便认识，假设有结构壤土和无结构壤土的 $\theta(\psi)$ 的关系相同。应该提醒的是图 69.5 中所述的为一种刚性（非膨胀）多孔介质材料，当介质材料饱和时，$K(\psi)$ 和 $K(\theta)$ 为最大且恒定：

$$K(\psi)=K(\theta)=\text{常数}=K_{sat}; \quad \psi \geqslant \psi_s, \theta \geqslant \theta_{sat} \tag{69.11}$$

式中，$K_{sat}[LT^{-1}]$ 为饱和或田间饱和导水率，$\psi_s[L]$ 为进气基质水头，$\theta_{sat}[L^3L^{-3}]$ 为饱和或田间饱和的体积含水量（见69.4节与69.5节）。应该强调的是，在有结构多孔介质的近饱和阶段，θ或ψ一个很小的变化，可以引起其导水率极为强烈的变化（可以达到几个数量级）。具有结构的细质材料导水率既可以大于也可以小于粗质地材料的导水率，这主要取决于θ或ψ的值。图69.5中也给出了质地和结构对K_{sat}的影响效应，可以看出，砂土K_{sat}值比无结构壤土的K_{sat}值大两个数量级（质地效应），但比有结构壤土的K_{sat}值小两个数量级（结构效应）。

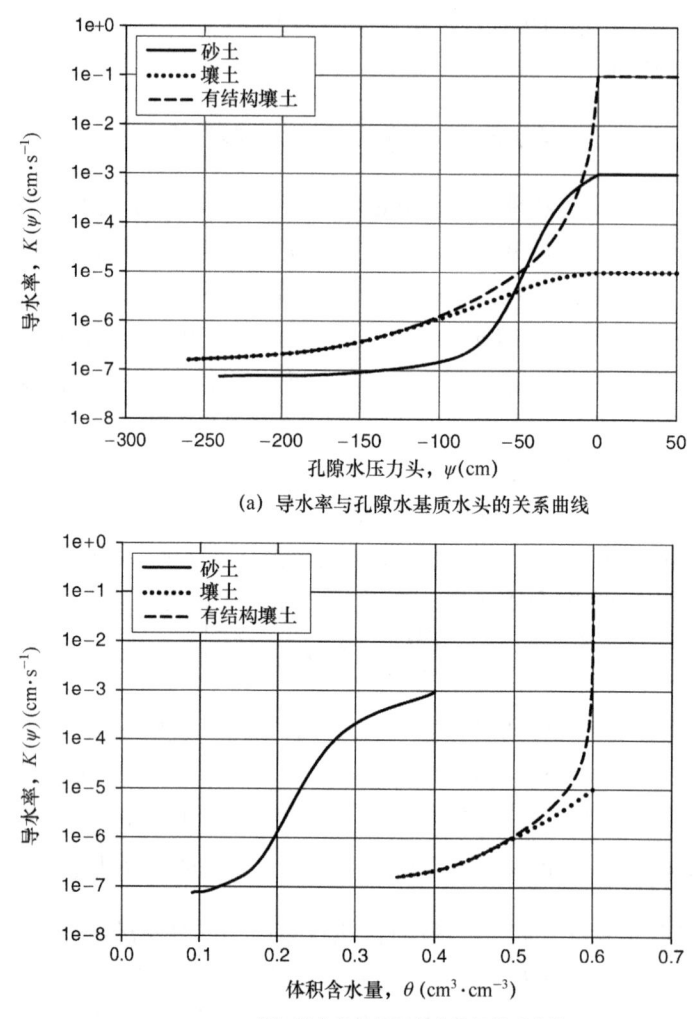

(a) 导水率与孔隙水基质水头的关系曲线

(b) 导水率与体积含水量的关系曲线

图69.5 具有代表性的砂质土（砂土），以及有结构和无结构的壤质土（壤土）的导水率与孔隙水基质水头的关系曲线、导水率与体积含水量的关系曲线

参数吸渗率$S(\psi)[LT^{-1/2}]$与$K(\psi)$、$\phi(\psi)$的关系如下（Philip，1957；White和Sully，1987）：

$$S(\psi_0) = \left\{ r[\theta(\psi_0)-\theta(\psi_i)]\int_{\psi_i}^{\psi_0} K(\psi)\mathrm{d}\psi \right\}^{1/2} = \left\{ r[\theta(\psi_0)-\theta(\psi_i)]\phi(\psi_0) \right\}^{1/2};$$
$$\theta(\psi_i) \leqslant \theta(\psi_0) \leqslant \theta_s, \quad \psi_i \leqslant \psi_0 \leqslant 0 \tag{69.12}$$

式中，基质通量势$\phi(\psi)[L^2T^{-1}]$的定义如下（Gardner，1958）：

$$\phi(\psi_0) = \int_{\psi_i}^{\psi_0} K(\psi)\mathrm{d}\psi; \quad -\infty < \psi_i \leqslant \psi_0 \leqslant 0 \tag{69.13}$$

在式（69.12）和式（69.13）中，$\psi_0[L]$为入渗（吸渗）表面孔隙水基质水头，$\psi_i[L]$为在入渗测量时，多孔介质的背景或先前的孔隙水基质水头，$\theta(\psi_0)[L^3L^{-3}]$为$\psi=\psi_0$时多孔介质的体积含水量，$\theta(\psi_i)[L^3L^{-3}]$

为 $\psi=\psi_i$ 时多孔介质的体积含水量，$r=1.818$ 是一个无量纲经验常数（White 和 Sully，1987），与湿润（或排水）锋的形状有关（湿润时，$r=1.818$，但在排水时，可能要小一些）。所以，$K(\psi)$关系曲线的形状和范围，以及 ψ_i 的范围决定了 $S(\psi_0)$ 和 $\phi(\psi_0)$ 关系曲线的形状和范围。图 69.6 给出我们前面所给出的三种代表性土壤 $K(\psi)$（和 $\theta(\psi)$）对应的 $S(\psi_0)$ 和 $\phi(\psi_0)$ 关系曲线。可以看出，$S(\psi_0)$ 和 $\phi(\psi_0)$ 基本上是 $K(\psi)$ 的"有所保留的复制品"。应该强调的是，从式（69.12）和式（69.13）可知，当 $\theta(\psi_i)=\theta(\psi_0)$ 或 $\psi_i=\psi_0$ 时，$S(\psi_0)=\phi(\psi_0)=0$；当孔隙水压力头为正值（即 $\psi_p>0$），$S(\psi_0)$ 和 $\phi(\psi_0)$ 不存在。

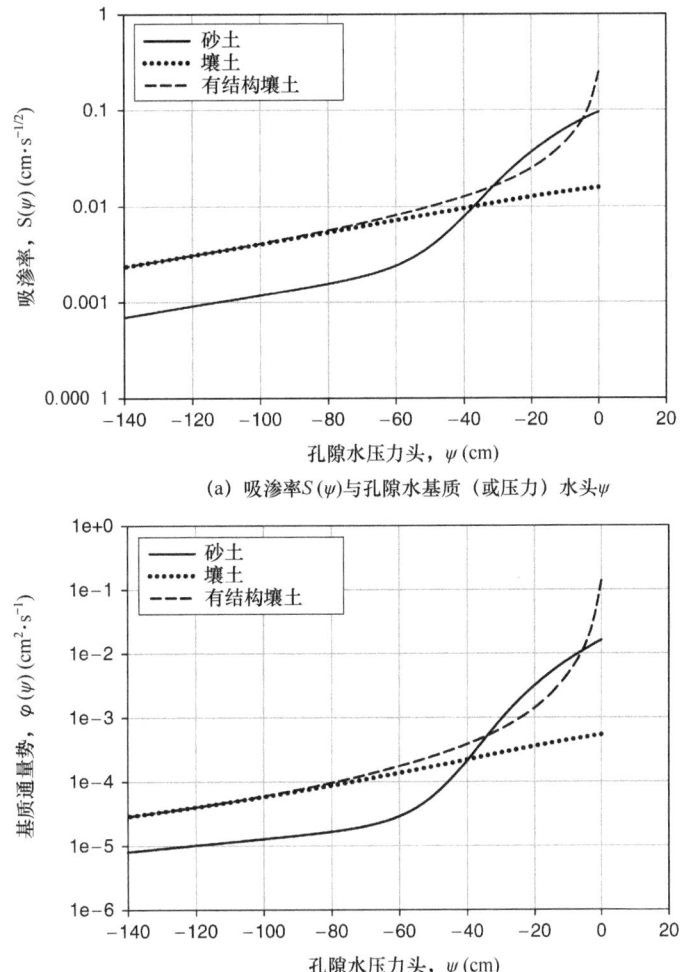

(a) 吸渗率 $S(\psi)$ 与孔隙水基质（或压力）水头 ψ

(b) 通量势 $\phi(\psi)$ 与孔隙水基质水头 ψ 的关系曲线

图 69.6 具有代表性的砂质土（砂土）、具有代表性的有结构和无结构的壤质土（壤土）的吸渗率 $S(\psi)$ 与孔隙水基质（或压力）水头 ψ、通量势 $\phi(\psi)$ 与孔隙水基质水头 ψ 的关系曲线

如果 $K(\psi)$ 关系用 Gardner（1958）指数函数表示：

$$K(\psi)=K_{sat}\exp(\alpha\psi) \tag{69.14}$$

那么，式（69.13）就可以变为

$$\phi(\psi_0)=\frac{K(\psi_0)-K(\psi_i)}{\alpha(\psi_0)}；\psi_i<\psi_0, K(\psi_i)<K(\psi_0) \tag{69.15}$$

式中，参数 $\alpha(\psi_0)$ [L^{-1}] 给出了 $\ln K$ 对于 ψ 的斜率。在田间持水量或更干燥的情形下，对大多数多孔介质材料而言，$K(\psi_i)\ll K(\psi_0)$，此时式（69.15）就可以简化为：

$$\phi(\psi_0) \approx \frac{K(\psi_0)}{\alpha^*(\psi_0)}; \quad K(\psi_i) \ll K(\psi_0) \tag{69.16}$$

式中，$\alpha^*(\psi_0)$ [L^{-1}] 定义为"吸渗数"。一般情形下，用参数 $\alpha^*(\psi_0)$ 而不是 $\alpha(\psi_0)$，是因为式（69.15）中 $K(\psi_i)$ 的确定十分困难或不可能，这样就避免了确定 $K(\psi_i)$。在入渗过程中，大的 $\alpha^*(\psi_0)$ 和 $\alpha(\psi_0)$ 值表明重力（地心引力）大于多孔介质的吸附力（毛管力），而小的 $\alpha^*(\psi_0)$ 和 $\alpha(\psi_0)$ 值所表明的则相反（Raats，1976）。我们所述的三种代表性土壤的 $\alpha(\psi_0)$ 关系见图 69.7（a）。一般来讲，$\alpha(\psi_0)$ 随着 ψ_0 的增加而增加，这说明在土壤逐渐湿润的入渗过程中，重力的作用相对于毛管作用越来越重要。然而，应该注意的是，$\alpha(\psi_0)$ 的关系曲线的斜率变化复杂，砂土和无结构的壤土的曲线拥有局部的最大值和最小值。这是因为 $\alpha(\psi_0)$ 是基于 $K(\psi)$ 的，为一个指数函数（即式（69.14）），而在实际当中 $K(\psi)$ 的关系不是指数型的，特别对于砂土和无结构壤土而言更是如此（见图 69.5（a））。一般情形下，$K(\psi)$ 的关系越接近单调的指数函数（即式（69.14）），$\alpha(\psi_0)$ 的关系就越趋于一个单一的常数。图 69.7（b）比较了结构性壤土的 $\alpha^*(\psi_0)$ 和 $\alpha(\psi_0)$。可以看出，当 $\psi_0 < -50$ cm 时，$\alpha^*(\psi_0)$ 的偏离越来越大。因为在 $K(\psi_i) = K(-260 \text{ cm})$ 这种情况下，随着 ψ_0 的减小，假设 $K(\psi_i) \ll K(\psi_0)$ 越来越不正确，因此参数 $\alpha^*(\psi_0)$（和基于参数 $\alpha^*(\psi_0)$ 建立的关系）在 $K(\psi_i)$ 不是远小于 $K(\psi_0)$ 时，应该慎用。这种情况一般在多孔介质材料很湿的情形下，或者在细质地的材料中 $K(\psi)$ 随着 ψ 的减小并不迅速减小的情形下可能发生。

把式（69.16）代入式（69.12）可得

$$S(\psi_0) = \left\{ r[\theta(\psi_0) - \theta(\psi_i)] \frac{K(\psi_0)}{\alpha^*(\psi_0)} \right\}^{1/2} \tag{69.17}$$

式中表明，多孔介质对水的吸取能力（即用 $S(\psi_0)$ 表示的吸渗率的大小）取决于有效水贮量（$\theta(\psi_0) - \theta(\psi_i)$）、$K(\psi)$ 关系函数和 $\alpha^*(\psi_0)$ 的关系函数。所以，一个多孔材料的吸渗率随着前期含水量的增加（即有效水贮量的降低）、导水率的减少和吸附数的增加而减小。也应该强调的是，正如上面所讨论的，式（69.17）的准确性也强烈受 $\alpha^*(\psi_0)$ 关系函数准确度的影响。

FWM 孔隙直径 $PD(\psi_0)$ [L]，定义如下（Philip，1987）：

$$PD(\psi_0) = \frac{2\sigma K(\psi_0)}{\rho g \phi(\psi_0)} = \frac{2\sigma \alpha^*(\psi_0)}{\rho g} \tag{69.18}$$

式中，σ [MT^{-2}] 为空气-孔隙水界面的表面张力，ρ [ML^{-3}] 为孔隙水的密度，g [LT^{-2}] 为重力加速度。经常把参数 $PD(\psi_0)$ 定义为在 ψ_0 状况下入渗时，导水的有效"当量平均"孔隙直径（White 和 Sully，1987）。然而，更准确的说法应该是，$PD(\psi_0)$ 为一个指示参数，反映了导水活性孔隙的平均"水的传导性"，而不是实际的孔隙大小。这是因为参数 $PD(\psi_0)$ 仅从一个流量测量中导出（与 $K(\psi_0)$ 的测量相关联，见式（69.18）），在某些情形下，它肯定反映了在 $\psi = \psi_0$ 时，与所有导水孔隙相关的大小、弯曲度、粗糙度及连通度（Reynolds 等，1997）。假设为圆柱形的毛管，且为平稳流，与 $PD(\psi_0)$ 相关的孔隙大小的"浓度"，即 $NP(\psi_0)$（孔隙的数量，L^{-2}），则可以依据 Poiseuille 定律推导出：

$$NP(\psi_0) = \frac{128 \mu K(\psi_0)}{\pi \rho g [PD(\psi_0)]^4} \tag{69.19}$$

式中，μ [$ML^{-1}T^{-1}$] 为水的动力黏滞度，其他参数的定义同上。参数 $NP(\psi_0)$ 为单位入渗表面具有 FWM 直径 $PD(\psi_0)$ 水力活性孔隙的数量。图 69.8 描述了我们所说的结构性壤土 $PD(\psi_0)$、$NP(\psi_0)$ 和 $K(\psi_0)$ 之间的关系，从图中可知，流量权重平均孔隙的直径 $PD(\psi_0)$ 增加 2 个数量级，相应地 $K(\psi_0)$ 增加 6 个数量级，而 $NP(\psi_0)$ 减少了大约 4 个数量级。

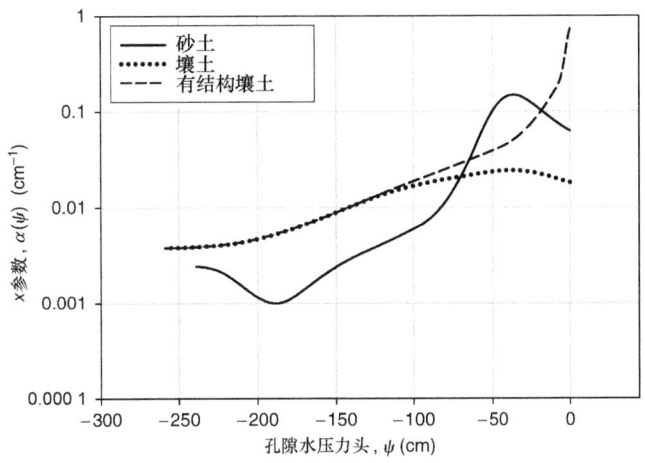

图 69.7（a） 一个代表性砂质土（砂土）、一个代表性有结构和无结构的壤质土（壤土）的参数 $\alpha(\psi)$ 与孔隙水基质（或压力）水头 ψ 的关系曲线

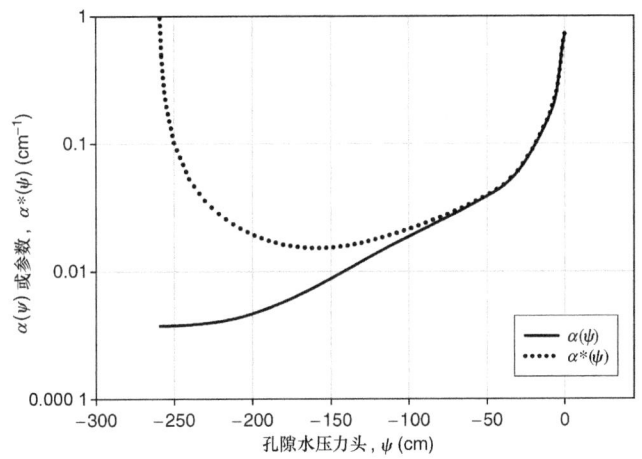

图 69.7（b） 上述有结构壤土的参数 $\alpha(\psi)$ 和吸附数 $\alpha^*(\psi)$ 与孔隙水基质水头 ψ 的关系曲线

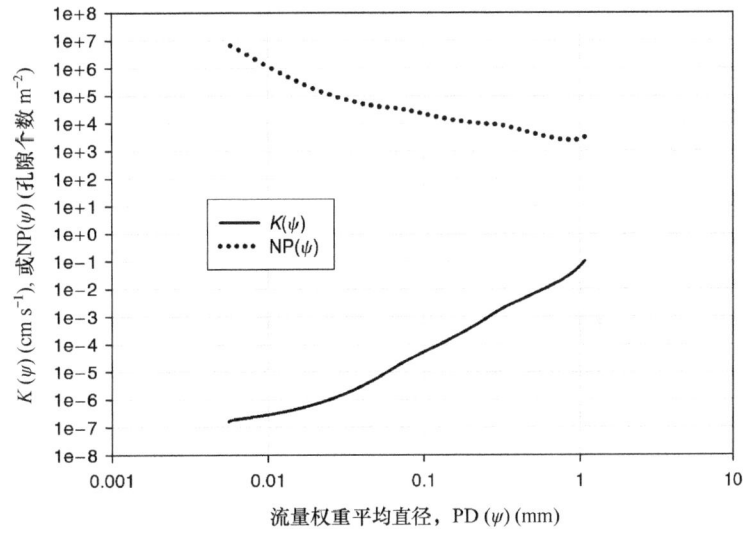

图 69.8 前述有结构壤土的导水率 $K(\psi)$，单位面积上 FWM 孔隙数 $NP(\psi)$ 与 FWM 孔隙直径 $PD(\psi)$ 之间的关系

对于非饱和多孔材料（见 69.5 节）当测定其饱和流参数时，也可以应用式（69.14）～式（69.19）。

在这种情形下，式中ψ_0最大（$\psi_0=0$），这样按照关系函数，$K(\psi)$、$\phi(\psi_0)$、$\alpha^*(\psi_0)$、$\theta(\psi_0)$、$S(\psi_0)$、$PD(\psi_0)$和$NP(\psi_0)$就取最大值，且为常数，分别表示为K_{sat}（即K_s或K_{fs}）、ϕ_m、α^*、θ_{sat}（即θ_s或θ_{fs}）、S、PD和NP。从69.5节可知，基质流量势（ϕ_m）、吸渗数（α^*）及吸渗率（S）是表征入渗水在非饱和亲水多孔材料介质中所受到所谓毛管吸力/拉力或"毛管力"。从数学上讲，ϕ_m是$\psi=\psi_0=0$和$\psi=\psi_i$之间$K(\psi)$曲线下的面积（式（69.13））。这也就推出，一个材料所受毛管力的大小取决于$K(\psi)$曲线的形状与大小范围，以及前期的孔隙水的基质水头ψ_i。对于一个粗质地、有结构、有生物孔隙的或湿润的多孔材料，其毛管力小于（$K(\psi)$曲线下的面积小一些）细质地、无结构、缺乏生物孔隙或干燥多孔材料的。更进一步，当在饱和或田间饱和时，$\psi=\psi_0=0$，根据式（69.13），所有的多孔介质（无论什么质地和结构），其所受的毛管力为零（即$\phi_m=0$）。如果$K(\psi)$函数用式（69.14）表示，那么在田间持水量或更干燥的多孔介质中，则可以得到下式（Mein和Farrell，1974；Scotter等，1982；Reynolds等，1985；也可以参见69.4节）：

$$\alpha \approx \alpha^* \equiv (K_{sat}/\phi_m) \approx -\psi_f^{-2} \; ; \; \psi_f < 0 < \alpha^* \tag{69.20}$$

式中，$\alpha^*[L^{-1}]$为最大吸附数（针对所研究的材料），$\psi_f[L]$为Green-Ampt湿润锋的基质水头（负值）。当多孔材料为粗质地和（或）结构高度发育和（或）多生物孔隙时，ψ_f接近零（α^*值大）。当多孔材料为细质地和（或）无结构和（或）缺乏生物孔隙时，ψ_f取大的负值（α^*值小）。当$\psi_0=0$时，参数ϕ_m、S、K_{sat}、α^*与ψ_f的关系见下式：

$$S = \left[r(\theta_{fs}-\theta_i)\phi_m\right]^{1/2} = \left[r(\theta_{fs}-\theta_i)\frac{K_{sat}}{\alpha^*}\right]^{1/2} = \left[r(\theta_i-\theta_{fs})K_{sat}\psi_f\right]^{1/2} \tag{69.21}$$

式中，$\theta_{fs}[L^3L^3]$为田间饱和体积含水量（见69.4节），$\theta_i[L^3L^3]$为初始或先前的体积含水量，其他参数同上。应该注意，在式（69.21）中，随着θ_i增加到θ_{fs}，S就减少到零，这表明（正如预料的）田间饱和多孔介质已经没有能力吸附或保存所添加的水分。参数PD和NP（分别见式（69.18）和式（69.19））经常可以用来定量化多孔介质中由时间和管理措施引起的与水分流动有关的结构变化。

在结构性多孔材料中，由于大孔隙（如大的裂隙、虫洞、死根通道、团聚体间的大空隙等）的存在，对近饱和水流和溶质运移影响十分重要，所以就经常需要区分"基质"流参数和"大孔隙"流参数。基质孔隙定义为，在一个特定的孔隙水基质水头$\psi_{mat}[L]$下，小到足以充满水的所有孔隙，而大孔隙则指那些大到无法充满水的那部分孔隙。目前ψ_{mat}的取值还没有达成一致（即有许多建议的取值，如-3 cm、-5 cm、-10 cm），然而，越来越多的实验证据建议$\psi_{mat}=-10$ cm是恰当的（Jarvis等，2002），根据传统的毛管上升理论，其对应的当量孔径为0.3 mm（Or和Wraith，2002）。应用此标准，所有当量孔径小于或等于0.3 mm（$\psi \leqslant \psi_{mat}=-10$ cm）的孔隙为基质孔隙，而当量孔径大于0.3mm（$\psi \geqslant \psi_{mat}=-10$ cm）的孔隙为大孔隙。据此，前面所述的各种"总多孔介质"流动参数（即应用于所有大小孔隙的公式，从式（69.11）到式（69.21））可以变为基质流参数只需限制ψ_0的范围为$\psi_i<\psi_0<\psi_{mat}$；把ψ_0的定义限制在$\psi_{mat}<\psi_0<0$的范围内就为大孔隙流参数。不过，此时导水率的关系必须改写成：

$$K_p(\psi) = K(\psi) - K(\psi_{mat}) \; ; \; \psi_{mat} \leqslant \psi_0 \leqslant 0 \tag{69.22}$$

$$K_p(\theta) = K(\theta) - K[\theta(\psi_{mat})] \; ; \; \theta(\psi_{mat}) \leqslant \theta \leqslant \theta_s \tag{69.23}$$

式中，下标"p"所指为大孔隙区，$K(\psi)$和$K(\theta)$对应的是总多孔介质（即包括基质孔隙和大孔隙）。根据这个定义，当$\psi_0=\psi_{mat}$时，在基质区流动参数区它们达到最大值，而流动区其流动参数要么为零（$K_p(\psi)=K_p(\theta)=\phi(\psi_0)=S(\psi_0)=0$），要么无法定义（$PD(\psi_0)$和$NP(\psi_0)$）。图69.9和图69.10描述了我们所选择的具有代表性的有结构壤土，其基质区、大孔隙区及总多孔介质流区的流动参数的对应关系。应该注意的是，在这些图中，当$\psi_0 \leqslant \psi_{mat}$时，基质流与总的多孔介质流动参数的变化规律是一致的，这是因为大孔隙是空的，仅有基质孔隙在导水。也应该注意到，取决于 ψ_0 值的变化，大孔隙流动参数的关系呈现出一个复杂的形式，其值可能大于、等于或小于所对应的基质和总多孔介质的值。

多孔介质的基本的物理和化学因子对以上所谈到的非饱和流参数都会产生影响，这包括质地和结构、孔隙水的黏滞度、孔隙水中可溶盐的浓度和种类、多孔介质的斥水性。所有的非饱和流参数对多孔介质的质地和结构高度敏感（见图 69.5～图 69.7），所以测量技术必须最大可能地保持多孔介质的自然/原位/原始状况。孔隙水的黏滞度和可溶盐对非饱和流参数的作用与对饱和或田间饱和导水率的作用相似（见 69.5 节）。斥水土壤是无法湿润的（部分或完全憎水，而不是吸引水），由于其降低了（甚至为负值）毛管作用，所以就阻碍了入渗的发生。在自然条件下，某些疏水有机组分（如松树的针叶）的积累可以引起土壤斥水性的产生，或极端条件下或长时间的烤干过程（例如，长时间的干旱或森林火灾后），能引起某些有机物质和氧化类矿物内衬在土壤孔隙中，从而造成部分或完全憎水。在其他因素完全相同的条件下，相对于亲水（能湿润）性而言，斥水性降低了毛管参数的值（$\phi(\psi_0)$、$\alpha(\psi_0)$、$\alpha^*(\psi_0)$、$S(\psi_0)$、$PD(\psi_0)$ 和 $NP(\psi_0)$）。即使在浅层积水情形下，开始时，土壤的斥水性能强到阻止入渗的发生。但过一段时间它就会消失，最终正常的土壤毛管作用就会恢复。土壤斥水性及其对土壤导水过程和性质的影响的详尽内容请参考本文给出的文献 Bauters 等（1998，2000）和 Nieber 等（2000）。

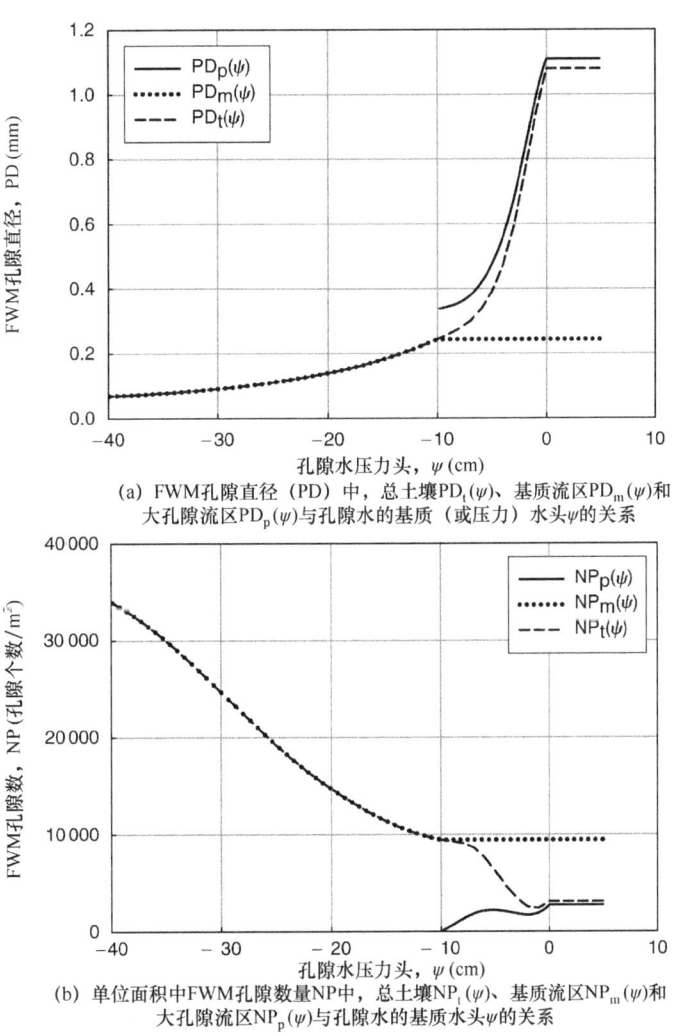

(a) FWM孔隙直径（PD）中，总土壤$PD_t(\psi)$、基质流区$PD_m(\psi)$ 和大孔隙流区$PD_p(\psi)$与孔隙水的基质（或压力）水头ψ的关系

(b) 单位面积中FWM孔隙数量NP中，总土壤$NP_t(\psi)$、基质流区$NP_m(\psi)$ 和大孔隙流区$NP_p(\psi)$与孔隙水的基质水头ψ的关系

图 69.9　结构性壤土

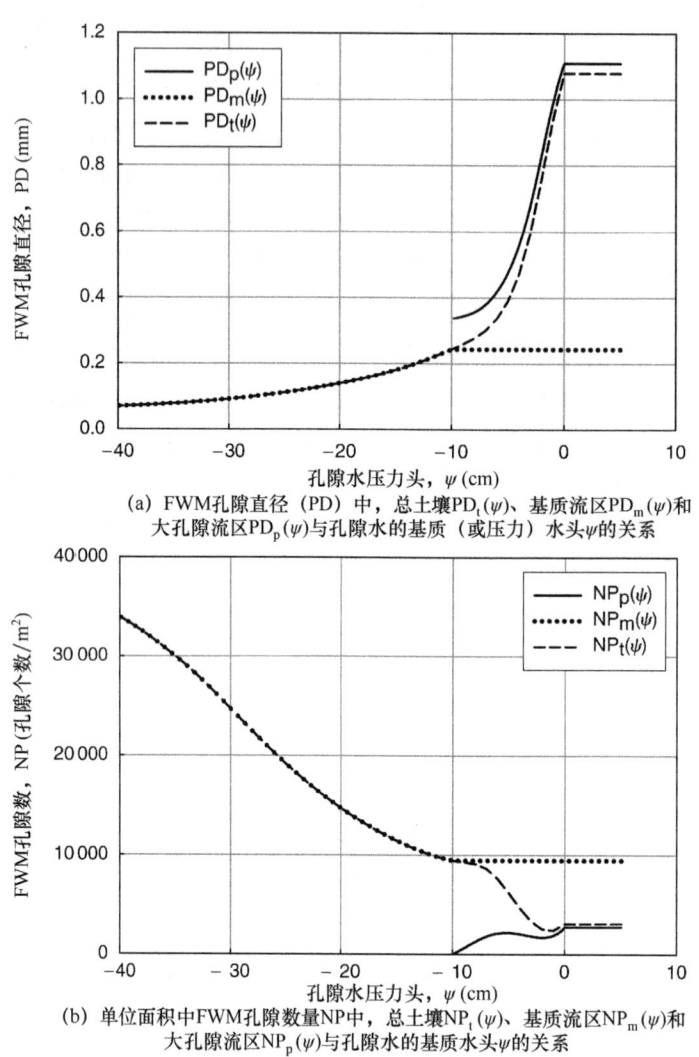

(a) FWM孔隙直径（PD）中，总土壤$PD_t(\psi)$、基质流区$PD_m(\psi)$和大孔隙流区$PD_p(\psi)$与孔隙水的基质（或压力）水头ψ的关系

(b) 单位面积中FWM孔隙数量NP中，总土壤$NP_t(\psi)$、基质流区$NP_m(\psi)$和大孔隙流区$NP_p(\psi)$与孔隙水的基质水头ψ的关系

图 69.10　结构性壤土

第 80—84 章将叙述测定非饱和水力学特性的方法，这包括室内张力入渗仪法（见第 80 章）、蒸发法（见第 81 章）、田间张力入渗仪法（见第 82 章）、瞬时剖面法（见第 83 章），以及选挑出的估计方法（见第 84 章）。

参 考 文 献

Bauters, T.W.J., DiCarlo, D.A., Steenhuis, T.S., and Parlange, J.-Y. 1998. Preferential flow in water repellent sands. *Soil Sci. Soc. Am. J.* 62: 1185-1190.

Bauters, T.W.J., Steenhuis, T.S., DiCarlo, D.A., Nieber, J.L., Dekker, L.W., Ritsema, C.J., Parlange, J.-Y., and Haverkamp, R. 2000. Physics of water repellent soils. *J. Hydrol.* 231-232: 233-243.

Bilderback, T.E., Warren, S.L., Owen, J.S., and Albano, J.P. 2005. Healthy substrates need physicals too! *Hort. Technology* 15: 747-751.

Bouma, J. 1983. Use of soil survey data to select measurement techniques for hydraulic conductivity. *Agric. Water Manage.* 6: 177-190.

Bouma, J. 1985. Soil variability and soil survey. In: J. Bouma and D.R. Nielsen, eds. *Proceedings of Soil Spatial Variability*

Workshop. PUDOC, Wageningen, The Netherlands, 130-149.

Bouwer, H. 1966. Rapid field measurement of air-entry value and hydraulic conductivity of soil as significant parameters in flow system analysis. *Water Resour. Res.* 2: 729-738.

Bouwer, H. 1978. *Groundwater Hydrology*. McGraw-Hill, Toronto, ON, Canada.

Bruce, R.R. and Luxmoore, R.J. 1986. Water retention: Field methods. In: A. Klute, ed., *Methods of Soil Analysis, Part I-Physical and Mineralogical Methods*. 2nd ed. American Society of Agronomy, Madison, WI, 663-683.

Campbell, G.S. 1987. Soil water potential measurement. In: R.J. Hanks and R.W. Brown, eds., *Proceedings of International Conference on Measurement of Soil and Plant Water Status, Vol. 1*. Logan, UT, July 1987, 115-119.

Cassel, D.K. and Nielsen, D.R. 1986. Field capacity and available water capacity. In: A. Klute, ed., *Methods of Soil Analysis, Part 1-Physical and Mineralogical Methods*. 2nd ed. American Society of Agronomy, Madison, WI, 901-926.

Cockroft, B. and Olsson, K.A. 1997. Case study of soil quality in south-eastern Australia: management of structure for roots in duplex soils. In: E.G Gregorich and M.R. Carter, eds., *Soil Quality for Crop Production and Ecosystem Health. Developments in Soil Science, Vol. 25*. Elsevier, New York, 339-350.

Constantz, J., Herkelrath, W.N., and Murphy, F. 1988. Air encapsulation during infiltration. *Soil Sci. Soc. Am. J.* 52: 10-16.

Gardner, W.R. 1958. Some steady-state solutions of the unsaturated moisture flow equation with application to evaporation from a water table. *Soil Sci.* 85: 228-232.

Grable, A.R. and Siemer, E.G. 1968. Effects of bulk density, aggregate size, and soil water suction on oxygen diffusion, redox potentials, and elongation of corn roots. *Soil Sci. Soc. Am. Proc.* 32: 180-186.

Gupta, S.C. and Hanks, R.J. 1972. Influence of water content of electrical conductivity of the soil. *Soil Sci. Soc. Am. Proc.* 36: 855-857.

Hillel, D. 1980. *Applications of Soil Physics*. Academic Press, Toronto, ON, Canada.

Hopmans, J.W., Simunek, J., Romano, N., and Durner, W. 2002. Simultaneous determination of water transmission and retention properties: inverse methods. In: J.H. Dane and G.C. Topp, eds., *Methods of Soil Analysis, Part 4-Physical Methods*, Soil Science Society of America, Madison, WI, 963-1004.

Jarvis, N.J., Zavattaro, L., Rajkai, K., Reynolds, W.D., Olsen, P.-A., McGechan, M., Mecke, M., Mohanty, B., Leeds-Harrison, P.B., and Jacques, D. 2002. Indirect estimation of near-saturated hydraulic conductivity from readily available soil information. *Geoderma* 108: 1-17.

Koorevaar, P., Menelik, G., and Dirksen, C. 1983. *Elements of Soil Physics*. Elsevier, New York, 228.

McIntyre, D.S. 1974. Soil sampling techniques for physical measurements. In: J. Loveday, ed., *Methods for Analysis of Irrigated Soils*. Tech. Commun. No. 54, Commonwealth Agricultural Bureau, Australia, 12-20.

Mein, R.G. and Farrell, D.A. 1974. Determination of wetting front suction in the Green-Ampt equation. *Proc. Soil Sci. Soc. Am.* 38: 872-876.

Nieber, J.L., Bauters, T.W.J., Steenhuis, T.S., and Parlange, J.-Y. 2000. Numerical simulation of experimental gravity-driven unstable flow in water repellent sand. *J. Hydrol.* 231-232: 295-307.

Olness, A., Clapp, C.E., Liu, R., and Palazzo, A.J. 1998. Biosolids and their effects on soil properties. In: A. Wallace and R.E. Terry, eds., *Handbook of Soil Conditioners*. Marcel Dekker, New York, 141-165.

Or, D. and Wraith, J.M. 2002. Soil water content and water potential relationships. In: A.W. Warrick, ed., *Soil Physics Companion*. CRC Press, Boca Raton, FL, 49-84.

Passioura, J.B. 1980. The transport of water from soil to shoot in wheat seedlings. *J. Exp. Bot.* 3: 1161-1169.

Philip, J.R. 1957. The theory of infiltration. 4: Sorptivity and algebraic infiltration equations. *Soil Sci.* 84: 257-264.

Philip, J.R. 1987. The quasilinear analysis, the scattering analog, and other aspects of infiltration and seepage. In: Y.S. Fok, ed., *Infiltration, Development and Application*. Water Resources Research Centre, Honolulu, HI, 1-27.

Raats, P.A.C. 1976. Analytical solutions of a simplified flow equation. *Trans. ASAE* 19: 683-689.

Reynolds, W.D., Bowman, B.T., Drury, C.F., Tan, C.S., and Lu, X. 2002. Indicators of good soil physical quality: density and storage parameters. *Geoderma* 110: 131-146.

Reynolds, W.D., Brown, D.A., Mathur, S.P., and Overend, R.P. 1992. Effect of *in-situ* gas accumulation on the hydraulic conductivity of peat. *Soil Sci.* 153: 397-408.

Reynolds, W.D., Bowman, B.T., and Tomlin, A.D. 1997. Comparison of selected water and air properties in soil under forest, no-tillage, and conventional tillage. In: J. Caron, D.A. Angers, and G.C. Topp, eds., *Proceedings of 3rd Eastern Canada Soil Structure Workshop*. Universite' Laval, Sainte-Foy, Quebec, Canada, 235-248.

Reynolds, W.D. and Elrick, D.E. 2005. Measurement and characterization of soil hydraulic properties. In: J. Alvarez-Benedi and R. MunozCarpena, eds., *Soil-Water-Solute Process Characterization: An Integrated Approach*. CRC Press, Boca Raton, FL, 197-252.

Reynolds, W.D., Elrick, D.E., and Clothier, B.E. 1985. The constant head well permeameter: effect of unsaturated flow. *Soil Sci.* 139: 172-180.

Reynolds, W.D., Gregorich, E.G., and Curnoe, W.E. 1995. Characterization of water transmission properties in tilled and untilled soils using tension infiltrometers. *Soil Till. Res.* 33: 117-131.

Richards, L.A. 1931. Capillary conduction of liquids in porous mediums. *Physics* 1: 318-333.

Robinson, D.A., Jones, S.B., Blonquist, J.M. Jr., and Friedman, S.P. 2005. A physically derived water content/permittivity calibration model for coarse-textured, layered soils. *Soil Sci. Soc. Am. J.* 69: 1372-1378.

Romano, N. and Santini, A. 2002. 3.3 Water Retention and Storage, 3.3.3 Field. In: J.H. Dane and G.C. Topp, eds., *Methods of Soil Analysis, Part 4-Physical Methods*. Soil Science Society of America, Madison, WI, 721-738.

Scotter, D.R., Clothier, B.E., and Harper, E.R. 1982. Measuring saturated hydraulic conductivity and sorptivity using twin rings. *Aust. J. Soil Res.* 20: 295-304.

Skopp, J., Jawson, M.D., and Doran, J.W. 1990. Steady-state aerobic microbial activity as a function of soil water content. *Soil Sci. Soc. Am. J.* 54: 1619-1625.

Smith, R.E. 2002. *Infiltration Theory for Hydrologic Applications*. Water Resources Monograph 15, American Geophysical Union, Washington, DC, 212.

Soil Science Society of America. 1997. Glossary of Soil Science Terms. Soil Science Society of America, Madison, WI.

Stephens, D.B., Lambert, K., and Watson, D. 1987. Regression models for hydraulic conductivity and field test of the borehole permeameter. *Water Resour. Res.* 23: 2207-2214.

Topp, G.C., Davis, J.L., and Annan, A.P. 1980. Electromagnetic determination of soil-water content: Measurement in coaxial transmission lines. *Water Resour. Res.* 16: 574-582.

Topp, G.C. and Ferre', Ty. P.A. 2002. 3.1 Water content. In: J.H. Dane and G.C. Topp, eds., *Methods of Soil Analysis, Part 4-Physical Methods*. Soil Science Society of America, Madison, WI, 417-545.

Topp, G.C. and Reynolds, W.D. 1998. Time domain reflectometry: a seminal technique for measuring mass and energy in soil. *Soil Till. Res.* 47: 125-132.

Townend, J., Reeve, M.J., and Carter, A. 2001. Water release characteristic. In: K.A. Smith and C.E. Mullins, eds., *Soil and Environmental Analysis: Physical Methods*, 2nd ed. Marcel Dekker, New York, 95-140.

Verdonck, O., Penninck, R., and de Boodt, M. 1983. Physical properties of different horticultural substrates. *Acta Hortic.* 150:

155-160.

White, I. and Sully, M.J. 1987. Macroscopic and microscopic capillary length and time scales from field infiltration. *Water Resour. Res.* 23: 1514-1522.

White, I., Sully, M.J., and Perroux, K.M. 1992. Measurement of surface-soil hydraulic properties: disk permeameters, tension infiltrometers, and other techniques. In: G.C. Topp, W.D. Reynolds, and R.E. Green, eds., *Advances in Measurement of Soil Physical Properties: Bringing Theory into Practice*. SSSA Special Publication No. 30, Soil Science Society of America, Madison, WI, 69-103.

（李保国　译校）

第70章 土壤含水量

G. Clarke Topp
Agriculture and Agri-Food Canada
Ottawa, Ontario, Canada

G.W. Parkin
University of Guelph
Guelph, Ontario, Canada

Ty P.A. Ferré
University of Arizona
Tucson, Arizona, United States

70.1 引　　言

土壤水是水分循环的关键环节，它控制着土壤与大气之间及与地下水之间的水分交换。土壤水既是土粒之间的润滑剂也是黏合剂，它会影响到土壤和地质结构的稳定性与强度。水的热容量较高，可以使土壤表面的昼夜性和季节性温度变化处于一个适度的范围内。在化学方面，土壤水作为土壤中溶解的无机化学品和悬浮生物体的运输载体，间接参与了土壤的发育和退化过程。来自土壤的生物生产量（如林业产品或农作物等）主要受土壤水分有效性的影响。因此土壤含水量的测定十分重要，它直接关系到水平衡的量化、作物水分状况的估计，以及大部分土壤物理、化学和生物过程的表征。

在过去的20年中，土壤含水量测定取得了革命性的进展。20世纪80年代早期，重量法和中子仪法是测定田间土壤含水量的主要方法，而如今测定含水量方法众多，如时域反射仪法（TDR）、电容法（以及电阻法）、探地雷达法（GPR）、机载/卫星主动雷达法（遥感法）及被动微波方法（Gardner 等，2001；Topp 和 Ferré，2002）。这五种新方法都是基于电磁（EM）测量。Topp 等（1980），Ferré 和 Topp（2002）及 Topp 和 Reynolds（1998）的研究表征了土壤的电磁特性，并建立其测定土壤水分的方法。所有的电磁方法原理是相比于土壤其他成分的相对介电常数而言，水的相对介电常数较高（水的相对介电常数为80，而空气的相对介电常数为1，土壤固体的相对介电常数则为3～5）。基于土壤各成分在介电常数上差异巨大，通过测定土壤容积介电常数的方法就可以实现对土壤体积含水量的测定。EM 方法对样品的几何特性和空间覆盖度方面有很好的适宜性，对采样点的扰动最小，可以做到实时或准实时数字化采集数据，以及可以直接测定体积含水量，正因为如此本章对 EM 方法进行重点介绍。69.2 节中给出了水分含量的基本参数，并且定义了含水量的表达式，如体积含水量、质量含水量及饱和度。此外，电磁法原理及介电常数与含水量的关系也已经在 69.2 节中进行了介绍。

70.2 烘　干　法

烘干法从概念上理解非常简单。首先，称取湿润的土壤样品，然后在 105℃下烘干后称重。质量含水量是指样品的质量损失量（即初始土壤中的水分质量）占烘干土质量的比例。该方法简单直观，测量结果为绝对值，而实际并非如此。水以极其广泛的能级保持在土壤各组分中，当温度维持在 105℃时，土壤在任何时候都不可能达到绝对"干"的状态。在 105℃恒温多日后，土壤样品的质量依然是逐渐减少的（Gardner，1986）。此外，许多土壤样品含有机物，其中一些有机物在 105℃下易挥发，因此，烘干后土壤质量减少也可能是由于除水以外的物质挥发造成的。最后，温度的控制是一个难题。尽管大部分土壤实验室使用的烘箱经过仔细调整以后，可以保持温度范围为 100~110℃，但烘箱内不同位置的温度不尽相同。考虑到没有测量土壤样品的实际温度，由于温度差异性导致放在同一个烘箱内、加热相同时间的样品受热不均匀。尽管存在上述不足，烘干法仍然是最简便和常用的测量土壤含水量的方法。与电热管加热烘箱一样，微波炉也没有经过严格的标准化。有关重量法的实验过程和局限性，在许多标准规范中都有更完整的叙述（Topp 和 Ferré，2002）。

70.3 时域反射仪法

时域反射仪最早应用于土壤测定仅有 30 年（Davis 和 Chudobiak，1975）。自第一次测定开始，时域反射仪已经被应用于测量各种尺度、大范围土壤水分含量（Topp 和 Reynolds，1998；Robinson 等，2003），并且已经成为含水量测定的标准方法。该方法在土壤环境监测和研究过程中应用较为普遍，这是因为与其他方法相比，该方法在监测大范围土壤含水量时较为精准，而且简易。时域反射仪可以提供实时原位土壤含水量监测。测量系统可以被多路数字采集器保存，并且允许远程自动监测。对于多数土壤来说，体积含水量的测量精度为±0.02$m^3 \cdot m^{-3}$，无须校准，但通过校准可以得到更准确的绝对含水量。时域反射仪探针的设计和布置相当灵活，允许用户设定含水量测定网络，以便符合任何特定研究的需求。最后，由时域反射仪测得的体积含水量可以直接用于水文学水平衡分析，不需要测定土壤容重等参数。

70.3.1 材料和设备

时域反射仪装置由四部分组成：定时电路、脉冲发生器、采样接收机及显示器或记录装置。脉冲发生器用来发射脉冲波，然后分析脉冲波的路径。大多数商用时域反射仪将这些组成部分集成为一个装置，这个装置也可以分析时域反射路径，并显示和记录其所解译的含水量。只要能提供精度高的、稳定的低噪数据，这些装置就可以用来测量含水量，通常要求其脉冲瞬变时间小于 0.2 ns（Hook 和 Livingston，1995）。

为了得到高精度结果，可以对应用程序进行自定义分析，这就有必要记录整个波形。时域反射仪的另一个特点是，它可以提供含水量的自动分析。TDR 可以显示实际的时域反射波形，并进行手动解译，这对于确保仪器的正常工作及合理的自动化解译非常必要。在多个地点的连续测定过程中，时域反射仪装置与一个扩展转换器相连接大大地增加了数据采集效率。

最早且应用最为广泛的时域反射仪装置是便携电缆式时域反射仪（Model 1502B 或 C，Tektronix）。该装置可以显示波形并进行手动记录和分析，也可以记录数据后用电脑进行数字化分析（Or 等，2003）。便携电缆式时域反射仪与电脑结合在一起纳入一系列定制系统，旨在实现时域反射仪的自动化分析及扩展（Ferré 和 Topp，2002）。目前，多数商用时域反射仪装置均提供自动化分析，并将其作为基本装置的一部分，而将扩展功能作为可选部分。表 70.1 列出了几种商用时域反射仪的一些特点。

TDR 探针的基本元件是导电组件，通常由几根平行的金属杆组成，这些导电组件作为波导管使信号在金属杆之间的土壤物质中传播（见图 70.1）。目前，最常用的土壤探针具有一对输电线路，这种电线路包括两条平行的金属杆。根据测量需要，金属棒的长度在 0.1~1 m，金属杆的间隔在 0.01~0.1 m（Topp 和 Davis，1985）。标准设备的探针长度最短为 0.1 m。探针长度的上限在很大程度上取决于电导率、黏粒含量及预计的最大含水量。尽管没有严格的规定，但是 Dalton（1992）研究表明，在 EC>0.1·S m^{-1} 的黏土中，探针长度应该减少至 0.2 m，而镀层探针在一定程度上克服了这种局限性。Zegelin 等（1989）

介绍了一种多型探针,其中一个探针位于中心位置,其余探针位于中心探针的周围。即便只有两个外部探针,这种探针结构也可以模仿同轴传输,从而最低限度地提高 TDR 的反射能力。然而,相比仅有一对金属杆而言,多型探针在安装上更为困难,会导致土体扰动。波导管或探针的配置决定了待测土壤样品的测定范围和形状。早期的实验和理论分析表明,土壤探针长度对测定具有一定的影响,这种影响表现出一种线性加权平均(Hook 和 Livingston,1995)。所以,对于分层土壤而言,装置则可能需要特定的改进(Robinson 等,2003b)。

表 70.1 不同型号 TDR 及其主要功能

供应商	型号	数据采集	扩展技术	土壤探针	波形	电导率
美国 ESI 股份有限公司	MP917	内置选项	有	MP917 兼容型,短路二极管	无	无
美国 Tektronix 公司	1502B/C	无	无	定制	有	有
美国 Campbell Scientific 股份有限公司	TDR100	CR10X 或 CR23X	SDMX50	定制	有	有
美国 Soilmoisture 股份有限公司	TRASE	内置选项	TRASE 6003	TRASE 兼容型	有	有
美国 Dynamax 股份有限公司	Tek 1502B/C	控制器	TR-200	定制	有	无
德国 MESA 股份有限公司	TRIME TDR	控制器	TRIME-MUX6	TRIME 兼容型	无	无

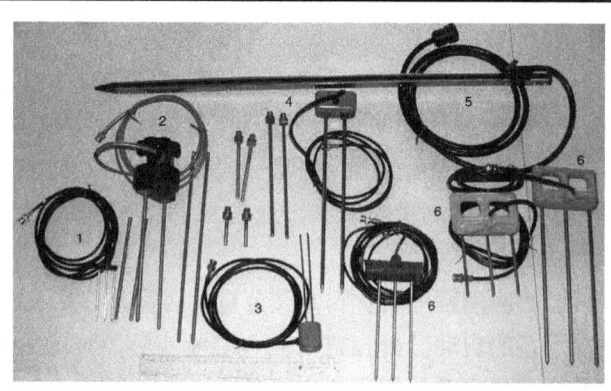

图 70.1 TDR 探针

图中是从几个少数供应商处搜集的 TDR 探针,数字代表其所在供应商,分别为:1 和 2 来自美国 Soilmoisture 设备公司;
3、4、5 来自美国环境传感器有限公司(ESI);6 是由本实验室自主定制设计。

对于横向分布的情况更为复杂。Knight(1992)和 Knight 等(1994)对于并行双线和多线同轴探针插入介电常数近乎均匀的介质时的空间权重函数进行了理论研究。Knight(1992)所提出的解析表达式和方法,为探针的设计规范和探针性能的评价提供了基础依据。例如,Knight(1992)表明,对于所有TDR 探针来说,金属丝或探针间距与金属丝直径之比是重要的几何描述特征值,也是探针设计及安装的重要依据。Knight(1992)提出,金属丝间距与金属丝直径之间的比值不超过 10。金属丝直径至少为具有代表性土壤孔径或土壤颗粒直径的 10 倍才是合理的,只有这样才能提供合理的平均值。该项研究还有一项重要发现,TDR 所测量的范围与介质的含水量无关。我们发现,间隔为 50mm、直径为 6mm 的金属丝探针,在各类耕作和非耕作的农业土壤中均有较理想的测量效果。目前,还有许多其他结构类型的探针已经被成功地运用,并且根据限制性因素的不同,可以选择不同的探针类型。

70.3.2 步骤

TDR 方法虽然简捷,但是于不同的应用类型,也有不同的型号,如实验室或田间、地表或剖面、特定点或空间参考点等。

1. 将探针插入土壤样品中

TDR 探针的安装对于精准测量至关重要。探针周围的空隙可能导致测量的含水量偏低。然而,Knight 等(1997)和 Ferré 等(1998)应用数值分析表明,探针周围小部分的空气间隙对介电常数的测量不会造成影响。探针的金属杆应该平行安装。只要金属杆之间没有相互接触,金属杆平行排列角度的细微偏差就不会导致显著的测量误差。插入土壤中的探针不平行或者没有垂直插入会使探针之间有空气间隙,从而影响测量精度,要避免这种情况的发生。插入探针时应该注意尽量减少土壤扰动,尤其是在可压缩性介质中。在实验室和近地表测量时,探针横截面和长度的选择很重要,以便与 TDR 信号有关的电磁场包含在土壤样品中。此外,在土壤中,过度的导电损耗限制了探针的最大长度。

2. 使用同轴电缆连接探针与 TDR 装置并启动 TDR 波形信号的传送和回收装置

连接探针的电缆长度最好限制在 25m 以内,以便获得可接收的信噪比,防止信号衰减。有些仪器引进了信号衰减补偿技术,因此可以使用更长的电缆。电缆长度的选择应该在导电性最好的情况下的信号质量来确定。另外,使用扩展器会使信号减弱,还可能制约探针与仪器之间的间隔。

对波形进行分析,测定信号在土壤中的传播时间,以便确定相对介电常数测量含水量也就是监测土壤中的探针及其周围 TDR 信号的双向传播时间。一共测量两次,第一次是从探针到土壤界面信号传播所需要的时间,记为 t_1(见图 70.2)。第二次是信号到达探针末端所需要的时间,记为 t_2(见图 70.2)。图 70.2 所示的 TDR 波形显示了估计这两个时间的方法。识别反射信号两端切线的交集最精确地指明了所需的时间。两次时间的差值,即 t_2 减去 t_1,就是所测得的脉冲波沿探针长度双向传播的时间。对于一些探针来说,t_1 在某种条件下较难选择。Robinson 等(2003b)提出了一种利用水和空气校准探针的方法,认为该方法具有相当高的精确度。

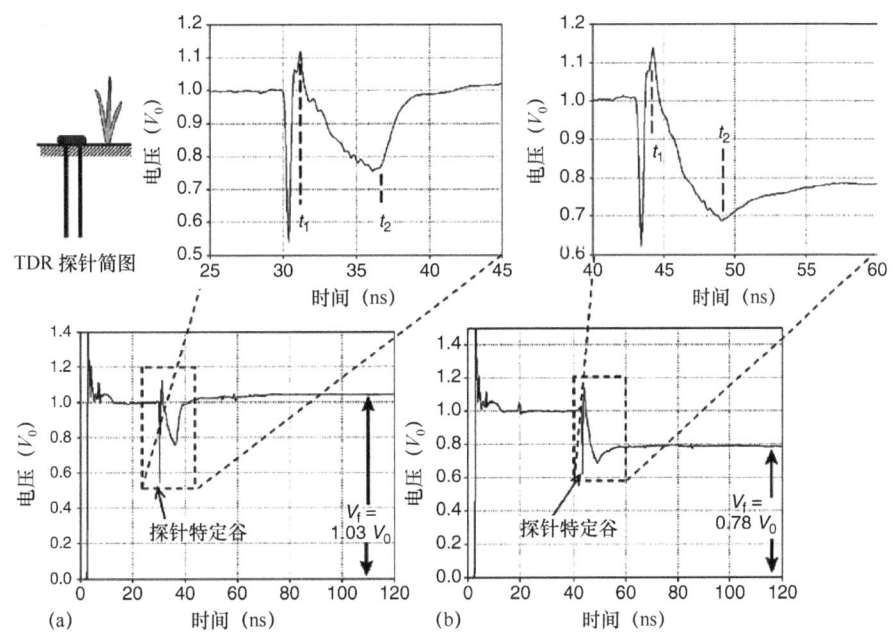

图 70.2 在粉质黏壤土中利用 20cm 长的探针测得的 2 条 TDR 波形曲线

由图中可以看出,两次测得的土壤含水量相似,但(b)图中土壤溶液的导电性更强,回归反射较小,致使 V_f 偏低。

图(a)中,θ_v=0.304m³·m⁻³,σ_0=57mS·m⁻¹;图(b)中 θ_v=0.271m³·m⁻³,σ_0=95mS·m⁻¹。

3. 利用参照液定期检测仪表偏移和故障

已知介电常数的参照液体对于检验仪器测定的可重复性和偏移很有帮助。在田间测量时，将 TDR 探针浸泡在异丙醇或水中，并记录数据，每隔 1 个小时重复一次。重要的是要确保浸泡的容器足够大，保证信号是完全在液体内部时获得。

70.3.3 计算过程

体积含水量的计算都是通过仪器内部来实现的。在此，给出了简单的计算步骤，但只适用于那些信号传播时间确定的仪器。

1. 传播时间转换为相对介电常数

将上文中的传播时间（t_2-t_1）转换成传播速度，然后转换成相对介电常数，如下式所示：

$$(t_2 - t_1) = \frac{2L}{v} = \frac{\sqrt{\varepsilon_{ra}}}{c} \tag{70.1}$$

式中，L 为探针长度，v 为信号传播速度，ε_{ra} 为相对介电常数，c 是光或者其他电磁波在真空中的传播速度（$3\times10^8 \text{m} \cdot \text{s}^{-1}$）。

2. 利用选定的校准关系将相对介电常数转换为体积含水量

尽管每种土壤的标定关系应该进行单独验证，但是 Topp 等（1980）提出了一种广泛适用的经验公式。对于没有校准的土壤来说，建议使用下面简单的线性关系来标定：

$$\theta_v = 0.115\sqrt{\varepsilon_{ra}} - 0.176 \tag{70.2}$$

对于黏土含量、盐分含量和有机质含量超过 $0.05\text{kg} \cdot \text{kg}^{-1}$ 的土壤，建议建立特定的标定关系。高含量黏粒对相对介电常数的影响不是很明确，因为这些影响取决于晶粒大小和黏土矿物组成。对于黏粒含量较高、含盐量较高或者有机质含量高的土壤，在标定时可能要改变式（70.2）中的斜率（0.115），此外可能还要引进曲率。土壤容重可能影响式（70.2）中的截距，这是因为土壤容重取决于土壤固体的成分。

70.3.4 注释

1. 田间剖面土壤含水量的测量

一般来说，对于距地表 1.5m 深的剖面，有 3 种方法可以使用（Ferré 和 Topp，2002）。每种方法都有各自的优势和局限性。

将一系列不同长度的探针从地表垂直插入。这种方法可能导致测得的含水量剖面分成很多层次，并假设每一层的含水量在适当的长度区间内均匀分布。而横向土壤空间变异可能会导致误差，误差范围在 $\pm 0.03 \text{ m}^3 \cdot \text{m}^{-3}$（Topp，1987）。最长的探针有利于估算水平衡，单次测定就可以提供整个剖面总的含水量，垂直安装探针容易使土壤表面在探针之间或者单个探针的周围产生裂缝。土壤表面的裂缝会影响降水入渗和灌溉，还会影响 TDR 的读数。冬季，土壤会出现冻胀现象，需要将探针垂直地从土壤中移出。

第二个方法是在剖面各层次安装水平方向的探针，每个层次安装一个探针。这种方法可以提供一个更加精确的剖面土壤含水量，而且它不容易受横向空间变异的影响，但是这些优点不能弥补该方法在垂直方向上间断性的缺点。水平衡估算时所需的含水量是各个深度含水量的和，这就不如单个垂直探针测量得精确。安装水平探针常常需要在土壤中挖坑或者钻孔，这样可能对被测量区域造成扰动。此外，电缆和探针的连接必须完全密封。

充分利用剖面的方法是将探针呈 45°角插入土壤表面，这样放置探针可以使测量的含水量剖面是一个独立的垂直断面，而且受横向空间变异的影响较小，并且随着深度的增加，水平和垂直方向上的增加量相同。Schwartz 和 Evett（2003）利用土柱湿润锋试验评价了探针安装角度为 30° 的情况。倾斜安装有两个缺点：一是需要精确了解探针一端插入土壤的实际垂直深度，二是增加探针长度来实现倾斜安装减少了在黏土中可测得的总的垂直深度。

Hook 等（1992）描述了使用短路二极管制作的分段探针。这种探针构造可以作为剖面探针使用，与环境传感器公司（Environmental Sensors, Inc）的 MP917 型 TDR 使用方式相同。分段探针可以测定剖面不同层次土壤的函数，各段探针的测量精度为 $\pm 0.01 \text{ m}^3 \cdot \text{m}^{-3}$。TDR 测量时电磁场既在探针内部传播也在土壤中传播，而与干土相比，电磁场更多地在湿润土壤中传播，这意味着测定样本体积随含水量的变化而变化。安装这种类型的探针需要很谨慎，因为在测定区域内，测量精度对探针周围土壤的扰动是最敏感的。这些边缘效应还未经过充分的评估和具体量化。

最近，有些学者已经尝试使用波形分析方法来确定剖面土壤含水量（Todoroff 和 Luk，2001；Heimovaara 等，2004）。随着更多的研究发现，可能选择这种方法来克服上述局限性。

2. 涂料探针

在探针表面涂一层电阻涂料可以减少信号衰减和导电土壤中的信号损失。Ferré 等（1996）进一步研究了 Annan（1977）的工作，研究表明，带有涂层的探针测量的不是涂层及其周围介质的介电常数的算术平均值。由于一般涂层材料的介电常数都很低，所以相对于高含水量状况，带有涂层的探针对低含水量更敏感。这种敏感度不同的一个后果就是，与不加涂层的探针不同，如果含水量随着探针长度而变化，那么带涂层的探针所测量的长度加权平均含水量是不准确的。因此，安装带有涂层的探针来测量含水量时，应该最大限度地减少测定区域内的含水量差异。此外，带有涂层的探针，其对导电损失的敏感度降低，减少了探针测量电导率的有效性。

70.4 探地雷达法

已经被广泛应用于地学领域（Neal，2004）的探地雷达法（Ground Penetrating Radar，GPR）近年来已经发展成为一种测量土壤体积含水量的有效方法（Davis 和 Annan，2002；Huisman 等，2003）。与 TDR 法相比较，GPR 法测量大范围内土壤含水量更有优势。地表和空中的探地雷达方法相比于 TDR 法的另一个显著优势是两种方法均为非侵入式。钻孔探地雷达方法是侵入性的，要求在水平或垂直方向上钻孔安装 GPR 发射机和接收机（Parkin 等，2000；Rucker 和 Ferré，2003）。地面和空中 GPR 法最适合根际调查，而钻孔法更适合于较深层次的渗流区。本讨论限于上述地面方法。与打土钻法相比，地面方法提供了更广阔的空间范围。但是这里讨论的很多概念也同样适用于钻孔 GPR。

GPR 法的物理学原理与 TDR 法相同（Weiler 等，1998）。这两种方法都是依靠测定电磁波的传播时间或振幅。从 GPR 发射机发出的能量穿过空气和土壤到达接收器。根据使用方法的不同，测量反射或直接通过的能量的传播时间或振幅，然后转换为土壤相对介电常数。然后，利用式（70.2）（或该土壤的特定校正公式）将测量的相对介电常数转换为体积含水量。关于 GPR 方法测定土壤含水量的基本原理，更多细节见 Davis 和 Annan（2002），以及 Huisman 等（2003）。

图 70.3 显示了两种不同的测量土壤含水量的探地雷达（GPR）天线配置。相比于地表探测法，空中发射地表反射法的优点在于天线可以悬浮，将能量直接引向下方。选择的天线频率和地面高度取决于所需的能量足迹（取样的区域）大小。例如，Huisman 等（2003）表明，使用 1 GHz 和 225 MHz 的天线系统在距地面高度 1 m 探测时，探测面积大小分别为 0.79 m×0.79 m 和 1.76 m×1.76 m。下列公式（Davis 和 Annan，2002；Redman 等，2002）根据反射能量的振幅计算了土壤的相对介电常数，A_r 为反射相对最大振幅，A_m 为全反射波幅，是指从地面上一个完美的反射器如金属板反射而来的波动振幅，金属片的反射系数为 −1：

$$\varepsilon_r = \frac{\left(1 + \dfrac{A_r}{A_m}\right)^2}{\left(1 - \dfrac{A_r}{A_m}\right)^2} \qquad (70.3)$$

主动微波遥感（合成孔径雷达（synthetic aperture radar，SAR））的操作与空中发射表面反射率探地雷达的原理是一样的。当 SAR 在更高频率上操作时（超过 1 GHz），土壤表面粗糙度和植物的生长会使情况很复杂。合成孔径雷达卫星背后的主要动机之一是要能够估计表层土壤条件，包括含水量。利用 SAR 描绘土壤水分含量已经被广泛研究，并且已经有几个项目证明了使用 SAR 测量含水量的可行性。由于这种方法仍然在继续发展完善过程中，所以微波遥感法在使用指南中并没有给出详细的说明。McNairn 等（2002）对现有的 SAR 方法进行了总结，将其作为一种测定土壤水分含量的方法。

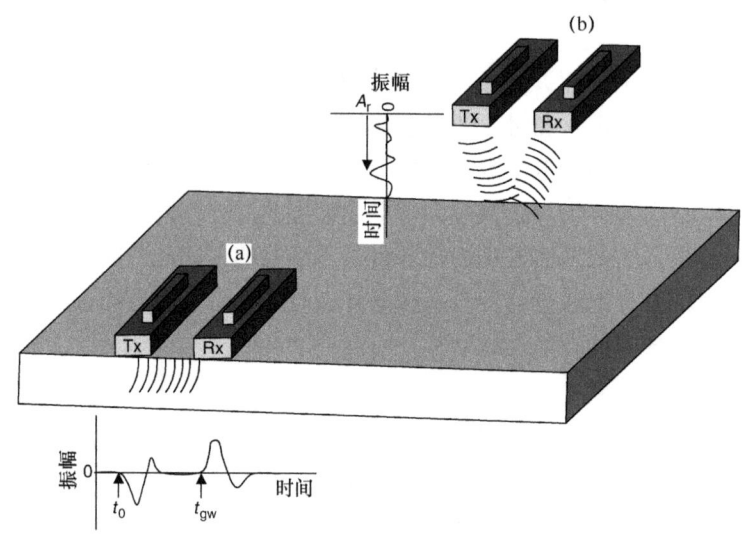

图 70.3　两种不同 GPR 天线配置测定土壤含水量

（a）地表 GPR，直接地面波；（b）空中发射地表反射率 GPR。Tx 和 Rx 分别是探地雷达发射器（Transmitter）和接收器天线（Receiver Antennae）

地表探地雷达方法与空中探地雷达法不同，前者是与地面直接接触，其相对介电常数是通过测定探地雷达波速来获得。探地雷达发射器和接收器之间的直射波或反射波的波速被转换为相对介电常数和水分含量，如上文 TDR 所示的方法。对于任何方法来说，固定的或多重的天线分隔距离（偏移量）均可以用于收集速度数据。多个偏移量的方法包括广角反射和折射法（Wide-angle Reflection and Refraction，WARR），以及共同中心点法（Common Midpoint，CMP）。WARR 法保持接收天线在一个固定的位置，使发射器天线按照设定的位置逐渐远离接收器，测量每个偏移量处的地面波速。CMP 的发射器和接收器一开始放置得非常近，然后逐步将其分别向相反方向移动，再次测量每个偏移量处的地面波速。应用这两种多重距离法测定地面波速比固定距离法（the Fixed Offset，FO）更为简便。FO 法要求直接选取地面波的到达时间，而 WARR 法和 CMP 法可以利用地面波峰值振幅的到达时间来测量地面波速。

70.4.1　材料和设备

目前，并没有商用的探地雷达仪器专门用于测量土壤水分含量。Davis 和 Annan（2002）给出了一些适合测定土壤含水量的 GPR 设备制造商。下面描述的步骤是在假设用户已经熟悉了探地雷达设备的基本操作方法、操作要求和可能存在的健康安全问题的前提下进行的，因此，对此不再复述。

70.4.2 步骤

1．空中发射地表反射率 GPR

（1）距离地面 1m 处放置探地雷达发射器和接收器（Davis 和 Annan，2002；Huisman 等，2003）。使用 GPR 系统的频率至少是 10 MHz，这样地面的电导率不会对电器的电流造成很大的影响（Davis 和 Annan，2002）。

（2）在 GPR 天线下面放置一个比测定面积大的金属板来测定 A_m，即反射自金属板能量的最大振幅。

（3）测定土壤的 A_r，然后使用公式（70.3）计算 ε_r。最后，用式（70.2）或特定的土壤校准公式将 ε_r 转换为土壤体积含水量。

2．地表探地雷达（直接地面波，固定偏移量）

下面介绍的步骤是在 Grote 等（2003）、Galagedara 等（2003,2005）的研究内容及 Huisman 等（2003）的综述评论的基础上改编而来。

（1）使用 WARR 勘测方法来确定 GPR 系统无线电波速度的标定（时间零点，即 t_0），以便清楚地确定 GPR 输出的能量产生地波的时间，然后选择最佳的天线偏移距离进行 FO 方法测定。时间零点的定义是发射脉冲的发射时间，该时间可能因为热漂移和 GPR 系统弯曲的光纤电缆而有所不同。从 WARR 方法确定准确的 t_0 标定是至关重要的，因为所有直接地波的到达时间均与之相关：

$$t_{ab} = t_{gw} - t_0 \tag{70.4}$$

式中，t_{ab} 为地面波到达的绝对时间，t_{gw} 为测量的地面波到达时间。有关时间零点的详细信息，以及有关此方法的其他问题请参阅 Galagedara 等（2003）。针对 WARR 勘测方法，Galagedara 等（2005）建议使用 7 个偏移量（从 0.5～2.0 m）。

（2）选择好最佳偏移量后（即此偏移量下，地面波与反射波清晰地分离），将 GPR 天线按选定的偏移量（Galagedara 等在 2005 年推荐 1.5～2 m）固定后进行 FO 勘测。测定所需的时间可以很短（几秒钟），这取决于天线移动的速度和测定所需的分辨率。将 GPR 与 GPS 系统相结合，对于促进土壤水分含量空间变异性分析具有重要意义。

（3）通过截取地面波前沿（例如，5%的临界值）的到达时间来测量直接地面波的传播时间。

（4）使用固定天线的偏移距离将测得的传播时间转换波动速度。然后利用式（70.1），通过速度确定相对介电常数。最后使用式（70.2）或特定的土壤校准公式来确定土壤水分含量。

3．地表探地雷达（直接地面波，多个偏移量）

WARR 或 CMP 方法均可以用于收集直接地面波的速度数据。Huisman 等（2001）发现，用 WARR 法测定的土壤含水量比 FO 法更准确。WARR 法和 CMP 方法不依赖 t_0 的精确测量或地面波前沿的准确选取。它们只取决于峰值到达时间与天线偏移量之间关系的斜率。

（1）如上所述，进行 WARR 或 CMP 测量。

（2）选取每一个天线偏移量下地面波峰值振幅的传播时间。

（3）用峰值到达时间与天线偏移距离数据之间关系的斜率来确定地面波速度。

（4）重复上述地表探地雷达（直接地面波，固定偏移量法）中的步骤（4）。

4．地表探地雷达（反射地面波，单个和多个偏移量）

单个偏移量的方法需要知道地下反射面的深度，而多个偏移量的方法只需要知道土壤剖面反射层次的存在即可，例如，地下水位、岩性边界和埋藏物体（Davis 和 Annan，2002）。因为多个偏移量法产生了多个地面波路径,所以该方法可以估算地表和反射面之间的平均土壤含水量,以及反射面的深度。Greaves 等(1996)给出了这种方法的一个例子,下述为操作步骤。

(1)进行单个或多个偏移量的 GPR 勘测。

(2)利用已知反射面的深度(单个偏移量法)或者测定的反射面的深度(多个偏移量法)将测定的地面波传播时间转换为地面波速度。

(3)利用式(70.1)计算土壤相对介电常数,然后利用式(70.2)或特定的土壤校准公式来确定土壤水分含量。

70.4.3 注释

上述介绍的 GPR 法看似简单,然而由于其数据处理的非常规化,GPR 法很难实现自动化(Davis 和 Annan,2002)。GPR 法存在的主要问题或局限性有以下几个方面。

(1)建议使用 GPR 方法的用户联系当地监管机构,了解电磁能发射装置在当地的限制。

(2)地表 GPR 方法最适合应用的土壤类型是在信号损失小的土壤中(即低电导率的土壤)。例如,当土壤 EC<20 mS·m^{-1} 时(Davis 和 Annan,2002),直接地面波法效果最佳。

(3)直接地面波的穿透深度是一个多变量的函数,这些变量包括 GPR 频率、天线偏移距离、土壤电导率、含水量和土壤非均质性。

(4)表面粗糙度和土壤水的非均质性对反射系数的影响,以及空中发射方法穿透深度的影响目前还知之甚少(Huisman 等,2003)。

(5)依赖于地下反射界面的方法可能会受到反射界面材质和传导损耗的限制。

(6)根据调查目的的不同,与 TDR 方法相比,GPR 方法可以测定更大体积的土壤,这既可能是优点也可能是缺点。

尽管存在上述的问题,但是作为快速测定农田尺度土壤含水量变异的手段,GPR 方法仍然具有很好的发展前景。虽然 GPR 方法仍然处于研究和发展阶段,但是如果像过去 25 年间 TDR 的发展一样,GPR 技术也不断地进步,也许某一天会成为测量田间尺度土壤水分含量的标准方法。

主动微波遥感雷达(SAR)与空中发射 GPR 是基于同样的原理,但其频率为 1.4 GHz 和 6 GHz。虽然相对介电常数(含水量)是影响雷达反向散射的主要因素,但是土壤和地面因素对雷达反向散射也有重大影响,尤其是土壤表面的几何形状(例如,与耕作相关的随机粗糙度、土壤团聚体、耕作行方向、微地形)和植被特征(例如,叶子大小与几何形状、茎和果实、植被水分含量)。其他土壤性质,例如,土壤质地和容重对其的影响较小。雷达反向散射和土壤水分含量之间的关系通常基于回归分析,这是因为地表和植物因素不能被充分特征化。由于雷达波的穿透深度较浅(C 波段雷达测定超过 0.2 m^3·m^{-3} 的土壤时,其测定深度小于 20 mm),回归分析所需的可靠土壤数据(如地表实况)的获得更具有复杂性。超过 20 mm 深度要获得精确的样品体积是困难的,这也就意味着专门设计的 TDR 探针对此的显著优势(Lapen 等,2004)。雷达探测面积(100~1 000 m^2)与实地采样面积(≤0.002 5 m^2)差异很大,这对于数据的精确校准提出了巨大挑战。尽管存在种种困难,但是研究者会针对提高 SAR 数据对于土壤含水量的空间估计能力方面做出努力。

70.5 电容电阻法

电阻和电容装置都是 EM 仪器,工作频率在 TDR 和 GPR 之间的范围内。该方法的土壤探针是电路的一部分。探针内外的土壤由于离探针较近,所以也成为电路的一部分。正如上述讨论过的,土壤电阻或电容值受到水分的影响,所以这种方法测定含水量是可行的。土壤测定中重要的参数,电阻 Z 的方程具有下列形式：

$$Z = \frac{g_1}{\sqrt{\varepsilon_{ra}}} = f(\theta_v) \tag{70.5}$$

其中，g_1 为与探针相关的几何形状系数。原则上，g_1 可以通过计算得出。然而，对于大多数探针的几何形状来说，计算十分烦琐，为此，实际当中采用简便的方法。例如，使用相对介电常数已知的液体（如水），g_1 可以直接测得（Gaskin 和 Miller，1996）。在特定杆式探针的 g_1 确定后，可以将式（70.2）作为校准公式。

电容装置是用来测定土壤中或土壤附近表观电容的装置。（Dean 等，1987；Robinson 等，1998；Gardner 等，2001；Kelleners 等，2004）。电容探针（与附近土壤）充当了电感电容共振电路的一部分，其特定的共振频率取决于探针附近土壤的含水量。探针的电容 C 的表达式（Starr 和 Paltineanu，2002）为：

$$C = g_2 \varepsilon_{ra} \tag{70.6}$$

式中，g_2 是根据探针电极形状的几何常数。通过选择合理的感应系数 L，可以使土壤探针共振频率的范围为 100~150 MHz，此时盐分和其他导电因素可以最小化。振荡频率 F 是电容的平方根倒数的函数和含水量的函数：

$$F = (2\pi\sqrt{LC})^{-1} = f(\theta_v) \tag{70.7}$$

原则上，将式（70.6）代入式（70.7）就是基于相对介电常数的电容探针校准方程（Robinson 等，1998）

$$F = \frac{1}{2\pi\sqrt{Lg_2}\sqrt{\varepsilon_{ra}}} = \frac{g_3}{\sqrt{\varepsilon_{ra}}} \tag{70.8}$$

式中，g_3 是结合几何形状和电路电感因素的常数。式（70.8）是关于 F 和 $1/\sqrt{\varepsilon_{ra}}$ 之间的线性关系，这是一种便捷的校准关系，并且与式（70.5）的代数形式相似。然而，实际上，这种校准方法并非普遍适用，特别是对于导电的土壤，这就导致对土壤的直接校准是很常见的（Kelleners 等，2004）。

因此，支撑电阻和电容装置的理论原理可以推导出直接的校准公式，而且当前最先进的电路制造让这些设备容易使用。由于两种方法在操作过程中的相似性，也为了方便展示，所以这些设备将在下文中进行介绍。Starr 和 Paltineanu（2002）给出了电容探针使用和校准的特定步骤，很少提及电阻设备。

70.5.1 材料和设备

电容和电阻测量系统包括以下几个部分：包含土壤在内的探针、相关的电子设备、数据记录器和相关的软件。另外还有一些校准和安装需要的用品及设备，如土钻。由于探针和电子线路之间的物理排列可以改变几何因素 g_1 和 g_2，所以大多数商购设备将电子装置的主要部分（所有无线电频率部分）与探针固定从而保证装置的几何整体性。表 70.2 列出了一些更常用的仪器。

表70.2 电容和电阻设备及探针与操作信息举例

供应商及国家	型号	频率	C/I[a]	用法[b]	探针类型[c]	记录数据	EC 校准	温度校准
Sentek 公司，澳大利亚	EnviroSCAN	150	C	S	CR	是	无	无
Delta-T Devices，英国	Theta Probe	100	I	P, B	PR	是	无	无

（续表）

供应商及国家	型号	频率	C/I[a]	用法[b]	探针类型[c]	记录数据	EC校准	温度校准
Troxler公司，美国	Sentry 200 AP	50	C	P	CR	是	无	无
Decagon Device公司，美国	ECH$_2$O	—	C?	B	—	是	无	无
Stevens水监测系统，美国	Hydra Probe	50	C	P, B	PR	是	无	无
SDEC France品牌，法国	HMS 9000	38	C	P, B	PR	是	有	有
Geneq公司，加拿大	AQUA-TEL-TDR	—	C?	S	—	是	无	无
Aquapro传感器，美国	AP Moisture Probe	—	C	B	CR	是	无	无

a. C或I：电容或电阻。
b. B：埋藏式；P：便携式探针；S：半永久性装置。
c. CR：圆环在PVC管内；PR：并行探针。

电容仪器具有不同的电极排列方式，电阻设备则有更加严格的限制条件，直到成对或多个平行探针的出现才解决了这个限制。电容探针一般分为两类：一类是两个或多个平行棒，安插或埋藏在土壤中；另一类是一对或多对被绝缘塑料环隔开的圆柱形金属环，这些金属环安装在圆柱形支架上，然后支架安插到提前安装好的PVC管中。杆式电容探针的影响区域或者说传感器采样体积类似于使用同类型探针的TDR探针。也就是说，它的探测区域完全是顺着棒条体的长度，并且大体包含在电极棒之间。这些探针最适合埋藏在表层土壤或表层土壤附近，这样对土壤的扰动最小。金属环状电容探头能很好地适用于土壤剖面中的不连续层次土壤的测量。金属环探头电磁场的影响范围包括塑料分离环、PVC通路管及电容器散射场中周围的土壤。因此，测定范围被限制在PVC通路管邻近的区域。

每个设备供应商为每种特定仪器提供了测定需要的材料清单，这些需要在测定步骤的设置中加以考虑。

70.5.2 步骤

表70.2中列出的仪器中包括操作和使用说明，这些仪器操作的优化方法见下述。在此，将给出一般程序的注意事项。如果需要更详细的信息，那么可以参考Starr和Paltineanu（2002）。

最佳步骤分为三步：传感器的标准化、校准和测量。标准化过程是使传感器读数最小化，使一个校准方程可以涵盖所有的传感器，并且在不影响数据测定连续性的情况下，在同一田间位置更换传感器或探针。Robinson等（1998）基于使用已知介电常数的两种参考流体，如空气和水，描述了传感器标准化的过程。不同仪器对相对介电常数的不同反应可以互相比较。受土质和电导率对电磁的影响，用电容探针准确测量土壤水分含量需要为特定类型的土壤进行校准。

70.5.3 校准

理论上，利用土壤校准是不必要的，实际上标准化过程就是一种校准。Robinson等（1998）表明，只有当不能通过计算获得电导率，或者当土壤电导率 $>0.03\ S\cdot m^{-1}$ 时，才有必要基于土壤的校准。基于土壤的校准过程如下。

校准过程将随电容传感器的电极配置的变化而变化。实验室和野外校准过程相似，在这里仅给出了实验室的校准过程。虽然烘干法是常规的标准方法，但是TDR法的校准更简便。TDR法测量的体积含水量将作为电容和电阻法测定的基准。使用烘干法时，还需要额外测量土壤容重，从而将质量含水量转换为体积含水量。

（1）选择一个大小和形状可以容纳传感器主要影响区域的容器。容器最小体积的估算方法在Starr和Paltineanu（2002）中有所描述。对于环型传感器，容器直径约为25 cm。此外，顶端传感器的上方和底部传感器的下方应该有5 cm厚的均质土壤，以便保证有足够的样品尺寸。

（2）土壤过5 mm筛子。

（3）土壤自然风干后，将其充分混合。

（4）按照所选土壤容重称取可填装2 cm厚的土壤。

（5）按照所需容重装填土壤（即装填所需的深度）。

（6）重复步骤（4）和（5），直到填满容器。

（7）将探针小心地安插在土壤中，确保探针和土壤之间没有空气间隙，还要保证土壤容重不因为探针的安装而改变。

（8）记录电容探针在容器中的读数。

（9）如果TDR法是参考方法，那么记录容器中相匹配的TDR数据。如果重量法是参考方法，那么还需要以下操作步骤。

① 记录容器加土壤的重量，用于测量土壤容重。

② 至少取三次土壤样品，用以获得湿土重和干土重。

③ 如果土壤填充精确，就不需要二次测量土壤容重。如果需要保证容重的均一性，就要用环刀采集探针附近的土壤样品至少3次。

（10）准备下一个校准点的土壤。这一步包括选择水分的增加量，以便于获得4~5个离散的土壤含水量；加水，然后将水和土壤混合均匀。具体方法如下：将土壤均匀地平铺在塑料薄膜或大托盘上（以厚度不超过4 cm为宜），分数次在土壤表面喷洒特定的水量，每次喷完用平铲将土壤翻起搅拌混匀，或者抬起塑料薄膜的一角让土壤滚向对角线使土壤和水混合均匀。

（11）在每个校准点重复步骤（4）~（10）。

（12）记录数据用于计算校准方程。

70.5.4　测量

探头的安装会影响测量的准确度和精度，安装时要确保插进土壤中的电极或管子与土壤结合紧密（即电极或管子与土壤之间没有空隙），并且尽量减小对土壤的扰动（即靠近测定区域的土壤容重或结构的变化）。针式探头在推进土壤表层或土壤剖面时要非常小心，确保没有空隙，也没有压实的土壤。

（1）按照操作手册将探针与电阻设备连接来测量其电阻。

（2）按照操作手册将探针与电容设备连接来测量共振频率。

（3）将检测涉及的数据存储器的数据记录功能初始化，以便收集测得的数据。

（4）将存储的数据进行计算和分析。

70.5.5　计算

计算的第一步是将测量的电阻值和电容值（频率）转换为相对介电常数或含水量，这取决于采用的校准方法。由于大多数仪器测得的电容和电阻是以电压的形式输出显示的，所以下述计算方法也将采用这种假设。

1. 标准化

在这里，将电阻测量输出的电压结果表示为 V_Z，电容测量输出的电压结果表示为 V_F。

（1）对气压和水条件（或标准化中应用的其他液体）下的 $1/V_Z$（$1/V_F$）与 $\sqrt{\varepsilon_{ra}}$ 进行线性回归。

（2）如果上述回归方程的截距不为零，就除去截距，对方程进行标准化，标准化后的方程形式与式（70.5）和式（70.8）类似。这种标准化将气压作为最低读数。

（3）可以将上述简单的回归方程代入式（70.2）或者等价的 $\sqrt{\varepsilon_{ra}}$——含水量关系公式，这样就得到了最终的校准公式。

对于需要基于土壤进行校准的，还需要另一个步骤。

2. 基于土壤的校准

（1）对 $1/V_Z$（或 $1/V_F$）与 θ_v 之间的关系进行回归分析。当土壤电导率较低时，这种回归关系可能是线性的。随着电导率的增加，回归关系可能为曲线。

（2）由此产生的校准关系方程可以将所有测量值转换成为体积含水量。

70.5.6 注释

杆式传感器的影响区域与 TDR 探针相似，而圆柱环状传感器在土壤中的影响区域有限，影响区域具有轴向（沿传感器垂直方向）和径向（垂直于传感器）两种。测定电容所用的电场对环状探头的测量区域影响很大，并在环状探头的轴向和径向上迅速衰减。对于量化电场强度和电容径向权重还有待研究。供应商声称径向范围高达 10 cm，轴向范围在 ±5 cm，但这些都很少经过定量验证。电场是在通路管和邻近的土壤中急剧衰减，因此，安装紧密并尽量降低通路管周围土体的扰动是十分必要的。电导率是电容测量中主要的影响因素（Robinson 等，1998；Kelleners 等，2004）。虽然 Robinson 等（1998）和 Kelleners 等（2004）研究显示可以对受影响的电容做出修正，但是这需要其他的电路和探针信息，并需要估算原位土壤电导率。由于电导率随含水量的改变而改变，所以含水量高时未知电导率导致的误差会更大。当电导率低于 $0.03\ S \cdot m^{-1}$ 时，这种情况可能不会出现。

参 考 文 献

Annan, A.P. 1977.Time domain reflectometry-air gap problem for parallel wire transmission lines. Report of Activities, Part B. Geological Survey of Canada. Paper 77-1B: 59-62.

Dalton, F.N. 1992. Development of time-domain reflectometry for measuring soil water content and bulk soil electrical conductivity. In: G.C. Topp et al., eds. *Advances in Measurement of Soil Physical Properties: Bringing Theory into Practice*. Soil Science Society of America, Madison, WI, 143-167.

Davis, J.L. and Annan, A.P. 2002. Ground penetrating radar to measure soil water content. In: J.H. Dane and G.C. Topp eds. *Methods of Soil Analysis, Part 4-Physical Methods*, Soil Science Society of America, Madison, WI, 446-463.

Davis, J.L. and Chudobiak, W.J. 1975. *In situ* meter for measuring relative permittivity of soils. *Geol. Surv. Can. Pap.* 75-1A: 75-79.

Dean, T.J., Bell, J.P., and Bary, A.J.B. 1987. Soil moisture measurement by an improved capaci- tance technique. Part 1. Sensor design and performance. *J. Hydrol.* 93: 67-78.

Ferré, P.A., Rudolph, D.L., and Kachanoski, R.G. 1996. Spatial averaging of water content by time domain reflectometry: Implications for twin rod probes with and without dielectric coatings. *Water Resour. Res.* 32: 271-279.

Ferré, P.A., Rudolph, D.L., and Kachanoski, R.G. 1998. The water content response of a profiling time domain reflectometry probe. *Soil Sci. Soc. Am. J.* 62: 865-873.

Ferré, P.A.(Ty) and Topp, G.C. 2002. Time domain reflectometry. In: J.H. Dane and G.C. Topp eds. *Methods of Soil Analysis, Part 4-Physical Methods*, Soil Science Society of America, Madison, WI, 434-446.

Galagedara, L.W., Parkin, G.W., and Redman, J.D. 2003.An analysis of the GPR direct ground wave method for soil water content measurement. *Hydrol. Process.* 17: 3615-3628.

Galagedara, L.W., Parkin, G.W., Redman, J.D., von Bertoldi, P., and Endres, A.L. 2005. Field studies of the GPR ground wave method for estimating soil water content during irrigation and drainage. *J. Hydrol.* 301: 182-197.

Gardner, C.M.K., Robinson, D., Blyth, K., and Cooper, D. 2001. Soil water content. In: K.A. Smith and C.E. Mullins eds. *Soil and Environmental Analysis: Physical Methods*, 2nd ed., Marcel Dekker, New York, NY, 1-64.

Gardner, W.H. 1986. Water content. In: A. Klute ed. *Methods of Soil Analysis, Part 1-Physical and Mineralogical Methods*, 2nd ed. American Society of Agronomy, Soil Science Society of America, Madison, WI, 493-544.

Gaskin, G.J. and Miller, J.D. 1996. Measurement of soil water content using a simplified impe- dance measuring technique. *J. Agric. Eng. Res.* 63: 153-160.

Greaves, R.J., Lesmes, D.P., Lee, J.M., and Toksoz, M.N. 1996. Velocity variations and water content estimated from multioffset, ground- penetrating radar. *Geophysics* 61: 683-695.

Grote, K., Hubbard, S., and Rubin, Y. 2003. Field-scale estimation of volumetric water content using ground-penetrating radar ground wave techniques. *Water Resour. Res.* 39(11): 1321-1335.

Heimovaara, T.J., Huisman, J.A., Vrugt, J.A., and Bouten, W. 2004. Obtaining the spatial distribution of water content along a TDR probe using the SCEM-UA Bayesian inverse modeling scheme. *Vadose Zone J.* 3: 1128-1145.

Hook, W.R. and Livingston, N.J. 1995. Propa- gation velocity errors in time domain reflectometry measurements. *Soil Sci. Soc. Am. J.* 59: 92-96.

Hook, W.R., Livingston, N.J., Sun, Z.J., and Hook, P.B. 1992. Remote diode shorting improves measurement of soil water by time domain reflectometry. *Soil Sci. Soc. Am. J.* 56: 1384-1391.

Huisman, J.A., Hubbard, S.S., Redmond, J.D., and Annan, A.P. 2003. Measuring soil water con- tent with ground penetrating radar: A review. *Vadose Zone J.* 2: 476-491.

Huisman, J.A., Sperl, C., Bouten, W., and Verstraten, J.M. 2001. Soil water content measurements at different scales: Accuracy of time domain reflectometry and ground penetrating radar. *J. Hydrol.* 245: 48-58.

Kelleners, T.J., Soppe, R.W.O., Ayars, J.E., and Skaggs, T.H. 2004a. Calibration of capacitance probe sensors in a saline silty clay soil. *Soil Sci. Soc. Am. J.* 68: 770-778.

Kelleners, T.J., Soppe, R.W.O., Robinson, D.A., Schaap, M.G., Ayars, J.E., and Skaggs, T.H. 2004b. Calibration of capacitance probe sensors using electric circuit theory. *Soil Sci. Soc. Am. J.* 68: 430-439.

Knight, J.H. 1992. The sensitivity of time domain reflectometry measurements to lateral variations in soil water content. *Water Resour. Res.* 28: 2345-2352.

Knight, J.H., Ferré, P.A., Rudolph, D.L., and Kachanoski, R.G. 1997. A numerical analysis of the effects of coatings and gaps upon relative dielectric permittivity measurement with time domain reflectometry. *Water Resour. Res.* 33: 1455-1460.

Knight, J.H., White, I., and Zegelin, S.J. 1994. Sampling volume of TDR probes used for water content monitoring. In: K.M. O'Connor et al., eds. *Time Domain Reflectometry in Environmental Infrastructure and Mining Applications.* U.S. Bureau of Mines, Minneapolis and Northwestern University, Evanston, Spec. Publ. SP 19-94: 93-104.

Lapen, D.R., Topp, G.C., Bugden, J.L., and Pattey, E. 2004. A new TDR probe for evaluating airborne SAR data for soil water content estimates. In: Baoji Wang, Quanzhong Huang, Qing Li, Jianhan Lin, Yu Chen, Feng Mei, Qing Wei, and Jieqiang Zhuo eds. Proceedings of the 2004 CIGR International Conference (Agricultural Engineering), Bejing, China. Oct. 11-14. (Published on CD-ROM).

McNairn, H., Pultz, T.J., and Boisvert, J.B. 2002. Active microwave remote sensing methods. In: J.H. Dane and G.C. Topp eds. *Methods of Soil Analysis, Part 4-Physical Methods*. Soil Science Society of America, Madison, WI, 475-488.

Neal, A. 2004. Ground-penetrating radar and its use in sedimentology: Principles, problems, and progress. *Earth Sci. Rev.* 66(3-4): 261.

Or, D., Jones, S.B., VanShaar, J.R., and Wraith, J.M. 2003. WinTDR 6.0 Users Guide (Windows-based TDR program for soil water content and electrical conductivity measurement). Available at: http://129.123.13.101/soilphysics/wintdr/documentation.htm （posted Fall 2003; verified 6 June 2004）. Utah Agric. Exp. Stn. Res., Logan, UT.

Parkin, G., Redman, D., von Berotldi, P., and Zhang, Z. 2000. Measurement of soil water content below a waste water trench using ground penetrat- ing radar. *Water Resour. Res.* 36: 2147-2154.

Redman, J.D., Davis, J.L., Galagedara, L.W., and Parkin, G.W. 2002. Field studies of GPR air launched surface reflectivity measurements of soil water contents. Proceedings of Ninth Conference on Ground Penetrating Radar. SPIE 4758: 156-161.

Robinson, D.A., Gardner, C.M.K., Evans, J., Cooper, J.D., Hodnett, M.G., and Bell, J.P. 1998. The dielectric calibration of capacitance probes for soil hydrology using an oscillation frequency response mode. *Hydrol. Earth Sys. Sci.* 2: 83-92.

Robinson, D.A., Jones, S.B., Wraith, J.M., Or, D., and Friedman, S.P. 2003a. A review of advances in dielectric and electrical conductivity measurements in soils using time domain reflectometry. *Vadose Zone J.* 2: 444-475.

Robinson, D.A., Schaap, M., Jones, S.B., Friedman, S.P., and Gardner, C.M.K. 2003b. Considerations for improving the accuracy of permittivity measurement using TDR: Air/water calibration, effects of cable length. *Soil Sci. Soc. Am. J.* 67: 62-70.

Rucker D.F. and Ferré, Ty.P.A. 2003. Nearsurface water content estimation with borehole ground penetrating radar using critically refracted waves. *Vadose Zone J.* 2: 247-252.

Schwartz, R.C. and Evett, S.R. 2003.Conjunctive use of tension infiltrometry and time-domain reflectometry for inverse estimation of soil hydraulic parameters. *Vadose Zone J.* 2: 530-538.

Starr, J.L. and Paltineanu, I.C. 2002.Capacitance devices. In: J.H. Dane and G.C. Topp eds. *Methods of Soil Analysis, Part 4-Physical Methods*, Soil Science Society of America, Madison, WI, 463-474.

Todoroff, P. and Luk, J. 2001. Calculation of *in situ* soil water content profiles from TDR signal traces. *Measure. Sci. Technol.* 12: 27-36.

Topp, G.C. 1987. The application of time-domain reflectometry (TDR) to soil water content meas- urement. In Proceedings of International Conference on Measurement of Soil and Plant Water Status. Logan, Utah, 1: 85-93.

Topp, G.C. and Davis, J.L. 1985. Measurement of soil water content using TDR: A field evaluation. *Soil Sci. Soc. Am. J.* 49: 19-24.

Topp, G.C., Davis, J.L., and Annan, A.P. 1980. Electromagnetic determination of soil-water content: Measurement in coaxial transmission lines. *Water Resour. Res.* 16: 574-582.

Topp, G.C. and Ferré, Ty.P.A. 2002. Water content. In: J.H. Dane and G.C. Topp eds. *Methods of Soil Analysis, Part 4-Physical Methods*, Soil Science Society of America, Madison, WI, 417-545.

Topp, G.C. and Ferré, Ty.P.A. 2004. Timedomain reflectometry. In: D. Hillel et al., eds. *Encyclopedia of Soils in the Environment, Vol. 4*, Elsevier, Oxford, UK, 174-181.

Topp, G.C. and Reynolds, W.D. 1998. Time domain reflectometry: A seminal technique for measuring mass and energy in soil. *Soil Till. Res.* 47: 125-132.

Topp, G.C., Zegelin, S.J., and White, I. 2000. Impacts of the real and imaginary components of relative permittivity on TDR measurements in soils. *Soil Sci. Soc. Am. J.* 64: 1244-1252.

（谭丽丽　译，李保国　校）

第71章 土 水 势

N.J. Livingston

University of Victoria

Victoria, British Columbia, Canada

G. Clarke Topp

Agriculture and Agri-Food Canada

Ottawa, Ontario, Canada

71.1 引　言

土水势一般是指土壤孔隙水在某个标准参照条件下所具有的"能量状态"。关于土水势的常用定义及度量单位详见69.3节。土水势主要用于判断不同势能土壤间水的流动方向和流动速度（即水流取决于势梯度或水头梯度）。从土壤饱和时的正势能到干燥时的负势能，土壤孔隙水势能变化多达几个数量级。能够直接或间接测定土壤水势的仪器设备与方法有很多，但很难找出一个能够测定土壤或其他多孔介质整个土水势范围的通用方法。土壤水势的直接测定内容包括水压测定和相对于基准面的水面高程测定（如压力传感器、水位等）。间接测定则是一些与水势相关属性的测定（如电阻、电导率、水气压、含水量、植物木质部势能等）。例如，利用压力管测定水面的高程从而确定孔隙水的正势能属于直接测定，而通过测定土壤电阻或相对湿度来估计负土水势的方法则属于间接测定。

本章主要介绍一些较为成熟且常用的直接或间接测定土水势的方法，包括压力计法（用于饱和土壤水势的测定）和张力计法、电阻块法及热电偶干湿计法（用于非饱和土壤水势的测定）。本章重点在于阐述这些方法的基本使用原则和实际应用。关于测定土水势的一些方法可详见Richards（1965）、Brown 和 van Haveren（1972）、Hanks 和 Brown（1987）、Young（2002）、Young 和 Sisson（2002）、Andraski 和 Scanlon（2002）、Scanlon 等（2002）及 Strangeways（2003）。关于土水势和水流更详尽的概述可见 Kramer 和 Boyer（1995）。

71.2 压 力 计 法

压力计通常是指应用小口径的（0.01～0.10 m）非抽水的井，来测定饱和水流水势（水头）和方向（Young，2002），同时也可以用于水质采样井或原位饱和导水率测量技术。我们这里主要说明用于土水势测定的方法。

压力计通常上是由一根延伸至地面以上的连接管或升流管和与之底部相连接的地下进入口组成（见图71.1）（参见图69.1压力计的操作原理）。地下进入口由预设井管滤网，连接管的开槽部分，或者只是连接管的开口端组成。通过进入口，土壤水能够自由进出连接管，进而测得管内水位、压力计表面高程、地下水位及气压的变化。压力计的顶部通常配备气孔盖维持管道的大气压，同时防止外来水分及物质进入。

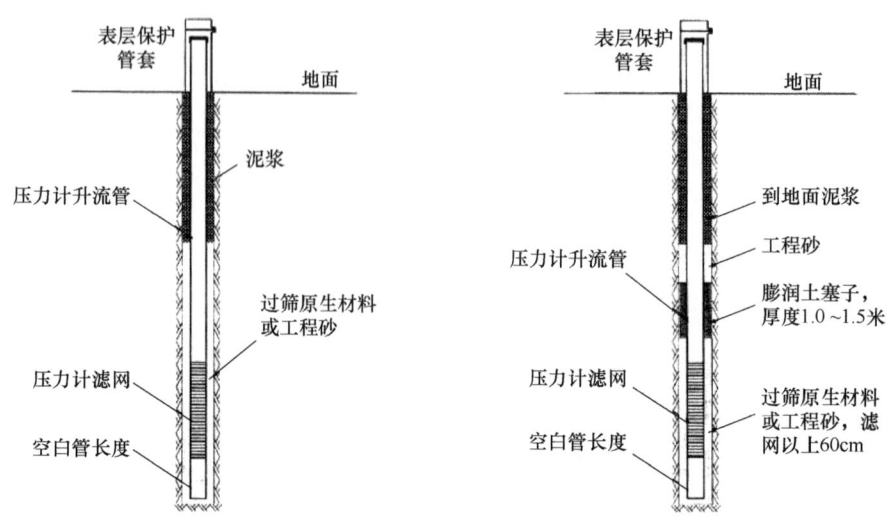

图 71.1（a） 非水文孤立压力计　　图 71.1（b） 水文孤立压力计，通过安装不渗透膨润土塞隔离

压力计可以测定饱和多孔介质中的总水势（ψ_t）和压力势（ψ_p）。如果使用单位重量的能量为单位，那么 ψ_t 相当于压力计连接管中的水深。饱和土壤中没有基质势存在，压力计无法测定（见69.3节），重力势（ψ_g）测量是通过计算压力计进气口正中央的点和任意起始点之间的高程差，如平均海平面。

需要注意的是"水位井"被视为一个特殊的压力计，进气口（如开槽部分）从压力计的基准面延伸至多孔介质表面附近。水位井通常被用于测定非承压含水层的水位高程。

71.2.1 材料和设备

1. 管道材料

压力计连接管主要是由铁、铝、不锈钢、丙烯腈丁二烯苯乙烯（ABS）塑料或其他材料制成。因为价格便宜且容易操作，所以 ABS 塑料最为常用。若要测定孔隙水化学性质或电导率，则应该确保所选管道材料通过浸出、吸附或电子干扰等过程后不会影响结果。若要测量 ψ_p（通常称为"测压管水头"或"压力头"）及收集水样，则所选管道的直径必须大于设备直径。

2. 压力计进入口

压力计的进入口通常是由预设井管滤网或沿管所需位置（通常是在管道的底部）切割一系列锯槽后包裹滤布（如拼接袜套）组成。在稳定、高渗透性的土壤中（通常是粗质地砂土），简单的金属丝网或用滤布包裹管道开口端也可能有足够的进入水量。

3. 钻井性能

不同类型钻井的选择在很大的程度上取决于安装深度、钻孔直径和土壤条件（如质地、密度、石性等）。其中钻机主要用于石质土壤、深水井或大口径钻孔，冲击锤（如凿石机）可以将压力计管道安装到位（最好在中粗砂饱和土壤中作业），各种电动或手动钻孔机则用于特定的土壤类型和条件。

4. 测量性能

在测量土壤总水势时，压力计的进入口高程（相对于平均海平面或一些任意选定的基准）及附近地表的选择必须考虑地面形貌变化和压力计的安装深度。压力计的水位（即压力势或压力头）通常指从地表开始的水深，然后利用已知的压力计进入口深度转化成为高程。

5. 测量和监控

水位可以使用手动或自动设备进行监控。利用压力计进行手动水位收集通常使用电子水位指示器、电磁带或简单装有"浮筒"的测量磁带。浮筒通常为一个小立方体或圆柱体的闭孔泡沫（如聚苯乙烯泡沫塑料），纵向分割，在测量磁带尾部用螺纹拧合或巩固，所以在水位为零处可以漂浮。自动传感器通常是电子的且含有一个数据记录器。各种自动传感器都可以购买，大多数是基于压敏电阻，应变仪或金属膜片振动的压敏设备。无压感应设备则基于声波传感设备、雷达或者时域反射仪（TDR）技术。Young（2002）对自动水位传感器设置和使用进行了详细地描述。手动水位装置的主要优点是简单、便宜、坚固且便于携带，这样许多压力计可以使用单一设备进行测量。自动水位设备的主要优势是可以大大提高时间分辨率和采集数据的格式，可以直接下载到电脑的电子表格中。

6. 水提取设备

手动水斗、手动泵或电动泵。

7. 密封材料

膨润土颗粒、灌浆或水泥防止水流"小循环"（见压力计安装，p969）。

8. 回填材料

可以使用安装站点的过筛土，砂土也因其回填倾泻时的"流动性"常被使用。

9. 选择的手工工具和耗材

在压力计的制作和安装过程中常使用的工具和耗材有管扳手、锯、绳子、铲子、胶水和接头等。

71.2.2 步骤

1. 压力计的选择和安装

如上所述，压力计的材料各有不同，且进入口设计式样较多。进入口设计通常是根据土壤条件，保证水流畅通，例如，高渗透系数土壤比低渗透系数土壤需要的进入口面积更小。因此，砂土经常使用只在底部开口的压力计。压力计的进入口周围（不像供水井）通常不放置大型人工砾石，因为这样会降低水势读数的准确性，尤其是有水力梯度存在的情况。

2. 钻孔施工

钻孔施工要选用适当的方法（如钻机、手/电动钻、冲击锤等）。Young（2002）总结了压力计安装的常用方法，农业环境应用中典型的需求是浅水井，这些为特定土壤类型和条件所设计的小型移动钻机、冲击锤，以及各种手动钻机/电动钻机在此情况下很适用。在松散粗粒土中安装浅压力计有时可能无须挖井，即将一个锥形尖安装在压力计管底部（进入口之下），然后将管子简单地推（使用钻机）或压至（使用压力锤）所需的深度。

3. 压力计安装

压力计安装有两种方式，包括单一安装和嵌套安装。单一安装是在钻孔下安装一个压力计，嵌套安装则在钻孔的不同深度分别安装压力计。单一安装可能在水文上是"孤立的"，即在进入口上方用膨润土或灌浆密封，也许"不孤立"，即没有密封。嵌套的安装都需要水文隔离，每个压力计的进入口上方和下方有膨润土、灌浆或水泥密封（见图 71.1）。水文隔离的目的是防止水流循环（即嵌套进入口之间的水流，沿着连接管壁和通过回填材料的水流，从表面泄漏的水流），这些都会使测量失效。

（1）将压力计的进入口（如井滤网管开口部分）和连接管第一部分的底部相连。将进入口和连接管放入钻孔，根据需要添加额外的连接管以便达到钻孔底部。

（2）使用铲子、漏斗或漏斗管将回填材料填入钻孔，回填材料要高于连接管 0.3~0.6 m（ASTM 1995）。将直径较小的漏斗管管道降至钻孔底部，然后将干燥粒状回填材料倒入其中以便保证更均匀和准确的回填。如果压力计是非孤立的，就回填至表面。回填过程应该尽可能压实以便防止沉降，同时表面用土覆盖以便防止地表水在连接管周围聚集。

（3）对于孤立的压力计，在高于压力计进入口处用膨润土、灌浆或水泥（水泥成分见 ASTM 1995）对连接管周围进行环状密封（1~1.5 m 的厚度），以便防止水流循环。密封之间要夯实回填，密封后，继续回填至非孤立压力计表面。

（4）压力计通常配备通气孔维持管道的大气压，防止雨水和外来物质的进入。

71.2.3 压力计的响应时间及改进

压力计响应所需的时间为压力计连接管中水位在水位变化后（由于排水或测试）、压力计表面周围环境的改变后或水位高程变化后（由于降水、排水或地下水开采）的重新平衡时间。压力计的响应时间反映的是多孔介质的渗透率，而不是进入口或者井壁的渗透率。安装过程常常引起进入口被细颗粒局部堵塞，也会蹭脏和压实井壁。为了确保压力计响应时间能够反映多孔介质的渗透率，新安装的压力计通常需要"清醒"，其中包括冲刷和快速抽走压力计水分。泵或水斗可以用来提取水，冲刷可以在水分移走或者移入水斗之前完成。冲刷在清洗蹭脏或压实的钻孔表面时，以及在除去进入口上的细颗粒时特别有效。冲刷和水萃取一直持续到提取的水中不含有悬浮盐和黏粒。

71.2.4 监测和数据采集

（1）建立每个压力计测量压力水头所需要的"参考高度"，并确定（通过测量或其他方式）每个参考高度的高程。通常选择压力计连接管的顶部作为参考高度。

（2）检查校准并根据手动或自动水位监测设备的手册进行操作。

（3）根究研究需求启动数据收集。

71.2.5 计算注意事项

使用压力计计算总水势（$\psi_t=\psi_p+\psi_g$）和总水势梯度$\left(\dfrac{\Delta\psi_t}{\Delta\psi_g}\right)$，通常包括量级不同的数值（$\psi_g=300$ m，$\psi_p=2$ m）之间的加减法和除法。而这可以极大地放大测量错误，因此确保 ψ_p 和 ψ_g 测量尽可能精密准确是至关重要的。

71.3 张力计法

张力计用于原位测定不饱和多孔介质的总水势 ψ_t，该总水势是负基质势 ψ_m 和重力势 ψ_g 的总和（$\psi_t=\psi_m+\psi_p$）（压力计和张力计操作的相似和差异之处参考图 69.1）。张力计广泛应用于土水势、水势梯度、土壤通气性和对植物的水分有效性的测定。它们相对便宜、简单、容易安装，尤其适合需要大量测量的研究。张力计主要用于不饱和多孔介质中，而压力计作为补充，只能用于饱和多孔介质的测定。

张力计通常由以下组件组成：充满水的塑料管，与塑料管底部相密封的一个饱和多孔杯（通常由高温陶瓷或多孔金属制成），与塑料管顶部相密封的可拆卸盖子、橡胶塞或橡胶隔片及一些测量基质势的设备（压力计、压力表、压力传感器）（见图 71.2）。在非饱和土壤安装时，饱和多孔杯可以防止空气进入张力计，并提供张力计水和土壤水分之间的水力连接。因此，当张力计水分基质势和土壤水分基质势平衡时，可以用测量设备进行记录。由于溶质可以自由穿透多孔杯，所以张力计对渗透势 ψ_π 不敏感。

当基质势降低（负值更大时），张力计中的水分会逐渐排气和蒸发。排气形成阻塞性气泡会减少或阻止张力仪反应，而进一步的蒸发会导致张力计失去水分，这可能会导致张力计基质势数据读取失败。

因此，张力计的有效测量范围是$-0.08\ \text{MPa} \leqslant \psi_m \leqslant 0$。Miller 和 Salehzadeh（1993）讨论了处理气泡的方法。

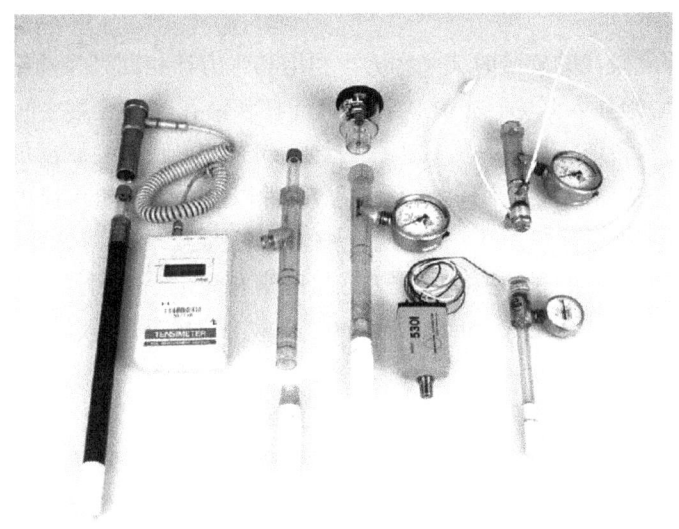

图 71.2　一些常用的张力计

从左到右：装有盖子和气体压力计读出装置的张力计；定制改进的张力计，接受压力表或压力传感器读出；含有两个可选的螺钉盖，可以手动测量读数的张力计；压力传感器，可以替代手动仪表测量；配备易弯曲细管和微型多孔杯的张力计；带中型杯的缩小比例的张力仪。注意，所有的多孔杯都是陶瓷的，这是最常用且最便宜的可用多孔材料。

71.3.1　材料和设备

1. 张力计杯、管道和盖子

完全组装的张力计可以从供应商获得，如 Soil Measurement Systems、Soil moisture Equipment Corp 及 Irrometer 有限公司。也可以针对特定的应用场景自行购买零部件进行张力计的组装。组装张力计所需材料和必要程序的详细列表可以从 Soil Measurement Systems 获得。

2. 压力指示或记录设备

上面列出的公司还提供各种压敏设备。Soil Measurement Systems 提供的张力计使用一个注射针和一个电池驱动的压力传感器来测量张力计管内水上部部分真空压力。其他两家公司使用机械压力表或电子压力传感器，这取决于应用需求。U 形管压力计含有比重较大的液体（如汞），这种压力计在过去常常使用，但现在考虑到便利性、健康和环境问题而避免使用。

3. 压力读数装置

机械式压力表必须手动读取和记录。压力传感器通常是靠电池供能，其中一些有数码读数（如张力计），而另一些需要数据记录。

4. 选择手动工具

手动真空泵、扳手、铲子和钻机等。

71.3.2　步骤

1. 张力计填充

用去气且温度均衡的水对张力计杯进行饱和，可以通过对张力计管施加稍微的真空（负压）来加快这个过程。当陶瓷饱和后（张力计管中出现水分），拧开盖子或隔膜并将去气且温度均衡的水直接倒入管内使张力计管装满至规定水平。安装压力指示装置,并确保管道和连接处是充满水分的。需要注意的是,在张力计橡胶隔膜下需要小的空气空间,而其他压力指示装置在缺乏空气时效果更好。

2. 田间安装

在无石块土壤进行深度较浅的安装时(<1 m),利用和张力计相同外径的钻机钻到所需的深度(滑动时没有间隙),然后小心地插入张力计,并确保张力计杯和钻孔底部土壤之间较好的水力连接。建立土壤和陶瓷杯之间较好的水力连接有两种方式:张力计插入之前,在钻孔底部放入一些饱和泥浆土(去除多余的石头和粗砾);完全插入张力计后,移除盖子/隔片以便允许少量水流出,从而湿润陶瓷杯周围的土壤。安装张力计后,重新注满张力计并盖上盖子(如果需要),然后等待张力计和土壤基质势平衡。需要注意的是达到初始平衡所需的时间随建立水力连接时饱和泥浆土的用量及出水量的增加而增加。对于田间安装配有压力表的张力计详见 Marthale 等(1983)。对于安装深度较深(>1 m)和土壤结构不稳定的情况,可以先装一个通路管(金属或硬塑料),然后通过通路管插入张力计,直到多孔杯从通路管中伸出并插入土壤中 0.05~0.10 m。在石质土壤中,在安装张力计时需要格外小心以便保证多孔杯不受损坏,为了建立土壤和杯子之间良好的水力连接,通常会在钻孔底部使用去石的泥浆土。地表上方的管子应该保持外露最小以便减少气泡的形成,同时还应该遮蔽起来以免损坏或受太阳能加热的影响。

3. 压力记录

在最初平衡之后,张力计压力可以连续指示土壤的基质势。数据记录传感器很容易根据取样所需频率和时间进行编程,而为了减少温度和太阳能加热的影响,人工读数最好在清晨进行。

4. 张力计的维护

溶解气体通过多孔杯扩散缓慢且其能在张力计管内部出溶,形成干扰气泡阻碍水运动,从而干扰响应时间。为了保持最佳性能,有必要对出溶的气体进行定期清除,当基质势接近张力计操作范围的最低值(即-0.08 MPa)时,出溶气体积累更快。如果基质势下降至低于-0.1 MPa,张力计迅速充满出溶气体,那么只有当张力计重新充满水后才能恢复使用。重新充水过程可以在土壤水分基质势在-0.08~0.1 MPa时进行。

71.3.3 计算注意事项

张力计读出设备通常直接给出基质势,因此不需要额外的计算。由于张力计通常用于确定势能梯度,所以它们与压力计一样,同样受到准确度和精确度的限制,而这反过来影响读出装置的选择和所需的校正频率。

71.3.4 注释

对于垂直安装的张力计,张力计测量绝对压力头 P(正值),计算如下:

$$P = A + \psi_m - h \tag{71.1}$$

式中,ψ_m 指张力计杯处负的基质势(头)(负值),h 指仪表距离张力计杯上面的垂直高度(正值),A 指周围环境的大气压力水头(正值)。因此,最小可测量 ψ_m 为

$$\psi_m = -A + h \tag{71.2}$$

相当于张力计仪表内 $P=0$(即真空),进而 ψ_m 的测量范围为

$$(-A+h) \leq \psi_m \leq 0 \tag{71.3}$$

鉴于平均大气压力 $A=10$ m,那么对于大多数应用领域,需要 $h<10$ m 以便保证 ψ_m 的可用范围,实际中 h 最大为 4 m,根据式(71.3),可以产生的基质势范围为 $-6\text{ m} \leq \psi_m \leq 0$。因此,当基质势测量深度大于 3.5m 时,最好使用短的可埋藏式传感张力计,它装有的导线可以延伸至土壤表面进而允许监控。

如果使用张力计读出系统，就可以在张力计管的上端安装一个透明的塑料管。通过透明塑料可以看到张力计顶部空间（气隙），这样可以确保张力计的针插入的是空气而不是水。

张力计可以准确、可靠地测量湿土土水势（即$-0.08\ \text{MPa} \leqslant \psi_\text{m} \leqslant 0$），如果压敏设备维护和校准得当，那么精度约为$\pm 0.0001\ \text{MPa}$。

如果需要大量的张力计，那么可以通过一个自动转换（扫描）阀和数据记录系统使用一个压力传感器读取一系列张力计的读数而减少成本。

71.4 电阻块法

电阻块法是一种相对廉价的方法，它可以连续估计相对干燥（$\psi_\text{m} \leqslant 0.05\ \text{MPa}$）土壤的基质势。它们通常是由亲水性多孔工程材料组成的，如石膏、玻璃纤维或尼龙，其内部有两个电极嵌入。将电阻块埋在所需深度的土壤中进行土壤水分的吸附解吸，直到电阻块的水与土壤水的能量状态达到平衡。通过测定穿过两个嵌入式电极的电导率（或电阻），然后应用电导率（或电阻）与基质势的关系曲线来推算土壤基质势。干电阻块导电性为零，在无盐环境下，它随电阻块的含水率的增加而增加。但需要注意的是，电阻块在含盐环境中不能工作（如盐渍土壤，含盐灌溉用水），因为在这种环境中电阻块导电性对含水量的变化不敏感。

71.4.1 材料和设备

1. 电阻块和输出设备

很多供应商可以提供各种各样不同材质的电阻块。每个供应商都提供了可兼容的电源供给设备和数据记录器或相关的读数器。有交流电压输出电源和通用的数据记录器可以用于大多数电阻块。

2. 手工工具

选择的手工工具主要是用于电阻块的安装（如铲子、钻机等）。

71.4.2 步骤

1. 校准

土壤水分基质势和电导率或电阻的对数校准曲线一般而言是滞后的，而且对于每个电阻块和土壤类型是特定的。因此，每一个电阻块需要单独校准，在田间或实验室测定时，湿润和干燥状态的校准都必须用同样的土壤。同时建议使用压力盘装置进行校准，因为它在电阻的测量范围内运行完好，且允许电导率、含水量、基质势同时测量。但是也要注意电阻块随着时间而老损（由于石膏缓慢溶解，形成小的传导裂缝），因此每隔三个月需要再次校准。

2. 安装

在安装之前，使用待测土壤的泥浆浸泡电阻块 24 h 以上。在安装过程中应该确保土壤扰动最小及电阻块和土壤之间具有良好的水力连接。需要注意的是土壤扰动（如压实）或表面植被的破坏都会导致原始土壤水分平衡发生较大的变化。

71.4.3 计算注意事项

电阻块校准曲线通常可以由数据记录器或其他输出设备获取，因此可以直接读出土壤水势（有时也有含水量）而不需要进一步的操作。由于电阻块 ψ_m 数据的精度较低（通常从$\pm 0.1 \sim \pm 0.5\ \text{MPa}$），因此无法使用其来计算水势梯度。同时它们对温度敏感（即 1 开尔文温度变化，土壤基质势变化约为 1.5%），尽管使用热敏电阻或热电偶对电阻块温度进行监测后，部分温度可以被校正。

71.4.4 注释

电阻块法一个重要且独特的优势是可以连续且自动化地测量干燥土壤的基质势和含水量。另外，它的缺点包括要求定期实验校准（这通常意味着费力而小心的拆除和安装）、平衡缓慢，精度较低（不能进行势能梯度的估算）。

71.5 热电偶干湿计法

热电偶干湿计测定水势范围为 $\psi_t \leqslant -0.1$ MPa，而张力计操作范围为 -0.08 MPa $\leqslant \psi_t \leqslant 0$，这是对张力计的一个很好的补充。既有田间干湿计系统进行原位土水势测定（例如，Wescor, Inc, Logan, Utah），也有实验室系统测定完整或扰动样本的水势（例如，Decagon Devices, Inc, Pullman, Washington）。

热电偶干湿计运行原理是系统中总液态水水势和样本上方空气中水汽压平衡。水势和相对水汽压的关系在热力学平衡中表达为：

$$\psi_t = \left(\frac{RT}{V_w}\right)\ln\left(\frac{e}{e_s}\right) \tag{71.4}$$

式中，R 是通用气体常数（J·mol^{-1}·K^{-1}），T 是绝对温度（K），e 是空气中的水汽压（Pa），e_s 是在适时空气温度下的饱和蒸汽压（Pa），e/e_s 是无量纲比率，指相对水汽压或"相对湿度"。

71.5.1 原位土壤热电偶干湿计法

1. 原位土壤干湿计

Rawlins 和 Dalton（1967）、Lang（1968）及 Weibe（1971）等发明了可以原位测定土水势的干湿计装置。土壤干湿计通常包含一个小的多孔杯（直径和高度均为 1 cm 左右），其中含有一个热电偶（直径 50～100 μm）。多孔杯通常是由多孔陶瓷、黄铜或不锈钢（3～30 μm 孔隙大小）组成的，这容易使水蒸气在土壤和杯内进行扩散，直到蒸汽压达到平衡。热电偶传感接点由很细的镍铬合金和康铜丝焊接组成，参考接点由较粗的铜线组成（直径＞0.40 mm）。多孔杯开口端由聚四氟乙烯密封，在某些干湿计中（Szietz，1975），用另一个热电偶嵌入开口端进行干湿计温度的测定。

2. 操作模式

（1）干湿计的操作模式

在热平衡干湿计系统中，传感接点施加一个合适的电位，在珀尔帖（Peltier）效应作用下，接点开始冷却。接点继续冷却之后，多孔杯温度低至空气露点以下，这时可以凝结出一个小水滴。最大的冷却温度大约低于杯子周围温度 5℃。当土水势低于 0 MPa 时，平衡多孔杯的相对湿度将达不到 100%，因此水滴会再蒸发并将接点冷却，冷却后的温度与杯内相对湿度相关。下降温度可以通过敏感度为微伏或毫微伏的电压表进行测定，输出电压一般约为 5 μV·MPa^{-1}。与此同时，干湿计的温度也可以测定，这样土水势可以由式（71.4）计算得出。干湿计输出电压和土水势之间的关系可以通过将干湿计置于不同土水势的恒温盐溶液中进行确定（Lang，1967）。

因为在测定过程中感应接点温度下降的幅度本身就非常小，所以感应接点和参考接点之间的任何温度梯度都会导致巨大的误差。例如，0.001℃的温度差会有 0.01 MPa 的误差。在传感器或导线之间不存在温度梯度是非常关键的，因此，土壤干湿计在有大温度梯度存在的情况下通常不能使用（例如，在 0.15～0.30 m 的土壤表面）。

也有人尝试设计在有温度梯度存在的情况下测定土水势的热电偶干湿计。例如，Campbell（1979）设计的干湿计包含一种高导热系数材料以便减小温度梯度，同时含有对称排列陶瓷口可以改善与土壤的水汽交换，从而降低内部凝结。这些改进与先前的相比将温度梯度降低为原来的 1/3，从而减少了测量误差。

（2）露点的操作模式

许多干湿计可以用于"连续反馈"露点模式（Neumann 和 Thurtell，1972），这通常被称为"露点湿度计"系统。这里再次使用珀尔帖效应冷却，在传感接点凝结水滴。然而，冷却电流不断地调整，因此没有净水汽得失。在非饱和土壤条件下，露点温度将低于环境温度，在没有电流流动时，温差可以通过测定参考接点和传感接点之间的电压差获得。

尽管露点湿度计对内部温度梯度也很敏感，但是小于干湿计对环境温度梯度的敏感度，因此不需要进行温度校正。此外，此方法还提供了较大的输出信号，比干湿度计高 50%，其灵敏度约为 0.75 $\mu V \cdot MPa^{-1}$。而且由于在露点从热电偶接点到室内没有净流量，所以信号可以长期稳定且露点湿度计舱室的蒸汽平衡可以不受干扰。

3. 装置和步骤

（1）干湿计有两个主要组件：包含传感和参考接点的多孔杯，以及生成电流及测定干湿计输出的装置。Wescor Inc. 提供的土壤干湿计包含干湿计和露点湿度计结合系统，以及多种可以连续监测的数据记录系统。

（2）为了减少热梯度，安装时干湿计传感器的轴应该平行于土壤表面，原位干湿计的安装深度不应该浅于 0.15～0.30 m。为了减少导线的热传导，应该有至少两根金属线圈（长约 0.04 m）包裹于干湿计传感端后面并与其埋于同一个深度。Rundel 和 Jarrell（1989）建议如果需要进行连续的数据记录，就应该安装额外的干湿计来取代那些不灵敏的或被取出校准检查的。干湿计往往无法用于温室或者户外盆栽土水势的测定，因为温度梯度较大且难以控制。

4. 干湿计维护

为了得到有效且准确的结果，热电偶干湿计组件免于污染和腐蚀是至关重要的。污染和腐蚀表面会显著延长蒸汽平衡时间，并且会因为内部蒸汽浓度不均匀或传感接点非均匀蒸发使校准关系无效。然而干湿计杯的多孔性质使土壤溶解盐容易进入，盐分产生沉淀并促进腐蚀，从而导致多孔杯的内部表面和结构的污染。因此，必须定期清洗干湿计杯内部的所有表面。简单的水流冲洗有时会达不到足够清洁的效果，但现在大多数商业设备很容易拆卸进行彻底清洁。通常建议将热电偶及装置浸于蒸汽或溶剂（例如，试剂纯级别的丙酮溶液或 10%的氢氧化铵溶液）中，然后用蒸馏水或去离子水进行彻底清洗（特别是使用了溶剂时）。Wescor Inc. 认为用于清洗的水必须足够纯净，其电阻至少为 1 兆欧（$10^6 \Omega$）每立方厘米。然后用干净的（过滤的）空气将干湿计吹干。另外，Savage 等（1987）还建议将商用土壤干湿计屏幕笼罩取出并用水、盐酸比例为 10∶1 的盐酸溶液进行浸泡以便去除所有的生锈痕迹。这在用盐溶液进行校准的设备中特别重要。屏幕应该用丙酮浸泡以便减少真菌生长的可能性。可以利用不锈钢制作干湿计，其内部高度耐腐蚀，缺点是价格相对于铜制高很多。除此以外，还可以通过对黄铜干湿计镀铬或镀镍来提高耐腐蚀性。在盐碱土壤中，应该经常检查干湿计细小的热电偶电线的腐蚀状况。

71.5.2 实验室露点湿度计法

露点湿度计的发明首先是用于食品工业。由于其对温度效应的敏感性低于热电偶干湿计，所以露点湿度计已经适合在土壤中应用（Scanlon 等，2002）。其工作原理是当土壤样本与湿度计舱室的热量、蒸汽压达到平衡时，测定舱室的露点温度。实验室露点湿度计可以购买，本节将重点介绍 Decagon Devices 公司提供的干湿计系统，被称为"WP4 露点水势仪"。

WP4 露点水势仪使用密封室对样品中的液相水和样本顶部空间的汽相水进行平衡。对样本上部的镜面进行珀尔帖冷却直至达到露点温度，而露点可以通过监测凝结导致的镜面反射的突然降低来完成。分别记录露点和样品温度用以计算顶部空间水蒸气压（e）和饱和水蒸气压（e_s）。然后使用式（71.4）进行水势计算。

1. 装置和步骤

（1）将每个样本（体积约为 7 mL）置于一个单独的干湿计样品盒中。使用橡胶塞或方头金属杆轻轻按压样本使其表面平整，厚度均为 0.5 cm 左右（表面平整和轻微的压缩会使结果更加可靠，Gee 等，1992）。样品盒应该在不漏气容器进行密封，以便防止水分在分析之前有得失。

（2）将样品盒插入干湿计并启动测量过程（每次只能插入并测定一个样品）。WP4 露点水势仪测量一个样品大概需要 5 min，测量后通过内部计算可以显示土壤水分基质势和样品温度。

2. 注释

（1）WP4 的操作范围为 $-40 \text{ MPa} \leq \psi_t \leq -0.1 \text{ MPa}$。如果样本温度和露点温度差在 $\pm 0.005℃$，那么样品温度和室内温度差在 $\pm 0.5℃$，其精度可以达到 $\pm 0.1 \text{ MPa}$。因此，仪器的温度传感装置必须非常准确，并需将准备样品和干湿计仪器置于同一个恒温的房间内（例如，$20℃ \pm 1℃$）。

（2）由于精度为 $\pm 0.1 \text{ MPa}$ 的限制，所以 WP4 仪器适合用于非常干燥的土壤中的水势测定，即 $\psi_t \leq -0.4 \text{ MPa}$。将其用于低势能的干扰田间样本时，测量误差主要来自土壤样品在收集、运输和存储过程中含水量的变化（从而水势变化）。由于在这个水势范围之内水分特征曲线是很平坦的，一个很小的含水量的变化可以产生较大的水势变化，因此，在收集、运输和存储样本的过程中必须非常小心，防止水分蒸发或冷凝。

71.6 结　　语

（1）用于测定土水势的设备选择要依据预期的水势范围（即正值、微小负值、较大负值）、数据的用途及设备的局限性（如操作范围、精度等）。此外，所有设备必须小心安装和维护，否则可能会产生错误和有误导性的数据。

（2）需要注意的是张力计也可以作为压力计使用（即记录饱和多孔介质的正势能），但由于多孔杯流动阻抗的特性，所以它的响应时间非常缓慢。

（3）压力计在测定具有正势能的饱和多孔介质（$\psi_p > 0$）时仍然是最简单、最可靠的方法，而张力计则适用于湿润但不饱和介质（$-0.08 \text{ MPa} \leq \psi_t \leq 0$）。测量干燥的多孔介质（即 $\psi_m \leq -0.1 \text{ MPa}$）最好使用热电偶干湿计、热电偶湿度计或露点湿度计。

需要注意的是，使用热电偶设备时应该格外小心，若校准不正确、维护不善或受到强烈的温度梯度影响则会导致较大的测量误差。而湿度电阻块即使已经经过了仔细的安装和维护，也只能在粗略估算土水势大小时使用。

参 考 文 献

Andraski, B.J. and Scanlon, B.R. 2002. Thermo-couple psychrometry. In: J.H. Dane and G.C. Topp, eds. *Methods of Soil Analysis, Part 4-Physical Methods*, Soil Science Society of America, Madison, WI, 609-642.

ASTM (American Society for Testing and Materials). 1995. Standard practice for design and installation of ground water monitoring wells in aquifers-Method D5092-90 (1995) e1. ASTM, West Conshohocken, PA.

Brown, R.W. and van Haveren, B.P. 1972. Psychrometry in water relations research. Pro-ceedings of the Symposium on

Thermocouple Psychrometers. Utah Agricultural Experimental Station, Utah State University, Logan, UT, 1-27.

Campbell, G.S. 1979. Improved thermocouple psychrometers for measurement of soil water potential in a temperature gradient. *J. Phys. E. Sci. Instrum.* 12: 739-743.

Carlson, T.N. and El Salam, J. 1987. Measure-ment of soil moisture using gypsum blocks. In: R.J. Hanks and R.W. Brown, eds. *Proceedings of International Conference on Measurement of Soil and Plant Water Status. Vol. 1*. Logan, Utah State University, UT, July 1987, 193-200.

Gee, G.W., Campbell, M.D., Campbell, G.S., and Campbell, J.H. 1992. Rapid measurement of low soil water potentials using a water activity meter. *Soil Sci. Soc. Am. J.* 56: 1068-1070.

Hanks, R.J. and Brown, R.W. 1987. eds. Pro- ceedings of International Conference on Meas- urement of Soil and Plant Water Status, Vol 1, Logan, UT, July 1987, 115-119.

Kramer, P.J. and Boyer, J.S. 1995. *Water Relations of Plants and Soil*. Academic Press, San Diego, CA.

Lang, A.R.G. 1967. Osmotic coefficients and water potentials of sodium chloride solutions from 0 to 40℃. *Aust. J. Chem.* 20: 2017-2023.

Lang, A.R.G. 1968. Psychrometric measurement of soil water potential *in situ* under cotton plants. *Soil Sci.* 106: 460-464.

Marthaler, H.P., Vogelsanger, W., Richard, F., and Wierenga, P.J. 1983. A pressure transducer for field tensiometers. *Soil Sci. Soc. Am. J.* 47: 624-627.

Miller, E.E. and Salehzadeh, A. 1993. Stripper for bubble-free tensiometry. *J. Soil Sci. Soc. Am.* 57: 1470-1473.

Neumann, H.H. and Thurtell, G.W. 1972. A Peltier cooled thermocouple dewpoint hygrometer for *in situ* measurement of water potential. In: R.W. Brown and B.P. van Haveren, eds. *Psychrometry in Water Relations Research*. Utah Agricultural Experimental Station, Logan, Utah State University, UT, 103-112.

Rawlins, S.L. and Dalton, F.N. 1967. Psychrometric measurements of soil water potential with-out precise temperature control. *Soil Sci. Soc. Am. Proc.* 31: 297-300.

Richards, L.A. 1965. Physical conditions of water in soil. In: C.A. Black et al., eds. *Methods of Soil Analysis*. American Society of Agronomy, Madison, WI, 128-152.

Rundel, P.W. and Jarrell, W.R. 1989. Water in the environment. In: R.W. Pearcy, J. Ehleringer, H.A. Mooney, and P.W. Rundel, eds. *Plant Physiological Ecology*. Chapman and Hall, New York.

Savage, M.J., Ritchie, J.T., and Khuvutlu, I.N. 1987. Soil hygrometers for obtaining water potential. In: R.J. Hanks and R.W. Brown, eds. *Proceedings of International Conference on Measurement of Soil and Plant Water Status. Vol. 1*. Logan, Utah State University, UT, July 1987, 119-124.

Scanlon, B.R., Andraski, B.J., and Bilskie, J. 2002. Miscellaneous methods for measuring ma-tric or water potential. In: J.H. Dane and G.C. Topp, eds. *Methods of Soil Analysis, Part 4-Physical Methods*, Soil Science Society of America, Madison, WI, 643-670.

Strangeways, I. 2003. *Measuring the Natural Environment*. Cambridge University Press, Cambridge, UK.

Szietz, G. 1975. Instruments and their exposure. In: J.L. Monteith, eds. *Vegetation and the Atmos- phere. Vol. 1*. Academic Press, London.

Weibe, H.H., Campbell, G.S., Gardner, W.H., Rawlins, S., Cary, J.W., and Brown, R.W. 1971. Measurement of plant and water status. Utah Agricultural Experimental Bulletin 484. Utah State University, Logan, UT.

Young, M.H. 2002. Piezometry. In: J.H. Dane and G.C. Topp, eds. *Methods of Soil Analysis, Part 4-Physical Methods*, SSSA Book Series No. 5, Soil Science Society of America, Madison, WI, 547-573.

Young, M.H. and Sisson, J.B. 2002. Tensiometry. In: J.H. Dane and G.C. Topp, eds. *Methods of Soil Analysis, Part 4-Physical Methods*, Soil Science Society of America, Madison, WI, 575-608.

(魏翠兰 译，李保国 校)

第72章 土壤水分特征曲线（脱水和吸水）：张力和压力法

W.D. Reynolds

Agriculture and Agri-Food Canada

Harrow, Ontario, Canada

G. Clarke Topp

Agriculture and Agri-Food Canada

Ottawa, Ontario, Canada

72.1 引　　言

土壤脱水一般是指土壤体积含水量伴随孔隙水基质势下降而降低的过程（由湿变干），而土壤吸水描述的则是与土壤脱水相反的过程（由干变湿）。测定土壤脱水曲线和吸水曲线的相关原则与参数在第69章已经给出。本章主要描述测定土壤水分吸水曲线和脱水曲线的张力台、张力板及压力抽取法。其他测定方法将在以后的章节介绍，包括长土柱法（见第73章）、露点干湿计法（见第74章）、室内蒸发法（见第81章）、瞬时剖面法（见第83章）及估计技术（见第84章）。

72.2 张力台和张力板法

张力台和张力板法主要适用于直径与长度均小于 20 cm 的土样。该方法首先要建立土样和张力介质（或张力板）之间的水力连接，然后在张力板（或压力台）上设置一系列预期的基质水头，使样品与张力板之间达到水头平衡。样品平衡后的含水量代表吸水曲线或脱水曲线上的一个点。若土样最初饱和且预设基质水头呈递减趋势（基质不断地变负），则得到的是脱水曲线。相反，若土样最初干燥且预设基质水头逐渐递增（由负变正），则为吸水曲线。扫描曲线可以通过脱水曲线或吸水曲线上的一些中间点反转基质水头（从递增到递减，反之亦然）获得（详情请参阅第69章）。

72.2.1 材料和物品

1. 张力台

张力台由一个内含饱和张力介质的圆形槽（或矩形槽）、允许水流进出的端口，以及可以改变孔隙水基质水头（ψ_m）的设备组成（见图72.1）（Stakman 等，1969）。张力介质的进气值 ψ_a（负值，见第69章）应该低于设定基质水头的最小值，而且应该有较高的饱和导水率，可以使土样达到平衡的时间最小（Topp 和 Zebchuk，1979）。为了方便的同时减少平衡时间，通常根据基质水头的范围配置"低压"台或"高压"台。其中，低压台操作范围为 $-1 \text{ m} \leq \psi_m \leq 0 \text{ m}$，高压台操作范围为 $-5 \text{ m} \leq \psi_m \leq -1 \text{ m}$（Topp 和 Zebchuk，1979）。用于低压台中的张力介质一般是自然细沙（粒径<50 μm）、细玻璃珠（平均粒径<42 μm）或硅粉（粒径为 10~50 μm），而高压台中通常采用的张力介质为玻璃珠粉（平均粒径约为 25 μm）或氧化铝粉末（平均粒径约为 9 μm）（见表72.1）。张力介质的下方是一个水流进出端口，与之相连的装置

包括一个设置和维持基质水头的设备、一个可以促进水分进出张力介质的排水系统和一个防止介质在进出端口中流失的细格阻滞筛。张力介质表面可用布（或尼龙网）盖住以防黏结到土样上。目前使用较为普遍的张力台主要有两种：矩形有机玻璃（丙烯酸）槽和圆柱形聚乙烯（或聚氯乙烯）槽。二者均带有排水系统，不同的是前者的槽底置入物是由一个凹槽网与覆盖在其表面上的玻璃微纤维阻滞筛组成（Ball 和 Hunter，1988），而后者是将细尼龙网（根据张力介质的细度分为 6～20 μm 口径）覆盖在一个由不锈钢丝编织成的粗网格（口径约为 3 mm）上，作为置入物平铺在槽底中（Topp 和 Zebchuk，1979）。这两种张力台（上方）均应该设有松动的、不透明的盖子，目的是空气交换较易，防止在改变基质水头时形成真空或压力；防止测量时土样表面的水分蒸发；减少测定过程中光的进入，从而抑制真菌/藻/微生物的增长。

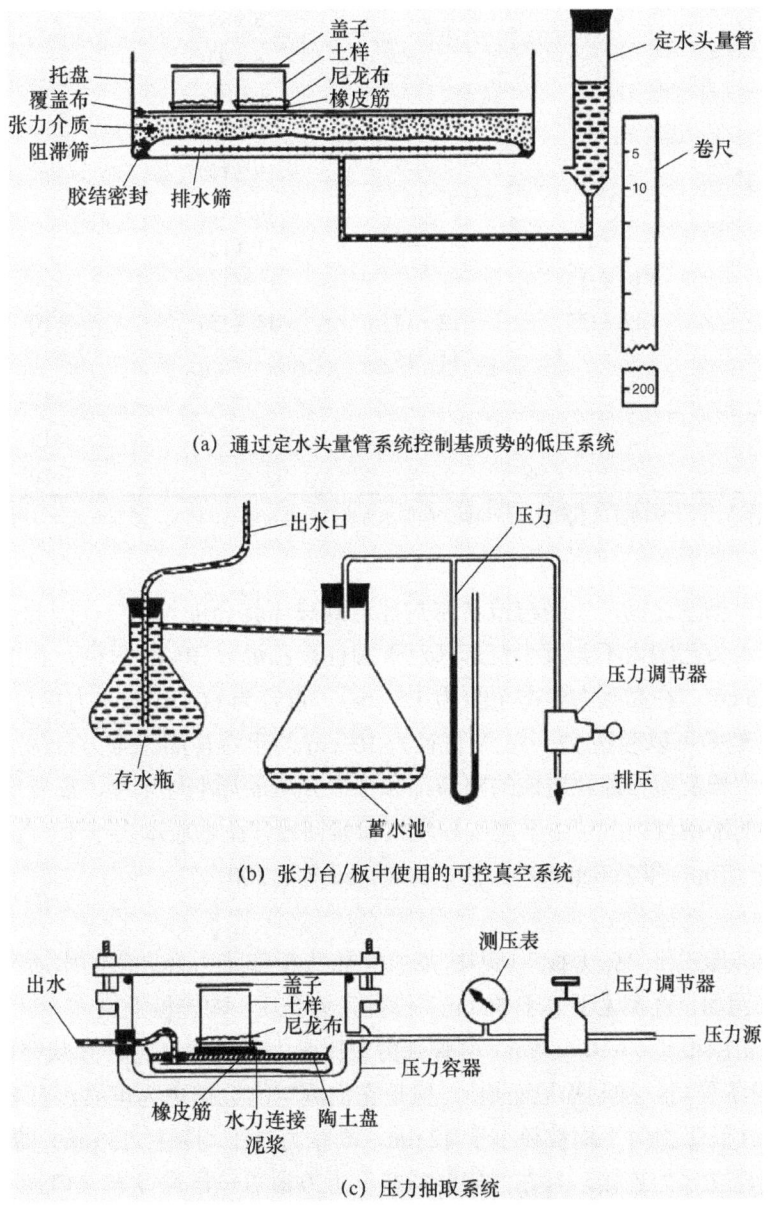

图 72.1　张力台/板和压力抽取系统

需要注意的是，量管和存水瓶是吸水曲线中水分的供给源。

表72.1　7.6 cm 或 10 cm 长（括号）原状土样用张力台/板法从干燥到饱和的平衡时间；7.6 cm 高原状土样（第一列）或 1.0 cm 厚度小于等于 2 mm 颗粒土样（第二列）用抽取压力法从干燥到饱和的平衡时间（小时）

基质势 $\psi_m(m)$	不同张力介质或接触材料的张力台或张力板				压力抽取（原状土样）	压力抽取（装填土样）
	玻璃珠（平均直径42μm）	玻璃珠（平均直径25μm）	氧化铝（平均直径9μm）	硅粉（直径10～50μm）		
0	0.5（1）	—	—	—	—	—
−0.05	1（2）	—	—	—	—	—
−0.1	1（2）	—	—	4（5）	—	—
−0.2	1（2）	—	—	5（6）	—	—
−0.3	2（3）	—	—	6（7）	—	—
−0.4	3（4）	—	—	7（8）	—	—
−0.5	3（4）	—	—	8（9）	—	—
−0.6	3（4）	—	—	9（10）	—	—
−0.75	4（5）	—	—	9（10）	—	—
−0.8	4（5）	—	—	19（10）	—	—
−1	6（7）	—	—	10（11）	—	—
−1.5	—	8（9）	—	11（12）	—	—
−2	—	10（11）	—	12（13）	—	—
−3.3	—	12（13）	12（13）	14（15）	≥10[a]	—
−5	—	—	14（15）	—	≥11[a]	—
−10	—	—	—	—	≥12[a]	≥3[a]
−40	—	—	—	—	≥15[a]	≥7[a]
−150	—	—	—	—	≥20[a]	≥10[a]

a. 压力抽取法的平衡时间对样品、陶土板的渗透系数及样品和板之间的水力连接都非常敏感。因此，最好通过计算陶土板中的流出量计算平衡时间（见图72.3）。

如果张力介质和水槽壁之间产生裂缝或者密封性遭到破坏就会进入空气，因此，水槽要足够结实并保证其在测定的基质水头范围内不会发生变形（对于圆柱聚乙烯或 PVC 水槽，在低张力状态下，壁和基底的厚度至少为 0.5 cm，在高张力状态至少为 1.5 cm）。直径为 60 cm 的张力槽可以放入 30 个直径为 7.6 cm 的土壤样品，最多可以容纳 12～15 个直径为 10 cm 的土壤样品。张力台构造相对简单且价格便宜，但是因为藻类的生长及粉粒黏粒造成的阻滞筛和张力介质的周期性堵塞，需要经常对其进行维护才能确保设备测定结果的准确性。而且由于进气和空气积累问题，在基质水头小于−1 m 时，张力台测定结果也有可能出现偏差（Topp 和 Zebchuk，1979；Townend 等，2001）。

2. 张力板

张力台的另外一种形式是"张力板"（见图72.2）。张力板和张力台之间的本质区别是张力板使用大口径陶瓷盘或"板"（例如，直径大于等于 50 cm）代替张力介质。陶瓷板通常在设计时饱和导水率较高，可以运行的基质水头范围很小：−10～−5m。尽管张力板比张力台价格高且必须从公司进行购买（如 Soil moisture Equipment 设备公司，加利福尼亚州），但是它们测定的数据更为可靠，且容易操作和维护。利用饱和的极细玻璃珠（低张力时平均粒径小于 42 μm，高张力时平均粒径 25 μm）薄层作为"接触材料"在张力板和土样之间建立水力连接，且在"接触材料"上方覆盖一层尼龙布（口径 15μm）以便防止土壤黏附到上面。为了避免生物生长和蒸发失水，可以利用不透明的塑料盖轻盖于土样上，整个张力板用丙烯酸盖子覆盖（见图72.2）。直径为 50 cm 的张力板最多可以放入 20～22 个直径为 7.6 cm 的土壤样品，或者 10～11 个直径为 10 cm 的土壤样品。

图 72.2 张力板法测定内径为 10 cm 高为 11 cm 的原状土样

土样置于尼龙布上（口径为 15 μm），下方的张力介质为 0.5 cm 厚的玻璃珠（平均直径 25 μm），再下方为用 PVC 垫板密封的直径为 53 cm 的陶土板（进气压力为−10 m）。为了减少生物生长和水分蒸发，土样用不透明塑料盖盖上，张力板用盖子盖上。真空系统（见图 72.1）的托盘（小水槽）和蓄水池（大水槽）在其下方。其中槽和张力板出入水端口之间的聚乙烯管通过工作台上的钻孔连接。

3. 基质水头控制

通过悬挂水柱–定水头量管系统（见图 72.1（a））或真空压力传感系统（见图 72.1（b））来提供用于张力介质/板饱和及土样排水/吸水所用的基质水头。悬挂水柱–定水头量管系统适用于张力台/板的低压段（$-1\ \text{m} \leqslant \psi_m \leqslant 0\ \text{m}$）的测定，而真空压力传感系统主要用于高压段（$-5\ \text{m} \leqslant \psi_m \leqslant -1\ \text{m}$）。测定脱水曲线时，土样中的水分通过量管流出或进入溢出瓶。测定吸水曲线时，土样吸收的水分来自量管水池或存储瓶。两个系统均配有关闭阀，可以随时关闭水流（见 72.3.1 节）。基质水头基准高度可以设置在土壤样品的顶部、底部或中部位置。其中，设置在中部位置最为恰当，因为一旦平衡后它的水头就是样品的平均基质水头。对于悬挂水柱–定水头量管系统而言，通过设置量尺的零点位置（卷尺顶部，见图 72.1（a））高度就可以简单地确定中间基准位置，卷尺零点设置在张力介质或接触砂表面上方的 $L/2$ 处，其中 L 是土样的长度。

4. 适当采集和制备土样

采集土壤样品后（见第 69 章），利用一把锋利、薄刃的刀或钢锯条将土样削至与圆杜取样器底端平齐，同时防止样品污染及损失。如果土样底端有缺口或损失，就用细砂或玻璃珠将其补平（平均粒径为 25~42 μm），以便保证样品和张力介质（板）之间的水力连接最好。将样品底部用一块尼龙布料（口径约为 53 μm）包裹并用橡皮筋固定。样品上端用一个宽松的盖子覆盖防止土壤和水分的流失。

5. 耙（张力台）或腻子刀（张力板）

使用小型手持耙（或类似的替代物）耙平张力介质表面。使用宽的、塑料的腻子刀（或类似的替代物）刮去张力板的接触材料。不能使用金属工具刮张力板，以防损坏陶瓷表面。

6. 天平

具有适当量程（通常 0~3 kg）和精度（通常 0.1~0.01 g）的称重天平。

7. 温度控制

放置张力台（或板）、制备样品和称重的实验室，其室温要控制在一定的范围内（20℃±1℃）。

8. 烘箱

用来在105℃±5℃下烘干土样所用的强制空气对流烘箱。

9. 冷却样品盒

含有干燥剂的、水汽密封性良好的盒子,用来将土样或其他样品从烘干温度冷却至室温。

72.2.2 步骤

1. 脱水曲线

(1) 在常规室压和温度(20℃±1℃)下利用去气且温度均衡的水分对土样进行饱和。制备去气水的便捷方法包括以下几种。

① 在大真空烧瓶(4 L)中将水煮沸或高压灭菌,然后将烧瓶密封并冷却。

② 向真空干燥器中注满水,然后施加65 kPa的真空45 min。

③ 对大真空烧瓶直接施加真空(通过真空泵或水流泵)。

高压灭菌法的一个优点是在去气的同时还能对水进行消毒,这有助于抑制样品及张力介质(或板)中的生物滋长。用于饱和土样的水应该与土样中的水分有相似的离子种类和浓度,以便防止团聚体的分解及砂粒(或黏粒)的聚集或分解。也可以使用当地的自来水,但必须进行检查。将土样放置在一个空的"润湿槽"中进行饱和(见第75章),加水至土样高度的1/3处,剩余的2/3分两次进行,时间间隔为24 h,因此待第3天加水后,积水可以与土样上端平齐。如此可以促使土样充分地饱和,减少气体进入土样,还可以使细颗粒有充分的时间进行完全的膨胀。当土样表面出现自由水时,将土样拿出润湿槽。称量土壤样品:在水中称取(使用支架);迅速将样品从湿润槽中取出并将其放置在一个去重的托盘上,记录饱和样品质量 $M_c(\psi_1)$(这样可以保证从土样大孔隙中排出的水能被计算在总样品质量中)。其中,$\psi_1=0$ 是脱水曲线上第一个基质势能,对应饱和含水量 θ_s。

(2) 在张力介质表面(张力台)或接触材料表面(张力板)将定水头设定为 $\psi_m = 0$,并将饱和土样放置在事先饱和的张力台或板上,然后关闭滴定管的水流阀阻止水流进出。通过轻压或者是扭动土样使接触材料和土样基底形状一致,以便保证样品底部和接触材料(或张力介质)水力连接较好。打开滴定管阀门平衡土样,平衡后测定土样的质量 $M_c(\psi_2)$,此时 $\psi_2= -L/2$,也是脱水曲线中第二个基质势,L 是土样的长度。土样达到平衡的时间主要取决于以下几个要素。

① 基质水头:由于土样导水率随着基质水头的降低而降低,所以土样平衡时间也随之加长。

② 土样高度:越高的土样会增加水流动的距离,从而增加平衡所需的时间,平衡时间与样品高度呈平方关系。

③ 土样和张力介质(或接触材料)之间的水力连接状况:土样和介质的接触面越小,平衡时间越长。

④ 张力介质(或接触材料)的饱和水力传导度:使用高张力介质相对低张力介质所需的平衡时间更长。

表72.1给出了7.6 cm高度的土样所需要的平衡时间,而对于高度为10 cm的土样而言,可能要在此基础上增加1~2天。需要注意的是表中给出的平衡时间仅是一个估值,对于特定土壤仍然需要对其平衡时间进行单独测定。

2. 吸水曲线

(1) 称取非饱和土样质量 $M_c(\psi_i)$,ψ_i 为土样的最初基质势值。这个质量将用于确定土样的初始含水量。

(2) 利用去气且温度均衡水重新饱和张力台(或张力板或接触材料)(详见脱水曲线测定步骤),然后将定水头量管或真空系统的基质水头在选定的基准下(例如,土样的中间高度)设定为最小,关闭水流阀。将土样固定放置在张力介质或者接触材料上,湿润土样,再通过推压或者扭动土样使其能和张力台或板（或接触材料）之间建立较好的水力连接。打开水流阀平衡土样（吸水），平衡后取出称取土样质量 $M_c(\psi_1)$，ψ_1 即为吸水曲线的第一个基质势。受滞后效应和空气进入的影响，湿润的渗透系数要小于排水时的渗透系数，因此土样吸水时的平衡时间往往要大于脱水时的时间。然而，并没有明确的吸水曲线平衡时间可供参考，因此需要开始时对平衡时间进行测定。

3. 脱水曲线和吸水曲线

（1）下一个基质水头 $\psi_m \geqslant -1$ m（低张力系统）。

测量 $M_c(\psi_1)$ 后，关闭水流阀。重新建立土样和张力台或板之间的水力连接：用喷雾瓶湿润张力介质或接触材料（脱水曲线），或湿润土样底部（吸水曲线），然后将土样放置到原来的位置并且用推压和扭动的方式使土样与张力介质有良好的接触。通过调整定水头量管的高度设定第二个基质势(ψ_2)，打开水流阀平衡土样，随后取出称重 $M_c(\psi_2)$。

当基质水头$\geqslant -1$ m 时，低张力台或板中一般不容易积累较多的溶解气体（在张力介质或板之中或者之下）。然而还是建议定期冲洗低张力系统以便防止可溶气体随时间增加而增多。最简单易行的方法是关闭水流阀，将基质水头设定为-1m，然后在其表面添加$3\sim 6$ L 的去气且温度均衡水分，打开阀门，让水排出，然后再将表面的基质势设定为 0 m。一批样品在一系列的基质水头测定之后（例如，在 $\psi_m=0$、-0.05、-0.1、-0.3、-0.5、-0.75、-1 m 时连续测定），可以使用下文所述高张力系统的步骤来净化低张力系统。同时在一系列低张力测定完成后，更换接触材料以便防止陶土板被粉粒或黏粒堵塞。若水槽排水速率下降，则表明介质开始被粉粒或黏粒堵塞，此时需要及时更换张力介质。不用的水槽（或板）应该在其表面存有一定的水分，基质水头设定在 0 m 左右，同时将水流阀关闭。

（2）下一个基质水头 $\psi_m < -1$ m（高张力系统）。

① 张力台：关闭水流阀，在张力介质表面添加 $1\sim 2$ cm 深度的去气且温度均衡的水分，将基质上方 $1\sim 2$ cm 耙平（使表面松软且光滑平整以保证土样和介质之间有较好的水力连接），然后去除积累在张力介质内或下部的溶解空气（步骤在下面给出）。

② 张力板：将板上的接触材料刮下，去除积累在张力板里面或者下面的溶解空气（步骤在下面给出），在张力板表面添加 $1\sim 2$ cm 深度的去气且温度均衡的水分，然后将接触材料放平（深度约为 0.5 cm）。

随着时间的增加，高张力系统中往往容易积累溶解气体，这会阻碍甚至阻止水分排出或吸水过程，因此必须清除。清除积累在张力介质或板中的溶解气体可以参照以下步骤。

① 关闭水流阀，在表面添加 $3\sim 5$ cm 深度的去气且温度均衡的水分

② 在张力台或板上设置较低的基质水头（$-3\sim -5$ m）。

③ 快速地打开水流阀，在张力介质或板上产生急流。快速打开阀门时产生的液压"振动"能够将张力介质或板中的溶解气体赶出，而且随后的快速水流会迫使气体从出水口排出。

④ 步骤③进行 1 min 左右关闭水流阀，等待数分钟后，重复步骤③。绝大部分或者全部的溶解气体通常都可以通过步骤③和④的几次重复来移除，这可以通过几乎没有气泡从出水口排出来证明。吸水需要注意的是，在此过程中张力台表面必须保持有积水，以防止由于步骤②中低压水头的设置使空气重新进入张力介质或板中。不用的水槽或板应该在其表面存有一定的水分，基质水头设定在 0 左右，同时将水流阀关闭。

去除溶解气体后，关闭水流阀，与低张力系统一样重新放置土样，通过调节真空泵设置下一个基质水头(ψ_2)，然后缓慢打开水流阀。平衡土样，称取质量 $M_c(\psi_2)$。

（3）对于吸水曲线和脱水曲线上的每一个点（即 ψ_3、ψ_4、ψ_5 等对应的 θ），重复步骤（1）或（2）。基质水头依据数据的用途设定（见 72.4 节总结（1））。如果含水量的改变使原状土壤收缩（脱水）或膨

胀（吸水），那么土壤体积必须在一个特定的基质水头下进行测定，通常是指田间持水量下的水头，对于原状土而言，$\psi_{FC}=-1$ m，对于扰动土而言，$\psi_{FC}=-3.3$ m。

（4）如果曲线没有额外的点需要测定（$\theta(\psi_m)$值），那么继续进行分析部分。而对于脱水曲线而言，如果需要测定的基质水头小于-5 m，就需要继续用压力抽取法。目前，由于需要一些特殊的材料和设备，所以吸水曲线基质水头小于-5 m 的点很难且很少测定。

72.3　压力抽取法

压力抽取法（见图 72.1）可以对土壤脱水曲线整个基质水头范围的点进行测定（-150 m$\leqslant\psi_m\leqslant-1$ m）。但由于张力台（或张力板）对高基质水头测定的有效性更高（张力台和张力板的容量更大，水分平衡更快），所以这个方法常用于更有限的范围内（-150 m$\leqslant\psi_m\leqslant-3.3$ m）。由于压力抽取法是通过气压（而不是水分张力）将水排出土样，因此相对于张力台（板）法$-8\sim-5$ m 的基质范围限制，它可以设定更低的基质水头。压力抽取法包括一个低压系统（-50 m$\leqslant\psi_m\leqslant-1$ m）和一个高压系统（-150 m$\leqslant\psi_m\leqslant-50$ m），其主要区别在于陶土板的进气压力水头 ψ_a 及压力容器的大小和强度的不同。压力限制了抽取容器的大小，而这反过来又限制了一次抽取的土样大小和数量。对于 7.6 cm 直径的土样，标准的商业抽取仪器一次不能超过 6 个，而且这些土样的高度不能大于 7.6 cm。受土样数量和大小及低基质水平下平衡时间较长的限制，压力抽取法最初是用于 1～3 cm 厚度的扰动（颗粒）土样的测定（见第 72.4 节总结（2））。

72.3.1　材料和物品

1．压力容器

这个设备的压力容器需要进行特殊的设计和建造（如 Soil moisture Equipment 公司，加利福尼亚州），因为低压容器必须承受至少 500 kPa 的压力（约为 73 psi），而高压容器必须承受超过 1 500 kPa 的高压（约为 220 psi）。

2．陶瓷板

带有排水系统和三个最大压力等级（10 m、50 m、150 m）的多孔陶土板可以通过购买获取（如 Soil moisture Equipment 公司，加利福尼亚州）。

3．压缩空气或氮气

选用含有压缩空气或工业级氮气的空气压缩机（或压缩汽缸）。基于以下原因首选能够提供压缩氮气的汽缸。

（1）氮气在水中的溶解度小于空气，因此在多孔板中气体积累较少，同时土样中水分蒸发较少。

（2）氮气排除了压力容器中的氧气，从而降低了土壤样品中的生物活性。

（3）压缩汽缸相对于空气压缩机可以使用一个更为简单的压力控制系统而且不受停电影响。

（4）压力调节器、压力软管、气体关闭阀、针阀和测压表。

如果使用空气压缩机，就使用抽气式压力调节器。如果使用压缩气筒，就使用非抽气式压力调节器。使用适合规定的压力软管和气体关闭阀。将准确精细的测压表安装在压力源与压力容器之间，使其能够设定和监测容器内的压力。将针阀与压力容器排气装置相连接，可以在拿出样品时缓慢释放容器内的气体压力。

4．接触材料

一般采用细颗粒物质（如高岭土）保持陶土板和原状土样（或颗粒土样）之间具有良好的水力连接。如果不使用接触材料就可能会导致平衡时间大幅增加。

5. 土样的制备

原状土芯样品的采集和准备可以参考第 69 章。装填土样的制备如下：通过将约 1 cm 厚的风干颗粒土壤（粒径小于 2 mm）装填到已知质量（精度为 0.01 g）的直径为 2.8～4.7 cm、高为 2.0～4.0 cm 的不锈钢环中（如铝、黄铜、丙烯腈丁二烯苯乙烯（ABS）塑料等），环底部用高渗透性无灰滤纸（如 Whatman No. 42）或尼龙布（口径约为 15 μm）包裹，并用橡皮筋固定。称取并记录风干土、环刀、滤纸（或者尼龙布）和橡皮筋的总质量（精度为 0.01 g）。在土样或者环刀上面盖上宽松的盖子，以便尽量减少在压力容器中平衡时水分的损失。

6. 天平、控温房间、烘箱和冷却箱

参见 72.2.1 的规格和细节。

72.3.2 步骤

（1）将陶土板浸于去气且温度均衡的水中饱和一夜，在陶土板放入压力容器之前将其表面积水排出。为了更加方便，可以利用金属线或细绳将板从压力容器中取出或放置。将板的排水出口和压力容器的通气孔相连（见图 72.1（c））。可以在压力容器的底部（陶土板下方）放置少量水分（约为 50 mL）来维持较高的湿度，从而减少土样和多孔板水蒸发的损失。

（2）原状土样：在完成张力台或板的测定以后（见 72.2 节），往有布包裹的土样表面涂上一层 1～3 mm 厚的饱和接触材料（如高岭土），然后将这一面快速地放置在陶土板上，并在土样上面盖上宽松的盖子以便减少水分蒸发的损失。

（3）填装样品：将填装样品放入 1～2 cm 深、去气且温度均衡的水中饱和 24 h，这样水会浸润滤纸（或布）并向上进入土样内。在陶土板上铺一层 1～3 mm 厚的饱和接触材料（如高岭土），然后将土样快速地放到板上。在环刀上部盖上宽松的盖子以便减少水分蒸发的损失。

（4）关闭压力容器并缓慢（避免对土样与板之间的连接造成潜在破坏）加压至所需的压力水头，需要指出的是 x m 的压力相当于 $-x$ m 的基质水头。监视流出容器水流的状态，判断样品是否达到平衡，若水流停止则表明已经达到平衡。由于水流逐渐地趋于零（尤其是低基质水头），所以可以通过对累积出流量与时间倒数的关系进行作图的方法检测水分是否平衡（或虚拟平衡）（见图 72.3）。表 72.1 给出了压力抽取大概的平衡时间，实际的平衡时间可能会有大幅度的变化。例如，Gee 等（2002）发现 1.5 cm 厚的砂质、粉砂、黏质装填土壤在基质势 $\psi_m=-150$ m 10 天后也远远没有达到平衡。有学者（W.D. Reynolds）发现对于 1 cm 厚的黏壤土而言，在 $\psi_m=-150$ m 时，平衡时间通常需要 30～60 天（见 72.4 中的评论（3））。

（5）缓慢地排出容器中的压力（通过关闭压力源的阀门并打开容器排气系统的阀门），待容器压力达到大气压时拿出土样。将盖子拿掉并去除土样底部的接触材料，随后立即称取质量（在有明显的水分蒸发之前）获得 $M_c(\psi_m)$（原状土壤）或 $M_s(\psi_m)$（装填土壤）。

（6）对每一个设定的基质水头，重复步骤（2）、（3）、（4），但不要对装填样品进行重新饱和。

（7）完成最后一个基质水头操作后，称取土样质量，并将其（去掉盖子）放在温度为 105℃±5℃ 的烘箱中烘干（直径为 7.6 cm 的样品烘干时间大概需要 72 h，直径为 10 cm 的需要 96 h，直径为 1 cm 的需要 24 h），然后将其放在冷却盒中冷却至室温。

（8）称取冷却的原状土质量，精度为 0.1 g（若是装填样品质量，则精度需要达到 0.01 g），从而获取烘干的样品质量，M_d [M]。

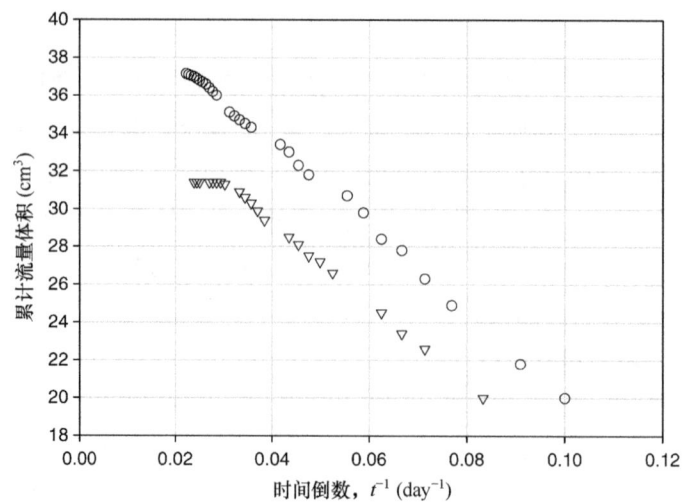

图 72.3 利用压力抽取法测定在 ψ_m=-150 m 时两种装填黏壤土（1 cm 厚）平衡时累计流量体积和时间倒数（t-1）的关系

一个土壤达到平衡用了 34 天（三角），而另外一个在 40 天以后也没有达到平衡（圆形）。

72.3.3 分析和计算

1. 原状土壤

（1）不同基质势 ψ_m [L]下土壤中水的质量 M_w[M]计算：

$$M_w(\psi_m)=M_c(\psi_m)-M_d \tag{72.1}$$

（2）不同基质势 ψ_m [L]下土壤体积含水量 θ_v [$L^3 \cdot L^{-3}$]计算：

$$\theta_v(\psi_m) = \frac{M_w(\psi_m)}{\rho_w V_b} \tag{72.2}$$

式中，V_b[L^3]指土壤总体积，ρ_w [ML^{-3}]指室温为 20℃时水的密度（例如，室温为 20℃时 ρ_w=0.998 2 g·cm^{-3}）。土壤体积 V_b 计算如下：

$$V_b=V_c=V_h=\pi a^2 (l_c-\Delta l) \tag{72.3}$$

其中，V_c [L^3]指采样环刀的体积，V_h [L^3]指采样环刀和土样顶部之间的体积差，l_c[L]指采样环刀的高度，Δl [L]指采样环刀和土样顶部之间的距离。若土样收缩（脱水曲线）或膨胀（吸水曲线）是由原状土壤含水量变化所引起的，则 Δl [L]必须在特别的水头（通常为田间吃水量）下进行测定，即对于原状土而言 $\psi_m=\psi_{FC}=-1$ m，扰动土壤为 -3.3 m。

（3）为了进行土样之间的比较，一般使用土壤水饱和度 $S(\psi_m)$：

$$S(\psi_m) = \frac{\theta_v(\psi_m)}{\theta_{sat}} \tag{72.4}$$

式中，θ_{sat} [$L^3 \cdot L^{-3}$]为土壤饱和体积含水量，即在 $\psi_m = 0$ m 时的体积含水量。

（4）如果烘干土样质量已知，那么还可以计算土壤质量含水量和土壤容重。土壤烘干质量（M_{ods}）计算如下：

$$M_{ods}=M_d-M_{cce} \tag{72.5}$$

式中，M_{cce} [M]是指除去土壤以后的采样环刀、滤纸和橡皮筋的总质量。土壤质量含水量 $\theta_g(\psi_m)$ [MM^{-1}]计算：

$$\theta_g(\psi_m) = \frac{M_w(\psi_m)}{M_{ods}} \tag{72.6}$$

土壤容重 ρ_b [ML^{-3}]的计算：

$$\rho_b = \frac{M_{ods}}{V_b} \tag{72.7}$$

2. 装填土壤

（1）不同基质势下土壤中水分质量的计算：

$$M_w(\psi_m) = M_s(\psi_m) - M_d \tag{72.8}$$

（2）烘干土壤质量 M_{ods} [M]的计算：

$$M_w(\psi_m) = M_s(\psi_m) - M_{rfe} \tag{72.9}$$

式中，M_{rfe} [M]指除去土壤以后，环刀、滤纸（或滤布）和橡皮筋的总质量。

（3）土壤质量含水量 $\theta_g(\psi_m)$ [L^3·L^{-3}]使用式（72.6）进行计算。

（4）土壤体积含水率 θ_v [L^3·L^{-3}]的计算：

$$\theta_v(\psi_m) = \frac{\theta_g(\psi_m) \times \rho_b}{\rho_w} \tag{72.10}$$

式中，ρ_b [ML^{-3}]指土壤干容重（式（72.7）），ρ_w [ML^{-3}]指水密度（例如，室温为20℃时 ρ_w =0.998 2 g·cm^{-3}）。如果需要使用装填土壤样品，那么最好在其取样地取几个原状土样，测定其体积平均值作为 V_b。

（5）土壤的饱和度 $S(\psi_m)$ 利用式（72.10）进行计算。

土壤脱水曲线和吸水曲线都可以绘制成图，其中基质水头作为 x 轴（见图72.4）。表72.2 给出了脱水曲线的计算举例。

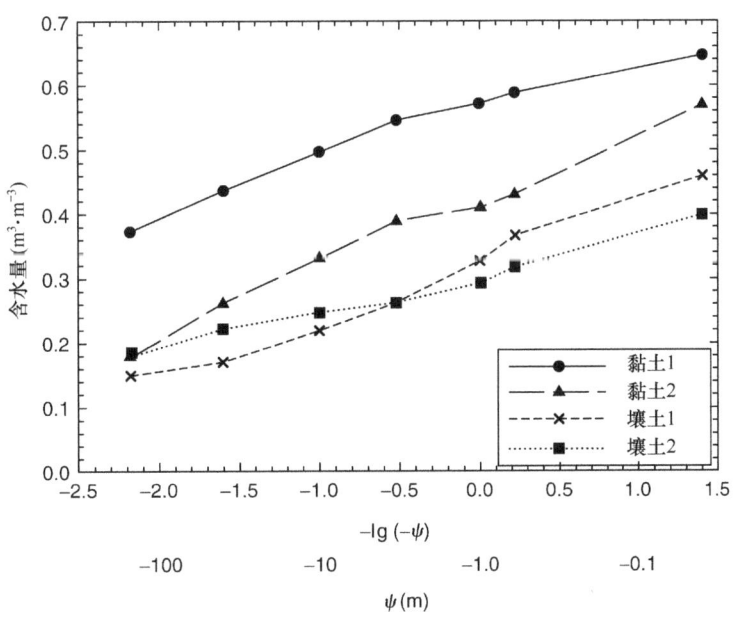

图 72.4 黏土和壤土的脱水曲线

需要注意的是，这里的第一个基质势 ψ_m=-0.04 m，而不是 ψ_m=0 m。

表 72.2　用张力台/板法和压力抽取法计算脱水曲线的含水率及饱和度

土样数量	基质水头 ψ_m(m)	M_c^a(g)	M_w^b(g)	u_v^c(cm$^3 \cdot$cm^{-3})	u_g^d(g$\cdot$g^{-1})	S^e
280^f	0	2 925.7	460.7	0.520	0.393	100.0%
280	−0.05	2 869.7	404.7	0.457	0.345	87.8%
280	−0.1	2 859.6	394.6	0.445	0.336	85.7%
280	−0.3	2 846.5	381.5	0.431	0.325	82.8%
280	−0.5	2 841.2	376.2	0.425	0.321	81.7%
280	−1	2 827.0	362.0	0.409	0.309	78.6%
280	−2.25	2 805.2	340.2	0.384	0.290	73.6%
280	−3.5	2 790.5	325.5	0.367	0.277	70.7%
25^g	−150	55.32	2.88	0.220	0.166	42.3%

原状土样：高为 11.0 cm，内径为 10.4 cm。
装填土样：高为 4.0 cm，内径为 4.7 cm。
烘干原状土+套子+过滤布+橡皮筋的总质量：M_d=2 465.0 g。
烘干装填土+环刀+过滤纸+橡皮筋的总质量：M_d=52.44 g。
烘干原状土质量：M_{ods}=1 173.4 g（式（72.5））。
装填土的质量：M_{ods}=17.35（式（72.9））。
水密度：ρ_w=0.998 2 g$\cdot$cm^{-3}（20℃）。
土样体积，v_b=887.71 cm^3（式（72.3））；土壤干密度 ρ_b=1.32g$\cdot$cm^{-3}（式（72.7））。
注意：ψ_m=0 时的饱和含水率为 θ_s。如果需要进行精确的测定，那么过滤纸和过滤布中的水分也要测定并从 M_w 中去除。而由于装填样品中过滤纸和过滤布中的水分含量较大，所以可能会影响测量结果。
a. M_c=土样质量+套/环刀质量+过滤纸/布的质量+橡皮筋质量。
b. M_w=土样的质量（式（72.1）或式（72.2））。
c. θ_v=土壤体积含水量（式（72.2））。
d. θ_g=土壤质量含水量（式（72.6））。
e. S=土壤饱和度（式（72.4））。
f. 280=原状土壤的数量。
g. 25=装填土壤的数量。

72.4　注　释

（1）最好根据数据用途设置基质势(ψ_m)。例如，农业调查可能只需要三个水头以便确定土壤空气容量和植物有效水容量（ψ_m = 0 m、−1 m、−150 m，详细信息可以参阅第 69 章）。如果需要详细了解土壤管理及质地对孔隙分布关系的影响就需要测定更多的水头（ψ_m = 0 m、−0.05 m、−0.1 m、−0.3 m、−0.5 m、−0.75 m、−1 m、−2 m、−3.3 m、−15 m、−50 m、−150 m）。测定土壤结构对土壤水分运移及存储的影响通常可以测定 ψ_m = 0 m、−0.05 m、−0.1 m、−0.3 m、−0.5 m、−3.3 m。

（2）压力提取法最初是用于小尺度装填土壤样本的脱水曲线特征的测定(McKeague，1978；Sheldrick，1984；Kute，1986)。然而作为张力台和张力板的补充（见 72.2 节），该方法现在也越来越多地用于原状土壤脱水曲线的测定，这也为溶质运移模型提供了重要的描述信息，例如，原状土壤的孔径大小分布、土壤结构、土壤与张力的关系及含水量等。

（3）样品平衡时间主要取决于众多因素，包括样品不饱和导水率、样品高度、设置水头、张力介质/陶瓷板的渗透系数，以及张力介质（或陶瓷板）与样本之间的水力连接等。一般来说，平衡稳定时间随样本、张力介质（或陶瓷板）渗透系数的降低而增加，随着水势的降低而增加，随张力介质（或陶瓷板）与样本之间的水力连接质量的降低而增加，随样本高度的增加而增加（通常与样本高度呈平方关系）。

因此，细质地的高样本土壤往往比粗质地的矮样本土壤平衡时间更长。样品在低（负）基质平衡的时间比样品在高基质的时间长。样品在低渗透性的张力介质（或陶瓷板）的平衡比在高渗透性的张力介质（或陶瓷板）的更慢。样品和张力介质（或陶瓷板）水力连接较差时其平衡更慢。陶瓷板的渗透性对平衡时间的影响可见 Gee 等（2002）。

（4）表 72.1 中给出了原状土样的近似平衡时间，这个时间是利用 48~200 h 内的土样排水速率数据在数学上外推到流出量忽略不计为止时得到的（Topp 等，1993）。使用这种方法的主要原因是在初始的 24~48h 内饱和原状土样的排水速率常常很快，而后则变得很慢。

（5）一些研究者（例如，Klute，1986）建议用铅块对土壤施加载荷（对于 5 cm 直径原状样本需 700 g），以便保证土壤样品和张力介质（或多孔板）在脱水和失水过程中具有良好的水力连接。若土壤样品和张力介质（或多孔板）脱节则会大大增加样本平衡时间，甚至无法达到平衡。而 Topp 和 Zebchuk（1979）认为使用适当的接触媒介，并在重新放置之前湿润样本，即使没有样品载荷也可以保证土样与板之间仍然具有良好的水力连接。另外，垂直载荷对于从地下采集的膨胀样品而言是十分必要的，如果不以限制和用载荷的方式模拟原来积土压力的话，这些土壤的吸水曲线和脱水曲线将不具有代表性（Collis-George 和 Bridge，1973）。

（6）张力计、张力板和压力提取方法大概的水头范围见图 69.4。

参 考 文 献

Ball, B.C. and Hunter, R. 1988. The determin-ation of water release characteristics of soil cores at low suction. *Geoderma* 43: 195-212.

Collis-George, N. and Bridge, B.J. 1973. The effect of height of sample and confinement on the moisture characteristic of an aggregated swelling clay soil. *Aust. J. Soil Res.* 11: 107-120.

Gee, G.W., Ward, A.L., Zhang, Z.F., Campbell, G.S., and Mathison, J. 2002. The influence of hydraulic nonequilibrium on pressure plate data. *Vadose Zone J.* 1: 172-178.

Klute, A. 1986. Water retention: laboratory methods. In: A. Klute, ed. *Methods of Soil Analysis, Part I-Physical and Mineralogical Methods.* Agronomy Monograph No. 9, 2nd ed. American Society of Agronomy, Madison, WI, 635-662.

McKeague, J.A. 1978. *Manual on Soil Sampling and Methods of Analysis*, 2nd ed. Canadian Society of Soil Science, Ottawa, ON, Canada, 212.

Sheldrick, B.S. 1984. *Analytical Methods Manual 1984.* Land Resource Research Institute, LRRI Report No. 84-30. Agriculture Canada, Ottawa, ON, Canada. 35/1-36/2.

Stakman, W.P., Valk, G.A., and van der Harst, G.G. 1969. Determination of soil moisture retention curves: I. Sand-box apparatus-range pF 0 to 2.7. Institute for Land and Water Management Research. Wageningen, The Netherlands.

Topp, G.C., Galganov, Y.T., Ball, B.C., and Carter, M.R. 1993. Soil water desorption curves. In: M.R. Carter, ed. *Soil Sampling and Methods of Analysis.* Lewis Publishers, CRC Press, Boca Raton, FL, 569-579.

Topp, G.C. and Zebchuk, W.D. 1979. The deter-mination of soil-water desorption curves for soil cores. *Can. J. Soil Sci.* 59: 19-26.

Townend, J., Reeve, M.J., and Carter, A. 2001. Water release characteristic. In: K.A. Smith and C.E. Mullins, eds. *Soil and Environmental Analysis: Physical Methods*, 2nd ed. Marcel Dekker, New York, NY, 95-140.

（魏翠兰 译，李保国 校）

第73章 土壤水分特征曲线
（脱水和吸水）：长土柱法

W.D. Reynolds

Agriculture and Agri-Food Canada

Harrow, Ontario, Canada

G. Clarke Topp

Agriculture and Agri-Food Canada

Ottawa, Ontario, Canada

73.1 引　　言

　　土壤脱水过程是指土壤体积含水量随着孔隙水基质水头的降低而降低的过程（即排水过程）。相反，吸水过程是指土壤体积含水量随着孔隙水基质水头的升高而增大的过程（即湿润过程）。在第69章中我们已经就与土壤脱水和吸水曲线测定相关的原则及参数进行了讨论。本章主要介绍一种测定土壤脱水和吸水曲线的方法：长土柱法。其他测定方法包括张力和压力法（见第72章）、露点干湿计法（见第74章）、室内蒸发法（见第81章）、瞬时剖面法（见第83章）和估算法（见第84章）。

　　长土柱法是一种应用选定长度的垂直土柱获得土样脱水或吸水过程中的平衡体积含水量（θ_v），从而得到土壤脱水曲线或吸水曲线的测定方法，测定过程的具体装置如图73.1所示。土壤含水量可以在选定的土柱高度上安插电容探针、电阻探针或者应用时域反射技术探针（TDR）进行便捷地测定（详情见第69章、第70章）。选定高度的基质水头（ψ_m）等于选定位置重力水头与定水头装置（如定水头量管、负压真空装置等）水头的差值。一般将设置定水头装置的水头 ψ_m 设为零或者接近土柱基底。如果要设置定水头为负值，那么土柱底端需要安装张力介质、多孔板或多孔膜以防止空气进入（见第72章）。总的来说，这种方法是在土柱特定位置（一般是靠近底部）设置固定的基质水头，从而让土柱在强加的水力梯度下脱水或者吸水直到达到静态平衡（无水分流动），然后测定选定高度下土壤的基质水头和对应的土壤含水量。土柱可以是均质土、分层土、原状土或者装填土。该方法常常被应用于长度小于2 m的准原状土柱的近饱和段（$\psi_m \geqslant -1$ m）脱水或吸水特征曲线的精确测定。

73.2 材料与物品

1. 土柱

　　0.5~2.0 m长的圆形柱或矩形柱均可以用来收集土芯或整块土壤。如果使用TDR、电容或者电阻探针来测定土壤含水量，那么柱体必须是绝缘的（ABS、PVC塑料、熟石膏等），且内径或者宽度≥8 cm。含水量同样可以用伽马射线衰减法（Topp，1969；Dane 和 Hopmans，2002）测定。

2. 土柱的底盖

　　土柱的底盖与定水头装置之间应该具有较好的水分连通性，可以使用具有足够进气值的张力介质或者多孔板为底部土样提供最低基质水头（最小可以为负值）（见图73.1）。为了保证底部施加的张力及水分的流入流出，底盖与柱体之间必须密封且不透水。

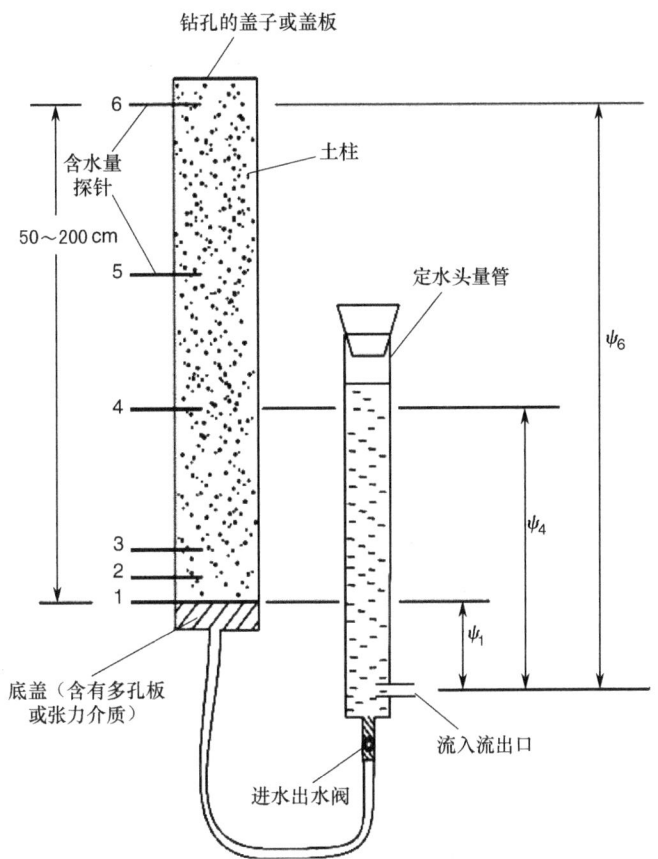

图 73.1 长土柱法测定土壤脱水和吸水曲线

图中 1、2、3、4、5、6 一般是基于 TDR、电容或者电阻技术的含水量探针，伽马射线衰减技术也可以。当水分达到平衡时（土柱没有水分流入流出，探针处含水量不变），测定探针 i 处对应基质水头 ψ_i 的土壤含水量 θ_i，其中 i = 1,2,3,4,5,6。

3. 定水头装置

定水头装置能保证土样水分在恒定的基质水头下流动（定水头量管）。如果使用定水头量管，连接底盖和量管的软管需要足够长，使量管的流入流出口（见图 73.1）能够与土柱的顶端持平，从而土样可以通过向上润湿的方式达到饱和。而且量管需要足够大，保证土样饱和过程不因为重复加水而打断。

4. 土柱顶盖

使用宽松或有孔的顶盖，这样既可以尽量减少顶端水分蒸发，又可以保证空气的流通。

5. 含水量探针

将测定土壤体积含水量的探针安装在土柱上提前选好的位置（见图 73.1）。选定位置和探针分布取决于土壤的剖面特性（剖面分层）、探针影响的区域、设定的基质水头，以及所用仪器监测的探针数目限制。双线式 TDR 探针（见第 70 章）在该方法中应用非常便利。这是由于 TDR 探针可以通过柱壁上钻的小孔很方便地安装，而且探针影响的区域较小（大约是线间距的 2 倍）使探针间距可以很短，同时可以对多个探针进行方便地手动或自动监测。对于均质的土芯或整块土壤，探针可以均匀地分布。而对于层状土样，每一层至少需要安装一个探针，探针分布的位置多变。

6. 室内温度控制

由于土壤脱水曲线和吸水曲线对温度敏感，所以测定过程需要在恒定的温度下进行，通常是 20℃。更多详情见第 69 章和第 72 章。

73.3 步 骤

（1）土芯或整块土壤的采集。对于未扰动的土芯或者整块土壤的田间采集步骤见第72章和第75章。对于相对短的土芯（小于1 m），可以用液压装置将开刃的取样器顶入或打入土壤，虽然这样可能造成土壤压实和破碎。对于一些特定用途或者高度均质土壤，将土壤过筛重新填装土柱也同样适用。对于均质土柱，含水量探针安装数目和设定的基质水头数量一致。将第一根探针（探针1）安装在土柱底部，剩余的探针分别安装在设定的基质水头数值相同的高度。如果设定的基质水头 ψ_m=0 m、−0.05 m、−0.1 m、−0.3 m、−0.5 m、−1 m，那么探针 2~6 的安装位置分别是探针 1 上方 0.05 m、0.1 m、0.3 m、0.5 m、1 m 处（见表 73.1 和图 73.1）。对于分层土壤，每个主要土层（如果考虑该土层的影响）至少安装一个含水量探针。

表 73.1 长土柱法测定均质土壤近饱和段脱水曲线和吸水曲线计算实例

探针编号（最底端探针编号为1）	相对最底端探针的探针高度（cm）	平衡时的基质水头 ψ_m(m)	脱水曲线 平衡土壤含水量 θ_v(m³·m⁻³)	吸水曲线 平衡土壤含水量 θ_v(m³·m⁻³)
1	0	0	0.488	0.461
2	5	−0.05	0.421	0.388
3	10	−0.1	0.429	0.358
4	30	−0.3	0.387	0.312
5	50	−0.5	0.310	0.241
6	75	−0.75	0.247	0.191
7	100	−1	0.211	0.165

土柱长度=1.1 m；土壤类型：均质壤土；含水量探针（TDR）数量=7。量管流入流出口高度与最低的含水量探针一致。

脱水曲线：将量管流入流出口升到土柱顶端的高度，使整个土柱饱和从而达到测定初始状态。最低探针处的初始土壤含水量（脱水过程）为 0.488 m³·m⁻³（饱和）。然后将量管流入流出口降低到最低探针的位置（见图 73.1 中的探针 1），直到达到平衡状态。

吸水曲线：将量管流入流出口放在最低探针下方 1 m 处为初始状态。初始状态最低探针（见图 73.1 中的探针 1）处的初始含水量（吸水过程）=0.211 m³·m⁻³。随后，把量管流入流出口升到与最低探针的位置（见图 73.1 中的探针 1），直到达到平衡状态。

（2）将连接定水头装置和底盖的张力介质或多孔板饱和，然后将其装在土柱底盖上，保证土壤和底盖之间有良好的水力联系。打开定水头装置的进水出水阀使水分可以在土样中进出，水分的进出取决于土壤的初始含水量及定水头装置设定的基质水头。保持土柱竖直。

（3）将土样慢慢湿润直到饱和或田间实际饱和。如果需要完全饱和土样（无裹入的空气），那么可以用可溶于水的二氧化碳替换土样中的空气（用压缩气筒将二氧化碳缓慢地注入土壤），然后用温度均衡去气水饱和。去气水需要用"土著"水，或与土著水主要离子组成和浓度基本相同的实验室内所配的"近似"水来制备。如果需要田间实际饱和土样（有裹入的气体，可能更能代表实际田间状况），那么土样需要用温度均衡去气水饱和。土样可以这样轻易地达到饱和或者田间实际饱和：把定水头量管的流入流出口放置在土柱基底处，然后慢慢逐级将其升高（例如，10 cm·h⁻¹）直到量管流入流出口与土柱顶端平齐。土壤饱和或者田间实际饱和的标志是土壤顶端出现自由水。

（4）对于均质土样，脱水曲线可以这样得到：

① 将定水头量管一次性降低使最底端探针处的基质水头为零（例如，把量管的流入流出口从土柱顶端位置一次性降低到最底端探针的高度）。

② 等到水分流出停止，这表示达到了水分平衡——这可能需要数小时到数天的时间（水分平衡的

另一个标志是各个含水量探针处土壤含水量不变)。

③ 记录各个探针位置处的土壤含水量。

④ 测定各个探针位置与定水头量管流入流出口的高度差，从而得到各个探针处的基质水头。对于分布在 1 m 高土柱上的含水量探针来说，这样可以在最底端的探针处得到最高的基质水头 ψ_m=0，在最高的探针处得到最低的基质水头 ψ_m=-1 m（见 73.4）。

对于分层土样，脱水曲线是这样得到的：将定水头量管逐级一步一步降低，等到每一步水分平衡时，用和均质土壤同样的方法测定探针处的土壤含水量和基质水头。每次量管降低的距离应该和需要的基质水头相符合。例如，想要某一个特定探针位置的基质水头 ψ_m=0 m、-0.05 m、-0.1 m、-0.3 m、-0.5 m、-1 m，那么以该探针位置为基准，量管流入流出口需要逐级降低 0 m、0.05 m、0.1 m、0.3 m、0.5 m 和 1 m。

(5) 为了得到吸水曲线，土样初始状态时，定水头量管的流入流出口需要低于最底端的含水量探针一段距离（例如，低于最底端探针 1 m）。如果土样是均质的，量管流入流出口随后一次性升高到与最底端探针平齐的位置，那么吸水时的含水量和基质水头测定与第（4）步中均质土样的测定方法一致。如果土样是分层的，那么量管流入流出口需要从初始位置（例如，最底端探针下方 1 m 处）逐级一步一步升高、平衡，土壤含水量和基质水头的测定方法与第（4）步一致。

73.4 分析和计算

对于每个探针位置，记录水分平衡时的土壤含水量（θ_v）和对应的探针高出定水头量管（或者其他类似的定水头装置）流入流出口的高度。将上述高度转换成基质水头（如果某个探针相对高度为+0.5 m，那么该处的基质水头为-0.5 m）。对于均质土样脱水曲线或吸水曲线的测定，量管高度只需要改变一次，每个探针仅仅产生一个数据点，也就是（θ_v, ψ）数据对。而对于分层土样脱水曲线或吸水曲线的测定，量管高度需要逐级改变，每个探针有针对该探针位置的多个数据点（也就是说有几个探针，就有几条脱水曲线和吸水曲线的测定）。土壤脱水曲线和吸水曲线的计算实例如表 73.1 所示。

73.5 注　　释

(1) 在土柱底部安装张力介质或者张力板将张力法和长土柱法有效地结合了起来。与长土柱法相比，张力法中的基质水头可以达到更低，因此可以对脱水曲线和吸水曲线有更加完整的描述。

(2) 由于在土样湿润和排水过程中水分平衡是逐渐逼近的，所以长土柱法更适用于导水率高的材料和长度小于 1 m 的土柱。还需要注意的是，土样向上湿润的过程相比排水过程更慢（由于重力、迟滞现象和滞留气泡的影响），结果导致吸水曲线的平衡时间可能会很长，特别是对于接近 1 m 长的土柱。

(3) 长土柱法的一个重要的优点是它可以测定土样中同一个位置（或者说几乎同一个位置）的 θ_v 和 ψ_m。换一句话说，大部分其他方法把"平均"含水量 θ_v 姑且当作整个样品的含水量，但是 ψ_m 却只是被施加在样品某个特定的位置（例如，第 72 章介绍的张力计法、张力板法和压力抽取法）。在 θ_v 随着 ψ_m 变化非常迅速的脱水曲线和吸水曲线测定过程中，用"样品平均含水量" θ_v 对应"特定位置基质水头" ψ_m 可能会产生可观的误差。这种情况常常发生在极粗质的土壤上或者高度结构化的多孔介质中，或者当溶质、不相混流体改变了有效气液界面张力时。例如，Dane（1992）用长土柱法测定砂质土壤对三氯乙烯的吸入和解吸曲线时发现，三氯乙烯从饱和含量到残余含量仅仅需要等价的孔隙水基质水头 ψ_m 降低 2.5～10 cm，反之亦然。因此，通常用 5～10 cm 长的土芯样品测定吸入曲线和解吸曲线时，底部样品聚氯乙烯含量可能实际上是饱和的，而顶端可能只是残余水平，在此情况下用样品平均 θ_v 对应特定位置 ψ_m 的一般方法将很可能导致错误结果。

（4）Topp（1969）描述了一种基于长土柱法，利用了瞬时水流和控制气压的改良方法。其主要优点是可以细致地、高精度地测定脱水、吸水和扫描曲线，同时可以测定土壤非饱和导水率（见第69章）。但这种方法也有明显的缺点，即需要更为复杂的装置和高度控制的实验条件。

（5）图69.4给出了长土柱法可行的基质水头测定范围。

参 考 文 献

Dane, J.H. and Hopmans, J.W. 2002. Water retention and storage, long column. In: J.H. Dane and G.C. Topp, eds. *Methods of Soil Analysis, Part 4-Physical Methods*. Soil Science Society of America, Madison, WI, 690-692.

Dane, J.H., Oostrom, M., and Missildine, B.C. 1992. An improved method for the determination of capillary pressure-saturation curves involving TCE, water, and air. *J. Contam. Hydrol.* 11: 69-81.

Topp, G.C. 1969. Soil-water hysteresis measured in a sandy loam and compared with the hysteretic domain model. *Proc. Soil Sci. Soc. Am.* 33: 645-651.

（谷丰　译，李保国　校）

第 74 章 土壤水分特征曲线：露点干湿计法

W.D. Reynolds

Agriculture and Agri-Food Canada

Harrow, Ontario, Canada

G. Clarke Topp

Agriculture and Agri-Food Canada

Ottawa, Ontario, Canada

74.1 引 言

土壤脱水过程是指土壤体积含水量随着孔隙水基质水头的降低而降低（即排水过程）。相反，吸水过程是指土壤体积含水量随着孔隙水基质水头的升高而增大（即湿润过程）。在第 69 章中我们已经就土壤吸水曲线和脱水曲线测定相关的原则与参数进行了讨论。本章简单介绍一种测定土壤吸水曲线和脱水曲线的方法：露点干湿计法（主要是基于室内测定的露点干湿计）。其他测定方法包括张力和压力法（见第 72 章）、长土柱法（见第 73 章）、室内蒸发法（见第 81 章）、瞬时剖面法（见第 83 章）和估算法（见第 84 章）。

露点干湿计法测定土壤水分特征曲线的方法是通过露点干湿计测定土壤基质水头，$\psi_m[L]$，同时测定土样基于烘干质量的质量变化，从而获得土壤质量含水量，$\theta_g[MM^{-1}]$。要获得土壤体积含水量 θ_v 需要单独测定土壤的干容重 $\rho_b[ML^{-3}]$ 和水的密度 $\rho_w[ML^{-3}]$，然后用公式 $\theta_v=\theta_g\rho_b/\rho_w$ 计算。露点干湿计法只需要少量的扰动土样（7～15 mL，10～20 g），而且主要应用于土壤水分特征曲线"干燥端"的测定（$\psi_m \leqslant -20$～-40 m）。平衡过的土样用露点干湿计测定一次即在土壤脱水曲线或吸水曲线上产生一个数据点。

74.2 理论与原理

干湿计法通过测定土壤空气的平衡相对水汽压或者相对湿度来测定孔隙水基质水头 ψ_m（Andraski 和 Scanlon，2002；Scanlon 等，2002）。开尔文公式描述了 ψ_m 和相对水汽压(e/e_s)之间的关系：

$$\psi_m = \frac{RT}{V_w}\ln\left(\frac{e}{e_s}\right) \tag{74.1}$$

式中，R 是理想气体常数（8.314 J·mol^{-1}·K^{-1}），T 为开氏温度(°K)，V_w 是水的摩尔体积（1.8×10^5 m^3·mol^{-1}），e 为土壤空气在温度为 T 时的水汽压，e_s 为土壤空气在温度为 T 时的饱和水汽压。

干湿计法测定土壤的相对水汽压（即相对湿度）主要是通过两种技术完成的：热电偶干湿计（见第 71 章）或露点干湿计。热电偶干湿计通过测定土壤水分在热电偶上凝结（通过热电制冷），然后重新蒸发到空气中导致"湿球"热电偶温度降低值来实现的。而露点干湿计通过测定使土壤水汽凝结的露点温度来实现：镜面和土壤空气首先温度平衡，然后镜面经过热电制冷直到水汽在镜面上凝结。尽管两种方法都经常被用来测定 ψ_m，但是我们在这里主要关注露点技术，这是由于相对热电偶系统，露点技术可以测定的 ψ_m 范围更大，对温度梯度的敏感度稍低且测定速度更快。

在露点干湿计技术中，土样被放置在一个小的密室中，且样品上方空气与土壤水的温度、水汽压相平衡（见图 74.1）。密室里包含一个连接热电偶的镜子、一个光束源、一个光电探测器室、一个红外测温仪和一个能够加速镜子与样品温度、水汽压平衡的风扇。光束直接照射到镜面上然后反射到光电探测器。首先用红外测温仪记录样品与密室的平衡温度，然后镜面被热电制冷直到水汽在镜子反射面聚集。聚集刚发生时，光电探测器就会捕捉到镜面反射的变化，此时热电偶记录镜面的温度，这个温度与土壤空气的露点温度一致。露点和样品温度可以用来计算 e/e_s：

$$\frac{e}{e_s} = \exp\left[\frac{bc(T_d - T_s)}{(T_d + c)(T_s + c)}\right] \tag{74.2}$$

式中，T_d 为露点温度，T_s 是样品和其上部空间温度，b 和 c 是常数（Buck，1981）。

然后通过式（74.1）计算基质水头 ψ_m。

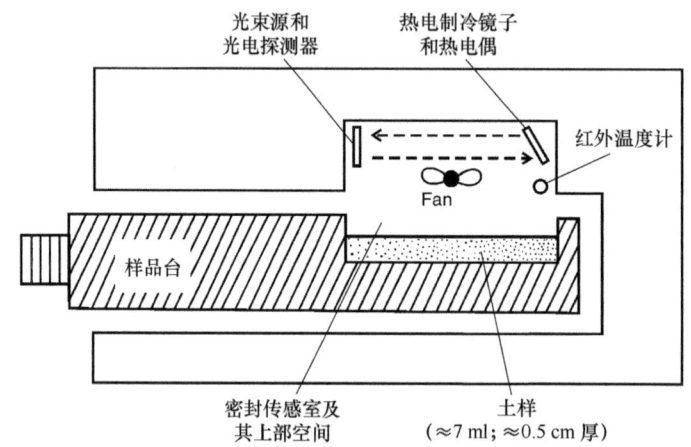

图 74.1　测定脱水和吸水曲线的露点干湿计

74.3　装置与步骤

（1）室内露点干湿计是市场上可以买到的，如 Decagon Devices 有限公司（美国华盛顿普尔曼）销售的 WP4 露点干湿计和 Wescor 有限公司（美国犹他州洛根市）销售的类似仪器。这里我们主要介绍 Decagon 公司的 WP4 露点水势仪。

（2）为了得到土壤水分特征曲线干燥端的数据点，待测土样必须在一定的含水量范围内。在实验室测定吸水曲线的过程中，土样往往是从风干或者烘干状态开始，然后逐渐与一定量的水分充分混合，然后将样品放入恒温（通常 20℃）气密室中平衡。推荐的最小平衡时间为 16 h（粗质土壤）到一周（细质土壤）（Andraski，Scanlon，2002；Decagon Devices，Inc. 2005）。脱水曲线的测定步骤与吸水曲线刚好相反，即从湿土开始逐步干燥。在土样中每次加入或者移除的含水量取决于土壤质地和想要的土壤含水量与基质水头的范围，而这通常需要做预实验来判断。土样也可以直接从田间采集，这时土样的干燥和湿润主要依靠蒸发和降水灌溉。田间样品采集完成后必须立刻密封以便防止测定前的土壤失水或吸湿。

（3）将每个土样放入一个单独的提前称重的干湿计样品台或样品杯（W_c）中，然后用橡皮塞或金属棒将土样轻轻压平，这时土样的厚度约为 0.5 cm（表面平整和轻微压实趋于得到更可靠、可重复的结果——Gee 等，1992）。然后立即将样品密封在一个单独的气密室中以便防止测定前土样的失水或吸水。

（4）将样品杯从气密室中取出后立刻放入干湿计中（尽量减小水分散失或增加），然后开始测定（每次放入并测定一个样品）。WP4 露点干湿计每次测定大约需要 0.5 min，然后显示土壤基质水头 ψ_m 和样品温度。基质水头是由仪器用式（74.1）和式（74.2）在内部计算得出的。

(5) 得到 ψ_m 以后，将样品从仪器中取出，立刻称重得到湿土加样品杯质量（W_{c+s+w}）。将样品在 105 ℃±5℃下烘干 24~48 h，在冷却箱中冷却到室温后称重获得烘干土加样品杯质量（W_{c+s}）。通过下面的公式计算土壤质量含水量 θ_g：

$$\theta_g = \frac{W_{c+s+w} - W_{c+s}}{W_{c+s} - W_c} \tag{74.3}$$

注意，上式中 $W_{c+s+w} - W_{c+s}$ 为样品中水的质量，$W_{c+s} - W_c$ 为样品烘干质量（土壤质量含水量定义见第 69 章）。

(6) 土壤体积含水量计算公式为

$$\theta_v = \theta_g \rho_b / \rho_w \tag{74.4}$$

式中，ρ_b 和 ρ_w 分别代表土壤容重和水的密度，$M \cdot L^{-3}$。计算出的 θ_v（或 θ_g）和对应的 ψ_m 在土壤脱水曲线或吸水曲线形成一个数据点。Decagon Devices, Inc.（2005）中有一个关于土壤吸水曲线测定的例子。

74.4 注 释

(1) 露点干湿计的测定范围是 $-6\,000\,\text{m} \leqslant \psi_m \leqslant -40\,\text{m}$。其在 $-1\,000\,\text{m} \leqslant \psi_m \leqslant -40\,\text{m}$ 范围内测定时，误差约为 ±10 m。在 $-6\,000\,\text{m} \leqslant \psi_m \leqslant -1\,000\,\text{m}$ 范围内测定时，误差约为 1%（Decagon Devices, Inc. 2005）。尽管这种方法的误差看起来有点儿大，但是其对预测土壤含水量的影响很小，这是由于水分特征曲线在干湿计测定范围上非常平坦（见图 69.4）。

(2) 干湿计的测定对样品和露点的温度差 $\Delta T = (T_d - T_s)$ 非常敏感（见式（74.2））。为了达到 ±10 m 的 ψ_m 精度，ΔT 的精度要求在 ±0.005℃以内。因此干湿计的温度探针必须非常精确，测定时土样和密室的温度差应该在 ±0.5℃以内。所以，建议将待测样品和干湿计同时放在恒定温度的房间内（20℃±1℃）。

(3) 测定之前，需要通过测定已知溶质势的标准盐溶液的基质水头来检查仪器精度并校准（必要时需要改正）。标准盐溶液可以按照文献（Andraski, Scanlon, 2002）中自己配置或直接购买（如 Decagon Devices 有限公司）。

(4) 样品室温度和水汽压的完全平衡要求土壤样品是少量的扰动土（7~15 mL）。土样的扰动会导致这种方法不能描述土壤结构、容重和滞后效应对水分特征曲线的影响，虽然这种影响在干湿计测定的干燥端 ψ_m 范围内常常微不足道。由于测定样品量很少，所以为了充分代表自然田间土壤的时空变异性，测定需要的重复数会很大。尽管露点干湿计常常用于扰动样品，但是也已经成功地用于小的原状石头样品脱水曲线的估算（Flint 等，1999）。

(5) 室内干湿计法最大的误差来源是在样品采集、准备和测定过程中蒸发导致的水分损失和水汽凝结或吸收导致的土样吸水，特别是测定粗质土样或者干土样时。因此，实验步骤必须防止或尽量减小水分损失或吸水，这些通常发生在样品存储及样品和露点干湿计的温度平衡过程中。

(6) 图 69.4 对比了露点干湿计法和其他方法测定脱水曲线与吸水曲线的基质水头范围。

参 考 文 献

Andraski, B.J. and Scanlon, B.R. 2002. Thermocouple psychrometry. In: J.H. Dane and G.C. Topp, eds. *Methods of Soil Analysis, Part 4-Physical Methods*. Soil Science Society of America, Inc., Madison, WI, 609-642.

Buck, A.L. 1981. New equations for computing vapor pressure and enhancement factor. *J. Appl. Meteorology* 20: 1527-1532.

Decagon Devices, Inc. 2005. www.decagon.com= wp4=wptheory.html. Last verified July 2006.

Flint, L.E., Hudson, D.B., and Flint, A.L. 1999. Unsaturated hydraulic parameters determined from direct and indirect methods. In:

M.Th. van Genuchten et al., eds. *Characterization and Measurement of the Hydraulic Properties of Unsaturated Porous Media: Part 1.* University of California, Riverside, CA.

Gee, G.W., Campbell, M.D., Campbell, G.S., and Campbell, J.H. 1992. Rapid measurement of low soil water potentials using a water activity meter. *Soil Sci. Soc. Am. J.* 56: 1068-1070.

Scanlon, B.R., Andraski, B.J., and Bilskie, J. 2002. Miscellaneous methods for measuring matric or water potential. In: J.H. Dane and G.C. Topp, eds. *Methods of Soil Analysis, Part 4-Physical Methods.* Soil Science Society of America, Inc., Madison, WI, 643-670.

（谷丰　译，李保国　校）

第75章 饱和水力学特性：室内测定法

W.D. Reynolds

Agriculture and Agri-Food Canada
Harrow, Ontario, Canada

75.1 引　　言

饱和导水率 K_s [LT^{-1}] 是实验室测定的饱和水力学特性中最重要的参数。K_s 的室内测定是基于田间采集的原状或者扰动多孔介质样品上进行的。相反，K_s 的田间或者原位测定是指直接在田间进行测定。

与田间测定方法相比，测定饱和导水率的实验室方法的主要优点有：可以很好地定义和控制水流边界及流场（例如，恒定精确的已知水头、一维直线水流）；可以控制水流所处的环境并保持稳定（例如，恒定的温度、压力和水的化学性质等）；可以用其定义公式（即达西定律，式（75.1））直接计算 K_s；实验环境舒适方便（例如，不需要应付险恶的室外天气、测定时间灵活等）。室内测定法的其他优点在其他章节（75.2 节和 75.3 节）也有描述，例如，可以快速经济地测定大量样品的 K_s，因此大范围覆盖的、高重复的时空分析变得更有意义、更可行，同样的样品可以便捷地用于土壤水分特征曲线的测定（见第 72 章）。而另外一方面，相对于田间测定法，实验室方法也有很大的缺点：样品尺寸通常很小，可能不能代表原位多孔介质；失去了与取样处其他多孔介质之间的水力连接；施加在土芯上的流场（例如，一维直线水流）在实际状况中可能是不切实际或者不恰当的（例如，原位状态的流场可能是各向异性的）；取样过程中的扰动（例如，震动导致的团聚体破碎、宏观结构的崩溃及摩擦导致的压实）可能导致测定的 K_s 不具有代表性。因此，如果决定采用室内法测定 K_s，就应该发挥该方法的最大优点，同时又要接受缺点或将其最小化。

目前最常用的室内测定法包括定水头土芯法和降水头土芯法，将分别在75.2节和75.3节进行讲述。但是"土芯法"不总是可行，75.4节还介绍了其他的室内测定法："结构体"法和"整块土壤"法，这些方法在某种情况下可能更好。测定饱和导水率的原位或田间测定方法见第 76—第 79 章。通过多孔介质的其他特性来估算其饱和导水率的方法见第 84 章。与饱和导水率测定相关的原则和参数的讨论见第 69 章。

75.2 定水头土芯法

这种方法测定的是土芯样品的饱和导水率，K_s[LT^{-1}]。虽然实际上土芯的截面可以是任意形状，而且对长宽要求也很宽泛，但是直径 4~20 cm、长 4~20 cm 的圆柱状土芯是最实用的。首先将土芯湿润至饱和，然后水流在恒定的水头梯度下以稳定的速率穿过土芯。虽然有很多其他的装置也是可行的（Youngs, 2001），但是这里我们推荐使用矩形的"导水率"水槽（Elrick 等，1981）来加快土芯处理的速度和效率。下面介绍的方法对于 75.3 节中的降水头土芯法来说是一个补充，它们都应用了一些相同的装置和步骤。定水头土芯法测定的 K_s 范围为 $10^{-5} \sim 10^0$ cm·s^{-1}。而降水头土芯法测定 K_s 的范围为 $10^{-7} \sim 10^{-4}$ cm·s^{-1}。

75.2.1 装置和步骤（圆柱状土芯）

（1）使用圆柱状采样器采集多孔介质（如土壤）样品，采样器要求在取样过程中不变形，同时也不会被水侵蚀（即用铝、铜、不锈钢或高密度塑料等制成）。假如要求测定的 K_s 能够代表田间状况，那么取样器圆柱体需要足够大，使其能够反映样地土壤的自然结构（如结构体、团聚体、裂缝、生物孔隙等）。取样过程应该按照一定的操作规程以便尽量减少结构的破坏和土芯壁上的优先流现象。相应的操作规程及土芯样品尺寸的选择标准见第 80 章，一些文献中也有描述（McIntyre，1974；Bouma，1985；Rogers 和 Carter，1986；Amoozegar，1988；Lauren 等，1988；Cameron 等，1990）。将土芯的两端削平并使其与取样圆柱平齐。去除土样上所有涂抹和压实的痕迹（即暴露多孔介质未扰动的表面）和附着在圆柱外的所有杂物。用 270 目（孔径为 53 μm）的尼龙织物包裹圆柱顶端，并用结实的橡皮带固定（见图 75.1）。在圆柱底端加装一个透明的（如腈纶材质）后盖并保证不透水密封（见注释（2））。各种各样的后盖设计都是可行的，图 75.1 的设计是用一个内部具有胶皮套的多节点耦合的方法（铁–塑料–塑料）将后盖与圆柱快速便捷地密封。另外，把融化的（100℃）石蜡涂在节点上也可以将后盖与圆柱间密封，但是这种方法比较慢而且可能不一定有效。

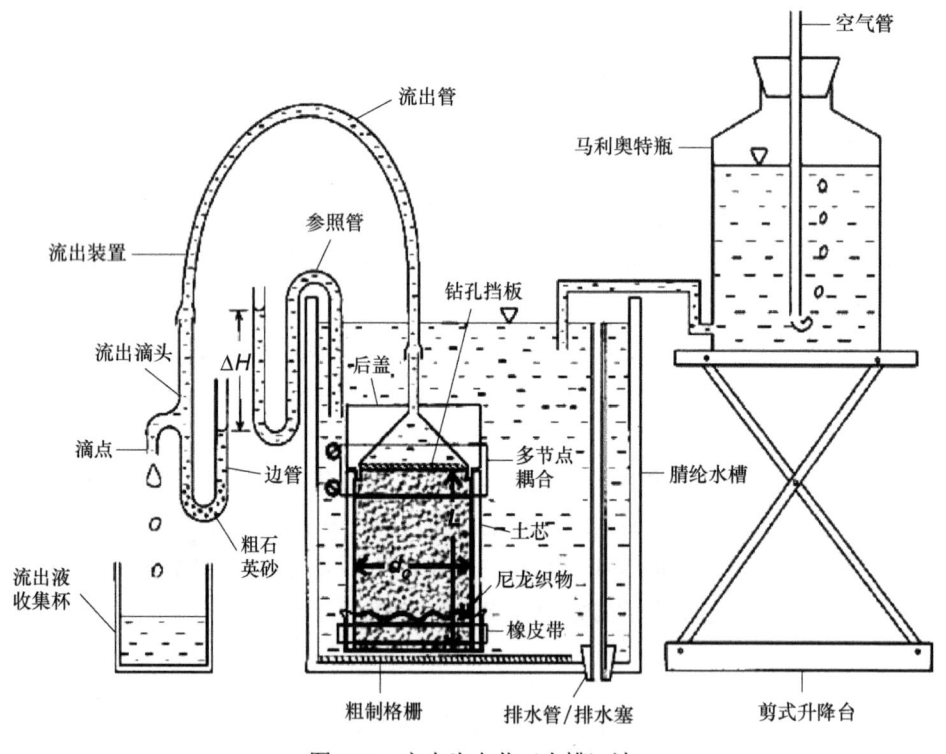

图 75.1 定水头土芯（水槽）法

（2）将准备好的土芯放在空的水槽中，在水槽底部放置一个粗质的尼龙织物、黄铜或者不锈钢丝格栅（≥2 mm）使土芯湿润不受限制。水槽壁需要约 30 cm 高使测定所需的水头梯度范围足够大（下面有讨论）。排水管/排水塞的结合既可以防止水槽的水过满，也可以在测定末期促进排水。

（3）在一个超过四天的周期内，用温度平衡过的水（自然水或者实验室近似自然水）将土芯慢慢饱和。前三天每天加水分别淹没土芯高度的三分之一，第四天将水槽加满水（最高到排水管，见图 75.1）（其他的饱和步骤可见 Ball 和 Hunter，1988 及 Townend 等，2001）。为了防止微生物滋生，有时候需要往水中加入灭藻剂或灭真菌剂。样品或尼龙织物上藻类真菌的滋生可能会阻碍水流，从而使测定的 K_s 不具有代表性。在饱和过程中，后盖流出管需要保持竖直以便防止开口浸入水中，因为这样会阻碍土样中空气的逸出从而妨碍多孔介质的饱和及后盖的充水。如果后盖或者它的流出管只是部分充满水（可能发生在低导水率的多孔介质上），那么可以用注射器通过一个小口径的管子将水分打入流出管中从而使其充满水。如果土芯的导水率太低导致四天的饱和过程结束后仍然没有积水出现在多孔介质表面，那么可以将饱和过程延长直到积水出现。

（4）用（3）中同样的水将马利奥特瓶装满，并用大孔径的管子（大概内径 8 mm）将其出水口与水槽连接。调节瓶子或者空气管的高度使水分平衡高度低于水槽上壁 1~3 cm，与排水管顶部高度一致（见图 75.1）。将马利奥特瓶放在剪式升降台是为了方便调节高度。在测定过程中马利奥特瓶向水槽提供与流出液水量相同的水从而可以使水槽水位保持稳定（理论要求）。不推荐将流出液重复使用，因为这样有可能混入沉淀物（如粉粒和黏粒），从而可能堵塞尼龙织物或流入土芯。

（5）使用注射器将流出装置充满水，然后夹紧。将后盖流出管浸入水槽中使其充满水。连接流出装置和后盖流出管，确保连接中没有气泡。将参照管浸入水槽中使其充满水，其装配如图 75.1 所示。

（6）降低流出滴头使其低于参考管水位 1~2 cm。缓缓小心地松开流出装置的夹钳从而保证没有空气被吸入滴头。调整流出滴头的高度使水滴速度不快于 0.25~0.5 s 每滴，也不慢于 1~2 min 每滴。流速过快或过慢会对测定精度造成影响。理想的滴头高度设置好以后，在正式测定流速之前允许通过土芯的水流平衡几分钟（即达到一个稳定的状态）。如果设置的最小滴头高度下（即滴头与水槽水面高差最大），水滴速度依然慢于 1~2 min 每滴，就需要应用降水头法（见 75.3 节，注释（4））再次测定。

（7）测定流速有两种方法：测定一段时间（30~120 s 间隔内）通过土芯的水分体积（质量）；测定收集一定的体积（5~20 mL）流出液所需要的时间。推荐用四到五次测定的平均数作为最终结果以便减小测定过程中的误差。在测定流速的同时（即滴头已经设置在理想高度，水流稳定的过程中），用一个 1 mm 刻度的尺子测量参照管水面高度与流出滴头边管水面高度差，从而得到土芯样品顶端和底端的水头差。

75.2.2 分析和计算

用达西定律计算饱和导水率 K_s[LT^{-1}]：

$$K_s = Q_s/Ai \tag{75.1}$$

式中，Q_s[L^{3}T^{-1}]为穿过土芯的稳定的流量速度；A[L^2]为土芯垂直于水流方向的横截面积；i[LL^{-1}]为土芯两端的水头梯度。对于圆柱状土芯，式 75.1 可以化为

$$K_s = \frac{4VL}{\pi \Delta t \Delta H d_c^2} \tag{75.2}$$

式中，V[L^3]为时间段 Δt 内收集的水的体积；L[L]为土芯长度；ΔH[L]为参照管与流出滴头边管的水面高度差，等同于穿过土芯的水头梯度；d_c[L]为土芯的直径，等同于圆柱取样器的内径（见注释（7））。

表 75.1 给出了定水头土芯法测定 K_s 的一组实验数据和计算过程。其中水分体积（V）通过测定一定的时间间隔（表中为 60 s）内流出水的质量，然后除以一定的温度（T）下水的密度（ρ）而便捷地得到。考虑到温度同时影响水的温度和黏滞度（见第 69 章），建议在测定 K_s 的过程中（环境）温度保持恒定。

表 75.1 定水头土芯法和降水头土芯法测定 K_s 的实例

定水头土芯法	降水头土芯法
土芯编号：708	土芯编号：170
样品长度：L=9.8 cm	样品长度：L=9.0 cm
土芯直径，d_c=10.0 cm	土芯直径，d_c=10.0 cm

(续表)

定水头土芯法	降水头土芯法
水头梯度，ΔH=27.1 cm	储水管内径，d_s=1.13 cm
水分温度，T=20 ℃	水分温度，T=20 ℃
水分密度，ρ=0.998 2 g·cm^{-3}	H_1=70.2 cm, t_1=0 min,
V_1=(1.63 g/ρ)=1.63 cm^{-3}	H_2=69.2 cm, t_2=8 min, $t_{1,2}$=480 s^a
V_2=1.68 cm^{-3}	H_3=68.2 cm, t_3=16 min, $t_{2,3}$=480 s
V_3=1.63 cm^{-3}	H_4=67.3 cm, t_4=24 min, $t_{3,4}$=480 s
V_4=1.65 cm^{-3}	H_5=66.4 cm, t_5=32 min, $t_{4,5}$=480 s
V_5=1.66 cm^{-3}	$K_{1,2}$=3.44×10^{-6} cm·s^{-1}（见式(75.3)）
V_{aver}=1.65 cm^{-3}	$K_{2,3}$=3.49×10^{-6} cm·s^{-1}
K_s=1.27×10^{-4} cm·s^{-1}（见式(75.2)）	$K_{3,4}$=3.18×10^{-6} cm·s^{-1}
	$K_{4,5}$=3.22×10^{-6} cm·s^{-1}
	K_{aver}=3.33×10^{-6} cm·s^{-1}

a. 时间间隔（Δt）不一定前后一致，但这样会比较方便。

75.2.3 注释

（1）图 75.1 中所示锥形的后盖可以防止流出装置中气泡的截留，因此能确保土样与流出滴头之间水力连接的连续和不被束缚。后盖中可拆卸的钻孔的腈纶（或 PVC）挡板可以防止土样在测定过程中可能的抬升（挡板需要大概 3 mm 厚，钻孔直径约为 3 mm，钻孔区域约占挡板总体的 26%）。后盖中较小的一边可以装置到土样圆柱上，既可以将后盖装到圆柱体的中心也可以减小柱体内壁的"短路"水流。土芯两端均不可使用滤纸，因为它容易被测定过程中的悬浮沉积物逐渐堵塞。

（2）因为在此方法中水流方向是向上的，所以需要将后盖放在土芯的底部（即土样在水槽中是上下颠倒的）从而使水流是从多孔介质的顶部流向底部。然而，对于大多数的多孔介质来说，无论水流是向上还是向下，饱和导水率 K_s 是相同的，因此不需要考虑土芯的方向。

（3）流出滴头设计成这样可以使我们精确测定土芯两端的水头梯度（ΔH）。特别是对于高渗透性样品，水头梯度常常很小（只有 0.5～1 cm），这时 ΔH 的精确测定就特别重要。液滴形成导致的压力可能导致真正的零水头（即边管的水面高度）高于滴头滴点 0.6 cm。滴头边管肘部的粗质石英砂（1～2 mm 粒度）可以渐次减弱滴水过程中边管的水压波动（可能有 0.5～1 cm）。流出滴头和参照管需要用相同的材质制成（如玻璃、塑料）且应该具有相同的内径以便抵消毛细管上升效应。所有使用的流管（即后盖流出口、流出管、滴头、参照管）推荐内径至少为 6 mm，这样有利于气泡的逸出，减小可能的水流阻碍。

（4）与前文提到的一样，如果定水头土芯法中通过土芯的流量速度过慢，那么可以方便地改用降水头土芯法（见 75.3）测定。如果土芯之间的 K_s 具有极大的变异性，那么可以在水槽中使用定水头法和降水头法对土芯分别进行测定。

（5）水槽方法的优点有以下几方面。

① 一个长 122 cm、宽 46 cm 的水槽就可以同时饱和 60 个直径 7.6 cm 的土芯（或者最多 24 个 10.0 cm 直径的土芯）。而且应用多个流出装置让一个实验员可以同时测定多个土芯的 K_s。因此这个方法对于"大数量"的实验项目非常合适。

② 因为水头差可以方便地从最低 0.5 cm 调到最高 30 cm，所以该方法可以测定的 K_s 范围很广，为 $10^{-5}\sim10^{0}$ cm·s^{-1}。推荐水槽放置在 10～15 cm 高的平台上，且水槽壁高约 30 cm。

③ 使用 270 目的尼龙织物让我们可以将土芯直接转移到张力（吸力）平台、张力板或者压力抽提器上，从而方便测定土壤脱水曲线和吸水曲线（见第 72 章）。

④ 为了适应多种尺寸、不同设计的土芯可以设计制作多种尺寸的水槽。压力渗透计法（见第 77 章）中带凸缘的不锈钢环可以提供水槽法所需的土芯样品，虽然需要加装前文所说的后盖（例如，腈纶后盖包括一个"O"形圆环和螺栓孔，这样可以用螺栓施加压力使后盖与圆环凸缘不透水密封）。

⑤ 与定水头法一样，水槽也可以方便地用于降水头法（见 75.3 节）。

（6）水槽法的缺点是相比于其他的实验室方法（Klute 和 KirKsen，1986；Youngs，2001）可能需要更多的装置。

（7）对于一些低渗透性土壤或者工程岩土材料，建议使用 $i\text{-}Q_s$ 线性回归斜率的方法获得 K_s（即 $y=mx+b$，其中 $y=i$，$m=1/K_s$，$x=Q_s/A$，b 为 i 轴截距）（见式（75.1））。这种方法避免了材料膨胀、孔隙堵塞、非线性梯度，以及实验装置可能造成的"水头梯度阈值"误差（即 $b\neq0$）。

75.3 降水头土芯法

这种方法测定的也是土壤土芯样品的饱和导水率，$K_s[LT^{-1}]$。虽然实际上土芯的截面可以是任意形状，对宽度和长度的要求也很宽泛，但是直径 4～20 cm、长 4～20 cm 的圆柱状土芯是最实用的。首先土芯湿润至饱和状态，然后水流在一个降水头状态下穿过土样。许多降水头装置均可行（Klute 和 DirKsen，1986；Youngs，2001），下面将设计描述其中一种方法来补充 75.2 节中的定水头水槽法。降水头法中饱和导水率 K_s 的测定范围是 $10^{-7}\sim10^{-4}$ cm·s^{-1}（见注释（3））。

75.3.1 装置和步骤（圆柱状土芯）

除以下不同，土芯样品的采集和准备与定水头土芯法（见 75.2 节）相同。

（1）将土芯的底翻转使后盖和尼龙织物接触到，即后盖与土芯顶端接触，织物与土芯底端接触，这样使测定过程中水分从土芯顶部流向底部（见注释（1））。

（2）将准备好的土芯样品放在空的水槽中，按照 75.2 节步骤（3）的流程进行样品饱和。确保后盖中充满水分且没有空气裹入（见注释（2））。

（3）将后盖管浸入水槽中使其充满水。将管子连接到已经充满水槽水分的降水头储水管上（见图 75.2）。降水头储水管的具体容量为 50～100 mL，基底有一个水龙头开关，且管身有 1 mm 的刻度。确保水槽水面在最高位使流出管可以排出水分。调整储水管的高度使尺度零点与水槽水面高度平齐，这样水槽中稳定的水面高度可以作为一个基准，储水管上的刻度可以直接给出储水管水面相对基准的高度（H_i）。

（4）打开储水管开关，测定水面高度从 H_1 降低到 H_2、H_3、H_4、H_5 等的时间。储水管初始的水面高度应该为高于 H_1 的某个值，这样最初时的水头脉冲的影响不会包括在测定过程中。这些影响主要是当储水管开关打开时，由于突然的静水压力引发的弹性后盖管子的膨胀或者是后盖内部空气的压缩。推荐连续测定约 5 个 H 高度（即 H_1、H_2、H_3、H_4、H_5），初始的 H_1 在 50～100 cm（见注释（2））。

（5）如果储水管水位下降速度太快以至于不能准确地对 H_i 进行读数，那么可以换一个更大直径的储水管来降低水位下降的速度或者使用定水头法（见 75.2 节）来测定。另外值得注意的是，水位下降的速度也取决于水位高度 H，即随着 H 的降低，水流速度减慢。

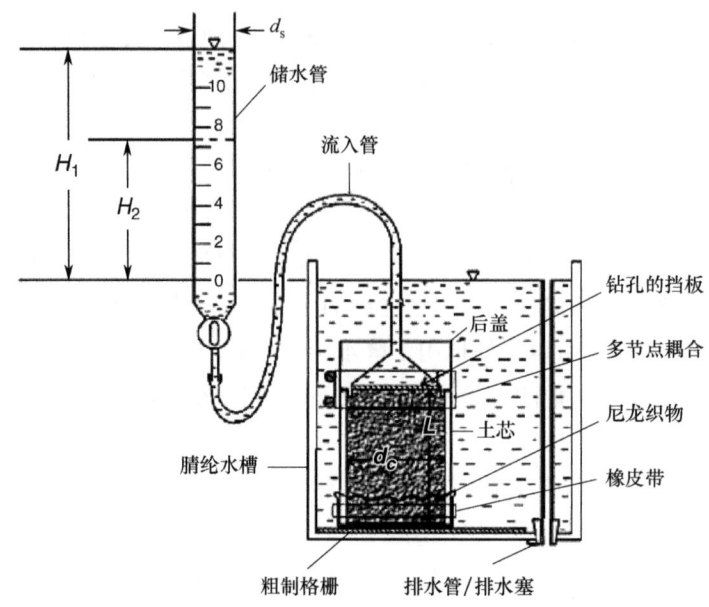

图 75.2　降水头土芯（水槽）法

75.3.2　分析和计算

降水头法计算 K_s 的公式为

$$K_{i,i+1} = \left(\frac{d_s}{d_c}\right)^2 \left(\frac{L}{\Delta t_{i,i+1}}\right) \ln\left(\frac{H_i}{H_{i+1}}\right); \quad i=1,2,3,4,5 \tag{75.3}$$

式中，d_s 为储水管的内径，d_c 为土芯直径，即等于取样器的内径，L 为土芯的长度，H 为储水管水面相对基准的高度，$\Delta t_{i,i+1}$ 为储水管水面高度从 H_i 降低到 H_{i+1} 所用的时间。连续测定 5 次水面高度 H 可以计算出 4 个独立的 K_s 值（即 $K_{1,2}$、$K_{2,3}$、$K_{3,4}$、$K_{4,5}$），将这些值平均后得到一个 K_s 平均值。储水管也可以重新装水得到另外的 K_s 测定值。一个测定数据及计算实例已经在表 75.1 中给出。式（75.3）对于 H 的大小特别敏感（可以通过表 75.1 进行演算），所以必须尽量精确地测定 H_i 和 H_{i+1} 的值。虽然式（75.3）中没有出现温度项，但是应该注意到表 75.1 记录了水的温度(T)，这是因为温度 T 对于 K_s 具有实质影响（见第 69 章）。

75.3.3　注释

（1）注意，降水头法中水流方向是向下的，而定水头法中是向上的（见 75.2 节）。因此如果需要持续向下的水流（往往发生在入渗和排水过程中），我们需要在降水头法中将后盖附于土芯顶端，在定水头法中将后盖附于土芯底端。然而，在大多数情况下，穿过样品的水流方向（即向上或向下）对于 K_s 没有显著的影响。因此，通常很少考虑土芯的方向。更重要的是，当我们从定水头法换为降水头法时，后盖常常不需要移到土芯的正面，反之亦然。

（2）当在测定过程中储水管水位降低时，后盖中夹杂的任何空气都会在静水压力的降低中膨胀。这可能会导致夹杂空气体积或者 H_i/H_{i+1} 的比例改变很大，从而导致 K_s 计算过程中的明显错误。因此，建议后盖及管道中的空气体积保持最少（最好为 0），每个时间间隔中 H_i/H_{i+1} 的比例不大于 1.1。可以调整最初的储水管水位以便获得适合的水位降低速度。

（3）降水头法可以测定的 K_s 范围为 $10^{-7} \sim 10^{-4}$ cm·s^{-1}。这个测定范围可以通过调整储水管的直径来稍微拓宽。增大储水管直径可以测定更大的 K_s，降低储水管直径可以测定更小的 K_s。但是，切记过小的储水管直径可能导致明显的毛管水上升或者水流阻力，转而导致 K_s 计算的错误。

（4）正如前文提到的，这里描述的降水头法是对于 75.2 节中定水头法的一个补充。当定水头法中穿过土芯的水流过缓时，降水头法可以快速便捷地用来测定 K_s。如果土芯之间的 K_s 具有极大的变异性，那么可以在水槽中使用定水头法和降水头法对土芯分别进行测定。因此，这两种方法可以组成一个通用的"组合"，从而便捷地测定 $10^{-7} \sim 10^0$ 范围内的 K_s 值。

75.4 其他室内方法

在各种各样的手册和参考资料中我们可以找到基于上述土芯方法（见 75.2 节和 75.3 节）的许多变种，以及其他很少使用的室内方法（Bouwer，1978；Klute 和 DirKsen，1986；Youngs，2001）。尽管其中有些方法可能更简单，但是这些方法可能不太通用、测定速度太慢或者精度较低等。测定之前应该确定所需样品的尺寸，K_s 的测定范围、速度、精度及装置特性和本身研究的需求相一致。

当多孔介质的特性导致很难采集完好的、未扰动的（原状）土芯样品时（厚重高密度的材料或者具有非常脆弱结构的材料等），可以用所谓的"结构体"法或"整块土壤"法作为替代方法。

"结构体"法包括了原状的、自然发生的材料结构体（直径 10~15 cm 的土壤结构体或土块）的采集，将结构体修剪成圆柱状或者长方体状，用固体石蜡将结构体的边包裹然后加装后盖，水中饱和，用标准定水头法或者降水头法（见 75.2 节和 75.3 节）测定 K_s。这种方法的重大缺点是很难在不破坏的情况下将结构体修剪成圆柱状或长方体状。另外，测定出来的 K_s 值可能并不能代表整个多孔介质，因为原状结构体往往没有包含所有的宏观结构，例如，结构体之间的裂缝和孔隙。"结构体"法的详细步骤见 Sheldrick（1984）。

"整块土壤"法是从取样坑壁上细细挖出一个未扰动多孔介质的块或者圆柱来实现的。尽管实际中常常规定土块的边长度为 10~50 cm（其横截面、纵截面可以是正方形或长方形），圆柱的直径为 10~50 cm、长为 10~50 cm，但实际上这个土块几乎可以是任意尺寸。土块的垂直面用固体石蜡、树脂、生石膏或熟石膏进行密封，在土块的基底安装一个多孔板以便防止材料的坍塌。然后将土块安装在一个流出收集装置上（漏斗和量筒、后盖和流出滴头）。在土块上表面修筑一个小的、深度稳定的水池（0~3 cm），等到顶部渗入土块的水流速度等于底部流出速度时，即标志着达到饱和或者田间饱和状态时（见第 69 章）测定其入渗速度。

如果土块是均质的，那么在稳态流时水头梯度将是接近均匀的。但是如果土块是非均质（分层），那么水头梯度可能不均匀。因此，非均质土块至少需要安装两个张力计（见第 71 章，一个距流入面 5 cm，另一个在距流出面 5 cm）使我们可以计算穿过土块的水头梯度（即水头梯度 i=两个张力计水头的差值除以两个张力计的距离差）。同样推荐安装时域反射仪（TDR，见第 70 章）探针来探测土块的饱和程度。土块的平均 K_s 值（或者田间饱和导水率 K_{fs}，见第 69 章）可以用式（75.1）进行计算。如果要得到土块不同深度 K_s 或 K_{fs} 的变异性，那么可以安装多个张力计（均匀间隔安装或者在每一层的层间安装），水头梯度可以通过每对张力计读数测定，然后用式（75.1）计算每个张力计之间的 K_s（因为是稳态流，所以式（75.1）中 Q_s 假设是恒定的）。如果土块基底流出流量的测定不方便，那么可以应用 Youngs（1982）中的"截排水"技术得到平均或分层的导水率。"整块土壤"法的重要优点是土块的尺寸可以调整，以便确保每个样品中都具有很广的变异性（即结构、生物孔、分层等）（例如，Lauren 等 1988 年建议多孔介质样品需要足够大，包含至少 20 个结构要素）。另外，由于将土块从样品坑中细细挖出可以避免取样器取土芯时的压力和震动，所以这种方法可以将黏质或低强度材料取样过程中的污损和压实最小化。如果土块是方形的，那么 K_s 或 K_{fs} 的各向异性（即不同 x、y、z 方向上的 K）可以通过旋转、密封不同的边界、选择不同的流出边界的方式用同一个样品进行测定。"整块土壤"法的缺点是这种方法比较费时费力，破坏性大（取样坑需要挖掘），土块的饱和较为困难。未扰动土块法的更多细节可以参考 Bouma（1977）、Bouma 和 Dekker（1981）及 Youngs（1982）。

参 考 文 献

Amoozegar, A. 1988. Preparing soil cores collected by a sampling probe for laboratory analysis of soil hydraulic properties. *Soil Sci. Soc. Am. J.* 52: 1814-1816.

Ball, B.C. and Hunter, R. 1988. The determination of water release characteristics of soil cores at low suctions. *Geoderma* 43: 195-212.

Bouma, J. 1977. Soil survey and the study of water in unsaturated soil. *Soil Survey Paper No. 13.* Netherlands Soil Survey Institute, Wageningen, The Netherlands, 1-107.

Bouma, J. 1985. Soil variability and soil survey. In: J. Bouma and D.R. Nielsen, eds. *Soil Spatial Variability Workshop.* PUDOC, Wageningen, The Netherlands, 130-149.

Bouma, J. and Dekker, L.W. 1981. A method for measuring the vertical and horizontal K_{sat} of clay soils with macropores. *Soil Sci. Soc. Am. J.* 45: 662-663.

Bouwer, H. 1978. *Groundwater Hydrology.* McGraw-Hill, Toronto, 480.

Cameron, K.C., Harrison, D.F., Smith, N.P., and McLay, C.D.A. 1990. A method to prevent edge-flow in undisturbed soil cores and lysimeters. *Aust. J. Soil Res.* 28: 879-886.

Elrick, D.E., Sheard, R.W., and Baumgartner, N. 1981. A simple procedure for determining the hydraulic conductivity and water retention of putting green soil mixtures. In: Proc. IV International Turfgrass Research Conference, Guelph, ON, Canada, 189-200.

Klute, A. and Dirksen, C. 1986. Hydraulic conductivity and diffusivity: Laboratory methods. In: A. Klute, ed. *Methods of Soil Analysis, Part 1-Physical and Mineralogical Methods*, 2nd ed. Agronomy 9. American Society of Agronomy, Madison, WI, 687-734.

Lauren, J.G, Wagenet, R.J., Bouma, J., and Wösten, J.H.M. 1988. Variability of saturated hydraulic conductivity in a Glassaquic Hapludalf with macropores. *Soil Sci.* 145: 20-28.

McIntyre, D.S. 1974. Procuring undisturbed cores for soil physical measurements. In: J. Loveday, ed. *Methods for Analysis of Irrigated Soils.* Commonwealth Agricultural Bureaux. Wilke and Company Ltd., Clayton, Australia, 154-165.

Reynolds, W.D. and Elrick, D.E. 2002. Saturated and field-saturated water flow parameters: Laboratory methods. In: J.H. Dane and G.C. Topp, eds. *Methods of Soil Analysis, Part 4-Physical Methods.* Soil Science Society of America, Madison, WI, 802-817.

Rogers, J.S. and Carter, C.E. 1986. Soil core sampling for hydraulic conductivity and bulk density. *Soil Sci. Soc. Am. J.* 51: 1393-1394.

Sheldrick, B.H. 1984. In Analytical Methods Manual. Land Resource Research Institute, Agriculture Canada, Ottawa, ON, Canada, 38/1-38/2.

Townend, J., Reeve, M.J., and Carter, A. 2001. Water release characteristic. In: K.A. Smith and C.E. Mullins, eds. *Soil and Environmental Analysis: Physical Methods*, 2nd ed. Marcel Dekker, Inc., New York, NY, 95-140.

Youngs, E.G. 1982. The measurement of the variation with depth of the hydraulic conductivity of saturated soil monoliths. *J. Soil Sci.* 33: 3-12.

Youngs, E.G. 2001. Hydraulic conductivity of saturated soils. In: K.A. Smith and C.E. Mullins, eds. *Soil and Environmental Analysis: Physical Methods*, 2nd ed. Marcel Dekker, Inc., New York, NY, 141-181.

（谷丰　译，李保国　校）

第76章 饱和水力学特性：井渗法

W.D. Reynolds

Agriculture and Agri-Food Canada

Harrow, Ontario, Canada

76.1 引　言

本方法主要通过测井或者钻孔来原位测定非饱和多孔介质的田间饱和导水率 K_{fs} [LT^{-1}]，该方法与工程学杂志中介绍的浅井泵的方法一致，同时能够原位测定毛管的特性参数，包括基质通量势 ϕ_m [L^{2}T^{-1}]、吸渗数 α^* [L^{-1}]、有效 Green-Ampt 湿润峰压力水头 ψ_f [L]、吸渗率 S [LT$^{-1/2}$]、FWM 孔隙直径，PD [L] 和 FWM 孔隙数，NP [L^{-2}]（见第 69 章）。该方法在大部分情况下应该打一个直径为 4~10 cm，深度为 10~100 cm 的井，当然更大的井也完全可以使用。定水头和降水头两种方法同样适用（具体方法分别参考 76.2 节和 76.3 节）。其他测定 K_{fs} 的田间方法有圆环入渗法（见第 77 章）、钻孔法（见第 78 章）和压力计法（见第 79 章）。实验室测定饱和导水率 K_s 参考第 75 章。关于饱和导水率 K_s 估算的方法详见第 84 章。关于饱和导水率和土壤毛管作用参数的介绍与参数之间的关系见第 69 章。

井渗法具有以下优势。

（1）仪器简单，操作过程简单（例如，测定仪器轻巧便捷可携带，不需要电子设备和特殊材料来辅助）。

（2）较快的测定速度且用水量小（例如，测量工作基本在几分钟到几小时内完成，用水量一般仅为几升）。

（3）测量井的挖掘非常容易，而且能选择合适的深度，该方法在时间和空间上的重复容易实现。

（4）能在各种质地的土壤中使用，即使是轻微含有石块的土壤也可以。

（5）因为长时间的普遍使用，所以该方法在各科学和工程学界都得到普遍认同。

井渗法的主要缺点有以下几方面。

由于井壁和井底在仪器的作用下，原状结构被破坏，出现淤泥压实的情况，所以可能导致参数被低估。大孔隙的优先流在很大的程度上决定着土壤介质中的垂直向下水流，由于根系和蚯蚓洞在土壤中分布的不确定性，所以有限测量井并不一定能获得具有代表性的参数值。由于积水入渗使压力势和重力势在水流的运动中起主导作用，而毛管作用变弱，因此测定毛管作用特性参数（ϕ_m、S、α^*、ψ_f、PD、NP）时精度不高。

76.2 定水头井渗法

定水头井渗法通过在完全自然土壤边界的井中保持一个或多个恒定的水头，测定通过井渗漏到非饱和介质中的水量。理想的测定过程是水流速度在测定初期会有一个迅速下降的过程，然后趋于稳定。如果井的直径较小（直径为 4~10 cm），水头高度较低（高度为 5~50 cm），水流在几分钟或者几小时内就能趋于稳定，而且用水量一般在几升左右。因为渗漏过程是在整个三维空间上进行的，因此测定出的导水参数（例如，K_{fs}、ϕ_m、S、α^*、ψ_f、PD、NP）（具体见第 69 章）能够有效地表达水平-垂直水流的情形，例如，污水在田间渗漏，排水至排水管道。随着测井中积水深度的增加，导水参数的垂直-水平权重在水平方向上也增加。单一水头、两个水头甚至多个水头在井渗法中均适用。虽然固定水头的渗透仪有很多种设计（见注释（7）），但是本书中仅介绍内置通气管马氏瓶系统。应该注意的是在通过公式计算分析各参数时并没有考虑渗漏仪的具体设计。

76.2.1 装置和步骤

（1）利用螺旋钻，在土体中挖出一个直径 4～10 cm，深度适宜的"井"（见图 76.1）。这个井必须是圆柱状而且平底，因为这个形状是在采用井渗法分析各个导水参数时理论假设的形状（目前市场上有许多螺旋钻产品能挖出平整的井底面）。井底至少要高于地下水位或者地下水毛管上升水位边缘 20 cm（见图 76.2），防止地下水位升高至井中带来干扰，这种情况在理论分析中是没有考虑到的。挖测量井时，应该尽量避免螺旋钻对测量区井壁的涂抹和压实（见图 76.1），这种对土壤结构的破坏会使各非饱和导水性质 K_{fs}、ϕ_m、S、α^*、ψ_f、PD 和 NP 测定结果没有代表性。可以通过以下方法减少淤泥和压实：避免在土壤过于湿润时钻孔（例如，黏质土壤含水量高至出现"黏性"时不能钻孔），选用锋利的土钻，尽量不要向下压土钻，而是轻轻钻动土钻。形象的说法就是用两个手指头的力量推动土钻，在土钻底端到达预定的测量区域的顶端后，用两个手指头钻动土钻两圈，将土取出，如此重复将测量井打好。如果测量井还是出现了淤泥和压实（在手电筒的照射下，淤泥和压实的表面会显得更加光亮），我们必须对测量井进行处理。具体采用一个带刺的滚轮（见图 76.2）对测量区（见图 76.1）的井壁进行上下扰动，去除掉淤泥和紧实的土壤表面（Reynolds 和 Elrick，1986）。其他用来去除井壁污泥和紧实土壤表面的工具包括圆柱形的硬毛刷（许多土钻和井/孔渗透仪供应商可以提供），以及鹤嘴锄（Campbell 和 Fritton，1994；Bagarello，1997），或者快凝树脂制成的工具（Koppi 和 Geering，1986）（见注释（1））。如果在这个井壁修理过程中增加了测量井的直径，那么新的直径要运用在各个参数的计算中。

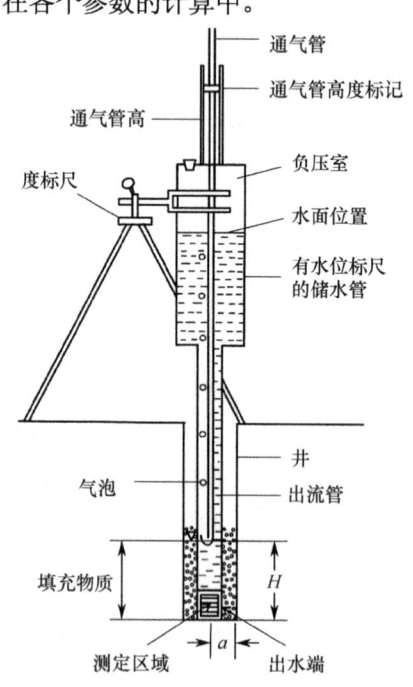

图 76.1　定水头井渗法使用的内置通气管马氏瓶系统

（2）将空置的渗透仪（内置通气管的马氏瓶系统，见图 76.1）垂直放置在井里，并牢牢地固定在固定装置上。固定装置应该保持渗透仪垂直，确保渗漏仪器不受风力的影响，并且可以承受加满水时渗透仪的重量以便避免出水口在测定过程中下沉至井底。一个简单的三脚架就能很好地实现这个固定的功能（见图 76.1）。为了防止在测量过程中井壁土壤由于水的浸泡和扰动造成倒塌，可以在井内安装一个可以渗水的井套，或者在渗透仪周围填充导水性很好的粗颗粒材料（见图 76.1），填充粗颗粒材料（渗透性能必须大于测试土壤，避免阻碍水流）能够降低淤泥在井壁的堆积（见注释（1）），使马氏瓶产生更快更均匀的气泡，尤其是在测定导水率较低的土壤时。

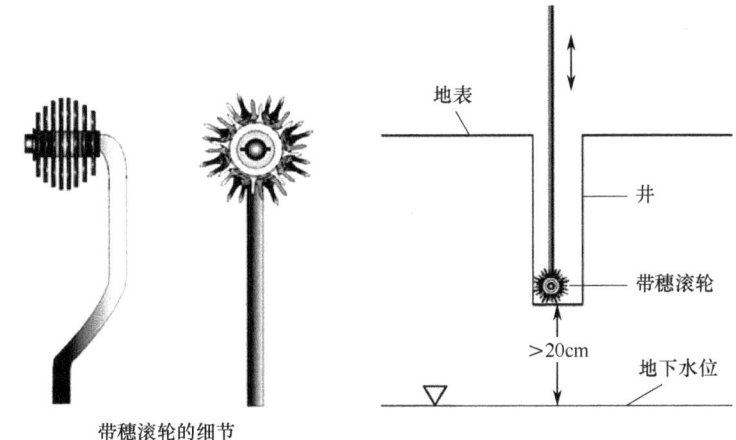

带穗滚轮的细节

图 76.2　定水头井渗法中对应的滚轮式的去除井壁淤泥和紧实土壤表面的装置

（3）关闭出水端，并将通气管推到出水端位置，随后将马氏瓶装满水（见图 76.1）。马氏瓶内的水温与井周围环境保持一致，从而避免马氏瓶内壁出现气泡，影响水位的读取。不要使用蒸馏水和去离子水，会导致土壤颗粒分散，进而导致在测定过程中细土壤颗粒在井壁堆积（见第 69 章）。通常情况下当地的自来水就可以使用，其主要离子种类和浓度能够预防黏粒和粉粒的分散。如果当地土壤黏粒含量过高，就极容易出现淤积的情况，最好选用来自当地自然环境中的水（从多孔介质中提取的水），或者在水中加絮凝剂。将马氏瓶完全用水注满，这样在测定开始后，能够减少井中出现注入水分过多过快的情况（见注释（2））。

（4）打开出水端，将通气管缓慢向上提升至一定的高度，获得一个固定的水头（见图 76.1）。导水管提升速度不能过快，以便防止水过快地涌入井中，从而出现井壁倒塌或者在井壁上堆积淤泥的情况，或者会导致过多的气泡出现在饱和的土体中。为了防止井壁倒塌我们可以选择带孔的套子来固定井壁土壤（Bagarello，1997）。通过调整通气管底部的位置来取得所需的水头（H），可以参考仪器上的标尺刻度（见图 76.1）。当气泡开始有规律地从出流管升至储水管时，说明马氏瓶工作正常，可以进行下一步的试验操作（见图 76.1）。

（5）从马氏瓶中流出到土壤中的水流（Q）可以通过记录瓶内的水位下降速度（R）计算得到。水位可以通过瓶上的标尺读出（见图 76.1），水流时间通过秒表记录，或者可以通过一个自动压力记录仪来记录数据（Ankeny，1992）。水位的下降速度随着时间的推移逐渐减小至一个固定值（R_s），此时水流也趋于一个稳定值（Q_s）。当连续得到 4~5 个以上相同的 R 值时，我们可以认为水流达到稳定状态。

（6）如果仅仅需要计算一个水头情况下的导水率，那么直接参考 76.2.2。如果需要分析两个水头的情况，就提高通气管的高度，再次获取水头（H_2）的稳定水流。如果分析需要多个水头的情况，那么依次提高通气管的高度，重复获取 H_2，H_3，……的水头高度下的稳定水流，其中 $H_1<H_2<H_3<……$水头必须从低到高，在测定过程中井中的水位不能降低。

76.2.2　分析和计算

最早的定水头井渗法参数分析大致基于 Glover 关系式（Zangar，1953）。

$$K_{fs}=C_G Q_s/2\pi H^2 \tag{76.1}$$

式中，Q_s [L^{3}T^{-1}]指从马氏瓶中流向土体的稳定水流速度；H [L]指水流稳定时期测量井中的水位高度（与通气管的高度有关），C_G 为一个无量纲的形状系数：

$$C_G = \sinh^{-1}\left(\frac{H}{a}\right) - \left[\left(\frac{a}{H}\right)^2 + 1\right]^{\frac{1}{2}} \tag{76.2}$$

式中，a [L]指测量井的半径，在马氏瓶测量系统中，可以参考图 76.1，Q_s 由马氏瓶中的水位下降速度 R_s [LT^{-1}]，乘以马氏瓶截面面积 A [L^2]（$Q_s = AR_s$）获得。尽管 Glover 分析法（式（76.1）、式（76.2））简单且使用方便，但仅仅测定了 K_{fs} 而已。水流向井外流动受到马氏瓶水位差的压力势，土体内水体自身的重力势及饱和区域外的毛管吸力的影响，而 K_{fs} 仅仅考虑了压力势的存在（Reynolds 等，1985）。当然，α^*、ϕ_m、ψ_f、S、PD 和 NP 是不能通过该方法来获取的，在干旱或者质地黏重的土壤中，K_{fs} 的值也可能高估一个数量级或者更多（Philip，1985；Reynolds 等，1985）。提高 Glover 分析结果的精度可以通过增加 H/a 的比例来实现，Amoozegar 和 Wilson（1999）认为 $H/a \geq 5$ 时，能减少式（76.2）和式（76.3）的结果偏差至合理的范围，Zangar（1953）的工作认为 $H/a \geq 10$ 是必要的。

各种修正的井渗法分析方法逐步出现，具体包括单水头、两水头和多水头情况（Reynolds 等，1985；Reynolds 和 Elrick，1986；Elrick 等，1989）。这些修正方法考虑了影响水流的三个因素（压力势、重力势和毛管吸力），因此能够获取更精确的 K_{fs} 值，同时还能确定出一系列毛管特性参数。修正的单水头分析法通过以下公式计算 K_{fs}：

$$K_{fs} = \frac{C_w Q_s}{\left[2\pi H^2 + C_w \pi a^2 + (2\pi H/\alpha^*)\right]} \tag{76.3}$$

式中，α^* 可以根据质地结构进行分类估计，具体数值参考表 76.1（见注释（6））。无量纲的形态参数 C_w，通过以下公式计算（Zhang 等，1998）：

$$C_w = \left(\frac{H/a}{2.074 + 0.093(H/a)}\right)^{0.754} \quad 当 \ \alpha^* \geq 0.09 \ \text{cm}^{-1} \tag{76.4a}$$

$$C_w = \left(\frac{H/a}{1.992 + 0.091(H/a)}\right)^{0.693} \quad 当 \ \alpha^* = 0.04 \ \text{cm}^{-1} \tag{76.4b}$$

$$C_w = \left(\frac{H/a}{2.081 + 0.121(H/a)}\right)^{0.672} \quad 当 \ \alpha^* = 0.01 \ \text{cm}^{-1} \tag{76.4c}$$

计算出 α^* 和 K_{fs} 之后，ϕ_m、S、PD、NP 和 ψ_f 这些参数可以通过式（69.16）—式（69.21）计算。该计算过程在饱和流的情况下 $K(\psi_0)=K_{fs}$，$\alpha^*(\psi_0)=\alpha^*$，$\theta(\psi_0)=\theta_{fs}$，$\theta(\psi_i)=\theta_i$，$PD(\psi_0)=PD$ 及 $NP(\psi_0)=NP$。

表 76.1　不同质地结构分类下的 α^* 估计

质地-结构分类	α^* (cm^{-1})
压实的、毫无结构的、黏土和淤泥状的土壤，例如，垃圾堆埋场封盖和衬层、湖相或海相沉积物等	0.01
质地黏重的多孔介质，包括没有结构的黏土和粉土，或者完全无结构的砂性物质	0.04
大多数拥有良好结构和中等质地的介质，例如，拥有良好结构的黏土和壤土，或者是结构破坏的沙子。这个类别与农业土壤最为接近	0.12
粗砂，或者具有高度结构，具有大量裂隙或者生物孔隙的土壤	0.36

数据来源：引自 Elrick, D.E., Reynolds, W.D., and Tan, K.A., Ground Water Monit. Rev., 9, 184, 1989.

两水头和多水头能够同时计算出 K_{fs} 和 α^*，即 α^* 不需要去估计。两水头和多水头方法运用以下公式（Reynolds 和 Elrick，1986）：

$$C_{wi}Q_{si}=P_1H_{i2}+P_2H_i+P_3; \quad i=1,2,4\cdots,n ; n\geqslant 2 \tag{76.5a}$$

以 C_wQ_s 为 y 轴数据，H 为 x 轴数据，利用最小二乘法来计算出各个参数，Q_{si} 表示水头高度 H_i 下的稳定，C_{wi} 为对应于 H_i/a 的 C_w 值（见式（76.4））：

$$P_1 = 2\pi K_{fs}; \quad P_2 = 2\pi \frac{K_{fs}}{\alpha^*}; \quad P_3 = y \text{ 轴截距} \tag{76.5b}$$

在两水头情况下，式（76.5a）中 $n=2$（即 $H_1,H_2,Q_1,Q_2,C_{w1},C_{w2}$），在多水头情况下 $n\geqslant 3$（即 $H_1,H_2,H_3,\cdots$；$Q_1,Q_2,Q_3,\cdots$；$C_{w1},C_{w2},C_{w3},\cdots$）。式（76.5）中的 K_{fs} 和 α^* 可以用一个计算机程序来计算（Reynolds 和 Elrick，1986），或者运用回归的方法来计算。在两水头情况下可以用一个方程组来求解（Reynolds 等，1985；Reynolds 和 Elrick，1986）。一旦 K_{fs} 和 α^* 确定了，ϕ_m、S、PD、NP 和 ψ_f 这些参数就能按照上述修正的单水头分析法计算出来。更多的关于修正的单水头、两水头及多水头技术的信息参考 Reynolds 等（1985）、Reynolds 和 Elrick（1986）、Reynolds 和 Elrick（2002）。相比较于 Glover 分析方法，这三种方法都能够有效地避免过高地估计 K_{fs}（详见表 76.2）

具体关于单水头、两水头、多水头下的分析数据和计算过程见表 76.2 和表 76.3。

表 76.2 单定水头井渗法 K_{fs} 计算案例（式（76.1）—式（76.4））

累积时间 t(min)	水位记录 L(cm)	水位下降速度($\Delta L/\Delta t$)(cm/2 min)
0	5.8	—
2	8.6	2.8
4	10.6	2.0
6	12.4	1.8
8	14.1	1.7
10	15.7	1.6
12	17.2	1.5
14	18.7	1.5
16	20.1	1.4
18	21.5	1.4
20	22.9	1.4
22	24.3	1.4
24	25.7	1.4

测量井半径，$a=5$ cm；测量井深度，$d=50$ cm；水头高度，$H=10$ cm；马氏瓶横截面面积 $A=12.57$ cm²。

多孔介质类型：结构较差的黏壤土（从表 76.1 推断估计 $\alpha^* = 0.04$ cm^{-1}）。

$\theta_{fs}=0.65$；$\theta_i=0.40$；$\gamma=1.818$。

R 值为马氏瓶内水位下降速度。

$R_s=\Delta L/\Delta t=1.4$ cm/2 min$=0.7$ cm/min$=1.166\ 7\times 10^{-2}$ cm·s^{-1}。

$Q_s=AR_s=$（12.57 cm²）（$1.166\ 7\times 10^{-2}$ cm·s^{-1}）$=1.466\ 5\times 10^{-1}$ cm³·s^{-1}。

Glover 分析	改进分析
$C_G=0.825\ 6$（式（76.2））	$C_w=0.944\ 6$（式（76.4b））
$K_{fs}=1.93\times 10^{-4}$ cm·s^{-1}（式（76.1））	$K_{fs}=6.09\times 10^{-5}$ cm·s^{-1}（式（76.3））

注：1. 由 Glover 分析计算的 K_{fs} 要高于修正后的计算值。

2. 任意的时间间隔都是允许的，也没必要保持一致。

表 76.3 两水头和多水头情况下，定水头井渗法的分析计算案例（式（76.5））

H_1 =3 cm		
累积时间 t(min)	水位读数 L(cm)	水位下降速度，$R(\Delta L/\Delta t)$ (cm/2 min)
0	3.0	—
2	4.1	1.1
4	5.0	0.9
6	5.8	0.8
8	6.5	0.7
10	7.3	0.8
12	8.0	0.7
14	8.8	0.8
16	9.5	0.7
18	10.3	0.8
20	11.0	0.7
22	11.8	0.8
24	12.5	0.7
H_2=9 cm		
累积时间 t(min)	水位读数 L(cm)	水位下降速度，$R(\Delta L/\Delta t)$(cm/2 min)
26	17.8	—
28	19.6	1.8
30	21.3	1.7
32	22.9	1.6
34	24.4	1.5
36	25.9	1.5
38	27.3	1.4
40	28.8	1.5
42	30.2	1.4
44	31.6	1.4
46	33.0	1.4
48	34.4	1.4
—	—	—
H_3=15 cm		
时间 t(min)	水位读数 L(cm)	水位下降速度，$R(\Delta L/\Delta t_b)$(cm/2 min)
50	41.0	—
52	43.9	2.9
54	46.8	2.9
56	49.6	2.8
58	52.2	2.6
60	54.6	2.4
62	56.9	2.3

（续表）

H_3=15 cm		
时间 t(min)	水位读数 L(cm)	水位下降速度, $R(\Delta L/\Delta t_b)$(cm/2 min)
64	59.1	2.2
66	61.3	2.2
68	63.5	2.2
70	65.7	2.2
—	—	—
—	—	—
两个水头情况分析（式（76.5））		
H_1, H_2	$K_{fs} = 3.06×10^{-4}$ cm·s^{-1}	$\alpha^* = 0.095\ 9$ cm^{-1} ≈ 0.10 cm^{-1}
H_1, H_3	$K_{fs} = 3.35×10^{-4}$ cm·s^{-1}	$\alpha^* = 0.109\ 8$ cm^{-1} ≈ 0.11 cm^{-1}
H_2, H_3	$K_{fs} = 3.63×10^{-4}$ cm·s^{-1}	$\alpha^* = 0.139\ 7$ cm^{-1} ≈ 0.14 cm^{-1}
多水头情况分析（H_1, H_2, H_3）（式（76.5））		
	$K_{fs}=3.54 × 10^{-4}$ cm·s^{-1}	$\alpha^* = 0.128\ 8$ cm^{-1} ≈ 0.13 cm^{-1}
	$\phi_m=2.75 × 10^{-3}$ cm^2·s^{-1}	（第69章，式（69.16））
	$\psi_f=-7.76$ cm	（第69章，式（69.20））
	$S=3.53×10^{-2}$ cm·s$^{-1/2}$	（第69章，式（69.17））
	$PD = 0.019\ 1$ cm	（第69章，式（69.18））

R_1 =0.75 cm/2 min=0.00 625 cm·s^{-1} R_2=1.4 cm/2 min=0.011 67 cm·s^{-1} R_3=2.2 cm/2 min=0.018 33 cm·s^{-1}
$Q_{s1}=AR_1=0.225$ cm^3·s^{-1} $Q_{s2}=AR_2=0.42$ cm^3·s^{-1} $Q_{s3}=AR_3=0.66$ cm^3·s^{-1}
C_{w1}=0.384 7（式（76.4a）） C_{w2}=0.847 6（式（76.4a）） C_{w3}=1.201 0（式（76.4a））
测量井半径 a=5 cm；测量井深度 d=50 cm。
马氏瓶横截面面积 A =36.0 cm^2。
多孔介质类型：结构良好的黏壤土。
θ_{fs}=0.65；θ_i=0.40；$\Delta\theta$= 0.25；γ=1.818。
R 值是指水位的下降速度。
注：1. 两水头的结果同样能够计算 ϕ_m、ψ_f、S、PD 和 NP。
  2. 针对 PD 和 ND 的计算：σ=72.75 g·s^{-2}；ρ=0.998 2 g·cm^{-3}（20℃）；g = 980.621 cm·s^{-2}；μ=1.002 g·cm^{-1}·s^{-1}（20℃）。

76.2.3 注释

（1）因为定水头井渗法测定时，水从测量井不断地流入土体中，任何井壁上的淤泥、压实及淤积（见图 76.1）都会导致 K_{fs}、ϕ_m、S、α^*、ψ_f、PD 和 NP 这些参数不具有代表性。举一个例子，在湿润且结构良好的粉黏土中，如果采用"正常"的钻孔技术，而不是采用"两个指头/转两圈"的方式，K_{fs} 和 ϕ_m 值能降低超过一个数量级。适当地和小心地用土钻打井对易于涂抹、压实和淤积的土壤至关重要。在测量开始前尽可能去除所有淤泥和压实的土壤，尽管当前对于易受影响的土壤（即粉质土和黏质土）还没有完全有效的方法。

（2）如果通气管向上提高到所需的水位 H，而通气管中并没有气泡出现，那么测量井中可能充满了过多的水（测量井中的水位高出了 H）。从测量井中抽出水，直到通气管冒泡为止，一旦通气管冒泡，就说明测量井内的水位到达了设定的水头 H。推荐一种抽水办法，在马氏瓶测量装置进入测量井之前，将一根半径较小的管子黏在马氏瓶测量系统的出流管（见图 76.1）上，待设备安装完成后，如果井内出现过多的水分，就可以利用针管等负压工具将多余的水分从测量井中抽出。

或者，就一直等测量井内的水分渗漏，水位下降至 H 之下，气泡就会出现。如果冒泡速率非常慢，就表示导水率很低，或者测量井壁出现了涂抹、压实或者淤积的情况。如果出现冒泡速率很低的情况，那么建议将储水的区域进行遮阴处理，尽可能避免马氏瓶上方的压力室（见图 76.1）被阳光直射加热。空气受热膨胀会阻碍气泡的产生。另外，阳光的照射会使水的黏滞度降低，如果不校正就会产生计算误差（具体参考第 69 章）。如果没有气泡且水位在不断地下降，就表示压力室存在漏气的情况。

（3）井渗法测定过程中，水流达到稳定的时间主要由介质的导水率决定，同时也与介质的初始含水量、测量井的半径、井内的水深相关。总体来说，导水率的降低、初始含水量的降低、测量井的半径及水面深度的增加会增加水流平衡的时间（Reynolds 和 Elrick，1986）。在中等至高渗透性的介质（$K_{fs}>10^{-4}$ cm·s^{-1}）中，平衡时间大致为 5~60 min，相比之下在低渗漏率的介质中（$K_{fs}<10^{-5}$ cm·s^{-1}），平衡时间达到两个或者数个小时。马氏瓶系统可以测量出 10^{-6}~10^{-2} 数量级的 K_{fs}。在测定过程中更加细心，或者调整马氏瓶储水管，出流管和进气管的大小可以进一步扩大测量的范围。

（4）式（76.4）给出的 C_w（形态系数）计算公式经过校正 1 cm<a<5 cm，0.5 cm<H<20 cm 和 0.25 cm<H/a<20 cm。基于 Richards 方程对井周围稳定的饱和-非饱和三维水流进行数值模拟，获取一系列的间断点数据来进行校验（Reynolds 和 Elrick，1987）。如果 a、H 和 H/a 的数值在上述的范围之外，那么最好重新计算 C_w，具体过程参考 Reynolds 和 Elrick（1987）。注：式（76.4a）适用于 $\alpha^*\geqslant 0.09$ cm^{-1} 的所有情况（因为随着 α^* 的增加，毛管作用的影响越来越小），在 $\alpha^*=0.12$ cm^{-1} 和 $\alpha^*=0.36$ cm^{-1} 两种情况下，C_w 与 H/a 的关系式见表 76.1。

（5）两水头和多水头方法的主要优点就是能够同时测定 K_{fs}、ϕ_m、S、α^*、ψ_f、PD 和 NP 这几个参数。然而有一个重要的限制是土壤分层，水平方向的空间变异性、裂隙、蚯蚓洞、根系孔隙均会导致参数的计算值不切合实际或者无效（Elrick 等，1989）。这种情况的发生源自于在水头升高的情况下，入渗表面和井周围的湿润球状区域会随之增大，测定区域空间的改变使空间异质性容易产生影响。另外两水头多水头分析方法的系数矩阵条件不充足，对于这种空间异质性的敏感度很高（Philip，1985）。当通过两水头和多水头方法计算得到的 K_{fs} 和 ϕ_m 为负值，或者 α^* 的值落在一个常见的范围 0.01 cm^{-1}≤α^*≤1 cm^{-1} 之外时，舍弃两水头或多水头分析方法，在每个水头上使用改进的单水头分析方法，将最终的 K_{fs} 和毛管吸力参数取均值（Elrick 和 Reynolds，1992）。进一步的分析讨论参考 Amoozegar(1993)、Elrick 和 Reynolds(1993)。

（6）相比于两水头和多水头方法（见式（76.5）），修正的单水头方法（见式（76.3））节约时间，同时还能避免出现计算出负的 K_{fs} 值，因为该方法仅需要测定一个水头，同时 α^* 根据测量点土壤性质决定，具体参考表 76.1。该方法的缺点是不能够同时求出 ϕ_m、S、α^*、ψ_f、PD 和 NP 这些参数，一旦表 76.1 的 α^* 数值选择不当，就将极大地降低测量精度，幸运的是表 76.1 中的 α^* 值及对应的介质分类已经足够宽泛和全面。当然在实际估计观测点土壤质地和结构时要格外注意，不要将 α^* 分错类，这种错误将进一步影响 K_{fs} 和 ϕ_m 的计算，通常情况下这种错误造成的差异在±25%以内（Reynolds 等，1992）。考虑到这些参数本身的变异，这种误差范围在许多实际过程中也是可以接受的。另外，K_{fs} 和 ϕ_m 对 α^* 的敏感程度与水头高度有关。K_{fs} 对 α^* 选择的敏感程度随着 H 增加而降低，但是 ϕ_m 对 α^* 选择的敏感程度随着 H 降低而降低（Reynolds 等，1992）。因此，如果目标是为了测定 K_{fs}，那么在单水头方法中，尽可能选择高的水头。如果目标是为了测定 ϕ_m 或者其他毛管作用参数，就将水头尽可能调低。要时刻明确的是 ϕ_m、S、α^*、ψ_f、PD 和 NP 这些参数在积水入渗过程中的获取精度是很低的，因为在积水条件下重力势和压力势在水流形成过程中起主导作用。

（7）其他定水头井渗法渗漏仪的设计也是基于各种各样的马氏瓶和进气出水设置，具体参考 Amoozegar 和 Warrick（1986）、Koppi 和 Geering（1986）、Stephens 等（1987）、Jenssen（1989）、Bell 和 Schofield（1990）、Amoozegar（1992）。其他方法的具体操作规程参考 Philip（1985）、Amoozegar 和 Warrick（1986）、Stephens 等（1987）、Amoozegar（1992）、Elrick 和 Reynolds（1992）、Reynolds 等（1992）

和 Xiang（1994）。关于设备和分析方法的进一步讨论参考 Reynolds 和 Elrick（1986）、Elrick 等（1989）、Elrick 和 Reynolds（1992）。

76.3 降水头井渗法

降水头井渗法包含的步骤：将一个套管（井）深入土体中，积水到一个已知的水头高度，然后水从套管底部流入非饱和土体中，记录水位随时间的下降高度（见图76.3）。井套管的直径和形状与定水头井渗法相似（直径4~10 cm，平底），但是没有理论限制具体的井半径为多少。当水流完全通过井底部后，导水参数（K_{fs}、ϕ_m、S、α^*、ψ_f、PD、NP）的计算主要与垂直水流相关，这种状况常发生在入渗或近地表排水期间。

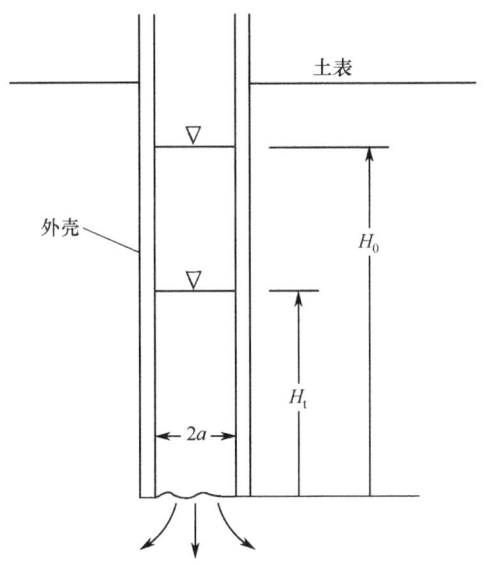

图 76.3　变水头井渗法仪器设备

降水头法与定水头法相比的优点在于降水头法大幅度减少了低渗漏率介质的测量时间，测定的效果也要优于定水头法。降水头法的缺点在于套管和井壁之间需要一个不透水的密封垫（尤其是在一些多孔介质中这种密封性是很难或者无法保证的），而且与一些已经建立的方法难以进行比较。

76.3.1　设备和步骤

（1）按照定水头井渗法中介绍的挖测量井的方法（见76.2）挖一个圆柱形、平底的测量井。井底必须高于地下水位或者毛管上升水位边缘，从而防止地下水冒进到测量井中，这种情况在分析时没有考虑。按照76.2节和第78章（钻孔方法）中的方法步骤去除井壁上的淤泥和被土钻压实的土壤，因为这些情况会使K_{fs}值和毛管作用参数的测定结果偏低，从而不具有代表性。

（2）将一根坚硬的套管滑入测量井中（见图76.3）。测量管必须与测量井紧密契合，从而防止水在测量管与井壁之间发生侵渗（理论需要）（见注释（1））。测量管顶端最好伸出土壤表面，从而保证在测量时有充足的初始水头高度（见图76.3）。

（3）快速将固定体积的水倒入测量管中，从而得到所需的初始水位高度 $H=H_0$（见图76.3）。既可以直接将水倒入管套中，也可以通过深入套管底部的管子往一些黏土类型的土体中加水，有必要在测量管的底部安装一个透水的底套，或者在底部放置一层5 cm厚的碎石，用来预防井底土壤结构破坏，尤其是在初始灌水的时候，同时预防被水流侵蚀的土壤细颗粒随水流在井底淤积（见图76.3）。透水底套和碎石层必须有足够大的导水率才能保证测定结果的准确性。在加入水后，测定随时间下降的水位高度，就能按照下文计算水力学参数。

76.3.2 分析和计算

水位下降与时间的关系式如下（Philip，1993）：

$$t = \frac{\pi^2 a}{8K_{fs}} \left\{ \left(1 + \frac{1}{2A}\right) \ln\left(\frac{A^3 - 1}{A^3 - \rho_t^3}\right) - \frac{3}{2A} \ln\left(\frac{A-1}{A-\rho_t}\right) + \frac{\sqrt{3}}{A} \left[\arctan\left(\frac{A+2\rho_t}{\sqrt{3}A}\right) - \arctan\left(\frac{A+2}{\sqrt{3}A}\right)\right] \right\} \quad (76.6a)$$

其中，

$$A^3 = \frac{3\left(H_0 + \frac{1}{\alpha^*} + \frac{\pi^2 a}{8}\right)}{a(\Delta\theta)} + 1 \quad (76.6b)$$

$$\rho_t^3 = \frac{3(H_0 + H_t)}{a(\Delta\theta)} + 1 \quad (76.6c)$$

其中，t[T]表示从测量井中水流开始时刻到当前的时间，a[L]表示测量套管内部半径（图 76.3）；$\Delta\theta = (\theta_{fs} - \theta_i)$[$L^3L^{-3}$]表示田间饱和含水量（$\theta_{fs}$）与初始含水量（$\theta_i$）的差值；$H_0$[L]表示测量井内初始水位高度（$t=0$），$H_t$[L]表示$t$时刻测量井内的水位高度；反正切函数计算结果为弧度。式（76.6）描述了随着测量井内的水从井底不断地流出，测量井内水位高度与时间之间的关系。通过式（76.6）同时计算K_{fs}和α^*，至少需要两个数据点（包含水位高度和时间），Philip（1993）和 Munoz-Carpena 等（2002）推荐选择水位高度为$H_0/2$和$H=0$对应的时间点。一种更可靠的方法是，测定一系列的（H_t, t）点，并用式（76.6）进行拟合。其中参数θ_{fs}、θ_i和H_0要独立测定。一旦K_{fs}和α^*确定了ϕ_m、S、PD、NP和ψ_f这些参数就能通过式（69.16）—式（69.21）计算出来，注意在田间饱和流的情况下，$K(\psi_0)=K_{fs}$，$\alpha^*(\psi_0)=\alpha^*$，$\theta(\psi_0)=\theta_{fs}$，$\theta(\psi_i)=\theta_i$，$PD(\psi_0)=PD$和$NP(\psi_0)=NP$。

如果仅仅需要测定K_{fs}，式（76.6a）和式（76.6c）可以简化为下式（Elrick 和 Reynolds，2002）：

$$K_{fs} = \frac{\pi^2 a}{8t_b} \left\{ \left(1 + \frac{1}{2A}\right) \ln\left(\frac{A^3 - 1}{A^3 - \rho_b^3}\right) - \frac{3}{2A} \ln\left(\frac{A-1}{A-\rho_b}\right) + \frac{\sqrt{3}}{A} \left[\arctan\left(\frac{A+2\rho_b}{\sqrt{3}A}\right) - \arctan\left(\frac{A+2}{\sqrt{3}A}\right)\right] \right\} \quad (76.7a)$$

$$\rho_b^3 = \frac{3(H_0 + H_b)}{a(\Delta\theta)} + 1 \quad (76.7b)$$

其中，A的定义见式（76.6b），H_b[L]指在t_b[T]时刻井内的水位高度；在式（76.7a）和式（76.7b）中，初始时刻的水位高度（H_0）可以根据倒入测量井中的水量除以井的横截面面积获得，参数α^*可以通过表 76.1 中按照质地-结构分类查询获得。简化的K_{fs}计算仅仅需要测定t_b、H_b、θ_{fs}和θ_i，其中$H_0(t=0)$是已知的，因为倒入井内的水量已知。如果井中的水排空所需时间在一个可以接受的范围内（与井的尺度和介质的导水性有关），那么将t_b设成水排空的时间点是合理的，在这种情况下式（76.7b）中的$H_b=0$，仅仅只要测定t_b、θ_{fs}和θ_i就能进行计算分析。这些简化之后，K_{fs}能够根据式（76.7a）直接计算出来，不需要通过方程组或者曲线拟合。

Elrick 和 Reynolds（1986）发展了一种针对无套管的降水头分析方法，该计算方法来源于定水头井渗法（见式（76.3））。尽管K_{fs}和α^*（因此ϕ_m、S、ψ_f、PD和NP也可以）可以通过该方法同时计算出来，但是计算过程必须使用曲线拟合一系列测量点，没有任何简化的方法，而且在降水头开始前，需要达到初始水头（$H=H_0$）的稳定水流。这种方法同样是不稳定的，对空间变异非常敏感，具体已经在稳定水头的两水头和多水头方法中进行过讨论（见 76.2）。

关于降水头井渗法的一些细节可以参考 Elrick 和 Reynolds（1986，2002）、Munoz-Carpena 等（2002），Reynolds 和 Elrick（2005）。具体的基于式（76.6）和式（76.7）的例子计算在图 76.4 和表 76.4 中分别列出。

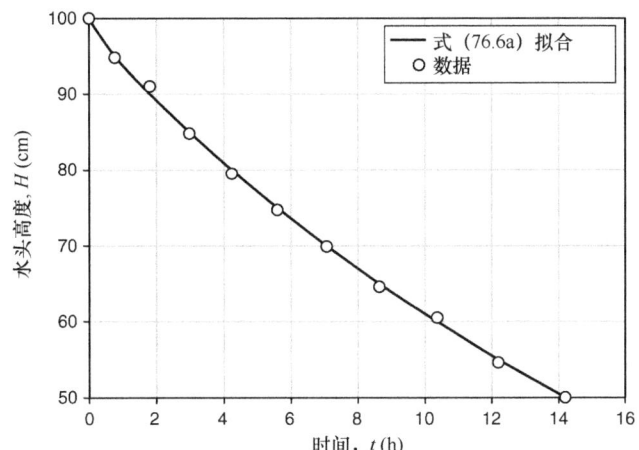

图 76.4 降水头井渗法式（76.6a）的拟合曲线（横坐标为 t，纵坐标为 H）。输入参数为：$a=2$ cm；$H_0=100$ cm；$\Delta\theta=0.25$。拟合的参数为：$K_{fs}=2.29\times10^{-5}$ cm·s^{-1}；$\alpha^*=0.12$ cm^{-1}。进一步计算参数为：$\phi_m=1.91\times10^{-4}$ cm^2·s^{-1}（第 69 章，式（69.16））；$\psi_f=-8.3$ cm（第 69 章，式（69.20））；$S=9.31\times10^{-3}$ cm·s$^{-1/2}$（第 69 章，式（69.17））；$PD=0.017\ 8$ cm（第 69 章，式（69.18））；$NP=9.51\times10^4$ 孔隙数/m^2（式（69.19））。

表 76.4 降水头井渗法简化分析方法对应的数据表格和 K_{fs} 计算过程（式（76.6）和式（76.7））

累积时间 t(h)		高于井底的水位，H(cm)	
0	(t_0)	100	(H_0)
3	(t_b)	85	(H_b)
$A^3=665.804\ 4$	（式（76.6b））		
$\rho_b^3=91.0$	（式（76.7b））		
$K_{fs}=2.27\times10^{-5}$ cm·s^{-1}	（式（76.7a））		

测量井半径，$a=2$ cm；测量井深度，$d=50$ cm。
初始水头高度，$H_0=100$ cm。
制造初始水头高度需要水量 $H_n=1.257$ L。
介质类型：结构良好的黏壤土（估计 $\alpha^*=0.12$ cm^{-1} 根据表 76.1）。
$\theta_{fs}=0.65$；$\theta_i=0.40$；$\Delta\theta=0.25$。

76.3.3 注释

（1）在测定过程中要保证测量管与测量井壁的密封性，如果水流向井壁上侵渗，那么将会导致 K_{fs} 值和毛管作用参数值测定结果偏大。防止这种渗漏，一种方法是在用土钻打井时，土钻外部套上一个锋利薄壁的金属套，随着测量井的挖掘，将外部的金属套也打入相应的深度（详情见第 79 章，Amoozegar，2002）。其他有效的办法包括在测量管的外部抹上油脂，或者在底部安装一个可以膨胀的封隔器。一旦出现水分向井壁渗漏的情况，该次测量结果就应该舍弃。

（2）如式（76.7b）所示，H_b 可以是比 H_0 小的任何值，包括 0（测量管中水排空的情况），但是取 $H_b=0$ 可能会消耗不切实际的很长的时间 t_b。总体来讲，最实用的 H_b 选择是 $H_b \geqslant H_0/2$。注意，为了方便，我们可以确定 t_b 来测定 H_b，或者确定 H_b 来测定 t_b。

（3）式（76.6）和式（76.7）对于 $\Delta\theta$ 相对不敏感，$\Delta\theta$ 增加两倍通常导致 K_{fs} 的改变小于 20%。因此，在一些特定的条件下（只有 K_{fs} 值需要被测定），可以用田间平均 $\Delta\theta$ 代替单独的数据点将算法进一步简化。田间平均 $\Delta\theta$ 可以通过 TDR 来测定（见第 70 章），或者通过质地和初始的湿度来估计。

（4）降水头井渗法相比其他方法一般会得到过高的 K_{fs} 和 α^*（Munoz-Carpena 等，2002）。这个原因目前还不清楚，可能与降水头方法理论中的简化假设有关（Philip，1993），也可能与测量井的体积、水流在土体中的运移形态或者是水流向测量井壁侵渗有关。

参 考 文 献

Amoozegar, A. 1992. Compact constant head permeameter: a convenient device for measuring hydraulic conductivity. In: G.C. Topp et al., eds. *Advances in Measurement of Soil Physical Properties: Bringing Theory into Practice*. SSSA Special Publication, 30. Soil Science Soci- ety of America, Madison, WI, 31-42.

Amoozegar, A. 1993. on 'Methods for analyzing constant-head well permeameter data.' *Soil Sci. Soc. Am. J.* 57: 559-560.

Amoozegar, A. 2002. Piezometer method (saturated zone). In: J.H. Dane and G.C. Topp, eds. *Methods of Soil Analysis, Part 4-Physical Methods*. Soil Sci- ence Society of America, Madison, WI, 859-878.

Amoozegar, A. and Warrick, A.W. 1986. Hydraulic conductivity of saturated soils: field methods. In: A. Klute, ed. *Methods of Soil Analysis, Part 1-Physical and Mineralogical Methods*. Agronomy 9, Soil Science Society of America, Madison, WI, 758-763.

Amoozegar, A. and Wilson, G.V. 1999. Methods for measuring hydraulic conductivity and drainable porosity. In: R.W. Skaggs and J. van Schilf- gaarde, eds. *Agricultural Drainage*. Agron. Monogr. 38. American Society of Agronomy, Crop Science Society of America, and Soil Science Society of America, Madison, WI, 1149-1205.

Ankeny, M.D. 1992. Methods and theory for unconfined infiltration measurements. In: G.C. Topp et al., eds. *Advances in Measurement of Soil Physical Properties: Bringing Theory into Practice*. Soil Science Society of America. Special Publication, 30. Soil Science Society of America, Madison, WI, 123-141.

Bagarello, V. 1997. Influence of well prepara- tion on field-saturated hydraulic conductivity measured with the Guelph permeameter. *Geoderma* 80: 169-180.

Bell, R.W. and Schofield, N.J. 1990. Design and application of a constant head well permeameter for shallow high saturated hydraulic conductivity soils. *Hydrol. Process.* 4: 327-342.

Campbell, C.M. and Fritton, D.D. 1994. Factors affecting field-saturated hydraulic conductivity measured by the borehole permeameter tech- nique. *Soil Sci. Soc. Am. J.* 58: 1354-1357.

Elrick, D.E. and Reynolds, W.D. 1986. An analysis of the percolation test based on three- dimensional, saturated-unsaturated flow from a cylindrical test hole. *Soil Sci.* 142: 308-321.

Elrick, D.E. and Reynolds, W.D. 1992. Methods for analyzing constant-head well permeameter data. *Soil Sci. Soc. Am. J.* 56: 320-323.

Elrick, D.E. and Reynolds, W.D. 1993. Reply to 'Comments on 'Methods for analyzing constant-head well permeameter data''. *Soil Sci. Soc. Am. J.* 57: 560-563.

Elrick, D.E. and Reynolds, W.D. 2002. Measuring water transmission parameters in vadose zone using ponded infiltration techniques. *Agri. Sci.* 7: 17-22.

Elrick, D.E., Reynolds, W.D., and Tan, K.A. 1989. Hydraulic conductivity measurements in the unsaturated zone using improved well analyses. *Ground Water Monit. Rev.* 9: 184-193.

Jenssen, P.D. 1989. The constant head percolation test-improved equipment and possibilities of assessing the saturated hydraulic conductivity. In: H.J. Morel-Seytoux, ed. *Unsaturated Flow in Hydrologic Modeling: Theory and Practice*. NATO ASI Series C: Mathematical and Physical Sciences, Vol. 275, Kluwer Academic Publishers, the Netherlands, 481-488.

Koppi, A.J. and Geering, H.R. 1986. The prepar- ation of unsmeared soil surfaces and an improved apparatus for infiltration measurements. *J. Soil Sci.* 37: 177-181.

Munoz-Carpena, R., Regalado, C.M., Alvarez- Benedi, J., and Bartoli, F. 2002. Field evaluation of the new Philip-Dunne Permeameter for measuring saturated hydraulic conductivity. *Soil Sci.* 167: 9-24.

Philip, J.R. 1985. Approximate analysis of the borehole permeameter in unsaturated soil. *Water Resour. Res.* 21: 1025-1033.

Philip, J.R. 1993. Approximate analysis of falling-head lined borehole permeameter. *Water Resour. Res.* 29: 3763-3768.

Reynolds, W.D. 1993. Saturated hydraulic con- ductivity: field measurement. In: M.R. Carter, ed. *Soil Sampling and Methods of Analysis*. Canadian Society of Soil Science, Lewis Publishers, Boca Raton, FL, 599-613.

Reynolds, W.D. and Elrick, D.E. 1986. A method for simultaneous in situ measurement in the vadose zone of field-saturated hydraulic conductivity, sorptivity and the conductivity-pressure head relationship. *Ground Water Monit. Rev.* 6: 84-95.

Reynolds, W.D. and Elrick, D.E. 1987. A laboratory and numerical assessment of the Guelph permeameter method. *Soil Sci.* 144: 282-299.

Reynolds, W.D. and Elrick, D.E. 2002. Constant head well permeameters (vadose zone). In J.H. Dane and G.C. Topp, eds. *Methods of Soil Analysis, Part 4-Physical Methods*. Soil Science Society of America, Madison, WI, 844-858.

Reynolds, W.D. and Elrick, D.E. 2005. Measurement and characterization of soil hydraulic properties. In: J. Alvarez-Benedi and R. Munoz-Carpena, eds. *Soil-Water-Solute Process Characterization: An Integrated Approach*. CRC Press, Boca Raton, FL, 197-252.

Reynolds, W.D., Elrick, D.E., and Clothier, B.E. 1985. The constant head well permeameter: effect of unsaturated flow. *Soil Sci.* 139: 172-180.

Reynolds, W.D., Vieira, S.R., and Topp, G.C. 1992. An assessment of the single-head analysis for the constant head well permeameter. *Can. J. Soil Sci.* 72: 489-501.

Stephens, D.B., Lambert, K., and Watson, D. 1987. Regression models for hydraulic conductivity and field test of the borehole permeameter. *Water Resour. Res.* 23: 2207-2214.

Xiang, J. 1994. Improvements in evaluating constant-head permeameter test data. *J. Hydrol.* 162: 77-97.

Zangar, C.N. 1953. Theory and problems of water percolation. U.S. Department of the Interior, Bureau of Reclamation, Eng. Monogr. No. 8, Denver, CO.

Zhang, Z.F., Groenevelt, P.H., and Parkin, G.W. 1998. The well shape-factor for the measurement of soil hydraulic properties using the Guelph per- meameter. *Soil Till. Res.* 49: 219-221.

（刘海涛　译，李保国　校）

第 77 章 饱和水力学特性：圆环入渗法

W.D. Reynolds

Agriculture and Agri-Food Canada
Harrow, Ontario, Canada

77.1 引 言

圆环入渗法主要用于原位测定田间饱和导水率，$K_{fs}[LT^{-1}]$。该方法同时可以原位测定毛管参数：基质通量势 $\phi_m[L^2T^{-1}]$；吸渗数 $\alpha^*[L^{-1}]$；有效 Green-Ampt 湿润峰水头 $\psi_f[L]$；吸渗率 $S[LT^{-1/2}]$；FWM 孔隙直径 $PD[L]$ 和 FWM 孔隙数 $NP[L^{-2}]$。这些参数的详细解释见第 69 章。

入渗环是一个薄壁，两端通透的金属或者塑料圆环，圆环底端尖锐方便插入多孔介质中。大部分入渗环高度为 5~20 cm，直径为 10~50 cm，当然也有一些直径更大或者更小的入渗环用于某些特殊目的的试验中（Youngs 等，1996；Leeds-Harrison 和 Youngs，1997）。圆环入渗法将一到多个圆环嵌入土壤中（通常入土深度为 3~10 cm），在环内设置一个或者多个水头，然后测定从环流向土壤中的水流速度。定水头和降水头两种分析方式都是可行的。其他测定 K_{fs} 和相关毛管作用参数的方法包括井渗法（见第 76 章）、钻孔法（见第 78 章）和压力计法（见第 79 章）。实验室方法测定饱和导水率 K_s 见第 75 章。通过介质的其他性质来推算 K_s 有多种方法，具体见第 84 章。

圆环入渗法的优点包含以下方面。

(1) 准确测定垂直方向上的 K_{fs}。
(2) 测定仪器设备和步骤非常简单容易操作。
(3) 相对快速简单地进行时空上的重复测定。
(4) 能够测定多孔介质表面的水分扩散参数。
(5) 由于长时间和广泛地运用在多孔介质上，所以被科学和工程组织所广泛认可。

圆环入渗法的缺点包含以下方面。

(1) 在含有砾石的多孔介质中很难将圆环插入介质中。
(2) 在将圆环插入多孔介质的过程中，介质本身结构可能遭到潜在的破坏。
(3) 测量地表以下层次时不方便（需要去除表层的土壤才能进行下次地表以下层次的测量）。
(4) 毛管作用参数（例如，ϕ_m、S、α^*、ψ_f、PD、NP）的测定精度较低，因为积水入渗加强了压力势和重力势在水流中的作用，毛管力的作用比例则相对降低。

77.2 单圆环入渗法

单圆环入渗法的步骤包括将单个圆环插入到非饱和土壤介质中，在圆环内积水到一个或多个不同的水头高度，然后依次测定水流从圆环流向介质的速率。数据分析方式包含单定水头方法、多定水头方法和降水头方法。单定水头方法的操作步骤包括向圆环中注入水，使水位保持在一个稳定的水头位置，待水流稳定后，测定水流的速率（见图 77.1（a））。

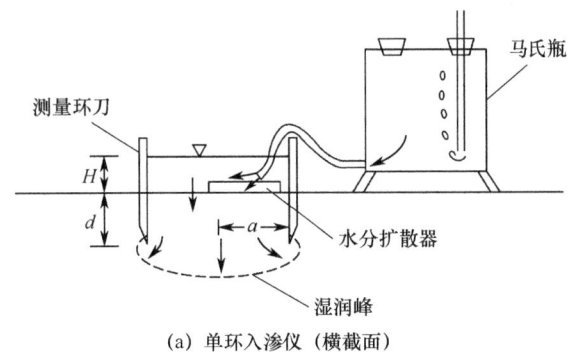

(a) 单环入渗仪（横截面）

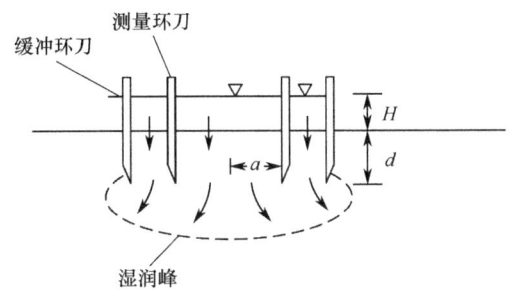

(b) 双环水分入渗仪（横截面）

图77.1 定水头单环入渗仪和定水头双环入渗仪

多个定水头方法扩展了单水头分析方法，连续设定两个或多个水头，并测定相应的稳定水流速率（见图77.2）。降水头方法需要监测水位随时间下降的高度（见图77.3）（参考77.2.3 注释（4））。

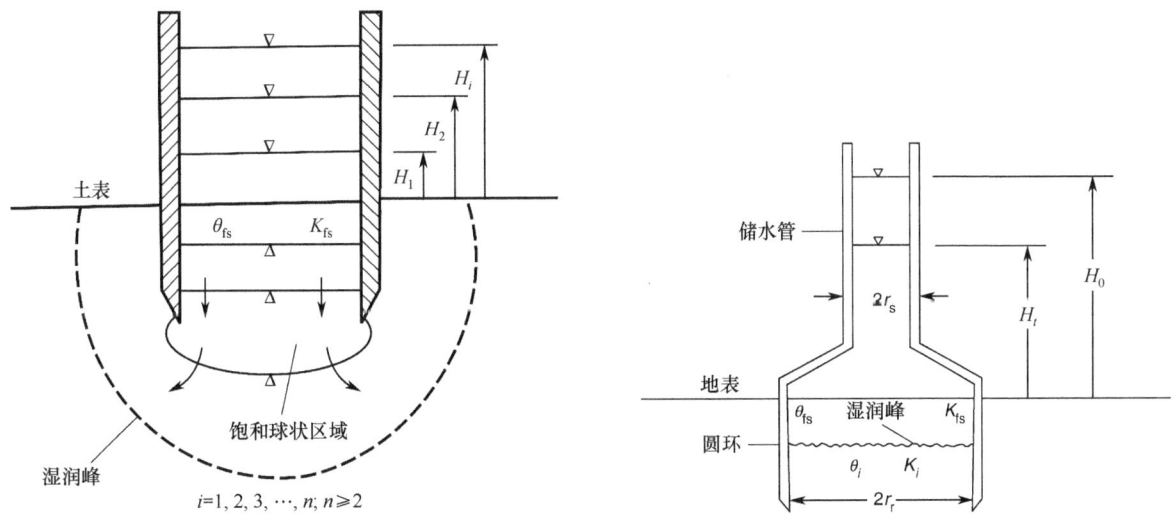

图77.2 多个定水头单环入渗仪

图77.3 单环降水头入渗仪，配备储水管

77.2.1 装置和步骤

（1）单环入渗仪圆环大多数高 10~20 cm，直径为 10~50 cm，偶尔也会用直径 100 cm 的圆环（参考 77.2.3 注释（1））。圆环的材质必须足够坚固（一般由金属或者高密度塑料制成），圆环壁要薄（以 1~5 mm 厚度为宜），圆环一端要有锋利的切口，以便减小嵌入土壤过程中的阻力，确保多孔介质受到最小的挤压。采用适当的方法（锤子锤，液压压落槌），将圆环嵌入地表以下 3~10 cm。圆环

必须尽可能垂直地嵌入多孔介质中,从而确保在测定过程中水流是在一维的垂直方向上流动。为了确保可以获得所需的水头,在圆环嵌入过程中,地上部分保留的高度至少要大于所需的最大水位高度(见图77.1和图77.2),或者在圆环上端附加一个储水装置(见图77.3)或者马氏瓶(见图77.4)。在操作过程中不要刮擦和扰动地表入渗区域,因为这会影响到多孔介质的水力学特性,从而导致测量结果没有代表性。

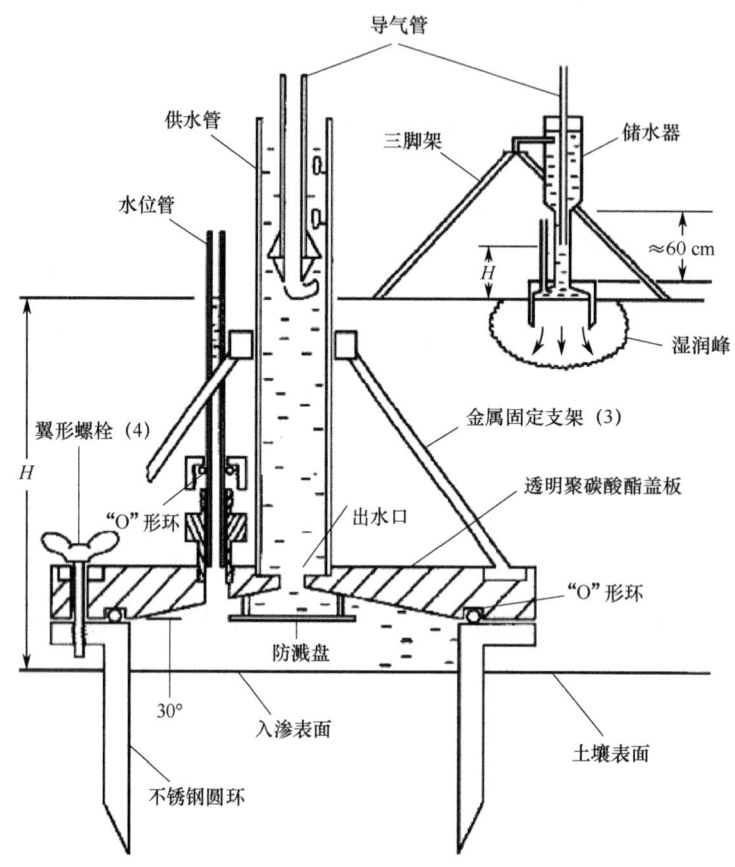

图 77.4 单圆环定水头入渗仪装置

附加了导水管-马氏瓶系统,可以用于单个固定水头,或者多个固定水头,以及降水头测定方法

(2)为了防止短的水流或者水分沿着圆环壁下渗,轻压多孔介质与圆环内壁连接处使其接触紧密。如果缝隙较大,那么应该填充一些粉末状的膨润土或者黏土。

(3)对于固定单水头测定法,往圆环内注水至固定水头高度(H)并保持该高度,测定水分入渗率,直到入渗率趋于稳定(见图77.1(a))。积水的深度保持在5~20 cm范围内。对于多固定水头测定法,在不同的水位高度(H_1,H_2,H_3,……)重复单水头方法,从最小的水位高度开始测定(例如,$H_1 < H_2 < H_3$……)(见图77.2)。马氏瓶提供了简便快捷的稳定水位和测定水流速度的方法(见图77.1(a)—图77.4),即导气管发泡点的设置决定着积水水位,马氏瓶内水位的下降速度可以用来计算稳定入渗率,q_s [LT^{-1}],或者水分排放速率 Q_s [L^{3}T^{-1}]。其他一些稳定水头的办法包括利用浮球阀连接一个重力给水的水箱(通常用于高入渗率的情况),还有最简单的人为加水的办法(通常用于低入渗率的情况)。人工加水的办法,在地表上方的某处放置一个钩式量尺或者指针,当水位下降到指针处时,人工向圆环内注水至预设的高度值。在手动方法中,平均入渗率通过计算加水的量和加水的时间间隔来确定。水位高度则取上下两个标记点的均值。在降水头方法中,将水快速加入(几秒钟)到圆环中至指定的初始高度,

$H=H_0$，在 $t=0$，然后测定水位随时间的下降高度（见图 77.3）。

（4）在定水头条件下，从圆环向非饱和介质中水流的入渗速率在初始阶段经历一个短暂的下降过程，然后在有限的时间内趋于一个稳定的入渗速率。介质的质地越细，结构越差，提高水位（H），增加圆环的嵌入深度（d），增加圆环的半径（a），都会增加到达稳定水流的时间。对于单固定水头方法（或者多水头方法的第一个水位测定时），如果圆环较小（直径为 5～10 cm），而且质地较粗或者结构良好（Scotter 等，1982），那么入渗速率稳定所需时间较短，为 10～60 min。如果圆环较大（例如，直径 30～60 cm 或者更大），而且质地较细或者结构较差，那么平衡时间较长，可达几个小时或者数天（Scotter 等，1982；Daniel，1989）。一般来说，在多固定水头方法测定中，后几个水头下（例如，H_2、H_3 等）到达稳定入渗的时间相比第一个水头要短一些。降水头法显然没有平衡时间，因为入渗速率随着水位的下降是会改变的。

77.2.2 分析和计算

1. 单固定水头

计算 K_{fs} 按照下式（Reynolds 和 Elrick 1990）：

$$K_{fs} = \frac{q_s}{[H/c_1 d + c_2 a] + \{1/[\alpha^*(c_1 d + c_2 a)]\} + 1} \quad (77.1)$$

式中，$q_s = Q_s/\pi a^2$ [LT^{-1}] 为圆环内的稳定入渗率，Q_s [L^{3}T^{-1}] 为稳定水流流量，a [L] 表示圆环内半径，H [L] 表示圆环内的稳定水头高度，d [L] 表示圆环嵌入介质中的深度，α^* [L^{-1}] 为多孔介质吸渗数（估计方法参考第 76 章，表 76.1 或者单独测定，具体见 77.2.3 注释（2）），以及 $c_1 = 0.316\pi$ 和 $c_2 = 0.184\pi$ 为无量纲的经验系数，在 $d \geq 3$ cm 和 $H \geq 5$ cm 的情况下适用（Reynolds 和 Elrick，1990；Youngs 等，1993）。一旦 α^* 值被估计，K_{fs} 就能计算出来，同时还能通过式（69.16）—式（69.21）计算 ϕ_m、S、PD、NP 和 ψ_f，注意当前的情况（田间饱和流）$K(\psi_0) = K_{fs}$，$\alpha^*(\psi_0) = \alpha^*$，$\theta(c_0) = \theta_{fs}$，$\theta(\psi_i) = \theta_i$，$PD(\psi_0) = PD$ 和 $NP(\psi_0) = NP$。

注意在式（77.1）中，K_{fs} 的大小不仅与入渗速率有关，而且与水头的高度（H）、圆环半径（a）、圆环嵌入地表深度（d）及多孔介质的吸渗数有关。因此传统定水头圆环入渗法的分析公式为：

$$K_{fs} = q_s \quad (77.2)$$

K_{fs} 会被不同程度地高估，取决于 H、a、d 和 α^*（Reynolds 等，2002）。式（77.2）的精度随着 H 的降低，a、d 和 α^* 的增加而增加，如果 K_{fs} 的精度足够，就没有必要通过不切实际地增加 d 和 a 来增加 K_{fs} 的测定精度。

一个案例数据表格和基于式（77.1）和式（77.2）的计算过程如表 77.1 所示。

表 77.1　单圆环入渗法，单定水头方法，案例数据表和 K_{fs} 的计算过程（见式（77.1）和式（77.2））

圆环半径，$a = 15$ cm
圆环嵌入地表深度，$d = 5$ cm
水头高度，$H = 10$ cm
多孔介质类型：无结构黏壤土
（估计 $\alpha^* = 0.04$ cm^{-1}—表 76.1，第 76 章）
拟经验常数，$c_1 = 0.316\pi = 0.9927$
拟经验常数，$c_2 = 0.184\pi = 0.5781$

（续表）

测量的稳定入渗率，$q_s=Q_s/\pi a^2 = 8.56\times10^{-5}$ cm·s^{-1}	
改进分析方法（式（77.1））	传统分析方法（式（77.2））
$K_{fs} = 2.40\times10^{-5}$ cm·s^{-1}	$K_{fs} = 8.56\times10^{-5}$ cm·s^{-1}

注：传统方法计算的 K_{fs} 值是修正方法的 3.6 倍，传统方法偏大程度是系统性的，并由 α^*、H、d 和 a 的值决定。

2. 多固定水头

两个或两个以上水头测定时，可以同时测定 K_{fs} 和 α^*，其中 α^* 不用像单水头方法中那样估计（见上文分析）。

如果测定了两个水头，那么 K_{fs} 和 α^* 可以通过以下两个公式计算（Reynolds 和 Elrick，2005）：

$$K_{fs} = \frac{T(q_2 - q_1)}{(H_2 - H_1)} \tag{77.3a}$$

$$\alpha^* = \frac{(q_2 - q_1)}{[q_1(H_2 + T) - q_2(H_1 + T)]} \tag{77.3b}$$

其中，

$$T = c_1 d + c_2 a \tag{77.3c}$$

q_1 是在 H_1 下对应的 q_s，q_2 是在 H_2 下的对应的 q_s，$q_1 < q_2$，$H_1 < H_2$，其他参数定义具体见式（77.1）。

对于两个或两个以上水头，q_s 与 H 为下式的线性关系（Reynolds 和 Elrick，2005）：

$$q_i = \left(\frac{K_{fs}}{T}\right)H_i + K_{fs}\left(\frac{1}{\alpha^* T} + 1\right); \quad i=2,3\cdots,n; \quad n \geq 2 \tag{77.4a}$$

式中，T 的定义见式（77.3c）。可以通过最小二乘法拟合的斜率获得 K_{fs}：

$$K_{fs} = T \times 斜率 \tag{77.4b}$$

α^* 则可以通过回归方程的截距获得：

$$\alpha^* = K_{fs}/T(截距 - K_{fs}) \tag{77.4c}$$

基于数据点 (H_i, q_i)，H_i 在 x 轴，q_i 在 y 轴。一旦 K_{fs} 和 α^* 确定了，ϕ_m、S、PD、NP 和 ψ_f 就能通过式（69.16）—式（69.21）计算出来。在饱和流情况下，$K(\psi_0)=K_{fs}$，$\alpha^*(\psi_0)=\alpha^*$，$\theta(\psi_0)=\theta_{fs}$，$\theta(\psi_i)=\theta_i$，$PD(\psi_0)=PD$ 和 $NP(\psi_0)=NP$。

注：在两个水头的情况下式（77.3）和式（77.4）的计算结果是一样的，因为在只有两个 (H, q_s) 点的情况下线性回归与联立公式是一样的。

案例数据表格和基于式（77.3）和式（77.4）的计算方法参考表 77.2。

表 77.2 多个固定水头单环法的案例数据表格和 K_{fs}、毛管作用参数计算过程（见式（77.3）和式（77.4））

圆环半径，$a = 15$ cm
圆环嵌入地表以下深度，$d = 5$ cm
稳定积水深度，H：$H_1 = 5$ cm，$H_2 = 10$ cm，$H_3 = 20$ cm
多孔介质类型：结构性壤土
经验系数，$c_1 = 0.316\pi = 0.9927$
经验系数，$c_2 = 0.184\pi = 0.5781$
$T = c_1 d + c_2 a = 13.635$
$\theta_{fs} = 0.65$，$\theta_i = 0.40$

(续表)

测定稳定入渗速率，q_s：
$q_1=6.53\times10^{-4}$ cm·s^{-1}，$q_2=7.74\times10^{-4}$ cm·s^{-1}，$q_3=10.16\times10^{-4}$ cm·s^{-1}

二水头方法分析（式（77.3））	回归分析（式（77.4））
利用（H_1，q_1）和（H_3，q_3）	回归 q_1，q_2，q_3（y轴）对应 H_1、H_2、H_3（x轴）
$K_{fs}=3.3\times10^{-4}$ cm·s^{-1}（式（77.3a））	回归方程斜率=2.42×10^{-5} s^{-1}
$\alpha^*=0.12$ cm^{-1}（式（77.3b））	回归方程截距=5.32×10^{-4} cm·s^{-1}
	$K_{fs}=3.3\times10^{-4}$ cm·s^{-1}（式（77.4b））
	$\alpha^*=0.12$ cm^{-1}（式 77.4c）
$\phi_m=K_{fs}/\alpha^*=2.75\times10^{-3}$ cm^2·s^{-1}	（第69章，式（69.16））
$\psi_f=-1/\alpha^*=-8.3$ cm	（第69章，式（69.20））
$S=[\gamma(\theta_{fs}-\theta_i)\phi_m]^{1/2}=3.54\times10^{-2}$ cm·s$^{-1/2}$	（第69章，式（69.17））
$PD=0.017\ 8$ cm	（第69章，式（69.18））
$NP=1.37\times10^6$ 孔隙数 m^{-2}	（第69章，式（69.19））

在 S 的计算过程中，假设 $\gamma=1.818$：
在 PD 和 NP 的计算过程中，$\sigma=72.75$ g·s^{-2}；$\rho=0.998\ 2$ g·cm^{-3}（20℃），$g=980.621$ cm·s^{-2}，$\mu=1.002$ g·cm^{-1}·s^{-1}（20℃）。

注：在该案例中，二固定水头下，当只有两个点数据时(H, q)，回归方程方法与公式法计算结果一样。因此回归分析方法在只有两个数据点下运用是可行的。

3. 降水头

在降水头情况下，从圆环内向非饱和介质中的入渗过程具体参考式（77.5）(Elrick，等 2002)。

$$t=\frac{\Delta\theta}{CF_{fs}}\left[\frac{R(H_0-H_t)}{\Delta\theta}-\frac{\left(H_0+\frac{1}{\alpha^*}\right)}{C}\ln\left(1+\frac{CR(H_0-H_t)}{\Delta\theta(H_0+1/\alpha^*)}\right)\right]; \quad C\neq0 \qquad (77.5)$$

其中，t[T]是从入渗开始时到测定点的时间，$\Delta\theta=(\theta_{fs}-\theta_i)$[L^{3}L^{-3}]表示田间饱和体积含水量（θ_{fs}）和多孔介质初始体积含水量的差值；$C=1-(\Delta\theta/R)$为一个常数；H_0 表示初始时刻 $t=0$ 时的水头高度；H_t[T]表示在时间 t 时的水头高度；$R=A_s/A_c$ 表示储水管横截面面积（$A_s=\pi r^2$）与圆环横截面面积（$A_c=\pi r^2$）之比（见图77.3）。注意式（77.5）中 H_t 在函数关系中为内隐式和非线性关系，因此同时计算 K_{fs} 和 α^* 的最佳方法是采用曲线拟合的方式，将数据点（H_t, t）用最小二乘法拟合式（77.5）来计算（参考图77.5）。式（77.5）中的参数 $\Delta\theta$、R 和 H_0 必须独立测定，当没有使用储水管而是直接使用圆环盛水时，$R=1$。一旦 K_{fs} 和 α^* 计算出来，就可以进一步根据式（69.16）—式（69.21）计算 ϕ_m、S、PD、NP 和 ψ_f 这些毛管作用参数（见图77.5）。

如果 K_{fs} 是主要的关注点，那么式（77.5）可以写出下式的形式（Bagarello 等，2003）：

$$K_{fs}=\frac{\Delta\theta}{Ct_a}\left\{\frac{R(H_0-H_t)}{\Delta\theta}-\frac{\left(H_0+\frac{1}{\alpha^*}\right)}{C}\ln\left[1+\frac{CR(H_0-H_t)}{\Delta\theta(H_0+1/\alpha^*)}\right]\right\}; \quad C\neq0 \qquad (77.6)$$

其中，H_a[L]为 t_a[T]时刻储水管的水位高度。储水管内初始的水位高度（H_0）可以通过加入储水管内的水量加以控制确定。参数 α^* 则根据介质的质地-结构类别来估计，具体参考表76.1。经过这种简化后，需要测定的项目只有三项（包括 H_a、t_a 和 $\Delta\theta$），K_{fs} 能直接通过式（77.6）计算出来，而不用通过烦琐的数值拟合过程。当储水管中的水位下降到地表面时，即 $t=t_a$，$H_a=0$，计算 K_{fs} 更加简便，只要测定两个参数（t_a 和 $\Delta\theta$）就能通过式（77.6）计算出 K_{fs}，因为 $H_a=0$。一个具体的数据案例表格和利用式（77.6）的计算方法在表 77.3 给出。

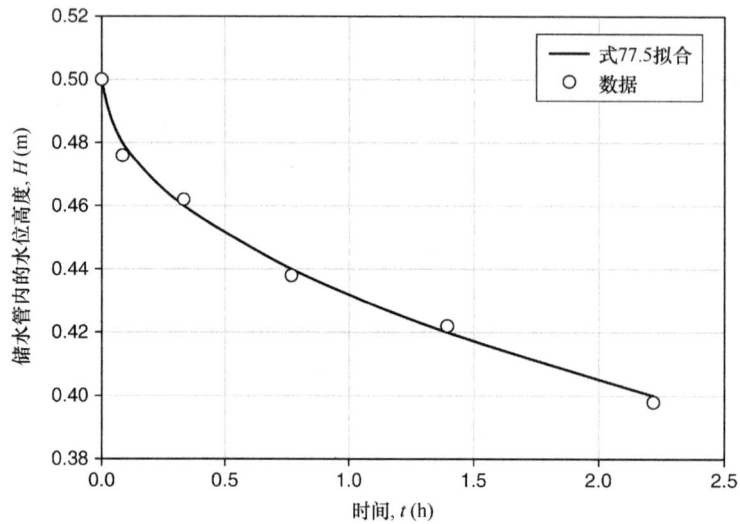

图 77.5　降水头入渗法，利用数据点(H, t)拟合式（77.5）

输入参数 $\Delta\theta=0.50$，$R=0.027\,8$，$C=-16.985\,6$，$H_0=0.50$ m。拟合参数：$K_{fs}=1.41\times10^{-7}$ cm·s^{-1}，$\alpha^*=0.04$ cm^{-1}。计算参数：$\phi_m=3.53\times10^{-6}$ cm^2·s^{-1}（第 69 章，式（69.16）），$\psi_f=-25$ cm（第 69 章，式（69.20）），$S=1.79\times10^{-3}$ cm·s$^{-1/2}$（第 69 章，式（69.17）），$PD=0.005\,9$ cm（第 69 章，式（69.18）），$NP=4.85\times10^4$ 孔隙数 m^{-2}（第 69 章，式（69.19））。

表 77.3　单圆环入渗法中，简化的降水头分析方法、案例数据表格和 K_{fs} 的计算（式（77.6））

圆环半径，$r_c=15$ cm
圆环嵌入地表以下深度，$d=10$ cm
储水管半径，$r_s=2.5$ cm
初始水位高度，$H_0=50$ cm
多孔介质类型：结构性差的黏壤土（估计 $\alpha^*=0.04$ cm^{-1}——表 76.1，第 76 章）
$\theta_{fs}=0.70$，$\theta_i=0.20$

累积时间 $t(s)$		储水管内的水位 H(cm)	
0	(t_0)	50	(H_0)
8 000	(t_a)	40	(H_a)

$R=A_s/A_c=Ar_s^2/Ar_c^2=0.027\,8$
$\Delta\theta=\theta_{fs}-\theta_i=0.50$
$C=1-(\Delta\theta/R)=-16.985\,6$
$K_{fs}=1.41\times10^{-7}$ cm·s^{-1}（式（77.6））

77.2.3　注释

（1）Bouma（1985）认为要测定到有代表性的导水参数，圆环嵌入地表以下部分包含的体积要包含至少 20 个结构单元（包括土壤裂隙、大团聚体、蚯蚓洞、死亡大根系遗留孔道）。

Youngs（1987）、Lauren 等（1988）、Richards（1987）和 Bouma（1985）中少量的田间数据表明在单颗粒的砂介质和均匀的无结构介质中（例如，被压实的垃圾填埋场底层），圆环直径取≥5～10 cm 较为适宜。在多石块空间变异较大的砂土，结构性较好的砂质壤土和结构性较好的粉壤土，圆环直径取≥30 cm 较为合理。在结构性好的黏土和黏壤土中，圆环直径取≥50 cm 为宜。

（2）利用表 76.1（第 76 章）根据介质的质地-结构分类来估计 α^*（式（77.1）和式（77.6））可能会

给单固定水头和简化降水头计算带来一些错误，因为 α^* 随着多孔介质的毛管作用特性连续变化。降低这种错误或者潜在错误的办法就是降低 α^* 项在式（77.1）和式（77.6）中相比于其他项的影响力。在单固定水头方法中（式（77.1）），降低 α^* 项的重要性，可以通过在可行情况下尽可能增大圆环半径（a）和水头的高度来实现。在简化降水头方法中（式（77.6）），降低 α^* 项的重要性，可以通过尽可能增加 H_0 和 H_a 来实现。通过表 76.1 明确介质分类估计 α^* 后，可以选择相邻两种分类的 α^*，通过式（77.1）或者公式（77.6）重新计算 K_{fs}，对比两次计算结果的差异来判断 K_{fs} 的潜在错误程度。表 76.1 中的每个分类都足够宽泛，分类时即使出错也不可能出现超过一个类别的偏差。如果计算得出 K_{fs}（以及相关的毛管参数）的潜在错误过大难以接受，试验过程需要通过调整其他项来降低 α^* 项的影响力，或者选用其他计算方法，比如多水头方法（式（77.3）或者（77.4）），或者降水头方法（式（77.5））。在质地-结构分类中（见图 76.1）出现一个级别的差错会导致各毛管参数计算时产生误差，误差一般小于 50%。相比这些参数自然的高变异性，这种误差通常不会有很大影响。

（3）降水头分析方法（式（77.5）和式（77.6））基于 Green-Ampt 积水入渗模型，假设入渗水流为垂直方向的一维水流，湿润锋为一阶梯函数前端呈稳定水平层状并逐渐向下迁移（Guyonnet 等，2000；Reynolds 和 Elrick，2005）。降水头分析方法要求湿润锋保持明显水平层状且一直在圆环内部（没有分散的水流从圆环底部流出）。因此，降水头方法在粗质和结构性好的介质中（粗质和中等单颗粒砂子，拥有收缩裂隙或者生物遗留孔隙的壤土或者黏土）不太适用。因为湿润锋到达圆环底部的时间太短，以至于没有充分时间测定数据点（H, t），或者湿润锋不稳定及不连续（因为有优先流或者指流）。可以通过下式得到最大有效测定时间（H, t）的近似值：

$$t_d = \frac{\Delta\theta}{CF_{fs}}\left[d - \frac{H_0 + \frac{1}{\alpha^*}}{C}\ln\left(1 + \frac{C_d}{H_0 + \frac{1}{\alpha^*}}\right)\right]; \quad H_0 > \frac{\Delta\theta}{R}d \quad (77.7)$$

其中，t_d[T] 表示湿润锋从地表到圆环最底端所需的时间，d [L] 表示嵌入土体的圆环深度。其他参数在前文中都有定义。根据式（77.7），H_0 要满足当湿润锋到达圆环底部时储水管内水还没有用完。式（77.7）根据指定的 R、H_0 和 d，然后通过估计 $\Delta\theta$、C、K_{fs} 和 α^* 的可能值或者可能范围来推算 t_d。

（4）"压力入渗仪器"（土壤水分设备公司，Goleta，CA）是一种便利的，市场上可以购买到的设备，它可以用于单圆环入渗法（单固定水头、多固定水头和降水头方法）测定土壤导水性质。该设备核心部件包含基于马氏瓶原理的双储水系统（一根相对细的储水管（用来测定低流速状况）包含在一根粗的储水管（用来测定高流速状况）内部），底部有底盖用来固定和连接入渗圆环（见图 77.4）。在具体操作过程中，水流从储水管通过底盖进入圆环。马氏瓶系统（开启马氏瓶模式）可以保证单水头和多水头方法中水头稳定，或者开启自由开口模式便可以适用于降水头方法。入渗速率由储水管内水位的下降速度和储水管的直径决定。关于该设备和设备适用的细节讨论见 Reynolds（1993）和 Reynolds 等（2002），但是在阅读时要注意的是这些材料中给出的公式与本书中的形式有差异。

（5）定水头方法的优点包含能够准确和有效地测定垂直 K_{fs}，可以广泛地运用于田间观测，该方法各个项目的观测都比较简单（q_s, H, d, a, α^*），以及较大的样本体积（基本等同于圆环体积）。缺点主要包含观测时间较长，在使用大圆环或者在结构性和导水率好的介质中测定时需要消耗大量的水。在单粒砂质和结构均一的介质中需要采用直径≥10 cm 的圆环来测定入渗，在砂粒分布不均一或者结构性较好的壤土中需要采用直径≥30 cm 的圆环来测定入渗，在结构性好的黏土或者黏壤土中需要采用直径≥50 cm 的圆环来测定入渗才能测定得到有代表性的 K_{fs} 和毛管系数，而这些情况下会进一步放大定水头法的缺点。降水头方法的优点包括较短的测定时间（尤其是在低渗透率的土壤中），更加简单的测定设备。

缺点包括测定的样本体积较小（样本体积由湿润锋的迁移速率和测定时间决定），要求测定 $\Delta\theta$，这需要另外单独取土样来测定或者使用一些成本偏高的原位测定方法（例如，TDR），以及在粗质地和结构性好的多孔介质中的测量结果不可靠（因为快速的水流和潜在不稳定的湿润锋）。

77.3 其他圆环入渗法

其他重要的圆环入渗法包括双环法（同圆心双环）、姐妹双圆环入渗法、多圆环入渗法及进气渗漏仪法。

双环法包含一个内部的测定圆环，外部有一个同圆心的起保护缓冲作用的大圆环（见图77.1（b））。该方法已经建立一个 ASTM 标准，即内部测量环和外部缓冲保护环直径分别为 30 cm 和 60 cm（Lukens，1981）。由于外部的保护缓冲圆环的作用，所以可以有效地防止测量圆环下方的水流出现分散的情况，这种分散受积水深度、有限的圆环半径和多孔介质毛管吸渗数（α^*）影响，因此双环法可以提高式（77.2）的精度。尽管如此，室内砂箱试验（Swartzendruber 和 Olsen，1961）和数值模拟研究（Wu 等，1997；Smettem 和 Smith，2002）表明在使用式（77.2）计算时，双环法依然会系统地高估 K_{fs}，当然这个高估程度相比单圆环入渗法要小。即使缓冲保护环提供了一个物理的阻隔作用，也依然无法有效地阻止水流向侧向流动。在这一点上，双环法相比单环法并没有什么优势，不论使用哪种圆环放置方法，都要避免使用式（77.2）来计算入渗率。

姐妹双环和多圆环入渗法是指同时安置多个相邻的单固定水头、但尺寸不同的入渗圆环。姐妹双环使用两个圆环，多圆环入渗法使用 3 个或 3 个以上圆环。圆环的直径介于 5~50 cm，高度为 5~20 cm，圆环单独安置（不是双环法那样同心安置），圆环之间要保持足够的距离确保入渗速率趋于稳定之前各个圆环的湿润锋不能有交汇。这两种入渗仪系统都能测定 K_{fs}、ϕ_m、S、α^*、ψ_f、PD 和 NP（通过单固定水头方法）。尽管如此该方法运用得并不多，因为相比单环法，需要更多的材料（多个圆环相比一个圆环）和劳动量。另外，测量结果受水平的空间变异性影响很大。关于姐妹双环法和多环法的具体细节参考 Scotter 等（1982）、Reynolds 等（2002），以及 Reynolds 和 Elrick（2005）。

进气渗透仪包含一个圆环和连接着的固定水头容器。该方法在估计 K_{fs} 和 α^* 时，需要测定稳定水头下的入渗率（q_s），湿润锋到达预设深度 z_f，该深度必须小于或等于圆环嵌入地表以下的深度（d）的时间（t_f），以及 Green-Ampt 湿润锋基质势的估计值（ψ_f），该基质势的获取基于介质进气值的（ψ_a）的测定。该方法运用也不多，原因包含设备的不稳定性，操作步骤相对复杂，而且准确地估计 z_f 和 ψ_f 很困难。更多关于进气渗透仪的方法请参考 Topp 和 Binns（1976）及 Reynolds 和 Elrick（2005）。

参 考 文 献

Bagarello, V., Iovino, M., and Elrick, D.E. 2003. A simplified falling-head technique for rapid determination of field-saturated hydraulic conductivity. *Soil Sci. Soc. Am. J.* 68: 66-73.

Bouma, J. 1985. Soil variability and soil survey. In: J. Bouma and D.R. Nielsen, eds. *Proc. Soil Spatial Variability Workshop*. PUDOC, Wageningen, The Netherlands, 130-149.

Daniel, D.E. 1989. *In situ* hydraulic conductivity tests for compacted clay. *J. Geotech. Eng.* 115: 1205-1226.

Elrick, D.E., Angulo-Jaramillo, R., Fallow, D.J., Reynolds, W.D., and Parkin, G.W. 2002. Infiltration under constant head and falling head condi- tions. In: P.A.C. Raats, D. Smiles, and A.W. Warrick, eds. *Environmental Mechanics: Water, Mass and Energy Transfer in the Biosphere*. Geophysical Monograph 129, American Geophysical Union, Washington, DC, 47-53.

Guyonnet, D., Amraoui, N., and Kara, R. 2000. Analysis of transient data from infiltrometer tests in fine-grained soils. *Ground*

Water 38: 396-402.

Lauren, J.G., Wagenet, R.J., Bouma, J., and Wösten, J.H.M. 1988. Variability of saturated hydraulic conductivity in a Glassaquic Hapludalf with macropores. *Soil Sci.* 145: 20-28.

Leeds-Harrison, P.B. and Youngs, E.G. 1997. Estimating the hydraulic conductivity of soil aggregates conditioned by different tillage treatments from sorption measurements. *Soil Till. Res.* 41: 141-147.

Lukens, R.P. 1981. *Annual Book of ASTM Standards, Part 19: Soil and Rock*. American Standards of Materials and Testing. Washington, DC, 509-514.

Reynolds, W.D. 1993. Saturated hydraulic conductivity: field measurement. In: M.R. Carter, ed. *Soil Sampling and Methods of Analysis*. Canadian Society of Soil Science. Lewis Publishers, Boca Raton, FL, 605-611.

Reynolds, W.D. and Elrick, D.E. 1990. Ponded infiltration from a single ring: I. Analysis of Steady Flow. *Soil Sci. Soc. Am. J.* 54: 1233-1241.

Reynolds, W.D. and Elrick, D.E. 2005. Measurement and characterization of soil hydraulic properties. In: J. Alvarez-Benedi and R. Munoz- Carpena, eds. *Soil-Water-Solute Process Characterization: An Integrated Approach*. CRC Press, Boca Raton, FL, 197-252.

Reynolds, W.D., Elrick, D.E., and Youngs, E.G. 2002. Ring or cylinder infiltrometers (vadose zone). In: J.H. Dane and G.C. Topp, eds. *Methods of Soil Analysis, Part 4-Physical Methods*. Soil Science Society of America, Madison, WI, 818-843.

Richards, N.E. 1987. A comparison of three methods for measuring hydraulic properties of field soils. MS thesis. University of Guelph, Guelph, ON, Canada.

Scotter, D.R., Clothier, B.E., and Harper, E.R. 1982. Measuring saturated hydraulic conductivity and sorptivity using twin rings. *Aust. J. Soil Res.* 20: 295-304.

Smettem, K.R.J. and Smith, R.E. 2002. Field measurement of infiltration parameters. In: R.E. Smith, ed. *Infiltration Theory for Hydrologic Applications*. Water Resources Monograph 15, American Geophysical Union, Washington, DC, 135-157.

Swartzendruber, D. and Olsen, T.C. 1961. Model study of the double ring infiltrometer as affected by depth of wetting and particle size. *Soil Sci.* 92: 219-225.

Topp, G.C. and Binns, M.R. 1976. Field measurements of hydraulic conductivity with a modified airentry permeameter. *Can. J. Soil Sci.* 56: 139-147.

Wu, L., Pan, L., Robertson, M.L., and Shouse, P.J. 1997. Numerical evaluation of ring-infiltrometers under various soil conditions. *Soil Sci.* 162: 771-777.

Youngs, E.G. 1987. Estimating hydraulic con- ductivity values from ring infiltrometer measurements. *J. Soil Sci.* 38: 623-632.

Youngs, E.G., Elrick, D.E., and Reynolds, W.D. 1993. Comparison of steady flows from infiltration rings in 'Green and Ampt' soils and 'Gardner' soils. *Water Resour. Res.* 29: 1647-1650.

Youngs, E.G., Spoor, G., and Goodall, G.R. 1996. Infiltration from surface ponds into soils overlying a very permeable substratum. *J. Hydrol.* 186: 327-334.

（刘海涛　译，李保国　校）

第78章 饱和水力学特性：钻孔法

G. Clarke Topp

Agriculture and Agri-Food Canada
Ottawa, Ontario, Canada

78.1 引　言

钻孔法是一种田间原位测定多孔介质饱和区（即在地下水位以下）饱和导水率 K_s [LT^{-1}]的方法，该方法能为暗管排水设计提供最可靠的 K_s 值。另外一种原位测定饱和区 K_s 的方法参考第79章（测压管法）。一些实验室测定 K_s 的方法参考第75章，根据介质其他性质估计 K_s 的方法具体参考第84章。K_s 及相关参数的定义和计算过程具体参考第69章。

钻孔法基于达西定律，钻孔内的平衡稳定水位（通常情况下等同于地下水位）通过加水或者抽水在瞬间变高或者降低，然后钻孔周围的介质与孔内的水流使水位逐渐恢复，记录恢复水位的时间。该方法和测定仪器与测压管法（见第79章）相近。

K_s 值由以下公式计算获得（Boast 和 Kirkham，1971；Youngs，2001）：

$$K_s = C_{AH} \frac{\Delta y}{\Delta t} \tag{78.1}$$

其中，Δy（cm）表示在时间间隔 Δt（s）内钻孔内水位的变化（相比于初始时的水位），C_{AH} 是一个无量纲的形态因子。参数 C_{AH} 与以下几个参数有关：钻孔的半径 r_c；钻孔底部与地下水位的高度差 H；以及钻孔底部距离隔水层或者高渗透介质层的距离（可以理解为介质导水性质发生改变的层次界限与钻孔底部的距离）（见图78.1）。C_{AH} 值可以通过表78.1计算（Boast 和 Kirkham，1971；Youngs，2001）。或者通过图表估算（van Beers，1970；Bouwer 和 Jackson，1974），或者通过经验公式计算（Ernst，1950；Amoozegar，2002）。

钻孔必须足够大，去测定足够大体积的多孔介质的导水性质，才能获得有代表性的 K_s 值。尽管钻孔周围和底部的介质对结果的影响很大，但是由于水流和钻孔形态的复杂性导致无法准确估计出测定的介质体积。总体说来，钻孔的直径越大，K_s 的测量结果就越有代表性，钻孔的直径为 10 cm 或者大于 10 cm 较有代表性。大部分分析假设钻孔的底部是平整的（即圆柱形），建议钻孔底端距离稳定的水位（地下水位）至少要达到 30 cm。

钻孔法的基本测量步骤如下。

（1）用土钻打一个至少低于地下水位 30 cm 的孔。
（2）等待孔内的水位与地下水位持平。
（3）向钻孔中加入或者抽出水，使介质和钻孔内发生水流。
（4）记录水位再次平衡过程中水位随时间的变化。

第78章 | 饱和水力学特性：钻孔法

钻孔法数据表格	
地点:	日期:
试验点:	操作人:
注释:	

$T = 19℃$	$h_c = 27$ cm	$r_c = 5$ cm	$r = 3.65$ cm
$F' = \infty$	$F = (F' - D - E) = \infty$	$F/H = \infty$	
$W' = 49$ cm	$E = 41$ cm	$W = (W' - E) = 8$ cm	
$W' =$ cm	$E =$ cm	$W = (W' - E) =$ cm	
$D = 50$ cm	$H = (E + D - W') = 42$ cm	$y_i = (y_i' - E)$	
$D =$ cm	$H = (E + D - W') =$ cm	$y_i = (y_i' - E)$	

i	$t(s)$	y'(cm)	$\Delta y/\Delta t$	i	$t(s)$	y'(cm)	$\Delta y/\Delta t$
1	0	85.5		1			
2	15	84.8	0.046 7	2			
3	30	84.1	0.046 7	3			
4	45	83.4	0.046 7	4			
5	60	82.7	0.046 7	5			
6	75	82.1	0.04	6			
$t_b - t_a = 75$	$(y_a' - y_b') = 85.5 - 82.1$	0.045 3		$t_b - t_a =$	$(y_a' - y_b') =$		
$H/r_c = 8.4$		平均 $y/H = 0.829$		$H/r_c =$		平均 $y/H =$	
$C_{AH} = 25.1 \times 10^{-3}$	$K_s = C_{AH}(y_a' - y_b')/(t_b - t_a)$ cm·s^{-1}			$C_{AH} =$	$K_s = C_{AH}(y_a' - y_b')/(t_b - t_a)$ cm·s^{-1}		
$K_s = 1.14 \times 10^{-3}$ cm·s^{-1}				$K_s =$ cm·s^{-1}			

图78.1 钻孔法试验数据记录和计算表格，包含钻孔法和测压管法（见第79章）的仪器

表78.1 考虑隔水层或者导水层的钻孔法下公式（78.1）中 $C_{AH} \times 10^3$ 值 a

H/r_c	y/H	F/H 下部为隔水层								F/H	F/H 下部有隔水层或者导水层			
		0	0.05	0.1	0.2	0.5	1	2	5	∞	5	2	1	0.5
1	1	518	490	468	435	375	331	306	296	295	292	280	247	193
	0.75	544	522	503	473	418	376	351	339	338	335	322	287	230
	0.5	643	623	605	576	521	477	448	441	440	437	416	376	306
2	1	215	204	193	178	155	143	137	135	133	133	131	123	106
	0.75	227	216	208	195	172	160	154	152	152	151	148	140	123
	0.5	271	261	252	240	218	203	196	194	194	193	190	181	161
5	1	60.2	56.3	53.6	49.6	44.9	42.8	41.9		41.5		41.2	40.1	37.6
	0.75	63.6	60.3	57.9	54.3	49.5	47.6	46.6		46.4		45.9	44.8	42.1
	0.5	76.7	73.5	71.1	67.4	62.5	60.2	59.1		58.8		58.3	57.1	54.1
10	1	21.0	19.6	18.7	17.5	16.4	15.8	15.5		15.5		15.4	15.2	14.6
	0.75	22.2	21.0	20.2	19.1	18.0	17.4	17.2		17.2		17.1	16.8	16.2
	0.5	27.0	25.9	24.9	23.9	22.6	22.0	21.8		21.7		21.6	21.3	20.6
20	1	6.86	6.41	6.15	5.87	5.58	5.45	5.40		5.38		5.36	5.31	5.17

（续表）

H/r_c	y/H	F/H 下部为隔水层								F/H	F/H 下部有隔水层或者导水层		
		0	0.05	0.1	0.2	0.5	1	2	5	∞	5	2	1	0.5
20	0.75	7.27	6.89	6.65	6.38	6.09	5.97	5.90		5.89		5.88	5.82	5.67
	0.5	8.90	8.51	8.26	7.98	7.66	7.52	7.44		7.44		7.41	7.35	7.16
50	1	1.45	1.37	1.32	1.29	1.24	1.22			1.21			1.19	1.18
	0.75	1.54	1.47	1.42	1.39	1.35	1.32			1.31			1.30	1.28
	0.5	1.90	1.82	1.79	1.74	1.69	1.67			1.66			1.65	1.61
100	1	0.43	0.41	0.39	0.39	0.38	0.37			0.37			0.32	0.36
	0.75	0.46	0.44	0.42	0.42	0.41	0.41			0.41			0.39	0.39
	0.5	0.57	0.54	0.52	0.52	0.51	0.51			0.51			0.50	0.50

原始数据来自 Boast, C.W. and Kirkham, D., Soil Sci. Soc. Am. Proc. 35, 365, 1971, as modified by Youngs, E.G., in K.A. Smith and C.E. Mullins (Eds.), Soil and Environmental Analysis: Physical Methods, 2nd ed., Marcel Dekker, New York, New York, 2001, 157-160.

a：钻孔半径，H：钻孔底部至地下水位的距离，y：两次连续测量过程中平均水位至地下水位的距离，F：钻孔底部至下部导水层或隔水层的距离。

78.2 装置和物品

1. 选用直径大于或等于 10 cm 的土钻

根据不同的介质选用各种有效的土钻类型。例如，荷兰钻一般适用于黏土，螺旋钻则通常用于砂质或者含砾石的土壤。当钻孔达到预定深度后，用平底钻将钻孔的底部修平，因为钻孔法的分析方法都是基于平底钻孔的。

2. 用来快速改变钻孔内水位的仪器设备

通常包括快速加水和抽水。快速从钻孔中抽水可以用水泵来实现。如果用水泵，那么水泵的抽水量要大于 $0.5~L \cdot s^{-1}$，从而确保水位下降足够快。快速提高水位一般通过向钻孔内倒入预定量的水。如果加水和抽水都存在问题，那么可以将一个固定体积的物体迅速沉入水面以下，从而快速提高水位。

3. 计时器

用秒表或者计时器来记录水位上升或下降的时间。

4. 水位测定装置

依据水位上升和下降速度选择不同的装置。当水位变化较慢时（$<1~mm \cdot s^{-1}$），一般采用电动水位带，或者浮动标系统人工记录。一个非常便利的浮动标系统包含底端一个圆柱重物，上面连接柔韧性很好的金属测量带（见图 78.1），这样在重物的牵引下金属带可以平行于钻孔，垂直向上，并固定在参考位置高度。如果水位的变化速度过快，超过 $3~mm \cdot s^{-1}$，就需要采用自动测定系统，比如将快速响应的液压计置于钻孔的底部，并连接数据采集器。

5. 钻孔衬垫

部分多孔介质在饱和的情况下不够稳定（如饱和砂子、粉粒和有机土），因此在钻孔周围衬垫上一个薄壁的穿孔管（如井管滤网）来防止在测量过程中钻孔坍塌。

6. 数据表格

如图 78.1 给出的类似数据表格有助于数据的采集记录，同时能够快速准确地在现场计算出 K_s。图 78.1 的表格形式可以更改以适应更多的实际需求及不同的计算方法。

78.3 步 骤

1. 钻孔

根据多孔介质的类型选定适宜的土钻（如勺钻、荷兰钻、螺纹钻等），用土钻打孔时要尽可能避免破坏土壤，钻孔深度至少超过地下水位 30 cm。要尽可能减少污泥在孔壁上淤积及钻对孔壁造成挤压，使孔的形状达到标准的圆柱结构（圆柱体，底部平整），底部平整可能需要平底钻进一步修饰。

2. 初始数据收集

允许足够的时间等孔内的水位平衡（上升或下降）至稳定的地下水位。测定钻孔的半径（r_c），在钻孔中心上方设置一个参考高度基准（E）。测定钻孔的深度（D），以及地下水位的深度（$W=W'-E$）（见图 78.1）。根据已有资料或者测量点附近的钻点信息，估计钻孔底端和隔水层（或者透水层）之间的距离（$F=F'-D-E$）（当 $H/r_c \geqslant 5$ 及 $F/H \geqslant 1$ 时，估计的 F 值对于 K_s 值的影响<3%）。确定初始时刻钻孔内的水位高度（$H=D-W$），计算 H/r_c 和 F/H 的值。在表 78.1 中的相应位置记录以上信息。

3. 清理钻孔

为了减少土钻挖孔过程中造成的污泥在孔壁上淤积，土壤被压实的情况对测量结果造成影响，重复将钻孔抽干直到孔内抽出的水不再包含明显的粉粒和黏粒为止。从孔内抽出的水要排放到几米以外的地方，确保该部分水不会通过地表径流或者入渗回到钻孔中。待钻孔清理完毕，先等孔内的水位恢复到地下水位再开展下一步试验。

4. 数据采集策略

这一步主要是采集数据（$\Delta y'/\Delta t$）或者（$\Delta y/\Delta t$）（见图 78.1）。用 $\Delta y'=(y'_i-y'_{i+1})$ 和 $\Delta t=(t_{i+1}-t_i)$ 来表示水位变化非常方便，其中 $i=0,1,2,\cdots$，时间间隔必须保证单个间隔内水位的变化超过 1 cm。当 $y/H \geqslant 0.5$ 时，为了尽可能多测一些数据点，可以将时间间隔缩短。一般情况下时间间隔为 10~20 s 为宜。

5. 快速改变水位

当钻孔清理完毕，钻孔内的水位恢复到地下水位时，需要迅速降低或提高钻孔内的水位来开始试验。降低水位可以通过水泵抽水来实现。提高水位至期望高度通过快速沉入一个已知体积的固体圆柱体实现，或者简单地向钻孔中加水。抽水或者沉入固体圆柱体两种改变水位的方法运用比较常见。处理从钻孔抽出的水时，要远离钻孔（或者放置在一个容器中）。因为水可能回流到钻孔中或者影响地下水位，从而影响测量结果精度。

6. 记录水位上升或下降速度

快速改变钻孔中的水位至试验初始位置后，开始记录水位与时间变化（几种水位记录系统，例如，在步骤 5 之前将压力传感器置于钻孔底部）。在表 78.1 中记录 t_i 和 y'_i，在 $y/H=0.5$ 之前多测定几组数据。推荐至少记录 5 次水位和时间读数。为了获得额外或者更加确定的测定结果，可以重复步骤 5 和步骤 6。

78.4 计 算

（1）根据图 78.1 左侧的案例计算 $\Delta y/\Delta t$。这些值预想中是随着水位的上升而逐渐变小。如果 $\Delta y/\Delta t$ 是稳定的，那么在下一个步骤中选择一个时间间隔进行相关的计算即可。如果 $\Delta y/\Delta t$ 持续变小，那么在下一个计算步骤中要尽可能选择多个时间间隔。如果 $\Delta y/\Delta t$ 不变或者持续变小，那么下一步既可以选择单个时间间隔，也可以选择多个时间间隔。

（2）选择一个时间间隔（t_b-t_a）和对应的（$y'_a-y'_b$），然后计算出 $\Delta y/\Delta t$，平均 y/H 和 H/r_c（见图 78.1）。注意在两次连续测定过程中，相对于地下水位的平均水位为 $y=[(y'_a+y'_b)/2]-W'$。

(3) 通过表78.1对C_{AH}进行估计，为了提高精度，一般用作图插值的方法来进行估计。

(4) 运用式（78.1）来计算K_s，计算C_{AH}和$\Delta y/\Delta t$，具体参考图78.1。

78.5 注　释

(1) 钻孔法能够测定饱和基质中较大体积样品的K_s，同时该方法结果可靠且操作步骤简单快捷（Amoozegar，2002）。当H/r_c值很大时，该方法测定结果相当于测定了水平方向上的K_s。Amoozegar（2002）提供了钻孔法在具有层次土壤中的具体使用方法。

(2) 在图78.1的计算案例中，根据表78.1，通过在相邻表格数据之间进行线性插值获取C_{AH}。然而C_{AH}与H/r_c和y/H并非线性关系，要想获得更高的精度，可以采用非线性插值的方法，非线性插值基于模型拟合方法的结果和多元回归关系。同样是图78.1中的案例，采用非线性插值方法得到最终的K_s值要低于线性插值方法20%，该差异的具体影响则与K_s的进一步运用有关。结合表78.1，为了得到最高的K_s测定精度，推荐利用非线性插值方法估计C_{AH}值（参考van Beers，1970；Bouwer和Jackson，1974）。

(3) 原则上，不论是水位上升还是水位下降的方法钻孔法都能运转良好。但是不推荐向钻孔中直接加水来提高水位，因为快速地加水会使大量的黏粒和粉粒悬浮（水流侵蚀钻孔壁）。这些夹带的黏粒和粉粒会进一步在钻孔壁或者底部淤积（部分造成堵塞），从而使测量的K_s偏低。

(4) 在图78.1中"隔水层"或者"导水层"项并没有明确的K_s值大小或者范围，而是相比测定区域的K_s有很大的差异。举一个例子，Amoozegar（2002）指出"隔水层"的K_s值要小于测定区K_s的20%。

参 考 文 献

Amoozegar, A. 2002. Auger-hole method (saturated zone). In: J.H. Dane and G.C. Topp, eds. *Methods of Soil Analysis, Part 4-Physical Methods.* Soil Science Society of America, Madi-son, WI, 859-869.

Amoozegar, A. and Warrick, A.W. 1986. Hydraulic conductivity of saturated soils: field methods. In: A. Klute, ed. *Methods of Soil Analysis, Part 1: Physical and Mineralogical Methods*, 2nd ed. Soil Science Society of America, Madison, WI, 735-770.

Boast, C.W. and Kirkham, D. 1971. Auger hole seepage theory. *Soil Sci. Soc. Am. Proc.* 35: 365-373.

Bouwer, H. and Jackson, R.D. 1974. Determining soil properties. In: J. van Schilfgaarde, ed. Drainage for Agriculture. American Society of Agronomy, Madison, WI, 611-672.

Ernst, L.F. 1950. Een nieuwe formule voor de berekening van de doorlaatfactor met deboorgatenmethode. Groningen, The Netherlands. Rap. Landbouwproefsta. en Bodemkundig Inst. T.N.O.

van Beers, W.F.J. 1970. The auger-hole method: a field measurement of the hydraulic conductivity of soil below the water table. International Institute for Land Reclamation and Improvement (ILRI), Bull No. 1. H. Veenman and Zonen, Wageningen, the Netherlands.

Young, M.H. 2002. Water Potential. In: J.H. Dane and G.C. Topp, eds. *Methods of Soil Analysis, Part 4-Physical Methods.* Soil Science Society of America, Madison, WI, 547-573.

Youngs, E.G. 2001. Hydraulic conductivity of saturated soils. In: K.A. Smith and C.E. Mullins, eds. *Soil and Environmental Analysis: Physical Methods*, 2nd ed. Marcel Dekker, New York, NY, 157-160.

（刘海涛　译，李保国　校）

第79章 饱和水力学特性：测压管法

G. Clarke Topp

Agriculture and Agri-Food Canada
Ottawa, Ontario, Canada

79.1 引　言

测压管法是一种田间原位测定多孔介质饱和区（例如，在地下水位以下）饱和导水率 $K_s[LT^{-1}]$ 的方法。另外一种相似的原位测定饱和区的方法参考第78章（钻孔法）。一些试验室测定 K_s 的方法参考第75章，根据介质其他性质估计 K_s 的方法具体参考第84章。K_s 及相关参数的定义和计算过程具体参考第69章。

测压管法测定 K_s，将一根两端开口的管子嵌入到钻孔中，然后将管子伸到潜水层或者承压含水层中（见图79.1）。管子可以伸入钻孔的底部，或者遗留出一段放置圆柱装压力计的空间"测压腔"（见图79.1）。

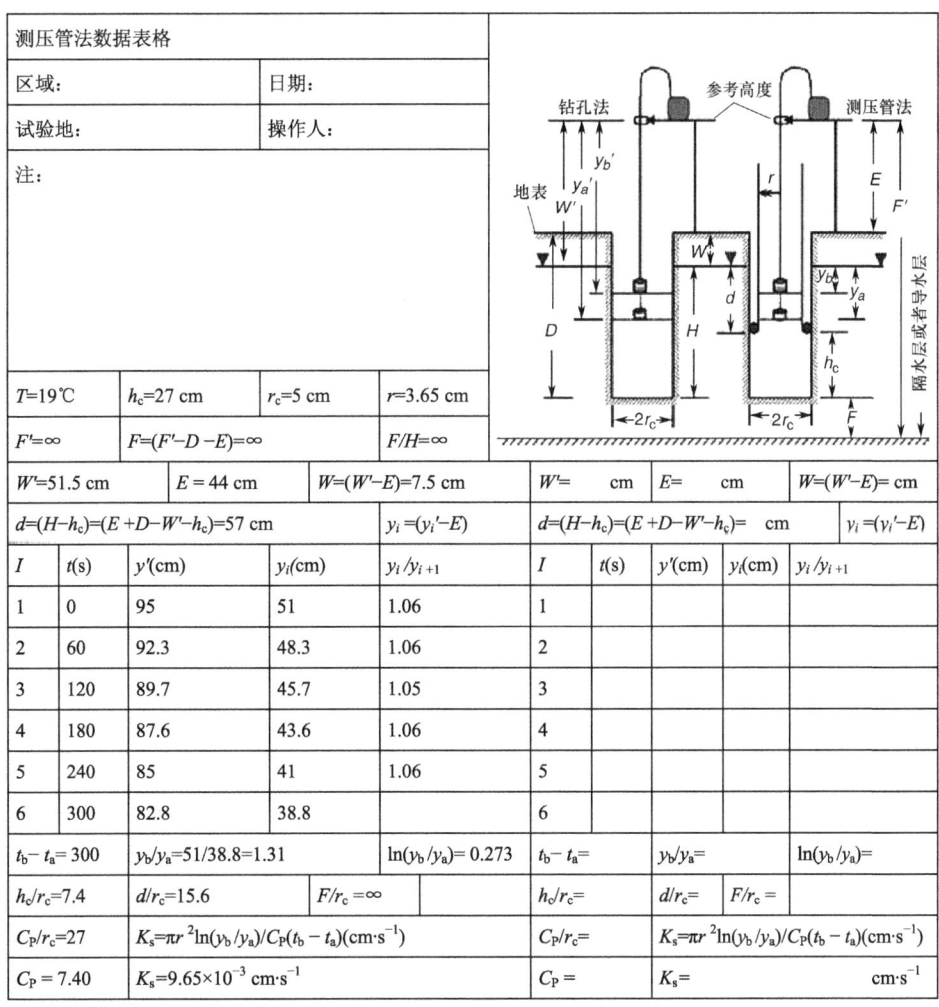

图79.1　测压管方法数据处理表格，包括测压管法和钻孔法（见第78章）的设备

一般情况下钻孔底部都是平整的，尽管其他形态也存在（Youngs，1968）。管子与钻孔壁一定要保持密封，确保管壁外不发生渗漏或者小范围的环状流（见图 79.1）。测压管法的操作过程与钻孔法基本一致（见第 78 章），具体如下：首先等待测压管内的水位达到一个稳定状态，然后迅速改变测压管内的水位高度（通常用加水或抽水的方法），然后监控水位恢复至稳定水位的过程。稳定水位指潜水层中的地下水位或者在承压含水层的潜水面水位。

当测压管中的水位不断地上升时，饱和导水率可以通过式（79.1）计算：

$$K_s = \frac{\pi r^2 \ln(y_a/y_b)}{C_p(t_b - t_a)} \tag{79.1}$$

其中，y_a 和 y_b 表示在时间 t_a 和 t_b 时相比稳定水位的水位高度。r 表示测压管的内径，C_p 为形态系数（见表 79.1），具体由测压管底部与稳定水位的距离（d）、测压腔的高度（h_c）和半径（r_c）及钻孔底部与下部导水率发生大幅度变化层次的距离（F）决定（Youngs，1968、2001；Amoozegar，2002）。

79.2 装置和物品

1. 直径至少达到 10 cm 的土钻

不同的多孔介质类型要选用合适有效的土钻，例如，荷兰钻适合在黏土中使用，"勺钻"和螺旋钻通常适合在砂质或者含砾石的土壤中使用，一旦钻孔达到了预期深度，就用一个平底钻将钻孔底部修平整，因为测压管法的计算方法基于平底钻孔。

2. 快速改变测压管内水位的仪器设备

通常分为快速加水和抽水两种。快速抽水可以通过水泵抽水来实现。如果使用水泵，那么抽水速率应该大于 $0.5\ \text{L}\cdot\text{s}^{-1}$，这样水位才能迅速下降。加水的一种简单方式就是直接向测压管内倒水，但是不推荐使用该方法。另外一种快速改变水位的方法是将一个已知体积的实心圆柱体沉入测压管底部，水位就会上升对应体积的高度，或者是将圆柱体沉入，待水位稳定后，快速提出固体，水位可以迅速下降到预定水位。

3. 计时器

用秒表或者计时器（精度至少为秒）记录水位变化过程中的时间。

4. 水位监测装置

根据水位的上升或下降速度选择不同的装置。如果水位变化速率较低（如 $<1\ \text{mm}\cdot\text{s}^{-1}$），那么借助电子水位尺和浮标系统，可以人工读数。一个便利的浮标系统包含一个聚苯乙烯材料的圆柱体连接在一根弯曲度好的金属测量标尺上（见图 79.1），这样的测量标尺可以在垂直方向延长到越过选定的参考平面和测压管的外部需要的高度。如果水位变化速度超过 $3\ \text{mm}\cdot\text{s}^{-1}$，就应该选用自动监测的设备，比如快速测定压强变化的液压计，置于钻孔的底部，并连接相应的数据采集器。

5. 测压管

常用的测压管有两种类型。

（1）薄壁，两头开放式，直径与钻孔内径一致的管子（最常使用）。

（2）与上述管子基本相似，只是半径较小，同时在管子底部有可膨胀封隔器（密封装置）（参考图 79.1）。Topp 和 Sattlecker（1983）介绍了在测压管法中常用的两种密封装置。

6. 数据表格

与图 79.1 相近的数据表格能够大幅度提高我们的数据采集速率，同时也方便快捷，现场计算出 K_s。

图 79.1 的表格形式可以根据实际的测定需求和 K_s 计算方法的选择进行调整。

表 79.1　测压管法计算过程中所需的 C_P/r_c 值（见式（79.1）），在钻孔下方有导水层或隔水层 [a]

h_c/r_c	d/r_c	隔水层 F/r_c							导水层 F/r_c						
		∞	8.0	4.0	2.0	1.0	0.5	0	∞	8.0	4.0	2.0	1.0	0.5	0
0	20	5.6	5.5	5.3	5.0	4.4	3.6	0	5.6	5.6	5.8	6.3	7.4	10.2	∞
	16	5.6	5.5	5.3	5.0	4.4	3.6	0	5.6	5.6	5.8	6.4	7.5	10.3	∞
	12	5.6	5.5	5.4	5.1	4.5	3.7	0	5.6	5.7	5.9	6.5	7.6	10.4	∞
	8	5.7	5.6	5.5	5.2	4.6	3.8	0	5.7	5.7	5.9	6.6	7.7	10.5	∞
	4	5.8	5.7	5.6	5.4	4.8	3.9	0	5.8	5.8	6.0	6.7	7.9	10.7	∞
0.5	20	8.7	8.6	8.3	7.7	7.0	6.2	4.8	8.7	8.9	9.4	10.3	12.2	15.2	∞
	16	8.8	8.7	8.4	7.8	7.0	6.2	4.8	8.8	9.0	9.4	10.3	12.2	15.2	∞
	12	8.9	8.8	8.5	8.0	7.1	6.3	4.8	8.9	9.1	9.5	10.4	12.2	15.3	∞
	8	9.0	9.0	8.7	8.2	7.2	6.4	4.9	9.0	9.3	9.6	10.5	12.3	15.3	∞
	4	9.5	9.4	9.0	8.6	7.5	6.5	5.0	9.5	9.6	9.8	10.6	12.4	15.4	∞
1.0	20	10.6	10.4	10.0	9.3	8.4	7.6	6.3	10.6	11.0	11.6	12.8	14.9	19.0	∞
	16	10.7	10.5	10.1	9.4	8.5	7.7	6.4	10.7	11.0	11.6	12.8	14.9	19.0	∞
	12	10.8	10.6	10.2	9.5	8.6	7.8	6.5	10.8	11.1	11.7	12.8	14.9	19.0	∞
	8	11.0	10.9	10.5	9.8	8.9	8.0	6.7	11.0	11.2	11.8	12.9	14.9	19.0	∞
	4	11.5	11.4	11.2	10.5	9.7	8.8	7.3	11.5	11.6	12.1	13.1	15.0	19.0	∞
2.0	20	13.8	13.5	12.8	11.9	10.9	10.1	9.1	13.8	14.1	15.0	16.5	19.0	23.0	∞
	16	13.9	13.6	13.0	12.1	11.0	10.2	9.2	13.9	14.3	15.1	16.6	19.1	23.1	∞
	12	14.0	13.7	13.2	12.3	11.2	10.4	9.4	14.0	14.4	15.2	16.7	19.2	23.2	∞
	8	14.3	14.1	13.6	12.7	11.5	10.7	9.6	14.3	14.8	15.5	17.0	19.4	23.3	∞
	4	15.0	14.9	14.5	13.7	12.6	11.7	10.5	15.0	15.4	16.0	17.6	20.1	23.8	∞
4.0	20	18.6	18.0	17.3	16.3	15.3	14.6	13.6	18.6	19.8	20.8	22.7	25.5	29.9	∞
	16	19.0	18.4	17.6	16.6	15.6	14.8	13.8	19.0	20.0	20.9	22.8	25.6	29.9	∞
	12	19.4	18.8	18.0	17.1	16.0	15.1	14.1	19.4	20.3	21.2	23.0	25.8	30.0	∞
	8	19.8	19.4	18.7	17.6	16.4	15.5	14.5	19.8	20.6	21.4	23.3	26.0	30.2	∞
	4	21.0	20.5	20.0	19.1	17.8	17.0	15.8	21.0	21.5	22.2	24.1	26.8	31.5	∞
8.0	20	26.9	26.3	25.5	24.0	23.0	22.2	21.4	26.9	29.6	30.6	32.9	36.1	40.6	∞
	16	27.4	26.6	25.8	24.4	23.4	22.7	21.9	27.4	29.8	30.8	33.1	36.2	40.7	∞
	12	28.3	27.2	26.4	25.1	24.1	23.4	22.6	28.3	30.0	31.0	33.3	36.4	40.8	∞
	8	29.1	28.2	27.4	26.1	25.1	24.4	23.4	29.1	30.3	31.2	33.8	36.9	41.0	∞
	4	30.8	30.2	29.6	28.0	26.9	25.7	24.5	30.8	31.5	32.8	35.0	38.4	43.0	∞

原始数据引自 Youngs, E.G, Soil Sci., 106, 235, 1968.

a. d：测压管在稳定水位以下的长度，r_c：测压腔的半径，h_c：测压腔的高度，F：测压腔底部距离下部导水层和隔水层的距离。

79.3 步 骤

79.3.1 具有密封套的测压管

1. 开凿钻孔

选用合适的土钻,开凿一个尺寸大一些的钻孔,钻孔深度至少在稳定水位(如上文所述,稳定水位是指潜水层的地下水位及承压层相应的潜水水位)以下 30 cm 加 h_c 深度(见图 79.1),注意钻孔时要尽可能地减少对孔壁地破坏和干扰。

钻孔必须超过测压管足够大的尺寸,从而确保未充气的密封圈能够从测压管和钻孔之间的环形间隙轻松嵌入到预定位置,同时该环形间隙要确保水位测定装置的安装(如电子水位尺)(具体见步骤 2)。测压腔应该避免淤泥淤积和压实作用,并呈圆柱状(横截面为圆形,底部为平面)。

2. 安装测压管

将测压管嵌入钻孔中至预定深度 d,低于稳定水位,然后将密封套充气(见图 79.1)。待测压管内外的水位都平衡至稳定水位。采用以下方法来确定密封套的密封性,向测压管内加水提高水位高度,然后通过水位监测装置(如电子水位带)监测测压管外部的水位动态。如果管外的水位在短时间内提升(在几分钟或者更短的时间内)至稳定水位以上,就表明密封套发生渗漏。一旦发生渗漏,就必须重设或者更换密封套。一旦密封套的密封性检查合格后,就等待测压管内外的水位逐渐恢复至稳定水位。

79.3.2 无密封套的测压管

1. 开凿钻孔

开凿 10~20 cm 深的垂直孔洞,然后将测压管锋利的一端向下,嵌入钻孔。从测压管内伸入土钻继续向下开凿 10~15 cm,去除管内残余的土壤,随后将测压管向下嵌入到新开凿的深度。重复上述步骤直到测压管到达预期深度 d,低于稳定的水位(见图 79.1)。

2. 开凿测压腔

利用土钻继续向下挖掘预期深度 h_c,即测压管底部至最终开凿深度的距离(见图 79.1)。

79.3.3 有或无密封套的测压管

1. 数据采集前的准备

允许足够的时间等待测压管内的水位与稳定水位平衡。在数据表上记录测压腔半径(r_c)及测压管的半径(r)(如果有密封套存在那么 r 与 r_c 是不同的)。在测压管正上方合适的高度设置一个测量基准高度(E)。测量测压腔的长度(h_c)及地表距离平衡水位的距离($W=W'-E$)(见图 79.1)。测量稳定水位至测压管底端的距离(d)。确定钻孔内的水位距钻孔底部的高度($H=D-W$),根据现有的资料信息或者附近区域的钻孔信息,估计钻孔底部距下层隔水层或者导水层的距离($F=F'-D-E$)。注意在 79.1 中的导水层和隔水层没有具体的 K_s 值和范围,只需要与测量区域的 K_s 有较大差异(具体见第 78 章表述)。将上述数据输入数据表格中(见图 79.1),计算并记录 d/r_c、h_c/r_c 及 F/r_c 的值。

2. 清理测压腔

为了减少土钻开凿过程中引起的测压腔壁发生淤泥淤积和压实的情况,反复将腔内的水抽干,直至抽出水中没有明显的粉粒和黏粒(该步骤就是所谓的"清理")。在清理过程中抽出的水要处理到远离钻孔几米以外的地方,确保该水不会通过地表径流或者入渗方式回流到钻孔中。待测压腔清理完毕,继续等待测压管内的水位恢复至稳定的水位。

3. 确定数据采集间隔

在采集监测数据点(y_i, t_i)之前，需要做一个初步的试探试验来确定合适的测量间隔（例如，$\Delta t=t_{i+1}-t_i$）。时间间隔应该足够长，确保每一次间隔的水位变化要超过 1 cm（为了能够准确地确定水位）。另外，时间间隔也不能过长，必须确保在水位恢复之前测量到足够多的数据点，通常情况下时间间隔为 10～20 s 较为合适。

4. 快速改变水位

在测压仓清理完毕，测压管内的水位恢复到稳定的水位时，通过水泵抽水，往测压腔内加入固体，或者加水的方式快速地降低或者提高管内的水位。抽出来的水分必须处理到远离测量点的地方或者装入容器中，防止该部分水通过影响稳定水位来干扰测量结果。

5. 记录水位上升和下降速度

将水位记录仪快速安装到位，然后马上开始记录水位随时间的变化（一些水位记录系统，例如，在快速压力感应装置快速响应的压力传感器在步骤 4 前安装）。如图 79.1 所示记录数据点 t_i 和 y_i'，尽可能在水位恢复平衡之前获取多组数据。至少需要测定 5 组数据。步骤 4 和步骤 5 可以重复进行，以便获得更多和更确切的测量结果。

79.4 计 算

（1）根据图 79.1 计算 y_i 和 (y_i/y_{i+1})。如果测压管内的水被抽走，那么这些参数应该随着时间逐渐下降。如果 (y_i/y_{i+1}) 保持恒定或者逐渐减少，那么在第二步中可以选择相等的时间间隔或不同的时间间隔进行计算。如果 (y_i/y_{i+1}) 是一个确定不变的值，那么建议在测量过程中增加测量时间间隔从而减少测量误差。

（2）选择合适的时间间隔，$\Delta t=(t_b-t_a)$，并同时测定对应时间点的 y_a 和 y_b 值。

（3）根据表 79.1 估计 C_p/r_c，并计算 C_p。

（4）根据式（79.1）计算 K_s、C_p、t_b-t_a 和 y_a/y_b。注意这样计算出来的 K_s 单位为 cm·s^{-1}（见图 79.1）。

79.5 注 释

（1）测压腔的深度 h_c，决定着测定的 K_s 是代表着测量区域水平方向，三维方向还是垂直方向的饱和导水能力。当 h_c 足够大时（例如，$4r_c \leq h_c \leq 8r_c$）测定得到的 K_s 主要代表水平方向的饱和导水能力。当 h_c 与 r_c 接近时，测定的 K_s 代表水平方向和垂直方向的综合导水能力。当 $h_c=0$ 时，K_s 表示测压管底部垂直方向上的导水能力。Topp 和 Sattlecker（1983）开发了一种密封装置，在测压管法中使用该装置可以在单个钻孔中测定浅含水层中水平和垂直两个方向的 K_s。

（2）测压管法不适宜在石质土和砾石土壤中使用，因为在砾石土壤中安装测压管或者密封测压管比较困难。Topp 和 Sattlecker（1983）开发的测压管与钻孔密封装置能够有效地阻止通过密封套周围的环流渗漏。为了方便深层压力计的安装，钻孔在地下水位以上的部分可以钻得大一些（钻孔半径要大于测压管外径或者未充气的密封套外径）。将测压管嵌入钻孔内，然后按照之前的步骤继续安装。如果没有使用密封套，那么测压管与钻孔之间应该用挖掘出来的土壤或者膨润土填充，确保测压管的稳定性和密封性。

（3）测定开始前快速改变测压管内水位的方法有快速抽水降低水位或加入一个固体升高水位（优于向压力管内直接快速加水）。直接快速加水可能使粉粒和黏粒悬浮，这些悬浮可能会进一步沉降，并在测压腔壁淤积，从而降低测定的 K_s 值。

参 考 文 献

Amoozegar, A. 2002. Piezometer method (saturated zone). In: J.H. Dane and G.C. Topp, eds. *Methods of Soil Analysis, Part 4-Physical Methods*. Soil Science Society of America, Madison, WI, 870-877.

Amoozegar, A. and Warrick, A.W. 1986. Hydraulic conductivity of saturated soils: field methods. In: A. Klute, ed. *Methods of Soil Analysis, Part 1: Physical and Mineralogical Methods*, 2nd ed. Soil Science Society of America, Madison, WI, 735-770.

Topp, G.C. and Sattlecker, S. 1983. A rapid measurement of horizontal and vertical components of saturated hydraulic conductivity. *Can. J. Agric. Eng.* 25: 193-197.

Young, M.H. 2002. Water Potential. In: J.H. Dane and G.C. Topp, eds. *Methods of Soil Analysis, Part 4-Physical Methods*. Soil Science Society of America, Madison, WI, 547-573.

Youngs, E.G. 1968. Shape factors for Kirkham's piezometer method for determining the hydraulic conductivity of soil *in situ* for soils overlying an impermeable floor or infinitely permeable stratum. *Soil Sci.* 106: 235-237.

Youngs, E.G. 2001. Hydraulic conductivity of saturated soils. In: K.A. Smith and C.E. Mullins, eds. *Soil and Environmental Analysis: Physical Methods*, 2nd ed. Marcel Dekker, New York, NY, 160-164.

(刘海涛 译，李保国 校)

第 80 章 非饱和导水率：室内张力入渗仪法

F.J. Cook

Commonwealth Scientific and Industrial Research Organization
Indooroopilly, Queensland, Australia

80.1 引 言

室内张力或圆盘入渗仪法主要用于测定所采的田间原状土柱"近饱和"吸渗率 $S(\psi)[L\ T^{-1/2}]$ 和导水率 $K(\psi)\ [L\ T^{-1}]$，也可以用于测定近饱和土壤脱水与吸水曲线 $\theta(\psi)\ [L^3\ L^{-3}]$、吸渗数 $\alpha^*(\psi)[L^{-1}]$、流量权重平均孔隙直径 $PD(\psi)[L]$ 和单位面积流量权重平均孔隙数量 $NP(\psi)[\ L^{-2}]$（详见第 69 章）。所谓的近饱和，我们是指孔隙水基质水头（ψ）介于 -100 mm 和 0 之间（Ward 和 Hayes，1991）。

室内张力入渗仪法包括采集非饱和多孔介质原状土芯，把土芯置于一个多孔板或者定水头装置上（如布氏漏斗），然后将张力入渗仪置于土芯之上，测定固定基质水头 ψ_0 下早期瞬态入渗（吸渗率的测定）或者稳态入渗（导水率的测定）。该方法采用 CSIRO 张力入渗仪（见图 80.1），分析方法的改进由 Clothier 和 White（1981）完成。

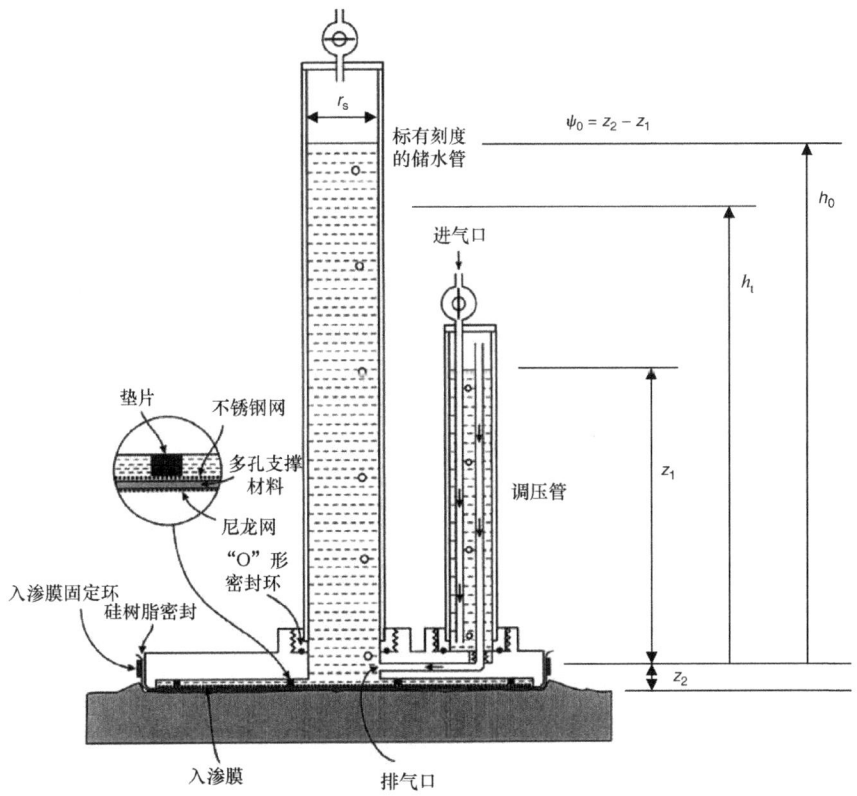

图 80.1 张力入渗仪

z_2 是入渗盘底部到调压管排气口的垂直距离，由于式（80.8）中采用的是（h_0-h_t），所以 h_0 和 h_t 的基准面是任意的。

第81章将介绍测定"湿端"（即-7 000mm≤ψ≤-100 mm）导水率的室内土柱方法。第82章和第83章将介绍$K(\psi)$或者$S(\psi)$的田间（原位）测定方法。第84章介绍通过其他多孔介质特性估计$K(\psi)$的方法。在第69章中论述了与$K(\psi)$和毛管作用相关的关系（即$S(\psi)$、$\alpha^*(\psi)$、$PD(\psi)$、$NP(\psi)$）测定有关的原理和参数。考虑到室内张力入渗仪的水流受到土芯的限制，可以近似为一维水流，因此测定的$K(\psi)$和毛管作用相关的参数大多与一维水流有关。

80.2 近饱和吸渗率的计算

固定水头下进入初始干燥土壤的入渗量可以表示为（Philip，1957、1969）

$$I = S(\psi_0)\sqrt{t} + At \tag{80.1a}$$

可以整理为（Smiles 和 Knight，1976）

$$\frac{I}{\sqrt{t}} = A\sqrt{t} + S(\psi_0) \tag{80.1b}$$

式中，I [L]为累积入渗量，$S(\psi)$ [L T$^{-1/2}$]为固定基质水头ψ_0 [L]的土壤吸渗率，A [L T^{-1}]为与土壤导水率有关的参数，t [T]为时间。

Philip（1957）表示为：

$$\lim_{t \to 0} I \to S(\psi_0)\sqrt{t} \tag{80.2}$$

因为在早期的干燥土壤中毛管力起主导作用，这表明早期I与$\sqrt{t}$可以表示为：

$$S(\psi_0) \approx I/\sqrt{t} \tag{80.3}$$

因此，早期I与$\sqrt{t}$（式（80.1a））是一条截距为0、斜率为$S(\psi_0)$的直线，而早期$I/\sqrt{t}$与$\sqrt{t}$（式（80.1b））则是斜率为0、Y轴截距为$S(\psi_0)$的直线。

接触砂层经常用来建立和保持入渗仪和土壤之间的水力联系，但是这种材料会干扰早期I和$\sqrt{t}$的关系（图80.2（a），区域1），因此在利用式（80.1a）或者式（80.1b）计算$S(\psi_0)$之前必须消除接触砂层的影响，这个可以通过绘制$I/\sqrt{t}$和$\sqrt{t}$的关系图实现，在接触砂层初始湿润阶段，二者斜率发生变化（图80.2（b），区域1）。当土壤控制入渗过程后，斜率则变得稳定（图80.2（b），区域2）。因此，式（80.1a）和式（80.1b）适用于接触砂层完全湿润之后，即$t \geq t_0$。此时，接触砂层不再影响早期入渗（即图80.2（a）和图80.2（b）的区域2）（也可以参考80.9中的注释（3））。

Vandervaere 等（2000a, b）提供了另外一种

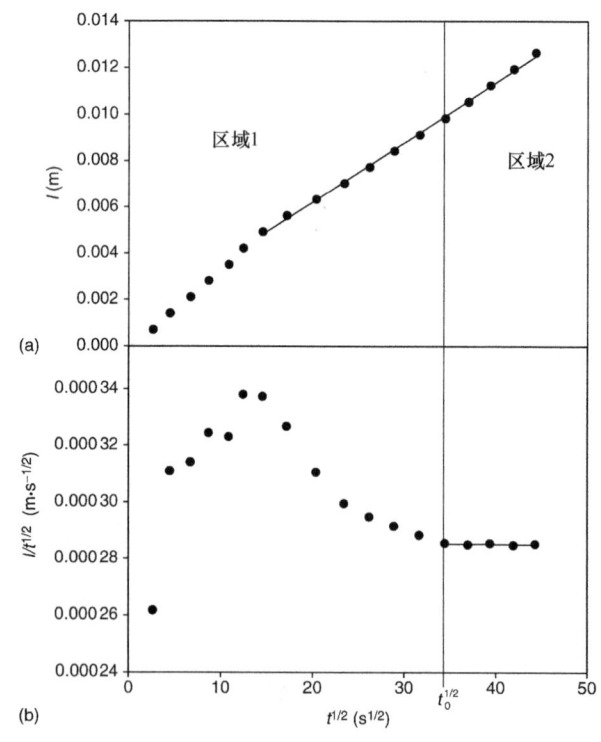

图80.2 I与$t^{1/2}$和$I/t^{1/2}$与$t^{1/2}$

式中，I [L]为累积入渗量，t [T]为时间。区域1受到接触砂层的影响，区域2则只受土壤的影响。如图所示，依据I与$t^{1/2}$很难区分出区域2，但是根据$I/t^{1/2}$与$t^{1/2}$比较容易。图（a）中明显呈线性关系的数据分布在区域1和区域2中，基于式（80.1a）的回归结果$S(\psi_0)$ = 0.000 258 m·s$^{-1/2}$，该值不准确。仅仅采用区域2（即$t^{1/2} \geq t_0^{1/2}$）中的数据则能得到更精确有效的结果$S(\psi_0)$ = 0.000 283 m·s$^{-1/2}$（式80.1a），$S(\psi_0)$ = 0.000 287 m·s$^{-1/2}$（式（80.1b））。

消除早期接触砂层影响的方法（参考80.9节中的注释（3）及第82章）。

接触砂层除了干扰早期入渗，还会因为对水流的阻力及接触砂层的水头损失给测定结果带来影响。这些影响的说明及补偿方法在第82章中给出（见82.3.3）。

80.3 近饱和导水率的计算

在Clothier和White（1981）最初的方法中，水分由放置在原状土芯之上的张力入渗仪提供（见图80.1），底部与大气接触（见图80.3）。因此，当土芯的顶部达到入渗仪设定的基质水头（ψ_0），底部基质水头为0时（见图80.3），土芯内产生稳定的水流通量 q [L T^{-1}]。

Clothier和White（1981）根据以下公式计算近饱和导水率：

$$K(\psi_0/2) = \frac{qL}{\psi_0 + L} \tag{80.4}$$

式中，L [L]为土芯的长度，（$\psi_0/2$）为整个土芯假设的平均基质水头。然而，因为土芯中的基质水头梯度高度非线性，式（80.4）会高估 $K(\psi_0/2)$ 的真实值。Cook（1991）为Clothier和White（1981）方法提供了一种更精确的 $K(\psi_0)$ 分析方法，但是需要测定土芯的饱和导水率。一种更简单的方法是同时将土芯顶部和底部的基质水头都设置为 ψ_0（见图80.4），这样上述公式就可以简化为

$$K(\psi_0) = q \tag{80.5}$$

式中，q [L T^{-1}]为土芯的稳定水流通量，相当于 $\psi = \psi_0$ 时张力入渗仪的稳定入渗速率和布氏漏斗的稳定排水速率。

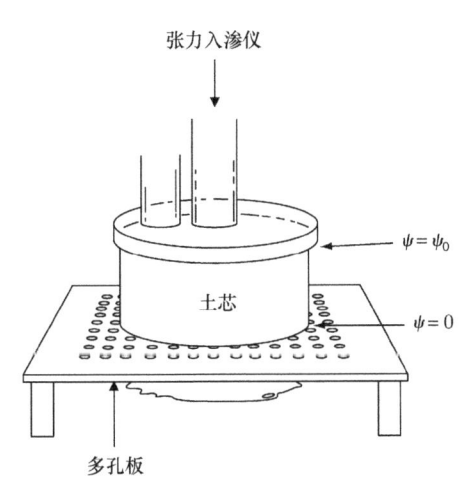

图80.3 近饱和导水率测定装置

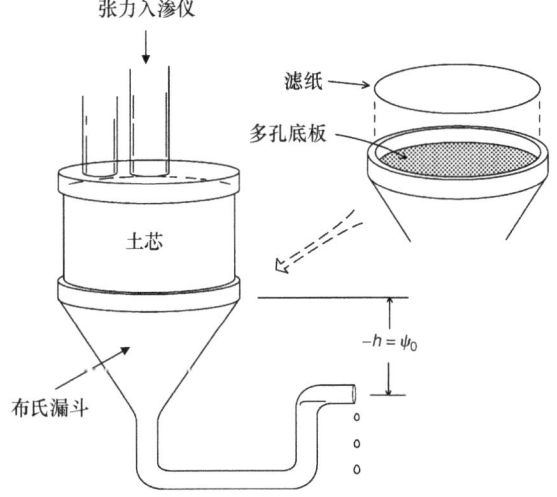

图80.4 布氏漏斗用来提供土芯底部的基质水头 ψ_0，张力入渗仪用来保持土芯顶部的基质水头 ψ_0

在这样的条件下，土芯中就会产生单位水力梯度下一维的近饱和水流。布氏漏斗中多孔基底的进气基质水头 ψ_a（起泡点）要比入渗仪和布氏漏斗所需设置的最小的 ψ_0 更小。多孔基底、滤纸或者接触砂层的渗透性必须足够大，防止对水流产生阻力，因为这会导致 $S(\psi_0)$ 和 $K(\psi_0)$ 的测量结果不具有代表性。

80.4 土芯的采集

成功地采集原状土芯需要一定的技巧,要求在土芯采集、准备及运输过程中避免或者最小限度地减少对土壤结构和基质的扰动。推荐的土芯采集步骤如下。

(1) 在土芯采集圆环底部 20 mm 内侧涂抹少量的润滑油,这可以减少滑动摩擦(减小土芯的挤压)。如果土芯也要用于饱和导水率的测定,那么这样可以防止圆环内壁产生优先流。

(2) 将圆环置于所要采集土壤样品的表面,既可以是地表,也可以是某个深度裸露的土壤平面。然后用手将圆环按进土壤中一小段距离(5~10 mm),并用尖刀小心地切割出比圆环直径略大、高度约为 20 mm 的土壤基座(见图 80.5(a))。

(3) 将圆环小心地向下推进 15~20 mm(见图 80.5(b))。

(4) 重复进行步骤(2)和步骤(3),直到土体低于圆环顶部大约 5 mm 为止(见图 80.5(c))。

(5) 随后用一个较大的抹刀或者漆铲从圆环底部切断(见图 80.5(c)),然后用尖刀修整底部多余的土壤,使之与圆环底部齐平。美工刀可以用于这项工作。土芯顶部边缘多余的润滑油也要用抹刀小心地清除。

(6) 用塑料袋密封圆环及里面的土芯,防止土壤损失和蒸发,并将其装入一个填满泡棉的箱子中,以便减少运输至实验室过程中的温度变化和振动(可能改变土壤结构)。

采集土壤所用的圆环一般采用不锈钢制成(见 80.9 中注释(4)),半径 50 mm,高度 75 mm。其他的材质和尺寸也可以,但是要满足一定的化学或者尺寸标准,这由特定土壤条件或者入渗膜的直径决定。为了保证通过土芯的水流为一维水流,张力入渗仪中入渗膜的直径必须与采样圆环的内径一致。

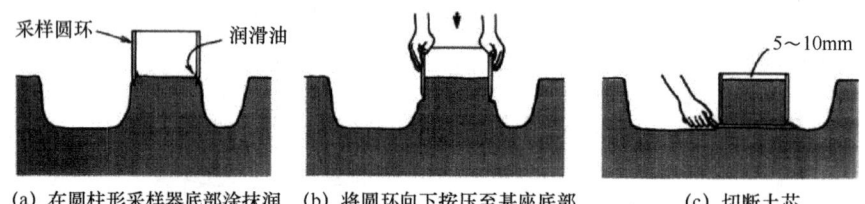

(a) 在圆柱形采样器底部涂抹润滑油,按压圆环并切割出土壤基座
(b) 将圆环向下按压至基座底部
(c) 切断土芯

图 80.5 原状土芯的采集

80.5 近饱和吸渗率的测定

80.5.1 材料

(1) 接触砂层,由均一细小的天然砂子、硅藻土或者细小的玻璃珠组成。这种材料可以很好地建立土芯与入渗仪底部的入渗膜之间的水力联系,接触砂层所需具备的性质可以参考 Perroux 和 White (1988)、Reynolds 和 Zebchuk (1996),以及第 82 章。

(2) 土芯,采集方法见 80.4 节。

(3) 直径合适的张力入渗仪。

(4) 如图 80.3 中所示的平台或桌子。

(5) 秒表或者自动水位测定装置,例如,数据采集压力传感器或者 TDR 探头(Dawes 等,2003;Moret 等,2004)。

(6) 记录表。

80.5.2 步骤

（1）记录土芯的质量和体积，用于计算土芯的初始体积含水量 $\theta(\psi_i)$。土芯的体积即从圆环总体积中减去土体和圆环顶部之间的空隙体积，即

$$V_s = V_c - V_h = \pi r_c^2 (I_c - \Delta I) \tag{80.6}$$

式中，V_s [L³]为土体的体积，V_c [L³]为圆环的体积，V_h [L³]为土体和圆环顶部之间的空隙体积，r_c [L]为圆环的半径，I_c [L]为圆环的高度，ΔI [L]为土体表面和圆环顶部之间的距离。土体和圆环之间的空隙体积也可以通过所用接触砂的体积估计（见步骤（2））。

（2）在土芯顶部填加接触砂至与采样圆环齐平，如果认真测定了砂子的体积（如采用量筒），就可以作为一种测定土体和采样圆环顶部之间的空隙体积 $V_h = \pi r_c^2 \Delta I$ 的方法。

（3）将张力入渗仪（见图80.1）底部放置在装有无气等温水的容器中，打开储水管顶部的阀门，使水分吸入入渗仪，直到装满储水管，通过调整调压管的水位（z_1）将张力入渗仪设置为所需的基质水头（见图80.1）。

$$\psi_0 = z_2 - z_1 \tag{80.7}$$

将所有气泡从入渗膜和入渗仪基底之间的空腔排出（见图80.1）。

（4）吸渗率的测定需要将土芯置于一个多孔板上，使底部与大气接触（见图 80.3）。记录入渗仪储水管的初始水位，将入渗仪置于接触砂层之上，并轻微地扭转入渗仪以便保证良好的水力联系，开启秒表（手动方法）或者数据采集系统（自动方法），记录储水管中水位随时间的变化。因为入渗率会发生大幅度的变化，所以建议储水管中水位每下降 10~20 mm 记录一次时间，而不是按照设定的时间间隔记录水位。持续测定直到有足够的数据可以明确定义土壤控制的入渗为止（见图80.2，区域2）。

（5）累积入渗量 I 通过以下公式计算：

$$I = \frac{(h_0 - h_t) r_s^2}{r_c^2} \tag{80.8}$$

式中，h_0 [L]是入渗仪储水管的初始水位高度，h_t [L]是时刻 t [T]的水位高度，r_s 是入渗仪储水管的半径[L]，r_c 是土芯的半径[L]（见图80.1）。无论 I 或者 $I/t^{1/2}$ 与 $t^{1/2}$ 的关系图（见图80.2），其中与入渗至土体相关的部分可以根据式（80.3）计算 $S(\psi_0)$，例如，根据图80.2（a）中区域2的数据可以计算出：

$$S(\psi_0) = \frac{\Delta I}{\Delta \sqrt{t}} = \frac{0.0125 - 0.0097}{44.2553 - 34.2553} = 0.000283 \, \text{m} \cdot \text{s}^{1/2}$$

图80.2（b）中区域2的数据也可以得到相同的结果，$S(\psi_0) = y$ 轴截距 $= 0.000287 \, \text{m} \cdot \text{s}^{-1/2}$，该值最好取 $t \geq t_0$ 时 $I/\sqrt{t}$ 与 $\sqrt{t}$ 的回归结果。

（6）将入渗仪小心地从土芯上移开，然后将土芯放置在布氏漏斗之上（见图 80.4），用于导水率的测定。

80.6 近饱和导水率的测定

80.6.1 材料

（1）已经完成吸渗率测定的土芯（见80.5）。
（2）布氏漏斗装置（见图80.4）。采用砂柱也可以，具体方法参考 McKenzie 和 Cresswell（2002）。
（3）高渗透性的滤纸 270 目（孔隙大小为 53 μm）的尼龙布，或者接触砂。
（4）直径合适的张力入渗仪。
（5）秒表或者自动水位测定装置。

（6）记录表。

80.6.2 步骤

（1）将布氏漏斗置于架子或者平台上（见图 80.6），并在其多孔底板上放置具有较好渗透性能的滤纸或者尼龙布。如果担心悬浮的粉粒或者黏粒堵塞滤纸和尼龙布，或许接触砂可以替代它们。用挤压瓶使出流管和漏斗完全充满无气等温的水，保证滤纸（或者尼龙布和接触砂）上有较薄的水层，以便确保完全饱和（见图 80.6）。然后移除挤压瓶，降低出流管的高度，排出积水，进而建立所需的基质水头：

$$\psi_0 = -h \tag{80.9}$$

式中，h 在图 80.4 中给出了定义，随后将土芯置于布氏漏斗的滤纸（或者尼龙布和接触砂层）之上。

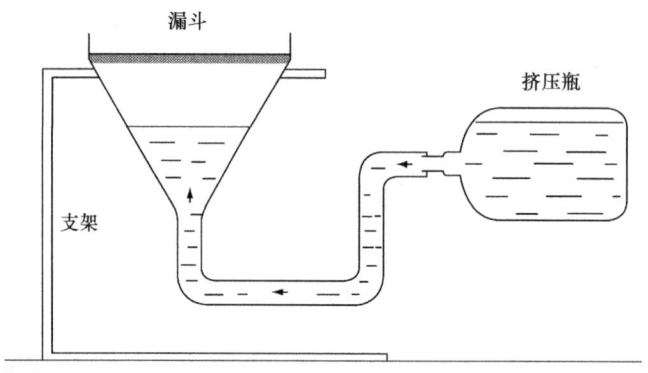

图 80.6　布氏漏斗的饱和方法，用于测定原状土芯的 $S(\psi_0)$ 和 $K(\psi_0)$

（2）张力入渗仪的充水方法见 80.5.2 的步骤（3）（也可以参考第 82 章），然后设置所需的基质水头，$\psi_0 = -h$ 记录入渗仪储水管的初始水位 h_0。

（3）将入渗仪置于土芯之上（即接触砂层），轻微地扭动以便保证良好的水力联系（见图 80.4），启动秒表或者自动记录装置（Moret 等，2004），定期测量储水管中的水位，如表 80.1 所示。通过这些数据，我们既可以计算出水流通量（q），也可以确定水流稳定的时间（例如，在表 80.1 中，30 min 后产生了稳定水流）。在水流稳定之前，水流通量是非线性的，取决于 ψ_0、测定前期土壤含水量及土壤的 $K(\psi)$。水流到达稳定状态的时间可能从几分钟到几个小时，因此记录储水管中的水位（h_t）每下降 10～20 mm 的时间要比记录设定时间间隔的水位更方便。

表 80.1　采用张力入渗仪和布氏漏斗测定原状土芯 $K(\psi_0)$ 算例

时间 t(min)	储水管水位 h_t(mm)	$-\Delta h/\Delta t$(mm/min)	注释
0	93	—	开始湿润接触砂层
5	53	8	
10	38	3	
15	34	0.8	
20	31	0.6	
30	27	0.4	开始由土壤控制的稳定水流
40	23	0.4	
50	18	0.5	
60	14	0.4	
70	10	0.4	

土壤类型=过渡型的红棕壤（Typic Natrixeralf, Soil Survey Staff 1990）；土芯直径=98 mm，长 75 mm；$\psi_0=-20$ mm；$h_0=93$ mm。

(4) 一旦水流稳定，就可以采用式（80.5）计算导水率 $K(\psi_0)$：

$$K(\psi_0) = q = -\frac{r_s^2(h_2-h_1)}{r_c^2(t_2-t_1)} = \frac{r_s^2 dh}{r_c^2 dt} \qquad (80.10)$$

式中，h_1 和 h_2 分别为水流稳定以后张力入渗仪储水管在 t_1 和 t_2 时刻的水位，r_s 为张力入渗仪储水管内部的半径，r_c 为土芯的半径，dh/dt 是在采用自动水位测定装置的情况下，稳态流期间水位的下降速率。例如，采用表 80.1 的数据计算如下。

已知

r_s=9.5 mm　　　　r_c=49 mm

t_1=30 min　　　　h_1=27 mm

t_2=70 min　　　　h_2=10 mm

计算得

$$K(\psi_0) = \frac{9.5^2 \times (10-27)}{49^2 \times (70-30)} = 1.60 \times 10^{-2} \text{mm} \cdot \text{mm}^{-1} = 2.66 \times 10^{-7} \text{ms}^{-1}$$

式中，ψ_0=−20 mm。

(5) 稳态流测试结束以后，迅速移除入渗仪和接触砂层，记录土芯的重量，继续进行 80.7。

80.7　计算 $\theta(\psi_0)$ 或者测定其他的 $S(\psi_0)$ 和 $K(\psi_0)$

如果需要测定一系列基质水头（ψ_0）的 $S(\psi_0)$ 和 $K(\psi_0)$，那么可以从 80.5.2 中的步骤（1）开始重复以上过程。如果仅需要其他基质水头的（ψ_0），就可以将布氏漏斗设置为下一个 ψ_0 值（式 80.9），重新装满张力入渗仪，从 80.6.2 步骤（3）开始重复以上过程。需要注意的是 $S(\psi_0)$ 依赖于测定前期的含水量（见第 69 章）。因此，第一次测定的 $S(\psi_0)$ 与土芯的初始含水量 $\theta(\psi_i)$ 相关。然而，随后的测试则与前一个 $S(\psi_0)$ 测试时的含水量 $\theta(\psi_i)$ 相关。当需要测定一系列基质水头时，基质水头的设定必须单调递增或者递减，以此避免滞后效应对 $S(\psi_0)$ 和 $K(\psi_0)$ 测定结果的影响（见第 69 章）。

最后一次测定结束时，将土芯烘干称重，计算土芯的容重、初始体积含水量 $\theta(\psi_i)$ 及与每个基质水头值 ψ_0 对应的体积含水量 $\theta(\psi_0)$。通过 $\theta(\psi_0)$ 和 ψ_0 数据绘制已经测定的 ψ_0 范围内的脱水曲线或者吸水曲线（详见第 69 章）。如果需要与毛管作用相关的参数，请参考 80.8 节。

80.8　与毛管作用相关的参数的计算

如果已经测定了所需基质水头 ψ_0 对应的 $S(\psi_0)$、$K(\psi_0)$ 和 $\theta(\psi_0)$，那么与毛管作用相关的参数 $\alpha^*(\psi_0)$、$PD(\psi_0)$、$NP(\psi_0)$ 可以分别根据式（69.17）至式（69.19）计算得到。

80.9　注　释

(1) 尽管特定的核孔薄膜的下限可以达到−400 mm（R. Sides，私人通信），本章所介绍的方法通常用于测定基质水头介于 0～100 mm 的导水率和吸渗率。

(2) 这种室内方法的主要优点是：可以快速地从田间采集大量的原状土芯，随后可以在可控的室内条件下完成 $S(\psi_0)$、$K(\psi_0)$ 及与毛管作用相关的参数的测定。

(3) t_0（即入渗开始由土壤决定的时间）的精确判断对 $S(\psi_0)$ 的准确测定至关重要。如图 80.2 所举的例子，$I/t^{1/2}$ 与 $t^{1/2}$ 的关系图比 I 与 $t^{1/2}$ 的关系图更易于判定 t_0。Vandervaere 等（2000a, b）提供了另一种判定 t_0 的方法，这种方法包括式（80.1a）对 $t^{1/2}$ 的微分（见第 82 章）。然而，将这种方法用于错杂的数据也存在一定的问题，因为微分过程会在很大的程度上放大随机干扰，使 t_0 的位置变得不明显。

（4）采集土芯的圆环必须耐腐蚀，而且要有足够的硬度，保证其在推入过程中不发生变形和破裂。通常，圆环的材质可以是 PVC、铝或者不锈钢，但是，不锈钢强度高，可以保持锋利的切割边缘，而且使用期限长，因此，不锈钢是推荐材料。

（5）张力入渗仪的饱和及校准详见第 82 章。

参 考 文 献

Clothier, B.E. and White, I. 1981. Measurement of sorptivity and soil water diffusivity in the field. *Soil Sci. Soc. Am. J.* 45: 241-245.

Cook, F.J. 1991. Calculation of hydraulic conductivity from suction permeameter measurements. *Soil Sci.* 152: 321-325.

Dawes, L., Sweeney, C., Cook, F.J., Bristow, K.L., Elridge, S., Biggs, J., and Thorburn, P.J. 2003. Soil Hydraulic Properties of the Fairymead Soils, Bundaberg. CRC Sugar Technical Publication, CRC for Sustainable Sugar Production, Townsville, Australia, 24.

McKenzie, N.J. and Cresswell, H.P. 2002. Laboratory measurement of hydraulic conductivity. In: N.J. McKenzie et al., eds. *Soil Physical Measurements and Interpretation for Land Evaluation*. CSIRO Publishing, Australia, 150-162.

Moret, D., Lopez, M.V., and Arrue, J.L. 2004. TDR application for automated water level measurement from Mariotte reservoirs in tension disc infiltrometers. *J. Hydrol.* 297: 229-235.

Perroux, K.M. and White, I. 1988. Designs for disc permeameters. *Soil Sci. Soc. Am. J.* 52:1205-1215.

Philip, J.R. 1957. The theory of infiltration. 4. Sorptivity and algebraic infiltration equations. *Soil Sci.* 84: 257-264.

Philip, J.R. 1969. The theory of infiltration. *Adv. Hydrosci.* 5: 215-296.

Reynolds, W.D. and Zebchuk, W.D. 1996. Use of contact material in tension infiltrometer measurements. *Soil Technol.* 9: 141-159.

Smiles, D. and Knight, J.H. 1976. A note on the use of Philip infiltration equation. *Aust. J. Soil Res.* 14: 103-108.

Soil Survey Staff 1990. Keys to Soil Taxonomy. Virginia Polytechnic Institute and State University, Blacksburg, VA.

Vandervaere, J.-P., Vauclin, M., and Elrick, D.E. 2000a. Transient flow from tension infiltrometers: I. The two-parameter equation. *Soil Sci. Soc. Am. J.* 64: 1263-1272.

Vandervaere, J.-P., Vauclin, M. and Elrick, D.E. 2000b. Transient flow from tension infiltrometers: II. Four methods to determine sorptivity and conductivity. *Soil Sci. Soc. Am. J.* 64: 1272-1284.

Ward, R.D. and Hayes, M.J. 1991. Measurement of near-saturated hydraulic conductivity of undisturbed cores by use of the permeameter tube. DSIR Land Resources, Technical Record 20, New Zealand. 6.

（焦会青 译，李保国 校）

第81章 非饱和水力学特性：室内蒸发法

O.O.B. Wendroth

University of Kentucky

Lexington, Kentucky, United States

N. Wypler

Leibniz-Centre for Agricultural Landscape Research

Müncheberg, Germany

81.1 引　　言

室内"蒸发"法或"Wind"法（Wind，1968）主要用于确定土壤非饱和导水率关系[$K(\psi)$或 $K(\theta)$]和原状土/土柱孔隙水脱水曲线[$\theta(\psi)$]。该方法也可以用于毛管作用关系的确定，如吸水性 $S(\psi)$、吸附数 $\alpha^*(\psi)$、加权平均孔隙直径 $PD(\psi)$，以及单位面积的加权平均孔隙直径数 $NP(\psi)$等（见第 69 章）。估算 $K(\psi)$、$K(\theta)$和 $\theta(\psi)$的方法主要分为室内方法（其中之一已经在第 80 章介绍）和田间方法（见第 82 章和第 83 章）。此外，还可以利用多孔介质的其他属性来达到估算 $K(\psi)$、$K(\theta)$和 $\theta(\psi)$的目的（见第 84 章）。相关的原则和参数请参考第 69 章内容。

室内蒸发法的基本原理是：在土样或土柱中选择特定的位置安装探针，用于测定土壤基质势（ψ）和土壤体积含水量（θ）。土样/土柱表面的水分随时间渐渐蒸发，水分在这个过程中（从饱和到干燥），可以监测获得 ψ 和 θ 的减小量。由于该方法主要依据水分蒸发，且水流受到土柱壁的影响，因此 $K(\psi)$、$K(\theta)$、$\theta(\psi)$及毛细关系均为一维排水或蒸发，且该方法的基质势应用范围为$-700\ \text{cm} \leqslant \psi \leqslant -10\ \text{cm}$。室内蒸发法分析部分包括简单分析（即利用两个张力计的理论最小值确定 ψ 随着时间的变化）和全面分析（即利用 3 个及以上的张力计监测数据）。需要说明的是，接下来文章中的"2T 设置"表示的是简单分析，而"5T 设置"代表全面分析。

81.2 材　　料

（1）带有 2 个（2T 设置）或者多个出入孔（5T 设置）的圆柱形取样环或取样柱（金属或塑料），以便于连接张力计杯。且出入孔的直径要大于张力计杯以便避免插入时损坏。

（2）刚性、轻质且不透水的底盘（金属或塑料）。

（3）安装张力计的电缆支架（见图 81.1）。

（4）用于土样/土柱与底盘密封连接的堵漏封泥。

（5）快速平衡张力计（一个出入孔连接一个），该张力计能代表土样/土柱较大的横截面且具有较宽的运行范围。可以优先选择含有直径为 0.6 cm，长为 6~7 cm，且流动性较高，进气基质水头约为 $-800\ \text{cm}$ 的多孔陶土杯的张力计。张力计系统既可以选用手动的，也可以用电动的，但是电子压力传感器在使用之前需要校准（利用悬挂水柱），且每隔一段时间都需要重新校准一次。测量过程需要在常温下（20℃±1℃）进行，以便减少温度对压力传感器、水分脱水及水流的影响（详见第 69 章）。

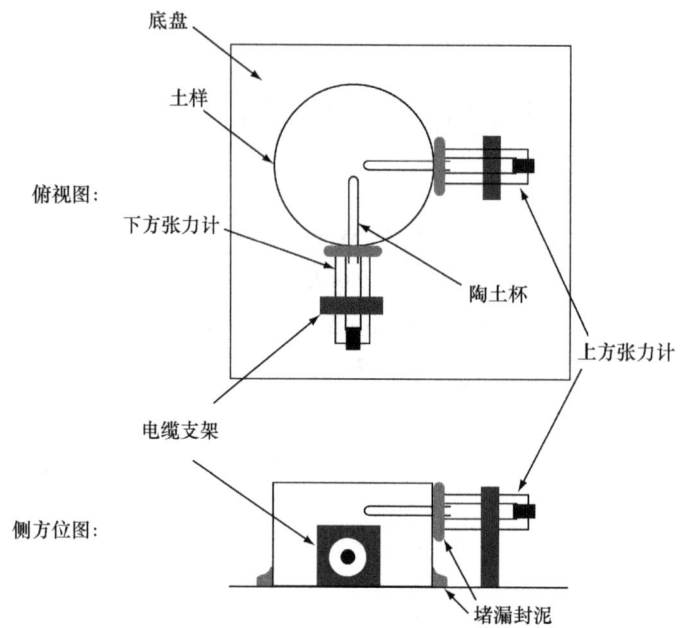

图 81.1　室内蒸发法和 Wind 法的"2T"设置（两个张力计）

（6）2T 设置下土样重量至少为 2 kg，5T 设置时至少为 3 kg，且两者的精度均为±0.01 g。
（7）可以用数据记录器自动记录张力计数据，而土壤质量可以手动测定，只是会增加工作量。
（8）时间记录器（精度为±0.01s）。
（9）旋转钻机的直径应该稍小于张力计陶土杯的直径。
（10）当测定粗砂多孔材料时，应该使用细沙泥浆以便保证材料和张力计杯之间具有良好的水力连接。沙质泥浆可以用大号医用注射器进行装填。
（11）样品饱和池或槽（详见第 75 章）。
（12）室内保持常温（20℃±1℃）。
（13）干燥箱（105℃±5℃）。
（14）用于数据分析的电脑。

图 81.1 给出了 2T 设置的示意图：土样的高为 6 cm，直径为 8 cm，张力计杯分别插在土样表面以下 1.5cm 和 4.5 cm 的位置，电缆支架横向 90° 放置。5T 设置是 2T 的扩展，土样的高为 10 cm，直径为 10 cm，张力计杯分别插在土样表面以下 1cm、3cm、5cm、7cm 和 9 cm 的位置，每个张力计与相邻的张力计横向偏移量为 20°～25°（螺旋模式），以便方便安装（在图中没有表示出）。

81.3　步　　骤

81.3.1　样品制备

利用 2T 或 5T 的样品圆柱筒采集田间原状样品（没有扰动），或者在实验室内重新装填样品。样品的表面应该与样品圆柱筒平齐。然后将装有样品的样品圆柱筒竖直放在底盘上，利用旋转钻机在筒壁上钻孔以便利于张力计的安装。钻孔时应该以小转速缓慢进行以便避免污染和压实样品。为了保证土样和张力计杯之间有较好的水力连接，出入孔要延伸至杯底端，同时其直径应该小于张力计杯。如果张力计杯的直径为 0.6 cm，那么对于细质地的土样，出入孔的直径最好为 0.5 cm。对于粗质地的土样，出入孔的直径最好为 0.4 cm。若能利用钻孔指示图校准张力计的高度、直径及深度，则可以使水力特性的实验结果更加准确。

钻孔打好后，将张力计通过出入孔插入土样，需要注意的是该过程要缓慢进行，以便防止空气进入样品和张力计杯中，从而影响土样性质的测定及张力计的运行。在砂土中很难建立土壤和张力计之间的良好水力连接，因此最好在张力计安装之前，利用大的注射器装填一些细砂泥浆。虽然细砂泥浆会对张力计的反应时间有一点儿影响，但是它不会影响到张力计平衡后的读数。

张力计安装好以后，竖直的土样开始由下至上吸水饱和，饱和水需要去气且温度均衡，且饱和水的物质组成及其浓度要与土壤本身含有的水分一致（详见第 75 章推荐饱和过程）。土样饱和后，水池中的水台要低于样品，同时缓慢移出样品至托盘。样品上方要盖上盖子以便防止水分蒸发，同时要堵漏密封筒壁以便防止水分从出入孔中蒸发（见图 81.1）。如果有水分从柱底端或底盘中流出，那么应该及时吸收直到其停止。在此期间，张力计的读数应该为负，当底端张力计的读数小于等于 5 cm，顶端的张力计读数在 2T 设置时小于等于 8 cm，在 5T 设置时小于等于 14 cm 时，说明土样/柱底部和底盘之间的密封性良好。

此时，样品应该垂直放置，待存在高度差的两个张力计读数稳定后（说明土样的静水力达到平衡，即零水力梯度）再进行测定操作。例如，在 2T 设置中，处在下方的张力计基质势读数应该比上方张力计读数小 3 cm（见图 81.1）。当使用压力传感张力计时，由于校正曲线相互抵消，所以在静水力达到平衡时，可能会出现误导性的非零水力梯度。对于这一点，可以通过以下步骤进行矫正。

在 2T 设置中，当水流停止时，上方张力计的基质水头读数 ψ_μ 为 -7.4 cm（低于土壤表面 1.5 cm），下方张力计的基质水头读数为 -5.2 cm（低于土壤表面 4.5 cm）。我们假设的是两个张力计校准一样，但是从另外的角度来看，在静水力平衡时出现了明显的偏差。因此，对于中间高度为 -3 cm 的土样而言（高度是以土样顶部的高度为 0 cm 作为基准），平均的土壤水基质水头应为 ψ_{avg}=[-7.4+(-5.2)]/2 =-6.3 cm。在静水力平衡时，校准后的基质水头 ψ_c 值就和张力计到土样中间的高度差一致。对于上方的张力计而言，ψ_c=(-6.3)- 1.5 = -7.8 cm。对于下方的张力计而言，ψ_c=[(-6.3)-(-1.5)]= -4.8 cm。因此，在蒸发实验中，对于上方的张力计，我们可以得到读数修正常数为 [-7.4 -(-7.8)] = 0.4 cm。对于下方的张力计则为 [(-4.8)-(-5.2)]=0.4 cm。对于实验而言，修正数（±0.4 cm）大小比较合理，这个数值在 5T 设置中可能会更大一些。

在 5T 设置中，在水流停止后，张力计高度为 -1 cm、-3 cm、-5 cm、-7 cm 和 -9 cm 时对应的 ψ_μ 值分别为 -11.4 cm、-4.2 cm、-6.2 cm、-3.1 cm 和 -1.0 cm，而平均的基质水头为 ψ_{avg}=[-11.4+(-4.2)+(-6.2)+(-3.1)+(-1.0)]/5 = -5.18 cm。对于土样中间高度为 -5 cm 时，这个值假设是有效的。对于 2T 设置而言，ψ_c 值可以用同样的方法进行获取，高度为 -1 cm、-3 cm、-5 cm、-7 cm 和 -9 cm 的张力计读数其结果修正常数分别为 2.22 cm、-2.98 cm、1.02 cm、-0.08 cm 及 -0.18 cm（见表 81.1）。

表 81.1 静水力平衡后（零水力梯度）基质水头读数及传感校准曲线截距为零时的基质势修正读数

土样表面下深度(cm)	ψ_μ(cm)	ψ_{avg}(cm)	ψ_c(cm)	调整值$\Delta\psi$(cm)
2T 设置				
-1.5	-7.4	-6.3	-7.8	-0.4
-4.5	-5.2		-4.8	0.4
5T 设置				
-1	-11.4		-9.18	2.22
-3	-4.2	5.18	-7.18	-2.98
-5	-6.2		-5.18	1.02

(续表)

土样表面下深度(cm)	ψ_μ(cm)	ψ_{avg}(cm)	ψ_c(cm)	调整值$\Delta\psi$(cm)
5T 设置				
−7	−3.1		−3.18	−0.08
−9	−1		−1.18	−0.18

ψ_μ：没有调整的最初土壤水基质水头。
ψ_{avg}：调整后的平均土壤水基质水头。
ψ_c：零截距时的土壤水基质水头。
$\Delta\psi$：校准曲线截距为零时ψ_μ的调整参数。

81.3.2 数据收集

当给定了最初的ψ以后，移去土样上方的盖子使水分自然蒸发（$t=t_0$）。同时，快速记录土样的初始质量$W(t_0)$。如果在整个实验过程中，土样一直放在天平上，那么既可以选择手动也可以选择数据收集器来记录数据。如果同一台天平需要同时测定多个土样的质量，那么需要将张力计压力传感器的电线拔下，同时将带有托盘和张力计的土样轻轻地放置在天平上进行称重，称完之后再重新放到试验台上，并重新连接传感器。任何移动都会影响张力计的读数，尤其当ψ值接近零的时候，因此若需要移动样品再称重，则在称重之前需要立即记录张力计读数。

根据土壤和张力计的类型不同，样品应该每隔1~4 h称重一次。对砂土而言，在实验开始时，基质水头随含水量的下降比较缓慢，时间间隔可以稍微长一些（例如，4 h）。而对细质地的土壤而言，其基质水头随着含水量的下降变化较快，在水分变化范围内应该减少两次读数之间的时间间隔（例如，1~2 h）。

当上方张力计的基质水头$\psi\approx-700$ cm时，蒸发实验结束，记录最后的基质水头及土样质量$W(t_{end})$。同时，在土样上方盖上盖子以便避免进一步蒸发，并撤去连接在土样上的张力计和底端托盘，在土样底端盖上盖子，再称取一次土样的质量W_w，这个质量代表湿土、土样圆柱筒及两个盖子的总质量。最后，取下盖子并将土样置于105℃±5℃的烘箱中烘干，烘干后记录质量W_d，计算土样的干容重及蒸发后的水分含量。

实验室测定的蒸发速率（E）通常为0.1~0.2 cm·d^{-1}。对砂土而言，当土壤接近饱和时，在较长的一段时间内，由于土壤的近饱和导水率使水力梯度为零，所以导致蒸发速率过慢。此时，可以在均衡室温的条件下使用风扇对土样上部吹风，如此可以使蒸发速率达到0.5~1.2 cm·d^{-1}。当水力梯度达到−3 cm·cm^{-1}时，停止加速蒸发过程（在土样的上部盖上盖子）。然后重新进行土壤静水力平衡（即水力梯度为零），而这个过程通常需要几个小时。平衡之后，由于静水力平衡时的相互抵消作用，需要重新检查压力传感校准曲线（如果需要就可以利用校准常数进行重新调整，见81.3.1），校准完成后继续蒸发过程。需要注意的是，加速蒸发的过程停止要及时，以便防止出现较大的水力头梯度，同时这可以保证理论假设成立，即两个相邻张力计之间的水力梯度为线性关系。

另外，对于细质地的土壤而言，需要限制蒸发速率以便保证相邻张力计之间的水力梯度为线性关系。可以通过在土样上方盖上带孔的盖子减少空气流动而减少蒸发。根据实验数据，带孔的盖子可以使蒸发速率降为0.08 cm·d^{-1}。

81.4 计 算

81.4.1 脱水曲线计算（2T设置）

土样中的样品初始质量为：

$$M(t_0)=W_w-W_d+[W(t_0)-W(t_{end})] \tag{81.1}$$

式中，W_w-W_d 这一项表示在蒸发实验结束时土样中的水分，$W(t_0)-W(t_{end})$ 表示蒸发掉的水分。每一次测量后土壤中的水分质量 $M(t)$ 计算如下：

$$M(t)=M(t_0)-\Delta M=M(t_0)-[W(t_0)-W(t)] \tag{81.2}$$

通过以下公式可以转化为总的体积含水量 θ（$cm^3 \cdot cm^{-3}$）：

$$\theta(t)=\frac{M(t)}{\rho_w V_t} \tag{81.3}$$

其中，ρ_w（$g \cdot cm^{-3}$）是水的密度，V_t（cm^3）是总的土样体积，它等于总的体积减去用于放置陶土杯出入孔的体积。A（cm^2）是土样的横截面积，L（cm）是土样的长度，在 2T 设置中 L 为 6 cm，在 5T 设置中 L 为 10 cm。

而总的储水量，S（cm）为

$$S(t)=\theta(t)L=\frac{M(t)}{\rho_w A} \tag{81.4}$$

下面举例说明计算过程（见表 81.2）。蒸发时间在 $t=0$ min 时开始，$t=3\,960$ min 时结束。每隔两小时记录不同深度孔隙水基质水头及总的土样质量。土样和张力计在开始和结束时的总质量分别为 $W(t_0)=882.98$ g，$W(t_{end})=852.89$ g（见表 81.2）。除去张力计，堵漏材料及底盘之后样品的净质量 $W_w=681.49$ g。然后在 105℃±5℃ 的烘箱中将样品烘干，烘干后的质量 $W_d=580.81$ g。减去样品盒的质量 220.62 g 后，便可以计算出土样的干质量和土壤的容重（即 $W_s=W_d-220.62$ g $=360.19$ g）。

实验开始时土样中水的质量 $W(t_0)=130.77$ g，从式（81.2）和式（81.4）可以计算出不同的测量时间对应的土样中水的质量 $M(t)$ 及水分存储量 $S(t)$。到目前为止，表 81.2 中第一部分的数据收集完全。

接下来，利用迭代过程计算 van Genuchten（1980）提出的 $\theta(\psi)$：

$$\theta=\theta_r+\frac{\theta_s+\theta_r}{\left[1+|\alpha\psi|^n\right]^{[1-(1/n)]}} \tag{81.5}$$

式中，θ_s、θ_r、α 及 n 均为拟合参数。θ_s 和 θ_r 分别指土壤的饱和体积含水量和残余体积含水量。α 和 n 分别为曲线的形状参数。除了 van Genuchten（1980）公式，也可以用其他公式进行拟合（Campbell，1974；Groenevelt 和 Grant，2004），甚至可以用三阶或者高阶公式进行拟合（Wind，1968）。利用任意的参数值（见表 81.2）对式（81.5）的迭代公式进行初始化。然后将两个张力计高度（见表 81.2 中列 $\theta 1.5$ 和 $\theta 4.5$）测定的基质水头 ψ 代入到公式中计算土壤体积含水量 θ。对于每次测定之后样品中总的储水量 $S_c(t)$ 可以通过以下公式进行计算：

$$S_c(t)=[\theta 1.5(t)+\theta 4.5(t)]\Delta z \tag{81.6}$$

其中，Δz 表示两个张力计之间的高度差（在该例中为 3 cm）。迭代过程如下。

（1）通过乘以 $S(t)/S_c(t)$，更新不同深度和时间的土壤含水量（见表 81.2，$\theta_{up}1.5$，$\theta_{up}4.5$）。

（2）利用新获得的土壤含水量数据对式（81.5）进行非线性拟合，得到新的拟合参数（该例中为 θ_s、θ_r、α、n）。

（3）计算一系列的含水量值及 $S_c(t)$ 值。

重复过程（1）（2）（3）。

表 81.2 给出了迭代的初始化结果和迭代三次后的结果。在该实验中，当含水量 $\Delta\theta<10^{-4}$ $cm^3 \cdot cm^{-3}$ 时，迭代过程结束（如果有其他收敛性的判定准则就可以进行特别说明）。同时，可以利用 RETC 软件（van Genuchten 等，1991，也见第 84 章）或拟合算法如"下山单纯形法"（Press 等，1990）对每次更新后的含水量数据进行非线性拟合（式（81.5））。在该例中，使用的就是下山单纯形法，依据的是两次含水

表 81.2 以 2T 设置为例说明土壤水分特征曲线的计算过程（测量时间一共为 3 960 min，但表中只给了 1 800 min 的数据）

时间 (min)	测量数据				初始化：α=0.040 0, n=1.200, θ_s=0.450 0, θ_r=0.050 0							第一次迭代：α=0.039 05, n=1.092 6, θ_s=0.438 1, θ_r=0.044 0					
	Ψ1.5(cm)	Ψ4.5(cm)	$W(t)$ g	$W(t)^a$ g	$S(t)^b$ cm	θ1.5^c cm³·cm⁻³	θ4.5^d cm³·cm⁻³	$S_c(t)^e$ cm	$S(t)$ $S_c(t)^{-1}$	θ_{up}1.5 cm³·cm⁻³	θ_{up}4.5 cm³·cm⁻³	θ1.5 cm³·cm⁻³	θ4.5 cm³·cm⁻³	$S_c(t)$ cm	$S(t)$ $S_c(t)^{-1}$	θ_{up}1.5 cm³·cm⁻³	θ_{up}4.5 cm³·cm⁻³
0	−7.8	−4.8	882.98	130.77	2.597 0	0.425 1	0.434 8	2.579 6	1.006 8	0.428 0	0.437 7	0.430 2	0.433 2	2.590 1	1.002 7	0.431 3	0.434 4
120	−10.9	−6.9	881.95	129.74	2.576 5	0.416 0	0.427 9	2.531 9	1.017 6	0.423 4	0.435 5	0.427 2	0.431 1	2.574 8	1.000 7	0.427 5	0.431 3
240	−14.1	−10.0	880.94	128.73	2.556 5	0.407 6	0.418 6	2.478 6	1.031 4	0.420 4	0.431 7	0.424 4	0.428 1	2.557 3	0.999 7	0.424 2	0.427 9
360	−17.2	−13.2	879.91	127.70	2.535 8	0.400 3	0.409 9	2.430 8	1.043 2	0.417 6	0.427 6	0.421 8	0.425 2	2.540 9	0.998 0	0.421 0	0.424 3
480	−21.4	−17.3	878.91	126.70	2.516 0	0.391 6	0.400 1	2.375 0	1.059 3	0.414 8	0.423 9	0.418 6	0.421 7	2.521 1	0.998 0	0.417 8	0.420 9
600	−26.7	−21.5	877.96	125.75	2.497 1	0.382 0	0.391 4	2.320 0	1.076 3	0.411 1	0.421 2	0.414 9	0.418 5	2.500 4	0.998 7	0.414 4	0.418 0
720	−30.9	−25.7	876.99	124.78	2.477 8	0.375 3	0.383 7	2.277 0	1.088 2	0.408 4	0.417 5	0.412 3	0.415 6	2.483 6	0.997 7	0.411 3	0.414 6
840	−36.1	−30.9	876.06	123.85	2.459 3	0.368 0	0.375 3	2.230 1	1.102 8	0.405 9	0.413 9	0.409 3	0.412 3	2.464 6	0.997 9	0.408 4	0.411 4
960	−42.4	−35.1	875.15	122.94	2.441 3	0.360 3	0.369 4	2.189 0	1.115 2	0.401 8	0.411 9	0.405 9	0.409 8	2.447 3	0.997 5	0.404 9	0.408 8
1 080	−48.7	−40.4	874.23	122.02	2.423 0	0.353 5	0.362 6	2.148 5	1.127 8	0.398 7	0.409 0	0.402 9	0.407 0	2.429 6	0.997 3	0.401 8	0.405 8
1 200	−56.1	−46.6	873.30	121.09	2.404 3	0.346 6	0.355 7	2.106 8	1.141 2	0.395 5	0.405 9	0.399 7	0.403 9	2.410 9	0.997 3	0.398 6	0.402 8
1 320	−64.5	−52.9	872.40	120.19	2.386 4	0.339 7	0.349 5	2.067 3	1.154 4	0.392 1	0.403 4	0.396 4	0.401 1	2.392 5	0.997 5	0.395 4	0.400 0
1 440	−73.9	−59.2	871.51	119.30	2.368 8	0.332 9	0.343 9	2.030 4	1.166 6	0.388 4	0.401 2	0.393 1	0.398 5	2.374 8	0.997 5	0.392 1	0.397 5
1 560	−83.4	−66.5	870.60	118.39	2.350 7	0.326 9	0.338 1	1.995 2	1.178 2	0.385 2	0.398 4	0.390 1	0.395 7	2.357 5	0.997 1	0.389 0	0.394 6
1 680	−96.0	−74.9	869.72	117.51	2.333 2	0.320 0	0.332 2	1.956 8	1.192 4	0.381 6	0.396 2	0.386 6	0.392 8	2.338 1	0.997 9	0.385 8	0.392 0
1 800	−109.7	−84.3	868.80	116.59	2.314 9	0.313 5	0.326 4	1.919 8	1.205 8	0.378 1	0.393 6	0.383 1	0.389 9	2.318 9	0.998 3	0.382 4	0.389 2

第81章 | 非饱和水力学特性：室内蒸发法

续表

时间(min)	第二次迭代: $\alpha=0.04071, n=1.09106, \theta_s=0.4380, \theta_r=0.0457$						第三次迭代: $\alpha=0.04078, n=1.09103, \theta_s=0.4380, \theta_r=0.0458$					
	$\theta 1.5$ cm³·cm⁻³	$\theta 4.5$ cm³·cm⁻³	$S_c(t)$ cm	$S(t)$ $S_c(t)^{-1}$	$\theta_{up}1.5$ cm³·cm⁻³	$\theta_{up}4.5$ cm³·cm⁻³	$\theta 1.5$ cm³·cm⁻³	$\theta 4.5$ cm³·cm⁻³	$S_c(t)$ cm	$S(t)$ $S_c(t)^{-1}$	$\theta_{up}1.5$ cm³·cm⁻³	$\theta_{up}4.5$ cm³·cm⁻³
0	0.4299	0.4329	2.5884	1.0033	0.4313	0.4344	0.4299	0.4330	2.5884	1.0033	0.4313	0.4344
120	0.4269	0.4308	2.5729	1.0014	0.4275	0.4314	0.4269	0.4308	2.5729	1.0014	0.4275	0.4314
240	0.4240	0.4277	2.5551	1.0005	0.4242	0.4279	0.4240	0.4277	2.5552	1.0005	0.4242	0.4279
360	0.4214	0.4248	2.5386	0.9989	0.4210	0.4243	0.4214	0.4248	2.5386	0.9989	0.4210	0.4243
480	0.4182	0.4213	2.5186	0.9990	0.4178	0.4209	0.4182	0.4213	2.5186	0.9989	0.4178	0.4209
600	0.4145	0.4181	2.4979	0.9997	0.4144	0.4180	0.4145	0.4181	2.4979	0.9997	0.4144	0.4180
720	0.4119	0.4152	2.4811	0.9987	0.4113	0.4146	0.4119	0.4152	2.4811	0.9987	0.4113	0.4146
840	0.4089	0.4119	2.4621	0.9989	0.4084	0.4114	0.4089	0.4119	2.4621	0.9989	0.4084	0.4114
960	0.4056	0.4094	2.4449	0.9985	0.4050	0.4088	0.4056	0.4094	2.4449	0.9985	0.4050	0.4088
1 080	0.4026	0.4066	2.4274	0.9982	0.4018	0.4058	0.4026	0.4066	2.4273	0.9982	0.4018	0.4058
1 200	0.3994	0.4035	2.4087	0.9982	0.3987	0.4028	0.3994	0.4035	2.4087	0.9982	0.3986	0.4028
1 320	0.3961	0.4007	2.3905	0.9983	0.3955	0.4000	0.3961	0.4007	2.3905	0.9983	0.3955	0.4000
1 440	0.3922	0.3981	2.3730	0.9982	0.3922	0.3974	0.3922	0.3981	2.3730	0.9982	0.3922	0.3974
1 560	0.3899	0.3954	2.3559	0.9978	0.3890	0.3945	0.3899	0.3954	2.3559	0.9978	0.3890	0.3945
1 680	0.3864	0.3925	2.3367	0.9985	0.3858	0.3920	0.3864	0.3925	2.3367	0.9985	0.3858	0.3919
1 800	0.3830	0.3896	2.3178	0.9988	0.3825	0.3892	0.3830	0.3896	2.3178	0.9988	0.3825	0.3892

a. 用式 (81.2) 进行计算。
b. 用式 (81.4) 进行计算。
c. $\theta 1.5$ 为张力计深度为1.5 cm 时的土壤含水量。
d. $\theta 4.5$ 为张力计深度为4.5 cm 时的土壤含水量。
e. 用式 (81.6) 进行计算。

量之间的最小平方偏差。需要注意的是，在表 81.2 的举例中，在迭代三次以后，含水量的最大差值就减小到 10^{-5} cm^3·cm^{-3}，这对于均质土壤而言并不少见。当 $S(t)/S_c(t) \approx 1$ 对于所有深度和时间都成立时（见表 81.2），表明迭代可以收敛（式（81.5）对于所有数据都可以正确拟合）。图 81.2 给出了 2T 设置和 5T 设置下 $\theta(\psi)$ 的迭代结果，不难看出无论初始参数为多少，都可以很快收敛。

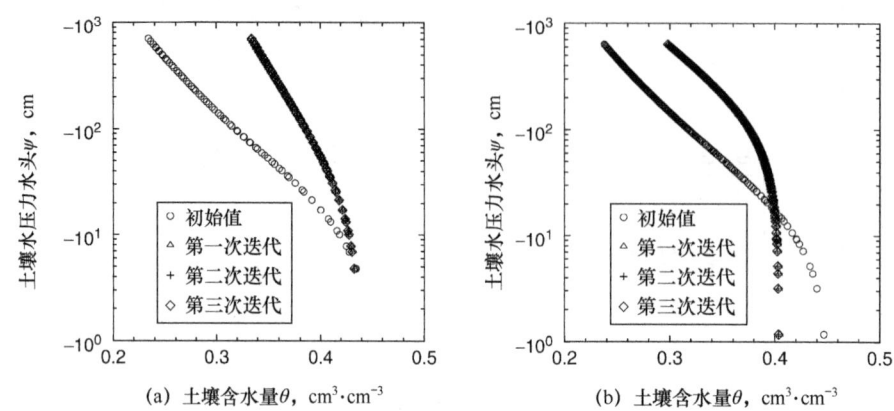

图 81.2 利用蒸发法或者 Wind 法数据对水分脱水曲线 θ(ψ) 的迭代估算

其中（a）为 2T 设置，（b）为 5T 设置，且 2T 设置的数据也出现在了表 81.2 中。

81.4.2 土壤导水率计算（2T 设置）

通过两个张力计之间水流通量 q[LT^{-1}] 和相关的水头梯度，可以计算导水率 $K(\psi)$ 或 $K(\theta)$，水流通量的计算公式为

$$q = \frac{q_1 + q_2}{2} \tag{81.7a}$$

其中，

$$q_1 = \frac{\Delta s_1}{\Delta s_2}, \quad q_2 = \frac{\Delta s_1 + \Delta s_2 + \Delta s_3}{\Delta t} \tag{81.7b}$$

而

$$\Delta S = \Delta \theta \Delta z \tag{81.7c}$$

其中，$\Delta \theta$ 指一个时间梯度内土壤含水量的变化（即连续两次张力计读数和相关质量之间的差值）。如果假设 $\Delta \theta$ 在同一个时间梯度内随着深度表现为线性增长，那么根据 Wendroth（1993）：

$$\begin{aligned} q_T &= \frac{(2.5\Delta\theta 4.5 - 0.5\Delta\theta 1.5)\Delta z + (\Delta\theta 4.5 + \Delta\theta 1.5)\Delta z}{2\Delta t} \\ &= \frac{(3.5\Delta\theta 4.5 + 0.5\Delta\theta 1.5)\Delta z}{2\Delta t} \end{aligned} \tag{81.7d}$$

在时间为 t_i 时，水力头梯度为（见图 81.3）：

$$\mathrm{grad}(t_i) = \frac{(\psi 1.5 + z1.5) - (\psi 4.5 + z4.5)}{(z1.5 - z4.5)}; \quad i = 1, 2, 3, \cdots \tag{81.8}$$

81.4.3 脱水曲线计算（5T 设置）

例如，在 $t_4=360$ min（见表 81.3）时，水力头梯度则为

$$\text{grad}(360\ \text{min}) = \frac{\{-17.2\ \text{cm} + (-1.5\ \text{cm}) - [(-13.2\ \text{cm}) + (-4.5\ \text{cm})]\}}{[-1.5\ \text{cm} - (-4.5\ \text{cm})]} = -\frac{1}{3}\ \text{cm}\cdot\text{cm}^{-1}$$

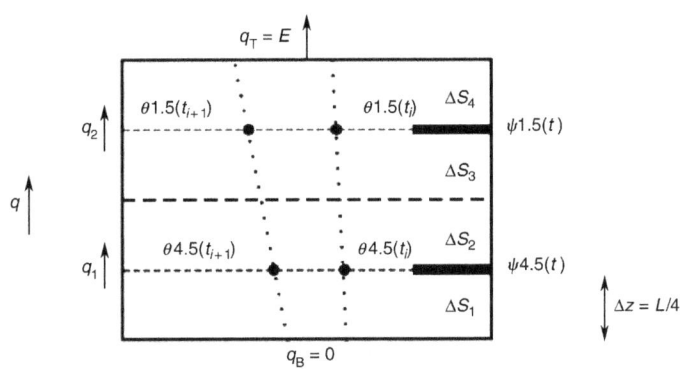

图 81.3 利用蒸发法或 Wind 法在 2T 设置下计算水流通量

其中 L 为总的土柱长度，该实验中为 6 cm

表 81.3 以 2T 设置为例，举例说明导水率关系 $K(\psi)$ 和 $K(\theta)$ 的计算过程（见图 81.3）

时间 (min)	$\psi 1.5$ cm	$\psi 4.5$ cm	$\theta 1.5$ cm$^3\cdot$cm^{-3}	$\theta 4.5$ cm$^3\cdot$cm^{-3}	$S(t)^a$ cm	E^b cm·d^{-1}	grad^c cm$^3\cdot$cm^{-3}	grad^d cm$^3\cdot$cm^{-3}	K^e cm·d^{-1}	ψ^f cm	θ^g cm$^3\cdot$cm^{-3}
0	−7.8	−4.8	0.429 9	0.432 9	2.597 0		0.00				
120	−10.9	−6.9	0.426 9	0.430 8	2.576 5	0.245 5	−0.33	−0.17	0.493 0	−7.3	0.430 1
240	−14.1	−10.0	0.424 0	0.427 7	2.556 5	0.240 7	−0.37	−0.35	0.311 0	−10.2	0.427 3
360	−17.2	−13.2	0.421 4	0.424 8	2.535 8	0.247 9	−0.33	−0.35	0.329 7	−13.4	0.424 5
480	−21.4	−17.3	0.418 2	0.421 3	2.516 0	0.238 4	−0.37	−0.35	0.352 0	−17.0	0.421 4
600	−26.7	−21.5	0.414 5	0.418 1	2.497 1	0.226 4	−0.73	−0.55	0.214 0	−21.5	0.418 0
720	−30.9	−25.7	0.411 9	0.415 2	2.478 8	0.231 2	−0.73	0.73	0.143 0	−26.0	0.414 9
840	−36.1	−30.9	0.408 9	0.411 9	2.459 3	0.221 7	−0.73	−0.73	0.161 0	−30.7	0.411 9
960	−42.4	−35.1	0.405 6	0.409 4	2.441 3	0.216 9	−1.43	1.08	0.085 1	−35.9	0.408 9
1 080	−48.7	−40.4	0.402 6	0.406 6	2.423 0	0.219 3	−1.77	−1.60	0.064 5	−41.4	0.406 0
1 200	−56.1	−46.6	0.399 4	0.403 5	2.404 3	0.224 1	−2.17	−1.97	0.055 9	−47.6	0.403 0
1 320	−64.5	−52.9	0.396 1	0.400 7	2.386 5	0.214 5	−2.87	−2.52	0.041 0	−54.7	0.399 9
1 440	−73.9	−59.2	0.392 9	0.398 1	2.368 8	0.212 1	−3.90	−3.38	0.028 3	−62.2	0.397 0
1 560	−83.4	−66.5	0.389 9	0.395 4	2.350 7	0.216 9	−4.63	−4.27	0.023 3	−70.2	0.394 1
1 680	−96.0	−74.9	0.386 4	0.392 5	2.333 2	0.209 7	−6.09	−5.33	0.019 9	−79.5	0.391 1
1 800	−109.7	−84.3	0.383 0	0.389 6	2.314 9	0.219 3	−7.47	−6.75	0.015 8	−90.3	0.387 9

a. 用式（81.4）进行计算。
b. 根据土壤质量随时间的变化进行计算。
c. 用式（81.8）进行计算。
d. 用式（81.9）进行计算。
e. 用式（81.10）进行计算。
f. 用式（81.11）进行计算。
g. 用式（81.12）进行计算。

引起时间间隔$\Delta t =(t_{i+1}-t_i)$内的水流通量（即两次测量之间）的水力头梯度等于在Δt时间内的平均水力梯度：

$$\overline{\mathrm{grad}} = \frac{\mathrm{grad}(t_i) + \mathrm{grad}(t_{i+1})}{2} \quad (81.9)$$

那么，在Δt时间内的K为：

$$K = -\frac{q}{\mathrm{grad}} \quad (81.10)$$

几何平均基质水头$\overline{\psi}$为：

$$\overline{\psi} = 10^{\gamma} \quad (81.11a)$$

其中，

$$\gamma = \frac{[\lg\psi1.5(t_i) + \lg\psi1.5(t_{i+1}) + \lg\psi4.5(t_i) + \lg\psi4.5(t_{i+1})]}{4} \quad (81.11b)$$

而土壤平均体积含水量则为：

$$\overline{\theta} = \frac{\theta1.5(t_i) + \theta1.5(t_{i+1}) + \theta4.5(t_i) + \theta4.5(t_{i+1})}{4} \quad (81.12)$$

从图81.4中可以看出在基质势ψ分别为-1 cm、-5 cm、-10 cm时，$K(\psi)$和张力渗透计的测量结果相关性较好。

对10 cm高的水柱而言，张力计安装在五个不同的高度，水分脱水曲线的拟合过程和2T设置的迭代过程相同。五个不同深度的储水量$S_c(t)$计算结果应该和总的储水量$S(t)$进行比较。曲线拟合参数达到收敛条件时（$\Delta\theta < 10^{-4}$ cm^3·cm^{-3}），迭代过程才能停止。图81.2（b）给出了举例结果，表81.4给出了实验前两天的数据。对于2T设置，不同的深度只需要进行三次迭代就能达到收敛条件。

81.4.4 土壤导水率计算（5T设置）

5T设置和2T设置不同，由于有多个深度区间，所以在同一个时间间隔内，计算通量和导水率时，不能假设土样上方和下方的水通量是线性增长。

在计算通量时，将土柱分为五个相同的区间，张力计位于每一个区间中间。因此，张力计每一次测量的基质水头及计算的含水量代表的是每一个区间的平均值。下边界通量为零，$q_B=0$。在时间间隔Δt内下方区间通过的水量就等于区间中变化的储水量：

$$q_1 = \frac{\Delta S_1}{\Delta t} = \frac{[\theta9(t_i) - \theta9(t_{i+1})]\Delta z}{\Delta t} \quad (81.13)$$

其中，深度增量Δz为2 cm（见图81.5）。-7 cm和-9 cm之间的水力梯度引起的通量为q_1，它是通过$\psi7(t)$和$\psi9(t)$进行计算的，Δt时间内的平均值计算方式和2T设置一致。

-5 cm和-7 cm之间的水流传导梯度引起的通量为q_2，它是深度小于6 cm的土样储水量之和，依据$\psi5(t)$和$\psi7(t)$进行计算。上面区间的通量用同样的方法进行计算（间隔3，4，5）。在每一个时间梯度内，将最上方区间储水量的变化ΔS_5增加到q_4（即水量自下而上），然后计算总的通量q_T，这个数值也是整个实验过程中土柱蒸发的水量E（见图81.5）。平均基质水头ψ及含水量θ和在2T设置中一致。

$$q_2 = \frac{\Delta S_1 + S_2}{\Delta t} = q_1 + \frac{\Delta S_1}{\Delta t} \tag{81.14}$$

表 81.4 给出了 $K(\psi)$ 的计算值，图 81.4（b）进行了描绘。尽管数据没有 2T 设置中那么好，基质势 ψ 分别为 -1 cm、-5 cm、-10 cm 时，$K(\psi)$ 和张力渗透计测量结果相关性较好。

81.4.5 土壤毛管作用关系参数

通过 $K(\psi)$ 和 $\theta(\psi)$ 的结果可以实现对毛管作用关系参数 $\alpha^*(\psi)$、$S(\psi)$、$PD(\psi)$ 及 $NP(\psi)$ 的估算（详见第 69 章）。这个过程包括选用合适的方程拟合 $K(\psi)$，利用式（69.13）积分 $K(\psi)$ 而获得 $f(\psi)$，利用式（69.16）计算 $\alpha^*(\psi)$，利用式（69.17）—式（69.19）中的 $\alpha^*(\psi)$、$K(\psi)$ 和 $\theta(\psi)$ 值分别计算 $S(\psi)$、$PD(\psi)$ 及 $NP(\psi)$。整个过程的关键是方程对 $K(\psi)$ 数据的拟合程度。

81.5 注 释

1．测量范围和不确定性

蒸发法的测定范围为 $-700 \text{ cm} \leq \psi \leq -10 \text{ cm}$。当基质势 ψ 小于 -700 cm 时，张力计和土壤之间无法建立较好的水力连接。同时，空气也可能会进入张力计杯中。虽然当 $-10 \text{ cm} \leq \psi \leq 0 \text{ cm}$ 时，蒸发的方法可以精确测定 $\theta(\psi)$，但是由于此时水力头梯度太接近零（$-1 \text{ cm} \cdot \text{cm}^{-1} \leq \text{grad} \leq 0 \text{ cm} \cdot \text{cm}^{-1}$），所以这会影响到 $K(\psi)$ 的测量结果，$K(\psi)$ 值可能会扩大 100 倍或更多。在所举的例子中（表 81.3、表 81.4、图 81.4），在 2T 设置中，当 $\text{grad} > -0.3 \text{ cm} \cdot \text{cm}^{-1}$ 时，或在 5T 设置中，当 $\text{grad} > -0.5 \text{ cm} \cdot \text{cm}^{-1}$ 时，都不再测定 $K(\psi)$。这些阈值是由经验和压力传感器的精确度共同决定的。利用张力入渗计法（见第 80 章和第 82 章）测定 $K(\psi)$ 的基质势范围为 $-10 \text{ cm} \leq \psi \leq 0 \text{ cm}$（Wendroth 和 Simunek，1999）。

表中只给出了前四个区间的水力梯度和 K 值（见图 81.5）。

2．方法假设

该方法是假设相邻两个张力计之间的含水量和孔隙水基质水头呈线性关系，这就意味着土柱中的水流稳定且土样均质恒温。Wendroth 等（1993）在基质势范围为 $-650 \text{ cm} \leq \psi \leq 0 \text{ cm}$ 时验证了这个假设（2T 设置）。同时，为了避免潜在的边界效应（Becher，1975），张力计应该安装在远离土样端点的位置。也有研究通过安装石膏块或者其他装置在土壤的干燥段（即 $\psi < -700 \text{ cm}$）应用该方法。然而，这对于 2T 设置而言是不合理的，因为它违反了剖面线性水流通量的假设。只有两个深度的 ψ 测量值不能代表由通量引起的水力头梯度。进一步的蒸发会使土壤下层干燥，这会使土壤的蒸发速率下降，那么，液体水流的达西定律（Idso 等，1974）无效且不能再使用。相对稳定的蒸发速率是准稳定液态水流的一个很好的指示（Willis，1960）。

3．附加说明

Schindler（1980）等，Tamari 等（1993）给出了使用两个及以上张力计时所需要的相关的实验程序信息。样品的直径、长度及张力计的数量主要依据土壤条件、调查目地及操作经验。一方面，为了精确地测定水力头梯度，张力计的间距最好为 2~3 cm，因此不适合在较短的土柱上安装太多的张力计；另一方面，如果为了安装更多的张力计而加长土柱长度，那么土壤为均质的这个假设将不成立，这会使实验结果更为复杂（如式（81.4b））。最常用的样品直径为 8~10 cm，长度为 5~10 cm，张力计的数量为 2~5 个且间隔为 2~3 cm 最为合适。最上方和最下方的张力计应该距离土样边界 1~2 cm，以便避免产生边界效应。测定有结构或无结构土样时最小样品大小见第 69 章。

表 81.4 举例说明 5T 设置下导水率的计算过程

时间 (min)	$\psi 1$ cm	$\psi 3$ cm	$\psi 5$ cm	$\psi 7$ cm	$\psi 9$ cm	$\theta 1$ cm³·cm⁻³	$\theta 3$ cm³·cm⁻³	$\theta 5$ cm³·cm⁻³	$\theta 7$ cm³·ctcm⁻³	$\theta 9$ cm³·cm⁻³	$S(t)$ cm	$g1$-3[a] cm·cm⁻¹	$g3$-5 cm·cm⁻¹	$g5$-7 cm·cm⁻¹	$K1$-3[b] cm·d⁻¹	$K3$-5 cm·d⁻¹	$K5$-7 cm·d⁻¹
0	9.18	-7.18	-5.18	-3.18	-1.18	0.4017	0.4022	0.4027	0.4031	0.4035	4.0667						
120	15.48	-12.38	-9.38	-8.38	-4.38	0.4000	0.4009	0.4017	0.4019	0.4029	4.0381	-0.28	-0.25	0.25	3.65E-01	2.74E-01	-1.77E-01
240	-21.78	-17.68	-14.58	-13.68	-10.68	0.3983	0.3994	0.4003	0.4005	0.4013	4.0122	-0.80	-0.53	0.53	1.72E-01	1.96E-01	-1.33E-01
360	-27.98	-23.98	-20.88	-18.88	-16.98	0.3965	0.3977	0.3985	0.3991	0.3996	3.9910	-1.03	-0.55	0.28	1.56E-01	2.13E-01	-2.73E-01
480	-35.28	-29.28	-26.18	-24.08	-22.28	0.3943	0.3961	0.3970	0.3976	0.3981	3.9711	-1.50	-0.55	-0.03	9.67E-02	1.97E-02	2.86E+00
600	-41.58	-33.48	-30.28	-29.28	-26.48	0.3925	0.3949	0.3958	0.3961	0.3969	3.9521	-2.53	-0.58	0.23	4.90E-02	1.64E-01	-2.91E-01
720	-46.78	-38.68	-34.48	-33.48	-31.68	0.3909	0.3933	0.3946	0.3949	0.3954	3.9337	-3.05	-0.85	0.50	4.35E-02	1.13E-01	-1.32E-01
840	-51.98	-43.98	-39.78	-38.68	-36.98	0.3894	0.3918	0.3930	0.3933	0.3938	3.9160	-3.03	-1.10	0.48	4.95E-02	1.02E-01	-1.57E-01
960	-57.18	-48.18	-43.98	-42.88	-41.18	0.3879	0.3905	0.3918	0.3921	0.3926	3.8999	-3.25	-1.10	0.45	3.67E-02	8.14E-02	-1.33E-01
1080	-62.38	-53.48	-49.18	-48.08	-45.38	0.3864	0.3890	0.3902	0.3906	0.3914	3.8833	-3.48	-1.13	0.45	4.06E-02	9.21E-02	-1.48E-01
1200	-71.78	-59.78	-55.48	-53.38	-51.68	0.3837	0.3871	0.3884	0.3890	0.3895	3.8649	-4.23	-1.15	0.20	4.04E-02	1.10E-01	-4.10E-01
1320	-83.28	-67.18	-63.78	-61.68	-58.98	0.3804	0.3850	0.3860	0.3866	0.3874	3.8404	-6.03	-0.93	-0.05	3.63E-02	1.81E-01	2.19E+00
1440	-86.38	-73.48	-69.08	-66.88	-65.28	0.3796	0.3832	0.3844	0.3851	0.3855	3.8208	-6.25	-0.95	-0.08	2.55E-02	1.23E-01	1.07E+00
1560	-94.78	-80.88	-76.38	-73.18	-71.58	0.3773	0.3811	0.3824	0.3833	0.3837	3.7997	-5.70	-1.23	-0.35	3.27E-02	1.11E-01	2.47E-01
1680	-103.08	-88.18	-83.68	-81.58	-78.98	0.3751	0.3791	0.3803	0.3809	0.3816	3.7785	-6.20	-1.25	-0.33	3.29E-02	1.25E-01	3.29E-01
1800	-109.38	-94.48	-89.98	-87.78	-85.28	0.3734	0.3774	0.3786	0.3792	0.3799	3.7595	-6.45	-1.25	-0.08	2.57E-02	9.98E-02	1.11E+00

a. $g1$-3、$g3$-5 及 $g5$-7 分别代表 1 cm 和 3 cm 土样深度，3 cm 和 5 cm 土样深度，5 cm 和 7 cm 土样深度张力计之间的水力头梯度。
b. $K1$-3、$K3$-5 及 $K5$-7 分别代表 1 cm 和 3 cm 土样深度，3 cm 和 5 cm 土样深度，5 cm 和 7 cm 土样深度之间的导水率。

注意：含水量值是在水分特征曲线迭代估算后计算的（见式 (81.5)，图 81.2 (b)），此时的参数 $\alpha=0.0057$，$n=1.2094$，$\theta_s=0.4037$，$\theta_r=0.0001$，且表中只给出了前 1800 分钟的数据。

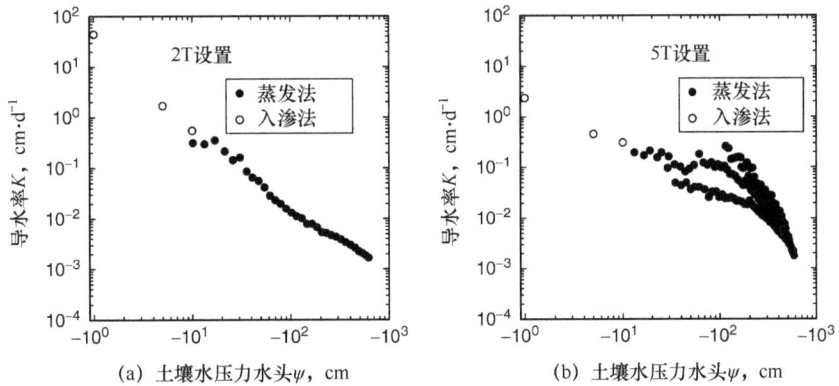

图 81.4 利用蒸发法或者 Wind 法对导水率和土壤水基质势进行拟合

其中（a）为 2T 设置，（b）为 5T 设置，且 2T 设置的数据也出现在了表 81.2 中。开口圆点代表的是在基质势为−1 cm、−5 cm 及−10 cm 时入渗计的测量值。

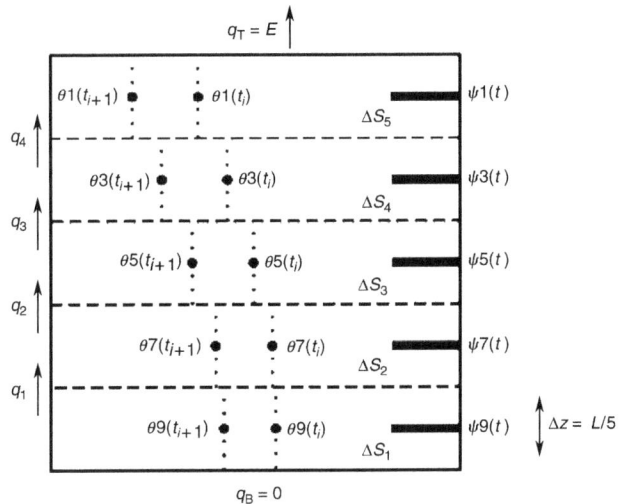

图 81.5 利用蒸发法或 Wind 法在 5T 设置下计算水流通量

其中 L 为总的土柱长度，在该实验中为 10 cm。

参 考 文 献

Becher, H.H. 1971a. Ein Verfahren zur Messung der ungesättigten Wasserleitfähigkeit. *Z. Pflanzenern. Bodenkd.* 128: 1-12.

Becher, H.H. 1971b. Ergebnisse von Wasserleit-fähigkeitsmessungen im wasserungesättigten Zustand. *Z. Pflanzenern. Bodenkd.* 128: 227-234.

Becher, H.H. 1975. Bemerkungen zur Ermittlung der ungesättigten Wasserleitfähigkeit unter nichtstationären Bedingungen. *Z. Pflanzenern. Bodenkd.* 132: 1-12.

Campbell, G.S. 1974. A simple method for determining conductivity from moisture retention data. *Soil Sci.* 117: 311-314.

Groenevelt, P.H. and Grant, C.D. 2004. A new method for the soil-water retention curve that solves the problem of residual water contents. *Eur. J. Soil Sci.* 55: 479-485.

Idso, S.B., Reginato, R.J., Jackson, R.D., Kimball, B.A., and Nakayama, F.S. 1974. The three stages of drying of a field soil. *Soil Sci. Soc. Am. Proc.* 38: 831-837.

Press, W.H., Flannery, B.P., Teukolsky, S.A., and Vetterling, W.T. 1990. Numerical Recipes. Cambridge University Press. New York, NY, 702.

Schindler, U. 1980. Ein Schnellverfahren zur Messung der Wasserleitfähigkeit im teilgesättigten Boden an Stechzylinderproben. *Arch. Acker-Pflanzenbau Bodenkd.* 24: 1-7.

Tamari, S., Bruckler, L., Halbertsma, J., and Chadoeuf, J. 1993. A simple method for determining soil hydraulic properties in the laboratory. *Soil Sci. Soc. Am. J.* 57: 642-651.

van Genuchten, M.Th. 1980. A closed-form equation for predicting the hydraulic conductivity of unsaturated soils. *Soil Sci. Soc. Am. J.* 36: 380-383.

van Genuchten, M.Th., Leij, F.J., and Yates, S.R. 1991. The RETC code for quantifying the hydraulic functions of unsaturated soils, Version 1.0. EPA Report 600=2-91=065, U.S. Salinity Laboratory, USDA, ARS, Riverside, CA.

Watson, K.K. 1966. An instantaneous profile method for determining the hydraulic conductivity of unsaturated porous materials. *Water Resour. Res.* 2: 709-715.

Wendroth, O., Ehlers, W., Hopmans, J.W., Kage, H., Halbertsma, J., and Wösten, J.H.M. 1993. Reevaluation of the evaporation method for determining hydraulic functions in unsaturated soils. *Soil Sci. Soc. Am. J.* 57: 1436-1443.

Wendroth, O. and Simunek, J. 1999. Soil hydraulic properties determined from evaporation and tension infiltration experiments and their use for modeling field moisture status. In van Genuchten, M.Th. and F.J. Leij, eds. *Proceedings of the International Workshop on "Characterization and Measurement of the Hydraulic Properties of Unsaturated Porous Media,"* Riverside, CA, 737-748.

Willis, W.O. 1960. Evaporation from layered soils in the presence of a water table. *Soil Sci. Soc. Am. Proc.* 24: 239-242.

Wind, G.P. 1968. Capillary conductivity data estimated by a simple method. In: P.E. Rijtema and H. Wassink, eds. *Water in the Unsaturated Zone.* Proceedings of the Wageningen Sympo- sium. June 1966. Vol. 1, IASAH, Gentbrugge, Belgium, 181-191.

（魏翠兰　译，李保国　校）

第 82 章 非饱和水力学特性：田间张力入渗法

W.D. Reynolds

Agriculture and Agri-Food Canada
Harrow, Ontario, Canada

82.1 引　言

张力或圆盘入渗仪主要用于田间（原位）测定近饱和导水率 $K(\psi)$ [L T^{-1}] 和吸渗率 $S(\psi)$ [L T$^{-1/2}$]，也可以用于测定近饱和吸渗数 $\alpha^*(\psi)$ [L^{-1}]、流量权重平均孔隙直径 $PD(\psi)$ [L] 及单位面积流量权重平均孔隙数量 $NP(\psi)$ [L^{-2}]。所谓的近饱和是指孔隙水基质水头（ψ）介于 -20 cm 和 +2 cm 之间，尽管一些入渗仪可以设置的基质水头低至 -40 cm。第 83 章介绍了"湿端"（即 -200 cm $\leqslant \psi \leqslant$ 0）导水率 $K(\psi)$ 的田间测定方法。第 80 章和第 81 章介绍了 $K(\psi)$ 或 $K(\theta)$ 的室内测定方法。第 84 章论述了通过相关的多孔介质特性估算 $K(\psi)$ 的方法。第 69 章论述了与测定 $K(\psi)$ 和毛管作用相关的参数（即 $S(\psi)$、$\alpha^*(\psi)$、$PD(\psi)$、$NP(\psi)$）有关的一些原理和参数。考虑到田间张力入渗仪的水流是三维过程，因此测定的 $K(\psi)$ 和毛管作用相关的参数大部分是相对于三维水流的。

张力入渗仪包括一个直径为 10~20 cm 的"入渗板"，它包括一个亲水多孔的圆盘（如陶瓷、多孔塑料、多孔金属）或者薄膜（如尼龙网、滤网），"入渗板"与储水管和调压管连接。储水管为圆盘/薄膜供水，调压管决定圆盘和薄膜的基质水头 ψ_0（-20 cm $\leqslant \psi_0 \leqslant$ 2 cm）。把入渗仪置于非饱和多孔介质之上，多孔介质的毛管作用将水分从入渗仪"吸出"，使水分在基质水头 ψ_0 下进入多孔介质。通常在入渗仪下方铺设接触砂层，用以保证圆盘或者薄膜与多孔介质之间的水力联系。张力入渗仪法通常需要几分钟到几个小时，取决于分析方法和设置在圆盘/薄膜上基质水头的个数。多个稳态流和瞬态流分析也可以实现，这就包括一个、两个或者多个入渗仪，以及一个或者多个基质水头（例如，Elrick 和 Reynolds，1992；White 等，1992；Clothier，2000；Smettem 和 Smith，2002）。然而，本章主要针对单个稳态流分析和单个瞬态流分析，都是基于物理原理，具有实用和完善的优点，并且适用于单个圆盘及一个或者多个基质水头值（见 82.4.6）。虽然已经有很多成熟的入渗仪设计方案（见 82.4.6），但是我们在这里将重点介绍"储水管置顶"的入渗仪（例如，"CSIRO"或"Guelph"张力入渗仪）。

82.2 装置和步骤

（1）选择一个水平的位置（或者在坡地上切割出一个平台），至少要和填装接触材料的固定环一样大（见图 82.1）（见 82.4.5）。修剪植被使其与地面齐平，并且清除所有松散及体积较大的碎屑（例如，高度大于 0.4 cm 的植物残体、石块，等等），因为这些会影响多孔介质和接触砂层之间的紧密联系，因此，要避免有大量碎屑附着的地点，例如，部分出露的根系，高度大于 0.4 cm 局部埋藏的植物残体、石块及大土块等。清除这些附着碎屑会造成多孔介质的扰动，或者拔出植物根系，都可能改变入渗面的水力学特性。如果测定地表以下的平面（或者在坡地上切割出的平台），在挖掘时务必减少淤积和压实，因为这样也会改变多孔介质的水力学特性。

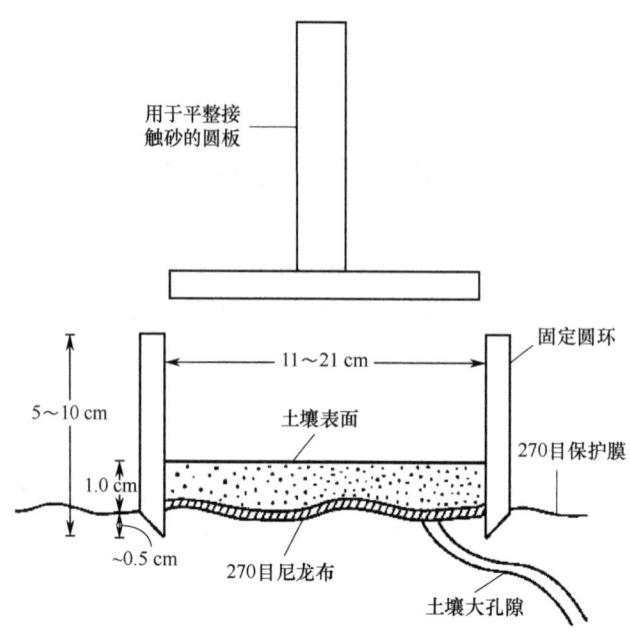

图 82.1　用于张力入渗仪法的固定环、压平圆板、接触砂层及保护膜

（2）轻轻地将锐化的固定环按进入渗面大约 0.5 cm（见图 82.1）（见 82.4.1），固定环可以由 PVC 管制成，但是大小要合适，要保证所选型号的入渗仪（直径 10~20 cm）能够刚好放在里面（见图 82.2）。

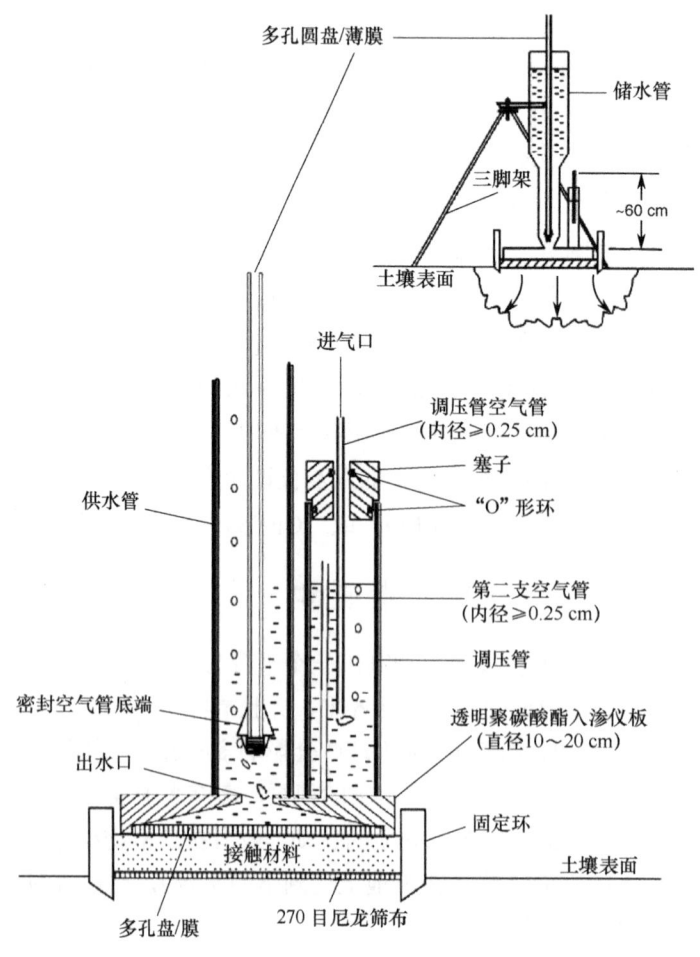

图 82.2　张力入渗仪装置原理图——"Guelph"式，储水管同轴置顶

（3）在圆环内入渗面上放置一个有弹性的 270 目圆形保护膜（例如，53 μm 孔径的尼龙筛布，需要裁剪成与固定环内径一致）（见 82.4.1）。将风干的接触砂倒在尼龙布上，平均厚度 1 cm（可以在固定环内画一条 1 cm 的参考线），然后用一个木板或者类似的装置将接触砂层按压平整光滑（见图 82.1）。

（4）将预先饱和的入渗仪板和供水管（82.4.2 中详细介绍了入渗仪板的结构和饱和过程）与储水管连接（见第 76 章），并将其直立在平底桶中，使入渗圆盘浸泡在水下几厘米，用一个三脚架支撑入渗仪（见图 82.2）。将储水管中空气管的底部平稳地推至入渗仪板的出水口，从而将其关闭，然后将储水管灌满水。储水管中空气管底部必须密封（透明的硅胶或者橡胶塞都可以），所以调压管中的空气管是空气的唯一来源（见图 82.2）。用一个注射器（见图 82.6）调整调压管中的水位，建立所需的最小基质水头。将储水管空气管底部提起（见图 82.2），打开入渗仪板的出水口。入渗仪中所用的水必须符合井渗法中的标准（见第 76 章）。

（5）将入渗仪从水桶中提出，稍微倾斜将入渗仪板上的水分清除，并将其小心地放置在接触砂层之上，轻轻扭动以便保证良好的接触。用三脚架保持入渗仪在合适的位置并支撑储水管的重量（见图 82.2）。与接触砂层连接之后，调压管中的气泡应该迅速上升至储水管中，表示接触砂层的迅速饱和。气泡只能从调压管中的空气管、调压管和供水管的连接处冒出（见图 82.2，或者见 82.4.2）。如果气泡从调压管和供水管的连接处有规律地冒出，就说明入渗仪可以正常工作。

该方法仅限于含水量为田间持水量或者更干燥的多孔介质（即测定前的孔隙水基质水头 $-100 \text{ cm} \leqslant \psi_i \leqslant -50 \text{ cm}$），否则多孔介质的毛管作用可能不足以抵抗调压管设定的张力，将水分从入渗仪中吸出。而且张力入渗仪法的原理（见第 69 章）要求多孔介质要足够干燥（$-100 \text{ cm} \leqslant \psi_i \leqslant -50 \text{ cm}$），保证初始的 $K(\psi)$ 值远小于需要测定的最小的 $K(\psi)$ 值（稳态流分析），而且要保证早期的瞬态流阶段足够长，以便提供相关的测定（瞬态流分析）。因此，当测定比较湿的多孔介质时，可能需要预先测定 ψ_i（例如，采用便携或者手持的张力计），确保供试材料足够干燥，判断其是否可以用于张力入渗仪方法。

（6）通过监测入渗仪储水管中水位的下降速率 $R\ [\text{L T}^{-1}]$，确定由入渗仪进入多孔介质的水流速率或者排水量（Q），可以利用手持的秒表和储水管上的刻度，或者一个类似于 Ankeny（1992）介绍的自动压力传感器-数据采集系统完成。对于瞬态流分析，入渗仪板与接触砂层建立联系之后就应该开始测定，而且要频繁地搜集早期的测定结果（例如，0s、5s、10s、20s、40s……之后），这样可以保证有足够的数据用于判断接触砂层的影响，确定适合进行瞬态流分析的时刻。对于稳态流分析，不需要直接开始测定，因为只需要知道稳定流速即可。

（7）对于瞬态流分析，在入渗停止后（迅速移除入渗仪和接触砂层），直接从入渗面采集一小块扰动的样品（仅仅几毫米深），然后在与入渗面临近的地方，但是要在湿润区域以外，采集另一份样品。将这些样品用不漏水不漏气的容器密封，送到实验室测定含水量（见第 70 章）。计算湿润和未湿润（背景值）土壤含水量的差值 $\Delta \theta = \theta(\psi_0) - \theta(\psi_i)$，以瞬态流分析方法测定 $K(\psi_0)$ 和稳态流分析方法测定 $S(\psi_0)$ 需要该值（见 82.3 节）。体积较小的原位 TDR 探头（见第 70 章）也可以用于获得 $\Delta \theta$（Vogeler 等，1996；Wang 等，1998）。

（8）按照以下方法计算近饱和 $K(\psi)$ 和毛管作用相关的参数。

82.3 分析和计算

82.3.1 稳态流

在固定基质水头 ψ_0 下，入渗仪储水管中水位的下降速率 $R\ [\text{L T}^{-1}]$ 通常随着时间的增加而减慢，当水流达到准稳定状态（Q_s）时接近一个常数 R_s。通常在连续获得四五次以上相同的 R 值（R_s）时可以认为达到了准稳定状态（R 测定结果±1%～5%且没有明显的趋势，见第 76 章，表 76.3，R_s 和 Q_s 算例；或者见 82.4.3）。一旦达到当前基质水头（ψ_1）的稳态流，就调整调压管中的水位以便获得下一个需要测定的基质水头（ψ_2），并且重新监测水流速率直至达到下一个稳态流。该方法至少要连续入渗仪板设置两个基质水头（通过调整调压管中的水位），并且测定相应的稳定流速[$Q_s(\psi_1)$、$Q_s(\psi_2)$]。基质水头的设定应该按升序排列（即 $\psi_1 < \psi_2 < \psi_3$，…），而且第一个也是最小的基质水头（ψ_1）不小于−20 cm，最后一个也是最大的基质水头（ψ_n）等于或者接近零。我们推荐设定 3~5 个基质水头，为不同的近饱和水流参数提供足够的定义（见 82.4.4）。一旦得到所需数量基质水头的 Q_s，就可以按照以下方法计算 $K(\psi_0)$、$\alpha^*(\psi_0)$、$S(\psi_0)$、$PD(\psi_0)$ 和 $NP(\psi_0)$。

张力入渗仪在固定水头下的稳定入渗可以用 Wooding（1968）"浅池"公式描述：

$$Q_s(\psi_0) = \pi a^2 K(\psi_0) + \frac{a}{G}\phi(\psi_0) \tag{82.1}$$

式中，$Q_s(\psi_0)$ [$L^3 T^{-1}$]是当入渗面 $\psi = \psi_0$ [L]时由入渗仪进入多孔介质的稳态水流速率，a [L]是固定环的内部半径，$K(\psi_0)$ [$L T^{-1}$]是入渗面的导水率，G=0.237 是形状系数（Reynolds and Elrick，1991），$\phi(\psi_0)$ [$L^2 T^{-1}$]是入渗面的基质流量势（见第 69 章，式（69.13））。假设 $K(\psi_i) \ll K(\psi_0)$，将 Gardner（1958）指数形式的 $K(\psi)$（见第 69 章，式（69.14））代入式（82.1）后得：

$$Q_s(\psi_0) = \left(\pi a^2 + \frac{a}{\alpha^*(\psi_0)}\right) K_{fs} \exp[\alpha^*(\psi_0)\psi_0] \tag{82.2}$$

式中，$\alpha^*(\psi_0)$ [L^{-1}]是吸渗数（见 69 章，式（69.16）），K_{fs}[$L T^{-1}$]是多孔介质的田间饱和导水率（见第 69 章，式（69.9））。

如果假设在入渗仪板任意两个相邻的基质水头之间 $\alpha^*(\psi_0)$ 是常数，那么式（82.2）可以写成以下形式（Reynolds 和 Elrick，1991）：

$$\ln Q_s(\psi_0) = \alpha'_{x,x+1}\psi_0 + \ln\left[\left(\pi a^2 + \frac{a}{\alpha'_{x,x+1}G}\right) K'_{x,x+1}\right];$$
$$x = 1, 2, 3, \cdots, n-1; n \geq 2 \tag{82.3}$$

其中 $\alpha'_{x,x+1}$ 可以通过分段斜率确定：

$$\alpha'_{x,x+1} = \frac{\ln[Q_s(\psi_x)/Q_s(\psi_{x+1})]}{\psi_x - \psi_{x+1}} \tag{82.4}$$

式中，n 是为入渗仪板设置的基质水头的总数，ψ_x 和 ψ_{x+1} 是为入渗仪板连续设置的两个基质水头（先 ψ_x，后 ψ_{x+1}，ψ_x 比 ψ_{x+1} 小），$\alpha'_{x,x+1}$ 和 $K'_{x,x+1}$ 分别是与 $\alpha^*(\psi_0)$ 和 $K(\psi_0)$ 相关的系数。式（82.3）描述了 $\ln Q_s(\psi_0) \sim \psi_0$ 的分段线性函数。

$K'_{x,x+1}$ 可以通过分段截距确定：

$$K'_{x,x+1} = \frac{G\alpha'_{x,x+1}Q_s(\psi_x)}{a(1+G\alpha'_{x,x+1}\pi a)[Q_s(\psi_x)/Q(\psi_{x+1})]^P} \tag{82.5}$$

式中，$P = \psi_x/(\psi_x - \psi_{x+1})$，对于中间的 ψ_0 值（ψ_2，ψ_3，…，ψ_{n-1}），$K(\psi_0)$ 值通过以下公式计算：

$$K(\psi_x) = \frac{[K'_{x-1,x}\exp(\alpha'_{x-1,x}\psi_x) + K'_{x,x+1}\exp(\alpha'_{x,x+1}\psi_x)]}{2} \tag{82.6}$$

对于第一个 ψ_0 值（即 ψ_1），$K(\psi)$ 通过以下公式计算：

$$K(\psi_1) = K'_{1,2} \exp(\alpha'_{1,2}\psi_1) \tag{82.7}$$

对于最后一个 ψ_0 值（即 ψ_n），$K(\psi)$ 通过以下公式计算：

$$K(\psi_n) = K'_{n-1,n} \exp(\alpha'_{n-1,n}\psi_n) \tag{82.8}$$

计算出 $K(\psi_0)$ 之后，相关的 $\alpha^*(\psi_0)$ 值，可以通过求解式（82.1）得到 $\phi(\psi_0)$，然后代入式（69.16）（见第 69 章），得出以下公式：

$$\alpha^*(\psi_0) = \frac{aK(\psi_0)}{G[Q(\psi_0) - \pi a^2 K(\psi_0)]} \tag{82.9}$$

$S(\psi_0)$、$PD(\psi_0)$、$NP(\psi_0)$ 可以分别通过第 69 章中的式（69.17）至式（69.19）计算得到。需要注意到，对于多个水头的分析，$S(\psi_0)$ 的计算需要单独确定 $\Delta\theta = \theta(\psi_0) - \theta(\psi_i)$，因此需要在入渗仪板下安装原位含水量测定装置（TDR 探头，见第 70 章），这样既可以避免对水流造成干扰，也可以避免在入渗面上进行破坏性取样。

82.3.2 瞬态流

固定的基质水头下，入渗仪早期的瞬态流可以用一个两项入渗公式描述，这个公式在形式上类似于 Philip（1957）的一维入渗公式：

$$I(\psi_0) = E_1 t^{1/2} + E_2 t \tag{82.10}$$

式中，$I(\psi_0)$ [$L^3 L^{-2}$] 是 $\psi = \psi_0$ 时入渗仪的累积入渗量，t[T] 是时间，E_1 和 E_2 是与多孔介质水力学特性有关的常数。将式（82.10）关于 $t^{1/2}$ 微分得到（Vandervaere 等，2000a）：

$$\frac{dI(\psi_0)}{dt^{1/2}} = E_1 + 2E_2 t^{1/2} \tag{82.11}$$

这表明 $dI(\psi_0)/dt^{1/2} \sim t^{1/2}$ 是一条 y 轴截距为 E_1、斜率为 $2E_2$ 的直线。Haverkamp 等（1994）给出了中短期三维入渗的 E_1 和 E_2（未到达稳态）

$$E_1 = S(\psi_0) \tag{82.12}$$

和

$$E_2 = \frac{2-\beta}{3} K(\psi_0) + \frac{\omega S(\psi_0)^2}{a[\theta(\psi_0) - \theta(\psi_i)]} \tag{82.13}$$

式中，$\beta \approx 0.6$（Haverkamp 等，1994），$\omega = 0.75$（Smettem 等，1994），$S(\psi_0)$ [$L\ T^{-1/2}$] 是 $\psi = \psi_0$ 时多孔介质的吸渗率，$\theta(\psi_0)$ 是 $\psi = \psi_0$ 时多孔介质的体积含水量，$\theta(\psi_i)$ 是测定前孔隙水基质水头 ψ_i 对应的体积含水量。然后，将式（82.11）离散化（Vandervaere 等，2000a）

$$\frac{dI(\psi_0)}{dt^{1/2}} \approx \frac{\Delta I(\psi_0)}{\Delta t^{1/2}} = \frac{I_{j+1} - I_j}{t_{j+1}^{1/2} - t_j^{1/2}} = E_1 + 2E_2 {}^*t_j^{1/2} \tag{82.14}$$

式中，$j=1, 2, 3, \cdots, n-1$，n 是 $\Delta I(\psi_0)/\Delta t^{1/2} \sim t^{1/2}$ 数据点的个数，${}^*t_j^{1/2}$ 是 $t_j^{1/2}$ 和 $t_{j+1}^{1/2}$ 的几何平均值，（即 ${}^*t_j^{1/2} = \sqrt{t_{j+1}^{1/2} \cdot t_j^{1/2}}$）。然后，用简单的线性回归计算 E_1 和 E_2 的大小及标准误。要注意到，通过 E_2 计算 $K(\psi_0)$（式（82.13））需要单独测定 $\Delta\theta = \theta(\psi_0) - \theta(\psi_i)$。

$$\frac{\omega E_1^2}{a[\theta(\psi_0) - \theta(\psi_i)]} < \frac{E_2}{2} \tag{82.15}$$

Vandervaere 等（2000b）指出当时通过式（82.13）确定 $K(\psi_0)$ 最准确，而且当多孔介质吸渗率与如下最优值接近时，通过式（82.12）确定 $S(\psi_0)$ 最准确：

$$S(\psi_0)_{\text{opt}} = \sqrt{\frac{a[\theta(\psi_0) - \theta(\psi_i)](2-\beta)K(\psi_0)}{3\omega}} \qquad (82.16)$$

这两个标准可以将 $K(\psi_0)$ 和 $S(\psi_0)$ 计算过程中由于几何原因（入渗圆盘半径有限）造成的干扰（掩蔽效应）最小化，而且使用较大的入渗仪板会得到更好的结果。选择相对湿润的初始水分条件更有利于满足 $K(\psi_0)$ 标准（即式（82.15）），然而，选择相对干燥的初始水分条件则有利于满足 $S(\psi_0)$ 标准（式（82.16））。计算得到 $K(\psi_0)$ 和 $S(\psi_0)$ 之后，$\alpha^*(\psi_0)$、$PD(\psi_0)$、$NP(\psi_0)$ 可以分别通过第 69 章中的式（69.17）至式（69.19）确定。

式（82.14）的一个重要特点就是采用该公式可以使瞬态流分析方法易于验证，即 $\Delta I(\psi_0)/\Delta t^{1/2} \sim t^{1/2}$ 必须是线性的，而且 E_1（截距）和 $2E_2$（斜率）是正数。如果这些标准达不到，就严重违背了这种方法的基本假设（即固定水头下入渗至刚性、均质、各向同性、初始含水量均一的多孔介质），而且计算得到的 E_1 和 E_2 值也就没有了物理意义。Vandervaere 等（2000a）也指出式（82.14）为检测入渗圆盘/膜与多孔介质之间水力联系的破坏、消除接触砂层对水流数据的干扰提供了一种方便灵敏的方法（见 82.3.3）。

瞬态流方法不能为同一个入渗面提供一系列 ψ_0 值的测定结果，这是因为瞬态流分析方法只在尚未达到稳定状态的早期入渗有效，而且在入渗开始后水流由瞬态变为稳态可能会非常快，这取决于 ψ_0 值、入渗仪半径、质地、结构和多孔介质的初始含水量。在同一个入渗面设置一系列 ψ_0 值也需要在入渗仪板下安装原位含水量测定装置（TDR 探头，见第 71 章），在避免干扰水流和破坏性取样的情况下获得 $\Delta\theta$。通常确定一系列 ψ_0 的 $K(\psi_0)$、$S(\psi_0)$、$\alpha^*(\psi_0)$、$PD(\psi_0)$ 和 $NP(\psi_0)$ 需要采用数个相邻的入渗面（而不是一个入渗面），这种方法可能由于小尺度空间变异性增加测定结果的不确定性。

82.3.3　接触砂层分析

接触砂层（通常是天然砂子、均一的玻璃珠或者其他细小的颗粒材料）必须铺设在张力入渗仪的底部，这样有助于建立和保持圆盘/膜和多孔介质之间的水力联系。无论多孔介质表面经过平整，还是保持未扰动状态（例如，Perroux 和 White，1988；Bagarello 等，2001；Vandervaere，2002；Smettem 和 Smith，2002），无论是采用稳态流分析还是瞬态流分析（Vandervaere，2002），装填接触砂层都十分必要。然而，接触砂层也会带来负面作用，需要在张力入渗仪分析方法中加以考虑（Reynolds 和 Zebchuk，1996）。

无论是稳态流还是瞬态流，接触砂层的饱和导水率 K_{cs} [L T^{-1}] 必须大于多孔介质最大的 $K(\psi_0)$ 测定值，而且接触砂层的进水基质水头 ψ_w [L]（即在该基质水头时，接触砂层变为饱和）必须小于为入渗仪板设定的最小基质水头 ψ_0。如果这些标准不符合，那么接触砂层的导水率可能会低于某个或者多个 ψ_0 值时多孔介质的导水率，进而可能会限制水流，导致入渗仪测定结果不能反映多孔介质的入渗特性。Reynolds 和 Zebchuk（1996）推荐一种细小的玻璃珠材料，ψ_w=-30 cm，K_{cs}=10^{-2} cm·s^{-1}，适用于 $\psi_0 \geq -20$ cm 的测定，可以用于大多数农田土壤。

对于稳态流，接触砂层导致的高度和水头损失，会使设定在入渗仪板上的基质水头 (ψ_0) 与土壤表面实际的基质水头 (ψ_s) 有明显差异。如果接触砂层保持在一个固定环内（见图 82.2），那么经过砂层的水流是稳定的、饱和的，也是直线的，这样就可以通过以下形式的达西定律准确估计 ψ_s 值（Reynolds 和 Zebchuk，1996）：

$$\psi_s = \psi_0 + \left[1 - \frac{Q(\psi_0)}{\pi a^2 K_{cs}}\right] T_{cs} \qquad (82.17)$$

式中，$Q(\psi_0)$ [$L^3 T^{-1}$]是$\psi = \psi_0$时入渗仪的出水速率，K_{cs} [$L T^{-1}$]是接触砂层的饱和导水率，T_{cs} [L]是接触砂层的平均厚度（见图 82.1），a [L]是固定环的内径。因此，ψ_s值取决于ψ_0、$Q(\psi_0)$、K_{cs}、T_{cs}、a。通过数值模拟和可控的室内试验，Reynolds 和 Zebchuk（1996）得出，当$K_{cs} \geq K_{fs}$时，稳态流期间的ψ_s介于$\psi_s \approx \psi_0$和$\psi_s \approx (\psi_0 + T_{cs})$之间。考虑到未扰动的土壤表面比较粗糙，通常认为田间试验实用的最小的$T_{cs} = 1.0$ cm（Thony 等，1991），因此ψ_s值可能与ψ_0相差 1.0 cm 或者更多。所以，如果采用接触砂层，为了分析的准确性，基于稳态流的张力入渗仪分析必须采用ψ_s（式（82.17）），而非ψ_0。

接触砂层也会给张力入渗仪的瞬态入渗带来很大的干扰，尽管这些干扰很难通过累积入渗量与时间的关系（见图 82.3），或者入渗通量与时间的关系发现（Vandervaere 等，2000a）。然而，根据式（82.14）绘制的图形，可以明显地区分早期斜率为负值的阶段，以及之后斜率为正值的阶段（见图 82.4）。斜率为负值的阶段可以揭示接触砂层的影响，而线性的斜率为正值的阶段则代表入渗进入多孔介质（Vandervaere 等，2000a；Vandervaere，2002）。因此，只有线性的斜率为正值阶段的数据可以用于$K(\psi_0)$和$S(\psi_0)$的计算。如果将受到接触砂层影响的数据包含在内，即使砂层厚度仅有几毫米，也会给$K(\psi_0)$和$S(\psi_0)$的确定带来很大的误差或者使其缺乏物理意义（负值）（Vandervaere 等，2000a）。因此，式（82.14）为识别接触砂层的影响并消除这些数据提供了一种简单方便的办法。在稳态流分析过程中，式（82.12）和式（82.13）中的ψ_0必须由ψ_s代替，以此考虑接触砂层导致的高度和水头损失，尤其是表面粗糙时需要较厚的砂层。然而，这对瞬态流分析的影响不像稳态流那么简单，因为$Q(\psi_0)$随时间变化，这反过来又可能引起ψ_s随时间的变化。例如，图 82.5 举例说明了ψ_s随K_{cs}和时间的预期变化（式（82.17）），所用瞬态入渗数据和图 82.3、图 82.4 一样，但是只用了接触砂层完全湿润以后的数据（即 150 s 以后）。注意到当K_{cs}比多孔介质的$K(\psi)$大一个数量级时，ψ_s是常数（瞬态流分析需要），但是需要在ψ_0的基础上增加 0.8 cm 加以补偿。因此，在水流参数的计算过程中采用ψ_0代替ψ_s会带来很大误差。另外，当K_{cs}与多孔介质的$K(\psi)$相等时，ψ_s不仅需要在ψ_0的基础上进行补偿（$-1.6 \sim -0.7$ cm），而且ψ_s会随着时间改变（大约 20%），这样就违背了瞬态流分析中所需的固定水头的条件。因此，成功地采用接触砂层的瞬态流分析，不仅需要考虑ψ_s和ψ_0之间的补偿（式（82.17）），也要保证K_{cs}要比多孔介质的$K(\psi)$足够大，以便保证ψ_s是常数。

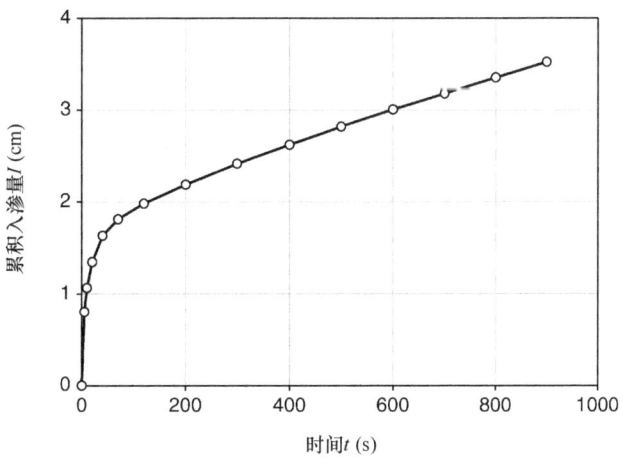

图 82.3 进入风干接触砂层的累积入渗量 I 与时间 t 的关系举例说明

砂层铺设在非饱和壤质砂土之上。设定在入渗膜上的基质水头$\psi_0 = -3$ cm，接触砂层厚度和饱和导水率分别为$T_{cs} = 1$ cm，$K_{cs} = 1.0 \times 10^{-2}$ cm·s^{-1}，累积入渗量与时间的数据见表 82.2。

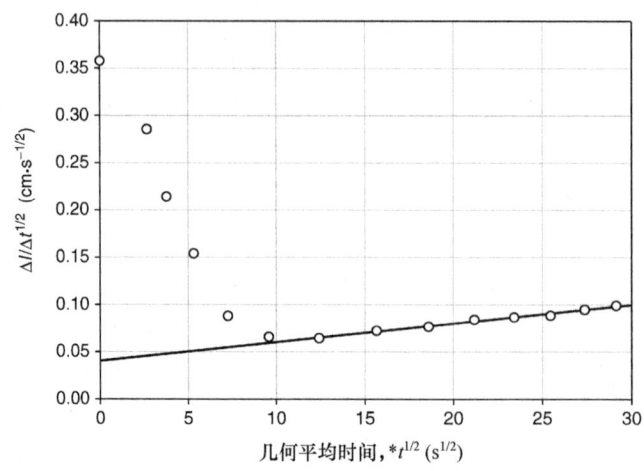

图 82.4　入渗率 $\Delta I/\Delta t^{1/2}$ 与时间平方根的几何平均值 $*t^{1/2}$（见式（82.14））

早期斜率为负值的部分（前 6 个数据点）代表接触砂层的湿润和饱和阶段，线性的斜率为正值的部分代表水分渗入非饱和壤质砂土阶段。实线是对线性数据点进行最小二乘回归的结果（后 8 个数据点），从而近饱和土壤吸渗率 $S(\psi_0)$ 和土壤导水率 $K(\psi_0)$ 可以分别通过式（82.12）和式（82.13）确定。在该例子中，$S(\psi_0)=4.03\times 10^{-2}$ cm s$^{-1/2}$，$K(\psi_0)=1.08\times 10^{-3}$ cm s^{-1}，其中 $\psi_0=-3$ cm。相关的数据见表 82.2。

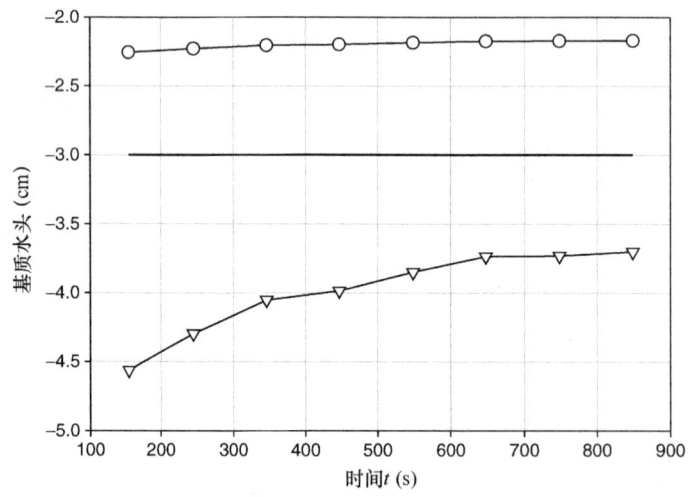

图 82.5　固定水头下瞬态入渗及接触砂层对入渗面基质水头 ψ_s 的影响

ψ_s 由式（82.17）和图 82.4 中的入渗率数据（表 82.2）计算得到，质地为壤质砂土。黑实线代表设置在入渗膜上的基质水头 $\psi_0=-3$ cm；圆圈为 $K_{cs}=1.0\times 10^{-2}$ cm·s^{-1} 时 ψ_s 的计算结果；三角形为 $K_{cs}=1.0\times 10^{-3}$ cm·s^{-1} 时 ψ_s 的计算结果。土壤的 $K(\psi_0)$ 为 1.08×10^{-3} cm·s^{-1}，接触砂层厚度为 $T_{cs}=1$ cm。

当 ψ_0 接近 0 时，ψ_s 可能会成为一个较小的正数，这是接触砂层的另一个重要影响。考虑到张力入渗仪法相关公式仅仅适用于 $\psi_s \leqslant 0$ 的情况，因此，必须调整 ψ_0，避免 $\psi_s \geqslant 0$（例如，在调压管的校准过程中考虑接触砂层的厚度，或者设置最大的 $\psi_0<0$），或者采用其他可以替代的公式。Reynolds 和 Zebchuk（1996）提供了近似稳态流公式，当 $\psi_s>0$ 时，可以通过张力入渗仪数据确定 $K(\psi_s)$。

用于稳态流和瞬态流方法的数据样表和计算过程分别见表 82.1 和表 82.2。

第82章 | 非饱和水力学特性：田间张力入渗法

表 82.1 采用张力入渗仪稳态流分析方法和顶置储水管系统（图 82.2）的 $K(\psi)$、$S(\psi)$、$\alpha^*(\psi)$、$\theta^*(\psi)$、$PD(\psi)$ 和 $NP(\psi)$ 算例。张力入渗仪数据记录表类似于第 76 章中的表 76.3。

固定环内径 a=12.5 cm
接触砂层：厚度 T_{cs}=1 cm；饱和导水率 K_{cs}=10^{-2} cm·s^{-1}
多孔介质类型：壤质砂土
β=0.6; ω=0.75; γ=1.818; $\theta(\psi_f)$=0.10

ψ_f^a (cm)	Q_s^b (cm³·s⁻¹)	ψ_s^c (cm)	α^d (cm⁻¹)	K^e (cm·s⁻¹)	$K(\psi_s)^f$ (cm·s⁻¹)	$\alpha^*(\psi_s)^g$ (cm⁻¹)	$\theta^*(\psi_s)$ (cm³·cm⁻³)	$S(\psi_s)^h$ (cm·s⁻¹ᐟ²)	$PD(\psi_s)^i$ (mm)	$NP(\psi_s)^j$ (p·m⁻²)
−16	0.90	−15.1667	0.04043	9.2562E−04	5.01E−04	0.040	0.22	5.2008E−02	0.060	1.60E+08
−11	1.10	−10.2037	0.06975	1.7973E−03	7.47E−04	0.054	0.24	5.9479E−02	0.080	7.64E+07
−6	1.55	−5.2871	0.13299	3.5281E−03	1.49E−03	0.097	0.26	6.7095E−02	0.14	1.47E+07
−4	2.00	−3.3704	0.21307	5.5542E−03	2.48E−03	0.167	0.28	6.9660E−02	0.25	2.70E+06
−2	2.95	−1.5463	0.35826	8.0451E−03	4.31E−03	0.272	0.31	7.7733E−02	0.40	6.70E+05
−1	3.95	−0.7315	0.42748	8.7914E−03	6.31E−03	0.390	0.33	8.2204E−02	0.58	2.32E+05
0	5.40	−0.00007			8.79E−03	0.427	0.35	9.6679E−02	0.64	2.25E+05

注意：空气-孔隙水界面的表面张力，σ=72.75 g·s^{-2}。
假设孔隙水密度，ρ=0.9982 g·cm^{-3}。
假设孔隙水黏度，μ=1.002 g·cm^{-1}·s^{-1}。
重力加速度，g=980.621 cm·s^{-2}。

a. 入渗圆盘膜设定的基质水头。
b. 通过水位的稳定下降速率 R_s 计算得到（见第 76 章，表 76.3.）。
c. 采用式 (82.17) 计算。
d. 采用式 (82.4) 计算。
e. 采用式 (82.5) 计算。
f. 采用式 (82.6)、式 (82.7) 或者式 (82.8) 计算。
g. 采用式 (82.9) 计算。
h. 采用第 69 章式 (69.17) 计算。
i. 采用第 69 章式 (69.18) 计算。
j. 采用第 69 章式 (69.19) 计算。

表 82.2 采用张力入渗仪瞬态流分析方法和顶置储水管系统（图 82.2）的 $K(\psi_0)$、$S(\psi_0)$、$\alpha^*(\psi_0)$、$PD(\psi_0)$ 和 $NP(\psi_0)$ 算例

储水管内径，$r=5$ cm；固定环或入渗圆盘半径，$a=10$ cm
储水管中初始水位高度，$h_0=30$ cm
入渗圆盘/膜基质水头，$\psi_0=-3$ cm
接触砂层：厚度，$T_{cs}=1$ cm，饱和导水率，$K_{cs}=10^{-2}$ cm·s^{-1}
多孔介质类型：壤质砂土；$\theta(\psi_0)=0.35$；$\theta(\psi_i)=0.10$
$\beta=0.6$；$\omega=0.75$；$\gamma=1.818$

时间，t_j(s)	储水管读数，L_j(cm)	通量，Q_j^a (cm^3·s^{-1})	累积入渗量，I_j^b (cm^3·cm^{-2})	时间的平方根，$t_j^{1/2}$ (s$^{1/2}$)	时间的几何平均值，t_j^{GMc}(s)	时间的平方根的几何平均值，$*t_j^{1/2d}$(s$^{1/2}$)	$\Delta I_j/\Delta t_j^{1/2e}$ (cm·s$^{-1/2}$)
0^f	0	50.265 5	0	0	0	0	0.357 8
5	3.20	16.609 6	0.800	2.24	7.07	2.66	0.285 4
10	4.26	8.808 5	1.064	3.16	14.14	3.76	0.214 1
20	5.38	4.480 9	1.345	4.47	28.28	5.32	0.154 0
40	6.52	1.885 0	1.630	6.32	52.92	7.27	0.088 1
70	7.24	1.068 1	1.810	8.37	91.65	9.57	0.065 7
120	7.92	0.805 0	1.980	10.95	154.92	12.45	0.064 3
200	**8.74**	**0.721 9**	**2.185**	**14.14**	**244.95**	**15.65**	**0.072 3**
300	**9.66**	**0.645 2**	**2.415**	**17.32**	**346.41**	**18.61**	**0.076 6**
400	**10.48**	**0.623 7**	**2.620**	**20.00**	**447.21**	**21.15**	**0.084 1**
500	**11.27**	**0.580 7**	**2.819**	**22.36**	**547.72**	**23.40**	**0.086 6**
600	**12.01**	**0.545 0**	**3.004**	**24.49**	**648.07**	**25.46**	**0.088 4**
700	**12.71**	**0.543 5**	**3.177**	**26.46**	**748.33**	**27.36**	**0.094 7**
800	**13.40**	**0.534 1**	**3.350**	**28.28**	**848.53**	**29.13**	**0.099 1**
900	**14.08**		**3.520**	**30.00**			

注意：σ、ρ、μ 和 g 在表 82.1 中给出。该案例满足关于导水率（式（82.15））和吸渗率（式（82.16））的准确性标准。

a. $Q_j=[(L_{j+1}-L_j)/(t_{j+1}-t_j)](\pi r^2)$；$j=1,2,3,\cdots,n-1$；$n=15=$测定数。
b. $I_j=L_j(r^2/a^2)$。
c. $t_j^{GM}=[t_{j+1}\times t_j]^{1/2}$。
d. $*t_j^{1/2}=[t_{j+1}^{1/2}\times t_j^{1/2}]^{1/2}$。
e. $\Delta I_j/\Delta t_j^{1/2}=(I_{j+1}-I_j)/(t_{j+1}^{1/2}-t_j^{1/2})$。
f. 常规字体代表接触砂层的湿润和饱和过程；加粗字体代表接触砂层以下非饱和多孔介质的湿润过程。

依据 $\Delta I_j/\Delta t_j^{1/2}\sim *t_j^{1/2}$ 作图，确定加粗字体数据 y 轴截距和斜率（图 82.4）：截距$=4.029\ 3\times 10^{-2}$ cm·s$^{-1/2}$；斜率$=1.984\ 9\times 10^{-3}$ cm·s^{-1}。

吸渗率，$S(\psi_0)=$截距$=4.03\times 10^{-2}$ cm·s$^{-1/2}$　　　　　　　　　（式（82.12））
导水率，$K(\psi_0)=1.08\times 10^{-3}$ cm·s^{-1}　　　　　　　　　　　　（式（82.13））
吸渗数，$\alpha^*(\psi_0)=0.303$ cm^{-1}　　　　　　　　　　　　　　　（第 69 章，式（69.17））
流量权重平均孔隙直径，$PD(\psi_0)=0.451$ mm　　　　　　　　　　（第 69 章，式（69.18））
单位面积流量权重平均孔隙数量，$NP(\psi_0)=1.09\times 10^5$ p·m^{-2}　（第 69 章，式（69.19））

82.4　注　释

82.4.1　固定环和保护膜的作用

固定环的作用如下。

（1）保证水流截面是圆形的，且接触砂层中的水流呈垂直直线运动（理论需要）。

（2）防止接触砂层坍塌或者溢出进而导致的水平吸渗。

（3）当入渗面基质水头为 0 或者为一个较小的正数时，防止入渗仪板下面的自由水横向流走。

需要注意到圆环仅仅嵌入土壤很小的深度（约为 0.5 cm），对土壤的扰动可以忽略，而且对多孔介质中的水流没有明显的影响（Reynolds 和 Elrick，1991；Reynolds 和 Zebchuk，1996）。保护膜的主要作用是防止砂子进入入渗面的裂缝、虫洞，或者其他大孔隙（见图 82.1）。如果大孔隙被大量填充，就会改变多孔介质的水力学特性，而且会在很大的程度上增加砂子的用量。虽然保护膜有助于从入渗面回收接触砂并用于其他的试验（经过风干和过筛，去除夹带的碎屑），但是，如果入渗面没有大孔隙，那么保护膜也可以省去。尽管一些研究建议在任何情况下都应该使用接触砂层（Bagarello，等 2001），但是对于松散、单粒的材料（如松散的砂土），接触砂层、保护膜及固定环可能不是必要的（即入渗仪板可以直接放置在入渗面上）。

82.4.2 设计、饱和、密封性检测及校准

张力入渗仪主要包括一个多孔圆盘或膜，上面覆盖透明塑料板，两者之间形成圆锥形或者半球形的空腔（见图 82.2 和图 82.6）。通过供水管为入渗仪提供水分，通过调压管控制多孔圆盘/膜的基质势。

多孔圆盘/膜和入渗仪板之间必须密封（通常采用环氧树脂、树脂胶或者贴合较紧的"O"形环），否则施加张力后会漏气。多孔圆盘/膜必须是亲水性的（可湿的），而且进气基质水头要小于调压管设定的最小的基质水头。如果超过进气基质水头，那么空气会通过入渗圆盘/膜，产生一连串气泡进入其上面的空腔。多孔圆盘可以由多孔金属（不锈钢、黄铜）、多孔玻璃、高透水性的陶瓷，或者经过处理后具备亲水性的多孔塑料制成。入渗膜通常由细孔尼龙布（270 目或者更小）或者金属滤网制成。通常情况下入渗盘/膜的可湿性可以增强，首先用溶剂清洗（如乙醇、连二亚硫酸盐—柠檬酸盐溶液、稀释的漂白剂溶液），清除疏水的油类、氧化物、有机质，等等，然后用润湿剂处理（如异丙醇溶液、蒸馏水及表面活性剂）。多孔圆盘/膜的进气基质水头必须≤-20 cm，饱和导水率介于 $10^{-3} \sim 10^{-1}$ cm·s^{-1}。多孔圆盘或者膜的饱和方法为：将整个入渗仪板浸没在装有无气等温水的水槽中，水高几厘米即可，然后将水槽中的水通过入渗圆盘/膜吸满空腔和供水管（通过供水管顶部的单向阀门实现）（见图 82.6），调压管也必须加水至最高水位（下面讨论）。将入渗仪在水槽中浸泡几天，并且定期在水槽壁上轻磕入渗仪板，将入渗圆盘/膜中可能残留的空气排出。

测试入渗仪的方法为：将入渗仪从水槽中取出，并放置在数层干纸巾上，当水分由入渗仪进入纸巾时，气泡应该迅速地从空气管中升起至供水管。如果气泡从入渗圆盘/膜中冒出，就说明入渗仪没有完全饱和，或者有孔洞/大孔隙存在，也可能是入渗圆盘/膜与入渗仪板之间的密封处有裂缝。如果是因为没有完全饱和，重复以上步骤就会消除泄漏。如果是因为入渗圆盘/膜上存在孔洞或者密封处有裂隙，那么泄漏会持续存在。这种孔洞和裂缝通常可以用几滴环氧树脂/树脂胶密封，如果膜上有多个孔洞就可能需要更换。为了防止在运输过程中损坏入渗仪，并维持饱和状态，可以将入渗仪放置在平底容器中，并在容器中放置垫料（如海绵或者抗水的毡毯），将入渗仪板浸没在水下几厘米处。长时间存储时，需要将入渗仪风干，避免藻类的生长和腐蚀等。

调压管使用之前需要校准，以便保证为入渗面提供精准的基质水头。这项工作可以采用张力台—悬挂水柱系统完成（见图 82.6）。调整调压管中的水位（使用注射器），使其大约低于第二支空气管顶部 2 cm（第二支空气管位置见图 82.2）。降低调压管中的空气管位置，直至底部大约在水面以下 $P = (\psi_1 + Z)$ cm 处，其中 ψ_1 是需要设置在入渗圆盘/膜上最小的基质水头，Z 是发泡点至入渗圆盘/膜的高度（见图 82.6）。将饱和的入渗仪放置在预湿的张力台/布氏漏斗上，张力台基质水头设置为 0（见图 82.6）。将单向空气阀门与供水管连接，通过真空源将空气缓缓地从调压管的空气管抽入供水管（见图 82.6）。用注射器微调调压管中的水位（增加或者抽出水）直到建立入渗圆盘/膜所需的最小基质水头，如悬挂水柱中的水位所示（即图 82.6 中，$\psi_1 = (P-Z)$）。在调压管的一侧标记水位（图 82.6 中 WL 1），然后吸出水分，找到并标记所需的下一个基质水头（图 82.6 中的 WL 2）。重复这个过程直到所有基质水头都标记完成。如果调压管和

空气管的直径完全统一,那么基质水头的改变和调压管中水位的变化一致,这样就可以通过测量与 WL 1 相比降低的高度,获得其他的水位(即 WL 2、WL 3 等),通常基质水头设定为 $\psi_1=-15$ cm,$\psi_2=-10$ cm,$\psi_3=-5$ cm,$\psi_4=-3$ cm,$\psi_5=-1$ cm,$\psi_6=0$ cm。

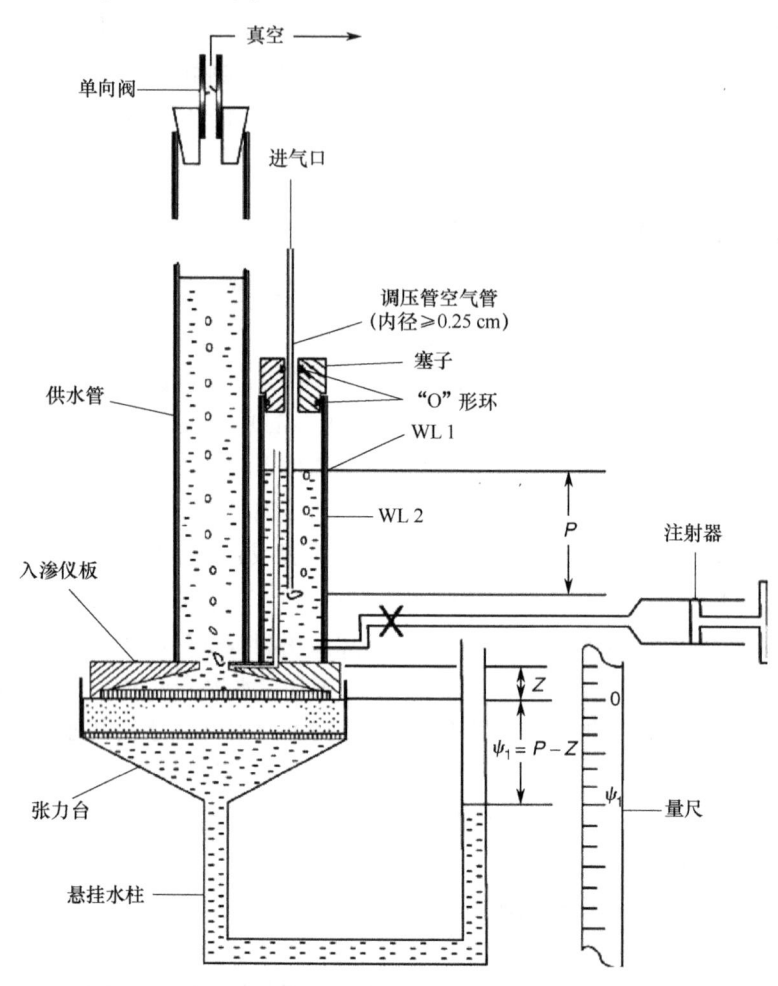

图 82.6 采用真空源和张力台-悬挂水柱系统校准张力入渗仪

82.4.3 平衡时间、储水管的再次充水及蒸发损失

水流到达稳定状态的时间存在一定的任意性(见操作步骤),而且在一定的程度上取决于操作者的经验。不过设置在入渗仪上的第一个基质水头(最小的)的稳态流一般在 15~120 min 内达到,之后(较大)的基质水头通常需要的时间较短。当基质水头较小时(-20~-5 cm),稳态流速通常很慢,需要使用两个同轴储水管中较小的那一个,以便保证测量精确。使用较小的储水管时,则需要定期地充水,最好在一个基质水头测定完成以后操作。调节储水管阀门,使水流从大的储水管缓缓进入小的储水管。同时,缓慢降低调压管水位(用注射器抽水)建立下一个基质水头。采用这项技术可以完成再次充水,同时,也可以保证基质水头的设定顺序单调,避免滞后效应。两个同轴储水管的切换方法详见土壤水分装置公司的 Guelph 入渗仪使用手册。

起泡缓慢的入渗仪易受到日照加热效应的影响,减小这种不利影响(以及一般的障碍排查)的方法类似于 76.2 中提供的方法。入渗仪的底部必须用塑料薄膜或者透明盖子包裹,阻止水分从固定环和入渗仪板的接合处蒸发损失(见图 82.2),因为这些损失足以干扰水流较慢且大气蒸发力较强时的测定。

82.4.4 影响准确性和 $K(\psi)$ 范围的因素

如 82.3 节中所述，稳态流方法通过为 (ψ_0, Q_s) 数据拟合指数曲线来确定 $K(\psi_0)$ 值。因为 $K(\psi)$ 通常只是在一小段范围内呈指数形式，因此可以通过增加某个特定范围内的基质水头个数（相应的指数曲线片段个数）来提高测定的 $K(\psi_0)$、$\alpha^*(\psi_0)$、$S(\psi_0)$、$PD(\psi_0)$、$NP(\psi_0)$ 的准确性，那么，多孔介质的 $K(\psi)$ 曲线越陡，就需要越多的基质水头来保证水流参数的准确性（Reynolds 和 Elrick，1991）。Reynolds 和 Zebchuk（1996）提供了通过单个 ψ_0 值确定 $K(\psi_0)$ 的稳态流表达式，前提是 $\alpha^*(\psi_0)$ 已知。

一系列 $K(\psi_0)$ 值可以用直径 10~20 cm 的张力入渗仪测得，测定值的范围大致是 10^{-6}~10^{-2} cm·s^{-1}。当 $K(\psi_0)$ 值为 0.008~0.01 cm·s^{-1} 时（Reynolds 等，2000），接触砂层可能会对水流产生过多的干扰。对于稳态流分析，当 $K(\psi_0) < 10^{-6}$ cm·s^{-1} 时，水流过于缓慢，不利于测定（平衡时间也会相应较长）。

稳态流和瞬态流分析方法都会偶尔产生不合实际或者不可靠（负数）的参数值，通常是由多孔介质的异质性或者含水量梯度大造成的。如果在达到稳态流之前就将入渗仪的基质水头调整为下一个值，那么在稳态流方法中也会产生不可靠的结果。有时采用张力入渗仪测定时可以将明显存在异常的数据点排除，例如，稳态流速随基质水头的增加而减小，或者瞬态入渗率与 $t^{1/2}$ 偏离线性关系的数据点。

其他影响张力入渗仪法准确性的因素包括测定过程中入渗仪下方宏观结构的塌陷，以及入渗仪和入渗面之间水力联系的不充分或者改变。宏观结构的塌陷是由入渗仪自身的重量及多孔介质湿润后强度减小造成的。水力联系的不足或者改变通常是因为风引起入渗仪晃动，以及储水管水位下降后入渗仪重量减轻。用一个固定在储水管上的三脚架支撑入渗仪可以减轻这些问题的影响。

82.4.5 校准和坡地的敏感性

近饱和土壤水力学特性通常对孔隙水基质水头的微小变化很敏感。例如，$K(\psi)$ 通常在 -15 cm $\leq \psi \leq 0$ cm 范围内改变 2~3 个数量级（Reynolds 和 Elrick，1991；Thony 等，1991；Reynolds 等，1995）。因此，入渗仪的精确校准十分重要（采用精确的校准方法，可以参考 82.4.2），而且测定时需要将入渗仪板放置水平（重力效应会使倾斜的入渗仪板"高"端和"低"端的基质水头与调压管设置的值不一致）。铺设接触砂层是平整粗糙和起伏不平入渗面的最好方法（见图 82.1），也能够保证整个入渗面的水力联系，但是又不会改变入渗面的水力学特性。对于连续坡面（如山坡），通常推荐将入渗仪放置在一个切割进斜坡的平台上进行测定。然而，近期研究表明，将直径 20 cm 的入渗仪放置在未经平整的坡度 20% 的坡面上也能得到可靠的结果（Bodhinayake 等，2004）。显然，如果入渗面的水力学特性在一定的程度上均一，那么入渗仪上坡端和下坡端的基质水头差异会趋于抵消。

82.4.6 可供选择的设计方案和分析方法

其他有关张力入渗仪方法的介绍，包括可供选择的入渗仪和分析方法，可以参考 Smettem 和 Clothier（1989）、Ankeny（1992）、Elrick 和 Reynolds（1992）、White 等（1992）、Vandervaere 等（2000b）、Clothier 和 Scotter（2002）、Smettem 和 Smith（2002）。尽管这些设计方案和分析方法都有特定的优点，本文提到的装置（见图 82.2）是应用最广泛的，而且单盘分析方法通常得到的结果最稳定、精确及可重复（Hussen 和 Warrick，1993）。张力入渗仪的制造商包括亚利桑那州图森市土壤测定系统和加利福尼亚州戈利塔土壤水分设备公司。

82.5 张力入渗仪法的优缺点

张力入渗仪法的一个重要优势就是装置简单、便宜、便携，室内室外操作简便，而且需水量小。因此，实验室或温室研究、空间变异性的详细调查、通行困难的田间试验及大尺度的调查，采用这种方法要比其他方法更可行。这种装置不像钻井或者嵌入圆环等方法,对土体的扰动小,因此能够为松散脆弱和大孔隙丰富的土体提供可靠的估计值。

这种方法最大的理论优势大概就是可以确定许多重要的近饱和($-0.20 \text{ m} \leq \psi_0 \leq 0 \text{ cm}$)水分运动参数(例如,$K(\psi_0)$、$S(\psi_0)$、$\alpha^*(\psi_0)$、$PD(\psi_0)$ 和 $NP(\psi_0)$),近饱和范围内,参数值及水分/溶质的运移会因为 ψ_0 的微小变动产生剧烈变化。因此,张力入渗仪方法能够将"大孔隙"和"基质孔隙"水流参数与土壤条件或者管理的改变联系起来。例如,$PD(\psi_0)$ 的变化已经用于量化宏观结构破坏和大孔隙填充(White 等,1992)、土壤裂隙(Thony 等,1991)、耕作(Sauer 等,1990;White 等,1992;Reynolds 等,1995)、根系生长(White 等,1992)及沉积物的侵蚀和沉积(White 等,1992)。近饱和 $K(\psi_0)$、$S(\psi_0)$ 已经用于量化不同的耕作方式(Sauer 等,1990;Reynolds 等,1995)、生物活动(Clothier 等,1985)、生长期土壤结构的变化(Messing 和 Jarvis,1993)、土壤质地的改变(Jarvis 和 Messing,1995)、车轮碾压(Ankeny 等,1991)、土壤疏水性的发展(Clothier 等,1996,2000;Hallett 等,2004)对水分运动的影响。张力入渗仪已经用于描述近饱和可动-不可动土壤含水量(Clothier 等,1992;Angulo-Jaramillo 等,1997)、溶质运移特性(Jaynes 等,1995;Clothier 等,1996;Vogelertffu,1996)、溶质吸附等温线(Clothier 等,1995)及地表结皮的水力学特性(Vandervaere 等,1997)。

张力入渗仪法最主要的缺点就是在坡地上测定困难,而且需要通过接触砂层建立和保持入渗仪与多孔介质表面之间的水力联系。在山坡上使用张力入渗仪时可能需要切割出一个水平平台,使入渗面上所有点的基质水头一致,尽管最近的一些研究表明坡度小于20%时可以不设平台(见82.4.5),切割的平台明显不能实现完整的(未扰动的)山坡表面的测定。接触砂必须符合特定的标准,而且接触砂层的影响必须在数据分析过程中加以考虑,尤其是接触砂的饱和导水率 K_{cs} 和进水基质水头 ψ_w 必须满足一个条件,即接触砂层不能阻碍进入多孔介质的水流。推荐值是 $K_{cs} \geq 10^{-2} \text{ cm} \cdot \text{s}^{-1}$,大于大多数无结构农田土壤的 K_{fs},且 $\psi_w \leq -20 \text{ cm}$,小于设置在大多数入渗仪板上的最小基质水头。同时,K_{cs} 和 ψ_w 值必须稳定,标准差小,将接触砂层引起的变异最小化。接触材料应该具有较强的亲水性,而且是大小均一的单粒结构,这样易于平整并建立良好的水力联系。除此之外,接触材料应该容易获取、便宜,而且可以重复利用。然而,大多数天然土壤材料不能满足以上的所有标准,根据 Bagarello 等(2000,2001)的田间试验,Reynolds 和 Zebchuk(1996)推荐的玻璃珠材料似乎是一个不错的选择。

稳态和瞬态张力入渗仪分析方法也都有其各自的优缺点。稳态流多水头方法(式(82.4)至式(82.9))的主要优势包括完善的和经过验证的理论、稳健性、在同一个入渗面测定数个基质水头、较大的(更具有代表性)测试体积,而且能够精确考虑接触砂层的影响。稳态流分析方法的缺点包括平衡时间可能较长,而且对多孔介质的异质性(如分层)及含水量分布的非均一性(由于测试体积较大)带来的误差非常敏感。然而,近期的一些研究表明,对于近地表的土层,稳态流方法可能远不如以前认为的那样敏感(Smettem 和 Smith,2002)。瞬态分析方法的主要优势(式(82.12)至式(82.16))包括测试时间较短(因为不需要达到稳态流)、简单有效的获得可靠的结果并且消除接触砂层带来的干扰,而且可以直接采用线性回归的方法获得导水率和吸渗率。另外,瞬态分析重要的缺点是无法精确知道 β 参数和多孔介质与接触砂层界面处的基质水头(ψ_s),而且无法在同一个入渗面得到一系列 ψ_0 值的测定结果。一般而言,稳态流分析法在测定 $K(\psi_0)$ 的问题上更有效,而瞬态流方法更适合确定 $S(\psi_0)$。

参 考 文 献

Angulo-Jaramillo, R., Moreno, F., Clothier, B.E., Thony, J.L., Vachaud, G., Fernandez-Boy, E., and Cayuela, J.A. 1997. Seasonal variation of hydraulic properties of soils measured using a tension disk infiltrometer. *Soil Sci. Soc. Am. J.* 61: 27–32.

Ankeny, M.D. 1992. Methods and theory of unconfined infiltration measurements. In: G.C. Topp, W.D. Reynolds, and R.E. Green, eds., *Advances in Measurement of Soil Physical Properties: Bringing Theory into Practice*, SSSA Spe-cial Publication No. 30, Soil Science Society of America, Madison, WI, 123-141.

Ankeny, M.D., Ahmed, M., Kaspar, T.C., and Horton, R. 1991. Simple field method for determining unsaturated hydraulic conductivity. *Soil Sci. Soc. Am. J.* 55: 467-470.

Bagarello, V., Iovino, M., and Tusa, G. 2000. Factors affecting measurement of the near saturated soil hydraulic conductivity. *Soil Sci. Soc. Am. J.* 64: 1203-1210.

Bagarello, V., Iovino, M., and Tusa, G. 2001. Effect of contact material on tension infiltrometer measurements. *Trans. Am. Soc. Agric. Eng.* 44: 911-916.

Bodhinayake, W., Si, B.C., and Noborio, K. 2004. Determination of hydraulic properties in sloping landscapes from tension and double-ring infilt-rometers. *Vadose Zone J.* 3: 964-970.

Clothier, B.E. 2000. Infiltration. In: K.A. Smith and C.E. Mullins, eds., *Soil and Environmental Analysis: Physical Methods*. Marcel Dekker, Inc., New York, 239-280.

Clothier, B.E., Green, S.R., and Katou, H. 1995. Multidimensional infiltration: points, furrows, basins, wells, and disks. *Soil Sci. Soc. Am. J.* 59: 286-292.

Clothier, B.E., Kirkham, M.B., and McLean, J.E. 1992. *In situ* measurement of the effective transport volume for solute moving through soil. *Soil Sci. Soc. Am. J.* 56: 733-736.

Clothier, B.E., Magesan, G.N., Heng, L., and Vogeler, I. 1996. *In situ* measurement of the solute adsorption isotherm using a disc permea-meter. *Water Resour. Res.* 32: 771-778.

Clothier, B.E. and Scotter, D.R. 2002. Unsaturated water transmission parameters obtained from infiltration. In: J.H. Dane and G.C. Topp, eds., *Methods of Soil Analysis, Part 4-Physical Methods*. Soil Science Society of America, Madison, WI, 879-898.

Clothier, B.E., Scotter, D.R., and Harper, E. 1985. Three-dimensional infiltration and trickle irrigation. *Trans. Am. Soc. Agric. Eng.* 28: 497-501.

Clothier, B.E., Vogeler, I., and Magesan, G.N. 2000. The breakdown of water repellency and solute transport through a hydrophobic soil. *J. Hydrol.* 231: 255-264.

Elrick, D.E. and Reynolds, W.D. 1992. Infiltration from constant-head well permeameters and infilt-rometers. In: G.C. Topp, W.D. Reynolds, and R.E. Green, eds., *Advances in Measurement of Soil Physical Properties: Bringing Theory into Practice*, SSSA Special Publication No. 30, Soil Science Society of America, Inc., Madison, WI, 1-24.

Gardner, W.R. 1958. Some steady-state solutions of the unsaturated moisture flow equation with application to evaporation from a water table. *Soil Sci.* 85: 228-232.

Hallett, P.D., Nunan, N., Douglas, J.T., and Young, I.M. 2004. Millimeter-scale spatial variability in soil water sorptivity. *Soil Sci. Soc. Am. J.* 68: 352-358.

Haverkamp, R., Ross, P.J., Smettem, K.R.P., and Parlange, J.-Y. 1994. Three-dimensional analysis of infiltration from the disc infiltrometer: 2. Physi-cally based infiltration equation. *Water Resour. Res.* 30: 2931-2935.

Hussen, A.A. and Warrick, A.W. 1993. Alternative analyses of hydraulic data from disc tension infiltrometers. *Wat. Resour. Res.* 29: 4103-4108.

Jarvis, N.J. and Messing, I. 1995. Near-saturated hydraulic conductivity in soils of contrasting texture measured by tension infiltrometers. *Soil Sci. Soc. Am. J.* 59: 27-34.

Jaynes, D.B., Logsdon, S.D., and Horton, R. 1995. Field method for measuring mobile/immobile water content and solute transfer rate coefficient. *Soil Sci. Soc. Am. J.* 59: 352-356.

Messing, I. and Jarvis, N.J. 1993. Temporal variation in the hydraulic conductivity of a tilled clay soil as measured by tension infiltrometers. *J. Soil Sci.* 44: 11-24.

Perroux, K.M. and White, I. 1988. Designs for disc permeameters. *Soil Sci. Soc. Am. J.* 52: 1205-1215.

Philip, J.R. 1957. The theory of infiltration. 4. Sorptivity and algebraic infiltration equations. *Soil Sci.* 84: 257-264.

Reynolds, W.D. 1993. Saturated hydraulic conduct-ivity: Field measurement. In: M.R. Carter, ed., *Soil Sampling and Methods of Analysis*. Canadian Society of Soil Science. Lewis Publishers, Boca Raton, FL, 599-613.

Reynolds, W.D., Bowman, B.T., Brunke, R.R., Drury, C.F., and Tan, C.S. 2000. Comparison of tension infiltrometer, pressure infiltrometer, and soil core estimates of saturated hydraulic conduc-tivity. *Soil Sci. Soc. Am. J.* 64: 478-484.

Reynolds, W.D. and Elrick, D.E. 1991. Determination of hydraulic conductivity using a tension infiltrometer. *Soil Sci. Soc. Am. J.* 55: 633-639.

Reynolds, W.D., Gregorich, E.G., and Curnoe, W.E.1995. Characterization of water transmission properties in tilled and untilled soils using tension infiltrometers. *Soil Till. Res.* 33: 117-131.

Reynolds, W.D. and Zebchuk, W.D. 1996. Use of contact material in tension infiltrometer measure-ments. *Soil Tech.* 9: 141-159.

Sauer, T.J., Clothier, B.E., and Daniel, T.C. 1990. Surface measurements of the hydraulic properties of a tilled and untilled soil. *Soil Till. Res.* 15: 359-369.

Smettem, K.R.J. and Clothier, B.E. 1989. Measuring unsaturated sorptivity and hydraulic con-ductivity using multiple disc permeameters. *J. Soil Sci.* 40: 563-568.

Smettem, K.R.J., Parlange, J.-Y., Ross, P.J., and Haverkamp, R. 1994. Three-dimensional analysis of infiltration from the disc infiltrometer: 1. A capillary-based theory. *Water Resour. Res.* 30: 2925-2929.

Smettem, K.R.J. and Smith, R.E. 2002. Field measurement of infiltration parameters. In: R.E. Smith, ed., *Infiltration Theory for Hydrologic Applications*. Water Resources Monograph 15, American Geophysical Union, Washington, DC, 135-157.

Thony, J.-L., Vachaud, G., Clothier, B.E., and Angulo-Jaramillo, R. 1991. Field measurement of the hydraulic properties of soil. *Soil Tech.* 4:111-123.

Vandervaere, J.-P. 2002. Early-time observations. In: J.H. Dane and G.C. Topp, eds., *Methods of Soil Analysis, Part 4Physical Methods*. Soil Science Society of America, Madison, WI, 889-894.

Vandervaere, J.-P., Peugeot, C., Vauclin, M., Angulo-Jaramillo, R., and Lebel, T. 1997. Estimating hydraulic conductivity of crusted soils using disc infiltrometers and minitensiometers. *J. Hydrol.* 188: 203-223.

Vandervaere, J.-P., Vauclin, M., and Elrick, D.E. 2000a. Transient flow from tension infiltro-meters: I. The two-parameter equation. *Soil Sci. Soc. Am. J.* 64: 1263-1272.

Vandervaere, J.-P., Vauclin, M., and Elrick, D.E. 2000b. Transient flow from tension infiltro-meters: II. Four methods to determine sorpti-vity and conductivity. *Soil Sci. Soc. Am. J.* 64: 1272-1284.

Vogeler, I., Clothier, B.E., Green, S.R., Scotter, D.R., and Tillman, R.W. 1996. Characterizing water and solute movement by time domain reflectometry and disk permeametry. *Soil Sci. Soc. Am. J.* 60: 5-12.

Wang, D., Yates, S.R., and Ernst, F.F. 1998. Determining soil hydraulic properties using tension infiltrometers, time domain reflectometry, and tensiometers. *Soil Sci. Soc. Am. J.* 62: 318-325.

White, I., Sully, M.J., and Perroux, K.M. 1992. Measurement of surface-soil hydraulic properties: disk permeameters, tension infiltrometers, and other techniques. In: G.C. Topp, W.D. Reynolds, and R.E. Green, eds., *Advances in Measurement of Soil Physical Properties: Bringing Theory into Practice*. SSSA Special Publication No. 30, Soil Science Society of America, Madison, WI, 69-103.

Wooding, R. 1968. Steady infiltration from a shallow circular pond. *Water Resour. Res.* 4: 1259-1273.

（焦会青　译，李保国　校）

第83章 非饱和水力学特性：瞬时剖面法

W.D. Reynolds

Agriculture and Agri-Food Canada
Harrow, Ontario, Canada

83.1 引言

瞬时剖面法（也称内排水法）主要用于田间原位测定导水率（K）与基质水头（ψ）的关系$K(\psi)$[L T^{-1}]，或者测定导水率与体积含水量（θ）的关系，$K(\theta)$[L T^{-1}]。这种方法也可以原位测定$\theta(\psi)$脱水曲线，可能用于原位估计与毛管作用相关的参数（见第69章），尽管这种方法还没有人采用（见83.4注释（7））。第82章论述了近饱和导水率$K(\psi)$和与毛管作用相关的参数的田间测定方法。第80章和第81章介绍了$K(\psi)$和$K(\theta)$的室内测定方法。第84章论述了通过多孔介质相关特性估计$K(\psi)$、$K(\theta)$和$\theta(\psi)$的方法。第69章中论述了确定$K(\psi)$、$K(\theta)$和$\theta(\psi)$，以及与毛管作用相关的关系的原理和参数。

瞬时剖面法包括在多孔介质表面下选定深度安装原位体积含水量测定探头θ[L^{3}L^{-3}]（例如，时域反射仪）和孔隙水基质水头测定探头ψ[L]（如张力计）。然后灌水使多孔介质达到田间实际饱和状态，定期测定排水过程中的θ和ψ，进而推导出$K(\psi)$和$K(\theta)$，这种方法也可以提供原位$\theta(\psi)$脱水曲线。$K(\psi)$、$K(\theta)$和$\theta(\psi)$的测定结果大多数与垂直一维水流相关，而且通常仅限于"湿端"基质水头范围-200 cm $\leqslant \psi \leqslant$ 0 cm 的测定（Dirksen，2001）。尽管这种方法可能有点儿复杂，但是通常可以作为判断其他$K(\psi)$、$K(\theta)$和$\theta(\psi)$田间测定方法精度的标准（Vachaud 和 Dane，2002）。

83.2 装置和步骤

（1）用土埂、木板，或者其他材料在田间围起大于12 m^{2}的水平区域，用于围埂淹灌。这个区域必须足够大，保证区域中心的初始入渗及之后的排水为垂直一维水流（见83.4注释（1））。将植被在地表处铲平，清理围埂区域。

（2）在围埂区域的中心，在地表以下所需深度安装含水量（θ）和基质水头（ψ）测定装置（探头设计见第70章和第71章，也可以参考83.4注释（2））。θ和ψ探头必须快速响应（例如，响应时间≤1～2 min），以便保证精确反应多孔介质的含水量和基质水头在开始测定后可能存在的迅速变化。通常推荐的深度间隔为15～30 cm，在每一个多孔介质层或者土层至少安装一组θ-ψ探头。在安装过程中要避免"短路"水流从探头的安装孔流下，例如，采用紧密贴合的安装孔，或者用粉末状的膨润土或黏土回填过大的安装孔。在一些案例中，使用倾斜的安装孔或许可行，这样渗漏到安装孔里的水分在接触到探头传感器之前就可以转移至多孔介质中。甚至是少量的"短路"水流/渗漏至探头传感器都会造成错误的结果。多孔介质或者土壤剖面的初始含水量应该足够小，这样就可以在测定前含水量和田间实际饱和状态之间测得较宽范围的θ和ψ。然而，多孔介质也不能太干，这样会使基质水头探头（如张力计）与多孔介质失去水力联系（通常发生在初始-900 cm$\leqslant \psi \leqslant$-800 cm 时的多孔陶土杯张力计）。

（3）对围埂区域进行淹灌，直至多孔介质达到田间饱和状态（即$\theta = \theta_{\text{fs}}$，$\psi \geqslant 0$，见第69章），或

者 θ 和 ψ 在整个测量深度达到恒定状态。随即覆盖地表（例如，将稻草、树皮等覆盖物置于地表，其上覆盖塑料膜），建立地表水流通量为 0 且恒温的重力排水条件。重力排水使土壤剖面 θ 和 ψ 随时间逐渐减小。

（4）淹灌结束后（$t=0$），开始测定所有深度 θ 和 ψ 随时间的变化，直到 θ 和 ψ 减小到有效的稳定值，这个过程根据多孔介质的差异可能持续几小时至几个月。数据的采集可能在灌溉停止后的前一个小时左右比较频繁（甚至连续），这是因为初始排水率通常较高，导致土壤剖面 θ 和 ψ 迅速减小。当排水减慢时，数据采集的频率可以有所降低，通常推荐的数据采集间隔成几何增加（例如，灌溉停止后的 3h、6h、12h、24h），以此来定义通常随时间呈指数形式降低的 θ。如果田间条件允许，那么可以进行几次湿润/排水循环，或者在一年中的不同时间进行重复试验。

83.3 分析和计算

t[T]时刻多孔介质剖面中的储水量 W[L]计算如下：

$$W(z,t) = \int_0^z \theta(z,t)\mathrm{d}z; \quad 0 \leqslant z \leqslant L \tag{83.1}$$

式中，z[L]是多孔介质表面以下的深度（地表 $z=0$），L[L]是地表至最深一组 θ 和 ψ 探头的深度。考虑到多孔介质表面无通量，测定区域任意深度和时间的通量 q [L T^{-1}] 可以表示为：

$$q(z,t)_z = \frac{\int_0^z \theta(z,t)\mathrm{d}z}{\partial t} = \left.\frac{\partial W(z,t)}{\partial t}\right|_z \tag{83.2}$$

该式表明多孔介质表面至深度 z 之间储水量随时间减小的速率与深度 z 处的排水通量相等。多孔介质剖面任意深度和时间的水流通量可以用以下形式的达西定律描述：

$$q(z,t)_z = K(\theta)_z \left.\frac{\partial H(z,t)}{\partial z}\right|_z \tag{83.3}$$

式中，$H(z,t) = \psi(z,t) - z$ 是总水头（z 向下为正），$K(\theta)_z$[L T^{-1}]是深度 z 处导水率 - 体积含水量的关系，将式（83.2）代入式（83.3），求解 $K(\theta)_z$ 得

$$K(\theta)_z = \left.\frac{\partial W(z,t)}{\partial t}\right|_z \Big/ \left.\frac{\partial H(z,t)}{\partial z}\right|_z \tag{83.4}$$

该式表明深度 z 处的 $K(\theta)_z$ 可以用多孔介质表面和深度 z 之间储水量随时间减小的速率除以深度 z 处的水力梯度求得。因为测定了不同深度的 $\theta(z,t)$ 和 $\psi(z,t)$，所以，$\theta(\psi)_z$ 和 $K(\psi)_z$ 的关系也可以得到确定，即用相应的 ψ 替换 $K(\theta)_z$ 中的 θ 得到 $K(\psi)_z$。

式（83.4）的准确性明显依赖于 $\partial H(z,t)/\partial z$ 和 $\partial W(z,t)/\partial t$ 的准确性。$\partial H(z,t)/\partial z$ 的准确性可以通过认真校准孔隙水基质水头探头（张力计），以及减小探头之间的间距加以提高。另外，$\partial W(z,t)/\partial t$ 的准确性可以通过为 $W(z,t) \sim t$ 数据拟合时间可微的经验公式加以提高，这样不仅能够描述早期快速下降的 $W(z,t)$，也能描述后期缓慢下降的 $W(z,t)$。例如，已经有研究指出，这样的经验公式（Vachaud 和 Dane，2002）：

$$W(t) = a\ln t + b \tag{83.5}$$

或者

$$W(t) = ct^d \tag{83.6}$$

通常可以很好地拟合较宽范围的多孔介质数据，式中 a、b、c、d 是拟合常数，然后将这些表达式对时间求导，并代入式（83.4），得到：

$$K(\theta)_z = [a/t]_z / \left[\left. \frac{\partial H(z,t)}{\partial z} \right|_z \right] \tag{83.7}$$

或者

$$K(\theta)_z = [cdt^{(d-1)}]_z / \left[\left. \frac{\partial H(z,t)}{\partial z} \right|_z \right] \tag{83.8}$$

式（83.7）由式（83.5）得到，式（83.8）由式（83.6）得到。

如果整个多孔介质剖面是均质的，那么 $K(\theta)$ 的确定实际上可以进行简化。在这种特殊情况下，排水造成的 $\partial H(z,t)/\partial z \approx -1$，因此就不再需要使用张力计测定 $\psi(z,t)$。另外，$\partial W(z,t)/\partial t$ 可以表示为：

$$\left. \frac{\partial W(z,t)}{\partial t} \right|_z = z \left. \frac{\partial \overline{\theta}(t)_z}{\partial t} \right|_z = zm \left. \frac{\partial \theta(t)_z}{\partial t} \right|_z \tag{83.9}$$

式中，$\overline{\theta}(t)_z$ 是从表面至深度 z 处多孔介质的平均含水量（见 83.4 中注释（3）），该值可以通过以下经验公式得到（Libardi 等，1980）：

$$\overline{\theta}(t)_z = m\theta(t)_z + n \tag{83.10}$$

式中，$\theta(t)_z$ 是深度 z 处的实测含水量，m 和 n 分别是拟合常数（m 通常接近 1）。经验公式（Vachaud 和 Dane，2002）：

$$\theta(t)_z = \tau t^{\mu} \tag{83.11}$$

可用于均质剖面的排水过程，式中，τ 和 μ 是对每个深度 z 处 $\theta \sim t$ 数据进行回归分析得到的系数。将式（83.9）至式（83.11）代入式（83.4），而且 $\partial H(z,t)/\partial_z \approx -1$，得到以下简化的 $K(\theta)$ 分析方法：

$$K(\theta)_z = -zm\tau^{(1/\mu)}\mu\theta_z^{[(\mu-1)/\mu]} \tag{83.12}$$

该公式为均质多孔介质剖面任意深度 z 处提供了一种简化的 $K(\theta)_z$ 和 θ_z 分析关系，而且避免了直接估算 $W(z,t)$ 和 $H(z,t)$ 对时间和空间的导数。式（83.9）至式（83.12）详细的论证和推导过程可以参考 Libardi 等（1980）及 Vachaud 和 Dane（2002）。

尽管简化的分析方法（式（83.12））仅限于均质多孔介质，但是一些应用表明该方法在适度异质的剖面上也能得到可用的结果（Hillel 等，1972；Vachaud 和 Dane，2002）。另外，简化分析避免了张力计读数不准确（例如，ψ 变化较快时尚未平衡，ψ 接近于 0 时灵敏度不够，ψ 过低时水力联系部分或者完全消失），以及水力梯度的错误估计（Flühler et al.，1976）可能导致的严重误差传递问题。因此，即使张力计数据可用，也推荐使用简化分析方法。Vachaud 和 Dane（2002）给出了完全分析方法（式（83.7）和式（83.8））和简化分析方法（式（83.12））的对比结果。表 83.1、图 83.1 至图 83.3 给出了简化分析方法的数据样表及计算过程。

表 83.1　瞬时剖面法（简化分析方法，式（83.12））数据样表及 $K(\theta)$ 计算方法
基于深度 50 cm 处探头所测的体积含水量数据

表（a）：深度 50cm 处 θ-t（见图 83.1）

时间，t(min)	Ln(t)	θ(cm³·cm⁻³)	ln(θ)
1	0	0.50	−0.693 2
3	1.098 6	0.47	−0.755 0

（续表）

时间，t(min)	Ln(t)	θ(cm^3·cm^{-3})	ln(θ)
10	2.302 6	0.44	−0.821 0
20	2.995 7	0.42	−0.867 5
40	3.688 9	0.40	−0.916 3
80	4.382 0	0.39	−0.941 6
160	5.075 2	0.37	−0.994 3
320	5.768 3	0.36	−1.021 7
640	6.461 5	0.34	−1.078 8
1 280	7.154 6	0.33	−1.108 7
2 560	7.847 8	0.32	−1.139 4
5 120	8.540 9	0.31	−1.171 2
8 100	8.999 6	0.30	−1.204 0

按照式（83.11）对表（a）进行回归拟合：

截距：$\ln\tau = -0.696\,4$

因此，$\tau = 0.498\,4$。

斜率：$\mu = -0.056\,9$。

$R^2 = 0.997\,9$。

表（b）：深度 50 cm 处 $\bar{\theta}(t)_z \sim \theta(t)_z$（见图 83.2）

$\theta(t)_z$(cm^3·cm^{-3})	$\bar{\theta}(t)_z$(cm^3·cm^{-3})
0.50	0.47
0.48	0.46
0.44	0.42
0.40	0.38
0.38	0.36
0.34	0.34
0.30	0.30

按照式（83.10）对表（b）进行回归拟合，$\theta(t)_z$ 是深度 z 处的测定值，$\bar{\theta}(t)_z$ 按式（83.13）计算得到：

截距：$n = 0.040\,1$。

斜率：$m = 0.862\,4$。

$R^2 = 0.992\,9$。

表（c）：深度 50 cm 处 $K(\theta)_z \sim \theta_z$（见图 83.3）

θ_z(cm^3·cm^{-3})	$K(\theta)_z$(cm·min^{-1})	$K(\theta)_z$(cm·s^{-1})
0.50	1.30×10^0	2.16×10^{-2}
0.47	4.11×10^{-1}	6.85×10^{-3}
0.44	1.21×10^{-1}	2.01×10^{-3}
0.42	5.09×10^{-2}	8.48×10^{-4}
0.40	2.06×10^{-2}	3.43×10^{-4}
0.39	1.29×10^{-2}	2.14×10^{-4}
0.37	4.83×10^{-3}	8.06×10^{-5}
0.36	2.91×10^{-3}	4.84×10^{-5}
0.34	1.00×10^{-3}	1.67×10^{-5}
0.33	5.77×10^{-4}	9.62×10^{-6}

(续表)

$\theta_z(\text{cm}^3\cdot\text{cm}^{-3})$	$K(\theta)_z(\text{cm}\cdot\text{min}^{-1})$	$K(\theta)_z(\text{cm}\cdot\text{s}^{-1})$
0.32	3.26×10^{-4}	5.43×10^{-6}
0.31	1.81×10^{-4}	3.01×10^{-6}
0.30	9.83×10^{-5}	1.64×10^{-6}

表（c）中的 $K(\theta)_z$ 值通过式（83.12）计算得到：

z=50 cm。

m=0.862 4。

τ=0.498 4。

μ=−0.056 9。

对每一个测定深度/探头重复以上过程。

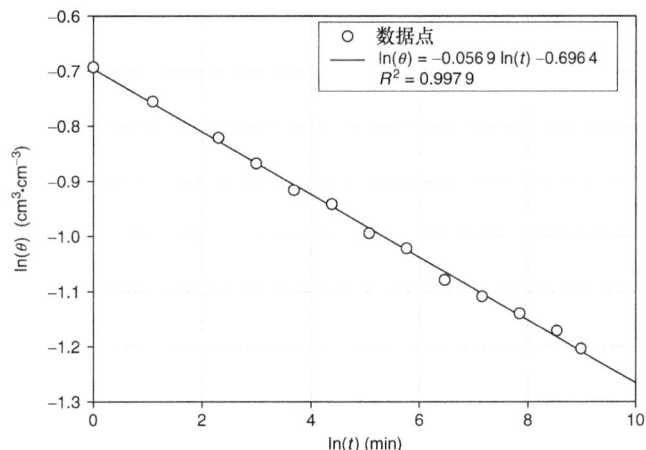

图 83.1 瞬时剖面法，深度 z 处体积含水量随时间减小算例

直线是为了获得式（83.11）中的系数从而对数据进行回归的结果，数据见表 83.1（a）。

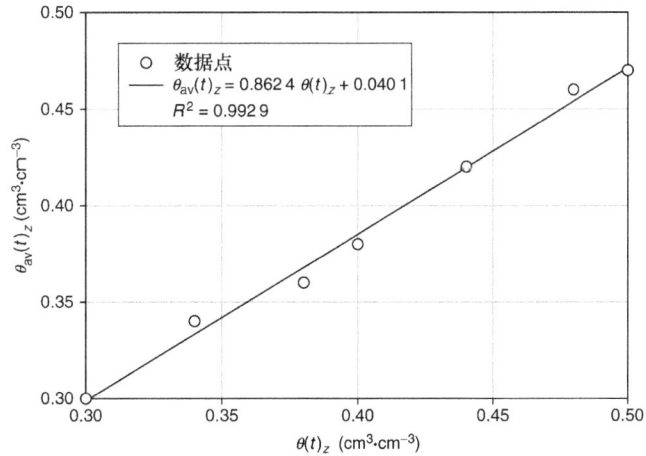

图 83.2 瞬时剖面法，地表至深度 z 处的平均体积含水量 $\theta_{av}(t)_z$ 与深度 z 处实测体积含水量 $\theta(t)_z$ 的关系

直线是为了获得式（83.10）中的系数对数据进行回归的结果，数据见表 83.1（b）。

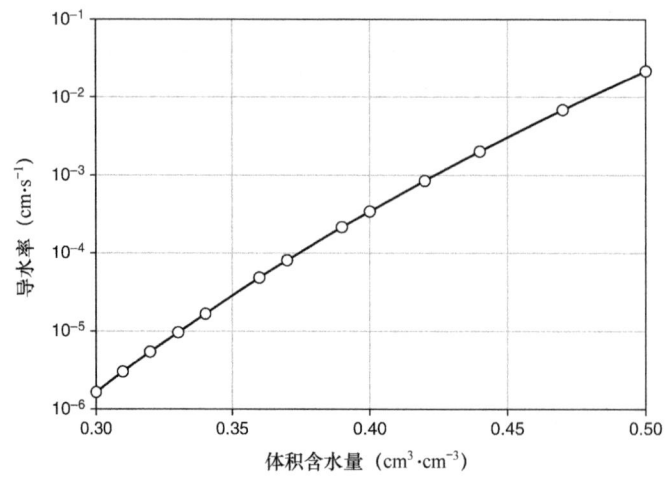

图 83.3 瞬时剖面法，深度 z 处，导水率 $K(\theta)$ 与体积含水量 θ_z 算例（式（83.12））

数据见表 83.1（c）。

83.4 注　释

（1）这种方法的一个关键条件就是水流完全是垂直的，而且仅是重力排水。因此，要避免可能引起横向水流（例如，地表下存在阻水层，水位较浅）和向上水流的情况（例如，地表蒸发/蒸腾）。

（2）采用单管、多个深度基质水头探头（例如，多层的张力计）和含水量探头（例如，通过管道将 TDR 或者中子探测器放在不同的深度）更适合用于瞬时剖面法，因为这种方法能够将测量导管减少为两个（一个用于基质水头的测定，另一个用于含水量的测定），这样不仅能够将剖面的扰动最小化，也可以有效地减少"短路"水流向传感器的潜在途径。

（3）如果含水量探头的垂直间距差异较大（可能是因为需要根据土层安装等），那么采用加权算术平均法计算 $\overline{\theta}(t)_z$ 更合理，权重由含水量探头的深度决定：

$$\overline{\theta}(t)_z = \frac{1}{z}\sum_{i=1}^{n}\theta(t)_i T_i;\ i=1,2,3,\cdots,n;\ n>1 \tag{83.13}$$

式中，z[L]是考虑的深度（探头），n 是从地表至深度 z 处含水量探头的个数，$\theta(t)_i$[L^3L^{-3}]是探头 i 测量的随时间变化的含水量，T_i 是探头 i 的权重，计算如下

$$T_i = \frac{d_{i+1}-d_{i-1}}{2};\ i=2,3,4,\cdots,n-1 \tag{83.14a}$$

$$T_1 = \frac{d_1+d_2}{2};\ i=1 \tag{83.14b}$$

$$T_n = \frac{d_n-d_{n-1}}{2};\ i=n \tag{83.14c}$$

式中，d_i[L]为地表至含水量探头 i 的高度，d_1 为地表至最浅的含水量探头（$i=1$）的高度，$d_n(i=n)$ 与所考虑的含水量探头的深度相关，当所考虑的探头为最浅的那个时($i=1$)，或者在某些特殊情况下仅有一个含水量探头($n=1$)，那么 $T_1=d_1=z$，而且 $\overline{\theta}(t)_z = \theta(t)_z$。

（4）完全分析方法（式（83.7）和式（83.8））在距离多孔介质表面 20～30 cm 的距离内很难测得可靠的 $K-\theta-\psi$ 关系，因为在近地表处的水力梯度非常小，实际上由于地表处 $q(z,t)=0$，所以水力梯度接近于 0（见式（83.2））。然而，简化分析方法（式（83.12））可以用于所有深度，而且可以在不同的时间

从多孔介质表面采集土壤样品，随后通过烘干法测定含水量，进而估算地表处的 $K(\theta)$。

（5）瞬时剖面法可能难以在高度结构化或者低渗透性的介质中获得可靠的 $K(\theta)$、$K(\psi)$ 和 $\theta(\psi)$。在高度结构化的介质中，较小的 θ 和 ψ 探头可能部分或完全错过优先流区域的水流（例如，虫洞、裂隙、滞流区域等）。在低渗透性的介质中，剖面饱和及排水所需的时间会非常长。

（6）$W(t)\sim t$ 的经验公式（式（83.5）和式（83.6）），以及 $\theta(t)_z \sim t$ 的经验公式（式（83.11））都不固定，对于某些特殊的数据，其他经验公式可能会达到更好的拟合效果。然而，$W(t)\sim t$ 经验公式必须关于 t 可微，而且 $\theta(t)_z \sim t$ 必须关于 t 可微，以及关于 t 可求解。

（7）尽管还没有尝试，但是从测定 $K(\psi)$ 和 $\theta(\psi)$ 的瞬时剖面法，应该可以估计与毛管作用相关的参数 $\alpha^*(\psi)$、$S(\psi)$、$PD(\psi)$、$NP(\psi)$（见第 69 章）。这项工作可能包括为 $K(\psi)$ 数据拟合一个适合的函数；通过式（69.13）对 $K(\psi)$ 函数积分获得 $\phi(\psi)$；通过式（69.16）计算 $\alpha^*(\psi)$；分别根据式（69.17）至式（69.19），用 $\alpha^*(\psi)$、$K(\psi)$ 和 $\theta(\psi)$ 计算 $S(\psi)$、$PD(\psi)$ 和 $NP(\psi)$。这种方法准确与否可能依赖于 $K(\psi)$ 函数的拟合效果。如果采用简化分析方法（即式（83.12）），那么明显不能计算得到与毛管作用相关的参数，因为在这种情况下没有可用的 ψ 测定结果。

83.5 瞬时剖面法的优缺点

瞬时剖面法的主要优势是这种方法能够在排水期间同时原位估计一系列深度和土层的 $K(\theta)$、$K(\psi)$ 和 $\theta(\psi)$，而且不需要为 $K(\theta)$、$K(\psi)$ 和 $\theta(\psi)$ 假设任何特定的函数形式，而其他方法难以实现这一点。另外，这种方法的主要缺点包括：需要在地表以下不同的深度安装复杂精密的设备（如 TDR 探头、张力计），测定时间可能持续几小时至几个月，需要大量的水用于饱和剖面；重复试验工作量大（因为设备多，时间长，需水量大），仅能确定湿端（$-200\ \text{cm} \leqslant \psi \leqslant 0\ \text{cm}$）的 $K(\theta)$、$K(\psi)$、$\theta(\psi)$。

均质多孔介质简化分析方法（式（83.9）至式（83.12））的特殊优势包括：避免使用条件苛刻的孔隙水基质水头探头（如张力计），不需要计算不确定的含水量或者水力梯度，提供 $K(\theta)_z$ 和 θ_z 之间简单的解析关系（式（83.12）），可以用于所有深度。简化分析方法的缺点是 $\theta(\psi)$ 和与毛管作用相关的参数不能确定（因为没有测定 ψ），用经验公式拟合数据可能代表性不足，不适用于非均质（如层状土壤）的多孔介质剖面。

参 考 文 献

Dirksen, C. 2001. Unsaturated hydraulic conductivity. In: K.A. Smith and C.E. Mullins, eds. *Soil and Environmental Analysis: Physical Methods*. Marcel Dekker, Inc., New York, NY, 218-219.

Flühler, H., Ardakani, M.S., and Stolzy, L.H. 1976. Error propagation in determining hydraulic conductivities from successive water content and pressure head profiles. *Soil Sci. Soc. Am. J.* 40: 830-836.

Hillel, D., Krentos, V.D., and Stylianou, Y. 1972. Procedure and test of an internal drainage method for measuring soil hydraulic characteristics *in situ*. *Soil Sci.* 114: 395-400.

Libardi, P.L., Reichardt, K., Nielsen, D.R., and Biggar, J.W. 1980. Simple field methods for estimating soil hydraulic conductivity. *Soil Sci. Soc. Am. J.* 44: 3-7.

Vachaud, G. and Dane, J.H. 2002. Instantaneous profile. In: J.H. Dane and G.C. Topp, eds. *Methods of Soil Analysis, Part 4-Physical Methods*. Soil Science Society of America, Madison, WI, 937-945.

（焦会青 译，李保国 校）

第84章 土壤水力学特性估算

F.J. Cook
Commonwealth Scientific and Industrial Research Organization
Indooroopilly, Queensland, Australia

H.P. Cresswell
Commonwealth Scientific and Industrial Research Organization
Canberra, Australian Capital Territory, Australia

84.1 引 言

土壤水力学特性测量对于水和溶质的运移、存储至关重要（见土壤水分分析的其他章节），同时，还具有高度的空间变异性与时间变异性。然而，直接测定有时并非可行，由于经费预算和时间限制，以及在测量上存在的实质性困难，例如，非饱和导水率中的干燥段。在这种情况下，唯一有效的方法是通过更多容易测量的参数来估算土壤水力学特性，例如，质地、容重、孔隙度和土壤脱水—吸水关系。虽然有时人们怀疑土壤水力学特性估算的严谨性（特别是在土壤水和溶质运移的建模与预测方面，如 Philip，1991，Addiscott，1993，Passioura，1996），但是它提供的方法克服了难以实现的困难。此外，还可以推测超出特定土壤条件之外的结果。

多年来，在饱和或者田间饱和导水率与含水量、土壤脱水曲线—吸水曲线、非饱和导水率关系的估算研究上（Mackenzie 和 Cresswell，2002）取得了很大进展。在这里，仅介绍几种完善和通用的方法，如 Cresswell 和 Paydar（1996）、Minasny 等（1999）、Saxton 等（1986）和 van Genuchten 等（1991）提出的估算方法。

84.2 土壤脱水—吸水关系

土壤水分特征曲线中土壤脱水曲线描述土壤水分的释放，而吸水曲线描述土壤水分的吸收。$\theta(\psi)$关系通常由经验、半经验函数或模型表示，描述土壤体积含水量 $\theta[\text{L}^3 \cdot \text{L}^{-3}]$ 随土壤孔隙水压力（土壤毛管水压力）或基质水头 $\psi(\text{L})$ 的变化而变化。

84.2.1 Brooks-Corey（1964）$\theta(\psi)$模型

修正的 Brooks 和 Corey（1964）函数是最通用的半经验 $\theta(\psi)$ 模型之一（Campbell，1974；Hutson 和 Cass，1987）：

$$\frac{\theta_i}{\theta_{\text{sat}}} = \frac{2b}{1+2b}; \ b > 0 \tag{84.1a}$$

$$\frac{\theta}{\theta_{\text{sat}}} = \left(\frac{|\psi|}{a}\right)^{-1/b}; \ a > 0; \ \theta \leq \theta_i; \ \psi \leq \psi_i < 0 \tag{84.1b}$$

$$\frac{\theta}{\theta_{sat}} = 1 - \frac{\psi^2\left(1 - \dfrac{\theta_i}{\theta_{sat}}\right)}{a^2\left(\dfrac{\theta_i}{\theta_{sat}}\right)^{-2b}}; \ \psi_i \leqslant \psi < 0 \tag{84.1c}$$

式中，$\theta_{sat}[L^3 \cdot L^{-3}]$ 为饱和或田间饱和土壤体积含水量；$a[L]$ 为类似于脱水曲线的进气压力水头或吸水曲线的进水压力水头的一个常量；b 为无量纲经验常数；(ψ_i, θ_i) 是脱水-吸水曲线（式（84.1a））上连接幂函数曲线（式（84.1b））和抛物线（式（84.1c））的拐点。这种形式的 Brooks-Corey 方程（1964）的优点在于避免了当$|\psi|=a$ 时数学上的不连续性。

根据式（84.1c）、（84.1a）中的参数主要通过三种方法求得。

（1）在适当范围内有含水量和基质水头数据，利用最小二乘法拟合式（84.1b）。

（2）在 $\theta(\psi)$ 曲线上只有两个间隔较大的数据点时，可以使用"两点法"。

（3）"替代数据法"，即参数来自其他土壤数据，如质地、容重、平均土粒密度等。

这些方法将在下文中做进一步介绍。

1. Brooks-Corey $\theta(\psi)$模型回归法

将式（84.1b）写成以下形式：

$$\lg \theta = -\frac{1}{b}\lg|\psi| + C_1; \ \theta \leqslant \theta_i; \ \psi \leqslant \psi_i \tag{84.2a}$$

其中，

$$C_1 = \lg \theta_{sat} + \frac{1}{b}\lg a \tag{84.2b}$$

描述了斜率为$-1/b$，y轴截距为C_1的一条直线。b 和 C_1 值可以从$\lg\theta$ 与 $\lg|\psi|$最小二乘回归方程中得到。当 b 已知时，θ_i 很容易从式（84.1a）中确定。考虑到式（84.1b）和式（84.2a）适用于 θ_i 和 ψ_i，那么可以通过重新排列式（84.2a）得到 ψ_i：

$$\lg|\psi_i| = -b(\lg \theta_i - C_1) \tag{84.2c}$$

进而转换式（84.1b）成以下形式，得到：

$$a = |\psi_i|\left(\frac{\theta_i}{\theta_{sat}}\right)^b \tag{84.2d}$$

计算实例见 84.4。

2. Brooks-Corey $\theta(\psi)$模型两点法（Cresswell 和 Paydar，1996）

通过下式估算 θ_{sat}：

$$\theta_{sat} = C_2\left(1 - \frac{\rho_b}{\rho_s}\right) \tag{84.3a}$$

式中，ρ_b (mg·m^{-3})为土壤样本的干容重，$\rho_s = 2.65$ mg·m^{-3} 为平均土粒密度，$C_2 = 0.93$ 为残留空气系数，它经常出现在饱和或田间饱和土壤中。

在式（84.1b）对应的范围内，测定样本脱水曲线-吸水曲线上两个间隔较大的数据点，即(ψ_1, θ_1)和(ψ_2, θ_2)满足ψ_1、$\psi_2 \leqslant \psi_i$，θ_1、$\theta_2 \leqslant \theta_i$。同时，假设在式（84.1b）的有效范围内，$\lg\theta$和$\lg\psi$几乎呈线性关系。

用以下公式计算b：

$$b = \frac{-\Delta x}{\Delta y} = \frac{-(\lg|\psi_1| - \lg|\psi_2|)}{\lg\theta_1 - \lg\theta_2} \quad (84.3b)$$

需要注意，b 是两个点之间直线斜率的负倒数（见图 84.1）。

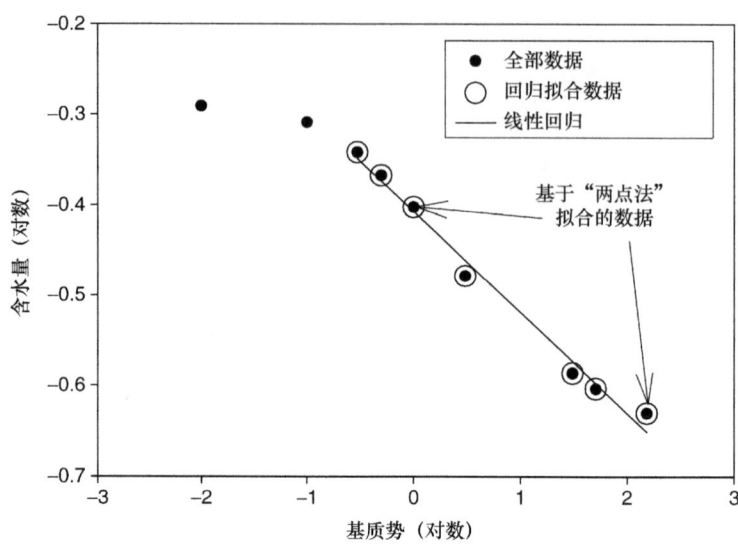

图 84.1　基于表 84.3 的土壤含水量(θ)与基质水头(ψ)的关系

图中给出了利用 Brooks-Corey 模型"回归法"和"两点法"的拟合结果。

将 θ_{sat} 和 b 代回式（84.1a），得到 θ_i。重新整理式（84.3b）为以下形式，计算得到 ψ_i：

$$\lg|\psi_i| = -b(\lg\theta_i - \lg\theta_1) + \lg|\psi_1| \quad (84.3c)$$

数据点（ψ_1，θ_1）在式（84.1b）的有效范围内。

计算实例见 84.4。

3. Brooks-Corey $\theta(\psi)$ 模型替代数据法（Saxton 等，1986）

Saxton 等（1986）的替代数据法是基于土壤质地的经验回归关系。式（84.1a）至式（84.1c）中的参数 θ_{sat}、b 和 a 计算如下：

$$\theta_{sat} = A + B(\text{Sa}) + D\ln\text{Cl} \quad (84.4a)$$

$$b = E + F(\text{Cl})^2 + G(\text{Sa})^2(\text{Cl}) \quad (84.4b)$$

$$a = 100\exp[H + I(\text{Cl}) + I(\text{Sa})^2 + L(\text{Sa})^2(\text{Cl})]/\theta_{sat}^b \quad (\text{kPa}) \quad (84.4c)$$

式中，A、B、D、E、F、G、H、I、L 是无量纲经验系数（见表 84.1），Cl 是土壤样本中的黏粒（直径 <2 μm）质量百分比，Sa 是土样中砂粒质量百分比（粒径介于 0.05～2 mm）。需要注意的是，此处砂粒粒径范围按照 USDA 系统划分，区别于英国系统（英国标准系统 1984）和澳大利亚系统。（在之后的算例中给出了质地调整方法，见表 84.4）。同样地，注意式（84.4c）中 a 的单位是 kPa。

表 84.1　采用 Saxton 等（1986）土壤质地法确定 Brooks-Corey $\theta(\psi)$ 模型所用的参数

参数	值	参数	值	参数	值
A	0.332	F	2.22×10^{-3}	J	-4.880×10^{-4}
B	-7.251×10^{-4}	G	3.484×10^{-5}	L	-4.285×10^{-5}
D	0.055 5	H	-4.396		
E	3.140	I	$-0.075\ 1$		

其中，$M=-0.108$，$N=0.341$ 是无量纲经验系数。

也可以通过以下方法计算 a：

$$a = 100(M + N\theta_{\text{sat}}) \tag{84.4d}$$

需要注意的是，根据式（84.4d）、式（84.4a）仅在以下条件成立时适用：土壤中的黏粒含量介于 5%~60%，砂粒含量超过 5%（Saxton 等，1986）。其中，含量百分比以质量计算。

计算实例见 84.4。

84.2.2　van Genuchten（1980）$\theta(\psi)$ 模型

van Genuchten（1980）拟经验函数估算 $\theta(\psi)$ 如下：

$$\theta = \theta_{\text{r}} + \frac{\theta_{\text{sat}} - \theta_{\text{r}}}{[1 + (a_{\text{v}} |\psi|)^n]^m} \tag{84.5a}$$

式中，$a_{\text{v}}[\text{L}^{-1}]$ 是与进气值或进水值有关的经验参数，$\theta_{\text{sat}}[\cdot \text{L}^3 \cdot \text{L}^{-3}]$ 是饱和或田间饱和体积含水量，$\theta_{\text{r}}[\text{L}^3 \cdot \text{L}^{-3}]$ 是残余体积含水量，m 和 n 是无量纲经验常数。

1. van Genuchten $\theta(\psi)$ 的回归法

如果有 $\theta(\psi)$ 实测数据，利用 RETC 程序（van Genuchten 等，1991）就能通过非线性最小二乘优化方法来确定式（84.5a）的参数。该程序包含各类型拟合选项，包括 a_{v}、m 和 n 的独立拟合，分别设置 $m=1-(1/n)$ 和 $m=1-(2/n)$。参数 θ_{sat} 和 θ_{r} 可以输入特定值，也可以由拟合得到。

计算实例见 84.4。

2. van Genuchten $\theta(\psi)$ 的数据替代法

当前，已经开发出许多从土壤替代数据获取式（84.5a）中参数的方法。其中较新且应用较多的方法包括 ROSETTA 数据分析系统（Schaap，1999），它是基于全球尺度（主要是北美）的 UNSODA 数据库（Leij 等，1999）开发的分析系统。Minasny 等（1999）的算法是基于澳大利亚土壤。Rajkai 等（2004）的算法是基于匈牙利土壤。对 ROSETTA 和 Minasny 的方法描述如下。

3. ROSETTA 模型

ROSETTA 可以估算 K_{sat}、van Genuchten $\theta(\psi)$ 和 $K(\psi)$ 模型中的参数。它采用含有 5 个土壤传递函数（PTFs）的分级系统，对有效的土壤数据进行预测，即 PTF1：只有土壤质地类型；PTF2：只有土壤质地数据（砂粒、粉粒、黏粒的质量百分比）；PTF3：土壤质地和容重；PTF4：土壤质地和容重，加上基质水头-3.3m 对应的体积含水量；PTF5：土壤质地和容重，加上基质水头-3.3m 和-150m 对应的体积含水量。分级系统法的主要优势在于，最大限度地利用有效数据。对 PTF1 进行简单地查表（基于 UNSODA 数据库），为每一个 USDA 中的土壤质地提供具有代表性的"类平均"水力学参数。而 PTF2—PTF5 使用神经网络方法，为每一个更高级别的 PTF 提供更准确的预测（理论上），因为它包含了大量的土壤信息。同时，也进行了各参数的不确定估计，这样可以对预测结果的可靠性进行评价。

计算案例见 84.4。

4. Minasny 等（1999）模型

McKenzie 和 Cresswell（2002）对 Minasny 等（1999）的方法进行改进，得到：

$$\theta_{\text{r}} = A_{\text{v}}(\text{Cl}) + B_{\text{v}}(\text{PWP}) + D_{\text{v}}(\text{Si}) + E_{\text{v}} \tag{84.5b}$$

$$\theta_{\text{sat}} = F_{\text{v}}(\text{Cl}) + G_{\text{v}}(\text{POR}) \tag{84.5c}$$

$$\alpha_{\text{v}} = H_{\text{v}} + I_{\text{v}} d_{\text{g}} \tag{84.5d}$$

$$n = J_{\text{v}} + L_{\text{v}} \sigma_{\text{g}} \tag{84.5e}$$

式中，Cl 为土壤样本中黏粒质量百分比（直径<2μm）；Si 为土壤样本中的粉粒质量百分比（2~20μm）；POR[$L^3 \cdot L^{-3}$]为土壤孔隙度；PWP[$L^3 \cdot L^{-3}$]为 ψ=-150m 时永久萎蔫点的含水量；d_g(mm)为粒径的几何平均值；σ_g(mm)为粒径分布的标准差。表 84.2 给出了 3 种不同估算方法"ENR2""ENR6""ENR7"（McKenzie 和 Cresswell，2002）的其他参数。

表 84.2 对 Minasny 等（1999）改进后的 McKenzie 和 Cresswell（2002）中用到的参数值，用于估算 van Genuchten（1980）经验方程 $\theta(\psi)$

参数	ENR2	ENR6	ENR7	ENR7 的土壤质地
A_v	-0.000 92	0.004 27	-0.001 56	—
B_v	1.177 48	0	1.223 33	—
D_v	0	0.002 67	0	—
E_v	0	-0.007 33	0	—
F_v	0.001 12	0.001 1	0.001 49	—
G_v	0.833 1	0.826 07	0.818 51	—
H_v	0.156 1	0.136 1	0.098 4	砂
			0.178 7	壤
			0.318 6	黏
I_v	1.704 6	1.692 9	1.560 7	砂
			0.415 2	壤
			18.136 3	黏
J_v	1.397 8	1.406 2	1.499	砂
			1.337 3	壤
			1.243 3	黏
L_v	0.002 7	-0.00 5	-0.002 4	砂
			0.005 3	壤
			0.001 56	黏

d_g 和 σ_g 由以下公式可得

$$d_g = \exp(a_p); \quad i = 1, 2, 3, \cdots, T$$

$$a_p = 0.01 \sum_{i=1}^{T} f_i \ln W_i \tag{84.5f}$$

和

$$\sigma_g = \exp(b_p)$$

$$b_p = \sqrt{0.01 \sum_{i=1}^{T} \ln^2 W_i - a_p^2} \tag{84.5g}$$

式中，T 是土壤粒度分级数，f_i 是粒径≤W_i(mm)的土粒总量的百分比。

此时，应该注意到表 84.2 中的 3 种估算方法（ENR2、ENR6 和 ENR7），一般会得到类似的参数值。还应该注意 UNSODA 数据库和 ROSETTA 可能更适用于加拿大土壤，因为 Minasny 等（1999）模型仅仅适用于澳大利亚土壤。计算案例见 84.4。

84.3 非饱和导水率

非饱和导水率描述的是土壤导水率 $K[\text{L} \cdot \text{T}^{-1}]$ 随土壤体积含水量 $\theta[\text{L}^3 \cdot \text{L}^{-3}]$ 或基质水头 $\psi(\text{L})$ 的变化关系。$K(\theta)$ 和 $K(\psi)$ 关系通常用经验模型或拟经验模型来描述,因为直接测量难度较大且耗时较长。对于较小的 θ 和 ψ,直接测量可能非常不精确(甚至不可能)。

84.3.1 Brooks-Corey(1966)$K(\theta)$ 模型

Brooks 和 Corey(1966)$K(\theta)$ 函数改进后的形式(Campbell,1974)为

$$K(\theta) = K_{\text{sat}} \left(\frac{\theta}{\theta_{\text{sat}}} \right)^{2b+3} \tag{84.6}$$

式中,$K_{\text{sat}}[\text{L} \cdot \text{T}^{-1}]$ 是饱和或田间饱和导水率,$\theta_{\text{sat}}[\text{L}^3 \cdot \text{L}^{-3}]$ 是饱和或田间饱和土壤含水量,b 是式(84.1a)和式(84.1b)中的无量纲经验常数。

对于式(84.6)最直接的应用就是插入 K_{sat}、θ_{sat} 和 b 的测量值或计算值,b 是由相应的 Brooks-Corey $\theta(\psi)$ 式(84.1)确定的。然而,K_{sat} 对土壤大孔隙、土壤质地和土壤结构极为敏感,通常具有高度变异性,因此 K_{sat} 可能给方程 $K(\theta)$ 带来相当大的不确定性。Bruce(1972)提出使用稍低于基质水头的 K 值,而不是 K_{sat},这样可以获得更好的结果。Rawls 等(1982)发现,式(84.6)不能很好地拟合普通土壤质地类型的导水率数据,而 Saxton 等(1986)推荐使用基于质地的方程:

$$K(\theta) = k \left\{ \exp \left[\beta + \gamma(\text{Sa}) + \frac{\delta + \varepsilon(\text{Sa}) + \varphi(\text{Cl}) + \lambda(\text{Cl}^2)}{\theta} \right] \right\} \tag{84.7}$$

式中,

$k = 2.778 \times 10^{-6} \text{m} \cdot \text{s}^{-1}$

$\beta = 12.012$

$\gamma = -0.0755$

$\delta = -3.895$

$\varepsilon = 0.03671$

$\varphi = -0.1103$

$\lambda = 8.8546 \times 10^{-4}$

Sa 和 Cl 分别是砂粒和黏粒在土壤中的质量百分比。

一些学者通过观察土壤结构、土壤大孔隙的数量和大小等土壤形态,估计 K_{sat} 的可能范围(极值)(McKeague 等,1984;McKenzie 等,1991;Griffiths 等,1999)。从应用角度来讲,这种方法可能对情景测试和判读模型输出最有用。应该注意,虽然基于形态学的估算成本较低,但是获得的形态学数据所需的工作量通常大于 K_{sat} 的测量。

Saxton 等(1986)方法的计算案例见 84.4。

84.3.2 Mualem-van Genuchten $K(\theta)$ 和 $K(\psi)$ 模型

Mualem(1976)发展了一种方法,通过整合土壤脱水-吸水函数,来预测非饱和土壤导水率。将这种方法结合 van Genuchten(1980)$\theta(\psi)$ 模型,得:

$$K(\theta) = K_{sat}\Theta^{l}\left[1-\left(1-\Theta^{\frac{1}{m}}\right)^{m}\right]^{2}$$

$$\Theta = \frac{\theta - \theta_{r}}{\theta_{sat} - \theta_{r}} \tag{84.8}$$

同时，

$$K(\psi) = K_{sat}\frac{[(1+|\alpha_{v}\psi|^{n})^{m}-|\alpha_{v}\psi|^{(n-1)}]^{2}}{[1+|\alpha_{v}\psi|^{n}]^{m(l+2)}} \tag{84.9}$$

式中，$\alpha_{v}[L^{-1}]$是与进水或进气值相关的经验参数，l是无量纲孔隙连通性参数，n和m是无量纲经验常数，van Genuchten 参数（θ_{r}、θ_{sat}、α_{v}、n和m）可以通过 RETC 程序拟合数据获得，或通过土壤传递函数的 ROSETTA 系统估算得到。

Mualem（1976）基于 45 组数据分析提出 $l=0.5$。然而，随后的研究表明，l 往往是依土壤而定。对于特定模型-数据拟合，可以通过以下方法评估 $l=0.5$ 的假设是否合适：计算 $K(\theta_{FC})$ 或 $K(\psi_{FC})$（分别通过式（84.8）或者式（84.9）），并将结果与"全局"田间持水量的水力学传导系数 $K_{FC}=1\times10^{-8}$m·s^{-1}（N. Huth）进行对比。如果计算出的 K 值远远大于或小于 K_{FC}（例如，超出一个数量级），那么 $l=0.5$ 的假设无效。如果 θ_{FC} 或 ψ_{FC} 是已知、估算或者假设的，那么可以计算出一个较适合的 l 值。在这种情况下，l 可以通过重新整理式（84.8）获得：

$$l = \frac{\ln\left\{\dfrac{K_{FC}}{K_{sat}[1-(1-\Theta_{FC}^{1/m})^{m}]^{2}}\right\}}{\ln\Theta_{FC}}$$

$$\Theta_{FC} = \frac{\theta_{FC} - \theta_{r}}{\theta_{sat} - \theta_{r}} \tag{84.10}$$

或通过重新整理的式（84.9）

$$l = \frac{1}{m}\frac{\ln\{K_{sat}[(1+|\alpha_{v}\psi_{FC}|^{n})^{m}-|\alpha_{v}\psi_{FC}|^{n-1}]^{2}/K_{FC}\}}{\ln(1+|\alpha_{v}\psi_{FC}|^{n})} \tag{84.11}$$

式中，用 K_{FC} 代替式（84.10）中的 $K(\theta_{FC})$ 或式（84.11）中的 $K(\psi_{FC})$。我们既可以选择使用现有的 α_{v}、n、m 值和新的 l 值，也可以使用新的 l 值重新拟合 van Genuchten 模型得到校正的 α_{v}、n 和 m 值。一旦当 K 降至约 1×10^{-8}m·s^{-1}（$\approx$1mm·day^{-1}）时，土壤从饱和状态排水就基本停止（变得可以忽略不计），因此 $K_{FC}=1\times10^{-8}$m·s^{-1} 是合理的。

当 $\theta(\psi)$ 和 $K(\theta)$ 数据同时输入时，由 RETC 拟合的 $K(\theta)$ 和 $K(\psi)$ 的参数 m、n 和 α_{v} 更加可靠。

当物理参数有限时，ROSETTA 可以用于估算 K_{sat}，但是这种估算通常具有高度的不确定性。如果只有质地数据可用，那么 UNSODA 或式（84.7）可以用来估算 K_{sat}。

例证计算部分见 84.4。

84.4 计　　算

算例中使用的脱水、容重、导水率和质地数据（见表 84.3 和表 84.4）来自一种酸性的、氧化还原的水成土壤（澳大利亚土壤分类体系；Isbell，1996）。土壤质地为，0~30cm 层为黏壤土，30~90cm 层为砂质黏土，90cm 以下为粉质黏土。2~7cm 为一层进行数据采集。

注意：下面的算例仅用于说明，不是各方法之间的比较。

表84.3　2~7cm层黏壤土 $\theta(\psi)$，ρ_b=1.03mg·m^{-3}，ρ_s=2.65 mg·m^{-3}，K_{sat}=1.7×10^{-5}m·s^{-1}

ψ(m)	lg$|\psi|$	θ(m^3·m^{-3})	lgθ
−0.01	−2	0.512	−0.291
−0.1	−1	0.491	−0.309
−0.3	−0.522 88	0.455	−0.342
−0.5	−0.301 03	0.429	−0.367
−1	0	0.396	−0.402
−3.06	0.485 721	0.332	−0.479
−30.6	1.485 721	0.259	−0.587
−51	1.707 57	0.249	−0.604
−153	2.184 691	0.234	−0.631

资料来源：Cook, F.J., Dobos, S.K., Carlin, G.D.和Millar, G.E. *Aust. J. Soil Res.*, 42, 499, 2004.

表84.4　2~7cm层黏壤土颗粒组成

土壤质地	粒径范围(mm)	重量百分比
粗砂粒	0.2~2	8.4%
细砂粒	0.02~0.2	43.2%
粉粒	0.002~0.02	27.9%
黏粒	<0.002	20.6%

资料来源：Cook, F.J., Dobos, S.K., Carlin, G.D.,和Millar, G.E. *Aust. J. Soil Res.*, 42, 499, 2004.

84.4.1　Brooks-Corey $\theta(\psi)$和 $K(\theta)$函数

1. 回归法

通过土壤容重 ρ_b、土粒密度 ρ_s（见表84.3）及式（84.3a）对 θ_{sat} 进行估算：

$$\theta_{sat}=0.93\times[1-(1.03/2.65)]=0.569 \tag{84.12}$$

b 值由式（84.2a）获得，其中数据点符合 $\psi \leqslant \psi_i$（见图84.1）。回归方程的斜率为 $-1/b=-0.112$，截距 $C_1=-0.407$，回归系数 $R^2=0.988$。因此 $b=8.929$，θ_i 由式（84.1a）计算可得

$$\theta_i=0.569\times2\times8.929/(1+2\times8.929)=0.539 \tag{84.13}$$

将 θ_i 值代入式（84.2c）获得 ψ_i 值：

$$\lg|\psi_i|=-8.929\times[\lg 0.539-(-0.407)]=-1.237\,5 \tag{84.14a}$$

$$\psi_i=-0.057\,9\text{m} \tag{84.14b}$$

与将计算得到的 b、θ_i、θ_{sat}、ψ_i 代入式（84.2d）得到 a 值：

$$a=0.057\,9(0.539/0.569)^{8.929}=0.035\,7\text{m} \tag{84.15}$$

将 K_{sat}、θ_{sat} 和 b 代入式（84.6）可以得到导水率函数 $K(\theta)$：

$$K(\theta)=1.7\times10^{-5}(\theta/0.569)^{(2\times8.929+3)}=2.179\theta^{20.858}\text{m}\cdot\text{s}^{-1} \tag{84.16}$$

2. 两点法

根据式（84.3a）和表84.3中的数据计算 θ_{sat}：

$$\theta_{sat}=0.93\times[1-(1.03/2.65)]=0.569 \tag{84.17}$$

根据式（84.3b）和表84.3 中的两个合适的数据点计算 b 值。例如，$(\psi_1,\theta_1)=(-1\text{m},0.396)$和

$(\psi_2, \theta_2) = (-153\text{m}, 0.234)$：

$$b = \frac{-(\lg|-1|-\lg|-153|)}{\lg 0.396 - \lg 0.234} = 9.562 \tag{84.18}$$

通过式（84.1a）及 θ_{sat} 和 b 的计算值得出 θ_i：

$$\theta_i = 0.567 \times 2 \times 9.562/(1 + 2 \times 9.562) = 0.541 \tag{84.19}$$

根据式（84.3c）和表 84.3 中的一个合适的数据点来计算 ψ_i。例如，$(\psi_1, \theta_1) = (-1\text{m}, 0.396)$：

$$\lg|\psi_i| = -9.562(\lg 0.541 - \lg 0.396) + \lg|-1| = -1.295\,7$$

$$\psi_i = -0.050\,6 \tag{84.20}$$

将 ψ_i、θ_i 和 b 值回代到式（84.2d），可以计算出 a 值：

$$a = 0.050\,6 \times (0.541/0.569)^{9.562} = 0.031\,2\text{m} \tag{84.21}$$

将 K_{sat}、θ_{sat} 和 b 的值代入式（84.6），就可以得到导水率函数 $K(\theta)$：

$$K(\theta) = 1.7 \times 10^{-5} (\theta/0.569)^{(2 \times 9.562 + 3)} = 4.450\theta^{22.124} \tag{84.22}$$

在图 84.2 中对比了根据回归法和两点法得到的 Brooks-Corey $K(\theta)$ 函数。

3. Saxton 等（1986）替代数据法

为了使用 Saxton 等（1986）基于质地的方法，必须将粉-砂边界移动到 USDA（美国农业部）系统的 0.05mm。通过对表 84.4 中的数据插值获得，结果是粉粒含量 $S_i = 45.0\%$，砂粒含量 $S_a = 34.4\%$，黏粒含量 $Cl = 20.6\%$。Brooks-Corey 模型 $\theta(\psi)$ 的参数（式（84.4a）至式（84.4c））如下：

$$\theta_{\text{sat}} = 0.332 + (-7.251 \times 10^{-4}) \times 34.4 + 0.055\,5 \ln 20.6 = 0.475 \tag{84.23}$$

$$b = 3.140 + 2.22 \times 10^{-3} \times 20.6^2 + 3.484 \times 10^{-5} \times 34.4^2 \times 20.6 = 4.93 \tag{84.24}$$

$$a = 100 \exp[-4.396 + (-0.071\,5 \times 20.6) + (-4.880 \times 10^{-4})$$
$$+ (-4.285 \times 10^{-5} \times 34.4^2 \times 20.6)]/0.475^{4.93} = 2.19\text{kPa} \tag{84.25}$$

或者，根据式（84.4d）：

$$a = 100 \times (-0.108 + 0.341 \times 0.475) = 5.40\text{ kPa} \tag{84.26}$$

通过式（84.1a）获得 θ_i 的值：

$$\theta_i = 0.475 \times 2 \times 4.93/(1 + 2 \times 4.93) = 0.431 \tag{84.27}$$

通过式（84.2d）获得 ψ_i 的值：

$$|\psi_i| = 2.19 \times (0.431/0.475)^{-4.93} = 0.354\text{m（使用式（84.25））} \tag{84.28}$$

或：

$$|\psi_i| = 5.40 \times (0.431/0.457)^{-4.93} = 0.872\text{m（使用式（84.26））} \tag{84.29}$$

通过式（84.7）估算导水率函数 $K(\theta)$：

$$K(\theta) = 2.778 \times 10^{-6} \{\exp[12.012 + (-0.0755 \times 34.4) + (-3.895) + 0.0367\,1 \times 34.4$$
$$+ (-0.110\,3 \times 20.6) + (8.854\,6 \times 10^{-4} \times 20.6^2)/\theta]\}$$
$$= 2.778 \times 10^{-6} \{\exp[9.415\,t + (-4.5286/\theta)]\}\text{m} \cdot \text{s}^{-1} \tag{84.30}$$

代入 θ_{sat} 可以估算出 K_{sat}：

$$K_{\text{sat}} = 2.778 \times 10^{-6} \{\exp[9.415\,t + (-4.528\,6/0.475)]\}\text{m} \cdot \text{s}^{-1}$$
$$= 2.47 \times 10^{-6}\text{ m} \cdot \text{s}^{-1} \tag{84.31}$$

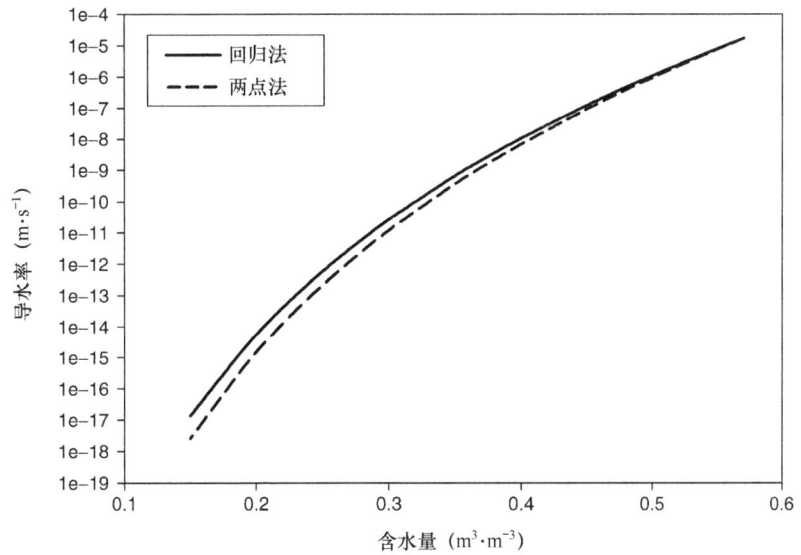

图 84.2 Brooks-Corey 模型模拟的导水率与含水量关系曲线（见式（84.6））

84.4.2 van Genuchten $\theta(\psi)$、$K(\theta)$ 和 $K(\psi)$ 函数

1. RETC 最小二乘拟合

RETC 程序 6.0 版本是 USDA 的免费软件，可以从美国盐土实验室（2006）网站免费下载，还可以下载到使用手册。

通过该程序拟合式（84.5a），数据在表 84.3 中，拟合参数是 θ_r、θ_{sat}、n、m 和 a_v。拟合的参数值见表 84.5，相关的 RETC 输入输出文件见附件 84.1。RETC 拟合效果很好，回归系数 R^2=0.997。为了对比，限定 $m=1-(1/n)$，再次运行 RETC，得到略有差异的参数值和更好的拟合结果，R^2=0.999 6（见表 84.5）。然而，两组拟合曲线 $\theta(\psi)$ 事实上无法区分（见图 84.3）。

表 84.5 由 RETC 得到的 van Genuchten θ-ψ-K 函数参数和 R^2

参数、K_{sat}、R^2	5 个参数拟合值	设定 $m=1-(1/n)$ 拟合 4 个参数
θ_r(m^3·m^{-3})	0.211	0.194
θ_{sat}(m^3·m^{-3})	0.515	0.511
N	1.034	1.331
M	0.428	不可用
a_v(m^{-1})	2.255	3.71
K_{sat}(m·s^{-1})	2.9×10^{-6}	2.9×10^{-6}
R^2	0.999 8	0.999 6

为了确保找到目标函数的全局最小值，RETC 需要采用不同的初始值进行多次计算。

估算的 K_{sat} 值为 2.9×10^{-6} m·s^{-1}，小于测量值 1.7×10^{-5} m·s^{-1}。附录中 K 的预测值可以根据 K_{sat} 实测值与预测值的比例（1.7×10^{-5}/2.9×10^{-6}=5.86）进行调整，进而获得基于实测 K_{sat} 的预测值。按比例测量后，田间持水量基质水头（ψ_{FC}=-1m）对应的 $K(\psi_{FC})$=2.1×10^{-8} m·s^{-1}。因为该值近似于推荐的田间持水量导水率 K_{FC}=1×10^{-8} m·s^{-1}（见上），所以在 van Genuchten 模型中假设 l=0.5 适用于该土壤。

然而，如果直接使用 K_{sat}=2.9×10^{-6}m·s^{-1}，那么根据相应的 van Genuchten 函数计算出 $K(\psi_{FC})$=3.5×10^{-9}m·s^{-1}，这几乎是低于 K_{FC} 3 倍。为了更好地说明，下面通过式（84.10）和式（84.11）获得校正后的 l 值。

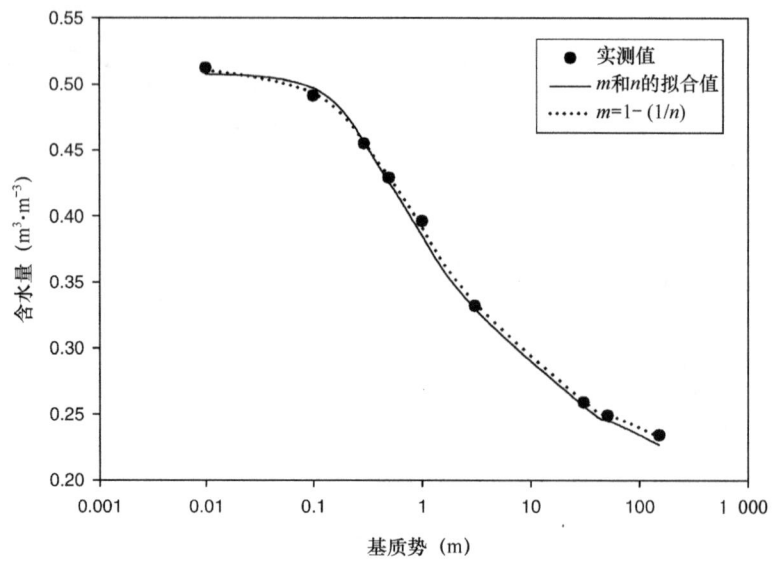

图84.3 采用van Genuchten模型及RETC预测土壤含水量(θ)与基质水头(ψ)的关系（见表84.3）

其中实线为分别拟合m和n的结果，虚线为设定$m=1-(1/n)$的拟合结果。

使用表84.5右侧一列的4个拟合参数，m值计算如下：

$$m=1-(1/n)=1-(1/1.331)=0.249$$

通过式（84.5a）获得θ_{FC}：

$$\theta_{FC} = 0.194 + \frac{0.511-0.194}{[1+(3.71|-1|)^{1.331}]^{0.249}} = 0.391$$

同时，相对田间持水量θ_{FC}计算如下：

$$\theta_{FC}=(\theta_{FC}-\theta_r)/(\theta_{sat}-\theta_r)=(0.391-0.194)/(0.411-0.194)=0.621$$

通过式（84.10），计算出参数l：

$$l = \frac{\ln\{1\times10^{-8}/[2.9\times10^{-6}(1-(1-0.621^{1/0.249})^{0.249})^2]\}}{\ln 0.621} = -1.720$$

它与通常假设的l值0.5截然不同。通过式（84.11）也得到相同的l值。

如果将表84.5左侧一列的5个拟合参数用在与之前相同的田间持水量，那么式（84.11）可以得到

$$l = \frac{1}{0.428}\frac{\ln\left\{2.9\times\frac{10^{-6}[(1+|(2.255)(-1)|^{1.034})^{0.428}-|(2.255)(-1)|^{0.034}]^2}{1.0}\times10^{-8}\right\}}{\ln[1+|2.255\times(-1)|^{1.034}]} - 2 = 7.32$$

然而，式（84.10）得出$l=3.45$。式（84.10）和式（84.11）在这种情况下得出不同的l值，因为m和n都是由土壤脱水数据拟合得到的，也就是说这时的m是独立于n的。然而，正如以上示例所示，l的计算值不等同于假设值0.5。

2. 替代数据法

（1）ROSETTA方法

ROSETTA中PTF2—PTF5土壤传递函数是根据输入的四个不同级别的数据来确定van Genuchten模型中的参数。也就是说，PTF2：只有土壤机械组成（砂粒、粉粒和黏粒含量%-SSC）；PTF3：土壤机械组成和容重(ρ_b)；PTF4：土壤机械组成和容重，以及基质水头-3.3m对应的体积含水量；PTF5：颗粒组成和容重，以及基质水头-3.3m和-150m对应的体积含水量。对于这些运算，通过对表84.3中对数变换的体积含水量和基质水头进行插值，得到$\theta_{3.3}=0.328$。

需要注意，表 84.6 中的一些参数对预测水平相对不敏感（例如，θ_r、θ_{sat} 和 n），然而，对其他参数高度敏感（例如，a_v、K_{sat}）。尽管所有拟合与 RETC 拟合非常接近（见图 84.3），van Genuchten 模型的预测结果（见图 84.4）变化较大。但是随着 ROSETTA 预测水平的提升，模型数据拟合效果逐渐提高。

表 84.6 使用 ROSETTA 中的 PTF2—PTF5 估算 van Genuchten θ-ψ-K 参数

参数	PTF2 砂粒、粉粒、黏粒（SSC）	PTF3 SSC+ρ_b	PTF4 SSC+ρ_b+$\theta_{3.3}$	PTF5 SSC+ρ_b+$\theta_{3.3}$+θ_{150}
θ_r(m^3·m^{-3})	0.062	0.07	0.06	0.109
θ_{sat}(m^3·m^{-3})	0.394	0.513	0.516	0.548
n	1.383	1.454	1.306	1.287
a_v(m^{-1})	2.05	1.36	1.72	5.17
K_{sat}(m·s^{-1})	1.69×10^{-6}	1.12×10^{-5}	1.70×10^{-5}	1.82×10^{-5}

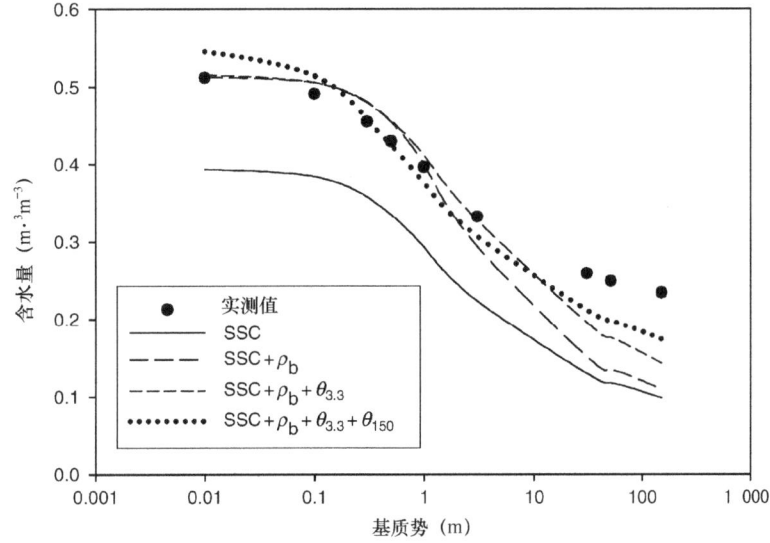

图 84.4 基于 ROSETTA 替代数据系统和表 84.6 中的参数值，使用 van Genuchten 模型预测土壤含水量(θ)与基质水头(ψ)的关系（见表 84.3）

SSC：砂粒、粉粒和黏粒的质量百分比；ρ_b：容重；$\theta_{3.3}$：基质水头-3.3m 对应的体积含水量；θ_{150}：基质水头-150m 对应的体积含水量。

（2）Minasny 等方法

Minasny 等（1999）方法也被用来估算 van Genuchten 参数（见表 84.7）。表 84.3 和表 84.4 提供所需的土壤数据：

$$d_g = 0.142\text{mm} \tag{84.32}$$

$$\sigma_g = 1.806 \tag{84.33}$$

$$\text{POR} = [1-(\rho_b/\rho_s)] = 0.611 \tag{84.34}$$

表 84.7 采用 Minasny 等（1999）方法获得的 van Genuchten 参数所需的
土壤数据来自表 84.3 和表 84.4，Minasny 系数，来自表 84.2

参数	ENR2	ENR6	ENR7
θ_r(m^3·m^{-3})	0.257	0.155	0.254
θ_{sat}(m^3·m^{-3})	0.533	0.529	0.532
n	1.403	1.397	1.494
a_v(m^{-1})	0.189	0.168	0.128

需要注意的是，尽管该例中各种估算方法的参数值近似（见表 84.7），但是在其他情况下各估算方法的参数值可能存在实质上的不同。

84.5 注　释

（1）通过 RETC 最小二乘优化法拟合 van Genuchten K-θ-ψ-模型，可以最精确地拟合数据得到最好的拟合效果（见图 84.3），所以该方法被广泛采用。但是 van Genuchten-RETC 系统并非一直适用，当 van Genuchten-RETC 系统不可用时，其他模型和拟合方法有时可以得到很好的结果（或至少可以接受）。

（2）使用数据替代法估算 K-θ-ψ 关系其实一直是"有风险"的。如图 84.4 所示，只有当数据不足时才选择这种方法。此外，这些方法非常依赖土壤数据——这里介绍的主要基于北美和澳大利亚土壤。因此，使用数据替代法得到的 K-θ-ψ 关系，应该仅仅作为参考（图 84.4 显而易见）。替代数据法的一个非常重要的特点就是，当没有其他选择时，可以为水-溶质运移模型提供水力学参数。

参 考 文 献

Addiscott, T.M. 1993. Simulation modelling and soil behaviour. *Geoderma* 60: 15-40.

British Standards Institution.1984. Methods for determination of particle size distribution, Part 2-Recommendations for gravitational liquid sedimentation methods for powders and suspensions, BSI: London.

Brooks, R.H. and Corey, A.T. 1964. Hydraulic properties of porous media. Hydrology Paper 3, Civil Engineering Department, Colorado State University, Fort Collins, CO.

Brooks, R.H. and Corey, A.T. 1966. Properties of porous media affecting fluid flow. *J. Irrig. Drainage Div.* 92: 61-88.

Bruce, R.R. 1972. Hydraulic conductivity evaluation of the soil profile from soil water retention relations. *Soil Sci. Soc. Am. J.* 36: 555-561.

Campbell, G.S. 1974. A simple method for deter- mining unsaturated hydraulic conductivity from moisture retention data. *Soil Sci.* 117: 311-314.

Cook, F.J., Dobos, S.K., Carlin, G.D., and Millar, G.E. 2004. Oxidation rate of pyrite in acid sulfate soils: In situ measurements and modelling. *Aust. J. Soil Res.* 42: 499-507.

Cresswell, H.P. and Paydar, Z. 1996. Water retention in Australian soils. I. Description and prediction using parametric functions. *Aust. J. Soil Res.* 34: 195-212.

Griffiths, E., Webb, T.H., Watt, J.P.C., and Singleton, P.L. 1999. Development of soil morphological descriptors to improve field estimation of hydraulic conductivity. *Aust. J. Soil Res.* 37: 971-982.

Hutson, J.L. and Cass, A. 1987. A retentivity function for use in soil water simulation models. *J. Soil Sci.* 38: 105-113.

Isbell, R.F. 1996. The Australian Soil Classification.CSIRO Publishing: Collingwood, Victoria, Australia.

Leij, F.J., Alves, W.J., van Genuchten, M.Th., and Williams, J.R. 1999. The UNSODA unsaturated soil hydraulic conductivity database. In Users Manual version1. USEPA, EPA/600/R-96/095.

McKeague, J.A., Eilers, R.G., Thomasson, A.J., Reeve, M.J., Bouma, J., Grossman, R.B., Favrot, J.C., Renger, M., and Strebel, O. 1984. Tentative assessment of soil survey approaches to the char- acterisation and interpretation of air-water properties of soils. *Geoderma* 34: 69-100.

McKenzie, N.J. and Cresswell, H.P. 2002.Estimating soil physical properties using readily available data. In: N.J. McKenzie, K.I. Coughlan and H.P. Cresswell, eds. *Soil Physical Measurementand Interpretation for Land Evaluation.* CSIRO Publishing. Melbourne, Victoria, Australia, 292-316.

McKenzie, N.J., Smettem, K.R.J., and Ringrose-Voase, A.J. 1991. Evaluation of methods for inferring air and water properties of soils from field morphology. *Aust. J. Soil Res.* 29: 587-602.

Minasny, B., McBratney, A.B., and Bristow, K.L. 1999. Comparison of different approaches to the development of pedotransfer functions for water-retention curves. *Geoderma* 93: 225-253.

Mualem, Y. 1976. A new model for predicting the hydraulic conductivity of unsaturated porous media. *Water Resour. Res.* 12: 513-522.

Passioura, J.B. 1996. Simulation models: Science, snake oil, education, or engineering. *Agronomy J.* 88: 690-694.

Philip, J.R. 1991. Soils, natural science, and models. *Soil Sci.* 151: 91-98.

Rajkai, K., Kabos, S., and van Genuchten, M.Th. 2004. Estimating the water retention curve from soil properties: comparison of linear, nonlinear and concomitant variable methods. *Soil Till. Res.* 79: 145-152.

Rawls, W.J., Brakensiek, D.L., and Saxton, K.E. 1982. Estimation of soil water properties. *Trans. ASAE* 25: 1316-1320, 1328.

Saxton, K.E., Rawls, W.J., Romberger, J.S., and Papendick, R.I. 1986. Estimating generalized soil-water characteristics from texture. *Soil Sci. Soc. Am. J.* 50: 1031-1036.

Schaap, M.J. 1999. Rosetta 1.0.http://www.ussl.ars.usda.gov/MODELS/rosetta/rosetta.htm.(Accessed April 2006).

US Salinty Laboratory.2006. Web site.www.ussl.ars.usda.goc/models/modelsmenu.htm.(Accessed July 2006).

van Genuchten, M.Th. 1980. A closed-form equation for predicting the hydraulic conductivity of unsaturated soils. *Soil Sci. Soc. Am. J.* 44: 892-898.

van Genuchten, M.Th., Leij, F.J., and Yates, S.R. 1991. The RETC Code for Quantifying the Hydraulic Functions of Unsaturated Soils, Version 1.0.EPA Report 600/2-91/065, U.S. Salinity Laboratory, USDA, ARS, Riverside, CA.

附 录

计算机程序 RETC（v.6）的输出文件，对表 84.3 中的数据进行 van Genuchten K-θ-ψ 函数拟合。输出文件 1 拟合全部 5 个 van Genuchten 参数（θ_r、θ_{sat}、a_v、n、m），而输出文件 2 基于 $m=1-(1/n)$ 的假设，只拟合前 4 个参数。

检查输出文件 1

土壤水力学特性分析

欢迎使用 RETC

变量 n 和 m（Mualem 的理论 K）

只保留数据分析

文件类别=1 方法=3

系数的初始值

编号	名称	初始值	索引
1	ThetaR	0.078 0	1
2	ThetaS	0.430 0	1
3	Alpha	3.600 0	1
4	n	1.560 0	1
5	m	0.359 0	1
6	l	0.500 0	0
7	Ks	0.000 0	0

测量数据

测量编号	压力头	含水量	加权系数
1	0.010	0.512 0	1.000 0
2	0.100	0.491 0	1.000 0
3	0.300	0.455 0	1.000 0
4	0.500	0.429 0	1.000 0
5	1.000	0.396 0	1.000 0
6	3.060	0.332 0	1.000 0
7	30.600	0.259 0	1.000 0
8	51.000	0.249 0	1.000 0
9	153.000	0.234 0	1.000 0

NIT	SSQ	ThetaR	ThetaS	Alpha	n	m
0	0.160 44	0.078 0	0.430 0	3.600 0	1.560 0	0.359 0
1	0.000 17	0.211 1	0.512 6	3.650 5	1.258 0	0.293 9
2	0.000 04	0.202 3	0.513 3	2.947 9	1.140 8	0.325 1
3	0.000 02	0.205 4	0.513 6	2.759 1	1.116 4	0.351 9
4	0.000 02	0.207 3	0.513 9	2.608 6	1.091 1	0.372 5
5	0.000 02	0.208 6	0.514 1	2.502 8	1.073 7	0.388 0
6	0.000 02	0.209 5	0.514 3	2.428 5	1.061 6	0.399 4
7	0.000 02	0.210 2	0.514 4	2.376 3	1.053 1	0.407 7
8	0.000 02	0.211 6	0.514 6	2.265 2	1.034 8	0.425 4
9	0.000 02	0.211 7	0.514 7	2.255 2	1.033 6	0.427 7
10	0.000 02	0.211 7	0.514 7	2.254 8	1.033 6	0.427 8
11	0.000 02	0.211 7	0.514 7	2.254 8	1.033 6	0.427 8

相关矩阵

	ThetaR	ThetaS	Alpha	n	m
	1	2	3	4	5
1	1.000 0				
2	0.359 0	1.000 0			
3	−0.905 4	−0.461 9	1.000 0		
4	−0.729 7	−0.698 4	0.910 1	1.000 0	
5	0.909 4	0.563 6	−0.988 9	−0.940 3	1.000 0

R^2=0.999 819 19

非线性最小平方分析

变量	值	多项式系数标准差	T值	极小值	极大值
		95%置信区间			
ThetaR	0.211 72	0.008 19	25.86	0.189 0	0.234 5
ThetaS	0.514 66	0.002 63	195.81	0.507 4	0.522 0
Alpha	2.254 84	0.616 42	3.66	0.543 5	3.966 2
n	1.033 55	0.106 66	9.69	0.737 4	1.329 7
m	0.427 77	0.104 33	4.10	0.138 1	0.717 4

实测数据和拟合数据

编号	P	lg P	观测值加权系数	拟合值加权系数	偏差加权系数
1	0.100 0E-01	−2.000 0	0.512 0	0.512 1	−0.000 1
2	0.100 0E+00	−1.000 0	0.491 0	0.490 5	0.000 5
3	0.300 0E+00	−0.522 9	0.455 0	0.455 1	−0.000 1
4	0.500 0E+00	−0.301 0	0.429 0	0.430 9	−0.001 9
5	0.100 0E+01	0.000 0	0.396 0	0.393 1	0.002 9
6	0.306 0E+01	0.485 7	0.332 0	0.333 9	−0.001 9
7	0.306 0E+02	1.485 7	0.259 0	0.258 1	0.000 9
8	0.510 0E+02	1.707 6	0.249 0	0.248 8	0.000 2
9	0.153 0E+03	2.184 7	0.234 0	0.234 6	−0.006

平方和

	非权重	权重
保留值	0.000 04	0.000 04
条件数/差分	0.000 00	0.000 00
全部值	0.000 04	0.000 04

土壤水力学特性（文件类型=1）

加权系数	P	lg P	条件数	lg K	差分	lg D
0.212 5	−0.325 4E+06	5.512	0.986 6E−27	−27.006	0.939 4E−18	−18.027
0.213 3	−0.678 4E+05	4.831	0.128 4E−24	−24.892	0.127 4E−16	−16.895
0.214 8	−0.141 5E+05	4.151	0.167 0E−22	−22.777	0.172 9E−15	−15.762
0.217 9	−0.294 9E+04	3.470	0.217 3E−20	−20.663	0.234 5E−14	−14.630
.	.	.	.	.	.	.
.	.	.	.	.	.	.
.	.	.	.	.	.	.
0.514 4	−0.128 9E−02	−2.890	0.782 0E−07	−7.107	0.316 0E−06	−6.500
0.514 6	−0.187 3E−03	−3.858	0.145 9E−06	−6.836	0.633 3E−06	−6.198
0.514 7	−0.149 5E−04	−4.825	0.227 4E−06	−6.643	0.106 4E−05	−5.973
0.514 7	0.000 0E+00		0.288 9E−05	−5.539		

问题结束
请检查输出文件2

土壤水力学特性分析
欢迎使用 RETC
变量 n 和 m（Mualem 的理论 k）
只保留数据分析
文件类别=3 方法=3

系数的初始值

编号	名称	初始值	索引
1	ThetaR	0.078 0	1
2	ThetaS	0.430 0	1
3	Alpha	3.600 0	1
4	n	1.560 0	1
5	m	0.359 0	0
6	l	0.500 0	0
7	Ks	0.000 0	0

测量数据

测量编号	压力头	含水量	加权系数
1	0.010	0.512 0	1.000 0
2	0.100	0.491 0	1.000 0
3	0.300	0.455 0	1.000 0
4	0.500	0.429 0	1.000 0
5	1.000	0.396 0	1.000 0
6	3.060	0.332 0	1.000 0
7	30.600	0.259 0	1.000 0
8	51.000	0.249 0	1.000 0
9	153.000	0.234 0	1.000 0

NIT	SSQ	ThetaR	ThetaS	Alpha	n
0	0.160 44	0.078 0	0.430 0	3.600 0	1.560 0
1	0.000 59	0.210 3	0.511 7	3.833 5	1.334 5
2	0.000 04	0.193 5	0.511 2	3.715 9	1.330 0
3	0.000 04	0.193 6	0.511 2	3.711 0	1.331 1
4	0.000 04	0.193 6	0.511 2	3.711 0	1.331 1

相关矩阵

	ThetaR	ThetaS	Alpha	n
	1	2	3	4
1	1.000 0			
2	−0.343 8	1.000 0		
3	−0.735 0	0.703 3	1.000 0	
4	0.962 6	−0.407 9	−0.848 7	1.000 0

R^2=0.999 566 34

非线性最小平方分析

变量	值	多项式系数标准差	T 值	95%置信区间 极小值	极大值
ThetaR	0.193 63	0.008 65	22.40	0.171 4	0.215 9
ThetaS	0.511 20	0.002 60	196.63	0.504 5	0.517 9
Alpha	3.710 12	0.359 31	10.33	2.786 5	4.633 7
N	1.331 08	0.028 08	47.40	1.258 9	1.403 3

观测数据和拟合数据

编号	P	$\lg P$	观测值加权系数	拟合值加权系数	偏差加权系数
1	0.100 0E-01	−2.000 0	0.512 0	0.510 2	0.001 8
2	0.100 0E+00	−1.000 0	0.491 0	0.493 0	0.002 0
3	0.300 0E+00	−0.522 9	0.455 0	0.456 0	−0.001 0
4	0.500 0E+00	−0.301 0	0.429 0	0.430 0	−0.001 0
5	0.100 0E+01	0.000 0	0.396 0	0.391 3	0.004 7
6	0.306 0E+01	0.485 7	0.332 0	0.334 3	−0.002 3
7	0.306 0E+02	1.485 7	0.259 0	0.259 9	−0.000 9
8	0.510 0E+02	1.707 6	0.249 0	0.249 6	−0.000 6
9	0.153 0E+03	2.184 7	0.234 0	0.232 5	0.001 5

平方和

	非权重	权重
保留值	0.000 04	0.000 04
条件数/差分	0.000 00	0.000 00
全部值	0.000 04	0.000 04

土壤水力学特性（文件类型=3）

加权系数	P	$\lg P$	条件数	$\lg K$	差分	$\lg D$
0.194 4	−0.183 4E+08	7.263	0.126 8E-8	−28.897	0.867 4E-18	−18.062
0.195 3	−0.226 1E+07	6.354	0.472 4E-26	−26.326	0.199 1E-16	−16.701
0.196 9	−0.278 6E+06	5.445	0.175 9E-23	−23.755	0.456 9E-15	−15.340
0.200 1	−0.343 4E+05	4.536	0.655 3E-21	−21.184	0.104 9E-13	−13.979
.	.	.	.	.	.	.
.	.	.	.	.	.	.
.	.	.	.	.	.	.
0.510 9	−0.434 7E-02	−2.362	0.160 4E-05	−5.795	0.162 0E-04	−4.790
0.511 2	−0.769 4E-03	−3.114	0.211 8E-05	−5.674	0.377 9E-04	−4.423
0.511 2	−0.136 4E-03	−3.865	0.243 9E-05	−5.613	0.771 5E-04	−4.113
0.511 2	0.000 0E+00		0.288 9E-05	−5.539		

问题结束。

（谭丽丽 译，李保国 校）

第85章 土壤特性变异分析法

B.C. Si
University of Saskatchewan
Saskatoon, Saskatchewan, Canada

R.G. Kachanoski
University of Alberta
Edmonton, Alberta, Canada

W.D. Reynolds
Agriculture and Agri-Food Canada
Harrow, Ontario, Canada

85.1 引　　言

　　土壤特性随时空变化而变化，了解其时空变异情况对土壤和水文科学极为重要。空间序列是在某个时间点（或在某个时间范围内）对若干位置进行数据采集，时间序列是对某个位置（或在小区域内）进行定时、连续的数据采集。空间序列和时间序列分析方法具有相似性，但通常分开称谓。

　　时间序列和空间序列分析方法有很多，包括地统计分析方法、频谱分析法、小波分析法、多重分形分析法、状态空间分析法、模糊集分析法等。其中，地统计分析方法、频谱分析法、小波分析法和多重分形分析法在地理科学中已经被广泛应用。地统计学提供了一种方法来描述样本值的共性观测特征，即在空间或时间上离观测点越近，其样本值也就越相近（Jongman 等, 1995; Goovaerts, 1997; Nielsen 和 Wendroth, 2003）。频谱分析法（Koopmans, 1974; Webster, 1977; Kachanoski 等, 1985）是将样本值的总变异（或方差）分割为空间频率尺度，进而确定变异的主导空间尺度。小波分析法则是将样本变量划分为位置和频率（Si, 2003; Si 和 Farrell, 2004; Si 和 Zeleke, 2005）。地统计分析、频谱分析和小波分析主要研究方差和协方差，多重分形分析则包含高阶统计矩（如偏度、峰度等），同时还研究在时间或空间尺度下，不同矩的变化情况。但频谱分析、小波分析和多重分形分析需要大量且密集的数据，因此在土壤学和水文科学中使用较少。因此，本章重点介绍地统计分析方法，它既完善又不受大量数据要求的限制。

85.2　地统计分析

　　地统计学利用4个统计量来描述数据的空间或时间变化，即平均值、方差、概率分布及数据在不同空间或时间尺度上的相似性。在许多初级统计教材中，对均值、方差及概率分布有很好的描述，而时间或空间的相似性需要做进一步探讨。需要注意的是，下面的讨论主要集中在空间变异（空间序列），但也同样适用于时间变异（时间序列）。

　　对于大多数土壤特性，在时间或空间上的临近点，其测量值往往比距离远的点更为接近。例如，两个土壤样本之间有机碳含量的相似性（或相关系数），在空间上邻近时其相似性较高，随着两个样品之间的距离的增加，相似性随之减少。因此，土壤特性等值线图（例如，土壤有机质含量、质地和容重等）倾向于表达分布规律，而非随机分布，即通常为低值邻近的点其值相应就低，高值邻近的点其值相应就高。因此，了解空间或时间变异性及其分布规律，需要了解随空间（或时间）分离的两个地点的测量值变化情况。两点的协方差作为一种分离或"比例"函数，通常可以看作一种"结构"（Goovaerts，1997）。确定变量的空间或时间结构（例如，土壤有机碳含量、容重等）有重要的研究意义，主要表现在以下几个方面。

（1）标准参数统计的基本假设之一（即 Fisher），其样本值是相互独立的，即测量值（例如，土壤有机碳含量）必须与任何其他样品的测量值不相关（或"自相关"）。因此，了解空间或时间结构对于确定重复采样时样本之间的距离或时间，防止相关性或自相关性发生具有重要意义。

（2）对空间或时间结构的描述，可以揭示数据中所包含的格局的存在形式及其尺度，也就是首先就可以确定产生这种格局的原因或过程。

（3）土壤变量的空间分布情况往往依赖若干不同空间-时间尺度的动态过程。研究土壤特性时空变异情况对于确定空间尺度主要过程是一种有效的方法。

（4）如果插值函数采用克里金插值考虑空间或时间结构（Deutsch 和 Journel，1998；Nielsen 和 Wendroth，2003），那么对未采样地点或时间的预测将更加精确（即估计误差最小化和无偏化）。

（5）了解时间和空间变异情况有如下优点。

① 更好地设计实验地（形状、大小和方位）（Fagroud 和 van Meirvenne，2002）和监控网格。

② 为数据分析和解释选择更合适的方法（Lambert 等，2004）。

③ 对模拟和不确定性分析进行最佳评估（Papritz 和 Dubois，1999）。

例如，如果空间结构具有方向性（各向异性），那么长方形试验田比正方形试验田更加有效。纯块金半方差模型表明传统方差分析（Fisher）最合适，然而非纯块金半方差模型表明应该采用恰当的替代分析（例如，SAS 的"过程混合模型"）。

85.3 测量时间或空间结构

对于土壤空间或时间序列，通常有 3 种"尺度"：小尺度、中尺度和大尺度。空间和时间结构通常视中尺度变异而定，该尺度自相关性是空间或时间连续性的结果（即样点间依赖性）。空间结构和分布规律的尺度小于采样间隔是不合理的，具体原因是由测量误差造成的。大比例尺变异（相对于当前采样域发生在大尺度上的变异）表现为一种模式或"趋势"（直线的、曲线的和正弦曲线的）。例如，坡耕地表面过程、气候变化及由定期重复的农场管理操作引起的正弦变化，这些都与大尺度因子有关，而与中尺度自相关无关。当使用恰当的最小采样间距，距离或时间间隔小于采样间距变异程度较小时，则无须进一步考虑。中等尺度的变异可以用米分析并得到基本空间或时间结构，仕这之前需要从数据中删除与大尺度变异相关的变化趋势（将在下面进一步讨论）。分析中等尺度空间变异时，通常借助自协方差、自相关和半方差函数模型来决定空间与时间结构，现简述如下。

85.3.1 自协方差和自相关结构分析

自协方差函数 $C(h)$ 和自相关函数 $\eta(h)$ 是测量相似性及相关性程度的函数，两样本点空间或时间随间距 h 增大而发生变化。$C(h)$ 函数定义如下：

$$C(h) = \frac{1}{N(h)} \sum_{i=1}^{N(h)} [z(x_i - m_{-h}) \times z(x_i + h - m_{+h})] \tag{85.1a}$$

式中，$N(h)$ 是时间或空间的间距为 h 的样本点总数，$z(x_i)$ 为空间位置或时间位置 x_i 处的实测值：

$$m_{-h} = \frac{1}{N(h)} \sum_{i=1}^{N(h)} z(x_i) \tag{85.1b}$$

除去 $z(x_i)$ 的样本$-h$ 数据集的平均数（称为尾部数据），和

$$m_{+h} = \frac{1}{N(h)} \sum_{i=1}^{N(h)} z(x_i + h) \tag{85.1c}$$

除去 $z(x_i)$ 的样本$+h$ 数据集的平均数（称为头部数据）。从本质上来看，自相关函数 $\eta(h)$ 是自协方差函数的标准格式，通过头部数据和尾部数据的几何均值方差除以自协方差获得：

$$\eta(h) = \frac{C(h)}{\sqrt{\sigma_{-h}^2 \sigma_{+h}^2}} \tag{85.2a}$$

其中，

$$\sigma_{-h}^2 = \frac{1}{N(h)} \sum_{i=1}^{N(h)} [z(x_i) - m_{-h}]^2 \tag{85.2b}$$

为尾部数据的变化（或延迟方差），同时：

$$\sigma_{+h}^2 = \frac{1}{N(h)} \sum_{i=1}^{N(h)} [z(x_i + h) - m_{+h}]^2 \tag{85.2c}$$

这是头部数据的方差（或延迟方差）。在理想情况下，自协方差函数（即 $C(h)$ 比 h）产生零分割点数据集的总方差（即 $C(h)=\sigma^2$ 在 $h=0$），随样本点在时间或空间上的增长而减少（h 增大），也就是当样本点间距大至且相互独立时为零（即当 h 增大时 $C(h)\to 0$）。相应的，自相关函数（即 $\eta(h)$ 比 h）在零分割点一致（即 $h=0$ 时 $\eta(h)=1$），当 h 增大时，逐渐缩减至 0（即 h 变大，$\eta(h)\to 0$）（见图 85.1a）。然而在实际情况中，$C(h)$ 和 $\eta(h)$ 的端点常常不同于上述表示的随机变化，不完整的平稳性及其他因素（见 85.3.3 节）。还应该注意，当样品在一个空间网格、横断面或时间间隔收集时，便于设置 h 为最小样本间距（或空间或时间间距不规则时），为最小平均间距），以 h 的倍数来表示更大的间距。这就是所谓的"滞后"格式，其中滞后=1 相当于间距 h，滞后=2 相当于间距 $2h$，等等（见图 85.1a）。推移到原点时，可以获得函数值滞后=$h=0$（进一步讨论如下）。

85.3.2 半方差函数结构分析

作为距离或时间的分离点函数，自协方差和自相关函数可以测量多对数据点之间的相似性，然而半方差函数测量的是多对数据点之间的平均相异值。半方差函数是在所有数据之间，以 h 为间距的两点数据差的平方的一半儿计算而得（Matheron，1962）：

$$\gamma(h) = \frac{1}{2N(h)} \sum_{K=1}^{N(h)} [z(x_k) - z(x_k + h)]^2 \tag{85.3}$$

$z(x_k)$ 是属性 z（例如，土壤有机质含量）在位置或时间 x_k 的函数，$z(x_k+h)$ 是 z 在位置或时间点 x_k+h 的函数。$\gamma(h)$ 是间距为 h 的半方差函数值（见图 85.1 (a)）。对于土壤数据，拟合较好的半方差函数在最小滞后距处（即滞后距=1）的最小值增长，直至达到稳定，即使滞后距增大，半方差函数也保持不变。最小半方差函数值在滞后距为零时称为"块金值"。滞后距在半方差函数值增加到最大且保持不变时的距离称为"变程"。半方差函数值在变程范围内称为"基台值"（见图 85.1 (a)）。部分半方差函数具有"套合结构"，随着滞后距增大，出现两个或多个变程和基台值（见图 85.1 (b)）。套合结构模式在不同的时间或空间尺度下有其独特的过程（例如，由于土壤孔隙导致小尺度空间变异，土壤质地需要在大尺度变异下套合，所以高程仍然需要在大尺度变异下套合）。拟合较差的半方差函数，由于半方差值离散程度大，所以其变程和基台值有部分或全部是不确定的。

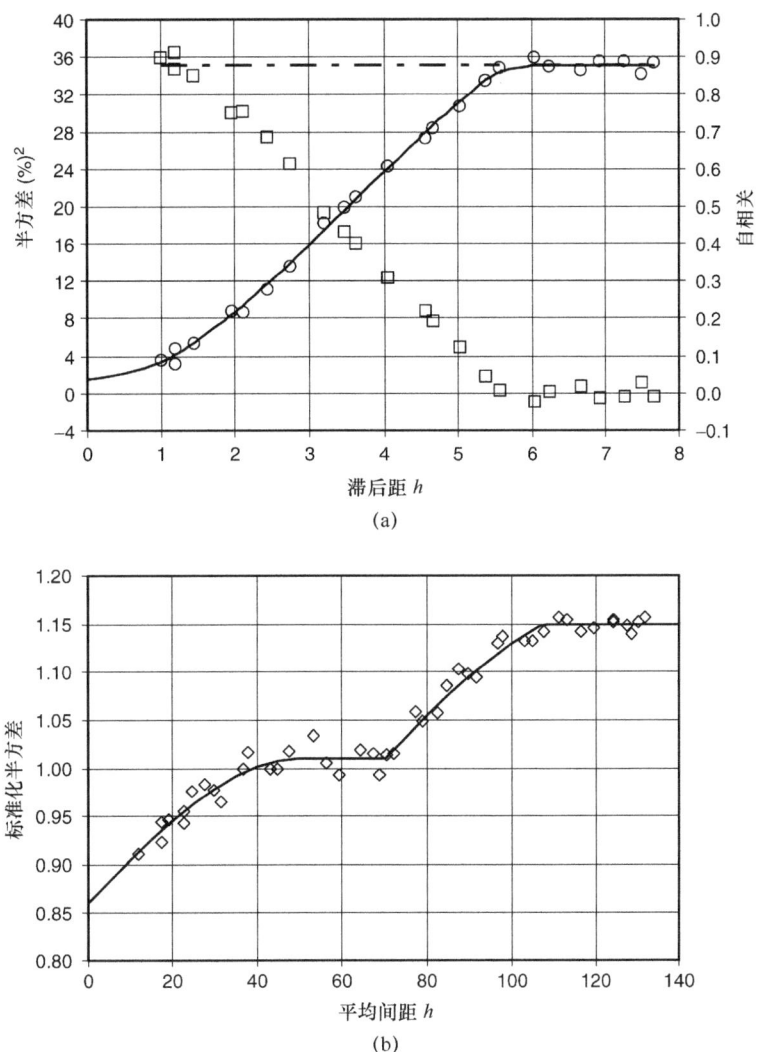

图 85.1 （a）是土壤含水量数据（体积百分比）自相关（方形）和半方差（圆形）图。水平虚线显示数据集变异。实线是半方差函数模型拟合：块金值（c_0）=1.5%^{2}，偏基台值（c）=33.5%^{2}，基台值（c_0+c）=35%^{2}，变程（a）= 滞后距6=60m。块金值=0时，滞后距为零，自相关系数=1；（b）套合半方差拟合模型图：块金值=0.86，第一基台值=1.01，第一变程=50m，第二基台值=1.15，第二变程=110m。注意此处通过"标准"半方差和平均分割距离分别替代半方差和滞后距

进行空间或时间结构变异分析时，有不同的单元、方差和变程，这样便于使用"标准化"或"滞后—标准化"半方差函数$\gamma^*(h)$（Rossi等，1992），即半方差函数除以滞后距h对应的全部数据的几何平均方差：

$$\gamma^*(h) = \frac{\gamma(h)}{\sqrt{\sigma_{-h}^2 \sigma_{+h}^2}} \tag{85.4}$$

式中，σ_{-h}^2和σ_{+h}^2分别由式（85.2b）和式（85.2c）定义。标准化半方差函数的主要优势在于方便时间/空间结构的比较，允许在同一个图形和表格上绘制不同变量的变异函数。也可以通过使用所谓的相对变异函数，即每个$\gamma(h)$除以滞后距平均值（Goovaerts，1997）或数据集方差（Vieira等，1988）中的任意一个。

85.3.3 平稳性要求

对于时间或空间数据，自协方差、自相关和半方差分析"平稳"假设是必备的，即平稳本身意味着特定数据集特征（如平均值、方差）在时间或空间在感兴趣区域内是不变的。从理论上说，自协方差和自相关分析需要数据集的"二阶平稳"，其实际意义如下。

（1）数据集的统计为正态分布。

（2）对于位置、方向或时间，数据集的平均值和方差是有限的，且为常量。

（3）自协方差值和自相关值独立于位置、方向或时间，而且在数据对（滞后距）之间仅有一个分离函数。另外，半方差函数对数据集对"内蕴假设"要求较少，这实际上意味着数据集具有正态分布或近似正态分布，数据对之间仅有的区别在于规定滞后距时，在空间或时间感兴趣的区域内要求方差有限且为常数。一个数据集的趋势（即在时间或空间区域，数据集表现出一种连续的、大尺度的平均值和方差的变化）没有二阶平稳性，但依然具有内蕴平稳。因此，当数据集有该趋势时，不能使用自协方差和自相关。然而，半方差在该趋势出现时，依然可用（尽管需要消除该趋势——见下文）。具有二阶平稳性的数据集一定具有内蕴平稳性，但是具有内蕴平稳性的数据集不一定具有二阶平稳性。

数据集具有二阶平稳性时，自协方差、自相关和半方差可以表示为：

$$\gamma(h) = C(0)[1 - \eta(h)] \tag{85.5}$$

式中，$C(0)$是$h=0$时的自协方差，也就是整个数据集的方差。

从实用的角度来看，数据集的平稳性（平稳程度）最好以下列方式决定。

（1）如果数据服从正态分布，即数据频率分布图如"钟形"，同时平均值（算术平均值）、众数（最大频率发生值）和中值（分布的中间值）都基本一致。

（2）将数据集分成几个不重合的子集，在时间或空间研究区域范围内基本为均匀分布，随后计算子集中数据的均值和方差，进而确定研究区域中的两者变化是否一致（单调范围内）。标准正态分布或统计分布的正态程度可以通过 Kolmogorov-Smirnov、Shapiro-Wilk、Cramer-von Mises 和 Anderson-Darling 来确定（Press 等，1992）。也可以通过频率分布图进行简单估算，如果发现数据集是明显的非正态分布（由于长尾高低歪斜，或峰值极大、极小），那么往往可以通过对数据进行转换，使其服从正态分布。对于土壤数据，包括最常用的对数转换（计算数据的自然对数或常用对数）和平方根转换（计算数据平方根）。如果需要数据服从正态分布，那么自协方差、自相关和半方差计算的数据必须进行转换，而非原始数据。

如果检测到一种趋势（即平均值和方差在时间或空间区域内单调持续变化），那么在进一步分析之前必须将其删除。当趋势为一元或多元线性时，均需要通过线性回归、多元回归或 n 阶差分技术（见 Cressie，1993，程序）进行消除。例如，坡面土壤表面粗糙度的空间变异，即连续的、大尺度的坡面高程变化叠加一个小尺度的顶部表面粗糙度的变化趋势。去趋势数据需要重新验证，来决定是否符合二阶平稳和内蕴平稳。总而言之，数据具有二阶平稳性才能产生半方差函数，即变程和基台均明显趋于平稳，其持续增长速度不小于滞后距的平方。

85.4 联合变异的表征

联合变异是两个参数之间在时间或空间范围内共同变化（例如，土壤渗透性和含砂量），其主要用途是判断一个参数在时间或空间感兴趣区域内随另一个参数的变化情况。当自协方差函数、自相关函数和半方差函数与两个参数均相关时，那么分别成为互协方差、互相关和交叉协方差。

互协方差 $C_{yz}(h)$ 定义为（Goovaerts，1997）：

$$C_{yz}(h) = \frac{1}{N(h)} \sum_{i=1}^{N(h)} \{[y(x_i) - my_{-h}] \cdot [z(x_i + h) - mz_{+h}]\} \quad (85.6a)$$

其中，

$$my_{-h} = \frac{1}{N(h)} \sum_{i=1}^{N(h)} y(x_i) \quad (85.6b)$$

和

$$mz_{+h} = \frac{1}{N(h)} \sum_{i=1}^{N(h)} z(x_i + h) \quad (85.6c)$$

$y(x_i)$ 是一个参数的第一个数据，$z(x_i+h)$ 是另一个参数的最后一个数据，其余变量已经定义。互协方差未必对称，也就是 $C_{yz}(h) \ne C_{zy}(h)$。

互相关函数 $\eta_{yz}(h)$ 定义为

$$\eta_{yz}(h) = \frac{C_{yz}(h)}{\sqrt{\sigma y_{-h}^2 \sigma z_{+h}^2}} \quad (85.7a)$$

其中，

$$\sigma y_{-h}^2 = \frac{1}{N(h)} \sum_{i=1}^{N(h)} [y(x_i) - my_{-h}]^2 \quad (85.7b)$$

和

$$\sigma z_{+h}^2 = \frac{1}{N(h)} \sum_{i=1}^{N(h)} [z(x_i + h) - mz_{+h}]^2 \quad (85.7c)$$

交叉半方差函数 $\gamma_{yz}(h)$ 在多变量滞后距相同时，能够测量出参数增量变化（例如，土壤渗透性）与另外一个变量增量（例如，土壤含砂量）之间的差异，可以将它定义为

$$\gamma_{yz}(h) = \frac{1}{2N(h)} \sum_{i=1}^{N(h)} \{y(x_k) - y(x_k + h) \cdot [z(x_k) - z(x_k + h)]\} \quad (85.8)$$

举例来说，y 代表土壤渗透性，z 代表土壤含砂量。交叉半方差函数图（交叉半方差函数对 h）是对称的（即 $\gamma_{yz}(h) = \gamma_{zy}(h)$；$\gamma_{yz}(-h) = \gamma_{yz}(h)$）。与半方差图相似，它通常随时间或空间的间隔（滞后距）增长，两个参量间隔越大，相关性越小。交叉半方差函数标准化后可以获得共离散系数 $\xi_{yz}(h)$：

$$\xi_{yz}(h) = \frac{\gamma_{yz}(h)}{\sqrt{\gamma_y(h)\gamma_z(h)}} \quad (85.9)$$

式中，$\gamma_y(h)$ 和 $\gamma_z(h)$ 是 y、z 变量各自的半方差函数。Goovaerts 和 Chiang（1993）通过协同离散系数检验土壤矿化氮和其他各类型土壤性质之间的尺度效应。

85.5 指示半方差函数

通过指示半方差函数对分类参数进行结构分析是可行的。其中，将数据转换成"指示代码"，代码（非原数据）用来计算"指示半方差函数"。指示代码由一个或者多个阈值获得，进而规定更多法则（例如，=、<、>、≤、≥等），即通过使用阈值给数据值分配指示代码，然后系统地将每个数据的值替换成适当的指示代码。指示代码系统的形式取决于指定阈值的数量和分配规则，例如，对于多个阈值和

单一分配规则，"<"，编码系统的形式为

$$i_j(T_k) = \begin{cases} 1 & \text{if } z_j < T_k \\ 0 & \text{其他} \end{cases} \quad k=1,2,\cdots,K, K \geqslant 1 \tag{85.10}$$

式中，$i_j(T_k)$ 是编码后的指标，T_k 是指定阈值，K 是阈值数目，z_j 是时间或空间区域内 j 位置的数据值。为了说明式（85.10），假设在一块田地的 6 个不同的位置上获得土壤电导率（EC）数据 $z_1=0.5$，$z_2=1.5$，$z_3=0.2$，$z_4=2.1$，$z_5=3.0$，$z_6=0.1$ dS·m^{-1}，进而研究土壤电导率（盐度）对作物生长情况的影响。EC=2 dS·m^{-1} 是作物生长的阈值，即 EC<2 dS·m^{-1} 不会影响作物生长，而 EC>2 dS·m^{-1} 对作物生长产生不良影响。在使用式（85.10）时，单一阈值 $T_1=2$ dS·m^{-1}，因此以上 z_j 值转换成数值指标 i_j（即 $i_1=1$，$i_2=1$，$i_3=1$，$i_4=0$，$i_5=0$，$i_6=1$），不论作物生长受（$i_j=0$）或（$i_j=1$）中的任何一个影响，都需要标明每个测量位置 j。随后，通过规定的数值指标 i_j 计算半方差，而非原始电导率数据（z_j）。阈值设定基于有意义的数量之上，包括累计概率水平 25%、50%、70%等。通过选择适当的指示阈值，有时可以将高度偏斜的概率分布与趋势明显的数据转换成近似正态分布与没有明显趋势的数据（Yates 等，2006）。阈值大小分配时应该多加注意，由于空间或时间结构随阈值大小变化而变化，导致指示半方差函数的结果受阈值大小变化影响很大（例如，小阈值在时间或空间范围内的变化具有连续性，而大阈值则随机变化，Goovaerts，1997）。因此建议使用一系列阈值重新计算指示半方差函数，以便确保获得最真实有效的半方差函数。

85.6 空间或时间结构的计算

计算空间或时间结构要涉及计算机软件的使用，当前许多统计软件可以便捷有效地对自协方差、自相关和半方差进行计算，例如，GeoEas（美国环境保护机构）、GSLIB（Deutsch 和 Journel，1998）、GS+（γ 设计软件，LLC，普兰威尔，密歇根州）、SAS（SAS 研究所有限公司，Cary，北卡罗来纳州）、Surfer（Golden 软件公司，Golden，科罗拉多州）和 VarioWin（Pannatier，1996）。高级程序语言（例如，Mathcad，Mathsoft 公司，坎布里奇，马萨诸塞州；Matlab，Mathworks 公司，诺维，密歇根州）也可以用于地计算，甚至在样点收集方案简单情形下，标准电子数据表也可以方便地进行计算。计算半方差和变异函数的举例如下。

85.6.1 均匀间隔一维数据

在空间结构内，以均匀间隔采集直线横断面上的数据，便于标准计算机电子表计算，如下所示。

（1）输入坐标数据（时间或空间位置）到电子表格第一列，第二列输入相应的变量数据（土壤有机碳含量），拷贝变量数据至第三列。数据均匀间隔，即采样间距 d 为常数。设 M 等于坐标位置数量（即行数据值）。此处应该注意，坐标数据（第一列）仅供参考，不参与计算。

（2）相对于第一列和第二列，第三列向下移动一行。第二列和第三列获得的数据对的间距 h 相同，等于采样间隔 d。

（3）表中第四列计算了第二列和第三列中各行数据平方差。

（4）将平方差求和，随后平方差总和除以两倍数量的数据对 $TD=2(M-1)$，获得 $h=1d$ 或滞后距为 1 的半方差值。

（5）为了获得 $h=2d$，复制第三列到第四列，数据下移一行，使用第二列和第四列重复步骤（3），结果在第五列，使用 $TD=2(M-2)$ 重复步骤 4 获得半方差值 $h=2d$（即滞后距为 2）。

（6）对 $h=3d, 4d, \cdots, nd$，重复以上步骤，整数 $n \leqslant 0.6M$。$n \leqslant 0.6M$ 的标准确保每个半方差值从足够的数据对中获得（即每个半方差值必须包含 30 个以上的数据对）。

绘制出计算得到的 h 或滞后距离的半方差函数图，进而获得实验半方差函数。

85.6.2 非均匀一维样本采集或二维样本采集

85.6.1 节中描述的过程并不适用于不规则间隔的横断面数据或二维数据。两个数据点之间的间距（在距离或时间上）并不是简单的采样间隔的倍数。相反，应该将数据对按照一系列设定的间距和间距公差组成的滞后距"箱体"进行分组。例如，设定箱子 1（滞后距 1）的间距为 100m，间距公差为 ±50m，随后对它包含的所有数据按 50～150m 进行分离。与滞后距相一致的间距是落在相应箱体之内数据对间距平均值。公差往往为规定间距的一半儿，这样能确保有效的半方差计算有充足的数据对，最终得到最优的半方差函数。增大间距公差可以使半方差函数曲线更平滑，但是细节性降低。降低间距公差不但增大了细节性，更增大了随机离散性。一些实践者建议半方差函数的最优过程需要对一系列的间距公差进行测试。半方差函数计算如下。

计算所有成对样本采集点之间的间距。

通过规定的间距和间距公差定义滞后箱体。

对于每一个箱体，确定箱体内数据对的数目、间距离和，以及配对数据之间的方差总和。箱体中数据对平均间距，由间距总和除以数据对数量求得。每个箱体的半方差值，通过方差总和除以 2 倍数据对数数量获得。

半方差函数图由半方差比上滞后距箱体获得。其中，滞后距 x=箱体 x 数据对间距均值，x=1,2,3,…。

尽管以上步骤可以通过电子制表软件进行，但十分复杂，如上文提到的，这就要用到（特别是非均匀间隔样本）统计软件和编程语言。Mathcad 的执行过程需要高级技师才可以实现。

还应该注意对于二维数据集（即数据集具有 x 坐标和 y 坐标），在空间结构上可能出现"同向性"和"异向性"。同向性结构意味着半方差函数计算相同（即实际上块金值、变程和基台值都相同），不仅局限于 x 方向的空间间隔，还可能是 y 方向，或者是某角度的 x 和 y 方向。从另一个方面来说，异向性结构使块金值、变程、基台值在方向上发生较大变化。对于异向性数据集，可以计算单调"各向性"半方差函数，它基于各个方向的空间间隔，或基于特定方向的空间间隔的"定向"半方差函数。坡地土壤质地的变化是一个简单的各向异性数据集实例，即空间结构上平行于坡面的质地的数据不同于垂直坡面的数据。因此，适当的空间分析取决于是否确定沿坡面结构变化（通过沿坡面方向的半方差函数）、横坡变化（在坡面上与沿面方向形成 90°夹角的定向半方差函数）或全变异（各向性半方差函数）。大多数统计软件应用程序包括定向半方差函数分析模块（例如，GeoEas、GSLIB、Variowin 和 GS+）。

85.6.3 半方差函数计算实用准则

计算半方差函数时，应该遵循以下原则。

一般来说，一个半方差值的可靠性随计算数据对数量增大而增大（通常建议的最低数据对为 30）。

滞后距（数据对最小间隔距离）不能大于半方差函数变程的 1/4 到 1/2。当变程和滞后距不完全独立时，只有通过数次反复实验，迭代计算出这个标准。

人为因素对半方差函数影响较大，而与样本自身变化无关。人为因素可能来自样本间隔（滞后距）、数据点数量、数据异常值的存在、采样方式、测量精度、样本体积、空间或时间域的大小。一般来说，数据时间或空间结构程度在以下人为因素影响下降低，例如，最小滞后距增大，数据点总数下降，数据异常值，采样精度或样本体积下降。值得注意的是，小样本数、非均匀样本采集方式（例如，可变样本空间）、数据异常值和低测量精度等都能导致半方差函数不稳定或"噪点"较多（见下段）。非均匀样本空间也会产生数据"聚集",它可能导致概率分布偏斜(例如,高低值比例不协调),同时需要特定的半方差函数分析程序(Goovaerts,1997;Deutsch 和 Journel,1998)。因此,应该尽可能地降低人为因素的影响。为了有效地实现这个目的,应该对测量精度进行设置,实现样本数量和样本体积最大实际值,删除数据异常值(Hawkins,1980),还应该使用具有最小有效间隔的均匀采样网格。

噪声大(形态不稳定)的半方差函数会导致时间或空间结构模糊,还会使模型拟合结果错误或拟合模型不相符。通常通过以下几个方面对其进行降噪和"平滑"。

(1)使用数据转换(例如,对数转换),可以减小极值的影响。

(2)除去数据异常值(例如,明显的错误和不符合实际的值),即增大半方差离散的数据。

(3)滞后公差增大,与半方差相应数据对的数量随之增大(但尽量求得最小滞后距间隔,进而给出一个合理的数据对数量)。

(4)使用重叠的滞后距,正如在降噪方面使用"移动平均法"。对于半方差函数平滑的其他信息见 Pannatier(1996)。

85.7 半方差数据拟合模型

使用模型拟合半方差数据主要有两个原因。

(1)由于基本结构模式,半方差中分离出随机"噪声"或"静态"。

(2)允许插值分析或映射分析,如克里金法(Deutsch 和 Journel 1998)。

半方差函数的拟合模型通常不是很明确,因此需要挑选出几个适当的半方差函数模型,而这个过程需要很好地理解数据本身和空间或时间结构过程。此外,只有某些半方差模型符合条件(见表 85.1),它们必须是"正定"的,以便确保协方差值为正(Isaaks 和 Srivastava,1989;Goovaerts,1997;Deutsch 和 Journel,1998)。推荐的半方差函数拟合模型中包括了 Cressie(1985、1993)、Isaaks 和 Srivastava(1989)、Pannatier(1996)及 Goovaerts(1997)的经验模型。下面的讨论只包括基本的半方差拟合模型。

表 85.1 地理科学中符合条件的半方差函数模型 $\gamma(h)$

名称	方程式
纯块金效应模型	$\gamma(h) = \begin{cases} 0 & h = 0 \\ c_0 & h > 0 \end{cases}$
线性平稳模型	$\gamma(h) = c_0 + \begin{cases} c\left[\dfrac{h}{a}\right] & 0 \leq h < a \\ c & h \geq a \end{cases}$
球状模型	$\gamma(h) = c_0 + \begin{cases} c\left[1.5\dfrac{h}{a} - 0.5\left(\dfrac{h}{a}\right)^3\right] & 0 \leq h < a \\ c & h \geq a \end{cases}$
指数模型	$\gamma(h) = c_0 + c\left[1 - \exp\left(-\dfrac{h}{a}\right)\right] \quad h \geq 0$
高斯模型	$\gamma(h) = c_0 + c\left[1 - \exp\left(-\dfrac{h}{a}\right)^2\right] \quad h \geq 0$
线性模型	$\gamma(h) = c_0 + mh \quad h \geq 0$
幂函数模型	$\gamma(h) = c_0 + mh^p \quad h \geq 0;\ 0 < p < 2$

a. 可能包括的其他模型:二次方(Alfaro,1980)、二次有理(Cressie,1991)、空穴效应模型(Cressie,1991)、对数模型(Kitanidis,1997)、非球状模型(Olea,1999)、三次方模型(Olea,1999)。

b. γ：半方差；h：滞后距；a：变程；c_0：块金值；c：偏基台值；(c_0+c)：基台值；m、p：拟合经验常数。

c. 考虑到指数函数模型与高斯函数模型逐渐靠近基台值，当滞后距在半方差函数的95%范围内时，变程才有效。进而易得到实验模型变程为$3a$，高斯模型变程为$\sqrt{3}a$。

85.7.1 拟合标准和程序

当间隔距离大于研究区域最大时间间隔或空间间隔的1/2到2/3时，半方差函数模型不能用来拟合半方差数据。因为空间或时间区域的边缘处（或边缘以外）的变化大于区域内的变化，所以较大的数据间隔可能更具有代表性。

加权非线性最小二乘法是最受欢迎的半方差模型数据拟合方法，因为它准确可靠（Cressie，1985）。根据半方差函数模型进行选择（见表85.1），与此同时，依据加权非线性最小二乘法调整块金值、变程和基台值，得出最小误差平方和：

$$SSE = \sum_{i=1}^{m} w_i [\tilde{\gamma}_i - \gamma_i]^2 \tag{85.11}$$

式中，m是滞后距的数量，$\tilde{\gamma}_i$是每个滞后距的半方差函数值，γ_i是相应的模型预测值，w_i是权重因子，通常定义为（Cressie，1985）：

$$w_i = N_i \tag{85.12a}$$

$$w_i = N_i / \tilde{\gamma}_i^2 \tag{85.12b}$$

或

$$w_i = 1 \tag{85.12c}$$

式中，N_i是对应每个滞后距的$\tilde{\gamma}$数据对数量，式（85.12a）和式（85.12b）给出的加权方法，对小滞后距的半方差函数进行了赋值（即半方差函数计算使用到大量的数据对），相比大滞后距半方差函数赋予更大权重（重要性），然而式（85.12c）对全部的半方差函数赋予相同的权重。式（85.12a）和式（85.12b）的可靠性随着半方差函数计算中数据对数量的增多而增大，即数据对数量增多，权重增大。实现加权非线性最小二乘最便捷的方法是使用商业软件，例如，Mathcad、Matlab、Surfer和SAS（Gotway，1991）（见85.6节）。通过Mathcad进行拟合的案例往往来自高级技术人员。

85.7.2 最优半方差函数模型选择

通常最优的半方差函数模型其参数最少（McBratney和Webster，1986），误差平方和最小（式（85.11））。误差平方和包括所谓的均方根误差（$RMSE$），$RMSE = \sqrt{\sum_{i=1}^{n} \frac{(y_i - \hat{y}_i)^2}{n}}$和平均径向误差（$MRE$），$MRE = \frac{1}{n}\sum_{i=1}^{n}\left|\frac{y_i - \hat{y}_i}{y_i}\right|$，式中，$y_i$是实测值，$\hat{y}_i$是模型估计值。然而，$SSE$、$RMSE$和$MRE$标准可能不是最佳的，由于它们只适用于包含每一个滞后距的数据对的平均差异，所以不用考虑"分散"的个体差异的平均值。

确定最佳模型拟合的方法包括交叉半方差函数或插值分析，以此来确定克里金插值曲面，并对原始实测数据提供最佳拟合（Isaaks和Srivastav，1989；Goovaerts，1997）。这些分析过程包括从原始数据集（例如，土壤有机碳含量）中先后删除一个基准点（交叉验证）或几个数据点，然后利用余下的数据，通过半方差函数模型进行拟合，重新计算克里金估计值（见表85.1）。将估计值（$\hat{y}_i$，$i=1, 2, 3, \cdots, n$）与实测值（y_i）进行对比，以模拟最精确、能够预测全部的半方差模型为最优模型（例如，回归分析中的

决定系数 r^2、标准误差、*RMSE*、*MRE* 等）（见 85.10 节中的注释（8））。

85.7.3 套合半方差函数模型拟合

要获得一个合适的模型拟合套合半方差函数数据，最好将两个或者更多基本的半方差函数模型进行线性组合（见表 85.1），这个过程称为"线性区域化"（Isaaks 和 Srivastava，1989；Goovaerts，1997；Morisette，1997）。例如，如果计算的半方差函数模型在不同的分离距离中显示一个块金值和空间独立性（见图 85.1（b）），那么区域化的半方差函数模型可能具有以下形式：

$$\gamma(h) = b_0 g(h) + b_1 SP_1(h, a_1) + b_2 SP_2(h, a_2) \tag{85.13}$$

式中，$g(h)$ 为纯块金模型（见表 85.1），SP_1 和 SP_2 为块金值为 0 的两个球状模型，单位基台值，两个不同的变程 (a_1, a_2)（见表 85.1），$b=(b_0, b_1, b_2)$ 是与这三个模型相对重要性相关的经验常数（或权重）。为了对半方差函数数据拟合区域化模型，首先利用单个模型对其单独拟合，获得各自的范围和变程，然后用 b 值作为拟合参数来拟合组合模型。需要注意的是利用套合结构拟合区域化交叉半方差函数模型拟合数据是有约束条件的，目的是保证组合模型可用（详见 Isaaka 和 Stivastava，1989）。

85.8 块金值、变程、范围和基台值的解释

块金值是所拟合的半方差函数模型中半方差函数值轴上的截距。变程是最小滞后距，这个滞后距在半方差函数模型中是最大值，而且是常数。基台值是半方差函数值在变程范围内恒定的值减去块金值（见图 85.1（a））。在某些情况下，半方差函数数据在小滞后距范围内足够平滑，而且接近半方差函数值轴，可以确定块金值。当拟合半方差函数模型时，被当作指定的常数。从物理意义而言，块金值表示随机测量误差与自然变异小于最小样品的间距（lag<1）。另外，基台值和变程定义了数据的结构。例如，在滞后距大于或等于变程时，样本之间是相互独立的（即完全随机的或没有相关性），而滞后距小于变程时，样本不是相互独立的（即样本值至少是相互依赖或自相关的）。半方差函数中块金值（V_N）与基台值（V_S）的比值代表空间或时间变异强度。一般来说，$V_N/V_S<25\%$ 表明具有强烈的空间变异性，$25\%\leq V_N/V_S\leq 75\%$ 表明空间变异性中等，$V_N/V_S>75\%$ 表明不具有空间变异性（Cambardella 等，1994）。需要注意的是当半方差函数的块金值为 0 时，范围和基台值相等。还请注意，虽然半方差函数基台值通常与样本方差相似，但是并没有要求两者相等。

85.9 计算实例

85.9.1 土壤导水率和砂粒含量空间变异性分析

表 85.2 给出的是土壤饱和导水率（K_s）和砂粒含量（Sa），沿 384m 样线，每 3m 间隔采集土壤样品，共计 128 个样品（Zeleke 和 Si，2005）。表 85.2 中包括全部数据空间分析的基本步骤。

第一，检验数据的非平稳性和非正态性分布。判断任意数据集是否为非平稳性，或者是否为偏斜分布（即非正态分布）。样线上各点土壤饱和导水率和砂粒含量空间分布图显示，随着距离的增加变化趋势不大，没有明显的异常值（见图 85.2）。而且当把样线分为几段（如 4~5 段）时，饱和导水率和土壤砂粒含量的均值和方差在各段中仍然保持相似（数据未显示）。从图 85.2 中还可以看出，饱和导水率的高值区对应土壤砂粒含量的低值区，表明数据集都含有空间结构。饱和导水率和土壤砂粒含量的直方图没有大幅度的偏斜（数据未显示），表明饱和导水率和砂粒含量数据近似正态分布，无须转换。因此，满足变异函数需要的平稳性假设。

表 85.2 样线上土壤样品的饱和导水率（K_s）和砂粒含量（Sa），X是距样线原点的距离

X(m)	K_s(cm·h^{-1})	Sa(wt%)	X(m)	K_s(cm·h^{-1})	Sa(wt%)	X(m)	K_s(cm·h^{-1})	Sa(wt%)	X(m)	K_s(cm·h^{-1})	Sa(wt%)
0	4.7	69	96	4.7	71	192	4.2	59	288	4.3	69
3	7	66	99	3.8	67	195	5.1	56	291	3.8	59
6	5.7	65	102	3.1	76	198	6.1	69	294	1.6	53
9	8.2	69	105	3.6	62	201	6.4	71	297	1.4	59
12	5.3	64	108	3.9	70	204	2.9	65	300	2.2	64
15	4.9	56	111	1.6	65	207	5.5	69	303	2.9	55
18	6	66	114	3	66	210	1.8	57	306	3.9	59
21	6.7	66	117	2.1	66	213	5.1	56	309	2.2	58
24	6.2	66	120	2.1	55	216	1.7	59	312	4	66
27	7.4	69	123	3.8	55	219	1.1	59	315	1.4	59
30	4.7	71	126	0.6	61	222	1.9	56	318	1.5	59
33	4	74	129	1.3	61	225	2.3	56	321	2	66
36	4.9	74	132	2.1	59	228	2.8	70	324	2.1	57
39	5.1	72	135	1.2	59	231	4.2	69	327	2.6	58
42	2.9	64	138	3.8	58	234	3.7	69	330	2.9	58
45	3.4	79	141	1.9	64	237	5.5	66	333	3.1	58
48	5.4	79	144	4.7	66	240	4.8	63	336	1.5	58
51	3.3	75	147	1.2	64	243	3.8	66	339	2.4	60
54	4	70	150	1.4	66	246	0.9	58	342	4.2	62
57	4.2	73	153	4.9	66	249	1.3	59	345	1.5	58
60	4.3	75	156	2	64	252	2.4	54	348	1.4	66
63	3	69	159	3.3	64	255	2.6	64	351	3.7	63
66	3.5	73	162	3.5	58	258	2.8	54	354	2.5	65
69	4.4	74	165	1.3	66	261	2.1	59	357	2.5	65
72	2.3	74	168	1.6	58	264	2.2	61	360	4.7	66
75	1.8	71	171	2.9	66	267	1.9	59	363	4.6	68
78	3.5	76	174	1.7	61	270	4.1	66	366	4.6	59
81	2.9	74	177	1.7	57	273	3.2	63	369	6.1	68
84	3.4	69	180	2.3	61	276	3.4	64	372	5.8	58
87	2.6	71	183	2.2	58	279	3.9	69	375	5.4	74
90	4.3	70	186	5.6	64	282	3.9	61	378	5.4	70
93	4.7	76	189	3.6	56	285	4	59	381	5.5	66

资料来源：Zeleke, T.B. and Si, B.C., Soil Sci. Soc. Am. J., 69, 1691, 2005.

第二，选择适当的滞后距、间距公差和最大滞后距。在本案例中，设置滞后距为样本间隔（3m）的1/4。间距公差设置为3m（即样本间隔），因为样线上收集的数据间隔距离一致。最大滞后距设置为200m，约为样线长度的一半儿。饱和导水率和砂粒含量的半方差函数、交叉半方差函数及协同离散系数均由Mathcad程序计算得到（见图85.3和表85.3）。图85.3（a）显示，饱和导水率的半方差图变化较大，滞后距达100m，而砂粒含量半方差图更平滑，且稳定在90m处。

第三，选择半方差模型对半方差数据进行拟合。如上文提及的，要选择合适的半方差模型需要仔细检验半方差数据，识别数据趋势及模式。

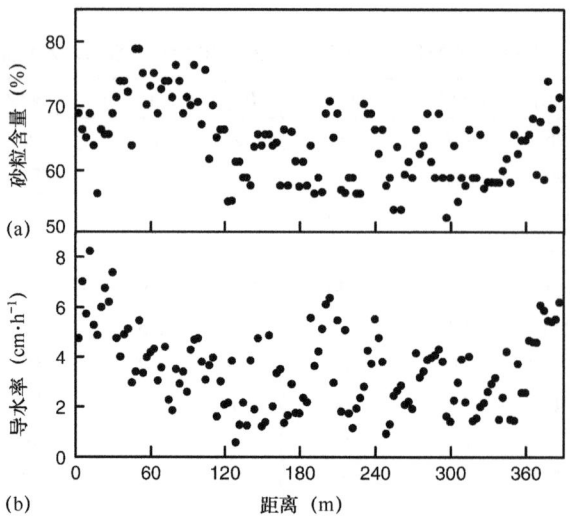

图 85.2 384m 样线上以 3m 为间隔的各点土壤砂粒含量（Sa）(a) 和饱和导水率（K_s）；
(b) 空间分布图

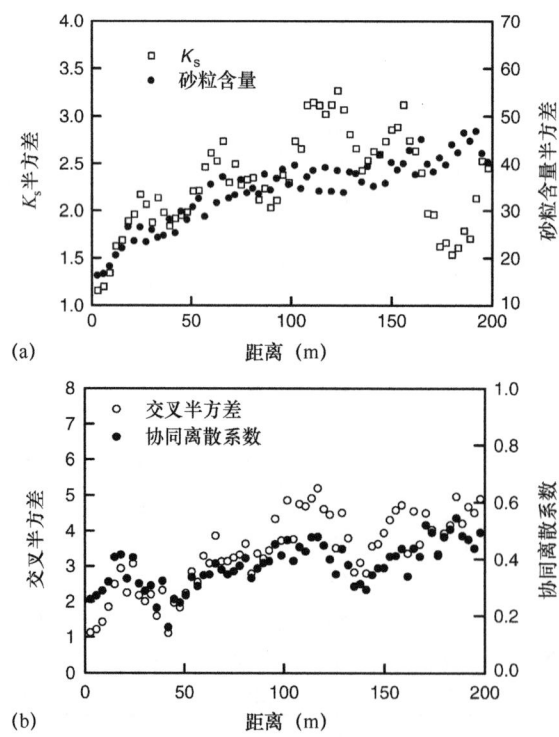

图 85.3 对表 85.2 和图 85.2 中饱和导水率和土壤砂粒含量数据做空间分析
（a）半方差函数图；（b）交叉半方差函数图和协同离散系数图

图 85.3（a）为饱和导水率半方差函数图，图中显示饱和导水率线性部分距离不到 20m，曲线部分距离在 20～90m。这意味该数据为套合结构，反之也暗示不存在套合结构。有时组合式半方差函数模型优于单一模型。为了阐明这个观点，利用 Mathcad 程序对数据（图 85.4（a））分别进行线性平稳模型拟合和球状模型拟合（见表 85.1）。线性平稳模型拟合的块金值、基台值、变程分别为 $1.3 cm^2 \cdot h^{-2}$、$2.6 cm^2 \cdot h^{-2}$ 和 66m。相应地，球状模型拟合的块金值、基台值和变程分别为 $1.4 cm^2 \cdot h^{-2}$、$2.7 cm^2 \cdot h^{-2}$ 和 109m。线性平稳模型和球状模型拟合值与原始数据之间平方差（拟合优度的指标器）是 $157 cm^2 \cdot h^{-2}$ 和 $153 cm^2 \cdot h^{-2}$。

拟合结果显示,虽然两种模型拟合的块金值和基台值精确度相似,但是变程大不相同,且两种模型的拟合优度均较差(平方差和较大)。拟合结果还显示,两种模型在距离<25m时拟合较差,精确度较低,因为在距离较小时,块金值的拟合准确度较高,这也是进行精准插值的关键。因此应该拒绝单一模型对数据进行拟合,应该采用纯块金模型$g(h,C_0)$和两个球状模型$SP_1(h, C_1, a_1)$和$SP_2(h, C_2, a_2)$联合进行拟合。

$$\gamma_h = b_0 g(h) + b_1 SP_1(h, C_1, 20) + b_2 SP_2(h, C_2, 90) \tag{85.14}$$

表85.3 样线上土壤饱和导水率和砂粒含量的半方差函数值,交叉半方差函数值及协同离散系数

数据对数量	位置 X(m)	K_s半方差函数 ($cm^2 \cdot h^{-2}$)	Sa半方差函数 $(wt\%)^2$	交叉半方差函数	协同离散系数
127	3	1.2	16.2	1.1	0.26
126	6	1.2	16.6	1.2	0.27
125	9	1.3	18.2	1.4	0.29
123	15	1.7	22.0	2.5	0.40
121	21	2.0	23.5	2.2	0.33
119	27	2.1	23.3	2.2	0.31
117	33	2.1	24.2	2.2	0.30
115	39	1.8	28.1	2.3	0.32
113	45	1.9	29.7	1.9	0.26
111	51	2.2	30.6	2.2	0.27
109	57	2.5	28.6	2.5	0.30
107	63	2.5	31.6	3.1	0.34
105	69	2.3	32.5	3.1	0.36
103	75	2.3	36.4	3.2	0.35
101	81	2.3	34.6	3.6	0.40
99	87	2.2	37.6	3.3	0.36
97	93	2.1	36.7	3.4	0.39
95	99	2.3	35.5	3.7	0.41
93	105	2.7	34.6	3.7	0.39
91	111	3.1	38.4	4.7	0.43
89	117	3.0	39.0	5.2	0.48
87	123	3.3	38.4	4.0	0.40
85	129	2.8	38.1	4.5	0.43
83	135	2.4	36.0	2.8	0.30
81	141	2.6	35.1	2.8	0.29

式(85.14)对数据拟合较好(见图85.4(b),平方差和=130.36$cm^2 \cdot h^{-2}$)。拟合模型权重(b_0=0.923,b_1=0.565,b_3=1.081)表明这3种模型都相对重要,并且权重的总和(2.57)与套合半方差模型数据(V_S = 2.48 $cm^2 \cdot h^{-2}$)的基台值几乎相等。

第四,半方差参数的解释和应用。对于饱和导水率半方差函数数据,V_N=1.3$cm^2 \cdot h^{-2}$和V_S=2.57$cm^2 \cdot h^{-2}$,因此,V_N/V_S= 50%,表明具有中等空间变异性。对于饱和导水率数据,该结果相对常见,这是由于饱和导水率测量值偏低,并且可能以大孔隙形式存在小尺度变异性,致使块金值偏高。在小尺度距离选择二次抽样可以判定小尺度空间变异的重要性及其影响。

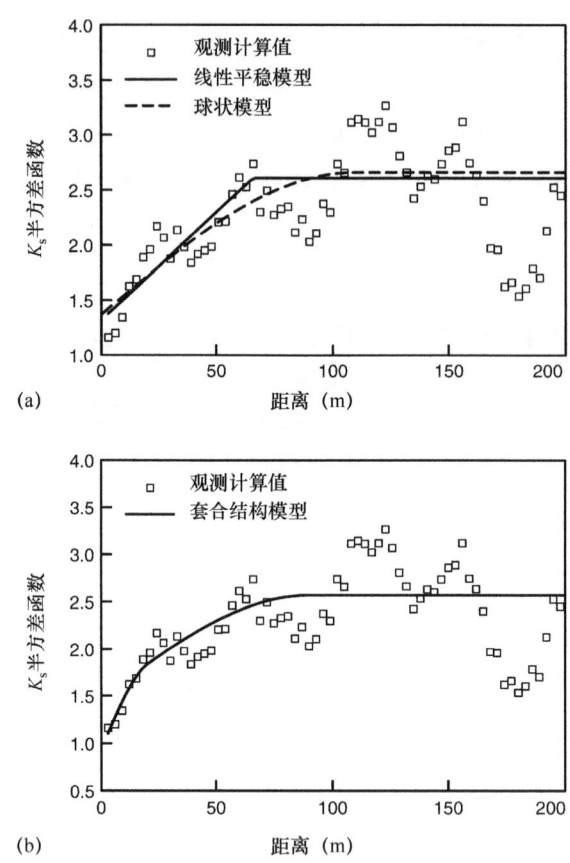

图85.4 图85.3（a）是饱和导水率半方差函数模型拟合结果

（a）线性平稳模型和球状模型；（b）纯块金模型和两个球状模型的线性组合

套合模型的变程为 109m，表明饱和导水率至少在 109m 以外不具有空间相关性，这样才可以运用 Fisher 型统计分析。

85.9.2 高程、土壤质地、有机碳含量、土壤含水量及导水率

实验区为一个三角形的小牧场，牧场内种植草和豆类，以网格法布设 164 个点，各点间隔为 10m（见图 85.5），每点均测得地面高程（El），土壤砂粒含量（Sa），黏粒含量（Cly），有机碳含量（OC），土壤含水量（θ_a）及田间饱和导水率（K_{fs}）（Vieira 等，1988）。该区土壤为具有良好结构的粉质黏土在 35~50cm 深度处采集土壤并测量各项指标。对于每个网格点，在原地利用 Guelph 入渗仪测量田间土壤饱和导水率（见第 76 章），土壤含水量也在原地利用 TDR 法测量（见第 70 章）。

土壤砂粒含量、黏粒含量和有机碳含量利用 Guelph 仪土钻取样测量得到，地面高程基于任意基准线利用测距仪测得。土壤含水量 Q_a 在田间饱和导水率 K_{fs} 测定前利用 Guelph 仪井中的样品测定，这样测得的含水量为前期体积含水量。

第一步：非正态分布检验。所有 6 个参数表现出非正态分布，由 Anderson-Darling 检验证实（见表 85.4）。偏度值和峰度值表明，Sa、OC、和 K_{fs} 非正态分布明显（由于偏度值和峰度值较高），El、θ_a、Cly 分布接近正态（偏度值和峰度值接近 0）。因此，只有 Sa、OC 和 K_{fs} 需要标准化，表 85.4（b）是经过对数转换后的结果，表中显示，峰度值和偏度值变小，变异系数 CV 降低。因此，用 Sa、OC 和 K_{fs} 经过对数转换后的数据代替原始数据做进一步的分析。

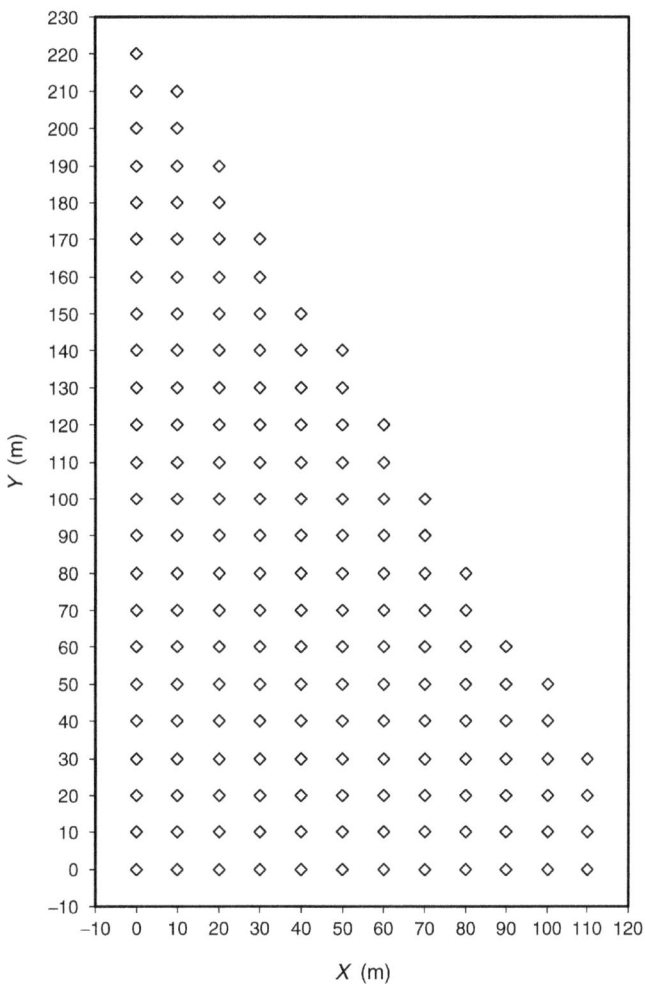

图 85.5 三角形小牧场中的样点位置图（样点为菱形块）及坐标（n=164）

表 85.4 小牧场实验地参数测量的汇总统计（n=164）（见 Vieira 等，1988）

(a) 原始数据

统计	EI(cm)	θ_a(vol%)	Sa(wt%)	Cly(wt%)	OC(wt%)	K_{fs}(cm·s^{-1})
平均值	77.13	39.15	14.12	41.91	0.42	6.46×10^{-4}
最小值	0	16.9	0.93	8.9	0.11	1.51×10^{-6}
最大值	122	53.6	78.9	58.4	1.8	7.12×10^{-3}
CV[a]%	33.08	18.21	83.44	21.05	69.62	139.69
偏度[b]	−0.93	−0.33	2.46	−0.61	2.34	3.65
峰度[c]	0.89	−0.38	7.37	0.22	7.29	18.86
分布[d]	NN	NN	NN	NN	NN	NN

(b) 对数转换数据

统计	lnSa(wt%)	lnOC(wt%)	lnK_{fs}(cm·s^{-1})
平均值	11.07[e]	0.35[e]	2.59×10^{-4e}
最小值	0.93	0.11	1.51×10^{-6e}
最大值	78.9	1.8	7.12×10^{-3}
CV[a]%	28.26	−54.21	−19.91

(续表)

统计	lnSa(wt%)	lnOC(wt%)	lnK_{fs}(cm·s^{-1})
偏度[b]	0.17	0.47	−0.79
峰度[c]	1.17	0.07	0.16
分布[d]	NN	NN	NN

a. CV：变异系数。
b. 低尾偏态分布为负，正态分布为 0，高尾偏态分布为正。
c. 平顶峰度分布为负，正态分布为 0，尖顶峰度分布为正。
d. 正态分布 Anderson-Darling 测试：NN 为非正态；N 为正态。
e. 几何平均数。

第二步：数据趋势和非平稳性检验。各采样点 El、θ_a、lnSa、Cly、lnOC、lnK_{fs} 图显示、不存在重要的模式或大规模趋势，因此没有必要消除趋势。另外，均值和方差图显示了随位置变化具有不同程度的变异（数据未显示）。地面高程（El）为显著非平稳（即随着田间位置的变化而有组织地发生变异），而其他参数至少有有限的平稳性（即均值和方差不随田间位置的变化而变化）。因此，El 数据可能会产生无意义的自协方差和自相关结果。

第三步：半方差函数的计算和解释。将各个方向的 θ_a、lnSa、Cly、lnOC、lnK_{fs} 的半方差函数进行标准化，从而产生不同的基台值（见图 85.7），这意味着各自的数据集是二阶平稳的，而且均缺少一致性的趋势（见图 85.6）。另外，El 的半方差函数没有基台值（数据未显示），这表明缺少二阶平稳性。

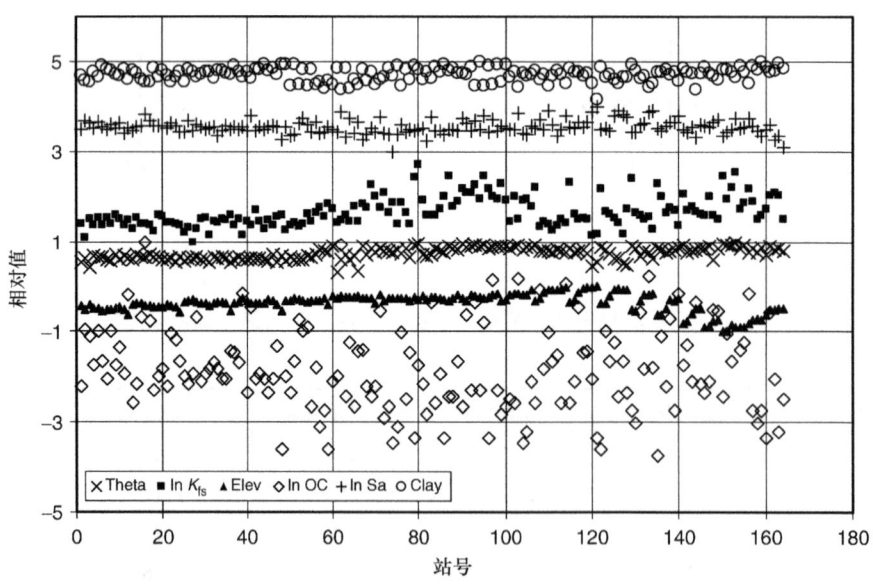

图 85.6　对网格各点的参数进行测量：Theta=前期体积含水量（θ_a），lnK_{fs}=对数转换后的田间饱和导水率，Elev=高程（El），lnOC=对数转换后的有机碳含量（lnOC），lnSa=对数转换后的砂粒含量（lnSa），Clay=黏粒含量
允许数据在单一尺度进行分离和绘制下每一个数据集都通过除以其最大值来进行标准化。图 85.5 中，网格中的点号自左至右，如 1 号相应的坐标为（0，0），20 号相应的坐标为（70，10）。

标准化的 θ_a 和 lnK_{fs} 的半方差函数具有相似性（见图 85.7），标准化的 Cly 和 lnOC 的半方差函数实质上相同，但与 lnSa 不同（见图 85.7（b））。因此，θ_a 和 lnK_{fs} 空间结构相似，而 Cly 和 lnOC 空间结构几乎相同，但实质上不同于 θ_a、lnK_{fs} 和 lnSa。θ_a 和 lnK_{fs} 的半方差函数表明，间隔距离小于 70～80m，二者在空间上相关，而且二者具有强烈的空间变异性（V_N/V_S=16.7%）。另外，Cly 和 lnOC 在间隔距离小于 50m 时具有空间相关性，而且空间结构性较弱（V_N/V_S=83.3%）。lnSa 空间变异性中等

（V_N/V_S=64.2%），且在间隔距离小于 72m 时具有空间相关性。Cly 和 lnOC 空间变异性相似，lnSa 空间变异性不同，这表明土壤质地对 OC 有影响，而 OC 又受土壤黏粒含量的控制。lnK_{fs} 和 θ_a 空间变异性相似，而 Cly、lnOC、和 lnSa 空间变异性不同，这都表明 lnK_{fs} 和 θ_a 不受砂粒含量、黏粒含量和 OC 的影响。鉴于 θ_a 是在测量 K_{fs} 之前在原地使用 TDR 测量得到的，所测土壤为非饱和土壤，我们应该知道这两个参数受土壤宏观组成，例如，土壤裂缝和生物孔隙的影响。换言之，Guelph 仪井周围土壤裂缝和生物孔隙越多，在原位用 TDR 探针测量的 θ_a 值就越低，而利用 Guelph 仪测量的 K_{fs} 就越高。土壤宏观结构的存在也可以解释该地点 K_{fs} 的几何平均数（2.59×10^{-4} cm·s^{-1}；表 85.4（b））高于一般的粉砂质黏土（1~2 个数量级）。

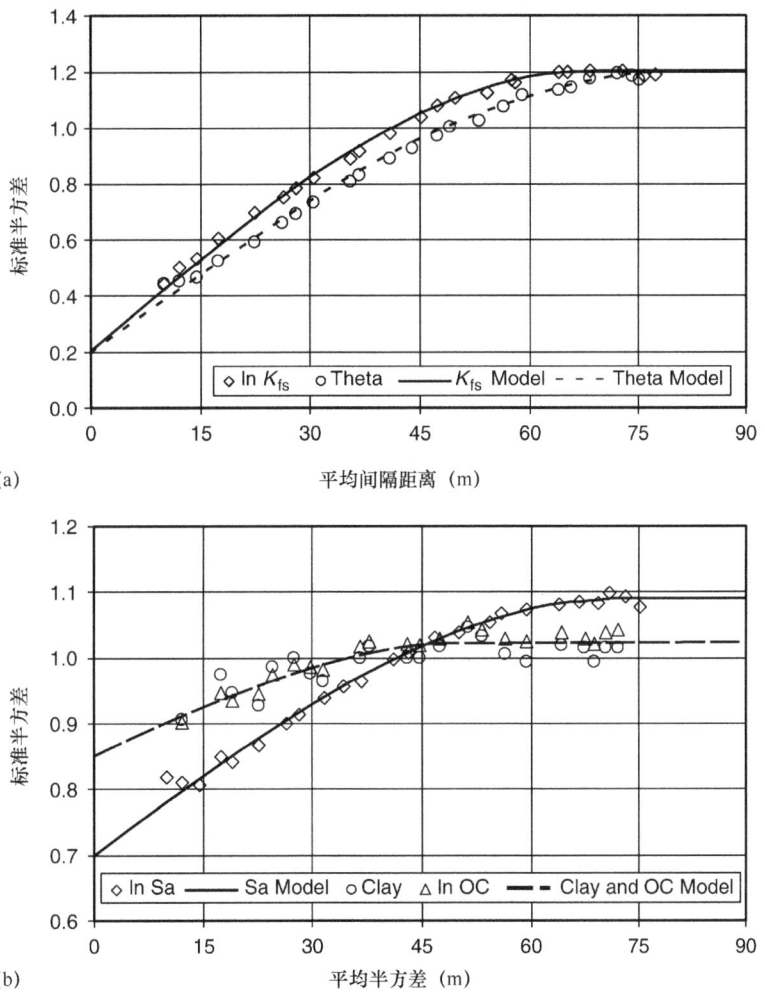

图 85.7 标准化的各方向半方差函数（式（85.4））与平均间隔距离：（a）lnK_{fs}=对数转换后的田间饱和导水率（K_{fs}）加上拟合模型（K_{fs} 模型），Theta=前期体积含水量（θ_a）加上拟合模型（Theta 模型）；（b）lnSa=对数转换后的砂粒含量（lnSa）加上拟合模型（Sa 模型），Cly=黏粒含量，lnOC=对数转换后的有机碳含量（lnOC）、Cly 和 OC 模型=拟合的组合模型

第四步：克里金插值曲面的计算和解释。拟合的半方差函数模型用于计算克里金插值曲面，并以此来解释 lnK_{fs}、lnOC 和 Cly 的空间变异情况，而且也决定了 lnK_{fs} 和 θ_a 的平面空间关系，以及 lnOC 和 Cly 的平面空间关系（见图 85.9）。K_{fs} 和 θ_a 克里金插值曲面（见 85.8 节）显示，以高低不平的封闭曲面表示 lnK_{fs} 和 θ_a 具有许多小规模特点，这些高低不平的封闭曲面按顺序叠加在大规模的脊线和槽线上，几乎垂直于 Y 轴（例如，在 Y=0~30 m，Y=70~80 m，Y=120~140 m，Y=160~180 m 处）。lnOC 和 Cly 插值

曲面（见图85.9）与$\ln K_{fs}$和θ_a的插值曲面有所不同，因为小尺度特征很少，也不明显（大部分是由于它们的块金值较大（见图85.7（b）），而且大尺度特征由随即定位的"丘陵和山谷"组成，而不是一系列平行的脊线和槽线。图85.8还显示$\ln K_{fs}$和θ_a插值曲面具有相反的关系，并且在lnOC和Cly插值曲面之间也有类似的关系（见图85.9），例如，高的$\ln K_{fs}$或lnOC往往对应低的θ_a或Cly。这是由于K_{fs}比θ_a，以及lnOC比Cly，均具有强的负相关性（$P<0.0001$）。

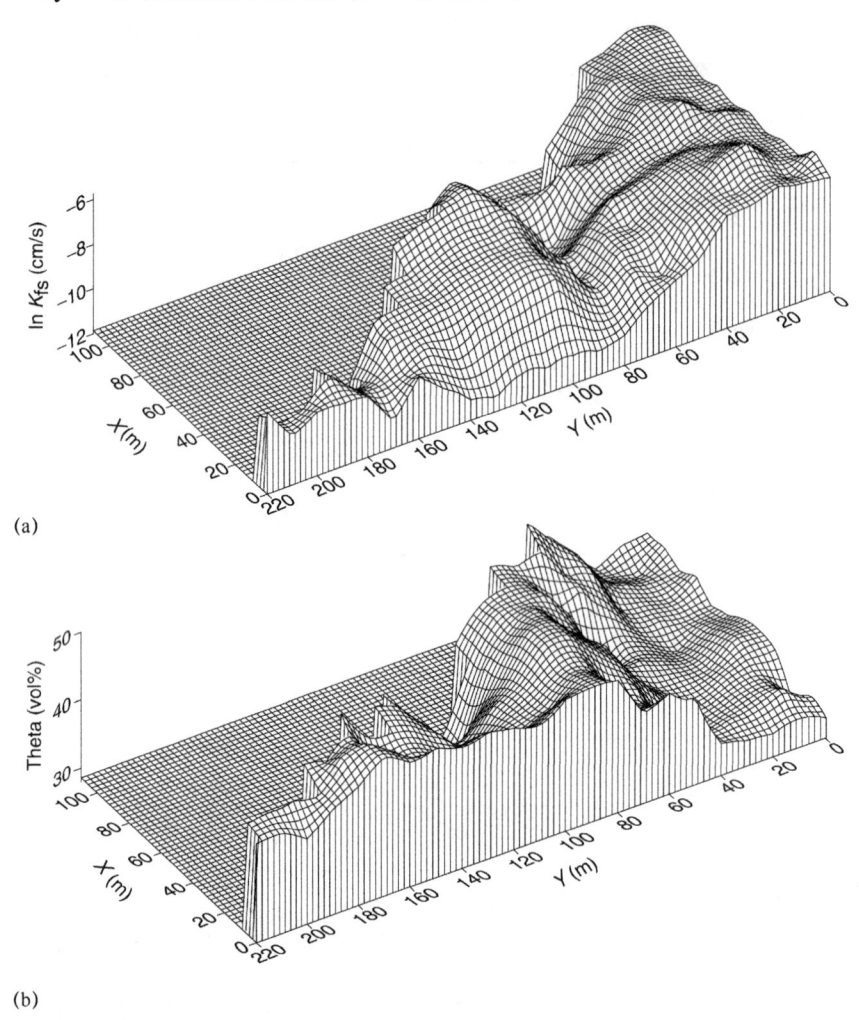

图85.8 基于图85.7（a）中的半方差模型，（a）对数转换后的田间土壤饱和导水率，$\ln K_{fs}$；（b）前期土壤含水量θ_a，克里金插值曲面图

第五步：半方差函数和克里金曲面的应用。正如上文提到的，半方差函数和克里金曲面提供的信息具有实用性。例如，标准化的半方差函数（见图85.7）表明，在小牧场内，35~50cm深度处的K_{fs}和θ_a具有强烈空间变异性（例如，$V_N/V_S=16.7\%$），而OC和Cly空间变异性较弱（$V_N/V_S=83.3\%$）。因此，K_{fs}和θ_a在35~50cm深度处不像OC和Cly一样随机分布。此外，K_{fs}和θ_a的测量至少在70~80m距离内才能用Fisher型统计分析，而OC和Cly需要在50m内。$\ln K_{fs}$克里金插值曲面（见图85.8（a））显示有两处明显的高值区，其余较为平缓，还有两处明显的槽线为低值区。这种类型的信息是必不可少的，它对于理解田间排水特征，以及设计最佳排水管网具有重要作用，并且对确定要求有一致的K_{fs}实验小区有重要价值，同样地，θ_a的克里金插值曲面（见图85.8（b））显示，在$X=0~100m$，$Y=0~35m$之间，含水量普遍较低（可能是由于土壤宏观结构导致的），而在$X=0~70m$，$Y=70~100m$之间，含水量较高

（可能是由于土壤宏观结构降低导致的）。这样的信息对实验小区的最佳位置的确定也很有必要，需要相对统一的前期土壤含水量，土壤宏观结构和土壤通气性。此外，lnOC 的克里金插值曲面（见图 85.9（a））表明，35～50cm 深度处的土壤有机碳含量不一致，而 Cly 的克里金插值曲面（见图 85.9（b））表明，仅有两块区域土壤黏粒含量相同：一块是在坐标（X, Y）=（60～110m，0～30m），另一块是在坐标（X, Y）=（40～80m，60～80m）。因此，实验要求在 35～50cm 深度处土壤 OC 含量和黏粒含量在空间上一致是不可能的。

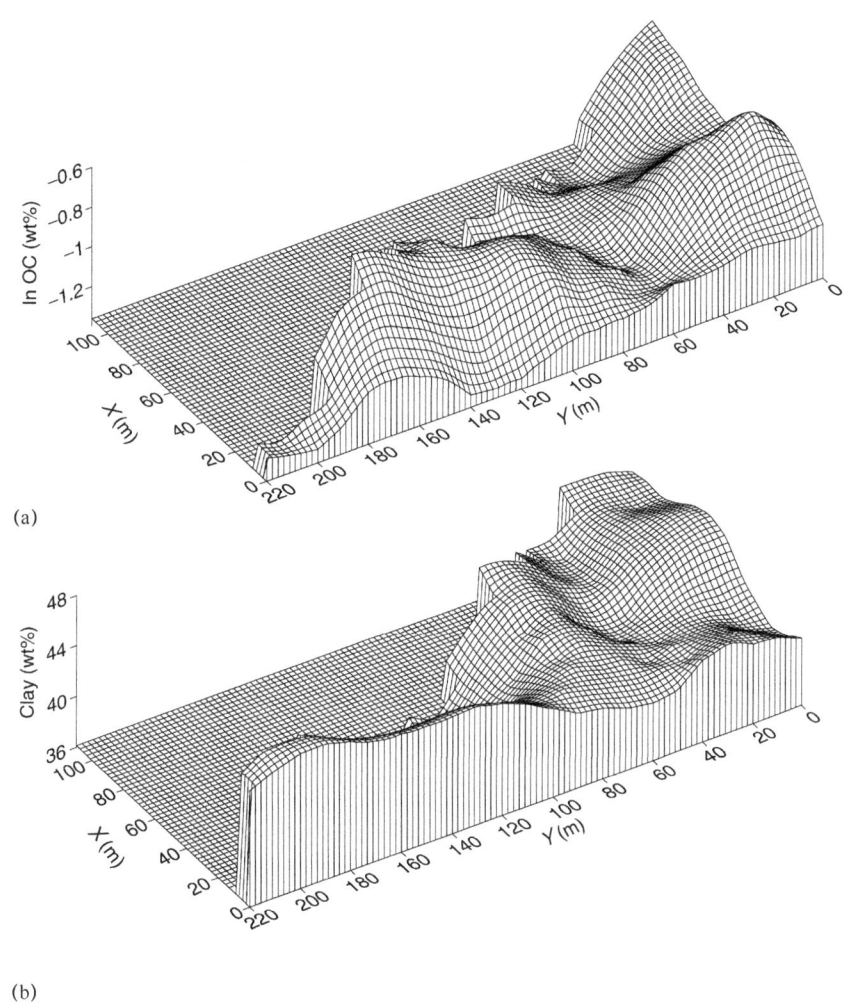

图 85.9　基于图 58.7（b）中的半方差模型，（a）对数转换后的有机碳含量，lnOC，和（b）黏粒含量 Cly 克里金插值曲面图

85.10　注　释

（1）数据集的平稳性和近似正态频率分布是半方差函数和自相关函数的关键，因为非平稳性和非正态性会导致块金值、基台值、变程和自相关值难以解释。又因为数据极端偏态分布或存在负值和零值，导致数据不能进行标准化，在这种情况下可能仍然需要利用半方差函数方法来分析（见 85.5 节中 Isaaks 和 Srivastava，1989；Goovaerts，1997）。

（2）在定向变异函数之前计算各个方向的变异函数。如果各个方向的变异函数很复杂，那么无须预测定向变异函数的结构。

（3）如果数据集为非平稳或存在异常值，那么可以利用"稳健的"半方差函数分析（Cressie，1993；Lark，2000）或"比较"分析（Deutsch 和 Journel，1998）来估算变程和各向异性。

（4）当小距离采样间隔和大距离采样间隔相对均匀分布时，半方差函数的块金值、变程及基台值最精确。

（5）如果数据集很小，那么无偏半方差函数模型参数最好是通过拟合半方差函数图来获得，而非半方差函数。

（6）对于二阶平稳数据，协方差、自协方差和半方差是为了阐明空间或时间结构在本质上是等价的。然而，半方差函数通常更有用，因为可以用它生成时间和空间参数变异图，这在理论上还是很可靠的。

（7）尽管双变量和多变量时空分析方法（例如，协同克里金、交叉半方差函数）应用还不是很广泛，但它可以估算较难获得的土壤参数，并且能够决定两种及两种以上土壤过程之间的相关关系。例如，协同克里金法可以提供一种手段，使土壤性质的测量变得容易，从而提高相互关联土壤性质的空间估算精度，因为相互关联土壤性质很难测量或测量精度低。另外，交叉半方差分析法可以说明一个土壤参数的变异性对其他土壤参数的变异性的影响。Nielsen 和 Wendroth（2003）很好地阐明了协同克里金法和交叉半方差法在土壤学和农业科学中的应用。

（8）虽然交叉验证、模型检验和统计学有显著的优势，是客观、可以复验的，但是它们也有局限性，因为它们既不可以直接评估代表模型优劣的基台值和块金值，也不能评估半方差模型的精确性。因此，一些研究者认为模型的选择应该凭经验和研究的具体情况。例如，如果研究的目的是得到克里金插值，那么最优半方差模型应该取决于克里金邻域，因为要得到最优变差函数模型，克里金矩阵中的滞后距必须选择适当。

参 考 文 献

Alfaro, M. 1980. The random coin method: solution of the problem of the simulation of a random function in the plane. *Math. Geol.* 12: 25-32.

Barnes, R.J. 1991. The variogram sill and the sample variance. *Math. Geol.* 23: 673-678.

Cambardella, C.A., Moorman, T.B., Novak, J.M., Parkin, T.B., Karlen, D.L., Turco, R.F., and Konopka, A.E. 1994. Field-scale variability of soil properties in central Iowa soils. *Soil Sci. Soc. Am. J.* 58: 1501-1511.

Cressie, N. 1985. Fitting variogram models by weighted least squares. *J. Int. Assoc. Math. Geol.* 17: 563-586.

Cressie, N. 1991. Statistics for Spatial Data, 1st ed. John Wiley & Sons, New York.

Cressie, N. 1993. Statistics for Spatial Data, 2nd ed. John Wiley & Sons, New York.

Deutsch, C.V. and Journel, A.G. 1998. GSLIB Geostatistical Software Library and User's Guide, 2nd ed. Oxford University Press, New York.

Fagroud, M. and van Meirvenne, M. 2002. Accounting for soil spatial autocorrelation in the design of experimental trials. *Soil Sci. Soc. Am. J.* 66: 1134-1142.

Faulkner, B.R. 2002. Java classes for nonprocedural variogram modeling. *Comput. Geosci.* 28(3): 387-397.

Goovaerts, P. 1997. Geostatistics for Natural Resources Evaluation. Oxford University Press, New York.

Goovaerts, P. and Chiang, C. 1993. Temporal persistence of spatial patterns for mineralizable nitrogen and selected soil properties. *Soil Sci. Soc. Am. J.* 57: 397-414.

Gotway, C.A. 1991. Fitting semivariogram models by weighted least squares. *Comput. Geosci.* 117: 171-172.

Hawkins, D.M. 1980. Identification of Outliers. Chapman and Hall, London, UK.

Isaaks, E. and Srivastava, R. 1989. An Introduction to Applied Geostatistics.Oxford University Press, Oxford, New York.

Jongman, R.H.G., Ter Braak, C.J.F., and van Tongeren, O.F.R. 1995. Data Analysis in Commu- nity and Landscape Ecology, 2nd ed. Cambridge University Press, Cambridge, UK.

Kachanoski, R.G., Rolston, D.E., and de Jong, E. 1985. Spatial and spectral relationships of soil properties and microtopography: I. Density and thickness of A horizon. *Soil Sci. Soc. Am. J.* 49: 804-812.

Kitanidis, P. 1997. Introduction to Geostatistics-Applications in Hydrosciences. Cambridge University Press, New York.

Koopmans, L.H. 1974. The Spectral Analysis of Time Series. Academic Press, New York, 366.

Lambert, D.M., Lowenberg-Deboer, J., and Bongiovanni, R. 2004.A comparison of four spatial regression models for yield monitor data: a case study from Argentina. *Precis. Agr.* 5: 579-600.

Lark, R.M. 2000.A comparison of some robust estimators of the variogram for use in soil survey. *Eur. J. Soil Sci.* 51: 137-157.

Matheron, G. 1962. Traité de Géostatistique Appliqué, Tome 1. Memoires du Bureau de Recherches Géologiques et Minières, Paris.

McBratney, A.B. and Webster, R. 1986. Choosing functions for semivariograms of soil properties and fitting them to sampling estimates. *J. Soil Sci.* 37: 617-639.

Morisette, J. 1997. Examples using SAS to fit the model of linear coregionalization. *Comput. Geosci.* 23(3): 317-323.

Nielsen, D.R. and Wendroth, O. 2003.Spatial and Temporal Statistics: Sampling Field Soils and Their Vegetation. Catena Verlag GMBH, Reiskirchen, Germany, 398.

Olea, R.A. 1999. Geostatistics for Engineers and Earth Scientists. Kluwer Academic Publishers. Boston, MA.

Pannatier, Y. 1996. VARIOWIN: Software for Spatial Data Analysis in 2D. Springer-Verlag, New York.

Papritz, A. and Dubois, J.P. 1999. Mapping heavy metals in soil by(non-)linear kriging: an empirical validation. In: J. Gómez-Hernández, A. Soares, and R. Froidevaux, eds. geoENV II-Geostatistics for Environmental Applications. Kluwer Academic Publishing, Dordrecht, The Netherlands, 429-440.

Prakash, M.R. and Singh, V.S. 2000. Network design for groundwater monitoring-a case study. *Environ. Geol.* 39: 628-632.

Press, W.H., Teukolsky, S.A., Vetterling, W.T., and Flannery, B.P. 1992. Numerical Recipes in C. The Art of Scientific Computing. Cambridge University Press, New York.

Rossi, R.E., Mulla, D.J., Journel, A.G., and Franz, E.H. 1992. Geostatistical tools for modeling and interpreting ecological spatial dependence. *Ecol. Monogr.* 62: 277-314.

Si, B.C. 2003. Spatial and scale-dependent soil hydraulic properties: a wavelet approach. In: Y. Pachepsky, D.E. Radcliffe, and H.M. Selim, eds. *Scaling Methods in Soil Physics*. CRC Press, New York, 163-178.

Si, B.C. and Farrell, R.E. 2004. Scale-dependent relationship between wheat yield and topographic indices: a wavelet approach. *Soil Sci. Soc. Am. J.* 68: 577-587.

Si, B.C. and Zeleke, T.B. 2005. Wavelet coherency to relate soil saturated hydraulic conductivity and physical properties. *Water Resour. Res.* 41: 11. Doi.10.1029/2005WR004118.

Vieira, S.R., Reynolds, W.D., and Topp, G.C. 1988. Spatial variability of hydraulic properties in a highly structured clay soil. In: P.J. Wierenga and D. Bachelet, eds. *Validation of Low and Transport Models for the Unsaturated Zone: Conference Proceedings*. May 23-26, 1988, Ruidoso, NM, 471-483.

Webster, R. 1977. Spectral analysis of gilgai soil. Aust. *J. Soil Res.* 15: 176-194.

Yates, T., Si, B.C., Farrell, R.E., and Pennock, D. 2006. Probability distribution and spatial dependence of nitrous oxide emission: temporal change in hummocky terrain. *Soil Sci. Soc. Am. J.* 70: 753-762.

Zeleke, T.B. and Si, B.C. 2004. Scaling properties of topographic indices and crop yield: multifractal and joint multifractal approaches. *Agron. J.* 96: 1082-1090.

Zeleke, T.B. and Si, B.C. 2005. Scaling relation ships between saturated hydraulic conductivity and soil physical properties. *Soil Sci. Soc. Am. J.* 69: 1691-1702.

Zeleke, T.B. and Si, B.C. 2006. Characterizing scale-dependent spatial relationships between soil properties using multifractal techniques. *Geoderma* 134: 440-452.

（谭丽丽　译，李保国　校）

附录 A 样点描述

帕德森（G.T. Patterson）
伯若利（J.A. Brierley）
加拿大粮农部

A.1 引　　言

样点的描述是记录下一个具体位置上对土壤和地形属性的评价。面积范围从 1 平方米到几平方公里不等，甚至更大。

一个样点记录数据的数量和精确度及样点的选择都与项目的目的密切相关。例如，示范的小区样点就要求交通便利，设在公路附近，容易找到（Maguire and Jensen, 1997）。通常情况下，样点应选择具有代表性的土壤-气候-景观类型。

描述信息应该包括地理位置、地形与土壤特性的关系，以及其与对应样品之间的关系。样点描述能够为土壤性质分析提供背景支持，并且进一步合理解释所得到的测定结果和评估（North Dakota State University [NDSU] Extension Service, 1998; Schoeneberger et al., 2002）。一个好的样点描述不仅限于所描述地区，还可以用于推断其他区域的相关信息。

记录信息分为三类：基本样品数据，包括（a）采样者、采样地点、采样时间和采样目的；（b）地形信息；（c）土层基本情况概述（Soil Survey Staff, 1951; Taylor and Pohlen 1962; Walmsley et al., 1980; Day 1983; Knapik et al., 1988; USDA, 2002）。正如前面所述前，样点的属性的描述主要取决于项目的要求，并没有明确的定义给出。然而，一个最小剖面点的描述至少需要包括前两方面的信息记录。如果研究结果需要应用到更大的范围或者用于解释区域背景，还应该具备土层信息数据以应用到土壤分类系统（Soil Survey Staff 1975; Webster and Butler, 1976; Soil Classification Working Group, 1998）。

样点属性的测量有多种方法，如位置的确定在全国范围内，经纬度应该根据国家地形测量地图进行确定；而对于具体农场，也可通过土地的法定说明（书）获取。更加准确的定位，可使用 GPS 进行能精确到亚米级别的坐标描述（包括经度，纬度，海拔高度）。在本章末所提到的 GPS 信息描述表仅仅是一个范例，并不是通用版本。

并非所有数据测定工作都要求在田间完成。土壤调查报告、地表和基岩地质图，以及水文报告可以为地形和相应土壤提供有价值的背景信息。

A.2 样点属性

表 A1-A3 为适用于土壤相关研究的样点属性表。表 A1 为调查点基本信息及采样方法。表 A2 和 A3 分别为地形描述信息表和土壤剖面记录表。

表 A1　基本采样信息

项目编号
区域背景

（续表）

1 目的
a 肥力现状
b 环境评估
c 长期检测记录
2 位置
a 纬度-经度
b 法定说明（描述）（地点地产拥有者地产证上的地理信息）
c 经纬度坐标（GPS）
3 采样方案
a 随机采样
b 网格状取样
c 目的性采样
d 所采样品=多点混合样品
4　采样日期
5　采样人
6　采样方法
a 土钻
b 钻孔（机）
7　采样层深度
8　植被覆盖情况（作物，野生植物）

表 A2　地表形态描述

1　生态背景
2　气候条件
3　土地利用情况
4　地形状况
5　母质
a　粒径
b　成因
6　地貌
a　坡向
b　海拔高度
c　坡度
d　坡长
e　坡型
f　位置
g　坡型
7　土壤水分状况（排水，测渗，渗透性）
8　石质级别
9　岩性类别
10 洪水事件

表3 土壤剖面描述

1 土层厚度
2 残落物层
  a 厚度
  b 有机物质组成
  c 大致腐化程度
3 游离碳酸盐层深度
4 盐渍化土层深度
5 地下水位埋深
6 基岩埋藏深度
7 根系分布层
  a 根层深度
  b 颗粒粒径
8 根系限制层
  a 限制层深度
  b 限制类型
  c 涉及区域比例%

参 考 文 献

Day, J.H. Ed. 1983. The Canada Soil Information System (CanSIS). Manual for describing soils in the field. Expert Committee on Soil Survey. LRRC #82-52. Ottawa, Canada, 97.

GPS Web sites (last verified January 2007). http:==www.trimble.com=gps，http:==www. garmin.com.=about GPS= http:==www.omnistar.com

Knapik, L.J., Russell, W.B., Riddell, K.M., and Stevens, N. 1988. Forest Ecosystem Classifica- tion and Land System Mapping Pilot Project. Duck Mountain, Manitoba. Canadian Forest Services and MB Forest Br., Ottawa, Canada 129.

Maguire, T. and Jensen, T. 1997. Guide to Field Experimentation in Agriculture: Site Location. Last verified January, 2007. http:==www1.agric. gov.ab.ca=$department=deptdocs.nsf=all=sag3025

North Dakota State University (NDSU) Extension Service 1998. Soil sampling as a basis for fertilizer application. Last verified January 2007. http:==www.ext.nodak.edu=extpubs= plantsci= soilfert=sf-990-3.htm

Schoeneberger, P.J., Wysocki, D.A., Benham, E.C., and Broderson, W.D. Eds., 2002. Field Book for Describing and Sampling Soils, Version 2.0. Natural Resources Conservation Service, National Soil Survey Center, Lincoln, NE.

Soil Classification Working Group. 1998. The Canadian System of Soil Classification. Agricul- ture and Agri-Food Canada Publication, 1646 (Revised), Ottawa, Canada. 187.

Soil Survey Staff. 1951. Soil Survey Manual. SCS. U.S. Department of Agriculture Handbook 18, Washington, DC, 503.

Soil Survey Staff. 1975. Soil Taxonomy. SCS. U.S. Department of Agriculture Handbook 436, Washington, DC, 754.

Taylor, N.H. and Pohlen, I.J. 1962. Soil Survey Method. A New Zealand Handbook for the Field Study of Soils. Soils Bureau Bulletin 25. Taita Exp. Sta., Hutt Valley, New Zealand. 241.

USDA. 2002. Field Book for Describing and Sampling Soils. National Soil Survey Centre, Resources Conservation Service. Washington, DC, 228.

Walmsley, M., Utzig, G., Vold, T., Moon, D., and van Barneveld, J. 1980. Describing Ecosystems in the Field. RAB Technical Paper 2. Land Manage- ment Report No. 7. Ministry of Environment and Ministry of Forests, Victoria, BC, Canada. 224.

Webster, R. and Butler, B.E. 1976. Soil Classifi- cation and survey studies and Ginninderra. Aust. Soil Res. 14: 1–24.

（吕贻忠 译，李保国 校）

附录 B 实验室一般安全操作规范

乔治斯

(P. St-Georges)

加拿大粮农部

渥太华，安大略，加拿大

B.1 一般安全规范

自我警示：

- 查阅化学品安全说明书（MSDS）学习每一种化学药品的危害（化学安全品说明书由化学品生产商提供），强烈推荐（应是强制性）所有的主管、员工、学生和志愿者都要取得《工作场所危险物质信息制度》（WHMIS）的考核认证。该制度将会告知工作者在工作区通常要用到的化学品的警告标签、符号及其代理商。
- 在工作区内严格遵守所有的政策、法规和安全程序（市、省=州、及联邦）。
- 应核查适合个人防护装备（PPE）是可用的，并且能按规定程序使用。
- 特别需要注意国家防火协会（NFPA）列出的相关健康（蓝色），火灾（红色），或反应性（黄色）4级危险化学品的标志。4级危险物具有高度的潜在危险性。在拿这些化学物品之前必须要通过特殊的培训或已得相关的安全许可。

根据《工作场所危险物质信息制度》（WHMIS），所有化学品的瓶子和容器都应贴上化学标签。大多数化学品都有保质期。很多化学品由于过期会变得不安全或不稳定。

确保程序启动前有足够的试剂供应。

禁止拿玻璃瓶时只握住瓶子的瓶颈处。瓶颈处是为了在倾倒溶液时有助于抓稳瓶子而设计的。挪动输送玻璃瓶时应使用双手或合适的橡胶或塑料瓶架。

根据化学品安全说明书（MSDS）合理储藏化学品。特别注意不相容的化学品，化学品的保质期，以及储藏处的通风。确保化学品的正确标记及一个精确的化学品目录。

B.2 碱 类

一般特点和注意事项：

碱具有腐蚀性并且有些表面张力很低，难以清洗。

眼睛接触：导致严重的眼睛烧伤，可能会导致不可逆的眼睛损伤。

皮肤接触：导致皮肤烧伤，可能导致皮肤严重的穿透性溃疡。

摄入：导致胃肠道烧伤，可能会引起消化道穿孔。

碱和酸应该根据不相容性（例如，潜在剧烈反应）分开存放，

强碱包括：LiOH（氢氧化锂）、NaOH（氢氧化钠）、KOH（氢氧化钾）、RbOH（氢氧化铷），和 CsOH（氢氧化铯）。

特有危害性：
氢氧化铵
- 挥发性：产生刺鼻和有毒的氨气，必须在通风柜中使用。

氢氧化钠、氢氧化锂和氢氧化钾。
- 吸湿性物质（即从空气中吸收水分）。
- 由于这些碱能溶解玻璃必须存放在塑料瓶中。
- 这些碱用水稀释时会放热，配制 10 M 的溶液时能够使氢氧化锂沸腾；NaOH 和 KOH 将显著升温，并对皮肤有一定烧伤风险。

次氯酸钠（漂白剂）
- 摄入过量将产生毒害。
- 具有刺激性，避免与皮肤接触。
- 避免吸入过量的次氯酸钠水蒸气。
- 强氧化剂：严重不相容化合物即如酸、氨类化合物、过氧化氢和易燃物。

B.3 酸 类

一般特点及注意事项：

大多数酸都具有挥发性能够产生酸性气体。

对大多数金属具有腐蚀性，并且可以产生氢气进而引起爆炸。

眼睛接触：引起严重的眼睛烧伤，可能导致不可逆转的视力损伤。

皮肤接触：导致皮肤烧伤。可能导致皮肤十分严重的穿透性溃疡。

摄入：导致胃肠道烧伤，可能会引起消化道穿孔，但不会引起呕吐反应。

吸入：如果吸入可能是致命的，并且其影响可能会持续。吸入鼻子和喉咙内可能会刺激呼吸道引起疼痛，引发咳嗽、喘息、呼吸急促、和肺水肿。

慢性影响：反复吸入可引起慢性支气管炎。

与水反应能够放热，有时会剧烈反应。当配置溶液时通常将酸加入水中。

酸和碱应分开存放。

强酸包括：HCl（盐酸），HNO_3（硝酸），H_2SO_4（硫酸），HBr（溴化氢），HI（碘化氢），和 $HClO_4$（高氯酸）。

特有危害性：
乙酸
- 强挥发性：强刺激性，与醋味相似。
- 压缩后易燃（即，可燃冰）

盐酸
- 挥发性：释放出有毒的氯气，高湿度下可见挥发烟雾。

硝酸
- 强氧化剂：与某些化学品反应剧烈。
- 挥发性：挥发蒸气可见，尤其是在高湿度的条件下。

硫酸
- 吸湿性：能够吸收空气中的水分，应保持密封。

- 强无机酸，挥发烟雾中含有硫磺酸可致癌。
- 硫酸的反应剧烈，与许多有机、无机化学品和水反应剧烈或能引起爆炸。

甲酸
- 燃点是 69 ℃，液体和气体都是易燃的。
- 强还原剂：与氧化剂接触能带来火灾和爆炸的风险。需冷藏（低于 4 ℃冷藏保存）。
- 催泪（一种具有刺激性催泪物质）。

氢氟酸
- 有毒，其气体和液体均有剧烈危害，建议进行特别的安全培训。
- 氢氟酸凝胶（2.5%的葡萄糖酸钙凝胶）的保存必须远离人体及工作场所。人体接触氢氟酸后其反应可能会持续 8 小时或更长的时间，这取决于酸的浓度。氟离子容易穿透皮肤，造成深部组织和骨骼的损伤，并可能是致命的。身体的任何部位接触到了都需要到医院就医，即使是在凝胶中和后的应用中。
- 由于 HF 可以溶解玻璃，氢氟酸必须保存在塑料瓶。

B.4 易燃物和可燃物

一般特点及注意事项

如果与热源或火源接触，这些物质可能会导致火灾或爆炸。

大多数易燃物易挥发且有毒，许多易燃溶剂会影响人体中枢神经系统。

为了避免与火源发生潜在的接触，最重要的是确定溶液的烟雾比空气轻还是重（例如，氯仿比空气重，而天然气比空气轻）。

一些易燃物由于长时间存放导致氧化物的生成而变得不稳定，从而导致自燃（如乙醚、四氢呋喃）。

安全措施：

在通风柜或通风良好的房间。

远离任何火点、加热源、或氧化剂（包括阳光和室内加热器）。

如果是易燃物需要冷藏保存，必须存放在专门制造的适用于易燃液体存储的冰箱里，且冰箱上必须贴上标签。

减少大量易燃物的常规处理或者将大量易燃原料分装到标有 WHMIS 标志的器皿里。确保金属容器接地，防止静电。

应在通风橱或通风良好的地方分装及使用易燃或可燃材料。通风橱的质量必须有资质保证，以保证提供足够的气流为安全工作提供有利的条件。

禁止把把实验室作为储藏室。

易燃物应与其他化学品分开保存：尤其重要的是易燃物应与氧化剂分开保存。

B.5 压缩气体钢瓶

一般特点及注意事项：

有些气体是助燃气体（例如，氧气）。

有些气体是易燃气体（例如，乙炔，氢气，丙烷）。

有些气体属于窒息性气体（如二氧化碳、一氧化碳）。

所有的气体（除空气和氧气）排到不通风和密闭区域都能取代可呼吸的空气。

不正确使用压力调节器可能引起火灾或爆炸。

高温会使钢瓶内的压力增大。

安全措施：

所有的钢瓶应标记清楚。如果钢瓶的内容不能确认都应禁止使用。

所有未使用的钢瓶应密封保存好。

操作钢瓶时应使用合适的个人防护用品（PPE）。

气体钢瓶应在通风处保存。

使用链子或皮带固定单独的钢瓶。

禁止在明火或热源附近存储钢瓶。

将所有的可燃气体的钢瓶放倒在地上。

O_2（氧气）罐：确保气罐和调节器的整个表面完全没有油脂或其他润滑剂。

气瓶运输：

禁止混用钢瓶保护盖。

运送钢瓶时应穿戴上手套、安全鞋或靴子（钢趾鞋或同等）。

运输前：链子或皮带固定牢固，确保能够直接到达目的地。

使用货运电梯（可用）运输钢瓶。

运输压缩气体钢瓶的人员往往需要特定的（和强制性的）培训和许可。

连接压力调节器：

一旦保护盖从钢瓶中取出，立即检查接口是否损坏或污垢。禁止使用有螺纹损坏的任何钢瓶或调节器。用一块干净的布清洗螺纹内的油污。

使用特定气缸和气体类型专有的压力调节器。压力调节器和气体钢瓶之间是经过特殊设计的，而配件（压缩气体协会 CGA 配件）是专用的，且必须匹配。如果配件是正确的，组装起来很容易。当组装配件时禁止过度用力。

在打开调节器之前，逆时针旋转关闭调节器的低压阀。若没有关闭低压阀将导致高压气体流入低压侧，引起爆炸。

当打开高压阀时，操作人员的脸应该远离阀门压力表。慢慢地打开阀门。如果调节器出现故障，高压气体进入阀的低压侧会引起爆炸。

通过密闭性检查方案检查配件是否漏气（例如，温肥皂水）。

禁止压缩气体直接对着人的身体。

如果使用多个压缩气体钢瓶，可以参考（例如，颜色编码）气体标记的方法。当钢瓶是空的，必须标记为空钢瓶。如果将有剩余气体的钢瓶返还给供应商，钢瓶必须标记为半满。

B.6 病原与媒介

一般特点及注意事项：

预防措施主要与未经处理的粪便废弃物的人类病原体有关（例如，大肠杆菌）。

工作（实验室）区域应该限制人员出入，以限制人流量。

抗生素在实验室经常用于处理病原体。如果是有毒的，抗生素应该进行处理。

大多数微生物可以在空气中可形成颗粒物，因此应在通风柜处理。

避免皮肤和眼睛的接触。穿戴合适的个人防护用品，经常洗手。实验室外套应限制在实验室中，以隔离潜在的危险的微生物。

安全措施：

特定工作区的实验外套应该专用，未灭菌或消毒之前禁止带出实验室。

实验室大肠杆菌的菌株是减毒的（即减活）不具有致病性，但是，应采取保护措施以避免任何生物污染物，直接与皮肤接触、吸入、或摄入。

所有的细菌，包括转基因株系（例如，携带一个抗生素抗性基因），必须在无菌条件下处理和保存，以避免环境污染。

处理样品前，必须使用恰当的方法杀死生物体（如漂白剂，高压灭菌装置，或70%的乙醇）。在实验中或结束后，要对工作区及设备进行消毒或灭菌。如有疑问，请咨询实验室管理员。

在点燃酒精灯（煤气灯）之前，确保附近没有易燃易爆的化学物质。如果实验室使用乙醚，禁止使用明火。

参 考 文 献

Canadian Centre for Occupational Health and Safety (CCOHS). 2006. Occupational health and safety resource. Available at: www.ccohs.ca= (verified 14 July 2006). 135 Hunter St. East, Hamilton, ON, Canada.

Health Canada. Environment and Workplace Health— WHMIS guidelines. Available at: www.hc-sc.gc.ca=ewh-semt=occup-travail=whmis-simdut=index _e.html (last updated 12 June 2006; verified 14 July 2006). 1010 Somerset St. West, Ottawa, ON, Canada.

National Fire Protection Association (NFPA). 2006. Frequently asked questions (FAQs) dealing with NFPA 704-addressing the labeling of hazardous materials for health, flammability, reactivity and special related hazards. Available at: www.nfpa.org=faq.asp?categoryID ¼ 928 (verified14 July 2006). 1 Batterymarch Park, Quincy, MA.

Public Health Agency of Canada. 1996. Laboratory Biosafety Guidelines, 2nd Edition 1996. Available at: www.phac-aspc.gc.ca=publicat=lbg-ldmbl-96 (last updated 10 June 1996; verified 14 July 2006). 130 Colonnade Rd., Ottawa, ON, Canada.

Shugar, G.J. and Ballinger, J.T. 1996. Chemical Technicians Ready Reference Handbook. McGraw-Hill, Inc., New York.

Windholz, M., Budavari, S., Blumetti, R.F., and Otterbein, E.S. 1983. The Merck Index, Merck and Co., Inc., Rahway, NJ.

（吕贻忠 译，李保国 校）